VICTOR MEYER UND PAUL JACOBSON,

LEHRBUCH

DER

ORGANISCHEN CHEMIE.

HERAUSGEGEBEN VON

PAUL JACOBSON.

ZWEITER BAND.

CYCLISCHE VERBINDUNGEN. — NATURSTOFFE.

ZWEITER TEIL.

MEHRKERNIGE BENZOLDERIVATE.

IN GEMEINSCHAFT MIT P. JACOBSON BEARBEITET VON

ARNOLD REISSERT.

UNVERÄNDERTER NEUDRUCK.

BERLIN UND LEIPZIG 1923.

WALTER DE GRUYTER & CO.

VORMALS G. J. GÖSCHEN'SCHE VERLAGSHANDLUNG :: J. GUTTENTAG, VERLAGSBUCHHANDLUNG :: GEORG REIMER :: KARL J. TRÜBNER :: VEIT & COMP.

Vorwort.

Entsprechend dem Eintheilungsplan, welcher im Vorwort zu dem im vorigen Jahre vollendeten ersten Theile des zweiten Bandes mitgetheilt wurde, umfasst der nunmehr zum Abschluss gebrachte zweite Theil des zweiten Bandes die mehrkernigen isocyclischen Körper. In Verbindung mit dem ersten Theile stellt er ein Lehrbuch der gesammten Benzolchemie dar.

Herr Regierungsrath Prof. Dr. ARNOLD REISSERT (Marburg i./H.) hat die Bearbeitung dieses Theiles durchgeführt. Das Gebiet, dessen Schilderung ihm zufiel, zeigt die engen Beziehungen zwischen unserer Wissenschaft und unserer Industrie besonders deutlich; umfasst es doch einige der wichtigsten Gruppen von Theerfarbstoffen und von Zwischenprodukten, welche der Theerfarben-Industrie dienen. Wenn die organische Chemie in fast allen ihren Theilen heute ein an einzelnen Thatsachen überreiches Material darbietet, so ist gerade dieses Gebiet durch die intensive Bearbeitung, welche es von wissenschaftlichen und technischen Gesichtspunkten aus gefunden hat, besonders stark angeschwollen. Für die Zwecke dieses Lehrbuches galt es, aus der Fülle der Forschungsergebnisse eine Auswahl zu treffen, welche alle wichtigeren theoretischen und praktischen Errungenschaften hervortreten lässt, ohne dass sie durch eine verwirrende Menge von Einzelheiten überwuchert werden. Es ist mir ein Bedürfniss, Herrn Collegen REISSERT für die liebevolle Sorgfalt, mit welcher er sich dieser arbeitsreichen Aufgabe widmete, auch an dieser Stelle herzlichst zu danken.

Auch für den heute dem Leserkreise vorgelegten Theil haben mehrere Collegen durch Controlle einzelner Angaben und Abschnitte freundlichen Rath ertheilt, nämlich die Herren:

K. AUWERS (Greifswald), TH. DIEHL (Berlin), G. KALISCHER (Frankfurt a./M.), C. LIEBERMANN (Berlin), B. PRAGER (Berlin), H. TRAUBE (Berlin), W. WILL (Berlin).

Indem ich zugleich im Namen meines Mitarbeiters für diese Unterstützung verbindlichst danke, kann ich mir nicht versagen, mit besonderer Dankbarkeit die Hülfe hervorzuheben, welche uns die Direction der Badischen Anilin- und Soda-Fabrik (Ludwigshafen a./Rh.) und ihr Chemikerstab dadurch geleistet haben, dass sie mit grösster Bereitwilligkeit die Mehrzahl der technische Gegenstände betreffenden Abschnitte einer Durchsicht unterzogen und uns eine Menge äusserst werthvoller Berichtigungen und Zusätze zu dem ursprünglichen Manuscript zugehen liessen.

Herr Dr. F. Hönigsberger endlich hat sich wiederum um die Bearbeitung des alphabetischen Registers verdient gemacht.

Dass das Lehrbuch mit dem dritten Theile des zweiten Bandes, welcher die heterocyclischen Verbindungen und die Naturstoffe von unaufgeklärter Constitution behandeln wird, seinen Abschluss finden soll, wurde bereits im Vorwort zum ersten Theile angezeigt.

Berlin, im August 1903.

Paul Jacobson.

Inhalt.

Specieller Theil.

Zweites Buch. Die isocyclischen Verbindungen (Chemie der Kohlenstoffringe).

D. Die mehrkernigen Benzolabkömmlinge und ihre Hydroderivate.

Bearbeitet von **A. Reissert**.

I. A. Mehrkernige Systeme mit direct verbundenen Ringen.

II. Condensirte Ringsysteme.

Zweikernige Systeme.

Verzeichniss der für die Literaturnachweise benutzten Abkürzungen.

Am. chem. Journ.:	American chemical Journal.
Ann.:	JUSTUS LIEBIG's Annalen der Chemie.
Ann. ch.:	Annales de chimie et de physique.
Arch. f. Pharm.:	Archiv der Pharmacie.
Ber.:	Berichte der Deutschen chemischen Gesellschaft.
Berz. Jb.:	Jahresbericht über die Fortschritte der physischen Wissenschaften (später „über die Fortschritte der Chemie und Mineralogie") von JACOB BERZELIUS.
Bull.:	Bulletin de la société chimique de Paris.
Chem. Centralbl.:	Chemisches Centralblatt.
Chem. Ind.:	Die chemische Industrie.
Chem. News:	Chemical News.
Cöthener Chem. Ztg.:	Chemiker-Zeitung, Cöthen.
Compt. rend.:	Comptes rendus hebdomadaires des séances de l'académie des sciences. Paris.
FRIEDLAENDER:	FRIEDLAENDER's Fortschritte der Theerfarbenfabrikation (Berlin, SPRINGER).
Gazz. chim.:	Gazzetta chimica italiana
J. pr.:	Journal für praktische Chemie.
Jb.:	Jahresbericht über die Fortschritte der Chemie und verwandter Theile anderer Wissenschaften.
Journ. amer. Soc.:	Journal of the American chemical Society.
Journ. Soc.:	Journal of the chemical Society. London.
Monatsh..	Monatshefte für Chemie und verwandte Theile anderer Wissenschaften. Wien.
Pogg.:	POGGENDORFF's Annalen der Physik und Chemie.
Rec. trav. chim.:	Recueil des travaux chimiques des Pays-Bas.
Ztschr. Chem.:	Zeitschrift für Chemie (seit 1871 nicht mehr erscheinend).
Ztschr. f. anal. Chem.:	Zeitschrift für analytische Chemie.
Ztschr. f. angew. Chem.:	Zeitschrift für angewandte Chemie.
Ztschr. f. physik. Chem.:	Zeitschrift für physikalische Chemie, Stöchiometrie und Verwandtschaftslehre.
Ztschr. f. physiol. Chem.:	Zeitschrift für physiologische Chemie.

Tabellenverzeichniss.

D. Die mehrkernigen Benzolabkömmlinge und ihre Hydroderivate.

Dreiundvierzigstes Kapitel.

Allgemeines über die mehrkernigen isocyclischen Verbindungen.

Eintheilung.

Nachdem in den vorigen Abschnitten diejenigen Verbindungen behandelt worden sind, in deren Molecül sich einkernige, ringförmig angeordnete Kohlenstoffcomplexe vorfinden, werden in den folgenden Kapiteln alle diejenigen isocyclischen Verbindungen besprochen, in welchen die Anordnung der Kohlenstoffatome eine derartige ist, dass sie zur Bildung von zwei und mehr Kohlenstoffringen führt, welche entweder direct oder durch Vermittelung anderer Kohlenstoffatome mit einander verbunden sind. An diese Verbindungen mit an einander gereihten Ringsystemen schliesst sich alsdann noch die Gruppe derjenigen Körper an, in deren Molecül sich mehrere Ringe derartig angeordnet vorfinden, dass einzelne Kohlenstoffatome nicht wie in den ersten Gruppen nur je einem Ringe angehören, sondern gleichzeitig als Glieder von zwei und selbst drei Ringen fungiren. Die letzteren Verbindungstypen bezeichnet man als condensirte Ringsysteme.

Als Beispiele für die genannten Gruppen mögen die folgenden Kohlenstoffskelette hier aufgeführt werden:

I. 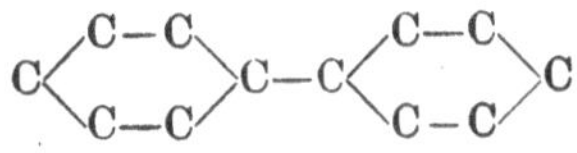 Diphenyl.

II. 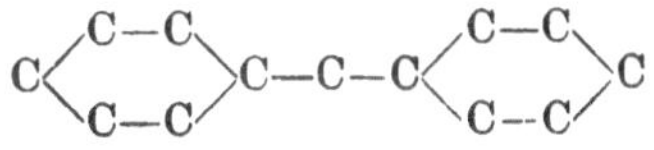 Diphenylmethan.

III. 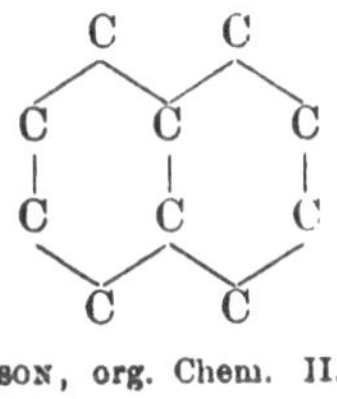 Naphtalin.

Auf Grund dieses Eintheilungsprincips gelangen wir zu zwei grossen Hauptgruppen, von denen die erste dann weiter in zwei Untergruppen zerfällt; diese lassen sich kurz folgendermassen umgrenzen:

I. Die Glieder eines Ringes gehören nur diesem Ringe und keinem andern an.

A. Die Ringe sind direct mit einander verbunden (Beispiel: Formel I auf voriger Seite).

B. Die Verkettung der Ringe geschieht durch Vermittelung von Kohlenstoffatomen, welche selbst nicht ringförmig gebunden sind (Beispiel: Formel II).

II. Die Glieder eines Rings gehören gleichzeitig einem oder zwei anderen Ringen an (Beispiel: Formel III).

In allen diesen Gruppen sind es die lediglich aus Benzolkernen gebildeten Systeme, welche nicht nur durch ihre Zahl, sondern auch durch ihre Wichtigkeit für Wissenschaft und Technik die Verbindungen mit Ringen von anderer Gliederzahl bei Weitem überragen. Aus diesem Grunde ist den letzteren Körpergruppen — Abkömmlingen also von Kohlenstoffskeletten, wie:

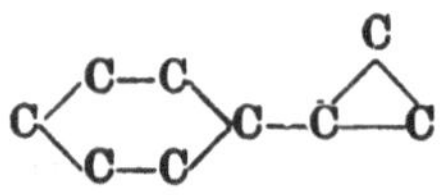
: Phenyltrimethylen etc. —

nicht ein eigener Abschnitt eingeräumt, sondern sie sind anhangsweise im Anschluss an die nur aus Sechsringen gebildeten Gruppen behandelt worden.

Aehnlich wie mit diesen gemischten Ringsystemen verhält es sich mit denjenigen Körpern, welche an Stelle wahrer Benzolkerne deren Hydroprodukte enthalten. Die bei den einkernigen Systemen vorgenommene Trennung in aromatische und alicyclische Ringe, welche sich durch die namentlich in den letzten Jahren mehr und mehr hervortretende Wichtigkeit der letztgenannten Typen rechtfertigt, ist bei den mehrkernigen Systemen nicht zweckdienlich; denn die den aromatischen Körpern entsprechenden hydrirten Verbindungen sind hier nur in geringerer Vollständigkeit bekannt, und das Interesse, welches sie erregen, beruht meist gerade in dem Vergleich ihrer Eigenschaften mit denjenigen der entsprechenden, nicht hydrirten Verbindungen. Es hat sich daher als zweckmässig erwiesen, der Behandlung der Körper mit aromatischen Ringsystemen die Besprechung ihrer Hydrirungsprodukte direct anzugliedern.

Wie bereits angedeutet wurde, lassen sich die mehrkernigen Ringsysteme nach der Art, in welcher bei ihnen die Zusammenkuppelung der verschiedenen im gleichen Molecül enthaltenen Ringe erfolgt, in zwei bezw. drei grosse Gruppen eintheilen. Innerhalb jeder dieser Gruppen ist eine weitere Untertheilung in der Weise vorgenommen worden, dass im Allgemeinen die zweikernigen Systeme den Anfang machen, dann die Körper folgen, welche drei isocyclische Ringe enthalten u. s. f. Hierbei ist als ein weiteres Classificirungsprincip die Regel festgehalten, dass die lediglich aus Sechsringen gebildeten Complexe denjenigen, welche aus Ringen mit verschiedener Gliederzahl bestehen, vorausgestellt sind.

Bei den Verbindungen, welche durch Vermittelung anderer Kohlenstoffatome an einander gefesselte Ringsysteme enthalten, hat es sich als zweckmässig erwiesen, die einzelnen Untergruppen nach der Zahl der diese Ringe verbindenden Kohlenstoffatome anzuordnen; es folgen also z. B. auf das Diphenylmethan,

$$C_6H_5-CH_2-C_6H_5,$$

zunächst das Triphenylmethan und Tetraphenylmethan:

$$(C_6H_5)_3CH \quad \text{und} \quad (C_6H_5)_4C,$$

welche gleich dem Diphenylmethan zwischen die Kerne nur ein C-Atom gelagert enthalten, dann erst das Diphenyläthan:

$$C_6H_5-CH_2-CH_2-C_6H_5,$$

in dessen Molecül zwei C-Atome die Ringe von einander trennen.

Es ergiebt sich danach die folgende systematische Uebersicht aller hier zu behandelnden Systeme:

I. A. Mehrkernige Systeme mit direct verbundenen Ringen.

System aus zwei Sechsringen: Diphenyl, $C_6H_5-C_6H_5$.

Zweikernige gemischte Ringe und Systeme mit mehr als zwei Kernen, z. B.:

Phenyltrimethylen, $C_6H_5-CH\left\langle\begin{matrix}CH_2\\ |\\ CH_2\end{matrix}\right.$.

Diphenylbenzol, $C_6H_5-C_6H_4-C_6H_5$.

Diphenyltetramethylen, $\begin{matrix}C_6H_5-CH-CH_2\\ \quad\;\; | \quad\;\; | \\ C_6H_5-CH-CH_2\end{matrix}$.

I. B. Mehrkernige Systeme mit indirect verbundenen Ringen.

Phenylirte Methane: Diphenylmethan, Triphenylmethan, Tetraphenylmethan (Formeln s. oben).

Phenylirte Aethane: Diphenyläthan, $C_6H_5-CH_2-CH_2-C_6H_5$, Triphenyläthan, $(C_6H_5)_2-CH-CH_2-C_6H_5$ u. s. f.

Verbindungen, in denen Benzolkerne sowohl durch aliphatische Ketten, wie durch cyclische Complexe mit einander verkettet sind z. B. Dibenzylbenzol:

$$C_6H_5-CH_2-C_6H_4-CH_2-C_6H_5.$$

II. Condensirte Ringsysteme.

Zweikernige Systeme, z. B. Naphtalin,

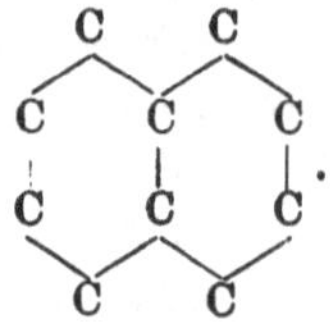

Inden,

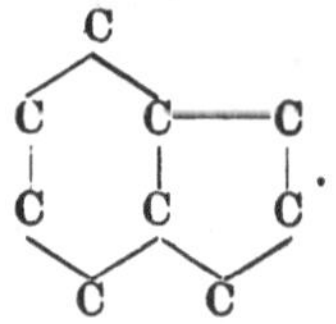

Dreikernige Systeme, z. B. Anthracen,

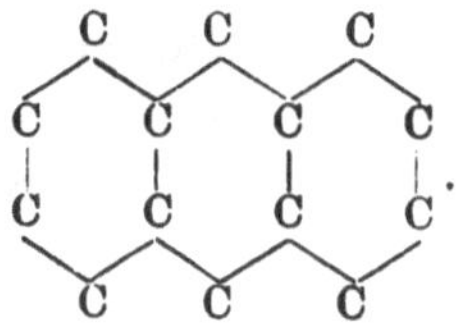

Vierkernige Systeme, z. B. Pyren,

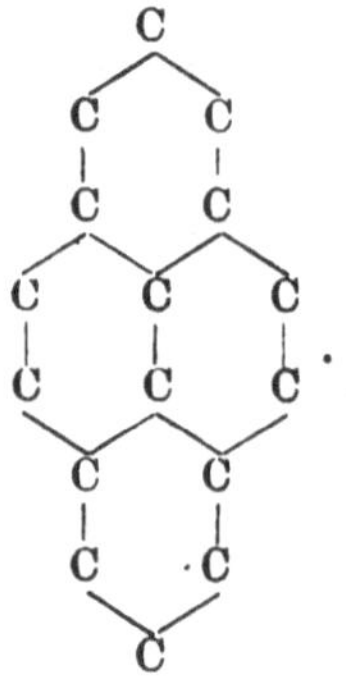

Allgemeiner Charakter der mehrkernigen isocyclischen Verbindungen.

Was den chemischen Charakter der mehrkernigen Ringsysteme anbetrifft, so gilt hier im Wesentlichen das in der Einleitung dieses Buches (Bd. II, Th. I, S. 9 ff.) Gesagte. Vor allem zeigt sich auch hier der scharfe Unterschied im chemischen Verhalten der „aromatischen" Körper einerseits und der „alicyclischen" Verbindungen andererseits. Bei den condensirten Ringsystemen erscheinen die „aromatischen" Eigenschaften der Körper allerdings bis zu einem gewissen Grade modificirt, worauf bei Besprechung der einzelnen Gruppen näher eingegangen werden wird.

Die kettenförmig angeordneten Kohlenstoffatome, welche bei den Verbindungen der Gruppe I. B. die Bindung mehrerer Kerne vermitteln, weisen den Charakter der aliphatischen Verbindungen angehörenden Kohlenstoffatome auf; doch zeigt sich hier die Wirkung benachbarter aromatischer Ringe in der Weise, dass die an diese Kohlenstoffatome gebundenen Wasserstoffatome eine grössere Beweglichkeit besitzen, als wenn die Verbindung nur offene Kohlenstoffketten enthielte. Auch diese Verhältnisse werden am besten bei Besprechung der einzelnen hierfür in Betracht kommenden Verbindungen erläutert.

I. A. Mehrkernige Systeme mit direct verbundenen Ringen.

Vierundvierzigstes Kapitel.

Die Diphenylgruppe.

Constitution, Benennung, Ortsbestimmung und allgemeiner Charakter der Verbindungen der Diphenylgruppe.

Das Diphenyl, auch als Biphenyl[1] bezeichnet, hat die Formel $C_{12}H_{10}$; sein Molecül setzt sich aus zwei direct mit einander verbundenen Phenylgruppen zusammen:

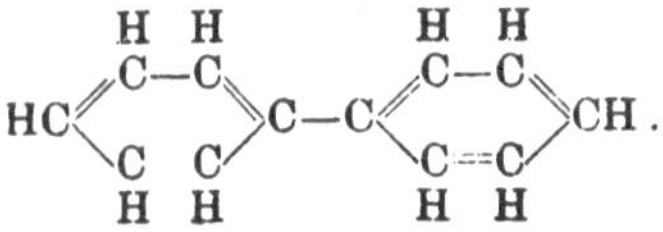

Wir haben es also mit einem Kohlenwasserstoff zu thun, welcher an zehn Stellen des Molecüls eine Substitution von Wasserstoff durch andere Atome oder Atomgruppen zulässt. Da das Diphenylmolecül zwei Benzolkerne enthält, so liegt es nahe, die in der Benzolreihe übliche Bezeichnung der chemischen Orte auch hier zu benutzen, indem man, ausgehend von der gemeinsamen Bindestelle beider Kerne, die Wasserstoffatome jedes Ringes durch die Präfixe o, m, p bezeichnet und die beiden Ringe von einander dadurch unterscheidet, dass man die Substituenten eines Ringes durch einen Accent kenntlich macht, wodurch das folgende Schema entsteht:

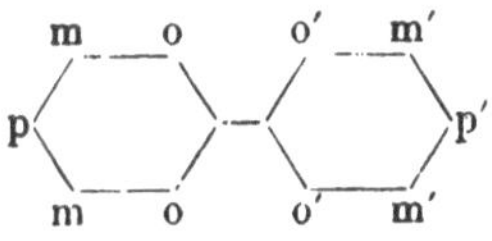

In diesem Schema weist jeder Kern zwei Ortho- und zwei Meta-Stellungen auf, welche in der Bezeichnungsweise nicht von einander unterschieden sind.

Um daher eine auch für complicirter zusammengesetzte Verbindungen dieser Reihe ausreichende Benennung zu schaffen, ist es noth-

[1] Vgl. Beilstein, Handb. d. organ. Chem. 3. Aufl. Bd. 2, S. 221.

wendig, eine derartige Bezeichnungsweise zu wählen, dass jedem Wasserstoffatom im Molecül ein von allen anderen verschiedenes Zeichen zugetheilt wird. Dies geschieht am zweckmässigsten in der Weise, dass in dem obigen Schema die Präfixe durch die Zahlen 1 bis 6 bezw. 1′ bis 6′ ersetzt werden:

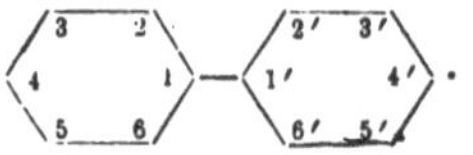

Wenn es sich darum handelt, experimentell die Stellung eines Substituenten im Diphenylmolecül zu ermitteln, so verfährt man hierbei ganz ähnlich wie in der Benzolreihe; doch modificirt sich die Aufgabe hier insofern, als es sich in erster Linie stets darum handelt, die Stellung des oder der substituirenden Elemente oder Gruppen zur Stelle der gemeinsamen Bindung zu ermitteln, und in zweiter Linie dann bei mehrfach substituirten Körpern die Frage hinzutritt, ob die Substitution nur in einem Kern — homonucleare Derivate — oder in beiden Kernen — heteronucleare Derivate — stattgefunden hat. Zur Beantwortung beider Fragen dient die Oxydation des fraglichen Körpers, welche sich in der Regel so leiten lässt, dass sie zur Zerstörung nur des einen der beiden Benzolringe führt. Von diesem Ringe bleibt alsdann nur das direct mit dem zweiten Kern verkettete Kohlenstoffatom und zwar als Carboxylgruppe erhalten; man erhält also eine Benzoësäure, welche alle Substituenten oder einen Theil derselben oder auch keinen der Substituenten enthält. Hieraus ergiebt sich zunächst unmittelbar die Antwort auf die Frage nach der Vertheilung der substituirenden Atome oder Atomgruppen auf die beiden Benzolkerne. Ist das erhaltene Benzoësäurederivat in Beziehung auf die Stellung der noch darin vorhandenen Substituenten zur Carboxylgruppe bekannt, so ist für diese Substituenten auch die Stellung zur gemeinsamen Bindung in dem ursprünglichen Diphenylderivat ermittelt.

Um nun nicht gezwungen zu sein, in jedem Fall diese Oxydation auszuführen, sucht man auch hier einen Weg einzuschlagen, welcher in der Benzolreihe vielfach benutzt wird, nämlich die Ueberführung des Körpers, dessen Constitution ermittelt werden soll, in ein Diphenylderivat, in welchem die Stellung der Substituenten bereits bekannt ist.

Zur besseren Darlegung dieser Verhältnisse seien die folgenden Beispiele angeführt.

Durch Bromiren des Diphenyls lässt sich ein Monobromderivat[1] herstellen, welches bei der Oxydation die p-Brombenzoësäure liefert und mithin als 4-Bromdiphenyl aufzufassen ist, wie die folgenden Formeln ohne weiteres erkennen lassen:

[1] Schultz, Ann. **174**, 201—235 (1874).

Wird dieses Bromdiphenyl der Einwirkung der Salpetersäure ausgesetzt, so bildet sich ein Bromnitrodiphenyl der Formel $C_{12}H_8Br \cdot NO_2$. Die Oxydation dieser Verbindung führt gleichfalls zur Bildung von p-Brombenzoësäure, woraus hervorgeht, dass die Nitrogruppe in den nicht substituirten Kern des Bromdiphenyls eingetreten ist; da indess neben der p-Brombenzoësäure auch p-Nitrobenzoësäure entsteht, so ist durch diesen Befund das Bromnitrodiphenyl als 4.4'-Diphenylderivat erkannt:

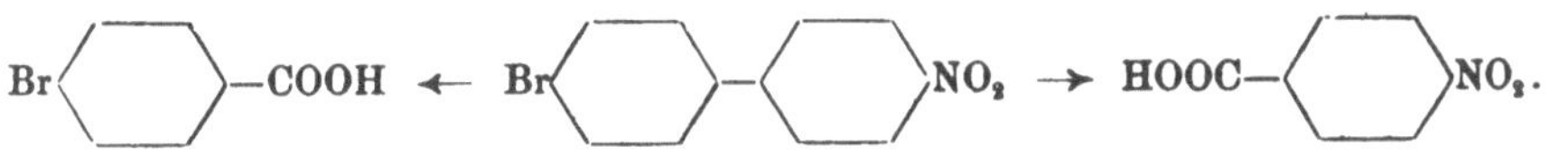

Diese Verbindung ist nun mit einem der wichtigsten Diphenylabkömmlinge, dem Benzidin (einem Diamidodiphenyl), auf folgende Weise verknüpft[1]. Das Benzidin entsteht ausser auf anderen Wegen auch durch Reduction eines Amidonitrodiphenyls, dessen nahe Beziehung zu obigem Bromnitrodiphenyl sich daraus ergiebt, dass es über seine Diazoverbindung in dieses übergeführt werden kann. Daraus folgt, dass im Benzidin die Amidogruppen dieselben Stellungen einnehmen müssen, wie die Substituenten in dem Bromnitrodiphenyl; dem Benzidin kommt also die folgende Constitution zu:

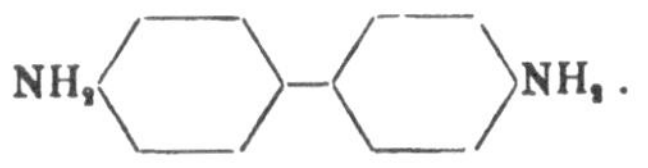

Durch Austausch der Amidogruppen des Benzidins gegen Hydroxyle, Halogene und andere Atome und Atomgruppen ist eine ganze Reihe von Verbindungen hergestellt worden, welche sämmtlich zwei Substituenten in den Stellungen 4 und 4' enthalten müssen und daher zur Orientirung bei der Ortsbestimmung anderer Diphenylabkömmlinge dienen können.

Vielfach ergiebt sich die Formel eines Diphenylabkömmlings unmittelbar aus der Reaction, welche zu seiner Entstehung führt. In anderen Fällen lässt sich die Stellung mehrerer Substituenten zu einander aus dem Verhalten der Verbindungen gewissen Reagentien gegenüber erschliessen, wie das auch in der Benzolreihe vielfach der Fall ist, so bei den o-Diaminen, gewissen p-Biderivaten u. s. f.

Von besonderem Interesse ist nach dieser Richtung hin eine Säure der Diphenylreihe, welche die Formel $C_{12}H_8(COOH)_2$ besitzt und mit dem Namen Diphensäure bezeichnet wird. Diese Verbindung entsteht aus m-Nitrobenzoësäure[2] durch Reduction und „Benzidinumlagerung", welch' letzterer Vorgang später (S. 18—21) ausführlich zu beschreiben sein wird, und darauffolgende Eliminirung der Amidogruppen aus der zuerst gebildeten

[1] SCHMIDT u. SCHULTZ, Ann. **207**, 320—347 (1881).

[2] SCHULTZ, Ann. **196**, 18—32 (1879).

Benzidindicarbonsäure. Der aus analogen Fällen bekannte Verlauf dieser Reactionen lässt kaum einen Zweifel darüber, **dass der in Rede stehenden Säure** die Formel:

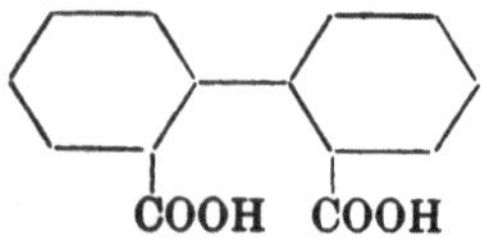

einer 2.2'-Dicarbonsäure des Diphenyls zukommt. Die Diphensäure (vgl. S. 31) zeigt nun das folgende Verhalten. Erhitzen mit Kalk führt sie je nach den Versuchsbedingungen über in

bezw.

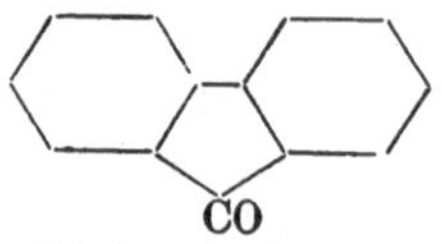

Diphenyl — Diphenylenketon[1].

Die Constitution der letzteren Verbindung ergiebt sich aus ihrer leichten Ueberführbarkeit in die o-Phenylbenzoësäure [Diphenylcarbonsäure (2)]:

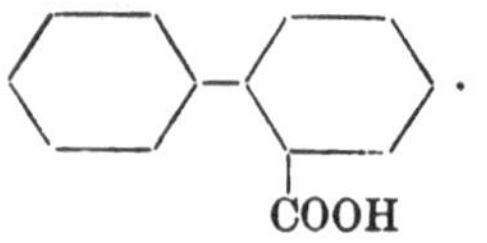

Wasserentziehende Mittel verwandeln die Diphensäure in ein inneres Anhydrid[2] der Formel

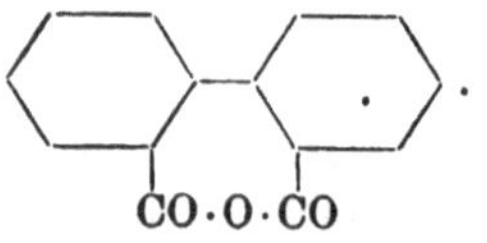

Wir sehen also gewisse innere Condensations-Reactionen bei dieser Verbindung auftreten, welche durch die relative Stellung der beiden Carboxylgruppen zu einander bedingt werden. Die Erkenntniss der Constitution der Diphensäure ist von hohem Werth für die Feststellung der Formeln des Fluorens und Phenanthrens geworden, wie bei der Besprechung dieser Kohlenwasserstoffe dargelegt werden wird.

Auch ein anderes Diphenylderivat, welches zwei Substituenten in denselben Stellungen enthält, wie die Diphensäure — nämlich das 2.2'-Diamidodiphenyl:

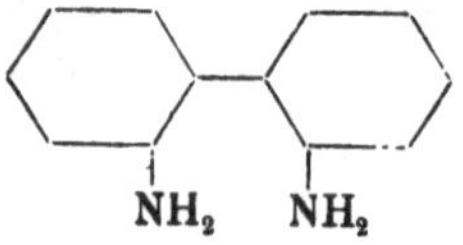

zeigt charakteristische Reactionen, deren Zustandekommen auf der eigen-

[1] Fittig u. Ostermayer, Ann. **166**, 373 (1873).

[2] Anschütz, Ber. **10**, 326, 1884 (1877). — Gräbe u. Aubin, Ann. **247**, 257 (1888).

thümlichen Stellung der beiden Amidogruppen beruht. So lässt es sich auf verschiedenen Wegen in das Carbazol[1]

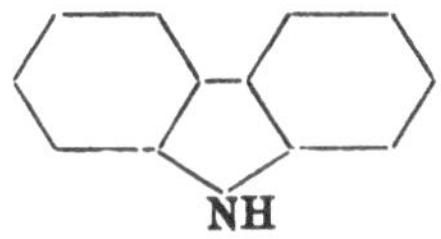

überführen, indem eine Amidogruppe als Ammoniak abgespalten wird. Ferner condensirt sich die Diamidoverbindung nach Art der o-Diamine der Benzolreihe (vgl. Bd. II, Th. I, S. 231) mit o-Diketonen zu Azinen, welche jedoch hier einen achtgliedrigen Ring enthalten, wie die Formel des mit Benzil entstehenden Produkts zeigt[2]:

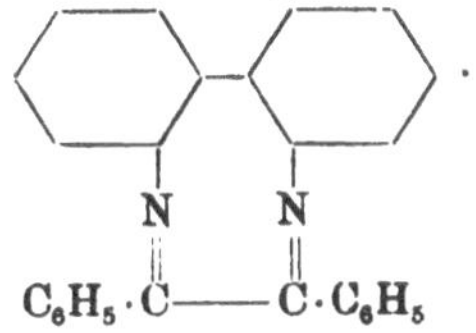

Einen Unterschied gegenüber den o-Diaminen zeigt das 2.2'-Diamidodiphenyl insofern, als daraus durch Einwirkung von Essigsäure keine Anhydroverbindung erhalten werden konnte[3].

Die Betrachtung der Diphensäure und des Diamidodiphenyls als zweier Verbindungen, welche je einen Substituenten in einer Orthostellung zur Stelle der gemeinsamen Bindung in jedem der beiden Benzolkerne enthalten, legt die Frage nahe, ob Formeln, wie etwa die folgenden[4]:

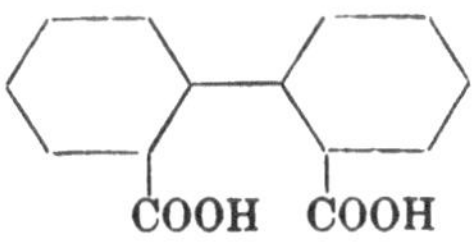

und

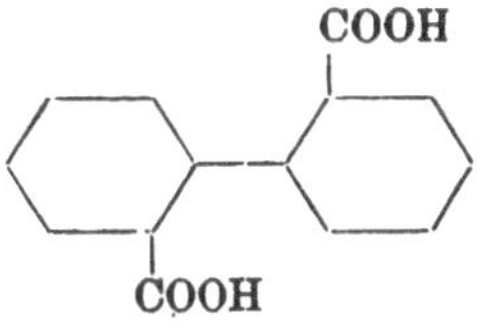

raumisomeren Verbindungen entsprechen, d. h. ob 2.2'-Biderivate des Diphenyls verschieden sind von den 2.6'-Biderivaten, 3.3'-Biderivate verschieden von den 3.5'-Derivaten etc. Diese Frage fällt zusammen mit der allgemeinen Frage: Sind im Diphenyl und seinen Derivaten die beiden Benzolkerne um ihre Verbindungsaxe frei drehbar oder nicht?

Die Frage würde a priori zu bejahen sein, wenn wir die für die Verbindungen der Fettreihe gültigen Anschauungen auf die in Rede stehenden Substanzen übertragen; denn es wird allgemein angenommen, dass einfach mit einander gebundene Kohlenstoffatome um die Richtung der ihre Bindung vermittelnden Valenzen als Axe zu schwingen vermögen (vgl. Bd. I, S. 84). Diese allgemeine Anschauung könnte nun sehr wohl

[1] Täuber, Ber. **24**, 200 (1891); **26**, 1703 (1893).

[2] Täuber, Ber. **25**, 3287 (1892). — Vgl. Michler u. Zimmermann, Ber. **14**, 2178 (1881). [3] Täuber, Ber. **24**, 199 (1891).

[4] Vgl. Täuber, Ber. **23**, 798 (1890); **24**, 200 (1891).

dadurch modificirt werden, dass die fraglichen Kohlenstoffatome bei den Diphenylderivaten Glieder von Benzolringen darstellen, also offenbar compacteren und unbeweglicheren Massen angehören als die Kohlenstoffatome der offenen Ketten. Es erschiene also nicht als ausgeschlossen, dass durch solche Verhältnisse eine Fixirung der beiden Benzolringe gegen einander eintreten und, wenn diese Fixirung in verschiedenen Lagen möglich wäre, das Auftreten von Stereoisomeren beobachtet werden könnte. Abgesehen davon, dass sich nicht voraussagen liesse, wie viele Isomere hier auftreten könnten und welchen sterischen Formelbildern sie entsprechen würden, haben die Thatsachen bisher keinerlei Anhaltspunkte für die Annahme einer derartigen Behinderung der freien Drehbarkeit der Benzolkerne gegen einander ergeben; wir werden daher einstweilen daran festzuhalten haben, dass diese freie Drehbarkeit existirt. Daraus würde sich aber in Uebereinstimmung mit den bei den aliphatischen Verbindungen gemachten Beobachtungen ergeben, dass die durch Diagramme, wie z. B.

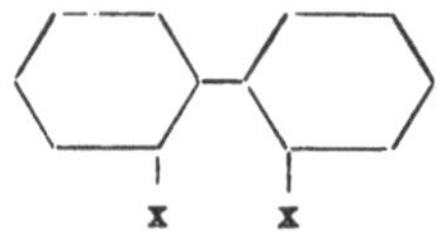

und

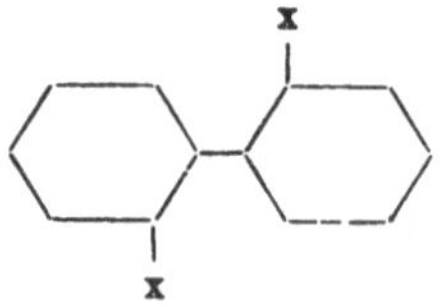

,

ausgedrückten Verschiedenheiten der Substituenten-Vertheilung nicht isomeren Verbindungen entsprechen, sondern nur zwei verschiedene Schwingungsphasen eines und desselben Systems darstellen.

Es lassen sich aber auch experimentell festgestellte Thatsachen anführen, welche für das Vorhandensein dieser freien Drehbarkeit sprechen; als eine solche Thatsache ist die Beobachtung zu betrachten, dass die Diphensäure, welche man in Folge ihrer Entstehung aus Phenanthrenchinon[1] als ein 2.2'-Derivat des Diphenyls

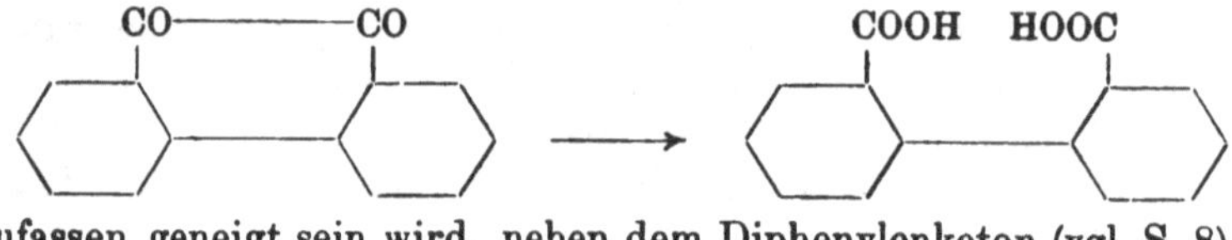

aufzufassen geneigt sein wird, neben dem Diphenylenketon (vgl. S. 8) auch dessen o-Carbonsäure[2]

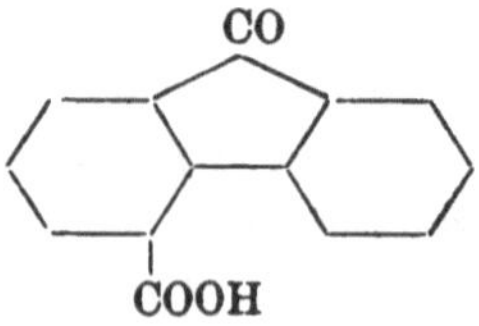

[1] Fittig u. Ostermayer, Ann. **166**, 367 (1873). — Anschütz u. Schultz, Ann. **196**, 50 (1879).

[2] Gräbe u. Mensching, Ber. **13**, 1303 (1880). — Gräbe, Ber. **20**, 849 (1887). — Gräbe u. Aubin, Ann. **247**, 275 (1888).

liefert — eine Verbindung, deren Bildung für die Diphensäure die Formel der 2.6'-Verbindung folgern lässt:

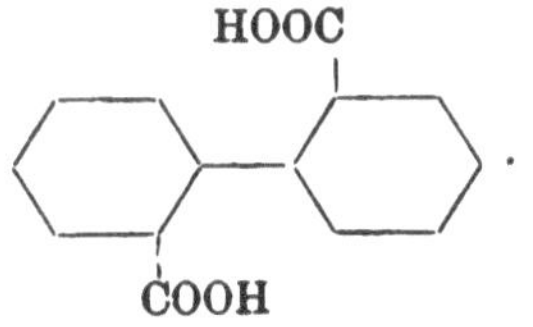

Was die Eigenschaften der Verbindungen der Diphenylreihe anbetrifft, so ist zunächst hervorzuheben, dass der allgemeine Charakter der Benzolabkömmlinge durch die unmittelbare Zusammenkettung zweier Phenylgruppen in keiner Weise modificirt erscheint. Alle Reactionen, welche den aromatischen Charakter jener Substanzen ausmachen, sind auch bei den Diphenylderivaten ausführbar.

Auch hier lassen sich, wie in der Benzolreihe, gewisse Gesetzmässigkeiten beobachten, welche den Eintritt von Substituenten in die Phenylgruppen regeln. In erster Linie tritt das Bestreben zur Bildung von zweifach substituirten Verbindungen hervor, in denen die Substituenten auf beide Kerne vertheilt sind, und zwar wird in den meisten Fällen das Auftreten von 4.4'-Biderivaten — zuweilen neben solchen von der Stellung 2.4' — beobachtet. Diese Gesetzmässigkeit zeigt sich z. B. bei der Nitrirung des Diphenyls, wobei die folgenden zwei Dinitroderivate entstehen[1]:

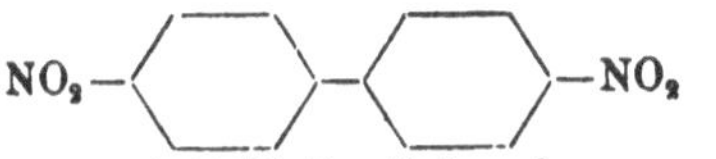

4.4'-Dinitrodiphenyl

und

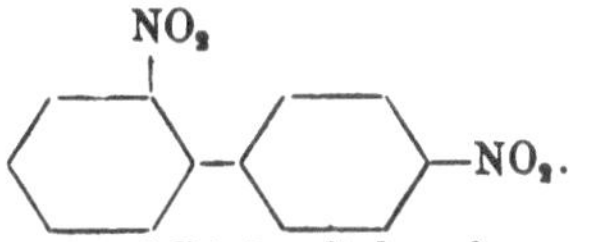

2.4'-Dinitrodiphenyl.

Bei der Einwirkung von Brom auf Diphenyl bildet sich das 4.4'-Dibromdiphenyl[2].

Nur durch geeignete Mässigung der Reaction lassen sich die einfach substituirten Diphenyle herstellen, und auch hier entstehen vorzugsweise die Para-Derivate und daneben die Ortho-Verbindungen[3]. Endlich zeigt sich die oben angeführte Neigung zur Bildung symmetrisch substituirter Produkte auch bei der Einwirkung substituirend wirkender Agentien auf die Monoderivate. So wird das 4-Bromdiphenyl durch Salpetersäure in ein Gemenge von 4.4'- und 4.2'-Bromnitrodiphenyl übergeführt[4]:

---

[1] Fittig, Ann. **124**, 275—289 (1862).

[2] Fittig, Ann. **132**, 201—215 (1864).

[3] Schultz, Ann. **174**, 207, 210 (1874). — Kramers, Ann. **189**, 142 (1877). — Hübner, Ann. **209**, 340 (1881).

[4] Schultz, Ann. **174**, 218, 220 (1874); **207**, 351 (1881).

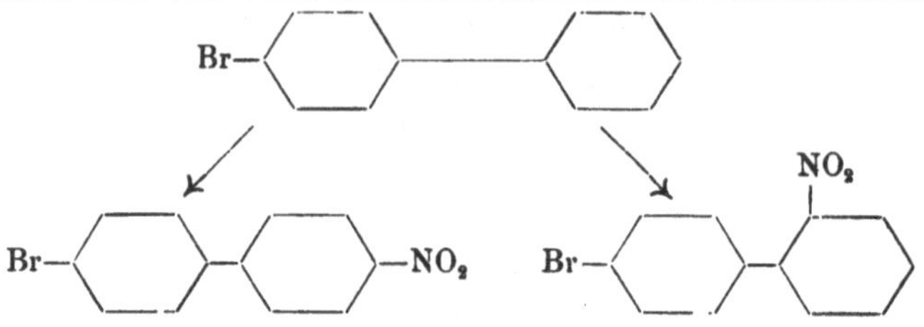

Die Herstellung von Derivaten des Diphenyls, welche die Substituenten in Meta-Stellung zur gemeinsamen Bindestelle der beiden Ringe enthalten, ist durch directe Substitution nicht ausführbar; zur Gewinnung solcher Abkömmlinge ist es erforderlich, als Ausgangsmaterialien Benzolderivate oder auch Derivate complicirterer Ringgebilde zu wählen, in denen die Stellung der Substituenten eine solche ist, dass bei der Bildung des Diphenylderivats die gewünschte Stellung hergestellt wird, wie das aus den weiter unten angeführten Synthesen deutlicher ersichtlich werden wird.

In technischer Beziehung haben die Diphenylverbindungen seit Mitte der achtziger Jahre eine sich stets steigernde Wichtigkeit als Componenten für die Fabrikation von Azofarbstoffen erlangt. Im Jahre 1883 wurde von Böttiger die interessante Beobachtung gemacht, dass die durch Diazotirung des Benzidins und darauffolgende Paarung mit 2 Molecülen einer Azocomponente herstellbaren Farbstoffe, welche wegen ihrer Empfindlichkeit gegen Säuren sich als Wollfarbstoffe als unbrauchbar erwiesen hatten, die bis dahin an keinem bekannten Farbstoff in gleichem Masse beobachtete Fähigkeit aufweisen, aus ihrer Lösung von ungebeizter Baumwolle aufgenommen und fixirt zu werden[1]. Diese Beobachtung eröffnete der Technik die Möglichkeit, Baumwolle ohne Zuhülfenahme von Beizen direct zu färben (vgl. hierzu den Abschnitt: Amido- und Azoverbindungen der Diphenylgruppe, S. 32 ff.).

Bildungsweisen und Vorkommen der Diphenylderivate.

Die bei Weitem wichtigste und ergiebigste Methode zur Gewinnung von Diphenyl und seinen Homologen sowie von deren Abkömmlingen ist die Synthese der Körper dieser Gruppe aus Benzol bezw. dessen Derivaten. Einige Diphenylderivate sind auch durch Abbau complicirter zusammengesetzter cyclischer Verbindungen dargestellt worden. Vereinzelt begegnen wir den Diphenyl-Abkömmlingen unter den Zersetzungsprodukten natürlicher Erzeugnisse; so entsteht eine phenolartige Verbindung der Diphenylreihe, das Sappanin, beim Schmelzen des Sappanholzextracts[2] und ein anderer, später noch eingehender zu besprechender Körper, das Cörulignon, tritt als Nebenprodukt bei der Holzessigfabri-

[1] Vgl. Friedländer, Fortschr. d. Theerf.-Fabr. I, 455 (1888).
[2] Schreder, Ber. 5, 572 (1872).

kation auf[1]; in kleiner Menge findet sich endlich auch das Diphenyl selbst im Steinkohlentheer vor[2]. Auch die letztgenannten Vorkommnisse lassen sich wohl auf Condensationsvorgänge an Benzol bezw. seinen Derivaten zurückführen.

Zur Herstellung von Diphenyl und seinen Derivaten aus Benzolabkömmlingen ist es erforderlich, dass je zwei Molecüle einer Verbindung der letztgenannten Gruppe unter Herstellung einer directen Bindung zwischen zwei Benzolkernen zusammengeschweisst werden. Dieser Vorgang kann in der Weise hervorgerufen werden, dass durch pyrogenetische oder oxydirende Processe Wasserstoff den Benzolkernen entzogen wird, oder dass substituirende Gruppen durch chemische Agentien entfernt, oder endlich dass durch einen Bindungswechsel innerhalb eines Benzolmolecüls eine freie Affinität am Benzolkern geschaffen wird. In allen Fällen werden dann zwei ungesättigte Reste unter directer Vereinigung zweier aromatischer Ringe zu einem Diphenylderivat zusammentreten.

Das Diphenyl selbst ist von Fittig[3] in der Weise dargestellt worden, dass Brombenzol in einem indifferenten Lösungsmittel mit Natrium behandelt wurde:

$$C_6H_5Br + 2Na + BrC_6H_5 = C_6H_5 \cdot C_6H_5 + 2NaBr.$$

Diese Synthese reiht sich mithin an die bereits früher (Bd. II, Th. I, S. 95) beschriebene Methode zur Einführung von Alkylen in das Benzolmolecül an. Sie lässt sich mit dem gleichen Erfolg auch zur Herstellung homologer und substituirter Diphenyle aus den entsprechenden Abkömmlingen des Brombenzols verwenden[4]. So entstehen aus den isomeren Bromtoluolen die entsprechenden Dimethyldiphenyle oder Ditolyle, z. B.

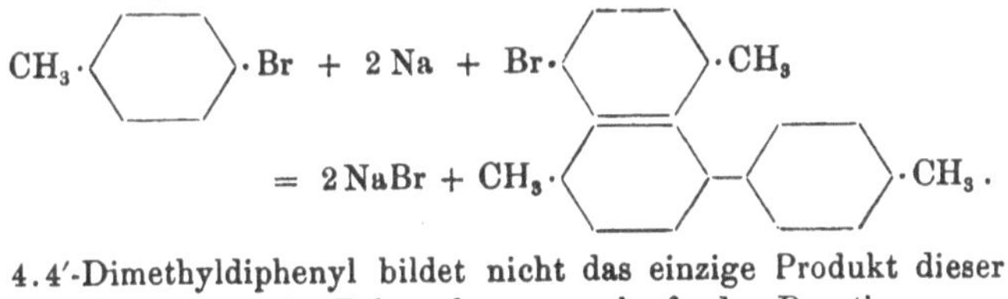

Das 4.4'-Dimethyldiphenyl bildet nicht das einzige Produkt dieser Reaction[5], es entstehen neben diesem in Folge abnorm verlaufender Reactionen noch folgende Verbindungen:

3.4'-Dimethyldiphenyl, 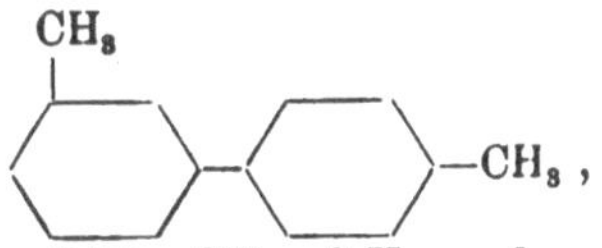

Phenyltolylmethan, $CH_3—C_6H_4—CH_2—C_6H_5$, und

Dibenzyl, $C_6H_5 \cdot -CH_2—CH_2—C_6H_5$.

---

[1] Liebermann, Ann. **169**, 221 (1873).

[2] Fittig u. Büchner, Ber. **8**, 22 (1875). — Schulze, Ber. **17**, 1204 (1884).

[3] Fittig, Ann. **121**, 363 (1862). — Engelhardt u. Latschinoff, Ztschr. Chem. **1871**, 259.

[4] Fittig, Ann. **139**, 178 (1866). — Zincke, Ber. **4**, 396 (1871). — Luginin, Ber. **4**, 514 (1871). — Gillmeister, Ber. **30**, 2849 (1897). — Jannasch u. Kölitz, Ber. **31**, 1745 (1898).

[5] Weiler, Ber. **29**, 111 (1896); **32**, 1056 (1899).

Aus Brommesitylen und Natrium wurde überhaupt kein Diphenylderivat erhalten, sondern nur Abkömmlinge des Diphenylmethans und des Diphenyläthans[1].

Auch zwei verschiedene Benzolverbindungen lassen sich zu einem unsymmetrisch substituirten Diphenylkörper vereinigen, indem man ein Gemenge zweier verschiedener Bromderivate der Benzolreihe anwendet, z. B.[2]

$$C_6H_5Br + CH_3 \cdot C_6H_4Br + Na_2 = C_6H_5—C_6H_4 \cdot CH_3 + 2NaBr;$$

doch treten hierbei nicht nur je zwei verschiedene Molecüle, sondern auch gleichartige Molecüle zusammen, und das Reactionsprodukt ist mithin kein einheitliches.

Eine zweite Darstellungsmethode des Diphenyls ist von Berthelot[3] aufgefunden worden. Sie besteht darin, dass Benzoldämpfe längere Zeit auf hohe Temperaturen erhitzt werden, was am zweckmässigsten in der Weise ausgeführt wird, dass Benzol durch eine rothglühende, mit Bimssteinstücken angefüllte Röhre geleitet wird. Hierbei findet jedoch immer nur ein theilweiser Uebergang des Benzols in Diphenyl statt, so dass es zweckmässig ist, den Apparat derartig einzurichten, dass das unveränderte Benzol immer von Neuem die Röhre passirt[4].

Die hohe Temperatur bewirkt hier eine Abstossung von Wasserstoffatomen aus dem Benzolkern und darauffolgende Vereinigung je zweier Phenylreste.

Auch nach diesem Verfahren lassen sich zwei verschieden substituirte Benzolkerne mit einander vereinigen, wenn man ein Gemenge zweier verschiedener Benzolkohlenwasserstoffe der Erhitzung unterwirft[5]. Eine Beschleunigung der Condensation des Benzols lässt sich dadurch erreichen, dass die Kohlenwasserstoffdämpfe, mit den Dämpfen von Zinntetrachlorid gemischt, durch die erhitzte Röhre hindurchgeleitet werden[6]. Die Wirkung des Chlorids beruht offenbar darauf, dass es den auftretenden freien Wasserstoff fixirt, was daraus hervorgeht, dass das Zinnchlorid bei der Reaction zu Zinnchlorür reducirt wird.

Schon im Jahre 1849 wurde von Laurent und Chancel die Entstehung eines Kohlenwasserstoffs beobachtet, welcher sich durch spätere Untersuchungen als Diphenyl erwies. Diese Verbindung wurde erhalten durch Erhitzen benzoësaurer Salze mit überschüssigem Kalk oder Baryt[7]. Man wird diese Entstehungsweise des Diphenyls am einfachsten durch

[1] Weiler, Ber. **33**, 334 (1900).

[2] Barbier, Ber. **7**, 1548 (1874). — Carnelley, Ber. **8**, 1466 (1875); Jb. **1876**, 419. — Perrier, Bull. [3] **7**, 180 (1892).

[3] Berthelot, Ztschr. Chem. **1866**, 707.

[4] Schultz, Ber. **9**, 547 (1876). — Hübner, Ann. **209**, 339 (1881). — La Coste u. Sorger, Ann. **230**, 5 (1885).

[5] Carnelley, Journ. Soc. **37**, 705 (1880).

[6] Aronheim, Ber. **9**, 1898 (1876). Ann. **194**, 145 (1878). — Smith, Journ. Soc. **30**, 30 (1876). Jb. **1879**, 376. Ber. **12**, 722 (1879).

[7] Chancel, Jb. **1849**, 326. Ann. **80**, 287 (1851). — Laurent u. Chancel, Jb. **1849**, 327. — Brönner, Ann. **151**, 50 (1869). — Pfankuch, J. pr. [2] **6**, 106 (1873). — Barth u. Schreder, Monatsh. **3**, 808 (1882).

die Annahme erklären, dass das zuerst gebildete Benzol bei der hohen Reactionstemperatur einer der oben angeführten analogen Condensation unterliegt, wobei es allerdings nicht unwahrscheinlich ist, dass es gerade diejenigen Stellen des Benzolkerns sind, an denen die Carboxylgruppen hafteten, welche besonders zur Reaction geneigt sind.

Es lässt sich annehmen, dass auch das Auftreten des Diphenyls im Steinkohlentheer auf seine Entstehung aus Benzol unter dem Einfluss hoher Temperaturen zurückzuführen sei.

Während das Benzol und seine Homologen die Condensation zu Diphenyl und dessen Derivaten nur unter dem Einfluss extremer Temperaturen erleiden, sehen wir bei gewissen Abkömmlingen des Benzols eine viel grössere Bereitwilligkeit zu dieser Reaction.

Wir kennen verschiedene Klassen von Benzolderivaten, in welchen einzelne Kernwasserstoffe in Folge des lockernden Einflusses des in Ortho- oder in Para-Stellung zu einem solchen Wasserstoffatom stehenden Substituenten eine sonst im Allgemeinen nicht zu beobachtende Beweglichkeit besitzen. Derartige Verhältnisse weisen z. B. die Phenole in hervorragendem Masse auf. Hier ist es namentlich das in p-Stellung zum Hydroxyl befindliche Wasserstoffatom, welches durch diese Beziehung zum Substituenten eine hervorragende Reactionsfähigkeit gewonnen hat, wie die Einwirkung der salpetrigen Säure (Bd. II, Th. I, S. 456), der Diazoverbindungen (Bd. II, Th. I, S. 396) und viele andere specifische Phenolreactionen zeigen. Aehnliche Verhältnisse treten uns bei den Aminen und zwar namentlich bei den tertiären Aminen der Benzolreihe (Bd. II, Th. I, S. 174 u. 213) entgegen. Es war daher zu erwarten, dass auch die Verkettung zweier Benzolkerne durch directe Bindung bei derartigen Benzolabkömmlingen gegebenen Falls mit besonderer Leichtigkeit eintreten und dass diese Verkettung zur Entstehung von Diphenylderivaten führen werde, welche je einen Substituenten in jedem Benzolkern enthalten, z. B.:

$$HO\cdot C_6H_4\cdot H + H\cdot C_6H_4\cdot OH \longrightarrow HO\cdot C_6H_4\cdot C_6H_4\cdot OH.$$

Die angedeutete Reaction erfordert bei den einfacheren Phenolen, wie beim Phenol selbst und beim Resorcin einen sehr energischen Eingriff; sie gelingt hier erst unter Einwirkung des schmelzenden Alkalis[1]. Die Constitution der entstehenden Produkte ist nicht in allen Fällen aufgeklärt; doch ist durch ihre Ueberführung in Diphenyl festgestellt worden, dass die beschriebene Reaction thatsächlich zu Polyoxyderivaten des Diphenyls führt. In sehr viel deutlicherer Weise zeigt sich aber die Reactionsfähigkeit der Phenole bei Anwendung höher substituirter Körper

[1] Barth, Ann. **156**, 95 (1870). — Lincke, J. pr. [2] **8**, 46 (1873). — Barth u. Schreder, Ber. **11**, 1322 (1878); **12**, 505 (1879). Monatsh. **5**, 597 (1884). — Herzig, Ber. **13**, 2233 (1880). — Benedikt u. Julius, Monatsh. **4**, 223, 236 (1883); **5**, 177 (1884).

dieser Reihe, wie beim Thymol[1] und namentlich bei den leicht oxydirbaren Hydrochinonen[2]. Hier sind es oft schon ganz gelinde wirkende Oxydationsmittel, welche die Condensation zweier Molecüle herbeizuführen vermögen.

Wie die Phenole, so sind auch die Basen der Benzolreihe in einigen Fällen in die entsprechenden Derivate des Diphenyls übergeführt worden. Als Beispiele hierfür seien die Umwandlung des Dimethyl- bezw. Diäthyl-Anilins in Tetramethyl- bezw. Tetraäthyl-Benzidin und des Dimethyl-o-toluidins in Tetramethyltolidin (Tetramethyldiamidodimethyldiphenyl) angeführt[3], z. B.

$$2\,C_6H_5\cdot N(CH_3)_2 = H_2 + (CH_3)_2N\cdot C_6H_4 - C_6H_4\cdot N(CH_3)_2.$$

Weit schwieriger als bei den erwähnten tertiären Basen gelingt die Herstellung der Diphenylbasen aus primären aromatischen Aminen, doch lässt sich auch hier die Reaction bei Anwendung hoher Temperaturen oder durch die Einwirkung oxydirender Agentien durchführen[4].

Einer derartigen Reaction verdankt offenbar eine Base ihre Entstehung, welche von Hofmann aus den sogenannten queues d'aniline isolirt worden ist[5]. Man versteht unter dieser Bezeichnung die hochsiedenden Rückstände, welche bei der Anilinfabrikation erhalten werden. Aus ihnen gewann Hofmann durch Behandlung mit Schwefelsäure das schwerlösliche Sulfat einer Base, welche er als Xenylamin bezeichnete und welcher nach späteren Untersuchungen die Formel eines 4-Amidodiphenyls, $C_6H_5\cdot C_6H_4\cdot NH_2$, zukommt[6].

Das Dimethylanilinoxyd, $C_6H_5\cdot N(CH_3)_2O$, geht gleichfalls theilweise in Tetramethylbenzidin über, wenn es mit salpetriger Säure behandelt wird[7].

Wie die Amine, so sind auch Azoverbindungen als Ausgangsmaterialien zur Herstellung der entsprechenden dimolecularen Körper benutzt worden. So geben die Benzolazonaphtalinderivate vom Typus: $C_6H_5\cdot N:N\cdot R$ oder $CH_3O\cdot C_6H_4\cdot N:N\cdot R$ (wo R den Rest eines Naphtalinderivats bezeichnet) bei der Oxydation mit Braunstein oder mittelst des elektrischen Stroms die entsprechenden Disazoverbindungen eines p-Diamins der Diphenylreihe[8]:

$$\begin{matrix} C_6H_5\cdot N:N\cdot R \\ C_6H_5\cdot N:N\cdot R \end{matrix} + O = \begin{matrix} C_6H_4\cdot N:N\cdot R \\ | \\ C_6H_4\cdot N:N\cdot R \end{matrix} + H_2O.$$

Als ein weiteres zur Diphenyldarstellung geeignetes Material haben sich die Diazoverbindungen der Benzolreihe erwiesen, und zwar lassen sich diese in verschiedener Weise in Abkömmlinge des Diphenyls

[1] Dianin, vgl. Beilstein, Handb. d. organ. Chem. 3. Aufl., 2. Bd., S. 996.

[2] Hofmann, Ber. **11**, 335, 801 (1878). — Nietzki, Ber. **11**, 1280 (1878). Ann. **215**, 161 (1882). — Benedikt, Monatsh. **1**, 345 (1880). — Weselsky u. Benedikt, Monatsh. **2**, 215 (1881). — Tiemann, Ber. **18**, 3493 (1885). - Brunner, Monatsh. **10**, 174 (1889). — Noelting u. Werner, Ber. **23**, 3246 (1890). — Nietzki u. Bernhard, Ber. **31**, 1334 (1898).

[3] Michler u. Pattinson, Ber. **14**, 2162, 2164 (1881). — Michler u. Sampaio, Ber. **14**, 2167 (1881). — Vgl. auch Michler u. Pattinson, Ber. **17**, 115 (1884). — Giraud, Bull. [3] **1**, 692 (1889). — Perrier, Bull. [3] **1**, 692 (1889). — Lauth, Bull. [3] **5**, 59 (1891).

[4] Bernthsen, Ber. **19**, 421 (1886). — Vgl. auch Kerschbaum, Ber. **28**, 2800 (1895).

[5] Hofmann, Jb. **1862**, 344.

[6] Schultz, Ann. **174**, 212 (1874). — Hübner, Ann. **209**, 342 (1881).

[7] Bamberger u. Tschirner, Ber. **32**, 1898 (1899).

[8] Badische Anilin- u. Sodafabrik, D. R.-Pat. Nr. 84893, 87976, 88595, 88596, 88597.

überführen (vgl. auch Bd. II, Th. I, S. 295). So wurde festgestellt, dass das Diazoamidobenzol beim Erhitzen für sich oder mit einem indifferenten Mittel, wie Paraffin, unter Stickstoffentwickelung ein Gemisch verschiedener Substanzen ergiebt, aus welchem neben Diphenylamin, 2- und 4-Amidodiphenyl isolirt werden konnten[1].

Das Diazobenzolsulfat liefert bei der Einwirkung von Kupferpulver oder Zinkstaub auf seine alkoholische Lösung Diphenyl[2]; ebenso verhält sich eine concentrirte Eisessiglösung des festen Diazobenzolsulfats, wenn man ihr bei gewöhnlicher Temperatur Kupferpulver zusetzt[3]:

$$2\,C_6H_5\cdot N_2\cdot SO_4H + Cu = C_6H_5{-}C_6H_5 + 2\,N_2 + Cu(SO_4H)_2.$$

Auch Zinnchlorür und Salzsäure führen die Diazobenzolsalze in Diphenyl über[4].

Der wichtigste hierher gehörige Process ist jedoch die von Möhlau und Berger, von Kühling und von Bamberger aufgefundene Reaction zur Einführung von Resten aromatischer Kohlenwasserstoffe in den Benzolkern, weil dieser Vorgang die Herstellung beliebig substituirter Diphenyle gestattet. Die Reaction wurde von Möhlau und Berger mit Hülfe des Aluminiumchlorids in der Weise ausgeführt, dass dieses Condensationsmittel auf das in dem Benzolkohlenwasserstoff suspendirte Diazobenzolsalz zur Einwirkung gebracht wurde[5] (vgl. Bd. II, Th. I, S. 295):

$$C_6H_5\cdot N_2\cdot Cl + C_6H_6 = C_6H_5{-}C_6H_5 + N_2 + HCl.$$

Sehr leicht findet die Condensation zwischen Diazobenzolchlorid und einer alkalischen Lösung von Nitrosophenol statt[6], wobei nicht nur einer, sondern sogar zwei Benzolreste in den Kern des Nitrosophenols einzutreten vermögen unter Bildung von:

Phenylnitrosophenol:

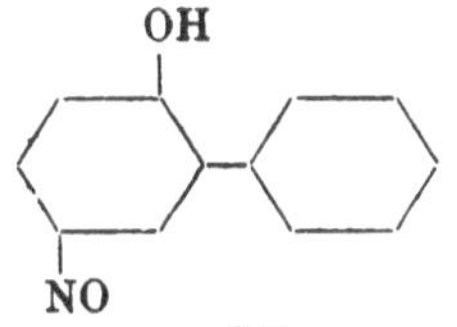

und

Diphenylnitrosophenol:

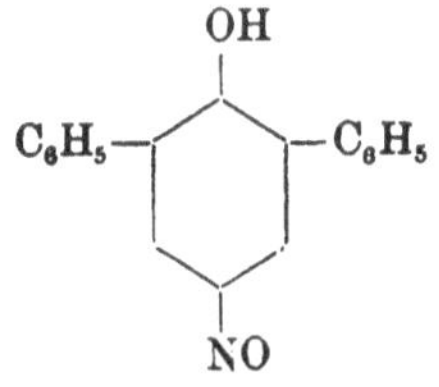

[1] Heusler, Ann. **260**, 227—250 (1890). — Hirsch, Ber. **25**, 1974 (1892).

[2] Gattermann u. Ehrhardt, Ber. **23**, 1226 (1890).

[3] Knövenagel, Ber. **28**, 2049 (1895).

[4] Culman u. Gasiorowski, J. pr. [2] **40**, 103, 104, 107 (1889). — Vgl. auch O. Fischer u. Hepp, Ber. **20**, 2478 (1887). — Oddo u. Curatolo, Gazz. chim. **25**, 1, 126 (1895).

[5] Möhlau u. Berger, Ber. **26**, 1994—2004 (1893).

[6] Borsche, Ber. **32**, 2935 (1899). Ann. **312**, 211 (1900).

KÜHLING zeigte, dass die Isodiazoverbindungen (vgl. Bd. II, Th. I, S. 297, 402 Anm.), wenn sie gleichzeitig der Einwirkung eines aromatischen Kohlenwasserstoffs und eines Säurechlorids ausgesetzt werden, in Abkömmlinge des Diphenyls übergehen. So bildet sich z. B. aus dem p-Nitroisodiazobenzolkalium und Benzol in Gegenwart von Acetylchlorid oder einem anderen organischen Säurechlorid das 4-Nitrodiphenyl[1]:

$$NO_2 \cdot C_6H_4 \cdot N_2OK + C_6H_6 + CH_3 \cdot COCl = NO_2 \cdot C_6H_4 - C_6H_5 + N_2 + KCl + CH_3 \cdot COOH.$$

Der Process verläuft mithin in der Weise, dass der Rest des in den Benzolkern eintretenden Kohlenwasserstoffs dieselbe Stelle einnimmt, welche in dem Ausgangsmaterial von der Isodiazogruppe besetzt war. Die Reaction ist aber nicht nur auf Kohlenwasserstoffe beschränkt, sondern sie gestattet auch die Einführung substituirter Kohlenwasserstoffreste in das Benzol, wie die Darstellung des p-Nitrophenylbenzaldehyds, der p-Nitrophenylbenzoësäure, des p-Nitrophenylacetophenons und des p-Nitrophenylbenzylalkohols aus p-Nitroisodiazobenzolkalium einerseits und Benzaldehyd, Benzoësäure, Acetophenon und Benzylalkohol andererseits zeigt[2].

BAMBERGER endlich arbeitete mit freien Isodiazobenzolhydraten und zeigte, dass diese äusserst reactionsfähigen Verbindungen schon in der Kälte den Ersatz der Isodiazogruppe durch die einwerthigen Reste aromatischer Körper gestatten[3]. Die Reaction verläuft ohne jedes Condensationsmittel und besteht also lediglich in dem Ersatz der Isodiazogruppe unter Stickstoffentwickelung durch den einwerthigen Rest eines aromatischen Kohlenwasserstoffs bezw. eines seiner Derivate, z. B.

$$NO_2 \cdot C_6H_4(N_2OH) + C_6H_6 = H_2O + N_2 + NO_2 \cdot C_6H_4 - C_6H_5.$$

Dem Isodiazobenzol analog verhält sich das Nitrosoacetanilid (vgl. Bd. II, Th. I, S. 190)[4].

Die praktisch weitaus wichtigste Methode zur Herstellung von Abkömmlingen des Diphenyls ist die zur Entstehung von Diamidodiphenylen führende Umlagerung der Hydrazobenzole unter dem Einfluss saurer Agentien.

Die Umlagerung, welche bereits an einer früheren Stelle dieses Buches (Bd. II, Th. I, S. 273) besprochen worden ist, bietet ausser in theoretischer Hinsicht auch in Beziehung auf die Gewinnung technisch wichtiger Substanzen grosses Interesse, da die so entstehenden Diamidodiphenyle als Componenten für die Herstellung von Disazofarbstoffen von

[1] KÜHLING, Ber. **28**, 41—43 (1895). — Vgl. auch KÜHLING, Ber. **29**, 165—169 (1896).

[2] KÜHLING, Ber. **28**, 523—527 (1895).

[3] BAMBERGER, Ber. **28**, 403—407 (1895). — Vgl. auch HIRSCH, Ber. **23**, 3708 (1890). — BAMBERGER, Ber. **29**, 465 (1896). — BAMBERGER u. KRAUS, Ber. **29**, 272—286 (1896).

[4] BAMBERGER, Ber. **30**, 368 (1897). — Vgl. auch BAMBERGER u. MÜLLER, Ann. **313**, 128 (1900).

hohem Werth für die Farbstoffindustrie geworden sind, wie bereits angedeutet wurde (S. 12).

Die erste Kenntniss der in Rede stehenden Reaction der Hydrazoverbindungen verdanken wir einer Beobachtung von ZININ[1], welcher zeigte, dass das Azobenzol bei der Einwirkung von alkoholischem Schwefelammonium, Auflösen des auskrystallisirten Reactionsprodukts in Alkohol und Versetzen der Lösung mit Schwefelsäure in der Hitze das schwer lösliche Sulfat einer Base liefert, welche er Benzidin nannte. Das Benzidinsulfat entsteht auch beim Behandeln von Azobenzol oder Azoxybenzol mit schwefliger Säure und Alkohol[2]:

$$C_6H_5\cdot N:N\cdot C_6H_5 + H_2SO_3 + H_2O = H_2N\cdot C_6H_4-C_6H_4\cdot NH_2,\ H_2SO_4.$$

Die reducirende Wirkung der hier angewandten Agentien liess voraussetzen, dass Hydrazobenzol als Zwischenprodukt bei der Reaction gebildet werde. Diese Annahme wurde von A. W. HOFMANN[3] durch den Versuch bestätigt. Es zeigte sich, dass das Hydrazobenzol unter der Einwirkung von Mineralsäuren ausserordentlich leicht die Umlagerung in ein Diphenylderivat erleidet, ein Vorgang, welcher einen Zerfall des Hydrazobenzolmolecüls und darauf folgende Wiedervereinigung der Theile in anderer Gruppirung voraussetzt (s. die Formulirung dieses Vorgangs Bd. II, Th. I, S. 273). FITTIG[4] zeigte, dass das Benzidin auch bei der Reduction des durch Nitriren von Diphenyl entstehenden Dinitrodiphenyls entsteht.

Die Bildung des Benzidins aus Hydrazobenzol schliesst sich in ihrem eigenthümlichen Verlauf eng an diejenigen Umlagerungsprocesse an, bei denen ein Substituent der NH_2-Gruppe mit einem Kernwasserstoffatom den Platz tauscht (vgl. Bd. II, Th. I, S. 341). Auch hier hat sich in Analogie mit den früher beschriebenen Reactionen die Regel ergeben, dass bei dem Vorhandensein von freien Parastellungen in den beiden im Hydrazobenzol enthaltenen Benzolkernen die Umlagerung vorzugsweise so verläuft, dass diese Parakohlenstoffe ihre Wasserstoffatome an die Imidgruppen abgeben und in directe Bindung mit einander treten.

Das Hauptprodukt dieser Umlagerung des Hydrazobenzols — das Benzidin[5] — ist mithin das 4.4'-Diamidodiphenyl.

Von den vielfachen Mitteln, welche, ausser den Mineralsäuren, zur Herstellung des Benzidins aus Hydrazo- bezw. Azobenzol Verwendung gefunden haben[6], sei hier nur die Einwirkung der Säurechloride bezw. Säureanhydride erwähnt, welche zur

[1] J. pr. **36**, 93 (1845).
[2] ZININ, Ann. **85**, 328 (1853).
[3] Jb. **1863**, 424.
[4] Ann. **124**, 280 (1862).
[5] Betreffs der Constitution des Benzidins vgl. S. 7.
[6] z. B. ZININ, Ann. **137**, 376 (1866). — WERIGO, Ann. **165**, 202 (1873).

Bildung zweifach acylirter Benzidine führt[1]. So entsteht aus Hydrazobenzol und Benzoylchlorid Dibenzoylbenzidin:

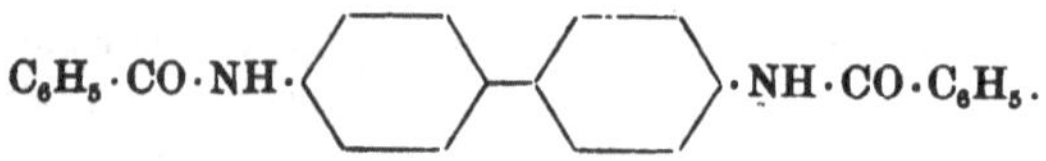

Für präparative Zwecke erweist es sich als zweckmässig, als Ausgangskörper für die Benzidingewinnung nicht das Hydrazobenzol, sondern das Azobenzol zu verwenden und dieses mit einem gleichzeitig reducirenden und umlagernden Agens zu behandeln. Da die Umlagerung in die Diphenylbase vorzugsweise durch Säuren bewirkt wird, so ergiebt sich, dass man ein in saurer Lösung wirkendes Mittel, wie Zinnchlorür und Salzsäure, anzuwenden hat[2]. In gleicher Weise wirkt auch die elektrolytische Reduction des Azobenzols in saurer Lösung[3].

Von grosser Wichtigkeit für die Kenntniss des Vorganges, welcher sich bei dem Uebergang der Azo- bezw. Hydrazobenzole in Abkömmlinge des Diphenyls vollzieht, sind die Arbeiten von Schultz gewesen[4]. Die genaue Aufarbeitung der Produkte, welche bei der Einwirkung von Zinn und Salzsäure auf die alkoholische Lösung des Azobenzols auftreten, zeigte, dass neben dem Benzidin noch eine zweite, damit isomere Verbindung entsteht, welche gleichfalls ein Diamidodiphenyl ist. Die Constitution dieses zweiten Diamidodiphenyls oder Diphenylins ist in folgender Weise festgestellt worden[5]. Bei der gemässigten Nitrirung des Diphenyls entstehen zwei Mononitrodiphenyle, deren eines als p-Verbindung charakterisirt worden ist, während das zweite Produkt als 2-Nitrodiphenyl anzusehen ist, denn durch Reduction, Diazotiren und Ersatz der Diazogruppe durch Brom geht es in ein Bromdiphenyl über, dessen Oxydation o-Brombenzoësäure liefert. Dieser somit als 2-Nitrodiphenyl:

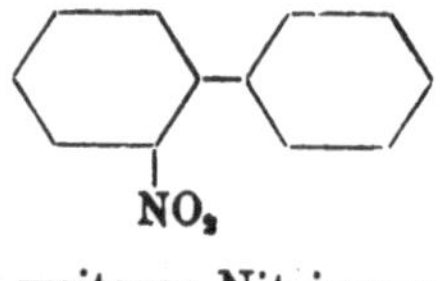

erkannte Körper ergiebt bei weiterer Nitrirung ein Dinitrodiphenyl, dessen Reductionsprodukt mit dem Diphenylin identisch ist. Die zweite Nitrogruppe dieses Dinitrodiphenyls, das demnach in seiner Stellung dem Diphenylin entspricht, muss nun im zweiten Kern in der p-Stellung sich befinden; denn durch gemässigte Reduction entsteht daraus ein Nitroamidodiphenyl, welches nach Austausch von NH_2 gegen Br und darauf folgende Oxydation p-Brombenzoësäure liefert. Sämmtliche hier be-

[1] Stern, Ber. **17**, 379 (1884). — Bandrowski, Ber. **17**, 1181 (1884).
[2] Schmidt u. Schultz, Ann. **207**, 330 (1881).
[3] Löb, Ber. **33**, 2329 (1900).
[4] Schultz, Ann. **207**, 311—320 (1881). — Schmidt u. Schultz, Ann. **207**, 330 (1881). — Schultz, Schmidt u. Strasser, Ann. **207**, 350 (1881).
[5] Schultz, Schmidt u. Strasser, Ann. **207**, 348—360 (1881).

sprochenen Körper, zu denen auch das Diphenylin gehört, sind mithin o.p'- oder 2.4'-Derivate des Diphenyls, und dem Diphenylin kommt die folgende Formel zu:

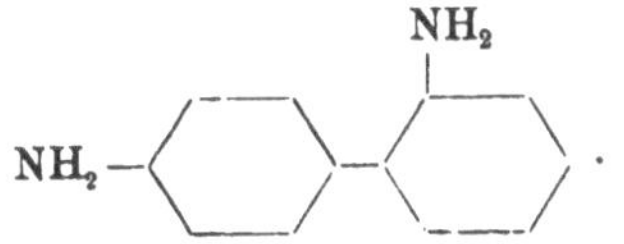

Die Benzidinumlagerung des Hydrazobenzols hat sich als eine Reaction erwiesen, welche ganz allgemein auf solche Abkömmlinge des Hydrazobenzols anwendbar ist, in welchen beide Benzolkerne in der Parastellung zur Imidgruppe ein substituirbares Wasserstoffatom tragen, während die an anderen Stellen dieser Benzolkerne befindlichen Substituenten keine Behinderung der Umlagerung bedingen. Es ist auf diesem Wege eine ganze Reihe von Benzidinabkömmlingen gewonnen worden, so erhält man aus den folgenden Nitrobenzolderivaten nach der Reduction zu den entsprechenden Azo- bezw. Hydrazo-Verbindungen die in Beziehung auf die Substituenten analog constituirten Benzidinkörper:

aus	m-Chlornitrobenzol . .	2.2'-Dichlorbenzidin[1],
	m-Bromnitrobenzol . .	2.2'-Dibrombenzidin[2],
	m-Nitrobenzolsulfosäure .	2.2'-Benzidindisulfosäure[3],
	m-Nitrobenzoësäure . .	2.2'-Benzidindicarbonsäure[4],
	o-Nitrobenzoësäure . .	3.3'-Benzidindicarbonsäure[5],
	m-Nitrodimethylanilin .	2.2'-Tetramethyldiamidobenzidin[6],
	o-Nitrophenetol . . .	3.3'-Diäthoxybenzidin[7],
	m-Nitrotoluol	2.2'-Dimethylbenzidin oder m-Tolidin[8],
	o-Nitrotoluol	3.3'-Dimethylbenzidin oder o-Tolidin[9].

Ganz in derselben Weise gelingt die Reaction auch bei unsymmetrisch substituirten Azo- bezw. Hydrazobenzolen[10], sowie bei beliebig höher substituirten Azobenzolen mit freien Parastellungen.

In vielen Fällen haben sich neben den stets als Hauptprodukt auftretenden Benzidinen auch die entsprechend substituirten Diphenylinbasen isoliren lassen.

---

1 Laubenheimer, Ber. **8**, 1625 (1875). — Schultz, Ber. **17**, 465 (1884).
2 Gabriel, Ber. **9**, 1407 (1876). 3 Limpricht, Ann. **261**, 311 (1891).
4 Griess, Ber. **7**, 1609 (1874).
5 Paal, Ber. **24**, 3059 (1891).
6 Lauth, Compt. rend. **114**, 1208 (1892). — Noelting u. Fourneaux, Ber. **30**, 2940 (1897).
7 Schmitt u. Möhlau, J. pr. [2] **18**, 204 (1878).
8 Goldschmidt, Ber. **11**, 1626 (1878). — Buchka u. Schachtebeck, Ber. **22**, 837 (1889). — Jacobson u. Fabian, Ber. **28**, 2553 (1895).
9 Petriew, Ztschr. Chem. **1870**, 265. Ber. **6**, 557 (1873). — Schultz, Ber. **17**, 467 (1884).
10 Weinberg, Ber. **20**, 3171—3178 (1887). — Hirsch, Ber. **23**, 3222 (1890). — Paal u. Fritzweiler, Ber. **25**, 3598 (1892). — Jacobson, Ber. **28**, 2541 (1895).

Die von Schultz entdeckte Bildung des Diphenylins als Nebenprodukt der Benzidinumlagerung liess erwarten, dass in allen Fällen, wo nur eine Parastelle zu der Hydrazogruppe des als Ausgangssubstanz dienenden Hydrazokörpers frei wäre, lediglich die Diphenylinbase sich bilden müsse, da für die Entstehung einer derartigen Verbindung ein solcher Hydrazokörper noch geeignet erscheint, während ein Benzidin sich daraus in normaler Weise nicht mehr bilden könnte, denn

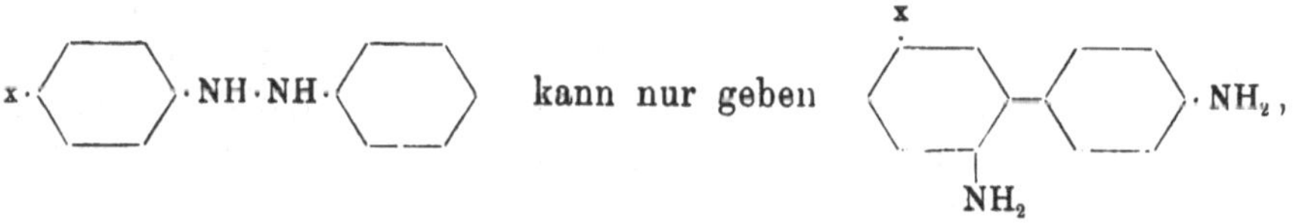

d. h. ein Substitutionsprodukt des Diphenylins, während das Erforderniss zur Bildung des Benzidinkörpers die Freiheit der Parastellung in beiden Benzolkernen ist.

Dieser Erwägung folgend, hat man die durch Reduction und Behandeln mit sauren Agentien aus den in einer Parastellung substituirten Azobenzolen entstehenden Basen als Verbindungen aus der Gruppe der Diphenylverbindungen betrachtet, bis die Bd. II, Th. I, S. 274 beschriebene „Semidinumlagerung" aufgefunden wurde. Die im Anschluss an die Auffindung dieses neuen Umlagerungsprocesses unternommenen systematischen Untersuchungen[1] über die Umlagerung von Hydrazokörpern mit verschiedenen Parasubstituenten haben ergeben, dass die Art der Umlagerung sehr wesentlich durch die Natur des Parasubstituenten beeinflusst wird. Als Hauptreaction tritt die Diphenylumlagerung bei den Parasubstituenten $—N(CH_3)_2$ und $—O·CO·CH_3$ (im letzteren Fall gleichzeitig unter Abspaltung der Acetylgruppe) ein:

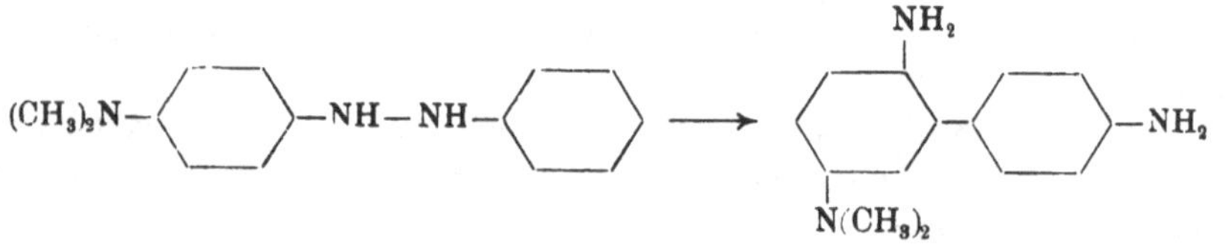

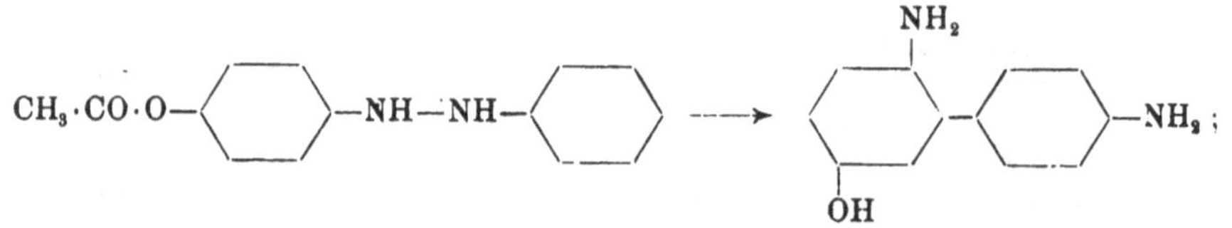

stehen Halogenatome in der Parastellung, so findet Diphenylumlagerung in ungefähr gleichem Betrag wie Semidinumlagerung statt. Die Substituenten $—O·C_2H_5$ und $—NH·CO·CH_3$ dagegen lassen ausschliesslich die Semidinumlagerung zu Stande kommen.

[1] Jacobson, Ann. **303**, 290 (1898).

Gewisse Parasubstituenten aber — vor allem die Carboxylgruppe — können bei dem Umlagerungsprocess auch abgespalten werden und ermöglichen dann durch ihren Austritt die Bildung des Benzidins:

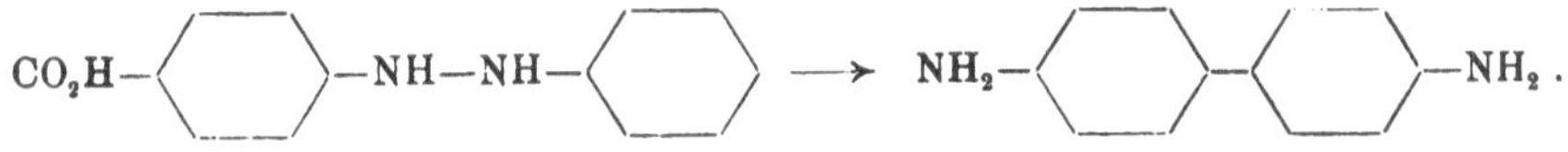

Sind beide Parastellen zur Hydrazogruppe besetzt, so kann — wenn keine Abspaltung bei der Umlagerung erfolgt — weder ein Diamin von Benzidinstellung, noch von Diphenylinstellung entstehen. Man könnte erwarten, dass in solchen Fällen jeder Benzolkern je ein Ortho-Wasserstoffatom zu den Stickstoffatomen wandern lassen kann:

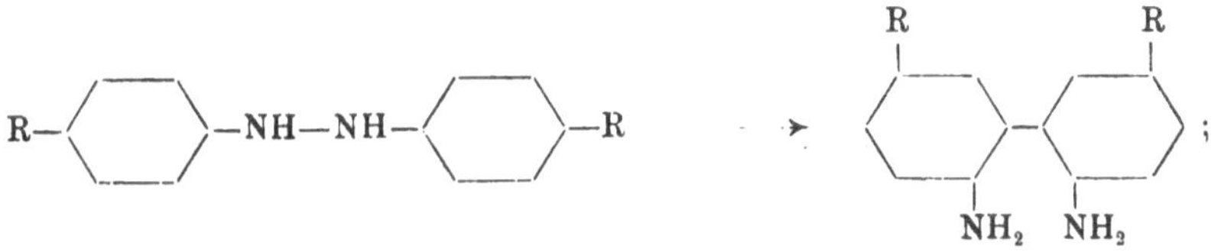

doch ist ein solcher Reactionsverlauf bisher in keinem einzigen Falle nachgewiesen[1].

Die bisher behandelten synthetischen Processe zur Herstellung von Verbindungen der Diphenylreihe beruhen sämmtlich auf dem Princip der Verkuppelung zweier schon vorher fertig gebildeter Benzolkerne mit einander. Eine gleichzeitige Bildung eines Benzolrings findet z. B. bei der Synthese von Phenylisophtalsäure[2] oder 3.5-Diphenyldicarbonsäure,

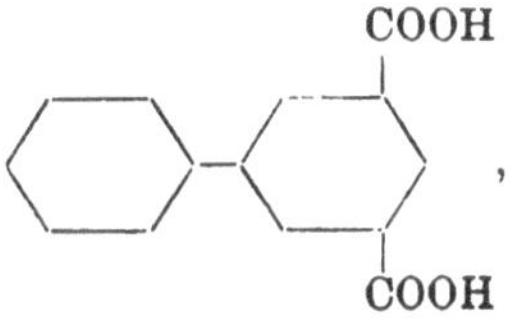

aus Benzaldehyd und Brenztraubensäure nach der Doebner'schen Isophtalsäure-Synthese (vgl. Bd. II, Th. I, S. 80) statt. In ähnlicher Weise wird durch Condensation von Nitromalonsäurealdehyd mit Benzylmethylketon in schwach alkalischer Lösung 2-Oxy-5-nitrodiphenyl gewonnen[3]:

[1] Nachdem Täuber [Ber. **25**, 1019 (1892)] für die aus p-Azotoluol entstehende Base die Constitution eines o-Semidins nachgewiesen hat, dürften auch die analog von G. Schultz aus p-Dichlorazobenzol und p-Dibromazobenzol erhaltenen Basen [Ber. **17**, 464—466 (1884)] sich als o-Semidine erweisen, wofür auch schon die von Schultz beobachtete Bildung eines Azimids aus der gebromten Base spricht.

[2] Doebner, Ber. **23**, 2381 (1890); **24**, 1750 (1891).

[3] Hill, Ber. **33**, 1241 (1900).

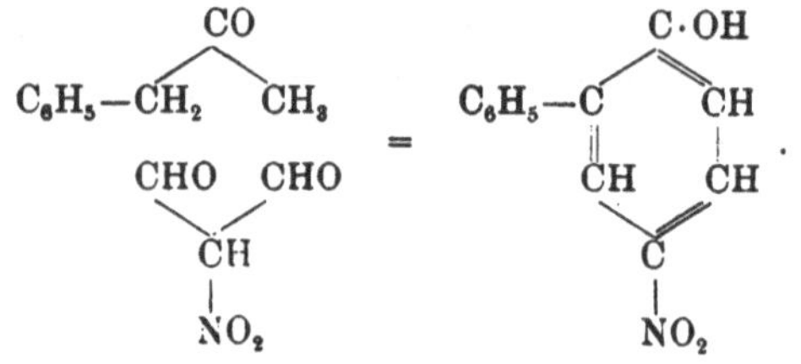

An die beschriebenen synthetischen Processe zur Darstellung von Diphenyl und seinen Abkömmlingen reihen sich diejenigen Vorgänge an, bei welchen die Verbindungen dieser Gruppe als Abbauprodukte complicirter zusammengesetzter mehrkerniger Systeme auftreten. Es wurde schon S. 8 u. 10 auf die genetischen Beziehungen der Diphensäure zum Phenanthrenchinon bezw. Phenanthren, sowie auf die Verwandtschaft der o-Phenylbenzoësäure oder Diphenylcarbonsäure(2) zum Diphenylenketon bezw. Fluoren hingewiesen. Dieselbe Reaction, welche vom Phenanthrenchinon aus zur Diphensäure führt, liefert bei ihrer Anwendung auf substituirte Phenanthrenchinone entsprechend substituirte Diphensäuren[1]; ebenso entstehen aus substituirten Diphenylenketonen die Derivate der o-Phenylbenzoësäure[2].

Von weiteren Uebergängen aus der Phenanthrenreihe in diejenige des Diphenyls ist der folgende von theoretischem Interesse.

Das Monoxim des Phenanthrenchinons[3] von der Formel I erleidet unter dem Einfluss von Salzsäure die sogenannte Beckmann'sche Umlagerung (vgl. Bd. I, S. 391; Bd. II, Th. I, S. 505—506), d. h. die Gruppe C : NOH wird umgewandelt in CO·NH—. Es entsteht mithin durch Einschiebung eines Stickstoffatoms in den Chinonring des Phenanthrenchinons die Verbindung der Formel II:

I: 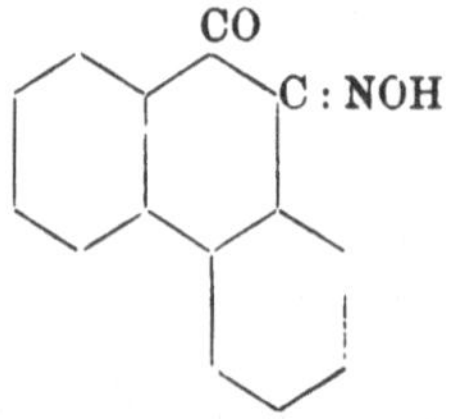 II: 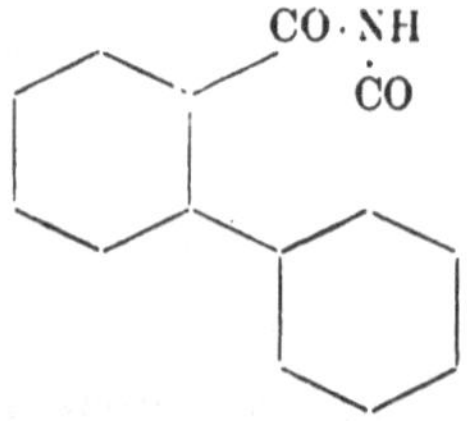

Dieser Körper ist nichts anderes als das Imid der Diphensäure, aus welchem durch Verseifung die Säure selbst gewonnen werden kann.

Wie das Diphenyl bei der Oxydation unter Zerstörung eines Benzolkerns in Benzoësäure übergeht, so lassen sich aus mehrfach phenylirten Benzolen durch theilweisen Abbau Diphenylcarbonsäuren gewinnen[4]. So liefert das p-Diphenyl-

---

[1] Ostermayer, Ber. **7**, 1091 (1874). — Struve, Ber. **10**, 75 (1877). — Strasburger, Ber. **16**, 2347 (1883).

[2] Städel, Ber. **28**, 111 (1895). — Gräbe u. Schestakow, Ann. **284**, 306 (1895). — Heyl, Ber. **31**, 3033 (1898). J. pr. [2] **59**, 456, 461, 462 (1899).

[3] Wegerhoff, Ber. **21**, 2356 (1888). Ann. **252**, 14—43 (1889).

[4] Schultz, Ann. **174**, 213 (1874). — Schmidt u. Schultz, Ann. **203**, 132 (1880).

benzol 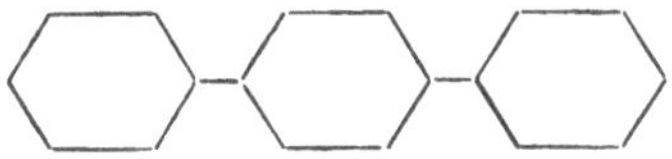 als erstes Oxydationsprodukt Diphenylcarbonsäure(4)

welche bei weiterem Angriff oxydirender Mittel in Terephtalsäure

übergeführt werden kann.

Endlich hat sich der Abbau hochmolecularer Kohlenwasserstoffe, wie des Retens[1], zu Diphenylabkömmlingen als geeignet zur Constitutions-Ermittelung dieser Kohlenwasserstoffe erwiesen, weshalb bei Besprechung der letzteren auf diese Reactionen zurückzukommen sein wird.

Specielle Uebersicht der Verbindungen der Diphenylgruppe.

Das Diphenyl und seine Homologen.

Die Kohlenwasserstoffe der Diphenylreihe besitzen die allgemeine Formel C_nH_{2n-14}; sie sind unzersetzt destillirbar und grösstentheils bei gewöhnlicher Temperatur flüssig, mit Ausnahme der folgenden Glieder, welche höhere Schmelzpunkte aufweisen:

Diphenyl 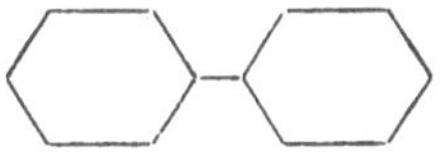, Schmelzpunkt 70·5°

4.4'-Dimethyldiphenyl (Di-p-tolyl)  „ 121°

2.5.2'.5'-Tetramethyldiphenyl (Di-p-xylyl) 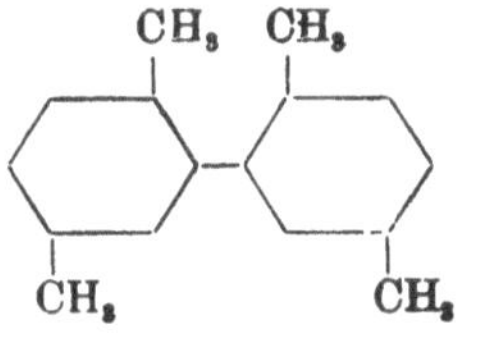 „ 125°

Es zeigt sich also bei diesen homologen Körpern ein scheinbar regelloses Ansteigen und Sinken der Schmelzpunkte. Im Gegensatz hierzu findet bei den Siedepunkten mit steigendem Moleculargewicht ein regelmässiges Anwachsen statt.

Der wichtigste Repräsentant der Gruppe ist das **Diphenyl** selbst (vgl. Tabelle Nr. 72). Es bildet glänzende Blätter oder monokline Tafeln. Das specifische Gewicht beträgt in festem Zustande 1·165. Es löst sich ziemlich leicht in Alkoholen.

---

[1] Bamberger u. Hooker, Ber. **18**, 1035 (1885).

Darstellung[1]. Die Dämpfe von in einem geräumigen Kolben im Wasserbad zum Sieden erhitztem Benzol werden durch eine in einem gut heizenden Verbrennungsofen auf starke Rothgluth erhitzte eiserne Röhre geleitet, welche mit Bimssteinstücken angefüllt ist. Wenn alles Benzol abdestillirt ist, giebt man das Destillat wieder in den Kolben zurück und lässt die Dämpfe von Neuem die Röhre passiren.

In der folgenden Tabelle sind das Diphenyl, seine wichtigsten Halogen-, Nitro- und Sulfo-Derivate und seine Homologen zusammengestellt.

Tabelle Nr. 72.

Formel	Bezeichnung	Schmelzpunkt	Siedepunkt
$C_{12}H_{10}$	Diphenyl[1—30]	70·5°	254°
$C_{12}H_9Cl$	2-Chlordiphenyl[31]	34°	267—268°
$C_{12}H_9Cl$	3-Chlordiphenyl[32]	89°	—
$C_{12}H_9Cl$	4-Chlordiphenyl[31.33.34]	75·5°	282°
$C_{12}H_9Br$	2-Bromdiphenyl[35]	—	296—298°
$C_{12}H_9Br$	4-Bromdiphenyl[17.36]	89°	310°
$C_{12}H_8Cl_2$	4.4′-Dichlordiphenyl[37—39]	148°	315°
$C_{12}H_8Br_2$	4.4′-Dibromdiphenyl[38.40]	164°	355—360°
$C_{12}H_8J_2$	4.4′-Dijoddiphenyl[41]	202°	—
$C_{12}H_8F_2$	4.4′-Difluordiphenyl[42—44]	88—89°	254—255°
$C_{12}H_9 \cdot NO_2$	2-Nitrodiphenyl[45.46]	37°	320°
$C_{12}H_9 \cdot NO_2$	4-Nitrodiphenyl[47—50]	113°	340°
$C_{12}H_8(NO_2)_2$	2.2′-Dinitrodiphenyl[51.52]	124°	—
$C_{12}H_8(NO_2)_2$	2.4′-Dinitrodiphenyl[53.54]	93·5°	—
$C_{12}H_8(NO_2)_2$	4.4′-Dinitrodiphenyl[53.54]	233°	-
$C_{12}H_8(NO_2) \cdot Br$	2-Nitro-4′-bromdiphenyl[55.56]	65°	—
$C_{12}H_8(NO_2) \cdot Br$	4-Nitro-4′-bromdiphenyl[57]	173°	—
$C_{12}H_8(SO_3H)_2$	Diphenyl-2.2′-disulfosäure[58]	—	—
$C_{12}H_8(SO_3H)_2$	Diphenyl-4.4′-disulfosäure[59—61]	72·5°	—
$C_{12}H_9 \cdot CH_3$	2-Methyldiphenyl (o-Phenyltolyl)[62—64]	—	258—260°
$C_{12}H_9 \cdot CH_3$	3-Methyldiphenyl (m-Phenyltolyl)[65—67]	—	272—277°
$C_{12}H_9 \cdot CH_3$	4-Methyldiphenyl (p-Phenyltolyl)[68—70]	−2—3°	263—267°
$C_{12}H_8(CH_3)_2$	2.2′-Dimethyldiphenyl (Di-o-tolyl)[71—72]	—	272°
$C_{12}H_8(CH_3)_2$	3.3′-Dimethyldiphenyl (Di-m-tolyl)[66.73.74]	—	280—281°
$C_{12}H_8(CH_3)_2$	4.4′-Dimethyldiphenyl (Di-p-tolyl)[75—77]	121°	—
$C_{12}H_9 \cdot C_2H_5$	3-Aethyldiphenyl[78]	—	283—284°
$C_{12}H_6(CH_3)_4$	2.5.2′.5′-Tetramethyldiphenyl (Di-p-xylyl)[79]	125°	—

Citate zu der Tabelle Nr. 72. [1] Dumas, J. pr. **14**, 214 (1838). — [2] Pelletier u. Walter, Pogg. **44**, 81 (1838). — [3] Chancel, Jb. **1849**, 326. — [4] Laurent u. Chancel, Jb. **1849**, 327. — [5] Chancel, Ann. **80**, 287 (1851). — [6] Fittig, Ann. **121**, 363 (1862); **132**, 201 (1864). — [7] Berthelot, Ztschr. Chem. **1866**, 707. — [8] Brönner, Ann. **151**, 50 (1869). — [9] Schultz, Ann. **174**, 205 (1874). — [10] Fittig u.

[1] Schultz, Ber. **9**, 547 (1876). — Hübner, Ann. **209**, 339 (1881). — Apparat: La Coste u. Sorger, Ann. **230**, 5 (1885).

BÜCHNER, Ber. **8**, 22 (1875). — [11] CHRISTOMANOS, Ber. **9**, 83 (1876). — [12] SCHULTZ, Ber. **9**, 547 (1876). — [13] ABELJANZ, Ber. **9**, 912 (1876). — [14] ARONHEIM, Ber. **9**, 1898 (1876). — [15] BODEWIG, Jb. **1879**, 376. — [16] ANSCHÜTZ u. SCHULTZ, Ann. **196**, 48 (1879). — [17] SMITH, Ber. **12**, 722 (1879). — [18] CALDERON, Jb. **1880**, 372. — [19] SCHRÖDER, Ber. **14**, 2516 (1881). — [20] HÜBNER, Ann. **209**, 339 (1881). — [21] SCHULZE, Ber. **17**, 1204 (1884). — [22] SCHIFF, Ann. **223**, 262 (1884). — [23] LA COSTE u. SORGER, Ann. **230**, 5 (1885). — [24] BERTHELOT u. VIEILLE, Ann. ch. [6] **10**, 448 (1886). — [25] CULMANN u. GASIOROWSKY, J. pr. [2] **40**, 97 (1889). — [26] GATTERMANN, Ber. **23**, 1226 (1890). — [27] MÖHLAU u. BERGER, Ber. **26**, 1997 (1893). — [28] EYKMAN, Rec. trav. chim. **12**, 185 (1893). — [29] BAMBERGER, Ber. **28**, 406 (1895); **30**, 369 (1897). — [30] KNÖVENAGEL, Ber. **28**, 2049 (1895) — [31] KRAMERS, Ann. **189**, 142 (1877). — [32] PFANKUCH, J. pr. [2] **6**, 106 (1873). — [33] SCHULTZ, Ann. **174**, 209 (1874). — [34] BAMBERGER, Ber. **29**, 465 (1896). — [35] SCHULTZ, SCHMIDT u. STRASSER, Ann. **207**, 353 (1881). — [36] SCHULTZ, Ann. **174**, 207 (1874). — [37] KRAMERS, Ann. **189**, 138, 145 (1877). — [38] GRIESS, Jb. **1866**, 463. — [39] SCHMIDT u. SCHULTZ, Ann. **207**, 339 (1881). — [40] FITTIG, Ann. **132**, 204 (1880). — [41] SCHMIDT u. SCHULTZ, Ann. **207**, 333 (1881). — [42] WALLACH, Ann. **235**, 271 (1886). — [43] WALLACH u. HEUSLER, Ann. **243**, 234 (1888). — [44] VALENTINER u. SCHWARZ, D. R.-Pat. Nr. 96 153. — [45] HÜBNER, Ann. **209**, 341 (1881). — [46] SCHULTZ, SCHMIDT u. STRASSER, Ann. **207**, 352 (1881). — [47] SCHULTZ, Ann. **174**, 210 (1874). — [48] KÜHLING, Ber. **28**, 42 (1895). — [49] BAMBERGER, Ber. **28**, 404 (1895). — [50] BAMBERGER u. KRAUS, Ber. **29**, 278 (1896). — [51] TÄUBER, Ber. **24**, 197 (1891). — [52] TÄUBER, Ber. **25**, 133 (1892). — [53] FITTIG, Ann. **124**, 276 (1862). — [54] SCHULTZ, Ann. **174**, 221 (1874). — [55] SCHULTZ, Ann. **174**, 220 (1874). — [56] SCHULTZ, Ann. **207**, 351 (1881). — [57] SCHULTZ, Ann. **174**, 218 (1874). — [58] LIMPRICHT, Ann. **261**, 327 (1891). — [59] FITTIG, Ann. **132**, 209 (1864). — [60] ENGELHARDT u. LATSCHINOFF, Ztschr. Chem. **1871**, 260. — [61] GABRIEL u. DEUTSCH, Ber. **13**, 390 (1880). — [62] BARBIER, Ber. **7**, 1548 (1874). — [63] JACOBSON, Ber. **28**, 2551 (1895). — [64] ODDO u. CURATOLO, Gazz. chim. **25 I**, 132 (1895). — [65] ADAM, Ann. ch. [6] **15**, 242 (1888). — [66] PERRIER, Bull. [3] **7**, 181 (1892). — [67] JACOBSON, Ber. **28**, 2547 (1895). — [68] CARNELLEY, Jb. **1876**, 419. — [69] CARNELLEY, Journ. Soc. **37**, 706 (1880). — [70] ODDO u. CURATOLO, Gazz. chim. **25 I**, 130 (1895). — [71] FITTIG, Ann. **139**, 178 (1866). — [72] JACOBSON, Ber. **28**, 2555 (1895). — [73] SCHULTZ, Ber. **17**, 468 (1884). — [74] STOLLE, Ber. **21**, 1096 (1888). — [75] ZINCKE, Ber. **4**, 396 (1871). — [76] LUGININE, Ber. **4**, 514 (1871). — [77] WEILER, Ber. **29**, 111 (1896); **32**, 1056 (1899). — [78] ADAM, Bull. **47**, 689 (1887); **49**, 101 (1888). — [79] JACOBSEN, Ber. **14**, 2112 (1881).

Phenole und Chinone der Diphenylreihe.

Die Darstellungsweisen der hydroxylirten Diphenylderivate, soweit dieselben auf dem Zusammenschweissen zweier einfacher Benzolkerne durch Alkalischmelze oder durch Oxydation beruhen, sind schon im allgemeinen Theil dieses Kapitels (S. 15) gegeben worden. Daran reihen sich noch einige Methoden zur Herstellung dieser Verbindungen, welche den Darstellungsweisen der Phenole der Benzolreihe nachgebildet sind, wie das „Umkochen“ der Diazoverbindungen[1] und das Schmelzen der Sulfosäuren mit Alkali[2] (vgl. Bd. II, Th. I, S. 360).

---

[1] GRIESS, Jb. **1866**, 461. — SCHMIDT, SCHULTZ u. STRASSER, Ann. **207**, 357 (1881). — HÜBNER, Ann. **209**, 348 (1881). — HÄUSSERMANN u. TEICHMANN, Ber. **27**, 2107 (1894).

[2] LATSCHINOFF, BEILSTEIN 3. Aufl., 2. Bd., S. 894. — ENGELHARDT u. LATSCHINOFF, Ztschr Chem. **1871**, 261. — DÖBNER, Ber. **9**, 130, 272 (1876).

Ein specielleres Interesse beanspruchen von den hierher gehörigen Verbindungen diejenigen, welche eine höhere Anzahl von Hydroxylgruppen enthalten und aus den substituirten Phenolen, speciell den mehrfach hydroxylirten Benzolen durch Schmelzen mit Alkali oder durch die Einwirkung von Oxydationsmitteln gewonnen werden können (vgl. S. 15).

So entsteht ein Tetraoxydiphenyl, das Sappanin, $C_{12}H_6(OH)_4$, beim Verschmelzen des Sappanholzextracts mit Natron [1]. Als Nebenprodukte treten dabei Resorcin und Brenzkatechin auf, und man wird nicht fehl gehen, wenn man die Entstehung des Sappanins auf das Vorhandensein dieser Dioxybenzole zurückführt, durch deren Condensation unter dem Einfluss des schmelzenden Natrons das Tetraoxydiphenyl entstehen kann.

Ein Oxydationsvorgang liegt ferner der Bildung des **Cedrirets** oder **Cörulignons** zu Grunde. Diese charakteristische Verbindung — dunkelblaue, in den meisten Lösungsmitteln unlösliche stahlblaue Nadeln, welche sich in concentrirter Schwefelsäure zu einer intensiv kornblumenblauen Flüssigkeit lösen — wurde zuerst bei der Holzessigfabrikation aufgefunden [2]. Sie scheidet sich als blauschillernde Haut auf dem Holzessig ab, wenn dieser zur Reinigung mit etwas Kaliumbichromat versetzt stehen gelassen wird. Bei Anwesenheit grösserer Mengen sinkt die Substanz zu Boden und bildet eine violettblaue Masse, welche durch Umkrystallisiren aus Phenol gereinigt werden kann.

Das Destillat des Buchen- oder Birken-Holzes, aus welchem der Holzessig gewonnen wird, enthält nun den Dimethyläther des Pyrogallols [3], $C_6H_3(OH)(O\cdot CH_3)_2$ (vgl. Bd. II, Th. I, S. 424), welcher — mit einem Oxydationsmittel wie Kaliumbichromat behandelt — gleichfalls Cörulignon entstehen lässt [4]. Es unterliegt daher keinem Zweifel, dass auch das aus dem Holzessig gebildete Produkt diesem Vorgang seine Entstehung verdankt. Die Oxydation des Pyrogalloldimethyläthers besteht nicht nur in einem Zusammenschweissen zweier Pyrogallolreste, sondern es findet noch eine weitergehende Einwirkung des Oxydationsmittels statt, derart, dass die freien Hydroxylgruppen in chinonartig gebundene Sauerstoffatome übergehen, so dass man dem Cörulignon die folgende Formel beilegen kann:

$$\begin{matrix} O \\ (CH_3O)_2 \end{matrix} \!\!>\! C_6H_2 = C_6H_2 \!<\!\! \begin{matrix} O \\ (OCH_3)_2 \end{matrix} \;;$$

seine rationelle Bezeichnung wäre also: Tetramethyläther des Tetraoxydiphenochinons.

Das Cörulignon liefert beim Erhitzen mit 2 Mol. einer aromatischen primären Base blaue Farbstoffe, von denen der mit Anilin erhaltene einfachste Repräsentant

[1] Schreder, Ber. **5**, 572 (1872).
[2] Liebermann (Lettenmayer), Ann. **169**, 221 (1873).
[3] Hofmann, Ber. **11**, 333 (1878).
[4] Liebermann, Ann. **169**, 231 (1873).

den Namen „Lignonblau" erhalten hat. Ein technischer Werth kommt diesen Farbstoffen nicht zu[1].

Durch Reduction wird das Cörulignon in ein Hydroderivat, das Hydrocörulignon verwandelt, aus welchem es nach Art der Chinone der Benzolreihe schon durch gelinde Oxydationsmittel, ja selbst durch den Sauerstoff der Luft regenerirt wird[2]. Die Entmethylirung des Hydrocörulignons führt zu einem Hexaoxydiphenyl der Formel

$$(HO)_3C_6H_2{-}C_6H_2(OH)_3 .$$

Auch diese letztere Verbindung zeigt die Fähigkeit, durch Oxydationsmittel in einen chinonartigen Körper

$$\genfrac{}{}{0pt}{}{(HO)_2}{O}\!\!>\!C_6H_2{=}C_6H_2\!<\!\!\genfrac{}{}{0pt}{}{(OH)_2}{O} ,$$

das Tetraoxydiphenochinon[3], überzugehen, welches gleich dem Cörulignon blau gefärbt ist.

Für die Constitution des Cörulignons wird man, der heutigen Auffassung der Chinone als Carbonylverbindungen (Bd. II, Th. I, S. 439) entsprechend, die obige Formel als den treffendsten Ausdruck ansehen; und zwar ist es am wahrscheinlichsten, dass sich die beiden Chinonsauerstoffatome in den Stellungen 4 und 4' befinden, denn auch das aus Benzidin hergestellte 4.4'-Diphenol oder Dioxydiphenyl löst sich in concentrirter Schwefelsäure, welche eine Spur Untersalpetersäure enthält, mit blauer Farbe, und aus dem Tetrabromderivat dieses Diphenols erzeugen Oxydationsmittel ein tetrabromirtes Diphenochinon. Dem Grundkörper dieser Klasse von Verbindungen wird man daher die folgende Formel beilegen können:

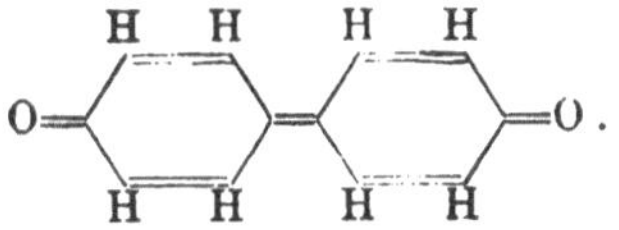

Die Abkömmlinge dieses hypothetischen einfachsten Chinons der Diphenylreihe zeigen, wie wir gesehen haben, die den eigentlichen Chinonen eigene leichte Hydrirbarkeit, und die entstandenen Hydroprodukte werden mit grösster Leichtigkeit wieder in die Ausgangsmaterialien zurückverwandelt. Die den Chinonen der Benzolreihe eigene gelbe Farbe (vgl. Bd. II, Th. I, S. 441) sehen wir beim Cörulignon und dem Tetraoxydiphenochinon zu Blau vertieft. Diese Eigenschaften sind also nicht an das Vorhandensein zweier Carbonylgruppen in einem und demselben Benzolkern gebunden, vielmehr scheint es die eigenartige

[1] Liebermann u. Flatau, Ber. **30**, 234 (1897). — Liebermann u. Cybulski, Ber. **31**, 615 (1898).

[2] Liebermann, Ann. **169**, 226 (1873).

[3] Liebermann, Ann. **169**, 239 (1873). — Liebermann u. Burg, Ber. **9**, 1887 (1876).

Lagerung der Bindungen im Benzolkern in Verbindung mit der Anwesenheit zweier negativer Gruppen in p-Stellung zu sein, welche dieses Verhalten bedingt.

Auch solche Chinone der Diphenylreihe sind bekannt, welche die Constitution wahrer p-Chinone aufweisen. Durch Oxydation des Toluhydrochinons und weitere Umwandlung des zuerst entstandenen Körpers wurde ein Diphenylderivat erhalten, welches man als Ditoluchinon bezeichnen kann[1]:

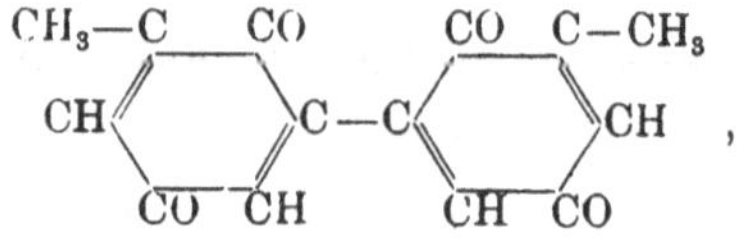

während ein nur in einem Benzolkern chinonartig constituirtes Diphenylderivat, das Phenylbenzochinon, aus dem Phenylnitrosophenol (vgl. S. 17) bezw. aus dem entsprechenden Phenylnitrophenol (S. 23—24) durch Ueberführung in Phenylamidophenol und Oxydation des letzteren entsteht[2]:

Säuren der Diphenylreihe.

Von den Darstellungsweisen der Diphenylcarbonsäuren sind einige bereits angeführt worden (vgl. S. 10, 21, 23—25), so namentlich diejenigen, welche auf der Oxydation complicirterer Ringsysteme beruhen. Hinzuzufügen ist hier erstens die Methode der Oxydation von homologen Diphenylen ohne Sprengung des Diphenylkerns[3], ferner die Gewinnung von Nitrilen, welche zu den entsprechenden Säuren verseift werden können, durch Destillation der Diphenylsulfosäuren mit Cyankalium oder Ferrocyankalium[4] oder durch Behandlung der Diazoverbindungen mit Kaliumkupfercyanür[5]; endlich gelingt die Einführung einer Carboxylgruppe in die Kohlenwasserstoffe der Diphenylreihe durch Behandeln mit Carbaminsäurechlorid und Aluminiumchlorid, wobei in erster Phase

---

[1] Nietzki u. Bernhard, Ber. **31**, 1336 (1898). — Vgl. Nietzki, Ber. **11**, 1280 (1878). — Nölting u. Werner, Ber. **23**, 3247 (1890).

[2] Borsche, Ber. **32**, 2937 (1899). — Hill, Ber. **33**, 1241 (1900).

[3] Carnelley, Ber. **8**, 1467 (1875). Jb. **1877**, 384. — Döbner, Ber. **9**, 272 (1876). — Adam, Bull. **49**, 98 (1888). — Perrier, Bull. [3] **7**, 182 (1892). — Jacobson, Ber. **28**, 2547, 2552, 2555 (1895). — Oddo u. Curatolo, Gazz. chim. **25 I**, 133 (1895).

[4] Döbner, Ann. **172**, 111, 116 (1874). — Rassow, Ann. **282**, 141 (1894).

[5] Kaiser, Ann. **257**, 100 (1890).

die Säureamide entstehen[1] (vgl. über diese Methoden Bd. II, Th. I, S. 531 ff.).

Auf die Condensationserscheinungen, welche die in o-Stellung zur gemeinsamen Bindung der Benzolkerne carboxylirten Diphenyle zeigen, indem sie in Derivate des Diphenylenketons

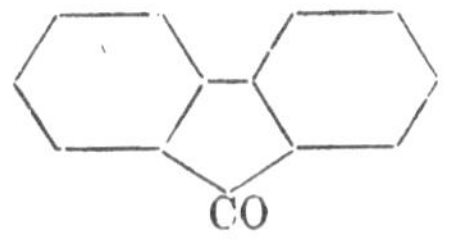

übergehen, ist schon früher (S. 8 u. 10) hingewiesen worden.

Diphenylcarbonsäure(2), o-Phenylbenzoësäure[2], $C_6H_5-C_6H_4\cdot CO_2H$, entsteht ausser nach anderen Methoden auch durch Schmelzen des Diphenylenketons mit Kali:

$$\begin{matrix} C_6H_4 \\ C_6H_4 \end{matrix} \!\!>\! CO + KOH = \begin{matrix} C_6H_5 \\ C_6H_4\cdot COOK \end{matrix}.$$

Die Säure bildet kleine Nädelchen, welche bei 110—111° schmelzen, und siedet bei 343—344°. Durch Auflösen in Vitriolöl wird das Diphenylenketon zurückgebildet, während bei der Destillation des Calciumsalzes mit Calciumhydroxyd neben dem gleichfalls entstehenden Diphenylenketon Diphenyl auftritt. Die Destillation des Calciumsalzes der Säure mit ameisensaurem Calcium liefert den o-Phenylbenzaldehyd[3], $C_6H_5-C_6H_4\cdot CHO$.

Diphenyldicarbonsäure(2.2'), Diphensäure[4], $HO_2C\cdot C_6H_4-C_6H_4\cdot CO_2H$, entsteht bei der Oxydation von Phenanthren oder Phenanthrenchinon mit Chromsäuregemisch oder beim Kochen von Phenanthrenchinon mit alkoholischer Kalilauge. Sie bildet Blättchen oder monokline Säulen vom Schmelzpunkt 228—229° und sublimirt unzersetzt in Nädelchen. Beim Glühen mit gebranntem Kalk bildet Diphensäure Kohlensäure und Diphenylenketon, mit gelöschtem Kalk spaltet sie sich in Kohlen-

[1] Gattermann, Ber. **32**, 1120 (1899).

[2] Fittig u. Ostermayer, Ann. **166**, 374 (1873). — Schmitz, Ann. **193**, 120 (1878). — Richter, J. pr. [2] **28**, 305 (1883). — Kaiser, Ann. **257**, 99 (1890). — Pictet u. Ankersmith, Ann. **266**, 143 (1891). — Gräbe u. Rateanu, Ann. **279**, 259 (1893). — Jacobson, Ber. **28**, 2552 (1895).

[3] Fanto, Monatsh. **19**, 584 (1898).

[4] Fittig u. Ostermayer, Ann. **166**, 367 (1873). — Anschütz, Ber. **10**, 326, 1884 (1877). — Schmitz, Ann. **193**, 116 (1878). — Hummel, Ann. **193**, 129 (1878). — Anschütz u. Schultz, Ann. **196**, 50 (1879). — Bodewig u. Howe, Jb. **1879**, 727. — Schultz, Ann. **196**, 21 (1879); **203**, 97 (1880). — Gräbe u. Mensching, Ber. **13**, 1302 (1880). — Calderon, Jb. **1881**, 842. — Merz u. Weith, Ber. **16**, 2872 (1883). — Ostwald, J. pr. [2] **32**, 359 (1885). — Gräbe u. Aubin, Ber. **20**, 845 (1887). Ann. **247**, 257, 263 (1888). — Hasselbach, Ann. **243**, 251 (1888). — Wegerhoff, Ber. **21**, 2356 (1888). Ann. **252**, 14 (1889). — Jacobson, Ber. **28**, 2555 (1895). — Gräbe u. Schestakow, Ann. **284**, 306 (1895).

säure und Diphenyl. Acetylchlorid oder analoge Mittel führen die Säure in ihr Anhydrid

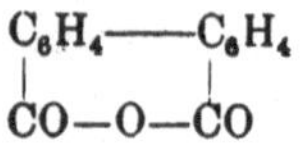

über, welches kleine, bei 217° schmelzende Nadeln bildet. Durch Erhitzen des primären oder secundären Ammoniumsalzes oder der Amidsäure entsteht das Diphensäureimid (glänzende Nadeln vom Schmelzpunkt 219—220°), welches sich beim Erwärmen mit Vitriolöl auf 100° in das isomere Diphenylenketoncarbonsäureamid umlagert:

2-Oxydiphenylcarbonsäure (2′), $HO \cdot C_6H_4—C_6H_4 \cdot CO_2H$, entsteht beim Schmelzen von Oxydiphenylenketon mit Kali neben der isomeren 2.6-Säure:

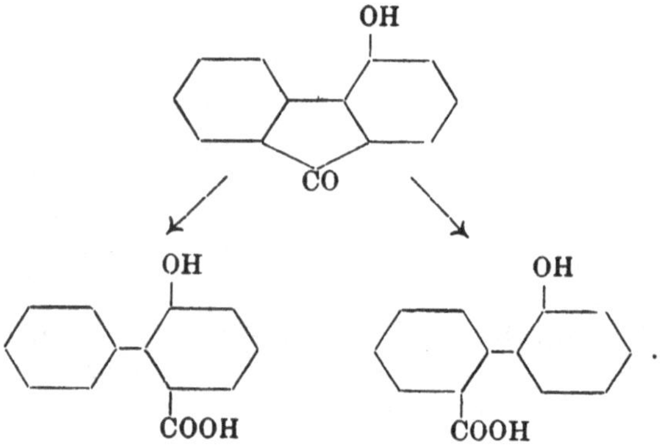

Die freie Säure ist nicht beständig, sondern geht bei der Abscheidung aus ihren Salzen sofort in ihr inneres Anhydrid oder Lacton über:

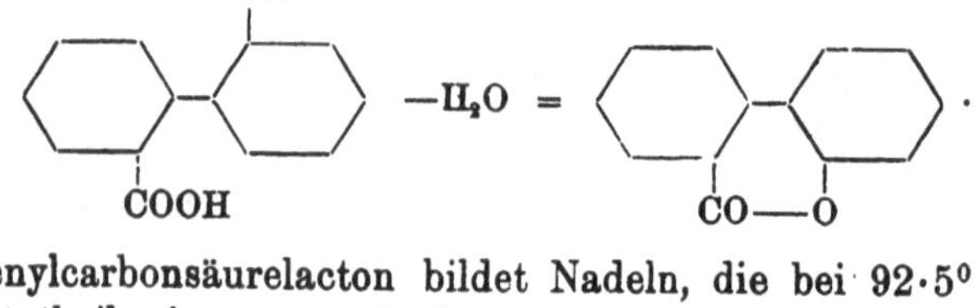

Das Diphenylcarbonsäurelacton bildet Nadeln, die bei 92·5° schmelzen; es destillirt theilweise unzersetzt[1].

Amido- und Azo-Verbindungen der Diphenylgruppe.

Von allen Verbindungen der Diphenylreihe beanspruchen die Amidokörper und unter diesen speciell die Abkömmlinge des 4.4′-Diamidodiphenyls oder Benzidins das grösste Interesse, weil, wie

[1] Gräbe u. Schestakow, Ann. **284**, 306—324 (1895).

schon früher erwähnt wurde (vgl. S. 12), diese Basen als Componenten von Azofarbstoffen von der Farbstoffindustrie hoch geschätzt werden. Die durch Diazotiren des Benzidins und seiner Derivate entstehenden Verbindungen vereinigen sich mit Aminen, Phenolen und deren Abkömmlingen zu Disazofarbstoffen der Formel

$$X \cdot N : N \cdot C_6H_4-C_6H_4 \cdot N : N \cdot Y,$$

deren hoher technischer Werth auf ihrer Eigenschaft beruht, die ungebeizte vegetabilische Faser anzufärben[1]. Sie gehören also zur Klasse der substantiven Baumwollfarbstoffe (vgl. Bd. II, Th. I, S. 268). Nach einem ihrer am längsten bekannten Repräsentanten — der aus diazotirtem Benzidin und Naphtionsäure gebildeten, „Congo" genannten Combination — werden diese Substanzen auch als Farbstoffe der Congoreihe bezeichnet. Sie lassen sich in zwei Klassen zerlegen, in einfache und gemischte Disazofarbstoffe, je nachdem die mit dem Tetrazodiphenylrest gekuppelten Gruppen X und Y identisch oder unter einander verschieden sind. Die Körper der erstgenannten Farbstoffgruppe werden erhalten, indem man auf 1 Mol. Tetrazodiphenyl 2 Mol. des Amins oder Phenols zur Einwirkung bringt, während die gemischten Disazoverbindungen durch successive Vereinigung des Tetrazokörpers mit 1 Mol. einer Azocomponente X·H und darauf mit 1 Mol. einer anderen Componente Y·H entstehen. Hierbei wird zunächst ein Zwischenkörper gebildet, welcher einerseits die Azogruppe $-N : N \cdot X$, andererseits noch eine freie Diazogruppe enthält und mithin befähigt ist, mit einem weiteren Molecül eines Amins oder Phenols zu einem Disazokörper $X \cdot N . N \cdot C_6H_4-C_6H_4 \cdot N : N \cdot Y$ zusammenzutreten.

Die werthvolle Eigenschaft der Diamine der Diphenylreihe, substantive Baumwollfarbstoffe zu liefern, kommt nun in erster Linie den Abkömmlingen des Benzidins:

zu[2], während das neben dem Benzidin durch Umlagerung des Hydrazobenzols entstehende Diphenylin

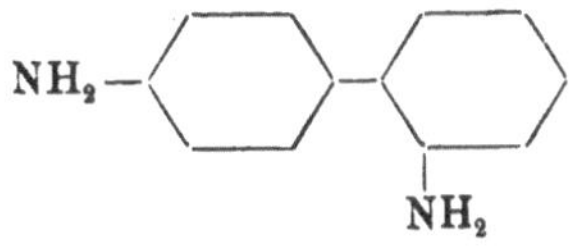

diese Eigenschaft in viel geringerem Grade zeigt. Aber nicht alle Benzidinabkömmlinge besitzen die Fähigkeit, brauchbare Farbstoffe zu

[1] Bezüglich der Verwendung von Benzidinfarbstoffen im Zeugdruck vgl. STEIN, Ztschr. f. angew. Chem. **1898**, 897.

[2] Vgl. BRUNNER u. WITT, Ber. **20**, 1029 (1887). — NÖLTING u. WERNER, Ber. **23**, 3253, 3266 (1890). — TÄUBER, Ber. **24**, 199 (1891).

liefern; diese Fähigkeit ist vielmehr abhängig von der Stellung der ausser den Amidogruppen im Diphenylmolecül befindlichen Substituenten, und zwar hat sich die folgende Gesetzmässigkeit ergeben:

Technisch werthvolle Benzidinfarbstoffe werden erhalten aus Benzidinderivaten, welche einen oder zwei Substituenten in Ortho-Stellung zu den Amidogruppen enthalten, also aus den Verbindungen der Formel

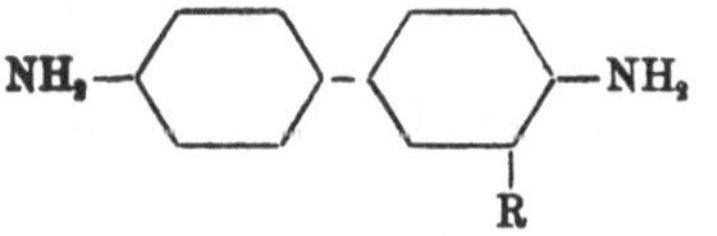

und

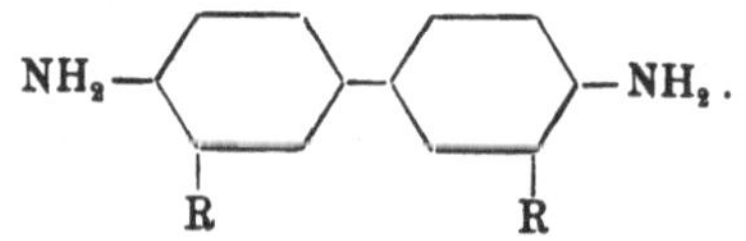

Substituenten, welche sich in Meta-Stellung zu den Amidogruppen befinden, schwächen dagegen im Allgemeinen die Fähigkeit, substantive Farbstoffe zu bilden, ab[1]. Befindet sich aber ein zweiwerthiger Substituent in den beiden Meta-Stellungen, indem er diese mit einander verbindet, so erhält man wiederum brauchbare Farbstoffcomponenten der Formel

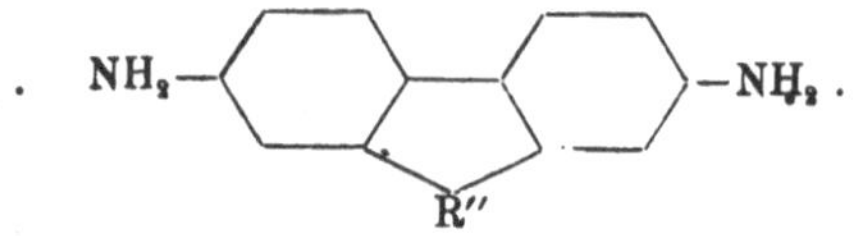

Zur Darstellung der Congofarbstoffe werden vorzugsweise die folgenden Verbindungen angewandt:

Benzidin

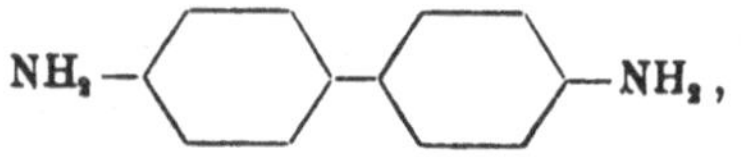

o-Tolidin

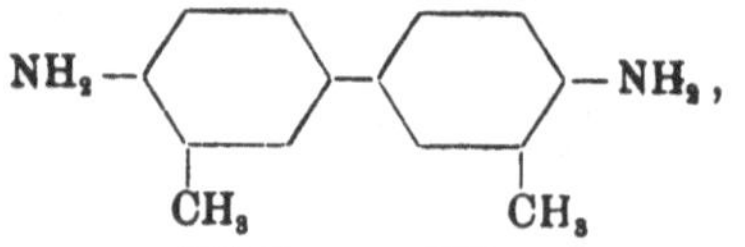

o-Dianisidin

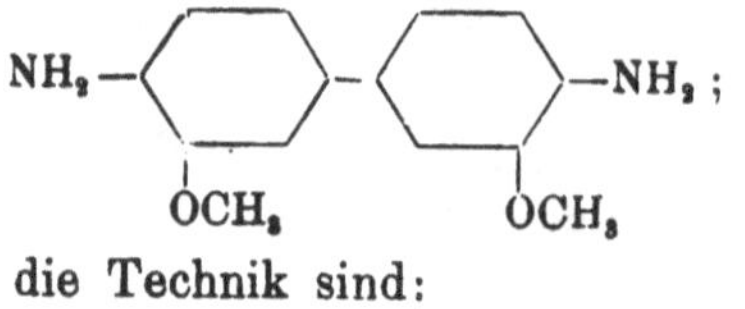

von geringerer Bedeutung für die Technik sind:

o-Aethoxybenzidin

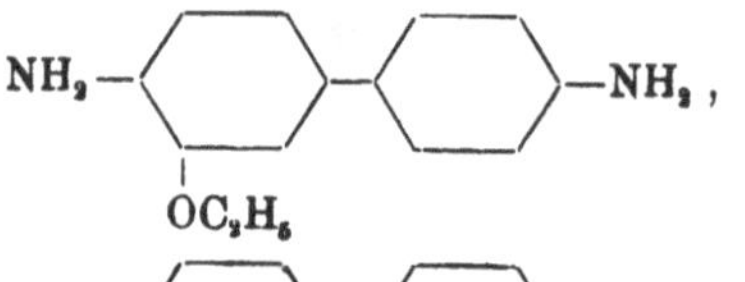

o-Diphenetidin

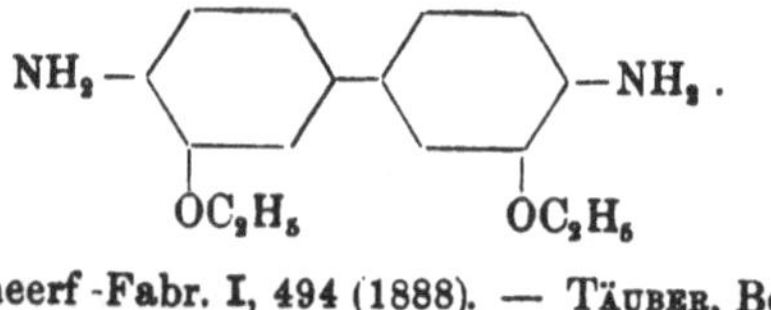

---

[1] Friedländer, Fortschr. d. Theerf.-Fabr. I, 494 (1888). — Täuber, Ber. **23**, 794, 3268 (1890). — Brasch u. Freyss, Ber. **24**, 1958—1968 (1891).

Dazu kommen noch einige Sulfosäuren und Sulfonsulfosäuren der Benzidinreihe[1].

Durch geeignete Auswahl dieser Ausgangskörper und der damit zu combinirenden Substanzen ist die Technik heute in der Lage, Farbstoffe der Congogruppe in fast jeder beliebigen Nuance herzustellen. Die meisten dieser Farbstoffe enthalten als zweite Componente Verbindungen, welche der Naphtalinreihe angehören, und können daher erst bei Behandlung der Naphtalingruppe, soweit ihre Besprechung im Einzelnen überhaupt für die Zwecke dieses Lehrbuchs angezeigt erscheint, behandelt werden. Die S. 37 angeführten Farbstoffe dieser Reihe sind lediglich solche, in denen der Tetrazodiphenylkörper mit Verbindungen aus der Benzolgruppe combinirt ist.

Neben dieser wichtigsten Eigenschaft der Amine der Diphenylreihe, durch Diazotirung und Paaren mit Azocomponenten werthvolle Azofarbstoffe zu liefern, zeigen diese Verbindungen alle diejenigen Reactionen, welche die Amine der Benzolreihe charakterisiren.

Die Darstellungsweisen der Amidodiphenylkörper sind schon besprochen worden; es kommen in Betracht in erster Linie die Umlagerung der Hydrazoverbindungen (S. 18 ff.) und in untergeordnetem Umfang die Reduction der Nitrodiphenyle.

Benzidin, 4.4'-Diamidodiphenyl[2], $NH_2 \cdot C_6H_4-C_6H_4 \cdot NH_2$, bildet, aus Wasser umkrystallisirt, grosse glänzende Blätter vom Schmelzpunkt 127·5—128° und siedet unter 740 mm Druck bei 400—401°. Es löst sich in heissem Wasser ziemlich schwer, leichter in Aether. Als Paraverbindung charakterisirt es sich dadurch, dass es von Braunstein und Schwefelsäure zu Chinon oxydirt wird. Das Benzidin ist durch eine Reihe empfindlicher Farbenreactionen ausgezeichnet, welche bei der Behandlung der Base mit Bromwasser, Chlor, Kaliumpermanganat, rothem Blutlaugensalz und Chromsäure auftreten. Von den Salzen des Benzidins sind das Sulfat, $C_{12}H_{12}N_2 \cdot H_2SO_4$, und das Chromat, $C_{12}H_{12}N_2 \cdot H_2CrO_4$, die am meisten charakteristischen. Beide Salze sind in Wasser und

---

[1] Griess u. Duisberg, Ber. **22**, 2459—2474 (1889). — Friedländer, Fortschr. d. Theerf.-Fabr. **II**, 405—410 (1891).

[2] Zinin, J. pr. **36**, 93 (1845). Ann. **85**, 328 (1853); **137**, 376 (1866). — Fittig, Ann. **124**, 280 (1862). — Hofmann, Jb. **1863**, 424. — Griess, J. pr. **101**, 91 (1867). — Sendziuk, Ztschr. Chem. **1870**, 267. — Werigo, Ann. **165**, 202 (1873). — Schultz, Ber. **7**, 55 (1874). Ann. **174**, 222, 226 (1874). — Wald, Ber. **10**, 137, 139 (1877). — Claus u. Risler, Ber. **14**, 82 (1881). — Schmidt u. Schultz, Ann. **207**, 324, 330 (1881). — Julius, Monatsh. **5**, 193 (1884). — Petit, Ann. Ch. [6] **18**, 169 (1885). — Engler u. Schestopal, Ber. **20**, 482 (1887). — Schiff u. Vanni, Ann. **258**, 363 (1890). — Teichmann, Ztschr. f. angew. Chem. **1893**, 67. — Erdmann, ebenda, 163. — Löb, Ber. **29**, 1899 (1896); **33**, 2329 (1900). Ztschr. f. Elektrochem. **3**, 471 (1897). — Bamberger u. Lagutt, Ber. **31**, 1506 (1898). — Merz u. Strasser, J. pr. [2] **60**, 186 (1899).

Alkohol sehr schwer löslich; ersteres bildet glänzende Schuppen, letzteres tiefblaue verfilzte Nadeln.

Darstellung des Benzidins im Laboratorium[1]: Hydrazobenzol wird mit concentrirter Salzsäure übergossen und ca. 5 Minuten sich selbst überlassen. Man versetzt dann mit Wasser, macht mit Natronlauge alkalisch, äthert das Benzidin aus und krystallisirt es aus Wasser um, oder man versetzt die wässerige Lösung des Chlorhydrats mit verdünnter Schwefelsäure, wodurch das Benzidin als Sulfat abgeschieden wird.

Technische Darstellung von Benzidin: Nitrobenzol wird mit oder ohne Zusatz von etwas Alkohol mit heisser Natronlauge und der berechneten Menge Zinkstaub behandelt, das entstandene Hydrazobenzol durch verdünnte Salzsäure vom Zinkoxyd befreit, durch Rühren mit kalter, starker Salzsäure umgelagert, das Benzidin durch Schwefelsäure als Sulfat abgeschieden und darauf die freie Base im Vacuum destillirt.

o-Tolidin, 4.4'-Diamido-3.3'-dimethyldiphenyl[2], $NH_2 \cdot (CH_3)C_6H_3-C_6H_3(CH_3) \cdot NH_2$, bildet perlmutterglänzende Blättchen vom Schmelzpunkt 129° und löst sich schwer in Wasser, leicht in Alkohol und Aether. Das Sulfat, $C_{14}H_{16}N_2 \cdot H_2SO_4$, ist in Wasser und Alkohol schwer löslich. Die technische Darstellung der Base aus o-Nitrotoluol ist derjenigen des Benzidins vollkommen analog.

o-Aethoxybenzidin, 4.4'-Diamido-3-äthoxydiphenyl[3], $NH_2 \cdot C_6H_4-C_6H_3(OC_2H_5) \cdot NH_2$, wird erhalten, indem der Azofarbstoff (I) aus diazotirtem Anilin und p-Phenolsulfosäure ätherificirt und durch Reduction und Umlagerung in die Aethoxybenzidinsulfosäure (II) umgewandelt wird:

I: 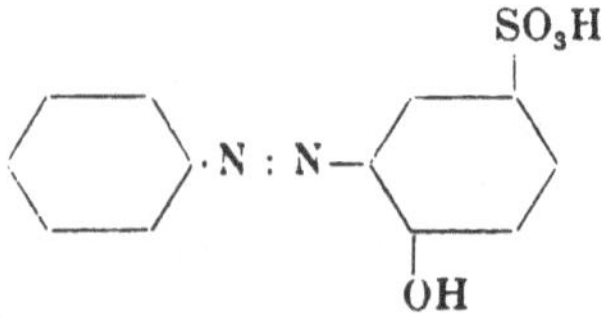

II: 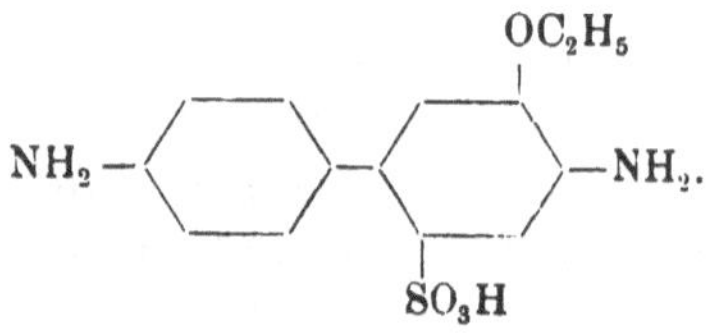

Beim Erhitzen mit Wasser auf 170° spaltet letztere Verbindung die Sulfogruppe ab und geht in Aethoxybenzidin über. Dasselbe krystallisirt in glänzenden, flachen Nädelchen vom Schmelzpunkt 134—135°.

o-Dianisidin, 4.4'-Diamido-3.3'-dimethoxydiphenyl[4], $NH_2 \cdot (CH_3O)C_6H_3-C_6H_3(OCH_3) \cdot NH_2$, wird aus o-Nitrophenol durch folgeweise Methylirung, Reduction des Methyläthers zur entsprechenden Hydrazoverbindung und Benzidinumlagerung gewonnen. Die Verbindung krystallisirt in farblosen Blättchen vom Schmelzpunkt 131·5°.

o-Diphenetidin, 4.4'-Diamido-3.3'-diäthoxybenzidin[5], $NH_2 \cdot (C_2H_5O)C_6H_3-C_6H_3(OC_2H_5) \cdot NH_2$, in analoger Weise dargestellt, wie das Dianisidin, bildet Nadeln oder Blättchen vom Schmelzpunkt 117°.

Von den Disazofarbstoffen der Benzidinreihe, welche durch Kuppelung mit Benzolderivaten hergestellt werden, seien die folgenden als Beispiele angeführt.

---

[1] Vgl. Gattermann, Praxis d. organ. Chemikers, 3. Aufl. (1898), S. 186.

[2] Petriew, Ber. **6**, 557 (1873). — Schultz, Ber. **17**, 467 (1884). — Gerber, Ber. **21**, 746 (1888).

[3] Leopold Cassella & Co., D. R.-Pat. No. 44 209. — Weinberg, Ber. **20**, 3176 (1887).

[4] Friedländer, Fortschr. d. Theerf.-Fabr., **I**, 488 (1888). — Starke, J. pr. [2] **59**, 211 (1899).

[5] Möhlau, J. pr. [2] **19**, 383 (1879).

Chrysamin G[1], $\begin{matrix} C_6H_4\cdot N:N\cdot C_6H_3<^{OH}_{COOH} \\ | \\ C_6H_4\cdot N:N\cdot C_6H_3<^{OH}_{COOH} \end{matrix}$ wird dargestellt durch Kuppelung von 1 Mol. Tetrazodiphenyl aus Benzidin mit 2 Mol. Salicylsäure.

Chrysamin R[1], $\begin{matrix} CH_3\cdot C_6H_3\cdot N:N\cdot C_6H_3<^{OH}_{COOH} \\ | \\ CH_3\cdot C_6H_3\cdot N:N\cdot C_6H_3<^{OH}_{COOH} \end{matrix}$, entsteht analog dem Chrysamin G aus 1 Mol. Tetrazoditolyl [aus o-Tolidin] und 2 Mol. Salicylsäure. Beide Farbstoffe kommen im Handel als gelbbraune krystallinische Pulver vor. Sie sind selbst in kochendem Wasser schwer löslich und werden aus alkalischem Bade von ungebeizter Baumwolle fixirt. Die Färbungen, welche beim Chrysamin G rein gelb, beim Chrysamin R orangegelb sind, besitzen hohe Licht- und Waschechtheit.

Toluylenorange G[2] ist das Natriumsalz der Ditolyldisazo-o-kresolcarbonsäure-m-toluylendiaminsulfosäure, $\begin{matrix} CH_3\cdot C_6H_3\cdot N:N\cdot C_6H_2(CH_3)(OH)(COOH) \\ | \\ CH_3\cdot C_6H_3\cdot N:N\cdot C_6H(CH_3)(NH_2)_2(SO_3H) \end{matrix}$, bildet ein gelbrothes Pulver mit bläulichem Stich und färbt Baumwolle in alkalischem Seifenbade orange.

Toluylenorange R[3], das Natriumsalz der Ditolyldisazo-m-toluylendiaminsulfosäure-m-toluylendiaminsulfosäure, $\begin{matrix} CH_3\cdot C_6H_3\cdot N:N\cdot C_6H(CH_3)(NH_2)_2(SO_3H) \\ | \\ CH_3\cdot C_6H_3\cdot N:N\cdot C_6H(CH_3)(NH_2)_2(SO_3H) \end{matrix}$, bildet ein braurothes Pulver, welches Baumwolle röthlichorange färbt.

Pyraminorange[4] aus 1 Mol. tetrazotirter Benzidindisulfosäure und 2 Mol. Nitro-m-phenylendiamin (oder Nitro-m-toluylendiamin), ein dunkelrothbraunes Pulver, färbt Baumwolle in leuchtenden Orangetönen von guter Wasch- und Lichtechtheit.

Hydrirte Diphenylderivate.

Die Abkömmlinge hydrirter Diphenylkerne beanspruchen ein wissenschaftliches Interesse hauptsächlich insoweit, als ihre Beziehungen zu den entsprechenden normalen aromatischen Verbindungen in Frage kommen; ihre Entstehung aus den letzteren bestätigt uns, dass wir im Diphenyl-Molecül zwei wahre Benzolkerne anzunehmen haben, welche bei der Anlagerung von Wasserstoffatomen ihren aromatischen Charakter einbüssen und in alicyclische Kerne übergehen. Ferner kennen wir einige synthetische Processe, welche von Benzolabkömmlingen mit offenen Seitenketten aus zu einseitig hydrirten Diphenylverbindungen führen; hier sind es die Ringschliessungen dieser Seitenketten, welche theoretisch von Wichtigkeit sind. Wie schon angedeutet wurde, verhalten sich die alicyclischen Diphenylkörper ganz analog den entsprechenden Hydrobenzolen, es kann also hier auf diese verwiesen werden (vgl. Kap. 39 ff.).

---

[1] Friedländer, Fortschr. d. Theerf.-Fabr., I, 465 (1888).
[2] K. Oehler, D. R.-Pat. No. 47 235.
[3] K. Oehler, D. R.-Pat. Nr. 40 905.
[4] Bad. Anilin- u. Soda-Fabrik, D. R.-Pat. Nr. 80 973, 83 534.

Unter den angeführten Gesichtspunkten sind die folgenden Reactionen zu betrachten.

Die Methode zur Anlagerung von Wasserstoff an aromatische Ringsysteme durch Einwirkung von **Natrium** in siedender amylalkoholischer Lösung führt vom Diphenyl aus **zum Tetrahydrodiphenyl**[1], $C_{12}H_{14}$. Diese Verbindung bildet ein **wasserhelles**, zähflüssiges Oel von charakteristischem Diphenylgeruch, welches unter einem Druck von 716 mm bei 244·8° siedet. Das Tetrahydrodiphenyl vermag ein Molecül Brom additionell aufzunehmen, während eine weitere Bromzufuhr Ersatz von Wasserstoff durch Brom herbeiführt[2]. Hieraus folgt, dass wir es im Tetrahydrodiphenyl mit einem Körper zu thun haben, welcher nur einen partiell hydrirten Benzolring enthält. Die Formel dieser Verbindung ist also zu schreiben:

$$C_6H_5-C_6H_9.$$

Lässt man auf das Tetrahydrodiphenyldibromid alkoholische Kalilauge einwirken, so entsteht nach der Gleichung:

$$C_6H_5-C_6H_9Br_2 + 2KOH = C_6H_5-C_6H_7 + 2KBr + 2H_2O$$

Dihydrodiphenyl, $C_{12}H_{12}$, eine bei 247—249° siedende Flüssigkeit. Diese Verbindung vermag wiederum 1 Mol. Brom aufzunehmen, und das so entstehende Bromid liefert mit alkoholischer Kalilauge das Diphenyl zurück[3]:

$$C_{12}H_{12}Br_2 + 2KOH = C_{12}H_{10} + 2KBr + 2H_2O.$$

Ein **Dekahydrodiphenyl**, $C_{12}H_{20}$, vom Siedepunkt 225°, soll durch energische Einwirkung von Jodwasserstoffsäure und Phosphor aus dem Carbazol, $C_{12}H_9N$, bezw. aus dessen erstem Hydrirungsprodukt, dem Carbazolin, $C_{12}H_{15}N$, unter Ammoniakabspaltung entstehen[4].

Die Reduction der p-Phenylbenzoësäure mit Natriumamalgam und Wasser führt zu einem Gemenge von Tetrahydrophenylbenzoësäuren, welches durch Addition von Bromwasserstoff und nochmalige Behandlung mit Natriumamalgam ein Gemisch zweier stereoisomerer **Hexahydrophenylbenzoësäuren**, $C_6H_5-C_6H_{10}\cdot COOH$, entstehen lässt[5], die bei 202° bezw. 113° schmelzen und durch Erhitzen mit rauchender Salzsäure auf 170—180° in einander überführbar sind. Die sterischen Verhältnisse sind hier offenbar ganz analog wie bei den hydrirten Terephtalsäuren und lassen sich durch die folgenden Formelbilder ausdrücken:

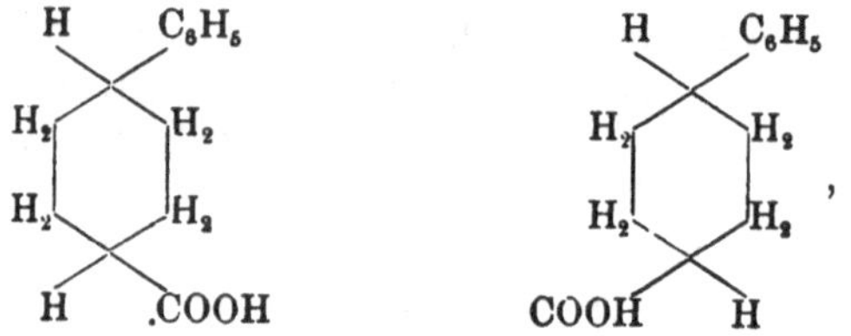

[1] Bamberger u. Lodter, Ber. **20**, 3077 (1887).
[2] Bamberger u. Lodter, Ber. **21**, 842, 844 (1888).
[3] Bamberger u. Lodter, Ber. **21**, 843 (1888).
[4] Gräbe u. Glaser, Ann. **163**, 356 (1872).
[5] Rassow, Ann. **282**, 139—153 (1894).

welche die Verschiedenheit der beiden Verbindungen als auf der cis-trans-Isomerie beruhend erkennen lassen. Die Reduction der p-Phenylbenzoësäure mit Natrium und Amylalkohol erzeugt direct dasselbe Gemisch hexahydrirter Säuren wie die soeben beschriebene Methode.

Durch gemässigte Oxydation entsteht aus der höher (202°) schmelzenden Hexahydrosäure eine Oxysäure, welche beim Kochen mit Wasser **Tetrahydrophenylbenzoësäure** vom Schmelzpunkt 158° liefert:

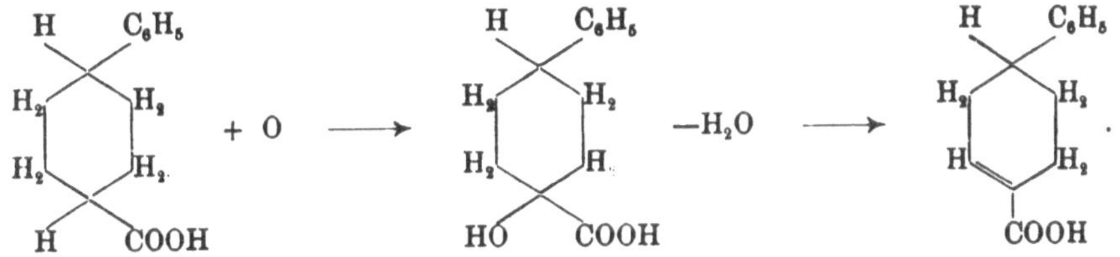

Energischere Oxydationsbedingungen führen beide Hexahydrophenylbenzoësäuren in Benzoësäure über, woraus hervorgeht, dass die Hydrirung lediglich den carboxylirten Benzolkern der p-Phenylbenzoësäure betroffen hat.

Die Angliederung eines hydrirten Sechsrings an einen nicht hydrirten Sechsring findet bei den folgenden synthetischen Reactionen statt.

Wird Zimmtsäureester mit Natriumäthylat und Acetessigester condensirt, — eine Reaction, welche beim Erhitzen des zuerst entstandenen Additionsprodukts mit Alkohol stattfindet, — so entsteht ein Abkömmling des Hexahydrodiphenyls[1]:

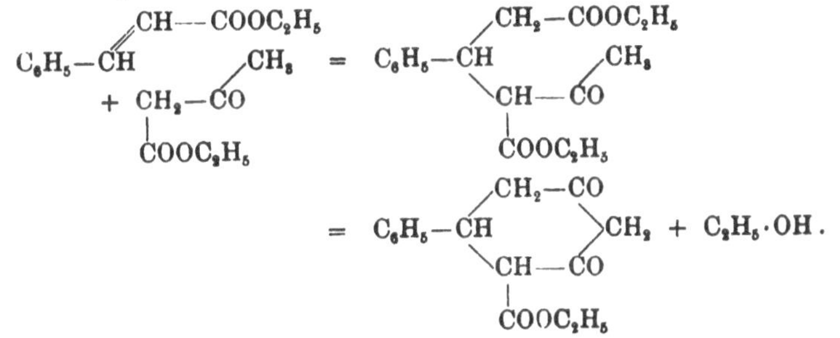

Dieselbe Verbindung entsteht aus Natriumäthylat, Malonsäureester und Benzylidenaceton[2]:

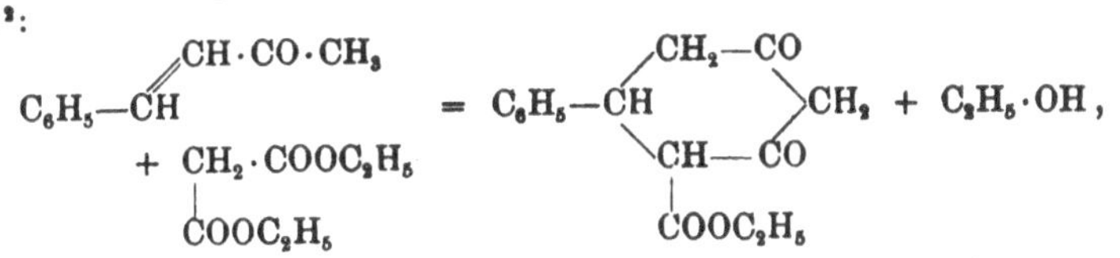

während der Benzylidenacetessigester mit Malonsäureester die folgende Condensation eingeht[3]:

[1] MICHAEL u. FREER, J. pr. [2] **43**, 391 (1891). Vgl. auch Ber. **27**, 2126 (1894).

[2] VORLÄNDER, Ber. **27**, 2053 (1894). Ann. **294**, 275 (1897). — v. SCHILLING u. VORLÄNDER, Ann. **308**, 194 (1899).

[3] KNOEVENAGEL, Ber. **27**, 2337 (1894). — Vgl. BREDT, Ber. **24**, 603 (1891). — KNOEVENAGEL u. FABER, Ber. **31**, 2768 (1898).

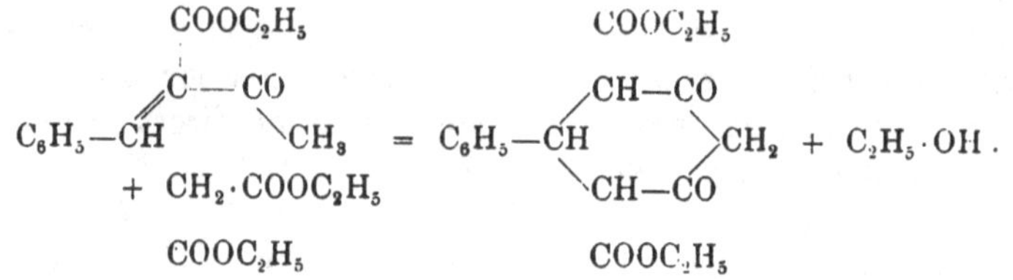

Im letztgenannten Falle ist die Reaction unter Anwendung geringer Mengen Diäthylamin als Condensationsmittel an Stelle des Natriumäthylats ausgeführt worden.

Die beiden Produkte, deren Darstellung beschrieben wurde, und welche als Phenyldihydroresorcin-Mono- bezw. Dicarbonsäureester bezeichnet werden, spalten beim Verseifen leicht Kohlensäure ab und gehen in das sogenannte **Phenyldihydroresorcin** über, welches rationeller

3.5 - Diketohexahydrodiphenyl oder **1 - Phenyl - 3.5 - diketohexamethylen**[1] [*1-Phenylcyclohexandion (3.5)*] zu benennen wäre, da sich die Verbindung in den meisten ihrer Reactionen wie ein Diketon verhält, also entsprechend der Formel

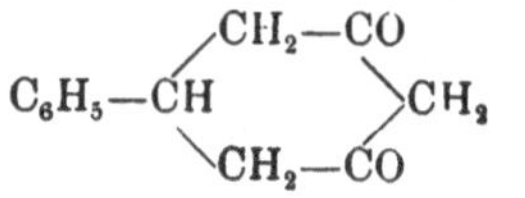

und nicht wie ein Dihydroresorcinderivat:

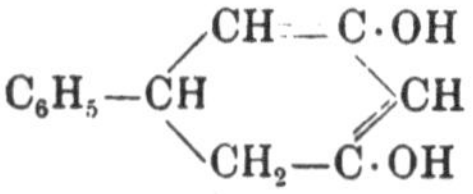

oder

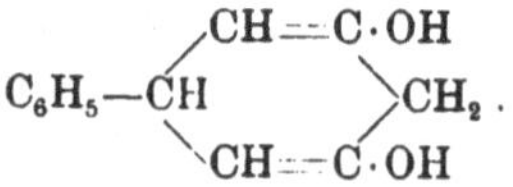

So vermag das Phenyldiketohexamethylen ein Monoxim und ein Dioxim zu bilden; es giebt Condensationsprodukte mit Aldehyden von der Formel I und eine entsprechende Phenylhydrazonverbindung (Formel II) bei der Einwirkung von Diazoniumverbindungen:

I. 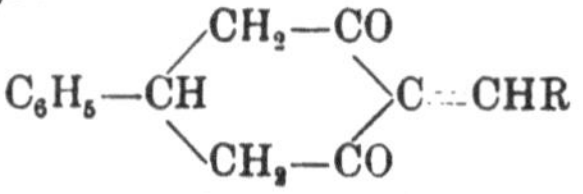

II. 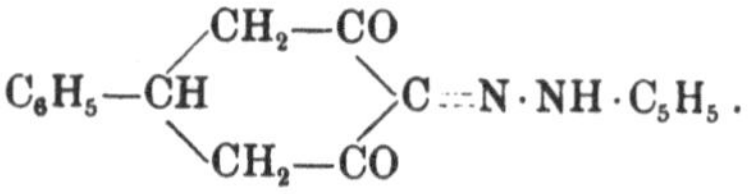

Das Phenyldiketohexamethylen bildet Krystalle, welche sich bei etwa 150° roth färben und bei 184° unter Zersetzung schmelzen; in wässeriger Soda löst es sich unter Bildung eines Natriumsalzes auf, welches durch Kohlensäure theilweise zersetzt wird. Bei der Aetherificirung mit Alkohol und Schwefelsäure liefert es einen Aether der Formel III, während primäre und secundäre Amine unter Bildung von Derivaten der Formel IV einwirken:

III. 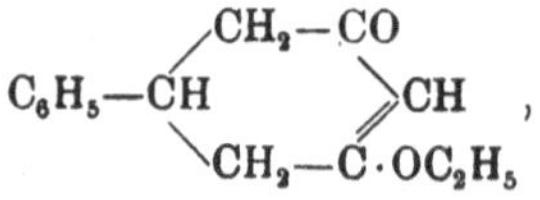

IV. 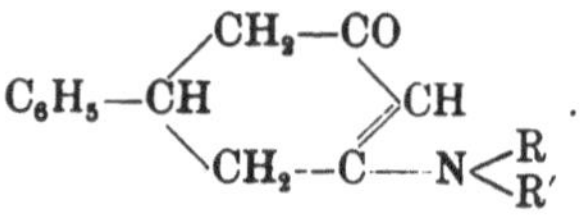

Bei den letztgenannten Reactionen verhält sich also das Phenyldiketohexamethylen wie eine Verbindung der Formel

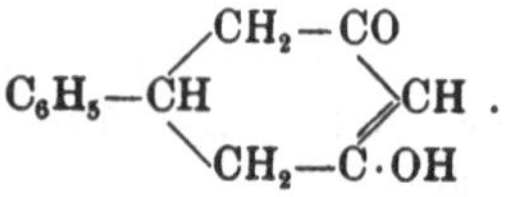

[1] Vorländer u. Erig, Ann. **294**, 302—316 (1897).

Die bei der Verseifung des Phenyldihydroresorcincarbonsäureesters zuerst entstehende Phenyldihydroresorcincarbonsäure oder **1-Phenyl-3.5-diketohexamethylencarbonsäure(2)** [*1-Phenylcyclohexandion(3.5)carbonsäure(2)*], 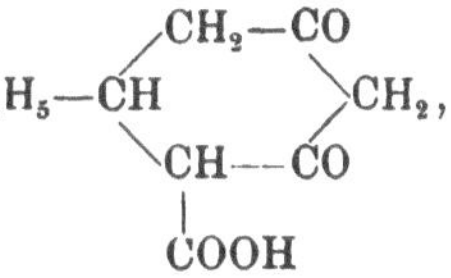

schmilzt gegen 100° unter Kohlensäureentwickelung und verhält sich wie eine zweibasische Säure; ihr Methylester schmilzt bei 162°, der Aethylester bei 143° [1].

Phenylhexahydroresorcin oder **1-Phenyl-3.5-dioxyhexamethylen** [2] [*1-Phenylcyclohexandiol(3.5)*], 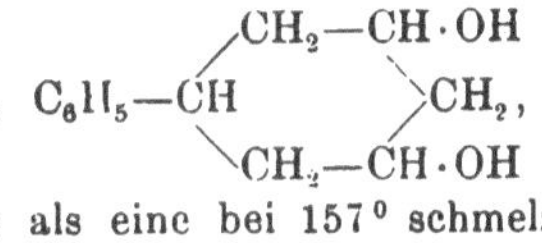 entsteht durch Reduction des Phenyldiketohexamethylens als eine bei 157° schmelzende Verbindung. Durch Phosphorsäureanhydrid werden diesem Körper 2 Mol. Wasser entzogen unter Bildung eines bei 66—66·5° schmelzenden Dihydrodiphenyls [3], $C_6H_5—C_6H_7$.

Eine Reihe von im Phenylrest substituirten Phenyldiketohexamethylenen ist aus entsprechend substituirten Benzylidenacetonen und Malonsäureester dargestellt worden [4], während homologe Benzylidenacetone [5], wie das Benzylidendiäthylketon, im Hexamethylenring alkylirte Produkte liefern. Endlich lässt sich auch der Malonsäureester durch analoge Körper, wie Cyanessigester oder Oxalessigester, ersetzen, und es können so weitere substituirte Phenyldiketohexamethylene gewonnen werden [6].

Auch die Bildung von hydrirten Sechsringen aus 1.5-Diketonen lässt sich zur Darstellung hydrirter Diphenyle verwenden. Die Behandlung solcher Diketone, welche der Formel

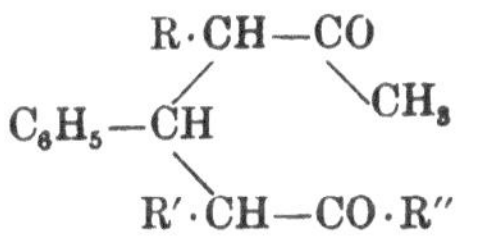

entsprechen, mit sauren oder basischen Condensationsmitteln führt zur Entstehung von Cyclohexenonen, z. B. entsteht aus dem Benzylidenbisacetessigester durch Ringschliessung **1-Methyl-3-phenyl-2.4-dicarboxäthylcyclohexen(6)-on(5)** [7]:

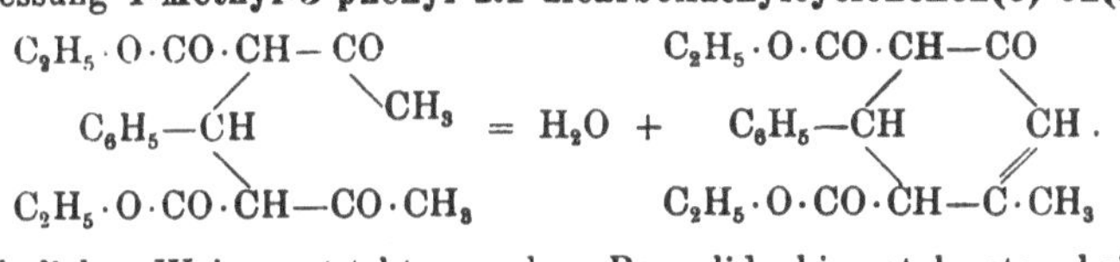

In ähnlicher Weise entsteht aus dem Benzylidenbisacetylaceton beim Kochen mit Kalilauge unter gleichzeitiger Bildung von Kaliumacetat das **1-Methyl-3-phenylcyclohexen(6)-on(5)** [8]:

---

[1] Vorländer, Ann. **294**, 274 (1897). [2] Knoevenagel, Ann. **289**, 167 (1896).
[3] Knoevenagel, Ann. **289**, 168 (1896).
[4] Vorländer, Ann. **294**, 292, 294 (1897).
[5] Vorländer, Ber. **30**, 2265 (1897). Ann. **294**, 296 (1897). — Vorländer u. Erig, Ann. **294**, 311 (1897).
[6] Vorländer, Ber. **27**, 2058 (1894). Ann. **294**, 283, 290 (1897).
[7] Knoevenagel u. Vieth, Ann. **281**, 77 (1894). — Vgl. Hantzsch, Ber. **18**, 2585 (1885).
[8] Knoevenagel u. Werner, Ann. **281**, 83, 85, 86 (1894); **288**, 352 (1895). — Schiff, Ann. **309**, 217 (1899). Gazz. chim. **30**, [1] 201 (1900).

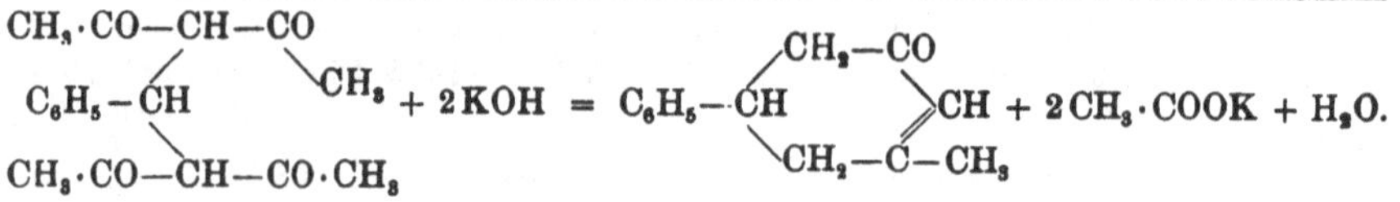

Diese Verbindung, welche auch aus ihrem oben angeführten Dicarboxäthylderivat durch Erhitzen mit Salzsäure auf 160° oder aus dem Benzylidenbisacetessigester direct, sowie aus dem Acetessigesterbenzylidenacetylaceton:

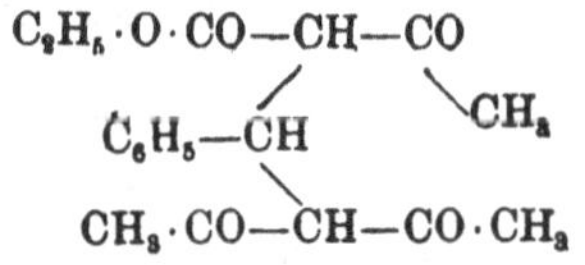

oder auch aus Benzylidenbisacetondicarbonsäureester

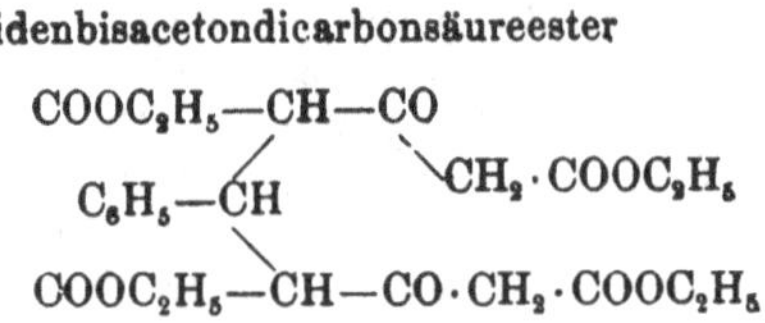

durch Condensation mittelst Natriumäthylat und Abspaltung der Carboxäthylgruppen erhalten werden kann, erstarrt nach längerem Stehen zu Krystallen, die bei 35—36° schmelzen, und siedet unter 30 mm Druck bei 202—202·5°. Als Keton charakterisirt sie sich durch Bildung zweier stereoisomerer Oxime[1].

Bei der Reduction des Methylphenylcyclohexenons entsteht das 1-Methyl-3-phenylcyclohexanol(5),

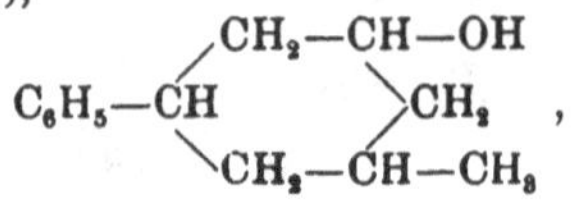

welches mit Phosphorsäureanhydrid ein Methylphenylcyclohexen oder Phenyltetrahydrotoluol:

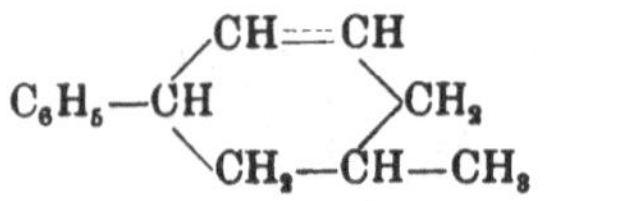

oder

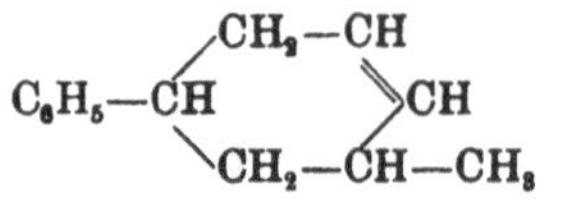

liefert[2].

Im Benzolkern substituirte Abkömmlinge des beschriebenen Methylphenylcyclohexenons entstehen analog den obigen Reactionen aus einer Reihe von im Benzolkern substituirten Benzylidenbisacetessigestern[3].

Das Phenylpentamethylenbromid,

$$C_6H_5 \cdot CHBr \cdot CH_2 \cdot CH_2 \cdot CH_2 \cdot CH_2Br,$$

reagirt mit Malonsäureester bezw. Acetessigester und Natriumalkoholat ganz analog dem Pentamethylenbromid selbst unter Bildung[4] von

---

[1] Knoevenagel u. Goldsmith, Ber. **31**, 2465 (1898).

[2] Knoevenagel u. Goldsmith, Ann. **303**, 260 (1898). — Vgl. Knoevenagel, Wedemeyer u. Giese, Ann. **303**, 268 (1898).

[3] Knoevenagel, Ann. **303**, 234, 238, 242, 249, 252, 255 (1898).

[4] Kipping, Journ. Soc. **57**, 304—223 (1890).

Hexahydrodiphenyldicarbonsäureester (2.2),

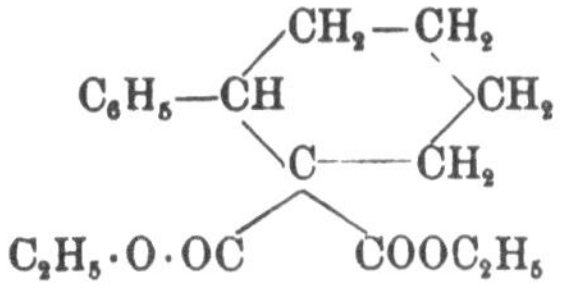

bezw. **2-Acetylhexahydrodiphenylcarbonsäureester (2),**

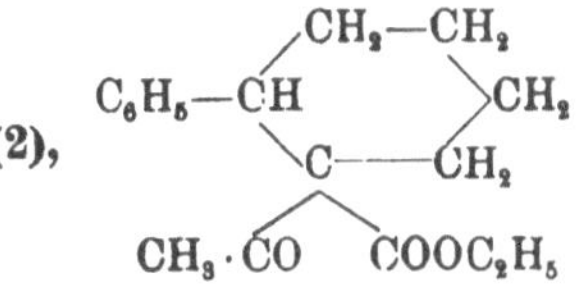

Hydrocyclische Ketone, welche die Gruppirung —CO—C=C— enthalten, vermögen unter dem Einfluss reducirender Mittel zu zwei Molecülen zusammenzutreten unter Bildung eines in beiden Kernen vollständig hydrirten Diphenylderivats[1], so entsteht aus dem 1-Methylcyclohexen(1)-on(3) das Dimethyldiketo-Dicyclohexyl[2]:

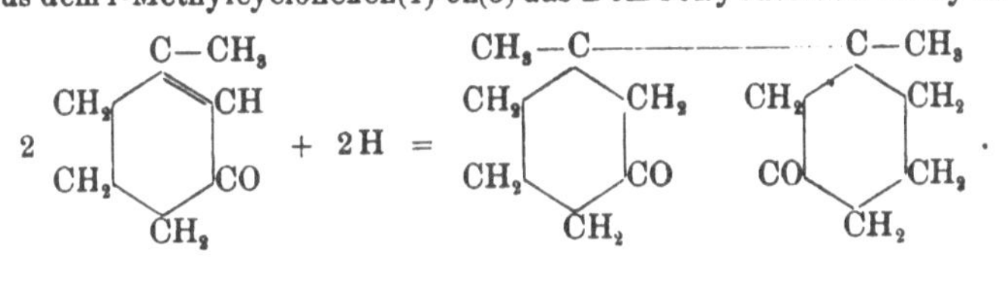

Fünfundvierzigstes Kapitel.

Diphenylbenzol, Triphenylbenzol, Tetraphenylbenzol und deren Hydroprodukte.

Verbindungen, welche mehr als zwei Benzolkerne in directer Bindung enthalten, sind nur in geringer Zahl bekannt. Für ihre Bezeichnung fasst man zweckmässig den mittelständigen Benzolkern als Stamm des Moleküls auf, z. B.

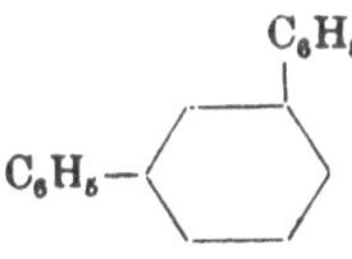

m-Diphenylbenzol

p-Diphenylbenzol

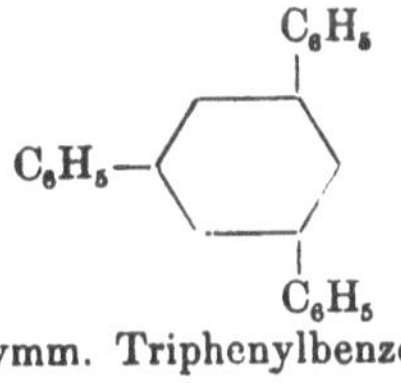

symm. Triphenylbenzol.

m-Diphenylbenzol, $C_6H_5-C_6H_4-C_6H_5$, bildet sich neben Diphenyl und p-Diphenylbenzol beim Durchleiten von Benzoldämpfen durch ein glühendes Rohr[3]. Es krystallisirt in sternförmig gruppirten Nadeln vom Schmelzpunkt 85° und siedet bei 363°. Bei der Oxydation bildet es neben Benzoësäure Diphenylcarbonsäure (3).

---

[1] Wallach, Ann. **305**, 223 (1899). — Harries, Ber. **32**, 1316 (1899).

[2] Harries u. Kaiser, Ber. **32**, 1320 (1899). — Vgl. Knoevenagel u. Reinecke, Ber. **32**, 418 (1899).

[3] Schultz, Ann. **174**, 230 (1874). — Carnelley, Journ. Soc. **37**, 712 (1880). — Schmidt u. Schultz, Ann. **203**, 124 (1880). — Olgiati, Ber. **27**, 3385 (1894).

p-Diphenylbenzol, $C_6H_5—C_6H_4—C_6H_5$, entsteht ausser auf die soeben angegebene Weise auch aus p-Dibrombenzol oder besser aus einem Gemenge von p-Dibrombenzol und Brombenzol mit Natrium[1]:

$$C_6H_5—Br + Br—C_6H_4—Br + Br—C_6H_5 + 4\,Na = C_6H_5—C_6H_4—C_6H_5 + 4\,NaBr.$$

Ferner bildet es sich in analoger Weise, wie das Diphenyl aus Diazobenzol-Verbindungen und Benzol (vgl. S. 17) entsteht, aus Diazobenzolchlorid, Diphenyl und Aluminiumchlorid[2]:

$$C_6H_5—N_2Cl + C_6H_5—C_6H_5 = C_6H_5—C_6H_4—C_6H_5 + N_2 + HCl.$$

Es krystallisirt in Blättchen vom Schmelzpunkt 205° und liefert bei der Oxydation Diphenylcarbonsäure (4) und Terephtalsäure.

p-Diphenylchinon, 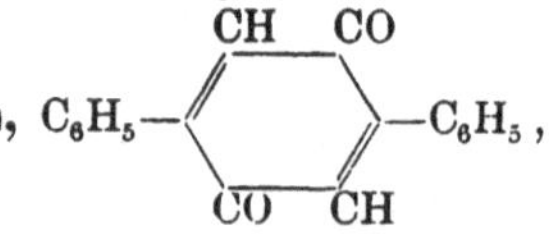, entsteht aus dem Acetylbenzoyl (Bd. II, Th. I, S. 494) beim Uebergiessen mit Natronlauge, zweckmässig unter Zusatz von Ferricyankalium[3]:

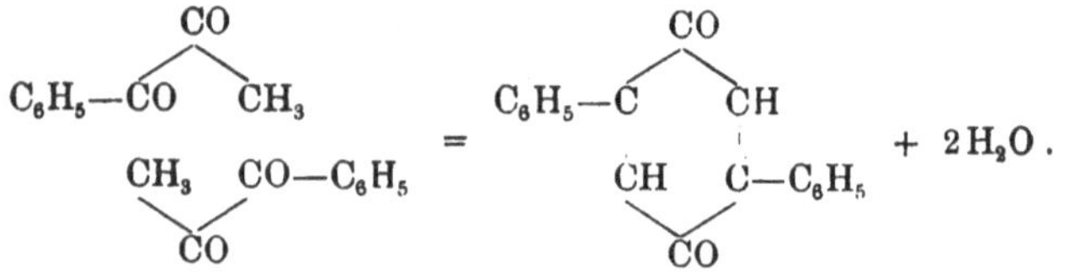

Es bildet orangegelbe Blätter von starkem Oberflächenglanz, welche bei 214° schmelzen.

Ein davon verschiedenes Diphenylchinon, welchem die Formel

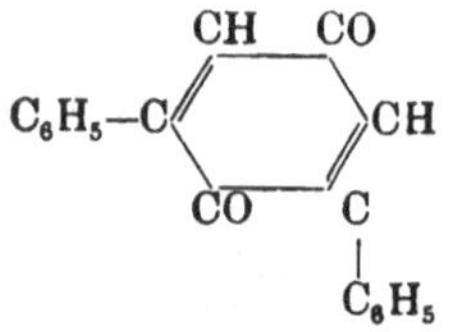

zukommen muss, bildet sich aus dem S. 17 erwähnten Diphenylnitrosophenol oder dem durch Condensation des Dibenzylketons mit Nitromalonaldehyd analog dem 2-Oxy-5-nitrodiphenyl (vgl. S. 23—24) dargestellten Diphenylnitrophenol durch Reduction zu dem entsprechenden Amidophenol und Oxydation des letzteren[4].

symm. Triphenylbenzol, $(C_6H_5)_3C_6H_3$, entsteht neben dem später zu beschreibenden Dypnon (vgl. Bd. II, Th. I, S. 491) beim längeren Kochen von Acetophenon, — eine Reaction, welche der Condensation des Acetons zu Mesitylen (vgl. Bd. I,

---

[1] Riese, Ann. **164**, 168 (1872). — Vgl. Merz u. Weith, Ber. **16**, 2884 (1883). — Weiler, Ber. **29**, 116 (1896).

[2] Möhlau u. Berger, Ber. **26**, 1998 (1893). — Vgl. Castellaneta, Ber. **30**, 2801 (1897). — Andere Bildungsweisen von Diphenylbenzolen s. Abeljanz, Ber. **9**, 912 (1876). — Kramers, Ann. **189**, 141 (1877). — Barth u. Schreder, Ber. **11**, 1338 (1878). — Senff, Ann. **220**, 235 (1883). — Adam, Ann. ch. [6] **15**, 241 (1888).

[3] Müller u. Pechmann, Ber. **22**, 2130 (1889).

[4] Borsche, Ber. **32**, 2939 (1899). Hill. Ber. **33**, 1241 (1900). Am. Journ. **24**, 5 (1900).

S. 411) vollkommen analog ist[1]. Auch condensirende Agentien, wie Salzsäuregas oder Phosphorpentoxyd führen diese Reaction herbei:

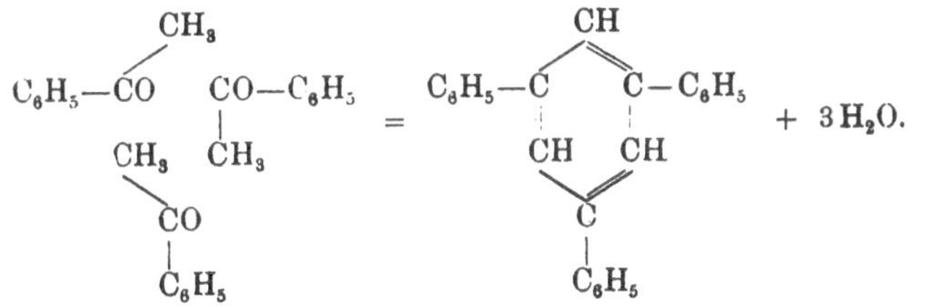

Auch einige andere, dem Acetophenon ähnlich gebaute Benzolabkömmlinge vermögen sich zu demselben Triphenylbenzol zu condensiren[2].

Die Verbindung bildet bei 169—170° schmelzende, rhombische Tafeln. Bei der Oxydation entsteht nur Benzoësäure.

v-Triphenylbenzol[3]. Diese Verbindung ist aus einigen hydrirten Triphenylbenzolderivaten auf folgende Weise erhalten worden.

Beim Erhitzen von Aceton, Benzoïn: $C_6H_5-CH(OH)-CO-C_6H_5$, Alkohol, etwas Wasser und Cyankalium entsteht eine als Ketooxytriphenyltetrahydrobenzol zu bezeichnende Verbindung, deren Bildung eine theilweise Spaltung des Benzoïns in 2 Mol. Benzaldehyd voraussetzt:

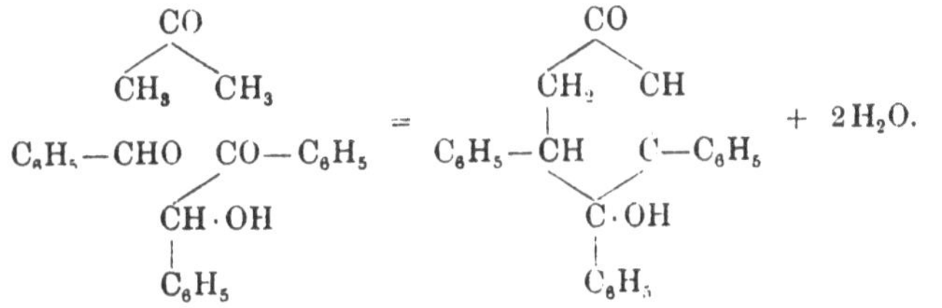

Essigsäureanhydrid erzeugt aus diesem Körper unter Wasserabspaltung und gleichzeitiger Acetylirung den Essigester des 3.4.5-Triphenylphenols:

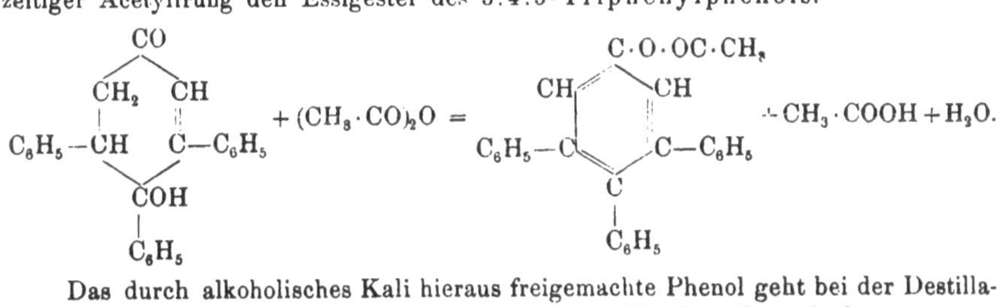

Das durch alkoholisches Kali hieraus freigemachte Phenol geht bei der Destillation über Zinkstaub in das benachbarte oder 1.2.3-Triphenylbenzol über:

---

[1] Engler u. Heine, Ber. **6**, 641 (1873). — Engler u. Berthold, Ber. **7**, 1123 (1874). — Gabriel u. Michael, Ber. **11**, 1009 (1878). — Merz u. Weith, Ber. **16**, 2883 (1883). — Mellin, Ber. **23**, 2533 (1890). — Engler u. Dengler, Ber. **26**, 1445 (1893). Vgl. Delacre, Ber. **25** Ref. 423 (1892); **27** Ref. 338, 339 (1894). Centralbl. **1900**, II, 255. — Gesché, Centralbl. **1900**, II, 256.

[2] Béhal, Bull. **50**, 637 (1888). — Peratoner, Gazz. chim. **22**, [2] 78 (1892). — Claisen, Ber. **31**, 1020 (1898). — Vgl. Claus, J. pr. (2) **41**, 406 (1890).

[3] Japp u. Raschen, Journ. Soc. **57**, 783 (1890). — Smith, Ber. **26**, 65 (1893). — Knoevenagel, Ann. **281**, 37, 40 (1894). — Knoevenagel u. Vieth, Ann. **281**, 67, 72 (1894). — Knoevenagel u. Werner, Ann. **281**, 90 (1894).

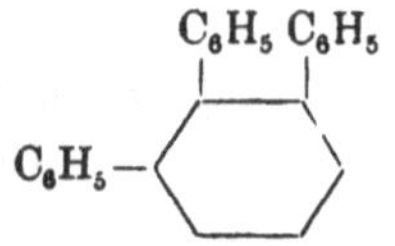

Zwei complicirte Verbindungen, deren Bildungsweise später zu besprechen sein wird:

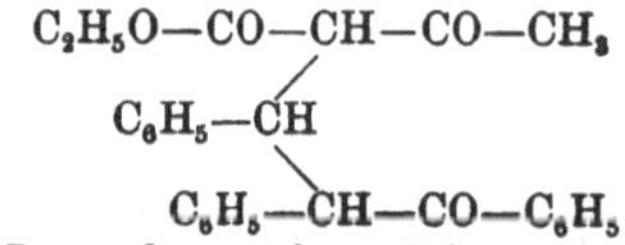

und

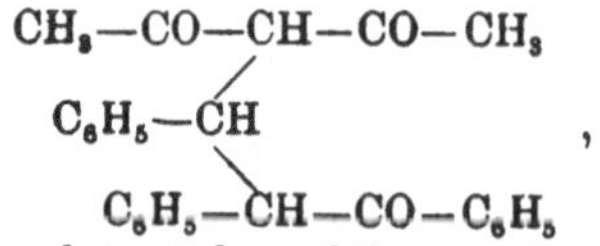

Desoxybenzoïnbenzylidenacetessigester Desoxybenzoïnbenzylidenacetylaceton

welche beide der Klasse der 1.5-Diketone angehören, gehen unter der Einwirkung condensirender Agentien in Körper über, welche einen hydrirten Benzolring enthalten:

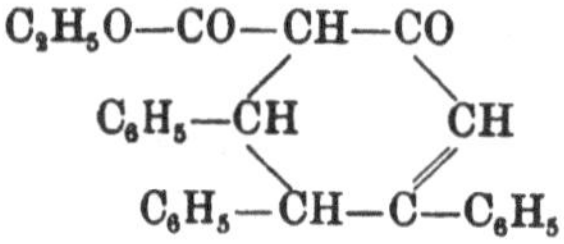

und

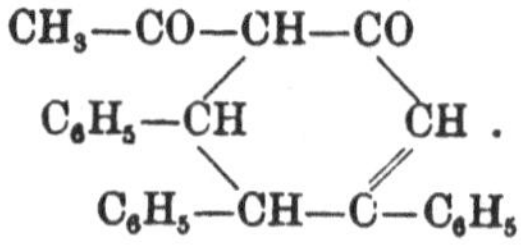

Durch Abspaltung der Carboxäthyl- bezw. der Acetyl-Gruppe liefern diese beiden Verbindungen das 1.2.3-Triphenylcyclohexen(3)-on(5):

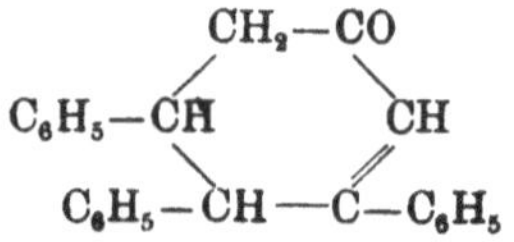

Mit wasserfreiem Chlorzink destillirt, geht dieses Hydrobenzolderivat ebenfalls in v-Triphenylbenzol über.

Das v-Triphenylbenzol krystallisirt in feinen Nadeln, welche bei 150—155° schmelzen.

1.2.4.5-Tetraphenylbenzol[1],

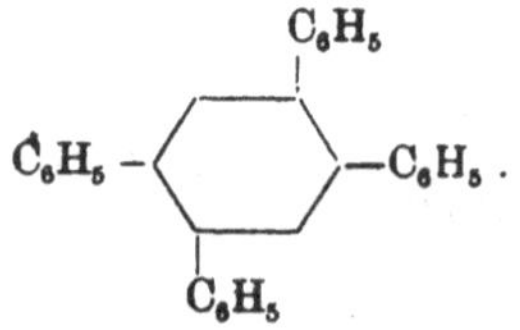

Diese Verbindung bildet sich aus dem Condensationsprodukt von Benzil mit zwei Molecülen Acetophenon:

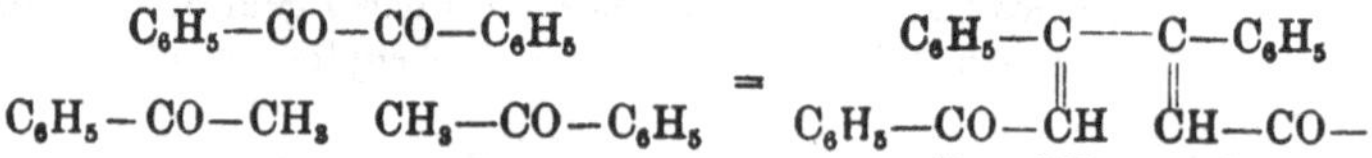

Benzildiacetophenon

wenn man es durch Reduction mit Zinkstaub und Eisessig in sein Pinakon, das Tetraphenyldioxydihydrobenzol, überführt:

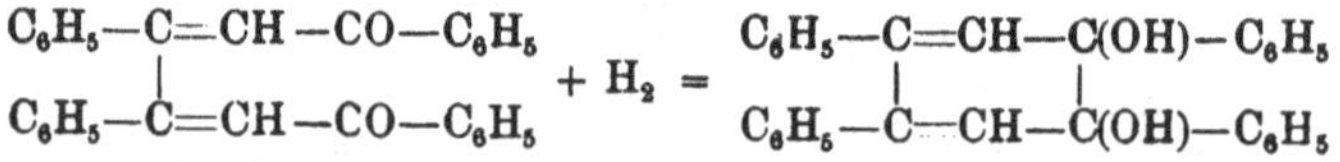

und endlich aus diesem Pinakon Wasser und Sauerstoff abspaltet:

[1] J. Wislicenus u. Lehmann, Ann. **302**, 195 (1898).

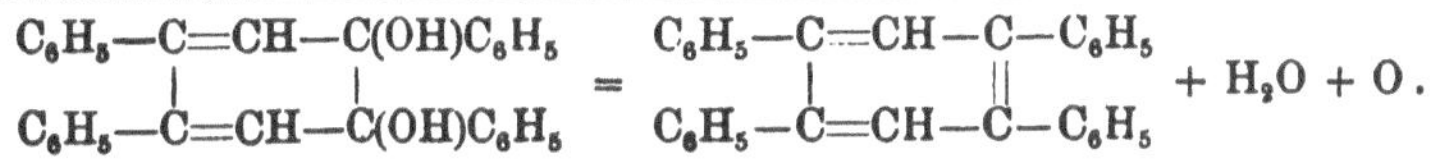

Das Tetraphenylbenzol bildet farblose Nadeln vom Schmelzpunkt 277—278°.

Die Reduction ungesättigter Ketone zu Verbindungen, welche hydrirte Sechsringe enthalten, die mehrere Phenylgruppen tragen, ist auch in einigen anderen Fällen ausgeführt worden[1].

Triphenyltrimesinsäure,

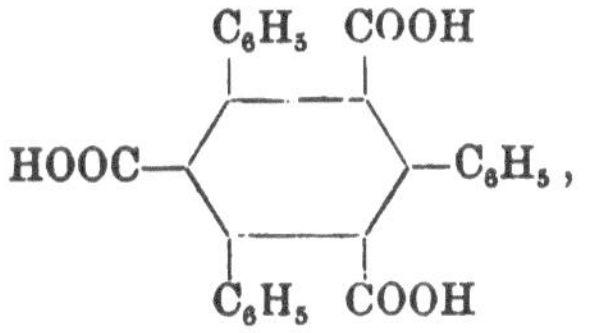

entsteht beim Erhitzen von Phenylpropiolsäure mit Phosphoroxychlorid und Erwärmen des zuerst gebildeten Anhydrids mit Kalilauge[2]:

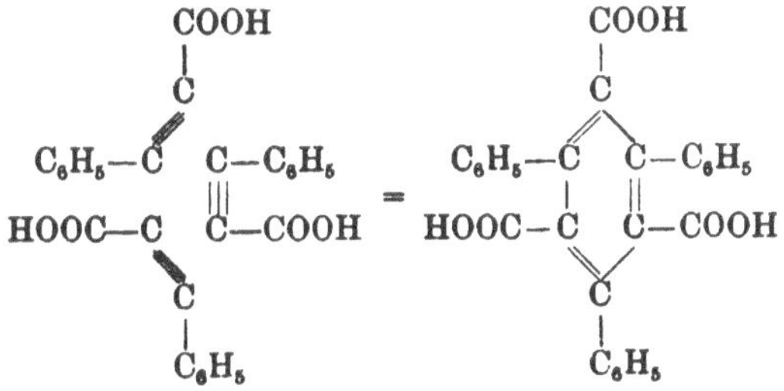

Dieselbe Säure lässt sich aus dem auf verschiedenen Wegen erhältlichen Tribenzoylenbenzol[3],

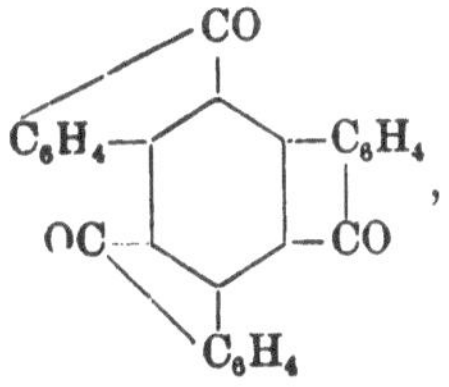

durch schmelzendes Alkali herstellen.

Die Triphenyltrimesinsäure schmilzt bei 257—259°. Durch Destillation mit Kalk wird sie in symmetrisches Triphenylbenzol übergeführt.

---

[1] Harries u. Eschenbach, Ber. **29**, 2121 (1896). — Harries u. Hübner, Ann. **296**, 325 (1897).

[2] Lanser, Ber. **32**, 2478 (1899).

[3] Gabriel u. Michael, Ber. **10**, 1557 (1877); **11**, 1007 (1878). — Gabriel, Ber. **14**, 925 (1881). — Hausmann, Ber. **22**, 2023 (1889). — Liebermann u. Bergami, Ber. **22**, 786 (1889); **23**, 317 (1890). — W. Wislicenus u. Reitzenstein, Ann. **277**, 362 (1897). — Kostanecki u. Laszowski, Ber. **30**, 2143 (1897). — Lanser u. Wiedermann, Ber. **33**, 2423 (1900). — Landau, Ber. **33**, 2441 (1900).

Sechsundvierzigstes Kapitel.

Die phenylirten Tri-, Tetra- und Pentamethylenverbindungen.

Die synthetischen Methoden, welche zur Darstellung von Körpern dienen, die den in der Ueberschrift angeführten Verbindungstypen angehören, schliessen sich im Allgemeinen an diejenigen Reactionen an, welche zur Bildung der nicht durch Benzolreste substituirten Polymethylene führen. Diese Reactionen sind in dem zweiten bis vierten Kapitel dieses Buches (Bd. II, Th. I, S. 16 ff.) besprochen worden.

Phenylirte Trimethylene.

Die Synthese, welche vom Dibrompropionsäureester durch Einwirkung des Malonsäureesters (vgl. Bd. II, Th. I, S. 20) zu einer Säure des Trimethylens führt, lässt sich auch auf ein phenylirtes Derivat des erstgenannten Esters, das Zimmtsäureesterdibromid, $C_6H_5{\cdot}CHBr{\cdot}CHBr{\cdot}COOC_2H_5$, anwenden[1], wobei entsprechend der Gleichung

$$\begin{array}{l} C_2H_5{\cdot}O{\cdot}OC-CHBr \\ \qquad\qquad\quad | \\ \quad C_6H_5-CHBr \end{array} + Na_2C(COOC_2H_5)_2 = \begin{array}{l} C_2H_5{\cdot}O{\cdot}OC-CH \\ \qquad\qquad\quad | \\ \quad C_6H_5-CH \end{array}\!\!>\!C(COOC_2H_5)_2 + 2NaBr$$

der Ester der

1-Phenyltrimethylentricarbonsäure (2.2.3) *(Phenylcyclopropantricarbonsäure)* entsteht. Die Säure krystallisirt mit 4 Mol. Wasser und schmilzt wasserfrei bei 188°. Durch Destillation im Vacuum oder durch Erhitzen im Kohlensäurestrom wird sie in β-Benzylidenpropionsäure übergeführt.

Eine Dicarbonsäure des Phenyltrimethylens bildet sich in Form ihres Diäthylesters, wenn der aus Diazoessigester und Zimmtsäureester gebildete Zimmtdiazoessigester, $N_2(C_6H_5)C_3H_3(COOC_2H_5)_2$, der Destillation unterworfen wird[2] (vgl. Bd. I, S. 843). Die durch Verseifung dieses Esters entstehende Säure ist als

1-Phenyltrimethylendicarbonsäure(2.3) *(Phenylcyclopropandicarbonsäure)*:

$$\begin{array}{l} HOOC-CH \\ \qquad\qquad | \\ C_6H_5-CH \end{array}\!\!>\!CH-COOH$$

aufzufassen. Sie krystallisirt in Prismen vom Schmelzpunkt 175°. Ihr Diäthylester ist ein unter 120 mm Druck bei 256—257° siedendes Oel.

---

[1] Buchner u. Dessauer, Ber. **25**, 1149 (1892).

[2] Buchner, Ber. **21**, 2638 (1888).

Phenylirte Tetramethylene.

Als zweifach durch Benzolreste substituirte Tetramethylenverbindungen wird eine Gruppe isomerer Säuren betrachtet, welche man als Truxillsäuren[1] (auch γ-, δ-, ε-Isatropasäure, Cocasäuren) bezeichnet. Diese Körper (vgl. auch im Kapitel 35 unter Zimmtsäure) entstehen auf folgende Weise: Die sogenannten Nebenalkaloïde des Cocaïns, d. h. diejenigen Alkaloïde, welche neben dem Cocaïn in den Cocablättern vorkommen und nach Abscheidung dieses wichtigsten Bestandtheiles derselben zurückbleiben, bestehen aus verschiedenen Substanzen, welche durch Behandeln mit concentrirter Salzsäure im Einschmelzrohr gleich dem Cocaïn selbst neben Chlormethyl bezw. Methylalkohol in einen basischen Bestandtheil, das Ecgonin, einerseits und eine organische Säure andererseits zerlegt werden. Während das Cocaïn in die beiden Componenten Ecgonin und Benzoësäure zerfällt, liefern die Nebenalkaloïde neben dem Ecgonin zwei isomere Säuren, die α- und β-Truxillsäure. Diese beiden Säuren lassen sich vermittelst ihrer Bariumsalze von einander trennen, da die α-Säure ein lösliches, die β-Säure ein unlösliches Bariumsalz bildet. Die Säuren besitzen die empirische Zusammensetzung der Zimmtsäure, entsprechen also der Formel $C_9H_8O_2$. Dass sie in ihrer Constitution der Zimmtsäure, C_6H_5—CH=CH—COOH, nahestehen, geht daraus hervor, dass sie bei der Destillation in diese Säure übergehen; dennoch sind sie nicht als Isomere der Zimmtsäure aufzufassen, denn sie sind durch ihre Fähigkeit saure Salze und Ester zu bilden als Dicarbonsäuren charakterisirt. Mithin kommt ihnen die verdoppelte Formel der Zimmtsäure zu, und man kann ihre Zusammensetzung durch die Formel $C_{16}H_{14}(COOH)_2$ ausdrücken. Diese Formel wird durch die Bestimmung des Moleculargewichts der Truxillsäureester bestätigt.

Von besonderer Wichtigkeit ist das Ergebniss der Oxydation der β-Truxillsäure, es entsteht nämlich aus dieser Säure Benzil, $C_6H_5 \cdot CO \cdot CO \cdot C_6H_5$. Damit ist das Vorhandensein des Complexes

$$C_6H_5-C-C-C_6H_5$$

in dieser Säure erwiesen. Da sich ferner die Truxillsäuren als gesättigte Complexe darstellen, so lässt sich für die β-Säure die folgende Formel aufstellen:

$$\begin{array}{l} C_6H_5-CH-CH-COOH \\ \qquad\quad\; | \qquad | \\ C_6H_5-CH-CH-COOH \end{array} .$$

[1] Litteratur der Truxillsäuren: Liebermann, Ber. **21**, 2342 (1888); **22**, 124, 2240 (1889); **23**, 2516 (1890); **25**, 90 (1892); **27**, 1416 (1894). — Liebermann u. Bergami, Ber. **22**, 784 (1889); **23**, 317 (1890). — Hesse, Ber. **22**, 667 (1889). Ann. **271**, 180 (1892). — Drory, Ber. **22**, 2256 (1889). — Herstein, Ber. **22**, 2261 (1889). — Bader, Ztschr. f. physik. Chem. **6**, 317 (1890). — Homans, Steltzner u. Sukow, Ber. **24**, 2589 (1891). — Liebermann u. Sachse, Ber. **26**, 834 (1893). — Lange, Ber. **27**, 1410 (1894).

In der Kalischmelze geht die β-Truxillsäure in ein neues Isomeres, die δ-Truxillsäure über.

Die α-Truxillsäure lässt sich durch wasserentziehende Mittel, wie Essigsäureanhydrid, in ein Anhydrid überführen, welches bei der Behandlung mit Natronlauge die unveränderte Säure zurückliefert; wird jedoch bei dieser Reaction eine hohe Temperatur angewandt, so entsteht ein anderes Anhydrid, aus dem nicht mehr die ursprüngliche, sondern eine neue, damit isomere Säure, die γ-Truxillsäure, gebildet wird.

Man sieht also, dass die α- und die γ-Säure einerseits und die β- und δ-Säure andererseits sich in ihrer Constitution besonders nahe stehen. Es liegt daher nahe, die Glieder jedes dieser Paare als einander stereoisomer anzusehen. Das Wahrscheinlichste ist, dass der β- und δ-Truxillsäure die obige Constitutionsformel zukommt und ihre Verschiedenheit auf die verschiedene Lagerung der Substituenten auf beiden Seiten der Ebene des Tetramethylenringes, also auf das Vorhandensein von cis-trans-Isomerie zurückzuführen ist (vgl. Bd. I, S. 422 und Bd. II, Th. I, S. 17), während der α- und γ-Säure die Formulirung

$$\begin{array}{l} C_6H_5-CH-CH-COOH \\ \qquad\quad\;\; | \qquad\; | \\ HOOC-CH-CH-C_6H_5 \end{array}$$

beigelegt werden kann und auch hier wieder die beiden Säuren als stereoisomer in dem angedeuteten Sinne aufzufassen sind.

Mit dieser Anschauung steht das gesammte chemische Verhalten der Truxillsäuren im Einklang. Die β-Truxillsäure verhält sich in ihren Reactionen analog der Phtalsäure; sie giebt ein inneres Anhydrid, ein Anil und ein entsprechendes Phenylhydrazid und endlich durch Condensation mit Resorcin ein Fluoresceïn. Die α- und γ-Truxillsäure dagegen liefern zwar auch Anhydride, doch bilden sie weder Anile noch Fluoresceïne, so dass die Orthostellung der Carboxyle in diesen Verbindungen unwahrscheinlich ist.

Ein eigenthümliches Verhalten zeigt die α-Truxillsäure bei der Einwirkung concentrirter Schwefelsäure. Neben Sulfonsäuren entsteht dabei ein indifferenter Körper, welcher als ein Anhydroderivat der Truxillsäure von der Formel $C_{18}H_{12}O_2$ aufgefasst werden könnte. Die nähere Untersuchung dieser als Truxon bezeichneten Verbindung hat jedoch ergeben, dass sie in naher Beziehung zu dem als Tribenzoylenbenzol bezeichneten Körper (vgl. S. 47) steht[1]; hiernach könnte man für sie die höhere Molecularformel $C_{27}H_{18}O_3$ folgern. Bei der Reduction mit Jodwasserstoff und Phosphor entsteht nämlich aus dem Truxon das Truxen, $(C_9H_6)_x$, eine Verbindung, welche auch auf einem anderen Wege gewonnen werden konnte und auch als Tribenzylenbenzol bezeichnet wird. Durch Oxydation des Truxens bildet sich nun ein als Truxenchinon be-

[1] Hausmann, Ber. **22**, 2024 (Fussnote) (1889). — Liebermann u. Bergami, Ber. **22**, 784 (1889); **23**, 317 (1890). — Vgl. Manthey, Ber. **32**, 2475 (1899).

zeichneter Körper, welcher sich als identisch mit dem Tribenzoylenbenzol erwiesen hat. Die Beziehungen dieser Körper zu einander lassen sich folgendermassen formuliren:

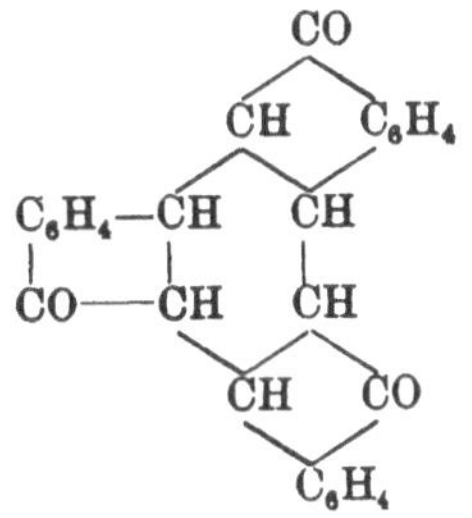

Truxon
(Schmelzpunkt 289°)

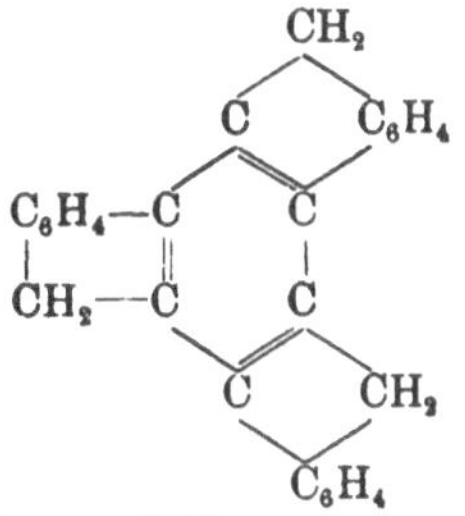

Truxen (Tribenzylenbenzol)
(Schmelzpunkt oberhalb 360°)

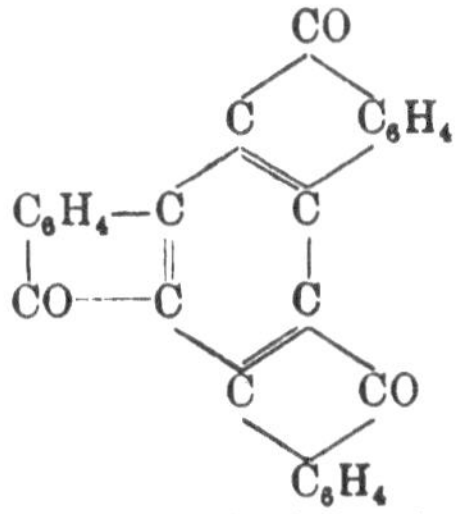

Truxenchinon (Tribenzoylenbenzol) (Schmelzpunkt oberhalb 300°).

α-**Truxillsäure** schmilzt bei 274°, ihr Methylester bei 174°, der Aethylester bei 146°.

β-**Truxillsäure** schmilzt bei 206°. Ihr Anhydrid zeigt den Schmelzpunkt 116°.

γ-**Truxillsäure** krystallisirt in Nädelchen vom Schmelzpunkt 228°, ihr Anhydrid, aus der α-Säure gewonnen, schmilzt bei 191°. Beim Erhitzen für sich geht sie ohne Gewichtsverlust in die α-Säure über.

δ-**Truxillsäure** schmilzt bei 172°.

Phenylirte Pentamethylene.

Von theoretischem Interesse sind einige Reactionen, welche zu Pentamethylenringen führen, in denen ein oder mehrere Wasserstoffatome durch Phenylgruppen ersetzt sind. Solche Reactionen, welche meist als weitere Ausbildung von Synthesen aufzufassen sind, die ursprünglich zur Herstellung einfacherer Verbindungen dienten, sind die folgenden.

Es ist schon im ersten Band (S. 490) die Fähigkeit der Bernsteinsäure besprochen worden, sich mit Aldehyden der Fettreihe zu vereinigen; in ähnlicher Weise lässt sich eine Condensation der Bernsteinsäure mit dem Benzoylessigester[1] erzielen, wenn man den letzteren mit bernsteinsaurem Natrium und 2 Mol.-Gew. Essigsäureanhydrid im Wasserbade 12—15 Stunden erhitzt. Die Reaction geht in diesem Falle weiter als bei den Condensationen der Bernsteinsäure mit Aldehyden, da die im Benzoylessigester enthaltene, leicht bewegliche CH_2- bezw. CH-Gruppe mit einer Carboxylgruppe der Bernsteinsäure unter Wasserabspaltung zu reagiren vermag. Der Vorgang, welcher zur Bildung einer als Phenythronäthylestersäure bezeichneten Substanz führt, verläuft entsprechend der folgenden Gleichung:

[1] Fittig, Ann. **250**, 172 (1889).

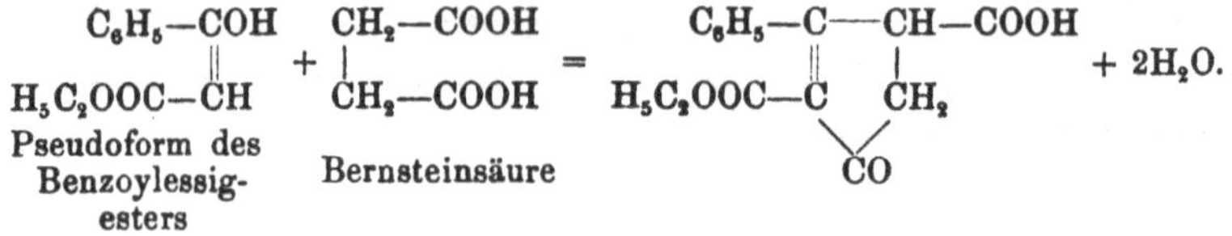

Die diesem Ester entsprechende Säure, die **Phenythronsäure** [*1-Phenylcyclopenten(1)-on-3-dicarbonsäure(2.5)*], spaltet beim Erhitzen 1 bezw. 2 Mol. Kohlensäure ab und liefert: **Phenuvinsäure** [*1-Phenylcyclopenten(5)-on(4)-carbonsäure(2)*] (Formel I) vom Schmelzpunkt 144—145° und *1-Phenylcyclopenten(1)-on(3)* (Formel II) vom Schmelzpunkt 40°.

Verbindungen, welche die Atomgruppirung —CO—CO— enthalten, vermögen mit Aceton und dessen Abkömmlingen, in welchen sich der Complex $CH_2-CO-CH_2$ vorfindet, zu ungesättigten Fünfringen zusammenzutreten, so entsteht durch Condensation von Aceton und Benzil[1]:

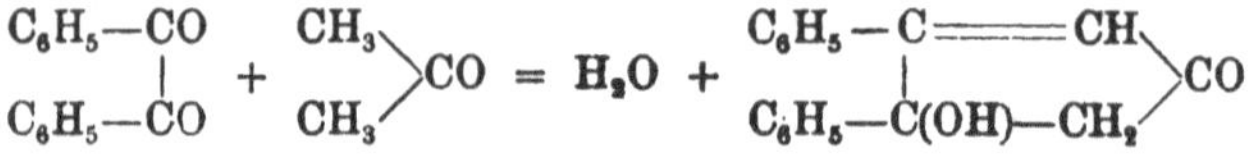

2.3-Diphenyl-3-oxy-5-keto-R-penten [*1.2-Diphenylcyclopenten(5)-on(4)-ol(2)*], welches in einer gelben und einer farblosen Modification existirt und bei 147° schmilzt. Durch Reduction mit Jodwasserstoffsäure und Phosphor wird diese Verbindung zunächst in **1.2-Diphenyl-4-keto-R-penten** [*1.2-Diphenylcyclopenten(1)-on(4)*] vom Schmelzpunkt 110°

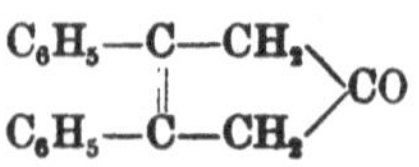

und bei energischer Einwirkung des Reductionsmittels in **1.2-Diphenylpentamethylen** *(1.2-Diphenylcyclopentan)*,

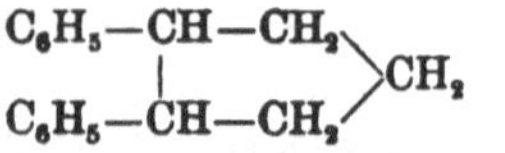

übergeführt.

Wie das Aceton selbst reagirt auch die Acetondicarbonsäure[2] und die Lävulinsäure[3] mit dem Benzil unter Bildung diphenylirter Pentamethylenverbindungen.

Auf demselben Princip wie die eben beschriebenen Reactionen beruht die Condensation zwischen Oxalsäureester und Dibenzylketon[4], welche gemäss der Gleichung:

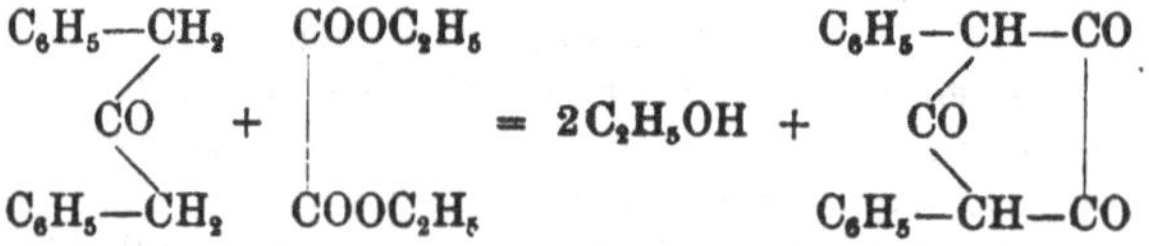

---

[1] JAPP u. MILLER, Journ. Soc. **47**, 27 (1885). — JAPP u. BURTON, ebenda, **51**, 422 (1887). — JAPP u. LANDER, ebenda, **71**, 130 (1897).

[2] JAPP u. LANDER, Proceedings Soc. **1896**, 109. Journ. Soc. **71**, 139 (1897).

[3] JAPP u. MURRAY, Journ. Soc. **71**, 145 (1897).

[4] CLAISEN u. EWAN, Ber. **27**, 1353 (1894). Ann. **284**, 250 (1895).

zum **1.3-Diphenyl-2.4.5-triketopentamethylen** [*1.3-Diphenylcyclopentantrion(2.4.5)*] führt. Dieser Körper krystallisirt in gelben Prismen oder Blättchen, welche bei 192—193° schmelzen, bei höherem Erhitzen wieder erstarren und bei 240° von Neuem schmelzen, indem hierbei ein Uebergang in ein Isomeres stattfindet. In Sodalösung löst sich die Verbindung unverändert auf, während sie durch concentrirte Kalilauge in die Componenten gespalten wird.

Wie mit dem Dibenzylketon vereinigt sich der Oxalsäureester auch mit dem β-Phenylglutarsäureester zu einem phenylirten Pentamethylenderivat[1], dem 1-Phenyl-3.4-diketopentamethylen-2.5-dicarbonsäureester:

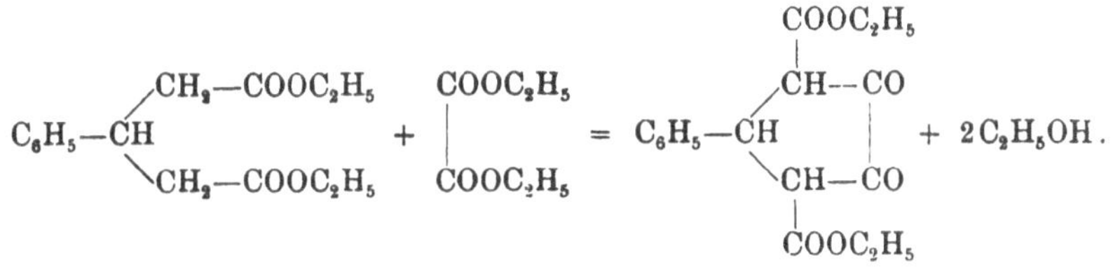

Das schon mehrfach erwähnte Princip zur Herstellung isocyclischer Ringe aus Diketonen durch Reduction zu den entsprechenden Pinakonen (vgl. z. B. S. 46) führt bei Anwendung von 1.5-Diketonen zu Pentamethylenringen. So bildet sich aus dem 1.3-Dibenzoylpropan das 1.2-Diphenyl-1.2-dioxypentamethylen:

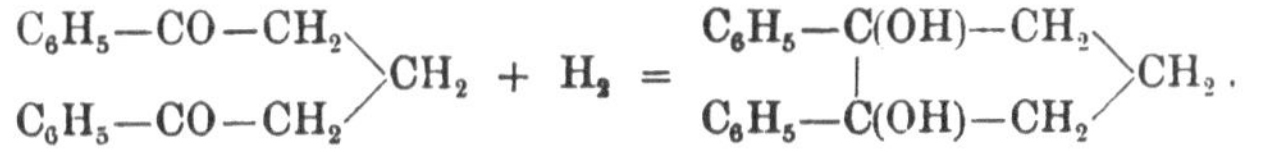

Durch weitere Reduction mit Jodwasserstoffsäure und Phosphor geht diese Verbindung in das schon oben erwähnte **1.2-Diphenylpentamethylen** (*Diphenylcyclopentan*) über, welches in schneeweissen, körnig krystallinischen Massen vom Schmelzpunkt 108° erhalten wird[2].

Das Benzylidendiacetophenon,

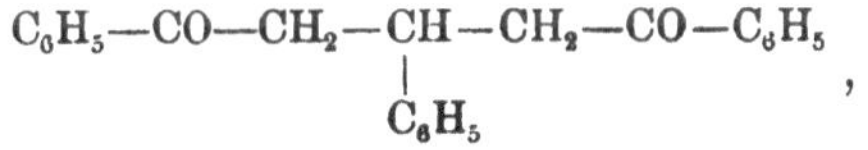

liefert ein analoges glykolartiges Reductionsproduct[3], dessen weitere Reduction das **1.2.4-Triphenylpentamethylen** (*Triphenylcyclopentan*)

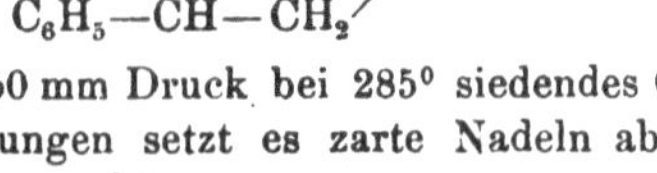

als hell gelbliches, unter 50 mm Druck bei 285° siedendes Oel entstehen lässt. Nach langem Stehen seiner Lösungen setzt es zarte Nadeln ab, welche vielleicht einer stereoisomeren Verbindung angehören.

Das **1.2.3.4-Tetraphenylpentamethylen** (*Tetraphenylcyclopentan*)[4] entsteht analog den obigen Verbindungen aus dem Dibenzoyldiphenylpropan:

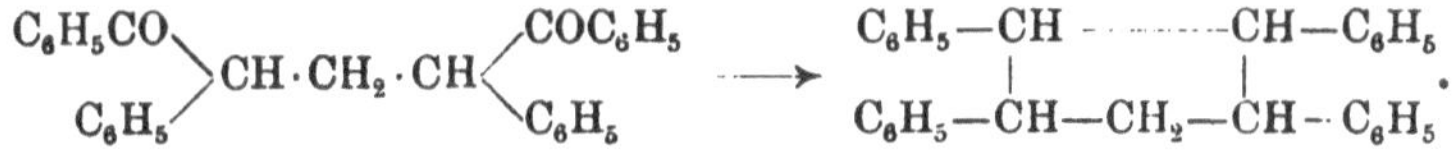

Dieses Pentamethylenderivat bildet radial verwachsene, farblose, glänzende Nadeln vom Schmelzpunkt 80·5—81°.

---

[1] DIECKMANN, Ber. **32**, 1930 (1899).

[2] J. WISLICENUS u. KUHN, Ann. **302**, 215 (1898).

[3] J. WISLICENUS u. NEWMANN, Ann. **302**, 236 (1898).

[4] J. WISLICENUS u. CARPENTER, Ann. **302**, 223 (1898).

Endlich ist aus der Verbindung

$$C_6H_5{-}CO{-}CH_2{-}\underset{\displaystyle COOH}{\underset{|}{CH}}{-}CH_2{-}CO{-}C_6H_5\,,$$

der Diphenacylessigsäure[1], ein Pinakon erhalten worden, dessen vollständige Reduction die **1.2-Diphenylpentamethylencarbonsäure(4)** [*1.2-Diphenylcyclopentan-carbonsäure(4)*]

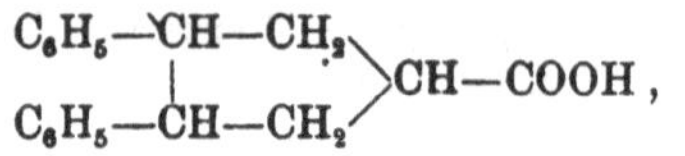

in zwei isomeren Modificationen ergiebt.

Wie aus den 1.5-Diketonen durch Reduction, so lässt sich aus gewissen 1.6-Diketonen durch die condensirende Wirkung des Natriumäthylats ein Kohlenstofffünfring herstellen. Zu dieser Reaction eignet sich das bei der Reduction von Benzylidenaceton neben dem Benzylaceton entstehende Diphenyloktandion[2],

$$\begin{array}{l} C_6H_5{-}CH{-}CH_2{-}CO{-}CH_3 \\ \qquad\;\; | \\ C_6H_5{-}CH{-}CH_2{-}CO{-}CH_3 \end{array}.$$

Natriumäthylat erzeugt daraus unter Wasserabspaltung das *1-Methyl-2-äthanoyl-3.4-diphenylcyclopenten(1)*:

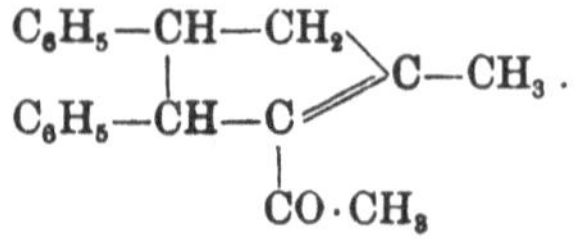

I. B. Mehrkernige Systeme mit indirect verbundenen Ringen.

Siebenundvierzigstes Kapitel.

Verbindungen mit zwei Benzolkernen bezw. einem Benzolkern und einem andern isocyclischen Ringe, welche durch ein Kohlenstoffatom getrennt sind.

Die Diphenylmethangruppe.

Constitution, Benennung, Ortsbestimmung und allgemeiner Charakter der Diphenylmethanverbindungen.

Das Diphenylmethan oder Benzylbenzol, $C_{13}H_{12}$, enthält im Molecül zwei Benzolkerne, welche durch Vermittelung einer Methylengruppe mit einander verkettet sind:

[1] Pusch, Ber. **28**, 2102 (1895).

[2] Harries u. Eschenbach, Ber. **29**, 380 (1896). — Harries u. Hübner, Ann. **296**, 301 (1897).

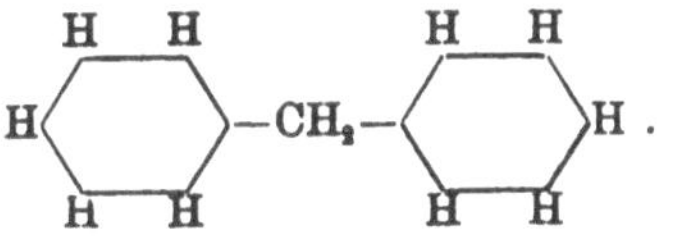

Eine solche Verbindung besitzt 12 substituirbare Wasserstoffatome, welche auf 11 Kohlenstoffatome vertheilt sind; wir haben mithin 11 chemische Orte, welche durch besondere Zeichen von einander unterschieden werden müssen. Denken wir uns die beiden Benzolkerne dagegen hydrirt, so werden auch die an der Methylengruppe haftenden Kohlenstoffatome der beiden Benzolkerne Wasserstoff aufnehmen können; auch an diesen Stellen wird sich mithin die Möglichkeit einer Substitution ergeben. Um alle diese Körper eindeutig bezeichnen zu können, ist es daher erforderlich, sämmtliche 13 Kohlenstoffatome durch besondere Zeichen von einander zu unterscheiden. Im Anschluss an die in der Diphenylgruppe (vgl. S. 6) gewählte Bezeichnungsweise gelangen wir damit zu dem folgenden Schema[1]:

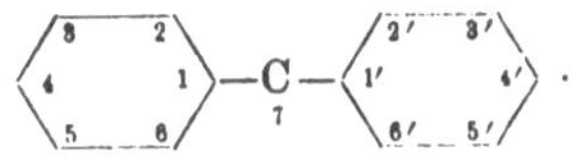

Die Substitutionsprodukte des Diphenylmethans lassen sich in zwei Gruppen eintheilen, je nachdem die Substitution an einem der Benzolkerne stattgefunden hat, oder das mittelständige Kohlenstoffatom den oder die Substituenten trägt. Die erstgenannten Verbindungen charakterisiren sich durch die Art, in welcher die Substitution zu Stande kommt, und durch das Verhalten dieser Substituenten als wahre Benzolderivate, während die Körper der zweiten Klasse nach den für die Methanabkömmlinge gültigen Methoden entstehen und auch das Verhalten solcher zeigen. Zu bemerken ist jedoch, dass die Methylenwasserstoffatome der Diphenylmethanverbindungen in Folge der Nachbarschaft der zwei lockernd wirkenden Benzolringe eine grössere Angriffsfähigkeit gegenüber chemischen Agentien aufweisen, als sie bei rein aliphatischen Verbindungen beobachtet wird.

So macht sich z. B. die oxydirende Wirkung der Chromsäure auf das Diphenylmethan in der Weise geltend, dass die Wasserstoffe der Methylengruppe durch Sauerstoff ersetzt werden, wodurch eine ketonartige Verbindung, das Benzophenon,

$$C_6H_5-CO-C_6H_5\,,$$

entsteht.

Die genannte Reaction gestattet den Uebergang der eigentlichen Benzylbenzole in Benzoylbenzole oder Benzophenone; die letzt-

[1] Die hier vorgeschlagene Bezeichnung gestattet eine einheitliche Bezifferung der Kohlenstoffatome wenigstens bei den einfacher zusammengesetzten mehrkernigen Benzolderivaten und — mutatis mutandis — auch bei den condensirten Ringverbindungen

genannten Verbindungen lassen sich als Ketone in die entsprechenden secundären Alkohole, das Benzhydrol und seine Abkömmlinge, umwandeln, und wir gelangen damit zu drei Verbindungstypen, entsprechend den Grundkörpern:

$C_6H_5—CH_2—C_6H_5$, Diphenylmethan,

$C_6H_5—CH(OH)—C_6H_5$, Benzhydrol,

$C_6H_5—CO—C_6H_5$, Benzophenon.

Die Oxydation der eigentlichen Diphenylmethankörper zu Abkömmlingen des Benzophenons kann man auch mit Vortheil verwerthen, um festzustellen, ob ein Substituent sich in der Methylengruppe oder in einem der Benzolkerne befindet. Ist der zu untersuchende Körper selbst schon ein Keton, so ist — die Abwesenheit einer ketonartigen Seitenkette vorausgesetzt — die Frage bereits dahin entschieden, dass die beiden Benzolkerne durch die Gruppe CO mit einander verkettet sind, jeder weitere ausser dem Ketonsauerstoffatom etwa noch vorhandene Substituent mithin in einem der Benzolkerne haften muss: anderenfalls aber wird die Oxydation der fraglichen Verbindung die Entscheidung über die Stelle, welche der Substituent einnimmt, herbeiführen, indem die an dem mittelständigen Kohlenstoffatom befindlichen Gruppen abgespalten und durch Sauerstoff ersetzt werden, während die in den Benzolkernen befindlichen Atome oder Atomgruppen entweder intact bleiben oder in bekannter Weise verändert werden, z. B.:

$$C_6H_5—CH(NO_2)—C_6H_5 \longrightarrow C_6H_5—CO—C_6H_5$$

$$NO_2\cdot C_6H_4—CH_2—C_6H_5 \longrightarrow NO_2\cdot C_6H_4—CO—C_6H_5.$$

Was nun die weitere Frage betrifft, an welcher Stelle des Benzolkerns in Beziehung zur mittleren Gruppe ein Substituent steht, so lässt sich auch dies am leichtesten an den Benzophenonabkömmlingen feststellen; denn es ist eine allgemeine Reaction der Benzophenonderivate, dass sie unter der Einwirkung von starken Mineralsäuren oder schmelzendem Kali in zwei Molecüle von einfachen Benzolkörpern zerfallen, indem die ursprüngliche Ketongruppe mit einem der beiden Benzolkerne nun als Carboxylgruppe in Bindung bleibt. So liefert das Benzophenon selbst in der Kalischmelze Benzoësäure und Benzol[1]:

$$C_6H_5—CO—C_6H_5 + KOH = C_6H_5—COOK + C_6H_6.$$

Das 4-Oxybenzophenon lässt bei der gleichen Reaction neben Benzol p-Oxybenzoësäure[2] entstehen:

$$HO—C_6H_4—CO—C_6H_5 + KOH = HO—C_6H_4—COOK + C_6H_6;$$

und das sogenannte Salicylphenol, ein Dioxybenzophenon liefert Phenol und p-Oxybenzoësäure[3]. Letztere Zersetzung beweist zunächst, dass im

[1] Chancel, Ann. **72**, 280 (1849).

[2] Doebner u. Stackmann, Ber. **10**, 1971 (1877).

[3] Michael, Am. chem. Journ. **5**, 87 (1883—84).

Salicylphenol die beiden Hydroxylgruppen auf die beiden Benzolkerne vertheilt sind, dass also ein heteronucleares Derivat (vgl. S. 6) des Benzophenons vorliegt, und ferner zeigt sie, dass eine der beiden Hydroxylgruppen in p-Stellung zur CO-Gruppe steht. Ueber die Stellung der zweiten, im anderen Benzolkern befindlichen Hydroxylgruppe sagt diese Spaltung allerdings nichts aus; da aber der hier betrachtete Körper aus Salicylsäure und Phenol gewonnen wird, so geht daraus hervor, dass mindestens eine Hydroxylgruppe sich in o-Stellung zur Ketongruppe befinden muss. Diese Erwägungen ergeben also mit voller Sicherheit, dass das Salicylphenol als ein 2.4'-Dioxybenzophenon:

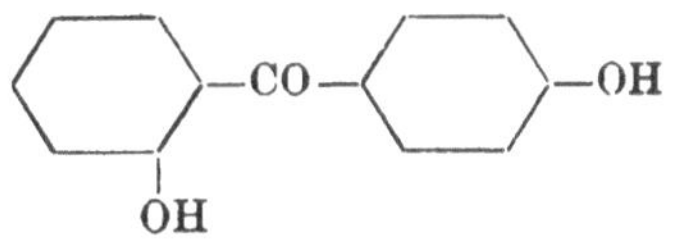

aufzufassen ist, dessen Zerfall unter dem Einfluss des schmelzenden Kalis in der folgenden Weise erfolgt:

$$C_6H_4\left\langle\begin{matrix}CO\,(1)\diagdown C_6H_4{-}OH\,(2)\\OH\,(4)\end{matrix}\right. + KOH = C_6H_4\left\langle\begin{matrix}COOK\,(1)\\OH\,(4)\end{matrix}\right. + C_6H_5\cdot OH.$$

In ähnlicher Weise wie durch die Kalischmelze können die Benzophenonderivate auch vermittelst der bereits mehrfach besprochenen Beckmann'schen Umlagerung (vgl. Bd. I, S. 391, Bd. II, Th. I, S. 505 ff.) in einfache Benzolderivate gespalten werden; auch diese Spaltung kann zur Constitutionsbestimmung dienen, z. B.

$$\begin{matrix}x\cdot C_6H_4{-}C{-}C_6H_4\cdot y\\ \| \\ N{-}OH\end{matrix} \rightarrow x\cdot C_6H_4{-}CO{-}NH{-}C_6H_4\cdot y \longrightarrow \begin{matrix}x\cdot C_6H_4{-}COOH\\ y\cdot C_6H_4{-}NH_2\end{matrix}.$$

Synthetische Methoden zur Gewinnung der Verbindungen der Diphenylmethangruppe.

Das natürliche Vorkommen von Körpern, welche der Diphenylmethangruppe angehören, ist ein ziemlich beschränktes: es erstreckt sich nur auf einige Abkömmlinge des Benzophenons, welche später (S. 96) erwähnt werden. Im Allgemeinen ist man zur Gewinnung dieser Verbindungen auf deren Synthese aus einfachen Benzolderivaten angewiesen.

Solcher synthetischer Methoden ist nun eine sehr grosse Zahl bekannt, welche sich aber, abgesehen von einigen speciellen Fällen, auf wenige grosse Gruppen zurückführen lassen.

Die älteste dieser Synthesen, welche zur Bildung des Diphenylmethans selbst sowie seiner Homologen Verwendung findet, ist die von Zincke[1] aufgefundene Darstellung dieser Kohlenwasserstoffe durch Ein-

[1] Ann. **159**, 374 (1871).

wirkung von Benzylchlorid oder seinen Homologen auf Kohlenwasserstoffe der Benzolreihe in Gegenwart von Zinkstaub oder Zinkfeile. Während das Benzylchlorid durch Zinkstaub unter Erhitzung und heftiger Reaction in eine harzige Masse verwandelt wird, lässt sich die Einwirkung durch Zusatz von Benzol zwar mässigen, doch wirkt dieses nicht nur als Verdünnungsmittel, sondern es nimmt gleichzeitig an der Reaction Theil, als deren Produkt Diphenylmethan entsteht:

$$C_6H_5{-}CH_2Cl + C_6H_6 = C_6H_5{-}CH_2{-}C_6H_5 + HCl.$$

Hierbei ist das Zink nur zur Einleitung der Reaction erforderlich; ist diese einmal im Gange, so vollendet sie sich, auch wenn das Zink aus dem Gemisch entfernt wird[1].

Nach der Zincke'schen Methode hat sich eine Reihe von Homologen des Diphenylmethans darstellen lassen, indem an Stelle des Benzols dessen Homologe mit Benzylchlorid condensirt wurden[2]. Hierbei hat sich ergeben, dass die Benzylgruppe in p- oder in o-Stellung zu der schon vorhandenen Seitenkette tritt, so bildet sich aus Benzylchlorid und Toluol ein Gemenge der beiden folgenden Verbindungen[3]:

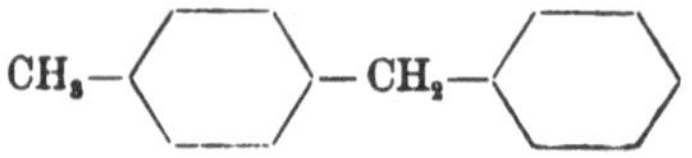

und

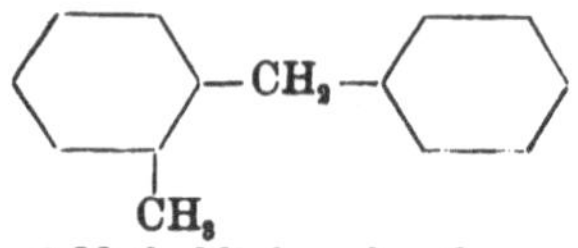

4-Methyldiphenylmethan 2-Methyldiphenylmethan.

Wendet man an Stelle des Benzylchlorids das α-Bromäthylbenzol[4] an, so führt die Condensation mit Benzol zum as-Diphenyläthan oder 7-Methyldiphenylmethan:

$$\begin{array}{c} C_6H_5{-}CH{-}C_6H_5 \\ | \\ CH_3 \end{array},$$

während aus Phenylbromessigsäure[5] und Toluol ein Gemenge von 2-Methyl- und 4-Methyldiphenylmethancarbonsäure (7):

$$\begin{array}{c} CH_3{-}C_6H_4{-}CH{-}C_6H_5 \\ | \\ COOH \end{array}$$

gewonnen wird.

In einzelnen Fällen ist die Zincke'sche Reaction auch zur Darstellung von Phenolen der Diphenylmethanreihe benutzt worden[6]. Sie

---

[1] Zincke, Ber. **6**, 137 (1873).

[2] Zincke, Ann. **161**, 93 (1872). Ber. **5**, 799 (1872); **9**, 1761 (1876). — Walker, Ber. **5**, 686 (1872). — Mazzara, Jb. **1878**, 402. — Weber, Jb. **1878**, 402.

[3] Plascuda u. Zincke, Ber. **6**, 906 (1873). — Senff, Ann. **220**, 225 (1883).

[4] Radziszewski, Ber. **7**, 142 (1874). — Anschütz, Ann. **235**, 329 (1886).

[5] Symons u. Zincke, Ber. **6**, 1188 (1873). Ann. **171**, 121 (1874). — Zincke, Ber. **10**, 996 (1877).

[6] Paternò, J. pr. [2] **4**, 458 (1871). — Paternò u. Filetl, Gazz. chim. **3**, 121, 251 (1873). — Paternò u. Mazzara, Ber. **11**, 2030 (1878). — Mazzara, Gazz. chim. **11**, 347 (1881). — Boscogrande, Atti R. Accad. dei Lincei [5] **6**, II, 306 (1897).

hat trotz des hohen wissenschaftlichen Interesses, welches sie darbietet, für die präparative Praxis keine allgemeinere Bedeutung erlangt, da die Ausbeuten, welche mit ihrer Hülfe erzielt werden, wohl in Folge der reducirenden Wirkung des Zinks auf die Chloride der Benzylreihe, keine guten sind. Versuche, die Ausbeuten dadurch zu erhöhen, dass an Stelle des Zinks Aluminium verwendet wurde, welches durch Eintauchen in eine Quecksilberchloridlösung amalgamirt war[1], scheinen keinen durchschlagenden Erfolg gehabt zu haben. Auch ist die Zincke'sche Methode im Allgemeinen auf die Darstellung benzylirter Benzole beschränkt geblieben, zur Herstellung von Benzophenonderivaten hat sie nur vereinzelt Verwendung gefunden[2].

Die praktisch wichtigste Reaction zur Gewinnung des Diphenylmethans sowie des Benzophenons und ihrer Substitutionsprodukte und Homologen ist die als Friedel-Crafts'sche Synthese bekannte Condensationsmethode.

Die Herstellung der Benzolhomologen aus Benzol und Halogenalkylen durch Vermittelung des Aluminiumchlorids wurde schon besprochen (vgl. Bd. II, Th. I, S. 97). Die Auffassung des Diphenylmethans als eines benzylirten Benzols liess erwarten, dass es aus Benzol, Benzylchlorid und Aluminiumchlorid herstellbar sein werde:

$$C_6H_6 + ClCH_2{-}C_6H_5 = C_6H_5{-}CH_2{-}C_6H_5 + HCl.$$

Diese Reaction wurde von Friedel und Crafts[3] im Jahre 1877 verwirklicht.

Die Diphenylmethansynthese kann mit der Darstellung des Aluminiumchlorids in der Weise vereinigt werden, dass man in ein Gemisch von Benzol und Benzylchlorid Aluminiumspähne bringt und trockenes Salzsäuregas einleitet[4].

Sowohl das Benzol wie das Benzylchlorid kann bei der Aluminiumchloridsynthese durch die Homologen und Substitutionsprodukte ersetzt werden, wodurch eine grosse Zahl von Diphenylmethanderivaten auf diesem Wege zugänglich wird[5].

Die Ueberlegenheit der Friedel-Crafts'schen Reaction über die von Zincke aufgefundene Darstellungsweise der Diphenylmethankörper beruht auf den wesentlich besseren Ausbeuten und der grösseren Variirbarkeit der ersteren Methode, sowie auf ihrer leichten Ausführbarkeit bei niederen Temperaturen.

---

[1] Hirst u. Cohen, Journ. Soc. **67**, 826 (1895).

[2] Grucarevic u. Merz, Ber. **6**, 1243, 1244, 1245 (1873).

[3] Friedel u. Crafts, Compt. rend. **84**, 1451 (1877). Ann. ch. [6] **1**, 478 (1884); [6] **14**, 460 (1888). — Vgl. Friedel u. Balsohn, Bull. **33**, 337 (1880).

[4] Radziewanowski, Ber. **28**, 1136 (1895).

[5] Perkin u. Hodgkinson, Journ. Soc. **37**, 726 (1880). — Senff, Ann. **220**, 228, 247 (1883). — Friedel u. Crafts, Ann. ch. [6] **1**, 481, 482 (1884). — Louise, Ann. ch. [6] **6**, 174 (1885). — Geigy u. Königs, Ber. **18**, 2402 (1885). — Beaurepaire, Bull. **50**, 678 (1888). — Fournier, Bull. [3] **7**, 654 (1892). — Cassirer, Ber. **25**, 3021, 3025 (1892). — Schramm, Ber. **26**, 1709 (1893). — Moses, Ber. **33**, 2627 (1900).

Während, wie wir gesehen haben, das Benzylchlorid und seine Abkömmlinge in der beschriebenen Weise den Aufbau des Diphenylmethans und seiner näheren Derivate gestatten, führt das Benzoylchlorid durch Condensation mit Benzol unter Zuhülfenahme von Aluminiumchlorid zu dem Keton der Diphenylmethanreihe, dem Benzophenon[1], welches gemäss dieser Herstellungsweise auch als ein benzoylirtes Benzol aufgefasst werden kann:

$$C_6H_5-COCl + C_6H_6 = C_6H_5-CO-C_6H_5 + HCl.$$

Dieser Vorgang ist wiederum ganz analog der Herstellung der gemischten fett-aromatischen Ketone aus Benzolkohlenwasserstoffen und den Chloriden der Fettsäuren (vgl. Bd. II, Th. I, S. 488—489).

Der Chemismus, welcher der FRIEDEL-CRAFTS'schen Reaction zu Grunde liegt, wird dadurch dem Verständniss näher gerückt, dass es gelungen ist, aus Benzoylchlorid und Aluminiumchlorid ein krystallinisches Additionsproduct, wahrscheinlich von der Constitution $C_6H_5-C\begin{cases}Cl\\ O\cdot AlCl_2\\ Cl\end{cases}$ darzustellen, welches, in Schwefelkohlenstofflösung mit Benzol behandelt, eine Verbindung liefert, die wohl als ein in der Ketongruppe substituirtes Benzophenon, $C_6H_5-C\begin{cases}C_6H_5\\ O\cdot AlCl_2\\ Cl\end{cases}$ aufzufassen ist, und die mit Wasser sofort Benzophenon bildet. Wir haben also folgende Phasen anzunehmen[2]:

$$C_6H_5-COCl + AlCl_3 = C_6H_5-CCl_2(O\cdot AlCl_2),$$
$$C_6H_5-CCl_2(O\cdot AlCl_2) + C_6H_6 = C_6H_5-C(C_6H_5)Cl(O\cdot AlCl_2) + HCl,$$
$$C_6H_5-C(C_6H_5)Cl(O\cdot AlCl_2) + 3H_2O = C_6H_5-CO-C_6H_5 + Al(OH)_3 + 3HCl.$$

In dieser Form hat die Aluminiumchloridsynthese zu einer grossen Reihe von Verbindungen der Benzophenongruppe geführt, indem wiederum jede der beiden bei der Reaction betheiligten Componenten durch ihre Homologen oder Substitutionsprodukte vertreten werden kann[3].

[1] FRIEDEL u. CRAFTS, Compt. rend. **84**, 1452 (1877). Ann. ch. [6] **1**, 510 (1884). — ELBS, J. pr. [2] **33**, 180 (1886); [2] **35**, 469 (1887).

[2] PERRIER, Ber. **33**, 815 (1900). — BOESEKEN, Rec. trav. chim. **19**, 19 (1900). — KRONBERG, J. pr. (2) **61**, 494 (1900).

[3] Homologe Benzole und Benzoylchlorid: SÖLLSCHER, Ber. **15**, 1682 (1882). — ESSNER u. GOSSIN, Bull. **42**, 171 (1884). — ELBS u. LARSEN, Ber. **17**, 2848 (1884). — FRIEDEL u. CRAFTS, Ann. ch. [6] **1**, 512 (1884). — LOUISE, Ann. ch. [6] **6**, 200 (1885). — CLAUS u. ELBS, Ber. **18**, 1798 (1885). — ELBS, J. pr. [2] **35**, 466, 467, 469, 472, 491, 494 (1887). — BOURCET, Bull. [3] **15**, 945 (1896). — LIPINSKI, Ber. **31**, 939 (1898). — KLAGES u. ALLENDORF, Ber. **31**, 1000, 1001 (1898). — WEILER, Ber. **32**, 1910 (1899).

Benzol und Homologe des Benzoylchlorids: ADOR u. RILLIET, Ber. **12**, 2299, 2300, 2301 (1879).

Phenole bezw. Phenoläther und Benzoylchlorid: GATTERMANN, EBERHARDT u. MAISCH, Ber. **23**, 1204, 1206 (1890). — DAINS, Am. chem. Journ. **17**, 116 (1895). — BRÜGGEMANN, J. pr. [2] **53**, 253 (1896). — AUWERS u. CZERNY, Ber. **31**, 2692 (1898).

Sonstige substituirte Benzole und Benzoylchlorid bezw. substituirte Benzoylchloride: ADOR, Ber. **13**, 320 (1880). — GEIGY u. KÖNIGS, Ber. **18**, 2401 (1885). —

Der Eintritt der Benzoylgruppe in den Kern eines monosubstituirten Benzols erfolgt vorzugsweise in der p-Stellung zu dem Substituenten; so bildet sich aus Benzoylchlorid, Toluol und Aluminiumchlorid das p- oder 4-Methylbenzophenon neben kleineren Mengen 2-Methylbenzophenons[1]:

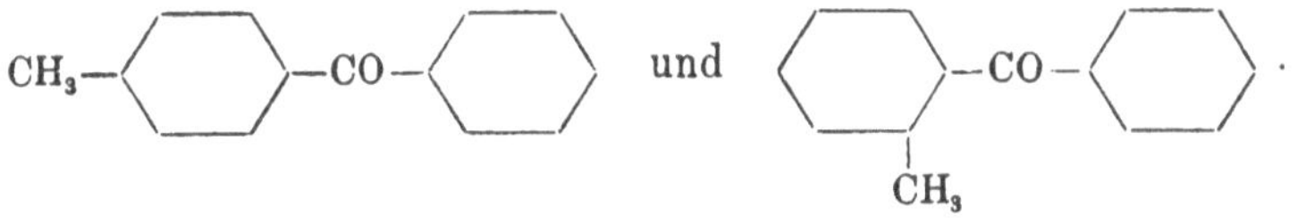

Die Neigung zur Bildung einer p-Verbindung ist in einigen Fällen so gross, dass die Reaction überhaupt ausbleibt, wenn diese Stellung besetzt ist; so konnte aus p-Bromtoluol nach dem angeführten Verfahren kein Benzophenonderivat erhalten werden[2].

Die Einwirkung des Benzoylchlorids auf Verbindungen der Benzolreihe findet nicht nur unter dem condensirenden Einfluss des Aluminiumchlorids statt, sondern sie lässt sich auch unter Zuhülfenahme anderer condensirender Metallsalze, wie Chlorzink[3] oder Eisenchlorid[4], in einzelnen Fällen auch durch Phosphorpentachlorid[5] herbeiführen.

Das Benzoylchlorid kann bei einigen Reactionen durch Benzotrichlorid ersetzt werden, doch entstehen bei Anwendung dieses Polychlorids, wie weiter unten gezeigt werden wird, hauptsächlich Triphenylmethanderivate; nur unter gewissen Bedingungen können auch Benzophenonabkömmlinge gewonnen werden, indem in erster Phase Benzophenonchloride der Formel

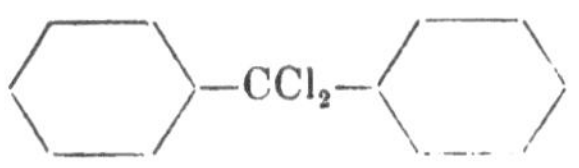

entstehen[6].

Die unter dem Einfluss von Condensationsmitteln verlaufende Reaction

Wegerhoff, Ann. **252**, 1 (1889). — Kottenhahn, Ann. **264**, 170 (1891). — Dittrich, Ann. **264**, 174 (1891). — Schöpff, Ber. **24**, 3767, 3768 (1891). — Haller u. Guyot, Compt. rend. **119**, 205 (1894). — Limpricht u. Lenz, Ann. **286**, 307 (1895). — Limpricht u. Samietz, Ann. **286**, 322 (1895). — Limpricht u. Falkenberg, Ann. **286**, 333 (1895). — Remsen u. Saunders, Am. chem. Journ. **17**, 355 (1895). — Jones, ebenda, 356. — Limpricht, Ann. **290**, 165 (1896); **303**, 274 (1898). — Gräbe u. Ullmann, Ber. **29**, 824 (1896). — Weiler, Ber. **32**, 1910 (1899); **33**, 344 (1900).

[1] Elbs, J. pr. [2] **35**, 466 (1887).

[2] Schöpff, Ber. **24**, 3769 (1891).

[3] Döbner u. Stackmann, Ber. **10**, 1969 (1877); **11**, 2268 (1878). — Döbner, Ann. **210**, 246 (1881). — Fröhlich, Ber. **17**, 1801 (1884). — Bartolotti, Gazz. chim. **26** II, 433 (1896); **27** I, 280 (1897); **28** II, 283 (1898). — Pollack, Monatsh. **18**, 736 (1897). — Hanschke, Ber. **32**, 2021 (1899). — Farbenfabriken vorm. Friedr. Bayer & Co., D. R.-Pat. Nr. 77 329.

[4] Nencki u. Sieber, Ber. **30**, 1768 (1897). — Nencki, Ber. **32**, 2414 (1899). — Meissel, Ber. **32**, 2419 (1899).

[5] Farbwerke Höchst a./M., D. R.-Pat. Nr. 41 751, 44 077.

[6] Döbner u. Stackmann, Ber. **9**, 1918 (1876); **10**, 1969 (1877). — Heiber, Ber. **24**, 3677 (1891). — Badische Anilin- und Sodafabrik, D. R.-Pat. Nr. 54 661.

zwischen Benzylchlorid oder Benzoylchlorid einerseits und Benzol oder dessen Abkömmlingen andererseits besteht, wie wir gesehen haben, in der Einführung einer Benzyl- oder Benzoylgruppe in den Benzolkern unter Bildung eines Körpers mit der Gruppirung:

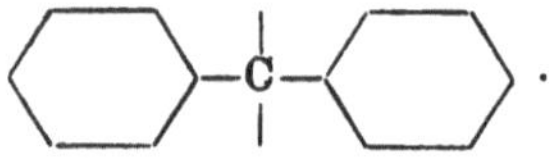

Eine solche Atomgruppirung lässt sich nun unter Benutzung der Aluminiumchloridmethode auch in der Weise herstellen, dass ein aliphatisches Dichlorid, welches beide Chloratome an demselben Kohlenstoffatom trägt, mit zwei Molecülen einer Benzolverbindung condensirt wird:

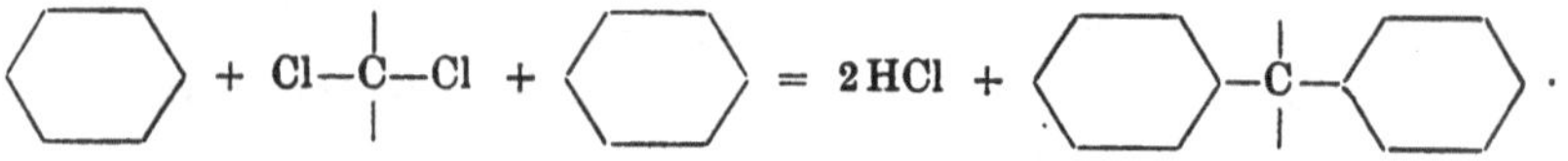

Der durch diese Gleichung wiedergegebene Vorgang lässt sich in der mannigfachsten Weise verwirklichen, indem sowohl die aliphatischen Chloride als auch die Benzolderivate, welche zu der Reaction verwendet werden sollen, in einer fast unbegrenzten Mannigfaltigkeit variirt werden können.

Wir können diese Ausführungsformen der Friedel-Crafts'schen Synthese ebenso wie die oben beschriebene in zwei Gruppen eintheilen, deren erste zur Bildung von Benzylbenzolen führt, während die zweite die Darstellung von Benzoylbenzolen oder Benzophenonabkömmlingen gestattet.

Die denkbar einfachste Verbindung, welche zur Ausführung der Diphenylmethansynthese geeignet erscheint, ist das Methylenchlorid (Bd. I, S. 535); dieses liefert, mit Benzol und Aluminiumchlorid behandelt, Diphenylmethan[1]:

$$C_6H_6 + Cl-CH_2-Cl + C_6H_6 = C_6H_5-CH_2-C_6H_5 + 2HCl.$$

In derselben Weise entsteht aus Methylenchlorid und Toluol das Ditolylmethan[2].

Beim genaueren Studium dieser Synthesen hat sich ergeben, dass dabei Nebenreactionen auftreten, welche zur Bildung von Produkten führen, deren Entstehung nach der Constitution der Ausgangsmaterialien nicht zu erwarten ist. Es bilden sich nämlich neben Diphenylmethan und dem Kohlenwasserstoff Anthracen auch m- und p-Xylol. Die Entstehung dieser Verbindungen lässt sich durch das intermediäre Auftreten von Methylchlorid leicht erklären, welches mit dem vorhandenen Benzol in der bekannten Weise reagirt. Wir beobachten also hier eine theilweise Reduction des Methylenchlorids, wiederum einen jener ab-

[1] Friedel u. Crafts, Bull. **41**, 325 (1884); Ann. ch. [6] **1**, 527 (1884).
[2] Friedel u. Crafts, Bull. **41**, 323 (1884).

normen Vorgänge, welche der Anwesenheit des Aluminiumhaloïds zugeschrieben werden müssen (vgl. Bd. I, S. 186—187, Bd. II, Th. I, S. 97—98).

Ein ähnlicher Reductionsvorgang lässt sich auch bei der Bildung des Diphenylmethans aus Chloroform annehmen[1], doch kann diese Reaction auch durch die Spaltung von in erster Phase gebildeten complicirter zusammengesetzten Produkten (Triphenylmethan) in Folge der bekannten spaltenden Wirkung des Aluminiumchlorids seine Erklärung finden (vgl. Bd. II, Th. I, S. 97).

Der letzterwähnten Reaction entgegengesetzt ist der Verlauf der energischen Einwirkung von Chlormethyl und Aluminiumchlorid auf Toluol, wobei neben dem Hexamethylbenzol auch die Bildung von Ditolylmethan beobachtet werden konnte[2].

Wie aus dem Methylenchlorid in der beschriebenen Weise Diphenylmethan erhalten wird, so liefert das Aethylidenchlorid oder Aethylidenbromid (Bd. I, S. 545) das as-Diphenyläthan oder 7-Methyldiphenylmethan[3]:

$$C_6H_6 + Cl{-}\underset{\displaystyle CH_3}{\underset{|}{CH}}{-}Cl + C_6H_6 = C_6H_5{-}\underset{\displaystyle CH_3}{\underset{|}{CH}}{-}C_6H_5 + 2\,HCl.$$

Der Eintritt der mittelständigen Gruppe in substituirte Benzolkerne erfolgt auch hier wie bei den früher beschriebenen Synthesen in der Regel in p-Stellung zu der substituirenden Gruppe; so bildet sich aus Aethylidenchlorid und Toluol das 4.4'.7-Trimethyldiphenylmethan oder p-Ditolyläthan[4] der Formel

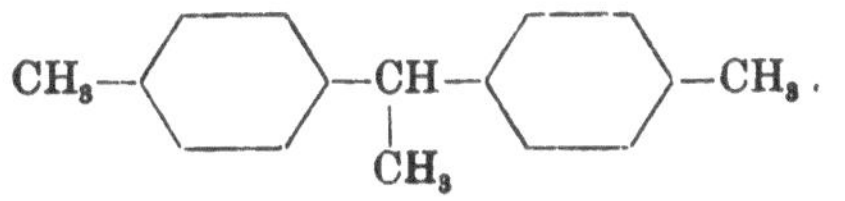

Eine grosse Reihe aliphatischer Verbindungen hat für diese Reactionen Verwendung gefunden[5]; doch entstehen dabei nur in seltenen Fällen einheitliche Produkte, da der eigenthümliche Chemismus der FRIEDEL-CRAFTS'schen Synthese gerade hier zur Entstehung einer grossen Zahl verschiedener Körper in Folge gleichzeitig verlaufender Condensations- und Spaltungs-Vorgänge Gelegenheit giebt.

In ganz analoger Weise, wie das Methylenchlorid zur Darstellung des Diphenylmethans, lässt sich das Phosgen oder Carbonylchlorid (Bd. I,

[1] E. u. O. FISCHER, Ann. **194**, 253 (1878). — FRIEDEL u. CRAFTS, Ann. ch. [6] **1**, 492 (1884).

[2] FRIEDEL u. CRAFTS, Bull. **43**, 50 (1885).

[3] SILVA, Bull. **36**, 66 (1881); **41**, 448 (1884). — ANGELBIS u. ANSCHÜTZ, Ber. **17**, 165 (1884). — ANSCHÜTZ, Ann. **235**, 304 (1886).

[4] ANSCHÜTZ, Ann. **235**, 314 (1886).

[5] DEMOLE, Ber. **12**, 2245 (1879). — SILVA, Bull. **34**, 674 (1880); **35**, 289 (1881). — WAAS, Ber. **15**, 1128 (1882). — ANSCHÜTZ, Ann. **235**, 159, 165, 334, 336 (1886). — CLAUS, Ber. **20**, 1374 (1887). — AUGER, Bull. **47**, 42 (1887). Ann. ch. [6] **22**, 313 (1891). — WILLGERODT u. GENIESER, J. pr. [2] **37**, 367, 369 (1888). — GATTERMANN, Ber. **22**, 1130, 1132, 1133 (1889). — VERLEY, Bull. [3] **17**, 914 (1897). — DUNLAP, Am. chem. Journ. **19**, 642, 646 (1897). — GARDEUR, Bull. Acad. roy. Belg. [3] **34**, 920 (1898). — GATTERMANN u. SCHNITZSPAHN, Ber. **31**, 1770, 1772 (1898). — GRASSI u. MASELLI, Gazz. chim. **28** II, 495 (1898).

S. 1039) zur Gewinnung von Benzophenon und seinen Abkömmlingen verwenden[1], z. B.

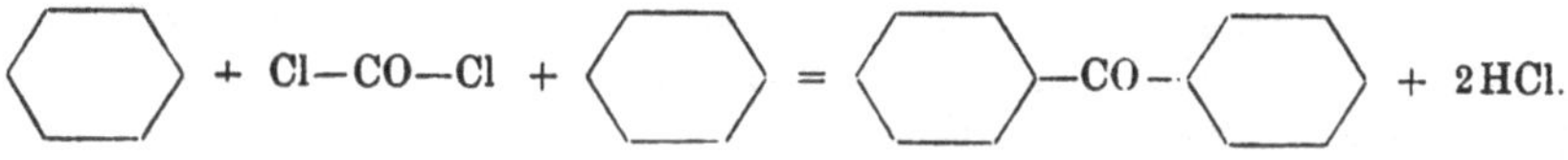

In einigen Fällen konnte als Zwischenprodukt bei diesem Verfahren das Chlorid der dem angewandten Benzolderivat entsprechenden Carbonsäure isolirt werden, so dass wir also den Process als in den zwei folgenden Phasen verlaufend aufzufassen haben:

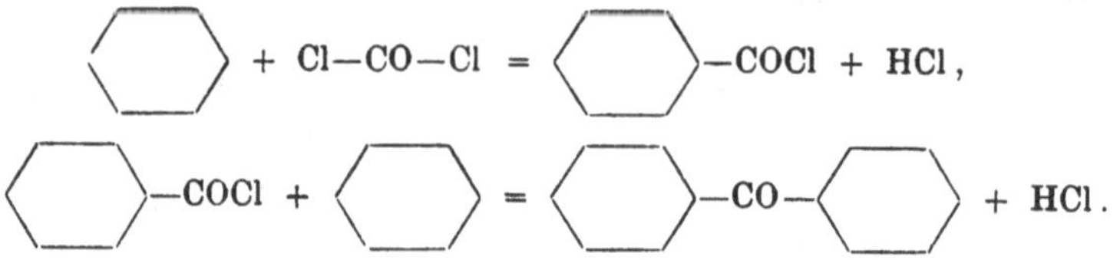

Der erste Theil dieser Reaction ist schon als synthetische Methode zur Darstellung der Säuren der Benzolreihe besprochen worden (vgl. Bd. II, Th. I, S. 531), während der zweite Theil mit der (S. 60) erwähnten Darstellung von Benzophenonabkömmlingen aus Benzoylchlorid und Benzolderivaten zusammenfällt.

An Stelle des Carbonylchlorids kann auch das Thiocarbonylchlorid in die Reaction eingeführt werden, wodurch dann das geschwefelte Benzophenon:

$$C_6H_5—CS—C_6H_5$$

erhalten wird[2]; auch der Schwefelkohlenstoff hat sich zur Darstellung des Thiobenzophenons verwenden lassen[3].

Die Neigung der verschiedenen aliphatischen Dichloride sowohl, als auch der damit zu condensirenden Benzolabkömmlinge, die beschriebene Reaction einzugehen, ist eine sehr verschiedene; von den ersteren ist namentlich das Carbonylchlorid sehr bereit, sich mit Benzolkörpern zu condensiren; unter den Benzolderivaten andererseits zeichnen sich die Phenole und die tertiären aromatischen Amine durch die grosse Leichtigkeit aus, mit welcher sie in Diphenylmethanabkömmlinge übergehen.

Diese erhöhte Reactionsfähigkeit der genannten Körper zeigt sich darin, dass die Reaction schon bei Anwendung sehr gelinde wirkender condensirender Mittel oder selbst ohne solche[4] verläuft.

Treffen zwei solcher reactionsfähigen Körper zusammen, so ist die Neigung zur Condensation oft so gross, dass sie ohne Wärmezufuhr, ja selbst bei erniedrigter Temperatur zu verlaufen vermag; das zeigt sich z. B. bei der auch technisch benutzten Darstellung des 4.4′-Tetramethyl-

[1] Friedel, Crafts u. Ador, Ber. **10**, 1854 (1877). — Ador u. Crafts, Ber. **10**, 2174 (1877). — Ador u. Rilliet, Ber. **11**, 399 (1878). — Friedel u. Crafts, Ann. ch. [6] **1**, 517 (1884). — Limpricht, Ann. **312**, 92 (1900).

[2] Kern, D. R.-Pat. Nr. 37 730. — Bergreen, Ber. **21**, 341 (1888). — Gattermann, Ber. **28**, 2869 (1895).

[3] Wiernik, Ber. **21**, 3205 (1888). — Weinmann, Centralbl. **1898 I**, 1028.

[4] Hanhart, Ber. **12**, 680 (1879). — Heumann u. Wiernik, Ber. **20**, 2426 (1887).

diamidobenzophenons (nach seinem Entdecker „MICHLER'sches Keton" genannt) aus Dimethylanilin und Phosgen[1]:

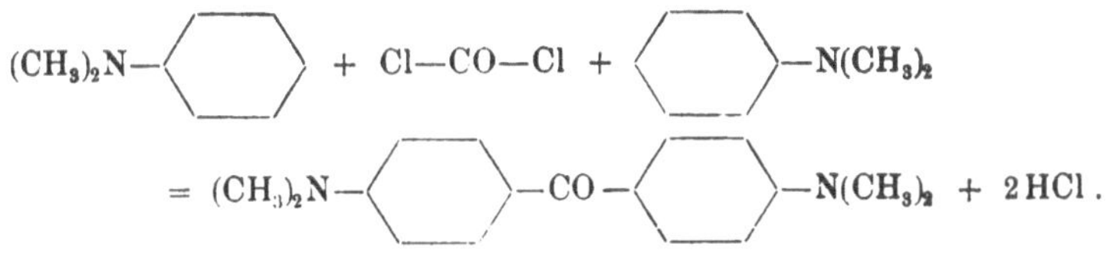

Während die bisher betrachteten Synthesen stets Halogenverbindungen der Fettreihe oder der aromatischen Reihe zum Ausgangspunkt nehmen, wobei der Mechanismus der Reaction in dem Eintritt dieser Chlorverbindungen in einen oder zwei Benzolkerne besteht, beruhen die nun zu besprechenden Reactionen auf der Einwirkung aromatischer Körper auf gewisse Sauerstoffverbindungen.

Zu den letzteren gehören namentlich die folgenden:

Säuren der aromatischen Reihe und ihre Anhydride,
Aldehyde der Fettreihe und der Benzolreihe,
Ketone, Aldehyd- und Keton-Säuren,
Alkohole der Benzolreihe.

Die erste Beobachtung eines derartigen Condensationsvorganges wurde von KOLLARITZ u. MERZ[2] gemacht, welche fanden, dass Benzoësäure oder ihr Anhydrid sich mit Benzol unter dem Einfluss eines wasserentziehenden Mittels, wie Phosphorsäureanhydrid, zu Benzophenon condensirt:

$$C_6H_5{-}CO{-}O{-}CO{-}C_6H_5 + C_6H_6 = C_6H_5{-}CO{-}C_6H_5 + C_6H_5{-}CO_2H.$$

Auch Phenole und tertiäre Basen lassen sich durch Phosphorsäureanhydrid oder Chlorzink mit Benzoësäure in dieser Weise zu substituirten Benzophenonen vereinigen[3].

Indem man die Benzoësäure durch ihre Derivate[4] ersetzte und die mit diesen Substanzen zu condensirenden Benzolabkömmlinge variirte, konnte man eine ganze Reihe verschiedener Benzophenone gewinnen, von denen die aus Benzoësäure und Oxybenzoësäuren einerseits und Phenolen andererseits durch Condensation mittelst Chlorzink, Zinnchlorid oder Schwefelsäure herstellbaren Polyoxybenzophenone, welche zum Theil werthvolle Beizenfarbstoffe darstellen, eine technische Bedeutung erlangt haben[5].

---

[1] MICHLER, Ber. **9**, 716, 1912 (1876). — MICHLER u. DUPERTUIS, Ber. **9**, 1900 (1876). — MICHLER u. GRADMANN, Ber. **9**, 1914 (1876). — Vgl. auch MICHLER u. MORO, Ber. **12**, 1168 (1879).

[2] Ztschr. Chem. **1871**, 705. Ber. **5**, 447 (1872); **6**, 446, 538 (1873).

[3] O. FISCHER, Ann. **206**, 88 (1881). — GRÄBE u. EICHENGRÜN, Ber. **24**, 968 (1891). Ann. **269**, 295 (1892). — KOMAROWSKY u. KOSTANECKI, Ber. **27**, 1898 (1894).

[4] FAHLBERG u. BARGE, Ber. **22**, 764 (1889). — REMSEN u. LINN, Am. chem. Journ. **11**, 76 (1889). — JONES, Am. chem. Journ. **17**, 357 (1895).

[5] Badische Anilin- und Soda-Fabrik, D. R.-Pat. Nr. 49 149, 50 450, 50 451, —

Wichtiger noch als die Darstellung der Benzophenonabkömmlinge aus Benzoësäure ist die Reaction zwischen Phtalsäureanhydrid einerseits und Benzolkohlenwasserstoffen, Phenolen oder deren Aethern und tertiären Aminen andererseits.

Unter Anwendung von Phtalsäureanhydrid, Benzol und Aluminiumchlorid[1] führt diese Reaction zur Bildung der o-Benzoylbenzoësäure [Benzophenoncarbonsäure (2)]:

$$C_6H_4\left<\begin{matrix}CO\\CO\end{matrix}\right>O + C_6H_6 = C_6H_4\left<\begin{matrix}CO-C_6H_5\\COOH\end{matrix}\right..$$

Bei den vielfach ausgeführten Modificationen dieser Synthese[2] hat sich gezeigt, dass der Process nicht immer mit dem durch obige Formelbilder wiedergegebenen Vorgang seinen Abschluss findet, sondern dass unter gewissen Reactionsbedingungen durch weitere Einwirkung eines zweiten Moleculs des Benzolderivats neben dem zuerst entstandenen Benzophenonabkömmling auch ein Triphenylmethankörper auftritt. So bildet sich bei der Condensation von Toluol mit Phtalsäureanhydrid und Aluminiumchlorid neben der p-Toluyl-o-benzoësäure der Formel

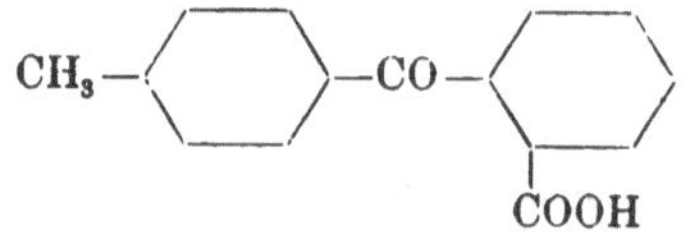

auch das sogenannte Ditolylphtalid[3]:

$$C_6H_4\left<\begin{matrix}C(C_7H_7)_2\\CO\end{matrix}\right>O\,.$$

Die Reaction hat sich auch auf einige substituirte Phtalsäuren übertragen lassen[4].

Farbwerke Höchst a./M., D. R.-Pat. Nr. 72446. — Michael, Am. chem. Journ. **5**, 83 (1883—1884). — Gräbe u. Eichengrün, Ber. **24**, 968 (1891). Ann. **269**, 295, 307 (1892). — Nölting u. Meyer, Ber. **30**, 2590 (1897).

[1] Friedel u. Crafts, Ann. ch. [6] **14**, 446 (1888). — Gräbe u. Ullmann, Ann. **291**, 9 (1896).

[2] F. Meyer, Ber. **15**, 636—638 (1882). — F. Meyer u. Gresly, Ber. **15**, 639 (1882). — Nourisson, Ber. **19**, 2103 (1886). Bull. **46**, 204 (1886). — Friedel u. Crafts, Ann. ch. [6] **14**, 447, 454 (1888). — Grande, Gazz. chim. **20**, 124 (1890). — Quenda, ebenda, 129. — Lagodzinski, Ber. **28**, 117, 118 (1895). — Limpricht, Ann. **299**, 300 (1898); **300**, 228 (1898); **307**, 305 (1899); **309**, 96, 115 (1899); **312**, 100 (1900). — Limpricht u. Wiegand, Ann. **311**, 178 (1900). — Farbwerke Höchst a./M., D. R.-Pat. Nr. 75288.

[3] Limpricht, Ann. **299**, 300 (1898).

[4] Pechmann, Ber. **12**, 2126 (1879); **13**, 1612 (1880). — Rée, Ann. **233**, 239 (1886). — Le Royer, Ann. **238**, 356 (1887). — Kircher, ebenda, 338. — Lagodzinski, Ber. **28**, 1427 (1895). — Gräbe u. Leonhardt, Ann. **290**, 217 (1896). — Gräbe u. Blumenfeld, Ber. **30**, 1115 (1897). — Haller u. Umbrove, Compt. rend. **129**, 90 (1899). — Severin, Compt. rend. **130**, 723 (1900). Bull. (3) **23**, 686 (1900).

Der eben erwähnten Bildung von Triphenylmethanderivaten aus 1 Mol. Phtalsäureanhydrid und 2 Mol. eines Benzolderivats ist die Entstehung von Diphenylmethanabkömmlingen aus Bernsteinsäureanhydrid oder Succinylchlorid und 2 Mol. Benzol, Toluol oder eines Phenols an die Seite zu stellen[1]. Die Reaction zwischen Succinylchlorid und Benzol bei Anwesenheit von Aluminiumchlorid liefert neben dem der Diphenylmethanreihe angehörenden γ-Diphenyl-γ-oxybuttersäurelacton eine Verbindung der Diphenylbutanreihe, das Dibenzoyläthan; das Chlorid reagirt demnach in zwei isomeren Formen (vgl. Bd. I, S. 659):

$$1)\quad \begin{array}{l} CH_2{-}CCl_2 \\ \qquad\quad >O \\ CH_2{-}CO \end{array} + 2C_6H_6 = \begin{array}{l} CH_2{-}C(C_6H_5)_2 \\ \qquad\quad >O \\ CH_2{-}CO \end{array} + 2HCl$$

$$2)\quad \begin{array}{l} CH_2{-}COCl \\ | \\ CH_2{-}COCl \end{array} + 2C_6H_6 = \begin{array}{l} CH_2{-}CO{-}C_6H_5 \\ \\ CH_2{-}CO{-}C_6H_5 \end{array} + 2HCl$$

Von den bisher beschriebenen Synthesen weicht die im Jahre 1872 von Baeyer aufgefundene Darstellungsweise von Abkömmlingen des Diphenylmethans dadurch ab, dass sie die Condensationsfähigkeit der Aldehydcarbonylgruppe (vgl. Bd. I, S. 396) bezw. ähnlicher Gruppen ausnutzt. Diese Reaction besteht in der Wechselwirkung von aromatischen Körpern mit Aldehyden der Fettreihe oder mit solchen Aldehydderivaten, welche in ihrem chemischen Verhalten den Aldehyden an die Seite gestellt werden können, wie die Acetale oder die Ester zweiwerthiger Alkoholradicale, z. B.

Methylal	$CH_2\left<\begin{array}{l} OCH_3 \\ OCH_3 \end{array}\right.$.	(vgl. Bd. I, S. 559—561).
Essigsaures Methylen	$CH_2\left<\begin{array}{l} O{-}CO{-}CH_3 \\ O{-}CO{-}CH_3 \end{array}\right.$	„ „

Als condensirendes Agens wird bei dieser Synthese in der Regel concentrirte Schwefelsäure verwendet; doch haben sich in einigen Fällen auch Zinnchlorid, Aluminiumchlorid, Salzsäure in concentrirter wässeriger Lösung oder als Gas und Kaliumbisulfat bewährt.

Beim Methylal verläuft die Reaction unter Anwendung von Benzol als zweiter Componente in folgendem Sinne:

$$CH_3O{-}CH_2{-}OCH_3 + 2C_6H_6 = C_6H_5{-}CH_2{-}C_6H_5 + 2HO{\cdot}CH_3\,,$$

d. h. es bildet sich aus 1 Mol. Methylal und 2 Mol. Benzol 1 Mol. Diphenylmethan.

Von Aldehyden und Aldehydderivaten haben ausser dem weiter unten besprochenen Formaldehyd die folgenden Verwendung gefunden:

[1] Auger, Ann. ch. [6] **22**, 313 (1891). — Limpricht, Ann. **312**, 115 (1900). — Vgl. Georgievics, Monatsh. **20**, 450 (1899).

Methylal[1], Methylendiacetat[2], Acetaldehyd[3], Paraldehyd[4], Monochloracetaldehyd[5], Dichloracetal[6], Chloral[7], Bromal[8], Crotonaldehyd[9], Glyoxylsäure[10].

Als aromatische Verbindungen, welche die genannte Condensation eingehen, sind zu nennen: Benzol und seine Homologen, Halogenbenzole, Phenole, Phenoläther, Oxycarbonsäuren der Benzolreihe und endlich aromatische Basen.

Unter den Aldehyden der Fettreihe nimmt der Formaldehyd wie bei anderen Reactionen so auch bezüglich seiner Condensationsfähigkeit mit aromatischen Verbindungen eine Ausnahmestellung ein. Mit den Benzolkohlenwasserstoffen selbst konnte er bisher nicht zur Reaction gebracht werden; dagegen zeigt er gewissen substituirten Benzolen gegenüber eine ausserordentliche Reactionsfähigkeit, so bildet er mit Nitrobenzol unter dem Einfluss concentrirter Schwefelsäure bei gewöhnlicher oder wenig erhöhter Temperatur 3.3'-Dinitrodiphenylmethan[11]:

$$NO_2{-}C_6H_5 + CH_2O + C_6H_5{-}NO_2 = NO_2{-}C_6H_4{-}CH_2{-}C_6H_4{-}NO_2 + H_2O\,.$$

In derselben Weise gelingt die Darstellung von Dioxydiphenylmethanen aus Formaldehyd und Phenolen[12] oder nitrirten Phenolen[13], ferner die Gewinnung von Diamidodiphenylmethan und seinen Abkömmlingen aus aromatischen Basen[14], von Diamidodioxydiphenylmethan und

---

[1] Baeyer, Ber. **6**, 221 (1873). — Weiler, Ber. **7**, 1181, 1187 (1874). — ter Meer, ebenda, 1200. — Tröger, J. pr. [2] **36**, 237 (1887).

[2] Baeyer, Ber. **5**, 1094, 1095, 1098 (1872).

[3] Baeyer, Ber. **7**, 1190 (1874). — Fabinyi, Ber. **11**, 284 (1878). — Claus u. Trainer, Ber. **19**, 3009 (1886). — Möhlau u. Koch, Ber. **27**, 2892, 2895 (1894). — Biehringer, ebenda, 3304. — Kahl, Ber. **31**, 150 (1898). — Trillat, Compt. rend. **128**, 1113, 1404 (1899).

[4] O. Fischer, Ber. **7**, 1191 (1874). — Steiner, Ber. **11**, 287 (1878).

[5] Hepp, Ber. **6**, 1439 (1873); **7**, 1409, 1413, 1414, 1416, 1418 (1874).

[6] Buttenberg, Ann. **279**, 324, 334 (1894). — Wiechell, ebenda, 337, 341.

[7] Baeyer, Ber. **5**, 1098 (1872). — Zeidler, Ber. **7**, 1180, 1181 (1874). — O. Fischer, ebenda, 1191. — Jäger, ebenda, 1197. Journ. Soc. **31**, 262 (1877). — ter Meer, Ber. **7**, 1201 (1874). — Combes, Ann. ch. [6] **12**, 271 (1887). — Biltz, Ann. **296**, 219 (1897). — Hewitt u. Pope, Journ. Soc. **69**, 1265 (1896); **71**, 1084 (1897). — Hewitt u. Dixon, Journ. Soc. **73**, 398 (1898).

[8] Goldschmiedt, Ber. **6**, 985 (1873).

[9] Hepp, Ber. **7**, 1420 (1874).

[10] Böttinger, Arch. f. Pharm. **232**, 553 (1894); **233**, 111 (1895).

[11] Farbenfariken vorm. Friedr. Bayer & Co., D. R.-Pat. Nr. 67 001. — Schöpff, Ber. **27**, 2321 (1894). — Weil, Ber. **27**, 3314 (1894).

[12] Caro, Ber. **25**, 947 (1892); **26**, 255 (1893). — Möhlau u. Koch, Ber. **27**, 2890 (1894). — Kahl, Ber. **31**, 144 (1898).

[13] Farbwerke Höchst a./M., D. R.-Pat. Nr. 72 490, 73 946, 73 951. — Schöpff, Ber. **27**, 2323 (1894).

[14] Gram, Ber. **25**, 302 (1892). — Eberhardt u. Welter, Ber. **27**, 1804 (1894). — J. Meyer u. Rohmer, Ber. **33**, 250 (1900). — Cohn, Cöthener Chem. Ztg. **24**, 564 (1900). — Farbwerke Höchst a./M., D. R.-Pat. Nr. 53 937.

alkylirten Derivaten desselben aus m-Amidophenolen[1] und endlich die Synthese von Carbonsäuren und Oxysäuren der Diphenylmethanreihe aus den entsprechend substituirten Benzolabkömmlingen[2].

Von besonderem Interesse ist der Verlauf der Synthese bei Anwendung von Formaldehyd und primären aromatischen Aminen. Lässt man die Reaction in alkalischer Lösung vor sich gehen, so tritt die Methylengruppe des Formaldehyds nicht in den Benzolkern, sondern, wie schon Bd. II, Th. I, S. 180 erwähnt, in die Amidogruppe zweier Molecüle des Amins ein, und es bildet sich ein Methylendiamin, bei Anwendung von Anilin das Methylendianilin (Methylendiphenyldiimid): $C_6H_5—NH—CH_2—NH—C_6H_5$. Lässt man auf diese Verbindung salzsaures Anilin bei höherer Temperatur einwirken, so entsteht das isomere 4.4'-Diamidodiphenylmethan: $NH_2—C_6H_4—CH_2—C_6H_4—NH_2$. Es liegt aber in dieser letztgenannten Reaction nicht eine blosse Umlagerung vor, sondern wir müssen eine Verdrängung eines Aminrestes der Methylendiaminbase durch den Rest des als Chlorid angewandten Amins annehmen; denn Anilinchlorhydrat, auf das aus o-Toluidin und Formaldehyd erhaltene Methylendi-o-toluidin zur Einwirkung gebracht, liefert nicht Diamidoditolylmethan, sondern Diamidophenyltolylmethan, indem 1 Mol. Toluidin in Freiheit gesetzt wird:

$$CH_3—C_6H_4—NH—CH_2—NH—C_6H_4—CH_3 + C_6H_5—NH_2$$
$$= {}^{CH_3}_{NH_2}\!\!>C_6H_3—CH_2—C_6H_4—NH_2 + CH_3—C_6H_4—NH_2.$$

In einem Falle konnte als Zwischenprodukt bei dieser Reaktion das Auftreten eines Derivats des Anhydro-p-amidobenzylalkohols  beobachtet werden[3]. Diese Verbindung wird dann in der sauren Lösung ein Molecül des vorher abgespaltenen Amins additionell aufnehmen unter Bildung eines Benzylanilinderivats, welches seinerseits unter Einwirkung des salzsauren Salzes eines aromatischen Amins in das Diphenylmethanderivat übergeht[4], z. B.

$$1)\quad C_6H_5—NH—CH_2—NH—C_6H_5 = C_6H_5—NH_2 + \underline{CH_2—C_6H_4—NH}$$
$$= C_6H_5—NH—CH_2—C_6H_4—NH_2.$$

$$2)\quad C_6H_5—NH—CH_2—C_6H_4—NH_2 + C_6H_4(CH_3)NH_2.HCl$$
$$= NH_2(CH_3)C_6H_3—CH_2—C_6H_4—NH_2 + C_6H_5—NH_2.HCl.$$

---

[1] A. Leonhardt & Co., D. R.-Pat. Nr. 58 955, 63 081, 75 373, 84 988. — Biebringer, Ber. **27**, 3301 (1894). J. pr. [2] **54**, 217 (1896).

[2] J. R. Geigy & Co., D. R.-Pat. Nr. 49 970. — Caro, Ber. **25**, 941, 946 (1892). — Schöpff, Ber. **27**, 2324 (1894). — Weil, Ber. **27**, 3316 (1894). — Kahl, Ber. **31**, 149, 150 (1898). — Möhlau u. Kahl, ebenda, 259.

[3] J. Meyer u. Rohmer, Ber. **33**, 250 (1900).

[4] Farbwerke Höchst a./M., D. R.-Pat. Nr. 87 934, 105 797, 106 497, 107 718. — Cohn u. Fischer, Ber. **33**, 2586 (1900).

Statt der aus 2 Mol. Base und 1 Mol. Formaldehyd gebildeten Verbindungen können auch die aus äquimolecularen Mengen der Componenten hergestellten sogenannten Anhydroformaldehydbasen (vgl. Bd. II, Th. I, S. 179) mit salzsauren und freien Aminen condensirt werden.

Auch hier wird sich in erster Phase ein Anhydro-p-amidobenzylalkohol bilden, welcher dann in der obigen Weise weiter reagirt.

Die beschriebenen Synthesen haben in technischer Beziehung einen hohen Werth erlangt, weil die aus Formaldehyd und aromatischen Aminen erhältlichen Diamidodiphenylmethanverbindungen als Zwischenkörper für die Darstellung der Triphenylmethanfarbstoffe Verwendung finden. Die technisch wichtigsten dieser Verbindungen sind:

4.4'-Diamidodiphenylmethan aus Anilin und Formaldehyd,

4.4'-Tetramethyldiamidodiphenylmethan aus Dimethylanilin und Formaldehyd,

Tetraamidoditolylmethan aus m-Toluylendiamin und Formaldehyd,

Tetramethyltetraamidodiphenylmethan aus as. Dimethyl-m-phenylendiamin und Formaldehyd.

Die aus den Dialkyl-m-amidophenolen mit Formaldehyd gebildeten Condensationsprodukte stellen die Leukoverbindungen der weiter unten besprochenen Pyroninfarbstoffe dar.

In ähnlicher Weise wie die Aldehyde der Fettreihe lässt sich auch die Brenztraubensäure mit 2 Mol. eines Kohlenwasserstoffs der Benzolreihe oder eines Phenols condensiren, wobei unter Ersatz des Ketonsauerstoffatoms durch zwei aromatische Reste α-dialphylirte Propionsäuren entstehen[1], z. B. mit Benzol selbst die αα-Diphenylpropionsäure:

$$\begin{array}{c} CH_3 \\ | \\ C_6H_5-C-C_6H_5\,. \\ | \\ COOH \end{array}$$

Auch die aromatischen Aldehyde können mit Körpern der Benzolreihe in der Weise condensirt werden, dass 1 Mol. des Aldehyds mit 2 Mol. des Benzolderivats unter Wasserabspaltung in Reaction tritt. Es entstehen auf diese Weise Verbindungen, in denen drei aromatische Reste durch ein Kohlenstoffatom zusammengehalten werden, d. h. Abkömmlinge des Triphenylmethans. Diese äusserst wichtige Reaction wird bei Besprechung der Triphenylmethangruppe näher erörtert werden; hier ist jedoch einer Reaction zu gedenken, welche eine Zwischenphase dieser Triphenylmethansynthese darstellt und dadurch zu Stande kommt, dass gleiche Molecüle des aromatischen Aldehyds und der zweiten Componente sich durch directe Aneinanderlagerung mit einander vereinigen. So bildet sich aus Dimethylanilin und Benzaldehyd das Dimethylamidobenzhydrol[2]:

$$C_6H_5-CHO + C_6H_5\cdot N(CH_3)_2 = C_6H_5-CH(OH)-C_6H_4\cdot N(CH_3)_2\,.$$

---

[1] Böttinger, Ber. **14**, 1595 (1881); **16**, 2071, 2404 (1883).

[2] Albrecht, Ber. **21**, 3292 (1878). — Kalle & Co., D. R.-Pat. Nr. 45 806. — Vgl. auch Zenoni, Gazz. chim. **22 II**, 298 (1892). — Cöthener Chem. Ztg. **19**, 2039 (1895).

In gleicher Weise lässt sich Phenol[1] mit Benzaldehyd condensiren, während mehrwerthige Phenole im Allgemeinen nur Triphenylmethanderivate liefern. Um die Reaction bei der Bildung des Diphenylmethanderivats zum Stillstand zu bringen, hat man in verdünnter Lösung zu arbeiten und nicht zu stark wirkende Condensationsmittel anzuwenden[2].

Eine weitere wichtige Synthese des Diphenylmethans wurde von V. MEYER und WURSTER[3] aufgefunden. Sie besteht in der Condensation von Benzol mit Benzylalkohol unter Wasserabspaltung nach dem Schema:

$$C_6H_5-CH_2\cdot OH + C_6H_6 = C_6H_5-CH_2-C_6H_5 + H_2O.$$

Als condensirendes Mittel dient dabei concentrirte Schwefelsäure.

Die Reaction lässt sich auch mit Nitro- und Amido-Benzylalkoholen ausführen, während an Stelle des Benzols Nitrobenzol, aromatische Basen und Phenole Verwendung finden können[4]; wichtiger aber als diese Modificationen hat sich die Erweiterung der Methode dahin erwiesen, dass an Stelle des Benzylalkohols andere Körper mit der Atomgruppirung $C_6H_5-\underset{|}{C}H(OH)$ zur Anwendung gelangten. Solche Verbindungen sind das Mandelsäurenitril oder Benzaldehydcyanhydrin[5]

$$C_6H_5-CH\begin{matrix}\diagup OH\\ \diagdown CN\end{matrix}$$

sowie die Mandelsäure selbst[6].

Die Mandelsäure zeigt diese Fähigkeit zur leichten Condensation nur gegenüber Phenolen, und zwar hat sich als geeignetes Condensationsmittel 73 procentige Schwefelsäure erwiesen. Der Eingriff der Mandelsäure in den Phenolkern findet hierbei vorzugsweise in o-Stellung, daneben aber auch in p-Stellung zur Hydroxylgruppe statt, und man erhält gemäss der Gleichung:

$$\begin{matrix}C_6H_5-CH\cdot OH\\ |\\ COOH\end{matrix} + C_6H_5\cdot OH = \begin{matrix}C_6H_5-CH-C_6H_4\cdot OH\\ |\\ COOH\end{matrix} + H_2O$$

[1] MICHAEL, J. pr. [2] **57**, 334 (1898). — Vgl. BISTRZYCKI u. SCHEPPER, Ber. **31**, 2790 (1898). — WEIDEL u. WENZEL, Monatsh. **21**, 62 (1900).

[2] ALBRECHT, Ber. **21**, 3292 (1888).

[3] V. MEYER u. WURSTER, Ber. **6**, 964 (1873).

[4] PATERNÒ u. FILETI, Gazz. chim. **5**, 381 (1875). — O. FISCHER, Ann. **206**, 92 (1881). — LIEBMANN, Ber. **15**, 152 (1882). — BECKER, Ber. **15**, 2091 (1882). — BASLER, Ber. **16**, 2717 (1883). — GATTERMANN u. KOPPERT, Ber. **26**, 2811 (1893). — GATTERMANN u. RÜDT, Ber. **27**, 2293 (1894). — BISTRZYCKI u. OEHLERT, Ber. **27**, 2632, 2637, 2638, 2639, 2640 (1894). — KALLE & Co., D. R.-Pat. Nr. 96 762. — Vgl. auch WEILER, Ber. **33**, 464 (1900).

[5] MICHAEL u. JEANPRÊTRE, Ber. **25**, 1615 (1892).

[6] BISTRZYCKI u. FLATAU, Ber. **28**, 989 (1895); **30**, 124 (1897). — BISTRZYCKI u. SIMONIS, Ber. **31**, 2812 (1898). — CRAMER, Ber. **31**, 2813 (1898). — SIMONIS, Ber. **31**, 2821 (1898).

zwei verschiedene Substanzen, nämlich die 4-Oxydiphenylmethancarbonsäure (7) oder p-Oxydiphenylessigsäure der Formel

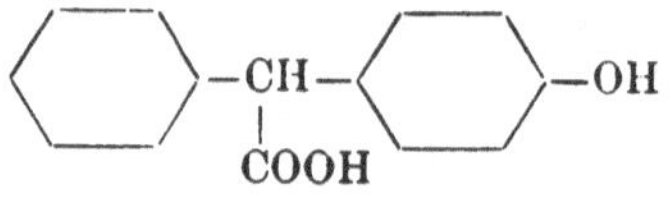

und die 2-Oxydiphenylmethancarbonsäure (7) oder o-Oxydiphenylessigsäure, welche jedoch durch weitere Wasserabspaltung während der Condensation in ihr inneres Anhydrid oder Lacton übergeht:

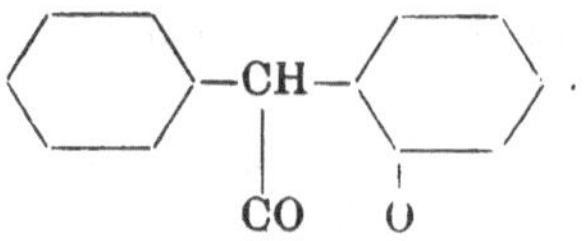

In naher Beziehung zu der soeben beschriebenen Reaction steht eine Synthese von Diphenylmethanderivaten, welche darauf beruht, dass gewisse Benzolabkömmlinge, welche eine in α-β-Stellung ungesättigte Seitenkette enthalten, additionelle Verbindungen mit Benzolkohlenwasserstoffen bezw. Phenolen eingehen. So entsteht z. B. aus dem Styrol (Bd. II, Th. I, S. 111) durch Einwirkung auf Phenol in Gegenwart von concentrirter Schwefelsäure das 4-Oxy-7-methyldiphenylmethan oder p-Oxy-as-Diphenyläthan[1]:

$$C_6H_5{-}CH{=}CH_2 + C_6H_5 \cdot OH = C_6H_5{-}\underset{\displaystyle CH_3}{\underset{|}{CH}}{-}C_6H_4 \cdot OH\ .$$

In derselben Weise wie das Styrol vermag auch dessen Carboxylderivat, die Zimmtsäure, $C_6H_5{-}CH{=}CH{-}COOH$, bezw. deren Stereoisomeres, die Allozimmtsäure, mit Phenolen[2] in Reaction zu treten. Die dabei entstehenden o-Oxysäuren spalten jedoch unter dem Einfluss der condensirenden Schwefelsäure sogleich Wasser ab und bilden innere Anhydride, welche als in dem Lactonring substituirte Hydrocumarine aufzufassen sind, z. B.:

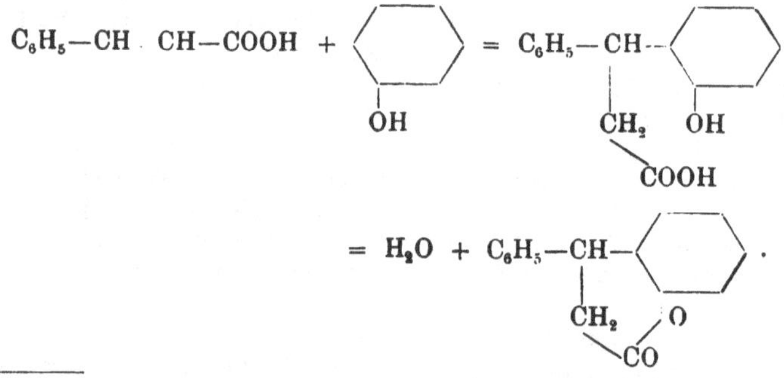

[1] Königs, Ber. **23**, 3145 (1890). — Königs u. Carl, Ber. **24**, 3889 (1891).
[2] Liebermann u. Hartmann, Ber. **24**, 2583, 2585 (1891).

Auch aromatische Kohlenwasserstoffe[1] selbst zeigen die beschriebene Reaction mit Zimmtsäure, wobei $\beta\beta$-Diphenylpropionsäure und ihre Homologen erhalten werden, z. B.

$$C_6H_5{-}CH{=}CH{-}COOH + C_6H_6 = \begin{array}{l} C_6H_5{-}CH{-}CH_2{-}COOH \\ \qquad\;\; | \\ \qquad C_6H_5 \end{array}$$

Auf denselben Reactionstypus ist ferner die Darstellung homologer Diphenylmethane aus Allylalkohol und Benzolkohlenwasserstoffen zurückzuführen[2]. Die Reaction verläuft vielleicht in folgenden drei Phasen:

$$1)\quad CH_2{=}CH{-}CH_2OH + \underset{\text{Xylol}}{C_8H_{10}} = \begin{array}{l} CH_3{-}CH{-}C_8H_9 \\ \qquad\;\; | \\ \qquad CH_2OH \end{array},$$

$$2)\quad \begin{array}{l} CH_3{-}CH{-}C_8H_9 \\ \qquad\;\; | \\ \qquad CH_2OH \end{array} = \begin{array}{l} CH_3{-}C{-}C_8H_9 \\ \qquad\;\; \| \\ \qquad CH_2 \end{array} + H_2O,$$

$$3)\quad \begin{array}{l} CH_3{-}C{-}C_8H_9 \\ \qquad\;\; \| \\ \qquad CH_2 \end{array} + C_8H_{10} = \begin{array}{l} CH_3{-}C{=}(C_8H_9)_2 \\ \qquad\;\; | \\ \qquad CH_3 \end{array}$$

$\beta\beta$-Dixylylpropan

Von allgemeineren Methoden zur Darstellung von Benzophenon und seinen Abkömmlingen sei endlich noch die als allgemeine Darstellungsweise von Ketonen bekannte Methode (vgl. Bd. I, S. 383) erwähnt, welche darin besteht, dass man das Calciumsalz einer organischen Säure, in diesem Falle einer Säure der aromatischen Reihe, oder ein Gemenge zweier solcher Calciumsalze der trockenen Destillation unterwirft. So liefert benzoësaures Calcium Benzophenon gemäss der Gleichung[3]:

$$\begin{array}{l} C_6H_5{-}CO\,O\,ca\,^{4} \\ C_6H_5{-}CO\,O\,ca \end{array} = CaCO_3 + C_6H_5{-}CO{-}C_6H_5.$$

Aus einem Gemenge von benzoësaurem und p-toluylsaurem Calcium entsteht Phenyl-p-tolylketon oder 4-Methylbenzophenon[5]:

$$\begin{array}{r} C_6H_5{-}CO\,O\,ca \\ CH_3\cdot C_6H_4{-}CO\,O\,ca \end{array} = CaCO_3 + C_6H_5{-}CO{-}C_6H_4\cdot CH_3.$$

Ausser den beschriebenen, allgemeiner anwendbaren synthetischen Methoden in der Diphenylmethanreihe sind noch einige vereinzelt dastehende Reactionen bekannt, welche zu Verbindungen der genannten Gruppe geführt, bisher jedoch keine allgemeinere Bedeutung erlangt

[1] LIEBERMANN u. HARTMANN, Ber. **25**, 957, 2124 (1892). — KARSTEN, Ber. **26**, 1579 (1893).

[2] KRÄMER u. SPILKER, Ber. **24**, 2785 (1891).

[3] PELIGOT, Ann. **12**, 41 (1833). — CHANCEL, Ann. **72**, 280 (1849). — BEHR, Ber. **3**, 752 (1870). — Vgl. auch BRÖMME, Ber. **20**, 521 (1887).

[4] In dieser Formel bedeutet ca ein halbes Atomgewicht Calcium.

[5] RADZISZEWSKI, Ber. **6**, 810 (1873).

haben[1]. Erwähnt sei an dieser Stelle noch der abnorme Verlauf der FITTIG'schen Synthese, welche vom p-Bromtoluol bezw. vom Brommesitylen zu Diphenylmethanderivaten führt (vgl. S. 13—14).

Die genetischen Beziehungen zwischen Diphenylmethanverbindungen und Körpern, welche anderen isocyclischen Gruppen angehören.

Die Diphenylmethangruppe bildet das erste und einfachste Glied in der Kette der mannigfaltig zusammengesetzten Verbindungen, welche in ihrem Molecül mehrere cyclische Complexe enthalten, deren Bindung durch dazwischengelagerte Kohlenstoffatome vermittelt ist. Die Verbindungen der Diphenylmethangruppe weisen nun sehr nahe genetische Beziehungen zu einigen dieser complicirteren Systeme auf, derart, dass sie oft schon bei ihrer Darstellung zum Theil in Angehörige jener Systeme übergehen und mithin im Gemenge mit diesen erhalten werden. Solche höher zusammengesetzte Körper sind namentlich die Abkömmlinge

des Triphenylmethans, $\begin{array}{l} C_6H_5{-}CH{-}C_6H_5 \\ \qquad\;\; | \\ \quad\;\; C_6H_5 \end{array}$,

des Dibenzylbenzols, $C_6H_5{-}CH_2{-}C_6H_4{-}CH_2{-}C_6H_5$,

des Triphenyläthans, $\begin{array}{l} C_6H_5{-}CH{-}CH_2{-}C_6H_5 \\ \qquad\;\; | \\ \quad\;\; C_6H_5 \end{array}$,

und des Tetraphenyläthans, $\begin{array}{l} C_6H_5{-}CH{-}\!\!-\!\!-CH{-}C_6H_5 \\ \qquad\;\; | \qquad\quad | \\ \quad\;\; C_6H_5 \quad C_6H_5 \end{array}$,

oder $\begin{array}{c} C_6H_5 \\ | \\ C_6H_5{-}C{-}CH_2{-}C_6H_5 \\ | \\ C_6H_5 \end{array}$.

Dazu tritt dann noch die Gruppe des Anthracens, eines hochcondensirten Kohlenwasserstoffs der Formel

$$C_6H_4\left\langle \begin{array}{c} CH \\ | \\ CH \end{array} \right\rangle C_6H_4 .$$

Auf die gleichzeitige Entstehung von Triphenylmethanderivaten neben den Verbindungen der Diphenylmethanreihe wurde schon bei der Beschreibung der Synthesen dieser Körper hingewiesen (S. 66 u. 70). Die dort

[1] Vgl.: OTTO, Ber. **3**, 197 (1870). — THÖRNER u. ZINCKE, Ber. **11**, 1989 (1878). — RICHTER, Ber. **21**, 2470 (1888). — DITTRICH, Ber. **23**, 2720 (1890). — AUGER, Ann. ch. [6] **22**, 313 (1891). — GATTERMANN, Ber. **26**, 1852 (1893). — GATTERMANN u. KOPPERT, Ber. **26**, 2810 (1893). — WAGA, Ann. **282**, 323 (1894). — DUNLAP, Am. Journ. **19**, 641 (1897). — BAMBERGER u. TSCHIRNER, Ann. **311**, 87 (1900). — BAMBERGER, SCHMIDT u. LEVINSTEIN, Ber. **33**, 2043 (1900).

beschriebene Condensation zwischen Aldehyden der Benzolreihe und anderen Benzolabkömmlingen, welche in erster Phase zu einem Derivat des Benzhydrols führt, lässt sich nicht immer bei diesem Produkt zum Stillstand bringen, sondern es treten die durch weitere Condensation daraus entstehenden Verbindungen der Triphenylmethanreihe in grösserer oder geringerer Menge als Nebenprodukte auf.

Aehnliche Verhältnisse zeigen sich bei der Condensation der Polyhalogenverbindungen der Fettreihe mit Benzolverbindungen; so entstehen aus Chloroform, Benzol und Aluminiumchlorid gleichzeitig

$$\text{Diphenylmethan,}\quad C_6H_5{-}CH_2{-}C_6H_5 \quad \text{und}$$

$$\text{Triphenylmethan,}\quad \begin{array}{c} C_6H_5{-}CH{-}C_6H_5 \\ | \\ C_6H_5 \end{array}\ [1]$$

Noch complicirter verläuft die Reaction zwischen Chloral, Benzol und Aluminiumchlorid, wobei ausser dem Diphenyldichloräthylen, $\begin{array}{c} C_6H_5\ C\ C_6H_5 \\ \| \\ CCl_2 \end{array}$, Körper der Triphenyläthan- und Tetraphenyläthan-Reihe, sowie Triphenylmethan isolirt werden konnten[2].

Auch die Synthese mittelst Phtalsäureanhydrid verläuft je nach den Versuchsbedingungen unter Bildung von Diphenylmethan- oder Triphenylmethan-Derivaten; so entsteht aus Phtalsäureanhydrid, Dimethylanilin und Aluminiumchlorid die Dimethylamidobenzophenoncarbonsäure der Formel

$$C_6H_4\!\left\langle\begin{array}{l} CO{-}C_6H_4\cdot N(CH_3)_2 \\ COOH \end{array}\right.,$$

während Chlorzink, als Condensationsmittel verwendet, zur Bildung des Dimethylanilinphtaleïns

$$C_6H_4\!\left\langle\begin{array}{l} C[C_6H_4\cdot N(CH_3)_2]_2 \\ \quad >O \\ CO \end{array}\right. \quad \text{führt}[3].$$

Die zweite Phase dieser Condensationsvorgänge, welche in der Ueberführung des Diphenylmethankörpers in den Abkömmling des Triphenylmethans besteht, lässt sich auch für sich allein ausführen und bildet dann eine wichtige Methode zur Herstellung dieser letzteren Verbindungen.

In umgekehrter Weise, wie Triphenylmethankörper aus den Verbindungen der Diphenylmethanreihe aufgebaut werden können, lässt sich in vielen Fällen auch eine Spaltung von Verbindungen der Triphenyl-

---

[1] O. Fischer, Ann. **194**, 253 (1878). — Friedel u. Crafts, Ann. ch. [6] **1**, 489 (1884).

[2] Combes, Ann. ch. [6] **12**, 272 (1887). — Biltz, Ber. **26**, 1954 (1893). Ann. **296**, 219 (1897).

[3] Limpricht, Ann. **300**, 228 (1898). — Vgl. auch Weinmann, Chem. Centralbl. **1898 I**, 1028. — Limpricht, Ann. **299**, 300 (1898); **303**, 274 (1898).

methanreihe in ein einfaches Benzolderivat und eine Verbindung der Diphenylmethanreihe ausführen. Eine solche Spaltung wird im Allgemeinen durch schmelzendes Alkali hervorgerufen; so entsteht aus dem Fluoresceïn, einem Derivat des Triphenylmethans, von der Formel:

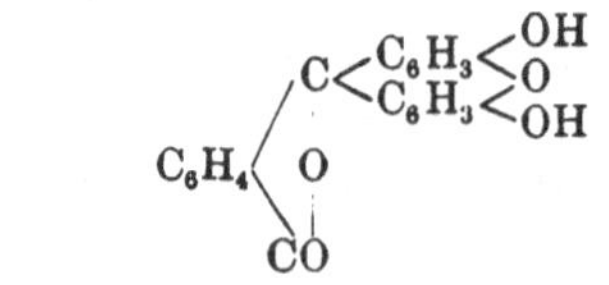

Dioxybenzoylbenzoësäure und Resorcin[1]:

$$C_6H_4\langle{}^{CO-C_6H_3(OH)_2}_{COOH} \quad \text{und} \quad C_6H_4(OH)_2.$$

Auch eine Reihe anderer Triphenylmethanderivate hat sich in analoger Weise spalten lassen[2], wobei ausser der Kalischmelze auch zuweilen Erhitzen mit Wasser auf hohe Temperaturen oder mit Mineralsäuren zum Ziel geführt hat.

Der Uebergang von Diphenylmethanderivaten in Abkömmlinge des Anthracens, welcher zuweilen schon bei der Herstellung der ersteren in Folge der Anwesenheit condensirender Agentien stattfindet[3], hat sich in manchen Fällen für die Constitutionsbestimmung der vorliegenden Diphenylmethanabkömmlinge verwerthen lassen; denn damit diese Reaction zu Stande kommen kann, ist es erforderlich, dass sich eine kohlenstoffhaltige Seitenkette in der 2-Stellung des Diphenylmethanmoleculs befinde, wie aus folgenden Formelbildern hervorgeht:

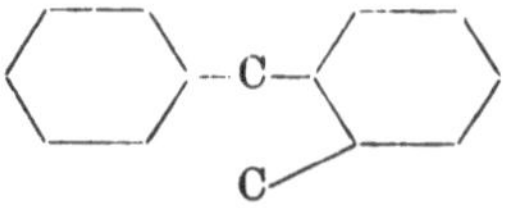

Diphenylmethanderivat

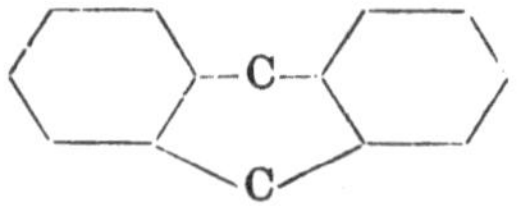

Anthracenderivat.

Als Beispiele seien die folgenden Reactionen angeführt. o-Benzyltoluol oder 2-Methyldiphenylmethan geht beim Durchleiten seiner Dämpfe durch ein glühendes Rohr in Anthracen[4] über:

[1] Baeyer, Ann. **183**, 1 (1876). — Baeyer u. Burkhardt, Ber. **11**, 1299 (1878). Ann. **202**, 126 (1880). — R. Meyer u. Conzetti, Ber. **30**, 969 (1897).

[2] Caro u. Gräbe, Ber. **11**, 1348 (1878). — Liebermann, Ber. **11**, 1434 (1878); **16**, 1927 (1883). — Baeyer u. Fraude, Ann. **202**, 153 (1880). — Döbner, Ann. **217**, 223 (1883). — Wichelhaus, Ber. **19**, 107 (1886). — Friedländer, Ber. **26**, 176 (1893). — Friedländer u. Stange, ebenda, 2258. — Rosenstiehl, Bull. [3] **11**, 405; [3] **13**, 275. — R. Meyer u. Conzetti, Ber. **32**, 2103 (1899).

[3] Ador u. Rilliet, Ber. **12**, 2301 (1879). — Senff, Ann. **220**, 236 (1883). — Anschütz, Ann. **235**, 165, 304 (1886).

[4] Barbier, Ber. **7**, 1544 (1874).

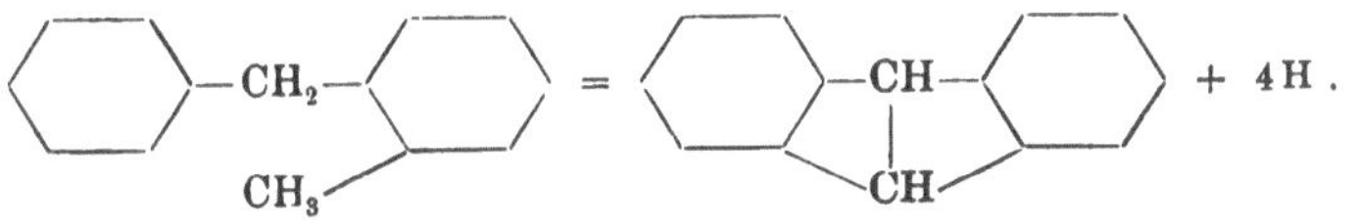

Benzoyl-p-xylol oder 2.5-Dimethylbenzophenon bildet bei längerem Sieden Methylanthracen[1]:

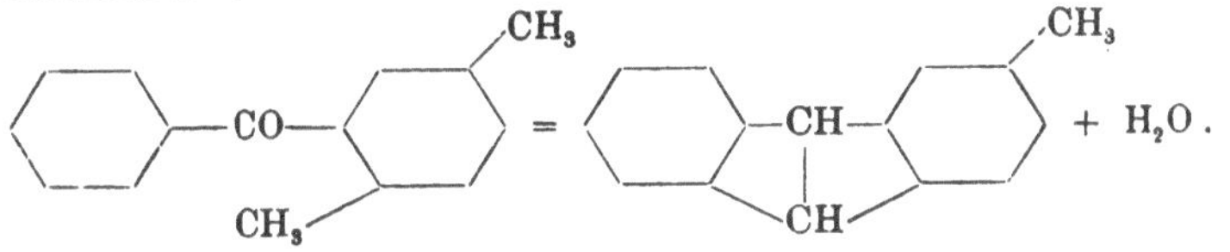

Dasselbe Produkt entsteht aus dem Benzoyl-m-xylol[2]:

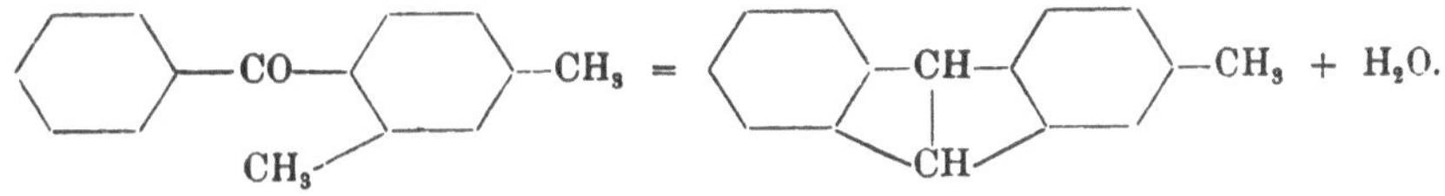

Die Benzoylphtalsäure oder Benzophenondicarbonsäure (2.3) liefert unter dem Einfluss concentrirter Schwefelsäure Anthrachinoncarbonsäure[3]:

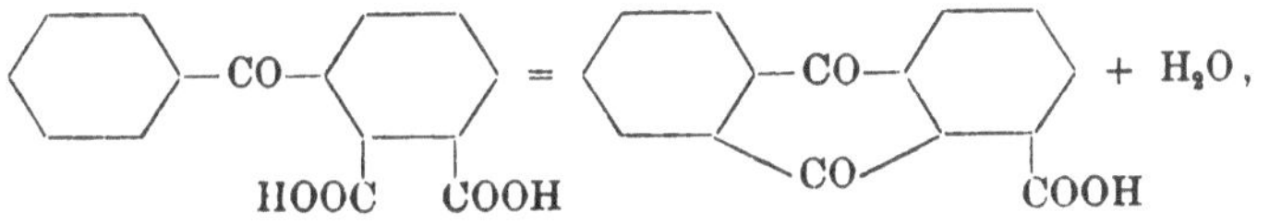

während die o-Benzoylbenzoësäure durch Phosphorsäureanhydrid in Anthrachinon übergeführt wird[4].

Bei denjenigen Reactionen, welche in der Einführung von Benzyl- oder Benzoyl-Gruppen in einen Benzolkern bestehen, gelingt es zuweilen nicht, die Condensation auf den Eintritt einer einzigen dieser Gruppen zu beschränken, sondern es entstehen neben dem einfach benzylirten oder benzoylirten Benzolderivat, also neben dem Diphenylmethanderivat, auch solche Verbindungen, welche zwei und selbst drei Benzyl- oder Benzoyl-Gruppen an einem Benzolkern enthalten[5].

So bildet sich z. B. bei der Condensation von m- oder p-Nitrobenzylalkohol mit Benzol unter Anwendung von Schwefelsäure als con-

[1] Elbs u. Larsen, Ber. **17**, 2849 (1884).

[2] Elbs, J. pr. [2] **35**, 472 (1887).

[3] Gräbe u. Leonhardt, Ann. **290**, 231 (1896).

[4] Behr u. Dorp, Ber. **7**, 578 (1874).

[5] Michler, Ber. **9**, 718, 1914 (1876). — Michler u. Dupertuis, ebenda, 1900, 1901. — Michler u. Gradmann, ebenda, 1913. — Döbner u. Stackmann, Ber. **11**, 2269 (1878). — Döbner, Ann **210**, 256, 263 (1881). — Mazzara, Gazz. chim. **11**, 350 (1881). — Becker, Ber. **15**, 2091 (1882). — Basler, Ber. **16**, 2716 (1883). — Senff, Ann. **220**, 234 (1883). — Louise, Ann. ch. [6] **6**, 197, 240 (1885). — Liebermann u. Hartmann, Ber. **25**, 2127 (1892). — Gräbe u. Leonhardt, Ann. **290**, 229 (1896).

densirendem Agens neben Nitrodiphenylmethan auch Dinitrodibenzylbenzol[1]:

$$NO_2 \cdot C_6H_4-CH_2 \cdot OH + C_6H_6 = NO_2 \cdot C_6H_4-CH_2-C_6H_5 + H_2O.$$

$$2NO_2 \cdot C_6H_4-CH_2 \cdot OH + C_6H_6 = NO_2 \cdot C_6H_4-CH_2-C_6H_4-CH_2-C_6H_4 \cdot NO_2 + 2H_2O.$$

Endlich seien noch die Beziehungen der Diphenylmethangruppe zu derjenigen des Diphenyläthans erörtert. Es kommt hier eine Methode in Betracht, welche es gestattet, aus Verbindungen vom Typus des Benzils zu der sogenannten Benzilsäure oder Diphenylglykolsäure[2]

$$C_6H_5-CO-CO-C_6H_5 + H_2O = \begin{matrix} C_6H_5 & C(OH) & C_6H_5 \\ & | & \\ & COOH & \end{matrix}$$

bezw. deren Abkömmlingen zu gelangen. Das Benzil und seine Derivate zeigen ganz allgemein die Fähigkeit, unter dem Einfluss alkalischer Agentien bei hoher Temperatur in Körper vom Typus der Benzilsäure überzugehen[3]. Obgleich hierbei, wie aus den obigen Formelbildern ersichtlich ist, eine tiefgreifende Verschiebung der das Benzilmolecül bildenden Gruppen stattfindet, so verläuft die Umwandelung dennoch glatt, und es werden Nebenreactionen dabei nicht beobachtet; nur bildet sich bei zu energischer Einwirkung des Alkalis als Spaltungsprodukt Benzoësäure. Eine Erklärung für dieses eigenthümliche Verhalten des Benzils konnte bisher nicht gefunden werden.

Aehnlich wie aus dem Benzil Benzilsäure entsteht, bildet sich aus dem Hydrobenzoïn, wenn es mit 20procentiger Schwefelsäure auf 200—220° erhitzt wird, Diphenylacetaldehyd[4]:

$$C_6H_5-CH(OH)-CH(OH)-C_6H_5 = \begin{matrix} C_6H_5-CH-C_6H_5 \\ | \\ CHO \end{matrix} + H_2O.$$

Diese Umwandlung ist dem Uebergang von Pinakonen in Pinakoline (vgl. Bd. I, S. 419) analog.

Der dem soeben beschriebenen Vorgang entgegengesetzte Uebergang von Diphenylmethanderivaten in Körper der Diphenyläthanreihe ist gleichfalls ausführbar. Zu dieser Reaction eignen sich gewisse Chlorderivate des asymmetrischen Diphenyläthans oder 7-Methyldiphenylmethans.

So zerfällt das Diphenylchloräthan, welches aus Dichloräther und Benzol gewonnen werden kann, bei der Destillation in Salzsäure und Stilben[5]:

$$\begin{matrix} C_6H_5-CH-C_6H_5 \\ | \\ CH_2Cl \end{matrix} = \underset{\text{Stilben}}{C_6H_5-CH=CH-C_6H_5} + HCl.$$

Die Ausbeute an Stilben ist quantitativ.

[1] Becker, Ber. **15**, 2091 (1882). — Basler, Ber. **16**, 2717 (1883).

[2] Liebig, Ann. **25**, 25 (1838). — Zinin, Ann. **31**, 329 (1839). — E. Fischer, Ber. **14**, 326 (1881).

[3] Bösler, Ber. **14**, 326, 327 (1881). — Marx, Ann. **263**, 255 (1891).

[4] Weise, Ann. **248**, 34 (1888).

[5] Hepp, Ber. **6**, 1439 (1873); **7**, 1409 (1874). — Vgl. Hepp, Ber. **7**, 1414 (1874). — Fritsch, Ann. **279**, 319 (1894). — Fritsch u. Feldmann, Ann. **306**, 79 (1899).

Ebenso wie aus Diphenylchloräthan und seinen Derivaten Stilbenverbindungen entstehen, bilden sich aus substituirten Diphenylchloräthylenen Tolanderivate[1]:

Diphenylchloräthylen	Tolan.
$C_6H_5-C-C_6H_5$ ($=CHCl$)	$C_6H_5-C\equiv C-C_6H_5$

Die höher chlorirten Diphenyläthane lassen sich unter Zuhülfenahme reducirender Agentien gleichfalls in Stilbenkörper überführen[2]. Diese Reaction ist allgemein gültig für Verbindungen vom Typus des

Diphenyltrichloräthans, $C_6H_5-CH(CCl_3)-C_6H_5$ und des

Diphenyldichloräthylens, $C_6H_5-C(=CCl_2)-C_6H_5$

Specielle Uebersicht der Verbindungen der Diphenylmethangruppe.

Das Diphenylmethan und seine Homologen.

Die homologen Kohlenwasserstoffe der Diphenylmethangruppe haben die allgemeine Formel C_nH_{2n-14}; ihre Nomenclatur ist schon S. 55 besprochen worden, hinzuzufügen ist nur noch, dass man diese Kohlenwasserstoffe auch zweckmässig in der Weise bezeichnet, dass man sie, entsprechend ihrer Darstellung aus Benzylchlorid und Kohlenwasserstoffen der Benzolreihe, als benzylirte Benzole auffasst, z. B.

$C_6H_5-CH_2-C_6H_5$, Diphenylmethan oder Benzylbenzol,

$C_6H_5-CH_2-C_6H_4\cdot CH_3$, Methyldiphenylmethan oder Benzyltoluol,

$C_6H_5-CH_2-C_6H_3(CH_3)_2$, Dimethyldiphenylmethan oder Benzylxylol.

Von allgemeinen Darstellungsweisen für diese Verbindungen kommen in Betracht erstens die ZINCKE'sche Methode, zweitens die Methode von FRIEDEL-CRAFTS und drittens ihre Bildung bei energischer Reduction der entsprechenden Benzophenonabkömmlinge.

Das Diphenylmethan und seine Homologen sind sämmtlich niedrig schmelzende Körper, die Mehrzahl ist bei gewöhnlicher Temperatur flüssig; in ihren Lösungsverhältnissen und dem chemischen Verhalten reihen sie sich ganz an die Kohlenwasserstoffe der Benzolreihe an. Bei der Einwirkung von Oxydationsmitteln wird die mittelständige Methylen-

[1] FRITSCH, Ann. **279**, 322 (1894). — BUTTENBERG, ebenda, 327. — WIECHELL, ebenda, 337.

[2] GOLDSCHMIEDT, Ber. **6**, 990, 1501 (1873). — GOLDSCHMIEDT u. HEPP, ebenda, 1504. — TER MEER, Ber. **7**, 1202 (1874). — ELBS u. FÖRSTER, J. pr. [2] **39**, 300 (1889). — ELBS u. HÖRMANN, J. pr. [2] **39**, 499 (1889). — ELBS, J. pr. [2] **47**, 44 (1893).

Tabelle Nr. 73.

Empirische Formel	Gebräuchliche Bezeichnung	Aufgelöste Formel	Stellung der Substituenten	Schmelzpunkt	Siedepunkt	Specifisches Gewicht
$C_{13}H_{12}$	Diphenylmethan[1—17]	$C_6H_5—CH_2—C_6H_5$	—	23°	261—262°	1·0126 (11°/4°)
$C_{14}H_{14}$	o-Benzyltoluol[18—21]	$CH_3—C_6H_4—CH_2—C_6H_5$	2	—	283—286°	1·01 (0°)
„	m-Benzyltoluol[22.23]	„ „ „	3	flüssig	275°	0·9976 (17·5°)
„	p-Benzyltoluol[14.16.18.22.24.25]	„ „ „	4	bei —30° flüssig	279—280°	0·995 (17·5°)
„	as-Diphenyläthan[26—32]	$C_6H_5—CH—C_6H_5$ $\vert CH_3$	7	gewöhnl. Temperatur	286°	—
$C_{14}H_{12}$	as-Diphenyläthylen[33—35]	$C_6H_5—C—C_6H_5$ $\Vert CH_2$	7	40°	277°	—
$C_{15}H_{16}$	p-Aethyldiphenylmethan[36.37]	$C_2H_5—C_6H_4—CH_2—C_6H_5$	4	flüssig	294—295°	0·985 (18·9°)
„	Ditolylmethan[15.22.38—40]	$CH_3—C_6H_4—CH_2—C_6H_4—CH_3$	?	22—23°	289—291°	—
„	Benzyl-m-xylol[14.41]	$(CH_3)_2C_6H_3—CH_2—C_6H_5$	2.4	flüssig	295—296°	—
„	Benzyl-p-xylol[14.41]	„ „ „	2.5	„	293·5—294·5°	—
„	2.2-Diphenylpropan[42]	$C_6H_5—C—C_6H_5$ CH_3 CH_3	7.7	„	281—282°	—
$C_{16}H_{18}$	p-Isopropyldiphenylmethan[16]	$C_3H_7—C_6H_4—CH_2—C_6H_5$	4		310°	1·007 (18°/4°)
„	2.2-Diphenylbutan[43]	$C_6H_5—C—C_6H_5$ CH_3 C_2H_5	7.7	127·5—128·5°	—	—

$C_{16}H_{18}$	Benzylmesitylen[16,44]	$(CH_3)_3C_6H_2—CH_2—C_6H_5$	2.4.6	36—37°	300—303°	—
„	Benzylpseudocumol[16]	„ „ „	2.4.5	flüssig	308—312°	1·0151 (18°/4°)
$C_{17}H_{20}$	Benzylcymol[45,46]	$\begin{matrix}CH_3 \\ C_3H_7\end{matrix}\rangle C_6H_3—CH_2—C_6H_5$	2.5	„	308°	0·98701 (0°)
„	Benzyldurol[47]	$(CH_3)_4C_6H—CH_2—C_6H_5$	2.3.5.6	60·5°	310°	—
„	„ [48] (?)	„ „ „ (?)	?	145°	325—327°	—
„	Benzylisodurol[49]	„ „ „	2.3.4.6	flüssig	gegen 300°	—
$C_{18}H_{22}$	m-Xylylmesitylen[50]	$(CH_3)_3C_6H_2—CH_2—C_6H_3—(CH_3)_2$	2.4.6.3′.5′	67—68°	328·5—329° (763 mm)	—
„	as. m-Dixylyläthan[51]	$(CH_3)_2C_6H_3—CH(CH_3)—C_6H_3(CH_3)_2$	?	flüssig	323—325°	0·966 (20°/4°)
$C_{19}H_{24}$	1.1-Diphenylheptan[52]	$C_6H_5—CH(C_6H_{13})—C_6H_5$	7	14°	190—192° (13 mm)	—
„	Dimesitylmethan[53]	$(CH_3)_3C_6H_2—CH_2—C_6H_2(CH_3)_3$	2.4.6.2′.4′.6′	130°	—	—
„	2.2-Dixylylpropan[54]	$(CH_3)_2C_6H_3—C(CH_3)_2—C_6H_3(CH_3)_2$	?	flüssig	—	—
$C_{20}H_{26}$	as-Dipseudocumyläthan[55]	$(CH_3)_3C_6H_2—CH(CH_3)—C_6H_2(CH_3)_3$	?	—	—	—
$C_{21}H_{28}$	2.2-Dipseudocumylpropan[54]	$(CH_3)_3C_6H_2—C(CH_3)_2—C_6H_2(CH_3)_3$	?	flüssig	oberhalb 300°	—
$C_{23}H_{32}$	Benzylpentaäthylbenzol[56]	$(C_2H_5)_5C_6—CH_2—C_6H_5$	2.3.4.5.6	88—89°	oberhalb 360°	—

gruppe am leichtesten angegriffen unter Ueberführung in die Ketogruppe, CO, während alkylirte Seitenketten ganz wie bei den Homologen des Benzols in Carboxylgruppen übergehen (vgl. Bd. II, Th. I, S. 106—107); so entstehen bei der Oxydation des m-Benzyltoluols:

3-Methylbenzophenon, $C_6H_5—CO—C_6H_4·CH_3$, und
Benzophenoncarbonsäure(3), $C_6H_5—CO—C_6H_4·COOH$.

In der Tabelle S. 80—81 ist eine grössere Zahl von Kohlenwasserstoffen der Diphenylmethanreihe zusammengestellt. Die Namen, welche der in der Einleitung zu diesem Kapitel gegebenen rationellen Bezeichnungsweise (S. 55) entsprechen, sind nicht mit aufgeführt, da sie sich aus der Formel in Columne 3 in Verbindung mit der in Columne 4 angegebenen Stellung der Substituenten von selbst ergeben.

Citate zu der Tabelle Nr. 73 auf S. 80—81. [1] JENA, Ann. **155**, 86 (1870). Ber. **6**, 137 (1873). — [2] ZINCKE, Ann. **159**, 374 (1871). — [3] BAEYER, Ber. **6**, 221 (1873). — [4] V. MEYER u. WURSTER, Ber. **6**, 963 (1873). — [5] GRÄBE, Ber. **7**, 1624 (1874). — [6] ZINCKE u. THÖRNER, Ber. **10**, 1473 (1877). — [7] FRIEDEL u. CRAFTS, Compt. rend. **84**, 1451 (1877). Bull. **41**, 324 (1884). Ann. ch. [6] **1**, 478 (1884); [6] **14**, 460 (1888). — [8] E. u. O. FISCHER, Ann. **194**, 253 (1878). — [9] STÄDEL, Ann. **194**, 307 (1878). — [10] FRIEDEL u. BALSOHN, Bull. **33**, 337 (1880). — [11] SCHWARZ, Ber. **14**, 1526 (1881). — [12] REISSERT, Ber. **23**, 2242 (1890). — [13] RADZIEWANOWSKI, Ber. **28**, 1136 (1895). — [14] HIRST u. COHEN, Journ. Soc. **67**, 826 (1895). — [15] VERLEY, Bull. [3] **17**, 914 (1897). — [16] KLAGES u. ALLENDORF, Ber. **31**, 999 (1898). — [17] GARDEUR, Bull. Acad. roy. Belg. [3] **34**, 920 (1898). — [18] ZINCKE, Ann. **161**, 93 (1872). — [19] PLASCUDA u. ZINCKE, Ber. **6**, 906 (1873). — [20] BARBIER, Ber. **7**, 1544 (1874). — [21] WEILER, Ber. **33**, 464 (1900). — [22] ADOR u. RILLIET, Ber. **12**, 2300 (1879). — [23] SENFF, Ann. **220**, 230 (1883). — [24] BEHR u. VAN DORP, Ber. **7**, 18 (1874). — [25] WEILER, Ber. **29**, 111 (1896); **32**, 1056 (1899); **33**, 464 (1900). — [26] GOLDSCHMIEDT, Ber. **6**, 1501 (1873). — [27] RADZISZEWSKI, Ber. **7**, 140 (1874). — [28] BAEYER, Ber. **7**, 1190 (1874). — [29] SILVA, Bull. **36**, 66 (1881); **41**, 448 (1884). — [30] WAAS, Ber. **15**, 1128 (1882). — [31] ANSCHÜTZ, Ann. **235**, 165, 302, 329 (1886). — [32] SCHRAMM, Ber. **26**, 1706 (1893). — [33] HEPP, Ber. **7**, 1409 (1874). — [34] DEMOLE, Ber. **12**, 2245 (1879). — [35] ANSCHÜTZ, Ann. **235**, 159, 336 (1886). — [36] WALKER, Ber. **5**, 686 (1872). — [37] SÖLLSCHER, Ber. **15**, 1682 (1882). — [38] WEILER, Ber. **7**, 1181 (1874). — [39] FRIEDEL u. CRAFTS, Bull. **41**, 323 (1884); **43**, 50 (1885). — [40] ELBS u. WITTICH, Ber. **18**, 347 (1885). — [41] ZINCKE, Ber. **5**, 799 (1872); **9**, 1761 (1876). — [42] SILVA, Bull. **34**, 674 (1880); **35**, 289 (1881). — [43] ZINCKE u. THÖRNER, Ber. **11**, 1990 (1878). — [44] LOUISE, Ann. ch. [6] **6**, 177 (1885). — [45] MAZZARA, Jb. **1878**, 402. — [46] WEBER, Jb. **1878**, 402. — [47] FRIEDEL, CRAFTS u. ADOR, Ann. ch. [6] **1**, 516 (1884). — [48] BEAUREPAIRE, Bull. **50**, 678 (1888). — [49] ESSNER u. GOSSIN, Bull. **42**, 172 (1884). — [50] WEILER, Ber. **33**, 335, 464 (1900). — [51] ANSCHÜTZ, Ann. **235**, 326 (1886). — [52] AUGER, Bull. **47**, 49 (1887). — [53] BAEYER, Ber. **5**, 1098 (1872). — [54] KRÄMER u. SPILKER, Ber. **24**, 2788, 2789 (1891). — [55] ELBS, J. pr. [2] **47**, 51 (1893). — [56] FOURNIER, Bull. [3] **7**. 654 (1892).

Einzelne Glieder.

Diphenylmethan, Benzylbenzol[1], $C_6H_5—CH_2—C_6H_5$, wurde zuerst von JENA durch Erhitzen der später zu besprechenden Diphenylessigsäure (S. 90 u. 91) mit Natronkalk erhalten:

$$(C_6H_5)_2CH·COOH = (C_6H_5)_2CH_2 + CO_2.$$

[1] **Litteratur und physikalische Constanten siehe in vorstehender Tabelle.**

ZINCKE stellte es durch Kochen von Benzol und Benzylchlorid mit Zinkstaub dar. Es bildet lange prismatische Nadeln und besitzt einen angenehmen, an Orangen erinnernden Geruch. In Alkohol, Aether und Benzol ist es leicht löslich.

Darstellung des Diphenylmethans: Zu einem Gemisch von 12 g Benzylalkohol, 30 g Benzol und 100 g Eisessig giebt man ein Gemisch von gleichen Raumtheilen concentrirter Schwefelsäure und Eisessig, bis sich das Benzol grösstentheils als obenaufschwimmende Schicht abgesetzt hat, und lässt dann über Nacht stehen. Am nächsten Tage fügt man unter guter Abkühlung 500 g conc. Schwefelsäure hinzu, lässt wieder einige Stunden stehen und giesst darauf in Wasser. Man schüttelt nun mit Aether aus, trocknet die ätherische Lösung mit Chlorcalcium, verjagt den Aether und fractionirt; der zwischen 260—270° übergehende Antheil ist reines Diphenylmethan.

Kaliumbichromat und Schwefelsäure führen das Diphenylmethan in Benzophenon über:

$$(C_6H_5)_2CH_2 + O_2 = (C_6H_5)_2CO + H_2O.$$

Beim Durchleiten von Diphenylmethandampf durch ein glühendes Rohr entsteht ein Kohlenwasserstoff $C_{13}H_{10}$, das Fluoren, ähnlich wie sich aus dem Benzol bei der gleichen Behandlung Diphenyl bildet (vgl. S. 14):

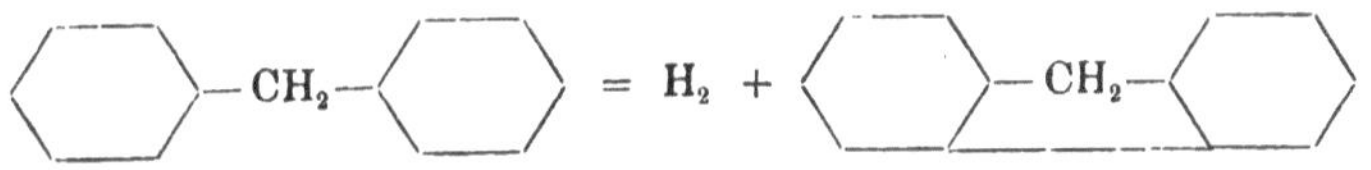

Die in einem Benzolkern nitrirten Diphenylmethane lassen sich synthetisch aus Nitrobenzylchloriden bezw. aus Nitrobenzylalkoholen und Benzol nach den besprochenen Methoden gewinnen, während bei directer Nitrirung des Diphenylmethans ein Gemenge von 2.4'- und 4.4'-Dinitrodiphenylmethan entsteht[1].

Durch Bromiren des Diphenylmethans[2] in der Hitze bilden sich je nach der angewandten Brommenge zwei Produkte, das

7-Bromdiphenylmethan (Benzhydrylbromid), $C_6H_5—CHBr—C_6H_5$, und das

7,7-Dibromdiphenylmethan (Benzophenonbromid), $C_6H_5—CBr_2—C_6H_5$.

7-Methyldiphenylmethan, as-Diphenyläthan[3], $\begin{array}{c} C_6H_5—CH—C_6H_5, \\ | \\ CH_3 \end{array}$

lässt sich zweckmässig durch Condensation von Benzol mit Paraldehyd mittels concentrirter Schwefelsäure gewinnen. Es bildet ein stark lichtbrechendes, angenehm riechendes Oel und zeigt blaue Fluorescenz. Bei der Oxydation geht es in Benzophenon über.

Die drei in der Methylgruppe chlorirten as-Diphenyläthane:

7-Chlormethyl-Diphenylmethan (Diphenylchloräthan), $(C_6H_5)_2CH—CH_2Cl$,

7-Dichlormethyl-Diphenylmethan (Diphenyldichloräthan), $(C_6H_5)_2CH—CHCl_2$,

7-Trichlormethyl-Diphenylmethan (Diphenyltrichloräthan), $(C_6H_5)_2CH—CCl_3$,

---

[1] DOER, Ber. **5**, 795 (1872). — STÄDEL, Ann. **194**, 363 (1878); **283**, 151 (1894).

[2] FRIEDEL u. BALSOHN, Bull. **33**, 337 (1880).

[3] Litteratur und physikalische Constanten siehe in vorstehender Tabelle.

sind durch Condensation von Dichloräther (Bd. I, S. 198) bezw. Chloral (Bd. I, S. 862) mit Benzol nach den im allgemeinen Theil beschriebenen Reactionen erhalten worden[1].

7-Methylendiphenylmethan, as-Diphenyläthylen[2], $\underset{CH_2}{\overset{C_6H_5-C-C_6H_5}{\|}}$, lässt sich aus Dibrom- oder Tribrom-Aethylen (Bd. I, S. 552 u. 554), Benzol und Aluminiumchlorid, sowie durch Kochen von Diphenylchloräthan mit alkoholischem Kali darstellen. Oxydationsmittel führen es in Benzophenon über.

Wie aus dem Diphenylchloräthan Diphenyläthylen, so bildet sich aus dem Diphenyldichloräthan bezw. dem Diphenyltrichloräthan Diphenylchloräthylen bezw. Diphenyldichloräthylen[3].

Amidoderivate der Diphenylmethankohlenwasserstoffe.

Die Amidoderivate des Diphenylmethans, welche die Amidogruppe in einem der Benzolkerne enthalten, sind durch ihr gesammtes chemisches Verhalten als aromatische Basen gekennzeichnet, während das 7-Amidodiphenylmethan oder Benzhydrylamin

$$\underset{NH_2}{\overset{C_6H_5-CH-C_6H_5}{|}}$$

den Charakter einer aliphatischen Base zeigt; so reagirt diese Verbindung stark alkalisch und zieht aus der Luft begierig Kohlensäure an unter Bildung eines Carbonats.

Die meisten der hier in Betracht kommenden Verbindungen sind durch Reduction der ihnen entsprechenden Nitrokörper erhalten worden, doch sind auch einzelne nach synthetischen Methoden direct dargestellt worden. Von diesen Methoden ist hauptsächlich die Condensation zweier Molecüle eines aromatischen Amins mit Formaldehyd in saurer Lösung zu erwähnen.

2-Amidodiphenylmethan, $C_6H_5-CH_2-C_6H_4\cdot NH_2$, durch Reduction des 2-Nitrodiphenylmethans mit Zinn und Salzsäure erhalten[4], ist ein Oel; das salzsaure Salz der Base schmilzt bei 175°, ihr Acetylderivat bei 135°.

Diese Verbindung besitzt ein theoretisches Interesse insofern, als sie bei der Destillation über erhitztes Bleioxyd in eine wasserstoffärmere cyclische Base, das Acridin, übergeht[4]:

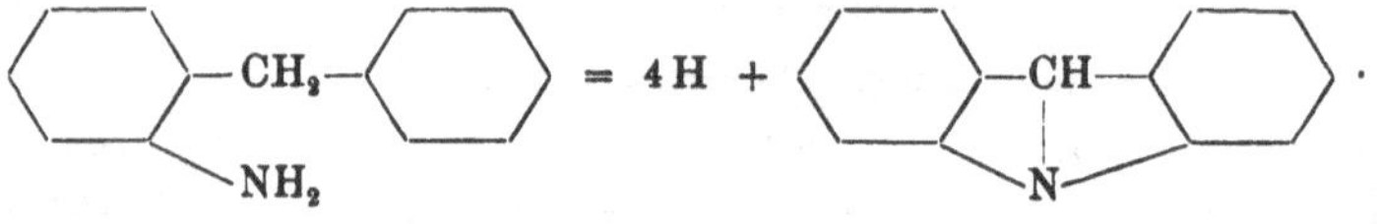

[1] BAEYER, Ber. **5**, 1098 (1872). — HEPP, Ber. **6**, 1439 (1873). — COMBES, Ann. ch. [6] **12**, 271 (1887). — BUTTENBERG, Ann. **279**, 324 (1894).

[2] Litteratur und physikalische Constanten siehe in vorstehender Tabelle.

[3] BAEYER, Ber. **6**, 223 (1873). — BUTTENBERG, Ann. **279**, 325 (1894).

[4] O. FISCHER u. SCHÜTTE, Ber. **26**, 3086 (1893).

7-Amidodiphenylmethan, Benzhydrylamin, $\underset{\displaystyle NH_2}{C_6H_5-\overset{|}{CH}-C_6H_5}$, entsteht neben Dibenzhydrylamin bei der Einwirkung concentrirten wässerigen Ammoniaks auf Diphenylbrommethan[1]:

$$C_6H_5-CHBr-C_6H_5 + NH_3 = C_6H_5-CH(NH_2)-C_6H_5 + HBr,$$

$$2\,C_6H_5-CHBr-C_6H_5 + NH_3 = (C_6H_5)_2-CH-NH-CH-(C_6H_5)_2 + 2\,HBr.$$

Interessant und auch zur Darstellung geeignet ist die Bildung des Benzhydrylamins aus dem durch Einleiten von Salzsäuregas in eine Mischung von Blausäure mit Essigester entstehenden sogenannten „Sesquichlorhydrat der Blausäure"; dieses liefert mit Benzol und Aluminiumchlorid ein Amidin, welches durch Verseifung das Benzhydrylamin ergiebt[2]:

$$HC\begin{matrix}\diagup NH \\ \diagdown NH-CHCl_2\end{matrix} + 2\,C_6H_6 = HC\begin{matrix}\diagup NH \\ \diagdown NH-CH(C_6H_5)_2\end{matrix} + 2\,HCl,$$

$$HC\begin{matrix}\diagup NH \\ \diagdown NH-CH(C_6H_5)_2\end{matrix} + 2\,H_2O = NH_3 + HCOOH + NH_2-CH(C_6H_5)_2.$$

Ferner lassen sich gewisse stickstoffhaltige Derivate des Benzophenons, das Benzophenonoxim[3], $(C_6H_5)_2C=NOH$, und das Benzophenonphenylhydrazon[4], $(C_6H_5)_2C=N-NH-C_6H_5$, durch geeignete Reductionsmittel in Benzhydrylamin überführen; auch entsteht die Base aus dem Diphenylnitromethan, $(C_6H_5)_2CH\cdot NO_2$, durch Einwirkung von Zinkstaub und Kalilauge[5].

Das Benzhydrylamin ist eine stark alkalisch reagirende Flüssigkeit vom Siedepunkt 288—289°. An kohlensäurehaltiger Luft geht es in das bei 91° schmelzende Carbonat über. Das salzsaure Salz, $(C_6H_5)_2CH\cdot NH_2, HCl$, krystallisirt in langen Nadeln vom Schmelzpunkt 270°.

Dibenzhydrylamin[6], $(C_6H_5)_2CH-NH-CH(C_6H_5)_2$, krystallisirt in feinen Nadeln, ist sehr löslich in heissem, wenig in kaltem Alkohol, löslich in Benzol und unlöslich in verdünnten Mineralsäuren. Es schmilzt bei 136°.

2-Amidomethyl-Diphenylmethan, o-Benzylbenzylamin[7], $C_6H_5-CH_2-C_6H_4\cdot CH_2\cdot NH_2$, entsteht bei der Reduction des o-Benzylbenzonitrils, $C_6H_5-CH_2-C_6H_4\cdot CN$, mit Natrium und Alkohol. Die Verbindung bildet seideglänzende Nadeln, welche sich bei 220° zersetzen.

4.4'-Diamidodiphenylmethan, $NH_2\cdot C_6H_4-CH_2-C_6H_4\cdot NH_2$, bildet sich bei der Reduction des p-Dinitrodiphenylmethans[8] und wird auch erhalten durch Erwärmen des aus Anilin und Formaldehyd in alkalischer Lösung hergestellten Methylendianilins, $C_6H_5-NH-CH_2-NH-C_6H_5$ bezw. des sogenannten Anhydroformaldehydanilins (vgl. Bd. II, Th. I, S. 179) mit salzsaurem und freiem Anilin[9] (vgl. S. 69 u. 70).

---

[1] FRIEDEL u. BALSOHN, Bull. **33**, 587 (1880).
[2] GATTERMANN u. SCHNITZSPAHN, Ber. **31**, 1770 (1898).
[3] GOLDSCHMIDT, Ber. **19**, 3233 (1886).
[4] MICHAELIS u. LINOW, Ber. **26**, 2168 (1893).
[5] KONOWALOW, vgl. BEILSTEIN, III. Aufl., Bd. 2, S. 635.
[6] FRIEDEL u. BALSOHN, Bull. **33**, 587 (1880).
[7] CASSIRER, Ber. **25**, 3024 (1892).
[8] DOER, Ber. **5**, 796 (1872).
[9] Farbwerke Höchst a./M., D. R.-Pat. Nr. 53 937. — EBERHARDT u. WELTER, Ber. **27**, 1810 (1894).

Die Base bildet perlmutterglänzende Blättchen vom Schmelzpunkt 88—89° und löst sich leicht in Alkohol und Benzol. Das Diacetylderivat schmilzt bei 228°.

4.4'-Tetramethyldiamidodiphenylmethan, $(CH_3)_2N \cdot C_6H_4—CH_2—C_6H_4 \cdot N(CH_3)_2$. Diese Base ist für die Darstellung des Auramins und gewisser Triphenylmethanverbindungen von Wichtigkeit. Wir kennen eine grosse Anzahl von Bildungsweisen der Verbindung, welche zum Theil sehr complicirt verlaufen[1].

Darstellung. Ein Gemisch von 16 Th. Dimethylanilin, 6 Th. 40procentigem Formaldehyd und 20 Th. 25procentiger Salzsäure wird einige Stunden auf dem kochenden Wasserbade erhitzt, darauf das entstandene Tetramethyldiamidodiphenylmethan mit Ammoniak abgeschieden. Die Ausbeute ist quantitativ[2].

Die Base bildet glänzende, bei 90—91° schmelzende Blätter, sie lässt sich unzersetzt destilliren, ist nicht mit Wasserdämpfen flüchtig, löst sich schwer in kaltem Alkohol, leicht in Aether und Benzol; durch Spuren von Jod wird sie smaragdgrün, durch Bleisuperoxyd und Essigsäure oder durch Chloranil blau gefärbt. Beim Erhitzen mit Schwefel bildet sich Tetramethyldiamidothiobenzophenon, $(CH_3)_2N \cdot C_6H_4—CS—C_6H_4 \cdot N(CH_3)_2$[3]. Das Pikrat, $C_{17}H_{22}N_2(C_6H_3N_3O_7)_2$, schmilzt bei 178°. Mit Dinitro- und Trinitro-Benzol entstehen schön gefärbte Verbindungen.

4.4'-Tetramethyldiamido-7-amidodiphenylmethan, Leukoauramin,

$$\begin{array}{c}(CH_3)_2N \cdot C_6H_4—CH—C_6H_4 \cdot N(CH_3)_2 \\ | \\ NH_2\end{array}$$

, entsteht bei der Reduction des weiter unten beschriebenen Auramins (S. 99—101) mit Natriumamalgam in alkoholischer Lösung[4]. Es bildet Krystalle vom Schmelzpunkt 135°; beim Uebergiessen mit Salzsäure färbt es sich grünlich und bildet darauf eine farblose Lösung, während seine Lösung in Eisessig intensiv blau gefärbt ist. Mit verdünnter Salzsäure erwärmt, spaltet es sich in Salmiak und Tetramethyldiamidobenzhydrol, $[(CH_3)_2N—C_6H_4]_2CH(OH)$.

Phenole und Alkohole der Diphenylmethanreihe.

Tritt eine Hydroxylgruppe an Stelle eines Wasserstoffatoms in einen Benzolkern des Diphenylmethans, so entsteht eine Verbindung mit den

[1] Hanhart, Ber. **12**, 680 (1879). — Döbner, Ber. **12**, 810 (1879). — Michler u. Moro, Ber. **12**, 1170 (1879). — Michler u. Salathé, Ber. **12**, 1789 (1879). — Michler u. Walder, Ber. **14**, 2175 (1881). — O. Fischer, Ann. **206**, 106, 117 (1881). — Heumann u. Wiernik, Ber. **20**, 2426 (1887). — Döbner u. Petschow, Ann. **242**, 342 (1887). — Tröger, J. pr. [2] **36**, 237, 241 (1887). — Wiernik, Ber. **21**, 3205 (1888). — Reverdin u. de la Harpe, Ber. **22**, 1006 (1889). — Nathanson u. Müller, Ber. **22**, 1882 (1889). — Biehringer, J. pr. [2] **54**, 240 (1896).

[2] Cohn, Cöthener Chem. Ztg. **24**, 564 (1900).

[3] Wallach, Ann. **259**, 302 (1890). — Farbwerke Höchst a./M., D. R.-Pat. Nr. 57963; vgl. auch Thauss, D. R.-Pat. Nr. 80223.

[4] Gräbe, Ber. **20**, 3265 (1887).

Eigenschaften eines Phenols. Diese Körper werden analog der Bezeichnungsweise für die homologen Diphenylmethane (vgl. S. 79) auch als Benzylphenole u. s. w. bezeichnet. Gänzlich verschieden von diesen Phenolen im chemischen Verhalten ist derjenige Körper, welcher entsteht, wenn ein Wasserstoffatom der Methylengruppe durch Hydroxyl ersetzt wird. Diese Verbindung von der Formel

$$\begin{array}{c} C_6H_5-\underset{\displaystyle OH}{\underset{|}{CH}}-C_6H_5 \end{array}$$

heisst Benzhydrol. Sie stellt einen Körper mit allen charakteristischen Eigenschaften eines secundären Alkohols dar, vor allem zeigt sie die dieser Körperklasse eigenthümliche Oxydirbarkeit zu dem entsprechenden Keton, dem Benzophenon: $C_6H_5-CO-C_6H_5$.

Von den Abkömmlingen des Benzhydrols ist das 4.4'-Tetramethyldiamidobenzhydrol

$$(CH_3)_2N\cdot C_6H_4-CH(OH)-C_6H_4\cdot N(CH_3)_2$$

von besonderer Wichtigkeit für die Farbstoffindustrie. Diese Base ist befähigt, mit Benzolabkömmlingen von verschiedener Art Condensationen einzugehen und so Verbindungen zu bilden, welche die Leukokörper von Farbstoffen der Triphenylmethanreihe darstellen und durch Oxydation leicht in diese Farbstoffe überführbar sind. So entsteht mit Anilin das Tetramethyltriamidotriphenylmethan (Tetramethylparaleukanilin)[1]:

$$(CH_3)_2N\cdot C_6H_4-CH(OH)-C_6H_4\cdot N(CH_3)_2 + NH_2\cdot C_6H_5$$
$$= \begin{array}{c} (CH_3)_2N\cdot C_6H_4-\underset{\displaystyle C_6H_4\cdot NH_2}{\underset{|}{CH}}-C_6H_4\cdot N(CH_3)_2 \end{array} + H_2O.$$

In anologer Weise reagiren die secundären und tertiären aromatischen Amine, ferner die Phenole, Säuren und Oxysäuren der Benzol- und Naphtalin-Reihe[2].

Von den Dioxydiphenylmethanen konnte das 2.2'-Dioxyproduct als solches nicht erhalten werden, da es spontan in sein inneres Anhydrid, das Diphenylenmethanoxyd oder Xanthen, und Wasser zerfällt:

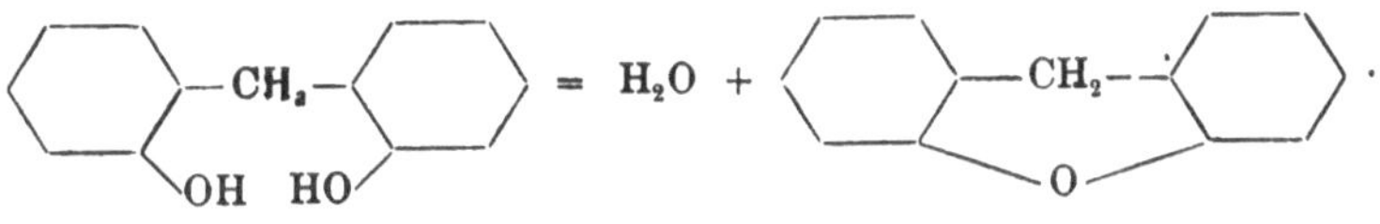

Das Diphenylenmethanoxyd wird daher bei den synthetischen Processen erhalten, bei welchen man wie z. B. bei der Condensation von Phenol

[1] Vgl. Nathanson u. Müller, Ber. **22**, 1885 (1889).

[2] Badische Anilin- und Sodafabrik, D. R.-Pat. Nr. 27 032. — Farbenfabriken vorm. Friedr. Bayer & Co., D. R.-P. Nr. 58 483, 60 606.

mit o-Kresol durch Aluminiumchlorid die Entstehung des 2.2'-Dioxydiphenylmethans erwarten sollte[1].

4-Oxydiphenylmethan, p-Benzylphenol, $C_6H_5—CH_2—C_6H_4·OH$, ist auf verschiedene Weise dargestellt worden, so aus Benzylchlorid, Phenol und Zink[2] oder aus Benzylalkohol, Phenol und Schwefelsäure[3] oder Chlorzink[4], ferner durch Diazotiren des p-Amidodiphenylmethans[5]. Es bildet Nadeln oder Blättchen vom Schmelzpunkt 84°, siedet unter gewöhnlichem Druck bei 325—330°, unter 4—5 mm Druck bei 175—180°. In fixen Alkalien ist das Phenol löslich, nicht aber in Ammoniak. Mit Phosphorsäureanhydrid erhitzt, zerfällt es in Benzol, Phenol und Anthracen. Der Methyläther, $C_6H_5—CH_2—C_6H_4·OCH_3$, wird synthetisch aus Anisol (Bd. II, Th. I, S. 373), Benzylchlorid und Zink[6] dargestellt; er ist flüssig und siedet bei 305° unter normalem Druck, bei 155° unter einem Druck von 4 mm. Das Acetat, $C_6H_5—CH_2—C_6H_4·O·COCH_3$, ist flüssig, siedet bei 317° und hat das specifische Gewicht 1·1043(16°), es lässt sich synthetisch aus Phenylacetat (Bd. II, Th. I, S. 374), Benzylchlorid und Aluminiumchlorid gewinnen[7].

7-Methyl-4-oxydiphenylmethan, p-Oxydiphenyläthan, $C_6H_5—CH(CH_3)—C_6H_4·OH$, schmilzt bei 57—58°, sein Benzoylderivat schmilzt bei 83°.

Darstellung[8]: Man lässt ein Gemisch aus äquimolecularen Mengen Styrol (Bd. II, Th. I, S. 111) und Phenol mit dem zehnfachen Volum eines aus 1 Volum Schwefelsäure und 9 Volumen Eisessig hergestellten Gemisches zwei Tage stehen, treibt unverändertes Phenol mit Wasserdampf ab, destillirt darauf mit überhitztem Wasserdampf und reinigt das Produkt durch Ueberführen in das Benzoat.

7-Oxydiphenylmethan, Benzhydrol, Diphenylcarbinol (*Diphenylmethanol*), $C_6H_5—CH(OH)—C_6H_5$. Diese Verbindung ist zuerst von LINNEMANN[9] durch Reduction von Benzophenon mit Natriumamalgam erhalten worden. Sie kann auch durch Erhitzen von Benzophenon mit alkoholischem Kali auf 160° gewonnen werden[10]. Am zweckmässigsten stellt man sie dar, indem man zunächst durch Umsetzung von 7-Bromdiphenylmethan (S. 83) mit Natriumacetat ihren Essigsäureester bereitet und diesen mit alkoholischem Kali verseift[11, 12]. Sie bildet feine, seidenglänzende Nadeln vom Schmelzpunkt 67·5—68° und siedet bei 297—298° (748 mm); sie löst sich in 2000 Thln. Wasser von 20°, sehr leicht in Alkohol, Aether, Eisessig, Schwefelkohlenstoff und Chloroform. Beim längeren Erhitzen für sich zerfällt sie zum Theil in Wasser und Benzhydroläther[9, 11]:

$$2(C_6H_5)_2CH(OH) = H_2O + (C_6H_5)_2CH—O—CH(C_6H_5)_2.$$

[1] GRÄBE, Ber. **16**, 862 Anm. (1883).
[2] PATERNÒ, Gazz. chim. **2**, 2 (1872); **3**, 121 (1873).
[3] PATERNÒ u. FILETI, Gazz. chim. **5**, 382 (1875).
[4] LIEBMANN, Ber. **14**, 1844 (1881).
[5] BASLER, Ber. **16**, 2719 (1883).
[6] PATERNÒ, Gazz. chim. **1**, 589 (1871).
[7] PERKIN u. HODGKINSON, Journ. Soc. **37**, 723 (1880).
[8] KÖNIGS, Ber. **23**, 3145 (1890). — KÖNIGS u. CARL, Ber. **24**, 3889 (1891).
[9] LINNEMANN, Ann. **133**, 6 (1865).
[10] ZAGUMENNY, Ann. **184**, 174 (1877).
[11] NEF, Ann. **298**, 231 (1897).
[12] Vgl. auch BODROUX, Bull. [3] **21**, 290 (1899).

Das Benzhydrolacetat, $(C_6H_5)_2CH \cdot O \cdot CO \cdot CH_3$, bildet flache Prismen vom Schmelzpunkt 41·5° und Siedepunkt 301—302° (731 mm). Benzhydroläthyläther, $(C_6H_5)_2CH \cdot O \cdot C_2H_5$, wird erhalten aus 7-Bromdiphenylmethan und alkoholischem Kali[1]; er ist flüssig und siedet bei 288°.

Dimethylamidobenzhydrol, $(CH_3)_2N \cdot C_6H_4—CH(OH)—C_6H_5$, wird erhalten durch Erhitzen von 1 Mol.-Gew. Benzaldehyd und 1 Mol.-Gew. Dimethylanilin mit der 20fachen Menge concentrirter Salzsäure während 50 Stunden auf dem Wasserbade[2] oder durch Reduction des entsprechenden Benzophenonderivats mit Natriumamalgam. Es bildet feine, bei 69—70° schmelzende Nadeln. Mit Dimethylanilin und Chlorzink bildet es Leukomalachitgrün (Tetramethyldiamidotriphenylmethan).

4.4'-Tetramethyldiamidobenzhydrol[3], $(CH_3)_2N \cdot C_6H_4—CH(OH)—C_6H_4 \cdot N(CH_3)_2$, entsteht bei der Reduction des entsprechend substituirten Benzophenons mit Natriumamalgam. Es krystallisirt in triklinen Prismen, schmilzt bei 96°, löst sich leicht in Alkohol und Aether. Mit 3 Mol. Salzsäure bildet es ein Salz von der Formel $C_{17}H_{23}N_2Cl_3$, mit 1 Mol. Blausäure die Verbindung $C_{17}H_{21}N_2 \cdot CN$. Das Pikrat hat die Formel $C_{17}H_{22}N_2O \cdot C_6H_3N_3O_7$, es bildet grüne Krystallkörner. Das Jodmethylat, $C_{17}H_{22}N_2O(CH_3J)_2$, krystallisirt in Blättchen vom Schmelzpunkt 195°.

Eine Reihe homologer Benzhydrole ist durch Reduction der entsprechenden Benzophenone erhalten worden[4].

4.4'-Dioxydiphenylmethan, $HO \cdot C_6H_4—CH_2—C_6H_4 \cdot OH$, durch Schmelzen der entsprechenden Diphenylmethandisulfosäure mit Kali oder durch Diazotiren der Diamidoverbindung dargestellt[5], bildet Blättchen oder feine Nadeln und schmilzt bei 158°. Bei energischem Schmelzen mit Kali zerfällt es in Phenol und p-Oxybenzoësäure. Das Mono- und das DinatriumSalz lösen sich mit grüner Farbe in Wasser und Alkohol. Der Dimethyläther krystallisirt in Blättern vom Schmelzpunkt 48—49° und siedet bei 330—340°.

Tetraoxydiphenylmethane. $(HO)_2C_6H_3—CH_2—C_6H_3(OH)_2$. Methylendibrenzkatechin entsteht beim Kochen einer Lösung von 5 Thln. Brenzcatechin in 50 Thln. Wasser mit 1 Thl. 40 procentigen Formaldehyds und einigen Tropfen Salzsäure[6]; es bildet bei 220° unter Zersetzung schmelzende Nadeln und löst sich schwer in Alkohol und Aether. — Methylendiresorcin: 3 Thle. Resorcin, 1 Thl. 40 procentiger Formaldehyd und 20 Thle. verdünnte Salzsäure (1 : 5) werden einige Stunden stehen gelassen[7]. Der Körper zersetzt sich bei 250°, ohne zu schmelzen; er bildet mikroskopische Krystalle.

Hexaoxydiphenylmethan, Methylendipyrogallol, $(HO)_3C_6H_2—CH_2—C_6H_2(OH)_3$, durch 12stündiges Stehenlassen eines Gemenges aus 3 Thln. Pyrogallol, 20 Thln. verdünnter Salzsäure (1 : 10) und 1 Thl. 40 procentigen Formaldehyds dargestellt, bildet ein bei 241° unter Zersetzung schmelzendes Krystallpulver[7].

---

[1] FRIEDEL u. BALSOHN, Bull. **33**, 339 (1880).

[2] ALBRECHT, Ber. **21**, 3293 (1888).

[3] MICHLER u. DUPERTUIS, Ber. **9**, 1900 (1876). — NATHANSON u. MÜLLER, Ber. **22**, 1879 (1889). — ROSENSTIEHL, Bull. (3) **9**, 127 (1893).

[4] WEILER, Ber. **7**, 1184 (1874). — E. u. O. FISCHER, Ann. **194**, 265 (1878). — MICHAEL, Am. Journ. **5**, 88 (1883—1884). — ESSNER u. GOSSIN, Bull. **42**, 172 (1884). — LOUISE, Ann. ch. [6] **6**, 209 (1885). — CLAUS u. ELBS, Ber. **18**, 1798 (1885). — ELBS, J. pr. [2] **35**, 469, 472, 475, 482 (1887).

[5] BECK, Ann. **194**, 318 (1878). — EBERHARDT u. WELTER, Ber. **27**, 1814 (1894).

[6] CARO, Ber. **26**, 255 (1893).

[7] CARO, Ber. **25**, 947 (1892).

Carbonsäuren und Oxycarbonsäuren der Diphenylmethanreihe.

Die carboxylirten Abkömmlinge des Diphenylmethans, welche die Carboxylgruppe in einem Benzolkern enthalten, sind durch ihr Verhalten als wahre aromatische Säuren gekennzeichnet; an diese reiht sich die Diphenylmethancarbonsäure(7) oder Diphenylessigsäure an, welche den Charakter der aliphatischen Säuren zeigt, indem sie sich z. B. leicht in der α-Stellung zur Carboxylgruppe bromiren lässt[1].

Von ungesättigten Säuren, welche den Diphenylmethanrest enthalten, sei die Diphenylitakonsäure erwähnt, deren Monoäthylester sich bei der Condensation von Benzophenon mit Bernsteinsäureester mittels Natriumäthylat bildet[2]:

$$(C_6H_5)_2CO + \begin{array}{l} CH_2-COOC_2H_5 \\ | \\ CH_2-COOC_2H_5 \end{array} = \begin{array}{l} (C_6H_5)_2C{=}C-COOC_2H_5 \\ \qquad\quad | \\ \qquad\quad CH_2-COOH \end{array} + C_2H_5\cdot OH.$$

Unter den Oxycarbonsäuren sind diejenigen von besonderem Interesse, welche die Carboxylgruppe und die Hydroxylgruppe in der Stellung 7 enthalten, d. h. die Diphenylglykolsäure, $(C_6H_5)_2C(OH)\cdot COOH$, und ihre Homologen. Diese Verbindungen lassen sich leicht aus dem Benzil und seinen Homologen durch Behandlung mit alkalischen Mitteln herstellen (vgl. S. 78).

Eine zweite Klasse von Oxysäuren, welche eine Sonderstellung einnehmen, bilden diejenigen Abkömmlinge der Diphenylmethancarbonsäure (2) und ihrer Homologen, welche in der 7-Stellung eine Hydroxylgruppe enthalten. Diese Säuren, welche auch als Benzhydrolcarbonsäuren bezeichnet werden, sind in freiem Zustande nicht beständig, sondern zerfallen spontan in Wasser und innere Anhydride[3]:

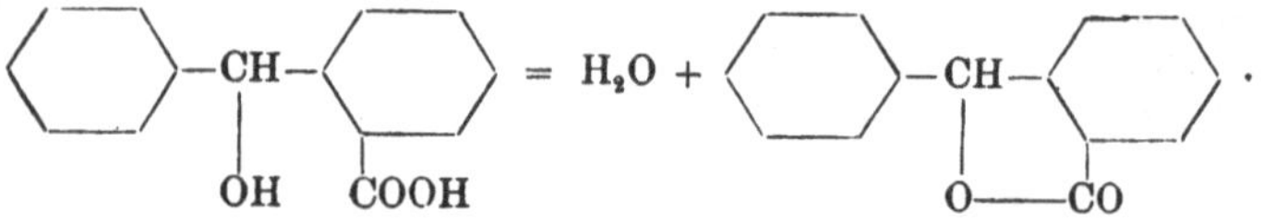

Diese Anhydride lassen sich als phenylirte Abkömmlinge des Phtalids (vgl. Kap. 37) auffassen, wie folgende Formelbilder zeigen:

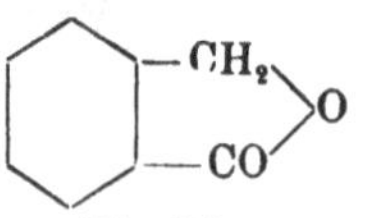

Phtalid

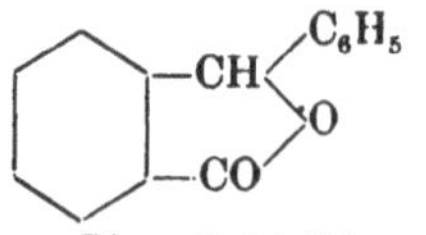

Phenylphtalid
(Anhydrid der Benzhydrol-o-Carbonsäure).

Wie die Benzhydrol-o-Carbonsäure ist auch die o-Oxydiphenylessigsäure befähigt, ein inneres Anhydrid zu bilden; dieses Anhydrid

[1] Symons u. Zincke, Ann. **171**, 131 (1874).
[2] Stobbe, Ann. **282**, 318 (1894); **308**, 89 (1899).
[3] Rotering, Jb. **1875**, 596. — Gresly, Ann. **234**, 235, 237 (1886).

entsteht bei der Condensation von Phenol und Mandelsäure vermittelst 73 procentiger Schwefelsäure (vgl. S. 71—72). Durch Kochen mit Soda und Ansäuern der Lösung erhält man daraus die freie Oxysäure:

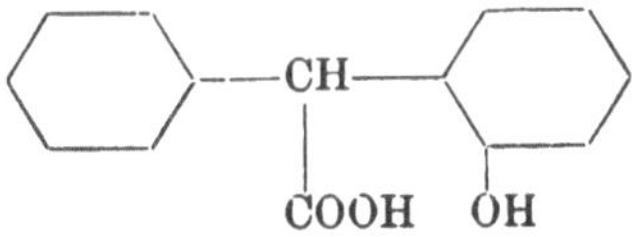

o-Oxydiphenylessigsäure

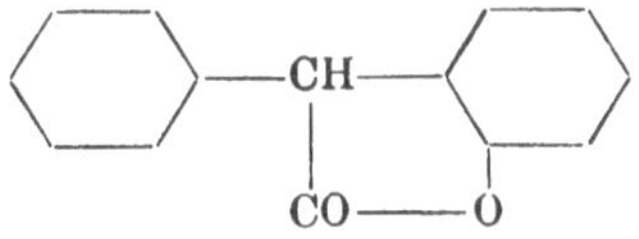

Anhydrid.

In ähnlicher Weise wie die o-Oxydiphenylessigsäure verhält sich auch die o-Oxydiphenylpropionsäure [2-Oxydiphenylmethanessigsäure (7)]. Auch diese Verbindung wird in Form ihres Anhydrids, des Phenylhydrocumarins, erhalten (vgl. S. 72):

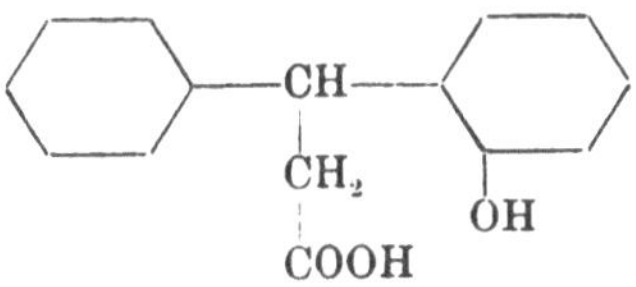

Oxydiphenylpropionsäure

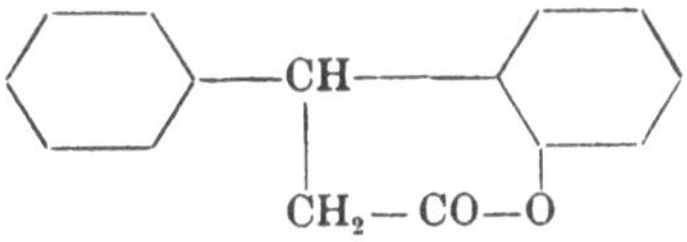

Phenylhydrocumarin.

Diphenylmethancarbonsäure (2), o-Benzylbenzoësäure, $C_6H_5—CH_2—C_6H_4·CO_2H$, lässt sich durch Reduction der Benzophenon-o-carbonsäure mit Natriumamalgam[1] oder durch Verseifen ihres Nitrils darstellen. Sie bildet feine, bei 114° schmelzende Nadeln. Das Nitril, $C_6H_5—CH_2—C_6H_4·CN$, wird erhalten durch Diazotiren des o-Amidodiphenylmethans und Ersatz der Diazogruppe durch Cyan[2], es bildet sich ferner aus o-Cyanbenzylchlorid, Benzol und Aluminiumchlorid[3]. Das Nitril schmilzt bei 19° und siedet bei 313—314°.

Diphenylmethancarbonsäure (3) und **Diphenylmethancarbonsäure (4),** m- und p-Benzylbenzoësäure, $C_6H_5—CH_2—C_6H_4·COOH$, entstehen bei der Reduction der entsprechenden Benzhydrolcarbonsäuren[4] und bei der Oxydation der Benzyltoluole[5], $C_6H_5—CH_2—C_6H_4·CH_3$, mit verdünnter Salpetersäure. Die m-Säure bildet feine Nadeln oder Blättchen vom Schmelzpunkt 107—108°, die p-Säure schmilzt bei 157—158°. Das Nitril der p-Säure, aus p-Cyanbenzylchlorid, Benzol und Aluminiumchlorid dargestellt, schmilzt bei 50—51°; beim Verseifen liefert es die entsprechende Säure[6].

Diphenylmethancarbonsäure (7), Diphenylessigsäure, $(C_6H_5)_2CH—COOH$, wird dargestellt durch einstündiges Kochen von 50 g Benzilsäure (s. u.) mit 200 g Eisessig, 12 g Jodwasserstoffsäure und 12 g rothem Phosphor[7] und entsteht auch aus Phenylbromessigsäure, Benzol und Zinkstaub[8]. Die Säure krystallisirt aus Wasser in Nadeln vom Schmelzpunkt 148°, sie löst sich schwer in kaltem, leicht in heissem

---

[1] Rotering, Jb. **1875**, 598.

[2] O. Fischer u. Schmidt, Ber. **27**, 2788 (1894).

[3] Cassirer, Ber. **25**, 3021 (1892).

[4] Zincke, Ann. **161**, 105 (1872). — Senff, Ann. **220**, 244 (1883). — Vgl. Gräbe, Ber. **8**, 1054 (1875). — Rotering, Jb. **1875**, 599.

[5] Zincke, Ann. **161**, 106 (1872).

[6] Moses, Ber. **33**, 2627 (1900).

[7] Jena, Ann. **155**, 84 (1870). — Zinser, Ber. **24**, 3556 (1891). — Klingemann, Ann. **275**, 84 (1893).

[8] Symons u. Zincke, Ann. **171**, 122 (1874).

Wasser. Das Nitril, $(C_6H_5)_2CH—CN$, wird synthetisch durch 5 stündiges Erhitzen von 1 Thl. Mandelsäurenitril und 2 Thln. Benzol mit 1 Thl. Phosphorsäureanhydrid erhalten[1], sowie bei der Einwirkung von Cyanquecksilber auf Diphenylbrommethan[2]. Es krystallisirt in glänzenden, bei 75—76° schmelzenden Prismen und siedet unter 45 mm Druck gegen 200°.

Diphenylbromessigsäure, $(C_6H_5)_2CBr—COOH$, wird durch Ueberleiten von Bromdampf über auf 150° erhitzte Diphenylessigsäure erhalten[3].

Diphenylmethandicarbonsäure (2.2'), $CH_2(C_6H_4 \cdot COOH)_2$, ist durch Reduction der Benzhydroldicarbonsäure oder der Benzophenondicarbonsäure dargestellt worden[4]; sie schmilzt bei 254·5°.

7-Oxydiphenylmethancarbonsäure (7), Benzilsäure, Diphenylglykolsäure, $(C_6H_5)_2C(OH)—COOH$, ist zuerst von LIEBIG[5] dargestellt worden durch Erhitzen von Benzil mit alkoholischem Kali und entsteht auch durch Kochen von Diphenylbromessigsäure mit Barytwasser[6].

Darstellung[7]: 1 Thl. Benzil wird in 5 Thle. mit wenig Wasser vermischtes schmelzendes Kali eingetragen, die Schmelze in Wasser gelöst und die Säure durch Salzsäure ausgefällt. Zur Abtrennung gleichzeitig entstandener Benzoësäure wird das Säuregemisch mit einer zur vollständigen Lösung unzureichenden Menge Soda behandelt, wodurch hauptsächlich Benzilsäure gelöst wird.

Die Benzilsäure krystallisirt in monoklinen, bei 150° schmelzenden Nadeln, bei höherer Temperatur wird die geschmolzene Masse tiefroth. Die Säure löst sich schwer in kaltem, leicht in heissem Wasser, sowie in Alkohol und Aether. In concentrirter Schwefelsäure löst sie sich mit purpurrother Farbe; durch Chromsäure wird sie zu Benzophenon oxydirt.

7-Oxydiphenylmethancarbonsäure (2), Benzhydrol-o-Carbonsäure, existirt nur als inneres Anhydrid, **Phenylphtalid,**

$C_6H_5—CH—C_6H_4—CO$
|　　　　　|
O————————

, welches bei der Reduction der o-Benzoylbenzoësäure mit Zink und Salzsäure entsteht[8]. Das Phenylphtalid bildet ein in Wasser unlösliches, in heissem Alkohol und Aether leicht lösliches Pulver, welches aus den letztgenannten Lösungsmitteln in bei 115° schmelzenden Nadeln krystallisirt. Durch längeres Erwärmen mit Kali geht es in benzhydrol-o-carbonsaures Kalium über, aus dessen Lösungen durch Säuren wieder Phenylphtalid gefällt wird.

2-Oxydiphenylmethanessigsäure (7), o-Oxydiphenylpropionsäure, ist nur als inneres Anhydrid, **Phenylhydrocumarin,**

$C_6H_5—CH—C_6H_4—O$
|　　　　　|
CH_2————CO

bekannt. Dieses entsteht neben der freien

[1] MICHAEL u. JEANPRÊTRE, Ber. **25**, 1615 (1892).
[2] ANSCHÜTZ u. ROMIG, Ann. **233**, 349 (1886).
[3] SYMONS u. ZINCKE, Ann. **171**, 131 (1874).
[4] GRÄBE u. JUILLARD, Ann. **242**, 253 (1887).
[5] LIEBIG, Ann. **25**, 25 (1838). — Vgl. auch ZININ, Ann. **31**, 329 (1839).
[6] SYMONS u. ZINCKE, Ann. **171**, 131 (1874).
[7] E. FISCHER, Ber. **14**, 326 Fussnote (1881).
[8] ROTERING, Jb. **1875**, 596.

4-Oxydiphenylmethanessigsäure (?) oder p-Oxydiphenylpropionsäure, $C_6H_5-CH\left\langle\begin{matrix}C_6H_4-OH\\CH_2-COOH\end{matrix}\right.$, beim Zusammenwirken von in Eisessig gelöster Allozimmtsäure und Phenol mit einem Gemisch von concentrirter Schwefelsäure und Eisessig bei niederer Temperatur[1]; die p-Oxydiphenylpropionsäure krystallisirt in bei 151° schmelzenden Blättchen.

Methylendigallussäure, $HOOC\cdot(OH)_3C_6H-CH_2-C_6H(OH)_3\cdot COOH$, entsteht beim Kochen von 2 Mol.-Gew. Gallussäure und 1 Mol.-Gew. Formaldehyd mit der 15-fachen Menge verdünnter Salzsäure (1 Thl. concentrirte Säure : 5 Thln. Wasser)[2]. Sie bildet ein in Alkohol schwer lösliches Krystallpulver.

Endlich sind hier noch einige Verbindungen zu erwähnen, welche durch Condensation zweibasischer Säuren der Fettreihe bezw. ihrer Anhydride mit 2 Mol. Resorcin erhalten werden, und die man entsprechend der aus Phtalsäureanhydrid und Resorcin hergestellten analogen Verbindung als Fluoresceïne (vgl. S. 158 ff.) bezeichnet[3], z. B.

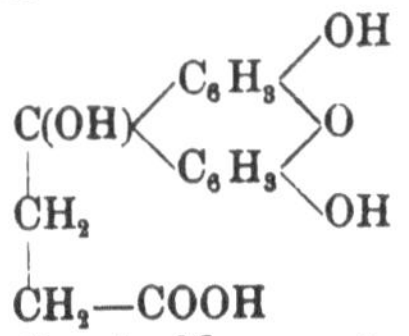

Succinylfluoresceïn

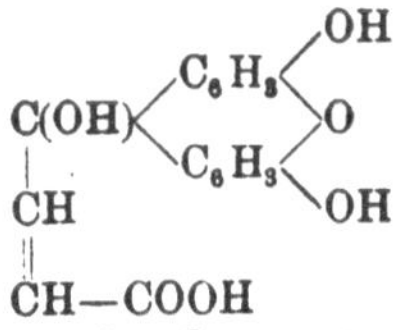

Maleïnfluoresceïn.

Diphenylacetaldehyd.

Diphenylacetaldehyd *(Diphenyläthanal)*[4], $(C_6H_5)_2CH-CHO$. Diese Verbindung bildet sich bei einer Reaction, welche ähnlich verläuft wie die Umwandlung des Benzils in Benzilsäure (vgl. S. 78). Er entsteht aus dem Hydrobenzoïn oder Isohydrobenzoïn bei halbstündigem Kochen mit der zwanzigfachen Menge 20 procentiger Schwefelsäure oder besser beim Erhitzen von Hydrobenzoïn mit der sechsfachen Menge 20 procentiger Schwefelsäure auf 200—210° während 8 Stunden (vgl. S. 78).

Der Diphenylacetaldehyd ist ein bei 315° siedendes Oel. Bei der Oxydation geht er in Benzophenon über; dieses entsteht auch bei der Einwirkung von Silberoxyd an Stelle der zu erwartenden Diphenylessigsäure. Der Aldehyd bildet eine in langen feinen Nadeln krystallisirende Natriumbisulfitverbindung; sein Oxim, $(C_6H_5)_2CH-CH{=}NOH$, krystallisirt in feinen, bei 120° schmelzenden Nadeln.

---

[1] Liebermann u. Hartmann, Ber. **24**, 2582 (1891).

[2] Caro, Ber. **25**, 946 (1892).

[3] Nencki u. Sieber, J. pr. [2] **23**, 153 (1881). — Hjelt, Ber. **17**, 1280 (1884). — Lunge u. Burckhardt, Ber. **17**, 1598 (1884). — Burckhardt, Ber. **18**, 2864 (1885). — Hewitt, Journ. Soc. **59**, 301 (1891). — Vgl. Georgievics, Monatsh. **20**, 450 (1899).

[4] Breuer u. Zincke, Ann. **198**, 182 (1879). — Weise, Ann. **248**, 38 (1888). — Auwers, Ber. **24**, 1780 (1891). — Claisen, Ber. **25**, 1781, Anm. (1892). — Buttenberg, Ann. **279**, 330 (1894). — Feist u. Arnstein, Ber. **28**, 3181 (1895).

Das Benzophenon und seine Derivate.

Für die Darstellung der Ketone der Diphenylmethanreihe von der allgemeinen Formel

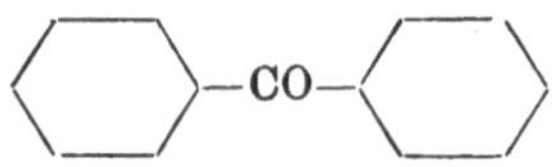

kommen die im Früheren besprochenen synthetischen Methoden in Anwendung. Am häufigsten wird die Condensation zwischen aromatischen Säurechloriden und Kohlenwasserstoffen der Benzolreihe, sowie deren Abkömmlingen (vgl. S. 60—61) und die Verkettung zweier Benzolkerne durch Phosgen (vgl. S. 64) angewandt.

Es ist eine sehr grosse Anzahl von Homologen und Substitutionsprodukten des Benzophenons bekannt. Diese Verbindungen sind sämmtlich Ketone, doch weisen sie in Folge des Vorhandenseins von zwei so compacten Gruppen, wie es die Benzolkerne sind, zu beiden Seiten der Carbonylgruppe eine gewisse Trägheit gegenüber den typischen Reagentien der Ketone auf, welche sich bei bestimmten Stellungen der Substituenten soweit steigert, dass die Ketonreactionen überhaupt nicht mehr eintreten.

So zeigen zwar die Benzophenone im Allgemeinen die Fähigkeit, mit Phenylhydrazin zu Hydrazonen und mit Hydroxylamin zu Oximen zusammenzutreten; aber sie sind nicht im Stande, mit Alkalibisulfiten in der für die Ketone bekannten Weise zu reagiren. Auch die Oximbildung lässt sich nicht mehr realisiren, wenn zwei Methylgruppen sich in den Stellungen 2 und 2′ befinden. In diesem Fall entsteht kein Oxim, sondern, wenn die Reaction durch energische Reactionsbedingungen erzwungen wird, sofort in Folge des als BECKMANN'sche Umlagerung bekannten Vorganges (vgl. Bd. I, S. 391; Bd. II, Th. I, S. 505) ein Säureamid[1]:

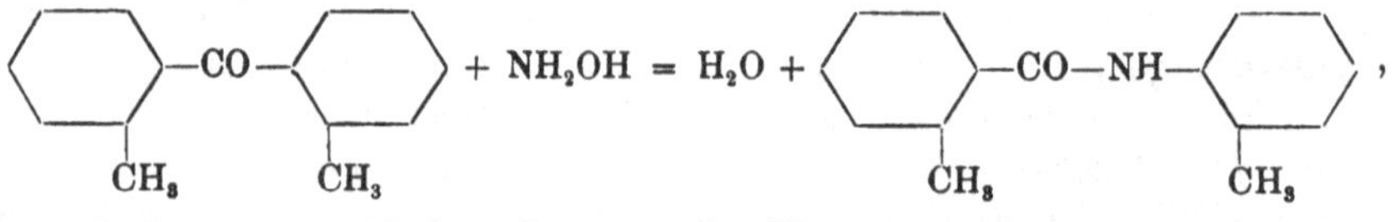

bezw. bei unsymmetrischer Structur des Ketons ein Gemenge d r beiden möglichen Säureamide. Sind aber in einem und demselben Benzolkern des Benzophenons die beiden o-Stellungen zur Benzoylgruppe durch Methyle besetzt, so findet eine Reaction gegen Hydroxylamin überhaupt nicht mehr statt (vgl. dagegen Bd. II, Th. I, S. 509).

Die Existenz zweier isomerer Oxime bei der Einwirkung des Hydroxylamins auf die unsymmetrisch substituirten Benzophenone, sowie die Erklärung dieser Thatsache durch sterische Verschiedenheiten im Bau der Oximmolecüle wurde schon eingehend besprochen (vgl. Bd. II, Th. I,

[1] SMITH, Ber. **24**, 4058 (1891).

S. 501 ff.). Auch die Möglichkeit, auf dem Wege der BECKMANN'schen Umlagerung die Configuration dieser stereoisomeren Oxime festzustellen, ist dort bereits dargelegt worden (vgl. Bd. II, Th. I, S. 506)[1].

Auch die Phenylhydrazone einiger substituirter Benzophenone sind in zwei isomeren Modificationen erhalten worden. Es liegt nahe, auch diese Verbindungen als stereoisomer im Sinne der folgenden Formeln aufzufassen[2]:

Die Einwirkung reducirender Mittel auf die Benzophenonderivate führt je nach der Natur der Reductionsmittel zu verschiedenen Verbindungen. Während die energische Einwirkung der Jodwasserstoffsäure die den Ketonen entsprechenden Kohlenwasserstoffe, also Diphenylmethane erzeugt, entstehen mit Natriumamalgam Benzhydrolkörper. Zink und Schwefelsäure endlich führen zur Bildung von Pinakonen (vgl. Bd. I, S. 387, 562, 568). So lässt sich das Benzophenon durch dieses Reductionsmittel in Benzpinakon, $(C_6H_5)_2C(OH)—C(OH)(C_6H_5)_2$, überführen (vgl. Tetraphenyläthangruppe).

Von besonderem Interesse sind unter den Benzophenonderivaten diejenigen, welche mehrere Hydroxylgruppen enthalten, und unter diesen in erster Linie die Verbindungen, welche zwei Hydroxyle in den Stellungen 2 und 2′ tragen. Die 2.2′-Dioxybenzophenone bilden sich bei der Einwirkung des schmelzenden Kalis auf die Körper der Xanthongruppe. Das Xanthon selbst geht dabei in 2.2′-Dioxybenzophenon über[3]:

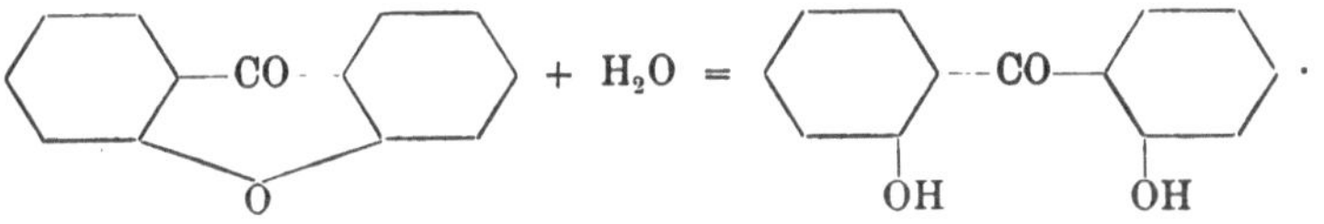

Xanthon

In ganz analoger Weise geht das aus Indischgelb (Purree oder Piuri) gewonnene Euxanthon in die Euxanthonsäure[4] über, welche wahrscheinlich ein 2.4.2′.5′-Tetraoxybenzophenon darstellt:

---

[1] Vgl. die Citate unter Nr. 1 in Bd. II, Th. I, S. 501. — Vgl. ferner: BECKMANN, Ber. **19**, 988 (1886); **20**, 2584 (1887). — AUWERS u. V. MEYER, Ber. **23**, 2063 (1890). — HANTZSCH, Ber. **23**, 2325 (1890); **24**, 51 (1891). — GOLDSCHMIDT, Ber. **23**, 2746 (1890). — DEMUTH u. DITTRICH, Ber. **23**, 3609 (1890). — AUWERS u. MEYENBERG, Ber. **24**, 2382 (1891). — SCHÄFER, Ann. **264**, 152 (1891). — HOFFMANN, Ann. **264**, 160 (1891). — KOTTENHAHN, Ann. **264**, 170 (1891). — DITTRICH, Ann. **264**, 174 (1891). — CATHCART u. V. MEYER, Ber. **25**, 1498 (1892).

[2] HANTZSCH u. KRAFT, Ber. **24**, 3511 (1891). — HANTZSCH, Ber. **26**, 9 (1893). — OVERTON, Ber. **26**, 18 (1893).

[3] RICHTER, J. pr. [2] **28**, 285 (1883). — GRÄBE u. FEER, Ber. **19** 2607 (1886).

[4] BAEYER, Ann. **155**, 257 (1870).

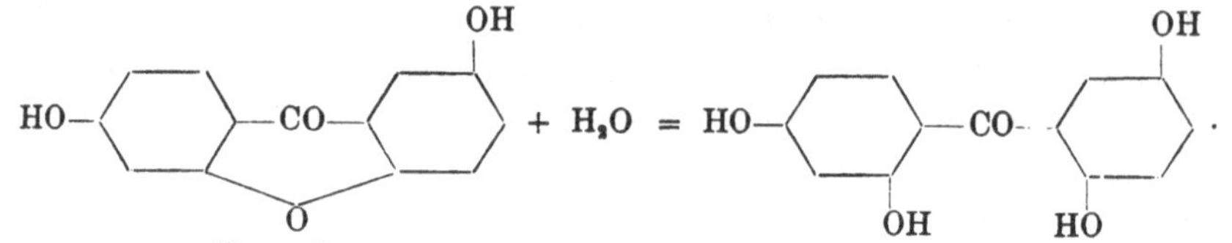

Euxanthon Euxanthonsäure

Die Constitution des Euxanthons ergiebt sich mit grosser Wahrscheinlichkeit daraus, dass es synthetisch aus Resorcylsäure, Hydrochinoncarbonsäure und Essigsäureanhydrid hergestellt werden kann[1].

Von technischer Wichtigkeit sind diejenigen Polyoxybenzophenone, welche mehrere Hydroxyle in demselben aromatischen Kern enthalten. Befinden sich mindestens zwei derselben in o-Stellung zu einander, so enstehen Farbstoffe, welche die Fähigkeit haben, mit Metalloxyden gelb gefärbte Lacke zu bilden (vgl. Bd. II, Th. I, S. 268). So gewinnt man aus Pyrogallol und Benzoësäure durch Erhitzen mit Chlorzink ein Trioxybenzophenon, welches unter dem Namen Alizaringelb A als gelber Beizenfarbstoff im Handel vorkommt[2]. Die Constitution dieser Verbindung ist wahrscheinlich die folgende[3]:

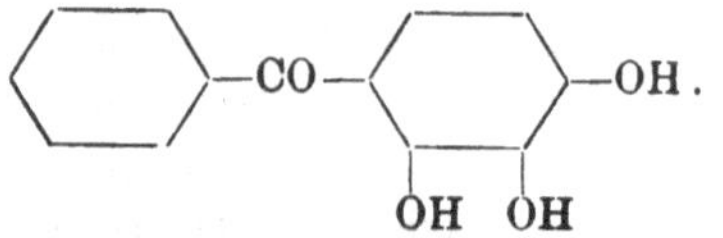

2.3.4-Trioxybenzophenon

Zu den Polyoxybenzophenonen gehören ferner noch einige Verbindungen, welche in der Natur vorkommen, wie das im Gelbholz enthaltene Maclurin — ein Pentaoxybenzophenon[4] der Formel $(HO)_2C_6H_3$—CO—$C_6H_2(OH)_3$ —, ferner die in der Cotorinde und der Paracotorinde sich vorfindenden Körper, das Cotoïn, Hydrocotoïn, Oxyleucotin und Protocotoïn, die sich sämmtlich vom Benzoylphloroglucin

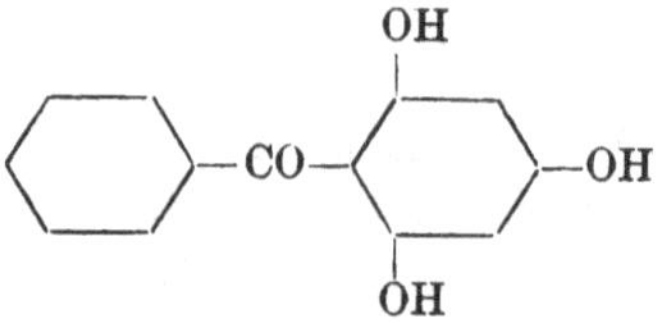

herleiten[5].

[1] Gräbe, Ann. **254**, 298 (1889). — Kostanecki u. Nessler, Ber. **24**, 3983 (1891).

[2] Badische Anilin- und Sodafabrik, D. R.-Pat. Nr. 49149, 50450, 50451, 54661. — Farbwerke Höchst a./M., D. R.-Pat. Nr. 72446.

[3] Gräbe u. Eichengrün, Ber. **24**, 967 (1891).

[4] Ciamician u. Silber, Ber. **24**, 1627 (1891). — König u. Kostanecki, Ber. **24**, 1996 (1891).

[5] Jobst u. Hesse, Ann. **199**, 17 (1879). — Hesse, Ber. **26**, 2790 (1893). Ann. **276**, 328 (1893). Ber. **27**, 1182 (1894). Ann. **282**, 191 (1894). Ber. **28**, 2507 (1895); **29**, 2322 (1896). — Ciamician u. Silber, Ber. **24**, 299, 2977 (1891); **25**, 1119 (1892); **26**, 777, 2340, 2635 (1893). Gazz. chim. **23**, I, 469 (1893). Ber. **27**, 409, 841, 1497 (1894); **28**, 1549 (1895); **29**, 2659 (1896).

Von den sonstigen Abkömmlingen des Benzophenons ist das 4.4'-Tetramethyldiamidobenzophenon der Formel

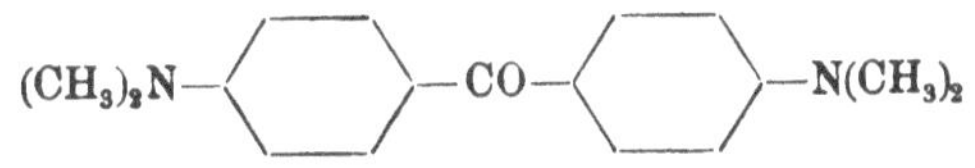

hervorzuheben. Diese Verbindung besitzt ähnlich wie das entsprechende Tetramethyldiamidobenzhydrol (vgl. S. 89) die Fähigkeit, durch Condensation mit Benzolderivaten in Verbindungen der Triphenylmethanreihe überzugehen. Während aber aus dem Benzhydrolderivat zunächst die den Farbstoffbasen entsprechenden Leukoverbindungen entstehen, bilden sich aus dem Benzophenonderivat direct Triphenylcarbinole, deren Salze die Farbstoffe selbst sind[1] (vgl. S. 134), z. B.

$$(CH_3)_2N\cdot C_6H_4{-}CO{-}C_6H_4\cdot N(CH_3)_2 + C_6H_5\cdot N(CH_3)_2 = \begin{array}{c}(CH_3)_2N\cdot C_6H_4{-}C(OH){-}C_6H_4\cdot N(CH_3)_2\\ |\\ C_6H_4\cdot N(CH_3)_2\end{array}.$$

Benzophenon, Diphenylketon[2], $C_6H_5{-}CO{-}C_6H_5$, bildet grosse rhombische Prismen vom Schmelzpunkt 48—48·5° und siedet bei 306° unter gewöhnlichem Druck, bei 95° im Vacuum des Kathodenlichts. Es ist unlöslich in Wasser, leicht löslich in Alkohol und Aether. Beim Erhitzen mit Kalikalk zerfällt es in Benzol und Benzoësäure, Natrium erzeugt in seiner ätherischen Lösung dunkelblaue Krystalle eines Natriumsalzes[3].

Darstellung[4]: Zu einer Mischung von 30 g Benzol, 30 g Benzoylchlorid und 100 ccm Schwefelkohlenstoff fügt man innerhalb 10 Minuten unter öfterem Schütteln 30 g Aluminiumchlorid und erwärmt am Rückflusskühler gelinde im Wasserbad, bis nur noch wenig Salzsäure entweicht. Der Schwefelkohlenstoff wird abdestillirt und der Rückstand auf mit Eisstückchen versetztes Wasser gegossen, darauf 10 ccm concentrirte Salzsäure zugesetzt und eine Viertelstunde lang Wasserdampf durchgeleitet. Der im Kolben verbliebene Rückstand wird mit Aether aufgenommen, die ätherische Lösung nach dem Waschen mit Wasser und Natronlauge getrocknet, der Aether verdampft und der Rückstand durch Destillation gereinigt.

Ausser dem Benzophenon mit den oben angegebenen Eigenschaften kennt man eine allotrope Modification dieser Verbindung, welche bei der Destillation des gewöhnlichen Benzophenons und vorsichtigem

[1] Badische Anilin- und Sodafabrik, D. R.-Pat. Nr. 27 789.

[2] Peligot, Ann. **12**, 41 (1834). — Chancel, Ann. **72**, 279 (1849). — Linnemann, Ann. **133**, 4 (1865). — Otto, Ber. **3**, 197 (1870). — Zincke, Ann. **159**, 377 (1871). — Kollaritz u. Merz, Ztschr. Chem. 1871, 705. Ber. **6**, 538 (1873). — Grucarevics u. Merz, Ber. **6**, 1243 (1873). — Friedel u. Crafts, Compt. rend. **84**, 1452 (1877). Ber. **10**, 1854 (1877). Ann. ch. [6] **1**, 510, 518 (1884). — Crafts, Bull. **39**, 282 (1883). — Angelbis u. Anschütz, Ber. **17**, 165 (1884). — Wickel, Jb. **1884**, 464; **1885**, 1642. — Krafft u. Weilandt, Ber. **29**, 2240 (1896). — Devrien, Compt. rend. **130**, 721 (1900).

[3] Beckmann u. Paul, Ann. **266**, 6 (1891).

[4] Vgl. Gattermann, Praxis d. organ. Chemikers (3. Aufl. 1898), S. 265.

Erstarrenlassen des Destillats, sowie bei der langsamen Oxydation des Diphenylmethans auftritt[1]. Dieses Benzophenon bildet grosse, monokline, bei 26—26·5° schmelzende Krystalle und geht schon bei Berührung mit gewöhnlichem Benzophenon in dieses über.

Benzophenonoxim[2], $(C_6H_5)_2C:NOH$, bildet feine, seideglänzende Nadeln vom Schmelzpunkt 139·5—140° und löst sich sehr leicht schon in kaltem Wasser — Darstellung: 30 g Benzophenon werden mit 150 g 90 procentigem Alkohol, 30 g Hydroxylaminchlorhydrat und etwas Salzsäure einen Tag lang auf dem Wasserbade erwärmt; der Alkohol wird abdestillirt und das zurückbleibende erstarrende Oel aus verdünntem Alkohol umkrystallisirt[3].

Benzophenonphenylhydrazon, $(C_6H_5)_2C:N\cdot NH\cdot C_6H_5$, krystallisirt in farblosen, bei 137° schmelzenden Nadeln[4].

Thiobenzophenon, $(C_6H_5)_2CS$, wurde in unreinem Zustand beim Erhitzen von Benzophenon mit Phosphorpentasulfid[5] oder aus Thiophosgen, Benzol und Aluminiumchlorid[6] erhalten. Durch Einwirkung von alkoholischem Schwefelkalium auf Benzophenonchlorid entsteht (s. u.) ein tiefblau gefärbtes Oel, welches unter 14 mm Druck bei 174° siedet und zu langen, blauen Nadeln erstarrt. Diese Verbindung ist das reine Thioketon[7].

Benzophenonchlorid, $(C_6H_5)_2CCl_2$, entsteht beim Erhitzen von Benzophenon mit Phosphorpentachlorid auf 140—160°. Es ist eine bei 205° siedende, stark lichtbrechende Flüssigkeit, welche beim Behandeln mit Wasser Benzophenon zurückbildet[8].

4.4'-Tetramethyldiamidobenzophenon[9], $(CH_3)_2N\cdot C_6H_4—CO—C_6H_4\cdot N(CH_3)_2$, wird gewöhnlich nach seinem Entdecker als Michler'sches Keton bezeichnet. Man stellt es dar durch Sättigen von Dimethylanilin mit Phosgen bei gewöhnlicher Temperatur, Fällen mit Wasser und Umkrystallisiren aus Alkohol. Es bildet silberglänzende Blättchen vom Schmelzpunkt 172—172·5° und siedet unzersetzt oberhalb 360°. In Alkohol und Aether ist es leicht löslich.

2.2'-Dioxybenzophenon[10], $HO\cdot C_6H_4—CO—C_6H_4\cdot OH$, bildet hellgelbe, durchsichtige Prismen der sechsseitige Blättchen vom Schmelzpunkt 59—60° und siedet bei 330—340°.

4.4'-Dioxybenzophenon[11], $HO\cdot C_6H_4—CO—C_6H_4\cdot OH$, ist durch Spaltung ver-

[1] Zincke, Ann. **159**, 377 (1871). — Auwers u. V. Meyer, Ber. **22**, 550 (1889). — Schaum, Ann. **300**, 210, 214 (1898). Ztschr. f. physik. Chem. **25**, 722 (1898). — Oechsner de Coninck, Compt. rend. **130**, 40 (1900).

[2] Janny, Ber. **15**, 2782 (1882). — Beckmann, Ber. **19**, 988 (1886); **20**, 2584 (1887).

[3] Beckmann, Ber. **19**, 989 (1886).

[4] E. Fischer, Ber. **17**, 576 (1884). — Pickel, Ann. **232**, 228 (1886).

[5] Gattermann, Ber. **28**, 2877 (1895).

[6] Bergreen, Ber. **21**, 341 (1888).

[7] Gattermann u. Schulze, Ber. **29**, 2944 (1896).

[8] Kekulé u. Franchimont, Ber. **5**, 908 (1872).

[9] Michler, Ber. **9**, 716 (1876). — Michler u. Dupertuis, Ber. **9**, 1900 (1876). — Wichelhaus, Ber. **19**, 109 (1886). — Fehrmann, Ber. **20**, 2845 (1887). — Gräbe, Ber. **20**, 3262 (1887). — Farbwerke Höchst a./M., D. R.-Pat. Nr. 44 077.

[10] Richter, J. pr. [2] **28**, 285 (1883). — Gräbe u. Feer, Ber. **19**, 2609 (1886).

[11] Liebermann, Ber. **6**, 951 (1873); **11**, 1435 (1878). — Caro u. Gräbe, Ber. **11**, 1348 (1878) — Gail u. Städel, Ann. **194**, 334 (1878). — Burckhardt u. Baeyer,

schiedener Triphenylmethanderivate erhalten worden. Es krystallisirt in Nadeln, Prismen oder Tafeln und schmilzt bei 210°. Die Parastellung der beiden OH-Gruppen ergiebt sich daraus, dass der Dimethyläther dieses Dioxybenzophenons entsteht, wenn man Anisaldehyd (Bd. II, Th. I, S. 520) durch Polymerisation in Anisoïn, $CH_3\cdot O\cdot C_6H_4\cdot CH(OH)\cdot CO\cdot C_6H_4\cdot O\cdot CH_3$, überführt, dieses zum Anisil, $CH_3\cdot O\cdot C_6H_4\cdot CO\cdot CO\cdot C_6H_4\cdot O\cdot CH_3$, oxydiert und endlich wieder die aus dem Anisil durch Kochen mit Kali entstehende Anisilsäure, $CH_3\cdot O\cdot C_6H_4\cdot C(OH)(CO_2H)\cdot C_6H_4\cdot O\cdot CH_3$ (vgl. Benzilsäure, S. 78), der Oxydation unterwirft.

Benzophenoncarbonsäure(2), o-Benzoylbenzoësäure[1], $C_6H_5—CO—C_6H_4\cdot COOH$, krystallisirt in langen, breiten Nadeln oder triklinen Krystallen, welche Krystallwasser enthalten, das bei 110° entweicht. Entwässert schmilzt sie bei 127°. Beim Erhitzen mit Phosphorsäureanhydrid auf 180—200° geht sie in Anthrachinon über. Mit Benzolkohlenwasserstoffen und Phenolen lässt sie sich zu Triphenylmethanderivaten condensiren.

Darstellung[2]: 100 g frisch geschmolzenes Phtalsäureanhydrid wird unter Erwärmen in 1 kg reinem Benzol gelöst und in die heisse Lösung 150 g Aluminiumchlorid in kleinen Portionen eingetragen. Nach dem Erkalten wird das Benzol abgegossen, der Rückstand mit verdünnter Salzsäure versetzt, mit Wasser gewaschen, in Natriumcarbonat gelöst, filtrirt und die Lösung mit Säure gefällt.

Farbstoffe der Diphenylmethanreihe.

Es wurde schon erwähnt (S. 96), dass gewisse Polyoxybenzophenone als Beizenfarbstoffe Verwendung finden. Ausser diesen Verbindungen sind noch zwei Klassen von Farbstoffen bekannt, welche sich vom Diphenylmethan ableiten, die Auramine und die Pyronine.

Auramine.

Das Benzophenon vermag sich unter Wasseraustritt mit primären Aminen zu vereinigen, so entsteht mit Anilin das Benzophenonanil[3]:

$$(C_6H_5)_2CO + NH_2\cdot C_6H_5 = (C_6H_5)_2C{=}N\cdot C_6H_5 + H_2O.$$

Die Reaction verläuft weit leichter, als beim Benzophenon selbst, bei den substituirten Benzophenonen vom Typus des sogenannten Michler'schen Ketons (Tetramethyldiamidobenzophenon). Dieses Keton vereinigt sich nicht nur mit primären Aminen, sondern auch mit Ammoniak

Ann. **202**, 126 (1880). — Boesler, Ber. **14**, 328 (1881). — Städel, Ann. **218**, 354 (1883); **283**, 175 (1894). — Michael, Am. chem. Journ. **5**, 83 (1883).

[1] Plascuda u. Zincke, Ber. **6**, 907 (1873). — Baer u. Dorp, Ber. **7**, 17, 578 (1874). — Plascuda, Ber. **7**, 987 (1874). — Zincke, Ber. **9**, 32 (1876). — Hemilian, Ber. **11**, 838 (1878). — v. Pechmann, Ber. **13**, 1612 (1880); **14**, 1866 (1881). — Erdmann, Ann. **227**, 253 (1885). — Friedel u. Crafts, Ann. ch. [6] **14**, 446 (1888). — Möhlau u. Berger, Ber. **26**, 1199 (1893). — Thorpe, Ber. **26**, 1262 (1893). — Haller u. Guyot, Compt. rend. **129**, 1213 (1900).

[2] v. Pechmann, Ber. **13**, 1612 (1880).

[3] Pauly, Ann. **187**, 198 (1877). — Vgl. auch Gräbe, Ber. **32**, 1679 (1899). — Gräbe u. Keller, Ber. **32**, 1683 (1899). — Nägeli, Bull. (3) **21**, 785 (1899).

selbst, zweckmässig unter Zuhülfenahme von Chlorzink, zu einer Verbindung, welche als Tetramethyldiamidobenzophenonimid bezeichnet werden kann:

$$(CH_3)_2N \cdot C_6H_4-\underset{\underset{NH}{\|}}{C}-C_6H_4 \cdot N(CH_3)_2$$

Dieselbe Base entsteht auch, wenn man auf ein Gemisch von Tetramethyldiamidodiphenylmethan oder dem entsprechenden Benzhydrol mit Schwefel Ammoniak einwirken lässt[1].

Das Chlorhydrat dieser Verbindung stellt das Auramin des Handels dar und wird hauptsächlich im Gemisch mit anderen basischen Farbstoffen zum Gelbfärben von mit Tannin gebeizter Baumwolle benutzt. Ersetzt man bei der Darstellung das Ammoniak durch Amine, so gelangt man zu substituirten Auraminen.

An Stelle des Michler'schen Ketons kann man auch das entsprechende Chlorid oder Thioketon mit Ammoniak und Aminen zu Auraminen condensiren[2].

Die Auramine[3] wurden im Jahre 1883 von Caro und Kern entdeckt.

Während die Auraminbasen wasserunlösliche Verbindungen ohne Farbstoffcharakter darstellen, werden sie durch Mineralsäuren in die wasserlöslichen färbenden Salze, die Auraminfarbstoffe, übergeführt. Die Constitution dieser Salze könnte man am einfachsten so deuten, dass sich ein Molecül Säure an die Imidgruppe addirt, z. B.:

$$\underset{\text{Auraminbase}}{(CH_3)_2N \cdot C_6H_4-\underset{\underset{NH}{\|}}{C}-C_6H_4 \cdot N(CH_3)_2} + HCl = \underset{\text{Auramin}}{(CH_3)_2N \cdot C_6H_4-\underset{\underset{NH_2Cl}{\|}}{C}-C_6H_4 \cdot N(CH_3)_2};$$

doch sprechen viele Thatsachen dafür, dass das Auramin nach dem sogenannten chinoïden Typus (vgl. S. 129 ff.) constituirt ist:

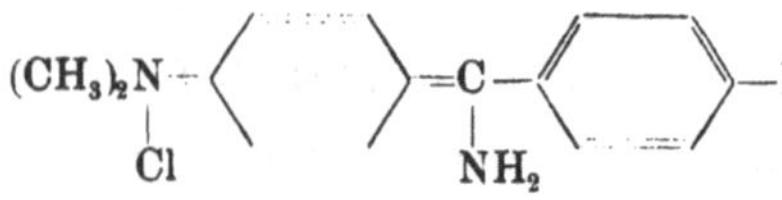

Die Zersetzung des Salzes durch Alkalien erfolgt im Sinne dieser Formulirung derart, dass zunächst ein gefärbtes wasserlösliches Ammoniumhydrat entsteht, welches durch Verschiebung der Hydroxylgruppe und darauffolgende Wasserabspaltung die eigentliche sauerstofffreie Auraminbase bildet:

---

[1] Feer, D. R.-Pat. Nr. 53614. — Badische Anilin- und Sodafabrik, D. R.-Pat. Nr. 58277.

[2] Badische Anilin- und Sodafabrik, D. R.-Pat. Nr. 29060, 38433.

[3] Fehrmann, Ber. **20**, 2844 (1887). — Gräbe, Ber. **20**, 3260 (1887); **32**, 1678 (1899). — Baither, Ber. **20**, 3296 (1887). — Stock, J. pr. [2] **47**, 401 (1893). Ber. **33**, 318 (1900). — Finck u. Schwimmer, J. pr. [2] **50**, 401 (1894). — Hantzsch u. Osswald, Ber. **33**, 278 (1900).

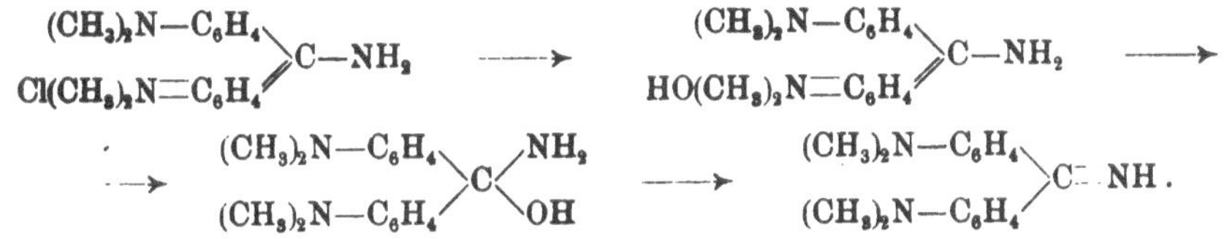

Diese Auffassung macht es erklärlich, dass auch die Salze der am mittleren Stickstoffatom zweifach substituirten Auraminkörpern existiren, z. B.:

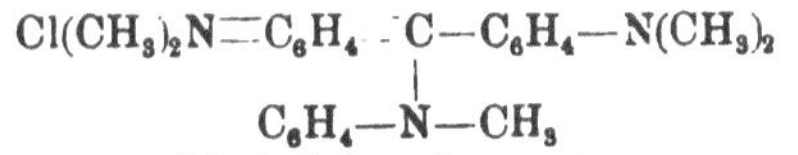

Methylphenylauramin.

Die hier kurz skizzirten Verhältnisse in den Beziehungen zwischen Farbbasen und ihren Salzen wiederholen sich bei den basischen Farbstoffen der Triphenylmethanreihe und sollen dort eingehender besprochen werden (vgl. S. 128 ff.).

Die **Auraminbase, 4.4'-Tetramethyldiamidobenzophenonimid,** $(CH_3)_2N \cdot C_6H_4-C(:NH)-C_6H_4 \cdot N(CH_3)_2$, bildet citronengelbe Blättchen vom Schmelzpunkt 136° und lässt sich weder in eine Acetyl- noch in eine Nitroso-Verbindung überführen. Schon beim Auflösen in heissem Alkohol findet Abspaltung von Ammoniak statt.

Das Chlorhydrat, **Auramin,** $(CH_3)_2N \cdot C_6H_4-C(NH_2)=C_6H_4=N(CH_3)_2Cl + H_2O$, krystallisirt in sechsseitigen goldgelben Tafeln und schmilzt wasserfrei bei 267°. Beim Kochen der wässerigen Lösung zersetzt es sich in Salmiak und MICHLER'sches Keton. Durch Reductionsmittel wird es in das farblose Leukoauramin (vgl. S. 86) verwandelt.

Phenylauraminbase, 4.4'-Tetramethyldiamidobenzophenonanil, $(CH_3)_2N \cdot C_6H_4-C(:N \cdot C_6H_5)-C_6H_4 \cdot N(CH_3)_2$, krystallisirt in radial gruppirten graugelben Nädelchen, welche bei 170—171° schmelzen.

Das Chlorhydrat, **Phenylauramin,** ist roth gefärbt, es zerfällt leicht in salzsaures Anilin und MICHLER'sches Keton.

Pyronine.

Die Pyronine[1] sind rothe basische Farbstoffe, welche die thierische und die gebeizte pflanzliche Faser anfärben. Zu ihrer Darstellung geht man von den m-Dialkylamidophenolen aus, indem man zunächst 2 Molecüle derselben mit 1 Mol. Methylenjodid oder besser Formaldehyd (vgl. S. 70) zu Diphenylmethanderivaten condensirt. Aus m-Dimethylamido-

[1] Farbenfabriken vorm. FRIEDR. BAYER & Co., D. R.-Pat. Nr. 54190. — A. LEONHARDT & Co., D. R.-Pat. Nr. 58955, 59003, 63081, 75138, 75373, 84988. — MÖHLAU u. KOCH, Ber. **27**, 2887 (1894). — BIEHRINGER, Ber. **27**, 3299 (1894). J. pr. [2] **54**, 217 (1896).

phenol entsteht so das Tetramethyldiamidodioxydiphenylmethan:

$$2(CH_3)_2N \cdot C_6H_4 \cdot OH + CH_2O = \genfrac{}{}{0pt}{}{(CH_3)_2N}{HO}\!\!>\!C_6H_3-CH_2-C_6H_3\!<\!\!\genfrac{}{}{0pt}{}{N(CH_3)_2}{OH} + H_2O.$$

In dieser Verbindung nehmen die Hydroxylgruppen die Stellungen 2 und 2′ ein; dementsprechend geht sie unter der Einwirkung wasserentziehender Mittel in ein Derivat des Diphenylmethanoxyds oder Xanthens über (vgl. S. 87):

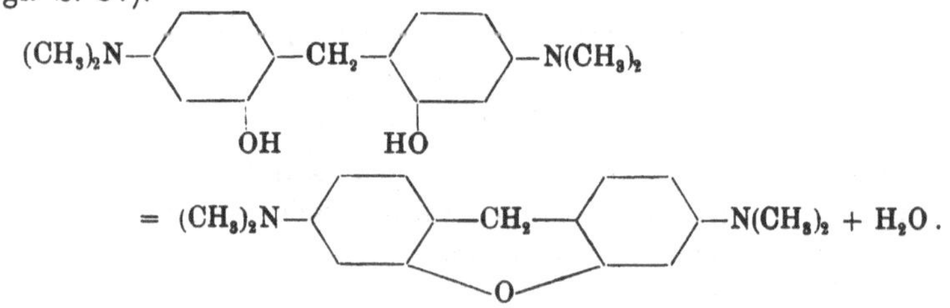

Letztere Verbindung stellt nun die Leukobase des einfachsten Pyronins dar und liefert durch Oxydation bei Gegenwart von Mineralsäure ein Salz der Pyroninbase, z. B.:

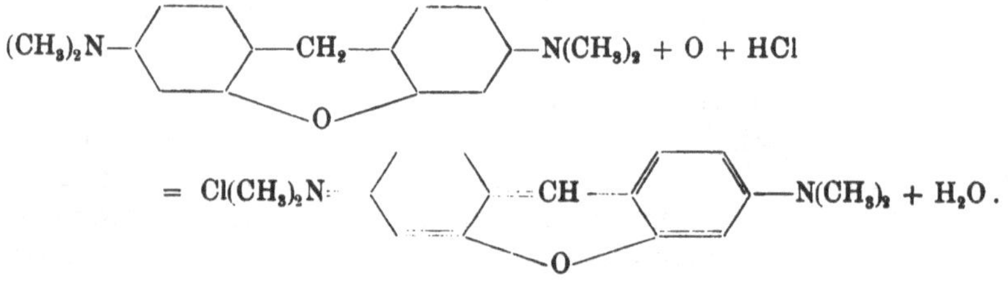

Die Pyroninfarbstoffe sind also chinoïde Salze (vgl. Auramine, S. 100); die ihnen entsprechenden beständigen Basen sind als benzhydrolartig constituirte Verbindungen aufzufassen:

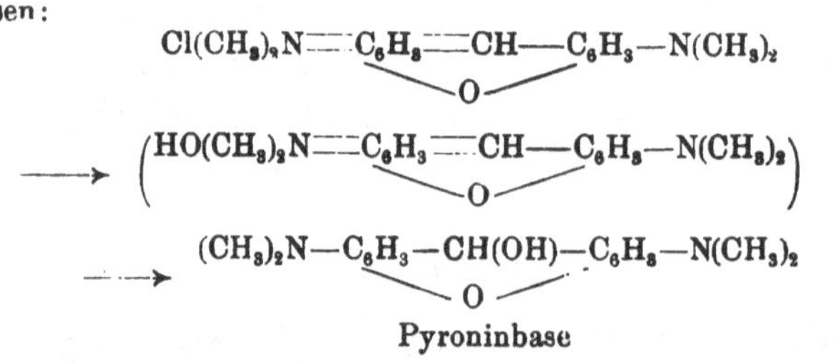

Pyroninbase

Den basischen Pyroninen entsprechen phenolartige Körper, welche in analoger Weise wie jene aus Resorcin bezw. Orcin und Formaldehyd entstehen. Die diesen Körperklassen zu Grunde liegenden Ringsysteme sind bezeichnet worden als:

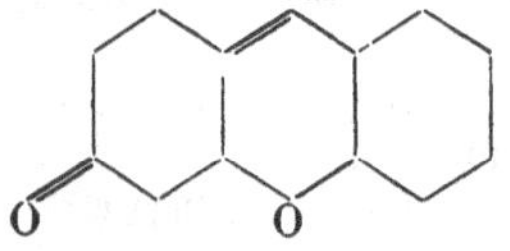

Fluoron

und

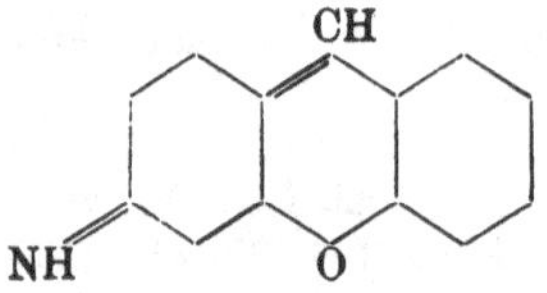

Fluorim

Pyronin (aus m-Dimethylamidophenol und Formaldehyd), $Cl(CH_3)_2N{=}C_6H_3{=}CH{-}C_6H_3{-}N(CH_3)_2$ (mit O-Brücke zwischen den beiden C_6H_3), krystallisirt aus verdünnter Salzsäure in stahlblauen Nadeln. Natronlauge fällt aus seiner Lösung die Farbbase als flockigen Niederschlag, welcher sich in Alkohol und Aceton mit rother Farbe und gelber Fluorescenz löst, während die Lösungen in Benzol, Aether und Ligroïn schwache Färbung zeigen und nicht fluoresciren.

Die Pyronine scheinen kaum noch im Handel vorzukommen.

Hydrirte Diphenylmethanderivate

Ein in einem Benzolkern vollständig hydrirtes Benzophenon entsteht analog dem Benzophenon selbst (vgl. S. 60 u. 64) aus Hexahydrobenzoylchlorid, Benzol und Aluminiumchlorid[1]:

$$C_6H_{11}{-}COCl + C_6H_6 = C_6H_{11}{-}CO{-}C_6H_5 + HCl\,.$$

Dieses **Hexahydrobenzophenon** vom Schmelzpunkt 54° bietet insofern ein theoretisches Interesse, als es seiner Constitution nach eine Mittelstellung zwischen den fettaromatischen Ketonen vom Typus des Acetophenons und den rein aromatischen Ketonen aus der Klasse der Benzophenone einnimmt. Da nun die fettaromatischen Ketone im Gegensatz zu den Ketonen mit zwei verschiedenen aromatischen Radicalen keine stereoisomeren Oxime liefern (vgl. Bd. II, Th. I, S. 507), so war es interessant, das Verhalten des Hexahydrobenzophenons gegen Hydroxylamin kennen zu lernen. Der Versuch hat gezeigt, dass dieses Keton sich den unsymmetrisch substituirten Benzophenonen insofern anreiht, als es zwei stereoisomere Oxime liefert. Die Configuration dieser als α- und β-Oxim bezeichneten Körper hat sich durch die Beckmann'sche Umlagerung bestimmen lassen (vgl. Bd. II, Th. I, S. 506). Diese führt das α-Oxim in Benzoylhexahydroanilin, das β-Oxim in das Anilid der Hexahydrobenzoësäure über, woraus sich die Configuration der Oxime unmittelbar ergiebt:

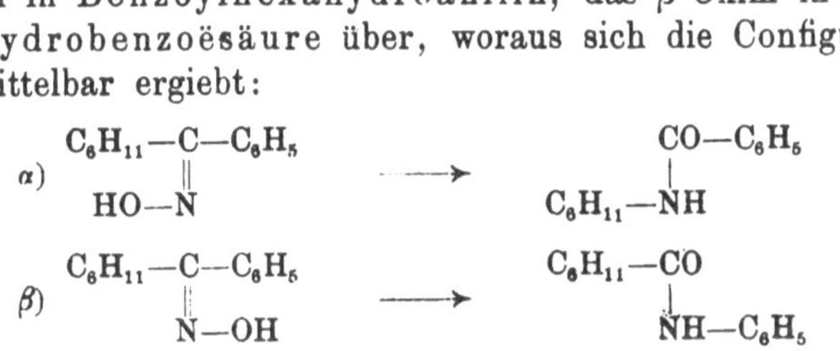

Eine Reihe von Derivaten eines in beiden Benzolkernen hydrirten Diphenylmethans lässt sich durch Condensation eines Molecüls eines Aldehyds oder Ketons der Fettreihe mit 2 Mol. Hydroresorcin (s. dieses) oder eines Homologen dieses Körpers darstellen[2]. Den Prototyp dieser Reihe bildet das aus Formaldehyd und

---

[1] V. Meyer u. Scharvin, Ber. 30, 1940 (1897). — Scharvin, Ber. 30, 2862 (1897).

[2] Vorländer, Ann. 309, 348 (1899).

Hydroresorcin entstehende Methylenbishydroresorcin, dem wahrscheinlich die „Ketoenolform“:

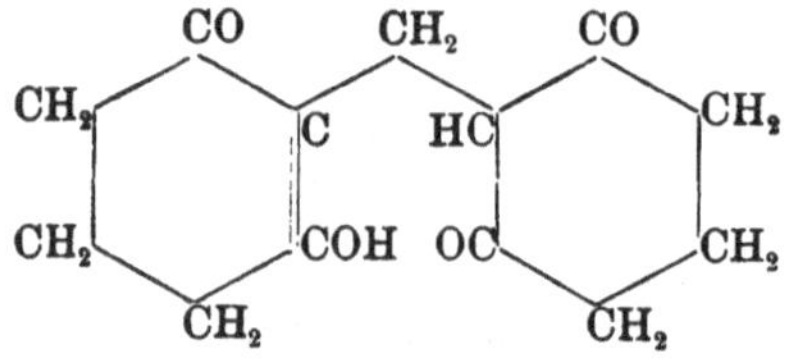

zukommt.

Diese Verbindungen sind dadurch charakterisirt, dass sie bei der Einwirkung wasserentziehender Mittel in Abkömmlinge des Xanthens (vgl. S. 87) übergehen, während sie durch Ammoniak in hydrirte Acridinderivate (vgl. diese) verwandelt werden. Das Methylenbishydroresorcin liefert bei diesen Reactionen die folgenden Körper:

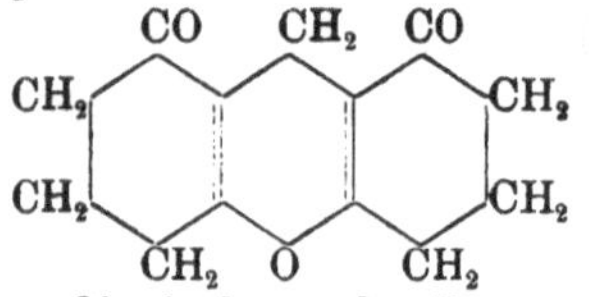

Oktohydroxanthendion

und

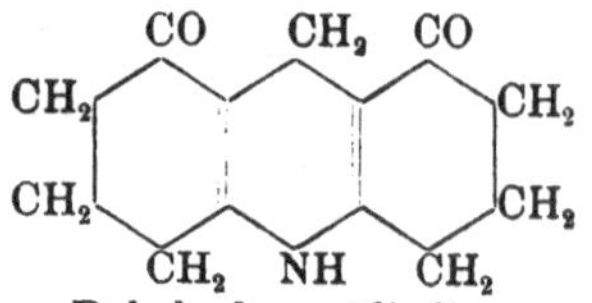

Dekahydroacridindion

Die Phenylfulvengruppe.

Das Cyclopentadiën

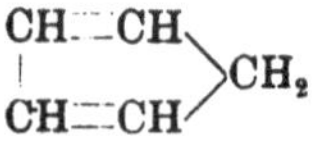

lässt sich mittels Aetzkali mit Aldehyden und Ketonen zu Körpern condensiren[1], welchen das allgemeine Schema

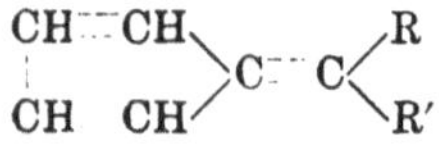

zu Grunde liegt. Diejenigen von diesen Condensationsprodukten, welche mit Benzaldehyd und Acetophenon hergestellt werden, enthalten einen Benzolring und einen ungesättigten Fünfring, welche durch ein Kohlenstoffatom mit einander verknüpft sind:

I. 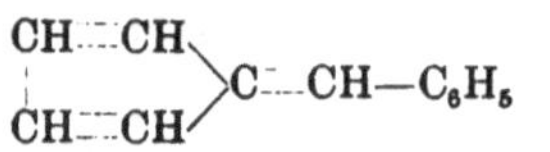 II. 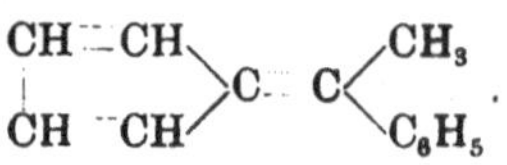

Diese Verbindungen sind durch ihre intensiv orangerothe bis blutrothe Farbe ausgezeichnet, eine Eigenschaft, welcher durch die Bezeichnung des ihnen zu Grunde liegenden hypothetischen Kohlenwasserstoffs

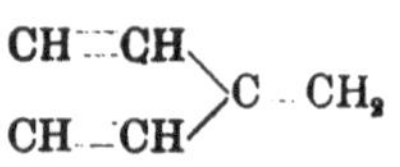

als „Fulven“ Rechnung getragen worden ist. Danach sind die obigen Verbindungen I und II Phenylfulven und „Methylphenylfulven“ zu benennen. Die intensive Färbung (vgl. Bd. II, Th. I, S. 270) dieser Kohlenwasserstoffe darf wohl mit Sicherheit auf die eigenthümliche Art der Anordnung von Doppelbindungen zurückgeführt werden.

[1] Thiele, Ber. 33, 666 (1900).

Achtundvierzigstes Kapitel.

Verbindungen mit drei und vier Benzolkernen, welche durch ein Kohlenstoffatom getrennt sind.

Die Triphenylmethangruppe.

Constitution, Benennung, Ortsbestimmung und allgemeiner Charakter der Verbindungen der Triphenylmethangruppe.

Dem Triphenylmethan kommt die Formel $C_{19}H_{16}$ zu: es enthält drei Benzolkerne, welche durch eine Methenylgruppe (vgl. Bd. I, S. 345) zusammengehalten werden:

$$CH\begin{cases} C_6H_5 \\ C_6H_5 \\ C_6H_5 \end{cases}.$$

Von den 16 Wasserstoffatomen dieses Kohlenwasserstoffs befinden sich 15 in den drei Benzolkernen, während das letzte der Methenylgruppe angehört. Um den Ort von Substituenten, welche an Stelle dieser Wasserstoffatome treten können, auszudrücken, verfährt man zweckmässig in analoger Weise, wie dies bei der Besprechung der Diphenylmethanderivate ausgeführt ist (S. 55), indem die drei Benzolkerne in der Art von einander unterschieden werden, dass man die Kohlenstoffatome des ersten Ringes mit den Ziffern 1—6, die des zweiten durch 1'—6' und die des dritten durch 1''—6'' bezeichnet. Das die drei Benzolringe mit einander verkettende Kohlenstoffatom erhält das Präfix 7. Diese Normen führen zur Aufstellung des folgenden Schemas:

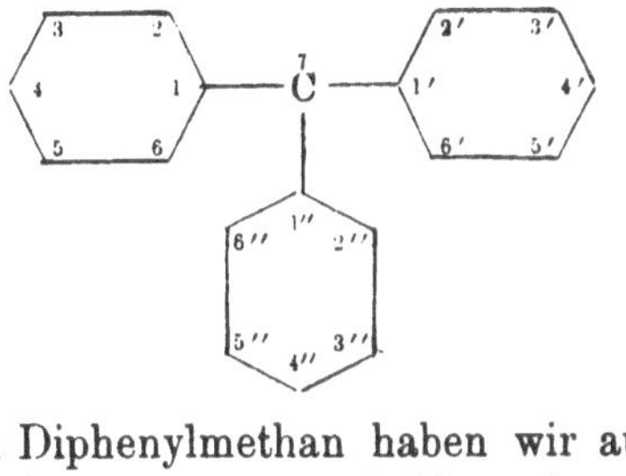

Ebenso wie beim Diphenylmethan haben wir auch hier zwei Klassen von Substitutionsprodukten zu unterscheiden, je nachdem entweder in einem der Benzolkerne oder in der mittelständigen Gruppe Wasserstoff gegen andere Atome oder Atomgruppen ausgetauscht ist. Die in den Benzolkernen stehenden Substituenten folgen bezüglich der Art, wie sie in die Verbindungen eintreten, und ihrer Reactionen den Gesetzen, welche für die einfachen Benzolkörper gelten, während das Wasserstoffatom der Methenylgruppe bezüglich seiner Substitutionsfähigkeit im Allgemeinen sich dem Verhalten aliphatisch gebundener Wasserstoffatome anschliesst; doch zeigt sich die Einwirkung der negativen Benzolkerne auf das letztgenannte Wasserstoffatom in der Weise, dass sie lockernd auf dieses einwirken und ihm mithin eine Reactionsfähigkeit verleihen, welche bei rein aliphatischen Verbindungen im Allgemeinen nicht beobachtet wird.

Der Ersatz des Methenylwasserstoffatoms durch die Hydroxylgruppe, welcher je nach der Natur der in den Triphenylmethanderivaten vorhandenen Substituenten mit grösserer oder geringerer Bereitwilligkeit bei der Einwirkung oxydirender Agentien erfolgt, führt zu den Carbinolen der Triphenylmethanreihe; so entsteht aus dem Triphenylmethan das Triphenylcarbinol:

$$\begin{array}{c} C_6H_5-C(OH)-C_6H_5 \\ | \\ C_6H_5 \end{array}$$

Die Triphenylcarbinolverbindungen sind insofern von ganz besonderem wissenschaftlichen und technischen Interesse, als man in ihnen die Muttersubstanzen der wichtigen Triphenylmethanfarbstoffe zu erblicken hat, wenngleich diese Farbstoffe selbst die Hydroxylgruppe des Triphenylcarbinols nicht enthalten (vgl. S. 117, 128—132).

Die Triphenylmethanfarbstoffe zerfallen in die folgenden drei Hauptgruppen:

1. Die Malachitgrün- und Fuchsin-Gruppe, welche basische Verbindungen umfasst, z. B.

$$\begin{array}{c} C_6H_5-C-C_6H_4-N(CH_3)_2 \\ \| \\ C_6H_4=N(CH_3)_2Cl \end{array} \qquad \begin{array}{c} H_2N-C_6H_4-C-C_6H_4-NH_2 \\ \| \\ C_6H_4=NH_2Cl \end{array}$$

Malachitgrün. Parafuchsin

2. Die Auringruppe, phenolartige Verbindungen umfassend, z. B.

$$\begin{array}{c} HO-C_6H_4-C-C_6H_4-OH \\ \| \\ C_6H_4=O \end{array}$$

Aurin.

3. Die Phtaleïngruppe, deren Glieder zugleich Phenolhydroxyl- und Carboxyl-Gruppen enthalten, z. B.

$$\begin{array}{c} KO-C_6H_4-C-C_6H_4-COOK \\ \| \\ C_6H_4=O \end{array}$$

Phenolphtaleïnkalium.

Die diesen Verbindungen hier beigelegten Formeln entsprechen der gegenwärtig gebräuchlichsten Schreibweise.

Die Bestimmung des Ortes, an welchem ein Substituent in einen Triphenylmethankörper eingetreten ist, geschieht in ähnlicher Weise wie bei den Diphenylmethanderivaten. Hier wie dort (vgl. S. 56—57) lässt sich diese Frage durch Aufspaltung in einfachere Molecüle lösen, und zwar kann man die Spaltung im Allgemeinen so leiten, dass zunächst ein Zerfall in ein einfaches Benzolderivat und in einen Abkömmling des

Diphenylmethans stattfindet, während bei einer energischen Einwirkung der aufspaltenden Agentien der letztere in der bekannten Weise (S. 56 bis 57) weiter gespalten wird.

Auf diese Uebergänge von Triphenylmethankörpern in Verbindungen der Diphenylmethanreihe ist schon bei Besprechung der letzteren (vgl. S. 75—76) hingewiesen worden; hier sei nur noch bemerkt, dass zu dieser Reaction nicht die Triphenylmethanverbindungen mit intacter Methenylgruppe, sondern nur die Triphenylcarbinolkörper befähigt sind, ähnlich wie der Zerfall des Benzophenons und seiner Abkömmlinge im Gegensatz zu dem Verhalten des Diphenylmethans mit Leichtigkeit erfolgt.

Allgemeines über die synthetischen Methoden in der Triphenylmethanreihe.

Die Natur erzeugt, soviel bisher bekannt, keine der Triphenylmethanreihe angehörigen Körper, wir sind also zu deren Gewinnung allein auf die Synthese angewiesen. Solche synthetische Methoden sind in grosser Zahl ausgebildet worden; sie beruhen alle auf dem Princip, mehrere Benzolringe durch ein gemeinsames Kohlenstoffatom aneinander zu ketten. Um diesen Zweck zu erreichen, kann man nun entweder von einem Methanabkömmling ausgehen, welcher drei durch Phenylgruppen substituirbare leicht bewegliche Atome enthält, oder man wählt als Ausgangsmaterial einen Benzolkörper, der eine substituirte Methylgruppe mit zwei durch Phenylgruppen ersetzbaren Atomen trägt, oder endlich das Ausgangsmaterial gehört der Diphenylmethanreihe an und besitzt in der Methylengruppe einen Substituenten, welcher gegen einen Benzolrest ausgetauscht werden kann. Als Prototype dieser drei Gruppen von synthetischen Reactionen seien die drei folgenden Gewinnungsweisen des Triphenylmethans selbst angeführt, nämlich

1. seine Darstellung aus Chloroform und Benzol in Gegenwart von Aluminiumchlorid[1]:

$$CHCl_3 + 3\,C_6H_6 = CH(C_6H_5)_3 + 3\,HCl,$$

2. seine Bildung aus Benzalchlorid und Quecksilberdiphenyl[2]:

$$C_6H_5{-}CHCl_2 + Hg(C_6H_5)_2 = C_6H_5{-}CH(C_6H_5)_2 + HgCl_2,$$

3. seine Entstehung aus Benzhydrol und Benzol durch Vermittlung von Phosphorpentoxyd[3]:

$$C_6H_5{-}CH(OH){-}C_6H_5 + C_6H_6 = \begin{array}{c} C_6H_5{-}CH{-}C_6H_5 \\ | \\ C_6H_5 \end{array} + H_2O.$$

Dieselben Ausgangsmaterialien, welche nach den ad 1 und 2 genannten Reactionen Körper der Triphenylmethanreihe ergeben, führen

---

[1] Friedel u. Crafts, Compt. rend. **84**, 1451 (1877). Ann. ch. [6] **1**, 489 (1884).

[2] Kekulé u. Franchimont, Ber. **5**, 907 (1872).

[3] Hemilian, Ber. **7**, 1204 (1874).

bei weniger energisch geleiteter Condensation oft auch zu Körpern, welche der Diphenylmethanreihe angehören, worauf schon bei der Besprechung der Synthesen der letztgenannten Verbindungen hingewiesen worden ist (vgl. S. 66, 74—75).

Bei einigen Synthesen, und dies sind gerade die wichtigsten technischen Processe, welche zu den basischen Farbstoffen der Triphenylmethanreihe führen, verfährt man in der Weise, dass Abkömmlinge des Benzols und des Toluols — letztere mit intacter Methylgruppe — unter Zuhülfenahme von oxydirenden Agentien mit einander verkettet werden.

Auf diesem Princip beruht z. B. die Darstellung des Rosanilins durch Einwirkung oxydirender Agentien auf ein Gemenge äquivalenter Theile von Anilin, o- und p-Toluidin:

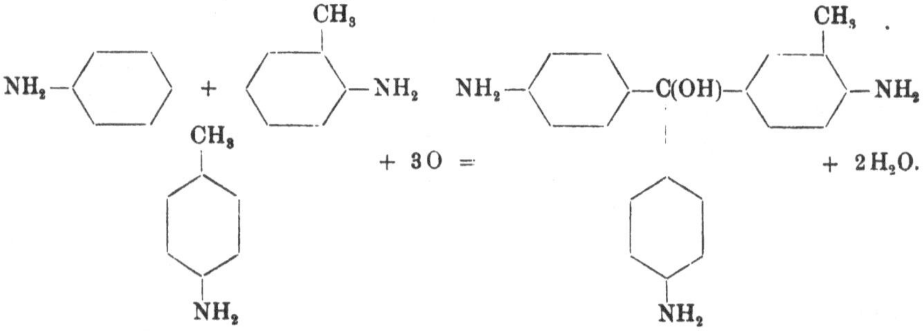

Zu dieser Reaction, welche die leichte Oxydirbarkeit einer Methylseitenkette voraussetzt, sind vor allem die Basen der Toluolreihe und ihre höheren Homologen befähigt.

Homologe Triphenylmethane und Triphenylcarbinole, sowie deren Halogen-, Nitro- und Sulfo-Derivate.

Die Kohlenwasserstoffe der Triphenylmethanreihe stellen sämmtlich bei gewöhnlicher Temperatur feste, krystallinische Substanzen von grosser Beständigkeit dar. Sie lassen sich leicht in Sulfosäuren und in Nitroderivate überführen, und zwar tritt bei der Einwirkung nitrirender oder sulfurirender Agentien je ein Substituent in jeden Benzolkern ein, so dass hierbei im Allgemeinen dreifach substituirte Produkte entstehen.

Bei der Einwirkung oxydirender Mittel, wie Chromsäure und Eisessig, wird das an der Methenylgruppe haftende Wasserstoffatom durch die Hydroxylgruppe ersetzt unter Bildung des entsprechenden Triphenylcarbinols[1]. Diejenigen Homologen des Triphenylmethans, welche in den Benzolkernen Methylseitenketten enthalten, liefern neben den Carbinolen auch die Carboxylderivate des Triphenylmethans oder des Triphenylcarbinols[2].

---

[1] Hemilian, Ber. **7**, 1206 (1874). — E. u. O. Fischer, Ann. **194**, 283 (1878). Ber. **11**, 197 (1878); **14**, 1944 (1881).

[2] Hemilian, Ber. **7**, 1210 (1874); **16**, 2361, 2369, 2371 (1883).

Die Halogene greifen in erster Linie die Methenylgruppe an[1] unter Bildung halogenirter Triphenylmethane von der allgemeinen Formel $(C_6H_5)_3C-X$. Diese Verbindungen zeichnen sich durch die ausserordentliche Reactionsfähigkeit des in ihnen enthaltenen Halogenatoms aus, so gehen sie schon bei der Einwirkung von Wasser in die Triphenylcarbinole über[2].

$$(C_6H_5)_3C-X + H_2O = (C_6H_5)_3C-OH + HX.$$

Alkohole reagiren in der Siedehitze dem Wasser analog unter Bildung von Aethern des Triphenylcarbinols[3], z. B.

$$(C_5H_5)_3C-Cl + C_2H_5\cdot OH = (C_6H_5)_3C-O\cdot C_2H_5 + HCl.$$

Acetylchlorid erzeugt aus diesen Aethern die Essigsäureester der Triphenylcarbinole[4].

Die Triphenylcarbinole, von denen nur die niederen Glieder bekannt sind, sind hochschmelzende, unzersetzt destillirende Verbindungen von grosser Beständigkeit. Phosphorpentachlorid bewirkt in ihnen einen Ersatz der Hydroxylgruppe durch Chlor[5]. Ihre Ester sind leicht zersetzbare Körper[6].

Die synthetischen Methoden, welche zu Verbindungen der Triphenylmethanreihe führen, lassen sich, wie schon oben (vgl. S. 107) bemerkt wurde, in drei Gruppen eintheilen, je nachdem die drei Benzolkerne gleichzeitig in eine aliphatische Verbindung, oder zwei derselben in einen Körper der Toluolreihe oder einer in ein Diphenylmethanderivat eingeführt wird.

Zu den Synthesen der ersten Gruppe eignet sich vor allem das Chloroform, dessen drei Chloratome durch Phenylgruppen ersetzt werden, wenn man es, mit Benzol gemischt, der Einwirkung des Aluminiumchlorids aussetzt[7] (s. die Gleichung S. 1 7). Neben dem Triphenylmethan bilden sich bei dieser Reaction auch untergeordnete Mengen von Diphenylmethan (vgl. S. 63), ferner Anthracen, Phenylanthracen und Tetraphenyläthylen.

Ausser dem Chloroform lassen sich auch einige andere Halogen-

---

[1] Hemilian, Ber. **7**, 1207 (1874). — Schwarz, Ber. **14**, 1520 (1881). — Allen u. Kölliker, Ann. **227**, 110 (1885).

[2] Hemilian, Ber. **7**, 1206 (1874).

[3] Hemilian, Ber. **7**, 1208 (1874). — Friedel u. Crafts, Ann. ch. [6] **1**, 503 (1884). — Vgl. Bodroux, Bull. [3] **21**, 290 (1899).

[4] Allen u. Kölliker, Ann. **227**, 116 (1885).

[5] Hemilian, Ber. **7**, 1208 (1874).

[6] Hemilian, Ber. **7**, 1207 (1874).

[7] Friedel u. Crafts, Compt. rend. **84**, 1451 (1877). Ann. ch. [6] **1**, 489 (1884). E. u. O. Fischer, Ann. **194**, 252 (1878). — Schwarz, Ber. **14**, 1517 (1881). — Allen u. Kölliker, Ann. **227**, 107 (1885). — Biltz, Ber. **26**, 1961 (1893). — Vgl. auch Waga, Ann. **282**, 329 (1894). — Meissel, Ber. **32**, 2422 (1899).

verbindungen der aliphatischen Reihe zur Darstellung von Verbindungen der Triphenylmethangruppe benutzen, z. B. das Methylenchlorid, welches, mit Benzol und Aluminiumchlorid zur Reaction gebracht, nicht lediglich Diphenylmethan ergiebt, wie man bei normalem Verlauf der Reaction erwarten sollte (vgl. S. 62), sondern auch Triphenylmethan[1].

Eine ähnliche Anomalie zeigt der Tetrachlorkohlenstoff bei der Einwirkung von Benzol und Aluminiumchlorid, indem er nicht, wie man erwarten sollte, gemäss der Gleichung

$$CCl_4 + 4\,C_6H_6 = C(C_6H_5)_4 + 4\,HCl$$

zum Tetraphenylmethan führt, sondern in anormaler Weise Triphenylmethan entstehen lässt[2]. Neuere Versuche[3] haben jedoch ergeben, dass das Triphenylmethan ein secundäres Produkt dieser Reaction darstellt, welches in Folge der angewandten hohen Temperatur aus dem zunächst in normaler Reaction gebildeten Triphenylchlormethan entsteht:

$$CCl_4 + 3\,C_6H_6 = CCl(C_6H_5)_3 + 3\,HCl.$$

Durch Einhalten geeigneter Reactionsbedingungen gelingt es, die Condensation so zu leiten, dass fast nur Triphenylchlormethan gebildet wird.

Triphenylmethan entsteht ferner bei der Aluminiumchloridsynthese aus Benzol und Pentachloräthan[4], sowie aus „Trichlormethyldichloroformiat"[5], $C_4H_3O_4Cl_5$, während das Perchlormethylformiat (Bd. I, S. 1043) zum Triphenylchlormethan führt[6]. Chloral und Benzol condensiren sich zu einem Gemenge, welches Triphenylmethan enthält[7].

Endlich sei noch die Bildung eines Gemenges von Triphenylmethan und Triphenylcarbinol aus Chlorpikrin (Bd. I. S. 624), Benzol und Aluminiumchlorid erwähnt, sowie die analoge Entstehung des Tritolylmethans und Tritolylcarbinols aus Toluol, Aluminiumchlorid und Chlorpikrin[8].

Von den angeführten Synthesen besitzt hauptsächlich die Darstellung des Triphenylmethans aus Chloroform, Benzol und Aluminiumchlorid ein praktisches Interesse. Sie stellt die bequemste Methode zur Gewinnung dieses Kohlenwasserstoffs dar.

Die zweite Gruppe von Synthesen, welche auf der Kuppelung zweier Benzolkerne mit einem an einem Benzolring haftenden Kohlenstoffatom

---

[1] Schwarz, Ber. **14**, 1526 (1881).

[2] Friedel u. Crafts, Compt. rend. **84**, 1453 (1877). — E. u. O. Fischer, Ann. **194**, 254 (1878), vgl. auch Willgerodt u. Genieser, J. pr. [2] **37**, 368, 370 (1888). — Waga, Ann. **282**, 330 (1894). — Hinsberg, Ber. **32**, 2422 (1899).

[3] Gomberg, Ber. **33**, 3144 (1900).

[4] Mouneyrat, Bull. [3] **19**, 557 (1898).

[5] Hentschel, J. pr. [2] **36**, 476 (1887).

[6] Hentschel, J. pr. [2] **36**, 311 (1887).

[7] Biltz, Ann. **296**, 259 (1897).

[8] Elbs, Ber. **16**, 1274 (1883). — Elbs u. Wittich, Ber. **18**, 347 (1885).

beruht, lässt sich in vielen Fällen mit Erfolg anwenden. Als Ausgangsmaterial benutzt man am besten Benzaldehyd oder dessen Substitutionsprodukte (vgl. S. 70). Um diese Verbindungen mit Benzolkohlenwasserstoffen zu condensiren, bedarf es eines condensirenden Mittels, als welches im Allgemeinen ebenso wie bei der Darstellung der Diphenylmethanderivate aus aliphatischen Aldehyden und Kohlenwasserstoffen der Benzolreihe concentrirte Schwefelsäure die besten Dienste leistet (vgl. S. 67). Doch hat sich gezeigt, dass dieses Mittel nicht im Stande ist, den Benzaldehyd selbst mit Benzol zu condensiren; dagegen findet beim Erhitzen von Benzaldehyd mit Benzol oder Toluol und Chlorzink auf 250—270° eine Condensation zu Triphenylmethan bezw. Phenylditolylmethan[1] statt:

$$C_6H_5-CHO + 2C_6H_6 = C_6H_5-CH{=}(C_6H_5)_2 + H_2O$$

$$C_6H_5-CHO + 2C_6H_5-CH_3 = C_6H_5-CH{=}(C_6H_4-CH_3)_2 + H_2O.$$

Während der Benzaldehyd nur bei extremen Temperaturen mit Benzolkohlenwasserstoffen condensirt werden kann, verläuft die analoge Reaction zwischen dem m- oder p-Nitrobenzaldehyd einerseits und Benzol oder Toluol andererseits mit grösserer Leichtigkeit; sie kann hier durch concentrirte Schwefelsäure hervorgerufen werden[2] und vollzieht sich bei gewöhnlicher Temperatur. Auch der 2.5-Dichlorbenzaldehyd lässt sich unter ähnlichen Bedingungen mit Benzol und Toluol zur Reaction bringen[3]. Man ist also im Stande, durch directe Synthese gewisse nitrirte und chlorirte Abkömmlinge des Triphenylmethans zu gewinnen, was für die Ortsbestimmung in der Triphenylmethanreihe von Wichtigkeit ist, da die Stellung der Substituenten in diesen Verbindungen durch die Constitution des Ausgangsmaterials gegeben ist.

Wird der Benzaldehyd bei dieser Synthese durch Terephtalaldehyd ersetzt, so entsteht ein Aldehyd der Triphenylmethanreihe[4].

Ganz analog diesen Synthesen mit Benzaldehyd verläuft die Condensation zwischen Benzalchlorid und aromatischen Kohlenwasserstoffen[5]. Die Reaction wird hier durch Aluminiumchlorid hervorgerufen, z. B.:

$$C_6H_5-CHCl_2 + 2C_6H_6 = C_6H_5-CH{=}(C_6H_5)_2 + 2HCl.$$

Substituenten im Kern des Benzalchlorids scheinen dessen Reactionsfähigkeit gegenüber dem Benzol nicht zu hemmen[6].

Als Substitutionsprodukte des Benzalchlorids können auch die folgenden Verbindungen aufgefasst werden:

---

[1] Griepentrog, Ber. **19**, 1776 (1886). Ann. **242**, 329 (1887).

[2] Tschacher, Ber. **21**, 188, 189 (1888). — Baeyer u. Löhr, Ber. **23**, 1621 (1890). — Stolz, D. R.-Pat. Nr. 40 340.

[3] Gnehm u. Schüle, Ann. **299**, 354, 355 (1898).

[4] Oppenheimer, Ber. **19**, 1847 (1886).

[5] Linebarger, Am. Journ. **13**, 556 (1891).

[6] Drory, Ber. **24**, 2572 (1891). — Genvresse, Bull. [3] **11**, 506 (1894). — Moses, Ber. **33**, 2630 (1900).

Saccharinchlorid, $C_6H_4\left<\begin{matrix}CCl_2\\SO_2\end{matrix}\right>NH$ und

o-Sulfobenzoësäurechlorid, $C_6H_4\left<\begin{matrix}CCl_2\\SO_2\end{matrix}\right>O$.

Auch sie vermögen zwei Benzolreste an Stelle der Chloratome in ihr Molecül aufzunehmen und so das Lactam bezw. das Lacton der 2-Sulfosäure des Triphenylcarbinols zu bilden[1]:

$C_6H_4\left<\begin{matrix}C(OH)=(C_6H_5)_2\\SO_3H\end{matrix}\right.$, $C_6H_4\left<\begin{matrix}C=(C_6H_5)_2\\SO_2\end{matrix}\right>NH$, $C_6H_4\left<\begin{matrix}C=(C_6H_5)_2\\SO_2\end{matrix}\right>O$.

Freie Säure — Lactam — Lacton

Ebenso wie bei der Condensation des Tetrachlorkohlenstoffs mit Benzol bei normalem Reactionsverlauf Tetraphenylmethan entstehen sollte, wäre beim Zusammenwirken des Benzotrichlorids mit Benzol gleichfalls die Bildung dieses Kohlenwasserstoffes zu erwarten. Aber hier wie dort ist der Reactionsverlauf ein abnormer, denn auch die Condensation des Benzotrichlorids mit Benzol liefert nur Triphenylmethan[2] an Stelle des vierfach phenylirten Methans.

Von den Diphenylmethanderivaten zeigt sich das Benzhydrol als das geeignetste Material zur Einführung eines weiteren Benzolrestes in die mittelständige Gruppe. Um Benzolkohlenwasserstoffe mit dem Benzhydrol zu vereinigen, erhitzt man die Componenten mit Phosphorpentoxyd[3]. Diese Reaction hat dadurch eine wenn auch beschränkte Bedeutung erlangt, dass sie auch mit Homologen sowohl des Benzols als auch des Benzhydrols ausführbar ist[4] und so zu methylirten Triphenylmethanen geführt hat, in denen die Stellung der Methylgruppen festgestellt werden konnte, was für die Erkennung der Constitution der Rosanilinfarbstoffe von Wichtigkeit war. Die Reaction zwischen dem Benzhydrol und dem Benzol lässt sich durch die folgende Gleichung ausdrücken:

$$C_6H_5-CH(OH)-C_6H_5 + C_6H_6 = \begin{matrix}C_6H_5-CH-C_6H_5\\|\\C_6H_5\end{matrix} + H_2O.$$

Endlich sei noch erwähnt, dass auch das Benzophenon in einem Falle zur Bildung des Triphenylcarbinols Verwendung gefunden hat, indem es der gleichzeitigen Einwirkung von Brombenzol und Natrium unterworfen wurde[5].

[1] Fritsch, Ber. **29**, 2296, 2299 (1896). — List u. Stein, Ber. **31**, 1664 (1898).

[2] Döbner u. Magatti, Ber. **12**. 1468 (1879). — Schwarz, Ber. **14**, 1528 (1881).

[3] Hemilian, Ber. **7**, 1204 (1874); **11**, 837 (1878); **16**, 2360 (1883); **19**, 3061, 3069 (1886). — E. u. O. Fischer, Ber. **11**, 613 (1878). — Vgl. Möhlau u. Klopfer, Ber. **32**, 2153, 2155 (1899).

[4] E. u. O. Fischer, Ann. **194**, 263 (1878). Ber. **11**, 197 (1878). — Elbs, Journ. pr. [2] **35**, 476, 484, 498 (1887).

[5] Frey, Ber. **28**, 2514, 2520 (1895).

Ausser nach den angeführten Synthesen sind das Triphenylmethan und seine Homologen auch durch Abbau complicirterer Körper[1], so namentlich ihrer Amidoderivate mittelst der Diazoreaction erhalten worden[2], worauf später ausführlicher zurückzukommen sein wird.

Triphenylmethan[3], $(C_6H_5)_3{\equiv}CH$, wurde zuerst von KEKULÉ und FRANCHIMONT aus Benzalchlorid und Quecksilberdiphenyl dargestellt. Es bildet glänzende dünne Blättchen und krystallisirt in drei verschiedenen Modificationen, schmilzt bei 92° und siedet bei 358—359° unter 754 mm Druck. Es löst sich leicht in heissem Alkohol, Aether und Chloroform, schwer in Eisessig und kaltem Alkohol. Aus Benzol krystallisirt es mit 1 Mol. Krystallbenzol in grossen, wasserhellen Krystallen, die an der Luft verwittern. Diese Krystalle schmelzen bei 76°. Mit Toluol vermag das Triphenylmethan kein analoges Additionsprodukt zu bilden, dagegen erhält man aus seiner Thiophenlösung Krystalle, welche 1 Mol. Thiophen enthalten. Mit Benzol und Aluminiumchlorid erwärmt, bildet es unter Abspaltung eines Benzolkerns Diphenylmethan.

Darstellung[4]: Ein wasserfreies Gemisch von 1000 g Benzol und 200 g Chloroform wird im Verlauf von 30—40 Minuten mit 100 g reinen Aluminiumchlorids in acht Portionen versetzt. Darauf kocht man noch eine Stunde am Rückflusskühler, schüttelt mit Wasser durch, hebt die Benzolschicht ab und destillirt diese.

Triphenylchlormethan[5], $(C_6H_5)_3{\equiv}CCl$, wird entweder aus Tetrachlorkohlenstoff, Benzol und Aluminiumchlorid unter Vermeidung zu hoher Temperatur (vgl. S. 110) oder aus Triphenylcarbinol und Phosphorpentachlorid erhalten. Es bildet bei 108—112° schmelzende Krystalle, welche von heissem Wasser sofort in Triphenylcarbinol und Salzsäure zerlegt werden, während Alkohol in analoger Weise Triphenylcarbinoläthyläther erzeugt. Der Ersatz des Chloratoms im Triphenylchlormethan durch einen vierten Benzolkern mittelst der FRIEDEL-CRAFTS'schen Reaction konnte nicht ausgeführt werden[6] (vgl. S. 110).

---

[1] THÖRNER u. ZINCKE, Ber. **11**, 67, 70 (1878).

[2] E. u. O. FISCHER, Ber. **9**, 891 (1876); **11**, 195 (1878). Ann. **194**, 284 (1878).

[3] KEKULÉ u. FRANCHIMONT, Ber. **5**, 907 (1872). — HEMILIAN, Ber. **7**, 1204 (1874). — FRIEDEL u. CRAFTS, Compt. rend. **84**, 1450 (1877). Ann. ch. [6] **1**, 489 (1884). — CRAFTS, Jb. **1878**, 67. — E. u. O. FISCHER, Ann. **194**, 252 (1878). — BÖTTINGER, Ber. **12**, 976 (1879). — MAGATTI, Ber. **12**, 1468 (1879). — LEHMANN, Jb. **1880**, 376. — GROTH, Jb. **1881**, 360. — SCHWARZ, Ber. **14**, 1516 (1881). — ELBS, Ber. **16**, 1274 (1883). — ALLEN u. KÖLLIKER, Ann. **227**, 107 (1885). — GRIEPENTROG, Ber. **19**, 1877 (1886). Ann. **242**, 329 (1887). — ANSCHÜTZ, Ann. **235**, 208, 335, 337 (1886). — HENTSCHEL, J. pr. [2] **36**, 476 (1887). — LINEBARGER, Am. chem. Journ. **13**, 556 (1891). — LIEBERMANN, Ber. **26**, 853 (1893). — BILTZ, Ber. **26**, 1961 (1893). Ann. **296**, 253 (1897). — WAGA, Ann. **282**, 329 (1894). — KRAFFT u. WEILANDT, Ber. **29**, 1326 (1896).

[4] BILTZ, Ber. **26**, 1961 (1893).

[5] HEMILIAN, Ber. **7**, 1207 (1874). — FRIEDEL u. CRAFTS, Ann. ch. [6] **1**, 502 (1884). — GOMBERG, Ber. **33**, 3144 (1900).

[6] WEISSE, Ber. **29**, 1403 (1896).

Zu einem sehr interessanten Ergebniss hat die Untersuchung der Einwirkung von Metallen auf Triphenylchlormethan[1] geführt. Nimmt man die Reaction — z. B. unter Anwendung von einer Benzollösung und von Zink als Halogenentzieher — unter sorgfältigstem Luftabschluss vor, so resultirt eine Lösung, welche beim Abdestilliren unter Luftabschluss einen krystallinisch erstarrenden Rückstand liefert. Die so erhaltene Substanz, welche ihrer Sauerstoffgier wegen bisher nicht in analysenfähigen Zustand gebracht werden konnte, zeigt in höchstem Masse die Eigenschaften einer ungesättigten Verbindung; mit Jod reagirt sie in Lösung schon bei 0° glatt unter Bildung von Triphenyljodmethan; durch den atmosphärischen Sauerstoff wird sie in eine schwer lösliche krystallinische Verbindung vom Schmelzpunkt 185—186° übergeführt. Dieses Oxydationsprodukt erweist sich dadurch, dass es auch aus Triphenylchlormethan durch Umsetzung mit Natriumsuperoxyd gewonnen werden kann und durch Einwirkung von conc. Schwefelsäure in Triphenylcarbinol übergeht, unzweifelhaft als Triphenylmethyl-Peroxyd $(C_6H_5)_3C—O—O—C(C_6H_5)_3$.

Was ist nun das ursprüngliche Produkt der Reaction? Das normale Produkt der Halogen-Entziehung:

$$2(C_6H_5)_3CCl + Zn = ZnCl_2 + (C_6H_5)_3C\cdot C(C_6H_5)_3$$

wäre Hexaphenyläthan; man hat den Kohlenwasserstoff dieser Constitution bisher nicht kennen gelernt; allein man wird es kaum für wahrscheinlich halten, dass die beiden Aethankohlenstoffatome seines Molecüls eine solche Bereitschaft zur Trennung zeigen, wie sie die Erklärung obiger Reactionen verlangen würde. Dagegen wäre das Verhalten der Substanz durchaus erklärlich, wenn in ihr das freie Radical **„Triphenylmethyl“** $(C_6H_5)_3C—$ vorliegt:

$$(C_6H_5)_3C— + J = (C_6H_5)_3C\cdot J$$
$$2(C_6H_5)_3C— + O_2 = (C_6H_5)_3C\cdot O\cdot O\cdot C(C_6H_5)_3.$$

Dann wäre sie das erste Beispiel einer Verbindung, in welcher ein Kohlenstoffatom nicht mehr als drei einwerthige Reste bindet, also gewissermassen dreiwerthig fungirt. Dass gerade in diesem Falle ein solches „freies Radical“ existenzfähig ist, könnte dem Umstand zugeschrieben werden, dass die drei Phenylgruppen zu viel Raum um das Kohlenstoffatom einnehmen, um noch die Einführung einer vierten so complicirten Gruppe, wie sie die Bildung des als Reactionsprodukt zu erwartenden Hexaphenyläthans erfordern würde, zuzulassen. Eine solche Deutung wird auch durch andere Beobachtungen nahe gelegt; so sei auf die Schwierigkeiten hingewiesen, denen man bei den Versuchen zur Gewinnung von Tetraphenylmethan (vgl. dieses) begegnete.

Triphenylbrommethan[2], $(C_6H_5)_3\equiv CBr$, entsteht bei der directen Einwirkung von Brom auf Triphenylmethan; es bildet hellgelbe, bei 152°

[1] Gomberg, Ber. **33**, 3150 (1900). [2] Schwarz, Ber. **14**, 1520 (1881).

schmelzende Krystalle. Gegen siedendes Wasser zeigt es sich beständiger als die Chlorverbindung, doch lässt es sich durch Kochen mit Eisessig und darauffolgendes Behandeln mit Wasser gleichfalls in Triphenylcarbinol umwandeln. Bei der Einwirkung von Ammoniak, Cyankalium oder Rhodankalium findet ein Ersatz des Bromatoms durch die Amido-, Cyan- oder Rhodan-Gruppe statt.

Triphenyljodmethan[1], $(C_6H_5)_3CJ$, ist sehr unbeständig, schmilzt bei ca. 135°.

3- und 4-Nitrotriphenylmethan[2], $(C_6H_5)_2{=}CH{-}C_6H_4\cdot NO_2$, entstehen aus m- bezw. p-Nitrobenzaldehyd und Benzol bei der Einwirkung concentrirter Schwefelsäure.

4.4'.4''-Trinitrotriphenylmethan[3], $(NO_2{-}C_6H_4)_3{\equiv}CH$, ist das directe Einwirkungsprodukt starker Salpetersäure auf Triphenylmethan. Es bildet Krystallschuppen vom Schmelzpunkt 203°. Durch Reductionsmittel wird es in die Triamidoverbindung, das Paraleukanilin, übergeführt. Auf dieser Umwandlung beruht eine diagnostische Reaction auf Triphenylmethan.

Tabelle Nr. 74.

Formel	Gebräuchliche Bezeichnung	Rationelle Bezeichnung	Stellung der Substituenten	Schmelzpunkt
$C_{20}H_{18}$	Diphenyl-m-tolylmethan[1–3]	*Methyltriphenylmethan* . .	3	59—59·5° (62°)
„	Diphenyl-p-tolylmethan[4,5]	„ „ . .	4	71°
$C_{21}H_{20}$	Phenylditolylmethan[8] . .	*Dimethyltriphenylmethan* .	3.3'	35°
„	„ „ [6,7] . .	„ „ . .	4.4' ?	55—56°
„	Diphenyl-o-xylylmethan[8] .	„ „	3.4	68·5°
„	Diphenyl-m-xylylmethan[8]	„ „	2.4	61·5°
„	Diphenyl-p-xylylmethan[9] .	„ „	2.5	92°
$C_{22}H_{22}$	Tritolylmethan[8,10] . . .	*Trimethyltriphenylmethan* .	3.3'.3''	73°
$C_{23}H_{24}$	Phenyldi-p-xylylmethan[11]	*Tetramethyltriphenylmethan*	2.5 2'.5'	92·5°
$C_{25}H_{28}$	Tri-p-xylylmethan[11] . . .	*Hexamethyltriphenylmethan*	2.5 2'.5' 2''.5''	188°
„	Phenyl-p-xylyl-p-cymylmethan[11]	*Trimethyl-isopropyltriphenylmethan*	2.5 2'.5'	Oel

[1] E. u. O. Fischer, Ann. **194**, 282 (1878). — [2] Hemilian, Ber. **16**, 2368 (1883). — [3] Rosenstiehl u. Gerber, Ann. ch. [6] **2**, 342, 349, 353 (1884). — [4] Hemilian, Ber. **7**, 1209 (1874). — [5] E. u. O. Fischer, Ann. **194**, 263 (1878). — [6] Thörner u. Zincke, Ber. **11**, 70 (1878). — [7] Griepentrog, Ann. **242**, 332 (1887). — [8] Hemilian, Ber. **19**, 3061, 3070 (1886). — [9] Hemilian, Ber. **16**, 2360 (1883). — [10] Elbs u. Wittich, Ber. **18**, 347 (1885). — [11] Elbs, J. pr. [2] **35**, 476, 484, 498 (1887).

[1] Gomberg, Ber. **33**, 3158 (1900).
[2] Tschacher, Ber. **21**, 188 (1888). — Baeyer u. Löhr, Ber. **23**, 1621 (1890).
[3] E. u. O. Fischer, Ann. **194**, 254 (1878).

Triphenylmethantrisulfosäure [1], $(SO_3H—C_6H_4)_3CH$, ist das directe Sulfurirungsprodukt des Triphenylmethans. Das Bariumsalz hat die Formel $Ba_3(C_{19}H_{13}S_3O_9)_2 + 8H_2O$; es bildet feine, wasserlösliche Nadeln.

Triphenylcarbinol [2], *Triphenylmethanol*, $(C_6H_5)_3{\equiv}C—OH$, entsteht bei der Oxydation des Triphenylmethans mit Chromsäuregemisch oder aus den Triphenylhalogenmethanen beim Behandeln mit Wasser. Es schmilzt bei 159° und destillirt unzersetzt oberhalb 360°, löst sich leicht in Alkohol, Aether und Benzol. Bei der Einwirkung von Benzol und Phosphorpentoxyd liefert es nicht Tetraphenylmethan, sondern Triphenylmethan und Diphenyl. Der Methyläther, $(C_6H_5)_3{\equiv}C—OCH_3$, Schmelzpunkt 82° und der Aethyläther, $(C_6H_5)_3{\equiv}C—OC_2H_5$, Schmelzpunkt 83°, entstehen aus dem Triphenylchlormethan durch Kochen mit Methyl- oder Aethylalkohol. Ueber das entsprechende Peroxyd vgl. S. 114.

Die Homologen des Triphenylmethans sind in der Tabelle Nr. 74 auf S. 115 zusammengestellt. Die Siedepunkte dieser Kohlenwasserstoffe liegen fast sämmtlich, soweit sie bekannt sind, oberhalb 360°.

Von Homologen des Triphenylcarbinols sei erwähnt das **Diphenyl-m-tolylcarbinol** oder **3-Methyltriphenylcarbinol**

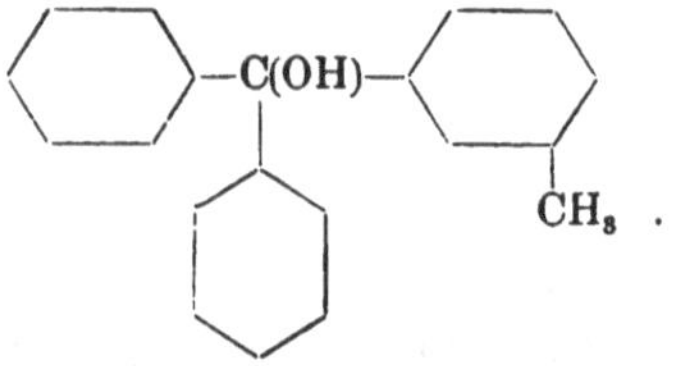

Dieser Körper vom Schmelzpunkt 150° stellt die Muttersubstanz des später zu besprechenden Rosanilins dar. Man gewinnt ihn durch Oxydation des entsprechenden Diphenyltolylmethans mit Chromsäure und Essigsäure [3].

Amidoderivate der Triphenylmethanreihe.

Zu den wichtigsten Verbindungen der Triphenylmethanreihe gehören die amidirten Triphenylmethankohlenwasserstoffe und die durch Oxydation derselben erhältlichen Amidotriphenylcarbinole. Unter den amidirten Triphenylmethanen beanspruchen diejenigen ein besonderes Interesse, welche sich als sogenannte Leukoverbindungen (vgl. Bd. II, Th. I, S. 271) basischer Farbstoffe darstellen, z. B. das Paraleukanilin:

$$NH_2—C_6H_4—\underset{\large C_6H_4—NH_2}{\underset{|}{CH}}—C_6H_4—NH_2 \ .$$

Die Oxydation dieser Leukokörper liefert die den Farbstoffen zu Grunde

[1] Kekulé u. Franchimont, Ber. **5**, 908 (1872).

[2] Hemilian, Ber. **7**, 1206 (1872). — E. u. O. Fischer, Ann. **194**, 271 (1878). Ber. **14**, 1944 (1881). — Groth, Jb. **1881**, 518. — Elbs, Ber. **16**, 1274 (1883). — Friedel u. Crafts, Ann. ch. [6] **1**, 500 (1884). — Hentschel, J. pr. [2] **36**, 311 (1887). — Frey, Ber. **28**, 2516, 2520 (1895). — Weisse, Ber. **29**, 1403 (1896).

[3] E. u. Fischer, Ann. **194**, 283 (1878).

liegenden Basen, welche Abkömmlinge des Triphenylcarbinols sind. So entsteht z. B. aus dem oben angeführten Paraleukanilin das Pararosanilin:

$$NH_2-C_6H_4-C(OH)-C_6H_4-NH_2$$
$$|$$
$$C_6H_4-NH_2$$

Diese basischen Triphenylcarbinolderivate besitzen in freiem Zustande nicht den Charakter von Farbstoffen, sie gehen aber bei der Behandlung mit Säuren in die Farbstoffe über, von denen als die wichtigsten zu nennen sind das Fuchsin und seine Abkömmlinge und das Malachitgrün.

Aber nicht alle Amidotriphenylmethane sind Leukoverbindungen; nur diejenigen lassen sich zu Farbstoffbasen oxydiren, welche mindestens zwei Amidogruppen enthalten, und zwar müssen diese Amidogruppen in Parastellungen zu dem gemeinsamen Kohlenstoffatom stehen[1].

Die denkbar einfachste Leukoverbindung dieser Reihe ist mithin das 4.4'-Diamidotriphenylmethan

$$NH_2-C_6H_4-CH-C_6H_4-NH_2$$
$$|$$
$$C_6H_5$$

Die von dieser Base sich ableitenden Farbstoffe sind violett, besitzen aber wegen ihrer geringen Echtheit kein technisches Interesse. Durch Hinzutreten einer dritten Amidogruppe in der Stellung 4'' entsteht das 4.4'.4''-Triamidotriphenylmethan oder Paraleukanilin (s. o.), von dem sich rothe Farbstoffe (das Parafuchsin) ableiten. Der Eintritt anderer Substituenten, wie z. B. der Nitrogruppe, in den Triphenylmethankern ist ohne Einfluss auf die Nuance der entstehenden Farbstoffe; von wesentlichem Einfluss auf die Farbe ist dagegen die Einführung von Alkylgruppen in die primären Amidogruppen des Farbstoffmolecüls. Die violetten Farbstoffe, welche sich vom 4.4'-Diamidotriphenylmethan ableiten, verwandeln sich durch vollständige Alkylirung in sehr werthvolle grüne Farbstoffe, zu denen das Malachitgrün gehört, welchem die folgende Leukoverbindung zu Grunde liegt:

$$(CH_3)_2N-C_6H_4-CH-C_6H_4-N(CH_3)_2$$
$$|$$
$$C_6H_5$$

Die rothen Fuchsine liefern bei der Alkylirung violette Farbstoffe, von denen der wichtigste das Methylviolett ist, während die Einführung von Phenylgruppen in das Fuchsinmolecül zu dem technisch äusserst werthvollen Anilinblau führt.

Sobald dagegen eine Amidogruppe acylirt wird[2] oder durch Addition von Halogenalkyl in die Ammoniumsalzgruppe übergeht[3], verliert

[1] O. Fischer, Ber. **11**, 952 (1878); **13**, 809 (1880). — O. Fischer u. Ziegler, Ber. **13**, 673, 674 (1880). — Ullmann, Ber. **18**, 2094 (1885). — Vaubel, J. pr. [2] **50**, 347 (1894).

[2] O. Fischer u. German, Ber. **16**, 709 (1883).

[3] E. u. O. Fischer, Ber. **12**, 2344 (1879). — Lefèvre, Bull. [3] **13**, 249 (1895).

sie ihren Einfluss auf die Farbennuance; dies zeigt sich z. B. beim Uebergang des Hexamethylparafuchsins oder Krystallviolетts in sein Monojodmethylat. Das letztere ist nämlich gleich wie das Malachitgrün ein grüner Farbstoff, der unter dem Namen Jodgrün oder Nachtgrün bekannt ist. Das Jodgrün leitet sich von folgender Leukoverbindung ab:

$$\begin{array}{c}(CH_3)_2N-C_6H_4-CH-C_6H_4-N(CH_3)_2 \\ | \\ C_6H_4-[N(CH_3)_3J]\end{array}.$$

Dass dieser Farbstoff eine grüne Nuance aufweist, erklärt sich aus der Indifferenz der in obiger Formel eingeklammerten Ammoniumjodidgruppe. Denken wir uns diese Gruppe durch Wasserstoff ersetzt, so gelangen wir zu der Leukoverbindung des Malachitgrüns (s. o.), also zu einer Base, welche gleichfalls grüne Farbstoffe liefert.

Die Geschichte der basischen Triphenylmethan-Farbstoffe beginnt mit der Beobachtung, dass „Anilinöle" bei gewissen Behandlungsweisen rothe Färbungen geben; diese Beobachtung wurde zuerst von A. W. Hofmann im Jahre 843 gemacht[1], aber erst zu Ende des Jahres 1857 erschien als erstes Handelsproduct auf diesem Gebiet eine alkoholische Lösung des von W. H. Perkin durch Oxydation von Anilinsulfat mit chromsaurem Kali hergestellten, als „Mauve", „Anilin- oder Perkins Violett" bezeichneten Farbstoffs auf dem englischen Markt[2]. Im Jahre 1859 wurde dann in Frankreich ein Verfahren patentirt, welches die Darstellung eines rothen Farbstoffes aus Anilinöl durch Oxydation mit Zinnchlorid zum Gegenstand hatte. Dieses von Verguin[3] erfundene Verfahren wurde von der Lyoner Firma Renard frères und Franc zum Patent angemeldet, und der dabei entstehende Farbstoff erhielt wegen der Aehnlichkeit seiner Nuance mit der Farbe der Fuchsiablüthe den Namen Fuchsin. Bald darauf wurden einige andere Darstellungsverfahren desselben Farbstoffes bekannt, bei denen verschiedene Oxyd- und Oxydul-Salze des Zinns und Quecksilbers an Stelle des Zinnchlorids Verwendung fanden[4]. Diese Oxydationsmittel sind heute vollständig verdrängt, an ihrer Stelle benutzt man bei der Fuchsindarstellung nur entweder Arsensäure nach einem Verfahren, welches im Jahre 1860 Medlock[5] patentirt und in England von Nicholson, in Frankreich von Girard und de Laire[6] eingeführt wurde, oder man oxydirt das Anilinöl mit Nitrobenzol unter Zugabe von Eisenfeile nach einem im Jahre 1869 von Coupier ausgebildeten Verfahren[7].

---

[1] Ann. **47**, 73 (1843).

[2] Vgl. Caro, Entwicklung d. Theerfarben-Industrie, Ber. **25**, 1023 ff. (1892).

[3] Jb. **1859**, 757. — Renard, Franz. Pat. Nr. 22 706 v. 8. 4. 1859.

[4] Jb. **1860**, 720.

[5] Engl. Pat. Nr. 126 v. 18. 1. 1860.

[6] Franz. Pat. Nr. 25 046 v. 1. 5. 1860. — Jb. **1860**, 721.

[7] Jb. **1869**, 1162. — Brüning, Ber. **6**, 25 (1873). — Vgl. auch Laurent u. Castelhaz, Jb. **1862**, 693.

In den Jahren 1862—1863 veröffentlichte HOFMANN die Resultate einer eingehenden Untersuchung der dem Fuchsin zu Grunde liegenden Base, für welche er den Namen Rosanilin einführte[1]. Durch diese Arbeiten wurde die Zusammensetzung des Rosanilins und seiner salzartigen Verbindungen sichergestellt und ferner die wichtige Beobachtung gemacht, dass vollkommen reines, aus Benzol synthetisch dargestelltes Anilin kein Fuchsin liefert, dass vielmehr zum Gelingen dieser Reaction die Anwesenheit anderer Basen — wie sich später zeigte, des o- und p-Toluidins[2] — in dem Anilinöl erforderlich ist.

Dass nicht nur Oxydationsmittel das Anilin in einen rothen Farbstoff verwandeln, sondern dass die Reaction auch eintritt, wenn man die Base mit den mehrfach gechlorten Verbindungen der Fettreihe behandelt, wurde im Jahre 1856 von NATHANSON gefunden[3], welcher aus Aethylenchlorid und Anilin einen Farbstoff erhielt, während HOFMANN im Jahre 1858 das Aethylenchlorid durch Tetrachlorkohlenstoff ersetzte[4].

Der Uebergang des Fuchsins in einen blauen Farbstoff, das Anilinblau, beim Erhitzen mit Anilin wurde 1862 von GIRARD und DE LAIRE aufgefunden[5], und HOFMANN erkannte 1863, dass in dem Anilinblau ein dreifach phenylirtes Fuchsin vorliege[6]. 1867 lehrten darauf GIRARD und DE LAIRE die Darstellung des Anilinblaus aus Diphenylamin bezw. seinen Homologen und Tetra- oder Hexachlorkohlenstoff[7].

Die Bildung violetter Farbstoffe durch Alkylirung des Fuchsins wurde zuerst 1862 von HOFMANN aufgefunden[8]; dieser Entdeckung folgte später die Beobachtung der Bildung grüner Farbstoffe durch Addition von Halogenalkylen an diese alkylirten Fuchsine[9]. Wichtiger als diese Farbstoffe sind die entsprechenden Derivate des Parafuchsins, zu denen das 1861 von LAUTH entdeckte Methylviolett und das Methylgrün gehören[10].

Die Constitution der Farbstoffe der Fuchsin- und Parafuchsin-Reihe ist lange Zeit unbekannt geblieben; erst in den Jahren 1876—1878 wurde die Constitution der dieser Gruppe zu Grunde liegenden Verbindungen

---

[1] Compt. rend. **54**, 428 (1862); **56**, 1034 (1863); **57**, 1131 (1863). — Jb. **1862**, 347; vgl. Ann. **98**, 296 (1856).

[2] ROSENSTIEHL, Ann. ch. [5] **8**, 176 (1876).

[3] Ann. **98**, 297 (1856).

[4] Jb. **1858**, 351.

[5] Jb. **1862**, 696.

[6] Compt. rend. **56**, 945 (1863); **57**, 25 (1863). Jb. **1863**, 417.

[7] Jb. **1867**, 963. Bull. [2] **7**, 363 (1867).

[8] Compt. rend. **54**, 428 (1862); **56**, 1033 (1863); **57**, 1131 (1863). Jb. **1862**, 347; vgl. Ber. **6**, 263 (1873).

[9] HOFMANN u. GIRARD, Ber. **2**, 447 (1869).

[10] HOFMANN, Ber. **6**, 352 (1873); **18**, 767 (1885). — E. u. O. FISCHER, Ber. **11**, 2095 (1878); **12**, 798 (1879). — O. FISCHER u. GERMAN, Ber. **16**, 706 (1883). — O. FISCHER u. KÖRNER, Ber. **16**, 2904 (1883); **17**, 98 (1884). — WICHELHAUS, Ber. **16**, 2085 (1883); **19**, 365 (1886).

durch die Untersuchungen von Emil und Otto Fischer aufgeklärt[1] (vgl. S. 125ff.) und das Triphenylmethan als ihr Stammkohlenwasserstoff erkannt.

Mit der Entdeckung des Malachitgrüns durch O. Fischer[2] und Döbner[3] im Jahre 1878 schliesst die Reihe der grundlegenden Synthesen in der Gruppe der basischen Triphenylmethanfarbstoffe ab.

Seit jener Zeit ist eine grosse Anzahl von Methoden zur Darstellung der amidirten Triphenylmethane und Triphenylcarbinole bekannt geworden; eine grosse Zahl derselben hat auch technische Verwerthung gefunden, doch hat bisher keine dieser Synthesen den seit so lange bekannten „Fuchsinprocess“, der in der directen Oxydation von Anilinölen besteht (S. 118), in der Praxis zu verdrängen vermocht.

Von Verbindungen der aliphatischen Reihe hat man z. B. ausser dem schon erwähnten Tetra- und Hexachlorkohlenstoff und dem gleichfalls schon genannten Aethylenchlorid auch Chloral[4], Phosgen[5], Chlorameisensäureester[6], Jodoform[7], Oxalsäure[8], Orthoameisenäther[9] und das Sesquichlorhydrat der Blausäure[10] benutzt, um daraus durch Condensation mit aromatischen Aminen Amidotriphenylmethane und deren Derivate zu gewinnen; doch haben alle diese Processe keinen wesentlichen Werth für die Entwickelung der Chemie der Triphenylmethanverbindungen erlangt.

Unter den Benzolderivaten sind — ausser den aromatischen Aminen — von grösserer Bedeutung für die Herstellung der sogenannten Leukoverbindungen, d. h. der mehrfach amidirten Triphenylmethankörper, hauptsächlich der Benzaldehyd und seine Substitutionsprodukte sowie das Benzalchlorid und seine Abkömmlinge.

Der Benzaldehyd (Bd. II, Th. I, S. 481) besitzt die Fähigkeit, mit zwei Molecülen einer aromatischen Base zu einem Diamidotriphenylmethan zusammenzutreten. Am leichtesten geht diese Reaction mit tertiären Basen vor sich, so entsteht aus Benzaldehyd und Dimethylanilin das Tetramethyldiamidotriphenylmethan[11]:

$$C_6H_5-CHO + 2C_6H_5-N(CH_3)_2 = C_6H_5-CH{=}[C_6H_4-N(CH_3)_2]_2 + H_2O.$$

Der durch diese Gleichung wiedergegebene Vorgang ist von technischer Bedeutung. Man benutzt ihn zur Darstellung des Malachitgrüns, welches durch Oxydation aus dem Tetramethyldiamidotriphenylmethan hervorgeht.

---

[1] Ber. **9**, 891 (1876); **11**, 195, 473, 612, 1079, 1598 (1878). Ann. **194**, 242 (1878).

[2] Ber. **11**, 950 (1878).

[3] Ber. **11**, 1236 (1878). — Act.-Ges. f. Anilinfabr. D. R.-Pat. Nr. 4322.

E. u. O. Fischer, Ber. **11**, 2097 (1878).

[5] Heydrich, Ber. **19**, 758 (1886).

[6] Hofmann, Ber. **18**, 767 (1885).

[7] Nölting, Ber. **22**, 2579 (1889).

[8] Hausdörfer, Ber. **23**, 1961 (1890).

[9] O. Fischer u. Körner, Ber. **17**, 98 (1884). — Nölting, Ber. **24**, 561, 562 (1891).

[10] Gattermann u. Schnitzspahn, Ber. **31**, 1774 (1898).

[11] O. Fischer, Ber. **11**, 950 (1878); **12**, 1685 (1879). Ann. **206**, 122 (1881). — E. u. O. Fischer, Ber. **12**, 796 (1879). — Wedekind, Ann. **307**, 147 (1899). — Vgl. auch Meldola, Journ. Soc. **41**, 192 (1882). — Friedländer, Ber. **22**, 588 (1889). — Nölting, Ber. **24**, 557 (1891).

Als Condensationsmittel wendet man bei dieser wie bei den analogen Reactionen vorzugsweise Chlorzink an. Es hat sich nachweisen lassen (vgl. S. 127), dass bei allen diesen Condensationen der Rest des Benzaldehyds in die Parastellung zur Amidogruppe der aromatischen Base eingreift; dem genannten Tetramethyldiamidotriphenylmethan kommt z. B. die folgende aufgelöste Formel zu:

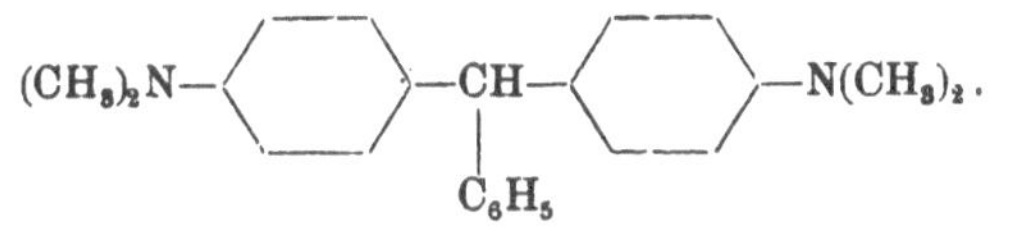

Etwas schwieriger verläuft die Condensation zwischen dem Benzaldehyd und primären Basen[1]; hier ist das Zustandekommen einer Vereinigung beider Componenten zu einem Triphenylmethanderivat davon abhängig, dass die Base in Gestalt eines Salzes verwendet wird, da andernfalls der Benzaldehydrest lediglich mit der Amidogruppe unter Bildung von Benzylidenanilin, $C_6H_5-CH{=}N-C_6H_5$ (vgl. Bd. II, Th. I, S. 515), reagirt. Wendet man salzsaures Anilin an Stelle der freien Base an, so findet sowohl die Triphenylmethancondensation, als auch — in Folge des Entweichens von Salzsäure während der Reaction unter Bildung freier Amidogruppen — der Eintritt der Benzylidengruppe in letztere statt, und es entsteht mithin ein Dibenzylidendiamidotriphenylmethan der Formel

$$C_6H_5-CH{=}(C_6H_4-N{=}CH-C_6H_5)_2 .$$

Diese Verbindung zerfällt beim Behandeln mit Säuren in Benzaldehyd und Diamidotriphenylmethan; ihre Entstehung lässt sich jedoch vermeiden, wenn an Stelle des salzsauren Anilins ein Salz des Anilins mit einer nicht flüchtigen Säure, z. B. Schwefelsäure angewendet wird. In diesem Falle verläuft die Reaction unter Bildung von Diamidotriphenylmethansulfat:

$$C_6H_5-CHO + (C_6H_5-NH_2)_2H_2SO_4 = C_6H_5-CH{=}(C_6H_4-NH_2)_2H_2SO_4 + H_2O.$$

Das entstehende Diamin enthält die Amidogruppen in den Stellungen 4 und 4′ (vgl. S. 127).

Auch solche aromatischen Basen, in denen die p-Stellung zur Amidogruppe besetzt ist, vermögen mit Benzaldehyd zu Triphenylmethanabkömmlingen zusammenzutreten[2]. Die Stellung, welche in diesem Falle der Benzaldehydrest in Beziehung zu den Amidogruppen einnimmt, scheint abhängig zu sein von den Bedingungen, unter denen die Condensation vorgenommen wird. Erhitzt man z. B. p-Toluidin mit salzsaurem p-Toluidin und Benzaldehyd, so bildet sich das 2.2′-Diamido-5.5′-dimethyltriphenylmethan:

[1] O. Fischer, Ber. **12**, 1693 (1879); **13**, 665, 807 (1880); **15**, 676 (1882). — Ullmann, Ber. **18**, 2094 (1885). J. pr. [2] **36**, 249, 252, 255 (1887).

[2] Ullmann, Ber. **18**, 2094 (1885). J. pr. [2] **36**, 255 (1887).

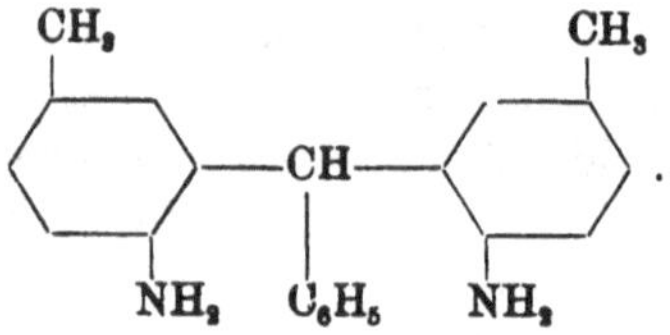

Die Constitution dieser Verbindung ergiebt sich mit Wahrscheinlichkeit daraus, dass die Base, mit Zinkstaub destillirt, in Methylacridin und p-Toluidin zerfällt:

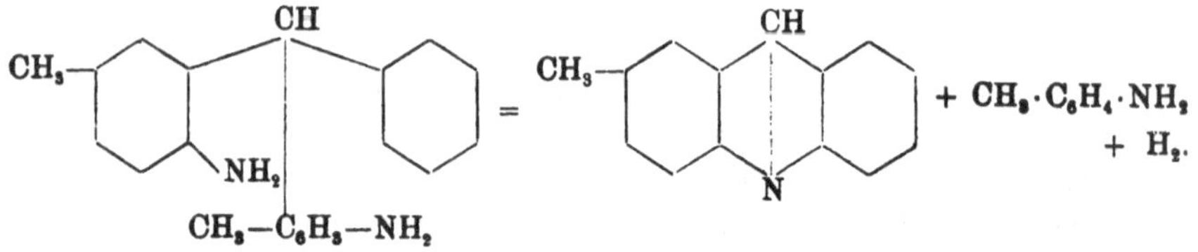

Dem in analoger Weise aus p-Nitrobenzaldehyd und p-Toluidin bei Gegenwart von Salzsäure entstehenden p-Nitrodiamidodimethyltriphenylmethan wird man mithin die der obigen Formel analoge Constitution:

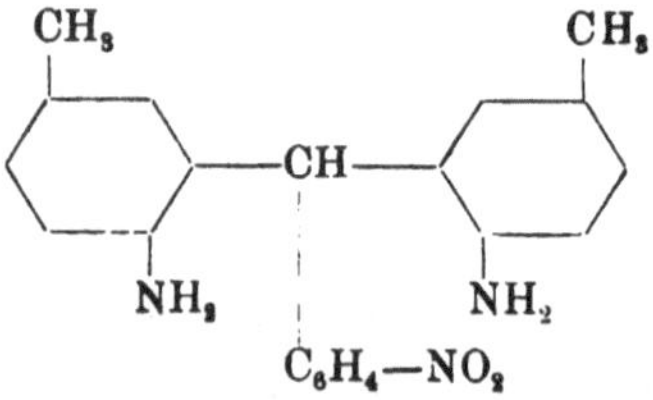

zuschreiben müssen.

Wird dagegen der p-Nitrobenzaldehyd mit p-Toluidin und concentrirter Schwefelsäure bei gewöhnlicher Temperatur behandelt, so entsteht ein Isomeres der vorigen Substanz[1]. Die so gebildete Verbindung ist vielleicht — ein Beweis dafür steht freilich noch aus — durch Eintritt des Aldehydrestes in die Meta-Stellung zu den Amidogruppen entstanden, also als Nitroderivat des 5.5'-Diamido-2.2'-dimethyltriphenylmethans:

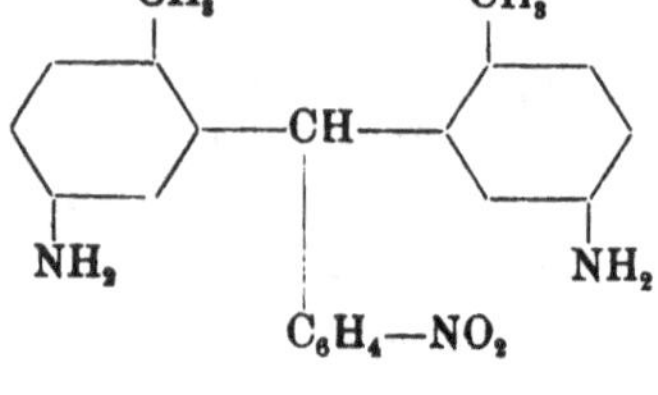

zu formuliren.

Ein eigenthümliches Verhalten zeigen die in Meta-Stellung zur Amidogruppe durch Methyl oder Halogene substituirten primären Amine gegenüber dem Benzaldehyd, indem sie sich mit diesem nicht zu Triphenylmethanen zu condensiren vermögen, während die entsprechenden tertiären

[1] Bischler, Ber. **20**, 3302 (1887); **21**, 3207 (1888).

Basen diese Schwierigkeit nicht erkennen lassen [1]. Die Reactionsunfähigkeit der primären m-substituirten Basen, welche übrigens von der Natur des Substituenten abhängig ist, kann wohl auf eine sterische Hinderung zurückgeführt werden; in den zu bildenden Triphenylmethankörpern würden zwei Substituenten zweier Benzolkerne in Ortho-Stellung zu der verkettenden Methenylgruppe sich befinden; dass ein Widerstand gegen solche Atomgruppirungen besteht, wird auch durch andere Erfahrungen (vgl. Bd. II, Th. I, S. 404) angedeutet.

Synthesen mit Benzaldehyd und seinen Derivaten einerseits und aromatischen Basen andererseits sind in grosser Zahl bekannt geworden; von solchen Benzaldehydderivaten seien noch die folgenden erwähnt: o-, m- und p-Nitrobenzaldehyd [2, 3, 4], p-Chlor- und 2 5-Dichlorbenzaldehyd [5], Benzaldehyd-o-sulfosäure [6], p-Dimethylamidobenzaldehyd [7], Cuminol [8], Vanillin [9] und endlich die Phenylglyoxylsäure [10] und das Acetophenon [11], welche als in der Seitenkette substituirte Benzaldehyde aufgefasst werden können.

An Stelle des Benzaldehyds und seiner Abkömmlinge lassen sich mit dem gleichen Erfolg auch das Benzalchlorid (Bd. II, Th. I, S. 119, 122) und seine Derivate zur Darstellung diamidirter Triphenylmethankörper benutzen [12]. In diesem Falle verläuft die Reaction oft spontan ohne Anwendung eines Condensationsmittels oder unter Verwendung verschiedener condensirender Agentien, wie Zinkstaub oder Chlorzink. Die Condensation zwischen Benzalchlorid und Anilin lässt sich durch die folgende Gleichung wiedergeben:

$$C_6H_5{-}CHCl_2 + 2C_6H_5NH_2 = C_6H_5{-}CH{:}(C_6H_4NH_2HCl)_2.$$

Auch das Benzalbromid, Benzylidenanilin (Bd. II, Th. I, S. 515) und

[1] Kock, Ber. **20**, 1562 (1887).

[2] O. Fischer, Ber. **15**, 682 (1882). — Renouf, Ber. **16**, 1304 (1883). — O. Fischer u. Schmidt, Ber. **17**, 1889, 1893 (1884). — Nölting, Ber. **24**, 561 (1891).

[3] E. u. O. Fischer, Ber. **12**, 802 (1879). — O. Fischer u. Ziegler, Ber. **13**, 671 (1880). — Bischler, Ber. **21**, 3214, 3216 (1888). — Nölting, Ber. **24**, 559 (1891).

[4] O. Fischer u. Greiff, Ber. **13**, 670 (1880). — E. u. O. Fischer, Ber. **13**, 2206 (1880). — O. Fischer, Ber. **15**, 677, 680 (1882). — Zimmermann u. Müller, Ber. **17**, 2936 (1884). — Käswurm, Ber. **19**, 746 (1886). — Bischler, Ber. **20**, 3302 (1887); **21**, 3213, 3215 (1888). — Friedländer, Ber. **22**, 589 (1889). — Nölting, Ber. **24**, 558, 559 (1891). — Nölting u. Schwartz, ebenda, 3139.

[5] Käswurm, Ber. **19**, 742 (1886). — Gnehm u. Bänziger, Ber. **29**, 875 (1896). Ann. **296**, 62 (1897). — Gnehm u. Schüle, Ann. **299**, 351 (1898).

[6] Geigy & Co., D. R.-Pat. Nr. 89 397.

[7] Boessneck, Ber. **19**, 365 (1886).

[8] O. Fischer, Ber. **12**, 1689 (1879).

[9] O. Fischer u. Schmidt, Ber. **17**, 1895 (1884).

[10] Homolka, Ber. **18**, 987 (1885).

[11] Döbner u. Petschow, Ann. **242**, 336 (1887).

[12] Böttinger, Ber. **11**, 276, 840 (1878); **12**, 976 (1879). — O. Fischer, Ber. **11**, 950 (1878); **13**, 669 (1880). — Meldola, Journ. Soc. **41**, 192 (1882). — Wedekind, Ann. **307**, 136 (1899). — Farbwerke Höchst a./M., D. R.-Pat. Nr. 23 784.

andere Abkömmlinge des Benzaldehyds reagiren in der beschriebenen Weise mit aromatischen Aminen[1].

Von Diphenylmethanabkömmlingen ist in erster Linie wieder das Benzhydrol (S. 87—88) zu nennen, welches ebenso wie für die Darstellung der Kohlenwasserstoffe der Triphenylmethanreihe (vgl. S. 107, 112) auch zur Gewinnung der Amidoderivate derselben dienen kann. Bei der Condensation mit salzsaurem Anilin unter Zuhülfenahme von Chlorzink bildet das Benzhydrol salzsaures 4-Amidotriphenylmethan[2]:

$$C_6H_5{-}CH(OH){-}C_6H_5 + C_6H_5{-}NH_2\cdot HCl = H_2O + \begin{array}{l} C_6H_5{-}CH{-}C_6H_5 \\ \quad\;\; | \\ \quad C_6H_4{-}NH_2\cdot HCl \end{array}$$

Mit Dimethylanilin und Phosphorsäureanhydrid verläuft die Reaction in analoger Weise[3]. Ebenso wie das Benzhydrol selbst sind auch einige Derivate desselben[4], so namentlich das Tetramethyldiamidobenzhydrol (S. 89), zur Ausführung dieser Reaction benutzt worden. Mit Anilin condensirt sich diese Verbindung zum Tetramethyl-4.4'.4''-triamidotriphenylmethan:

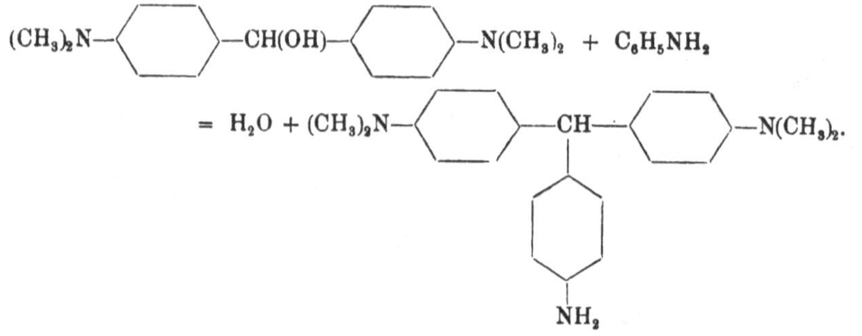

Bezüglich der Condensirbarkeit des Benzhydrols bezw. des Tetramethyldiamidobenzhydrols mit solchen Aminen, welche in der p-Stellung zur Amidogruppe einen Substituenten tragen und mithin nicht 4-Amidoderivate des Triphenylmethans liefern können, hat sich gezeigt, dass hier ganz dieselben Verhältnisse obwalten, wie bei der Condensation dieser Basen mit dem Benzaldehyd (vgl. S. 121—122). Auch hier werden 2-Amidoverbindungen erhalten, wenn die Vereinigung der Componenten durch Salzsäure hervorgerufen wird, dagegen isomere (vermuthlich 3-)Amido-

[1] Zimmermann u. Müller, Ber. **17**, 2936 (1884); **18**, 997 (1885). — Farbwerke Höchst a./M., D. R.-Pat. Nr. 23 784.

[2] O. Fischer u. Roser, Ber. **13**, 674 (1880). Ann. **206**, 155 (1881). — O. u. G. Fischer, Ber. **24**, 728 (1891).

[3] O. Fischer, Ber. **11**, 950 (1878). Ann. **206**, 113 (1881).

[4] Nathanson u. Müller, Ber. **22**, 1875 (1889). — Nölting, Ber. **24**, 553 (1891). — Fritsch, Ber. **29**, 2290 (1896). — Kippenberg, Ber. **30**, 1140 (1897). — Suais, Bull. [3] **17**, 517 (1897). — Vgl. Möhlau u. Klopfer, Ber. **32**, 2153, 2155 (1899). — Badische Anilin- und Sodafabrik D. R.-Pat. Nr. 27 032.

triphenylmethane, wenn concentrirte Schwefelsäure als Condensationsmittel verwendet wird[1].

Ausser auf den besprochenen synthetischen Wegen gelangt man auch nach dem gewöhnlichen Verfahren der Reduction von Nitroverbindungen zu den amidirten Triphenylmethanen, so entsteht z. B. das 4.4'.4''-Triamidotriphenylmethan oder Paraleukanilin bei der Einwirkung reducirender Mittel auf das durch directe Nitrirung aus dem Triphenylmethan gebildete 4.4'.4''-Trinitrotriphenylmethan[2] oder aus dem 4-Nitro-4'.4''-Diamidotriphenylmethan[3].

Bei der Oxydation liefern die Amidotriphenylmethane die entsprechenden amidirten Triphenylcarbinole oder, wenn diese Reaction in saurer Lösung stattfindet, salzartige Abkömmlinge dieser Carbinole, zu denen die Farbstoffe der Malachitgrün- und Fuchsin-Reihe zu rechnen sind. Dieser Oxydation sind die tertiären Amidoverbindungen leichter zugänglich als die primären, da die letzteren hierbei leicht einer Zersetzung anheimfallen. Ausser den gebräuchlichen Oxydationsmitteln hat sich auch das Chloranil als vortheilhaft bewährt[4].

Während diese Art der Herstellung von basischen Triphenylmethanfarbstoffen deren Constitution ohne weiteres bis zu einem gewissen Grade klarstellt, bieten die älteren Verfahren zur Gewinnung dieser Körper (vgl. S. 118—119) keinen Anhaltspunkt für die Erkennung ihrer Constitution, so dass der chemische Bau der seit lange bekannten Farbstoffe, des Fuchsins, des Anilinblaues und des Methylvioletts, viele Jahre hindurch unbekannt geblieben ist.

Die Constitution des Fuchsins und seiner Farbbase, des Rosanilins, wurde, wie schon erwähnt, hauptsächlich durch die Untersuchungen von E. und O. Fischer erschlossen (vgl. S. 119—120). Die empirische Formel des Rosanilins, $C_{20}H_{21}N_3O$, wurde zuerst von A. W. Hofmann ermittelt, welcher für die Bildung dieses Körpers bezw. der hypothetischen um ein Molecül Wasser ärmeren Verbindung aus 1 Mol. Anilin und 2 Mol. Toluidin unter Vermittelung eines Oxydationsmittels die folgende Gleichung aufstellte[5]:

$$C_6H_7N + 2C_7H_9N + 3O = C_{20}H_{19}N_3 + 3H_2O.$$

Während aber das Rosanilin nach der Formel $C_{20}H_{19}N_3 + H_2O$ zusammengesetzt ist und mithin als ein sauerstoffhaltiger Körper erscheint, sind seine Salze, wie z. B. das salzsaure Salz oder Fuchsin, wasserfrei;

[1] Nölting u. Polonowsky, Ber. **24**, 3126 (1891). — Nölting u. Skawinski, ebenda, 3136.

[2] E. u. O. Fischer, Ann. **194**, 272 (1878).

[3] O. Fischer u. Greiff, Ber. **13**, 670 (1880). — Vgl. Prud'homme, Bull. [3] **17**, 654 (1897).

[4] Farbwerke Höchst a./M., D. R.-Pat. Nr. 11412.

[5] Hofmann, Proc. Royal Soc. **12**, 2 (1862).

es besitzt die Formel $C_{20}H_{20}N_3Cl$ und entsteht mithin aus dem Rosanilin unter Abspaltung von Wasser nach der Gleichung:

$$C_{20}H_{21}N_3O + HCl = C_{20}H_{19}N_3HCl + H_2O.$$

Das Vorhandensein dreier Amidogruppen im Rosanilin wurde dadurch nachgewiesen, dass daraus bei der Einwirkung von salpetriger Säure eine Verbindung hergestellt wurde, welche an Stelle der Amidogruppen drei Hydroxylgruppen enthält; es ist das die später zu besprechende Rosolsäure[1]. Durch Erhitzen mit Ammoniak kann aus dieser wieder Rosanilin erzeugt werden[2].

Wird die Leukoverbindung des Rosanilins, das Leukanilin der Formel $C_{20}H_{21}N_3$ diazotirt und diese Diazoverbindung mit Alkohol zersetzt, so entsteht der dieser Verbindung zu Grunde liegende Kohlenwasserstoff $C_{20}H_{18}$[3].

Die letztgenannte Reaction wurde dann von Emil und Otto Fischer[4] auf das nächst niedere Homologe des Leukanilins, das Paraleukanilin, übertragen. Auch dieses Triamin von der Formel $C_{19}H_{19}N_3$ liefert einen Kohlenwasserstoff, und zwar von der Formel $C_{19}H_{16}$. Dieser Kohlenwasserstoff erwies sich als identisch mit dem Triphenylmethan, und somit war der Schlüssel für die Erkennung der Constitution der Rosaniline gefunden.

Dass das Paraleukanilin thatsächlich als homolog mit Leukanilin anzusehen sei, ging schon aus der Darstellungsweise der entsprechenden Carbinole hervor; denn wie das Pararosanilin aus einem Gemenge von 2 Mol. Anilin und 1 Mol. p-Toluidin mit Arsensäure, so entsteht das Rosanilin, wenn man in diesem Gemisch 1 Mol. Anilin durch o-Toluidin ersetzt[5], also aus äquimolecularen Mengen Anilin, o- und p-Toluidin Damit war die Constitution der Leukoverbindungen als

Triamidotriphenylmethan, $(NH_2—C_6H_4)_3\equiv CH$ und

Triamidodiphenyltolylmethan, $(NH_2—C_6H_4)_2=CH—(C_7H_6—NH_2)$

aufgeklärt, und die Constitution der entsprechenden Carbinole ergiebt sich daraus von selbst.

Eine weitere Bestätigung dieser Auffassung liefert die Thatsache, dass es möglich ist, aus dem Triphenylmethan bezw. dem aus dem Rosanilin erhaltenen Diphenyltolylmethan das Pararosanilin bezw. das Rosanilin wieder aufzubauen. Dies gelingt in der Weise, dass man die Kohlenwasserstoffe zu den Carbinolen oxydirt, in diese drei Nitrogruppen

---

[1] Vogel, Entwickelung der Anilinindustrie, Leipzig 1866. — Caro u. Wanklyn, Ztschr. Chem. **1866**, 511. J. pr. **100**, 49 (1867). — Zulkowsky, Sitzungsber. d. Wiener Akad. 1869. — Caro u. Gräbe, Ann. **179**, 184 (1876). — E. u. O. Fischer, Ber. **9**, 893 (1876). — Paraf u. Dale, Ber. **10**, 1016 (1877).

[2] Dale u. Schorlemmer, Ber. **10**, 1016 (1877); **11**, 709 (1878).

[3] E. u. O. Fischer, Ber. **9**, 891 (1876). Ann. **194**, 281 (1878).

[4] Ber. **11**, 196 (1878). Ann. **194**, 271 (1878).

[5] Rosenstiehl, Ann. ch. [5] **8**, 176—233 (1876).

einführt und darauf die Reduction der Nitrogruppen zu Amidogruppen vornimmt[1].

Die Frage nach der Stellung der Amidogruppen in den in Rede stehenden amidirten Verbindungen hat sich auf folgende Weise lösen lassen[2]. Das durch Condensation von Benzaldehyd mit Anilin entstehende Diamidotriphenylmethan (vgl. S. 121) geht bei der Diazotirung und darauf folgendem Umkochen der Diazoverbindung in ein Dioxytriphenylmethan über, das in der Kalischmelze 4.4'-Dioxybenzophenon (vgl. S. 98—99) abspaltet, mithin stehen in dem Dioxy- und Diamido-Triphenylmethan die Substituenten in p-Stellung zur Methenylgruppe. Bringt man an Stelle des Benzaldehyds den p-Nitrobenzaldehyd mit Anilin zur Condensation, so muss aus Analogiegründen dem entstehenden Produkt die Formel eines 4.4'-Diamido-4''-nitrotriphenylmethans

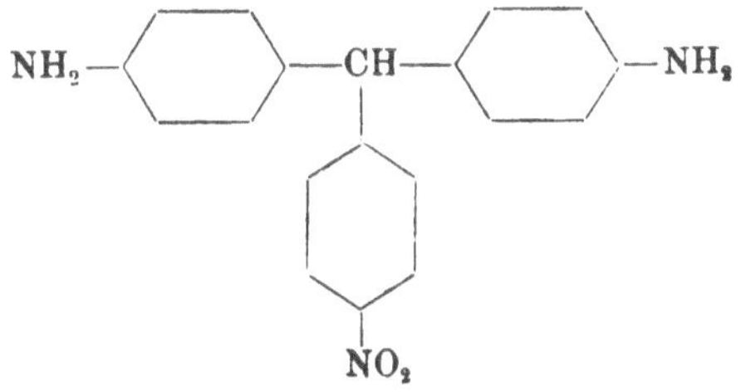

zukommen. Diese Nitroverbindung geht aber bei der Reduction in Paraleukanilin über, mithin ist letzteres folgendermassen constituirt:

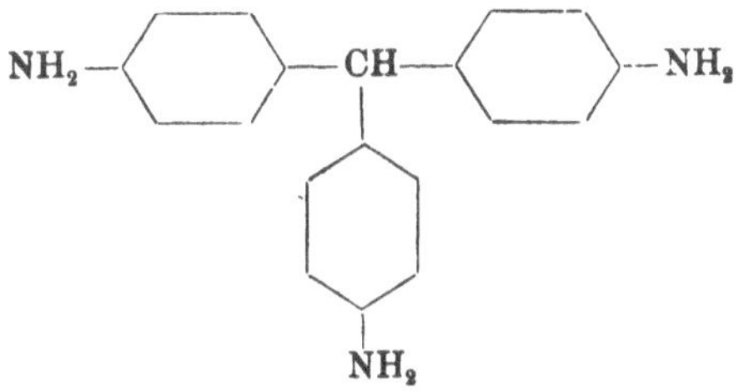

Für eine Amidogruppe des Pararosanilins folgt übrigens schon aus der Beschaffenheit der Ausgangsmaterialien — Anilin- und p-Toluidin — die p-Stellung zum verbindenden Kohlenstoffatom, während die Ueberführung des Pararosanilins in Aurin, welches sich in Phenol und 4.4'-Dioxybenzophenon- spalten lässt, den gleichen Stellungsnachweis für zwei von den drei Amidogruppen erbringt[3] (vgl. auch S. 145).

Das Pararosanilin ist als das zugehörige Carbinol des Paraleukanilins folgendermassen zu schreiben:

---

[1] E. u. O. Fischer, Ber. **11**, 197, 1078 (1878). Ann. **194**, 283 (1878).

[2] E. u. O. Fischer, Ber. **13**, 2206 (1880).

[3] Caro u. Gräbe, Ber. **11**, 1348 (1878).

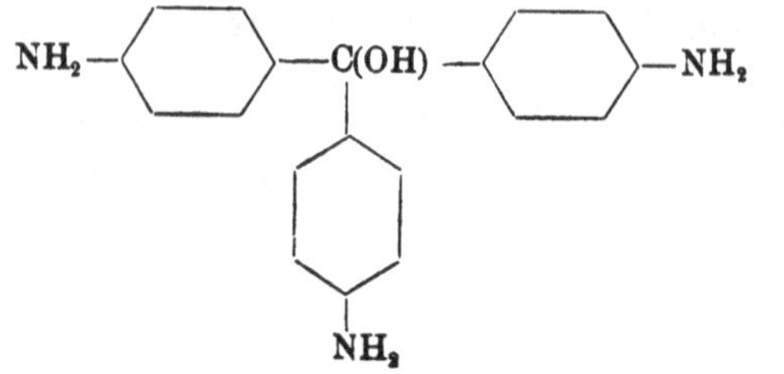

Das Rosanilin unterscheidet sich vom Pararosanilin dadurch, dass im ersteren an Stelle eines Anilinrestes ein o-Toluidinrest steht, es hat mithin die folgende Constitution[1]:

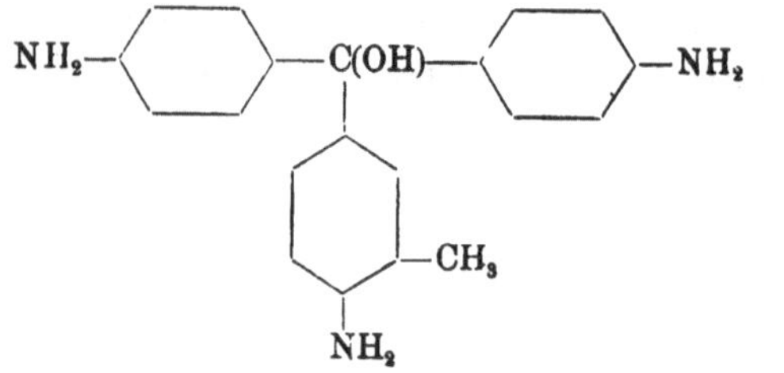

Nachdem die Structur der Basen der Rosanilingruppe damit aufgeklärt war, blieb noch die Frage zu lösen, in welcher Weise die Bildung der Salze aus diesen Basen unter Austritt von Wasser zu Stande kommt. Für das einfachste Produkt, das salzsaure Pararosanilin oder Parafuchsin, sind drei verschiedene Formeln aufgestellt worden:

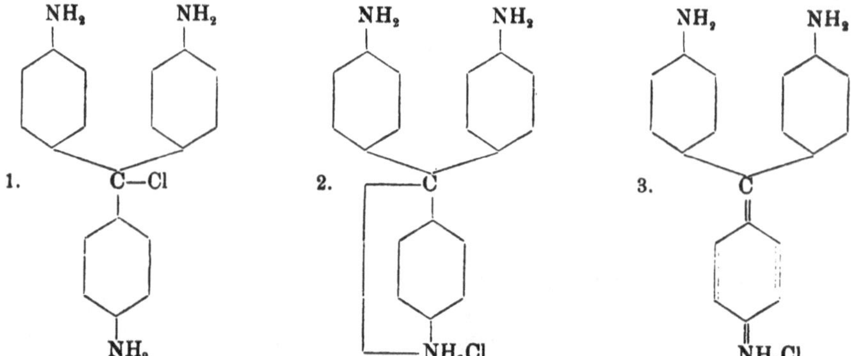

1. Formel von ROSENSTIEHL[2] — 2. Formel von E. u. O. FISCHER[3] — 3. Formel von NIETZKI[4].

[1] CARO u. WANKLYN, Ztschr. **1866**, 511. — Vgl. E. u. O. FISCHER, Ann. **194**, 291 (1878). Ber. **11**, 198 (1878).

[2] ROSENSTIEHL, Bull. [2] **33**, 342 (1880). Compt. rend. **116**, 194 (1893); **120**, 192, 264, 331, 740 (1895). — Vgl. RICHTER, Ber. **21**, 2475 (1888). — L. MEYER, Ber. **28**, 519 (1895).

[3] E. u. O. FISCHER, Ann. **194**, 286 (1878).

[4] NIETZKI, Farbstoffe, 1. Aufl., S. 88 (1889); 2. Aufl., S. 108 (1894).

Die Formel 3 bezeichnet man gewöhnlich als die chinoïde Form des Parafuchsins, weil in ihr ein Benzolkern angenommen wird, in welchem die Bindungen in derselben Weise vertheilt sind, wie im Benzochinon (vgl. Bd. II, Th. I, S. 439). Das Parafuchsin erscheint demnach als ein Chinonimidderivat (vgl. Bd. II, Th. I, S. 454), in welchem das Chinonsauerstoffatom durch einen substituirten Diphenylmethanrest

$$C_6H_5-\underset{\|}{C}-C_6H_5$$

ersetzt ist.

Die obige Formel 2 aber unterscheidet sich von der Formel 3 in derselben Weise, wie die alte Chinonformel von der jetzt gebräuchlichen:

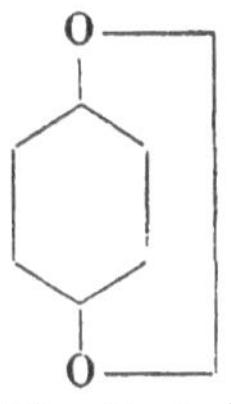
Alte Formel

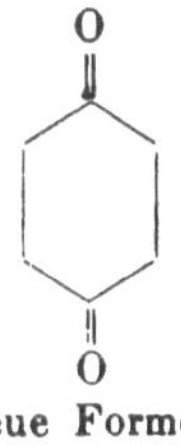
Neue Formel.

Diese Formeln drücken also beide den Gedanken aus, dass wir es im Pararosanilin mit einem Körper zu thun haben, welcher einen Benzolkern enthält, in dem die Bindungen in derselben Weise vertheilt sind, wie in dem Molecül des einfachsten Chinons.

Die ROSENSTIEHL'sche Formel dagegen lässt die Rosanilinsalze nicht als wirkliche salzartige Verbindungen, sondern als Säureester eines tertiären Alkohols, nämlich der dem Farbstoff entsprechenden Farbbase, erscheinen. Diese Formel erklärt in einfacher Weise die Bildung der Fuchsine bei der Condensation von Tetrachlorkohlenstoff mit Anilinbasen. Bei Anwendung reinen Anilins würde diese Reaction entsprechend der folgenden Formelgleichung darzustellen sein:

$$CCl_4 + 3\,NH_2C_6H_5 = (NH_2C_6H_4)_3{-}C{-}Cl + 3\,HCl.$$

Wäre die Formel von ROSENSTIEHL richtig, so müsste das Parafuchsin ein Analogon des Hydrocyanpararosanilins darstellen, welches — analog seinem höheren Homologen, dem Hydrocyanrosanilin[1] — entsteht, wenn man das Parafuchsin mit Alkohol übergiesst und mit Cyankalium gelinde erwärmt[2]. Diese Cyanverbindungen tragen nämlich die Cyangruppe nachweislich an dem mittleren Kohlenstoffatom: denn das Hydrocyanpararosanilin geht bei der Abspaltung der Amidogruppen mittelst der Diazoreaction in dasselbe Triphenylmethylcyanid über, welches auch aus Triphenylmethylbromid mit Cyanquecksilber dargestellt werden kann[3].

[1] H. MÜLLER, Ztschr. Chem. **1866**, 2.

[2] E. u. O. FISCHER, Ann. **194**, 275 (1878).

[3] E. FISCHER u. JENNINGS, Ber. **26**, 2221, 2225 (1893). — BOUVEAULT, Bull. [3] **9**, 373 (1893).

Das Parafuchsin nach ROSENSTIEHL und das Hydrocyanpararosanilin sind mithin zwei vollkommen analog constituirte Verbindungen, wie es die folgenden Formeln zeigen:

$(NH_2—C_6H_4)_3\equiv C—Cl$ Parafuchsin

$(NH_2—C_6H_4)_3\equiv C—CN$ Hydrocyanpararosanilin.

Einer solchen Analogie trägt aber das Verhalten der beiden Körper in keiner Weise Rechnung; denn das Hydrocyanpararosanilin ist farblos und bildet farblose Salze, zerfällt ferner bei der Einwirkung von Basen nicht in Cyanmetall und Pararosanilin, was geschehen sollte, wenn die Verbindung ein Analogon der Fuchsinsalze wäre.

Eine Stütze für die ROSENSTIEHL'sche Formel ist daraus hergeleitet worden, dass das Fuchsin mehr als 3 Mol. Chlorwasserstoff zu binden vermag. Die Carbinolchloridformel lässt die Existenz eines vier Chloratome enthaltenden Salzes der Formel:

$$(HCl, NH_2—C_6H_4)_3\equiv C—Cl$$

zu. Indessen lässt sich diese Thatsache auch mit der chinoïden Form der Fuchsine in Einklang bringen, denn es ist bekannt, dass auch die Chinone, obgleich sie sonst keinen basischen Charakter zeigen, Chlorwasserstoff zu addiren vermögen. Die chinoïde Formel des Parafuchsins steht also mit der Existenz eines 4 Chloratome enthaltenden Pararosanilinsalzes nicht im Widerspruch[1].

Auf der anderen Seite aber erklärt die chinoïde Form alle Eigenschaften der Fuchsine in sehr viel ungezwungenerer Weise als die Carbinolchloridformel. Sie giebt uns zunächst einen Aufschluss über die Ursache der Farbstoffnatur dieser Verbindungen, denn nach der chinoïden Formel enthalten die Fuchsine einen Chinonimidrest, welcher aus zahlreichen anderen Farbstoffklassen als Chromophor (vgl. Bd. II, Th. I, S. 270) bekannt ist. In Verbindung mit den in den beiden anderen Benzolkernen enthaltenen salzbildenden auxochromen Amidogruppen entsteht so ein Farbstoffmolecül. Fehlen die letzteren, so kann ein Farbstoff nicht entstehen, was durch das Verhalten des Monamidotriphenylcarbinols und seiner Salze bestätigt wird.

Mit dieser Anschauung steht ferner die Thatsache im Einklang, dass Lösungen der freien Farbbasen die thierische Faser anzufärben vermögen, was sich daraus erklärt, dass die in der Wolle und Seide enthaltenen complicirten Säuren die Base in ein Farbsalz überführen.

Die salzartige Natur der Fuchsine hat sich auch auf physikalischem Wege nachweisen lassen, es hat sich nämlich gezeigt, dass das salzsaure Pararosanilin ein Elektrolyt ist, und dass seine Lösungen eine starke

[1] E. FISCHER u. JENNINGS, Ber. 26, 2223 (1893).

elektrolytische Dissociation zeigen, wie man sie von einem Ammoniumsalz erwarten konnte[1].

Beim Versetzen einer Parafuchsinlösung mit Alkali entsteht das Pararosanilin. Diese Reaction müsste bei Annahme der Chinonformel für den Farbstoff unter intermediärer Bildung eines substituirten Ammoniumhydrats und darauffolgender Umlagerung dieses Zwischenkörpers in das Carbinol (Pararosanilin) verlaufen:

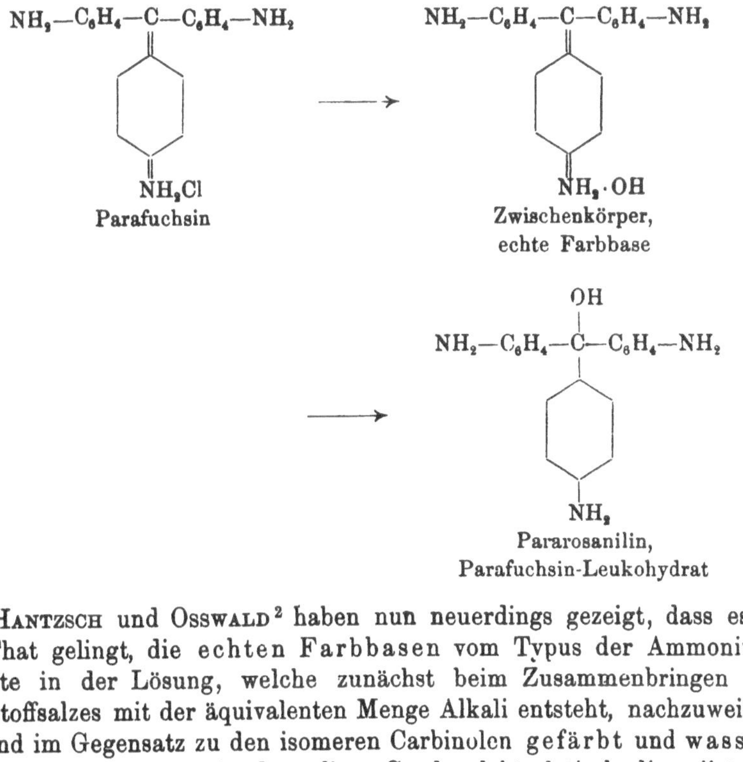

Parafuchsin

Zwischenkörper, echte Farbbase

Pararosanilin, Parafuchsin-Leukohydrat

Hantzsch und Osswald[2] haben nun neuerdings gezeigt, dass es in der That gelingt, die echten Farbbasen vom Typus der Ammoniumhydrate in der Lösung, welche zunächst beim Zusammenbringen des Farbstoffsalzes mit der äquivalenten Menge Alkali entsteht, nachzuweisen. Sie sind im Gegensatz zu den isomeren Carbinolen gefärbt und wasserlöslich, sie sind etwa in demselben Grade elektrolytisch dissociirt wie das Kali und gehen schon in Lösung mehr oder weniger rasch in die Carbinole über, welche als wasserunlösliche Körper abgeschieden werden.

Beim Auflösen der Carbinolbasen in Säuren entsteht auch nicht sofort der Farbstoff, sondern ein Salz des Carbinols, welches jedoch sehr leicht unter Abspaltung von Säure und Wasser in den Farbstoff übergeht[3], z. B.

---

[1] Miolati, Ber. **26**, 1789 (1893); **28**, 1696 (1895). — Tortelli, Ber. **28**, 1702 (1895). — Vgl. auch Haller u. Guyot, Compt. rend. **120**, 410 (1895). — Rosenstiehl, Bull. [3] **17**, 193 (1897).

[2] Ber. **33**, 278 (1900). — Vgl.: Nietzki, Farbstoffe, 2. Aufl. S. 110 (1894). — Georgievics, Monatsh. **17**, 4 (1896); **21**, 407 (1900). — Weil, Ber. **28**, 205 (1895); **29**, 1541 (1896); **33**, 3141 (1900).

[3] Hantzsch, Ber. **33**, 752 (1900).

$$\begin{array}{c} \qquad\qquad OH \\ \qquad\qquad | \\ (CH_3)_2N-C_6H_4-C-C_6H_4-N(CH_3)_2 \\ \qquad\qquad | \\ \qquad\qquad C_6H_4-N(CH_3)_2 \end{array} + 3\,HBr$$

Krystallviolettbase

$$= HBr, \begin{array}{c} \qquad\qquad OH \\ \qquad\qquad | \\ (CH_3)_2N-C_6H_4-C-C_6H_4-N(CH_3)_2, HBr \\ \qquad\qquad | \\ \qquad\qquad C_6H_4-N(CH_3)_2, HBr \end{array}$$

Carbinolsalz

$$= \begin{array}{c} (CH_3)_2N-C_6H_4-C-C_6H_4-N(CH_3)_2 \\ \| \\ C_6H_4{=}N(CH_3)_2Br \end{array} + 2\,HBr + H_2O\,.$$

Krystallviolett

Auf Grund der im Vorstehenden begründeten Structurformeln lassen sich die zur Darstellung der Rosanilinfarbstoffe führenden Processe (vgl. S. 118 ff.), zu deren Besprechung wir nun zurückkehren, in ungezwungener Weise erklären. Die Oxydation eines Gemenges von 1 Mol. p-Toluidin mit 2 Mol. Anilin kann man sich in der Weise vorstellen, dass das Oxydationsmittel aus dem p-Toluidin zunächst p-Amidobenzoësäure, $NH_2 \cdot C_6H_4 \cdot COOH$, erzeugt, und dass diese im Augenblick des Entstehens mit ihrer Carboxylgruppe in die Parastellungen zweier Anilinreste eingreift und dadurch Pararosanilin bildet. Die in der Schmelze vorhandene Säure führt dann gleichzeitig die Base in ihr Salz, z. B. in Parafuchsin über:

$$NH_2-C_6H_4-CH_3 + 2\,C_6H_5-NH_2 + 3\,O = NH_2-C_6H_4-C(OH)(C_6H_4-NH_2)_2 + 2\,H_2O$$

$$NH_2-C_6H_4-C(OH)(C_6H_4-NH_2)_2 + HCl = NH_2-C_6H_4-C\begin{array}{l} \diagup C_6H_4-NH_2 \\ \diagdown C_6H_4{=}NH_2Cl \end{array} + H_2O\,.$$

Bei dem eigentlichen Fuchsinprocess, welcher im Zusammenoxydiren von je 1 Mol. Anilin, o-Toluidin und p-Toluidin besteht, verläuft die Reaction ganz in derselben Weise unter Bildung von Fuchsin; daneben aber findet auch die Condensation des p-Toluidins mit 2 Mol. Anilin statt, in der Weise, wie es die obigen Gleichungen wiedergeben. Das technische Fuchsin stellt daher ein Gemenge von Parafuchsin und Fuchsin dar, dem noch andere Farbstoffe beigemengt sind, welche ihre Entstehung weitergehenden bezw. in anderer Richtung verlaufenden Condensationsprocessen verdanken. o-Toluidin vermag weder für sich, noch mit Anilin zusammen oxydirt ein Fuchsin zu bilden[1].

Wird die Oxydation des Basengemenges durch Nitrobenzol hervorgerufen, so betheiligt sich dieses nicht an der Reaction, sondern wird in der Schmelze zu Benzol reducirt. Wendet man an Stelle des Nitrobenzols o- oder p-Nitrotoluol an, so gehen auch diese Verbindungen in Benzol über; ihre Methylgruppe aber wird als Bindeglied für 3 Mol. Base verwendet, wie daraus hervorgeht, dass man auch aus reinem

[1] E. u. O. Fischer, Ber. 13, 2204 (1880).

o-Toluidin mit diesen Oxydationsmitteln einen fuchsinartigen Farbstoff erzeugen kann[1].

Eine ähnliche Abspaltung von Methylgruppen zur Gewinnung des die drei aromatischen Gruppen zusammenhaltenden Kohlenstoffatoms muss bei den Reactionen angenommen werden, welche vom Dimethylanilin aus ohne Zuhülfenahme eines der aliphatischen Reihe angehörenden Körpers zum Methylviolett führen[2].

Auch die Entstehung des Fuchsins aus 2 Mol. Anilin und 1 Mol. m-Xylidin ist nach dem Vorherigen ohne weiteres verständlich[3]. Hier fällt die in p-Stellung zur Amidogruppe des Xylidins stehende Methylgruppe der Oxydation anheim, während die andere unverändert bleibt:

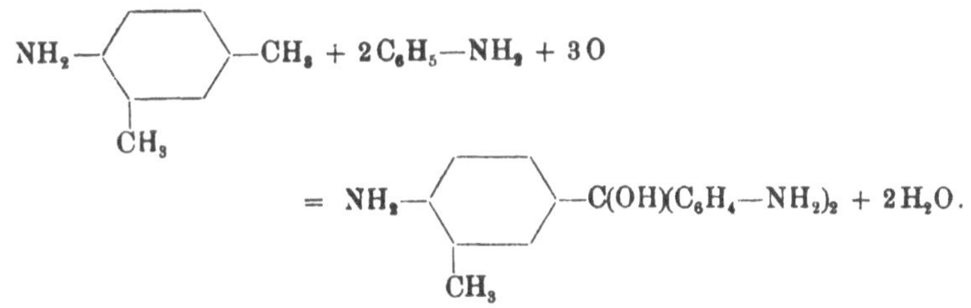

Auf dieselbe Weise wie das Fuchsin selbst hat sich eine Reihe homologer Farbstoffe gewinnen lassen[4]. Verfährt man hierbei in der Weise, dass in allen Fällen 2 Mol. Anilin mit 1 Mol. eines beliebigen anderen Amins zusammenoxydirt werden, so zeigt sich, dass nur solche Amine hierbei Farbstoffe liefern, welche eine Methylgruppe in Parastellung zur Amidogruppe tragen; wird dagegen der Methankohlenstoff von aussen zugeführt, z. B. durch Jodoform, so reagiren die in Parastellung methylirten Amine nicht; aber auch diejenigen Amine, welche in Metastellung zur Amidogruppe ein Methyl tragen, geben keine Condensationsprodukte, wahrscheinlich in Folge einer sterischen Hinderung, wie sie in ähnlichen Fällen häufig beobachtet wird[5] (vgl. S. 122—123).

Von sonstigen Condensationsprocessen, welche direct zur Bildung von Farbstoffen führen, sind ausser den bereits im Früheren erwähnten noch die folgenden anzuführen. Das Benzotrichlorid vereinigt sich unter dem condensirenden Einfluss des Chlorzinks bei gelindem Erwärmen mit Dimethylanilin zum Malachitgrün. Der Vorgang lässt sich durch folgende Gleichung wiedergeben:

$$C_6H_5{-}CCl_3 + 2\,C_6H_5{-}N(CH_3)_2 = C_6H_5{-}C\begin{cases} C_6H_4{-}N(CH_3)_2 \\ C_6H_4{=}N(CH_3)_2Cl \end{cases} + 2\,HCl.$$

---

[1] Lange, Ber. **18**, 1918 (1885). — Rosenstiehl, Ann. ch. [5] **8**, 185 (1876); vgl. Greiff, D. R.-Pat. Nr. 19304. — Zimmermann u. Müller, Ber. **17**, 2936 (1884); **18**, 997 (1885). — Wedekind, Ann. **307**, 283 (1899).

[2] Lauth, Bull. [2] **7**, 363 (1867). — Weber, Ber. **10**, 765 (1877). — E. u. O. Fischer, Ber. **11**, 2099 (1878). — Meister, Lucius u. Brüning, Ber. **13**, 212 (1880). — Wichelhaus, Ber. **16**, 2005 (1883); **19**, 107 (1886).

[3] Rosenstiehl u. Gerber, Ann. ch. [6] **2**, 340 (1884).

[4] Rosenstiehl u. Gerber, Ann. ch. [6] **2**, 352 ff. (1884).

[5] Nölting, Ber. **22**, 2573 (1889).

Der entstandene Farbstoff vereinigt sich sogleich mit dem vorhandenen Chlorzink zu einem Chlorzinkdoppelsalz, welches das technische Malachitgrün (vgl. S. 137) darstellt[1].

Da das Leukomalachitgrün auch durch Methylirung des 4.4'-Diamidotriphenylmethans (vgl. S. 136) entsteht, so ist damit die Stellung der Dimethylamidogruppen festgestellt[2].

Die Constitution des Malachitgrüns als eines chinoïden Körpers ergiebt sich aus analogen Beobachtungen, wie sie für die Farbstoffe der Rosanilinreihe zur Annahme der chinoïden Formeln geführt haben.

Auch primäre und secundäre aromatische Amine lassen sich, wenngleich schwieriger als die tertiären Basen, mit dem Benzotrichlorid condensiren. Der mit Anilin hergestellte Farbstoff ist violett, die einfach alkylirten Aniline geben grünblaue und die Dialkylaniline rein grüne Farbstoffe[3], während das Diphenylamin gleichfalls ein Grün erzeugt[4].

Als Ersatz für das Benzotrichlorid bei der Condensation mit Dimethylanilin ist auch das Benzoylchlorid, sowie das Benzoësäureanhydrid verwendet worden. Auch mit diesen Mitteln lässt sich das Malachitgrün herstellen[5].

Eine directe Condensation zu Farbstoffen kann auch durch Einwirkung von amidirten Benzophenonen oder Benzophenonchloriden auf aromatische Basen erreicht werden. Als Condensationsmittel dienen im ersteren Falle die Phosphorchloride, welche eine Umwandlung des Benzophenonderivats in das entsprechende Benzophenonchloridderivat bewirken, so dass in jedem Falle das letztere mit den Aminen condensirt wird[6]. So bildet sich das Hexamethylpararosanilinchlorid oder Krystallviolett bei der Condensation des sogenannten Michler'schen Ketons (4.4'-Tetramethyldiamidobenzophenon) (S. 98) mit Dimethylanilin und Phosphorchlorid:

$$\text{I. } (CH_3)_2N{-}C_6H_4{-}CO{-}C_6H_4{-}N(CH_3)_2 + PCl_5$$
$$= (CH_3)_2N{-}C_6H_4{-}CCl_2{-}C_6H_4{-}N(CH_3)_2 + POCl_3,$$
$$\text{II. } (CH_3)_2N{-}C_6H_4{-}CCl_2{-}C_6H_4{-}N(CH_3)_2 + C_6H_5{-}N(CH_3)_2$$
$$= (CH_3)_2N{-}C_6H_4{-}C\begin{cases} C_6H_4{-}N(CH_3)_2 \\ C_6H_4{=}N(CH_3)_2Cl \end{cases} + HCl.$$

In neuerer Zeit ist eine Reaction zu grösserer praktischer Bedeutung gelangt, welche den stufenweisen Aufbau von Di- und Triphenyl-

[1] Döbner, Ber. **11**, 1236 (1878); **13**, 2222 (1880). — O. Fischer, Ann. **217**, 250, 262 (1883).

[2] O. Fischer, Ber. **12**, 1693 (1879).

[3] O. Fischer, Ann. **217**, 240 (1883).

[4] Meldola, Journ. Soc. **41**, 192 (1882).

[5] E. u. O. Fischer, Ber. **12**, 796 (1879). — O. Fischer, Ber. **13**, 809 (1880). — Vgl. Sohon, Am. chem. Journ. **20**, 127 (1898).

[6] Pauly, Ann. **187**, 209 (1877). — O. Fischer, Ber. **12**, 1690 (1879). — Döbner u. Petschow, Ann. **242**, 341 (1887). — Badische Anilin- und Sodafabrik, D. R.-Pat. Nr. 27789.

methanderivaten mit Hülfe von Formaldehyd zum Gegenstand hat. Es ist bereits bei Besprechung der Diphenylmethanderivate (vgl. S. 69) dargelegt worden, dass man aus 1 Mol. Formaldehyd und 2 Mol. einer primären aromatischen Base je nach den Versuchsbedingungen entweder diphenylirte Methylendiamine, z. B.

$$C_6H_5—NH—CH_2—NH—C_6H_5\text{, Methylendianilin}$$

oder Verbindungen der Diphenylmethanreihe, z. B.

$$NH_2—C_6H_4—CH_2—C_6H_4—NH_2\text{, Diamidodiphenylmethan}$$

erhalten kann. Diese beiden Klassen von Verbindungen können in der Weise zur Herstellung von Triphenylmethanfarbstoffen Verwendung finden, dass man sie im Gemisch mit einem Molecül einer aromatischen Base der Wirkung eines Oxydationsmittels, z. B. Eisenoxydsalz, Arsensäure, Azobenzol, Nitrobenzol, aussetzt. So entsteht aus dem Methylendianilin, salzsaurem und freiem Anilin und einem Oxydationsmittel Parafuchsin:

$$C_6H_5—NH—CH_2—NH—C_6H_5 + C_6H_5—NH_2, HCl + 2O$$

$$= NH_2—C_6H_4—C\begin{cases}C_6H_4—NH_2 \\ C_6H_4=NH_2Cl\end{cases} + 2H_2O,$$

und beim Ersatz des Methylendianilins durch 4.4'-Diamidodiphenylmethan entsteht gleichfalls Parafuchsin:

$$NH_2—C_6H_4—CH_2—C_6H_4—NH_2 + C_6H_5—NH_2, HCl + 2O$$

$$= NH_2—C_6H_4—C\begin{cases}C_6H_4—NH_2 \\ C_6H_4—NH_2Cl\end{cases} + 2H_2O.$$

Diese Reaction ist besonders deshalb von Werth, weil sie die Herstellung der verschiedensten Homologen und Analogen des Parafuchsins sowie von dessen Substitutionsprodukten gestattet[1].

Mit den soeben beschriebenen Reactionen nahe verwandt ist die Darstellung von Fuchsinen aus dem p-Amidobenzylalkohol durch Condensation mit salzsauren und freien aromatischen Basen[2].

Bisher sind nur diejenigen Amidoverbindungen der Triphenylmethanreihe besprochen worden, welche Amidogruppen in einem der aromatischen Kerne gebunden enthalten; an diese reihen sich noch die zwei folgenden, im aliphatischen Theile des Molecüls amidirten Verbindungen an:

Triphenyl-Amidomethan oder 7-Amidotriphenylmethan, $(C_6H_5)_3\equiv C—NH_2$ und

Triphenyl-Amidoäthan oder 7-Amidomethyl-Triphenylmethan, $(C_6H_5)_3\equiv C—CH_2—NH_2$.

Der erstgenannte Körper entsteht beim Einleiten von Ammoniak in die Lösung des Triphenylbrommethans (S. 114) in Benzol. In derselben

[1] Eberhardt u. Welter, Ber. **27**, 1814 (1894). — Farbwerke Höchst a./M., D. R.-Pat. Nr. 53937, 59775, 61146, 67013. — Geigy & Co., D. R.-Pat. Nr. 73092.

[2] Kalle & Co., D. R.-Pat. Nr. 93540.

Weise wie Ammoniak reagiren auch Methyl- und Dimethylamin, Anilin, o- und p-Toluidin unter Bildung substituirter Triphenylamidomethane[1].

Das Triphenyl-Amidoäthan bildet sich bei der Reduction des Triphenylmethylcyanids mit Zink und Salzsäure[2]:

$$(C_6H_5)_3{\equiv}C{-}CN + 4H = (C_6H_5)_3{\equiv}C{-}CH_2{-}NH_2 .$$

Einzelne Verbindungen[3].

7-Amidotriphenylmethan, $(C_6H_5)_3C{-}NH_2$ (Entstehung s. oben), krystallisirt in Nadeln vom Schmelzpunkt 105°, ist leicht löslich in den gebräuchlichen organischen Lösungsmitteln und ist nicht unzersetzt destillirbar.

4-Amidotriphenylmethan, $(C_6H_5)_2{=}CH{-}C_6H_4{-}NH_2$, wird dargestellt durch 15—20stündiges Erhitzen von 10 Theilen Benzhydrol mit 7 Theilen salzsaurem Anilin und 10 Theilen Chlorzink bei 150°; es entsteht auch bei der Reduction des 4-Nitrotriphenylmethans. Aus Benzol krystallisirt es in Krystallbenzol enthaltenden Nadeln, aus Aether oder Ligroïn in Prismen oder Blättchen, welche bei 83—84° schmelzen. Das Acetylderivat, $(C_6H_5)_2{=}CH{-}C_6H_4{-}NH{-}COCH_3$, schmilzt bei 168—169° und wird bei der Oxydation mit Chromsäure in das Acetamidotriphenylcarbinol verwandelt. Das Dimethylderivat, $(C_6H_5)_2{=}CH{-}C_6H_4{-}N(CH_3)_2$, wird dargestellt aus Benzhydrol, Dimethylanilin und Phosphorpentoxyd bei 150°; es krystallisirt in bei 132° schmelzenden Nadeln.

4-Amidotriphenylcarbinol, $(C_6H_5)_2{=}C(OH){-}C_6H_4{-}NH_2$ (Schmelzpunkt: 116°), entsteht durch Oxydation des 4-Acetamidotriphenylmethans und Abspaltung der Acetylgruppe. Seine Salze sind roth gefärbt, besitzen jedoch keine Farbstoffeigenschaften.

β-Triphenyläthylamin, 7-Amidomethyl-Triphenylmethan, $(C_6H_5)_3{\equiv}C{-}CH_2{-}NH_2$ (Darstellung s. o.) schmilzt bei 116°. Es löst sich leicht in Aether, schwer in kaltem Alkohol.

4.4'-Diamidotriphenylmethan, $C_6H_5{-}CH{=}(C_6H_4{-}NH_2)_2$, bildet, aus Aether krystallisirt, kugelige Aggregate vom Schmelzpunkt 139°, aus Benzol glänzende Prismen, welche 1 Mol. Krystallbenzol enthalten, löst sich leicht in organischen Lösungsmitteln, kaum in Wasser. Durch Chloranil oxydirt, geht es in einen violetten Farbstoff über. Die Para-Stellung der beiden Amidogruppen ergiebt sich aus der Ueberführbarkeit in 4.4'-Dioxybenzophenon (S. 98) durch folgende Zwischenstufen:

$$C_6H_5\cdot CH(C_6H_4\cdot NH_2)_2 \longrightarrow C_6H_5\cdot CH(C_6H_4\cdot OH)_2 \longrightarrow C_6H_5\cdot C(OH)(C_6H_4\cdot OH)_2 \longrightarrow CO(C_6H_4\cdot OH)_2 .$$

Darstellung: 10 Theile Benzaldehyd, 28 Theile Anilinsulfat und 20 Theile Chlorzink werden mit etwas Wasser zu einem Brei verrieben und auf dem Wasserbade einige Stunden erwärmt; darauf wird mit verdünnter Schwefelsäure ausgekocht

[1] Elbs, Ber. **16**, 1276 (1883); **17**, 701 (1884). — Nauen, Ber. **17**, 442 (1884). — Wittich, Ber. **17**, 705, 706 (1884). — Hemilian u. Silberstein, Ber. **17**, 741 (1884).

[2] Elbs, Ber. **17**, 700 (1884). — Vgl. auch Biltz, Ann. **296**, 253 (1897).

[3] Die Litteraturangaben zu diesen Verbindungen siehe im vorstehenden allgemeinen Theil.

und die Lösung mit Natronlauge gefällt. Zur Reinigung wird die Base nochmals durch das Sulfat hindurchgeführt und aus Benzol umkrystallisirt.

4.4'-Tetramethyldiamidotriphenylmethan, Leukomalachitgrün, $C_6H_5—CH=[C_6H_4—N(CH_3)_2]_2$, krystallisirt aus Benzol in Nadeln vom Schmelzpunkt 102°, aus Alkohol in triklinen Tafeln vom Schmelzpunkt 93—94°. Es löst sich leicht in Alkohol, Aether und Benzol, schwer in Ligroïn und ist unlöslich in Wasser. Durch Oxydationsmittel geht es in das entsprechende Carbinol über.

Technische Darstellung: Das Leukomalachitgrün wird als Vorprodukt der Malachitgrüngewinnung im Grossen auf folgende Weise hergestellt: 1 Mol.-Gew. Benzaldehyd wird mit 2 Mol.-Gew. Dimethylanilin und Salzsäure als Condensationsmittel erhitzt; das früher verwendete Chlorzink hat sich als entbehrlich erwiesen.

4.4'-Tetramethyldiamidotriphenylcarbinol, Malachitgrünbase (Malachitgrün-Leukohydrat), $C_6H_5—C(OH)=[C_6H_4—N(CH_3)_2]_2$, entsteht ausser durch Oxydation der vorigen Verbindung auch beim Erwärmen von Benzotrichlorid und Dimethylanilin mit Chlorzink und Zersetzung des entstandenen Malachitgrüns mit Alkali. Es bildet farblose Würfel vom Schmelzpunkt 132°, löst sich kaum in Wasser, leicht in den meisten organischen Lösungsmitteln. Beim Auflösen der Base in Säuren entstehen zunächst die farblosen Salze des Carbinols, welche erst nach einigem Stehen oder beim Erhitzen unter Wasserabspaltung in die grünen Salze, die Malachitgrünfarbstoffe, übergehen.

Malachitgrün; der im Handel vorkommende Farbstoff ist das Chlorzinkdoppelsalz der Formel

$$\left(C_6H_5—C\begin{matrix}\diagup C_6H_4—N(CH_3)_2\\ \diagdown C_6H_4=N(CH_3)_2Cl\end{matrix}\right)_3 \cdot 2\,ZnCl_2 + 2\,H_2O\,.$$

Es bildet dunkelgrüne, cantharidenglänzende Prismen, die sich leicht in Wasser und Alkohol lösen und bei 130° unter Zersetzung schmelzen.

Technische Darstellung: Früher wurde das Malachitgrün durch Condensation von Benzotrichlorid mit Dimethylanilin und Chlorzink (vgl. S. 133—134) gewonnen; jetzt wird es durch Oxydation der Leukobase (s. o.) in der Weise hergestellt, dass diese in der berechneten Menge Salzsäure gelöst und die verdünnte Lösung mit geschlämmtem Bleisuperoxyd versetzt wird. Darauf wird das gelöste Blei durch Zusatz von Natriumsulfat als Sulfat gefällt und aus dem Filtrat der Farbstoff durch Chlorzink und Kochsalz niedergeschlagen.

Das Malachitgrün findet sich auch als Oxalat im Handel. Die dem Malachitgrün entsprechende Aethylverbindung, das Salz des Tetraäthyldiamidotriphenylcarbinols, kommt als saures Sulfat von der Formel

$$C_6H_5—C\begin{matrix}\diagup C_6H_4—N(C_2H_5)_2\\ \diagdown C_6H_4=N(C_2H_5)_2HSO_4\end{matrix}$$

unter dem Namen **Brillantgrün** im Handel vor. Seine Gewinnung und Eigenschaften schliessen sich ganz an die des Malachitgrüns an.

Färbeeigenschaften: Malachitgrün und Brillantgrün färben Seide im essigsauren Bade direct an, schwieriger fixiren sie sich auf Wolle; Baumwolle wird nur nach vorhergegangenem Beizen mit Tannin und Brechweinstein gefärbt. Die mit

Brillantgrün erzielten Färbungen sind gelbstichiger als die mit Malachitgrün erhaltenen.

Helvetiagrün ist eine Monosulfosäure des Malachitgrüns und entsteht durch Sulfuriren der Malachitgrünbase.

Säuregrün ist die Trisulfosäure eines Diäthyldibenzyldiamidotriphenylcarbinols.

7-Methyl-4.4'-diamidotriphenylmethan, $C_6H_5—C\equiv(C_6H_4—NH_2)_2$ (mit CH_3 am C), entsteht bei der Condensation von Acetophenon und Dimethylanilin durch Chlorzink. Es bildet ein hellgelbes, nicht unzersetzt destillirbares Oel; durch Oxydationsmittel wird es in einen blauen Farbstoff übergeführt.

3.3'-Dimethyl-4.4'-diamidotriphenylmethan, Diamidophenylditolylmethan und **5.5'-Dimethyl-2.2'-diamidotriphenylmethan**, Diamidophenylditolylmethan, $C_6H_5—CH\equiv[C_6H_3(CH_3)—NH_2]_2$, entstehen beim Erhitzen gleicher Molecüle Benzaldehyd mit salzsaurem und freiem o- bezw. p-Toluidin auf 110—120°. Das o-Toluidinderivat bildet ein unter 100° sinterndes Krystallpulver, das p-Toluidinderivat krystallisirt aus Alkohol in glänzenden, bei 185—186° schmelzenden Nädelchen, aus Benzol in glänzenden Prismen mit einem Molecül Krystallbenzol.

3.4'.4''-Triamidotriphenylmethan, Pseudoleukanilin, $CH\equiv(C_6H_4—NH_2)_3$, bildet sich bei der Reduction des m-Nitrodiamidotriphenylmethans, welches durch Condensation von m-Nitrobenzaldehyd mit Dimethylanilin entsteht. Es krystallisirt in diamantglänzenden Rosetten vom Schmelzpunkt 150°, aus Benzol in Nadeln, welche 1 Mol. Krystallbenzol enthalten; der entsprechende Farbstoff ist violett. Das Tetramethylderivat lässt sich zu einem grünen Farbstoff oxydiren.

4.4'.4''-Triamidotriphenylmethan, Paraleukanilin, $CH\equiv(C_6H_4—NH_2)_3$. Diese Base bildet sich bei der Reduction des entsprechenden Trinitro- oder des Nitrodiamido-Triphenylmethans, sowie des Pararosanilins. Sie krystallisirt in Blättern, welche bei 148° schmelzen. Oxydationsmittel, wie Chloranil, oder Erhitzen mit Salzsäure auf 150° erzeugen daraus Pararosanilin (s. u.).

Hexamethylparaleukanilin, $CH\equiv[C_6H_4—N(CH_3)_2]_3$, die Leukoverbindung des Krystallvioletts, entsteht bei der Condensation von Dimethylanilin und Orthoameisensäureester mittelst Chlorzink, beim Erhitzen von Blausäuresesquichlorhydrat mit Dimethylanilin oder beim Einleiten von Salzsäuregas in ein Gemenge von Dimethylanilin mit p-Dimethylamidobenzaldehyd. Es krystallisirt in silberglänzenden Blättchen vom Schmelzpunkt 173°.

4.4'.4''-Triamidotriphenylcarbinol, Pararosanilin (Parafuchsin-Leukohydrat), $C(OH)\equiv(C_6H_4—NH_2)_3$. Die Base wird aus dem Parafuchsin durch Alkalien abgeschieden und entsteht aus dem Aurin beim Erhitzen mit wässerigem Ammoniak auf 120°; sie bildet frisch gefällt amorphe Flocken, welche sich in farblose Krystallblättchen umwandeln. Das salzsaure Salz der entsprechenden wahren Farbbase (vgl. S. 131), das **Parafuchsin**, $(NH_2—C_6H_4)_2C=C_6H_4=NH_2Cl$, ist ein Bestandtheil des technischen Fuchsins. In reinem Zustande entsteht es beim Zusammenoxydiren von 1 Mol.-Gew. p-Toluidin mit 2 Mol.-Gew. Anilin sowie beim Behandeln eines Gemenges von p-Diamidodiphenylmethan (vgl. S. 69) und salzsaurem und freiem Anilin mit oxydirenden Mitteln. Das einsäurige Salz ist intensiv roth gefärbt, diese Färbung geht beim Zusatz starker Säuren im Ueberschuss in gelb über, beim Zusatz von Wasser wird die rothe Farbe wieder hergestellt.

Durch Acetaldehyd oder Paraldehyd und Salzsäure wird das Pararosanilin in Aldehydblau übergeführt.

Methylviolett. Dieser im Handel vorkommende Farbstoff ist ein Gemenge verschieden hoch methylirter Parafuchsine. Man stellt ihn gewöhnlich in der Weise dar, dass man Dimethylanilin mit Kupfer-Sulfat oder -Chlorid, Phenol und Kochsalz oder Sand mischt und gelinde erwärmt; die entstandene Doppelverbindung des Methylvioletts mit Kupferchlorür wird mit Eisenchlorid behandelt, welches das Kupferchlorür in Kupferchlorid verwandelt und dadurch die Doppelverbindung zersetzt, der Farbstoff darauf ausgesalzen. Die Reaction kommt dadurch zu Stande, dass ein Theil des Dimethylanilins eine Methylgruppe abspaltet, welche zur Verkuppelung dreier Phenylgruppen Verwendung findet. Demgemäss ist das Methylviolett keine vollständig methylirte Verbindung, sondern besteht hauptsächlich aus einem Gemenge von Pentamethylparafuchsin und Hexamethylparafuchsin, welche sich durch Acetylirung von einander trennen lassen, da nur die Pentamethylverbindung im Stande ist, ein Acetylderivat zu bilden. Das Methylviolett färbt Seide und Wolle in neutralem Bade violett an, und zwar ist die Nuance um so blauer, je mehr Methylgruppen der Farbstoff enthält[1].

Hexamethylpararosanilin, Krystallviolettbase (Krystallviolett-Leukohydrat), $C(OH)\equiv[C_6H_4-N(CH_3)_2]_3$. Das salzsaure Salz der entsprechenden, wahren Farbbase ist im Methylviolett (s. o.) enthalten; es entsteht ferner bei der Einwirkung von Phosgen oder Chlorameisenäther auf Dimethylanilin in Gegenwart von Aluminiumchlorid, wobei sich in der ersten Phase Tetramethyldiamidobenzophenon (vgl. S. 98) bildet, welches dann weiter mit Dimethylanilin in Reaction tritt. Die Base bildet dunkelviolettrothe monokline Tafeln, welche bei 195° schmelzen; aus Benzol krystallisirt sie in benzolhaltigen Nadeln. Sie ist unlöslich in Wasser, löslich in Aether, Aceton und Ligroïn, schwerer löslich in Alkohol, leicht in Benzol, Schwefelkohlenstoff und Chloroform. Das Farbstoff-Chlorhydrat oder **Krystallviolett,** $[(CH_3)_2N-C_6H_4]_2C{=}C_6H_4{=}N(CH_3)_2Cl$, entsteht auch aus dem Chlorhydrat der entsprechenden Leukobase durch Oxydation mit Bleisuperoxyd.

Durch Erhitzen des Methylvioletts mit Chlormethyl wird eine der drei Amidogruppen des Methylvioletts in eine Trimethylammoniumgruppe verwandelt und verliert dadurch ihre Wirkung auf die Nuance des Farbstoffes (vgl. S. 118). Der so entstehende Farbstoff, das Methylgrün, zeigt daher nicht mehr die rothe oder violette Farbe der Triamidotriphenylmethanfarbstoffe, sondern ist grün gefärbt wie das Malachitgrün

---

[1] O. Fischer u. Körner, Ber. **16**, 2904 (1883).

und seine Analogen. Beim Erhitzen wird sehr leicht Chlormethyl abgespalten und das Methylviolett zurückgebildet. Das Methylgrün findet heute kaum mehr Verwendung.

3-Methyl-4.4'.4''-triamidotriphenylmethan, Triamidodiphenyltolylmethan, Leukanilin, $\begin{matrix} NH_2 \\ CH_3 \end{matrix}\!\!>C_6H_3-CH{=}(C_6H_4-NH_2)_2$, bildet sich bei der Reduction des Rosanilins (s. u.) mit Schwefelammonium; es fällt aus den Lösungen seiner Salze auf Zusatz von Ammoniak als flockiger Niederschlag, welcher aus Wasser in kleinen bei 100° schmelzenden Krystallen erhalten wird. Es löst sich schwer in kochendem Wasser sowie in Aether, leicht in Alkohol. Oxydationsmittel führen es in Rosanilin bezw. dessen Salze über.

3-Methyl-4.4'.4''-triamidotriphenylcarbinol, Triamidodiphenyltolylcarbinol, Rosanilin (Fuchsin-Leukohydrat),

$$\begin{matrix} NH_2 \\ CH_3 \end{matrix}\!\!>C_6H_3-C(OH){=}(C_6H_4-NH_2)_2 .$$

Diese durch Zersetzen des Fuchsins (s. u.) mit Alkalien entstehende Base krystallisirt in farblosen Nadeln oder Tafeln, löst sich sehr schwer in Wasser und Aether, leichter in Alkohol. Mit einem Aequivalent Säure bildet sie die tiefroth gefärbten, beständigen Salze, welche als Fuchsine bezeichnet werden. Andere Salze entstehen durch Vereinigung mit 3 und, wie es scheint, selbst mit 4 Aequivalenten Mineralsäure, doch sind diese Verbindungen sehr unbeständig; sie werden durch Wasser in die einsäurigen Salze und freie Säure zerlegt. Ihre Zersetzung macht sich durch einen Farbenumschlag von Gelbbraun, dies ist die Farbe der mehrsäurigen Salze, in ein intensives Roth bemerkbar.

Rosanilin bildet ebenso wie Pararosanilin mit schwefliger Säure und sauren Sulfiten farblose Verbindungen. Aldehyde führen diese Körper in violette Farbstoffe über; die Reaction kann mithin zum Nachweis von Aldehyden (vgl. Bd. I, S. 393) benutzt werden.

Salzsaures Rosanilin, Fuchsin, Anilinroth,

$$\begin{matrix} NH_2 \\ CH_3 \end{matrix}\!\!>C_6H_3-C\!\!<\!\begin{matrix} C_6H_4-NH_2 \\ C_6H_4{=}NH_2Cl \end{matrix} \quad \text{oder} \quad \begin{matrix} ClNH_2 \\ CH_3 \end{matrix}\!\!>C_6H_3{=}C\!\!<\!\begin{matrix} C_6H_4-NH_2 \\ C_6H_4-NH_2 \end{matrix} .$$

Von den verschiedenen Verfahren zur Darstellung dieses Farbstoffes (vgl. S. 118 ff., 132) kommt heute in der Technik in erster Linie das sogenannte Nitrobenzolverfahren in Betracht, wonach ein Gemisch von Anilin, o-Toluidin und p-Toluidin mit Nitrobenzol, o-Nitrotoluol und p-Nitrotoluol in Gegenwart von Eisen und Salzsäure erhitzt wird. Aus der Schmelze werden durch fractionirtes Lösen und Krystallisiren der so erhaltenen Lösungen die zahlreichen Fuchsinmarken des Handels dargestellt. Die aus den letzten Mutterlaugen gewonnenen Marken enthalten

Phosphin und dessen Homologe beigemischt und färben daher in braunen Tönen. Unter der Bezeichnung Canelle, Juchtenroth etc. finden diese Farbstoffgemische ausgedehnte Anwendung in der Lederfärberei.

Auch nach dem sogenannten Arsensäureverfahren wird Fuchsin gewonnen, indem ein Gemenge etwa gleicher Theile Anilin, o-Toluidin und p-Toluidin mit syrupdicker Arsensäure auf 170—180° erhitzt wird. Die Schmelze wird unter Druck mit Wasser ausgelaugt unter theilweiser Neutralisation der Säuren durch Kalk. Aus der Lösung krystallisirt nach Zusatz von Kochsalz Fuchsin aus.

Ein Verfahren zur Parafuchsindarstellung geht vom Diamidodiphenylmethan aus (vgl. S. 135), welches bei Gegenwart von salzsaurem und freiem Anilin mit einem Oxydationsmittel behandelt wird. Verwendet man in diesem Verfahren an Stelle von Anilin und seinem Chlorhydrat o-Toluidin und salzsaures o-Toluidin und anstatt Diamidodiphenylmethan das aus o-Toluidin und Formaldehyd erhältliche Diamidoditolylmethan, so erhält man das durch seine Leichtlöslichkeit ausgezeichnete Neufuchsin.

Färbeeigenschaften: Fuchsin färbt Seide sowie Wolle in neutralem Bade in bläulich-rother Nuance an. Baumwolle wird nach vorherigem Beizen mit Tannin und Brechweinstein gefärbt. Auch in der Druckerei findet Fuchsin für Seide und Baumwolle Verwendung.

Wird Rosanilin oder Fuchsin mit rauchender Schwefelsäure erhitzt, so entsteht eine Trisulfosäure, welche unter dem Namen Säurefuchsin oder Fuchsin S. als Farbstoff verwendet wird. Während die freie Säure intensiv roth gefärbt ist, sind ihre neutralen Alkalisalze farblos, die sauren Salze dagegen gleichfalls roth gefärbt. Dieses Verhalten erklärt sich durch die Annahme, dass in der freien Säure Salzbildung zwischen einer Sulfogruppe und einer Amidogruppe stattgefunden hat und so ein wahres Rosanilinsalz entstanden ist, während in den neutralen Salzen nur freie Amidogruppen anzunehmen sind.

Triphenylrosanilin, Anilinblaubase,

$$\begin{array}{l} C_6H_5{-}NH \\ CH_3 \end{array}\!\!\Big\rangle C_6H_3{-}C(OH)\Big\langle\!\!\begin{array}{l} C_6H_4{-}NH{-}C_6H_5 \\ C_6H_4{-}NH{-}C_6H_5 \end{array}.$$

Im Rosanilin lassen sich die Amidogruppen successive durch Anilinreste ersetzen, wenn man Rosanilin in Gegenwart organischer Säuren mit Anilin erhitzt. Der Vorgang findet unter Ammoniakentwickelung[1] entsprechend der folgenden Gleichung statt:

$$\begin{array}{l} NH_2 \\ CH_3 \end{array}\!\!\Big\rangle C_6H_3{-}C(OH)\Big\langle\!\!\begin{array}{l} C_6H_4{-}NH_2 \\ C_6H_4{-}NH_2 \end{array} + 3\,C_6H_5{-}NH_2$$

$$= \begin{array}{l} C_6H_5{-}NH \\ CH_3 \end{array}\!\!\Big\rangle C_6H_3{-}C(OH)\Big\langle\!\!\begin{array}{l} C_6H_4{-}NH{-}C_6H_5 \\ C_6H_4{-}NH{-}C_6H_5 \end{array} + 3\,NH_3.$$

[1] Hofmann, Compt. rend. **56**, 945 (1863); **57**, 25 (1863). — Schiff, Compt. rend. **56**, 1234 (1863) vgl. Heumann u. Heidlberg, Ber. **19**, 1989 (1886).

Technische Darstellung: In einem mit Rührer und Destillationsvorrichtung versehenen eisernen Kessel wird ein Gemisch von Rosanilinbase, reinem Anilin (Anilin für Blau) und Benzoësäure bis zum Sieden des Anilins erhitzt. Man sättigt nun theilweise mit concentrirter Salzsäure und erhält so eine Krystallisation fast reinen Triphenylrosanilinchlorhydrats, während unangegriffenes Anilin in Lösun bleibt[1].

Das Chlorhydrat bildet grünschimmernde Nadeln, welche in Wasser unlöslich, in heissem Alkohol wenig löslich sind. Die Lösungen sind rein blau.

Das Triphenylrosanilin findet in Form seines Chlorhydrats oder Sulfats als Spritblau, Gentianablau etc. Anwendung zum Färben von Spirituslacken und in der Seidenfärberei. Hauptsächlich dient es zur Darstellung von Sulfoderivaten mit einer bis drei Sulfogruppen oder Gemischen solcher Sulfosäuren. Diese durch Einwirkung rauchender Schwefelsäure auf Triphenylrosanilin entstehenden Farbstoffe finden unter den Bezeichnungen Alkaliblau, Wasserblau, Bayrischblau etc. ausgedehnte Verwendung zum Färben von Wolle.

Von den im Benzolkern substituirten Rosanilinfarbstoffen zeichnen sich diejenigen, welche in Orthostellung zum gemeinsamen Kohlenstoffatom eine oder mehrere negative Gruppen tragen, vortheilhaft durch ihre Alkaliechtheit aus[2].

Phenole der Triphenylmethanreihe.

Die in einem oder mehreren Benzolkernen hydroxylirten Triphenylmethane oder Triphenylcarbinole sind Körper, welche vollkommen das Verhalten von Phenolen aufweisen. Sie lassen sich wie die Hydroxylverbindungen der Benzolreihe aus den entsprechenden Aminen durch Vermittelung der Diazoverbindungen[3] und aus den Sulfosäuren durch Schmelzen mit Alkalien[4] gewinnen. Doch ist diese Darstellungsweise hauptsächlich von theoretischem Interesse; so hat die Ueberführung des Rosanilins in Rosolsäure oder Trioxydiphenyltolylcarbinol wesentlich zur endgültigen Feststellung der Constitution des Rosanilins beigetragen. Von praktischem Werth sind lediglich die weiter unten besprochenen synthetischen Darstellungsweisen dieser Verbindungen.

Die hydroxylirten Triphenylmethane weisen in vielen Beziehungen eine nahe Analogie mit den entsprechenden Amidoverbindungen auf; dies zeigt sich namentlich in dem Verhalten des Trioxytriphenylmethans und Trioxytriphenylcarbinols im Vergleich mit dem Paraleukanilin und dem Pararosanilin.

Das 4.4'.4''-Trioxytriphenylmethan ist ebenso wie das Paraleukanilin eine Leukoverbindung, welcher ein gelbrother Farbstoff, das Aurin, entspricht. Das Aurin besitzt aber nicht die Zusammensetzung des dem

[1] Vgl. Nietzki, Farbstoffe, 2. Aufl. S. 135 (1894).

[2] Vgl. z. B. Geigy & Co., D. R.-Pat. Nr. 80982, 89397, 94126.

[3] Gräbe u. Caro, Ann. **179**, 184 (1876). — O. Fischer, Ann. **206**, 153 (1881). — O. Fischer u. Fränkel, Ann. **241**, 366 (1887).

[4] Hemilian, Ber. **7**, 1205 (1874).

Leukaurin entsprechenden Carbinols (Trioxytriphenylcarbinols), sondern es unterscheidet sich in seiner Formel von letzterem durch ein Minus der Elemente eines Wassermoleculs. Wir sehen also dasselbe Verhältniss zwischen der Leukoverbindung und dem Farbstoff obwalten wie bei den Fuchsinen, nur dass bei letzteren Salzbildung stattfinden muss, damit die Anhydrisirung vor sich gehen kann. Denken wir uns das Pararosanilin in seiner Anhydroform als freie Verbindung, so lässt sich die Analogie zwischen den basischen und den hydroxylirten Farbstoffen in der folgenden Formulirung wiedergeben:

$$NH_2-C_6H_4-\underset{\displaystyle |\atop \displaystyle C_6H_4-NH_2}{CH}-C_6H_4-NH_2 \qquad OH-C_6H_4-\underset{\displaystyle |\atop \displaystyle C_6H_4-OH}{CH}-C_6H_4-OH$$

Paraleukanilin — Leukaurin

$$NH_2-C_6H_4-\underset{\displaystyle \|\atop \displaystyle C_6H_4=NH}{C}-C_6H_4-NH_2 \qquad OH-C_6H_4-\underset{\displaystyle \|\atop \displaystyle C_6H_4=O}{C}-C_6H_4-OH$$

Pararosanilin (Anhydroform) — Aurin.

Hiernach erscheint das Aurin ebenso wie das Parafuchsin und seine Homologen als ein chinoïder Körper; es enthält als Chromophor die einerseits durch einen zweiwerthigen Rest substituirte Chinongruppe, wie die Fuchsine die entsprechend substituirte Chinonimidgruppe (vgl. S. 129); als Auxochrome fungiren im Aurin die Hydroxylgruppen, wie im Fuchsin die Amidogruppen. Da die Hydroxylgruppen mit Basen Salze bilden, so sind das Aurin und seine Analogen Säurefarbstoffe.

Wie das Aurin dem Pararosanilin, so entspricht dem Rosanilin die Rosolsäure. Dem Aurin und der Rosolsäure kommen also die folgenden aufgelösten Formeln zu:

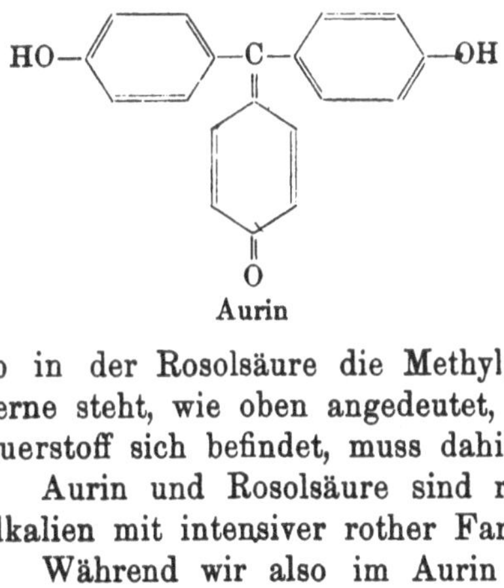

Aurin

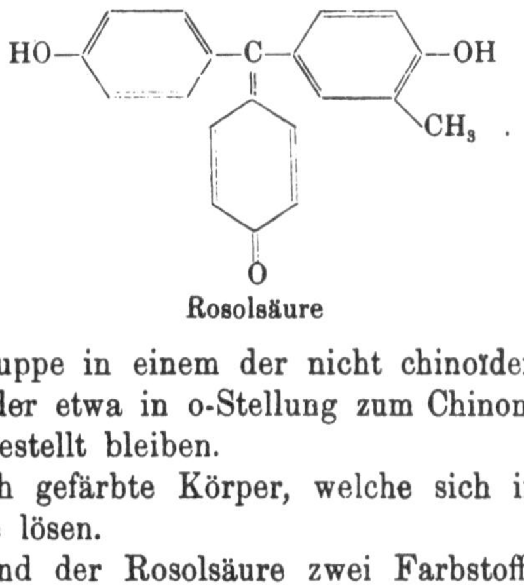

Rosolsäure

Ob in der Rosolsäure die Methylgruppe in einem der nicht chinoïden Kerne steht, wie oben angedeutet, oder etwa in o-Stellung zum Chinonsauerstoff sich befindet, muss dahingestellt bleiben.

Aurin und Rosolsäure sind roth gefärbte Körper, welche sich in Alkalien mit intensiver rother Farbe lösen.

Während wir also im Aurin und der Rosolsäure zwei Farbstoffe kennen, welche ihre vollkommenen Analoga im Pararosanilin und im Rosanilin besitzen, sind die um eine Hydroxylgruppe ärmeren Benzeïne oder Dioxytriphenylcarbinole den Diamidotriphenylcarbinolen zu vergleichen. Nun sind schon die Salze des 4.4'-Diamidotriphenylcarbinols nur schwache Farbstoffe; da das Aurin und die Rosolsäure weit schwächere Farbkraft zeigen als die Fuchsine, so ist es sonach ohne weiteres verständlich, dass die Benzeïne nicht mehr eigentliche Farbstoffe sind. Allerdings zeigen die Benzeïne selbst eine rothe Farbe und ihre Alkalisalze sind violett gefärbt, aber es fehlt diesen Verbindungen die Verwandtschaft zur thierischen Faser.

Im Zusammenhang mit diesen schwach ausgeprägten Farbstoffeigenschaften mag es stehen, daß die Benzeïne nicht die Fähigkeit besitzen, sich zu anhydrisiren; so kommt der einfachsten Verbindung dieser Reihe, dem Phenolbenzeïn (Benzaurin) oder 4.4'-Dioxytriphenylcarbinol die folgende Formel zu:

$$\begin{array}{c} HO{-}C_6H_4{-}C(OH){-}C_6H_4{-}OH \\ | \\ C_6H_5 \end{array}$$

An die stickstofffreien Körper, welche soeben besprochen wurden, reihen sich einige Verbindungen an, welche sowohl Amine als auch Phenole sind; zu diesen gehören die als Farbstoffe bekannten Rosamine. Die Rosamine enthalten jedoch keine freien Hydroxylgruppen mehr, sondern es ist in ihnen ein sauerstoffhaltiger Ringcomplex anzunehmen, welcher in der Art zu Stande kommt, dass aus zwei in verschiedenen Benzolkernen benachbart zum gemeinsamen Kohlenstoffatom stehenden Hydroxylgruppen Wasser abgespalten wird. So kommt z. B. dem Tetramethylrosaminchlorid die folgende Formel zu:

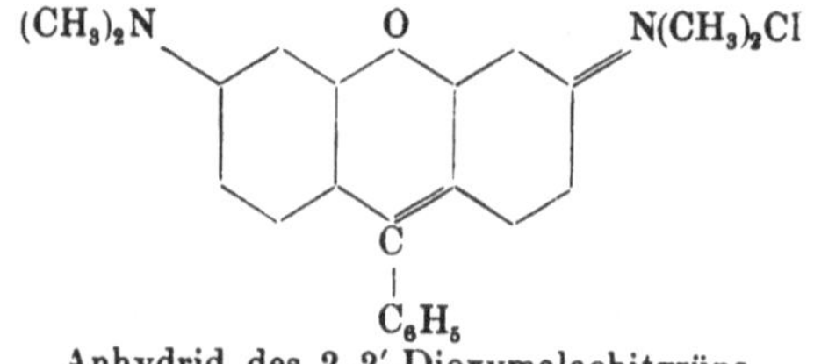

Anhydrid des 2.2'-Dioxymalachitgrüns.

Der so entstehende sechsgliedrige „Pyronring“ wird uns später auch in den Fluoresceïnen begegnen.

Die Rosolsäure wurde im Jahre 1834 zuerst von RUNGE[1] beobachtet, welcher sie aus Steinkohlentheer gewann und die Eigenschaft, Farblacke zu bilden, an ihr constatirte. Später wurde diese Verbindung aus Carbolsäure durch verschiedene Oxydationsverfahren gewonnen; eine durchsichtigere Synthese der Verbindung wurde jedoch erst viele Jahre später von KOLBE und SCHMITT[2] ausgeführt, welche fanden, dass Phenol, mit Oxalsäure und Schwefelsäure erhitzt, einen rothen Farbstoff liefert. Als aus dem Rosanilin durch die Diazoreaction ein stickstofffreier hydroxylhaltiger Farbstoff von denselben Eigenschaften wie die Rosolsäure

[1] Pogg. **31**, 70 (1834).
[2] Ann. **119**, 169 (1861).

gewonnen wurde (vgl. S. 126), hielt man diese Verbindung für identisch mit dem Produkt aus Phenol und Oxalsäure[1]. Genauere Untersuchungen zeigten dann, dass das aus Phenol dargestellte Produkt keine einheitliche Verbindung ist; doch lässt sich daraus ein Körper isoliren, welcher Aurin genannt wurde und als das niedere Homologe der Rosolsäure aus Rosanilin anzusehen ist[2].

Die Constitution des Aurins und der Rosolsäure, welche durch die nahen Beziehungen dieser Verbindungen zu den entsprechenden Rosanilinen bereits bis zu einem gewissen Grade aufgeklärt war, wurde von CARO und GRÄBE[3] dadurch vollständig festgestellt, dass sie das Aurin durch Erhitzen mit Wasser in 4.4'-Dioxybenzophenon und Phenol spalteten und umgekehrt den Farbstoff aus diesen beiden Componenten — durch Einwirkung von Phosphortrichlorid auf Dioxybenzophenon und Condensation des erhaltenen Dioxybenzophenonchlorids mit Phenol und Schwefelsäure — wieder aufbauten:

$$C_6H_5{-}OH + Cl_2C{=}(C_6H_4{-}OH)_2 = O{=}C_6H_4{=}C{=}(C_6H_4{-}OH)_2 + 2\,HCl.$$

Die Rosolsäure, welche als das Methylderivat des Aurins erkannt war, lässt sich in analoger Weise gewinnen, und wir gelangen damit zu den oben gegebenen Formeln (vgl. S. 143).

Die Darstellung des Aurins aus Phenol und Oxalsäure durch concentrirte Schwefelsäure lässt zwei verschiedene Erklärungen zu, je nachdem man annimmt, dass die bei der Zersetzung der Oxalsäure durch die concentrirte Schwefelsäure entstehende Kohlensäure oder die gleichzeitig gebildete Ameisensäure den Kohlenstoff zur Verkettung der drei Phenolreste hergiebt[4]. Im ersteren Falle müsste direct Aurin entstehen:

$$CO_2 + 3\,C_6H_5{-}OH = HO{-}C_6H_4{-}C\begin{cases} C_6H_4{-}OH \\ C_6H_4{=}O \end{cases} + 2\,H_2O.$$

Phenol und Ameisensäure dagegen würden sich zunächst zu Leukaurin vereinigen, welches dann durch den Luftsauerstoff in Aurin übergehen könnte:

$$HCOOH + 3\,C_6H_5{-}OH = HO{-}C_6H_4{-}CH\begin{cases} C_6H_4{-}OH \\ C_6H_4{-}OH \end{cases} + 2\,H_2O.$$

Für den letzterwähnten Reactionsverlauf spricht der Umstand, dass Aurin auch aus Phenol und Ameisensäure mittelst Chlorzink darstellbar

---

[1] CARO u. WANKLYN, Ztschr. Chem. **1866**, 511. — Vgl. FRESENIUS, J. pr. [2] **3**, 477 (1871); [2] **5**, 184 (1872).

[2] DALE u. SCHORLEMMER, Ann. **166**, 279 (1873); Ber. **11**, 709, 1556 (1878). — ZULKOWSKY, Ber. **10**, 460, 1201 (1877); **11**, 392, 1426 (1878). Ann. **194**, 109 (1878); **202**, 179 (1880). — E. u. O. FISCHER, Ber. **11**, 473 (1878). Ann. **194**, 299 (1878).

[3] Ber. **11**, 1116, 1348 (1878). — Vgl. ZULKOWSKY, Monatsh. **3**, 476 (1882).

[4] E. u. O. FISCHER, Ber. **11**, 201 (1878). — DALE u. SCHORLEMMER, Ber. **11**, 1556 (1878). — ZULKOWSKY, Ber. **11**, 1431 (1878). — SMITH u. STAUB, Ber. **17**, 1740 (1884).

ist[1], eine Reaction, welche sich auch auf die Homologen und Analogen des Phenols übertragen lässt.

Aurin lässt sich auch aus Tetrachlorkohlenstoff und Phenol bei Gegenwart von Chlorzink oder Aluminiumchlorid in sehr guter Ausbeute darstellen[2] (vgl. S. 119 die analoge Bildung des Pararosanilins) und entsteht auch aus Pararosanilin mittelst der Diazoreaction[3], sowie aus Chlorpikrin, Phenol und Aluminiumchlorid[4]. Die Diazoreaction kann auch zur Herstellung der Rosolsäure aus dem Rosanilin[5] benutzt werden.

Der Darstellung der Rosanilinfarbstoffe aus Formaldehyd und aromatischen Aminen (vgl. S. 135) unter Zuhülfenahme eines Oxydationsmittels ist ein Verfahren vollkommen analog, welches darin besteht, dass ein Gemenge eines Phenols oder Phenolderivats mit Formaldehyd bei Gegenwart eines oxydirenden Mittels, z. B. salpetriger Säure, durch concentrirte Schwefelsäure condensirt wird. In erster Phase bildet sich dabei 4.4'-Dioxydiphenylmethan oder dessen Substitutionsprodukte (vgl. S. 68), und diese Körper treten bei Gegenwart des oxydirenden und condensirenden Agens mit einem weiteren Molecül eines Phenols zusammen. So bildet sich aus Formaldehyd und Phenol, bezw. aus Dioxydiphenylmethan und Phenol Aurin:

$$HO\cdot C_6H_4-CH_2-C_6H_4\cdot OH + C_6H_5\cdot OH + 2O = \begin{matrix} HO\cdot C_6H_4-C-C_6H_4\cdot OH \\ \| \\ C_6H_4{=}O \end{matrix} + 2H_2O.$$

Diese Reaction gestattet die Darstellung einer grossen Anzahl verschieden substituirter Aurine[6].

Das einfachste Benzeïn wurde im Jahre 1879 von DÖBNER dargestellt[7] durch Erwärmen von 1 Mol.-Gew. Benzotrichlorid (Bd. II, Th. I, S. 119, 122) mit 2 Mol.-Gew. wasserfreiem Phenol auf dem Wasserbade und darauffolgendes Abdestilliren des unangegriffenen Phenols mit Wasserdampf:

$$C_6H_5-CCl_3 + 2C_6H_5\cdot OH + H_2O = C_6H_5-C(OH){=}(C_6H_4\cdot OH)_2 + 3HCl.$$

Schmelzendes Kali spaltet diese Verbindung in 4.4'-Dioxybenzophenon und Benzol, während gleichzeitig durch weitergehende Zersetzung des Dioxybenzophenons p-Oxybenzoësäure und Phenol entstehen. Damit ist die Parastellung der beiden Hydroxylgruppen zur Carbinolgruppe erwiesen.

Durch Reduction lassen sich aus den Benzeïnen die entsprechenden Dioxytriphenylmethane gewinnen.

---

[1] NENCKI u. SCHMID, J. pr. [2] **23**, 549 (1881). — NENCKI, J. pr. [2] **25**, 275, 277 (1882). — CARO, Ber. **26**, 255 (1893). — Vgl. ZULKOWSKY, Monatsh. **16**, 360 (1895).
[2] HEUMANN, D. R.-Pat. Nr. 68976.
[3] E. u. O. FISCHER, Ber. **13**, 2204 (1880).
[4] ELBS, Ber. **16**, 1277 (1883).
[5] GRÄBE u. CARO, Ann. **179**, 184 (1876).
[6] CARO, Ber. **25**, 939, 2675 (1892). — GEIGY & Co., D. R.-Pat. Nr. 49970.
[7] Ber. **12**, 1462 (1879). — O. FISCHER, Ann. **217**, 223 (1883).

Eine Reihe von homologen Phenolen und Polyoxybenzolen ist in dieser Weise mit Benzotrichlorid condensirt worden[1].

Die in zwei Benzolkernen hydroxylirten Triphenylmethane, welche als Hydroprodukte der Benzeïne aufzufassen sind, lassen sich auch durch Condensation von Benzaldehyd und seinen Derivaten mit Phenolen durch Vermittelung von concentrirter Schwefelsäure herstellen[2], während Polyoxybenzole mit Benzaldehyd und Chlorzink oder Salzsäure zuweilen direct in Farbstoffe von ähnlicher Constitution wie die Benzeïne übergehen[3]. Die Reaction zwischen Benzaldehyd und Phenol entspricht der folgenden Gleichung:

$$C_6H_5-CHO + 2C_6H_5\cdot OH = C_6H_5-CH{=}(C_6H_4\cdot OH)_2 + H_2O\,.$$

In ähnlicher Weise wie Benzotrichlorid lassen sich auch die Anhydroprodukte der o-Sulfobenzoësäure und der o-Sulfamidbenzoësäure, das Saccharin (vgl. Bd. II, Th. I, S. 570—573), sowie die o-Sulfobenzoësäure selbst mit Phenolen zu Farbstoffen condensiren[4], welche als Sulfureïne oder Sulfonphtaleïne bezw. Sacchareïne bezeichnet worden sind und die eine ähnliche Constitution aufweisen, wie die später zu besprechenden Phtaleïne, z. B.:

$$C_6H_4{<}\begin{matrix}CO\\ \\SO_2\end{matrix}{>}O + 2C_6H_5\cdot OH = C_6H_4{<}\begin{matrix}C{=}(C_6H_4\cdot OH)_2\\ \\SO_2\end{matrix}{>}O + H_2O.$$

o-Sulfobenzoësäureanhydrid — Phenolsulfureïn

$$C_6H_4{<}\begin{matrix}CO\\ \\SO_2\end{matrix}{>}NH + 2C_6H_5\cdot OH = C_6H_4{<}\begin{matrix}C{=}(C_6H_4\cdot OH)_2\\ \\SO_2\end{matrix}{>}NH + H_2O.$$

Saccharin — Phenolsacchareïn

Diejenigen Dioxytriphenylcarbinole, in welchen zwei Hydroxylgruppen sich in Orthostellung zur Carbinolgruppe befinden, zeigen das Bestreben, entweder spontan oder beim Erhitzen unter Wasseraustritt und Bildung eines Pyronringes sich umzuwandeln. Solche 2.2′-Dioxytriphenylcarbinole entstehen bei der Condensation von Dialkyl-m-amidophenolen mit Benzotrichlorid, z. B. bildet sich das Chlorhydrat des anhydrisirten Dioxymalachitgrüns nach der Gleichung:

$$C_6H_5-CCl_3 + 2C_6H_4{<}\begin{matrix}N(CH_3)_2\\OH\end{matrix} = C_6H_5-C{<}\begin{matrix}C_6H_3-N(CH_3)_2\\ {>}O\\ C_6H_3{=}N(CH_3)_2Cl\end{matrix} + 2HCl + H_2O\,.$$

---

[1] O. Fischer, Ann. **217**, 234 (1883). — Döbner u. Förster, Ann. **257**, 60 (1890). — Schröter, Ann. **257**, 69 (1890).

[2] Russanow, Ber. **22**, 1943 (1889). — Etti, Monatsh. **3**, 637 (1882). — Michael, J. pr. [2[**57**, 335 (1898). — Bertoni, Gazz. chim. **21** I, 167 (1891). — Varda u. Zenoni, Gazz. chim. **21** I, 174 (1891). — Varda, Gazz. chim. **21** I, 183 (1891). — Bertoni u. Zenoni, Gazz. chim. **21** II, 331 (1891). — Siboni, Gazz. chim. **21** II, 340 (1891).

[3] K. Hofmann, Ber. **26**, 1139 (1893).

[4] Lyman, Am. chem. Journ. **16**, 513 (1894). — Gilpin, Am. chem. Journ. **16**, 528 (1894). — Monnet u. Kötschet, Bull. [3] **17**, 690 (1897). — Sisley, Bull. [3] **17**, 821 (1897). — Sohon, Am. chem. Journ. **20**, 263 (1898). — Moale, Am. chem. Journ. **20**, 295 (1898).

Es ist dies das bereits auf S. 144 erwähnte Rosamin. Die Rosamine[1] verdanken dem in ihnen enthaltenen, zwischen zwei Benzolkerne gelagerten Pyronring die lebhafte Fluorescenz ihrer Lösungen[2].

Im Gegensatz zu diesen Farbstoffen selbst lassen sich deren Leukoderivate, welche durch Einwirkung von aromatischen Aldehyden auf dialkylirte m-Amidophenole bei Gegenwart von Chlorzink oder concentrirter Schwefelsäure entstehen, ohne innere Wasserabspaltung gewinnen, so aus Benzaldehyd und Dimethyl-m-amidophenol das 4.4'-Tetramethyldiamido-2.2'-dioxytriphenylmethan:

$$C_6H_5{-}CHO + 2\,C_6H_4\begin{matrix}\diagup N(CH_3)_2\\ \diagdown OH\end{matrix} = C_6H_5{-}CH{=}\left[C_6H_3\begin{matrix}\diagup N(CH_3)_2\\ \diagdown OH\end{matrix}\right]_2 + H_2O.$$

Durch Erhitzen mit concentrirter Schwefelsäure werden diese Verbindungen anhydrisirt, bei der Oxydation liefern sie direct die Rosamine[3].

Während die Rosamine als zweifach hydroxylirte Derivate des Malachitgrüns und seiner Analogen bezw. als deren Anhydroderivate sich darstellen, entsteht ein einfach hydroxylirtes Leukomalachitgrün durch Condensation von Salicylaldehyd mit Dimethylanilin und Chlorzink:

$$HO\cdot C_6H_4{-}CHO + 2\,C_6H_5\cdot N(CH_3)_2 = HO\cdot C_6H_4{-}CH{=}[C_6H_4\cdot N(CH_3)_2]_2 + H_2O.$$

Der durch Oxydation aus dieser Leukoverbindung entstehende Farbstoff stellt wie das Malachitgrün selbst einen grünen Farbstoff, das Salicylaldehydgrün, dar[4].

An dieser Stelle ist auch der technisch wichtigen Gruppe von Farbstoffen zu gedenken, welche unter dem Namen Patentblau zusammengefasst werden. Diese Farbstoffe sind Sulfosäuren von Tetraalkyldiamidotriphenylcarbinolen, welche in dem nicht amidirten Benzolkern in Metastellung zum Carbinolkohlenstoffatom eine Hydroxyl- oder Amido-Gruppe, Chlor etc. enthalten[5]. So wurde ein im Handel vorkommendes Patentblau als das Magnesiumsalz der Disulfosäure des 3-Oxy-4'.4''-tetraäthyldiamidotriphenylcarbinols:

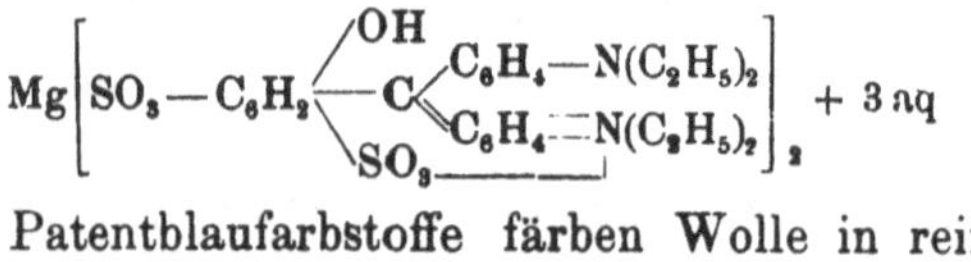

erkannt[6]. Die Patentblaufarbstoffe färben Wolle in reinen blauen bis

---

[1] Heumann u. Rey, Ber. **22**, 3001 (1889).

[2] Vgl. R. Meyer, Ztschr. f. physik. Chem. **24**, 468 (1897).

[3] Biehringer, Journ. pr. [2] **54**, 250 (1896). — Gnehm u. Schüle, Ann. **299**, 347 (1898).

[4] O. Fischer, Ber. **14**, 2520 (1881). — Nölting u. Polonowsky, Ber. **24**, 3132 (1891). — Vgl. Nölting, Ber. **30**, 2588 (1897).

[5] Farbwerke Höchst a./M., D. R.-Pat. Nr. 46384, 48523, 55621, 69199. — E. u. H. Erdmann, D. R.-Pat. Nr. 64736. — Fritsch, Ber. **29**, 2290 (1896).

[6] E. u. H. Erdmann, Ann. **294**, 376 (1897).

grünblauen Tönen, welche gegen Alkalien beständig sind; sie zeichnen sich ferner durch ein hervorragendes Egalisirungsvermögen aus.

Endlich ist noch eine Verbindung zu erwähnen, welche von REICHENBACH im Jahre 1835 zuerst beobachtet wurde[1]. Sie bildet sich, wenn gewisse Fractionen des Buchenholztheers mit Barytwasser der Einwirkung der Luft ausgesetzt werden. Sie stellt einen blauen Farbstoff dar, welcher von seinem Entdecker Eupitton, von späteren Untersuchern Pittakall oder Eupittonsäure genannt wurde. A. W. HOFMANN fand[2], dass man zu derselben Verbindung gelangt, wenn man den Dimethyläther des Pyrogallols, mit dem Dimethyläther des Methylpyrogallols gemischt (vgl. Bd. II, Th. I, S. 424), der oxydirenden Einwirkung der Luft aussetzt oder dieses Gemenge mit Hexachlorkohlenstoff behandelt. Der Farbstoff ist als ein sechsfach methoxylirtes Aurin der Formel

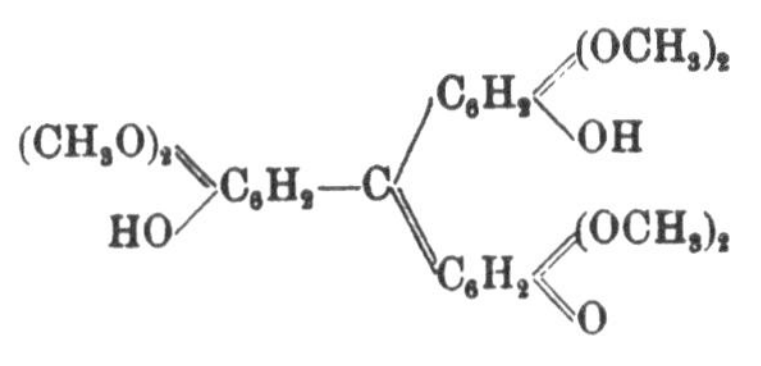

aufzufassen.

Einzelne Verbindungen[3].

2-Oxy-4'.4''-tetramethyldiamidotriphenylmethan, $[(CH_3)_2N-C_6H_4]_2=CH-C_6H_4-OH$ (Schmelzpunkt 127—128°), bildet sich bei der Condensation von Salicylaldehyd mit Dimethylanilin durch Chlorzink. Durch Oxydationsmittel wie Bleisuperoxyd oder Braunstein geht es in einen grünen Farbstoff, das Salicylaldehydgrün, über.

4-Oxy-4'.4''-tetramethyldiamidotriphenylmethan, $[(CH_3)_2N-C_6H_4]_2=CH-C_6H_4-OH$, aus p-Oxybenzaldehyd, Dimethylanilin und Chlorzink, schmilzt bei 163°. Durch Oxydation mit Chloranil entsteht eine violettrothe Verbindung, welche auf Zusatz von Essigsäure oder verdünnter Mineralsäure dichroïtische Lösungen giebt, die im auffallenden Licht grün, im durchfallenden rothviolett erscheinen.

Patentblau Höchst wird in der Weise hergestellt, dass man durch Condensation von m-Nitrobenzaldehyd mit Diäthylanilin das 3-Nitro-4'.4''-tetraäthyldiamidotriphenylmethan gewinnt, darauf die Nitrogruppe über die Amido- und Diazo-Gruppe durch Hydroxyl ersetzt, die entstehende Verbindung sulfurirt und das Calciumsalz der Sulfosäure durch Superoxyde in den Farbstoff überführt.

4.4'-Dioxytriphenylmethan, $C_6H_5-CH=(C_6H_4-OH)_2$, vom Schmelzpunkt 161°, bildet sich bei der Reduction des Benzaurins und aus der entsprechenden

[1] Schweigg. Journ. **68**, 1. — Vgl. GRÄTZEL, Ber. **11**, 2085 (1878). — LIEBERMANN, Ber. **11**, 1104 (1878).

[2] Ber. **11**, 1455 (1878); **12**, 1371, 2216 (1879).

[3] Die Litteratur für diese Verbindungen siehe im vorstehenden allgemeinen Theil.

Diamidoverbindung (S. 136) mittelst der Diazoreaction, sowie endlich durch Condensation von Benzaldehyd mit Phenol durch concentrirte Schwefelsäure.

4.4'-Dioxytriphenylcarbinol, Benzaurin, $C_6H_5-C(OH)\equiv(C_6H_4-OH)_2$, entsteht beim Erwärmen von Benzotrichlorid mit Phenol. Es bildet ein ziegelrothes, in Alkohol, Aether und Eisessig mit gelber, in Alkalien mit violettrother Farbe lösliches Krystallpulver.

2.2'-Dioxy-4.4'-tetramethyldiamidotriphenylcarbinolanhydrid, Tetramethylrosamin. Das Chlorid dieser Verbindung von der Formel

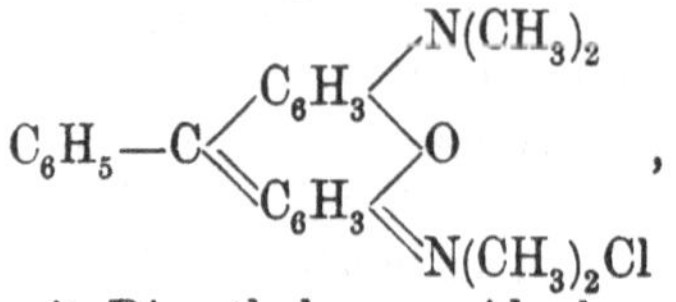

, entsteht beim Erwärmen von Benzotrichlorid mit Dimethyl-m-amidophenol (vgl. Bd. II, Th. I, S. 395) unter Zusatz eines Verdünnungsmittels auf 60° und Aussalzen der Lösung durch Kochsalz. Die Lösungen des Farbstoffes sind blauroth und zeigen starke Fluorescenz. Seide und Wolle werden rosa bis dunkel blauroth gefärbt, tannirte Baumwolle bläulich-roth.

4.4'.4''-Trioxytriphenylmethan, Leukaurin, $CH\equiv(C_6H_4-OH)_3$, entsteht bei der Reduction des Aurins mit Zinkstaub. Es krystallisirt in farblosen Prismen oder glänzenden Nadeln, welche sich wenig in Wasser, leicht in Alkohol und Essigsäure lösen. An der Luft nimmt es eine röthliche Farbe an, in alkalischer Lösung wird es von dem Luftsauerstoff oxydirt. Alkalische und saure Oxydationsmittel erzeugen rothgefärbte Verbindungen, welche jedoch vom Aurin verschieden sind.

4.4'.4''-Trioxytriphenylcarbinolanhydrid, Aurin, $O=C_6H_4=C=(C_6H_4-OH)_2$. Die reine Verbindung entsteht beim Diazotiren von Pararosanilin und Umkochen der Diazoverbindung. Am bequemsten stellt man es aus käuflichem Aurin dar, indem man in dessen alkoholische Lösung Ammoniak einleitet, wodurch das Ammoniumsalz des Aurins krystallinisch ausgeschieden wird; oder man löst das käufliche Aurin in verdünnter Natronlauge auf und fällt das Aurin durch Kohlensäure aus.

Das reine Aurin bildet dunkelrothe rhombische Prismen, welche nicht schmelzbar sind. Es löst sich nicht in Wasser, schwer in Alkohol in der Kälte, leicht in heissem Alkohol und Essigsäure. Beim Erhitzen mit Ammoniak geht es in Pararosanilin über. In Alkalien löst es sich mit intensiv rother Farbe.

Das käufliche Aurin, auch gelbes Corallin genannt, entsteht durch Erhitzen von Phenol mit Oxalsäure bei Gegenwart eines Condensationsmittels. Durch Einwirkung von Ammoniak entsteht daraus das blaurothe Corallin. Beide Farbstoffe besitzen nur noch geringe technische Bedeutung. Das gelbe Corallin ist mit der von RUNGE 1834 entdeckten Rosolsäure identisch; es enthält ausser dem eigentlichen Aurin eine Reihe von Nebenprodukten, welche höher oxydirt sind.

Aurinsulfit, $(C_{19}H_{15}O_3)_2SO_3 + 4H_2O$. Diese eigenthümliche Verbindung entsteht beim Einleiten von schwefliger Säure in eine heissgesättigte alkoholische Aurinlösung als ziegelrother krystallinischer Niederschlag. Bei 100° zersetzt es sich in Aurin, Schwefeldioxyd und Wasser. Durch Einwirkung von Kaliumbisulfit auf Aurin entsteht ein farbloses Produkt. Auch mit anderen Säuren vermag das Aurin additionelle Verbindungen einzugehen.

Bei der Einwirkung von Brom bildet das Aurin ein Tetrabromderivat der Formel $C_{19}H_{10}Br_4O_3$, beim Nitriren eine Tetranitroverbindung, $C_{19}H_{10}(NO_2)_4O_3$ vom Schmelzpunkt 140°. In diesem Nitroprodukt lassen sich ebenso wie in dem Tetrabromkörper zwei Wasserstoffatome durch Aethylgruppen ersetzen[1].

3-Methyl-4.4'.4''-trioxytriphenylmethan, Leukorosolsäure,

$$\begin{matrix} HO \\ CH_3 \end{matrix}\!\!>C_6H_3-CH{=}(C_6H_4-OH)_2,$$

entsteht bei der Reduction der Rosolsäure mit Zinkstaub; es krystallisirt in farblosen Nadeln oder Prismen, die sich in Alkohol leicht lösen. Gegen Oxydationsmittel verhält es sich ganz wie das Leukaurin.

3-Methyl-4.4'.4''-trioxytriphenylcarbinolanhydrid, Rosolsäure,

$$\begin{matrix} OH \\ CH_3 \end{matrix}\!\!>C_6H_3-C\!\!<\!\!\begin{matrix} C_6H_4-OH \\ C_6H_4{=}O \end{matrix} \quad \text{oder} \quad \begin{matrix} O \\ CH_3 \end{matrix}\!\!>C_6H_3{=}C{=}(C_6H_4-OH)_2,$$

wird erhalten, wenn man Rosanilin, in concentrirter Salzsäure gelöst, diazotirt und die Lösung zum Sieden erhitzt. Die Verbindung krystallisirt aus verdünntem Alkohol in metallglänzenden grünlichen Blättchen oder rubinrothen Krystallen. Sie ist nicht schmelzbar, löst sich in Alkalien mit rother Farbe und vereinigt sich ebenso wie das Aurin mit Mineralsäuren. Durch Einwirkung von Brom liefert sie ein Tetrabromderivat.

Eupittonsäure, $C_{25}H_{26}O_9$ (vgl. S. 149), krystallisirt aus Aether-Alkohol in haarfeinen, orangefarbenen Nadeln, löst sich schwer in Alkohol, leichter in Essigsäure. Alkalien lösen sie mit blauer Farbe. Die so entstehenden Salze enthalten zwei Aequivalente Metall. Durch Methylirung erhält man ein Dimethylderivat, $C_{25}H_{24}O_9(CH_3)_2$, welches goldgelbe Nadeln bildet und bei 242° schmilzt. Das Diacetylderivat, $C_{25}H_{24}O_9(COCH_3)_2$, bildet gelbe Nadeln vom Schmelzpunkt 265°, die Dibenzoylverbindung, $C_{25}H_{24}O_9(COC_6H_5)_2$, schmilzt bei 232°.

Säuren der Triphenylmethanreihe.

Carbonsäuren der Triphenylmethanreihe sind in grosser Zahl bekannt und auf den verschiedensten Wegen erhalten worden. Diese Verbindungen zeigen im Allgemeinen das Verhalten aromatischer Carboxylverbindungen, insoweit sie nicht, wie im Folgenden gezeigt werden wird, gewisse Reactionen aufweisen, welche von dem besonderen Bau des Triphenylmethans abhängig sind.

Bei der Oxydation von Kohlenwasserstoffen der Triphenylmethanreihe, welche Seitenketten enthalten, werden die Seitenketten in Carboxyl-

[1] Ackermann, Ber. 17, 1624 (1884).

gruppen übergeführt, während gleichzeitig oder auch erst bei weitergehender Oxydation das Wasserstoffatom der Methenylgruppe durch die Hydroxylgruppe ersetzt wird[1]. So entsteht bei der Oxydation des Diphenyl-p-tolylmethans mit Chromsäuregemisch Triphenylcarbinolcarbonsäure (4):

$$(C_6H_5)_2{\equiv}CH{-}C_6H_4{-}CH_3 + 4O = (C_6H_5)_2{\equiv}C(OH){-}C_6H_4{-}COOH + H_2O\,.$$

Dagegen liefert das Diphenyl-m-tolylmethan Triphenylmethancarbonsäure (3):

$$(C_6H_5)_2{\equiv}CH{-}C_6H_4{-}CH_3 + 3O = (C_6H_5)_2{\equiv}CH{-}C_6H_4{-}COOH + H_2O\,.$$

Das aus dem Triphenylmethylbromid entstehende Triphenylmethylcyanid oder Triphenylacetonitril (vgl. S. 129) giebt bei der Verseifung mit Säuren oder Alkalien zunächst das zugehörige Amid und dann die Triphenylessigsäure, $(C_6H_5)_3{\equiv}C{-}COOH$[2].

Dieselbe Verbindung bildet sich auch aus Trichloressigsäure, Benzol und Aluminiumchlorid[3]:

$$3C_6H_6 + Cl_3C{-}COOH = (C_6H_5)_3{\equiv}C{-}COOH + 3HCl\,.$$

Das nächst höhere Homologe dieser Säure, die β-Triphenylpropionsäure, $(C_6H_5)_3{\equiv}C{-}CH_2{-}COOH$, lässt sich aus dem durch Condensation von Triphenylmethylbromid oder -chlorid mit Natriummalonsäureester entstehenden Triphenylmethylmalonsäureester, $(C_6H_5)_3{\equiv}C{-}CH(COOC_2H_5)_2$, durch Verseifung und Kohlensäureabspaltung gewinnen[4].

Ein besonderes Interesse in wissenschaftlicher und technischer Beziehung beanspruchen unter den Carbonsäuren der Triphenylmethanreihe diejenigen Verbindungen, welche eine Carboxylgruppe in der Nachbarstellung zum gemeinsamen Kohlenstoffatom in einem der Benzolkerne tragen, also die

Triphenylmethancarbonsäure (2) und die Triphenylcarbinolcarbonsäure (2)

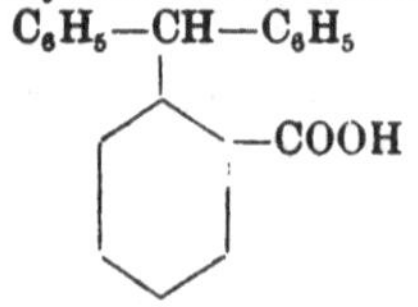

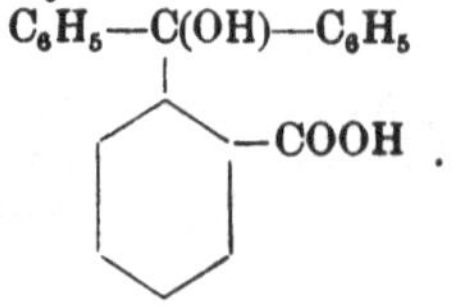

Die letztgenannte Säure ist in freiem Zustande nicht existenzfähig; bei der Zersetzung ihrer Salze durch Säuren bildet sich an Stelle der freien Säure deren inneres Anhydrid[5], das Diphenylphtalid oder Phtalophenon:

---

[1] Hemilian, Ber. **7**, 1210 (1874); **16**, 2362, 2364, 2369, 2371, 2373, 2375 (1883); **19**, 3063, 3064, 3067, 3068, 3072 (1886).

[2] E. u. O. Fischer, Ann. **194**, 262 (1878): Ber. **11**, 1599 (1878). — Heyl u V. Meyer, Ber. **28**, 2783 (1895).

[3] Elbs u. Tölle, Journ. pr. [2] **32**, 622 (1885).

[4] Henderson, Ber. **20**, 1014 (1887). Journ. Soc. **51**, 224 (1887). — Vgl. Allen u. Köllicker, Ann. **227**, 107 (1885).

[5] Vgl. Guyot, Bull. [3] **17**, 970 (1887). — Limpricht, Ann. **299**, 296 (1898).

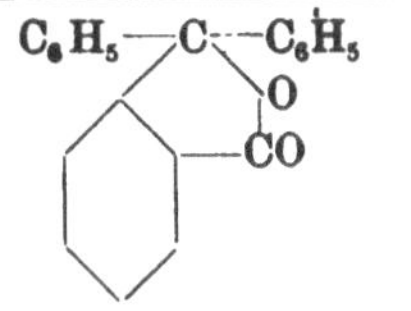

Dieser Körper, welcher als ein Abkömmling des Phtalids (vgl. Kap. 37)

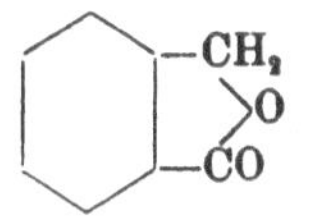

aufgefasst werden kann, worauf auch die Bezeichnung Diphenylphtalid hindeutet, ist die Muttersubstanz wichtiger Farbstoffklassen, der Phtaleïne, Fluoresceïne und Rhodamine.

Zur Darstellung aller dieser Körper dient vorzugsweise als Ausgangsmaterial das Phtalsäureanhydrid, $C_6H_4<\begin{matrix}CO\\CO\end{matrix}>O$, in welchem sich eines der beiden doppelt an ein Kohlenstoffatom gebundenen Sauerstoffatome durch zwei einwerthige Reste des Benzols oder seiner Abkömmlinge ersetzen lässt.

Bei Besprechung der Diphenylmethanderivate wurde bereits einer Reaction gedacht (vgl. S. 66), welche darin besteht, dass Phtalsäureanhydrid mit Benzol und dessen Derivaten durch Aluminiumchlorid zur Condensation gebracht wird, wobei im Allgemeinen nur ein Benzolrest in das Phtalsäuremolecül eingreift unter Bildung von o-Benzoylbenzoësäure oder einem ihrer Abkömmlinge. Es wurde dort schon erwähnt, dass in einigen Fällen, so bei der Condensation von Toluol mit Phtalsäureanhydrid, zwei Reactionen neben einander verlaufen, welche sich durch die folgenden Gleichungen wiedergeben lassen:

$$1.\quad C_6H_4<\begin{matrix}CO\\CO\end{matrix}>O + C_6H_5-CH_3 = C_6H_4<\begin{matrix}CO-C_6H_4-CH_3\\COOH\end{matrix},$$

p-Toluyl-o-benzoësäure

$$2.\quad C_6H_4<\begin{matrix}CO\\CO\end{matrix}>O + 2\,C_6H_5-CH_3 = C_6H_4<\begin{matrix}C-(C_6H_4-CH_3)_2\\CO\end{matrix}>O + H_2O.$$

Ditolylphtalid

Der durch die zweite Gleichung wiedergegebene Process verläuft nun ohne nebenhergehende Bildung des Diphenylmethanderivats, wenn an Stelle des Phtalsäureanhydrids das Phtalylchlorid durch Aluminiumchlorid mit Benzol condensirt wird[1]:

[1] Friedel u. Crafts, Compt. rend. **84**, 1452 (1877). Ann. ch. [6] **1**, 523 (1884). — Baeyer, Ann. **202**, 50 (1880). — Limpricht, Ann. **299**, 287, 300 (1898). — Vgl. Nölting, Ber. **17**, 387 (1884). — Berchem, Bull. [2] **42**, (1884).

$$C_6H_4\left<\begin{matrix}CCl_2\\ \diagdown\!\!\diagup\, O\\ CO\end{matrix}\right. + 2\,C_6H_6 = C_6H_4\left<\begin{matrix}C{=}(C_6H_5)_2\\ O\\ CO\end{matrix}\right. + 2\,HCl.$$

Diphenylphtalid

Das Phtalsäureanhydrid vermag zwar nur einen Benzolrest mit Leichtigkeit in sein Molecül aufzunehmen; wenn man aber die durch diese Reaction entstandene o-Benzoylbenzoësäure abermals mit Benzol und Aluminiumchlorid behandelt, so findet ein nochmaliger Eintritt eines Benzolmolecüls statt, und man erhält als Endprodukt wieder Diphenylphtalid[1]:

$$C_6H_4\left<\begin{matrix}CO-C_6H_5\\ COOH\end{matrix}\right. + C_6H_6 = C_6H_4\left<\begin{matrix}C{=}(C_6H_5)_2\\ O\\ CO\end{matrix}\right. + H_2O.$$

Die Reduction des Diphenylphtalids und seiner Derivate führt zu den entsprechenden Triphenylmethan-o-carbonsäuren, z. B.:

$$C_6H_4\left<\begin{matrix}C{=}(C_6H_5)_2\\ O\\ CO\end{matrix}\right. + H_2 = C_6H_4\left<\begin{matrix}CH{=}(C_6H_5)_2\\ COOH\end{matrix}\right..$$

Die letztgenannten Verbindungen aber können auch durch directe Synthese aus den einfach arylirten[2] Phtaliden (vgl. S. 90 u. 92) durch Einwirkung von Benzolkohlenwasserstoffen und Aluminiumchlorid hergestellt werden, so bildet sich die Triphenylmethancarbonsäure (2) aus Phenylphtalid und Benzol[3]:

$$C_6H_4\left<\begin{matrix}CH-C_6H_5\\ O\\ CO\end{matrix}\right. + C_6H_6 = C_6H_4\left<\begin{matrix}CH{=}(C_6H_5)_2\\ COOH\end{matrix}\right..$$

Leichter als mit aromatischen Kohlenwasserstoffen lässt sich das Phtalsäureanhydrid mit Phenolen in der Weise condensiren, dass zwei Molecüle der letzteren in das Phtalsäuremolecül eintreten.

Diese Reaction, welche von Baeyer im Jahre 1871 aufgefunden wurde, führte zur Entdeckung der äusserst wichtigen Körperklasse der Phtaleïne, deren einfachster Repräsentant das aus Phtalsäureanhydrid und Phenol entstehende Phenolphtaleïn ist:

$$C_6H_4\left<\begin{matrix}C{=}(C_6H_4-OH)_2\\ O\\ CO\end{matrix}\right.$$

Zur Ausführung der Reaction erhitzt man 1 Mol.-Gew. Phtalsäureanhydrid mit 2 Mol.-Gew. eines Phenols und concentrirter Schwefelsäure. Als Condensationsmittel ist in einzelnen Fällen auch Zinnchlorid oder Chlorzink angewendet worden, während in anderen Fällen bei An-

[1] Pechmann, Ber. **14**, 1865 (1881).

[2] Die Bezeichnung „Aryl“ wird neuerdings vielfach für die einwerthigen Reste aromatischer Kohlenwasserstoffe mit aromatischer Function benutzt; vgl. Vorlaender, J. pr. [2] **59**, 247 (1899).

[3] Gresly, Ann. **234**, 242 (1886).

wendung höher hydroxylirter Phenole das Condensationsmittel ganz fortgelassen werden kann.

Die Condensation zwischen Phtalsäureanhydrid, das sich auch durch Phtalylchlorid ersetzen lässt, und hydroxylirten Benzolen ist mit den meisten der bekannteren Phenole sowohl als auch mit einigen Phenoläthern durchgeführt worden, wie folgende Zusammenstellung der hierbei benutzten Phenole und Phenolderivate zeigt:

Phenol[1], die drei Dioxybenzole[2], Pyrogallol[3] und Phloroglucin[4], o- und p-Kresol[5], Orcin[6], Kresorcin[7], Aethylphenol[8], Diresorcin[9], Anisol[10], Phenetol[11], Guajacol[12].

Auch Substitutionsprodukte der Phtalsäure bezw. des Phtalsäureanhydrids condensiren sich mit Phenolen zu substituirten Phtaleïnen[13].

Bei der Einwirkung des Phenols auf das Phtalsäureanhydrid tritt das verbindende Kohlenstoffatom vorzugsweise in die p-Stellung zu den Hydroxylgruppen der Phenolmoleciüle, so dass also dem Phenolphtaleïn die folgende aufgelöste Formel zugeschrieben werden muss:

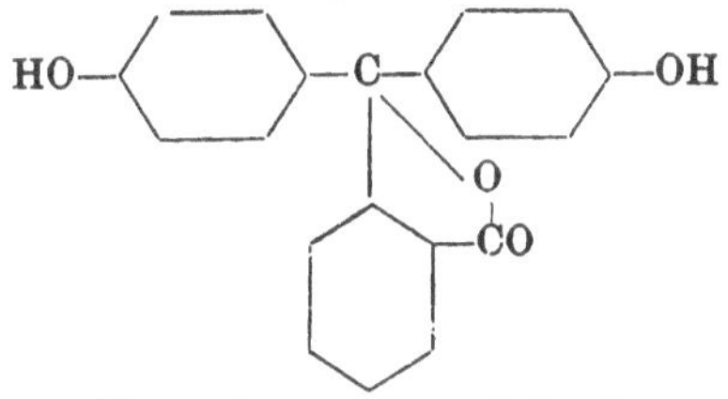

Die Richtigkeit dieser Formel ergiebt sich daraus, dass das Phenolphtaleïn in der Alkalischmelze das 4.4'-Dioxybenzophenon liefert[14].

[1] Baeyer, Ber. **4**, 658 (1871); **9**, 1230 (1876); **12**, 642 (1879). Ann. **202**, 68 (1880).

[2] Baeyer, Ber. **4**, 558, 662, 663 (1871). — Grimm, Ber. **6**, 506 (1873). — Baeyer, Ann. **183**, 3 (1876). — Ekstrand, Ber. **11**, 713 (1878). — Baeyer u. Kochendörfer, Ber. **22**, 2196 (1889). — R. Meyer u. Friedland, Ber. **31**, 1740 (1898).

[3] Baeyer, Ber. **4**, 457, 663 (1871). — Buchka, Ann. **209**, 249 (1881). — Prud'homme, Bull. [3] **11**, 1138 (1894).

[4] Baeyer, Ber. **4**, 664 (1871). — Link, Ber. **13**, 1652 (1880).

[5] Baeyer u. Fraude, Ann. **202**, 153 (1880). — Baeyer u. Drewsen, Ann. **212**, 340 (1882).

[6] Baeyer u. E. Fischer, Ann. **183**, 63 (1876). — R. u. H. Meyer, Ber. **28**, 2959 (1895); **29**, 2627 (1896).

[7] Knecht, Ann. **215**, 83 (1882).

[8] Auer, Ber. **17**, 671 (1884).

[9] Link, Ber. **13**, 1654 (1880). — Benedikt u. Julius, Monatsh. **5**, 177 (1884).

[10] Grande, Gazz. chim. **26** I, 222 (1896). — Vgl. Grande, Gazz. chim. **27** II, 67 (1897).

[11] Haller u. Guyot, Compt. rend. **120**, 296 (1895).

[12] Baeyer u. Kochendörfer, Ber. **22**, 2199 (1889).

[13] Schreder, Ber. **11**, 1340 (1878). — Gräbe, Ber. **18**, 1129 (1885). Ann. **238**, 333 (1887). — Le Royer, Ann. **238**, 357 (1887). — Gräbe u. Leonhardt, Ann. **290**, 236 (1896). — Vgl. Errera u. Gasparini, Gazz. chim. **24** I, 71 (1894).

[14] Baeyer u. Burkhardt, Ber. **11**, 1299 (1878). — Baeyer, Ann. **202**, 126 (1880).

Diese Zerlegung beweist gleichzeitig die Zugehörigkeit des Phenolphtaleïns zur Triphenylmethangruppe, welche sich auch aus folgenden Reactionen ergiebt. Das Phtalophenon geht bei der Reduction in Triphenylmethancarbonsäure und diese durch Erhitzen mit Barythydrat in Triphenylmethan über. Beim Nitriren des hierdurch als Triphenylmethanderivat gekennzeichneten Phtalophenons entsteht ein Dinitroderivat, das nach Reduction der Nitrogruppen und Ersatz der Amidogruppen durch Hydroxyle in Phenolphtaleïn übergeht[1].

Das Phtalophenon oder Diphenylphtalid ist mithin die Muttersubstanz der Phtaleïne.

Das Phenolphtaleïn selbst ist ein farbloser Körper, es zeigt jedoch die eigenthümliche, an das Verhalten der Rosaniline erinnernde Eigenschaft, dass seine Salze gefärbt sind; es löst sich daher in verdünnten Alkali- und Alkalicarbonat-Lösungen mit rother Farbe, worauf seine Verwendung in der Alkalimetrie beruht. Durch überschüssige Alkalilaugen werden die gefärbten Lösungen wieder entfärbt.

Es liegt nahe, dieses Verhalten durch dieselbe Annahme zu erklären wie bei den Rosanilinen und Aurinen (vgl. S. 128 ff. u. 143), nämlich dadurch, dass in den gefärbten Abkömmlingen des Phenolphtaleïns chinoïde Verbindungen vorliegen, während das freie Phenolphtaleïn ebenso wie die freien Rosanilinbasen keine chinoïde Gruppe enthalten. Wir haben also zwei isomere Formeln, von denen die eine den farblosen, die andere den gefärbten Phtaleïnverbindungen zu Grunde liegen könnte[2]:

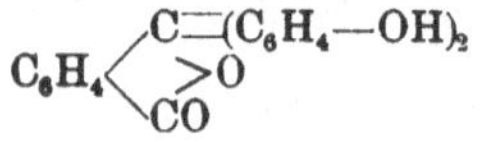

Lactonform, farblos

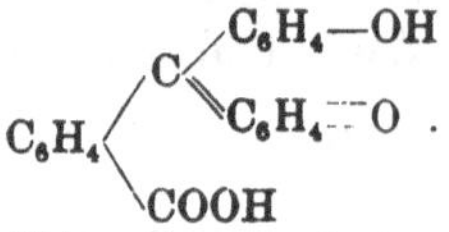

Chinonform, gefärbt

Durch Einwirkung von Zinkstaub und Alkali gehen die Phtaleïne in saure Verbindungen über, deren Salze nicht gefärbt sind. Diese als Phtaline bezeichneten Körper sind hydroxylirte 2-Triphenylmethancarbonsäuren, z. B.

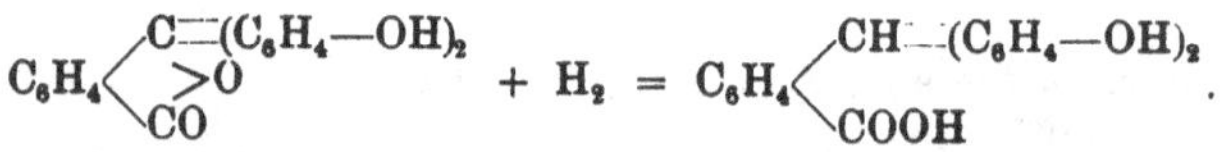

Phenolphtaleïn — Phenolphtalin

Die Phtaline gehen an der Luft wieder in Phtaleïne über; bei weitergehender Reduction konnten in einigen Fällen Verbindungen erhalten werden, welche durch die Umwandlung der Carboxylgruppe der Phtaline in die primäre Alkoholgruppe entstanden sind und Phtalole genannt werden, z. B.:

[1] BAEYER, Ber. **12**, 642 (1879). Ann. **202**, 36—140 (1880).

[2] FRIEDLÄNDER, Ber. **26**, 172 (1893).

$$C_6H_4\begin{cases}CH{=}(C_6H_4{-}OH)_2\\ CH_2{-}OH\end{cases}.$$

Werden die Phtaline der Einwirkung concentrirter Schwefelsäure ausgesetzt, so verwandeln sie sich in sogenannte Phtalidine, welche Abkömmlinge des Anthracens sind:

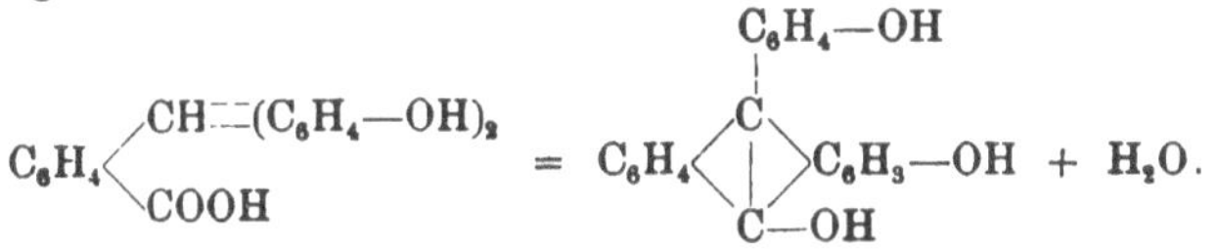

In ähnlicher Weise gehen die Phtaleïne beim Erhitzen mit concentrirter Schwefelsäure unter Abspaltung eines Phenolmolecüls in Anthrachinonderivate über; so entsteht aus dem Phenolphtaleïn Oxyanthrachinon:

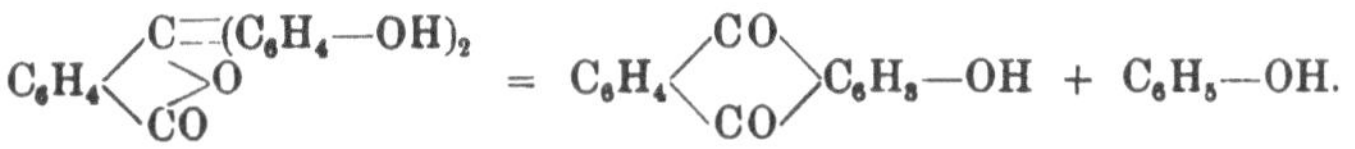

Das Phenolphtaleïn ist nicht das einzige Produkt der Reaction des Phtalsäureanhydrids mit Phenol, sondern es entsteht gleichzeitig eine um 1 Mol. Wasser ärmere Verbindung, das Phenolphtaleïn-anhydrid oder Fluoran[1]. Diese Verbindung bildet sich in der Weise, dass die Phenolmolecüle ihre in Orthostellung zum Hydroxyl stehenden Wasserstoffatome gegen den Rest des Phtalsäureanhydrids austauschen, so dass ein Dioxydiphenylphtalid entsteht, welches aber sogleich spontan in Wasser und Fluoran zerfällt:

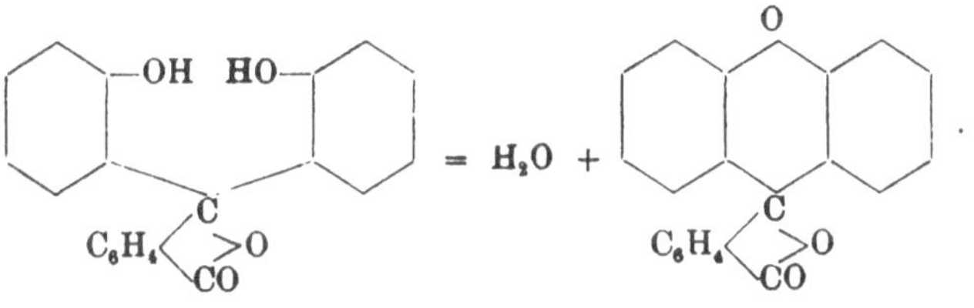

Das Fluoran, sowie seine Derivate, welche den Pyronring

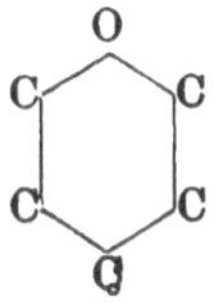

enthalten, sind durch die mehr oder weniger hervortretende Fluorescenz ihrer Lösungen ausgezeichnet[2].

---

[1] Baeyer, Ann. **212**, 347 (1882). — R. Meyer, Ber. **24**, 1412 (1891). — R. Meyer u. Hoffmeyer, Ber. **25**, 1385, 2118 (1892). — R. Meyer u. Saul, Ber. **25**, 3586 (1892); **26**, 1271 (1893).

[2] R. Meyer, Ztschr. f. physik. Chem. **24**, 468 (1898). — Hewitt, Proc. Chem. Soc. **16**, 3 (1900).

Das Fluoran, die Muttersubstanz der im Folgenden zu besprechenden Fluoresceïne, geht bei der Reduction in Hydrofluoransäure oder Phenolphtalinanhydrid über:

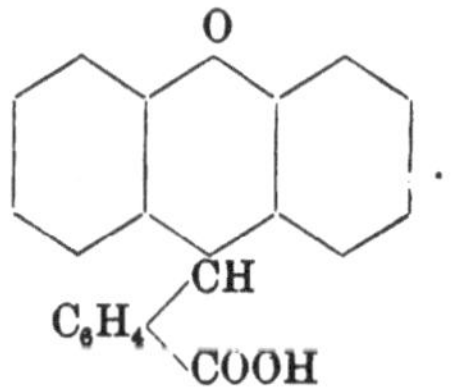

Mit den Anschauungen, welche in den hier gewählten Formeln ihren Ausdruck finden, steht das Verhalten der Kresole gegen Phtalsäureanhydrid vollkommen im Einklang. Während das o-Kresol in normaler Weise ein dimethylirtes Phenolphtaleïn der Formel

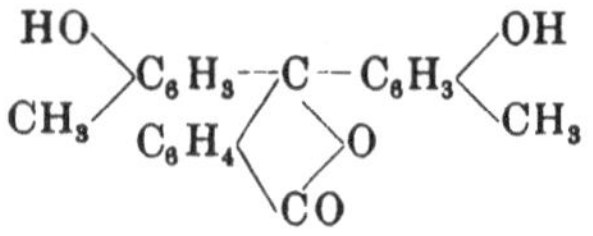

liefert, giebt das p-Kresol lediglich ein Phtaleïnanhydrid[1]. Im p-Kresol ist die Parastellung zur Hydroxylgruppe besetzt, das Phtalsäureanhydrid greift daher nur in die Orthostellung ein unter Bildung eines Anhydrokörpers von folgender Form:

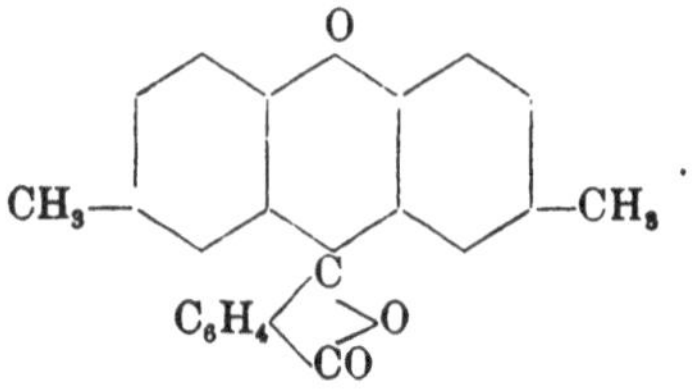

Von den Verbindungen, welche den Fluorancomplex enthalten, ist die wichtigste das durch Condensation von Phtalsäureanhydrid mit Resorcin entstehende Fluoresceïn. Dieser Körper ist gelb gefärbt, seine Lösungen fluoresciren grossentheils und zwar mit grüner Farbe, seine eigentliche Farbstoffnatur tritt aber erst in den Lösungen in Alkalien oder Alkalicarbonaten hervor, welche in concentrirterem Zustande roth, in verdünnterem gelb sind und eine intensive grüngelbe Fluorescenz zeigen. Aehnliche Eigenschaften weisen alle Analogen des Fluoresceïns auf.

Die Zugehörigkeit des Fluoresceïns zu der Gruppe der Fluorankörper ergiebt sich daraus, dass es durch Phosphorpentabromid in ein Tribromfluoran übergeführt wird, welches bei der Reduction Hydrofluoransäure liefert[2].

---

[1] Baeyer u. Fraude, Ann. **202**, 153 (1880). — Baeyer u. Drewsen, Ann. **212**, 340 (1882).

[2] R. Meyer u. Hoffmeyer, Ber. **25**, 1388 (1892).

Die Constitution des Fluoresceïns hat sich vollkommen sicher feststellen lassen, und zwar hat sich ergeben, dass der Eintritt des Phtalsäurerestes in die beiden Resorcinmolecüle in gleicher Weise, nämlich in der Stellung 4 des folgenden Schemas stattfindet:

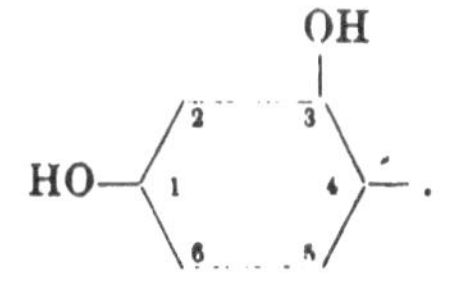

Dem Fluoresceïn kommt somit unter Berücksichtigung seiner empirischen Formel $C_{20}H_{12}O_5$ eine der beiden folgenden Formeln zu:

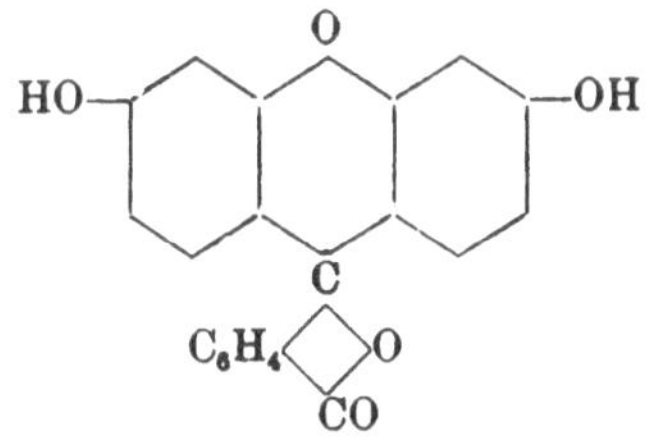

Lactoïde Form

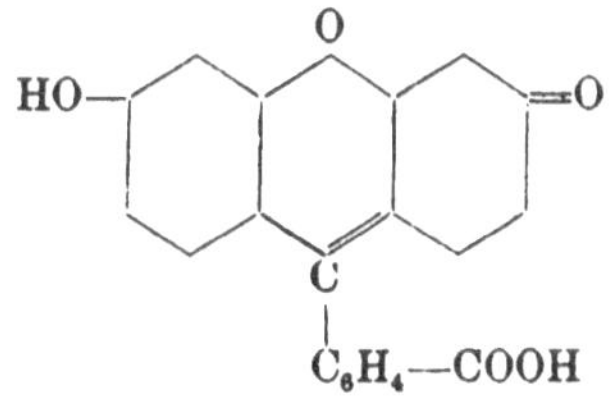

Chinoïde Form.

Der Beweis für die den obigen Formeln entsprechende Stellung der Hydroxyle ist von Richard Meyer und seinen Schülern auf folgende Weise geführt worden. Zunächst geht aus der Bildung des Fluoranringes mit Sicherheit hervor, dass der Phtalsäurerest in beiden Resorcinkernen in Orthostellung zu einem Hydroxyl getreten sein muss; die anderen beiden Hydroxyle, welche sich nicht an der Entstehung des Pyronringes betheiligen, können mithin unter Berücksichtigung der Resorcinformel nur in den Stellungen 4.4′ oder 4.6′ oder endlich 6.6′ stehen. Die Entscheidung zwischen diesen Formeln ergiebt sich aus der Spaltung und dem Wiederaufbau des Tetrabromfluoresceïns oder Eosins. Im Eosin, welches durch Tetrabromirung des Fluoresceïns erhalten wird, stehen in jedem Resorcinring zwei Bromatome. Denn wie sich in der Alkalischmelze das Fluoresceïn in Resorcin und eine Dioxy-o-benzoylbenzoësäure, $COOH—C_6H_4—CO—C_6H_3{\equiv}(OH)_2$, spaltet, so lässt sich in analoger Weise das Eosin in Dibromresorcin und eine dibromirte Dioxy-o-benzoylbenzoësäure spalten:

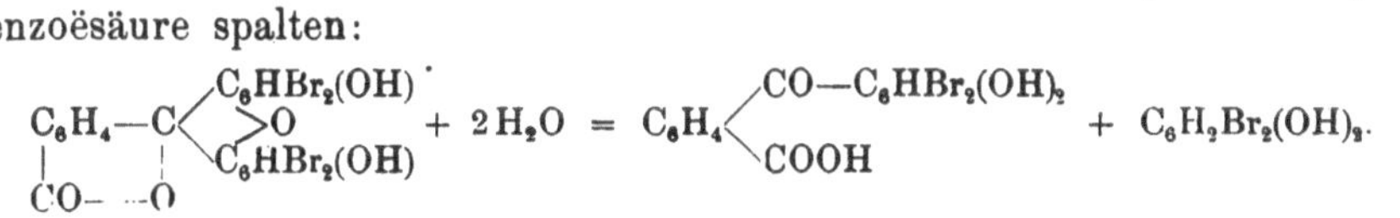

Eosin

In dieser substituirten Dioxybenzoylbenzoësäure muss nun eine Orthostellung zur Carbonylgruppe frei sein; denn die Säure lässt sich durch Wasserabspaltung in ein Anthrachinonderivat überführen, wie die folgende Gleichung zeigt:

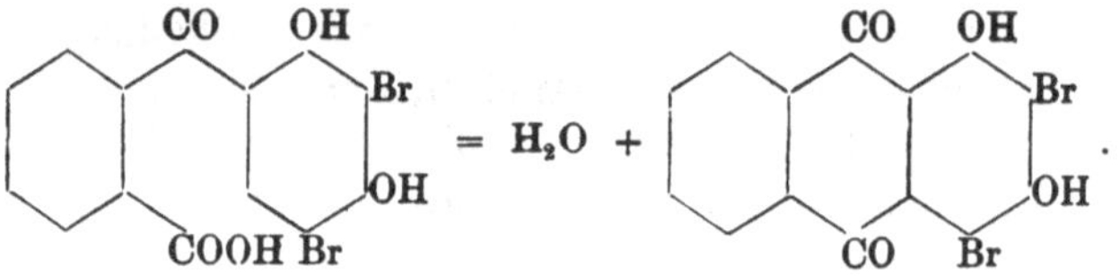

Das Spaltungsprodukt des Eosins hat also die in dieser Gleichung benutzte Formel.

Nun geht die Dioxybenzoylbenzoësäure, welche aus Fluoresceïn erhalten wird, beim Erhitzen wieder in Fluoresceïn über, indem ein Theil derselben in Resorcin und Phtalsäureanhydrid zerfällt und das entstandene Resorcin sich mit noch unzersetzter Dioxybenzoylbenzoësäure zu Fluoresceïn vereinigt. Ganz in derselben Weise bildet die oben erwähnte Dibrom-Dioxybenzoylbenzoësäure beim Erhitzen Eosin:

1.

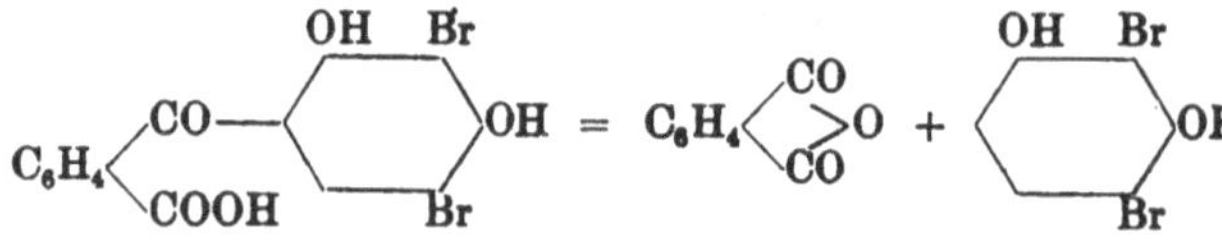

2.

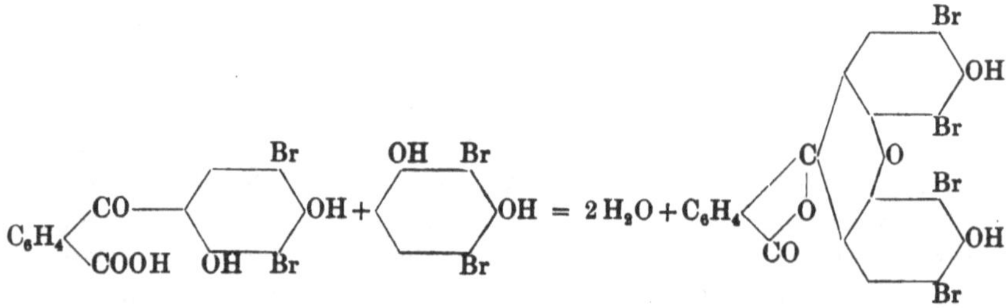

Dem Eosin kommt also die vorstehende bezw. die entsprechende chinoïde Formel zu, welche nach Fortlassung der die Bromatome bezeichnenden Symbole die Formel des Fluoresceïns ergiebt, die mit der oben (S. 159) wiedergegebenen lactoïden Formel für diese Verbindung identisch ist[1].

Was nun die Entscheidung zwischen den lactoïden und chinoïden Formeln der Phtaleïne und Fluoresceïne betrifft, so lässt sich für die freien Verbindungen ein strenger Beweis für die Richtigkeit der einen oder anderen Formel nicht mit voller Sicherheit erbringen; doch wird man in Anlehnung an das Verhalten der Rosaniline und Aurine den farblosen Verbindungen im Allgemeinen die Lactonformel, den gefärbten Körpern die Chinonformel beilegen können.

Für die D e r i v a t e der Phtaleïne und Fluoresceïne hat sich dagegen in vielen Fällen nicht nur ein directer Beweis für die Richtigkeit der einen oder der anderen Formel erbringen lassen, sondern es ist auch gelungen, Isomere herzustellen, deren Eigenschaften ihre Zugehörigkeit

[1] R. MEYER u. OPPELT, Ber. **21**, 3376 (1888). — HELLER, Ber. **28**, 312 (1895). — R. MEYER, Ber. **28**, 428, 1576 (1895). — HERZIG u. H. MEYER, Ber. **28**, 3258 (1895). — R. u. H. MEYER, Ber. **29**, 2623 (1896). — Vgl. auch GRÄBE, Ber. **28**, 28 (1895). — R. MEYER u. CONZETTI, Ber. **32**, 2103 (1899).

zu der einen oder anderen Körperklasse deutlich erkennen lassen, wie die folgenden Beispiele zeigen.

Das Phenolphtaleïn giebt bei der Behandlung mit Bromäthyl lediglich einen farblosen Diäthyläther[1], man wird daher dem Phenolphtaleïn und dem so entstehenden Diäthylderivat die Lactonformel beilegen:

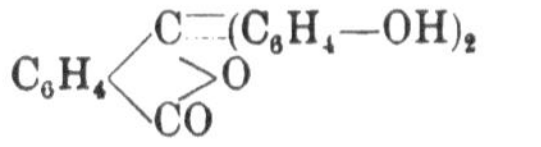

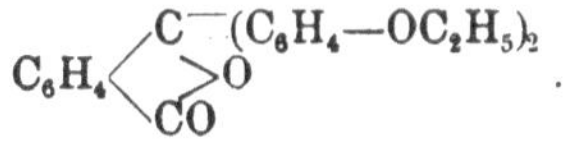

Das Phenolphtalin lässt sich nach den gewöhnlichen Esterificirungsmethoden in einen Aethylester der Formel

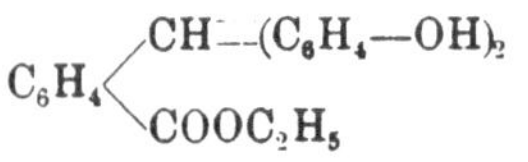

überführen, welcher bei der Bromirung ein Tetrabromderivat liefert, dessen Oxydation zu einem Ester des Tetrabromphenolphtaleïns führt, welch' letzterem nur die chinoïde Form zukommen kann, da er die Carboxäthylgruppe enthält. Demgemäss ist dieser Ester gelb gefärbt und besitzt Farbstoffeigenschaften. Seine Formel ist die folgende:

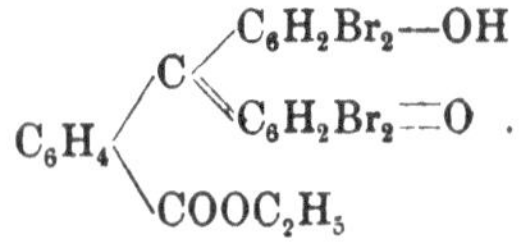

In diesen Ester lässt sich noch eine Aethylgruppe einführen und man erhält die zweifach äthylirte Verbindung:

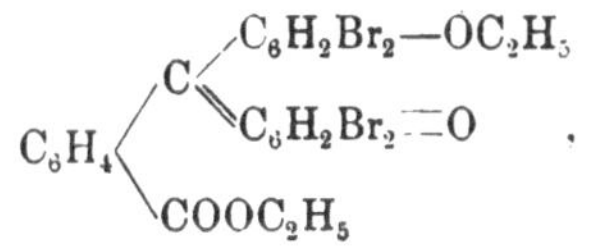

welche ebenso wie die eben besprochene Monoäthylverbindung gelb gefärbt ist. Wird dieser Ester verseift, so entsteht eine f a r b l o s e, mit dem Tetrabromphenolphtaleïnester isomere, einfach äthylirte Verbindung, welcher nur die folgende Constitution zukommen kann:

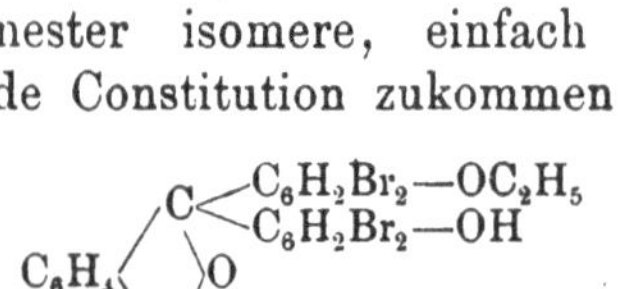

Das Fluoresceïn scheint im Gegensatz zum Phenolphtaleïn auch in freiem Zustande eine chinoïde Gruppe zu enthalten; wenn man es aber mit Anilin und salzsaurem Anilin kocht, bildet es ein farbloses Anilid;

---

[1] Nietzki u. Burckhardt, Ber. **30**, 175 (1897). — Vgl. auch Haller u. Guyot, Compt. rend. **116**, 479 (1893); **120**, 296 (1895). — Bistrzycki u. Nencki, Ber. **29**, 131 (1896). — H. Meyer, Monatsh. **20**, 337 (1899).

dieser Unterschied in den Eigenschaften der beiden Körper würde seine Erklärung durch folgende Formelbilder finden[1]:

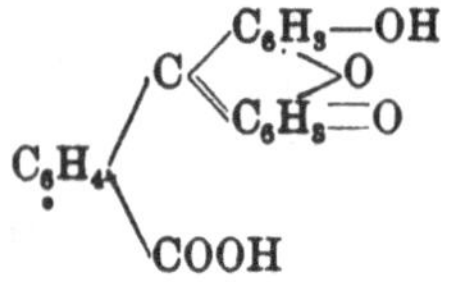

Fluoresceïn (gefärbt)

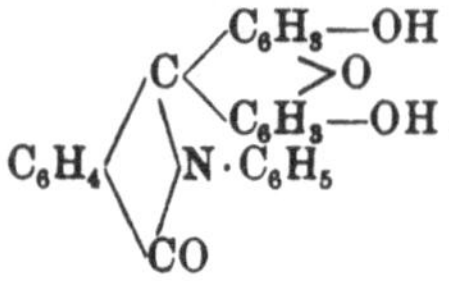

Fluoresceïnanilid (farblos)

Ebenso verhält sich das Phenolphtaleïn gegen Anilin und dessen Hydrochlorat[2].

Das Fluoresceïnanilid giebt einen Diäthyläther, welcher beim Erhitzen mit Salzsäure-Eisessig unter Abspaltung von Anilin ein farbloses Diäthylfluoresceïn liefert, dem nur die folgende Formel zukommen kann:

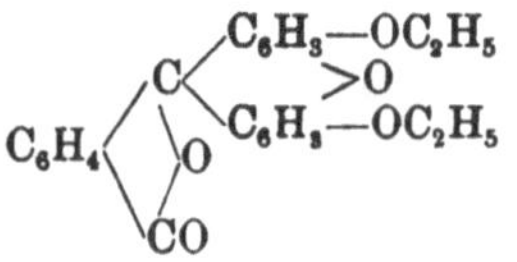

Geht man dagegen von dem Fluorescinäthylester der Formel

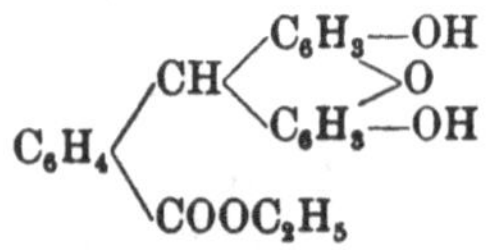

aus und führt ihn durch Oxydation in den gefärbten Fluoresceïnester über, so lässt sich aus diesem durch Bromäthyl und Natriumäthylat ein zweiter Diäthyläther des Fluoresceïns gewinnen, welcher gefärbt ist und die folgende Formel besitzt[3]:

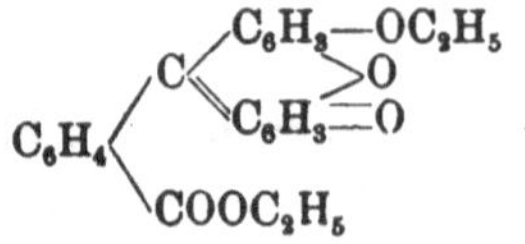

Eine weitere Stütze erhält die Annahme einer chinoïden Gruppe in den gefärbten Phtaleïnen dadurch, dass einige dieser Verbindungen bei der Einwirkung von Hydroxylamin Oxime liefern[4].

Damit eine chinoïde Lagerung in einem Phtaleïnkörper zu Stande kommen kann, ist es erforderlich, dass in der Para-Stellung zum ge-

[1] O. Fischer u. Hepp, Ber. **26**, 2236 (1893); **27**, 2790 (1894).

[2] Albert, Ber. **26**, 3077 (1893); **27**, 2793 (1894).

[3] Nietzki u. Schröter, Ber. **28**, 44 (1895). — Vgl. auch Armstrong, Chem. News **67**, 143 (1893). — Hjelt, Cöthener Chem.-Ztg. **18**, 3 (1894). — O. Fischer u. Hepp, Ber. **28**, 396 (1895).

[4] Friedländer, Ber. **26**, 174 (1893). — Friedländer u. Stange, Ber. **26**, 2258 (1893). — Vgl. Herzig u. H. Meyer, Ber. **28**, 3258 (1895). Monatsh. **17**, 436 (1896). — H. Meyer, Monatsh. **21**, 263 (1900).

meinsamen Kohlenstoffatom eine Gruppe oder ein Atom am Benzolkern haftet, welches Neigung zeigt, mit diesem in doppelte Bindung zu treten. Befindet sich an dieser Stelle des Benzolringes kein derartiger Substituent, so wird chinoïde Structur nicht zu Stande kommen und mithin ein Farbstoff, wenn die chinoïde Gruppirung die Vorbedingung für die Bildung eines solchen ist, in diesem Falle nicht entstehen.

Diese Verhältnisse zeigen sich besonders deutlich bei der Condensation zwischen Phtalsäureanhydrid und Orcin[1]. Es bilden sich bei dieser Reaction drei isomere Fluorankörper, von denen nur einer sich dem Fluoresceïn ganz analog verhält, während die beiden anderen keinen ausgeprägten Farbstoffcharakter besitzen. Diesen Verbindungen sind vermuthlich die folgenden Formeln zuzuschreiben:

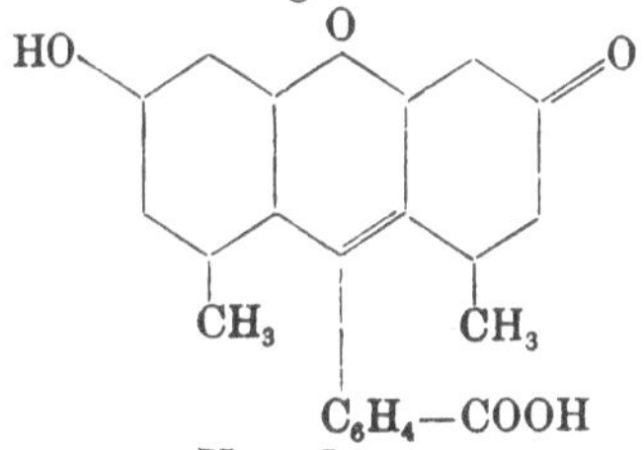

Homofluoresceïn

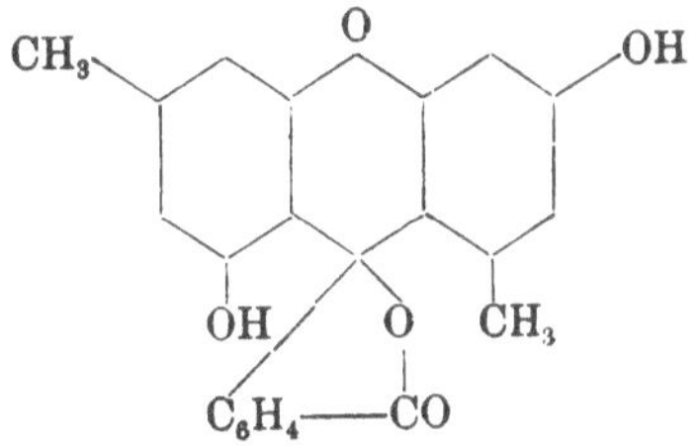

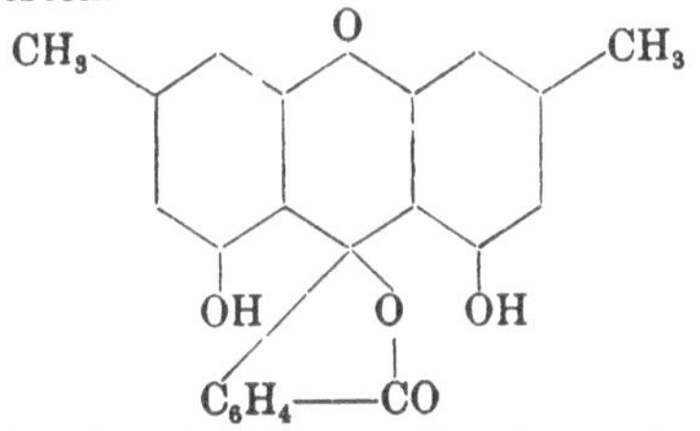

Während für die durch die zweite Formel wiedergegebene Verbindung auch noch eine chinoïde Form

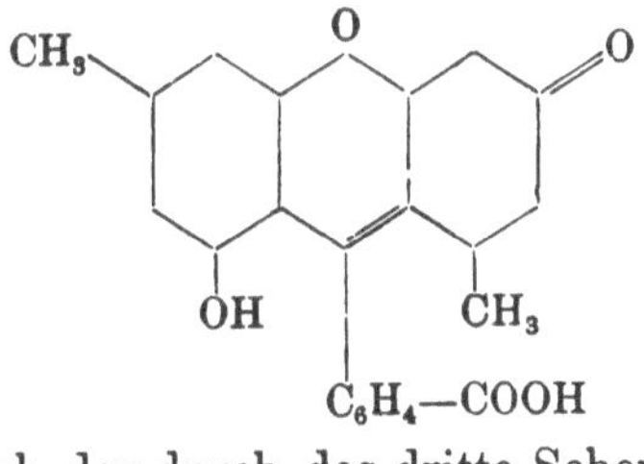

möglich wäre, lässt sich der durch das dritte Schema dargestellte Körper nur in der lactoïden Form denken, wenn man nicht die wenig wahrscheinliche Annahme einer an den Benzolkern doppelt gebundenen Methylen-Gruppe : CH_2 zulassen will.

Das Phtaleïn des Hydrochinons[2] ist, obgleich mit dem Fluoresceïn isomer, gleichfalls von diesem durch seine Farblosigkeit unterschieden, weil, wie aus der Structur des Hydrochinons hervorgeht, die Hydroxyl-

[1] R. u. H. Meyer, Ber. **29**, 2627 (1896). [2] R. u. H. Meyer, Ber. **28**, 2959 (1895).

gruppen in dem Hydrochinonphtaleïn die Stellungen 5.5′ einnehmen müssen[1]:

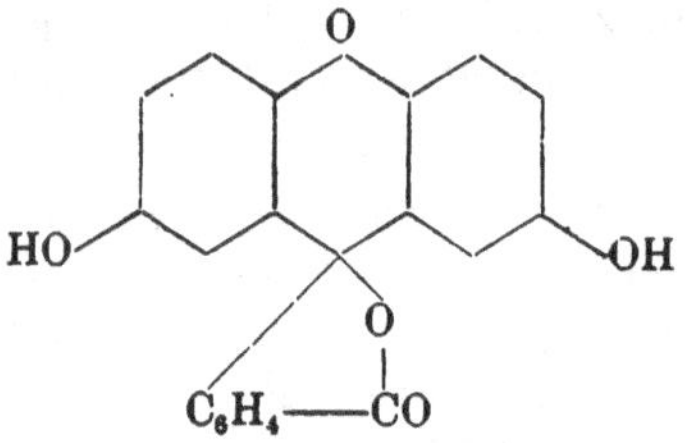

Das Fluoresceïn besitzt an sich nur geringe technische Bedeutung, da es durch billigere, gleich gute Farbstoffe ersetzt werden kann; dagegen ist das durch Bromiren daraus erhältliche Eosin, das von CARO im Jahre 1873 in die Farbstoffindustrie eingeführt wurde[2], namentlich wegen der schön fluorescirenden Seidenfärbungen, welche es erzeugt, sehr geschätzt.

Diphenylphtalide, welche nur in einem Benzolkern durch Hydroxyle substituirt sind, sind gleichfalls bekannt. Sie entstehen bei der Condensation der o-Benzoylbenzoësäure mit Phenolen mit oder ohne Mitwirkung condensirender Agentien[3]. So bildet sich aus o-Benzoylbenzoësäure, Phenol und Zinnchlorid beim Erhitzen ein Monoxydiphenylphtalid:

$$C_6H_4\langle{}^{CO-C_6H_5}_{COOH} + C_6H_5-OH = C_6H_4\langle{}^{C<^{C_6H_5}_{C_6H_4-OH}}_{CO}\rangle O + H_2O.$$

Bei der Reduction bilden diese Verbindungen analog dem Diphenylphtalid und den Phtaleïnen hydroxylirte 2-Triphenylmethancarbonsäuren.

Die Fähigkeit des Phtalsäureanhydrids und des Phtalylchlorids, sich mit aromatischen Körpern unter Bildung von Triphenylmethanderivaten zu condensiren, lässt sich auch auf verschiedenartig substituirte Phenole ausdehnen. So entsteht aus dem Salicylsäuremethylester und Phtalylchlorid eine Verbindung von folgender Formel[4]:

$$C_6H_4\langle{}^{C=\left(C_6H_3<^{COOCH_3}_{OH}\right)_2}_{CO}\rangle O.$$

Wird diese Verbindung verseift, so tritt gleichzeitig mit der Abspaltung der Methylgruppen Anhydrisirung unter Herstellung des Pyronringes ein, und man erhält ein Produkt von folgender Zusammensetzung:

---

[1] R. MEYER u. FRIEDLAND, Ber. **31**, 1739 (1898); **32**, 2108 (1899).
[2] Vgl. NIETZKI, Farbstoffe, 4. Aufl., S. 170 (1900).
[3] v. PECHMANN, Ber. **13**, 1608 (1880); **14**, 1859 (1881).
[4] LIMPRICHT, Ann. **303**, 274 (1898).

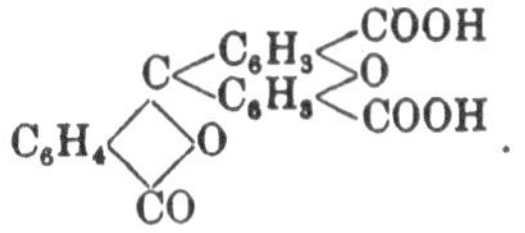

Von grosser technischer Bedeutung sind diejenigen Farbstoffe, welche aus m-Amidophenol bezw. seinen in der Amidogruppe alkylirten Derivaten mit Phtalsäureanhydrid entstehen. Diese unter dem Namen **Rhodamine** bekannten Farbstoffe sind wegen ihrer prächtigen rothen Nuance geschätzt.

Die Rhodamine[1] enthalten den Pyroncomplex; die Amidogruppen befinden sich in der 4-Stellung. Die Reaction zwischen Diäthyl-m-amidophenol, Phtalsäureanhydrid und Schwefelsäure lässt sich durch die folgende Gleichung wiedergeben:

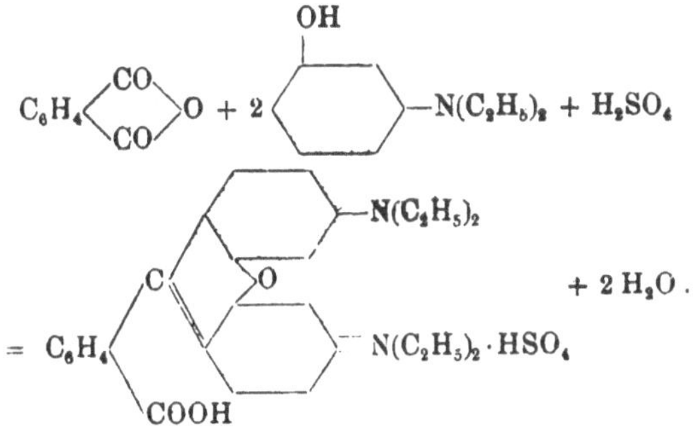

Dem so entstehenden Tetraäthylrhodaminsulfat ist ebenso wie den anderen gefärbten Salzen und den Estern der Rhodamine zweifellos die chinoïde Formel beizulegen, dagegen wird den wasserfreien, völlig farblosen Rhodaminbasen die lactoïde Structur zukommen, z. B.:

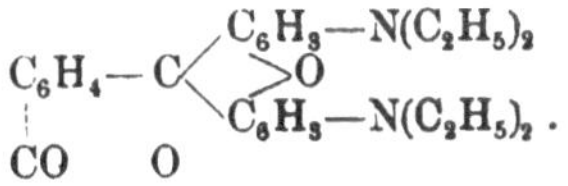

Die Condensation zwischen Phtalsäureanhydrid und m-Amidophenolen lässt sich in einigen Fällen auch ohne Anwendung eines condensirenden Mittels ausführen, doch wird alsdann zweckmässig bei Gegenwart eines Ueberschusses von Phtalsäureanhydrid gearbeitet.

Auch aus dem Fluoresceïn lassen sich die Rhodamine gewinnen, und zwar auf folgendem Wege. Phosphorpentachlorid erzeugt aus dem Fluoresceïn das Fluoresceïnchlorid:

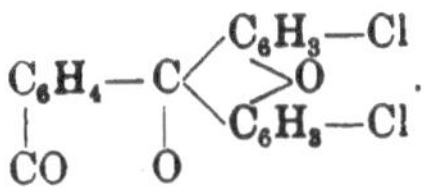

[1] Badische Anilin- u. Soda-Fabrik, D. R.-Pat. Nr. 44 002.

Lässt man auf diesen Körper ein secundäres Amin einwirken, so bildet sich ein Rhodamin, z. B. mit Diäthylamin das Tetraäthylrhodamin[1].

In umgekehrter Weise geht das an den Stickstoffatomen nicht substituirte Rhodamin über seine Tetrazoverbindung in Fluoresceïn über[2].

Die Rhodamine können wie freie Carbonsäuren esterificirt werden[3]; so entsteht aus Tetraäthylrhodamin das Chlorid des Esters:

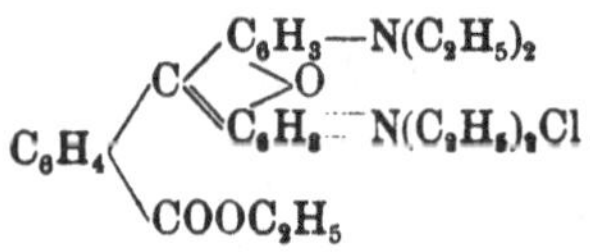

Die Esterificirung kann ausser durch die dafür üblichen Mittel, wie Alkohol und Mineralsäure, auch durch Einwirkung von Halogenalkylen oder analogen Alkylirungsmitteln hervorgerufen werden, und zwar nicht nur bei den vollständig alkylirten, sondern auch bei den partiell alkylirten Rhodaminen. Diese Reaction gestattet, das an sich minderwerthige Diäthylrhodamin in einen Farbstoff überzuführen, welcher wegen seiner Echtheit wie in Folge seiner auf tannirter Baumwolle leuchtend rothen Nuance sehr geschätzt ist, — das Rhodamin 6 G.

Eine analoge Structur wie den Rhodaminen kommt auch den Rhodolen zu, welche aus m-Dioxybenzoylbenzoësäure und m-Dialkylamidophenolen entstehen und ihrer Constitution nach zwischen dem Fluoresceïn und dem Rhodamin stehen, z. B. das aus Diäthyl-m-amidophenol und Dioxybenzoylbenzoësäure darstellbare Diäthylrhodol[4]:

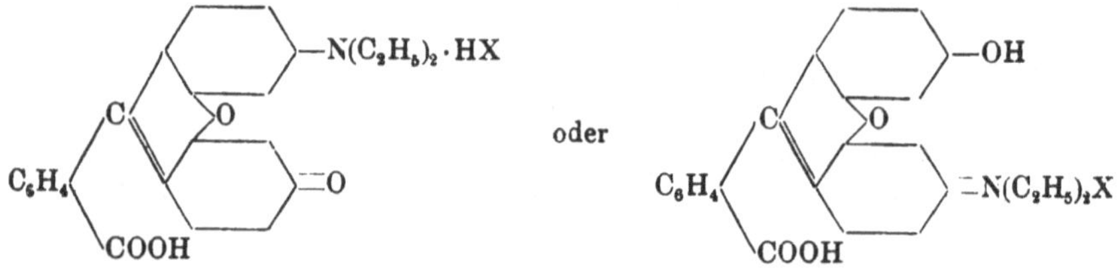

X bezeichnet einen Säurerest.

An Stelle der phenolartigen Körper können auch tertiäre aromatische Basen mit Phtalsäureanhydrid unter Bildung substituirter Diphenylphtalide zur Reaction gebracht werden; so entsteht mit Dimethylanilin das sogenannte Dimethylanilinphtaleïn:

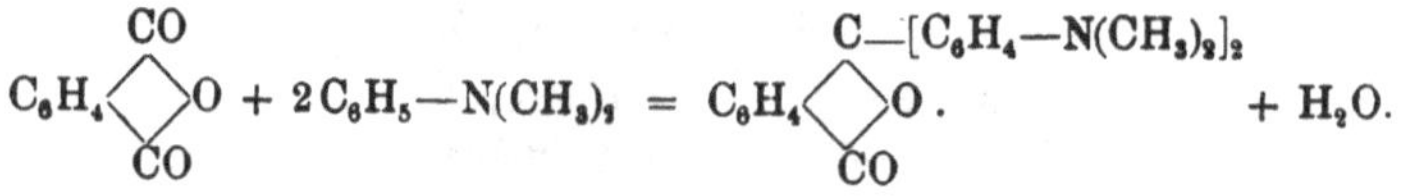

[1] Farbwerke Höchst a/M., D. R.-Pat. Nr. 48367. — A. Fischer, Ber. **32**, 82 (1899).

[2] R. Meyer u. Sundmacher, Ber. **32**, 2112 (1899).

[3] Bernthsen, Cöthener Chem.-Ztg. **16**, 1956 (1892). — Badische Anilin- u. Soda-Fabrik, D. R.-Pat. Nr. 71490.

[4] Dehnst, Cöthener Chem. Ztg. **17**, 654 (1893).

Die Condensation wird zweckmässig mittels Chlorzink ausgeführt[1]. Das Dimethylanilinphtaleïn ist farblos; es bildet aber gefärbte Salze, und zwar primäre grüne und säurereichere gelbe Salze. Dem Monochlorhydrat ist wegen seiner Farbe die chinoïde Formel zuzuertheilen, also:

$$C_6H_4\left\langle\begin{array}{l}C\left\langle\begin{array}{l}C_6H_4-N(CH_3)_2\\ C_6H_4=N(CH_3)_2Cl\end{array}\right.\\ COOH\end{array}\right. .$$

Malachitgrüncarbonsäure (2)

Durch Reduction dieses Phtaleïns entsteht das entsprechende Phtalin:

$$C_6H_4\left\langle\begin{array}{l}CH=[C_6H_4-N(CH_3)_2]_2\\ COOH\end{array}\right.$$

Die letztere Verbindung lässt sich auch durch Condensation der Phtalaldehydsäure mit Dimethylanilin herstellen[2]. Bei der Destillation mit Barythydrat spaltet sie die Carboxylgruppe ab und liefert das auch aus Benzaldehyd und Dimethylanilin entstehende 4.4'-Tetramethyldiamidotriphenylmethan (vgl. S. 120). Damit ist die Stellung der Amidogruppen im Dimethylanilinphtaleïn festgestellt.

Der Methylester des Dimethylanilinphtalins liefert bei der Oxydation ein substituirtes Malachitgrün von der Formel:

$$C_6H_4\left\langle\begin{array}{l}C\left\langle\begin{array}{l}C_6H_4-N(CH_3)_2\\ C_6H_4=N(CH_3)_2Cl\end{array}\right.\\ COOCH_3\end{array}\right. .$$

Die diesem Salz entsprechende freie Base ist im Gegensatz zum freien Dimethylanilinphtaleïn gefärbt, da ein Uebergang der chinoïden Form in die lactoïde durch die Gegenwart der Carboxymethylgruppe verhindert wird.

Das Dimethylanilinphtaleïn kann auch aus der 4.Dimethylamidobenzoylbenzoësäure und Dimethylanilin durch Phosphortrichlorid gewonnen werden[3].

Die Reaction zwischen Formaldehyd und Phenolen (vgl. S. 146) lässt sich auch auf Phenolcarbonsäuren ausdehnen und liefert so Carbonsäuren der Aurine in grosser Zahl[4]. Von diesen sind besonders diejenigen hervorzuheben, welche aus der Salicylsäure und ihren Homologen erhalten werden und welche Beizenfarbstoffe darstellen (vgl. Bd. II, Th. I, S. 268).

Diese Eigenschaft verdanken die Farbstoffe dem Vorhandensein

---

[1] O. Fischer, Ber. **9**, 1753 (1876); **10**, 952, 1623 (1877); **11**, 950 (1878); **12**, 1684, 1693 (1879); **13**, 665 (1880). Ann. **206**, 83 (1881). — Vgl. Limpricht, Ann. **300**, 228 (1898). — Haller u. Umgrove, Compt. rend. **129**, 90 (1899).

[2] Ebert, Cöthener Chem. Ztg. **19**, 2039 (1895).

[3] Haller u. Guyot, Compt. rend. **119**, 205 (1894).

[4] J. R. Geigy & Co., D. R.-Pat. Nr. 49970. — Farbwerke Höchst a/M., D. R.-Pat. Nr. 75803. — Chem. Fabrik vorm. E. Schering, D. R.-Pat. Nr. 80950. — N. Caro, Ber. **25**, 939, 2671 (1892).

zweier benachbarter salzbildender Gruppen, der Hydroxyl- und der Carboxyl-Gruppe, in ihrem Molecül.

Als Beispiel sei die Aurintricarbonsäure angeführt, welche aus Formaldehyd und Salicylsäure durch Einwirkung von Schwefelsäure und Natriumnitrit entsteht:

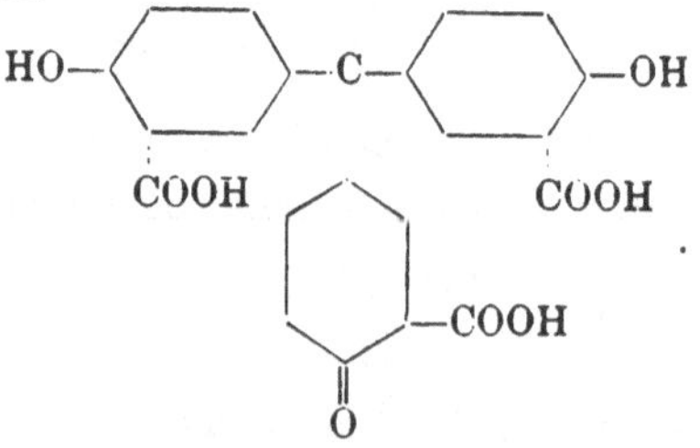

Einzelne Verbindungen.

Triphenylmethancarbonsäure (7), Triphenylessigsäure[1], $(C_6H_5)_3\equiv C—COOH$, wird entweder aus ihrem Nitril oder durch Condensation von Trichloressigsäure mit Benzol mittels Aluminiumchlorid gewonnen. Sie krystallisirt in feinen, monoklinen sechsseitigen Blättchen vom Schmelzpunkt 255—258° (nach vorherigem Erweichen bei 230°). Bei höherem Erhitzen zerfällt sie in Kohlensäure und Triphenylmethan. Dem Versuch der Esterificirung mit Salzsäure und Alkohol setzt die Säure einen ähnlichen Widerstand entgegen wie die o-disubstituirten Benzoësäuren (vgl. Bd. II, Th. I, S. 543), indem sie selbst bei 3-stündiger Behandlung mit einem Salzsäurestrom in kochendem Methylalkohol nur zu 20 Procent in ihren Ester übergeht. Das Nitril, $(C_6H_5)_3\equiv C—CN$, schmilzt bei 127·5°; Bildung s. S. 129.

Triphenylmethancarbonsäure (2)[2], $(C_6H_5)_2=CH—C_6H_4—COOH$, wird erhalten durch Auflösen von Diphenylphtalid (s. u.) in heisser alkoholischer Natronlauge und Kochen der Lösung mit Zinkstaub, sowie aus Phenylphtalid (S. 92) mit Benzol und Aluminiumchlorid. Sie krystallisirt aus Alkohol in Nadeln vom Schmelzpunkt 161—162°, löst sich leicht in Eisessig, Alkohol, Aether und Benzol, schwerer in Ligroïn und ist unlöslich in Wasser. Sie oxydirt sich leicht zu Diphenylphtalid.

Triphenylcarbinolcarbonsäure-(2)-Anhydrid, Diphenylphtalid, Phtalophenon[3],

$$\begin{array}{l}(C_6H_5)_2—C—C_6H_4\\ \qquad\quad\ \ |\qquad |\\ \qquad\quad\ O—CO\end{array}$$

, wird erhalten durch Eintragen von 60—70 g Aluminiumchlorid in ein auf 40° gehaltenes Gemisch von 80 g

[1] E. u. O. Fischer, Ann. **194**, 260 (1878). Ber. **11**, 1599 (1878). — Elbs u. Tölle, J. pr. [2] **32**, 622 (1885). — Heyl u. V. Meyer, Ber. **28**, 2783, 2788, 2789 (1895).

[2] Baeyer, Ann. **202**, 52 (1880). — Gresly, Ann. **234**, 242 (1886).

[3] Friedel u. Crafts, Compt. rend. **84**, 1452 (1877). Ann. ch. [6] **1**, 523 (1884). — Baeyer, Ann. **202**, 50 (1880). — Pechmann, Ber. **14**, 1865 (1881). — Nölting, Ber. **17**, 387 (1884).

Phtalylchlorid und 320 g Benzol, besser beim Zusatz von 1 Theil Aluminiumchlorid zu einem Gemisch von 1 Th. Essig-Benzoylbenzoësäure-Anhydrid und 5 Theilen Benzol. Es krystallisirt aus Alkohol in Blättchen vom Schmelzpunkt 115° und siedet zwischen 419° und 428°. Beim Kochen mit alkoholischer Natronlauge wird der Lactonring gesprengt unter Bildung des Natriumsalzes der Triphenylcarbinolcarbonsäure(2), $(C_6H_5)_2{=}C(OH){-}C_6H_4{-}COONa$. Aus der Lösung dieses Salzes fällen Säuren wieder das Diphenylphtalid.

4.4'-Tetramethyldiamidodiphenylphtalid, Dimethylanilinphtaleïn[1], $[(CH_3)_2N{-}C_6H_4]_2{=}C{-}C_6H_4$ (mit C und C_6H_4 verbunden über $O{-}CO$).

Darstellung: 2 Mol.-Gew. Dimethylanilin und 1 Mol.-Gew. Phtalsäureanhydrid werden mit der dem Dimethylanilin gleichen Menge trockenen Chlorzinks zuerst auf 100°, dann 4 Stunden lang auf 120—125° erhitzt; man löst die Masse in heisser verdünnter Salzsäure, übersättigt mit Natronlauge und treibt unverändertes Dimethylanilin ab.

Es krystallisirt in langen, dicken Prismen oder Rhomboëdern, schmilzt bei 190—191°. Eisessig und Zinkstaub reduciren die Verbindung zu 4.4'-Tetramethyldiamidotriphenylmethancarbonsäure(2'') oder Dimethylanilinphtalin, $[(CH_3)_2N{-}C_6H_4]_2{=}CH{-}C_6H_4{-}COOH$.

4.4'-Dioxytriphenylmethancarbonsäure (2''), Phenolphtalin[2], $(HO{-}C_6H_4)_2{=}CH{-}C_6H_4{-}COOH$, entsteht bei der Reduction des Phenolphtaleïns (s. u.) mit Zinkstaub und Natronlauge. Es krystallisirt in kleinen, bei 225° schmelzenden Nadeln. Durch Oxydationsmittel wird es in Phenolphtaleïn verwandelt. Die Lösung in Schwefelsäure wird durch Braunstein dunkelgrün gefärbt.

4.4'-Dioxytriphenylcarbinolcarbonsäure(2'')-Anhydrid, Phenolphtaleïn[2], $(HO{-}C_6H_4)_2{=}C{-}C_6H_4$ (mit C und C_6H_4 verbunden über $O{-}CO$).

Darstellung: Zu einer heiss hergestellten und auf 115° abgekühlten Lösung von 250 g Phtalsäureanhydrid in 200 g concentrirter Schwefelsäure setzt man 500 g geschmolzenes Phenol und erhitzt 10—12 Stunden auf 115—120°. Die Schmelze wird heiss in kochendes Wasser gegossen und bis zum Verschwinden des Phenolgeruches mit Wasser ausgekocht, wobei in das Wasser Phtalsäure übergeht, welche daraus wieder gewonnen werden kann. Der Rückstand wird in warmer verdünnter Natronlauge gelöst, worauf man mit Essigsäure fällt und nach Zusatz einiger Tropfen Salzsäure 24 Stunden stehen lässt. Durch Umkrystallisiren aus absolutem Alkohol unter Zusatz von Thierkohle wird das Phenolphtaleïn gereinigt.

Das krystallisirte Phenolphtaleïn schmilzt bei 250—253°, es löst sich wenig in heissem Wasser, leicht in heissem Alkohol, schwer in Aether. In amorphem Zustande ist es in Aether leicht löslich. In kaustischen und kohlensauren Alkalien, nicht aber in Bicarbonaten, löst

[1] Litteratur s. S. 167.
[2] Litteratur s. S. 155—156.

es sich auf; die Lösungen sind in dicken Schichten roth, in dünneren violett. Diesen gefärbten Salzen kommt wahrscheinlich die folgende Formel zu:

$$C_6H_4{-}C\begin{cases}C_6H_4{-}OMe\\ C_6H_4{=}O\end{cases} \quad (C_6H_4 \text{ mit } COOMe)$$

Durch überschüssige Alkalilauge werden die alkalischen Lösungen entfärbt, wahrscheinlich unter Bildung von Salzen der folgenden Form:

$$\underset{\displaystyle COOMe}{C_6H_4}{-}C(OH){-}(C_6H_4{-}OMe)_2$$

Aus seinen Lösungen wird das Phtaleïn farblos gefällt. Die grosse Intensität der Färbung der alkalischen Lösungen macht das Phenolphtaleïn zu einem sehr brauchbaren Indicator in der Alkalimetrie.

Das Phenolphtaleïn bildet mit Essigsäureanhydrid erhitzt ein Diacetylderivat vom Schmelzpunkt 143°, durch Brom bezw. Jod wird es in ein Tetrabrom- bezw. Tetrajodphenolphtaleïn verwandelt, von denen das letztere als Antisepticum („Nosophen") Anwendung findet[1]. Salpeterschwefelsäure führt es in Tetranitrophenolphtaleïn über, ein Produkt, welches bei 244° schmilzt und im Handel unter dem Namen Aurotin als Farbstoff vorkommt[2].

Phenolphtaleïnchlorid, $\begin{array}{l}C_6H_4{-}C{=}(C_6H_4Cl)_2\\ |\qquad\quad |\\ CO{-}{-}O\end{array}$, entsteht bei der Einwirkung von Phosphorpentachlorid auf Phenolphtaleïn; es schmilzt bei 155—156°.

Hydrofluoransäure[3], Anhydrid der 2.2'-Dioxytriphenylmethan-carbonsäure (2''), 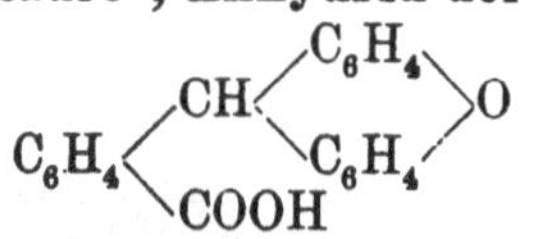 Entsteht bei der Reduction des Fluorans (s. u). mit Natronlauge und Zinkstaub. Es bildet kleine, bei 214—217° schmelzende Nadeln.

Fluoran[3], 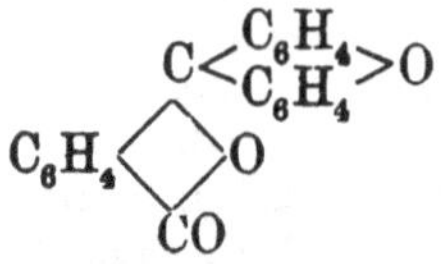 (vgl. S. 157), entsteht als Nebenprodukt bei der Darstellung des Phenolphtaleïns und bleibt beim Auflösen des letzteren in Natronlauge ungelöst zurück. Es krystallisirt aus Alkohol in grossen, flachen. gestreiften Nadeln und schmilzt

---

[1] Classen u. Loeb, Ber. **28**, 1603 (1895).
[2] Vgl. Nietzki, Farbstoffe, 4. Aufl., S. 166 (1901).
[3] Litteratur s. S. 157—158.

bei 173—175°. Das Fluoran bezw. die Hydrofluoransäure sind als die Muttersubstanzen der Fluoresceïne aufzufassen.

Fluoresceïn [1], 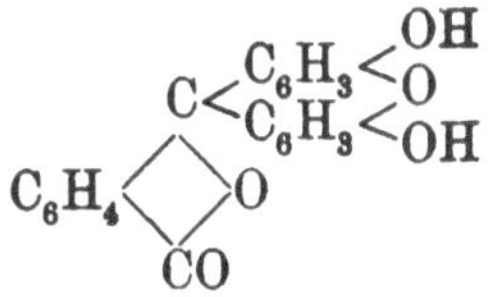 oder 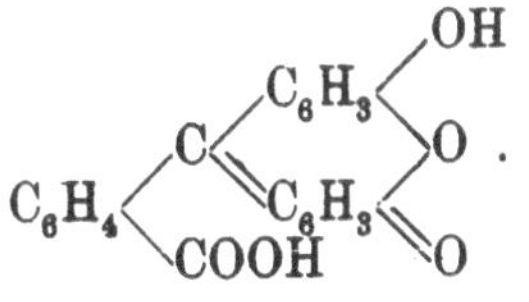 .

Die technische Darstellung dieser Verbindung besteht darin, dass 5 Theile Phtalsäureanhydrid mit 7 Theilen Resorcin bis zum Erstarren des Gemisches auf 195—200° erhitzt werden. Die Schmelze wird in Natronlauge gelöst und mit Säure ausgefällt. Um das Fluoresceïn rein zu gewinnen, kocht man die Schmelze mit Wasser aus, wäscht sie mit wenig Alkohol, löst in Natronlauge und fällt mit Schwefelsäure. Der Niederschlag wird mit Aether extrahirt, etwas absoluter Alkohol zugesetzt und der Aether abdestillirt, wobei das Fluoresceïn sich in rothen Krusten oder Körnern ausscheidet.

Das Fluoresceïn zersetzt sich, ohne zu schmelzen, oberhalb 290°, löst sich wenig in heissem Wasser, in frisch gefälltem Zustande leicht in Alkohol und Aether. Die alkoholische Lösung ist gelb und besitzt grüne Fluorescenz. In kaustischen und kohlensauren Alkalien löst es sich mit dunkelrother Farbe. Beim Verdünnen geht die Färbung in Gelb über, und die Lösung fluorescirt dann gelbgrün. Die Intensität dieser Fluorescenz ist eine ganz ausserordentliche; da sie die Gegenwart des Fluoresceïns noch in den verdünntesten Lösungen erkennen lässt, konnte man den Zusammenhang von Flussgebieten, welche durch unterirdische Strömungen communiciren, mit Hülfe des Fluoresceïns nachweisen [2]. Auch bietet die Entstehung des Fluoresceïns bezw. analoger Farbstoffe aus Phtalsäure und Metadioxybenzolen ein bequemes Mittel zum Nachweis des Resorcins bezw. analoger zweiwerthiger Phenole (vgl. Bd. II, Th. I, S. 414).

Der technische Werth des Fluoresceïns liegt nicht in seiner directen Verwendung als Farbstoff, sondern in der Verarbeitung zu halogenirten Derivaten, unter denen sich werthvolle Farbstoffe befinden.

Fluoresceïnchlorid, 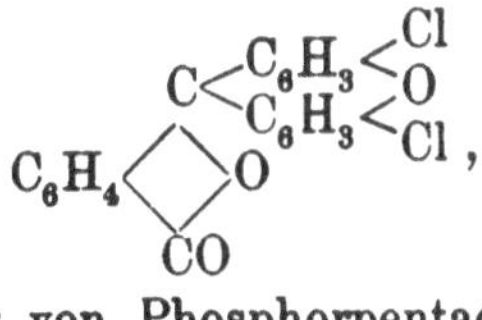 , Schmelzpunkt 252°,

entsteht bei der Einwirkung von Phosphorpentachlorid auf Fluoresceïn. Es dient zur Herstellung von Rhodaminen, namentlich des Tetraäthylrhodamins, welches daraus mit Diäthylamin erhalten wird.

Tetrabromfluoresceïn, **Eosin** [1], 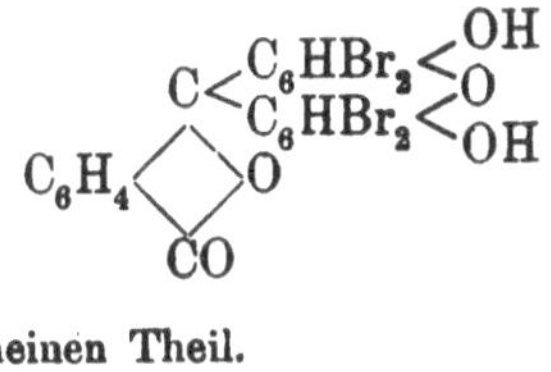 oder

---

[1] Litteratur siehe im vorstehenden allgemeinen Theil.

[2] Vgl. R. Meyer's Jahrbuch der Chemie **1893**, 468.

$C_6H_4 \Big\langle {}^{C \langle {}^{C_6HBr_2 \langle {}^{OH}_{O}}_{C_6HBr_2 \langle {}^{O}_{O}}}_{COOH}$, entsteht bei der Einwirkung von Brom auf Fluoresceïn[1].

Das Eosin krystallisirt aus Alkohol in gelbrothen, alkoholhaltigen Krystallen, aus wässerigem, salzsäurehaltigem Alkohol in fleischfarbenen, alkoholfreien Krystallen. Die alkoholische Lösung ist rothgelb, durch Zusatz einer Spur von Alkali entsteht eine gelbgrüne Fluorescenz. Die Salze, welche beim Auflösen des Eosins in Alkalilauge entstehen, entsprechen der allgemeinen Formel:

$$C_6H_4 \Big\langle {}^{C \langle {}^{C_6HBr_2 \langle {}^{OMe}_{O}}_{C_6HBr_2 \langle {}^{O}_{O}}}_{COOMe} .$$

Das Kaliumsalz stellt zusammengewachsene, undeutlich ausgebildete Prismen mit blauer und gelbgrüner Oberflächenfarbe dar. Das Kalium- und Natrium-Salz bilden das im Handel vorkommende wasserlösliche Eosin.

Eosin dient zum Färben von Seide, Wolle und Baumwolle. Auf Seide erzeugt es, in schwach saurem Bade ausgefärbt, eine rosenrothe Färbung mit gelblichem Reflex. Wolle wird in schwach essigsaurem Bade gefärbt, Baumwolle wird zunächst mit Bleizucker- oder Aluminiumacetat-Lösung gebeizt und dann mit löslichem Eosin gefärbt.

Ausser dem Eosin findet sich im Handel eine Reihe anderer Halogenderivate des Fluoresceïns, welche durch ihre namentlich auf Seide hervortretenden prachtvollen rosenrothen bis blaurothen Nuancen ausgezeichnet sind. Auch finden diese Farbstoffe zur Darstellung von Metalllacken ausgedehnte Verwendung.

Galleïn[2], 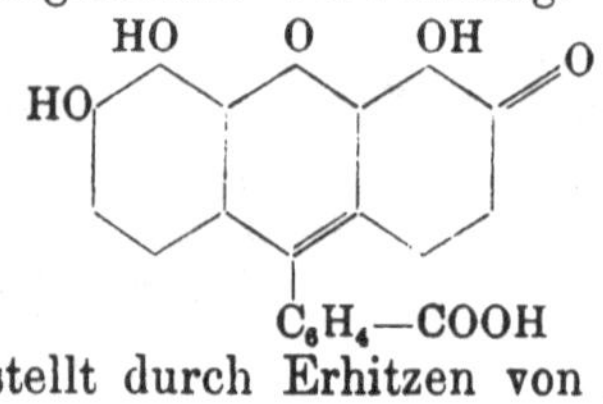

Diese Verbindung wird im Grossen hergestellt durch Erhitzen von Phtalsäureanhydrid mit Gallussäure oder Pyrogallol auf 200°, Auslaugen der Schmelze mit Wasser, Waschen mit wenig Sodalösung, darauf Auflösen des Rückstandes in Soda und Fällen mit Schwefelsäure.

Es bildet ein braunrothes Pulver oder grünschillernde Krystalle, löst sich leicht mit dunkelrother Farbe in Alkohol, schwer in Aether. Alkalien lösen es, wenn sie in ungenügender Menge vorhanden sind,

[1] Technische Darstellung s. Bindschedler u. Busch, Jb. **1878**, 1185.

[2] Baeyer, Ber. **4**, 457, 663 (1871). — Buchka, Ann. **209**, 249 (1881). — Prud'homme, Bull. [3] **11**, 1138 (1894). — Orndorff u. Brewer, Am. chem. Journ. **23**, 425 (1900).

mit rother, wenn im Ueberschuss vorhanden, mit blauer Farbe, diese Färbung ist aber nicht beständig.

Das Gallein findet als Eisen-, Thonerde- oder Chrom-Lack Verwendung namentlich im Kattun- und Woll-Druck, und zwar in der Weise, dass man es mit den Acetaten der Metalle zusammen aufdruckt und darauf durch Dämpfen den Lack erzeugt.

Seine Hauptverwendung ist jedoch diejenige zur Darstellung des Cöruleïns, eines technisch wichtigen Farbstoffs der Anthracenreihe, welcher beim Erhitzen des Galleïns mit concentrirter Schwefelsäure auf 200° entsteht.

Tetraäthylrhodaminchlorid[1], $C_6H_4 \langle {C \langle {C_6H_3 \langle {N(C_2H_5)_2 \atop O}} \atop {C_6H_3 \langle N(C_2H_5)_2Cl}} \atop COOH$: entsteht aus Phtalsäureanhydrid und Diäthyl-m-amidophenol oder beim Erhitzen von 5 Theilen Fluoresceïnchlorid mit 4 Theilen salzsaurem Diäthylamin, 5 Theilen krystallisirtem Natriumacetat und 8 Theilen Alkohol während zwölf Stunden auf 200—220°.

Es bildet grüne metallglänzende Krystalle, welche in Wasser und Alkohol mit bläulichrother Farbe löslich sind. Das Rhodamin färbt Seide prachtvoll roth mit intensiver Fluorescenz.

Aldehyde der Triphenylmethanreihe.

Ein Aldehyd der Triphenylmethanreihe bildet sich bei der Condensation von Terephtalaldehyd und Benzol mittels Schwefelsäure[2]; ein Derivat dieses Aldehyds entsteht aus Terephtalaldehyd und Dimethylanilin durch Chlorzink[3]. Diesem Derivat kommt die folgende Constitution zu:

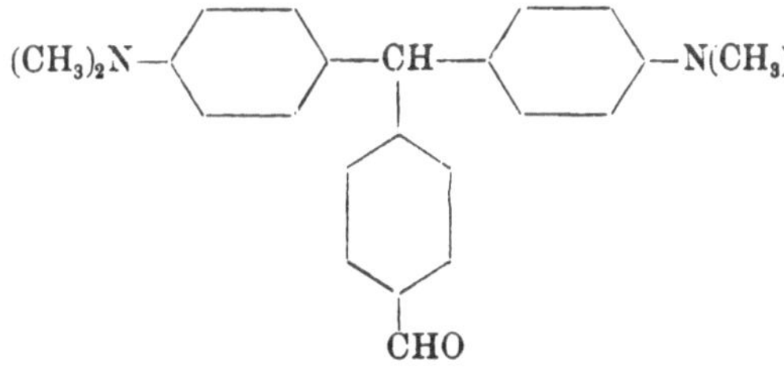

Hydrirte Triphenylmethanderivate.

Die S. 103—104 beschriebene Methode zur Darstellung von Hydrodiphenylmethanderivaten lässt sich auch auf die Herstellung von Triphenylmethanderivaten ausdehnen, welche zwei hydrirte Benzolkerne enthalten, wenn man das Hydroresorcin statt mit aliphatischen mit aromatischen Aldehyden condensirt. So entsteht bei Verwendung von Benzaldehyd ein Triphenylmethanderivat folgender Constitution:

[1] Litteratur s. S. 165—166.
[2] Oppenheimer, Ber. **19**, 2028 (1886).
[3] Löw, Ann. **231**, 381 (1885).

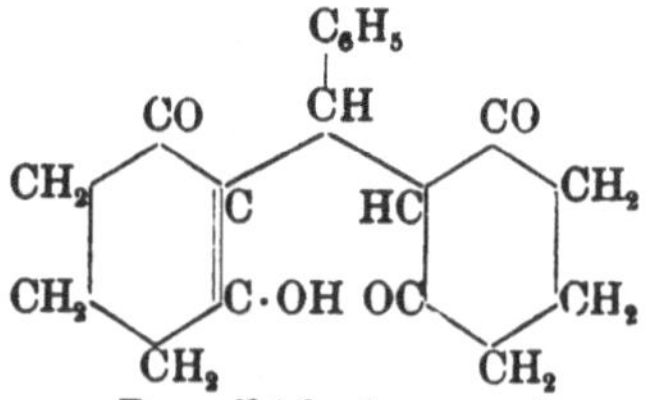

Benzalbishydroresorcin

Tetraphenylmethan.

Man hat sich vielfach bemüht, das Tetraphenylmethan

$$C_6H_5-\overset{\displaystyle C_6H_5}{\underset{\displaystyle C_6H_5}{\overset{|}{\underset{|}{C}}}}-C_6H_5$$

darzustellen; doch entstanden bei allen früheren, dahin zielenden Versuchen immer nur Verbindungen, welche höchstens drei Benzolreste an einem und demselben Kohlenstoffatom tragen (vgl. S. 110, 112, 113), so dass es schien, als sei eine Anhäufung von vier aromatischen Gruppen an einem Kohlenstoffatom nicht möglich[1].

In neuerer Zeit ist es jedoch Gomberg gelungen[2], diese lange gesuchte Verbindung herzustellen, und zwar auf folgendem Wege. Das Triphenylbrommethan reagirt mit Phenylhydrazin unter Bildung von Triphenylmethanhydrazobenzol:

$$(C_6H_5)_3{\equiv}C{-}Br + NH_2{-}NH{-}C_6H_5 = (C_6H_5)_3{\equiv}C{-}NH{-}NH{-}C_6H_5 + HBr.$$

Durch Aboxydation zweier Wasserstoffatome entsteht hieraus das Triphenylmethanazobenzol der Formel:

$$(C_6H_5)_3{\equiv}C{-}N{=}N{-}C_6H_5\,,$$

und diese Azoverbindung spaltet beim Erhitzen mit oder ohne Contactmittel, wie Kupferbronze, den Stickstoff ab unter Bildung von Tetraphenylmethan gemäss der Gleichung:

$$(C_6H_5)_3{\equiv}C{-}N{=}N{-}C_6H_5 = (C_6H_5)_3{\equiv}C{-}C_6H_5 + N_2.$$

Tetraphenylmethan, $(C_6H_5)_4C$, bildet lange schneeweisse Krystalle vom Schmelzpunkt 272°, die in Aether, Ligroïn und Eisessig unlöslich sind.

Tetranitrotetraphenylmethan bildet kleine weisse Nadeln vom Schmelzpunkt 275°; bei der Reduction entsteht daraus die Leukobase eines Farbstoffes, welcher in seiner Nuance vom Rosanilin nicht zu unterscheiden ist.

---

[1] Hemilian, Ber. **7**, 1209 (1874). — Friedel u. Crafts, Compt. rend. **84**, 1452 (1877). Ann. ch. [6] **1**, 499 (1884). — E. u. O. Fischer, Ann. **194**, 257 (1878). — Döbner u. Magatti, Ber. **12**, 1468 (1879). — Schwarz, Ber. **14**, 1523 (1881). — Elbs, Ber. **17**, 701 (1884). — Döbner u. Petschow, Ann. **242**, 341 (1887). — Vgl. Weisse, Ber. **28**, 1537 (1895); **29**, 1402 (1896). — V. Meyer, Ber. **28**, 2792 (1895). — Gomberg, Ber. **33**, 3144 (1900).

[2] Gomberg, Ber. **30**, 2043 (1897). Journ. Am. Soc. **20**, 773 (1898).

Neunundvierzigstes Kapitel.

Verbindungen mit zwei und mehr Benzolkernen, zwischen welchen eine Kette von zwei Kohlenstoffatomen eingeschaltet ist.

Die Gruppe des symmetrischen Diphenyläthans.

Constitution, Benennung,
Ortsbestimmung und allgemeiner Charakter.

Allen Verbindungen, welche zwei Benzolkerne enthalten, die durch eine Kette von zwei Kohlenstoffatomen mit einander verbunden sind, liegt das folgende Skelett zu Grunde:

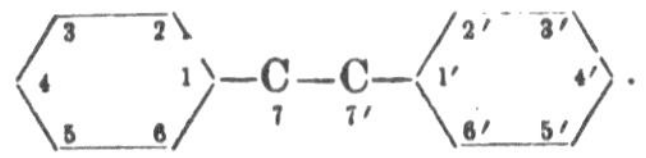

Die in dieses Schema eingezeichneten Buchstaben sollen die einzelnen chemischen Orte in den Diphenyläthan-Verbindungen bezeichnen. Diese Art der Benennung schliesst sich eng an die für die Diphenylmethankörper vorgeschlagene Bezeichnungsweise (vgl. S. 55) an.

Bei der Betrachtung der hier zu behandelnden Gruppe geht man zweckmässig von drei Kohlenwasserstoffen aus, welche als Grundsubstanzen sämmtlicher hierhergehörigen Verbindungen gelten können. Diese drei Kohlenwasserstoffe unterscheiden sich von einander durch den verschieden hohen Sättigungsgrad der beiden mittelständigen Kohlenstoffatome; es sind die folgenden:

$$C_6H_5-CH_2-CH_2-C_6H_5$$

Symm. Diphenyläthan oder Dibenzyl,

$$C_6H_5-CH{=}CH-C_6H_5$$

Symm. Diphenyläthylen oder Stilben,

$$C_6H_5-C{\equiv}C-C_6H_5$$

Diphenylacetylen oder Tolan.

Während das Dibenzyl eine gesättigte Verbindung ist, zeigen Stilben und Tolan das Verhalten ungesättigter Körper; so vermag das Stilben unter Addition von zwei Chloratomen in einen gesättigten Körper, das Stilbendichlorid

$$C_6H_5-CHCl-CHCl-C_6H_5$$

überzugehen, während das Tolan bei der Anlagerung von zwei Chloratomen ein ungesättigtes Dichlorid

$$C_6H_5-CCl{=}CCl-C_6H_5$$

ergiebt; die Anlagerung von 4 Chloratomen dagegen führt von dem Tolan zu einem gesättigten Tetrachlorid:

$$C_6H_5-CCl_2-CCl_2-C_6H_5\,.$$

Ebenso wie in der Diphenylmethanreihe, haben wir auch in der Diphenyläthangruppe zu unterscheiden zwischen denjenigen Verbindungen, welche Substituenten in der aliphatischen Kette, und denjenigen, welche solche in den Benzolkernen enthalten (vgl. S. 55).

Zu den Körpern, welche einfach oder doppelt gebundene Sauerstoffatome an einem oder beiden mittleren Kohlenstoffatomen tragen, gehören die am längsten bekannten und wichtigsten Verbindungen dieser Gruppe:

Benzil, $C_6H_5-CO-CO-C_6H_5$,

Benzoïn, $C_6H_5-CH(OH)-CO-C_6H_5$,

Desoxybenzoïn, $C_6H_5-CH_2-CO-C_6H_5$.

Hydrobenzoïn und Isohydrobenzoïn, $C_6H_5-CH(OH)-CH(OH)-C_6H_5$,

Toluylenhydrat, $C_6H_5-CH_2-CH(OH)-C_6H_5$.

Alle diese Verbindungen sind durch eine Reihe von Oxydations- und Reductions-Vorgängen auf das Engste mit einander verknüpft. Als höchstes Oxydationsprodukt der Reihe ist das Benzil anzusehen; wird diese Verbindung der weiteren Einwirkung oxydirender Mittel unterworfen, so zerfällt ihr Molecül in 2 Mol. Benzoësäure:

$$C_6H_5-CO-CO-C_6H_5 + O + H_2O = 2\,C_6H_5-COOH\,.$$

Diese Spaltung zu Benzoësäure oder substituirten Benzoësäuren ist ein ganz allgemeines Resultat der energischen Oxydation der Verbindungen der Diphenyläthangruppe. Die Reaction lässt sich mit Vortheil zur Ortsbestimmung in dieser Gruppe verwerthen, insofern sie sofort eine Antwort auf die Frage giebt, ob ein Substituent an einem der Benzolkerne oder an einem mittelständigen Kohlenstoffatom haftet, da er sich nur im ersteren Falle in der entstandenen Benzoësäure wiederfinden, im letzteren dagegen eliminirt werden wird. Die weitere Untersuchung des oder der entstandenen Benzolabkömmlinge wird dann Aufschluss darüber zu geben haben, an welchen Stellen der Benzolkerne die Substituenten im Molecül des angewandten Diphenylmethan-Derivats sich befanden[1].

Synthetische Methoden in der Gruppe des Diphenyläthans.

Die am längsten bekannte Reaction, welche zur Bildung eines Körpers der Diphenyläthanreihe führt, ist die Umwandlung, welche der Benzaldehyd bei der Einwirkung einer alkoholischen Cyankaliumlösung erleidet; sie besteht in dem Zusammenschweissen zweier Molecüle des Aldehyds

[1] Vgl. z. B. Leppert, Ber. **9**, 14 (1876).

zu einem Molecül Benzoïn unter Verschiebung der Bindungen ohne Aenderung der empirischen Zusammensetzung:

$$2C_6H_5{-}CHO = C_6H_5{-}CH(OH){-}CO{-}C_6H_5.$$

Zur Entdeckung dieser Reaction führte die Beobachtung von Wöhler und Liebig[1], dass sich das Benzoïn bei der Rectification des aus bitteren Mandeln gewonnenen blausäurehaltigen Benzaldehyds in Gegenwart von kaustischem Kali bildet und dass dieselbe Verbindung in grosser Menge entsteht, wenn man das Bittermandelöl mehrere Wochen mit kaustischem Kali stehen lässt oder seine wässerige Lösung mit Kali versetzt. Wie Zinin[2] zeigte, kann man die Reaction zweckmässig in der Weise ausführen, dass man blausäurehaltigen Benzaldehyd mit alkoholischem Kali oder reinen Benzaldehyd mit Blausäure und darauf mit alkoholischem Kali versetzt. Nach Zincke[3] erhitzt man reinen Benzaldehyd mit einer wässerig-alkoholichen Cyankaliumlösung; die Reaction verläuft unter diesen Bedingungen glatt und ist in kurzer Zeit beendet. Der Mechanismus dieser interessanten Umlagerung ist noch nicht aufgeklärt, namentlich ist die Rolle, welche die Blausäure bei dem Process spielt, noch in Dunkel gehüllt. Zincke nimmt an, dass sich als Zwischenprodukt das Benzaldehydcyanhydrin bilde, welches dann mit einem weiteren Molecül Benzaldehyd unter Austritt von Blausäure reagieren könnte:

$$C_6H_5{-}CH\begin{cases}OH\\CN\end{cases} + HCO{-}C_6H_5 = C_6H_5{-}CH\begin{cases}OH\\CO{-}C_6H_5\end{cases} + HCN.$$

Diese Auffassung giebt eine Erklärung dafür, dass nur geringe Mengen Blausäure bezw. Cyankalium erforderlich sind, um grosse Quantitäten Benzaldehyd in Benzoïn überzuführen.

Die „Benzoïnreaction" (vgl. auch Bd. II, Th. I, S. 480) besitzt ausser ihrem wissenschaftlichen Interesse auch für die Gewinnung von Verbindungen der Diphenyläthanreihe hohen Werth sowohl wegen ihres glatten Verlaufs als auch wegen der allgemeinen Anwendung, welche sie gestattet. Die meisten Abkömmlinge des Benzaldehyds sind, sofern sie die intacte Aldehydgruppe enthalten[4], der Benzoïnreaction zugänglich, so sind erhalten worden:

aus p-Methylbenzaldehyd das 4.4'-Dimethylbenzoïn[5],
aus symm. Dimethylbenzaldehyd das 3.5.3'.5'-Tetramethylbenzoïn[6],
aus Cuminol das Cuminoïn oder 4.4'-Diisopropylbenzoïn[7],

[1] Ann. 3, 276 (1832); vgl. Laurent, Ann. **17**, 88 (1836).
[2] Zinin, Ann. **34**, 186 (1840).
[3] Zincke, Ber. **9**, 1772 Anm. (1876). Ann. **198**, 150 (1879). — Vgl. Nef, Ann. **287**, 342 Anm. (1895); **298**, 312 (1897).
[4] Goldschmiedt u. Egger, Monatsh. **12**, 49 (1891).
[5] Stierlin, Ber. **22**, 380 (1889).
[6] Weiler, Ber. **33**, 335 (1900).
[7] Bösler, Ber. **14**, 324 (1881).

aus Anisaldehyd das Anisoïn oder 4.4'-Dimethoxybenzoïn[1],
aus Piperonal das Piperinoïn oder 3.4.3'.4'-Dimethylentetroxybenzoïn[2],
aus Terephtalaldehyd der 4.4'-Benzoïndialdehyd[3].

Eine Reaction, welche von allen zur Diphenyläthangruppe hinüberleitenden Vorgängen mit die häufigste Anwendung gefunden hat, besteht in der Verkettung zweier Molecüle eines aromatischen Aldehyds oder Ketons zu einem glykolartigen Körper (vgl. Bd. I, S. 387, 562; Bd. II, Th. 1, S. 482). Diese Umwandlung wird hervorgerufen, wenn die in Rede stehenden Körper mit nascirendem Wasserstoff behandelt werden; doch ist darauf zu achten, dass die Reduction nicht mit zu energisch wirkenden Mitteln ausgeführt wird, da alsdann an Stelle des durch Condensation gebildeten Diphenyläthan-Derivats ein einfaches Benzolderivat, und zwar ein Alkohol, erhalten wird, z. B.:

$$\text{I.}\quad 2\,C_6H_5{-}CHO + H_2 = C_6H_5{-}CH(OH){-}CH(OH){-}C_6H_5\,,$$
$$\text{II.}\quad C_6H_5{-}CHO + H_2 = C_6H_5{-}CH_2\cdot OH\,.$$

Als bestes Reductionsmittel zur Erzielung des durch die erste Gleichung wiedergegebenen Vorganges hat sich Natriumamalgam erwiesen, welches sowohl mit Wasser als auch mit Alkohol zur Anwendung gelangen kann.

Das aus dem Benzaldehyd gemäss der obigen Gleichung I entstehende Produkt bildet ein Gemisch zweier Verbindungen, welche sich durch ihre sterische Configuration von einander unterscheiden, des Hydrobenzoïns und Isohydrobenzoïns[4]; ihre Beziehungen zu einander sollen weiter unten (S. 216—218) eingehender besprochen werden. Dieselbe Isomerie ist auch bei einigen substituirten Hydrobenzoïnen beobachtet worden[5].

Die aus den gemischten fettaromatischen Ketonen vom Typus des Acetophenons entstehenden substituirten Hydrobenzoïne können auch als Pinakone bezeichnet werden (vgl. Bd. I, S. 562), z. B. die Verbindung

$$\begin{array}{l} C_6H_5{-}C(OH){-}CH_3 \\ | \\ C_6H_5{-}C(OH){-}CH_3 \end{array}$$

als Pinakon des Acetophenons.

Ausser dem Benzaldehyd selbst[6] sind die folgenden Aldehyde und Ketone der Benzolreihe in der beschriebenen Weise reducirt worden:

[1] Rossel, Ann. **151**, 25 (1869).
[2] Perkin, Journ. Soc. **59**, 164 (1891).
[3] Grimaux, Compt. rend. **83**, 826 (1876). — Oppenheimer, Ber. **19**, 1815 (1886).
[4] Forst u. Zincke, Ber. **7**, 1710 (1874).
[5] Samosadsky, Ztschr. Chem. **1868**, 643. — Rossel, Ann. **151**, 42 (1869). — Remsen u. Fittig, Ztschr. Chem. **1870**, 97. Ann. **159**, 129 (1871). — Tiemann, Ber. **24**, 3169 (1891).
[6] Zinin, Ann. **123**, 125 (1862). — Church, Ann. **128**, 301 (1863). — Claus, Ann, **137**, 92 (1866). — Ammann, Ann. **168**, 70 (1873). — Forst u. Zincke, Ber. **7**, 1708 (1874). — Paal, Ber. **15**, 1818 (1882); **16**, 637 (1883); **17**, 909 (1884). — Wallach, J. pr. [2] **25**, 263 (1882). — Kauffmann, Ztschr. f. Elektrochemie **2**, 365 (1895). — Vgl. Alexejeff, Ann. **129**, 347 (1864). — Williams, Ztschr. Chem. **1867**, 432.

Salicylaldehyd[1], p-Oxybenzaldehyd[2], p-Acetoxybenzaldehyd[3], Anisaldehyd[4], Cuminol[5], Piperonal[6], Vanillin[7], Acetophenon[8], p-Methylacetophenon[9], Propylphenylketon[10], Isopropylphenylketon[11].

Eine grosse Zahl weiterer Synthesen von Diphenyläthanverbindungen lässt sich unter dem gemeinsamen Gesichtspunkt zusammenfassen, dass sie durch Elimination des Halogens aus in der Seitenkette halogenirten Benzolabkömmlingen zur Verkettung zweier Benzolkerne führen. Diese Halogenabspaltung kann entweder durch reducirende Agentien hervorgerufen werden oder durch solche Mittel, welche Halogenwasserstoff abzuspalten vermögen.

Als Prototyp der ersten Klasse von Reactionen kann die Darstellung des Dibenzyls aus Benzylchlorid und Natrium gelten, welche CANNIZZARO und ROSSI[12] zur Entdeckung dieser Grundsubstanz der Diphenyläthanreihe führte:

$$2\,C_6H_5{-}CH_2Cl + 2\,Na = C_6H_5{-}CH_2{-}CH_2{-}C_6H_5 + 2\,NaCl.$$

Die Reaction ist an einer Reihe im Benzolkern substituirter Benzylchloride[13] sowie an solchen Körpern studirt worden, welche noch andere Gruppen ausser dem Chlor in der Toluolseitenkette enthalten[14].

Als Beispiel für die Verkettung zweier Benzolkerne durch Halogenwasserstoffabspaltung aus der Seitenkette sei die Darstellung des Stilbens durch Leiten der Dämpfe von Benzylchlorid über erhitzten Natronkalk erwähnt[15]:

$$2\,C_6H_5{-}CH_2Cl + CaO = C_6H_5{-}CH{:}CH{-}C_6H_5 + CaCl_2 + H_2O.$$

[1] TIEMANN, Ber. **19**, 358 (1886); **24**, 3169 (1891). — HARRIES, Ber. **24**, 3175 (1891).
[2] HERZFELD, Ber. **10**, 1268 (1877).
[3] TIEMANN, Ber. **19**, 356 (1886).
[4] SAMOSADZKY, Ztschr. Chem. **1867**, 679; **1868**, 643. — ROSSEL, Ann. **151**, 38, 42 (1869).
[5] CHURCH, Ann. **128**, 304 (1863). — CLAUS, Ann. **137**, 104 (1866). — RAAB, Ber. **10**, 54 (1877). — BÖSLER, Ber. **14**, 324 (1881). — WIDMAN, Ber. **19**, 256 (1886).
[6] REMSEN u. FITTIG, Ztschr. Chem. **1870**, 97. Ann. **159**, 129 (1871).
[7] TIEMANN, Ber. **8**, 1125 (1875).
[8] EMMERLING u. ENGLER, Ber. **4**, 147 (1871); **6**, 1005 (1873). — BUCHKA, Ber. **10**, 1714 (1877). — THÖRNER u. ZINCKE, Ber. **13**, 643 (1880). — Vgl. CIAMICIAN u. SILBER, Ber. **33**, 2912 (1900).
[9] CLAUS, J. pr. [2] **41**, 403 (1890).
[10] SCHMIDT u. FIEBERG, Ber. **6**, 499 (1873).
[11] CLAUS, J. pr. [2] **46**, 481 (1892).
[12] Ann. **121**, 250 (1862). — STELLING u. FITTIG, Ann. **137**, 258 (1866). — COMEY, Ber. **23**, 1115 (1890). — Vgl. WURTZ, Ann. Suppl. **8**, 50 (1872). — ONUFROWICZ, Ber. **17**, 837 (1884). — PELLEGRIN, Rec. trav. chim. **18**, 457 (1899).
[13] CANNIZZARO u. ROSSI, Ann. **121**, 251, 252 (1862). — VOLLRATH, Ztschr. Chem. **1866**, 489. — ROSER, Ann. **238**, 364 (1887). — ERRERA, Gazz. chim. **18**, 236 (1888). — Vgl. FRIEDLÄNDER u. MOSCYC, Ber. **28**, 1143 (1895).
[14] FRANCHIMONT, Ber. **5**, 1049 (1872). — ENGLER u. BETHGE, Ber. **7**, 1127 (1874). — Vgl. RADZISZEWSKI, Ber. **6**, 494, 811 (1873).
[15] LIMPRICHT, Ann. **139**, 314 (1866).

Besonders leicht tritt diese Reaction bei solchen Benzylchloridderivaten ein, welche noch einen negativen Substituenten im Benzolkern tragen[1]. Als bestes Mittel zur Halogenwasserstoffentziehung erweist sich in diesem Falle alkoholische Kalilauge. So entstehen aus o- oder p-Nitrobenzylchlorid dinitrirte Stilbene:

$$2NO_2\cdot C_6H_4-CH_2Cl + 2KOH = NO_2\cdot C_6H_4-CH{=}CH-C_6H_4\cdot NO_2 + 2KCl + 2H_2O;$$

diese Reaction hat zur Entdeckung stereoisomerer Stilbenderivate geführt, welche später (S. 193—195) eingehender besprochen werden sollen.

Wie die Entziehung von Chlorwasserstoff das Benzylchlorid in Stilben verwandelt, so bildet sich dieser Kohlenwasserstoff auch, wenn Benzalchlorid oder Benzalbromid durch Natrium, Zinkstaub oder pulverförmiges Silber oder Kupfer seines Halogengehalts beraubt wird[2], z. B.:

$$2C_6H_5-CHCl_2 + 4Na = C_6H_5-CH{=}CH-C_6H_5 + 4NaCl.$$

Nicht so vollständig lässt sich die Chlorentziehung beim Benzotrichlorid durchführen; wird dieser Körper mit Kupferpulver erhitzt[3], so entsteht je nach den Versuchsbedingungen entweder Tolantetrachlorid oder Tolandichlorid, und zwar tritt die letzgenannte Verbindung dabei in zwei stereoisomeren Formen auf:

$$2C_6H_5-CCl_3-Cl_2 = C_6H_5-CCl_2-CCl_2-C_6H_5,$$
$$2C_6H_5-CCl_3-2Cl_2 = C_6H_5-CCl{=}CCl-C_6H_5.$$

In ähnlicher Weise wie aus dem Benzylchlorid Dibenzyl entsteht, bildet sich aus dem Benzoylchlorid beim Behandeln seiner ätherischen Lösung mit Natriumamalgam Benzil[4]:

$$2C_6H_5-COCl + 2Na = C_6H_5-CO-CO-C_6H_5 + 2NaCl.$$

Analoge Reactionen sind in vereinzelten Fällen an der Benzoësäure und an einigen substituirten Benzamiden beobachtet worden[5], und in naher Beziehung zu diesen Vorgängen steht endlich auch die Bildung des sog. Diphtalyls und seiner Reductionsprodukte neben dem Phtalid bei der Reduction des Phtalsäureanhydrids mit Eisessig und Zinkstaub[6] oder des Phtalylchlorids mit staubförmigem Silber[7]:

[1] STRAKOSCH, Ber. **6**, 328 (1873). — RÜGHEIMER, Ber. **15**, 1625 (1882). — ELBS u. BAUER, J. pr. [2] **34**, 343 (1886). — BISCHOFF, Ber. **21**, 2071 (1888). — WALDEN u. KERNBAUM, Ber. **23**, 1958 (1890). — WITT, Ber. **25**, 79 (1892). — MICHAEL u. JEANPRÊTRE, Ber. **25**, 1680 (1892). — HELL u. WEINZWEIG, Ber. **28**, 2445 (1895). — NEF, Ann. **298**, 257 (1897).

[2] LIMPRICHT, Ann. **139**, 318 (1866). — LIPPMANN u. HAWLICZEK, Jb. **1877**, 405. ONUFROWICZ, Ber. **17**, 835 (1884). — GILL, Ber. **26**, 649 (1893). — Vgl. MICHAELSON u. LIPPMANN, Ann. Suppl. **4**, 113 (1865).

[3] HANHART, Ber. **15**, 899, 901 (1882). — ONUFROWICZ, Ber. **17**, 833 (1884). — EILOART, Am. chem. Journ. **12**, 231 (1890). — FOX, Ber. **26**, 653 (1893).

[4] KLINGER, KEKULÉ's Lehrbuch **3**, 419.

[5] HERRMANN, Ann. **132**, 75 (1864). — BAMBERGER u. LODTER, Ber. **21**, 55 (1888). — MARX, Ann. **263**, 249 (1891). — SCHALL, J. pr. [2] **54**, 417 (1896).

[6] J. WISLICENUS, Ber. **17**, 2182 (1884). — HASSELBACH, Ann. **243**, 249 (1888).

[7] ADOR, Ann. **164**, 229 (1872).

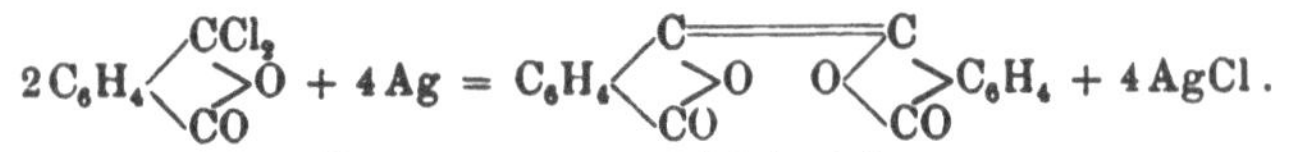

Phtalylchlorid Diphtalyl

Eine ähnliche Wirkung, wie sie die Metalle oder Basen auf die in der Seitenkette halogenirten Benzolabkömmlinge ausüben, sehen wir in einzelnen Fällen auch durch den Schwefel hervorgerufen, sei es, dass er direct auf ein sauerstoffhaltiges Benzolderivat wie den Benzaldehyd einwirkt, wobei vielleicht die indermediäre Bildung von Thiobenzaldehyd anzunehmen ist, sei es, dass man von einem in der Seitenkette geschwefelten Benzolderivat ausgeht. So bildet sich das Stilben bei der trockenen Destillation von Benzylsulfid oder Benzyldisulfid — eine Reaction, welche LAURENT[1] zur Entdeckung dieses Kohlenwasserstoffs führte —, und dieselbe Verbindung entsteht beim Erhitzen von Thiobenzaldehyd[2] oder von Benzaldehyd mit Schwefel[3].

Einzelne Abkömmlinge des Benzols sind befähigt, durch directe Oxydation unter Abspaltung von Wasserstoff in Dibenzyl oder seine Derivate überzugehen; so entsteht aus dem Toluol beim Ueberleiten über glühendes Bleioxyd neben Ditolyl und höher condensirten Produkten Stilben[4]:

$$2C_6H_5{-}CH_3 + 2PbO = C_6H_5{-}CH{=}CH{-}C_6H_5 + 2H_2O + 2Pb.$$

In ähnlicher Weise wirken bei Wasserbad-Temperatur die Persulfate auf Toluol, Aethylbenzol, die Xylole, Propylbenzol, Mesitylen, tert. m-Butyltoluol ein unter Bildung von Dibenzyl und seinen Homologen bei gleichzeitiger Entstehung der den homologen Benzolkohlenwasserstoffen entsprechenden Aldehyde[5]. Aus Toluol entsteht also Benzaldehyd und Dibenzyl:

$$C_6H_5{-}CH_3 + O_2 = C_6H_5{-}CHO + H_2O$$

$$2C_6H_5{-}CH_3 + O = C_6H_5{-}CH_2{-}CH_2{-}C_6H_5 + H_2O\,,$$

aus Aethylbenzol: Phenylacetaldehyd und 7.7'-Dimethyldibenzyl.

Aehnliche Oxydationserscheinungen zeigen sich zuweilen auch bei der Einwirkung der Halogene oder ihrer Phosphorverbindungen auf Toluol und ihm nahestehende Körper[6].

---

[1] BERZ. Jb. **24**, 484 (1845). J. pr. **35**, 418 (1845). — Vgl. MÄRCKER, Ann. **136**, 91 (1865). — LIMPRICHT u. SCHWANERT, Ann. **145**, 330 (1868). — FORST, Ann. **178**, 370 (1875).

[2] FLEISCHER, Ann. **140**, 239 (1866). — KOPP, Ber. **25**, 601, 603 (1892). Ann. **277**, 339 (1893). — Vgl. KLINGER, Ber. **10**, 1878 (1877).

[3] BARBAGLIA u. MARQUARDT, Gazz. chim. **21**, I, 202 (1891). — Vgl. RADZISZEWSKI, Ber. **6**, 390, 758 (1873).

[4] BEHR u. v. DORP, Ber. **6**, 754 (1873). — LORENZ, Ber. **7**, 1096 (1874).

[5] MORITZ u. WOLFFENSTEIN, Ber. **32**, 432, 2531 (1899).

[6] LIEBERMANN u. PALM, Ber. **8**, 378 (1875). — MICHAELIS u. LANGE, Ber. **8**, 502, 1315 (1875). — LIEBERMANN u. HOMEYER, Ber. **12**, 1971 (1879). — REIMER, Ber. **13**, 742 (1880). — CHALANAY u. KNÖVENAGEL, Ber. **25**, 285, 289 (1892).

Während in den besprochenen Fällen die Zusammenschweissung zweier Toluolreste zu einem Diphenyläthankörper nur durch die Einwirkung energisch wirkender Oxydationsmittel hervorgerufen werden kann, wird diese Reaction bei den Hydrazonen des Benzaldehyds schon durch den Sauerstoff der Luft beim blossen Erhitzen, leichter noch bei Anwesenheit alkoholischen Kalis bewirkt[1]:

$$\begin{array}{c} C_6H_5{-}CH{=}N{-}NH{-}C_6H_5 \\ C_6H_5{-}CH{=}N{-}NH{-}C_6H_5 \\ \text{Benzaldehydphenylhydrazon} \end{array} + O = \begin{array}{c} C_6H_5{-}C{=}N{-}NH{-}C_6H_5 \\ | \\ C_6H_5{-}C{=}N{-}NH{-}C_6H_5 \\ \text{Benzilosazon} \end{array} + H_2O.$$

Dieser Vorgang hat dadurch ein erhöhtes theoretisches Interesse erlangt, dass er zur Auffindung stereoisomerer Osazone des Benzils geführt hat. Gewisse andere stickstoffhaltige Benzaldehyd- bezw. Benzoësäure-Abkömmlinge reagiren analog[2].

Auch das Phtalid vermag eine derartige Autoxydation unter dem Einfluss der Wärme zu erleiden, indem es in das bereits erwähnte Diphtalyl übergeht[3]:

$$2\,C_6H_4\left\langle\begin{array}{l} CH_2 \\ \;\;>O \\ CO \end{array}\right. = C_6H_4\left\langle\begin{array}{l} C{=}{=}{=}{=}C \\ \;\;>O \quad O< \\ CO \qquad\;\; CO \end{array}\right\rangle C_6H_4 + 4\,H.$$

Mit ganz besonderer Leichtigkeit sehen wir eine solche Zusammenlagerung zweier Molecüle am p-Nitrotoluol bezw. der p-Nitrotoluol-o-sulfosäure verlaufen[4]. In diesem Falle findet die Reaction schon statt, ohne dass ein oxydirendes Agens von aussen hinzutritt: es ist die Nitrogruppe, welche unter Abgabe eines Theiles ihres Sauerstoffs die Oxydation der Methylseitenkette und damit die Vereinigung zweier Molecüle hervorruft.

Die Reaction wird eingeleitet durch Erhitzen des p-Nitrotoluols mit alkoholischem Kali oder Natron oder der p-Nitrotoluol-o-sulfosäure mit wässeriger Natronlauge. Die Produkte, welche dabei entstehen, sind nicht einheitlich, doch scheint es, dass das Hauptprodukt sich entsprechend der folgenden Gleichung bildet:

$$2\,NO_2\cdot C_6H_4{-}CH_3 = NO\cdot C_6H_4{-}CH{=}CH{-}C_6H_4\cdot NO + 2\,H_2O.$$

Danach wäre das Produkt ein Dinitrosostilben, doch sprechen seine Reactionen und namentlich die der entsprechenden Disulfosäure, welche

---

[1] Ingle u. Mann, Journ. Soc. **67**, 606 (1895). — Minunni, Gazz. chim. **26**, I, 451 (1896); **27**, II, 277 (1897); **29** II, 420 (1899). — Minunni u. Carta-Satta, Gazz. chim. **29**, II, 377, 437 (1899). — Biltz, Ann. **305**, 165 (1899). — Biltz u. Weinands, Ann. **308**, 1, 6, 9, 14 (1899); Ber. **33**, 2295 (1900). — Vgl. Engler, Ber. **33**, 1107 (1900).

[2] Werner u. Skiba, Ber. **32**, 1654 (1899). — Werner u. Bloch, Ber. **32**, 1975 (1899).

[3] Goldschmiedt, Monatsh. **16**, 13 (1895).

[4] Klinger, Ber. **16**, 943 (1883). — Bender u. Schultz, Ber. **19**, 3234 (1886). — O. Fischer u. Hepp, Ber. **26**, 2231 (1893); **28**, 2281 (1895). — Bender, Ber. **28**, 422 (1895). — Ris u. Simon, Ber. **30**, 2618 (1897); **31**, 354 (1898). — Green u. Wahl, Ber. **30**, 3097 (1897); **31**, 1078 (1898). — J. Schmidt, Ber. **32**, 2920 (1899). — A. Leonhardt & Co., D. R.-Pat. Nr. 38735, 46252, 48528. — Kalle & Co., D. R.-Pat. Nr. 79241, 96107, 96929. — Vgl. R. Meyer u. Schäfer, Ber. **27**, 3355 (1894). — Reissert, Ber. **30**, 1052, 1053 (1897). — Schmidt, Ber. **32**, 2919 (1899).

aus der p-Nitrotoluol-o-sulfosäure entsteht, nicht deutlich für die Anwesenheit zweier Nitrosogruppen, so dass auch eine unsymmetrische Reduction der beiden Nitrogruppen nicht ausgeschlossen erscheint. Bei Gegenwart alkalischer Oxydationsmittel, wie Natriumhypochlorit, entsteht aus der p-Nitrotoluol-o-sulfosäure je nach den Versuchsbedingungen entweder 4.4'-Dinitrodibenzyl-2.2'disulfosäure[1]:

$$\left.\begin{matrix}O_2N\\HO_3S\end{matrix}\right>C_6H_3-CH_2-CH_2-C_6H_3\left<\begin{matrix}NO_2\\SO_3H\end{matrix}\right.$$

oder 4.4'-Dinitrostilben-2.2-'disulfosäure[2]:

$$\left.\begin{matrix}O_2N\\HO_3S\end{matrix}\right>C_6H_3-CH=CH-C_6H_3\left<\begin{matrix}NO_2\\SO_3H\end{matrix}\right.$$

Die beschriebene Reaction hat dadurch ein technisches Interesse erlangt, dass die unter verschiedenen Bedingungen aus p-Nitrotoluol-o-sulfosäure und Natronlauge entstehenden Produkte sich als brauchbare gelbe bis gelbrothe substantive Baumwollfarbstoffe erwiesen haben. Dieselben finden sich im Handel unter den Bezeichnungen Sonnengelb, bezw. Curcumin S oder Directgelb. Durch gemässigte Reduction[3] erleiden sie eine weitere Umwandlung in orange färbende Produkte, während sie durch Oxydation[4] in gelbere Farbstoffe übergeführt werden. Stark reducirende Mittel erzeugen aus den Einwirkungsprodukten von Natronlauge auf p-Nitrotoluolsulfosäure die Diamidostilbendisulfosäure[5], aus welch' letzterer durch Tetrazotirung und darauffolgende Kuppelung mit gewissen Componenten die Farbstoffe „Brillantgelb, Chrysophenin, Hessisch-Gelb, -Violett und -Purpur" dargestellt werden[6].

Auch die Friedel-Crafts'sche Reaction (vgl. Bd. II, Th. I, S. 97) hat sich in einigen Fällen zur Herstellung von Verbindungen der Diphenyläthanreihe bewährt, so namentlich zur Erzeugung des Desoxybenzoïns und seiner Derivate[7] aus dem Chlorid der Phenylessigsäure, Benzol und Aluminiumchlorid, wobei jede der beiden Componenten durch ihre Homologen oder Substitutionsprodukte vertreten werden kann, z. B.:

$$C_6H_5-CH_2-COCl + C_6H_6 = C_6H_5-CH_2-CO-C_6H_5 + HCl.$$

Der Eintritt des Phenylessigsäureradicals in den substituirten Benzolkern findet dabei mit Vorliebe in p-Stellung zu dem Substituenten statt;

---

[1] J. R. Geigy & Co., D. R.-Pat. Nr. 98760.
[2] Levinstein, D. R.-Pat. Nr. 106961.
[3] A. Leonhardt & Co., D. R.-Pat. Nr. 96929.
[4] A. Leonhardt & Co., D. R.-Pat. Nr. 96107.
[5] Bender u. Schultz, Ber. **19**, 3235 (1886).
[6] A. Leonhardt & Co., D. R.-Pat. Nr. 38735, 42466.
[7] Gräbe u. Bungener, Ber. **12**, 1080 (1879). — Mann, Ber. **14**, 1645 (1881). — Söllscher, Ber. **15**, 1680, 1681 (1882). — Strassmann, Ber. **22**, 1231 (1889). — Wege, Ber. **24**, 3541 (1891). — Petrenko-Kritschenko, Ber. **25**, 2239 (1892). — Klages u. Lickroth, Ber. **32**, 1564 (1899).

so bildet sich aus Phenylessigsäurechlorid und Toluol das 4-Methyldesoxybenzoïn:

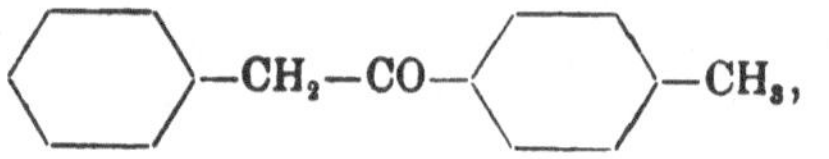

was daraus hervorgeht, dass bei der Oxydation der Verbindung Terephtalsäure und p-Toluylsäure gebildet werden.

Das bei dieser Reaction als Ausgangsmaterial dienende Phenylessigsäurechlorid kann auch durch das isomere Phenacylchlorid, $C_6H_5-CO-CH_2Cl$, ersetzt werden[1]. Mit Toluol bildet diese Verbindung ein Methyldesoxybenzoïn, welchem wahrscheinlich die Formel eines 4'-Methylderivats zukommt:

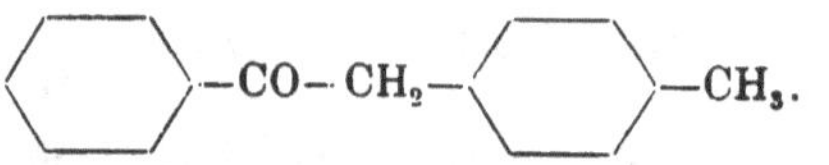

Bei der analogen Darstellung des Dimethyldesoxybenzoïns aus Chloracetyltoluol, $CH_3\cdot C_6H_4\cdot CO\cdot CH_2Cl$, ist es nicht nöthig, das Chloracetyltoluol zuvor aus Toluol, Chloracetylchlorid und Aluminiumchlorid herzustellen; sondern man kann die beiden Reactionen in einer Operation ausführen, indem bei erhöhter Temperatur aus Toluol, Chloracetylchlorid und Aluminiumchlorid direct Dimethyldesoxybenzoïn entsteht:

$$CH_3\cdot C_6H_5 + ClCH_2-COCl + C_6H_5\cdot CH_3$$
$$= CH_3\cdot C_6H_4-CH_2-CO-C_6H_4\cdot CH_3 + 2HCl.$$

Aehnlich wie Phenylessigsäurechlorid reagirt auch Homophtalsäureanhydrid mit Benzol und Aluminiumchlorid unter Bildung von Desoxybenzoïncarbonsäure (2')[2]:

$$C_6H_4\begin{cases}CH_2-CO \\ \qquad\;\; | \\ CO--O\end{cases} + C_6H_6 = C_6H_4\begin{cases}CH_2-CO-C_6H_5 \\ COOH\end{cases}$$

Auch zweifach halogenirte Kohlenwasserstoffe der Fettreihe, in denen die Halogene an benachbarten Kohlenstoffatomen haften, reagiren in dieser Weise mit Benzolkohlenwasserstoffen; so entsteht aus Benzol und Aethylenchlorid mittels Aluminiumchlorid Dibenzyl:

$$C_6H_6 + ClCH_2-CH_2Cl + C_6H_6 = C_6H_5-CH_2-CH_2-C_6H_5 + 2HCl,$$

aus Propylenchlorid (bezw. Allylchlorid) bildet sich 7-Methyldibenzyl[3].

Dimethylanilin vereinigt sich mit Aethylenbromid auch ohne Zuhilfenahme eines condensirenden Mittels zu Tetramethyldiamidodiphenyläthan[4]:

$$2C_6H_5\cdot N(CH_3)_2 + CH_2Br-CH_2Br$$
$$= (CH_3)_2N\cdot C_6H_4-CH_2-CH_2-C_6H_4\cdot N(CH_3)_2 + 2HBr.$$

Dibenzyl entsteht ferner an Stelle der ungesättigten Verbindungen aus Acetylenbromid oder Acetylen, Benzol und Aluminiumchlorid, ferner aus ω-Chloräthylbenzol, Styroldibromid, Vinyltribromid oder -trichlorid

[1] Collet, Bull. [3] **17**, 506 (1897).

[2] Gräbe u. Trümpy, Ber. **31**, 377 (1898).

[3] Silva, Jb. **1879**, 379, 380.

[4] Schoop, Ber. **13**, 2196 (1880).

oder Dichloräther bei der Einwirkung auf Benzol in Gegenwart von Aluminiumchlorid[1].

Eine andere Gruppe synthetischer Reactionen beruht auf der Reactionsfähigkeit der Methylenwasserstoffatome in gewissen negativ substituirten Benzylverbindungen. Zu diesen gehören vorzugsweise

Benzylcyanid, $C_6H_5-CH_2-CN$, und
Phenylessigsäure, $C_6H_5-CH_2-COOH$.

Bringt man Benzylcyanid mit Natriumäthylat in alkoholischer Lösung zusammen und lässt auf dieses Gemisch Benzylchlorid einwirken, so entsteht 7-Cyandibenzyl[2]:

$$C_6H_5-CH_2-CN + NaO\cdot C_2H_5 + C_6H_5-CH_2Cl$$

$$= \begin{array}{c} C_6H_5-CH-CH_2-C_6H_5 \\ | \\ CN \end{array} + NaCl + HO\cdot C_2H_5.$$

Sowohl das Benzylcyanid als das damit reagirende Benzylchlorid kann im Benzolkern oder in der Seitenkette substituirt sein, ohne dass die Reaction dadurch beeinträchtigt würde[3].

Während bei der eben besprochenen Condensation nur ein Wasserstoffatom im Benzylcyanid in Mitleidenschaft gezogen wird, reagiren beide Wasserstoffatome gleichzeitig, wenn das Benzylcyanid mit einem aromatischen Aldehyd, z. B. Benzaldehyd, zur Reaction gebracht wird[4]:

$$C_6H_5-CH_2-CN + C_6H_5-CHO = \begin{array}{c} C_6H_5-C=CH-C_6H_5 \\ | \\ CN \end{array} + H_2O.$$

Es entsteht also 7-Cyanstilben. Auch hier wendet man zweckmässig Natriumäthylat oder andere alkalische Agentien, wie Piperidin, als Condensationsmittel an. Diese Reaction kann zur Unterscheidung von im Benzolkern alkylirten Benzylcyaniden von den Isomeren, welche den Substituenten in der Methylengruppe tragen, dienen, da nur die ersteren mit Benzaldehyd zu reagiren vermögen. Auch sie ist einer mannigfachen Anwendung fähig[5].

---

[1] Anschütz, Ann. **235**, 154, 329, 333, 338 (1887). — Varet u. Vienne, Compt. rend. **104**, 1375 (1887). — Rawitzer, Bull. [3] **17**, 478 (1897). — Gardeur, Centralbl. **1898** I, 438.

[2] V. Meyer, Ber. **20**, 535 (1887). — A. Meyer, Ber. **21**, 1306 (1888).

[3] Päpcke, Ber. **21**, 1331 (1888). — Eichelbaum, Ber. **21**, 2679 (1888). — Rossolymo, Ber. **22**, 1236 (1889). — V. Meyer, Ann. **250**, 125 (1889). — Janssen, Ann. **250**, 125 (1889). — Buddeberg, Ber. **23**, 2069 (1890). — Vgl. Chalanay u. Knoevenagel, Ber. **25**, 294 (1892). — Gabriel u. Eschenbach, Ber. **30**, 3017 (1897). — Walther u. Wetzlich, J. pr. [2] **61**, 189—193 (1900).

[4] V. Meyer, Ber. **21**, 355 (1888). — Knoevenagel, D. R.-Pat. Nr. 94132.

[5] Frost, Ann. **250**, 156 (1889). — Remse, Ber. **23**, 3133 (1890). — Pschorr, Ber. **31**, 1289 (1898). — Gabriel u. Eschenbach, Ber. **31**, 1582 (1898). — Vgl. Neure, Ann. **250**, 155 (1889). — Walther, J. pr. [2] **57**, 112 (1898).

Auch einige andere sauerstoffhaltige Benzolderivate, wie Benzoylchlorid, Phtalsäureanhydrid oder Benzoësäureester, lassen sich mit Benzylcyanid condensiren[1].

Während die Condensationen zwischen Benzylcyaniden und aromatischen Aldehyden durch alkalische Agentien hervorgerufen werden, vereinigt sich das phenylessigsaure Natrium mit Aldehyden unter dem Einfluss von Essigsäureanhydrid als wasserentziehendem Mittel[2]. So bildet sich aus Benzaldehyd, phenylessigsaurem Natrium und Essigsäureanhydrid Stilbencarbonsäure (7) oder α-Phenylzimmtsäure:

$$C_6H_5{-}CHO + CH_2\left\langle\begin{matrix}C_6H_5\\COOH\end{matrix}\right. = C_6H_5{-}CH{=}\overset{\displaystyle C_6H_5}{\overset{|}{C}}{-}COOH + H_2O.$$

Diese Reaction stellt eine Ausführungsform der „PERKIN'schen Synthese" vor (vgl. Bd. I, S. 489), welche bei Anwendung von Benzaldehyd und Essigsäure die nicht substituirte Zimmtsäure liefert.

Die Condensation zwischen Benzaldehyd und Phenylessigsäure lässt sich auch durch blosses Erhitzen der Componenten auf hohe Temperatur hervorrufen, doch entsteht dann an Stelle der Phenylzimmtsäure unter Kohlensäureabspaltung Stilben:

$$C_6H_5{-}CHO + C_6H_5{-}CH_2{-}COOH = C_6H_5{-}CH{=}CH{-}C_6H_5 + CO_2 + H_2O.$$

Aus einigen substituirten Benzaldehyden können jedoch auch nach dieser Methode die entsprechend substituirten Phenylzimmtsäuren gewonnen werden[3].

In ähnlicher Weise wie mit Benzaldehyd reagirt die Phenylessigsäure mit Phtalsäureanhydrid[4], nur findet bei dieser Reaction eine spontane Abspaltung von Kohlensäure aus dem Molecül der Phenylessigsäure statt. Es bildet sich das sogenannte Benzalphtalid, eine Verbindung, welche als Lacton einer 7-Oxystilbencarbonsäure (2) aufgefasst werden kann:

$$C_6H_4\left\langle\begin{matrix}CO\\CO\end{matrix}\right\rangle O + \begin{matrix}CH_2{-}C_6H_5\\|\\COOH\end{matrix} = C_6H_4\left\langle\begin{matrix}C{=}CH{-}C_6H_5\\CO\end{matrix}\right\rangle O + CO_2 + H_2O.$$

---

[1] GABRIEL, Ber. **18**, 1264 (1885). — GABRIEL u. POSNER, Ber. **27**, 827, 2492 (1894). — BRAUN, Ber. **28**, 1392 (1895). — HARPER, Ber. **29**, 2543 (1896). — WALTHER u. SCHICKLER, J. pr. [2] **55**, 305 (1897).

[2] OGLIALORO, Jb. **1878**, 820; **1879**, 731. Gazz. chim. **8**, 429 (1878); **9**, 428 (1879). — MAGNANIMI, Gazz. chim. **15**, 509, 511 (1885). — OGLIALORO u. ROSINI, Gazz. chim. **20**, 396 (1890). — PSCHORR, Ber. **29**, 496 (1896); **33**, 178 (1900). — PSCHORR, WOLFES u. BUCKOW, Ber. **33**, 167, 172 (1900). — PSCHORR u. SUMULEANU, Ber. **33**, 1816, 1822 (1900). — PSCHORR u. JÄCKEL, Ber. **33**, 1826 (1900). — PSCHORR u. BUCKOW, Ber. **33**, 1829 (1900). — Vgl. MICHAEL, Am. chem. Journ. **1**, 312 (1879).

[3] WALTHER u. WETZLICH, J. pr. [2] **61**, 169 (1900).

[4] GABRIEL u. MICHAEL, Ber. **11**, 1007 (1878). — GABRIEL, Ber. **17**, 2527 (1884); **18**, 1251, 2433, 3470 (1885); **19**, 830 (1886); **20**, 2863 (1887). — GABRIEL u. HENDESS, Ber. **20**, 2871 (1887). — HEILMANN, Ber. **23**, 3157 (1890). — EPHRAIM, Ber. **24**, 2820, (1891); **26**, 1377 (1893). — RUHEMANN, Ber. **24**, 3964 (1891). — BRAUN, Ber. **28**. 1388 (1895). — BLANK, Ber. **29**, 2376 (1896). — BETHMANN, Ber. **32**, 1104 (1899). — GOLDBERG, Ber. **33**, 2818 (1900).

Die „Benzalphtalidsynthese“, welche eine sehr vielfache Anwendung erlaubt, wird in der Weise ausgeführt, dass Phenylessigsäure oder ihre Derivate mit Phtalsäureanhydrid oder dessen Substitutionsprodukten unter Zusatz einer geringen Menge entwässerten Natriumacetats erhitzt werden.

In analoger Weise, wie Benzylcyanid und Phenylessigsäure reagiren auch einige andere Verbindungen, welche die Benzylgruppe enthalten, mit Benzaldehyd und ähnlichen Verbindungen unter Wasseraustritt und Bildung von Stilbenderivaten[1]. Von diesen Reactionen sei hier besonders diejenige hervorgehoben, welche zwischen Phenylbrenztraubensäure und Benzaldehyd stattfindet und zur Entstehung des Lactons einer Toluylenhydrat-7′-glyoxylsäure führt[2]:

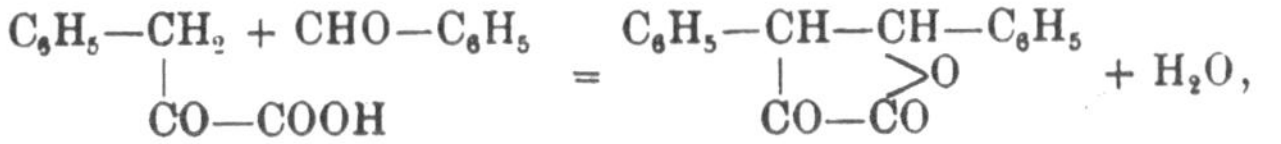

und ferner die Bildung des Diphtalyls aus Phalid und Phtalsäureanhydrid[3]:

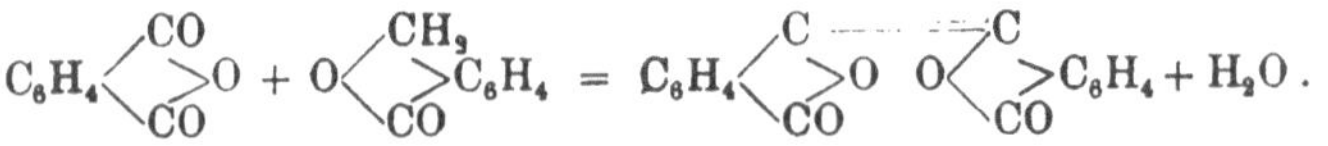

Einige Bildungsreactionen von Verbindungen der Diphenyläthanreihe beruhen darauf, dass aus einer aus mehreren Atomen bestehenden Kette, welche zwei Benzolkerne verbindet, in der Hitze eines oder mehrere Glieder herausgespalten werden; so gehen die aromatischen Ester der Fumarsäure bei langsamer Destillation zunächst unter Kohlensäureabspaltung in die entsprechenden Zimmtsäureester über, und diese zerfallen weiter in Kohlensäure und Stilben[4]:

$$C_6H_5\cdot O_2C{-}CH{=}CH{-}CO_2\cdot C_6H_5 = C_6H_5{-}CH{=}CH{-}CO_2\cdot C_6H_5 + CO_2,$$

$$C_6H_5{-}CH{=}CH{-}CO_2\cdot C_6H_5 = C_6H_5{-}CH{=}CH{-}C_6H_5 + CO_2.$$

In ähnlicher Weise entstehen aus den Condensationsprodukten der aromatischen Aldehyde mit Hydrazin bei der Destillation Stilbene[5], z. B.:

$$CH_3\cdot C_6H_4{-}CH{=}N{-}N{=}CH{-}C_6H_4\cdot CH_3$$
$$= N_2 + CH_3\cdot C_6H_4{-}CH{=}CH{-}C_6H_4\cdot CH_3.$$

Das as-Dibenzylhydrazin giebt bei der Oxydation mit Quecksilberoxyd neben Stickstoff Dibenzyl[6]:

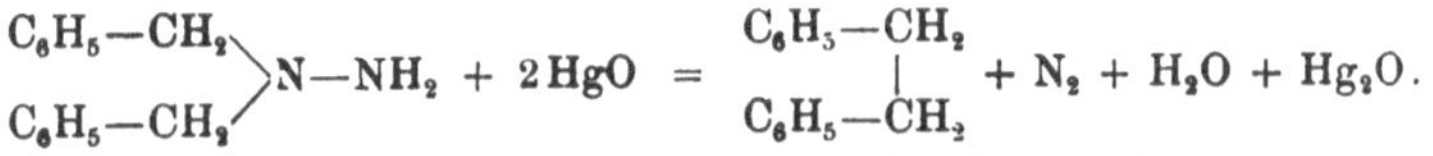

Von Wichtigkeit für die Erkennung des Desoxybenzoïns als eines Benzylphenylketons ist eine Reaction, welche zeigt, dass diese Verbindung

[1] Gabriel, Ber. **20**, 1205 (1887). — Miller u. Rohde, Ber. **23**, 1073 (1890). — Goldschmiedt u. Knöpfer, Monatsh. **18**, 437 (1897); **19**, 406 (1898).

[2] Erlenmeyer jun. u. Knight, Ber. **27**, 2224 (1894). — Erlenmeyer jun., Ber. **29**, 2585 (1896). — Erlenmeyer jun. u. Lux, Ber. **31**, 2218, 2224 (1898).

[3] Gräbe u. Guye, Ann. **233**, 241 (1886).

[4] Anschütz, Ber. **18**, 1945 (1885). — Anschütz u. Wirtz, Ber. **18**, 1947 (1885).

[5] Curtius u. Jay, J. pr. [2] **39**, 45 (1889). — Bouveault, Bull. [3] **17**, 368 (1897).

[6] Busch u. Weiss, Ber. **33**, 2701 (1900).

sich nach der für alle Ketone gültigen allgemeinen Methode gewinnen lässt, nämlich durch Destillation des Gemisches der Calciumsalze zweier organischer Säuren (vgl. Bd. I, S. 383)[1]:

$$\begin{array}{l} C_6H_5-CH_2-CO-Oca \\ \quad C_6H_5-CO-Oca \end{array} = CaCO_3 + C_6H_5-CH_2-CO-C_6H_5 .$$

Auf dem Additionsvermögen der Kohlenstoffdoppelbindung beruht eine interessante Bildungsweise der Homologen des Dibenzyls. Diese Verbindungen entstehen nämlich bei der Einwirkung der Homologen des Benzols, wie Toluol, die Xylole, Pseudocumol, auf Styrol durch die condensirende Wirkung der concentrirten Schwefelsäure schon bei gewöhnlicher Temperatur[2], z. B.:

$$\begin{array}{l} C_6H_5-CH \\ \qquad \| \\ \quad\;\; CH_2 \end{array} + CH_3-C_6H_5 = \begin{array}{l} C_6H_5-CH-CH_2-C_6H_5 \\ \qquad\quad | \\ \qquad\; CH_3 \end{array}$$

In sehr complicirt verlaufender Reaction gelangt man zu Verbindungen der Hydrobenzoïnreihe, indem man Glykocoll und Benzaldehyd auf einander unter dem Einfluss alkalischer Condensationsmittel wirken lässt; es entsteht das Diphenyl-Oxäthylamin[3], $C_6H_5-CH(OH)-CH(NH_2)-C_6H_5$. Zur Erklärung der Reaction kann man annehmen, dass in erster Phase ein normales Condensationsprodukt aus gleichen Molecülen der Componenten gebildet wird, welches sich dann unter Verschiebung der Doppelbindung (in der Richtung zur Carboxylgruppe) umlagert:

$$C_6H_5-CHO + NH_2-CH_2-COOH = C_6H_5-CH{=}N-CH_2-COOH,$$
$$C_6H_5-CH{=}N-CH_2-COOH = C_6H_5-CH_2-N{=}CH-COOH;$$

das so enstandene Umlagerungsprodukt addirt 1 Mol. Benzaldehyd:

$$C_6H_5-CH_2-N{=}CH-COOH + C_6H_5-CHO = \begin{array}{l} C_6H_5-CH-N{=}CH-COOH \\ \qquad\quad | \\ C_6H_5-CH-OH \end{array},$$

das Additionsprodukt zerfällt alsdann in Glyoxylsäure und Diphenyl-Oxäthylamin:

$$\begin{array}{l} C_6H_5-CH-N{=}CH-COOH \\ \qquad\quad | \\ C_6H_5-CH-OH \end{array} + H_2O = \begin{array}{l} C_6H_5-CH-NH_2 \\ \qquad\quad | \\ C_6H_5-CH-OH \end{array} + CHO-COOH.$$

Von sonstigen Bildungsweisen von Körpern der Diphenyläthanreihe seien noch zwei Uebergänge aus der Diphenylmethan- bezw. der Diphenylpropan-Gruppe erwähnt.

Die erste dieser Reactionen ist schon bei Besprechung der Diphenylmethanderivate eingehend erörtert worden (vgl. S. 78—79), die zweite ist in Parallele zu stellen mit der Umwandlung des Benzils in Benzilsäure (vgl. S. 78); sie besteht in der Bildung von Toluylenhydratcarbonsäure (7) oder Oxydibenzylcarbonsäure aus Dibenzylketon (S. 254) bei der Einwirkung von verdünnter Kalilauge und Luft[4]:

$$\begin{array}{l} C_6H_5-CH_2 \\ C_6H_5-CH_2 \end{array}\!\!>CO + KOH + O_2 = \begin{array}{l} C_6H_5-C(OH)-COOK \\ \qquad\quad | \\ C_6H_5-CH_2 \end{array} + H_2O.$$

---

[1] Radziszewski, Ber. **6**, 489 (1873); **8**, 756 (1875).

[2] Krämer, Spilker u. Eberhardt, Ber. **23**, 3271 (1890).

[3] Erlenmeyer jun., Ber. **28**, 1866 (1895); **30**, 1527, 2896 (1897).

[4] Bogdanowska, Ber. **25**, 1276 (1892).

Auf die Entstehung von Abkömmlingen des Dibenzyls in Reactionen, bei welchen man die Bildung von Körpern der Diphenylreihe erwarten sollte, ist schon früher (vgl. S. 13) hingewiesen worden[1].

Ausser den beschriebenen synthetischen Methoden ist noch eine Reihe von einzelnen Reactionen bekannt, durch welche sich Verbindungen der Diphenyläthangruppe bilden[2].

Specielle Uebersicht der Verbindungen der Diphenyläthanreihe.

Das Dibenzyl und seine Homologen.

Die Kohlenwasserstoffe der Dibenzylreihe von der allgemeinen Form C_nH_{2n-14} sind theils bei gewöhnlicher Temperatur feste, theils ölige Körper, zu deren Gewinnung die meisten der oben zusammengestellten synthetischen Processe benutzt werden können. Von Verbindungen dieser homologen Reihe hat nur das Dibenzyl selbst eingehendere Bearbeitung erfahren. Am wichtigsten sind die Zersetzungen und Umwandlungen, welche dieser Kohlenwasserstoff bei erhöhter Temperatur oder unter der gemässigten Einwirkung von Oxydationsmitteln erleidet. Es zeigt sich hierbei die Tendenz zum Uebergang in ein wasserstoffärmeres System, das Stilben. So bildet sich aus Dibenzyl, welches in einem evacuirten geschlossenen Rohr auf Rothgluth erhitzt wird, Stilben und daneben in Folge der Reductionswirkung des entstehenden und am Entweichen gehinderten Wasserstoffs Toluol[3]:

$$2\,C_6H_5-CH_2-CH_2-C_6H_5 = C_6H_5-CH{=}CH-C_6H_5 + 2\,C_6H_5-CH_3.$$

Werden dagegen die Dämpfe des Dibenzyls durch ein offenes glühendes Rohr geleitet, so geht die Wasserstoffentziehung noch weiter, indem auch die Benzolkerne in Mitleidenschaft gezogen werden und neben Stilben Phenanthren entsteht[4]:

$$C_6H_5-CH_2-CH_2-C_6H_5 = H_2 + C_6H_5-CH{=}CH-C_6H_5$$

$$\begin{array}{c}C_6H_5-CH\\ \Vert\\ C_6H_5-CH\\ \text{Stilben}\end{array} = H_2 + \begin{array}{c}C_6H_4-CH\\ |\qquad\ \Vert\\ C_6H_4-CH\\ \text{Phenanthren}\end{array}.$$

---

[1] Weiler, Ber. **29**, 111 (1896); **32**, 1056 (1899); **33**, 334 (1900).

[2] Vgl.: Brunner, Ann. **151**, 133 (1869) — Schoop, Ber. **13**, 2196 (1880). — Errera, Gazz. chim. **16**, 310 (1886). — Tröger, J. pr. [2] **36**, 241 (1887). — Bischoff u. Walden, Ann. **279**, 118 (1894). — Harries u. Eschenbach, Ber. **29**, 383, 2121 (1896). — Reissert, Ber. **30**, 1039 (1897). — Nef, Ann. **298**, 257 (1897). — Gräbe u. Trümpy, Ber. **31**, 375 (1898).

[3] Barbier, Jb. **1874**, 359; Ber. **7**, 1036 (1874).

[4] Gräbe, Ber. **6**, 125 (1873). Ann. **167**, 156 (1873). — Barbier, Jb. **1876**, 366. — Vgl. Dreher u. Otto, Ann. **154**, 177 (1870).

Tabelle Nr. 75.

Empirische Formel	Bezeichnung	Aufgelöste Formel	Stellung der Substituenten	Schmelzpunkt	Siedepunkt
$C_{14}H_{14}$	Dibenzyl [1—21]	$C_6H_5-CH_2-CH_2-C_6H_5$	—	51·5°—52·5°	284°
$C_{14}H_{12}Cl_2$	Dichlordibenzyl [22]	$Cl\cdot C_6H_4-CH_2-CH_2-C_6H_4\cdot Cl$	2.2′	65°	—
„	„ „ [23]	„ „ „	4.4′	112°	—
$C_{14}H_{12}Br_2$	Dibromdibenzyl [24—26]	$Br\cdot C_6H_4-CH_2-CH_2-C_6H_4\cdot Br$	4.4′	114—115°	—
$C_{14}H_{14}S_2O_6$	Dibenzyldisulfosäure [27]	$HO_3S\cdot C_6H_4-CH_2-CH_2-C_6H_4\cdot SO_3H$	—	—	—
$C_{14}H_{12}N_2O_4$	Dinitrodibenzyl [28]	$O_2N\cdot C_6H_4-CH_2-CH_2-C_6H_4\cdot NO_2$	2.2′	122°	—
„	„ „ [29.30]	„ „ „	2.4′	74—75°	—
„	„ „ [21.29.30.31—35]	„ „ „	4.4′	179°	—
$C_{14}H_{16}N_2$	Diamidodibenzyl [21.36]	$H_2N\cdot C_6H_4-CH_2-CH_2-C_6H_4\cdot NH_2$	2.2′	68°	—
„	„ „ [37]	„ „ „	4.4′	132°	—
$C_{18}H_{24}N_2$	Tetramethyldiamidodibenzyl [38]	$(CH_3)_2N\cdot C_6H_4-CH_2-CH_2-C_6H_4\cdot N(CH_3)_2$	4.4′	50°	oberhalb 300°
„	„ „ [39]	„ „ „	?	87°	—
$C_{14}H_{14}O_2$	Dioxydibenzyl [40]	$HO\cdot C_6H_4-CH_2-CH_2-C_6H_4\cdot OH$	2.2′	115°	—
„	„ „ [27.41]	„ „ „	4.4′	185°	—
$C_{15}H_{16}$	Methyldibenzyl [42]	$CH_3\cdot C_6H_4-CH_2-CH_2-C_6H_5$	4	flüssig	286°
„	„ „ [8.43] (Diphenylpropan)	$C_6H_5-CH_2-\underset{CH_3}{\underset{\vert}{CH}}-C_6H_5$	7	„	280—282° (corr. 291—293°)
$C_{16}H_{18}$	Aethyldibenzyl [44]	$C_2H_5\cdot C_6H_4-CH_2-CH_2-C_6H_5$	4	„	293—295°
„	Dimethyldibenzyl [45]	$CH_3\cdot C_6H_4-CH_2-CH_2-C_6H_4\cdot CH_3$	2.2′	66·5°	—
„	„ „ [45]	„ „ „	3.3′	flüssig	296°
„	„ „ [45]	„ „ „	4.4′	82°	—

„	„ „ [43] (Methyldiphenylpropan)	$CH_3 \cdot C_6H_4—CH_2—CH(CH_3)—C_6H_5$	2.7′	flüssig	302—303° (corr. 316—317°)
„	„ „ [43]	„ „ „	3.7′	„	298—299° (corr. 311—312°)
„	„ „ [43]	„ „ „	4.7′	„	290—291° (corr. 302—303°)
„	Dimethyldibenzyl[20,46] (Diphenylbutan)	$C_6H_5—CH(CH_3)—CH(CH_3)—C_6H_5$	7.7′	123·5°	—
$C_{17}H_{20}$	Trimethyldibenzyl[43] (Phenylxylylpropan)	$(CH_3)_2C_6H_3—CH_2—CH(CH_3)—C_6H_5$	?	flüssig	310° (corr. 324°)
$C_{18}H_{22}$	Diäthyldibenzyl[45] (Diphenylhexan)	$C_6H_5—CH(C_2H_5)—CH(C_2H_5)—C_6H_5$	7.7′	88°	—
„	Tetramethyldibenzyl[45,47]	$(CH_3)_2C_6H_3—CH_2—CH_2—C_6H_3(CH_3)_2$	3.3′. 5.5′	77—78°	332—332·5° (763 mm)
$C_{20}H_{26}$	Diisopropyldibenzyl[1]	$C_3H_7 \cdot C_6H_4—CH_2—CH_2—C_6H_4 \cdot C_3H_7$	4.4′	—	oberhalb 360°
$C_{22}H_{30}$	Di(tert)butyldibenzyl[45]	$C_4H_9 \cdot C_6H_4—CH_2—CH_2—C_6H_4 \cdot C_4H_9$	3.3′	149°	—

Litteratur zur Tabelle Nr. 75. [1] Cannizzaro u. Rossi, Ann. **121**, 250 (1862). — [2] Stelling u. Fittig, Ann. **137**, 258 (1866). — [3] Limpricht u. Schwanert, Ann. **145**, 334 (1868); **155**, 61 (1870). — [4] Brunner, Ann. **151**, 133 (1869). — [5] Rath, Ber. **5**, 623 (1872). — [6] Barbier, Jb. **1874**, 421. — [7] Forst, Ann. **178**, 373 (1875). — [8] Silva, Jb. **1879**, 379. — [9] C. Liebermann u. Homeyer, Ber. **12**, 1974 (1879). — [10] Onufrowicz, Ber. **17**, 837 (1884). — [11] Schiff, Ann. **223**, 261 (1884). — [12] Berthelot u. Vielle, Ann. ch. [6] **10**, 451 (1887). — [13] Anschütz, Ann. **235**, 154, 329, 333, 338 (1886). — [14] Varet u. Vienne, Compt. rend. **104**, 1375 (1887). — [15] Comey, Ber. **23**, 1115 (1890). — [16] Freund u. Remse, Ber. **23**, 2859 (1890). — [17] Schramm, Ber. **26**, 1708 (1893). — [18] Gardeur, Centralbl. **1898 I**, 438. — [19] Moritz u. Wolffenstein, Ber. **32**, 432 (1899). — [20] Weiler, Ber. **32**, 1056 (1899). — [21] Busch u. Weiss, Ber. **33**, 2704, 2709, 2710 (1900). — [22] Thiele u. Holzinger, Ann. **305**, 100 (1899). — [23] Kade, J. pr. [2] **19**, 461 (1879). — [24] Stelling u. Fittig, Ann. **137**, 266 (1866). — [25] Leppert, Ber. **9**, 317 (1876). — [26] Errera, Gazz. chim. **18**, 237 (1888). — [27] Kade, Ber. **6**, 953 (1873); **7**, 239 (1874). — [28] Reissert, Ber. **30**, 1039, 1052 (1897). — [29] Leppert, Ber. **9**, 16 (1876). — [30] Stelling u. Fittig, Ann. **137**, 260 (1866). — [31] Roser, Ann. **238**, 364 (1887). — [32] O. Fischer u. Hepp, Ber. **26**, 2232 (1893). — [33] Bender, Ber. **28**, 422 (1895). — [34] Ris u. Simon, Ber. **30**, 2618 (1897); **31**, 354 (1898). — [35] Reissert, Ber. **30**, 1053 (1897). — [36] Thiele u. Holzinger, Ann. **305**, 97 (1899). — [37] Stelling u. Fittig, Ann. **137**, 262 (1866). — [38] Schoop, Ber. **13**, 2196 (1880). — [39] Tröger, J. pr. [2] **36**, 241 (1887). — [40] Thiele u. Holzinger, Ann. **305**, 99 (1899). — [41] Heumann u. Wiernik, Ber. **20**, 914 (1887). — [42] Mann, Ber. **14**, 1646 (1881). — [43] Krämer, Spilker u. Eberhardt, Ber. **23**, 3271—3274 (1890). — [44] Söllscher, Ber. **15**, 1681 (1882). — [45] Moritz u. Wolffenstein, Ber. **32**, 2531—2533 (1899). — [46] Engler u. Bethge, Ber. **7**, 1127 (1874). — [47] Weiler, Ber. **33**, 335 (1900).

Oxydationsmittel wie Bleioxyd, Schwefel, Chlor bewirken unter geeigneten Bedingungen gleichfalls Umwandlung des Dibenzyls in Stilben[1]. Umgekehrt lassen sich die ungesättigten Kohlenwasserstoffe Tolan und Stilben durch Jodwasserstoff und Phosphor in Dibenzyl zurückverwandeln[2].

Bei energischer Oxydation mit Kaliumpermanganat oder Chromsäure zerfällt das Dibenzyl in 2 Mol. Benzoësäure[3]:

$$C_6H_5—CH_2—CH_2—C_6H_5 + 5O = 2C_6H_5—COOH + H_2O.$$

Durch eingreifende Behandlung mit Chlor spaltet es sich in Perchlorbenzol und Perchloräthan[4].

In der Tabelle Nr. 75 ist das Dibenzyl mit seinen höheren Homologen und einer Anzahl solcher Abkömmlinge zusammengestellt, welche durch Ersatz von Wasserstoffatomen der Benzolkerne entstanden sind. Die in der Aethangruppe substituirten Dibenzylverbindungen werden theils unter den Stilben- und Tolan-Körpern, deren Additionsprodukte sie darstellen, theils unter den Alkoholen und Ketonen der Dibenzylreihe abgehandelt werden, während die Dibenzylcarbonsäuren gemeinsam mit den wasserstoffärmeren Carboxylprodukten in einem besonderen Abschnitt (S. 222 ff.) besprochen werden.

Dibenzyl, symm. Diphenyläthan[5], $C_6H_5—CH_2—CH_2—C_6H_5$, bildet beim Erstarren grosse, wasserhelle Krystalle; aus Alkohol krystallisirt es in langen, glänzenden Spiessen, aus Aether in monoklinen Krystallen; es löst sich ziemlich reichlich in kaltem Alkohol, leicht in Schwefelkohlenstoff und Aether.

Darstellung[6]: 50 g Benzylchlorid werden mit 12 g grobgeschnittenem Natrium 3—4 Stunden lang im offenen Kolben am Rückflusskühler erhitzt, worauf man das entstandene Dibenzyl abdestillirt.

Die Kohlenwasserstoffe der Stilben- und Tolan-Gruppe und deren Additionsprodukte.

Die in diese Gruppe gehörigen Verbindungen leiten sich von den beiden Kohlenwasserstoffen:

Stilben oder symm. Diphenyläthylen, $C_6H_5—CH{=}CH—C_6H_5$,

und Tolan oder Diphenylacetylen, $C_6H_5—C{\equiv}C—C_6H_5$, ab.

Das Stilben ist unter allen der Diphenyläthangruppe zugehörigen Körpern derjenige, welcher sich am leichtesten aus den verschiedensten

---

[1] Behr u. v. Dorp, Ber. 6, 754 (1873). — Radziszewski, Ber. 6, 390 (1873); 8, 758 (1875). — Kade, J. pr. [2] 19, 461 (1879). — Vgl. auch Michaelis u. Lange, Ber. 8, 502, 1313 (1875). — Weiler, Ber. 32, 1051 (1899).

[2] Limpricht u. Schwanert, Ann. 145, 334 (1868). — Barbier, Jb. 1874, 421.

[3] Leppert, Ber. 9, 14 (1876).

[4] Merz u. Weith, Ber. 12, 377 (1879); 16, 2877 (1883).

[5] Litteratur s. vorstehende Tabelle.

[6] Comey, Ber. 23, 1115 (1890).

anderen dieser Gruppe angehörenden Verbindungen bildet. Seine Entstehung aus Dibenzyl wurde schon oben (S. 189) besprochen. Es entsteht ferner aus dem 7-Oxydibenzyl oder Toluylenhydrat beim Destilliren oder durch Einwirkung von siedender verdünnter Schwefelsäure[1]:

$$C_6H_5{-}CH_2{-}CH(OH){-}C_6H_5 = H_2O + C_6H_5{-}CH{=}CH{-}C_6H_5,$$

bei der Destillation des Diphenylchloräthans (vgl. S. 78), sowie durch viele andere Umwandlungen von Dibenzylderivaten.

Das Stilben ist von LAURENT im Jahre 1845 entdeckt worden[2]; er erhielt es durch Destillation von Benzylsulfid:

$$C_6H_5{-}CH_2{-}S{-}CH_2{-}C_6H_5 = C_6H_5{-}CH{=}CH{-}C_6H_5 + H_2S.$$

Die Oxydation des Stilbens verläuft in analoger Weise wie die des Dibenzyls (S. 192), nur hat man hier als Zwischenprodukt die Entstehung von Benzaldehyd beobachten können, welcher bei weiterer Einwirkung des Oxydationsmittels in Benzoësäure übergeht[3].

Der Uebergang des Stilbens in Phenanthren bei hoher Temperatur wurde schon erwähnt (vgl. S. 189).

Das Stilben bietet als ungesättigte Verbindung die Möglichkeit des Vorhandenseins zweier stereoisomerer Formen dar, welche folgenden schematischen Darstellungen entsprechen müssten (vgl. Bd. I, S. 86):

$$\begin{array}{c} C_6H_5{-}C{-}H \\ \| \\ C_6H_5{-}C{-}H \\ \text{cis} \end{array} \quad \text{und} \quad \begin{array}{c} C_6H_5{-}C{-}H \\ \| \\ H{-}C{-}C_6H_5 \\ \text{trans} \end{array}.$$

In der That konnte neuerdings das Auftreten einer mit dem Stilben isomeren flüssigen Verbindung beobachtet werden[4], welche wohl als das theoretisch vorauszusehende Stereoisomere des lange bekannten festen Stilbens anzusehen ist.

Aehnliche Erscheinungen wurden schon früher an einigen substituirten Stilbenen beobachtet. Am genauesten sind diese Verhältnisse am 7.7'-Dichlorstilben oder Tolandichlorid studirt worden:

$$\begin{array}{c} C_6H_5{-}C{-}Cl \\ \| \\ C_6H_5{-}C{-}Cl \\ \text{cis} \end{array} \qquad \begin{array}{c} C_6H_5{-}C{-}Cl \\ \| \\ Cl{-}C{-}C_6H_5 \\ \text{trans} \end{array}.$$

[1] LIMPRICHT u. SCHWANERT, Ann. **155**, 65 (1870). — SUDBOROUGH, Journ. Soc. **67**, 605 (1895). — Vgl. auch MANN, Ber. **14**, 1646 (1881). — SÖLLSCHER, Ber. **15**, 1681 (1882). — BUTTENBERG, Ann. **279**, 337 (1894).

[2] Berz. Jb.: **24**, 484 (1845). Den Namen hat der Entdecker des Stilbens (von στίλβω, ich glänze) der Verbindung wegen des Glanzes ihrer Krystalle beigelegt.

[3] ZINCKE, Ber. **4**, 839 (1871).

[4] OTTO u. STOFFEL, Ber. **30**, 1799 (1897). — J. WISLICENUS, Centralbl. **1901**, I, 463. — Vgl. KOPP, Ann. **277**, 355 (1893).

Zinin[1] stellte aus Benzil und Phosphorpentachlorid das Tolantetrachlorid und aus diesem durch Reduction mit Zink in alkoholischer oder ätherischer Lösung zwei isomere Verbindungen der Formel $C_{14}H_{10}Cl_2$, die beiden Tolandichloride, her. Ein Gemenge derselben beiden Körper bildet sich beim Erhitzen von Benzotrichlorid mit Kupferpulver[2], sowie aus Stilben und Phosphorpentachlorid[3].

Sehr wichtig für die Erkennung der Configuration der beiden Dichloride ist die Thatsache, dass in Chloroform gelöstes Tolan nur eines der beiden Dichloride liefert, wenn man Chlorgas in diese Lösung einleitet[4]. Der Theorie nach liegt es am nächsten, anzunehmen, dass aus einem System zweier dreifach mit einander gebundener Kohlenstoffatome bei Lösung einer der Bindungen durch Addition die cis-Configuration entsteht; diese also dürften wir der aus dem Tolan entstehenden Modification beizulegen haben (vgl. die für einen analogen Fall in Bd. I, S. 503 gegebene Gleichung); die zweite Modification, welche aus dem Tetrachlorid durch Chlorentziehung in überwiegender Menge entsteht, wäre dann das trans-Dichlorid[5].

Den Tolandichloriden entsprechen zwei isomere Tolandibromide[6]. Bei der Einwirkung reducirender Mittel entstehen aus diesen Halogenverbindungen je nach den Versuchsbedingungen Tolan, Stilben oder Dibenzyl.

Zwei stereoisomere Formen sind ferner für das 2.2'-Dinitrostilben nachgewiesen worden. Diese Verbindungen bilden sich neben einander bei der Einwirkung von alkoholischem Kali auf o-Nitrobenzylchlorid[7]:

$$2NO_2\cdot C_6H_4-CH_2Cl + 2KO\cdot C_2H_5$$
$$= NO_2\cdot C_6H_4-CH{=}CH-C_6H_4\cdot NO_2 + 2KCl + 2HO\cdot C_2H_5.$$

Bei der Reduction geht jede dieser Verbindungen in ein 2.2'-Diamidostilben über[8]. Das aus dem höher schmelzenden Dinitroprodukt entstehende Diamidostilben ist durch die folgende eigenthümliche Reaction ausgezeichnet. Wird ein Gemisch der freien Base mit ihrem Chlorhydrat auf 170—180° erhitzt, so findet eine Spaltung in Anilinchlorhydrat und Indol statt:

---

[1] Ann. **149**, 375 (1869); Ber. **4**, 289 (1871). — C. Liebermann u. Homeyer, Ber. **12**, 1973 (1879). — Onufrowicz, Ber. **17**, 835 (1884). — Lachowicz, Ber. **17**, 1165 (1884). — Blank, Ann. **248**, 18, 19, 20 (1888). — Eiloart, Am. chem. Journ. **12**, 231 (1890).

[2] Hanhart, Ber. **15**, 898 (1882).

[3] Limpricht u. Schwanert, Ber. **4**, 379 (1871).

[4] C. Liebermann u. Homeyer, Ber. **12**, 1974 (1879). — Eiloart, Am. Journ. **12**, 251 (1890).

[5] Vgl. dazu J. Wislicenus, Ueber die räumliche Lagerung der Atome etc. 1889.

[6] Limpricht u. Schwanert, Ber. **4**, 379 (1871). — C. Liebermann u. Homeyer, Ber. **12**, 1974 (1879). — Vgl. E. Fischer, Ann. **211**, 233 (1882).

[7] Bischoff, Ber. **21**, 2072 (1888).

[8] Thiele u. Dimroth, Ber. **28**, 1411 (1895).

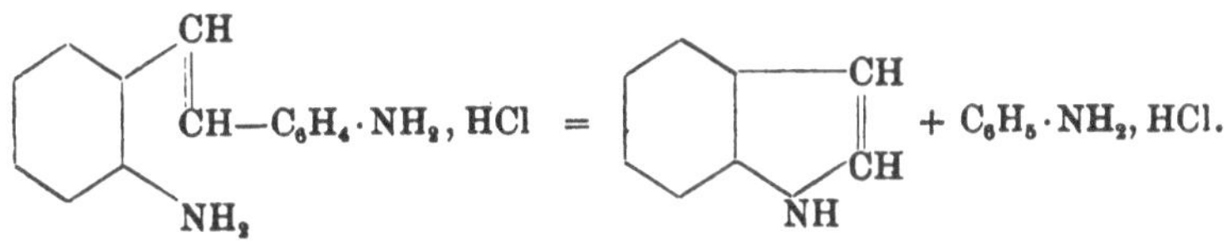

Auch das 4.4'- und 7.7'-Dinitrostilben, das 7-Chlor- und 7-Bromstilben und das 2.2'-Dioxystilben sind in je zwei, wahrscheinlich stereoisomeren Formen erhalten worden[1].

Als ungesättigte Verbindungen sind das Stilben und seine Substitutions-Abkömmlinge durch ihr Additions-Vermögen gekennzeichnet[2]. Sehr leicht lassen sich z. B. zwei Halogenatome an das Stilben heranlagern unter Bildung von Körpern der allgemeinen Form:

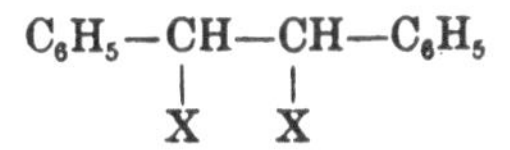

Auch diese Verbindungen vermögen in verschiedenen, durch die räumliche Lagerung der Atome von einander abweichenden Formen aufzutreten. Da das Molecül dieser Körper zwei asymmetrische Kohlenstoffatome enthält, deren jedes dieselben Substituenten trägt wie das andere, so liegen die Verhältnisse hier ganz analog wie bei den Weinsäuren; d. h. es existiren zwei optisch inactive Formen, von denen die eine als eine racemische Verbindung der optischen Antipoden, die andere als ein durch intramoleculare Compensation inactiv gewordenes System anzusehen ist (vgl. Bd. 1, S. 801):

I II III

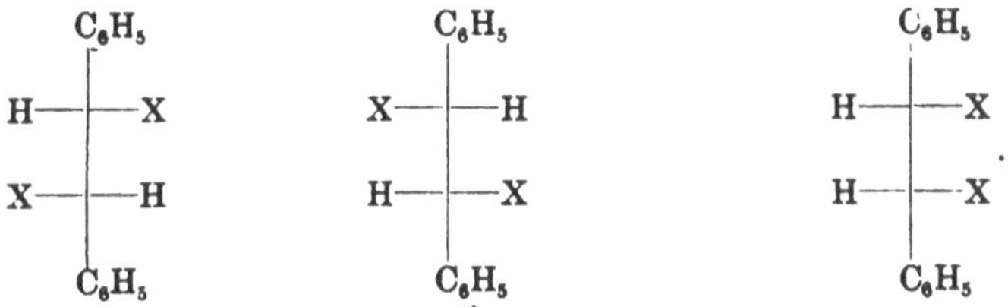

activ activ

Racemische Verbindung Inactive Verbindung

[1] Walden u. Kernbaum, Ber. **23**, 1958 (1890). — Harries, Ber. **24**, 3179 (1891). — Kopp, Ann. **277**, 352 (1893). — J. Wislicenus u. Seeler, Ber. **28**, 2699, 2700 (1895). — Sudborough, Journ. Soc. **71**, 218 (1897). — J. Schmidt, Ber. **34**, 619 (1901).

[2] Laurent, J. pr. **35**, 422, 423 (1845). Berz. Jb. **25**, 620, 621 (1846). — Limpricht u. Schwanert, Ann. **145**, 336 (1868); **153**, 121 (1870). — Marquardt, Ann. **151**, 364 (1869). — Goldschmiedt u. Hepp, Ber. **6**, 1505 (1873). — Ammann, Ann. **168**, 78 (1875). — Zincke, Ann. **198**, 115—141 (1879). — Gill, Ber. **26**, 651 (1893). — Tilden u. Forster, Journ. Soc. **65**, 324 (1894). — J. Wislicenus u. Seeler, Ber. **28**, 2693 (1895). — Vgl. Sudborough, Journ. Soc. **71**, 221 (1897). — Weiler, Ber. **32**, 1050 (1899). — J. Wislicenus, Centralbl. **1901** I, 463.

Stilbenchlorid und Stilbenbromid werden erhalten, wenn man die Halogene auf Stilben einwirken lässt, und zwar entstehen hierbei die beiden durch obige Formeln angedeuteten inactiven Configurationen neben einander. Sie werden durch die Präfixe *α* und *β* von einander unterschieden.

Wichtiger für die Erkennung der sterischen Verhältnisse ist die Herstellung der Stilbenhalogenide durch Einwirkung der Halogenphosphorverbindungen auf das Hydrobenzoïn und Isohydrobenzoïn. Die letztgenannten beiden Verbindungen von der Formel

$$C_6H_5-CH(OH)-CH(OH)-C_6H_5$$

weisen, wie weiter unten (S. 217) besprochen werden wird, ganz ähnliche Verhältnisse auf wie die Stilbenhalogenide, und zwar entspricht die racemische Form dem Isohydrobenzoïn, die Mesoform (III) dem Hydrobenzoïn.

Mit Phosphortrichlorid liefern beide Hydrobenzoïne dasselbe Stilbendichlorid, welches als *α*-Verbindung bezeichnet worden ist. Man hat also bei einer dieser Reactionen eine Veränderung in der Reihenfolge der Atomgruppen anzunehmen. Aehnlich entsteht aus dem Hydrobenzoïn mit Phosphorpentachlorid ein Gemenge der beiden Dichloride; dagegen bildet das Isohydrobenzoïn mit Phosphorpentachlorid nur *α*-Stilbenchlorid[1], es ist daher wahrscheinlich, dass dem *α*-Stilbenchlorid gleichwie dem Isohydrobenzoïn die racemische, dem *β*-Stilbenchlorid die Mesoform zukommt.

Bei den Stilbenbromiden lässt sich aus einer anderen Ueberlegung mit einiger Wahrscheinlichkeit auf die jeder Modification zukommende Configuration schliessen[2]. Durch Einwirkung von alkoholischer Kalilauge bildet die höherschmelzende, als *α*-Dibromid bezeichnete Verbindung ein sehr niedrig (bei + 19°) schmelzendes γ-Bromstilben:

$$C_6H_5-CHBr-CHBr-C_6H_5 + KOH = C_6H_5-CH{=}CBr-C_6H_5 + KBr + H_2O.$$

Das *β*-Dibromid bildet bei derselben Reaction ein höher (bei + 31°) schmelzendes Bromstilben, welches leichter durch abermalige Bromwasserstoffabspaltung in Tolan übergeführt werden kann als das niedriger schmelzende Isomere. Aus diesem Grunde wird man dem höher schmelzenden Bromstilben die cis-Form beizulegen geneigt sein, dem niedriger schmelzenden, da es schwerer Bromwasserstoff abspaltet, die trans-Form:

$$\begin{array}{c} C_6H_5-C-Br \\ \| \\ C_6H_5-C-H \\ \text{Schmp. } 31^\circ \end{array} \qquad \begin{array}{c} C_6H_5-C-Br \\ \| \\ H-C-C_6H_5 \\ \text{Schmp. } 19^\circ \end{array}.$$

Wie sich am Modell leicht erkennen lässt, kann aber die cis-Form nur aus den Configurationen I und II, die trans-Form nur aus der Confi-

[1] Zincke, Ann. **198**, 115—141 (1879).

[2] J. Wislicenus u. Seeler, Ber. **28**, 2693—2703 (1895).

guration III entstehen, wenn man annimmt, dass beim Zustandekommen der Doppelbindung über einander gelagerte Atome austreten. Hiernach würde das α-Dibromid als die Mesoform anzusprechen sein, das β-Dibromid dagegen als die racemische Form.

Die oben erwähnte Ueberführung des Stilbendibromids in 7-Bromstilben und darauf in Tolan entspricht einer allgemeinen Reaction der Halogenadditionsprodukte des Stilbens und seiner Derivate[1].

Die hier als Zwischenprodukte auftretenden Monohalogenstilbene lassen sich auch durch Einwirkung von Phosphorhalogeniden auf Desoxybenzoïn gewinnen[2]:

$$C_6H_5{-}CO{-}CH_2{-}C_6H_5 + PCl_5 = C_6H_5{-}CCl{=}CH{-}C_6H_5 + POCl_3 + HCl.$$

Auch bei dieser Reaction entstehen zwei isomere Verbindungen.

Das Tolan kann ausser auf die soeben angegebene Art auch durch Erhitzen von unsymmetrischem Diphenylchloräthylen mit Natriumäthylat im Einschmelzrohr erhalten werden (vgl. S. 79).

Durch Einwirkung nascirenden Wasserstoffs geht das Tolan je nach den Versuchsbedingungen in Stilben oder Dibenzyl über[3], mit concentrirter Schwefelsäure bildet es unter Wasseraddition Desoxybenzoïn[4]:

$$C_6H_5{-}C{\equiv}C{-}C_6H_5 + H_2O = C_6H_5{-}CO{-}CH_2{-}C_6H_5.$$

Bei der Oxydation zerfällt es in zwei Molecüle Benzoësäure[5]. Die Addition von Chlor an Tolan liefert, wie oben angeführt wurde, cis-Tolandichlorid. Wird eine Tolanlösung bei 0° mit Chlor gesättigt, so entsteht das gesättigte Chloradditionsprodukt, das Tolantetrachlorid:

$$C_6H_5{-}CCl_2{-}CCl_2{-}C_6H_5.$$

Dieselbe Verbindung bildet sich bei energischer Einwirkung von Phosphorpentachlorid auf Benzil[6]; diese Reaction verläuft in folgenden zwei Phasen:

$$C_6H_5{-}CO{-}CO{-}C_6H_5 + PCl_5 = C_6H_5{-}CCl_2{-}CO{-}C_6H_5 + POCl_3,$$
$$C_6H_5{-}CCl_2{-}CO{-}C_6H_5 + PCl_5 = C_6H_5{-}CCl_2{-}CCl_2{-}C_6H_5 + POCl_3.$$

Ferner entsteht das Tetrachlorid bei der Einwirkung von Chlor auf

---

[1] Limpricht u. Schwanert, Ann. **145**, 337 (1868). — Zinin, Ann. **149**, 376 (1869). — Fittig, Ann. **168**, 74 (1873). — Goldschmiedt u. Hepp, Ber. **6**, 1505 (1873). — Forst u. Zincke, Ber. **7**, 1711 (1874). — Elbs u. Bauer, J. pr. [2] **34**, 345 (1886). — Gill, Ber. **26**, 652 (1893).

[2] Zinin, Ann. **149**, 376 (1869). — Limpricht u. Schwanert, Ann. **155**, 71 (1870). — Sudborough, Ber. **25**, 2237 (1892). Journ. Soc. **71**, 218 (1897). Vgl. Müller, Ber. **26**, 664 (1893).

[3] Barbier, Jb. **1874**, 421; Ber. **7**, 1036 (1874).

[4] Béhal, Ann. ch. [6] **15**, 421 (1888).

[5] C. Liebermann u. Homeyer, Ber. **12**, 1974 (1879).

[6] Zinin, Ann. **149**, 375 (1869).

Toluol[1] neben Benzotrichlorid und bei der Behandlung von Benzotrichlorid mit Kupferpulver[2].

Beim Erhitzen mit Eisessig oder Schwefelsäure wird das Tolantetrachlorid in Benzil zurückverwandelt[3].

Eine eigenthümliche Umwandlung erleidet das 4.4'-Diamidotolan bei der Chlorirung[4]. Es entstehen dabei zwei Ketochloride, deren Reduction ein substituirtes Tolandichlorid von folgender Formel ergiebt:

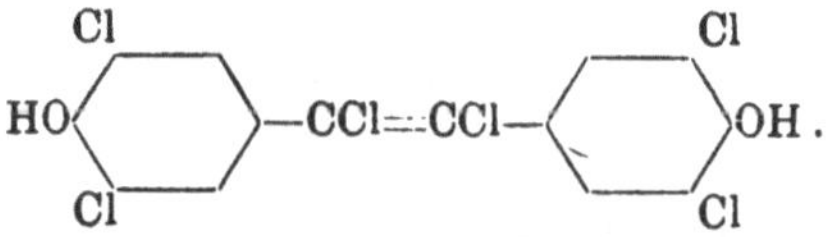

Bei weiterer Einwirkung von Chlor entsteht hieraus ein chinonartiger Körper von der Constitution:

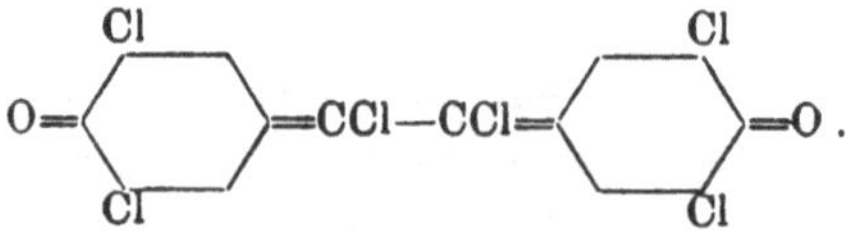

Stilben, symm. Diphenyläthylen[5], $C_6H_5—CH=CH—C_6H_5$, bildet grosse, durchsichtige monokline Tafeln oder perlmutterglänzende Blätt-

[1] C. Liebermann u. Homeyer, Ber. **12**, 1971 (1879).

[2] Hanhart, Ber. **15**, 901 (1882). — Onufrowicz, Ber. **17**, 833 (1884). — Blank, Ann. **248**, 22 (1888).

[3] C. Liebermann u. Homeyer, Ber. **12**, 1975 (1879).

[4] Zincke, J. pr. [2] **59**, 228 (1899).

[5] Laurent, Berz. Jb. **24**, 484 (1845); **25**, 616 (1846). J. pr. **35**, 418, 444 (1845). — Märcker, Ann. **136**, 91 (1865). — Limpricht, Ann. **139**, 318 (1866). — Fleischer, Ann. **140**, 239 (1866). — Williams Ztschr. Chem. **1867**, 432. — Limpricht u. Schwanert, Ann. **145**, 330 (1868); **155**, 61, 65 (1870). — Zinin, Ann. **149**, 376 (1869). — Brunner, Ann. **151**, 133 (1869). — Marquardt, Ann. **151**, 363 (1869). — Dreher u. Otto, Ann. **154**, 177 (1870). — Limpricht u. Jena, Ann. **155**, 80 (1870). — vom Rath, Ber. **5**, 624 (1872). — Franchimont, Ber. **5**, 1049 (1872). — Gräbe, Ann. **167**, 156 (1873). — Radziszewski, Ber. **6**, 390, 758 (1873). — Behr u. van Dorp, Ber. **6**, 754 (1873). — Goldschmiedt, Ber. **6**, 990 (1873). — Hepp, Ber. **6**, 1439 (1873). — Lorenz, Ber. **7**, 1096 (1874); **8**, 1455 (1875). — Barbier, Jb. **1874**, 359, 421; **1876**, 366. — Forst u. Zincke, Ber. **7**, 1710 (1874); **8**, 798 (1875). Ann. **182**, 252 (1876). — Goldenberg Ann. **174**, 334 (1874). — Forst, Ann. **178**, 370 (1875). — C. Liebermann u. Palm Ber. **8**, 378 (1875). — Michaelis u. Lange, Ber. **8**, 502 (1875). — Lippmann u. Hawliczek, Jb. **1877**, 405. — Klinger, Ber. **10**, 1878 (1877). — C. Liebermann u. Homeyer, Ber. **12**, 1974 (1879). — Kade, J. pr. [2] **19**, 465 (1879). — Michael, Am. chem. Journ. **1**, 312 (1879). — Reimer, Ber. **13**, 745 (1880); **14**, 1805 (1881). — Palm, Ber. **15**, 1818 (1882). — Schiff, Ann. **223**, 262 (1884). — Anschütz, Ber. **18**, 1945 (1885). — Anschütz u. Wirtz, Ber. **18**, 1948 (1885). — Errera, Gazz. chim. **16**, 316 (1886). — Bender u. Schultz, Ber. **19**, 3236 (1886). — Berthelot u. Vielle, Ann. ch. [6] **10**, 451 (1887). — Dobreff, Ann. **237**, 69 (1887). — Bamberger u. Lodter, Ber. **21**, 55 (1888). — Rattner, Ber. **21**, 1321 (1888). — Ossipow, Ztschr. f. physik. Chem. **2**, 647 (1888). — Blank, Ann. **248**, 7 (1888). — Curtius u. Jay, J. pr. [2] **39**, 45 (1889). — Elbs u. Förster, J. pr. [2] **39**, 298 (1889). — Miller u. Rohde, Ber. **23**, 1073 (1890). — Barbaglia, Gazz. chim.

chen vom Schmelzpunkt 124°; es siedet bei 306—307°, ist schwer löslich in kaltem Alkohol, leicht in heissem Alkohol, Aether und Benzol.

Darstellung: Man destillirt Benzylsulfid über freiem Feuer, so lange flüchtige Produkte übergehen, befreit das Destillat durch Abpressen von öligen Antheilen, destillirt nochmals und krystallisirt aus Alkohol um. Oder man leitet Toluol langsam durch eine rothglühende mit Bleioxyd gefüllte Eisenröhre. Leicht erhält man Stilben in reinem Zustande, wenn man β-Trithiobenzaldehyd (Bd. II, Th. I, S. 499) mit der 6- bis 8-fachen Menge Kupferpulver destillirt.

Isostilben[1]. Mit diesem Namen ist die durch Reduction des bei + 19° schmelzenden 7-Bromstilbens (S. 196) neben gewöhnlichem Stilben erhaltene ölige Substanz bezeichnet worden. Dieser Bildungsweise zufolge kann man annehmen, dass ihr die trans-Configuration, dem festen Stilben dagegen die cis-Form zukommt:

Stilben Isostilben

Das Isostilben geht durch Destillation bei Atmosphärendruck, durch Einwirkung directen Sonnenlichts, sowie durch Spuren von Brom oder Jod in Stilben über. Es siedet unter 12 mm Druck unverändert bei 139—145° (ca. 20° niedriger als Stilben unter dem gleichen Druck).

α-Stilbenchlorid[2], C_6H_5—CHCl—CHCl—C_6H_5, aus Alkohol in feinen, langen Nadeln, aus Toluol in dicken, prismatischen Tafeln krystallisirend, schmilzt bei 191—193° und ist in kochendem Alkohol nur wenig löslich.

β-Stilbenchlorid[2] bildet vier- oder sechsseitige dicke Tafeln oder Blätter vom Schmelzpunkt 93—94°; es löst sich im Gegensatz zur α-Verbindung leicht in den gewöhnlichen Lösungsmitteln. Beim Erhitzen jedes der beiden Chloride auf 200° findet eine partielle Umlagerung in die andere Modification statt.

α-Stilbenbromid[2], C_6H_5—CHBr—CHBr—C_6H_5, schmilzt bei 237° und krystallisirt in seideglänzenden Nadeln.

β-Stilbenbromid[2] schmilzt bei 110—110·5° und löst sich viel leichter als die α-Verbindung.

Tolan, Diphenylacetylen[3], $C_6H_5—C\equiv C—C_6H_5$, bildet Blättchen oder Säulen vom Schmelzpunkt 60°; es destillirt unzersetzt und löst sich leicht in Aether und heissem Weingeist. Zu seiner Darstellung kocht man Stilbenchlorid mit alkoholischem Kali.

21, I, 202 (1891). — Stohmann, Zeitschr. f. physik. Chem. **10**, 412 (1892). — Wachter, Ber. **25**, 1732 (1892). — Knoevenagel, Ber. **26**, 448 (1893). — Elbs, J. pr. [2] **47**, 45 (1893). — Sudborough, Journ. Soc. **67**, 605 (1895). — Otto, J. pr. [2] **53**, 1 (1896). — Erlenmeyer u. Lux, Ber. **31**, 2223 (1898). — Walther, J. pr. [2] **57**, 112 (1898). — Goldschmiedt u. Knöpfer, M. **19**, 408 (1898). — Walther u. Wetzlich, J. pr. [2] **61**, 169 (1900). — J. Schmidt, Ber. **34**, 623 (1901).

[1] J. Wislicenus, Centralbl, **1901**, I, 463.

[2] Litteratur s. S. 195—197.

[3] Limpricht u. Schwanert, Ann. **145**, 347 (1868). — Fittig, Ann. **168**, 74 (1873). — Gräbe, Ann. **174**, 199 (1874). — C. Liebermann u. Homeyer, Ber. **12**, 1974 (1879). — Stohmann, Ztschr. f. physik. Chem. **10**, 412 (1892). — Buttenberg, Ann. **279**, 328 (1894). — J. Schmidt, Ber. **34**, 619 (1901).

Tabelle Nr. 76.

Empirische Formel	Bezeichnung	Aufgelöste Formel	Stellung der Substituenten	Schmelzpunkt	Siedepunkt
$C_{14}H_{11}Cl$	Chlorstilben fest[1]	$C_6H_5—CCl=CH—C_6H_5$	7	54°	—
„	„ „ flüssig[1.2.3]		7	flüssig	—
$C_{14}H_{11}Br$	Bromstilben (α), Bromisostilben[4.37]	$C_6H_5—CBr=CH—C_6H_5$	7	19°	—
„	„ „ (β)[4]	„ „ „	7	31°	—
$C_{14}H_{10}Cl_2$	Dichlorstilben[5]	$Cl\cdot C_6H_4—CH=CH—C_6H_4\cdot Cl$	2.2′	97°	—
$C_{14}H_{10}(NO_2)_2$	o-Dinitrostilben (cis)[6.7]	$NO_2\cdot C_6H_4—CH=CH—C_6H_4\cdot NO_2$	2.2′	126°	—
„	„ „ (trans)[6.7]	„ „ „	2.2′	191—192°	—
„	p-Dinitrostilben (α)[8—11]	„ „ „	4.4′	280—285°	—
„	„ „ (β)[8—11]	„ „ „	4.4′	210—216°	—
$C_{14}H_8(NO_2)_2(SO_3H)_2$	Dinitrostilbendisulfosäure[12—14]	$\begin{matrix}NO_2\\SO_3H\end{matrix}>C_6H_3—CH=CH—C_6H_3<\begin{matrix}NO_2\\SO_3H\end{matrix}$	4.4′.2.2′	—	—
$C_{14}H_{10}(NH_2)_2$	o-Diamidostilben (cis)[6.7]	$NH_2\cdot C_6H_4—CH=CH—C_6H_4\cdot NH_2$	2.2′	123°	—
„	„ „ (trans)[6.7]	„ „ „	2.2′	168°	—
„	p-Diamidostilben[8.11.15—17]	„ „ „	4.4′	227°	—
$C_{14}H_8(NH_2)_2(SO_3H)_2$	Diamidostilbendisulfosäure[12.16.18.19]	$\begin{matrix}NH_2\\SO_3H\end{matrix}>C_6H_3—CH=CH—C_6H_3<\begin{matrix}NH_2\\SO_3H\end{matrix}$	4.4′.2.2′	—	—
$C_{14}H_{12}O_2$	o-Dioxystilben (α)[20.21]	$HO\cdot C_6H_4—CH=CH—C_6H_4\cdot OH$	2.2′	95°	—
„	„ „ (β)[20.21]	„ „ „	2.2′	197°	—
„	p-Dioxystilben[17.21—24]	„ „ „	4.4′	280°	—
$C_{15}H_{14}$	Methylstilben[25.26]	$CH_3\cdot C_6H_4—CH=CH—C_6H_5$	4	120°	—
$C_{16}H_{16}$	Aethylstilben[27]	$C_2H_5\cdot C_6H_4—CH=CH—C_6H_5$	4	89—90°	—
„	Dimethylstilben[28—33]	$CH_3\cdot C_6H_4—CH=CH—C_6H_4\cdot CH_3$	4.4′	179°	304—305°
$C_{17}H_{18}$	Isopropylstilben[34.38]	$C_3H_7\cdot C_6H_4—CH=CH—C_6H_5$	4	86°	—
$C_{18}H_{20}$	Diäthylstilben[35]	$C_2H_5\cdot C_6H_4—CH=CH—C_6H_4\cdot C_2H_5$	4.4′	134·5°	—
„	Tetramethylstilben[30.31.35]	$(CH_3)_2C_6H_3—CH=CH—C_6H_3(CH_3)_2$	2.2′.4.4′	105—106°	—
„	„ „[31.35]	„ „ „	2.2′.5.5′	157°	—
$C_{20}H_{24}$	Hexamethylstilben[31]	$(CH_3)_3C_6H_2—CH=CH—C_6H_2(CH_3)_3$	2.4.5.2′.4′.5′	161°	—
$C_{14}H_8Cl_2$	Dichlortolan[5.36]	$Cl\cdot C_6H_4—C\equiv C—C_6H_4\cdot Cl$	2.2′	88—89°	—
$C_{14}H_8(NO_2)_2$	Dinitrotolan[9]	$NO_2\cdot C_6H_4—C\equiv C—C_6H_4\cdot NO_2$	4.4′	288°	—
$C_{16}H_{14}$	Dimethyltolan[28.32]	$CH_3\cdot C_6H_4—C\equiv C—C_6H_4\cdot CH_3$	4.4′	136°	—

(α) cis-Tolandichlorid[1], $\begin{matrix} C_6H_5-C-Cl \\ \| \\ C_6H_5-C-Cl \end{matrix}$, bildet rhombische, bei 143° schmelzende Tafeln, siedet unter 18 mm Druck bei 183°; durch Erhitzen geht es theilweise in die trans-Form über.

(β) trans-Tolandichlorid[1], $\begin{matrix} C_6H_5-C-Cl \\ \| \\ Cl-C-C_6H_5 \end{matrix}$, krystallisirt in Nadeln vom Schmelzpunkt 63° und siedet unter 18 mm Druck bei 178°; es ist in Alkohol leichter löslich als die cis-Verbindung.

α-Tolandibromid[1] bildet Nadeln oder Schüppchen, Schmelzpunkt 200—205°.

β-Tolandibromid[1] krystallisirt in langen spröden Nadeln vom Schmelzpunkt 64°. Jede Modification wird durch Erhitzen mit Wasser auf 170—180° zum Theil in die andere übergeführt.

Tolantetrachlorid[1], $C_6H_5-CCl_2-CCl_2-C_6H_5$, bildet diamantglänzende rhombische Pyramiden vom Schmelzpunkt 163°.

α-Tolandinitrit[2], $\begin{matrix} C_6H_5-C{=\!=}C-C_6H_5 \\ | \quad\quad | \\ NO_2 \quad NO_2 \end{matrix}$, schmilzt bei 186—187°.

β-Tolandinitrit[2], Schmelzpunkt 105—107°. Beide Isomeren entstehen beim Einleiten nitroser Gase in eine ätherische Tolanlösung.

In der Tabelle Nr. 76 sind einige Substitutionsprodukte und Homologen des Stilbens und Tolans zusammengestellt; über Alkohole und Säuren dieser Gruppen vgl. S. 219 u. 222 ff.

Litteratur zur Tabelle Nr. 76 auf S. 200. [1] Sudborough, Journ. Soc. **71**, 218. — [2] Laurent, J. pr. **35**, 425 (1845). — [3] Zinin, Ann. **149**, 375 (1869). — [4] J. Wislicenus u. Seeler, Ber. **28**, 2699 (1895). — [5] Gill, Ber. **26**, 651, 652 (1893). — [6] Bischoff, Ber. **21**, 2071—2078 (1888). — [7] Thiele u. Dimroth, Ber. **28**, 1412 (1895). — [8] Strakosch, Ber. **6**, 328 (1873). — [9] Elbs u. Bauer, J. pr. [2] **34**, 343, 345 (1886). — [10] Walden u. Kernbaum, Ber. **23**, 1958 (1890). — [11] O. Fischer u. Hepp, Ber. **26**, 2232 (1893). — [12] O. Fischer u. Hepp, Ber. **26**, 2234 (1893); **28**, 2281 (1895). — [13] Green u. Wahl, Ber. **30**, 3097 (1897); **31**, 1078 (1898). — [14] Farbwerk Mühlheim, D. R.-Pat. Nr. 96107. — Levinstein, D. R.-Pat. Nr. 106961. — [15] Klinger, Ber. **16**, 943 (1883). — [16] Bender u. Schultz, Ber. **19**, 3235, 3237 (1886). — [17] Elbs u. Hörmann, J. pr. [2] **39**, 498, 500 (1889). — [18] A. Leonhardt & Co. D. R.-Pat. Nr. 38735. — [19] R. Meyer u. Schäfer, Ber. **27**, 3355 (1894). — [20] Harries, Ber. **24**, 3178 (1891). — [21] Kopp, Ann. **277**, 352, 354, 358, 359 (1893). — [22] Kade, Ber. **7**, 239 (1874). — [23] ter Meer, Ber. **7**, 1202 (1874). — [24] Elbs, J. pr. [2] **47**, 59 (1893). — [25] Mann, Ber. **14**, 1646 (1881). — [26] Anschütz, Ber. **18**, 1946 (1885). — [27] Söllscher, Ber. **15**, 1681 (1882). — [28] Goldschmiedt u. Hepp, Ber. **6**, 1504, 1505 (1873). — [29] Anschütz u. Wirtz, Ber. **18**, 1948 (1885). — [30] Elbs u. Förster, J. pr. [2] **39**, 300 (1889). — [31] Elbs, J. pr. [2] **47**, 46—48 (1893). — [32] Buttenberg, Ann. **279**, 335, 337 (1894). — [33] Bouveault, Bull. [3] **17**, 368 (1897). — [34] Michael, Am. chem. Journ. **1**, 314 (1879). — [35] Hepp, Ber. **7**, 1414—1418 (1874). — [36] Fox, Ber. **26**, 655 (1893). — [37] J. Wislicenus, Centralbl. **1901** I, 463. — [38] Walther u. Wetzlich, J. pr. [2] **61**, 177 (1900).

Alkohole, Ketone und Amine der Diphenyläthanreihe.

Das am längsten bekannte sauerstoffhaltige Derivat des Dibenzyls, das Benzoïn (vgl. S. 176),

$$C_6H_5-CO-CH(OH)-C_6H_5,$$

[1] Litteratur s. S. 194. [2] Schmidt, Ber. **34**, 619 (1901).

kann als Ausgangsproduct für die anderen sauerstoffhaltigen Glieder dieser Gruppe angesehen werden, da sich diese durch Oxydation oder Reduction aus dem Benzoïn gewinnen lassen.

Die Oxydation des Benzoïns durch Chlor führte LAURENT[1] im Jahre 1836 zur Entdeckung des Benzils:

$$C_6H_5-CO-CH(OH)-C_6H_5 + Cl_2 = C_6H_5-CO-CO-C_6H_5 + 2\,HCl.$$

Dieselbe Reaction lässt sich auch durch Erwärmen des Benzoïns mit concentrirter Salpetersäure[2] sowie mit concentrirter Schwefelsäure[3], in letzterem Falle unter Bildung von schwefliger Säure, ausführen. Sie ist auch auf die Homologen und Analogen des Benzoïns anwendbar; die verschiedensten Oxydationsmittel sind für ihre Durchführung zur Verwendung gekommen[4].

Der Verlauf der Reduction des Benzoïns ist von der Natur der reducirenden Agentien abhängig. Während nämlich in saurer Lösung wirkende Mittel die Ketongruppe intact lassen und die secundäre Alkoholgruppe in die Methylengruppe überführen, wirken alkalische Reductionsmittel in der Weise ein, dass die Ketongruppe zur secundären Alkoholgruppe reducirt wird[5]. Im ersteren Falle entsteht:

Desoxybenzoïn, $C_6H_5-CO-CH_2-C_6H_5$, im letzteren:

Hydrobenzoïn, $C_6H_5-CH(OH)-CH(OH)-C_6H_5$.

Das Desoxybenzoïn wurde zuerst von ZININ[6] durch Reduction von Benzoïn mit Zink und Salzsäure erhalten. Auch diese Reaction ist auf die homologen Benzoïne anwendbar[7].

Da das Benzil bei der Reduction Benzoïn liefert[8], so kann man Desoxybenzoïn auch aus Benzil gewinnen[9].

Die Ueberführung des Benzoïns in Hydrobenzoïn gelingt am besten bei der Einwirkung von Natriumamalgam auf die alkoholische Lösung des Benzoïns. In dieser Weise wurde das Hydrobenzoïn zuerst von GRIMAUX[10] dargestellt:

$$C_6H_5-CO-CH(OH)-C_6H_5 + H_2 = C_6H_5-CH(OH)-CH(OH)-C_6H_5.$$

---

[1] Ann. **17**, 91. [2] ZININ, Ann. **34**, 188 (1840). Ann. Spl. **3**, 153 (1864).

[3] ZININ, Jb. **1880**, 613.

[4] BÖSLER, Ber. **14**, 325, 327 (1881). — WIDMAN, Ber. **14**, 610 (1881). — STIERLIN, Ber. **22**, 381 (1889). — Vgl. E. FISCHER, Ber. **26**, 2413 (1893). — JAMES, Journ. Am. Soc. **21**, 898 (1899).

[5] BLANK, Ann. **248**, 13 (1888).

[6] Ann. **119**, 180 (1861); **126**, 220 (1863). — Vgl. LIMPRICHT u. SCHWANERT, Ann. **155**, 60 (1870).

[7] BÖSLER, Ber. **14**, 324 (1881).

[8] ZININ, Ann. **119**, 177 (1861). — Vgl. WITTENBERG u. V. MEYER, Ber. **16**, 504 (1883). — JOURDAN, Ber. **16**, 537 (1883). — JAMES, Journ. Am. Soc. **21**, 908 (1899).

[9] JAPP u. KLINGEMANN, Journ. Soc. **63**, 770 (1893). — Vgl. ZININ, Ann. **149**, 375 (1869). — LACHOWICZ, Ber. **17**, 1163 (1884). — MARX, Ann. **263**, 255 (1891).

[10] Ber. **2**, 281 (1869). — FORST u. ZINCKE, Ber. **7**, 1710 (1874). Ann. **182**, 254 (1876). — Vgl. ZININ, Ztschr. **1866**, 343. — LIMPRICHT u. SCHWANERT, Ann. **160**, 189 (1871). — BÖSLER, Ber. **14**, 324 (1881).

Diese Reaction führt jedoch nicht zu einem einheitlichen Produkt, sondern es entsteht abgesehen von einigen Spaltungsproducten des Benzoïns in geringer Menge ein Isomeres des Hydrobenzoïns, das Isohydrobenzoïn[1], welches, wie spätere Untersuchungen zeigten, damit stereoisomer ist.

Auch das Benzil lässt sich in einer Operation in Hydrobenzoïn überführen[2].

Wird endlich das Desoxybenzoïn in alkoholischer Lösung mit Natriumamalgam behandelt, so entsteht das niedrigste Oxydationsprodukt des Dibenzyls, das Toluylenhydrat oder 7-Oxydibenzyl[3]:

$$C_6H_5-CO-CH_2-C_6H_5 + H_2 = C_6H_5-CH(OH)-CH_2-C_6H_5.$$

Das Toluylenhydrat tritt auch als Nebenproduct bei der Darstellung von Desoxybenzoïn aus Benzoïn auf[4].

Die beschriebenen Reactionen lassen sich auch in umgekehrtem Sinne ausführen; so entsteht bei der Oxydation des Hydrobenzoïns: Benzoïn und Benzil[5], aus Nitrodesoxybenzoïn: Nitrobenzil[6], aus Toluylenhydrat: Desoxybenzoïn[7].

Durch energisch wirkende Reductionsmittel, wie Jodwasserstoff mit oder ohne Phosphor lässt sich der Sauerstoff aus diesen Oxy- bezw. Keto-Derivaten des Dibenzyls eliminiren, und man erhält Kohlenwasserstoffe der Dibenzyl- oder Stilben-Reihe[8].

Das 7-Oxydibenzyl und seine Homologen liefern beim Kochen mit verdünnter Schwefelsäure unter Wasserabspaltung die entsprechenden Kohlenwasserstoffe der Stilbenreihe (vgl. S. 193)[9]:

$$C_6H_5-CH(OH)-CH_2-C_6H_5 = C_6H_5-CH{=}CH-C_6H_5 + H_2O.$$

Das Desoxybenzoïn und seine Homologen entstehen auch bei der Einwirkung von concentrirter Schwefelsäure auf die entsprechenden Kohlenwasserstoffe der Tolanreihe[10] (vgl. S. 197):

$$C_6H_5-C{\equiv}C-C_6H_5 + H_2O = C_6H_5-CO-CH_2-C_6H_5.$$

[1] Breuer u. Zincke, Ann. **198**, 152 (1879).

[2] Forst u. Zincke, Ber. **8**, 797 (1875). — Vgl. Raab, Ber. **10**, 52 (1877). — Nef, Ann. **300**, 289 (1898). — Thiele, Ann. **306**, 142 (1899).

[3] Limpricht u. Schwanert, Ann. **155**, 62 (1870). — Vgl. Mann, Ber. **14**, 1646 (1881). — Söllscher, Ber. **15**, 1681 (1882). — Buttenberg, Ann. **279**, 336 (1894). — Wiechell, Ann. **279**, 340 (1894). — Sudborough, Journ. Soc. **67**, 604 (1895).

[4] Goldenberg, Ann. **174**, 332 (1874).

[5] Zinin, Ann. **123**, 128, 129 (1862). — Auwers, Ber. **24**, 1778 (1891).

[6] List, Ber. **26**, 2453 (1893). — Vgl. V. Meyer u. Oelkers, Ber. **21**, 1304 (1888).

[7] Limpricht u. Schwanert, Ann. **155**, 64 (1870).

[8] Limpricht u. Schwanert, Ann. **155**, 61 (1870). — Mann, Ber. **14**, 1646 (1881). — Söllscher, Ber. **15**, 1681 (1882).

[9] Limpricht u. Schwanert, Ann. **155**, 65 (1870). — Mann, Ber. **14**, 1646 (1881). — Söllscher, Ber. **15**, 1681 (1882). — Buttenberg, Ann. **279**, 337 (1894).

[10] Béhal, Ann. ch. [6] **15**, 421 (1888). — Buttenberg, Ann. **279**, 339 (1894).

Für die Darstellung des Benzoïns und seiner Substitutionsproducte verwendet man allgemein die Condensation der Aldehyde der Benzolreihe mittels Cyankalium (vgl. S. 176—177); die entsprechenden Verbindungen der Benzilreihe werden durch Oxydation der Benzoïne erhalten. Desoxybenzoïn und seine Abkömmlinge werden entweder synthetisch durch Condensation von Phenylessigsäurechlorid und seinen Substitutionsproducten mit Kohlenwasserstoffen der Benzolreihe durch Aluminiumchorid (vgl. S. 183) oder auch durch Reduction der entsprechenden Benzoïne in saurer Lösung gewonnen. Das Hydrobenzoïn und Isohydrobenzoïn endlich sowie deren Analoga stellt man am besten durch Reduction der Aldehyde der Benzolreihe mit alkalischen Agentien dar (vgl. S. 178), während aus den gemischten fettaromatischen Ketonen durch die gleiche Reaction deren Pinakone, das heisst die in den Stellungen 7 und 7′ symmetrisch dialkylirten Hydrobenzoïne gewonnen werden (vgl. S. 178).

Von wesentlichem theoretischem Werth sind diejenigen Bildungsweisen, welche von der Phenylessigsäure zum Desoxybenzoïn führen, z. B. die S. 187—188 angeführte Bildung aus phenylessigsaurem und benzoësaurem Calcium. Der Mechanismus dieser Reaction, welche an anderen Säuren schon früher vielfach studirt war, kann als bekannt und somit die Constitution des Desoxybenzoïns als durch die Synthese sichergestellt gelten.

Die nahen Beziehungen des Desoxybenzoïns zum Benzoïn, Benzil und Hydrobenzoïn gestatteten, auch die Formeln der letztgenannten Körper mit Sicherheit festzustellen und damit für die Betrachtung der ganzen Dibenzylgruppe zu festen Grundanschauungen zu gelangen[1].

Benzil, Diphenyldiketon[2], $C_6H_5—CO—CO—C_6H_5$, krystallisirt aus Alkohol in gelbgefärbten, durchsichtigen sechsseitigen Prismen, welche bei 95° schmelzen. Unter gewöhnlichem Luftdruck siedet es unter geringer Zersetzung und Entwickelung von Benzaldehydgeruch bei 346—348° corr., unter 12 mm Druck bei 188°, im vollständig evacuirten Raum bei 104—105°. Es löst sich leicht in Alkohol und Aether. In alkoholischer Kalilauge löst es sich mit violettrother Farbe. Wird diese Lösung längere Zeit gekocht, so entfärbt sie sich unter Bildung von

---

[1] Radziszewski, Ber. **6**, 489 (1873); **8**, 756 (1875). — Zincke, Ber. **9**, 1771 (1876). — Vgl. Grimaux, Ber. **2**, 280 (1869).

[2] Laurent, Ann. **17**, 91 (1836). — Zinin, Ann. **34**, 188 (1840); **123**, 129 (1862); Spl. **3**, 153 (1864). Jb. **1880**, 613. — Briegel, Ann. **135**, 171 (1865). — Limpricht u. Schwanert, Ann. **145**, 338 (1868); **155**, 70 (1870). Ber. **4**, 380 (1871). — C. Liebermann u. Homeyer, Ber. **12**, 1975 (1879). — Wittenberg u. V. Meyer, Ber. **16**, 501 (1883). — Klinger, Ber. **16**, 994 (1883); **19**, 1864 (1886). Kekulés Lehrb. d. organ. Chem. **3**, 419. — Auwers, Ber. **24**, 1776 (1891). — Anderlini, Gazz. chim. **25**, II, 140 (1895). — Krafft u. Weilandt, Ber. **29**, 1326 (1896). — Scholl, Ber. **32**, 1809 (1899). — James, Journ. Am. Soc. **21**, 898 (1899).

Benzilsäure (vgl. S. 78). Die violette Färbung tritt jedoch bei gewöhnlicher Temperatur nur dann ein, wenn dem Benzil etwas Benzoïn beigemengt ist, so dass diese Reaction auch zum Nachweis von Benzoïn dienen kann.

Wird eine Lösung von Benzil in wasserhaltigem Aether dem directen Sonnenlicht ausgesetzt, so bildet sich Benzilbenzoïn, $2C_6H_5-CO-CO-C_6H_5 + C_6H_5-CO-CH(OH)-C_6H_5$, vom Schmelzpunkt 134—135°.

Bei der Reduction des Benzoylchlorids mit Natriumamalgam entsteht neben Benzil eine Verbindung von derselben empirischen Zusammensetzung wie dieses, welche daher Isobenzil genannt wurde[1]. Die nähere Untersuchung dieses Körpers ergab jedoch, dass er ein Polymeres des Benzils darstellt und als der Dibenzoylester des 7.7'-Dioxystilbens,

$$\begin{array}{l} C_6H_5-C-O-CO-C_6H_5 \\ \quad\quad\ \ \| \\ C_6H_5-C-O-CO-C_6H_5 \end{array}$$

aufzufassen ist (vgl. auch Bd. I, S. 849).

Darstellung des Benzils: Fein gepulvertes Benzoïn wird unter häufigem Umschütteln mit dem doppelten Gewicht reiner concentrirter Salpetersäure im siedenden Wasserbade $1\frac{1}{2}$—2 Stunden erhitzt, die Reactionsmasse in kaltes Wasser gegossen und der erstarrte Niederschlag nach dem Auswaschen und Absaugen auf Thon aus Alkohol umkrystallisirt.

Das Benzil ist durch eine Reihe von Reactionen als Ketonverbindung gekennzeichnet. Die wichtigste und wissenschaftlich interessanteste dieser Reactionen ist die Bildung von Oximen bei der Einwirkung des Hydroxylamins[2]. Als Diketon vermag das Benzil Mono- und Dioxime zu geben, je nachdem eines oder beide Sauerstoffatome durch die Gruppe NOH ersetzt werden.

Das Benzildioxim war die erste Verbindung aus der Klasse der Oxime, welche in zwei isomeren, einer und derselben Carbonyl-Verbindung entsprechenden Formen erhalten wurde. Diese von H. Goldschmidt u. V. Meyer (1883) aufgefundene Thatsache

---

[1] Alexejew, Ann. **129**, 347 (1864). — Briegel, Ann. **135**, 172 (1865). — Jena, Ann. **155**, 104 (1870). — Klinger, Ber. **16**, 994 (1883); **19**, 1862 (1886). — Klinger u. Standte, Ber. **24**, 1264 (1891). — Nef, Ann. **308**, 287 (1899).

[2] Litteratur der Benziloxime: Wittenberg u. V. Meyer, Ber. **16**, 503 (1883). — Goldschmidt u. V. Meyer, Ber. **16**, 1616 (1883). — Goldschmidt, Ber. **16**, 2176 (1883); **22**, 3109 (1889). — Koreff, Ber. **19**, 183 (1886). — Günther, Ber. **21**, 516 (1888). Ann. **252**, 44 (1889). — Auwers u. V. Meyer, Ber. **21**, 784, 3510 (1888); **22**, 537, 565, 705 (1889). — V. Meyer u. Oelkers, Ber. **21**, 1303 (1888). — Beckmann, Ber. **22**, 1593 (1889). — Auwers u. Dittrich, Ber. **22**, 1996 (1889). — Dittrich, Ber. **23**, 3589 (1890). — Hantzsch u. Werner, Ber. **23**, 11 (1890). — Angeli, Ber. **25**, 1960 (1892). — Hantzsch, Ber. **25**, 2169 (1892). — Auwers u. Siegfeld, Ber. **25**, 2597 (1892); **26**, 788 (1893). — Beckmann u. Köster, Ann. **274**, 1 (1893). — Werner u. Buss, Ber. **27**, 2199 (1894). — Werner, Ber. **27**, 2848 (1894). — Ingle u. Mann, Journ. Soc. **67**, 606 (1895). — Beckmann u. Sandel, Ann. **296**, 279 (1897). — Werner u. Skiba, Ber. **32**, 1654 (1899). — Werner u. Bloch, Ber. **32**, 1975 (1899). — Vgl. Claus, J. pr. [2] **44**, 312 (1891). — Minunni u. Ortoleva, Gazz. chim. **22**, II, 183 (1892); **23**, II, 244 (1893). — Petrenko-Kritschenko u. Kasanezky, Ber. **33**, 854 (1900).

ist zum Ausgangspunkt für die Stereochemie des Stickstoffs geworden (vgl. Bd. I, S. 390, Bd. II, Th. I, S. 501 ff.). Anfangs nicht weiter verfolgt, fand sie eingehende Untersuchung durch AUWERS und V. MEYER in den Jahren 1888 u. 1889, als die Erscheinungen der Raum-Isomerie in den Vordergrund des Interesses rückten. Den beiden isomeren Verbindungen von der Zusammensetzung des Dioxims reihte sich ein drittes Isomeres, dem schon bekannten Monoxim ein zweites an; und ein genaues Studium der Umwandlungen ergab für die drei Dioxime wie für die beiden Monoxime unzweifelhaft Identität der Structur. Diese Thatsachen finden ihre einfache Erklärung, wenn sie im Lichte der von HANTZSCH und WERNER (vgl. Bd. II, Th. I, S. 502) aufgestellten Hypothese von den räumlichen Verhältnissen des Stickstoffatoms betrachtet werden.

Für die fünf Oximverbindungen des Benzils ergeben sich die folgenden Raumformeln als möglich (vgl. Bd. II, Th. I, S. 504):

Benzilmonoxime:

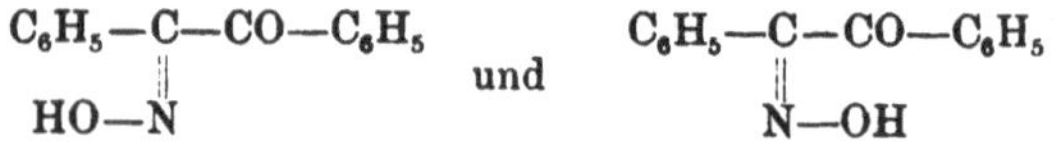

Benzildioxime:

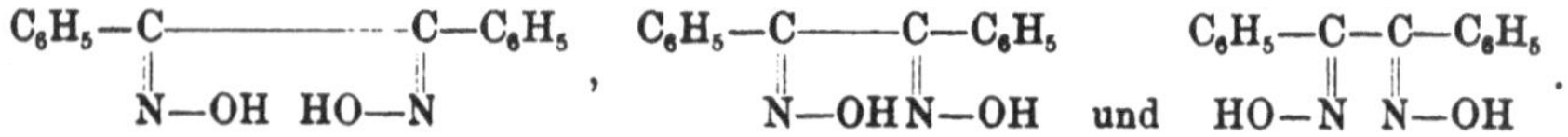

Syn Amphi Anti

Man bezeichnet die Verbindungen als α- bezw. β-Monoxim[1] und als α-, β- bezw. γ-Dioxim; ihre Bildungsweisen sind die folgenden:

Benzil, mit der äquimolecularen Menge freien Hydroxylamins in Gegenwart überschüssigen Alkalis behandelt, bildet bei Zimmertemperatur ein Gemisch von ungefähr gleichen Mengen beider Monoxime, während überwiegend oder ausschliesslich die α-Verbindung erhalten wird, wenn man Desoxybenzoïnnatrium der Einwirkung von Salpetrigsäuredämpfen oder von Amylnitrit aussetzt. Wird dagegen das Benzil in alkoholischer Lösung mit einem Mol.-Gew. salzsaurem Hydroxylamin bei höherer Temperatur behandelt, so entsteht fast ausschliesslich das β-Benzilmonoxim.

Wird α-Benzilmonoxim in methylalkoholischer Lösung mit einer hinreichenden Menge salzsaurem Hydroxylamin im Wasserbad erhitzt oder mit salzsaurem Hydroxylamin und einem Ueberschuss von Aetznatron bei Zimmertemperatur stehen gelassen, so bildet sich als Hauptprodukt bezw. allein α-Benzildioxim, während eine alkoholische Benzillösung, mit

[1] Das zweite Monoxim wurde nach seiner Entdeckung zuerst β-Monoxim genannt. Später erhielt es die Bezeichnung „γ-Monoxim", weil es in das γ-Dioxim überführbar ist, und weil damals aus theoretischen Gründen die Hoffnung auf Auffindung eines dritten, dem β-Dioxim entsprechenden Monoxims bestand. Da die Auffindung eines dritten Monoxims indess nicht verwirklicht ist, auf Grund der heute herrschenden theoretischen Anschauungen auch nicht mehr vorauszusehen ist, erscheint es zweckmässig, die ursprüngliche Bezeichnung „β" wiederaufzunehmen.

salzsaurem Hydroxylamin auf 170° erhitzt, β-Benzildioxim liefert. Lässt man endlich das β-Benzilmonoxim in überschüssigem Alkali gelöst und mit einer Lösung von salzsaurem Hydroxylamin versetzt stehen, so bildet sich γ-Benzildioxim.

Dass den isomeren Benziloximen die gleiche Structur zukommt, und dass ihre Verschiedenheit mithin auf Unterschiede in der räumlichen Lagerung der Atome zurückzuführen ist, ergiebt sich aus der Betrachtung ihres chemischen Verhaltens. Zunächst konnte durch die Spaltung sämmtlicher Oxime in Benzil und Hydroxylamin das Vorhandensein eines Restes

$$C_6H_5—C—C—C_6H_5$$

in allen diesen Verbindungen festgestellt werden. Danach konnte eine etwaige Verschiedenheit in der Structur der Oxime ihren Grund lediglich in den eingeführten stickstoffhaltigen Gruppen haben. Dass aber diese stickstoffhaltigen Atomcomplexe in allen Fällen als wahre Oximgruppen anzusehen sind, wurde durch das eingehende Studium der Alkyl- und Acyl-Verbindungen der Benziloxime nachgewiesen. Unter diesen Derivaten haben die Benzyläther die genaueste Erforschung erfahren. Die benzylirten Mono- und Di-Oxime

zeigen dieselben Isomerieerscheinungen wie die Oxime selbst; diese Benzylverbindungen müssen aber stereoisomer sein, denn durch die Bildung von Benzyljodid bei ihrer Spaltung lassen sie sich als „Sauerstoffäther" charakterisiren (vgl. Bd. II, Th. I, S. 504); es können ihnen daher nur die obigen Constitutionsformeln zukommen. Neben diesen normalen Benzyläthern sind jedoch auch structurisomere sogenannte „Stickstoffäther" mit der Gruppirung

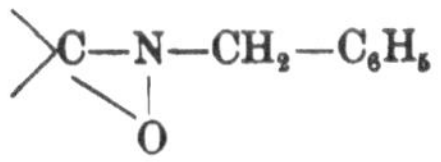

aufgefunden worden. Zu diesen entscheidenden Beobachtungen tritt noch die Thatsache hinzu, dass sowohl die Monoxime als auch die Dioxime durch diejenigen Mittel, welche die Umwandlung stereoisomerer Verbindungen in einander zu bewirken vermögen, wie Erhitzen mit Alkohol oder Wasser auf hohe Temperatur, Behandeln der Eisessig-Essigsäureanhydrid-Lösung mit Salzsäuregas etc in einander überführbar sind. Endlich sei noch erwähnt, dass durch Anhydrisirung alle drei Benzildioxime dasselbe Anhydrid (Formel I) und durch Oxydation mit Ferricyankalium dasselbe Hyperoxyd (Formel II) liefern:

I: 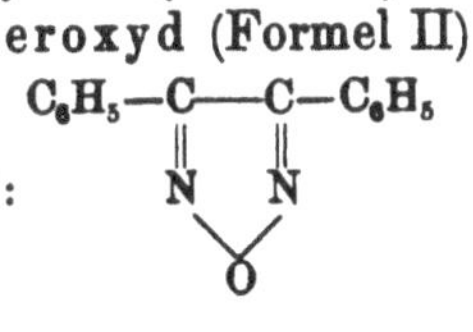

II: 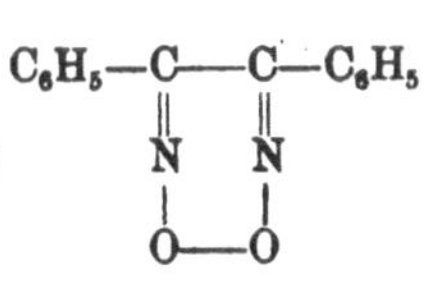

Einen Anhaltspunkt zur Auswahl der Raumformeln — zunächst für die Monoxime — gewinnt man durch die Beobachtungen, welche bei der BECKMANN'schen Umlagerung (vgl. Bd. II, Th. I, S. 505) gemacht sind. Das β-Benzilmonoxim liefert nämlich, mit Phosphorpentachlorid und dann mit Sodalösung vorsichtig behandelt, Benzoylameisensäureanilid:

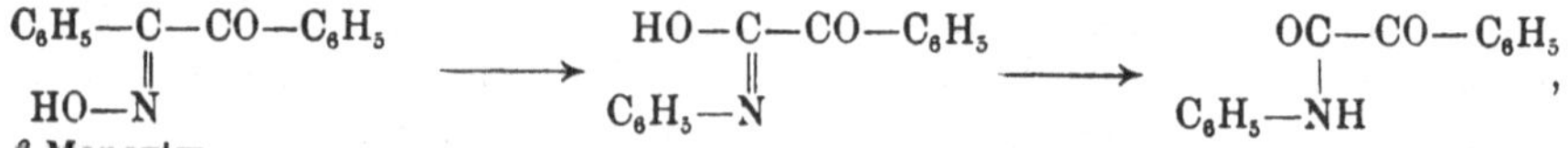

β-Monoxim

während das α-Oxim bei sehr vorsichtigem Arbeiten in Dibenzamid übergeht, woraus hervorgeht, dass das Hydroxyl nicht mit Phenyl, sondern mit Benzoyl den Platz getauscht hat und mithin diesem und nicht dem Phenyl im Molecül des α-Oxims benachbart sein muss:

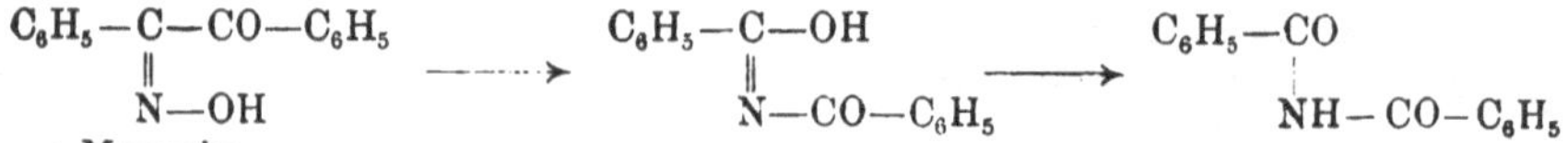

α-Monoxim

Auch für das β-Dioxim gestattet das Resultat der BECKMANN'schen Umlagerung die Ableitung einer Raumformel. Es wird durch Phosphorpentachlorid oder Phosphorsäureanhydrid in Oxanilid übergeführt — ein Verlauf, wie er bei der Anti-Form zu erwarten ist:

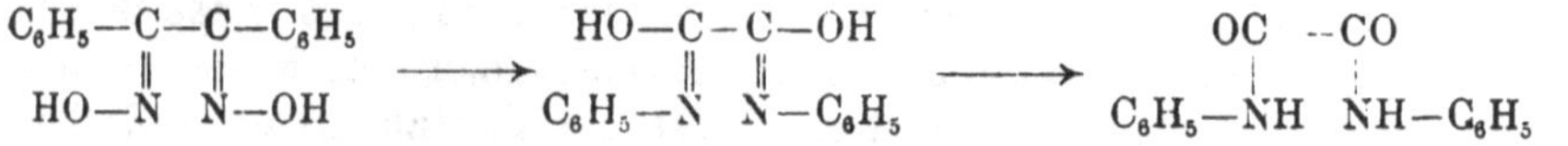

Bei der Vertheilung der nun übrig bleibenden Syn- und Amphi-Formel auf das α- und γ-Dioxim stösst man indess auf Schwierigkeiten. Einerseits geht nämlich das α-Benzildioxim durch die BECKMANN'sche Umlagerung über in Dibenzenylazoxim:

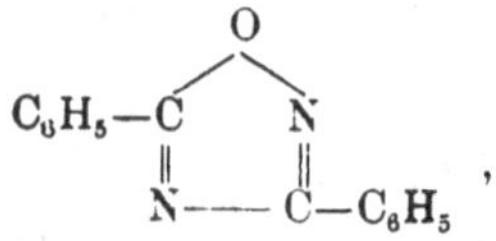

d. h. es tritt keine Phenylgruppe an den Stickstoff; es sollten hiernach mithin beide Phenylgruppen im Molecül des α-Dioxims von den Hydroxylgruppen entfernt sein, also:

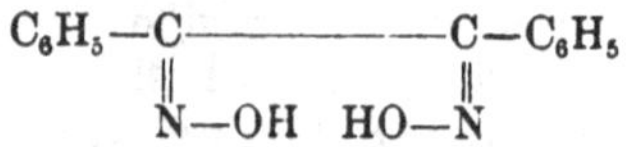

(Syn).

Das γ-Dioxim dagegen liefert, wenn seine vorhergehende Umlagerung in α-Dioxim vermieden wird, den Benzoylphenylharnstoff:

$$C_6H_5—NH—CO—NH—CO—C_6H_5,$$

also eine Verbindung, in welcher an das eine Stickstoffatom eine Benzoylgruppe, an das andere eine Phenylgruppe gebunden ist: dieser Verlauf führt zu folgender Configuration:

$$\begin{array}{ccc} C_6H_5-C & \text{———} & C-C_6H_5 \\ \| & & \| \\ N-OH & & N-OH \end{array} \quad \text{(Amphi).}$$

Mit dieser Vertheilung der Formeln steht es auch im Einklang, dass gerade das γ-Dioxim dasjenige ist, welches sich direct durch Oximirung des β-Monoxims bildet.

Andererseits aber ist das γ-Dioxim dasjenige der drei Isomeren, welches am leichtesten in das innere Anhydrid (vgl. Formel I, S. 207) übergeht und direct durch Reduction des Hyperoxyds (Formel II auf S. 207) entsteht; diese Thatsachen wiederum lassen die Syn-Formel für das γ-Dioxim als die nächstliegende erscheinen, welche nach den obigen Ueberlegungen dem α-Dioxim zukommen sollte.

α-Benziloxim bildet vierseitige, perlmutterglänzende Blättchen vom Schmelzpunkt 137—138°.

β-Benziloxim krystallisirt aus Benzol in derben Prismen oder Nadeln, welche $^1/_2$ Mol. Krystallbenzol enthalten; davon befreit, schmilzt die Verbindung bei 113—114°.

α-Benzildioxim bildet mikroskopisch kleine, rhombische Blättchen vom Schmelzpunkt 237°.

β-Benzildioxim lässt sich ausser auf die oben beschriebene Weise durch Erhitzen des α-Dioxims mit Alkohol auf 180° oder durch Stehenlassen einer mit Salzsäuregas gesättigten Lösung des α-Dioxims in Eisessig und Essigsäureanhydrid gewinnen. Ferner entsteht es durch blosses Erhitzen oder durch längeres Kochen der alkoholischen Lösung des γ-Dioxims. Aus Alkohol krystallisirt es mit einem Molecül des Lösungsmittels in glänzenden Nadeln; es schmilzt bei 206—207°.

γ-Benzildioxim krystallisirt beim freiwilligen Verdunsten seiner alkoholischen Lösung in feinen, seideglänzenden, alkoholhaltigen Nadeln. Es schmilzt bei 100° unter Verlust des Krystallalkohols, erstarrt dann und schmilzt wieder bei 164—166°, wobei es in β-Dioxim übergeht.

Auch von einigen Substitutionsprodukten des Benzils sind stereoisomere Oxime bekannt[1].

Das Benzil bildet auch mit Hydrazin[2], sowie mit Phenylhydrazin[3] Condensationsprodukte. Die Bisphenylhydrazone oder Osazone des Benzils sind in zwei isomeren Formen aufgefunden worden, welche wahrscheinlich auch im Verhältniss der Stereoisomerie zu einander stehen:

[1] Stierlin, Ber. **22**, 376 (1889). — Hausmann, Ber. **23**, 531 (1890). — Hoffmann, Ber. **23**, 2064 (1890). — List, Ber. **26**, 2451 (1893).

[2] Curtius, Ber. **22**, 2161 (1889). — Curtius u. Thun, J. pr. [2] **44**, 161 (1891). — Curtius u. Lang, J. pr. [2] **44**, 544 (1891).

[3] Pickel, Ann. **232**, 230 (1886). — Bülow, Ann. **236**, 197 (1886). — Kohlrausch, Ann. **253**, 15 (1889). — Minunni u. Ortoleva, Gazz. chim. **22**, II, 183 (1892); **23**, II, 244 (1893). — Purgotti, Gazz. chim. **22**, II, 611 (1892). — Auwers u. Siegfeld, Ber. **26**, 788 (1893). — Auwers u. Clos, Ber. **27**, 1133 (1894). — Smith u. Ransom, Am. chem. Journ. **16**, 108 (1894). — Ingle u. Mann, Journ. Soc. **67**, 606 (1895). — Minunni, Gazz. chim. **27**, II, 277 (1897). — Biltz, Ann. **305**, 165 (1899). — Biltz u. Weinands, Ann. **308**, 1 (1899).

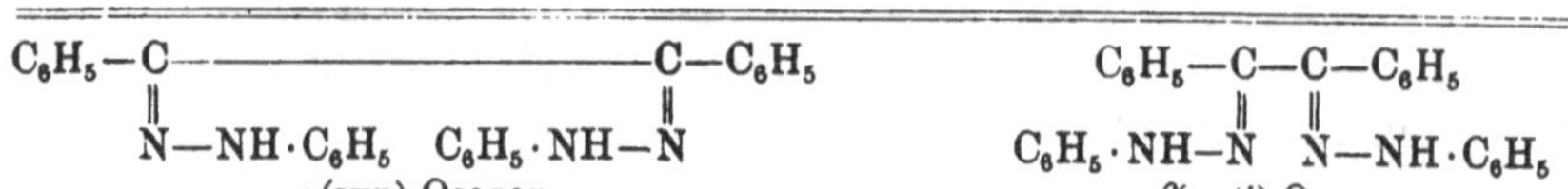

α(syn)-Osazon β(anti)-Osazon

Die α-Verbindung ensteht bei der Oxydation des Benzaldehydphenylhydrazons mit Luft in alkoholisch-alkalischer Lösung:

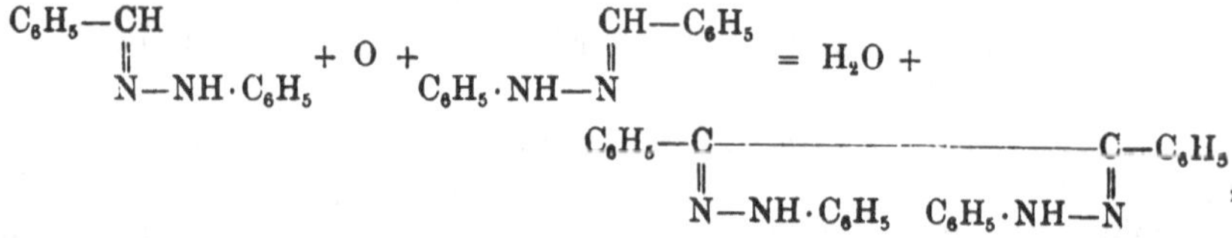

während die β-Verbindung durch Vereinigung des Benzils mit 2 Mol. Phenylhydrazin gebildet wird. Diese β-Modification ist die beständigere, sie entsteht ausser bei der Vereinigung der Componenten auch beim Erhitzen des α-Osazons mit Alkohol auf 200°. Man wird ihr also die anti-Configuration zuertheilen dürfen (entsprechend dem beständigsten der Dioxime, dem β-Dioxim).

Bei den Substitutionsprodukten des Benzils liegen die Verhältnisse ganz ähnlich wie bei diesem selbst[1].

Die Einwirkung des Ammoniaks auf eine alkoholische Benzillösung führt zu einer Reihe stickstoffhaltiger Condensationsprodukte, welche als Imabenzil, Benzilam und Benzilimid bezeichnet worden sind[2]. Diese Verbindungen gehören der Oxazolreihe an, sie werden daher bei dieser Körperklasse abzuhandeln sein.

An dieser Stelle sei auch auf die bereits erwähnten Glyoxalinderivate Amarin und Lophin (vgl. Bd. II, Th. I, S. 482) hingewiesen, welche ausser auf die dort angegebene Weise auch aus Benzoïn bezw. Benzil, Benzaldehyd und Ammoniak entstehen[3].

Eine eigenthümliche Reaction findet bei der Einwirkung von Ammoniak auf eine alkoholische Lösung von Benzil und Salicylaldehyd statt. Hierbei tritt eine Aufspaltung des Benzils in zwei Benzoylgruppen und Vereinigung von zwei Molekülen Salicylaldehyd ein unter Bildung des zweifach benzoylirten 7.7'-Diamido-2.2'-dioxydibenzyls[4]:

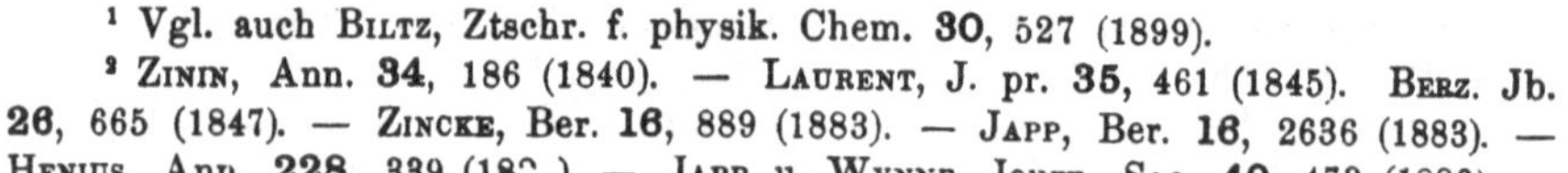

Während Benzil und Ammoniak die oben erwähnten complicirt zusammengesetzten Basen liefern, vereinigt sich das Benzil mit ein oder zwei Molekülen einer aromatischen Base in normaler Weise unter Wasseraustritt[5].

Wird Benzil der Einwirkung von Diaminen vom Typus des Aethylendiamins

---

[1] Vgl. auch BILTZ, Ztschr. f. physik. Chem. **30**, 527 (1899).

[2] ZININ, Ann. **34**, 186 (1840). — LAURENT, J. pr. **35**, 461 (1845). BERZ. Jb. **26**, 665 (1847). — ZINCKE, Ber. **16**, 889 (1883). — JAPP, Ber. **16**, 2636 (1883). — HENIUS, Ann. **228**. 339 (18[illegible]). — JAPP u. WYNNE, Journ. Soc. **49**, 473 (1886). — JAPP u. WILSON, Journ. Soc. **49**, 825 (1886).

[3] RADZISZEWSKI, Ber. **15**, 1943 (1882). — JAPP u. DAVIDSON, Journ. Soc. **67**, 32 (1895).

[4] JAPP u. HOOKER, Ber. **17**, 2403 (1884). Journ. Soc. **45**, 672 (1884).

[5] VOIGT, J. pr. [2] **34**, 23 (1886). — BANDROWSKI, Monatsh. **9**, 685 (1889). — SIEGFELD, Ber. **25**, 2601 (1892). — LACHOWICZ, Monatsh. **14**, 283, 285, 287, 289, 291 (1893). — KULISCH, Monatsh. **16**, 352 (1895).

oder o-Phenylendiamins (vgl. Bd. II, Th. I, S. 231) ausgesetzt, so entstehen Condensationsprodukte, welche den Pyrazinring (vgl. diesen) enthalten[1]:

$$\begin{array}{lcl} C_6H_5-CO & & NH_2-CH_2 & & C_6H_5-C{=}N-CH_2 \\ \quad | & + & \quad | & = & \quad | \qquad\quad | \\ C_6H_5-CO & & NH_2-CH_2 & & C_6H_5-C{=}N-CH_2 \end{array}.$$

Aehnliche Condensationserscheinungen wie die beschriebenen zeigt das Benzil bei der Einwirkung von Harnstoff,[2] Thioharnstoff[3] und Guanidin[4].

Als Ketonverbindung ist das Benzil befähigt, sich mit zwei Molekülen Blausäure zu einem Dicyanhydrin zu vereinigen[5]:

$$\begin{array}{lcl} C_6H_5-CO & HCN & C_6H_5-C{<}^{OH}_{CN} \\ & + \quad\quad = & \quad | \\ C_6H_5-CO & HCN & C_6H_5-C{<}^{CN}_{OH} \end{array}.$$

Ferner vereinigt es sich mit Aceton in verschiedenen Verhältnissen zu folgenden Körpern[6]:

$$\begin{array}{l} C_6H_5-C(OH)-CH_2-CO-CH_3 \\ \quad | \\ C_6H_5-CO \end{array} \qquad \begin{array}{l} C_6H_5-C(OH)-CH_2 \searrow \\ \quad | \qquad\qquad\qquad\quad > CO \\ C_6H_5-C{=\!=\!=}CH \nearrow \end{array}$$

Acetonbenzil — Dehydroacetonbenzil (vgl. S. 52)

$$\begin{array}{l} C_6H_5-C(OH)-CH_2-CO-CH{=}C-C_6H_5 \\ \quad | \qquad\qquad\qquad\qquad\qquad\quad | \\ C_6H_5-CO \qquad\qquad\qquad\qquad CO-C_6H_5 \end{array}$$

Dehydroacetondibenzil.

In ähnlicher Weise wie das Aceton reagiren Acetophenon[7] und Malonsäureester[8].

Benzoïn[9], $C_6H_5-CH(OH)-CO-C_6H_5$, krystallisirt in sechsseitigen Säulen vom Schmelzpunkt 137° und siedet unter Atmo-

---

[1] Hinsberg, Ann. **237**, 339 (1887). — Mason, Ber. **20**, 268 (1887). — Strache, Ber. **21**, 2363 (1888). — Kehrmann u. Messinger, Ber. **24**, 1239, 1799 (1891). — Witt, Ber. **25**, 1017 (1892). — Jacobson, Ann. **287**, 134 (1895).

[2] Angeli, Gazz chim. **19**, 563 (1889). — Anschütz u. Geldermann, Ann. **261**, 132 (1891).

[3] Anschütz u. Geldermann, Ann. **261**, 134 (1891). — Anschütz u. Schwickerath, **284**, 9 (1895).

[4] Wense, Ber. **19**, 762 (1886). — Michael, J. pr. [2] **49**, 43 (1886).

[5] Zinin, Ann. **34**, 190 (1840). — Jacoby, Ber. **19**, 1519 (1886). — Japp u. Miller, Journ. Soc. **51**, 29 (1887).

[6] Japp u. Miller, Ber. **18**, 179 (1883). Journ. Soc. **47**, 11 (1885). — Japp u. Lander, Journ. Soc. **71**, 123 (1897).

[7] Japp u. Miller, Ber. **18**, 187 (1883). Journ. Soc. **47**, 11 (1885). — Japp u. Klingemann, Journ. Soc. **57**, 672, 708 (1890). — Japp u. Tingle, Journ. Soc. **71**, 1138 (1897). —

[8] Japp u. Davidson, Journ. Soc. **67**, 132 (1895).

[9] Liebig u. Wöhler, Ann. **3**, 276 (1832). — Laurent, Ann. **17**, 88 (1836). — Zinin, Ann. **34**, 186 (1840). — Limpricht u. Jena, Ann. **155**, 89 (1870). — Breuer u. Zincke, Ann. **198**, 151 (1879). — E. Fischer, Ann. **211**, 214 (Fussnote) (1882). — Krafft u. Weilandt, Ber. **29**, 1326 (1896). — Nef, Ann. **298**, 312 (1897). — Scholl, Ber. **32**, 1809 (1899). — James, Journ. Am. Soc. **21**, 908 (1899).

sphärendruck bei 343—344°, unter 12 mm Druck bei 194° und im vollständigen Vacuum bei 108°. Wie alle 1.2-Ketole (vgl. Bd. I, 872) ist das Benzoïn leicht oxydirbar, es reducirt daher FEHLING'sche Lösung schon in der Kälte. Ueber die Farbenreaction, welche es im Gemisch mit Benzil unter der Einwirkung von alkoholischem Kali zeigt, ist schon beim Benzil gesprochen worden (vgl. S. 205).

Darstellung: 10 g Benzaldehyd werden mit 20 g Alkohol vermischt, mit einer Lösung von 2 g Cyankalium in 5 ccm Wasser versetzt und 1 Stunde am Rückflusskühler gekocht. Beim Erkalten der Flüssigkeit krystallisirt das Benzoïn aus; es wird aus Alkohol umkrystallisirt.

Beim Erhitzen mit hochconcentrirter Salzsäure auf 140° bildet sich aus dem Benzoïn ein Tetraphenylfurfuran (siehe Furfuran), das sogenannte Lepiden neben Benzil:

$$3\begin{array}{l}C_6H_5-CH-OH\\ \quad\;\;|\\ C_6H_5-CO\end{array} = \begin{array}{l}C_6H_5-C=\!=C-C_6H_5\\ \quad\;\;|\qquad\;\;\|\\ C_6H_5-C\quad C-C_6H_5\\ \qquad\;\;\diagdown\diagup\\ \qquad\quad O\end{array} + \begin{array}{l}C_6H_5-CO\\ \quad\;\;|\\ C_6H_5-CO\end{array} + 3H_2O.$$

Digeriren mit verdünnter Schwefelsäure führt das Benzoïn in Dibenzoylstilben über, welches auch durch Oxydation des Lepidens erhalten wird (vgl. Tetraphenylbutangruppe, S. 272—274):

$$2\begin{array}{l}C_6H_5-CH-OH\\ \quad\;\;|\\ C_6H_5-CO\end{array} = \begin{array}{l}C_6H_5-C=\!=C-C_6H_5\\ \quad\;\;|\qquad\;\;|\\ C_6H_5-CO\quad CO-C_6H_5\end{array} + 2H_2O.$$

Das Benzoïn ist sowohl Alkohol als auch Keton und zeigt mithin die für diese beiden Körperklassen charakteristischen Reactionen. Die Hydroxylgruppe des Benzoïns gestattet die Einführung von Alkylen und Säureradicalen.

Benzoïnmethyläther[1], $C_6H_5-CH(OCH_3)-CO-C_6H_5$, schmilzt bei 49—50°. Benzoïnäthyläther[2], $C_6H_5-CH(OC_2H_5)-CO-C_6H_5$, bei 58—58·5°. Benzoïnacetat[3], $C_6H_5-CH(O\cdot CO\cdot CH_3)-CO-C_6H_5$, monokline Prismen oder Tafeln vom Schmelzpunkt 83°.

Die Hydroxylgruppe des Benzoïns lässt sich auch durch die Reactionsfähigkeit gegenüber dem Phenylisocyanat und seinen Homologen nachweisen[4]. Bei dieser Reaction entstehen Carbaminsäureester des Benzoïns:

$$\begin{array}{l}C_6H_5-CH-CO-C_6H_5\\ \qquad\;\;|\\ \qquad OH\end{array} + OC{=}NC_6H_5 = \begin{array}{l}C_6H_5-CH-CO-C_6H_5\\ \qquad\;\;|\\ \qquad O-CO-NHC_6H_5\end{array}.$$

Die Ketongruppe des Benzoïns befähigt diese Verbindung zur Bildung eines Oxims

[1] E. FISCHER, Ber. **26**, 2413 (1893).

[2] LIMPRICHT u. JENA, Ann. **155**, 96 (1870). — E. FISCHER, Ber. **26**, 2415 (1893). — LANDER, Journ. Soc. **77**, 733 (1900).

[3] ZININ, Ann. **104**, 120 (1857). — LIMPRICHT u. JENA, Ann. **155**, 92 (1870). — PÄPCKE, Ber. **21**, 1336 (1888).

[4] GUMPERT, J. pr. [2] **32**, 280 (1885). — GATTERMANN u. CANTZLER, Ber. **25**, 1088 (1892).

$$\begin{array}{l} C_6H_5-C{=}NOH \\ \quad | \\ C_6H_5-CH-OH \end{array}$$

, welches ebenso wie das Benzilmonoxim in zwei stereoisomeren Formen bekannt ist, die als α- und β-Oxim unterschieden werden[1].

Eine interessante Umwandlung erleidet das α-Oxim unter der Einwirkung von concentrirter Schwefelsäure, indem es beim Auflösen darin in α-Phenylindoxyl übergeht[2]:

$$\begin{array}{l} C_6H_5-C-CH(OH)-C_6H_5 \\ \quad \| \\ \quad N-OH \end{array} = C_6H_5-C\begin{array}{l} \diagup C(OH) \\ \diagdown NH \end{array}\!\!>C_6H_4 + H_2O.$$

Mit Hydrazinhydrat[3] bezw. mit Phenylhydrazin[4] bildet das Benzoïn Hydrazone:

$$\begin{array}{l} C_6H_5-C{=}N-NH_2 \\ \quad | \\ C_6H_5-CH-OH \end{array} \qquad \begin{array}{l} C_6H_5-C{=}N-NH\cdot C_6H_5 \\ \quad | \\ C_6H_5-CH-OH \end{array}.$$

Das Phenylhydrazon existirt in zwei stereoisomeren Formen.

Mit Ammoniak entsteht eine Reihe von complicirten stickstoffhaltigen Körpern, unter denen einer, das sogenannte Benzoïnimid, als Tetraphenylazin erkannt worden ist[5]:

$$2\begin{array}{l} C_6H_5-CH-OH \\ \quad | \\ C_6H_5-CO \end{array} + 2NH_3 = \begin{array}{l} C_6H_5-C-N-C-C_6H_5 \\ \quad\;\; \| \quad\;\; | \quad\;\; \| \\ C_6H_5-C-N-C-C_6H_5 \end{array} + 4H_2O + H_2.$$

Mit phenylirtem Aethylendiamin[6] und ebenso mit o-Diaminen der Benzolreihe und deren einfach substituirten Derivaten[7] condensirt sich das Benzoïn gleichfalls zu Verbindungen, welche einen zwei Stickstoffatome enthaltenden Sechsring besitzen und der Azinreihe bezw. der Chinoxalinreihe (vgl. diese) angehören, z. B.:

$$\begin{array}{l} C_6H_5-CH\cdot OH \\ \quad | \\ C_6H_5-CO \end{array} + \begin{array}{r} C_6H_5-NH-CH_2 \\ | \\ NH_2-CH_2 \end{array} = \begin{array}{l} \qquad\qquad\quad C_6H_5 \\ \qquad\qquad\quad | \\ C_6H_5-CH \quad N-CH_2 \\ \quad | \qquad\qquad | \\ C_6H_5-C{=}N-CH_2 \end{array} + 2H_2O.$$

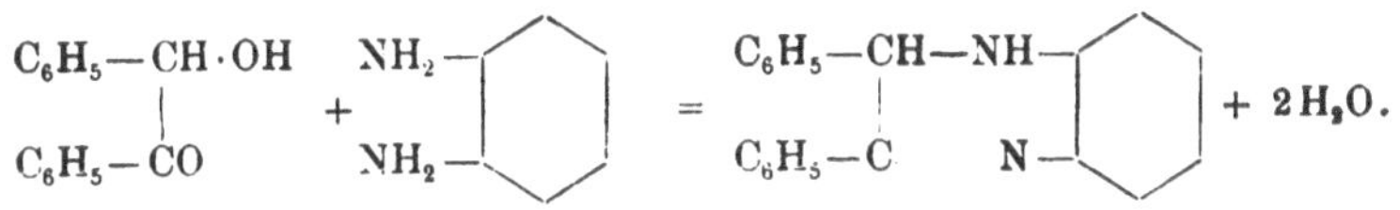

Mit Anilin und seinen Homologen tritt das Benzoïn unter Wasseraustritt[8] zu

[1] Wittenberg u. V. Meyer, Ber. **16**, 500 (1883). — Goldschmidt u. Polonowska, Ber. **20**, 492 (1887). — Werner, Ber. **23**, 2333 (1890).

[2] E. Fischer u. Hütz, Ber. **28**, 585 (1895).

[3] Curtius u. Blumer, J. pr. [2] **52**, 124 (1895).

[4] Pickel, Ann. **232**, 229 (1886). — Vgl. Smith u. Remsen, Am. chem. Journ. **16**, 108 (1894). — Smith, Am. chem. Journ. **22**, 198 (1899). — Freer, Am. chem. Journ. **22**, 396 (1899).

[5] Laurent, Berz. Jb. **18**, 354 (1839). — Erdmann, Ann. **135**, 181 (1865). — Japp u. Wilson, Journ. Soc. **49**, 825 (1886). — Seal, Am. chem. Journ. **18**, 101 (1896).

[6] Gabriel u. Eschenbach, Ber. **31**, 1581 (1898).

[7] O. Fischer, Ber. **24**, 719 (1891).

[8] Voigt, J. pr. [2] **34**, 4, 15 (1886). — Bandrowski, Monatsh. **9**, 693 (1888). — Lachowicz, Monatsh. **14**, 279 (1893).

Verbindungen zusammen, welche als Anilido-Abkömmlinge des Desoxybenzoïns zu betrachten sind, z. B.:

$$\begin{array}{l} C_6H_5-CH-OH + H_2N\cdot C_6H_5 \\ \quad\quad | \\ C_6H_5-CO \end{array} = \begin{array}{l} C_6H_5-CH-NH\cdot C_6H_5 \\ \quad\quad | \\ C_6H_5-CO \end{array}$$

7'-Anilidodesoxybenzoïn

Dieselbe Substanz entsteht auch aus 7'-Bromdesoxybenzoïn und Anilin[1]. Beim Erhitzen mit salzsaurem Anilin geht das Anilidodesoxybenzoïn in α-β-Diphenylindol über[2]:

$$\begin{array}{l} C_6H_5-CH-NHC_6H_5 \\ \quad\quad | \\ C_6H_5-CO \end{array} = \begin{array}{l} C_6H_5-C-NH \\ \quad\quad \| \\ C_6H_5-C \end{array} \!\!\!> C_6H_4 + H_2O.$$

Mit Harnstoff und Thioharnstoff vereinigt sich das Benzoïn zu Glyoxalinderivaten (s. diese)[3].

Desoxybenzoïn, Phenylbenzylketon[4], $C_6H_5-CH_2-CO-C_6H_5$, bildet grosse Tafeln vom Schmelzpunkt 60° und siedet unter normalem Druck bei 320—322°, unter einem Druck von 12 mm bei 177·4—177·6°. Es löst sich wenig in siedendem Wasser, leicht in Alkohol und Aether schon in der Kälte.

Darstellung[5]: In einen mit Rückflusskühler versehenen Kolben werden 50 g Benzoïn gebracht und hierzu die entsprechende Menge gewöhnlichen Alkohols und reichlich granulirtes Zink gegeben. Man erhitzt unter continuirlichem Einleiten von Salzsäuregas. Nach Beendigung der Reduction wird die alkoholische Lösung eingeengt, das Desoxybenzoïn durch Zusatz von heissem Wasser gefällt, getrocknet und durch Destillation weiter gereinigt.

Als Ketonverbindung ist das Desoxybenzoïn befähigt, sich mit Hydrazinhydrat[6] sowie mit Phenylhydrazin[7] zu Hydrazonen zu vereinigen; mit Hydroxylamin bildet es ein Oxim[8], welches bei der BECKMANN'schen Umlagerung Phenylessigsäureanilid liefert, woraus sich die folgende Configuration für das Oxim ableitet:

---

[1] BISCHLER u. FIREMAN, Ber. **26**, 1336 (1893).

[2] JAPP u. MURRAY, Ber. **26**, 2638 (1893). — LACHOWICZ, Monatsh. **15**, 402 (1894).

[3] ANSCHÜTZ u. GELDERMANN, Ann. **261**, 135 (1891). — ANSCHÜTZ u. SCHWICKERATH, Ann. **284**, 9 (1895).

[4] ZININ, J. pr. **33**, 35 (1844). Ann. **119**, 179 (1861); **126**, 218 (1863); **149**, 376 (1869). — LIMPRICHT u. SCHWANERT, Ann. **145**, 347 (1868); **155**, 59 (1870). — GRIMAUX, Ber. **2**, 280 (1869). — JENA, Ann. **155**, 87 (1870). — RADZISZEWSKI, Ber. **6**, 489 (1873); **8**, 756 (1875). — GOLDENBERG, Ann. **174**, 332 (1874). — ZINCKE, Ber. **9**, 1771 (1876). — GRÄBE u. BUNGENER, Ber. **12**, 1080 (1879). — ANSCHÜTZ u. BERNS, Ber. **20**, 1392 (1887). — V. MEYER u. OELKERS, Ber. **21**, 1295 (1888). — BLANK, Ann. **248**, 1 (1888). — BÉHAL, Ann. ch. [6] **15**, 421 (1888). — JAPP u. KLINGEMANN, Journ. Soc. **63**, 770 (1893).

[5] WACHTER, Ber. **25**, 1728 (1892).

[6] CURTIUS u. BLUMER, J. pr. [2] **52**, 123 (1895).

[7] E. FISCHER, Ann. **236**, 135 (1886). — NEY, Ber. **21**, 2447 (1888).

[8] V. MEYER u. OELKERS, Ber. **21**, 1295 (1888). — GÜNTHER, Ann. **252**, 69 (1889).

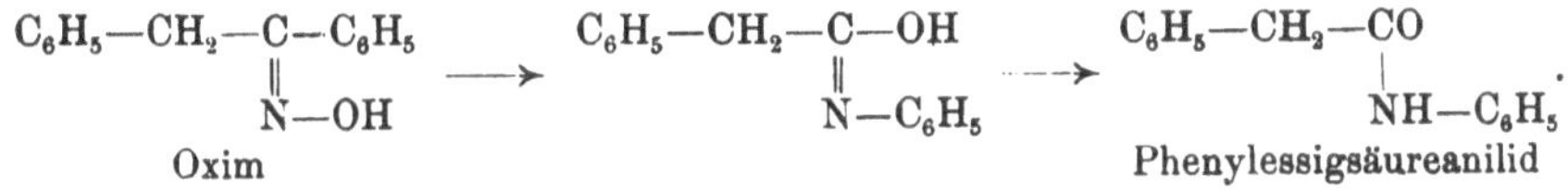

Ein sehr charakteristisches Verhalten zeigt das Desoxybenzoïn gegenüber Natriumalkoholaten und Halogenalkylen, indem es bei dieser Reaction direct eine Alkylgruppe aufzunehmen vermag[1], z. B.:

$$C_6H_5{-}CH_2{-}CO{-}C_6H_5 + NaO\cdot C_2H_5 + CH_3J$$
$$= \begin{array}{l} C_6H_5{-}CH{-}CO{-}C_6H_5 \\ \qquad\;\; | \\ \qquad CH_3 \end{array} + NaJ + HO\cdot C_2H_5\,.$$

Diese Reactionsfähigkeit des Desoxybenzoïns beruht auf der Stellung der CH_2-Gruppe zwischen einer Phenyl- und einer Carbonyl-Gruppe, durch welche die Wasserstoffatome der Methylengruppe leicht beweglich werden (vgl. auch Benzylcyanid, Kap. 34 in Bd. II, Th. I). Bei der Einwirkung von Natriumalkoholat bildet sich offenbar zuerst ein dem Natracetessigester analoges Natriumsalz des Desoxybenzoïns, welches sich dann mit Halogenalkylen zu alkylirten Desoxybenzoïnen umsetzt. Ein solches Natriumsalz hat sich in der That isoliren lassen[2].

Eigenthümlich ist es, dass die in der Stellung 7 einfach alkylirten Desoxybenzoïnderivate nicht im Stande sind, wie die monoalkylirten Acetessigester ein zweites Alkyl aufzunehmen und in Verbindungen vom Typus:

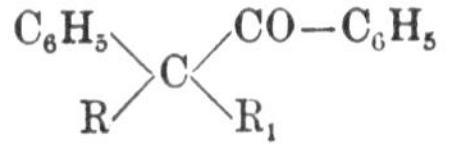

überzugehen[3].

Eine zweite Reaction, welche für das Desoxybenzoïn und seine in den Benzolkernen substituirten Abkömmlinge als typisch gelten kann, ist die Ueberführung dieser Verbindungen in Körper aus der Klasse der Desaurine[4] — Substanzen von intensiv goldgelber Farbe, welche sich in concentrirter Schwefelsäure mit tiefblauer oder violetter Farbe lösen. Sie entstehen aus dem Desoxybenzoïn bezw. seinen Derivaten entweder bei der Einwirkung von Thiophosgen oder besser beim Kochen mit feingepulvertem Kali und Schwefelkohlenstoff im Ueberschuss am Rückflusskühler.

[1] V. Meyer, Ber. **20**, 534, 2944 (1887). — V. Meyer u. Oelkers, Ber. **21**, 1297, 1299, 1300 (1888). — Ney, Ber. **21**, 2551, 2552 (1888). — E. Bischoff, Ber. **22**, 346 1889). — Buddeberg, Ber. **23**, 2066 (1890). — Wege, Ber. **24**, 3540 (1891). — Sudborough, Ber. **25**, 2239 (1892). — Petrenko-Kritschenko, Ber. **25**, 2239 (1892).

[2] Beckmann u. Paul, Ann. **266**, 1 (1891).

[3] Vgl. hierzu Nef, Ann. **310**, 317 (9100).

[4] Bergreen, Ber. **21**, 350 (1888). — V. Meyer, Ber. **21**, 354 (1888). — Ney, Ber. **21**, 2445 (1888). — V. Meyer u. Wege, Ber. **24**, 3535 (1891). — Wachter, Ber. **25**, 1728 (1892). — Petrenko-Kritschenko, Ber. **25**, 2241 (1892).

Die empirische Formel des einfachsten Desaurins ist:

$$C_{15}H_{10}SO;$$

man könnte daher für seine Bildung die Gleichung:

$$C_6H_5-CH_2-CO-C_6H_5 + CS_2 = \begin{matrix} C_6H_5-C-CO-C_6H_5 \\ \| \\ CS \end{matrix} + H_2S$$

aufstellen, doch hat die Moleculargewichtsbestimmung gezeigt, dass die Formel verdoppelt werden muss; der Reactionverlauf ist mithin ein complicirterer als der durch obige Gleichung wiedergegebene.

Mit Benzaldehyd liefert das Desoxybenzoïn je nach den Reactionsbedingungen zwei verschiedene Condensationsprodukte, das Benzylidendesoxybenzoïn (s. Triphenylpropangruppe, S. 257) und das Benzamaron (vgl. S. 283).

Als ein Derivat des Desoxybenzoïns wurde bislang das sogenannte **Phloretin** aufgefasst, eine Verbindung, welche aus dem in der Wurzelrinde des Apfel-, Kirschen- und Pflaumen-Baums vorkommenden Phloridzin hergestellt wird[1].

Das Phloridzin zerfällt beim Kochen mit verdünnten Säuren in Glucose und Phloretin:

$$\underset{\text{Phloridzin}}{C_{21}H_{24}O_{10}} + H_2O = \underset{\text{Phloretin}}{C_{15}H_{14}O_5} + \underset{\text{Glucose}}{C_6H_{12}O_6}.$$

Das Phloretin spaltet sich beim Kochen mit Kalilauge weiter in Phloroglucin und eine als Phloretinsäure bezeichnete Verbindung der Formel $C_9H_{10}O_3$:

$$\underset{\text{Phloretin}}{C_{15}H_{14}O_5} + H_2O = \underset{\text{Phloroglucin}}{C_6H_6O_3} + \underset{\text{Phloretinsäure}}{C_9H_{10}O_3}.$$

Da die Phloretinsäure (vgl. Kap. 36 in Bd. II, Th. I) als p-Oxyhydratropasäure betrachtet wurde, so ergab sich für das Phloretin die folgende Formel:

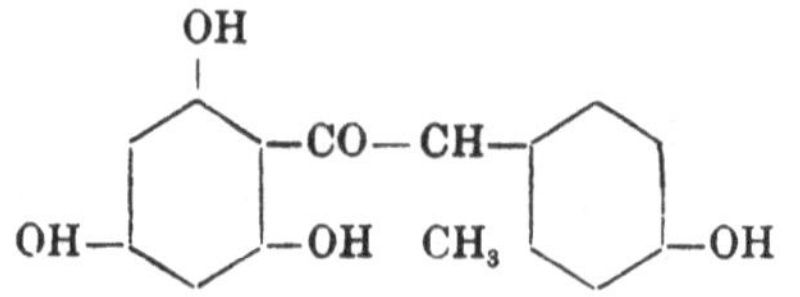

eines 2.4.6.4′-Tetraoxy-7′-methyldesoxybenzoïns, deren Berechtigung indessen durch neuere Untersuchungen[2] über die Phloretinsäure sehr zweifelhaft geworden ist.

Durch Reduction von Benzaldehyd mit Zink und Salzsäure in alkoholischer Lösung stellte ZININ das Hydrobenzoïn dar, während FITTIG und AMMANN aus Benzaldehyd bei der Reduction mit Natriumamalgam in wässeriger oder wässerig-alkoholischer Lösung ein je nach den Versuchsbedingungen wechselndes Gemenge von Benzylalkohol mit Hydro-

[1] KONINCK, Ann. **15**, 75, 258 (1835). — STAS, Ann. ch. **69**, 367 (1838). Ann. **30**, 193 (1839). — HESSE u. SCHMIDT, Ann. **119**, 104 (1861). — SCHIFF, Ann. **156**, 1 (1870); **172**, 356 (1874); **229**, 371 (1885). Ber. **14**, 303 (1881). — HESSE, Ann. **176**, 117 (1875). — RENNIE, Journ. Soc. **49**, 860 (1886); **51**, 636 (1887). — E. FISCHER, Ber. **21**, 988 (1888). — CIAMICIAN u. SILBER, Ber. **27**, 1631 (1894); **28**, 1393 (1895). — PERKIN u. MARTIN, Journ. Soc. **71**, 1151 (1897). — Vgl. ROCHLEDER, Ztschr. Chem. **1868**, 711. [2] BOUGAULT, Compt. rend. **131**, 42, 270 (1900).

benzoïn und einem damit isomeren Körper gewannen, welchen sie Isohydrobenzoïn nannten[1].

Die genauere Untersuchung dieses Paares isomerer Körper führte Zincke dazu, beiden dieselbe Structurformel:

$$C_6H_5—CH(OH)—CH(OH)—C_6H_5,$$

beizulegen. Die Verschiedenheit der beiden Hydrobenzoïne fand dann später ihre Erklärung in der Erkenntniss, dass die räumliche Lagerung der Atome in ihnen eine verschiedene ist.

Es wurde schon darauf hingedeutet (vgl. S. 195—196), dass die Verhältnisse bei den Hydrobenzoïnen ganz analog liegen wie bei den Weinsäuren. Von den beiden bekannten Hydrobenzoïnen, welche beide optisch inactiv sind, sollte daher eines durch Vereinigung zweier optischer Antipoden entstanden sein und sich nach den hierfür bekannten Methoden in diese spalten lassen. Die Beobachtung, dass das Isohydrobenzoïn aus rechts- und linkshemiëdrisch ausgebildeten Krystallen besteht, führte Erlenmeyer jun. dazu, dieses als die racemische Verbindung anzusehen, und in der That gelang es ihm, durch Auslesen der aus Aether erhaltenen enantiomorphen Krystalle des Isohydrobenzoïns zwei Hydrobenzoïne von entgegengesetztem Drehungsvermögen herzustellen. Wir kennen mithin die vier theoretisch möglichen stereoisomeren Formen des Hydrobenzoïns, welche der Rechts- und Linksweinsäure, der Traubensäure und der Mesoweinsäure entsprechen (vgl. Bd. I S. 801):

I	II	III
C_6H_5	C_6H_5	C_6H_5
H—|—OH	HO—|—H	H—|—OH
HO—|—H	H—|—OH	H—|—OH
C_6H_5	C_6H_5	C_6H_5

[1] Litteratur der Hydrobenzoïne: Zinin, Ann. **123**, 125 (1862). Ztschr. Chem. **1866**, 343. — Church, Ann. **128**, 295 (1863). — Herrmann, Ann. **132**, 75 (1864). — Claus, Ann. **137**, 92 (1866). Ztschr. Chem. **1868**, 127. — Limpricht u. Schwanert, Ann. **145**, 342 (1868); **160**, 177 (1871). — Grimaux, Ber. **2**, 280 (1869). — Fittig u. Ammann, Ann. **168**, 67 (1873). — Forst u. Zincke, Ber. **7**, 1708 (1874); **8**, 797 (1875). Ann. **182**, 247 (1876). — Goldenberg, Ann. **174**, 333 (1874). — Bodewig, Ann. **182**, 279 (1876). — Zincke, Ann. **198**, 115 (1879). — Breuer u. Zincke, Ann. **198**, 141 (1879). — Paal, Ber. **15**, 1818 (1882); **16**, 637 (1883); **17**, 909 (1884). — Wallach, J. pr. [2] **25**, 262 (1882). Ann. **226**, 77 (1884). — Voigt, J. pr. [2] **34**, 13 (1886). — Elbs u. Bauer, J. pr. [2] **34**, 343 (1886). — Blank, Ann. **248**, 13 (1888). — Auwers, Ber. **24**, 1776 (1891). — Cantzler, Ber. **24**, 1778 (1891). — Beckmann u. Paul, Ann. **266**, 25 (1891). — Kauffmann, Ztschr. f. Elektrochem. **1895**, 365. — Erlenmeyer jun., Ber. **28**, 1869 (1895); **30**, 1531 (1897). — Japp u. Moir, Journ. Soc. **77**, 643 (1900). — Vgl. Samosadsky, Ztschr. Chem. **1868**, 643. — Rossel, Ann. **151**, 25 (1869). — Remsen u. Fittig, Ztschr. Chem. **1870**, 97. Ann. **159**, 129 (1871). — Raab, Ber. **10**, 52 (1877). — Widman, Ber. **19**, 256 (1886). — Tiemann, Ber. **19**, 354 (1886); **24**, 3169 (1891). — Harries, Ber. **24**, 3175 (1891).

Die Formeln I und II stellen die beiden activen Hydrobenzoïne dar, ihre racemische Vereinigung liefert das Isohydrobenzoïn:

IV

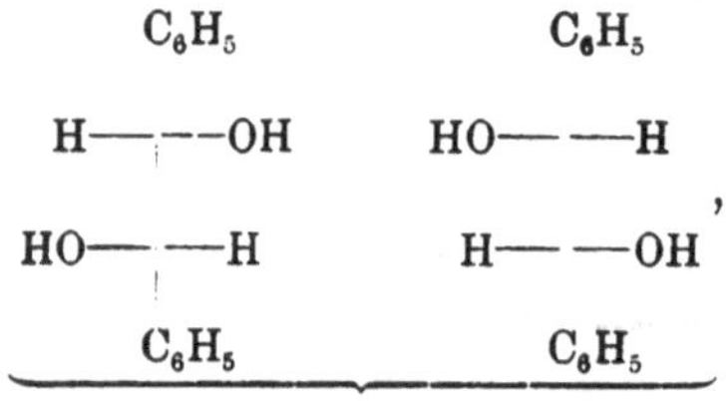

während Formel III dem am längsten bekannten inactiven Hydrobenzoïn entspricht.

Dass Hydrobenzoïn und Isohydrobenzoïn thatsächlich dieselbe Structurformel besitzen, geht aus folgenden Thatsachen hervor. Durch Oxydation lassen sich beide Körper in identische Verbindungen, nämlich in Benzoïn und dann in Benzil überführen. Mit Phosphortrichlorid gehen sie beide in dasselbe Stilbenchlorid (α) über, während Phosphorpentachlorid aus dem Hydrobenzoïn neben diesem auch das β-Stilbenchlorid erzeugt. Jedes der beiden Stilbenchloride (S. 196) liefert beim Behandeln mit Silberacetat ein Gemenge der Acetate der beiden Hydrobenzoïne, welche durch Verseifung dieser Acetate daraus gewonnen werden können. Benzoësäureanhydrid führt das Isohydrobenzoïn zum Theil in das Benzoat des Hydrobenzoïns über. Alle diese Uebergänge lassen erkennen, dass wir es hier mit zwei Verbindungen zu thun haben, welche sich in ihrem gesammten chemischen Verhalten so nahe stehen, dass zwei verschiedene Structurformeln sich nicht für sie aufstellen lassen. Hiermit steht auch die gemeinsame Entstehung beider Isomeren aus Benzaldehyd im Einklang.

inact.-Hydrobenzoïn, 7.7'-Dioxydibenzyl,
$C_6H_5-CH(OH)-CH(OH)-C_6H_5$, bildet atlasglänzende Blättchen oder monokline Tafeln vom Schmelzpunkt 138°, es siedet oberhalb 350°, löst sich schwer in Wasser, leicht in Alkohol. Man stellt es zweckmässig durch Reduction der alkoholischen Lösung des Benzoïns mit Natriumamalgam dar.

rac. Hydrobenzoïn, Isohydrobenzoïn, krystallisirt aus Wasser in wasserhaltigen Krystallen vom Schmelzpunkt 95—96°; wasserfrei schmilzt es bei 119·5°, es löst sich leichter als Hydrobenzoïn. Man stellt es am bequemsten aus Stilbenbromid durch Erhitzen mit Kaliumacetat in Eisessiglösung und Verseifen des entstandenen Diacetats mit alkoholischer Kalilauge dar.

Toluylenhydrat, Phenylbenzylcarbinol[1], $C_6H_5—CH_2—CH(OH)—C_6H_5$, krystallisirt in langen, feinen Nadeln vom Schmelzpunkt 62° und destillirt unzersetzt. Ausser der bereits beochenen Bildung des Toluylenhydrats durch Reduction von Desoxybenzoïn bezw. Benzoïn (vgl. S. 203) kann zu seiner Herstellung die Einwirkung von salpetriger Säure auf das 7-Amidodibenzyl (vgl. S. 222) benutzt werden:

$$\begin{matrix} C_6H_5—CH_2 \\ | \\ C_6H_5—CH—NH_2 \end{matrix} + HNO_2 = \begin{matrix} C_6H_5—CH_2 \\ | \\ C_6H_5—CH—OH \end{matrix} + N_2 + H_2O.$$

Von theoretischem Interesse ist die Bildung des Diacetats des 7.7′-Dioxystilbens,

$$C_6H_5—C(OH)═C(OH)—C_6H_5;$$

bei der Reduction des Benzils in Gegenwart von Essigsäureanhydrid[2]. Man kann annehmen, dass auch bei der Ueberführung des Benzils in Benzoïn das Dioxystilben als Zwischenprodukt auftritt; diese Verbindung, deren Bildung aus Benzil:

$$\begin{matrix} C_6H_5—C═O \\ | \\ C_6H_5—C═O \end{matrix} + H_2 = \begin{matrix} C_6H_5—C—OH \\ \| \\ C_6H_5—C—OH \end{matrix},$$

dem allgemeinen Verhalten der „conjugirten" Systeme von Doppelbindungen (vgl. Hydropiperinsäuren in Kap. 36, Bd. II, Th. I) entsprechen würde, wird sich jedoch im Allgemeinen in das stabilere isomere Benzoïn umlagern:

$$\begin{matrix} C_6H_5—C·OH \\ \| \\ C_6H_5—C·OH \end{matrix} = \begin{matrix} C_6H_5—CH·OH \\ | \\ C_6H_5—CO \end{matrix}.$$

Ist aber eine Substanz zugegen, welche, wie das Essigsäureanhydrid, auf die Hydroxylgruppen substituirend wirkt, so werden diese in ihrer Lage fixirt, und die Umlagerung in Benzoïn unterbleibt:

$$\begin{matrix} C_6H_5—CO \\ | \\ C_6H_5—CO \end{matrix} + H_2 + CH_3CO—O—COCH_3 = \begin{matrix} C_6H_5—C—O—COCH_3 \\ \| \\ C_6H_5—C—O—COCH_3 \end{matrix} + H_2O.$$

Das Diacetyldioxystilben ist in zwei wahrscheinlich stereoisomeren Formen erhalten worden.

Denken wir uns eine, bezw. beide Hydroxylgruppen in den Hydrobenzoïnen durch Amidogruppen ersetzt, so gelangen wir zu zwei Paaren

[1] Limpricht u. Schwanert, Ann. **155**, 62 (1870). — Goldenberg, Ann. **174**. 332 (1874). — Leuckart u. Janssen, Ber. **22**, 1410 (1889). — Purgotti, Gazz. chim. **23**, II, 225 (1893). — Sudborough, Journ. Soc. **67**, 604 (1895).

[2] Thiele, Ann. **306**, 142 (1899). — Nef, Ann. **308**, 289 (1899).

stereoisomerer Körper, welche als Diphenyl-Oxäthylamine bezw. Diphenyl-Aethylendiamine zu bezeichnen sind[1]:

Mesoreihe: Racemische Reihe:

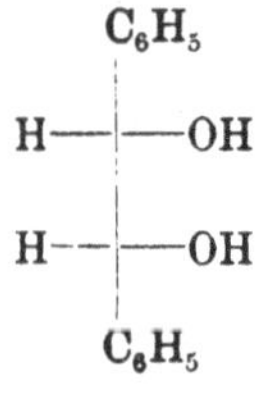

Hydrobenzoïn (Schmp. 138°)

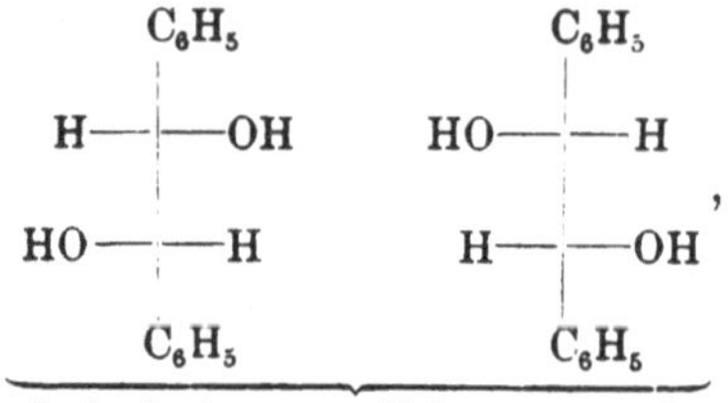

Isohydrobenzoïn (Schmp. 119·5°)

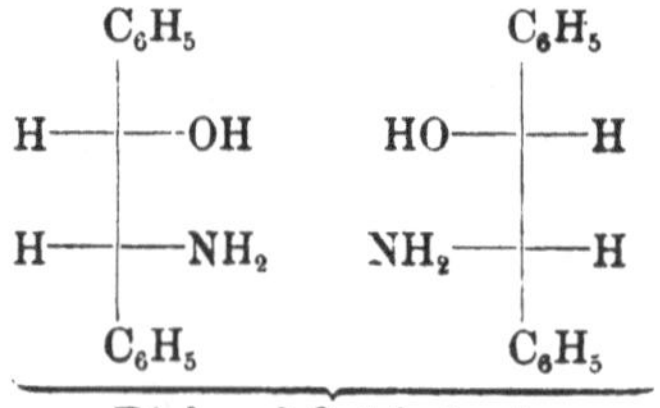

Diphenyl-Oxäthylamin (Schmp. 163°)

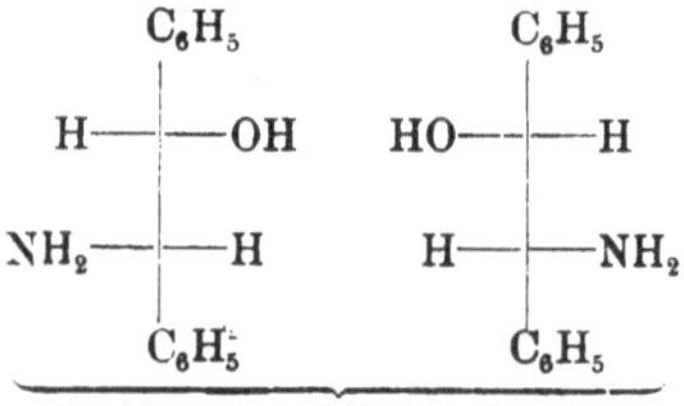

(Iso)-Diphenyl-Oxäthylamin (Schmp. 129—130°)

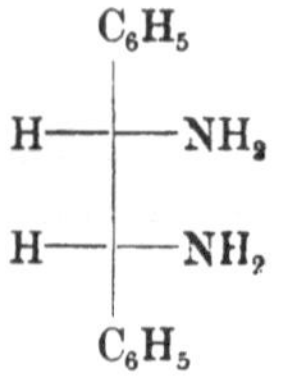

Diphenyl-Aethylendiamin (Schmp. 120—121°)

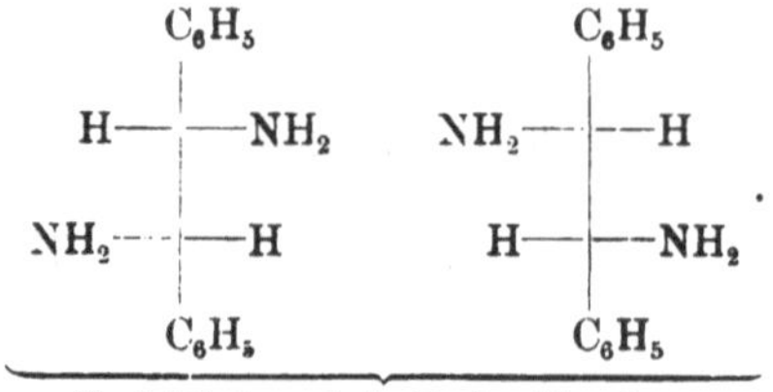

(Iso)-Diphenyl-Aethylendiamin (Schmp. 90—92°)

Das Diphenyl-Aethylendiamin der Mesoreihe (inact.-Diphenyl-Aethylendiamin) wurde zuerst durch Einwirkung von Ammoniak auf blausäurehaltigen Benzaldehyd erhalten.

Die beiden Diphenyl-Oxäthylamine entstehen neben einander bei der Reduction von α-Benzoïnoxim mit Natriumamalgam und Essigsäure, sowie aus beiden Benzilmonoximen:

$$C_6H_5—CH(OH)—C(:NOH)—C_6H_5 + 2H_2 = C_6H_5—CH(OH)—CH(NH_2)—C_6H_5 + H_2O,$$

$$C_6H_5—CO—C(:NOH)—C_6H_5 + 3H_2 = C_6H_5—CH(OH)—CH(NH_2)—C_6H_5 + H_2O.$$

[1] Litteratur der Diphenyl-Aethylendiamine u. der Diphenyl-Oxäthylamine: Limpricht u. Müller, Ann. **111**, 140 (1859). — Goldschmidt u. Polonowska, Ber. **20**, 492 (1887). — Polonowska, Ber. **21**, 488 (1888). — Zaunschirm, Ann. **245**, 285 (1888). — Grossmann, Ber. **22**, 2298 (1889). — Kraft, Ber. **23**, 2784 (1890). — Zanetti, Gazz. chim. **20**, 687 (1890). — Feist, Ber. **27**, 213 (1894). — Feist u. Arnstein, Ber. **28**, 3167 (1895). — Erlenmeyer jun., Ber. **28**, 1866 (1895); **29**, 295 (1896); **30**, 1525, 2896 (1897); **32**, 2377 (1899). Ann. **307**, 70, 113 (1899). — Söderbaum, Ber. **28**, 1897, 2522 (1895); **29**, 1210 (1896). — Japp u. Moir, Journ. Soc. **77**, 608 (1900). —

Die Reduction des α- oder β-Benzildioxims mit Natrium und Alkohol führt zum rac-Diphenyl-Aethylendiamin:

$$C_6H_5-C(:NOH)-C(:NOH)-C_6H_5+4H_2 = C_6H_5-CH(NH_2)-CH(NH_2)-C_6H_5+2H_2O.$$

Unter andern Reductionsbedingungen entsteht an Stelle des Diamins infolge des Ersatzes einer Amidogruppe durch Hydroxyl das Diphenyl-Oxäthylamin vom Schmelzpunkt 163°.

Das rac-Diphenyl-Aethylendiamin bildet sich auch bei der Reduction von Isoamarin[1] mit Natrium und Alkohol und Spaltung der zuerst entstandenen Dibenzalverbindung, während das Amarin (vgl. Bd. II, Th. I, S. 482) in ganz analoger Weise inact.-Diphenyl-Aethylendiamin liefert. Auch durch Alkylirung des Amarins entstehen Derivate des inact-Diphenyl-Aethylendiamins.

Endlich lässt sich das Iso-Diphenyl-Oxäthylamin auch aus dem Condensationsprodukt des Glykocolls mit Benzaldehyd erhalten, wobei in geringer Menge auch Diphenyl-Oxäthylamin auftritt (vgl. S. 188).

Die sterische Configuration der beiden Diphenyl-Aethylendiamine hat sich mit Sicherheit dadurch feststellen lassen, dass die Base vom Schmelzpunkt 90—92° vermittelst ihres Bitartrats in ihre optischen Antipoden gespalten werden konnte. Dieser Base kommt mithin die racemische und dem Diamin vom Schmelzpunkt 120—121° die Mesoform zu.

Nicht mit der gleichen Sicherheit konnte die Configuration der beiden Diphenyl-Oxäthylamine ermittelt werden; denn obgleich diese Körper durch die Diazoreaction sowohl mit den Diphenyläthylendiaminen als auch mit den Hydrobenzoïnen verknüpft sind, so können doch aus diesen Umwandlungen Schlüsse auf die Zugehörigkeit der Verbindungen zur einen oder anderen sterischen Reihe nicht gezogen werden, da sich ergeben hat, dass bei dem Ersatz der Amidogruppen durch Hydroxyle stereochemische Umlagerungen stattfinden.

Von den Diphenyl-Oxäthylaminen ist bisher nur die niedriger schmelzende Base in ihre optisch activen Componenten zerlegt worden. Ueber die sterische Configuration sagt jedoch diese Spaltbarkeit nichts aus: denn, wie auch aus obiger Tabelle ersichtlich ist, müssen **beide** inactiven Diphenyloxäthylamine in je zwei active Basen spaltbar sein, da hier Inactivität in Folge der Ungleichartigkeit der beiden asymmetrischen Kohlenstoffatome nicht durch intramolekulare Compensation zu Stande kommen kann, sondern in beiden Fällen die Folge einer Vereinigung zweier optisch entgegengesetzten Componenten sein muss.

Wenn die Diphenyl-Oxäthylamine dennoch hier mit bestimmten Configurationen bedacht sind, so ist hierfür die Regelmässigkeit der Schmelzpunkte im Vergleich mit den Diaminen und Hydrobenzoïnen vorzugsweise massgebend gewesen.

[1] Vgl. Snape u. Brooke, Journ. Soc. **75**, 208 (1899). —

Aus dem sogenannten Desylbromid[1] oder 7'-Bromdesoxybenzoïn erhält man durch Einwirkung von Phtalimidkalium und darauffolgende Abspaltung von Phtalsäure das 7'-Amidodesoxybenzoïn[2] oder Desylamin:

$$\begin{array}{l} C_6H_5-CHBr \\ \quad\;\; | \\ C_6H_5-CO \end{array} + KN\langle\begin{array}{l}CO\\CO\end{array}\rangle C_6H_4 = \begin{array}{l} C_6H_5-CH-N\langle\begin{array}{l}CO\\CO\end{array}\rangle C_6H_4 \\ \quad\;\; | \\ C_6H_5-CO \end{array} + KBr,$$

$$\begin{array}{l} C_6H_5-CH-N\langle\begin{array}{l}CO\\CO\end{array}\rangle C_6H_4 \\ \quad\;\; | \\ C_6H_5-CO \end{array} + 2\,H_2O = \begin{array}{l} C_6H_5-CH-NH_2 \\ \quad\;\; | \\ C_6H_5-CO \end{array} + C_6H_4(COOH)_2\,.$$

Endlich sei noch das 7-Amidodibenzyl erwähnt, welches aus Desoxybenzoïn durch Erhitzen mit Ammoniumformiat entsteht[3]:

$$\begin{array}{l} C_6H_5-CH_2 \\ \quad\;\; | \\ C_6H_5-CO \end{array} + HCOONH_4 = \begin{array}{l} C_6H_5-CH_2 \\ \quad\;\; | \\ C_6H_5-CH-NH_2 \end{array} + CO_2 + H_2O.$$

Säuren der Diphenyläthanreihe.

Die in den Benzolkernen carboxylirten Derivate des Dibenzyls und der ungesättigten Kohlenwasserstoffe der Diphenyläthanreihe entstehen im Allgemeinen nach denselben Methoden wie diese Kohlenwasserstoffe selbst; für diejenigen Verbindungen dieser Klasse, welche eine Carboxylgruppe an einem der mittleren Kohlenstoffatome tragen, kommt dagegen hauptsächlich ihre Bildung aus den entsprechenden Nitrilen in Betracht. Diese Nitrile bilden sich nach den früher (vgl. S. 185) angegebenen Methoden aus Benzylcyanid einerseits und Benzylchlorid oder Benzaldehyd und deren Substitutionsproducten andererseits:

$$\text{I.}\;\; C_6H_5-CH_2-CN + Cl\cdot CH_2-C_6H_5 = \begin{array}{l} C_6H_5-CH-CH_2-C_6H_5 \\ \qquad\quad | \\ \qquad\;\; CN \end{array} + HCl.$$

$$\text{II.}\;\; C_6H_5-CH_2-CN + OCH-C_6H_5 = \begin{array}{l} C_6H_5-C{=}CH-C_6H_5 \\ \qquad\;\; | \\ \qquad\; CN \end{array} + H_2O.$$

. . . .

Dazu tritt noch als dritte Condensationsmethode die Einwirkung von aromatischen Aldehyden auf Phenylessigsäure, welche direct zu den Säuren führt (vgl. S. 186):

$$\text{III.}\;\; C_6H_5-CH_2-COOH + OCH-C_6H_5 = \begin{array}{l} C_6H_5-C{=}CH-C_6H_5. \\ \qquad\;\; | \\ \qquad COOH \end{array}$$

Die Bezeichnung dieser Säuren als Dibenzyl- bezw. Stilben-Carbon-

[1] Der Rest $C_6H_5-\overset{|}{C}H-CO-C_6H_5$ wird als Desyl bezeichnet.

[2] NEUMANN, Ber. **23**, 994 (1890). — Vgl. BRAUN, Ber. **22**, 556 (1889).

[3] LEUCKART u. JANSSEN, Ber. **22**, 1409 (1889).

säuren wird häufig ersetzt durch eine Benennungsweise, welche sie als Abkömmlinge der Zimmtsäure bezw. der Hydrozimmtsäure erscheinen lässt[1]:

α-Phenylzimmtsäure α-Phenylhydrozimmtsäure
Stilbencarbonsäure (7) Dibenzylcarbonsäure (7)

Die in der o-Stellung des vom Carboxyl entfernt stehenden Benzolkerns hydroxylirten oder amidirten Phenylzimmtsäuren bezw. Phenylhydrozimmtsäuren zeigen insofern ein vollkommen analoges Verhalten wie die o-Oxy- und o-Amido-Zimmtsäure selbst, als sie ebenso wie diese Säuren befähigt sind, unter Wasserabspaltung und intramolecularer Condensation in Abkömmlinge des Cumarins und Carbostyrils überzugehen:

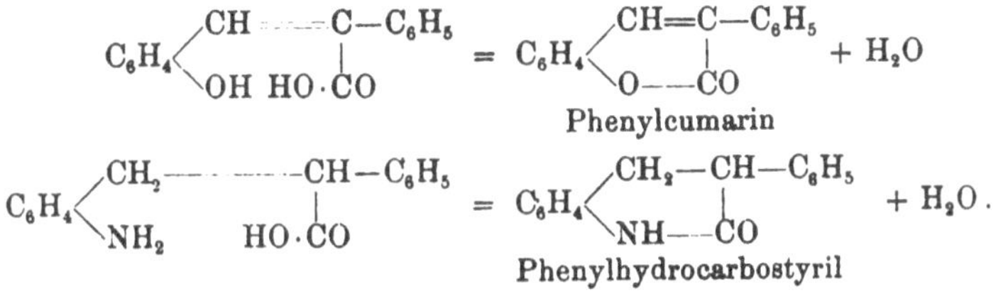

Auch insofern reihen sich die phenylirten Zimmtsäuren der Zimmtsäure an, als sie wie diese in zwei stereoisomeren Formen, als normale und als sogenannte Allosäuren, auftreten (vgl. Kap. 35 in Bd. II, Th. I), z. B.:

Normale Säure Allosäure

Die „normalen" Säuren sind dadurch ausgezeichnet, dass sie viel leichter esterificirbar sind, als die Allosäuren; dies lässt auf ein räumliches Hinderniss für die Einführung der Alkylgruppe bei den Säuren der letztgenannten Klasse schliessen (vgl. Bd. II, Th. I, S. 543—545) und bietet einen Anhaltspunkt zur Vertheilung der Raumformeln im obigen Sinne.

---

[1] Litteratur der Phenylzimmtsäure, Phenylhydrozimmtsäure und ihrer Derivate: Würtz, Ann. Spl. **8**, 50 (1872). — Oglialoro, Gazz. chim. **8**, 429 (1878); **9**, 428 (1879). — Sardo, Gazz. chim. **13**, 273 (1883). — Cabella, Gazz. chim. **14**, 114 (1884). — Curatolo, Gazz. chim. **14**, 257 (1884). — Scacchi, Gazz. chim. **14**, 563 (1884); **25**, I, 310 (1895). — Magnanimi, Gazz. chim. **15**, 509 (1885). — V. Meyer, Ber. **21**, 355 (1888). Ann. **250**, 124 (1889). — A. Meyer, Ber. **21**, 1306 (1888). — Janssen, Ann. **250**, 125 (1889). — Neure, Ann. **250**, 155 (1889). — Frost, Ann. **250**, 156 (1889). — Oglialoro u. Rosini, Gazz. chim. **20**, 396 (1890). — Miller u. Rohde, Ber. **25**, 2017, 2098 (1892). — R. Müller, Ber. **26**, 659 (1893). — Bakunin, Gazz. chim. **25**, I, 137 (1895); **27**, II, 34 (1897). — Pschorr, Ber. **29**. 496 (1896). — Sudborough, Journ. Soc. **73**, 89 (1898). — Smith, Am. chem. Journ. **22**, 255 (1899). — Walther u. Wetzlich, J. pr. [2] **61**, 169 (1900).

Ebenso wie die Zimmtsäure selbst, gehen die Phenylzimmtsäure und ihre Derivate bei der Reduction in die entsprechenden Hydrosäuren über:

$$\underset{\displaystyle COOH}{C_6H_5-CH=C-C_6H_5} + H_2 = \underset{\displaystyle COOH}{C_6H_5-CH_2-CH-C_6H_5}$$

Sie geben ferner gesättigte Additionsprodukte mit Halogenen und Halogenwasserstoffen.

Die Phenylzimmtsäuren spalten leicht die Carboxylgruppe ab und gehen in Stilbenverbindungen über, weshalb man bei ihrer Darstellung oft Gemische der beiden stereoisomeren Säuren mit der entsprechenden carboxylfreien Verbindung erhält.

α-Phenylzimmtsäure, Stilbencarbonsäure (7), $C_6H_5-CH=C(COOH)-C_6H_5$, bildet sich durch achtstündiges Erhitzen von 16 Theilen Benzaldehyd mit 26 Theilen trockenem phenylessigsaurem Natrium und 60 Theilen Essigsäureanhydrid auf 150—160°, sowie beim Verseifen ihres Nitrils mit alkoholischer Kalilauge. Sie krystallisirt in feinen, langen Nadeln vom Schmelzpunkt 172°. Der Methylester bildet bei 77—78° schmelzende lange Nadeln, der Aethylester ist flüssig. Das Nitril (7-Cyanstilben), $C_6H_5-CH=C(CN)-C_6H_5$, bildet sich beim Versetzen von 10 g Benzylcyanid mit 9·5 g Benzaldehyd und 5 ccm 20procentigem Natriumäthylat; es krystallisirt in Blättchen vom Schmelzpunkt 86° und siedet bei 359—360° corr.

allo-α-Phenylzimmtsäure entsteht als Nebenprodukt bei der Darstellung der α-Phenylzimmtsäure aus Benzaldehyd und Phenylessigsäure; sie schmilzt bei circa 110°.

α-Phenylhydrozimmtsäure, Dibenzylcarbonsäure (7), $C_6H_5-CH_2-CH(COOH)-C_6H_5$; ihr Aethylester bildet sich beim Behandeln von Benzylchlorid und Chlorameisensäureester mit Natriumamalgam; die freie Säure entsteht bei der Reduction der α-Phenylzimmtsäure mit Natriumamalgam oder durch Verseifen des Nitrils mit rauchender Salzsäure. Sie tritt in drei verschiedenen Modificationen mit den Schmelzpunkten 88—89°, 95—96° und 82° auf und siedet bei 330—340°. Der Methylester krystallisirt in Nadeln vom Schmelzpunkt 34°, der Aethylester ist flüssig und siedet bei 325°. Das Nitril (7-Cyandibenzyl) $C_6H_5-CH_2-CH(CN)-C_6H_5$, wird erhalten durch Behandeln von Benzylcyanid mit festem Natron und Benzylchlorid; es bildet Nadeln vom Schmelzpunkt 58° und siedet bei 335°.

Ein besonderes Interesse beanspruchen die Dicarbonsäuren der Dibenzylreihe, in deren Molecülen die beiden Carboxylgruppen an den mittelständigen Kohlenstoffatomen haften. Diese Säuren lassen sich als diphenylirte Bernstein-, bezw. Fumar- und Maleïn-Säuren auffassen[1] und zeigen auch

[1] Litteratur der Diphenylbernsteinsäure, Diphenylmaleïnsäure und Diphenylfumarsäure: Franchimont, Ber. **5**, 1049 (1872). — Reimer, Ber. **13**, 742 (1880); **14**, 1797, 1802 (1881). — Rügheimer, Ber. **15**, 1625 (1882). — Roser, Ann. **247**, 152 (1888). — Ossipow, Ztschr. f. physik. Chem. **4**, 484 (1889). — Poppe, Ber. **23**, 117 (1890). — Tillmanns, Ann. **258**, 87 (1890). — Anschütz u. Bendix, Ann. **259**, 61

in ihrem gesammten Verhalten und namentlich mit Rücksicht auf die hier auftretenden Isomerieerscheinungen vollkommene Analogie mit den dialkylirten Bernsteinsäuren bezw. mit den entsprechenden Säuren der Maleïnsäure- und Fumarsäure-Reihe.

Die Diphenylbernsteinsäure, $\begin{array}{l} C_6H_5{-}CH{-}COOH \\ \quad\quad\;\;| \\ C_6H_5{-}CH{-}COOH \end{array}$, wurde von Franchimont zuerst dargestellt, und zwar durch Erhitzen von Phenylbromessigester mit alkoholischem Cyankalium und Behandeln des Produkts mit Kali. Reimer fand dann, dass bei der Reduction des Stilbendicarbonsäureanhydrids (s. S. 226) neben der von Franchimont gewonnenen, nunmehr als α-Diphenylbernsteinsäure bezeichneten Verbindung eine isomere Säure auftritt, welche β-Diphenylbernsteinsäure benannt wurde. Wir haben also hier genau wie bei den symmetrisch dialkylirten Bernsteinsäuren zwei Isomere, deren Verschiedenheit sich am ungezwungensten durch die Annahme einer sterochemischen Isomerie erklären liesse (vgl. Bd. I, S. 668, 669). Aber ebensowenig wie bei den Dialkylbernsteinsäuren ist bisher bei der Diphenylbernsteinsäure die Spaltung einer Modification in optische Antipoden ausgeführt worden.

Jeder der beiden Diphenylbernsteinsäuren entspricht ein besonderes Anhydrid, $\begin{array}{l} C_6H_5{-}CH{-}CO \\ \quad\quad\;\;|\qquad\quad >O \\ C_6H_5{-}CH{-}CO \end{array}$, aus dem sich die zugehörige Säure regeneriren lässt; auch kennt man zwei isomere Diphenylbernsteinsäurenitrile oder 7.7'-Dicyandibenzyle:

$$\begin{array}{l} C_6H_5{-}CH{-}CH{-}C_6H_5 \\ \quad\quad\;\;|\quad\;\;\, | \\ \quad\quad CN\;\; CN \end{array} .$$

Die beiden Diphenylbernsteinsäuren lassen sich gegenseitig in einander überführen, und zwar entsteht die β-Säure aus der α-Säure durch Erhitzen mit Mineralsäuren, während alkalische Agentien die umgekehrte Umwandlung hervorrufen.

Durch Erhitzen mit Schwefelsäure auf höhere Temperatur entsteht aus beiden Diphenylbernsteinsäuren dieselbe Verbindung, das sogenannte Diphenylsuccindon:

$$\begin{array}{l} C_6H_5{-}CH{-}COOH \\ \qquad\quad\;\;| \\ HOOC{-}CH{-}C_6H_5 \end{array} = \begin{array}{l} C_6H_4{-}CH{-}CO \\ \;|\qquad\;\;|\qquad | \\ CO{-}CH{-}C_6H_4 \end{array} + 2\,H_2O\,.$$

(1890). — Walden, Ztschr. f. physik. Chem. 8, 465 (1891). — Chalanay u. Knoevenagel, Ber. **25**, 285, 289 (1892). — Michael u. Jeanprêtre, Ber. **25**, 1680 (1892). — Gysae, Ber. **26**, 2478 (1893). — Bischoff u. Walden, Ann. **279**, 118 (1893). — Hell u. Weinzweig, Ber. **28**, 2445 (1895). — Nef, Ann. **298**, 257 (1897). — Japp u. Lander, Journ. Soc. **71**, 142 (1897). — Japp u. Murray, ebenda, 152. — Smith, Am. chem. Journ. **22**, 256 (1899).

Die Einwirkung von Brom auf Benzylcyanid führt zum Dicyanstilben:

$$\begin{array}{l} C_6H_5{-}CH_2{-}CN \\ C_6H_5{-}CH_2{-}CN \end{array} + 2\,Br_2 = \begin{array}{l} C_6H_5{-}C{-}CN \\ \quad\ \ \| \\ C_6H_5{-}C{-}CN \end{array} + 4\,HBr$$

Bei der Verseifung mit alkoholischem Kali entsteht aus diesem Dicyanid das Kaliumsalz einer Stilbendicarbonsäure (7.7'), doch lässt sich die freie Säure aus dem Salz nicht abscheiden, da sie sofort in Wasser und das Anhydrid

$$\begin{array}{l} C_6H_5{-}C{-}CO \diagdown \\ \quad\ \ \| \qquad\quad\ O \\ C_6H_5{-}C{-}CO \diagup \end{array}$$

zerfällt. Dieses Verhalten deutet darauf hin, dass die dem Kaliumsalz sowie dem Anhydrid zu Grunde liegende unbeständige Säure die Diphenylmaleïnsäure ist (vgl. Bd. I, S. 680ff.).

Das Diphenylmaleïnsäureanhydrid bildet sich auch, wenn man Phenylbromessigester in ätherischer Lösung mit Natrium behandelt, die entstandenen Ester durch Kali verseift und die Kaliumsalze durch Salzsäure zersetzt; in diesem Falle entsteht aber neben dem Anhydrid eine in freiem Zustande beständige Stilbendicarbonsäure (7.7'), die Diphenylfumarsäure:

$$\begin{array}{r} C_6H_5{-}C{-}COOH \\ \| \quad\quad\ \ \\ HOOC{-}C{-}C_6H_5 \end{array}.$$

Durch Erhitzen der Diphenylfumarsäure erhält man das Diphenylmaleïnsäureanhydrid.

α-Diphenylbernsteinsäure, Dibenzyldicarbonsäure (7.7'), $\begin{array}{l} C_6H_5{-}CH{-}CH{-}C_6H_5 \\ \quad\quad\ | \qquad | \\ \quad\ COOH\ COOH \end{array}$, krystallisirt je nach dem Lösungsmittel in Prismen, grossen Tafeln oder feinen Nadeln. Aus Wasser krystallisirt sie mit einem Molecül Krystallwasser und schmilzt in diesem Zustande bei 183°, um darauf sogleich wieder fest zu werden und bei 220° unter Anhydridbildung wieder zu schmelzen. Der Diäthylester bildet silberglänzende, bei 84—85° schmelzende Nadeln. Das Anhydrid, durch Erhitzen der Säure auf 220° gewonnen, schmilzt bei 111—112°.

β-Diphenylbernsteinsäure krystallisirt in kleinen Nadeln vom Schmelzpunkt 229—230°; bei raschem Erhitzen schmilzt sie erst bei höherer Temperatur. Der Diäthylester krystallisirt in kleinen glanzlosen Nadeln vom Schmelzpunkt 140—141°. Das Anhydrid, durch Erhitzen der Säure mit Acetylchlorid gewonnen, schmilzt bei 112°.

Diphenylmaleïnsäure, Stilbendicarbonsäure (7.7'), $\begin{array}{l} C_6H_5{-}C{=}C{-}C_6H_5 \\ \qquad\quad | \quad\ \ | \\ \quad\ \ COOH\,COOH \end{array}$, existirt nicht in freiem Zustande. Das Anhydrid bildet feine Nadeln vom Schmelzpunkt 155° und siedet unter 15 mm Druck bei 236°.

Diphenylfumarsäure, bildet compacte Krystalle vom Schmelzpunkt 276° (bei raschem Erhitzen) und zerfällt bei der Schmelztemperatur in Wasser und Diphenylmaleïnsäureanhydrid.

Von den ungesättigten Oxycarbonsäuren der Diphenyläthanreihe zeigen diejenigen ein interessantes Verhalten, welche eine Carboxylgruppe in der Orthos-Stellung zur mittleren Kohlenstoffkette und in der letzteren eine Hydroxylgruppe enthalten. Solche Säuren vermögen Lactone zu bilden und sind zu den verschiedensten Umwandlungen befähigt.

In grosser Zahl und Mannigfaltigkeit lassen sich diese Lactone gewinnen durch Condensation von Phtalsäureanhydrid und seinen Substitutionsprodukten einerseits mit Phenylessigsäure und deren Derivaten andererseits unter Zuhilfenahme von Natriumacetat[1]. Die Reaction wurde zuerst von GABRIEL und MICHAEL mit Phtalsäureanhydrid und Phenylessigsäure ausgeführt (vgl. S. 186):

$$C_6H_4\left\langle\begin{matrix}CO\\ \\ CO\end{matrix}\right\rangle O + \begin{matrix}CH_2-C_6H_5\\ |\\ COOH\end{matrix} = C_6H_4\left\langle\begin{matrix}C{=}CH-C_6H_5\\ \\ CO\end{matrix}\right\rangle O + H_2O + CO_2.$$

Die so erhaltene als Benzalphtalid bezeichnete Verbindung ist das Lacton einer 7-Oxystilbencarbonsäure (2):

$$C_6H_4\left\langle\begin{matrix}C(OH){=}CH-C_6H_5\\ COOH\end{matrix}\right.$$

Diese Säure scheint jedoch nicht existenzfähig zu sein; denn wenn das Benzalphtalid in Alkalilauge aufgelöst und die alkalische Lösung mit Säure gefällt wird, so bildet sich nicht Oxystilbencarbonsäure, sondern die isomere Desoxybenzoïncarbonsäure (2):

$$C_6H_4\left\langle\begin{matrix}CO-CH_2-C_6H_5\\ COOH\end{matrix}\right. .$$

Letztere lässt sich durch Reduction mit Natriumamalgam in Toluylenhydratcarbonsäure (2), durch Jodwasserstoffsäure und Phosphor in Dibenzylcarbonsäure (2) überführen; bei der Oxydation[2] liefert sie Benzilcarbonsäure (2):

$C_6H_4(COOH)-CH_2-CH_2-C_6H_5$	$C_6H_4(COOH)-CH(OH)-CH_2-C_6H_5$	$C_6H_4(COOH)-CO-CO-C_6H_5$
Dibenzylcarbonsäure (2)	Toluylenhydratcarbonsäure (2)	Benzilcarbonsäure (2)

Als ungesättigte Verbindung addirt das Benzalphtalid Brom und giebt mit salpetriger Säure ein Dinitrit:

$$C_6H_4\left\langle\begin{matrix}C(NO_2)-CHNO_2-C_6H_5\\ \\ CO\end{matrix}\right\rangle O .$$

Dieses Dinitroprodukt verliert leicht ein Molecül salpetrige Säure unter Bildung von Nitrobenzalphtalid:

[1] Litteratur s. S. 186.

[2] GRÄBE u. JUILLARD, Ber. 21, 2003 (1888).

$$C_6H_4\left\langle\begin{matrix} C(NO_2)-CHNO_2-C_6H_5 \\ >O \\ CO \end{matrix}\right. = HNO_2 + C_6H_4\left\langle\begin{matrix} C{=}C(NO_2)-C_6H_5 \\ >O \\ CO \end{matrix}\right.$$

Wird das Nitrobenzalphtalid mit Jodwasserstoffsäure und Phosphor behandelt, so erleidet es eine merkwürdige Umwandlung unter Bildung eines Isomeren des Benzalphtalids, des Isobenzalphtalids:

$$C_6H_4\left\langle\begin{matrix} CH{=}C-C_6H_5 \\ | \\ CO-O \end{matrix}\right. .$$

Das Isobenzalphtalid zeigt alkalischen Agentien gegenüber ein analoges Verhalten wie das Benzalphtalid. Auch hier wird der Lactonring gesprengt, es entsteht jedoch wiederum nicht die zu erwartende Oxystilbencarbonsäure, sondern die mit der Desoxybenzoïncarbonsäure (2) isomere Desoxybenzoïncarbonsäure (2'):

$$C_6H_4\left\langle\begin{matrix} CH{=}C-C_6H_5 \\ | \\ CO-O \end{matrix}\right. + H_2O = C_6H_4\left\langle\begin{matrix} CH{=}C(OH)-C_6H_5 \\ COOH \end{matrix}\right. = C_6H_4\left\langle\begin{matrix} CH_2-CO-C_6H_5 \\ COOH \end{matrix}\right.$$

Die letztgenannte Säure reagirt (ebenso wie das Isobenzalphtalid) mit Ammoniak unter Bildung eines Isochinolinderivats (s. diese):

$$C_6H_4\left\langle\begin{matrix} CH_2-CO-C_6H_5 \\ COOH \end{matrix}\right. + NH_3 = C_6H_4\left\langle\begin{matrix} CH_2-C-C_6H_5 \\ \| \\ CO-N \end{matrix}\right. + 2H_2O.$$

Benzalphtalid, $C_6H_4\left\langle\begin{matrix} C{=}CH-C_6H_5 \\ >O \\ CO \end{matrix}\right.$, bildet lange, monokline Prismen vom Schmelzpunkt 98—99°. Darstellung: Man erhitzt 100 g Phenylessigsäure mit 110 g Phtalsäureanhydrid und 2·5 g Natriumacetat 2 Stunden lang am Rückflusskühler, welcher so stark erwärmt wird, dass das entstehende Wasser nicht zurückfliesst.

Desoxybenzoïncarbonsäure (2), $C_6H_4\left\langle\begin{matrix} CO-CH_2-C_6H_5 \\ COOH \end{matrix}\right.$, krystallisirt mit einem Molecül Wasser in langen, bei 74—75° schmelzenden Prismen.

Desoxybenzoïncarbonsäure (2'), $\left.\begin{matrix} C_6H_5-CO-CH_2 \\ HOOC \end{matrix}\right\rangle C_6H_4$, bildet bei 169—170° schmelzende Nadeln.

Ganz ähnlich wie das Benzalphtalid ist das Diphtalyl[1] constituirt, welches aus Phtalylchlorid mit staubförmigem Silber oder durch Re-

---

[1] ADOR, Ann. **164**, 229 (1872). — GRÄBE u. SCHMALZIGAUG, Ber. **15**, 1673 (1882). Ann. **228**, 126 (1885). — J. WISLICENUS, Ber. **17**, 2178 (1884). — KERN, Ber. **17**, 3021 (1884). — GRÄBE u. GUYE, Ber. **17**, 2851 (1884). Ann. **233**, 241 (1886). — DOBREFF, Ann. **239**, 65 (1887). — GRÄBE u. JUILLARD, Ann. **242**, 214 (1887). Ber. **21**, 2003 (1888). — HASSELBACH, Ann. **243**, 249 (1888). — GOLDSCHMIEDT u. EGGER, Monatsh. **12**, 49 (1891). — LÖWY, Monatsh. **14**, 131 (1893). — GOLDSCHMIEDT, Monatsh. **16**, 13 (1895). — GRÄBE u. TRÜMPY, Ber. **31**, 375 (1898). — GABRIEL u. LEUPOLD, Ber. **31**, 2646 (1898).

duction des Phtalsäureanhydrids mit Zinkstaub und Essigsäure oder endlich durch Condensation von Phtalid und Phtalsäureanhydrid mittels Natriumacetat gewonnen wird. Auch das Diphtalyl ist ein Lacton und zwar das Dilacton der hypothetischen 7.7′-Dioxystilbendicarbonsäure (2.2′):

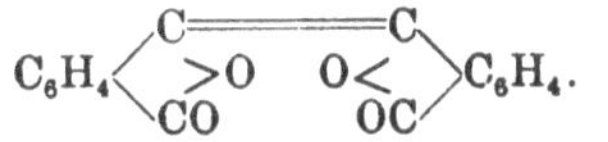

Bei der Behandlung mit Alkalien spaltet sich nur einer der beiden Lactonringe auf unter Bildung der sogenannten Diphtalyllactonsäure:

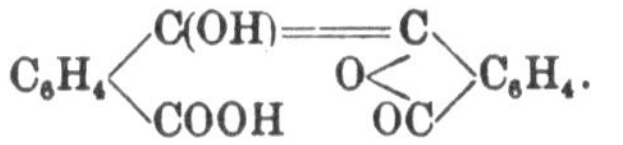

Diese Reaction findet jedoch nur dann statt, wenn die Einwirkung der Luft ausgeschlossen wird; im anderen Falle tritt gleichzeitig eine Oxydation ein unter Entstehung der Diphtalylsäure oder Benzildicarbonsäure (2.2′):

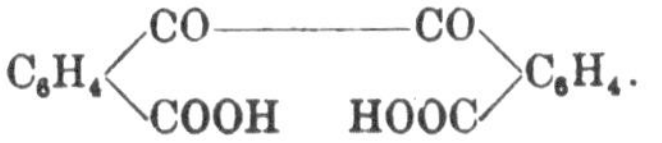

Bei gemässigter Reduction bildet das Diphtalyl Hydrodiphtalyl:

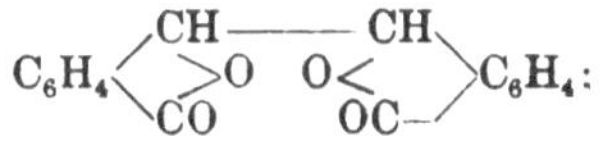

wird diese Reduction bei Gegenwart von Alkali ausgeführt, so findet gleichzeitig die Sprengung eines Lactonringes statt unter Bildung von Hydrodiphtalyllactonsäure:

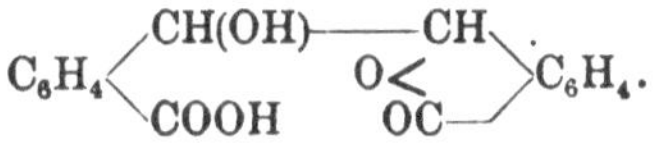

Energisch wirkende Reductionsmittel endlich erzeugen aus dem Diphtalyl die Dibenzyldicarbonsäure (2.2′):

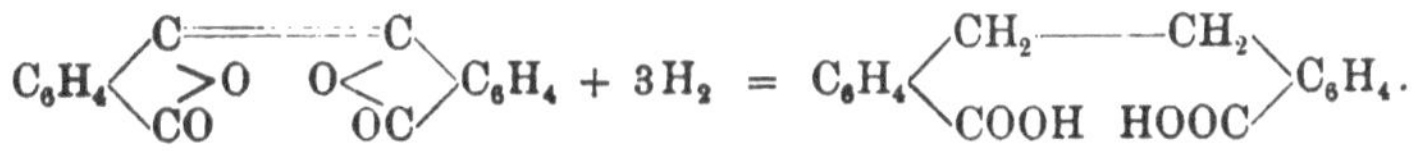

Diphtalyl, 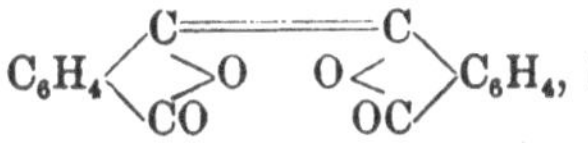, krystallisirt in Nädelchen vom Schmelzpunkt 334—335° und sublimirt in langen Nadeln. Darstellung: Man reducirt Phtalsäureanhydrid bei 100° mit Zinkstaub und Eisessig, filtrirt die heisse Lösung vom Zinkstaub ab und krystallisirt das ausgeschiedene Diphtalyl aus Eisessig um.

Diphtalylsäure, Benzildicarbonsäure (2.2′), , bildet mikroskopische Blättchen oder Nadeln vom Schmelzpunkt 270—272°. Dieselbe Säure entsteht auch bei der Oxydation des Chrysochinons oder des Chrysoketons (vgl. Chrysen) mit Chromsäure oder Kaliumpermanganat[1].

[1] GRÄBE u. HÖNIGSBERGER, Ann. **311**, 264 (1900).

Die Fähigkeit des Desoxybenzoïns, durch Behandeln mit Halogenalkylen und Natriumäthylat einen Alkylrest in die Stellung 7′ aufzunehmen, wurde bereits besprochen (vgl. S. 215). Wendet man bei dieser Reaction an Stelle von Halogenalkylen halogenirte Säureester an, so entstehen die Ester von Säuren der Desoxybenzoïnreihe[1]. Um eine einfache und klare Bezeichnungsweise für diese Körper zu gewinnen, fasst man sie zweckmässig auf als Säuren, in welche der Rest

$$\begin{array}{l} C_6H_5{-}CH{-}CO{-}C_6H_5 \\ \quad\;\;\;| \end{array}$$

als Substituent eingetreten ist. Dieser Rest wird mit dem Wort „Desyl" bezeichnet, es ist also die aus Desoxybenzoïn, Chlorameisensäureester und Natriumäthylat entstehende Verbindung:

$$C_6H_5{-}CH_2{-}CO{-}C_6H_5 + Cl{\cdot}COO{\cdot}C_2H_5 + NaO{\cdot}C_2H_5$$

$$= \begin{array}{l} C_6H_5{-}CH{-}CO{-}C_6H_5 \\ \qquad\;\;| \\ \qquad COOC_2H_5 \end{array} + NaCl + HO{\cdot}C_2H_5$$

Desylameisensäure-Aethylester zu nennen.

Durch Verseifung der Ester erhält man die freien Säuren; es sind auf diese Weise die folgenden Verbindungen dargestellt worden:

Desylameisensäure,	$\begin{array}{l} C_6H_5{-}CH{-}CO{-}C_6H_5 \\ \qquad\;\;| \\ \qquad COOH \end{array}$	(unbeständig),	
Desylessigsäure,	$\begin{array}{l} C_6H_5{-}CH{-}CO{-}C_6H_5 \\ \qquad\;\;| \\ \qquad CH_2{-}COOH \end{array}$	Schmelzpunkt	162°,
α-Desylpropionsäure,	$\begin{array}{l} C_6H_5{-}CH{-}CO{-}C_6H_5 \\ \qquad\;\;| \\ CH_3{-}CH{-}COOH \end{array}$	„	213—215°,
β-Desylpropionsäure,	$\begin{array}{l} C_6H_5{-}CH{-}CO{-}C_6H_5 \\ \qquad\;\;| \\ \qquad CH_2{-}CH_2{-}COOH \end{array}$	„	136°.

Als Keton kann das Desoxybenzoïn auch mit dem Bernsteinsäureester eine Condensation eingehen, welche durch alkoholfreies Natriumäthylat hervorgerufen wird[2] (vgl. S. 90):

$$\begin{array}{l} C_6H_5{-}CO \\ \qquad\;\; | \\ C_6H_5{-}CH_2 \end{array} + \begin{array}{l} CH_2{-}COOC_2H_5 \\ | \\ CH_2{-}COOC_2H_5 \end{array} + H_2O = \begin{array}{l} C_6H_5{-}C{=\!=}C{-}COOH \\ \qquad\;\;\; | \qquad | \\ C_6H_5{-}CH_2 \;\; CH_2{-}COOH \end{array} + 2C_2H_5{\cdot}OH.$$

Die so primär entstandene Säure lagert sich spontan in die isomere γ-Benzyliden-γ-phenylbrenzweinsäure um:

$$\begin{array}{l} C_6H_5{-}C{-\!-}CH{-}COOH \\ \qquad\;\;\, \| \qquad | \\ C_6H_5{-}CH \;\; CH_2{-}COOH \end{array}.$$

[1] V. Meyer, Ber. **20**, 534, 2944 (1887). — V. Meyer u. Oelkers, Ber. **21**, 1295 (1888). — Rattner, Ber. **21**, 1316 (1888). — Knoevenagel, Ber. **21**, 1344 (1888). — Beckmann u. Paul, Ann. **266**, 1 (1891). — Klingemann, Ann. **269**, 131 (1892). — Thiele, Ann. **306**, 194 (1899). — Vgl. Knoevenagel, Ber. **21**, 1355 (1888). — Japp u. Davidson, Journ. Soc. **67**, 132 (1895). — Russwurm, Ann. **308**, 156 (1899).

[2] Stobbe, Ann. **308**, 67 (1899). — Russwurm, Ann. **308**, 156 (1899).

Von Oxydicarbonsäuren der Dibenzylreihe ist die Diphenylweinsäure

$$\begin{array}{l} C_6H_5-C(OH)-COOH \\ \quad\quad\;\, | \\ C_6H_5-C(OH)-COOH \end{array}$$

zu nennen, welche jedoch nicht in freiem Zustande erhalten worden ist. Ihr Nitril ist identisch mit dem Additionsprodukt der Blausäure an Benzil, dem Benzildicyanhydrin[1] (vgl. S. 211):

$$C_6H_5\cdot C(OH)(CN)\cdot C(OH)(CN)\cdot C_6H_5 .$$

Aldehyde der Dibenzylreihe.

Man kennt zwei Aldehyde, welche sich vom Dibenzyl ableiten. Der eine enthält die Aldehydgruppe an einem mittelständigen Kohlenstoffatom und entsteht, wenn Desoxybenzoïn mit Ameisensäureäthylester und Natriumäthylat behandelt wird[2]

$$C_6H_5-CH_2-CO-C_6H_5 + HCO\cdot OC_2H_5 = C_6H_5-CH(CHO)-CO-C_6H_5 + HO\cdot C_2H_5 .$$

Das Desoxybenzoïn reagirt hier wie alle Ketone mit der Gruppirung $-CH_2-CO-$ mit Ameisensäureester unter Bildung seines Formylderivats bezw. der isomeren Oxymethylenverbindung (vgl. Bd. I, S. 860):

$$\begin{array}{l} C_6H_5-CH-CO-C_6H_5 \\ \quad\quad\;\;\, | \\ \quad\quad\; CHO \end{array} \quad \text{oder} \quad \begin{array}{l} C_6H_5-C-CO-C_6H_5 . \\ \quad\quad\;\;\, \| \\ \quad\quad\; CHOH \end{array}$$

Ein Dialdehyd, welcher in jedem der beiden Benzolkerne eine Aldehydgruppe trägt, ist das durch Cyankalium und Alkohol aus dem Terephtalaldehyd entstehende Benzoïnderivat, der 4·4'-Benzoïndialdehyd[3]:

$$OHC-C_6H_4-CO-CH(OH)-C_6H_4-CHO.$$

Hydrirte Dibenzylderivate.

Wir kennen einige Verbindungen, welche als Abkömmlinge eines hydrirten Dibenzyls aufgefasst werden können; zu diesen gehört eine Dodekahydro-dibenzyldicarbonsäure (4.4'),

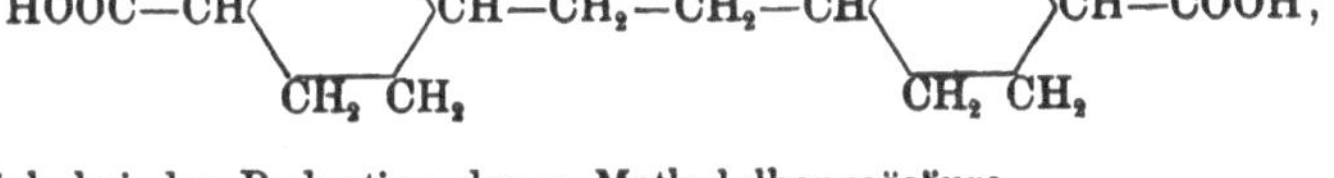

welche sich bei der Reduction der p-Methylolbenzoësäure

$$HO-CH_2-C_6H_4-COOH$$

mit Amylalkohol und Natrium bildet[4].

---

[1] Zinin, Ann. **34**, 189 (1840). — Burton, Ber. **16**, 2232 (1883). — Jacoby, Ber. **19**, 1519 (1886). — Japp u. Miller, Journ. Soc. **51**, 29 (1887).

[2] Claisen u. Meyerowitz, Ber. **22**, 3278 (1889).

[3] Oppenheimer, Ber. **19**, 1814 (1886).

[4] Einhorn u. Ludisch, Ann. **310**, 204 (1899).

Ein complicirteres Produkt entsteht, wenn das Condensationsprodukt aus einem Molecül Zimmtaldehyd (Bd. II, Th. I, S. 487) mit 2 Molecülen Acetessigester, der

Cinnamylidendiacetessigester, 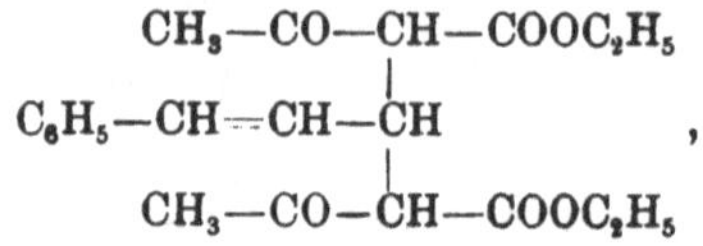 ,

durch alkoholische Salzsäure oder durch Kalilauge zu einer Condensation unter Ringschliessung veranlasst wird[1]. Im ersteren Falle entsteht ein als 3-Methyl-5-ketotetrahydrostilbendicarbonsäureester (2.6) zu bezeichnender Körper:

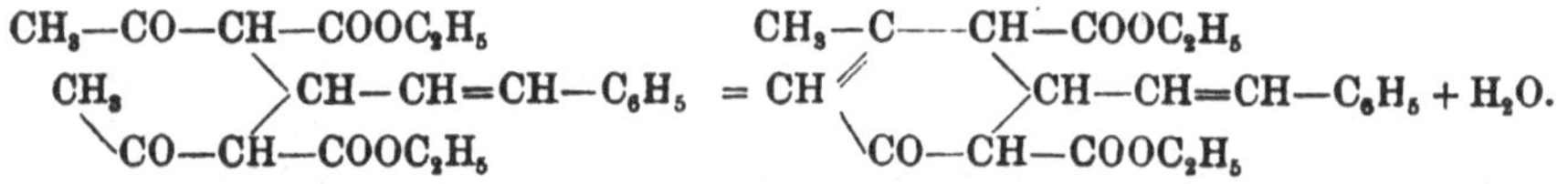

Bei der Ringschliessung durch Kalilauge findet gleichzeitig Verseifung des ringförmigen Esters und Abspaltung der Carboxylgruppen statt; das Endprodukt ist mithin das 3-Methyl-5-ketotetrahydrostilben:

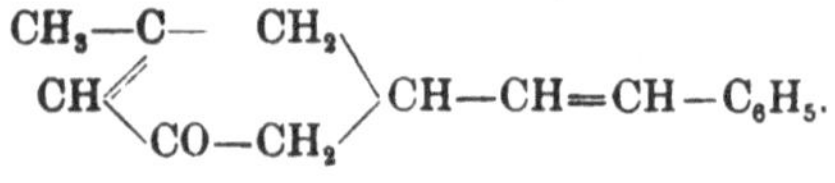

Die Gruppe des Triphenyläthans.

Die Verbindungen der Triphenyläthanreihe leiten sich von einem Kohlenwasserstoff der Formel:

$$(C_6H_5)_2{>}CH-CH_2-C_6H_5$$

ab. Diesem gesättigten Kohlenwasserstoff, dem Triphenyläthan, entspricht eine ungesättigte Verbindung

$$(C_6H_5)_2{>}C=CH-C_6H_5,$$

das Triphenyläthylen, welches jedoch bisher nicht dargestellt worden ist. Dagegen kennt man einige Abkömmlinge des Triphenyläthylens, z. B. die Triphenyläthylencarbonsäure oder Triphenylacrylsäure:

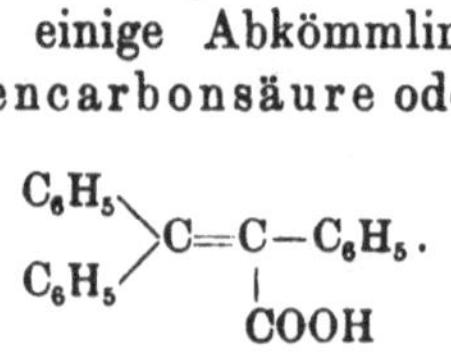

Für die Darstellung von Verbindungen der Triphenyläthan- und der Tetraphenyläthan-Reihe (vgl. S. 237) hat die Friedel-Crafts'sche Syn-

[1] Knoevenagel u. R. Werner, Ann. **281**, 92 (1894).

these eine ausgedehnte Anwendung gefunden; doch ist es nur in vereinzelten Fällen eine normale Reaction, welche diese hochmolecularen Körper erzeugt; in den meisten Fällen verdanken diese ihre Entstehung abnormen Condensationsvorgängen. Sie entstehen daher auch fast nie allein, sondern im Gemenge mit Verbindungen der Diphenylmethan- und Triphenylmethan-Reihe.

Besonders mannigfaltig gestalten sich die Condensationsvorgänge zwischen Chloral und Benzol unter dem Einfluss des Aluminiumchlorids[1]. Je nach den Versuchsbedingungen hat man hier Gemenge verschiedener Körper erhalten, nämlich einmal nebeneinander:

Phenyldichloracetaldehyd, $C_6H_5—CCl_2—CHO$,
as-Diphenyldichloräthan, $(C_6H_5)_2CH—CHCl_2$,
Triphenylchloräthan, $(C_6H_5)_2CH—CHCl—C_6H_5$,
Tetraphenyläthan, $(C_6H_5)_2CH—CH(C_6H_5)_2$.

Unter anderen Bedingungen entsteht ein Gemenge der folgenden Körper:

Benzoësäure, $C_6H_5—COOH$,
Phenyldichloräthylen, $C_6H_5—CH{=}CCl_2$,
Diphenylmethan, $(C_6H_5)_2CH_2$,
Diphenyldichloräthylen, $(C_6H_5)_2C{=}CCl_2$,
Triphenylmethan, $(C_6H_5)_3CH$,
Triphenylvinylalkohol, $(C_6H_5)_2C{=}C(OH)—C_6H_5$,
Tetraphenyläthan, $(C_6H_5)_2CH—CH(C_6H_5)_2$,
Tetraphenyläthylen, $(C_6H_5)_2C{=}C(C_6H_5)_2$.

Dichloracetylchlorid[2] und Trichloracetylchlorid[3] erzeugen bei der Condensation mit Benzol nach Friedel-Crafts das gleiche Produkt, das Phenyldesoxybenzoïn bezw. den isomeren Triphenylvinylalkohol (vgl. S. 235):

$$(C_6H_5)_2CH—CO—C_6H_5 \text{ bezw. } (C_6H_5)_2C{=}C(OH)—C_6H_5.$$

Hier haben wir nur beim Dichloracetylchlorid eine normal verlaufende Reaction, während bei Anwendung des Trichloracetylchlorids gleichzeitig eine jener Reductionserscheinungen auftritt, wie sie bei der Aluminiumchloridreaction häufig beobachtet werden (vgl. S. 62—63).

An Stelle des Dichloracetylchlorids kann auch das Diphenylacetylchlorid Verwendung finden[4]:

$$(C_6H_5)_2CH—COCl + C_6H_6 = (C_6H_5)_2CH—CO—C_6H_5 + HCl.$$

[1] Combes, Ann. ch. [6] **12**, 271 (1887). — Biltz, Ber. **26**, 1952 (1893); **29**, 2080 (1896); **32**, 650 (1899). Ann. **296**, 220 (1897).
[2] Collet, Bull [3] **15**, 22 (1896).
[3] Delacre, Bull. [3] **13**, 857 (1895).
[4] Klingemann, Ann. **275**, 87 (1893). — Vgl. Gardeur, Centralbl. **1897, II**, 660.

Mit besonderer Leichtigkeit — schon beim Erhitzen ohne Condensationsmittel — vereinigt sich der Dichloräther mit Phenolen zu Oxyderivaten des Triphenyläthans[1]. So entsteht mit Phenol selbst Trioxytriphenyläthan:

$$CH_2Cl{-}CHCl{-}OC_2H_5 + 3\,C_6H_5\cdot OH$$
$$= HO\cdot C_6H_4{-}CH_2{-}CH(C_6H_4\cdot OH)_2 + 2\,HCl + C_2H_5\cdot OH.$$

Diese Verbindungen sind dadurch ausgezeichnet, dass sie mit gelinde wirkenden Oxydationsmitteln, wie Eisenchlorid, in rothe Farbstoffe übergehen. Das aus dem obigen Trioxytriphenyläthan entstehende Produkt ist mit der Rosolsäure (vgl. S. 151) isomer und daher als Isorosolsäure bezeichnet worden. Die Aehnlichkeit dieser Farbstoffe tritt auch in ihrer Constitution hervor:

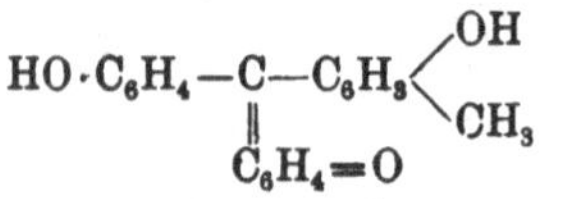

Rosolsäure

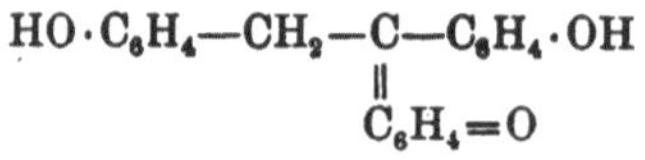

Isorosolsäure

Wie die Isorosolsäure in ihrem Verhalten eine nahe Verwandtschaft zur Rosolsäure erkennen lässt, so besteht auch eine innige Beziehung zwischen dem Resorcinbenzeïn (vgl. Benzeïne auf S. 143—144) und einem Körper der Triphenyläthanreihe, dem Resorcinphenylaceteïn. Letzteres entsteht, wenn Phenylessigsäure mit Resorcin unter Vermittelung von Chlorzink condensirt wird[2]:

$$C_6H_5{-}CH_2{-}COOH + 2\,C_6H_4(OH)_2 = C_6H_5{-}CH_2{-}C\begin{smallmatrix}\diagup C_6H_3(OH)_2 \\ \diagdown C_6H_3\begin{smallmatrix}\diagup OH \\ \diagdown O\end{smallmatrix}\end{smallmatrix} + 2\,H_2O.$$

Im Gegensatz zu den Benzeïnen, welche wahre Carbinolverbindungen sind, vermag sich das Resorcinphenylaceteïn, wie aus obiger Formel ersichtlich ist, zu anhydrisiren und in chinoïder Form aufzutreten. Demgemäss besitzt diese Verbindung auch wahren Farbstoffcharakter und gleicht im Aussehen vollkommen dem Resorcinphtaleïn (Fluoresceïn, vgl. S. 171), während ihr Tetrabromderivat auf Seide Färbungen giebt, welche denen des Eosins sehr ähnlich sind.

Zur Herstellung von Körpern der Triphenyläthanreihe eignen sich ferner einige Verbindungen der Diphenylmethangruppe. Zu diesen gehört ausser dem bereits oben genannten Diphenylacetylchlorid auch das Diphenylmethan selbst. Man erhält beim Erhitzen von Diphenylmethan mit Kalium auf 230° ein Produkt — $(C_6H_5)_2CHK$ (?) — welches mit Benzylchlorid Triphenyläthan liefert[3]:

$$(C_6H_5)_2CHK + Cl\cdot CH_2{-}C_6H_5 = (C_6H_5)_2CH{-}CH_2{-}C_6H_5 + KCl.$$

---

[1] J. Wislicenus, Ann. **243**, 151 (1888). — J. Wislicenus u. Reinhardt, Ann. **243**, 153 (1888). — J. Wislicenus u. Siegfried, Ann. **243**, 171 (1888). — Brückner, Ann. **257**, 322 (1890).

[2] Cohn, J. pr. [2] **48**, 397 (1893). Ber. **26**, 2066 (1893).

[3] Saint-Pierre, Bull. [3] **5**, 292 (1891).

Mit Benzoylchlorid bildet es den Benzoylester des Triphenylvinylalkohols[1]:

$$(C_6H_5)_2CHK + 2\,Cl\cdot CO\cdot C_6H_5 = \begin{matrix}(C_6H_5)_2C{=}C{-}C_6H_5\\ |\\ O\cdot CO\cdot C_6H_5\end{matrix} + KCl + HCl\ .$$

Das Nitril der Diphenylessigsäure (vgl. S. 92) condensirt sich mit Benzylchlorid bei Gegenwart von Natriumäthylat zum Benzyldiphenylessigsäurenitril oder Cyantriphenyläthan[2]:

$$(C_6H_5)_2CH\cdot CN + NaO\cdot C_2H_5 + Cl\cdot CH_2{-}C_6H_5$$
$$= \begin{matrix}(C_6H_5)_2C{-}CH_2{-}C_6H_5\\ |\\ CN\end{matrix} + NaCl + HO\cdot C_2H_5\ .$$

Das Benzophenonchlorid vereinigt sich beim Erhitzen mit Benzylcyanid oder Phenylessigsäuremethylester zum Nitril bezw. Ester der Triphenylacrylsäure[3]:

$$\text{I.}\quad (C_6H_5)_2CCl_2 + \begin{matrix}CH_2{-}C_6H_5\\ |\\ CN\end{matrix} = \begin{matrix}(C_6H_5)_2C{=}C{-}C_6H_5\\ |\\ CN\end{matrix} + 2HCl\ .$$

$$\text{II.}\quad (C_6H_5)_2CCl_2 + \begin{matrix}CH_2{-}C_6H_5\\ |\\ COOCH_3\end{matrix} = \begin{matrix}(C_6H_5)_2C{=}C{-}C_6H_5\\ |\\ COOCH_3\end{matrix} + 2\,HCl\ .$$

Endlich ist noch die Fähigkeit des Benzoïns zu erwähnen, mit Phenol und Schwefelsäure behandelt in Oxytriphenyläthanon überzugehen[4]:

$$\begin{matrix}C_6H_5{-}CH{-}OH\\ |\\ C_6H_5{-}CO\end{matrix} + C_6H_5\cdot OH = \begin{matrix}C_6H_5{-}CH{-}C_6H_4\cdot OH\\ |\\ C_6H_5{-}CO\end{matrix} + H_2O\ .$$

Triphenyläthan[5], $(C_6H_5)_2C{-}CH_2{-}C_6H_5$, schmilzt bei 53.5—54.5°.

Triphenylvinylalkohol[6], $(C_6H_5)_2C{=}C(OH){-}C_6H_5$, bildet weisse Nadeln vom Schmelzpunkt 136° und siedet unter 40 mm Druck bei 270—280°. Die aus einigen Synthesen dieser Verbindung (vgl. S. 233) sich als nächstliegend ergebende Formel eines Phenyldesoxybenzoïns, $(C_6H_5)_2CH{-}CO{-}C_6H_5$, erscheint unbegründet, da eine Ketongruppe nicht mit Sicherheit nachgewiesen werden konnte, dagegen die Hydroxylgruppe ihre Anwesenheit durch die Acetylirbarkeit bezw. Benzoylirbarkeit der Verbindung kundgiebt. Auch das elektrische Verhalten des Körpers spricht für das

---

[1] SAINT-PIERRE, Bull. [3] **5**, 292 (1891).

[2] NEURE, Ann. **250**, 143 (1889).

[3] HEYL u. V. MEYER, Ber. **28**, 1798, 2776 (1895). — DAHL, Ber. **29**, 2839 (1896). — V. MEYER u. WEIL, Ber. **30**, 1281 (1897).

[4] JAPP u. WADSWORTH, Journ. Soc. **57**, 965 (1890).

[5] SAINT-PIERRE, Bull. [3] **5**, 292 (1891). — BILTZ, Ann. **296**, 247 (1897). — RAWITZER, Bl. [3] **17**, 477 (1897). — GARDEUR, Centralbl. **1898** I, 438.

[6] SAINT-PIERRE, Bull. [3] **5**, 292 (1891). — KLINGEMANN, Ann. **275**, 87 (1893). — BILTZ, Ber. **26**, 1952 (1893); **29**, 2080 (1896); **32**, 650 (1899). Ann. **296**, 220 (1897). — DELACRE, Bull. [3] **13**, 857 (1895). — COLLET, Bull. [3] **15**, 22 (1896). — GARDEUR, Centralbl. **1897**, II, 660.

Vorhandensein einer „Enolgruppe“ (vgl. S. 247); ferner wird diese Formel durch die Oxydirbarkeit der Verbindung zu Phenylbenzoïn gestützt:

$$(C_6H_5)_2C{=}C(OH){-}C_6H_5 + O + H_2O = (C_6H_5)_2C(OH){-}C(OH)_2{-}C_6H_5$$
$$= (C_6H_5)_2C(OH){-}CO{-}C_6H_5 + H_2O.$$

Das Phenylbenzoïn (Schmelzpunkt 84°) liefert mit Natriumamalgam Triphenyläthylenglykol, $(C_6H_5)_2C(OH){-}CH(OH){-}C_6H_5$ (Schmelzpunkt 164°). Beim Behandeln mit Phosphorsäureanhydrid spaltet das Glykol Wasser ab und bildet ein Isomeres des Triphenylvinylalkohols, das Triphenyläthylenoxyd, $(C_6H_5)_2C{-}CH{-}C_6H_5$ (über O verbrückt) (Schmelzpunkt 105°), welches beim öfteren Umkrystallisiren aus heissen Lösungsmitteln in den isomeren Triphenylvinylalkohol übergeht. Die directe Reduction des Triphenylvinylalkohols liefert Triphenyloxyäthan, $(C_6H_5)_2CH{-}CH(OH){-}C_6H_5$ (Schmelzpunkt 87°).

Triphenylacrylsäure[1], $(C_6H_5)_2C{=}C(C_6H_5){-}COOH$, krystallisirt in Nadeln vom Schmelzpunkt 212—213°. Sie lässt sich im Gegensatz zu Triphenylessigsäure (vgl. S. 168) bei 3-stündiger Behandlung mit einem Salzsäurestrom in kochendem Methylalkohol glatt esterificiren. Der Methylester bildet gelbe, bei 136° schmelzende Nadeln, das Amid schmilzt bei 223°. Das Nitril, $(C_6H_5)_2C{=}C(C_6H_5){-}CN$, krystallisirt in Nadeln vom Schmelzpunkt 162—163°.

Beim Erhitzen der Triphenylacrylsäure mit Chlorzink entsteht Diphenylindon (vgl. Indenreihe):

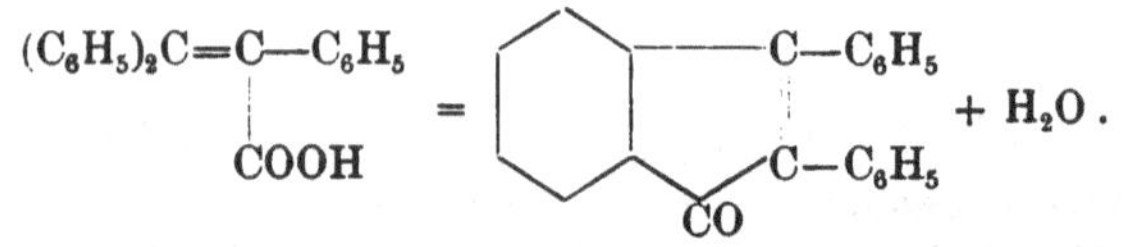

Dieses Diphenylindon, welches sich auch neben dem Triphenylacrylsäurenitril bei der Condensation von Benzophenonchlorid mit Benzylcyanid bildet, liefert in der Alkalischmelze eine mit der Triphenylacrylsäure isomere Verbindung, welche wahrscheinlich als Triphenyläthylen-o-carbonsäure oder o-Diphenylvinyl-Benzoësäure aufzufassen ist:

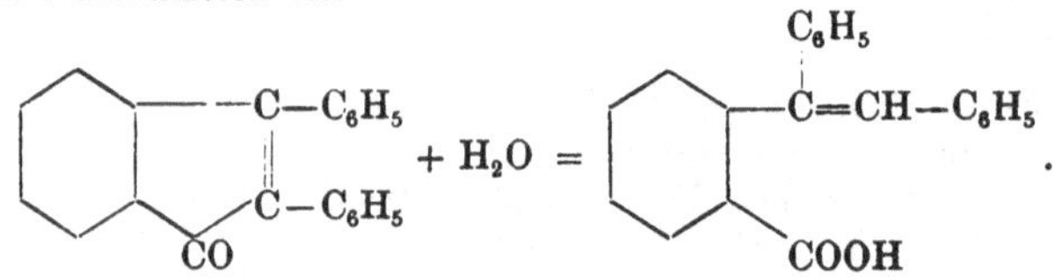

Sie bildet farblose, dem Kochsalz ähnliche Krystalle vom Schmelzp. 185—186°; ihr Methylester schmilzt bei 101—102°.

---

[1] Heyl u. V. Meyer, Ber. **28**, 1798, 2776 (1895). — Dahl, Ber. **29**, 2839 (1896). — V. Meyer u. Weil, Ber. **30**, 1281 (1897). — Sudborough u. Lloyd, Journ. Soc. **73**, 92 (1898).

Bei der Reduction mit Jodwasserstoff und Phosphor wird das Diphenylindon gleichfalls aufgespalten unter Bildung von 1.1.2-Triphenylpropan oder Methyltriphenyläthan:

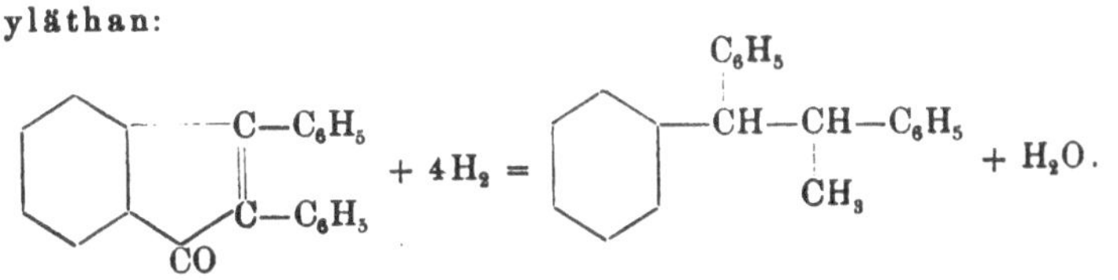

Dieses Triphenylpropan siedet bei 365° und erstarrt zu einer weissen festen Masse.

Die Gruppe des Tetraphenyläthans.

Das Tetraphenyläthan kann theoretisch in zwei isomeren Formen auftreten, als symmetrische und als unsymmetrische Verbindung:

$$(C_6H_5)_2CH-CH(C_6H_5)_2 \quad \text{und} \quad (C_6H_5)_3C-CH_2-C_6H_5\,.$$

Von diesen beiden Kohlenwasserstoffen ist nur der erstere, der symmetrische bekannt; von dem unsymmetrischen Isomeren kennt man dagegen ein sauerstoffhaltiges Derivat, das β-Benzpinakolin:

$$(C_6H_5)_3C-CO-C_6H_5\,.$$

Das um zwei Wasserstoffatome ärmere Tetraphenyläthylen kann nur in einer Form existiren, als

$$(C_6H_5)_2C{=}C(C_6H_5)_2\,.$$

Um Verbindungen der Tetraphenyläthanreihe zu bilden, bieten sich vorzugsweise zwei Methoden dar: die Friedel-Crafts'sche Synthese und die Verkettung zweier Diphenylmethangruppen. Nach der ersteren Methode gewinnt man das Tetraphenyläthan aus Chloral, Benzol und Aluminiumchlorid neben anderen Produkten[1] (vgl. S. 233). Der Reactionsverlauf ist ein abnormer, denn man sollte nach der Gleichung

$$4\,C_6H_6 + CCl_3-CHO = (C_6H_5)_2CCl-CH(C_6H_5)_2 + 2\,HCl + H_2O$$

die Entstehung eines gechlorten Tetraphenyläthans erwarten. Statt dessen bildet sich durch gleichzeitig verlaufende Reduction der Kohlenwasserstoff selbst. Dass indessen das gechlorte Tetraphenyläthan intermediär gebildet wird, scheint daraus hervorzugehen, dass auch Tetraphenyläthylen unter den Reactionsprodukten aufgefunden werden konnte, dessen Entstehung aus dem Tetraphenylchloräthan durch Abspaltung von Chlorwasserstoff ohne weiteres einleuchtet.

Tetraphenyläthan entsteht ferner aus Benzol, Aluminiumchlorid und Acetylentetrabromid, β-Bromstyroldibromid oder Stilbendibromid[2]:

$$\text{I.}\quad 4\,C_6H_6 + CHBr_2-CHBr_2 = (C_6H_5)_2CH-CH(C_6H_5)_2 + 4\,HBr,$$
$$\text{II.}\quad 3\,C_6H_6 + C_6H_5-CHBr-CHBr_2 = (C_6H_5)_2CH-CH(C_6H_5)_2 + 3\,HBr,$$
$$\text{III.}\quad 2\,C_6H_6 + C_6H_5-CHBr-CHBr-C_6H_5 = (C_6H_5)_2CH-CH(C_6H_5)_2 + 2\,HBr.$$

---

[1] Combes, Ann. ch. [6] **12**, 272 (1887). — Biltz, Ber. **26**, 1952 (1893). Ann. **296**, 220, 229 (1897).

[2] Anschütz, Ann. **235**, 200, 204, 207 (1886). — Vgl. Schoop, Ber. **13**, 2199 (1880).

Dasselbe Produkt und nicht, wie man erwarten sollte, ein Isomeres entsteht aber auch aus unsymmetrischem Tetrabromäthan, $CH_2Br—CBr_3$, Benzol und Aluminiumchlorid und an Stelle des zu erwartenden Tetraphenyläthylens aus Tolandibromid[1].

Eine Reihe von Diphenylmethanderivaten ist auf verschiedenen Wegen in Tetraphenyläthanabkömmlinge übergeführt worden; zu diesen Reactionen gehört in erster Linie die Einwirkung reducirender Agentien auf Benzophenon und Benzhydrol.

Bei der Reduction von Benzophenon mit Zink und Schwefelsäure oder Essigsäure bildet sich das diesem Keton entsprechende Pinakon (vgl. Bd. I, S. 568), das Benzpinakon[2]:

$$2(C_6H_5)_2CO + H_2 = (C_6H_5)_2C(OH)—C(OH)(C_6H_5)_2.$$

Das Benzpinakon ist eine wenig beständige Verbindung, es zerfällt schon beim Erhitzen auf seinen Schmelzpunkt vollständig in Benzophenon und Benzhydrol:

$$(C_6H_5)_2C(OH)-C(OH)(C_6H_5)_2 = (C_6H_5)_2CO + (C_6H_5)_2CH \cdot OH.$$

Durch Acetylchlorid oder Benzoylchlorid wird es schon bei mässigem Erwärmen, durch concentrirte Halogenwasserstoffsäuren, verdünnte Schwefelsäure oder Eisessig beim Erhitzen im geschlossenen Rohr auf 180—200° in eigenthümlicher Weise verändert. Es findet eine Wanderung des einen Benzolrestes von dem einen zum anderen mittelständigen Kohlenstoffatom und gleichzeitig Wasserabspaltung statt unter Bildung des sogenannten β-Benzpinakolins (vgl. Bd. I, S. 419, 565):

$$(C_6H_5)_2C(OH)—C(OH)(C_6H_5)_2 = (C_6H_5)_3C—CO \cdot C_6H_5 + H_2O.$$

Die genauere Erforschung dieser Reactionen hat ergeben, dass man je nach den Versuchsbedingungen aus dem Benzophenon auch direct dieses β-Benzpinakolin oder ein Isomeres desselben, das α-Benzpinakolin

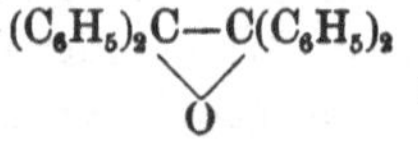

,

erhalten kann. Wird die Einwirkung von Zink und Salzsäure auf das

[1] Anschütz, Ann. **235**, 196, 210 (1886). — Vgl. Willgerodt u. Schiff, J. pr. [2] **41**, 524 (1890).

[2] Litteratur des Benzpinakons und der Benzpinakoline, sowie ihrer Homologen: Linnemann, Ann. **133**, 29 (1865). — Behr, Ber. **5**, 277 (1872). — Gräbe, Ber. **8**, 1054 (1875). — Thörner, Ber. **9**, 482, 1738 (1876). Ann. **189**, 104 (1877). — Thörner u. Zincke, Ber. **10**, 1473 (1877); **11**, 65, 1396 (1878). — Zagoumeny, Ann. **184**, 176 (1877). Ber. **13**, 2392 (1880); **14**, 1402 (1881). — Paal, Ber. **17**, 911 (1884). — Anschütz, Ann. **235**, 221 (1886). — Elbs, J. pr. [2] **35**, 477 (1887). — Delacre, Bull. de l'acad. d. Belgique [3] **20**, 99 (1890); **21**, 541 (1891). — Lohse, Ber. **29**, 1789 (1896). — Klinger u. Lonnes, Ber. **29**, 2158 (1896). — Biltz, Ann. **296**, 236 (1897). — Oechsner de Coninck u. Devrien, Compt. rend. **130**, 1768 (1900). — Ciamician u. Silber, Ber. **33**, 2911 (1900).

Benzophenon bei Anwesenheit von nur wenig Alkohol und einem Ueberschuss des Reductionsmittels vorgenommen und lange genug erhitzt, so entsteht nur β-Benzpinakolin, bei kürzerer Reactionsdauer und in verdünnterer Lösung dagegen bildet sich ein Gemenge von α- und β-Benzpinakolin. Das α-Benzpinakolin wird durch dieselben Agentien wie das Benzpinakon in das β-Pinakolin verwandelt. Das erste Produkt der Reduction von Benzophenon ist in allen Fällen Benzpinakon; dieses wird dann unter geeigneten Bedingungen zunächst in α-Benzpinakolin und das letztere in β-Benzpinakolin übergeführt:

$$\text{I.}\quad 2(C_6H_5)_2CO + H_2 = (C_6H_5)_2C(OH)-C(OH)(C_6H_5)_2,$$

$$\text{II.}\quad (C_6H_5)_2C(OH)-C(OH)(C_6H_5)_2 = (C_6H_5)_2C\underset{\diagdown O \diagup}{-}C(C_6H_5)_2 + H_2O,$$

$$\text{III.}\quad (C_6H_5)_2C\underset{\diagdown O \diagup}{-}C(C_6H_5)_2 = (C_6H_5)_3C-CO-C_6H_5\,.$$

Ganz analoge Produkte, wie aus dem Benzophenon, werden bei der Reduction des Phenyltolylketons und des p-Xylylphenylketons erhalten.

Das α-Benzpinakolin entsteht auch bei der Oxydation von Tetraphenyläthylen mit Chromsäure in Eisessiglösung:

$$(C_6H_5)_2C{=}C(C_6H_5)_2 + O = (C_6H_5)_2C\underset{\diagdown O \diagup}{-}C(C_6H_5)_2,$$

wodurch seine symmetrische Structur sehr wahrscheinlich wird.

Das β-Benzpinakolin ist charakterisirt durch seine Spaltung in Benzoësäure und Triphenylmethan beim Erhitzen mit Natronkalk:

$$(C_6H_5)_3C-CO-C_6H_5 + H_2O = (C_6H_5)_3CH + HO\cdot CO-C_6H_5,$$

sowie durch die Bildung von Triphenylcarbinol und Benzoësäure bei der Oxydation:

$$(C_6H_5)_3C-CO-C_6H_5 + O + H_2O = (C_6H_5)_3C\cdot OH + HO\cdot CO-C_6H_5\,.$$

Beide Reactionen entsprechen der Annahme einer unsymmetrischen Constitution für das β-Benzpinakolin.

Sehr auffallend ist es nun, dass das β-Benzpinakolin bei der Reduction mit Jodwasserstoffsäure und Phosphor nicht das unsymmetrische, sondern das auf vielen anderen Wegen darstellbare symmetrische Tetraphenyläthan liefert. Wir sehen also — falls die oben angenommenen Formeln der beiden Benzpinakoline als genügend sichergestellt erachtet werden — wiederum die Wanderung der einen Phenylgruppe von einem zum anderen Kohlenstoffatom eintreten[1], eine Reaction, welche hier in

[1] Ein analoger Vorgang ist auch in der Reihe des einfachsten aliphatischen Pinakolins $(CH_3)_3C\cdot CO\cdot CH_3$ beobachtet; das Bromid $(CH_3)_3C\cdot CHBr\cdot CH_3$ des dem Pinakolin entsprechenden Alkohols liefert durch Behandlung mit Ammoniak das symmetrische Tetramethyläthylen $(CH_3)_2C:C(CH_3)_2$; vgl. Couturier, Ann. ch. [6] **26**, 480—485 (1892).

umgekehrtem Sinne verläuft, wie bei der Entstehung des β-Benzpinakolins aus der α-Verbindung:

$$(C_6H_5)_3C—CO—C_6H_5 + 2H_2 = (C_6H_5)_2CH—CH(C_6H_5)_2 + H_2O.$$

Das β-Benzpinakolin hat sich trotz seiner unzweifelhaften Ketonnatur bisher nicht in ein Oxim überführen lassen, ein Umstand, welcher aller Wahrscheinlichkeit nach auf eine räumliche Hinderung durch die Anhäufung der Phenylgruppen in der Nähe der Ketogruppe zurückzuführen ist[1].

Die vollständige Eliminirung des Sauerstoffs aus dem Benzophenonmolecül, welche nach dem oben Gesagten über das Benzpinakon und die Benzpinakoline als Zwischenprodukte verläuft, lässt sich auch in einer Operation ausführen. So entstehen bei der Destillation von Benzophenon über Zinkstaub im Verbrennungsrohr Diphenylmethan, Tetraphenyläthan und Tetraphenyläthylen[2].

Ebenso wie das Benzophenon ist auch das Benzhydrol durch Reduction in Tetraphenyläthan überführbar[3]; wichtiger aber ist die Bildung von Tetraphenyläthan aus dem Benzhydrol, sowie aus seinem Aether $(C_6H_5)_2CH—O—CH(C_6H_5)_2$ und endlich aus dem Benzhydrolester der Bernsteinsäure bei der Destillation dieser Verbindungen[4]. Die Reaction sollte, wenn sie nur in einer Wasserabspaltung bestünde, zum Tetraphenyläthylen führen:

$$2(C_6H_5)_2CH\cdot OH = (C_6H_5)_2C{=}C(C_6H_5)_2 + 2H_2O.$$

Dass an Stelle dieses ungesättigten Kohlenwasserstoffs das Aethanderivat entsteht, findet seine Erklärung in der gleichzeitigen Bildung von Benzophenon, also einem Oxydationsprodukt des Benzhydrols.

Die Einwirkung von Phosphorpentachlorid auf Benzhydrol, sowie die Destillation von Diphenylchlor- oder -brommethan giebt Gemenge von Tetraphenyläthan und Tetraphenyläthylen[5]. In glatter Weise entsteht die letztere Verbindung beim einstündigen Erhitzen von Diphenylbrommethan auf 250—300° bei Abwesenheit von Wasser[6]:

$$2(C_6H_5)_2CHBr = (C_6H_5)_2C{=}C(C_6H_5)_2 + 2HBr.$$

Für das Tetraphenyläthylen kommt ferner eine Darstellungsweise in Betracht, welche in der Entziehung von Halogen aus dem Benzophenonchlorid durch Erhitzen mit fein vertheiltem Silber besteht[7] (vgl. die Darstellung des Diphtalyls S. 180):

$$2(C_6H_5)_2CCl_2 + 4Ag = (C_6H_5)_2C{=}C(C_6H_5)_2 + 4AgCl.$$

[1] Beckmann u. Wegerhoff, Ann **252**, 14 (1889).

[2] Städel, Ber. **6**, 189 (1873); **7**, 1480 (1874); **9**, 562 (1876). Ann. **194**, 307 (1878). — Vgl. Engler, Ber. **11**, 926 (1878). — Baeyer, Ann. **202**, 133 (1880).

[3] Zagoumeny, Ber. **9**, 277 (1876). Ann. **184**, 177 (1877). — Anschütz, Ann. **235**, 220 (1886).

[4] Linnemann, Ann. **133**, 24 (1865). — Anschütz, Ann. **235**, 220 (1886). — Nef, Ann. **298**, 236 (1897).

[5] Engler u. Bethge, Ber. **7**, 1128 (1874). — Städel, Ann. **194**, 312 (1878). — Boissieu, Bull. **49**, 681 (1888). — Vgl. Schwarz, Ber. **14**, 1526 (1881). — Rawitzer, Bull. [3] **17**, 479 (1897).

[6] Nef, Ann. **298**, 237 (1897).

[7] Behr, Ber. **3**, 752 (1870). — Anschütz, Ann. **235**, 221 (1886). — Vgl. Lohse, Ber. **29**, 1789 (1896).

Das Benzophenonbromid spaltet die Bromatome schon beim Destilliren für sich ab und liefert so Tetraphenyläthylen[1].

Das Thiobenzophenon liefert gleichfalls bei der Destillation, sowie beim Erhitzen mit Kupferpulver Tetraphenyläthylen[2].

Endlich entsteht diese Verbindung beim Erhitzen von Diphenylmethan mit Schwefel[3], sowie bei der Reduction des Fluorenketons $\begin{matrix} C_6H_4 \\ C_6H_4 \end{matrix}\!\!>CO$ mit Zinkstaub[4].

Durch Wasserstoffaddition lässt sich das Tetraphenyläthylen in Tetraphenyläthan überführen, wodurch die symmetrische Structur des letzteren bewiesen ist[5]:

$$(C_6H_5)_2C{=}C(C_6H_5)_2 + H_2 = (C_6H_5)_2CH{-}CH(C_6H_5)_2 .$$

Die Condensationsfähigkeit der Aldehyde mit Phenolen, welche in der Diphenyl- und Triphenylmethan-Reihe so vielfache Synthesen ermöglicht, lässt auch die Darstellung von hydroxylirten Tetraphenyläthanderivaten zu. Man versetzt zu diesem Zwecke eine Eisessig-Chlorwasserstofflösung von Diphenylacetaldehyd mit dem betreffenden Phenol[6]. Das gewöhnliche Phenol bildet dabei Dioxytetraphenyläthan:

$$(C_6H_5)_2CH{-}CHO + 2C_6H_5\cdot OH = (C_6H_5)_2CH{-}CH(C_6H_4\cdot OH)_2 + H_2O .$$

In ähnlicher Weise nimmt das Chlorobenzil, $C_6H_5{-}CCl_2{-}CO{-}C_6H_5$, (vgl. S. 197) unter dem Einfluss des Chlorzinks zwei Phenolmoleküle auf unter Bildung von Dioxy-β-benzpinakolin[7]:

$$C_6H_5{-}CO{-}CCl_2{-}C_6H_5 + 2C_6H_5OH = C_6H_5{-}CO{-}C\begin{cases} C_6H_5 \\ (C_6H_4OH)_2 \end{cases} + 2HCl .$$

Endlich sei noch die Darstellung einiger Säuren der Tetraphenyläthanreihe beschrieben.

Diphenylchloressigsäureester wird, mit fein vertheiltem Silber auf 120—130° erhitzt, entchlort und in den Ester der Tetraphenylbernsteinsäure (Tetraphenyläthandicarbonsäure) verwandelt[8]:

$$\begin{matrix} (C_6H_5)_2CCl{-}COOC_2H_5 \\ (C_6H_5)_2CCl{-}COOC_2H_5 \end{matrix} + 2Ag = \begin{matrix} (C_6H_5)_2C{-}COOC_2H_5 \\ | \\ (C_6H_5)_2C{-}COOC_2H_5 \end{matrix} + 2AgCl.$$

Das Nitril der Tetraphenylbernsteinsäure entsteht, wenn Diphenyl-

---

[1] FRIEDEL u. BALSOHN, Bull. **33**, 338 (1880).

[2] BEHR, Ber. **5**, 970 (1872). — GATTERMANN u. SCHULZE, Ber. **29**, 2945 (1896). Vgl. GATTERMANN, Ber. **28**, 2873 (1895).

[3] ZIEGLER, Ber. **21**, 780 (1888).

[4] KLINGER u. LONNES, Ber. **29**, 2157 (1896).

[5] ANSCHÜTZ, Ann. **235**, 223 (1886).

[6] BUTTENBERG, Ann. **279**, 331 (1894).

[7] KEMPINSKI, Bull. [3] **7**, 609 (1892).

[8] BICKEL, Ber. **22**, 1537 (1889).

acetonitril mit Natrium behandelt und die entstandene Natriumverbindung mit Jod versetzt wird[1]:

$$2(C_6H_5)_2CNaCN + 2J = \begin{matrix}(C_6H_5)_2C-CN \\ | \\ (C_6H_5)_2C-CN\end{matrix} + 2NaJ.$$

Das Dilacton einer Dioxytetraphenyläthandicarbonsäure bildet sich beim Kochen von o-Benzoylbenzoësäure im Kohlensäurestrom mit Jodwasserstoffsäure und Phosphor[2]:

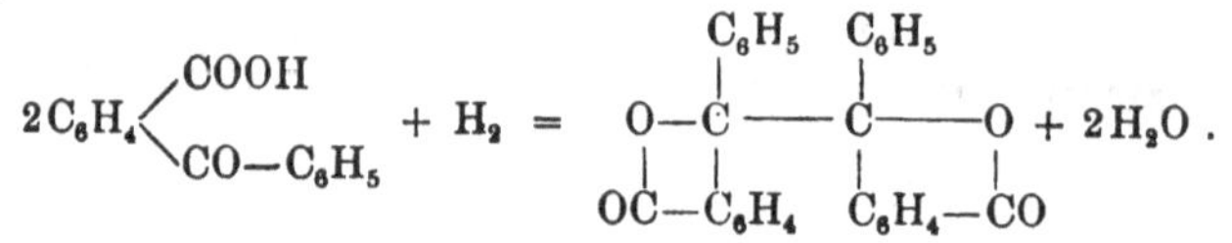

Tetraphenyläthan[c], $(C_6H_5)_2CH—CH(C_6H_5)_2$, bildet grosse trimetrische Nadeln vom Schmelzpunkt 211° (corr.); aus Benzol krystallisirt es mit einem Molecül Krystallbenzol. Chromsäuregemisch oxydirt es zu Benzophenon.

Tetraphenyläthylen[3], $(C_6H_5)_2C=C(C_6H_5)_2$, bildet bei 221° schmelzende spiessige Krystalle, es siedet bei 415—425°. Durch Oxydation mit Chromsäure und Eisessig wird es zuerst in α-Benzpinakolin, dann in Benzophenon, durch Kaliumpermanganat in β-Benzpinakolin verwandelt.

Benzpinakon, Tetraphenyläthylenglykol[4], $(C_6H_5)_2C(OH)—C(OH)(C_6H_5)_2$, krystallisirt in Prismen vom Schmelzp. 186°. Beim Schmelzen zerfällt es in Benzophenon und Benzhydrol. Jodwasserstoff und Phosphor reduciren es zu Tetraphenyläthan.

Darstellung: Ein Gemenge von 1 Theil Benzophenon, 2 Theilen Zinkstreifen und 10 Theilen Essigsäure (aus 5 Theilen Eisessig und 1 Theil Wasser) wird unter heftigem Schütteln 1/4 Stunde gekocht; nach dem Abkühlen und Abfiltriren des Pinakons setzt man wieder Zinkstreifen zu und kocht; diese Operation wird mehrmals wiederholt.

α-Benzpinakolin, Tetraphenyläthylenoxyd[4],

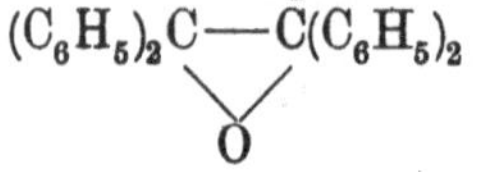

bildet Nadeln vom Schmelzpunkt 203°. Durch Chromsäure und Eisessig wird es zu Benzophenon oxydirt, Acetyl- und Benzoyl-Chlorid sowie Mineralsäuren bei höherer Temperatur führen es in β-Benzpinakolin über.

β-Benzpinakolin, Benzoyltriphenylmethan[4], $(C_6H_5)_3C—CO—C_6H_5$, krystallisirt in feinen Nädelchen vom Schmelzpunkt 181°.

---

[1] Auwers u. V. Meyer, Ber. **22**, 1227 (1889). — Vgl. Anschütz u. Romig, Ann. **233**, 349 (1886). — Neure, Ann. **250**, 148 (1889).

[2] Ullmann, Ann. **291**, 19 (1896).

[3] Litteratur siehe vorstehend.

[4] Litteratur siehe S. 238.

Darstellung: Man setzt zur Lösung von 1 Theil Benzpinakon in 14 Theilen kochendem Eisessig tropfenweise $^1/_4$ Volum rauchender Salzsäure und fällt mit dem $1-1^1/_2$fachen Volum Wasser.

Pentaphenyläthan.

Das Pentaphenyläthan selbst ist nicht bekannt. Als Chlorderivat desselben, Pentaphenylchloräthan, $(C_6H_5)_3C-CCl(C_6H_5)_2$, wurde — ohne Begründung der Constitution — ein Produkt angesprochen, welches neben Diphenyl bei der Einwirkung von Natrium auf ein in Aether gelöstes Gemisch von Tetrachlorkohlenstoff und Brombenzol entsteht[1]. Es schmilzt bei 120—125° und siedet oberhalb 340°.

Hexaphenyläthan.

Der Kohlenwasserstoff $(C_6H_5)_3C-C(C_6H_5)_3$, (vgl. S. 114), liegt möglicherweise in einem Produkt vor, welches neben Triphenylmethan und Triphenylvinylalkohol (S. 235) bei der Einwirkung von Benzol und Aluminiumchlorid auf eine Schwefelkohlenstofflösung des Diphenylessigsäurechlorids entsteht[2]. Es bildet gelbe Kryställchen vom Schmelzpunkt 168°.

Fünfzigstes Kapitel.

Verbindungen mit zwei und mehr Benzolkernen, zwischen welchen eine Kette von drei und mehr Kohlenstoffatomen eingeschaltet ist.

Die Gruppe des Diphenylpropans.

Die Verbindungen, in deren Molecülen zwei aromatische Ringe durch eine dreiatomige Kohlenstoffkette mit einander verknüpft sind, leiten sich von dem folgenden Schema ab:

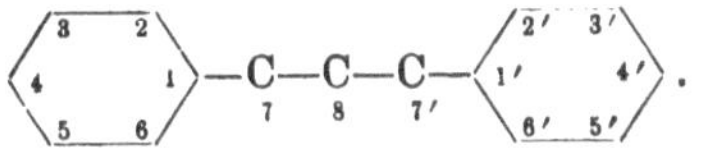

Die Bezeichnung der chemischen Orte in den Verbindungen dieser Klasse lässt sich im Anschluss an die entsprechende Numerirung der Kohlenstoffatome in den Diphenylmethan- und Diphenyläthan-Verbindungen (vgl. S. 55 u. 175) zweckmässig entsprechend dem obigen Formelbild bewerkstelligen.

Die Benennung der Kohlenwasserstoffe dieser Gruppe kann allge-

[1] Guareschi, Jb. **1877**, 403.
[2] Klingemann, Ann. **275**, 89 (1893).

mein derart durchgeführt werden, dass man sie als diphenylirte Derivate der entsprechenden aliphatischen Kohlenwasserstoffe bezeichnet, z. B.:

1.3-Diphenylpropan, $C_6H_5—CH_2—CH_2—CH_2—C_6H_5$,
1.3-Diphenylpropylen, $C_6H_5—CH{=}CH—CH_2—C_6H_5$,
1.3-Diphenylallylen, $C_6H_5—C{\equiv}C—CH_2—C_6H_5$;

in vielen Fällen ist es dagegen für die Namenbildung zweckmässiger, ihre Moleküle als aus zwei fettaromatischen Resten zusammengesetzt bezw. diese Reste enthaltend aufzufassen, z. B.:

Dibenzylmethan, $C_6H_5—CH_2—CH_2—CH_2—C_6H_5$,
Benzylacetophenon, $C_6H_5—CH_2—CH_2—CO—C_6H_5$,
Benzalacetophenon, $C_6H_5—CH{=}CH—CO—C_6H_5$,
Dibenzoylmethan, $C_6H_5—CO—CH_2—CO—C_6H_5$.

Von besonderem Interesse sind einige sauerstoffhaltige Verbindungen der Diphenylpropanreihe, weil bei ihnen interessante Isomerie- bezw. Desmotropie-Verhältnisse in die Erscheinung treten, welche weiter unten eingehender besprochen werden sollen.

Die Mehrzahl der synthetischen Methoden, welche zu den Körpern der Diphenylpropangruppe führen, lassen sich in zwei grosse Gruppen eintheilen: in solche, welche auf der Einführung zweier Benzyl- oder Benzoyl-Gruppen in eine Verbindung der Fettreihe und in solche, welche auf der Einführung einer solchen Gruppe in einen Körper mit der Atomgruppirung $C_6H_5—C—C—$ beruhen.

Die Synthesen der ersten Gruppe werden im Allgemeinen in der Weise ausgeführt, dass Körper der Fettreihe, welche eine an zwei negative Reste gebundene Methylengruppe enthalten, mit Natrium oder Natriumäthylat und 2 Mol. Benzyl- oder Benzoyl-Chlorid behandelt werden. Solche Verbindungen mit activen Methylengruppen sind der Acetessigester[1], Malonsäureester[2], Cyanessigester[3] und das Malonitril[4]:

$$CH_3—CO—CH_2—COOC_2H_5 + 2\,NaO\cdot C_2H_5 + 2\,C_6H_5—CH_2Cl$$

1) $$= \begin{array}{c} CH_3—CO—C—COOC_2H_5 \\ \diagup \quad \diagdown \\ C_6H_5—CH_2 \quad CH_2—C_6H_5 \end{array} + 2\,NaCl + 2\,C_2H_5\cdot OH,$$

Dibenzylacetessigester

[1] Ehrlich, Ann. **187**, 24 (1877). — Bischoff u. Rach, Ber. **17**, 2788 (1884). — Gabriel u. Hausmann, Ber. **22**, 2018 (1889). — Nef, Ann. **258**, 273 (1890); **266**, 100 (1891). — Fittig u. Christ, Ann. **268**, 123 (1892). — Reissert, Ber. **29**, 637 (1896). — Vgl. auch Sesemann, Ber. **6**, 1085 (1873).

[2] Just, Ber. **18**, 2625 (1885). — Perkin, Journ. Soc. **47**, 821 (1885). — Bischoff u. Siebert, Ann. **239**, 92 (1887). — Lellmann u. Schleich, Ber. **20**, 434, 436, 439 (1887). — Zelinsky, Ber. **20**, 1012 (1887). — Hausmann, Ber. **22**, 2019 (1889). — Poppe, Ber. **23**, 108 (1890). — Reissert, Ber. **27**, 2244 (1894); **29**, 636 (1896).

[3] Cassirer, Ber. **25**, 3026, 3027 (1892). — Reissert, Ber. **29**, 638 (1896).

[4] Errera, Gazz. chim. **26**, II, 220 (1896).

2) $CH_2(COOC_2H_5)_2 + 2\,NaO\cdot C_2H_5 + 2\,C_6H_5-CH_2Cl$
$= (C_6H_5-CH_2)_2C(COOC_2H_5)_2 + 2\,NaCl + 2\,C_2H_5\cdot OH$,
Dibenzylmalonsäureester

3) $CN-CH_2-COOC_2H_5 + 2\,NaO\cdot C_2H_5 + 2\,C_6H_5-CH_2Cl$
$= (C_6H_5-CH_2)_2C(CN)COOC_2H_5 + 2\,NaCl + 2\,C_2H_5\cdot OH$,
Dibenzylcyanessigester

4) $CH_2(CN)_2 + 2\,NaO\cdot C_2H_5 + 2\,C_6H_5-CH_2Cl$
$= (C_6H_5-CH_2)_2C(CN)_2 + 2\,NaCl + 2\,C_2H_5\cdot OH$.
Dibenzylmalonitril

Ganz analog lassen sich die Condensationen mit Benzoylchlorid formuliren.

Zu den genannten Methylenverbindungen gesellen sich ferner noch das Nitromethan[1] und das Methylpropylketon[2], welche gleichfalls befähigt sind, zwei Benzyl- oder Benzoyl-Reste an einem und demselben Kohlenstoffatom zu binden.

Bei diesen Synthesen hat es sich gezeigt, dass oft auch dann zum Theil oder auch als einziges Reactionsprodukt ein Körper entsteht, welcher zwei aromatische Reste enthält, wenn nur je ein Natriumatom und ein Molecül Benzylchlorid auf ein Molecül der aliphatischen Verbindung zur Reaction gebracht wird. Dies tritt namentlich dann ein, wenn das Benzylchlorid im Kern einen stark negativen Substituenten enthält. So bildet sich aus äquimolecularen Mengen Malonsäureester, Natriumäthylat und o-Nitrobenzylchlorid nur der Di-o-nitrobenzylmalonsäureester, indem gleichzeitig die Hälfte des angewendeten Malonsäureesters aus dem intermediär entstandenen Natriummalonsäureester regenerirt wird[3]:

$$2\,NO_2\cdot C_6H_4-CH_2Cl + 2\,CH_2(COOC_2H_5)_2 + 2\,NaO\cdot C_2H_5$$
$$= (NO_2\cdot C_6H_4-CH_2)_2C(COOC_2H_5)_2 + CH_2(COOC_2H_5)_2 + 2\,NaCl + 2\,C_2H_5\cdot OH.$$

Erst wenn die Menge des Natriummalonsäureesters noch weiter erhöht wird, gelingt es, neben dem disubstituirten auch den monosubstituirten Malonsäureester herzustellen[4].

Diese abnorme Reaction erklärt sich durch die stärker saure Natur des in erster Phase entstehenden einfach benzylirten Produkts gegenüber dem Malonsäureester selbst. Dieser Umstand bewirkt, dass der zunächst entstehende Nitrobenzylmalonsäureester dem Natriummalonsäureester das Natrium entzieht:

$$NO_2\cdot C_6H_4-CH_2-CH(COOC_2H_5)_2 + CHNa(COOC_2H_5)_2$$
$$= NO_2\cdot C_6H_4-CH_2-CNa(COOC_2H_5)_2 + CH_2(COOC_2H_5)_2\,.$$

Dadurch wird dann ein Theil des Malonsäureesters der weiteren Reaction entzogen, und an seiner Stelle reagirt die Natriumverbindung des Nitrobenzylmalonsäureesters mit einem zweiten Molecül Nitrobenzylchlorid:

$$NO_2\cdot C_6H_4-CH_2-CNa(COOC_2H_5)_2 + NO_2\cdot C_6H_4-CH_2Cl$$
$$= (NO_2\cdot C_6H_4-CH_2)_2C(COOC_2H_5)_2 + NaCl.$$

---

[1] Posner, Ber. **31**, 656 (1898).
[2] Freer u. Lachmann, Am. chem. Journ. **19**, 881 (1897).
[3] Lellmann u. Schleich, Ber. **20**, 436 (1887).
[4] Reissert, Ber. **29**, 633 (1896).

Gewissermassen als eine Umkehrung der beschriebenen Reactionen ist die Synthese des α-α-Diphenylglutarsäurenitrils aus Methylenjodid, Benzylcyanid und Natron anzusehen; denn hier gehört die Halogenverbindung der Fettreihe, die intermediär entstehende Natriumverbindung aber der Benzylreihe an[1]:

$$2\,C_6H_5{-}CH_2{-}CN + CH_2J_2 + 2\,NaOH = \begin{array}{c}C_6H_5{-}CH\cdot CH_2\cdot CH{-}C_6H_5\\ \quad | \qquad\qquad |\\ \quad CN \qquad\quad CN\end{array} + 2\,NaJ + 2\,H_2O.$$

Von aromatischen Verbindungen, welche bewegliche Wasserstoffatome in der Seitenkette enthalten und in Folge dessen die Einführung eines weiteren aromatischen Restes unter Bildung von Derivaten des Diphenylpropans gestatten, sind zu nennen der Benzoylessigester[2], das Benzoylessigsäurenitril oder Cyanacetophenon[3], das Benzoylaceton[4]; ferner reagirt in gleicher Weise das Acetophenon[5] mit Natrium und Benzoylchlorid und ebenso das Phenylacetylen[6], sowie das α-Phenylsulfon des Hydrozimmtsäureesters[7]:

$$\begin{array}{l}C_6H_5{-}CH_2{-}CH{-}COOC_2H_5\\ \qquad\qquad\quad |\\ \qquad\qquad SO_2{-}C_6H_5\end{array}$$

Der Benzoylessigester, $C_6H_5{-}CO{-}CH_2{-}COOC_2H_5$,
das Benzoylessigsäurenitril, $C_6H_5{-}CO{-}CH_2{-}CN$, und
das Benzoylaceton, $C_6H_5{-}CO{-}CH_2{-}CO{-}CH_3$,

sind dadurch ausgezeichnet, dass sie eine Methylengruppe zwischen zwei negativen Gruppen enthalten; demgemäss könnte man von diesen Verbindungen erwarten, dass sie nicht nur einem, sondern unter geeigneten Bedingungen auch zwei Benzyl- oder Benzoyl-Resten den Eintritt in ihr Molecül gestatten müssten. In der That erhält man bei den in Rede stehenden Reactionen selbst unter solchen Bedingungen, welche zu einem einfach substituirten Produkt führen sollten, häufig daneben Disubstitutionsprodukte, z. B. aus dem Benzoylessigester mit Natriumäthylat und Benzoylchlorid neben dem nach der Gleichung:

$$\begin{aligned}&C_6H_5{-}CO{-}CH_2{-}COOC_2H_5 + NaO\cdot C_2H_5 + C_6H_5{-}COCl\\ &\qquad = (C_6H_5CO)_2CH{-}COOC_2H_5 + C_2H_5\cdot OH + NaCl\end{aligned}$$

[1] Zelinsky u. Feldmann, Ber. **22**, 3289 (1889).

[2] Baeyer u. Perkin, Ber. **16**, 2128 (1883). — Perkin, Journ. Soc. **47**, 240 (1885). — Perkin u. Calman, Journ. Soc. **49**, 155 (1886). — Perkin u. Bellenot, Journ. Soc. **49**, 446 (1886). — Perkin u. Stenhouse, Journ. Soc. **59**, 996 (1891). — Bernhard, Ann. **282**, 153 (1894).

[3] E. v. Meyer, J. pr. [2] **42**, 267 (1890). — Seidel, J. pr. [2] **58**, 128 (1898).

[4] E. Fischer u. Bülow, Ber. **18**, 2133 (1885). — Nef, Ann. **277**, 66 (1893). — Claisen, Ann. **291**, 56 (1896).

[5] Freer u. Lachmann, Am. chem. Journ. **19**, 886 (1897).

[6] Nef, Ann. **308**, 264 (1899). — Moureu u. Delange, Compt. rend. **130**, 1259 (1900). Bull. [3] **25**, 312 (1901).

[7] Michael u. Palmer, Am. chem. Journ. **7**, 65 (1885).

gebildeten Dibenzoylessigester auch ein dibenzoylirtes Derivat des Benzoylessigesters. Während der Dibenzoylessigester schon in Soda löslich ist, ist das Dibenzoylprodukt des Benzoylessigesters alkaliunlöslich. Man könnte erwarten, dass hier ein Körper von folgender Constitution vorliegt:

$$(C_6H_5-CO)_3C-COOC_2H_5;$$

Tribenzoylessigester

doch hat die nähere Untersuchung ergeben, dass die Verbindung nur zwei an dasselbe Kohlenstoffatom gebundene Reste mit der Gruppirung C_6H_5-C enthält, während die dritte Benzoylgruppe am Sauerstoff haftet[1]:

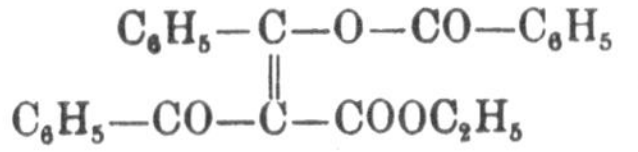

α-Benzoyl-β-benzoyloxyzimmtsäureester.

Wir sehen also mit wachsender Zahl der an dasselbe Kohlenstoffatom gebundenen Säureradicale eine zunehmende Neigung der Verbindungen zum Uebergang in die tautomere bezw. isomere ungesättigte Form hervortreten. Während 1.3-Diketone der allgemeinen Form

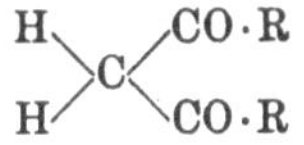

bei der Einwirkung von Benzoylchlorid eine weitere Benzoylgruppe am Kohlenstoff zu binden vermögen und Verbindungen der Form

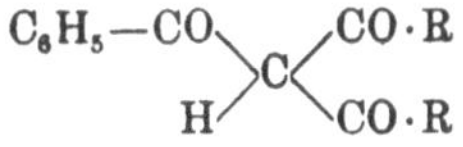

geben, reagiren diese letzteren Körper nicht mehr gemäss der obigen Formel gegen Säurechloride, sondern es findet eine Umlagerung in die ungesättigte Hydroxyl- oder „Enol-Form"[2]:

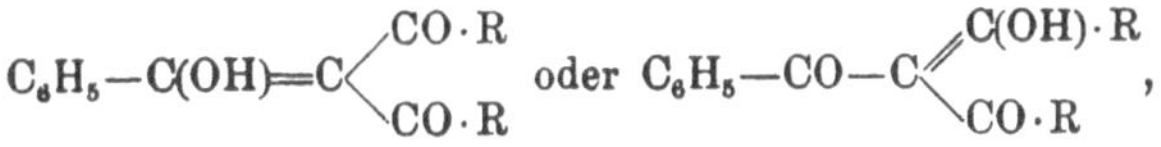

statt, und ein weiteres Säureradical wird nun nicht mehr am Kohlenstoff, sondern am Sauerstoff gebunden, unter Bildung von[3]:

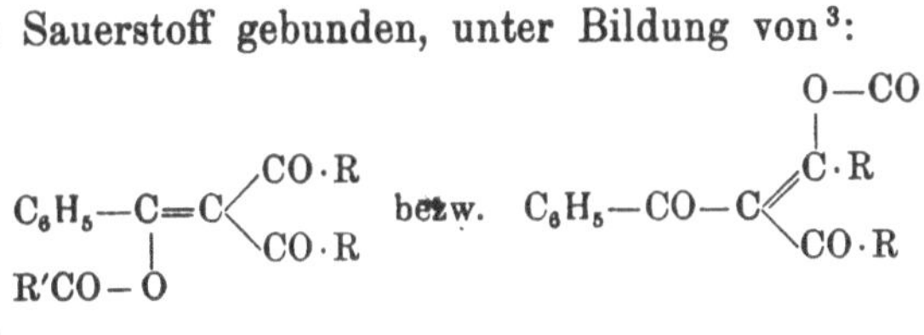

[1] Bernhard, Ann. **282**, 153 (1894). — Vgl. betr. ähnlicher Reactionen: Nef, Ann. **266**, 52 (1891); **276**, 205 (1893); **277**, 69 (1893). — Claisen, Ann. **277**, 196 (1893). — Bernhard, Ann. **282**, 184 (1894).

[2] Mit der Endung „enol" (vgl. Brühl, J. pr. [2] **50**, 123 [1894]) bezeichnet man nach den neueren Nomenclatur-Vorschlägen die Körper, welche eine ungesättigte Alkoholgruppe enthalten, z. B. $CH_2=CH-CH\cdot OH$, Propenol (vgl. Bd. I, S. 1095).

[3] Claisen, Ann. **277**, 205 (1893).

Die weitere Verfolgung dieser Verhältnisse (s. auch Tribenzoylmethan, S. 277—278) hat ergeben, dass Verbindungen wie das Dibenzoylaceton thatsächlich in zwei verschiedenen Formen existiren, welche sich isoliren und auch in einander überführen lassen[1]. Den beiden bekannten Dibenzoylacetonen (vgl. S. 255) kommen folgende Formeln zu.

$$1.\quad C_6H_5{-}CO{-}CH\left\langle\begin{array}{l}CO{-}C_6H_5\\CO{-}CH_3\end{array}\right.,$$

$$2.\quad C_6H_5{-}CO{-}C\left\langle\begin{array}{l}CO{-}C_6H_5\\C(OH){-}CH_3\end{array}\right.\quad \text{oder}\quad C_6H_5{-}CO{-}C\left\langle\begin{array}{l}C(OH){-}C_6H_5\\CO{-}CH_3\end{array}\right..$$

Wir sehen also Verbindungen, welche wir als desmotrop (s. Bd. I, S. 1024—1025) zu bezeichnen gewohnt sind, hier in zwei verschiedenen Formen auftreten, welche sich von einander trennen und unterscheiden lassen. Diese Erfahrung ist für die Auffassung der Desmotropie-Erscheinungen von ausserordentlicher Bedeutung. Wir dürfen hoffen, allmählich in den Besitz der Hülfsmittel zu kommen, um allgemein die den verschiedenen Reactionstypen entsprechenden Grundformen der „tautomer" reagirenden Substanzen — wenigstens soweit es sich um feste Verbindungen handelt — als besondere chemische Individuen kennen zu lernen, d. h. die Isomerie, die man bisher nur bei den Derivaten kannte, nunmehr auch bei den zu Grunde liegenden Wasserstoff-Verbindungen zu verwirklichen (vgl. Bd. I, S. 1023). An Stelle der bisher als „tautomer" oder „desmotrop" bezeichneten einzelnen Verbindungen würden wir dann allgemein Paare von Structurisomeren haben — ausgezeichnet durch die Leichtigkeit, mit welcher die isomeren Formen sowohl durch physikalische wie chemische Einflüsse in einander übergehen[2] (vgl. auch Formylphenylessigester in Bd. II, Th. I, Kap. 38).

Dasjenige Dibenzoylaceton (vgl. S. 255), welches durch Benzoyliren des Benzoylacetons, Umlösen in Alkali und Ausfällen mit Säure gewonnen wird, ist höchstwahrscheinlich als die ungesättigte Verbindung aufzufassen. Denn es zeigt in alkoholischer Lösung mit Eisenchlorid die blutrothe Färbung, welche vielfach als charakteristisch für Enolverbindungen angesehen wird, es ist ferner eine starke Säure, löst sich in Alkalicarbonaten und röthet blaues Lakmuspapier.

Wird dieses acide Dibenzoylaceton aus heissem Alkohol umkrystallisirt, so geht es in das Isomere über, welches sich in Natriumcarbonat nicht löst und mit Eisenchlorid keine Färbung giebt. Diese Modification, deren Verhalten mit der Formel eines wahren Triketons $(C_6H_5{-}CO)_2CH{-}CO{-}CH_3$ im Einklang steht, geht äusserst leicht wieder

[1] Claisen, Ann. **277**, 184 (1893); **291**, 83 (1896).

[2] Vgl. Knorr, Ann. **293**, 97 (1896); **306**, 332 (1899). — Schiff, Ber. **31**, 601 (1898). — Rabe, Ann. **313**, 129 (1900).

in das Isomere über; so tritt beim längeren Stehen mit Natriumcarbonat in der Kälte Lösung ein, und aus dieser Lösung lässt sich die acide Verbindung ausfällen.

Ganz analog wie beim Dibenzoylaceton liegen die Verhältnisse beim Dibenzoylmethan[1]; auch dieser Körper (vgl. S. 254, 255) tritt in zwei isomeren Formen auf, als

$$\underset{\text{Dibenzoylmethan}}{C_6H_5{-}CO{-}CH_2{-}CO{-}C_6H_5} \quad \text{und} \quad \underset{\text{Oxybenzalacetophenon.}}{C_6H_5{-}C(OH){=}CH{-}CO{-}C_6H_5}$$

Das durch Kohlensäureabspaltung aus der Dibenzoylessigsäure entstehende Produkt[2] ist die Enolverbindung:

$$(C_6H_5{-}CO)_2CH{-}COOH = CO_2 + C_6H_5{-}C(OH){=}CH{-}CO{-}C_6H_5,$$

da es in Alkalien löslich ist, durch Eisenchlorid intensiv violett bis braunroth gefärbt wird und mit Phenylisocyanat wie alle Hydroxylverbindungen ein Urethan giebt:

$$C_6H_5{-}C(OH){=}CH{-}CO{-}C_6H_5 + CO{:}N{\cdot}C_6H_5 = \begin{array}{l} C_6H_5{-}C{=}CH{-}CO{-}C_6H_5 \\ \quad | \\ \quad O{-}CO{-}NH{\cdot}C_6H_5 \end{array}.$$

Das Isomere dieses Körpers entsteht, wenn man das Benzalacetophenon, $C_6H_5{-}CH{=}CH{-}CO{-}C_6H_5$, in sein Dibromid verwandelt und dieses mit alkoholischer Kalilauge behandelt:

$$\begin{array}{l} C_6H_5{-}CHBr{-}CHBr{-}CO{-}C_6H_5 + 2\,KOH \\ \qquad = C_6H_5{-}CO{-}CH_2{-}CO{-}C_6H_5 + 2\,KBr + H_2O. \end{array}$$

Die so erhaltene Verbindung färbt sich nicht direct mit Eisenchlorid, ist in verdünnter Natronlauge unlöslich und reagirt nicht mit Phenylisocyanat. Der aus dem chemischen Verhalten gezogene Schluss bezüglich der Constitution ist auch durch das Studium der elektrischen Eigenschaften der beiden Dibenzoylmethane bestätigt worden[3].

Wenn es sich darum handelt, einen Benzoylrest in das Molecül des Acetophenons einzuführen, so lässt sich hierzu an Stelle des Benzoylchlorids auch der Benzoësäureester verwenden. Die unter der Einwirkung des Natriumäthylats verlaufende Reaction[4] (vgl. Bd. I, S. 853):

$$C_6H_5{-}CO{-}CH_3 + C_6H_5{-}COOC_2H_5 = C_6H_5{-}CO{-}CH{=}C(OH){-}C_6H_5 + C_2H_5OH$$

bildet die bequemste Darstellungsweise des sogenannten Dibenzoylmethans (Oxybenzalacetophenons, vgl. S. 254).

---

[1] J. Wislicenus, Löwenheim, Schmidt u. Wells, Ann. **308**, 219—263 (1899). — Vgl. auch Claisen u. Ewan, Ann. **284**, 245 (1895). — Pond, Maxwell u. Norman, Journ. Am. Soc. **21**, 964 (1899). — Pond u. Schoffstall, Journ. Am. Soc. **22**, 658 (1900).

[2] Baeyer u. Perkin, Ber. **16**, 2134 (1883).

[3] Drude, Ber. **30**, 959 (1897).

[4] Claisen, Ber. **20**, 655 (1887). Ann. **291**, 52 (1896). — Vgl.: Emiliewicz, Kostanecki u. Tambor, Ber. **32**, 2448 (1899). — Kostanecki u. Tambor, Ber. **33**, 330 (1900). — Czajkowski, Kostanecki u. Tambor, Ber. **33**, 1988 (1900). — Crivelli u. Kostanecki, Ber. **33**, 2514 (1900). — Grossmann u. Kostanecki, Ber. **33**, 2515 (1900). — Kostanecki u. Steuermann, Ber. **34**, 109 (1901).

Ihr ist die Condensation zweier Molecüle Phenylessigester an die Seite zu stellen, welche ein vollkommenes Analogon der Acetessigestersynthese darstellt (vgl. Bd. I, S. 953, 961) und zum Diphenylacetessigester führt[1]:

$$2\,C_6H_5{-}CH_2{-}COOC_2H_5 = \begin{array}{c} C_6H_5{-}CH_2{-}CO{-}CH{-}COOC_2H_5 \\ | \\ C_6H_5 \end{array} + C_2H_5\cdot OH.$$

Wie bei dieser Reaction zwei Molecüle Phenylessigester zusammentreten, so vereinigen sich auch Phenylessigester und Benzylcyanid mit einander in äquimolecularen Mengen, u. z. unter Bildung von Cyandibenzylketon[2]:

$$C_6H_5{-}CH_2{-}COOC_2H_5 + C_6H_5{-}CH_2{-}CN = \begin{array}{c} C_6H_5{-}CH{-}CN \\ | \\ C_6H_5{-}CH_2{-}CO \end{array} + C_2H_5\cdot OH.$$

Eine Methode von sehr allgemeiner Anwendbarkeit, welche zu ungesättigten Ketonen der Diphenylpropanreihe führt, besteht darin, dass Benzaldehyd oder seine Abkömmlinge mit Acetophenon und seinen Derivaten condensirt werden. Diese Condensation ist zuerst durch Einleiten von Salzsäuregas in das Gemenge der Componenten ausgeführt worden. Dabei entsteht zunächst das Chlorwasserstoffadditionsprodukt des ungesättigten Körpers, welches beim Erhitzen unter Abspaltung von Salzsäure in diesen übergeht[3]:

$$C_6H_5{-}CO{-}CH_3 + C_6H_5{-}CHO + HCl = \underset{\text{Chlorbenzylacetophenon}}{C_6H_5{-}CO{-}CH_2{-}CHCl{-}C_6H_5} + H_2O.$$

$$C_6H_5{-}CO{-}CH_2{-}CHCl{-}C_6H_5 = HCl + \underset{\text{Benzalacetophenon}}{C_6H_5{-}CO{-}CH{=}CH{-}C_6H_5}.$$

In einfacherer Weise lässt sich die gleiche Condensation durch Natronlauge bewirken[4]. Sie hat in dieser Form namentlich zur Herstellung von Oxyderivaten des Benzalacetophenons gedient[5], indem man

---

[1] Volhard, Ann. **296**, 1 (1897).

[2] Walther u. Schickler, J. pr. [2] **55**, 305 (1897).

[3] Claisen u. Claparède, Ber. **14**, 2463 (1881).

[4] Claisen, Ber. **20**, 657 (1887). — Kostanecki u. Rossbach, Ber. **29**, 1488, 2245 (1896). — Vgl. Engler u. Dorant, Ber. **28**, 2498 (1895).

[5] Bablich u. Kostanecki, Ber. **29**, 233 (1896). — Kostanecki u. Tambor, Ber. **29**, 237 (1896); **32**, 1921, 2260 (1899). — Kostanecki u. Oppelt, Ber. **29**, 244 (1896). — Harries u. Busse, Ber. **29**, 375 (1896). — Friedländer u. Rüdt, Ber. **29**, 878 (1896). — Kesselkaul u. Kostanecki, Ber. **29**, 1886 (1896). — Kostanecki u. Schneider, Ber. **29**, 1891 (1896). — Friedländer u. Neudörfer, Ber. **30**, 1077 (1897). — Emiliewicz u. Kostanecki, Ber. **31**, 696 (1898); **32**, 309 (1899). — Feuerstein u. Kostanecki, Ber. **31**, 710, 1757 (1898); **32**, 315 (1899). — Kostanecki u. Ludwig, Ber. **31**, 2951 (1898). — Herstein u. Kostanecki, Ber. **32**, 318 (1899). — Kostanecki u. Osius, Ber. **32**, 321 (1899). — Kostanecki, Levi u. Tambor, Ber. **32**, 326 (1899). — Kostanecki u. Salis, Ber. **32**, 1030 (1899). — Kostanecki u. Oder-

das Acetophenon sowohl wie den Benzaldehyd durch ihre Oxyderivate ersetzt hat.

Das Benzalacetophenon ist gelb gefärbt[1], diese Färbung tritt aber noch deutlicher bei seinen hydroxylirten Derivaten hervor; die letzteren stellen gelb bis orange gefärbte Körper dar. Sie beanspruchen ein Interesse wegen der nahen Beziehungen, welche sie mit gewissen natürlichen gelben Farbstoffen (Chrysin, Luteolin, Apigenin) verbinden, die den Flavonring enthalten und durch intramolecularen Ringschluss aus ihnen hergestellt werden können. So entsteht das Flavon (siehe dieses) selbst aus dem durch Condensation von Benzaldehyd mit o-Oxyacetophenon erhältlichen Benzal-o-oxyacetophenon, wenn man diese Verbindung von der Formel

$$C_6H_4\begin{cases} OH \\ CO{-}CH{=}CH{-}C_6H_5 \end{cases}$$

zunächst acetylirt, dann zwei Atome Brom addirt und das entstandene Dibromid mit alkoholischer Alkalilauge behandelt[2]:

$$C_6H_4\begin{cases} O\cdot COCH_3 \\ CO-CHBr-CHBr-C_6H_5 \end{cases} + 3KOH$$

$$= C_6H_4\begin{cases} O{-\!-\!-}C{-}C_6H_5 \\ \qquad\quad \| \\ CO{-\!-\!-}CH \end{cases} + 2KBr + C_2H_3O_2K + 2H_2O.$$

Flavon

Auch das aus Acetophenon und Salicylaldehyd entstehende, mit dem obigen Benzal-o-oxyacetophenon isomere o-Oxybenzalacetophenon vermag sich in ähnlicher Weise ringförmig zu schliessen, wenn sein Dibromid mit alkoholischer Kalilauge behandelt wird; doch bildet sich hier an Stelle eines Flavons ein Cumaronderivat (s. diese)[3]:

$$C_6H_4\begin{cases} OH \\ CHBr-CHBr-CO-C_6H_5 \end{cases} + 2KOH$$

$$= C_6H_4\begin{cases} O \\ CH \end{cases}\!\!\geqslant C-CO-C_6H_5 + 2KBr + 2H_2O.$$

Cumarylphenylketon

FELD, Ber. **32**, 1926 (1899). — KOSTANECKI u. ROZYCKI, Ber. **32**, 2257 (1899). — HARPE u. KOSTANECKI, Ber. **33**, 322 (1900). — KOSTANECKI u. SCHMIDT, Ber. **33**, 326 (1900). — BORSCHE, Ber. **33**, 1327 (1900). — BLUMSTEIN u. KOSTANECKI, Ber. **33**, 1478 (1900). — CZAJKOWSKI, KOSTANECKI u. TAMBOR, Ber. **33**, 1988 (1900). — KOSTANECKI u. SEIFART, Ber. **33**, 2509 (1900). — FEUERSTEIN u. MUSCULUS, Ber. **34**, 409 (1901).

Das Benzalacetophenon ist zur Gewinnung einer einfachen Bezeichnungsweise für seine Derivate „Chalkon“ genannt worden, vgl. KOSTANECKI u. TAMBOR, Ber. **32** 1923 (1899).

[2] FEUERSTEIN u. KOSTANECKI, Ber. **31**, 1758 (1898).

[3] KOSTANEKI u. TAMBOR, Ber. **29**, 237 (1896).

Auch mit der Phtalaldehydsäure und ihren Derivaten lässt sich das Acetophenon durch Alkalien condensiren[1]; doch haben die entstehenden Produkte nicht die Constitution carboxylirter Benzalacetophenone, sondern es entstehen gesättigte Lactone, deren Entstehung sich durch die Annahme eines intermediär gebildeten aldolartigen Additionsprodukts leicht erklären lässt:

$$C_6H_4\begin{cases}CHO\\COOH\end{cases} + CH_3-CO-C_6H_5 = C_6H_4\begin{cases}CH(OH)-CH_2-CO-C_6H_5\\COOH\end{cases},$$

$$C_6H_4\begin{cases}CH(OH)-CH_2-CO-C_6H_5\\COOH\end{cases} = H_2O + C_6H_4\begin{cases}CH-CH_2-CO-C_6H_5\\ \quad >O\\CO\end{cases}$$

In ähnlicher Weise wie Acetophenon bildet auch der Benzoylessigester mit dem Benzaldehyd unter der Wirkung gasförmiger Salzsäure ein Condensationsprodukt[2], den Benzalbenzoylessigester oder Benzalacetophenoncarbonsäureester (8):

$$C_6H_5-CO-CH_2-COOC_2H_5 + C_6H_5-CHO = \begin{array}{l}C_6H_5-CO-C{=}CH-C_6H_5\\ \qquad\qquad\;\; |\\ \qquad\qquad COOC_2H_5\end{array} + H_2O.$$

Beim Benzoylbrenztraubensäureester dagegen liegen die Verhältnisse insofern analog wie bei der oben erwähnten Phtalaldehydsäure, als auch hier mit Benzaldehyd zunächst ein Additionsprodukt entsteht, welches jedoch sofort in Alkohol und ein Lacton, das sogenannte Ketophenylparacophenon, zerfällt[3]:

$$C_6H_5-CO-CH_2-CO-COOC_2H_5 + C_6H_5-CHO = \begin{array}{l}C_6H_5-CO-CH-CH(OH)-C_6H_5\\ \qquad\qquad\;\; |\\ \qquad\qquad CO-COOC_2H_5\end{array}$$

$$\begin{array}{l}C_6H_5-CO-CH-CH(OH)-C_6H_5\\ \qquad\qquad\;\; |\\ \qquad\qquad CO-COOC_2H_5\end{array} = C_2H_5OH + \begin{array}{l}C_6H_5-CO-CH-CH-C_6H_5\\ \qquad\qquad\;\; | \quad\;\; |\\ \qquad\qquad CO \quad O\\ \qquad\qquad\;\; \diagdown \;\diagup\\ \qquad\qquad\quad CO\end{array}$$

Bei längerem Erhitzen auf 220—230° zerfällt das Ketophenylparacophenon in Kohlensäure, Kohlenoxyd und Benzalacetophenon:

$$\begin{array}{l}C_6H_5-CO-CH-CH-C_6H_5\\ \qquad\qquad\;\; | \quad\;\; |\\ \qquad\qquad CO \quad O\\ \qquad\qquad\;\; \diagdown \;\diagup\\ \qquad\qquad\quad CO\end{array} = CO_2 + CO + C_6H_5-CO-CH{=}CH-C_6H_5.$$

Der Condensation zwischen Acetophenon und Benzaldehyd lässt sich die Reaction an die Seite stellen, welche beim längeren Sieden des Acetophenons unter Rückfluss stattfindet und zum Dypnon oder Methylbenzalacetophenon führt[4] (vgl. Bd. II, Th. I, S. 491):

$$2C_6H_5-CO-CH_3 = \begin{array}{l}C_6H_5-CO-CH{=}C-C_6H_5\\ \qquad\qquad\qquad\;\; |\\ \qquad\qquad\qquad CH_3\end{array} + H_2O.$$

---

[1] Goldschmiedt, Monatsh. **12**, 476 (1891). — Hemmelmayr, Monatsh. **13**, 663 (1892). — Hamburger, Monatsh. **19**, 427 (1898).

[2] Perkin, Journ. Soc. **47**, 260 (1885).

[3] Knoevenagel u. Schmidt, Ann. **281**, 47 (1894).

[4] Engler u. Dengler, Ber. **26**, 1444 (1893). — Vgl. Delacre u. Ameye, Centralbl. **1899**, **II**, 96.

Ist bei dieser Reaction ein Reductionsmittel (Jodwasserstoffsäure und Phosphor) zugegen, so entsteht an Stelle des ungesättigten Produkts dessen Dihydroderivat, das Methylbenzylacetophenon[1],

$$C_6H_5-CO-CH_2-\underset{\displaystyle CH_3}{\underset{|}{CH}}-C_6H_5$$

In einigen Fällen hat auch die FRIEDEL-CRAFTS'sche Synthese zu Verbindungen der Diphenylpropanreihe geführt; so erhält man aus dem Chlorid der Malonsäure mit Benzol und Aluminiumchlorid Dibenzoylmethan[2] (bezw. das isomere Oxybenzalacetophenon, vgl. S. 249):

$$2\,C_6H_6 + CH_2(COCl)_2 = C_6H_5-CO-CH_2-CO-C_6H_5 + 2\,HCl.$$

Auch die Homologen des Benzols lassen sich zu dieser Reaction verwenden und ebenso die Chloride der alkylirten Malonsäuren.

In ähnlicher Weise ist auch das Acrylsäurechlorid anwendbar[3]; auch das Zimmtsäurechlorid liefert beim Behandeln mit Anisol und Aluminiumchlorid ein Diphenylpropanderivat, das Cinnamoylanisol[4] (Benzal-p-methoxyacetophenon):

$$C_6H_5-CH{=}CH-CO-C_6H_4-O\cdot CH_3.$$

Zu erwähnen ist endlich, dass bei der Condensation von Trichlor- oder Tribrom-Hydrin (Bd. I, S. 555) mit Benzol neben dem zu erwartenden Triphenylpropan in Folge einer jener oft beobachteten Nebenreactionen auch Diphenylpropan entsteht[5].

Zu den beschriebenen Synthesen tritt noch für das Dibenzylketon jene Reaction hinzu, welche allgemein zur Darstellung von Ketonen benutzt wird, nämlich die Destillation des Calciumsalzes einer Carbonsäure, hier der Phenylessigsäure[6]:

$$(C_6H_5-CH_2-COO)_2Ca = C_6H_5-CH_2-CO-CH_2-C_6H_5 + CO_3Ca.$$

Auch additionelle Reactionen können in die Gruppe des Diphenylpropans führen. Bringt man z. B. Zimmtsäureester und Acetophenon mit alkoholfreiem Natriumäthylat zusammen, so entsteht ein Produkt, das auch aus Benzalacetophenon und Malonsäureester und darauffolgende Verseifung des entstandenen Esters erhältlich ist, — die β-Phenyl-γ-benzoylbuttersäure[7]:

$$\begin{matrix} C_6H_5-CH \\ \| \\ H_5C_2OOC-CH \end{matrix} + CH_3-CO-C_6H_5 + H_2O = \begin{matrix} C_6H_5-CH-CH_2-CO-C_6H_5 \\ | \\ HOOC-CH_2 \end{matrix} + C_2H_5OH.$$

---

[1] GRÄBE, Ber. 7, 1623 (1874).

[2] AUGER, Ann. ch. [6] **22**, 349, 353 (1891). — BÉHAL u. AUGER, Bull. [3] **9**, 696 (1893).

[3] MOUREU, Ann. ch. [7] **2**, 206 (1894).

[4] GATTERMANN u. STOCKHAUSEN, Ber. **25**, 3536 (1892).

[5] CLAUS u. MERKLIN, Ber. **18**, 2935 (1885).

[6] POPOW, Ber. **6**, 560 (1873). — YOUNG, Journ. Soc. **59**, 621 (1891). — Vgl. ERRERA, Gazz. chim. **21**, I, 94 (1891). — ENGLER u. LÖW, Ber. **26**, 1436 (1893).

[7] VORLÄNDER u. KNÖTSCH, Ann. **294**, 332 (1897). — STOBBE, Ber. **34**, 655 (1901).

1.3-Diphenylpropan, Dibenzylmethan[1], $C_6H_5—CH_2—CH_2—CH_2—C_6H_5$, lässt sich am besten aus der Dibenzylessigsäure (s. S. 256) durch Erhitzen mit Natronkalk gewinnen. Es bildet eine selbst im Kältegemisch nicht erstarrende Flüssigkeit, welche bei 290—300° siedet.

Dibenzylketon[2], $C_6H_5—CH_2—CO—CH_2—C_6H_5$, wird dargestellt durch trockene Destillation von phenylessigsaurem Calcium; es bildet grosse Krystalle vom Schmelzpunkt 33·9° und siedet bei 330·6° (corrigirt). Im Dibenzylketon ist ähnlich wie im Desoxybenzoïn (vgl. S. 215) ein Wasserstoff durch Alkyl ersetzbar.

Benzalacetophenon[3], $C_6H_5—CH{=}CH—CO—C_6H_5$, bildet grosse, durchsichtige, hellgelbe, rhombische Prismen vom Schmelzpunkt 57—58°, Siedepunkt 345—348°. Durch Salzsäureanlagerung geht es in Chlorbenzylacetophenon, $C_6H_5—CHCl—CH_2—CO—C_6H_5$, über, welches mit Cyankalium das Nitril der α-Phenyl-β-benzoylpropionsäure,

$$\begin{array}{l} C_6H_5—CH—CH_2—CO—C_6H_5 \\ \quad\quad\;\; | \\ \quad\quad\; CN \end{array}$$

, liefert.

Darstellung des Benzalacetophenons[4]: 21 g Benzaldehyd und 24 g Acetophenon werden in 200 g Alkohol gelöst, 20 g 10procentige Natronlauge zugesetzt und das Gemisch einen Tag lang stehen gelassen.

Benzylacetophenon[5], $C_6H_5—CH_2—CH_2—CO—C_6H_5$, entsteht bei der Reduction des Benzalacetophenons mit Zinkstaub und Essigsäure. Es krystallisirt in glänzenden Blättchen vom Schmelzpunkt 72—73° und siedet unzersetzt oberhalb 360°.

Oxybenzalacetophenon[6] (früher als Dibenzoylmethan bezeichnet) (vgl. S. 249), $C_6H_5—C(OH){=}CH—CO—C_6H_5$, bildet grosse trimetrische Tafeln vom Schmelzpunkt 77·5—78° und siedet oberhalb 200°. Es ist unlöslich in Soda, leicht löslich in Natronlauge; seine alkoholische Lösung wird durch Eisenchlorid intensiv rothviolett gefärbt.

Darstellung[7]: 30 g Acetophenon werden im Verlauf von ¼ Stunde zu 100 g Benzoësäureäthylester, welche mit 6 g Natriumdraht versetzt sind, zugegeben. Wird die eintretende Erwärmung zu stark, so wird sie durch Eintauchen in Wasser etwas

---

[1] Gräbe, Ber. **7**, 1627 (1874). — Merz u. Weith, Ber. **10**, 759 (1877). — Claisen u. Claparède, Ber. **14**, 2466 (1881). — Claus u. Merklin, Ber. **18**, 2935 (1885). — Bogdanowska, Ber. **25**, 1273 (1892).

[2] Popow, Ber. **6**, 560 (1873). — Rattner, Ber. **21**, 1316 (1888). — Young, Journ. Soc. **59**, 621 (1891). — Bogdanowska, Ber. **25**, 1271, 1274 (1892). — Engler u. Löw, Ber. **26**, 1436 (1893). — Francis, Journ. Soc. **75**, 865 (1899). — Fortey, Journ. Soc. **75**, 871 (1899). — Opolski, Centralbl. **1900**, **II**, 476. — Vgl. Stobbe, Russwurm u. Schulz, Ann. **308**, 175 (1899).

[3] Claisen u. Claparède, Ber. **14**, 2463 (1881). — Claisen, Ber. **20**, 657 (1887). — Anschütz u. Montfort, Ber. **28**, 63 (1895). Ann. **284**, 2 (1895). — Rupe u. Schneider, Ber. **28**, 960, 965 (1895). — Goldschmidt, Ber. **28**, 986 (1895). — Claus, J. pr. [2] **54**, 405 (1896). — Harries u. Hübner, Ann. **296**, 325 (1897). — Vgl. Stobbe, Ann. **314**, 111 (1900). — Stobbe u. Russwurm, Ann. **314**, 125 (1900).

[4] Kostanecki u. Rossbach, Ber. **29**, 1492 (1896).

[5] Schneidewind, Ber. **21**, 1325 (1888). — Perkin u. Stenhouse, Journ. Soc. **59**, 1007 (1891).

[6] Baeyer u. Perkin, Ber. **16**, 2134 (1883) — Perkin, Journ. Soc. **47**, 250 (1885). — Claisen, Ber. **20**, 655 (1887). — Baeyer u. Claisen, Ber. **21**, 1703 (1888). — Auger, Ann. ch. [6] **22**, 349 (1891). — Freer u. Lachmann, Am. chem. Journ. **19**, 886 (1897). — J. Wislicenus, Ann. **308**, 227 (1899). — Nef, Ann. **308**, 277 (1899). — Moureu u. Delange, Compt. rend. **130**, 1259 (1900). Bull. [3] **25**, 313 (1901).

[7] Claisen, Ann. **291**, 52 (1896).

gemässigt. Man lässt 2 Tage im gut verstopften Kolben stehen, schüttelt mit 200 ccm Eiswasser und 300 ccm Ligroïn durch. Die filtrirte wässerige Lösung wird mit Essigsäure bis zur beginnenden Ausscheidung versetzt und darauf mit Kohlensäure gefällt. Durch Ausschütteln der Ligroïnlösung mit Wasser werden weitere Antheile gewonnen.

Dibenzoylmethan[1], $C_6H_5—CO—CH_2—CO—C_6H_5$, entsteht neben Oxybenzalacetophenon beim Behandeln von Benzalacetophenondibromid oder Brombenzalacetophenon mit alkoholischem Alkali. Es besitzt denselben Schmelzpunkt wie das Oxybenzalacetophenon, löst sich aber nicht in Natronlauge und wird durch Eisenchlorid nicht gefärbt. Durch Säuren und Alkalien wird es in alkoholischer Lösung allmählich in Oxybenzalacetophenon umgelagert.

α-Dibenzoyl-β-oxypropylen[2] (früher Dibenzoylaceton genannt) (vgl. S. 248), $(C_6H_5—CO)_2C{=}C(OH)—CH_3$, bildet kurze Prismen, welche in einem auf 85—90° erhitzten Bade schmelzen, bei 93° wieder fest werden und bei 101—102° zum zweiten Male schmelzen. Es löst sich mit gelber Farbe in Alkalien, Alkalicarbonaten und Ammoniak und röthet mit Wasser befeuchtetes blaues Lakmuspapier. Die alkoholische Lösung wird durch Eisenchlorid dunkelblutroth gefärbt. Durch Umkrystallisiren aus heissem Alkohol wird es in das Dibenzoylaceton verwandelt.

Darstellung[3]: Man bereitet eine Lösung von 4·6 g Natrium in 100 ccm Alkohol. In 50 ccm dieser Lösung werden 16·2 g Benzoylaceton gelöst und unter Eiskühlung 7 g Benzoylchlorid zugegeben, 2 Stunden in Eis und 2 Stunden bei gewöhnlicher Temperatur stehen gelassen, worauf man wieder auf 0° abkühlt und 25 ccm der Natriumäthylatlösung und 3·5 g Benzoylchlorid zusetzt. Die Mischung wird wie oben behandelt, dann 12·5 ccm der Natriumäthylatlösung und 1·8 g Benzoylchlorid und schliesslich 6·2 ccm Natriumlösung und 0·9 g Benzoylchlorid zugesetzt. Man lässt 12 Stunden stehen, setzt Wasser und darauf Eisessig zu, löst den Niederschlag in Natriumcarbonat und fällt mit Eis und Essigsäure.

Dibenzoylaceton, Acetyldibenzoylmethan[4], $(C_6H_5—CO)_2CH—CO—CH_3$, aus der vorigen Verbindung durch Umkrystallisiren aus heissem Alkohol erhalten, krystallisirt in schneeweissen, feinen, asbestartigen Nadeln vom Schmelzpunkt 107° bis 110°. Durch Natriumcarbonat wird es nicht direct gelöst, erst beim längeren Stehen findet Lösung unter Bildung des Isomeren statt. Eisenchlorid ruft erst nach 5 bis 10 Minuten Rothfärbung hervor, indem gleichfalls das Isomere gebildet wird.

Diphenyltriketon[5], $C_6H_5—CO—CO—CO—C_6H_5$, wird dargestellt durch Bromiren des Dibenzoylmethans, Ueberführung des Bromprodukts in Dibenzoylcarbinolacetat, $\begin{array}{l}C_6H_5—CO—CH—CO—C_6H_5\\ \qquad\qquad\quad |\\ \qquad\qquad\quad O—CO—CH_3\end{array}$, Bromiren und Erhitzen des Bromderivats, $\begin{array}{l}C_6H_5—CO—CBr—CO—C_6H_5\\ \qquad\qquad\quad |\\ \qquad\qquad\quad O—CO—CH_3\end{array}$, im Vacuum. Es bildet goldgelbe Krystalle vom Schmelzpunkt 69—70°. Mit Wasser vereinigt es sich zu einem farblosen Hydrat vom Schmelzpunkt 90°.

---

[1] J. Wislicenus, Löwenheim, Schmidt u. Wells, Ann. **308**, 219—263 (1899). — Vgl. Pond, Maxwell u. Norman, Journ. Am. Soc. **21**, 964 (1899).

[2] E. Fischer u. Bülow, Ber, **18**. 2133 (1885). — Nef, Ann. **277**, 66 (1893). — Claisen, Ann. **277**, 184 (1893); **291**, 53 (1896).

[3] Claisen, Ann. **291**, 56 (1896).

[4] Claisen, Ann. **277**, 194 (1893); **291**, 73 (1896).

[5] Neufville u. Pechmann, Ber. **23**, 3375 (1890).

Dibenzylessigsäure, $\beta\beta$-Diphenylisobuttersäure[1], $\begin{matrix} C_6H_5-CH_2 \\ C_6H_5-CH_2 \end{matrix}\!\!>\!CH-COOH$, wird aus dem Dibenzylmalonsäureester (vgl. S. 245) durch Verseifen und Kohlensäureabspaltung erhalten. Sie bildet prismatische Krystalle vom Schmelzpunkt 87°; beim Glühen mit Natronkalk zerfällt sie in Kohlensäure und Diphenylpropan.

$\alpha\alpha'$-**Diphenylglutarsäure**[2], $\begin{matrix} HOOC-CH-CH_2-CH-COOH \\ \quad | \qquad\qquad | \\ \quad C_6H_5 \qquad C_6H_5 \end{matrix}$, aus ihrem Nitril dargestellt, krystallisirt in kleinen, bei 164° schmelzenden Nadeln. Das Nitril, — aus Benzylcyanid, Natron und Methylenjodid — schmilzt bei 70—71°.

Dibenzylglykolsäure[3], *(Oxatolylsäure)*, $(C_6H_5-CH_2)_2C(OH)-COOH$. Das Nitril dieser Säure entsteht durch Anlagerung von Blausäure an Dibenzylketon:

$$(C_6H_5-CH_2)_2CO + HCN = (C_6H_5-CH_2)_2C(OH)-CN.$$

Durch Verseifen des Nitrils wird die Säure in vierseitigen Säulen vom Schmelzpunkt 156—157° erhalten. Sie ist identisch mit der aus Pulvinsäure (s. S. 269) durch Kochen mit Kalilauge entstehenden sogenannten Oxatolylsäure.

Die Gruppe des Triphenylpropans.

Das **1.2.3-Triphenylpropan**[4], $\begin{matrix} C_6H_5-CH_2-CH-CH_2-C_6H_5 \\ | \\ C_6H_5 \end{matrix}$, entsteht neben dem 1.3-Diphenylpropan bei der Einwirkung von Benzol und Aluminiumchlorid auf das Trichlorhydrin oder Tribromhydrin (vgl. S. 253):

$$CH_2Cl-CHCl-CH_2Cl + 3C_6H_6 = \begin{matrix} C_6H_5-CH_2-CH-CH_2-C_6H_5 \\ | \\ C_6H_5 \end{matrix} + 3HCl$$

Es ist als dicke gelbe, oberhalb 340° siedende Flüssigkeit beschrieben.

Besser charakterisirt, als dieses Triphenylpropan selbst, sind einige seiner Abkömmlinge, welche durch Condensation von Verbindungen der Diphenyläthanreihe mit Benzolderivaten entstehen.

Zu solchen Reactionen gehört die Einwirkung des Benzylchlorids auf die Natriumverbindung des Desoxybenzoïns[5] (vgl. S. 215):

---

[1] Sesemann, Ber. **6**, 1088 (1873). — Merz u. Weith, Ber. **10**, 759 (1877). — Michael u. Palmer, Am. chem. Journ. **7**, 70 (1885). — Bischoff u. Siebert, Ann. **239**, 92 (1887). — Lellmann u. Schleich, Ber. **20**, 439 (1887). — Schneidewind, Ber. **21**, 1328 (1888). — Fittig u. Christ, Ann. **268**, 123 (1892).

[2] Zelinsky u. Feldmann, Ber. **22**, 3289, 3292 (1889).

[3] Möller u. Strecker, Ann. **113**, 69 (1860). — Spiegel, Ber. **13**, 2220 (1880). Ann. **219**, 45 (1883). — Claisen u. Ewan, Ann. **284**, 284 (1895).

[4] Claus u. Merklin, Ber. **18**, 2935 (1885). — P. Cohn, Centralbl. **1898** II, 284.

[5] V. Meyer u. Oelkers, Ber. **21**, 1300 (1888). — Ney, Ber. **21**, 2451 (1888). — Stierlin, Ber. **22**, 383 (1889). — Buddeberg, Ber. **23**, 2070, 2071 (1890). — Wege, Ber. **24**, 3541, 3542 (1891). — Petrenko-Kritschenko, Ber. **25**, 2241 (1892).

$$\begin{array}{l} C_6H_5-CH_2 \\ \qquad\;\; | \\ C_6H_5-CO \end{array} + ClCH_2-C_6H_5 + NaO\cdot C_2H_5$$

$$= \begin{array}{l} C_6H_5-CH-CH_2-C_6H_5 \\ \qquad\;\; | \\ C_6H_5-CO \end{array} + NaCl + C_2H_5\cdot OH.$$

Benzyldesoxybenzoïn

Mit Benzaldehyd condensirt sich das Desoxybenzoïn, gleich allen Körpern, welche eine zwischen negativen Gruppen befindliche Methylengruppe enthalten, zu einer Benzylidenverbindung, dem Benzylidendesoxybenzoïn[1]:

$$\begin{array}{l} C_6H_5-CH_2 \\ \qquad\;\; | \\ C_6H_5-CO \end{array} + C_6H_5-CHO = \begin{array}{l} C_6H_5-C{=}CH-C_6H_5 \\ \qquad\;\; | \\ C_6H_5-CO \end{array} + H_2O.$$

Um die Verbindung als einziges Reactionsprodukt zu erhalten, bringt man überschüssigen Benzaldehyd mit Desoxybenzoïn und alkoholischer Kalilösung zusammen. Wird der Benzaldehyd in der berechneten Menge verwendet, so entsteht durch einen complicirteren Reactionsverlauf das später zu besprechende Benzamaron (S. 283—284).

Auch Salzsäuregas bewirkt die Condensation zwischen Desoxybenzoïn und Benzaldehyd, hierbei entsteht aber zunächst das Chlorbenzyldesoxybenzoïn:

$$\begin{array}{l} C_6H_5-CH_2 \\ \qquad\;\; | \\ C_6H_5-CO \end{array} + C_6H_5-CHO + HCl = \begin{array}{l} C_6H_5-CH-CHCl-C_6H_5 \\ \qquad\;\; | \\ C_6H_5-CO \end{array} + H_2O.$$

Alkalien spalten aus diesem Chlorprodukt Salzsäure ab unter Bildung von Benzylidendesoxybenzoïn (vgl. die analoge Reaction auf S. 250).

Als Ketonverbindung vereinigt sich das Desoxybenzoïn auch mit Verbindungen, welche eine reactionsfähige Methylengruppe enthalten, wie z. B. das Benzylcyanid[2]:

$$C_6H_5-CH_2\cdot CN + \begin{array}{l} CO-CH_2-C_6H_5 \\ C_6H_5 \end{array} = \begin{array}{lcl} C_6H_5-C & = & C-CH_2-C_6H_5 \\ \qquad\;\; | & & \;| \\ \qquad CN & & C_6H_5 \end{array} + H_2O.$$

Das Condensationsprodukt ist als Triphenylcyanpropylen zu bezeichnen.

Das aus Benzaldehyd und Benzylcyanid entstehende Cyanstilben (vgl. S. 185) vermag unter der condensirenden Wirkung des Natriumäthylats mit einem weiteren Molecül Benzylcyanid eine additionelle Ver-

[1] Knoevenagel u. Weissgerber, Ber. **26**, 436, 441 (1893). — Klages u. Knoevenagel, Ber. **26**, 447 (1893). — Vgl. Klingemann, Ann. **275**, 59 (1893).

[2] Riedel, Journ. pr. [2] **54**, 547 (1896).

bindung einzugehen, welche als Triphenylglutarsäurenitril aufzufassen ist[1]:

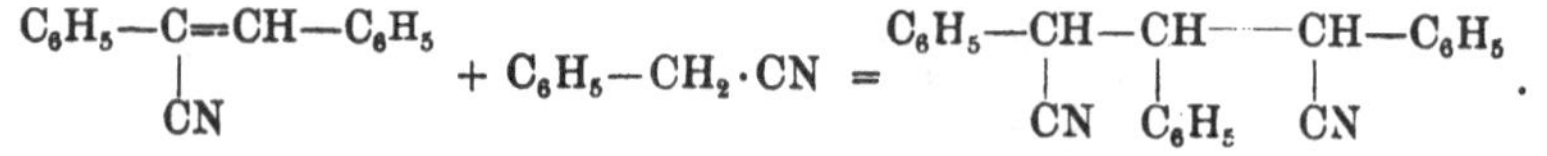

Symm. **Triphenylglutarsäure,** $C_6H_5 \cdot CH(CO_2H) \cdot CH(C_6H_5) \cdot CH(CO_2H) \cdot C_6H_5$, entsteht aus dem eben erwähnten Nitril durch Verseifen mit rauchender Salzsäure bei 180—200°. Sie krystallisirt mit einem Molecül Alkohol in verfilzten Nädelchen und schmilzt bei 236—237°. Acetylchlorid erzeugt aus der Säure zwei verschiedene Anhydride.

Ein Abkömmling des symmetrischen Triphenylpropans ist auch das Dibenzylhomophtalimid, welches entsteht, wenn man Homophtalimid mit Benzylchlorid und Natriumäthylatlösung zur Reaction bringt[2]:

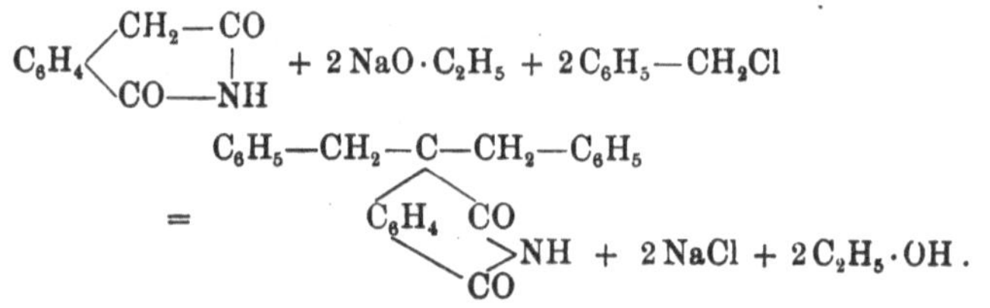

Von dem unsymmetrisch constituirten 1.1.3-Triphenylpropan:

$$(C_6H_5)_2CH—CH_2—CH_2—C_6H_5$$

leitet sich z. B. eine Verbindung ab, welche als Resorcincinnamyleïn[3] bezeichnet worden ist, und welche analog den Benzeïnen (vgl. S. 143) und dem Resorcinphenylaceteïn (vgl. S. 234) entsteht, nämlich bei Condensation von Zimmtsäure mit Resorcin mittels Chlorzink:

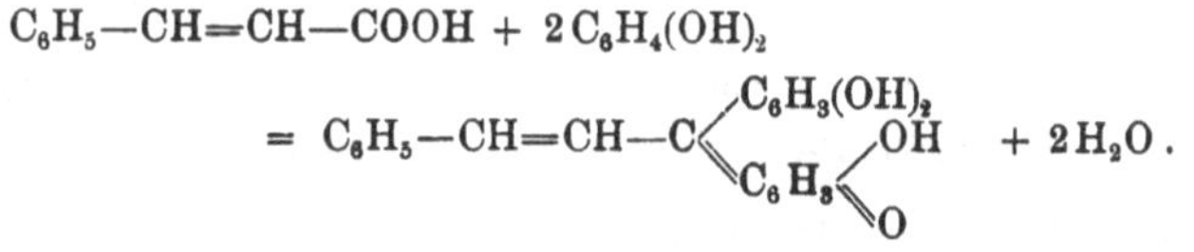

Die Gruppe des Tetraphenyl- und Hexaphenyl-Propans.

Vom Tetraphenylpropan der Formel:

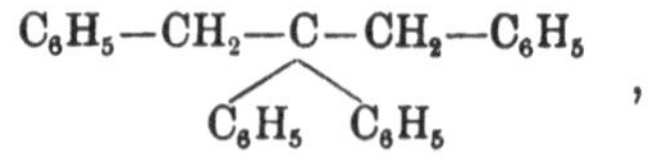

ist ein Dioxyderivat bekannt. Dieses entsteht bei der Einwirkung von concentrirter Schwefelsäure auf ein Gemenge von Dibenzylketon und Phenol[4]:

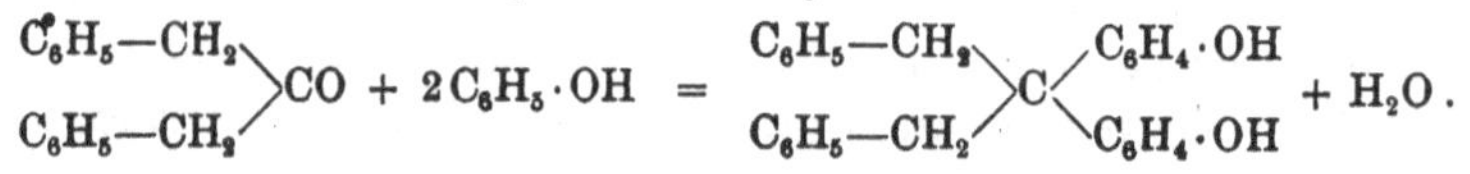

[1] Henze, Ber. 31, 3059 (1898).

[2] Pulvermacher, Ber. **20**, 2496 (1887).

[3] Cohn, J. pr. [2] **48**, 406 (1893).

[4] Bogdanowska, Ber. **25**, 1274 (1892).

Als ein Abkömmling des Hexaphenylpropans:

$$(C_6H_5)_3C{-}CH_2{-}C(C_6H_5)_3\,,$$

ist eine Verbindung anzusehen, welche aus Triphenylbrommethan und Natracetessigester entsteht und als Bistriphenylmethylacetessigester bezeichnet werden kann[1]. Bei ihrer Bildung reagiren selbst bei Anwendung äquimolecularer Mengen der Componenten, wie in vielen analogen Fällen (vgl. S. 245) 2 Mol. der Bromverbindung gleichzeitig auf den Natracetessigester unter Regenerirung der Hälfte des freien Esters:

$$2(C_6H_5)_3CBr + 2\,CH_3{-}CO{-}CH_2{-}COOC_2H_5 + 2\,C_2H_5\cdot ONa$$

$$= (C_6H_5)_3C{-}\underset{\substack{|\\ CO-CH_3}}{\overset{\substack{COOC_2H_5\\ |}}{C}}{-}C(C_6H_5)_3 + CH_3{-}CO{-}CH_2{-}COOC_2H_5 + 2\,NaBr + 2\,C_2H_5\cdot OH.$$

Die Gruppe des Diphenylbutans.

Den Verbindungen, welche der Diphenylbutanreihe angehören, liegt die folgende Gruppirung der Kohlenstoffatome zu Grunde:

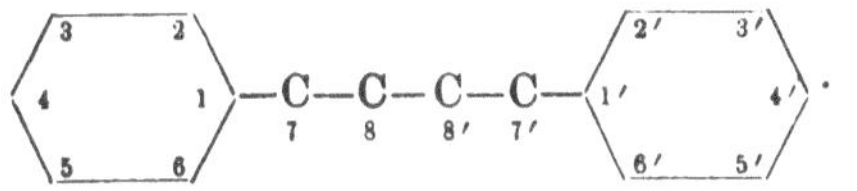

Durch die aus diesem Schema ersichtliche Numerirung gewinnt man eine Möglichkeit, die chemischen Orte in den Verbindungen der Diphenylbutangruppe zu bezeichnen (vgl. S. 243); doch wird diese Benennungsweise dadurch complicirt, dass die beide Benzolkerne verbindende Kette bald gesättigt, bald ungesättigt ist, und dass mithin im letzteren Falle noch eine Bezeichnung des Ortes der mehrfachen Bindungen erforderlich wird. Daher ist es in vielen Fällen zweckmässiger, die in Rede stehenden Verbindungen auf einfachere Typen zurükzuführen, z. B.:

$C_6H_5{-}CH_2{-}CH_2{-}CH_2{-}CH_2{-}C_6H_5$, Diphenylbutan oder Dibenzyläthan,

$C_6H_5{-}CH{=}CH{-}CH{=}CH{-}C_6H_5$, Diphenyldiäthylen (*Diphenylbutadiën*),

$C_6H_5{-}C{\equiv}C{-}C{\equiv}C{-}C_6H_5$, Diphenyldiacetylen,

$C_6H_5{-}CO{-}CH_2{-}CH_2{-}CO{-}C_6H_5$, Diphenacyl oder Dibenzoyläthan.

Das allgemeine Princip, dessen Anwendung in den meisten Fällen zur Darstellung von Verbindungen der Diphenylbutangruppe geführt hat, besteht darin, dass zwei Molecüle einer Verbindung von der Atomgruppirung

$$C_6H_5{-}C{-}C{-}$$

mit einander verkettet werden.

[1] Allen u. Kölliker, Ann. **227**, 111 (1885).

Auf dieser Grundlage beruht die von Glaser[1] im Jahre 1870 ausgeführte Darstellung des oben erwähnten Diphenyldiacetylens aus Phenylacetylen durch Schütteln der Kupferverbindung des letzteren mit alkoholischem Ammoniak bei Luftzutritt:

$$\begin{array}{l} C_6H_5-C\equiv C-Cu \\ \\ C_6H_5-C\equiv C-Cu \end{array} + O = \begin{array}{l} C_6H_5-C\equiv C \\ \qquad\quad\;\; | \\ C_6H_5-C\equiv C \end{array} + Cu_2O.$$

Diese Reaction erlangte ein erhöhtes Interesse, als sie von Baeyer[2] auf das o-Nitrophenylacetylen angewandt wurde; denn das so erhaltene Di-o-nitrodiphenyldiacetylen ist in Folge seines Uebergangs durch concentrirte Schwefelsäure in Diisatogen, welches seinerseits leicht in Indigo übergeführt werden kann, für die Erkenntniss der Constitution dieses Farbstoffs von wesentlicher Bedeutung gewesen:

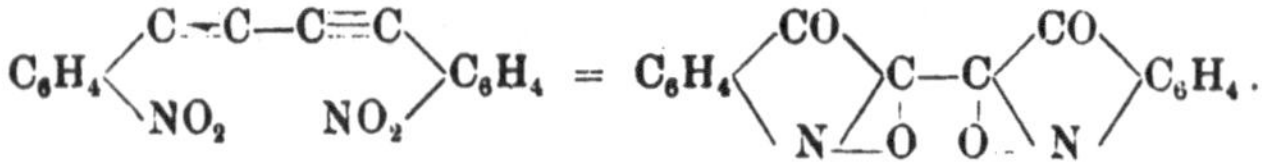

Di-o-nitrodiphenyldiacetylen Diisatogen

Die Verkettung zweier Phenylacetylenmolecüle lässt sich am besten durch Oxydation mit einer alkalischen Ferricyankaliumlösung herbeiführen.

Das Acetophenon wird durch concentrirte Salpetersäure gleichfalls in einen Abkömmling des Diphenylbutans, das sogenannte Diphenyldinitrosacyl:

$$\begin{array}{c} C_6H_5-CO-C\text{———}C-CO-C_6H_5 \\ \| \qquad\quad \| \\ N-O-O-N \end{array}$$

verwandelt[3] (vgl. Bd. II, Th. I, S. 490).

Das Diphenyldinitrosacyl ist das Hyperoxyd des Diphenyltetraketondioxims und wird bei der Einwirkung von Zinkstaub und Eisessig in dieses übergeführt[4]:

$$\begin{array}{c} C_6H_5-CO-C\text{———}C-CO-C\,H \\ \| \qquad\quad \| \\ N-O-O-N \end{array} + 2H = \begin{array}{c} C_6H_5-CO-C\text{———}C-CO-C_6H_5 \\ \| \qquad\quad \| \\ NOH \;\; HON \end{array}$$

[1] Ann. **154**, 159 (1870).

[2] Baeyer, Ber. **15**, 51 (1882). — Baeyer u. Landsberg, Ber. **15**, 57, 58, 60 (1882).

[3] Holleman, Ber. **20**, 3360 (1887); **21**, 2835 (1888). Rec. trav. chim. **6**, 82 (1887); **10**, 211 (1891); **11**, 258 (1892). — Claus, J. pr. [2] **41**, 492 (1890). — Baum, Ber. **28**, 3211 (1895). — Böseken, Rec. trav. chim. **16**, 297 (1897).

[4] Angeli, Ber. **26**, 528 (1893). Gazz. chim. **23**, I, 417 (1893).

Auch das Nitrosoacetophenon oder Benzoylformoxim geht unter der Einwirkung der Salpetersäure in Diphenyldinitrosacyl über[1]:

$$2C_6H_5{-}CO{-}CH{=}NOH + 2O = \begin{array}{c} C_6H_5{-}CO{-}C\text{————}C{-}CO{-}C_6H_5 \\ \| \qquad\quad \| \\ N{-}O{-}O{-}N \end{array} + 2H_2O.$$

Das Acetylderivat des Benzoylformoxims condensirt sich schon beim Auflösen in Soda unter Abspaltung der stickstoffhaltigen Gruppe zu einem Abkömmling des Diphenylbutans, dem Diphenyltriketooxybutan[2]:

$$C_6H_5{-}CO{-}CO{-}CH(OH){-}CO{-}C_6H_5.$$

Die letztgenannte Verbindung besitzt eine dem Benzoïn ähnliche Constitution (vgl. S. 176), sie kann als das Benzoïn des Phenylglyoxals, $C_6H_5{-}CO{-}CHO$ (vgl. Bd. II, Th. I, S. 496), aufgefasst werden und entsteht demgemäss auch aus dieser Verbindung unter der Einwirkung alkoholischen Cyankaliums[3]:

$$2C_6H_5{-}CO{-}CHO = C_6H_5{-}CO{-}CO{-}CH(OH){-}CO{-}C_6H_5.$$

Die Reaction ist einer sehr weitgehenden Anwendung fähig und hat zur Gewinnung einer Reihe homologer Verbindungen geführt.

Die Triketooxyverbindungen sind gelb gefärbt: durch Oxydationsmittel gehen sie leicht in die intensiv rothgefärbten Tetraketoverbindungen über, deren einfachster Repräsentant das Diphenyltetraketobutan oder Diphenyltetraketon ist:

$$C_6H_5{-}CO{-}CO{-}CH(OH){-}CO{-}C_6H_5 + O = C_6H_5{-}CO{-}CO{-}CO{-}CO{-}C_6H_5 + H_2O.$$

Die Existenzfähigkeit und Beständigkeit dieser Verbindungen, deren Molecüle vier Carbonylgruppen kettenförmig unmittelbar an einander gereiht enthalten, ist sehr beachtenswerth.

Das Phenacylchlorid, $C_6H_5{-}CO{-}CH_2Cl$ (vgl. Bd. II, Th. I, S. 491), wird durch Ammoniak zum Theil in Chlordiphenacyl übergeführt[4]:

$$2C_6H_5{-}CO{-}CH_2Cl + NH_3 = C_6H_5{-}CO{-}CH_2{-}CHCl{-}CO{-}C_6H_5 + NH_4Cl.$$

Die für diese Reaction erforderliche Halogenwasserstoffabspaltung erreicht man weit besser und vollständiger als durch Ammoniak durch

---

[1] Holleman, Ber. **21**, 2837 (1888).

[2] Söderbaum, Ber. **24**, 1386 (1891).

[3] Abenius u. Söderbaum, Ber. **24**, 3033 (1891); **25**, 3468 (1892). — Söderbaum, Ber. **27**, 658 (1894). — Abenius, Ber. **27**, 706 (1894).

[4] Städel u. Rügheimer, Ber. **9**, 1758 (1876); **13**, 836 (1880). — Fritz, Ber. **28**, 3032 (1895); **29**, 1750 (1896). — Paal u. Stern, Ber. **32**, 530. 533 (1899). — Vgl. Kues u. Paal, Ber. **19**, 3146 (1886). — Paal u. Hörmann, Ber. **22**, 3225 (1889). — Pusch, Ber. **28**, 2102 (1895). — Paal u. Demeler, Ber. **29**, 2092 (1896). — Vgl. auch Hess, Ann. **232**, 234 (1886). — Culmann, Ann. **258**, 235 (1890).

Natriumäthylat unter Verwendung von Phenacylbromid als Ausgangsmaterial.

Diese halogenirten Diphenacyle treten in zwei isomeren Formen auf, welche sich vielleicht wie Keto- und Enol-Verbindungen zu einander verhalten. Durch Reduction mit Zinkstaub oder Magnesiumpulver wird ihnen das Halogen entzogen unter Bildung von Diphenacyl oder Dibenzoyläthan:

$$C_6H_5-CO-CH_2-CH_2-CO-C_6H_5,$$

welches sich durch Natriumamalgam in das entsprechende Glykol, das Diphenyltetramethylenglykol:

$$C_6H_5-CH(OH)-CH_2-CH_2-CH(OH)-C_6H_5$$

überführen lässt.

Eine dem Dibenzoyläthan nahestehende Verbindung ist der Dibenzoylbernsteinsäureester[1], welcher entsteht, wenn man auf die Natriumverbindung des Benzoylessigesters[2] Jod einwirken lässt, also ganz analog wie der Diacetbernsteinsäureester aus dem Acetessigester (vgl. Bd. I, S. 988):

$$\begin{array}{l} C_6H_5-CO-CHNa-COOC_2H_5 \\ C_6H_5-CO-CHNa-COOC_2H_5 \end{array} + 2J = \begin{array}{l} C_6H_5-CO-CH-COOC_2H_5 \\ \qquad\qquad\quad | \\ C_6H_5-CO-CH-COOC_2H_5 \end{array} + 2NaJ.$$

Der Dibenzoylbernsteinsäureester beansprucht besonders deshalb erhöhtes Interesse, weil an ihm ähnliche Isomerieerscheinungen beobachtet worden sind, wie wir sie in der Diphenylpropangruppe kennen gelernt haben (vgl. S. 248 u. f.); doch werden die Verhältnisse hier noch durch das Hinzutreten stereoisomerer Formen complicirt. Das bei der Synthese direct erhaltene Produkt besteht zu etwa gleichen Theilen aus zwei isomeren Estern, welche beide in Soda und verdünnter Natronlauge unlöslich sind und in alkoholischer Lösung durch Eisenchlorid nicht gefärbt werden. Die beiden Ester, von denen der höher schmelzende als β-, der niedriger schmelzende als γ-Ester bezeichnet wird, sind auf Grund dieses Verhaltens als Ketoverbindungen aufgefasst worden, und zwar legt man nach Analogie mit den Weinsäuren (vgl. Bd. I, S. 800 u. f.)

---

[1] Baeyer u. Perkin, Ber. **17**, 60 (1884). — Perkin, Journ. Soc. **47**, 264 (1885). — Perkin u. Bellenot, Journ. Soc. **49**, 452 (1886). — Perkin u. Calman, Journ. Soc. **49**, 166 (1886). — Perkin u. Schlösser, Journ. Soc. **57**, 950 (1890). — Knorr u. Scheidt, Ber. **27**, 1168 (1894). — Knorr, Ann. **293**, 70 (1896); **306**, 385 (1899). — J. Schmidt, Ann. **293**, 107 (1896). — Paal u. Härtel, Ber. **30**, 1991 (1897). — Paal u. Schulze, Ber. **33**, 3784 (1900).

[2] Bezüglich der Stellung des Natriumatoms in dieser Verbindung vgl. Bd. I, S. 965. Seit dem Druck dieser Stelle hat die Anschauung, dass in solchen Metallverbindungen das Metallatom an Sauerstoff gebunden ist (also der Formel $C_6H_5\cdot C(ONa):CH\cdot CO_2C_2H_5$ entsprechend) sehr an Verbreitung und Wahrscheinlichkeit gewonnen. — Vgl. Michael, J. pr. [2] **60**, 312 (1899).

der höher schmelzenden Modification die racemische, der niedriger schmelzenden die Meso-Configuration bei:

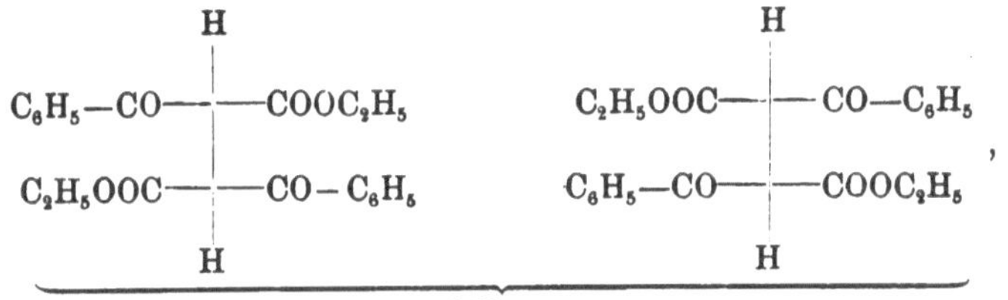

β-Ester

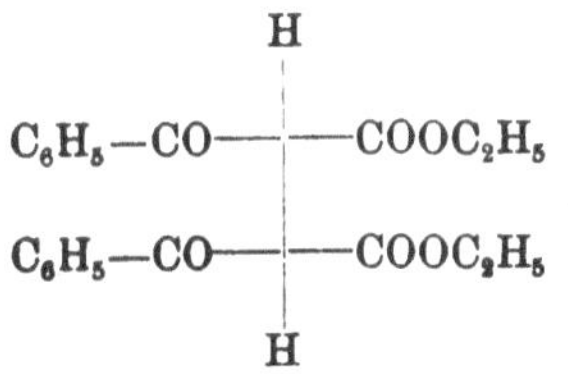

γ-Ester

Ausser diesen beiden Ketoverbindungen existirt nun noch eine dritte Modification des Dibenzoylbernsteinsäureesters. Diese als α-Ester bezeichnete Verbindung unterscheidet sich vom β- und γ-Ester dadurch, dass sie flüssig ist, sich in Soda und verdünnter Natronlauge löst und in alkoholischer Lösung durch Eisenchlorid braun gefärbt wird. Durch dieses Verhalten kennzeichnet sich die Verbindung als Enolkörper; sie kann als Bisphenyloxyacrylsäureester bezeichnet werden:

$$\begin{array}{l} C_6H_5-C(OH)=C-COOC_2H_5 \\ \qquad\qquad\qquad\quad | \\ C_6H_5-C(OH)=C-COOC_2H_5 \end{array} .$$

Natriumäthylatlösung verwandelt sowohl den β- als auch den γ-Ester in das Natriumsalz der Enolverbindung, d. h. des α-Esters. Aus diesem Salz lässt sich der freie α-Ester nur unter Innehaltung gewisser Vorsichtsmassregeln gewinnen. Man erhält ihn durch Versetzen der eiskalten wässerigen Natriumsalzlösung mit überschüssiger Schwefelsäure. Schon beim Aufbewahren bei Zimmertemperatur, rascher beim Erhitzen geht die Enolverbindung in ein Gemenge der beiden Ketoformen über. Alle drei Formen liefern im Schmelzfluss und in Lösungen ein identisches Gemenge des β- und γ-Esters mit sehr wenig α-Ester.

Das direct bei der Synthese erhaltene Dibenzoylbernsteinsäureester-Gemisch zeigt einige interessante Umwandlungen. Beim Erhitzen auf 270—290° geht es in ein chinonartiges Produkt von complicirter Structur über:

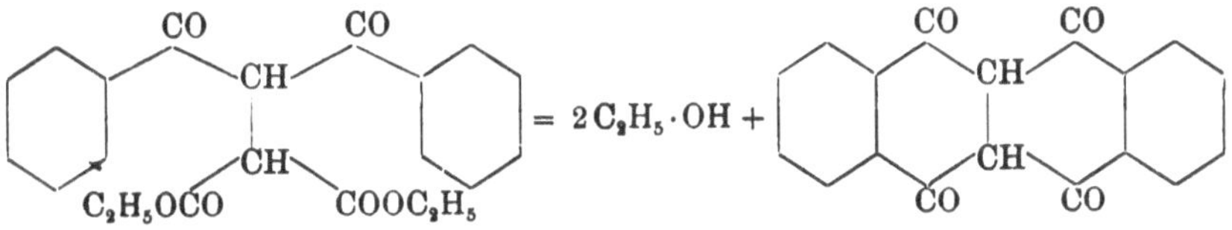

Beim Kochen mit 30 procentiger Schwefelsäure wird das Estergemisch verseift; gleichzeitig aber verliert die entstehende Dibenzoylbernsteinsäure ein Molekül Wasser unter Bildung eines Furfuranderivats, welches analog der Carbopyrotritarsäure constituirt ist (vgl. Bd. I, S. 988); concentrirte Schwefelsäure erzeugt aus dem Dibenzoylbernsteinsäureester durch blosse Wasserentziehung den Ester dieser Säure:

$$\begin{array}{c} C_2H_5OOC-CH-\!\!-CH-COOC_2H_5 \\ | \qquad\quad | \\ C_6H_5-CO \quad CO-C_6H_5 \end{array} - H_2O = \begin{array}{c} C_2H_5OOC-C-\!\!-\!\!-C-COOC_2H_5 \\ \| \qquad\quad \| \\ C_6H_5-C \quad C-C_6H_5 \\ \diagdown \; \diagup \\ O \end{array} .$$

Erwärmen mit verdünnter Natronlauge oder Erhitzen mit Wasser auf 150—170° spaltet die Dibenzoylbernsteinsäureester in Alkohol, Kohlensäure und Diphenacyl (das aromatische Analogon des Acetonylacetons, vgl. Bd. I, S. 855):

$$\begin{array}{c} C_2H_5OOC-CH-\!\!-CH-COOC_2H_5 \\ | \qquad\quad | \\ C_6H_5-CO \quad CO-C_6H_5 \end{array} + 2H_2O$$
$$= 2C_2H_5\cdot OH + 2CO_2 + C_6H_5-CO-CH_2-CH_2-CO-C_6H_5 .$$

Das Dinatriumsalz des Dibenzoylbernsteinsäureesters, welches nach dem Verhalten der Isomeren gegen Alkali als Derivat der Enolverbindung anzusehen ist, giebt bei der Einwirkung von Säurechloriden O-Acylderivate:

$$\begin{array}{l} C_6H_5-C(ONa)=C-COOC_2H_5 \\ \qquad\qquad\qquad\;\; | \\ C_6H_5-C(ONa)=C-COOC_2H_5 \end{array} + 2R-COCl$$
$$= \begin{array}{l} C_6H_5-C(OCOR)=C-COOC_2H_5 \\ \qquad\qquad\qquad\quad\;\; | \\ C_6H_5-C(OCOR)=C-COOC_2H_5 \end{array} + 2NaCl .$$

Lässt man dagegen Jod auf dieses Natriumsalz einwirken, so findet eine Reaction statt, welche einfacher unter Annahme der Ketoform des Natriumsalzes formulirt werden kann:

$$\begin{array}{l} C_6H_5-CO-CNa-COOC_2H_5 \\ \qquad\qquad\quad\; | \\ C_6H_5-CO-CNa-COOC_2H_5 \end{array} + 2J = \begin{array}{l} C_6H_5-CO-C-COOC_2H_5 \\ \qquad\qquad\quad \| \\ C_6H_5-CO-C-COOC_2H_5 \end{array} + 2NaJ .$$

Dibenzoylmaleïnsäureester

Durch Erhitzen für sich oder mit Lösungsmitteln geht der so dargestellte Dibenzoylmaleïnsäureester in den höher schmelzenden stereoisomeren Dibenzoylfumarsäureester über:

$$\begin{array}{l} \qquad C_6H_5-CO-C-COOC_2H_5 \\ \qquad\qquad\qquad\quad\;\; \| \\ C_2H_5OOC-C-CO-C_6H_5 \end{array} .$$

Bei der Verseifung mit alkoholischem Kali liefern beide Ester nicht die ihnen entsprechenden freien Säuren, sondern die um ein Molekül Wasser reichere Dibenzoyläpfelsäure, z. B.:

$$\begin{array}{l} \qquad C_6H_5-CO-C-COOC_2H_5 \\ \qquad\qquad\qquad\quad\;\; \| \\ C_2H_5OOC-C-CO-C_6H_5 \end{array} + 3H_2O =$$
$$\begin{array}{l} C_6H_5-CO-C(OH)-COOH \\ \qquad\qquad\qquad\; | \\ \quad HOOC-CH-CO-C_6H_5 \end{array} + 2C_2H_5\cdot OH .$$

Als ein Analogon der Benzalphtalidsynthese (vgl. S. 186) ist eine Reaction anzusehen, welche beim Erhitzen von Bernsteinsäure und Phtalsäureanhydrid mit Natriumacetat stattfindet. Unter Abspaltung von 2 Mol. Kohlensäure treten dabei zwei Phtalidreste in das Bernsteinsäuremolecül ein und veranlassen die Bildung eines als Aethindiphtalid bezeichneten Körpers[1]:

$$2\,C_6H_4\left\langle\begin{matrix}CO\\ \\ CO\end{matrix}\right\rangle O + \begin{matrix}CH_2-COOH\\ \\ CH_2-COOH\end{matrix} = C_6H_4\left\langle\begin{matrix}C{=}CH-CH{=}C\\ >O \qquad O< \\ CO \qquad\qquad CO\end{matrix}\right\rangle C_6H_4 + 2\,CO_2 + 2\,H_2O.$$

Das Aethindiphtalid ist das Dilacton einer Dioxydicarbonsäure von der Formel

$$C_6H_4\left\langle\begin{matrix}C(OH){=}CH-CH{=}C(OH)\\ \\ COOH \qquad\qquad HOOC\end{matrix}\right\rangle C_6H_4;$$

doch entsteht bei seiner Verseifung nicht diese Säure, sondern die isomere Dibenzoyläthan-o-o-dicarbonsäure:

$$C_6H_4\left\langle\begin{matrix}CO-CH_2-CH_2-CO\\ \\ COOH \qquad\qquad HOOC\end{matrix}\right\rangle C_6H_4.$$

Die Wanderung zweier Wasserstoffatome vom Sauerstoff zum Kohlenstoff, welche bei der Bildung dieser Verbindung anzunehmen ist, geht im umgekehrten Sinne vor sich, wenn die Säure in concentrirter Schwefelsäure gelöst wird, indem alsdann das Aethindiphtalid zurückgebildet wird.

Reduction mit Jodwasserstoff und Phosphor führt die Dibenzoyläthandicarbonsäure in Diphenylbutandicarbonsäure (2.2') über:

$$C_6H_4\left\langle\begin{matrix}CH_2-CH_2-CH_2-CH_2\\ \\ COOH \qquad\qquad HOOC\end{matrix}\right\rangle C_6H_4.$$

Eine Reihe ungesättigter Diphenylbutanabkömmlinge lässt sich durch Condensation gewisser Verbindungen der Fettreihe mit zwei Molecülen oder von Körpern, welche bereits einen Benzolkern enthalten, mit einem Molecül eines aromatischen Aldehyds gewinnen.

Der Bernsteinsäureester vermag sich durch Vermittelung alkoholfreien Natriumäthylats mit nur einem Molecül eines Ketons, dagegen mit zwei Molecülen eines aromatischen Aldehyds zu vereinigen; so bildet er mit Benzaldehyd unter gleichzeitiger Verseifung die Dibenzalbernsteinsäure[2]:

$$\begin{matrix}C_6H_5-CHO\\ \\ C_6H_5-CHO\end{matrix} + \begin{matrix}CH_2-COOC_2H_5\\ |\\ CH_2-COOC_2H_5\end{matrix} = \begin{matrix}C_6H_5-CH{=}C-COOH\\ |\\ C_6H_5-CH{=}C-COOH\end{matrix} + 2\,C_2H_5\cdot OH.$$

[1] Gabriel u. Michael, Ber. **10**, 1559, 2207 (1877). — Roser, Ber. **17**, 2620, 2770, 2775 (1884); **18**, 3116 (1885). — Gabriel, Ber. **19**, 836 (1886). — Baumann, Ber. **20**, 1486 (1887). — Nathanson, Ber. **26**, 2582 (1893). — Gabriel u. Leupold, Ber. **31**, 1159 (1898).

[2] Stobbe u. Klöppel, Ber. **27**, 2405 (1894). — Stobbe, Ber. **30**, 94 (1897). Centralbl. **1900**, II, 561.

Wendet man an Stelle des Benzaldehyds Salicylaldehyd an, so entsteht sogleich das Dilacton der zu erwartenden Dioxydibenzalbernsteinsäure, das Dicumarin[1]:

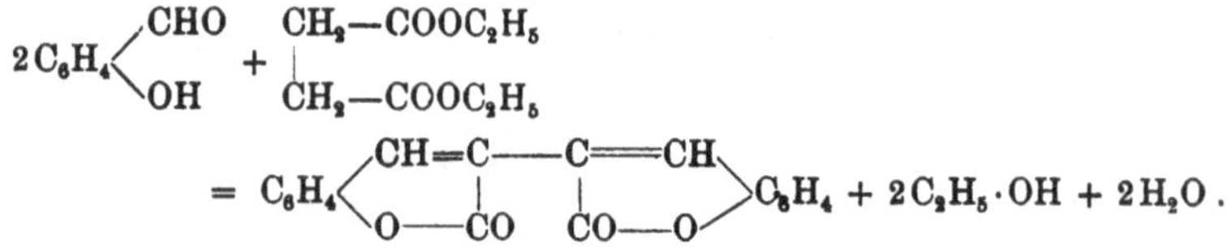

Natriumamalgam verwandelt das Dicumarin in Dihydrocumarsäure oder Di-o-oxydibenzylbernsteinsäure:

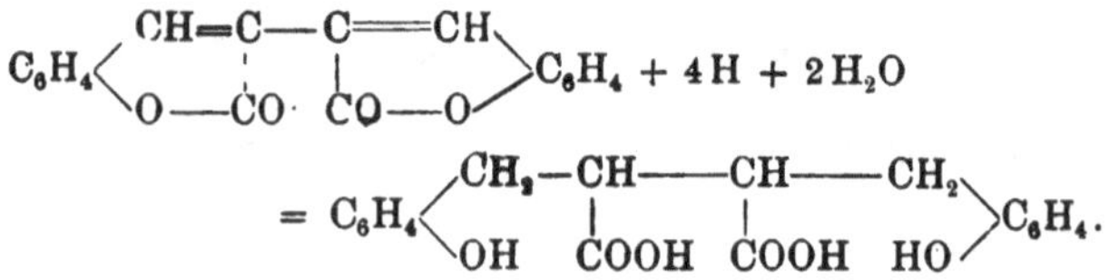

Bei der Einwirkung von Anisaldehyd auf bernsteinsaures Natrium und Essigsäureanhydrid entsteht keine Dicarbonsäure[2], sondern unter Abspaltung von einem bezw. zwei Molecülen Kohlensäure die Dianisylpentolsäure:

$$CH_3O-C_6H_4-CH{=}CH-\underset{\displaystyle COOH}{\underset{|}{C}}{=}CH-C_6H_4-OCH_3$$

und das Dianisyltetrylen:

$$CH_3O-C_6H_4-CH{=}CH-CH{=}CH-C_6H_4-OCH_3.$$

Die Einführung eines Benzaldehydrestes in die Bernsteinsäure durch Erhitzen von bernsteinsaurem Natrium mit dem Aldehyd und Essigsäureanhydrid nach der „PERKIN'schen Reaction“ (vgl. Bd. I, S. 489) führt, gleichfalls unter Kohlensäureabspaltung, zur β-Benzalpropionsäure, $C_6H_5-CH{=}CH-CH_2-COOH$ (vgl. Kap. 35 in Bd. II, Th. I). Diese Säure ist nun im Stande, noch eine zweite Benzalgruppe aufzunehmen, wenn ihr Natriumsalz mit Benzaldehyd und Essigsäureanhydrid erhitzt wird[3]. Man erhält so die Dibenzalpropionsäure:

$$C_6H_5-CH{=}CH-\underset{\displaystyle COOH}{\underset{|}{CH_2}} + OCH-C_6H_5 = C_6H_5-CH{=}CH-\underset{\displaystyle COOH}{\underset{|}{C}}{=}CH-C_6H_5 + H_2O.$$

Successive Behandlung mit Brom und methylalkoholischer Kalilauge verwandelt die Dibenzalpropionsäure in die um ein Sauerstoffatom reichere α-Phenacylzimmtsäure (vgl. die analoge Umwandlung des Benzalacetophenons S. 249):

$$C_6H_5-CO-CH_2-\underset{\displaystyle COOH}{\underset{|}{C}}{=}CH-C_6H_5\,.$$

---

[1] DYSON, Journ. Soc. **51**, 62 (1887). — Vgl. ZWENGER, Ann. Suppl. **8**, 32 (1872).

[2] POLITIS, Ann. **255**, 293 (1889).

[3] THIELE, Ann. **303**, 217 (1898); **306**, 145 (1899). — THIELE u. MAYER, Ann. **306**, 171, 176 (1899). — THIELE u. MEISENHEIMER, Ann. **306**, 225 (1899).

Benzylcyanid bezw. phenylessigsaures Natrium vereinigen sich wie mit Benzaldehyd und seinen Derivaten (vgl. S. 185, 186) so auch mit Zimmtaldehyd[1], und zwar entstehen dabei Derivate des Diphenyldiäthylens:

$$C_6H_5-CH_2-CN + C_6H_5-CH{=}CH-CHO = \underset{\textstyle CN}{C_6H_5-\overset{}{C}{=}CH-CH{=}CH-C_6H_5},$$

Cyandiphenyldiäthylen

$$C_6H_5-CH_2-COOH + C_6H_5-CH{=}CH-CHO = \underset{\textstyle COOH}{C_6H_5-C{=}CH-CH{=}CH-C_6H_5}.$$

Diphenyldiäthylencarbonsäure

Aus der letztgenannten Säure lässt sich durch Abspaltung von Kohlensäure das Diphenyldiäthylen

$$C_6H_5-CH{=}CH-CH{=}CH-C_6H_5,$$

gewinnen. Das Cyandiphenyldiäthylen liefert bei der Reduction unter Blausäureabspaltung Diphenylbutylen,

$$C_6H_5-CH_2-CH_2-CH{=}CH-C_6H_5 \quad \text{oder} \quad C_6H_5-CH_2-CH{=}CH-CH_2-C_6H_5,$$

dessen weitere Reduction zum Diphenylbutan,

$$C_6H_5-CH_2-CH_2-CH_2-CH_2-C_6H_5,$$

führt.

Zimmtsäureester und Benzylcyanid liefern das Cinnamoylbenzylcyanid[2]:

$$C_6H_5-CH{=}CH-COOC_2H_5 + C_6H_5-CH_2-CN = \underset{\textstyle CN}{C_6H_5-CH{=}CH-CO-CH-C_6H_5} + C_2H_5\cdot OH.$$

Auch durch Einführung des Phenacylrestes, $C_6H_5-CO-CH_2-$ in das Molecül des Benzoylessigesters bezw. des Benzylcyanessigesters sind Säuren der Diphenylbutanreihe erhalten worden[3].

Wird das Succinylchlorid nach der FRIEDEL-CRAFTS'schen Reaction mit Benzol oder dessen Homologen vermittelst Aluminiumchlorid condensirt, so entstehen neben einander zwei verschiedene Körper, von denen der eine der Diphenylmethanreihe angehört, während der andere das Dibenzoyläthan darstellt, indem das Chlorid sowohl nach der sym-

[1] REBUFFAT, Gazz. chim **15**, 105 (1885); **20**, 154 (1890). — FREUND u. IMMERWAHR, Ber. **23**, 2856 (1890). — REMSE, Ber. **23**, 3135 (1890). — SCHOLTZ, Ber. **28**, 1189 (1895). — MILLER u. PLÖCHL, Ber. **31**, 2718 (1898). — THIELE u. SCHLEUSSNER, Ann. **306**, 197 (1899). — THIELE u. RÖSSNER, Ann. **306**, 201 (1899).

[2] WALTHER u. SCHICKLER, J. pr. [2] **55** 347 (1897). — Vgl. ERLENMEYER jun., Ber. **33**, 2006 ((1900).

[3] KAPF u. PAAL, Ber. **21**, 1487 (1888). — MOURET u. CHAUVET, Bull. [3] **17**, 411 (1897).

metrischen als auch nach der unsymmetrischen Formel reagirt[1] (s. die diese Condensationsvorgänge erläuternden Gleichungen auf S. 67).

Aus Bernsteinsäureanhydrid, Pyrogallol und Chlorzink ist ausser dem Pyrogallolsuccineïn das dem Dibenzoyläthan oder Diphenacyl entsprechende Digallacyl erhalten worden[2] (vgl. auch S. 93):

$$\begin{matrix} CH_2-CO \\ | \\ CH_2-CO \end{matrix} \!\!> O + 2\,C_6H_3(OH)_3 = \begin{matrix} CH_2-CO-C_6H_2(OH)_3 \\ | \\ CH_2-CO-C_6H_2(OH)_3 \end{matrix} + H_2O.$$

Auch in der Natur finden sich einige Abkömmlinge des Diphenylbutans, nämlich gewisse in verschiedenen Flechtenarten vorkommende Verbindungen, von denen vor allem die Vulpinsäure genauer untersucht worden ist[3]. Die Flechten, welche Vulpinsäure enthalten, sind durch ihre gelbe Farbe und Giftigkeit ausgezeichnet. Zu ihnen gehört die sogenannte Fuchsflechte (Cetraria vulpina), welche ihren Namen daher hat, dass sie in Scandinavien zum Vergiften von Füchsen verwendet wird.

Die zuerst von Möller u. Strecker genau charakterisirte Vulpinsäure, $C_{19}H_{14}O_5$, spaltet beim Erhitzen Methylalkohol ab und liefert Pulvinsäureanhydrid, aus welchem durch Auflösen in Natronlauge Pulvinsäure entsteht. Durch Kalkmilch wird die Vulpinsäure direct zu Pulvinsäure verseift, deren Methylester sie darstellt.

Die Pulvinsäure, $C_{18}H_{12}O_5$, hat — wie ihre eingehende Untersuchung durch Spiegel lehrte — die Constitution einer Lactoncarbonsäure:

$$\begin{matrix} & COOH & & & \\ & | & & & \\ C_6H_5- & C= & C-C(OH)= & C-C_6H_5, & \\ & & | & | & \\ & & O \text{ --- } & CO & \end{matrix}$$

ihr Anhydrid ist:

$$\begin{matrix} & CO & \text{---} & O & \\ & | & & | & \\ C_6H_5-C= & C- & C= & C-C_6H_5. \\ | & & & | & \\ O & \text{---} & & CO & \end{matrix}$$

Die Reduction der Pulvinsäure führt zu folgenden Verbindungen:

$$\text{Carboxycornicularsäure,}\quad \begin{matrix} & COOH & & \\ & | & & \\ C_6H_5- & C=CH-CO- & CH-C_6H_5, \\ & & | \\ & & COOH \end{matrix}$$

---

[1] Claus, Ber. **20**, 1375, 1377, 1378 (1887). — Auger, Ann. ch. [6] **22**, 317 (1891). — Limpricht, Ann. **312**, 115 (1900). — Vgl. Henze, Ber. **33**, 966 (1900).

[2] Georgievics, Monatsh. **20**, 450 (1899).

[3] Möller u. Strecker, Ann. **113**, 56 (1860). — Stein u. Bolley, Jb. **1864**, 553, 554. — Spiegel, Ber. **13**, 1629, 2219 (1880); **14**, 1686 (1881); **15**, 1546 (1882). Ann. **219**, 1 (1883). — Hesse, Ber. **13**, 1816 (1880). Ann. **284**, 157 (1895). J. pr. [2] **57**, 232 (1898). — Zopf, Ann. **284**, 107 (1895); **295**, 222 (1897); **297**, 271 (1897); **313**, 317 (1900). — Salkowski, Ann. **314**, 110 (1900).

Cornicularsäure, $$C_6H_5-\overset{\overset{COOH}{|}}{C}=CH-CO-CH_2-C_6H_5,$$

Dihydrocornicularsäure, $$C_6H_5-\overset{\overset{COOH}{|}}{CH}-CH_2-CO-CH_2-C_6H_5,$$

Tetrahydrocornicularsäure, $$C_6H_5-\overset{\overset{COOH}{|}}{CH}-CH_2-CH(OH)-CH_2-C_6H_5$$

Kalilauge spaltet aus der Pulvinsäure zwei Molecüle Kohlensäure ab und führt sie in „Oxatolylsäure" über:

$$C_6H_5-\overset{\overset{COOH}{|}}{C}=\underset{\underset{O\text{———}}{|}}{C}-C(OH)=\underset{\underset{CO}{|}}{C}-C_6H_5 + H_2O = C_6H_5-CH_2-CO-CO-CH_2-C_6H_5 + 2CO_2.$$

$$C_6H_5-CH_2-CO-CO-CH_2-C_6H_5 + H_2O = C_6H_5-CH_2-\underset{\underset{COOH}{|}}{C(OH)}-CH_2-C_6H_5.$$

Die Oxatolylsäure oder Dibenzylglykolsäure (vgl. S. 256) entsteht also hier aus einem als hypothetisches Zwischenprodukt anzunehmenden Orthodiketon, dem Dibenzyldiketon, ganz in derselben Weise, wie die Benzilsäure aus Benzil (vgl. S. 78).

Ausser der Vulpinsäure, dem Methylester der Pulvinsäure, sind auch die Aethyl- und Propyl-Pulvinsäure in Flechten aufgefunden, und ausserdem ist die Rhizocarpsäure als der Pulvinsäure in ihrer Constitution nahestehender Flechtenstoff erkannt worden.

Die Constitution der Vulpinsäure und ihrer Abbauprodukte konnte durch die im folgenden beschriebenen Synthesen dieser Verbindungen (Volhard, Thiele) bestätigt werden.

Der Pulvinsäure, welche nach der obigen Formel als Lacton anzusehen ist, entpricht eine Dicarbonsäure von der Formel:

$$C_6H_5-\underset{\underset{COOH}{|}}{C}=C(OH)-C(OH)=\underset{\underset{COOH}{|}}{C}-C_6H_5.$$

In der tautomeren Diketoform geschrieben wäre diese Säure als Diphenylketipinsäure (vgl. Bd. I, S. 991: Ketipinsäure) zu bezeichnen:

$$C_6H_5-\underset{\underset{COOH}{|}}{CH}-CO-CO-\underset{\underset{COOH}{|}}{CH}-C_6H_5.$$

Ihr Nitril entsteht nun[1], wenn man auf 2 Molecüle Benzylcyanid

[1] Volhard, Ann. **282**, 1 (1894). – Schenck, Ann. **282**, 21 (1894). — Volhard u. Henke, Ann. **282**, 45 (1894).

1 Molecül Oxalsäureester bei Gegenwart von Natriumäthylat zur Einwirkung bringt:

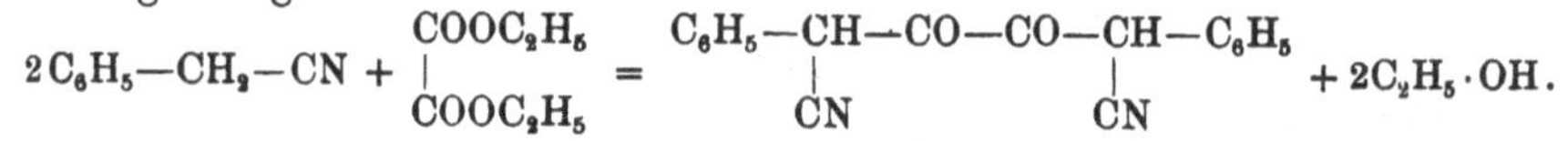

Mineralsäuren erzeugen aus diesem Nitril nicht die zugehörige Diphenylketipinsäure, sondern zwei um 1 bezw. 2 Molecüle Wasser ärmere Verbindungen, welche sich als identisch mit Pulvinsäure und ihrem Anhydrid erwiesen haben. Die zuerst entstandene Diketosäure lagert sich also in die Dienolverbindung um und bildet sodann unter Wasserabspaltung Lactone:

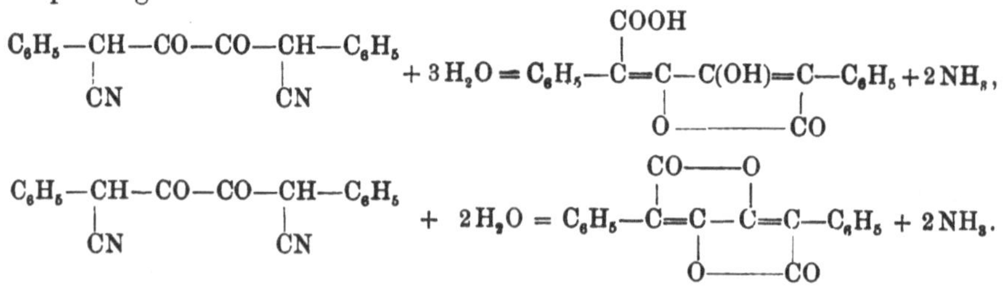

Auch die Cornicularsäure und die Tetrahydrocornicularsäure sind synthetisch dargestellt worden[1]. Das Lacton der Cornicularsäure bildet sich, wenn das durch Einwirkung von Brom auf Phenylcinnamenylacrylsäure oder Diphenyldiäthylencarbonsäure (vgl. S. 267) entstehende Dibromid mit Diäthylanilin auf 150° erhitzt wird:

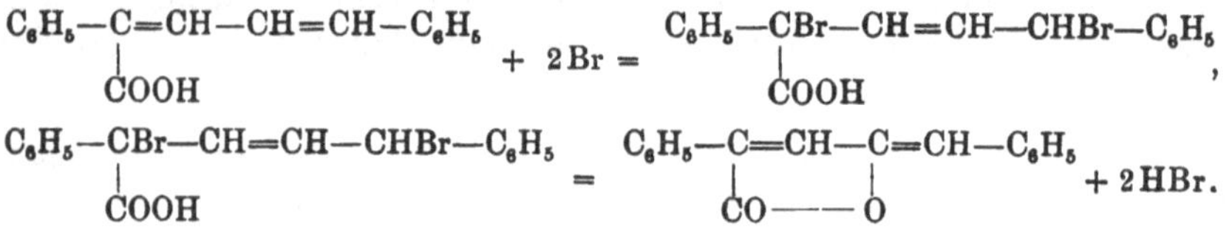

Durch Auflösen des Lactons in Soda entsteht alsdann Cornicularsäure:

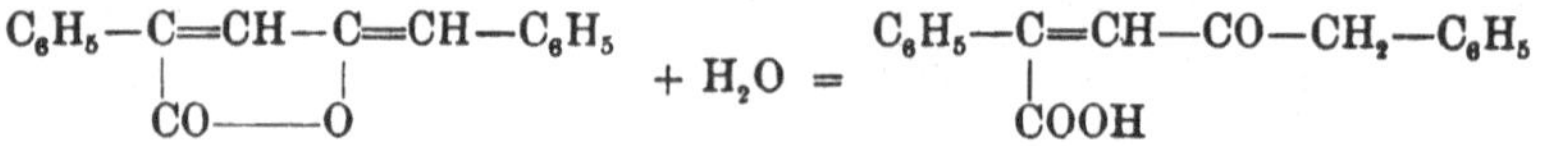

Durch Reductionsmittel wird die Phenylcinnamenylacrylsäure in Diphenylpentensäure übergeführt:

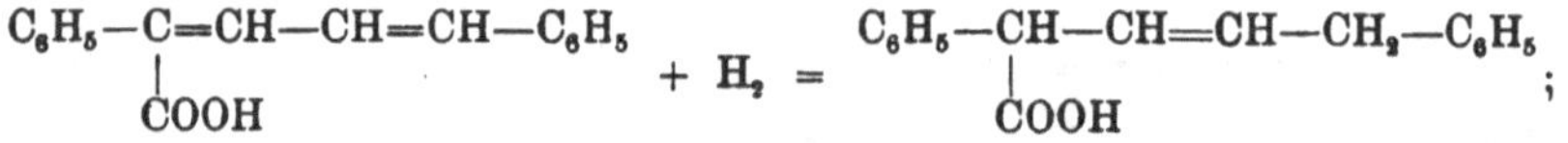

als β-γ ungesättigte Säure verwandelt sich diese beim Kochen mit Schwefelsäure und Eisessig in ein isomeres Lacton:

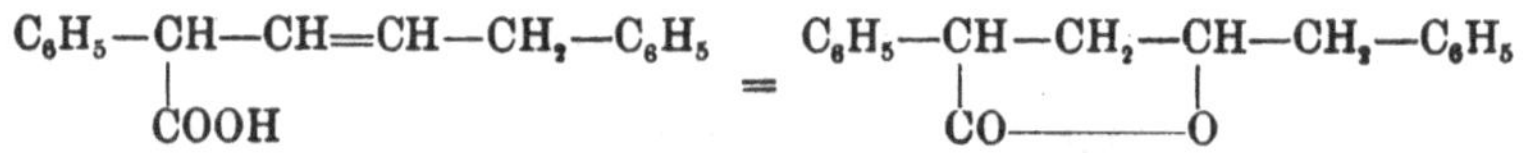

Dieses Lacton ist identisch mit dem Tetrahydrocornicularsäurelacton.

[1] Thiele u. Rössner, Ann. **306**, 219 (1899). — Thiele u. Meisenheimer, Ann. **306**, 239 (1899).

Die beschriebenen Umwandlungen der Phenylcinnamenylacrylsäure bieten ein schönes Beispiel für das Verhalten von Systemen „conjugirter Doppelbindungen"; vgl. hierüber Näheres bei Piperinsäure und Hydropiperinsäure, Kap. 36 in Bd. II, Th. I.

Diphenylbutan, Dibenzyläthan[1], $C_6H_5—CH_2—CH_2—CH_2—CH_2—C_6H_5$, prachtvoll ausgebildete weisse Krystalle vom Schmelzpunkt 52°.

Diphenyldiacetylen[2], $C_6H_5—C\equiv C—C\equiv C—C_6H_5$, lange Nadeln vom Schmelzpunkt 96°.

Diphenacyl, Dibenzoyläthan[3] $C_6H_5—CO—CH_2—CH_2—CO—C_6H_5$, Schmelzpunkt 144—145°, wird am besten dargestellt durch Zusatz von Natriumäthylatlösung zu der alkoholischen Lösung von Phenacylbromid und Reduction des entstandenen Bromdiphenacyls mit Magnesiumpulver (vgl. S. 262).

Diphenyltetraketon[4], $C_6H_5—CO—CO—CO—CO—C_6H_5$, ist intensiv roth gefärbt; an der Luft geht es unter Wasseraufnahme in das gelbe Hydrat über, welches bei 86—88° schmilzt.

Dibenzoylbernsteinsäure[5], (vgl. S. 262). α-Diäthylester, Bis-phenyloxyacrylsäureester,

$$\begin{array}{l} C_6H_5—C(OH)=C—COOC_2H_5 \\ \qquad\qquad\qquad\quad | \\ C_6H_5—C(OH)=C—COOC_2H_5 \end{array}$$

ist ein dickflüssiges Oel von der Farbe des Chlorgases.

β-Dibenzoylbernsteinsäurediäthylester, $(C_6H_5—CO)_2C_2H_2(COOC_2H_5)_2$ schmilzt bei 128—130°.

γ-Dibenzoylbernsteinsäurediäthylester bildet Krystallwärzchen vom Schmelzp. 75°.

Darstellung der Dibenzoylbernsteinsäureester[6]: In einer 10 Liter fassenden dickwandigen Standflasche werden 70 g Natriumdraht mit 5 Liter absolutem (über Natrium getrocknetem) Aether übergossen und allmählich 576 g Benzoylessigester zugegeben. Man lässt 2 Tage unter häufigem Schütteln und Zurückgiessen überdestillirten Aethers stehen, bis alles Natrium verschwunden ist, und fügt unter Schütteln 365 g Jod in absolutem Aether in kleinen Portionen zu. Darauf schüttelt man mit Wasser, welches schweflige Säure enthält, und verdampft die Aetherschicht. Der Rückstand wird durch fractionirte Krystallisation aus Alkohol in β- und γ-Ester zerlegt. Bezüglich der Darstellung des α-Esters aus dem β- bezw. γ-Ester vgl. S. 263.

Pulvinsäure[7],

$$\begin{array}{l} \qquad\qquad COOH \\ \qquad\qquad\; | \\ C_6H_5—C=C—C(OH)=C—C_6H_5 \\ \qquad\qquad\;\; | \qquad\qquad\;\; | \\ \qquad\qquad\;\; O—————CO \end{array}$$

bildet glänzende, keilförmige

[1] Freund u. Immerwahr, Ber. **23**, 2858 (1890).

[2] Glaser, Ann. **154**, 159 (1870). — Baeyer u. Landsberg, Ber. **15**, 57 (1882). — Holleman, Ber. **20**, 3081 (1887). — Peratoner, Gazz. chim. **22**, II, 91 (1892).

[3] Claus, Ber. **20**, 1374 (1887). — Auger, Ann. ch. [6] **22**, 312 (1891). — Knorr u. Scheidt, Ber. **27**, 1168 (1894). — Fritz, Ber. **28**, 3033 (1895); **29**, 1750 (1896).

[4] Abenius u. Söderbaum, Ber. **24**, 3033 (1891); **25**, 3468 (1892). — Angeli, Gazz. chim. **23**, I, 417 (1893). Ber. **26**, 528 (1893). — Abenius, Ber. **27**, 706 (1894).

[5] Baeyer u. Perkin, Ber. **17**, 60 (1884). — Perkin, Journ. Soc. **47**, 262 (1885). — Perkin u. Calman, Journ. Soc. **49**, 166 (1886). — Perkin u. Schlösser, Journ. Soc. **57**, 950 (1890). — Knorr u. Scheidt, Ber. **27**, 1168 (1894). — Knorr, Ann. **293**, 70 (1896); **306**, 332 (1899). — Paal u. Härtel, Ber. **30**, 1991 (1897).

[6] Knorr, Ann. **293**, 74 (1896).

[7] Möller u. Strecker, Ann. **113**, 56 (1860). — Stein u. Bolley, Jb. **1864**, 553, 554. — Spiegel, Ber. **13**, 1631, 2219 (1880); **14**, 1689 (1881); **15**, 1546 (1882).

Krystalle, welche bei 214—215° unter Bildung des Anhydrids schmelzen. Das Anhydrid krystallisirt in Nadeln vom Schmelzpunkt 220—221° und ist sublimirbar. Der Methylester (**Vulpinsäure**) bildet gelbe Blätter oder durchsichtige Prismen vom Schmelzpunkt 148°.

Die Gruppe des Triphenyl- und Tetraphenyl-Butans.

Im Jahre 1867 fand ZININ[1], dass Benzoïn beim Erhitzen mit etwas mehr als dem anderthalbfachen Gewicht rauchender Salzsäure im geschlossenen Rohr eine neue Verbindung liefert, welche er Lepiden nannte (vgl. S. 212). Die Oxydation des Lepidens mit Salpetersäure liefert eine als Oxylepiden bezeichnete Verbindung, welche bei weiterer Oxydation mit Eisessig und Chromsäure in Dioxylepiden übergeht, durch Reductionsmittel dagegen in Lepiden zurückverwandelt wird. Wird das in Nadeln krystallisirende Oxylepiden auf 340° erhitzt, so entsteht ein Gemenge zweier isomerer Oxylepidene, von denen das eine in Tafeln, das andere in oktaëdrischen Krystallen erhalten wird. Das oktaëdrische Oxylepiden liefert bei der Reduction zunächst ein Hydrooxylepiden und dann Lepiden; das tafelförmige Oxylepiden verwandelt sich beim Auflösen in heisser alkoholischer Kalilauge in Oxylepidensäure. Die Formeln und Schmelzpunkte dieser Verbindungen sind die folgenden[2]:

Lepiden, $C_{28}H_{20}O$, Schmelzpunkt 175°.
Nadelförmiges Oxylepiden[3], $C_{28}H_{20}O_2$, Schmelzpunkt 220°.
Tafelförmiges Oxylepiden, $C_{28}H_{20}O_2$, Schmelzpunkt 136°.
Oktaëdrisches Oxylepiden, $C_{28}H_{20}O_2$, Schmelzpunkt 232°.
Dioxylepiden, $C_{28}H_{20}O_3$, Schmelzpunkt 157°.
Hydrooxylepiden, $C_{28}H_{22}O_2$, Schmelpunkt 260—261°.
Oxylepidensäure, $C_{28}H_{22}O_3$, Schmelzpunkt 196°.

Die Constitution des Lepidens und seiner Umwandlungsprodukte wurde durch zweierlei Beobachtungen aufgeklärt. Es ergab sich nämlich einerseits, dass das Hydrooxylepiden identisch ist mit dem aus Natriumdesoxybenzoïn und Bromdesoxybenzoïn oder besser aus Natriumdesoxybenzoïn und Jod entstehenden Bidesyl[4]:

Ann. **219**, 1 (1883). — VOLHARD, Ann. **282**, 1 (1894). — SCHENCK, Ann. **282**, 21 (1894). — ZOPF, Ann. **284**, 107 (1895); **295**, 295 (1897). — HESSE, Journ. pr. [2] **57**, 244, 316 (1898). — SALKOWSKI, Ann. **314**, 110 (1900).

[1] J. pr. **101**, 160 (1867). Jb. **1867**, 416.

[2] BERLIN, Ann. **153**, 130 (1870). — DORN, Ann. **153**, 353 (1870). — LIMPRICHT u. SCHWANERT, Ber. **4**, 335 (1871). — ZININ, Jb. **1871**, 461; **1872**, 380; **1875**, 409; **1876**, 425; **1877**, 394. Ber. **5**, 1104 (1872); **10**, 80 (1877). — JAPP u. KLINGEMANN, Journ. Soc. **57**, 688 (1890).

[3] Vgl. auch S. 212.

[4] KNOEVENAGEL, Ber. **21**, 1355 (1888). — GARRETT, Ber. **21**, 3107 (1888). — FEHRLIN, Ber. **22**, 553 (1889). — MAGNANINI u. ANGELI, Ber. **22**, 853 (1889).

$$\begin{array}{l} C_6H_5-CO-CHNa-C_6H_5 \\ C_6H_5-CO-CHNa-C_6H_5 \end{array} + J_2 = \begin{array}{l} C_6H_5-CO-CH-C_6H_5 \\ \qquad\qquad\quad | \\ C_6H_5-CO-CH-C_6H_5 \end{array} + 2\,NaJ.$$

Neben dem Hydrooxylepiden oder Bidesyl entsteht bei der genannten Reaction ein zweiter bei 160—161° schmelzender, als Isobidesyl bezeichneter Körper.

Andererseits wurde die Erkenntniss der Constitution des Lepidens und seiner Derivate dadurch erschlossen, dass man eine Reihe von Verbindungen auffand, welche sich durch ihr gesammtes Verhalten als vollkommene Analoga der Lepidenverbindungen erwiesen. Diese Körper leiten sich von dem durch Condensation des Benzils mit Acetophenon durch starke Kalilauge in der Wärme entstehenden Anhydroacetophenonbenzil (vgl. S. 211) oder Dibenzoylstyrol[1] ab:

$$\begin{array}{l} C_6H_5-CO \\ \qquad\quad | \\ C_6H_5-CO \end{array} + CH_3-CO-C_6H_5 = \begin{array}{l} C_6H_5-C{=}CH-CO-C_6H_5 \\ \qquad\quad | \\ C_6H_5-CO \end{array}.$$

Auch das Dibenzoylstyrol geht wie das Oxylepiden beim Erhitzen in zwei Isomere über, von denen eines ebenso wie das tafelförmige Oxylepiden durch Alkalien in eine Säure übergeführt wird und sich dadurch als Lacton charakterisirt. Die anderen beiden isomeren Dibenzoylstyrole können als stereoisomer im Sinne der Fumar- und Maleïn-Säure angesehen werden. So ergeben sich die folgenden Formeln als wahrscheinlich für die in Rede stehenden Verbindungen:

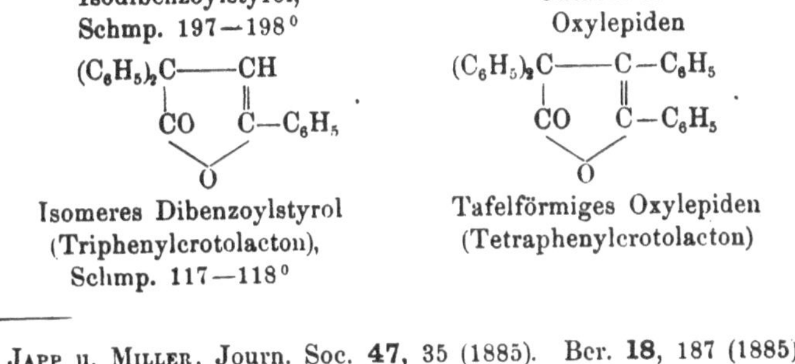

[1] Japp u. Miller, Journ. Soc. **47**, 35 (1885). Ber. **18**, 187 (1885). — Japp u. Barton, Journ. Soc. **51**, 430 (1887). — Japp u. Huntly, Journ. Soc. **53**, 184 (1888). — Japp u. Klingemann, Ber **21**, 2933 (1888). Journ. Soc. **57**, 662 (1890). — Tutton, Journ. Soc. **57**, 714 (1890). — Japp u. Lander, Journ. Soc. **69**, 736 (1896). — Japp u. Tingle, Journ. Soc. **71**, 1138 (1897). — Thiele, Ber. **31**, 1248 (1898). — J. Wislicenus u. Lehmann, Ann. **302**, 195 (1898).

$$\begin{array}{ccc}
\begin{array}{l}(C_6H_5)_2C{-}CH_2{-}CO{-}C_6H_5.\\ \quad\;|\\ \quad COOH\end{array} & \qquad & \begin{array}{l}\qquad\qquad\;\; C_6H_5\\ \qquad\qquad\quad\;|\\ (C_6H_5)_2C{-}CH{-}CO{-}C_6H_5.\\ \qquad\;\;|\\ \qquad COOH\end{array}
\end{array}$$

α-α-Diphenyl-β-benzoylpropionsäure, Schmp. 182—183° — Oxylepidensäure (α-α-β-Triphenyl-β-benzoylpropionsäure)

Der Uebergang des Dibenzoylstyrols in α-α-Diphenyl-β-benzoylpropionsäure lässt sich der Bildung von Benzilsäure aus Benzil an die Seite stellen (vgl. S. 78):

$$\begin{array}{l}C_6H_5{-}C{=}O\\ \qquad\;\;|\\ C_6H_5{-}CO\end{array} + \begin{array}{c}H\\ \\ OH\end{array} = \begin{array}{l}C_6H_5{-}C{-}OH\\ \qquad\;\;\diagup\;|\\ C_6H_5\;\;COOH\end{array}.$$

$$\begin{array}{l}C_6H_5{-}C{=}CH\cdot CO\cdot C_6H_5\\ \qquad\;\;|\\ C_6H_5{-}CO\,.\end{array} + \begin{array}{c}H\\ \\ OH\end{array} = \begin{array}{l}C_6H_5{-}C{-}CH_2\cdot CO\cdot C_6H_5\\ \qquad\;\;\diagup\;|\\ C_6H_5\;\;COOH\end{array}.$$

Das oktaëdrische Oxylepiden geht durch Reduction in Bidesyl oder Hydrooxylepiden über:

$$\begin{array}{r}C_6H_5{-}C{-}CO{-}C_6H_5\\ \|\qquad\qquad\\ C_6H_5{-}CO{-}C{-}C_6H_5\end{array} + H_2 = \begin{array}{l}C_6H_5{-}CH{-}CO{-}C_6H_5\\ \qquad\;\;|\\ C_6H_5{-}CH{-}CO{-}C_6H_5\end{array}.$$

Dem Uebergang des nadelförmigen Oxylepidens in Lepiden durch Jodwasserstoffsäure entspricht vollkommen die Umwandlung des Dibenzoylstyrols in Triphenylfurfuran unter der Einwirkung desselben Reductionsmittels, wodurch sich das Lepiden selbst als Tetraphenylfurfuran (s. dieses) kennzeichnet:

$$\begin{array}{l}C_6H_5{-}C{-}CO{-}C_6H_5\\ \qquad\;\;\|\\ \quad H{-}C{-}CO{-}C_6H_5\end{array} + H_2 = \begin{array}{l}C_6H_5{-}C{=}C{-}C_6H_5\\ \qquad\;\;|\;\;>O\\ \quad H{-}C{=}C{-}C_6H_5\end{array} + H_2O.$$

Triphenylfurfuran.

$$\begin{array}{l}C_6H_5{-}C{-}CO{-}C_6H_5\\ \qquad\;\;\|\\ C_6H_5{-}C{-}CO{-}C_6H_5\end{array} + H_2 = \begin{array}{l}C_6H_5{-}C{=}C{-}C_6H_5\\ \qquad\;\;|\;\;>O\\ C_6H_5{-}C{=}C{-}C_6H_5\end{array} + H_2O\,.$$

Tetraphenylfurfuran (Lepiden).

Bei der Oxydation des Lepidens mit Salpetersäure findet der durch obige Gleichung wiedergegebene Process in umgekehrtem Sinne statt, es bildet sich nadelförmiges Oxylepiden.

Das nadelförmige Oxylepiden ist nach obiger Formel ein Dibenzoylstilben, ihm entspricht eine Dithioverbindung:

$$\begin{array}{l}C_6H_5{-}C{-}CS{-}C_6H_5\\ \qquad\;\;\|\\ C_6H_5{-}C{-}CS{-}C_6H_5\end{array},$$

welche ein Erhitzungsprodukt verschiedener geschwefelter Benzylverbindungen darstellt[1].

[1] Märcker, Ann. **136**, 94 (1865) — Fleischer, Ann. **140**, 239 (1866). — Dorn, Ann. **153**, 252 (1870). — Forst, An[illegible] **78**, 374 (1875).

Eine Gruppe von Tetraphenylbutanderivaten bilden die Pinakone, welche sich von den Ketonen der Diphenyläthanreihe ableiten.

Die Reduction des Benzoïns zu Desoxybenzoïn mit sauren Agentien und zu Hydrobenzoïn durch alkalische Reductionsmittel wurde schon besprochen (vgl. S. 202): im ersteren Falle entsteht gleichzeitig das Pinakon des Desoxybenzoïns. Zu seiner Darstellung wird Benzoïn mit Eisessig und Zinkstaub behandelt, wobei es neben Stilben und Desoxybenzoïn zwei isomere Desoxybenzoïnpinakone liefert[1]:

$$2\,C_6H_5{-}CH(OH){-}CO{-}C_6H_5 + 3\,H_2 = \begin{array}{l} C_6H_5{-}CH_2{-}C(OH){-}C_6H \\ C_6H_5{-}CH_2{-}C(OH){-}C_6H_5 \end{array} + 2\,H_2O.$$

Die Formel des Desoxybenzoïnpinakons weist zwei gleichartig asymmetrische Kohlenstoffatome auf; es liegt somit nahe, die beiden Pinakone, welche bei 213° bezw. 172° schmelzen, als stereoisomer anzusehen und dem einen Isomeren die racemische, dem andern die Mesoconfiguration beizulegen (vgl. Bd. I, S. 801).

Auch das Desoxybenzoïn selbst liefert bei der Behandlung seiner alkoholischen Lösung mit Zinkfeile und Salzsäure oder mit Kali und Zinkstaub die Desoxybenzoïnpinakone[2].

Das dem Benzoïn zugehörige Pinakon entsteht durch Einwirkung von Zink und Salzsäure oder Natriumamalgam und Alkohol oder auch alkoholischer Kalilauge auf das Benzoïn[3]:

$$2\,C_6H_5{-}CH(OH){-}CO{-}C_6H_5 + H_2 = \begin{array}{l} C_6H_5{-}CH(OH){-}C(OH){-}C_6H_5 \\ \qquad\qquad\qquad\;\; | \\ C_6H_5{-}CH(OH){-}C(OH){-}C_6H_5 \end{array}$$

Benzoïnpinakon, Schmelzpunkt 208°.

Wird endlich Benzoïn mit Natrium und Alkohol reducirt oder mit alkoholischem Kali auf 160° erhitzt, so entsteht neben Toluylenhydrat (vgl. S. 203) ein Dioxytetraphenylbutan[4] vom Schmelzpunkt 61°:

$$2\,C_6H_5{-}CH(OH){-}CO{-}C_6H_5 + 3\,H_2 = \begin{array}{l} C_6H_5{-}CH(OH){-}CH{-}C_6H_5 \\ \qquad\qquad\qquad\;\; | \\ C_6H_5{-}CH(OH){-}CH{-}C_6H_5 \end{array} + 2\,H_2O.$$

Einige mehrfach phenylirte Butanverbindungen sind auf dem schon vielfach besprochenen Wege der Condensation von Aldehyden und Ketonen mit solchen Körpern, welche Methylengruppen zwischen zwei negativen Radicalen tragen, erhalten worden[5].

---

[1] Blank, Ann. **248**, 6 (1888).

[2] Limpricht u. Schwanert, Ann. **155**, 59 (1870). — Zagumeny, Ber. **5**, 1102 (1872); **7**, 1651 (1874). — Vgl. Buttenberg, Ann. **279**, 336 (1894).

[3] Goldenberg, Ann. **174**, 332 (1874).

[4] Jena u. Limpricht, Ann. **155**, 96, 102 (1870). — Blank, Ann. **248**, 16 (1888).

[5] Stobbe, Ber. **30**, 95 (1897). Centralbl. **1900**, II, 561. — Goldschmiedt u. Knöpfer, Monatsh. **19**, 421 (1898); **20**, 734, 746 (1899).

Ungesättigte Ketone, welche die Gruppirung

$$-CH{=}CH-CO-$$

aufweisen, vermögen mit solchen Verbindungen, welche eine Methylengruppe mit beweglichen Wasserstoffatomen enthalten, additionelle Verbindungen zu geben. So liefert das Benzylcyanid mit Cinnamoylanisol (vgl. S. 253)[1], bezw. mit Benzylidendesoxybenzoïn (vgl. S. 257)[2] unter der Einwirkung des Natriumalkoholats Verbindungen der Triphenyl- bezw. Tetraphenyl-Butanreihe:

$$\underset{\text{Cinnamoylanisol}}{C_6H_5-CH{=}CH-CO-C_6H_4\cdot OCH_3} + C_6H_5-CH_2-CN = \begin{array}{l} C_6H_5-CH-CH_2-CO-C_6H_4\cdot OCH_3 \\ \qquad\quad | \\ C_6H_5-CH-CN \end{array},$$

$$\underset{\text{Benzylidendesoxybenzoïn}}{\begin{array}{l} C_6H_5-CH{=}C-CO-C_6H_5 \\ \qquad\qquad | \\ \qquad\quad C_6H_5 \end{array}} + C_6H_5-CH_2-CN = \begin{array}{l} C_6H_5-CH\text{———}CH-CO-C_6H_5 \\ \qquad\quad |\qquad\qquad | \\ C_6H_5-CH-CN\;\; C_6H_5 \end{array}$$

Als eine Modification der Benzalphtalidsynthese (vgl S. 186—187) ist die Reaction anzusehen, welche beim Erhitzen von Phenylessigsäure und Diphenylmaleïnsäureanhydrid mit Natriumacetat stattfindet[3]:

$$\begin{array}{l} C_6H_5-C-CO \\ \qquad\;\; \| \quad\;\; >O \\ C_6H_5-C-CO \end{array} + C_6H_5-CH_2-COOH = \begin{array}{l} C_6H_5-C-C{=}CH-C_6H_5 \\ \qquad\;\; \| \quad\;\; >O \\ C_6H_5-C-CO \end{array} + CO_2 + H_2O.$$

Eine eigenthümliche Reaction, welche zum Desylacetophenon, $\begin{array}{l} C_6H_5-CO-CH-C_6H_5 \\ \qquad\qquad\quad | \\ \qquad\qquad CH_2-CO-C_6H_5 \end{array}$, führt, besteht darin, dass man die Darstellung des Benzoïns aus Benzaldehyd und Cyankalium (vgl. S. 176—177), bei Gegenwart von Acetophenon ausführt[4]:

$$2\,C_6H_5-CHO + CH_3-CO-C_6H_5 = \begin{array}{l} C_6H_5-CO-CH-C_6H_5 \\ \qquad\qquad\quad | \\ \qquad\qquad CH_2-CO-C_6H_5 \end{array} + H_2O.$$

Glatter verläuft die Reaction, wenn fertiges Benzoïn durch Cyankalium mit Acetophenon condensirt wird.

Auch die Verkettung zweier Molecüle eines Körpers der Diphenyläthanreihe durch Jod hat zur Darstellung eines Tetraphenylbutanabkömmlings Verwendung gefunden. Wird nämlich das benzylirte Benzylcyanid (vgl. S. 185), mit Natriummethylat und Jod behandelt, so entsteht das Dinitril der Dibenzyldiphenylbernsteinsäure[5]:

$$2\;\begin{array}{l} \quad C_6H_5 \\ \qquad\qquad >CH-CN \\ C_6H_5-CH_2 \end{array} + 2NaO\cdot CH_3 + 2J = \begin{array}{l} \qquad\quad C_6H_5 \\ \qquad\qquad\qquad >C-CN \\ C_6H_5-CH_2 \quad\;\; | \\ C_6H_5-CH_2 \quad\;\; | \\ \qquad\qquad\qquad >C-CN \\ \qquad\quad C_6H_5 \end{array} + 2NaJ + 2CH_3\cdot OH.$$

---

[1] Knoevenagel u. Vieth, Ann. **281**, 62 (1894).

[2] Knoevenagel u. Weissgerber, Ber. **26**, 445 (1893).

[3] Gabriel u. Cohn, Ber. **24**, 3229 (1891). — Cohn, Ber. **24**, 3854 (1891). — Gysae, Ber. **26**, 2481 (1893).

[4] Smith, Journ. Soc. **57**, 643 (1890). Ber. **26**, 60 (1893). Am. chem. Journ. **22**, 249 (1899).

[5] Chalanay u. Knoevenagel, Ber. **25**, 290 (1892).

Von wesentlichem theoretischem Interesse ist die Beobachtung, dass Ketone, welche in Nachbarschaft zur Ketogruppe ersetzbare Wasserstoffatome enthalten, sich durch Halogenalkyle und Alkali direct alkyliren lassen. So entsteht beim Erhitzen von Acetophenon mit gepulvertem Aetzkali und Benzylchlorid auf 160—170° Dibenzylacetophenon[1], ein Abkömmling eines triphenylirten Isobutans:

$$C_6H_5{-}CO{-}CH_3 + 2KOH + 2C_6H_5{-}CH_2Cl$$

$$= C_6H_5{-}CO{-}CH\left\langle\begin{matrix}CH_2{-}C_6H_5\\ CH_2{-}C_6H_5\end{matrix}\right. + 2KCl + 2H_2O.$$

Vom Isobutan leitet sich gleichfalls das Tribenzoylmethan[2] ab, welches in zwei desmotrop-isomeren Formen, als wahres Tribenzoylmethan und als Oxybenzaldibenzoylmethan:

$$\begin{matrix}C_6H_5{-}CO{-}\underset{\displaystyle CO{-}C_6H_5}{\underset{|}{CH}}{-}CO{-}C_6H_5,\end{matrix} \qquad \begin{matrix}C_6H_5{-}CO{-}\underset{\displaystyle CO{-}C_6H_5}{\underset{|}{C}}{=}C(OH){-}C_6H_5,\end{matrix}$$

Tribenzoylmethan, (β- oder Keto-Form) — Oxybenzaldibenzoylmethan, (α- oder Enol-Form)

existirt.

Die Verhältnisse liegen hier ganz analog wie beim Dibenzoylaceton (vgl. S. 248). Die durch Einwirkung von Benzoylchlorid auf die Natriumverbindung des Dibenzoylmethans direct erhaltene (s. u.) Modification ist als Ketoverbindung anzusehen, da sie durch Eisenchlorid in alkoholischer Suspension nicht gefärbt wird und in Soda- und verdünnter Alkali-Lösung unlöslich ist. Löst man die Verbindung in alkoholischem Natriumäthylat oder kocht man sie mit feingepulvertem Kaliumcarbonat und Essigäther, so entsteht das Alkalisalz der Enolverbindung. Um diese abzuscheiden, verfährt man wie beim Dibenzoylaceton, indem man die gut gekühlte wässerige Lösung des Alkalisalzes mit Essigsäure zersetzt. Die Enolverbindung löst sich schon in einprocentiger Sodalösung beim Schütteln auf, ihre alkoholische Lösung wird durch Eisenchlorid tief dunkelroth gefärbt. Beim Aufbewahren, rascher beim Erhitzen findet Rückbildung des Ketokörpers statt. Eine weitere Benzoylgruppe lässt sich an den Methankohlenstoff des Tribenzoylmethans nicht anlagern (vgl. S. 247). Lässt man Natriumäthylat und Benzoylchlorid auf das Tribenzoylmethan einwirken, so entsteht eine am Sauerstoff benzoylirte Verbindung[3]:

$$(C_6H_5{-}CO)_2C{=}C(OH){-}C_6H_5 + NaO\cdot C_2H_5 + C_6H_5{-}COCl$$

$$= \begin{matrix}(C_6H_5{-}CO)_2C{=}C{-}C_6H_5\\ \quad\quad\quad\quad |\\ \quad\quad\quad\quad O{-}CO{-}C_6H_5\end{matrix} + NaCl + C_2H_5\cdot OH.$$

[1] Nef, Ann. **310**, 222 (1899).

[2] Baeyer u. Perkin, Ber. **16**, 2135 (1883). — Perkin, Journ. Soc. **47**, 252 (1885). — Claisen, Ber. **27**, 114 (1894). Ann. **291**, 90 (1896). — Bernhard, Ann. **282**, 178 (1894).

[3] Vgl. die Begründung der Constitution durch Claisen: Ann. **291**, 47—49 (1896).

Tribenzoylmethan (β-Form), $(C_6H_5—CO)_3CH$, bildet eine aus feinen Nädelchen bestehende, schneeweise, lockere Masse; es schmilzt nach vorherigem Sintern bei 223—226°, zuweilen erst bei 228—231°.

Darstellung: Man löst 45 g Dibenzoylmethan in 600 ccm heissem Alkohol, setzt 4·6 g Natrium, in 100 ccm Alkohol gelöst, zu und lässt unter Schütteln ziemlich rasch 28 g Benzoylchlorid zufliessen. Nach Verschwinden der Gelbfärbung lässt man erkalten und saugt das ausgeschiedene Triketon ab. Von der Flüssigkeit wird die Hälfte abdestillirt und der Rest noch heiss mit 2·3 g in 50 ccm Alkohol gelöstem Natrium und 14 g Benzoylchlorid versetzt. Darauf wird das Keton wieder abgesaugt und die Behandlung mit der Hälfte der Reagentien nochmals wiederholt. Das Triketon wird mit etwas heissem Alkohol und dann mit Wasser gewaschen und aus Aceton umkrystallisirt.

Oxybenzaldibenzoylmethan (α-Tribenzoylmethan), $(C_6H_5-CO)_2C{=}C(OH)C_6H_5$, schmilzt nach vorherigem Uebergang in das Isomere unscharf bei 210—220°.

Verbindungen, in denen zwei Benzolkerne durch eine Kette von mehr als vier Kohlenstoffatomen mit einander verknüpft sind.

Eine Anzahl von diphenylirten Abkömmlingen höherer aliphatischer Verbindungen lässt sich durch Condensation von Aceton und ähnlichen Körpern mit Aldehyden der Benzolreihe darstellen. Es wurde schon früher erwähnt, dass unter dem Einfluss wässeriger Natronlauge äquimoleculare Mengen Aceton und Benzaldehyd sich zum Benzylidenaceton:

$$C_6H_5—CH{=}CH—CO—CH_3,$$

zu vereinigen vermögen (vgl. Bd. II, Th. I, S. 497).

Die Condensationsfähigkeit des Acetons gegenüber dem Benzaldehyd ist indess mit der Bildung des Benzylidenacetons noch nicht erschöpft, vielmehr vermag die Methylgruppe dieses ersten Condensationsproduktes noch mit einem zweiten Molecül eines Aldehyds unter Bildung von Wasser zu reagiren; so entsteht mit Benzaldehyd Dibenzylidenaceton[1]:

$$C_6H_5-CH{=}CH-CO-CH_3 + C_6H_5-CHO$$
$$= C_6H_5-CH{=}CH-CO-CH{=}CH-C_6H_5 + H_2O\,.$$

Zur Darstellung des Dibenzylidenacetons kann man direct vom Aceton und Benzaldehyd ausgehen, indem man den letzteren in einer zwei Molecülen entsprechenden Menge auf ein Molecül Aceton zur Anwendung bringt (vgl. die Vorschrift S. 282):

$$C_6H_5-CHO + CH_3-CO-CH_3 + OCH-C_6H_5$$
$$= C_6H_5-CH{=}CH-CO-CH{=}CH-C_6H_5 + 2H_2O.$$

Bemerkenswerth ist die Leichtigkeit, mit welcher diese Reaction unter dem Einfluss verdünnter Natronlauge bei gewöhnlicher Temperatur

[1] Claisen u. Claparède, Ber. **14**, 349, 2460 (1881). — J. G. Schmidt, Ber. **14**, 1461 (1881). — Claisen, Ber. **14**, 2469 (1881). — Claisen u. Ponder, Ann. **223**, 137 (1884). — Vgl. Baeyer, Ann. Suppl. **5**, 82 (1867).

verläuft; sie ist nicht nur auf den Benzaldehyd und seine Abkömmlinge[1] beschränkt, sondern man kann in gleicher Weise auch andere Aldehyde mit dem Acèton condensiren, wie z. B. den Zimmtaldehyd, von dem sich zwei Molecüle mit einem Molecül Aceton zum Dicinnamylidenaceton, einem Abkömmling des Diphenylnonans zu vereinigen vermögen[2]:

$$2\,C_6H_5{-}CH{=}CH{-}CHO + CH_3{-}CO{-}CH_3$$
$$= C_6H_5{-}CH{=}CH{-}CH{=}CH{-}CO{-}CH{=}CH{-}CH{=}CH{-}C_6H_5 + 2\,H_2O.$$

Die Möglichkeit, die Einführung der beiden Aldehydreste in das Aceton successive vorzunehmen, gestattet auch die Darstellung unsymmetrischer Produkte[3], z. B. des o-Oxydibenzylidenacetons aus o-Oxybenzylidenaceton und Benzaldehyd:

$$HO\cdot C_6H_4{-}CH{=}CH{-}CO{-}CH_3 + C_6H_5{-}CHO$$
$$= HO\cdot C_6H_4{-}CH{=}CH{-}CO{-}CH{=}CH{-}C_6H_5 + H_2O.$$

Das Acetophenon vereinigt sich mit einem Molecül Zimmtaldehyd zum Cinnamylidenacetophenon[4]:

$$C_6H_5{-}CO{-}CH_3 + OCH{-}CH{=}CH{-}C_6H_5$$
$$= C_6H_5{-}CO{-}CH{=}CH{-}CH{=}CH{-}C_6H_5 + H_2O.$$

An Stelle des Acetons lässt sich auch das Diäthylketon mit zwei Molecülen eines aromatischen Aldehyds condensiren[5], doch verläuft hier die Reaction insofern etwas anders, als zunächst unter Austritt von nur einem Molecül Wasser ein Derivat des Pyrons (s. dieses) entsteht:

$$2\,C_6H_5{-}CHO + CH_3{-}CH_2{-}CO{-}CH_2{-}CH_3 = \begin{array}{l} CH_3{-}CH{-}CO{-}CH{-}CH_3 \\ \quad\;\; | \qquad\qquad\; | \\ C_6H_5{-}CH{-}O{-}CH{-}C_6H_5 \end{array} + H_2O.$$

Kochen dieser Verbindung mit Eisessig und Halogenwasserstoffsäure führt sie unter Wasserabspaltung in Dibenzylidendiäthylketon über:

$$\begin{array}{l} CH_3{-}CH{-}CO{-}CH{-}CH_3 \\ \quad\;\; | \qquad\qquad\; | \\ C_6H_5{-}CH{-}O{-}CH{-}C_6H_5 \end{array} - H_2O = \begin{array}{l} CH_3{-}C{-}CO{-}C{-}CH_3 \\ \quad\;\; \| \qquad\quad\;\; \| \\ C_6H_5{-}CH \quad CH{-}C_6H_5 \end{array}.$$

Aehnliche Beobachtungen sind auch bei der Condensation der Acetondicarbonsäure mit Benzaldehyd gemacht worden[6].

---

[1] Claisen u. Ponder, Ann. **223**, 148 (1884). — Tiemann u. Kees, Ber. **18**, 1968 (1885). — Haber, Ber. **24**, 617 (1891). — Oelker, Ber. **24**, 2596 (1891). — Goldschmiedt, Monatsh. **12**, 474 (1891). — Eichengrün u. Einhorn, Ann. **262**, 143 (1891). — Hamburger, Monatsh. **19**, 427 (1898). — Petrenko-Kritschenko, Ber. **31**, 1512 (1898). — Minunni, Gazz. chim. **29**, II, 417 (1899).

[2] Diehl u. Einhorn, Ber. **18**, 2320, 2326 (1885). — Einhorn u. Gehrenbeck, Ann. **253**, 355 (1890). — Scholtz, Ber. **28**, 1193 (1895). — Haller u. Kostanecki, Ber. **30**, 2950 (1897).

[3] Scholtz, Ber. **29**, 614 (1896). — Kostanecki u. Maron, Ber. **31**, 726 (1898).

[4] Scholtz, Ber. **28**, 1194, 1730 (1895).

[5] Vorländer u. Wilske, Ber. **31**, 1886 (1898).

[6] Petrenko-Kritschenko u. Plotnikoff, Ber. **30**, 2801 (1897). — R. Schiff, Ber. **31**, 1390 (1898). — Petrenko-Kritschenko, Ber. **31**, 1508 (1898).

In ähnlicher Weise wie mit Aldehyden lassen sich Ketone mittels Natriumalkoholats auch mit Säureestern condensiren; man erhält so z. B. aus einem Molecül Oxaläther und zwei Molecülen Acetophenon Oxalyldiacetophenon[1]:

$$2\,C_6H_5-CO-CH_3 + H_5C_2OOC-COOC_2H_5$$
$$= C_6H_5-CO-CH_2-CO-CO-CH_2-CO-C_6H_5 + 2\,C_2H_5OH.$$

Während bei den oben beschriebenen Reactionen zwischen Aceton und Aldehyden zwei Molecüle der letzteren in ein Molecül des Ketons eintreten, lassen sich umgekehrt auch zwei Reste eines Ketons oder eines Ketonsäureesters mit der Gruppe $-CO-CH_2-$ in ein Aldehydmolecül einführen. So entsteht beim Erhitzen von Benzoylessigester mit Aldehydammoniak Aethylidendibenzoylessigester[2]:

$$2\,C_6H_5-CO-CH_2-COOC_2H_5 + CH_3-CH(OH)\cdot NH_2$$
$$= \begin{array}{c} C_6H_5-CO-CH-COOC_2H_5 \\ | \\ CH_3-CH \\ | \\ C_6H_5-CO-CH-COOC_2H_5 \end{array} + H_2O + NH_3.$$

Das nächst niedere Homologe dieses Esters, der Methylendibenzoylessigester (Dibenzoylglutarsäureester)[3]

$$\begin{array}{c} C_5H_5-CO-CH-COOC_2H_5 \\ | \\ CH_2 \\ | \\ C_6H_5-CO-CH-COOC_2H_5 \end{array},$$

bildet sich bei der Einwirkung von zwei Mol. Gew. Benzoylessigester auf ein Mol. Gew. Formaldehyd bei Gegenwart von Diäthylamin.

Eine Reihe von Säuren der Diphenylpentan-, hexan- und heptan-Gruppe ist durch Einführung zweier Benzyl-, Benzoyl-, Phenacyl- oder Phenylacetyl-Reste in die Molecüle von Verbindungen der Fettreihe, welche mit Natriumäthylat Natriumverbindungen zu bilden vermögen, wie Malonsäureester, Acetessigester, Cyanessigester, Acetondicarbonsäureester, Propan-, Butan- und Pentan-Tetracarbonsäureester, dargestellt worden; z. B. entsteht aus Phenacylbromid, Malonsäureester und Natriumäthylat der Diphenacylmalonsäureester[4]:

$$(C_6H_5-CO-CH_2)_2C(COOC_2H_5)_2$$

bei dessen Verseifung die Diphenacylessigsäure

$$(C_6H_5-CO-CH_2)_2CH-COOH$$

resultirt.

---

[1] BRÖMME u. CLAISEN, Ber. **21**, 1134 (1888). — P. F. SCHMIDT, Ber. **28**, 1206 (1895).

[2] ENGELMANN, Ann. **231**, 67 (1885).

[3] KNOEVENAGEL u. H. SCHMIDT, Ann. **281**, 57 (1894). — Vgl. KUHN, Ann. **302**, 215 (1898).

[4] KUES u. PAAL, Ber. **19**, 3144 (1886). — PAAL u. HÖRMANN, Ber. **22**, 3225 (1889). — KLOBB, Compt. rend. **119**, 161 (1894). Bull. [3] **15**, 1008 (1896). — Vgl. J. WISLICENUS u. SATTLER, Ber. **26**, 912 (1893).

Aus Benzylchlorid, Dicarboxylglutarsäureester und Natriumäthylat entsteht in analoger Weise der Dibenzyldicarboxylglutarsäureester[1]:

$$\begin{array}{rl} C_6H_5-CH_2- & C(COOC_2H_5)_2 \\ & | \\ & CH_2 \\ & | \\ C_6H_5-CH_2- & C(COOC_2H_5)_2 \end{array}$$

Die nächst höheren Homologen dieses Esters, welche aus Butan- bezw. Pentan-Tetracarbonsäureester erhalten werden, liefern bei der Verseifung α-α'-Dibenzyladipinsäure[2]:

$$\begin{array}{rclcl} C_6H_5-CH_2- & CH & -CH_2-CH_2- & CH & -CH_2-C_6H_5 \\ & | & & | & \\ & COOH & & COOH & \end{array}$$

bezw. α-α'-Dibenzylpimelinsäure[3]:

$$\begin{array}{rclcl} C_6H_5-CH_2- & CH & -CH_2-CH_2-CH_2- & CH & -CH_2-C_6H_5 \\ & | & & | & \\ & COOH & & COOH & \end{array}$$

Das in derselben Weise erhaltene Dibenzylderivat des Acetondicarbonsäureesters lässt sich durch Verseifen und Abspaltung von Kohlensäure in Dibenzylaceton überführen[4]:

$$\begin{array}{rl} C_6H_5-CH_2- & CH-COOC_2H_5 \\ & | \\ & CO \\ & | \\ C_6H_5-CH_2- & CH-COOC_2H_5 \end{array} + 2H_2O = \begin{array}{rl} C_6H_5-CH_2- & CH_2 \\ & | \\ & CO \\ & | \\ C_6H_5-CH_2- & CH_2 \end{array} + 2CO_2 + 2C_2H_5OH.$$

Zu den Verbindungen der Diphenylpentanreihe gehört ferner auch das Dibenzoylpropan, welches aus Benzol und Glutarsäurechlorid durch Aluminiumchlorid hergestellt wird[5]:

$$\begin{aligned} 2C_6H_6 &+ ClCO-CH_2-CH_2-CH_2-COCl \\ &= C_6H_5-CO-CH_2-CH_2-CH_2-CO-C_6H_5 + 2HCl. \end{aligned}$$

In analoger Weise bildet sich aus dem Sebacinsäurechlorid (vgl. Bd. I, S. 678) das Dibenzoyloctan[6]:

$$2C_6H_6 + ClCO-(CH_2)_8-COCl = C_6H_5-CO-(CH_2)_8-CO-C_6H_5 + 2HCl.$$

---

[1] Dressel, Ann. **256**, 191 (1890).

[2] Lean, Journ. Soc. **65**, 995 (1894).

[3] Perkin u. Prentice, Journ. Soc. **59**, 818 (1891).

[4] Dünschmann u. Pechmann, Ann. **261**, 184 (1891). — Aehnliche Reactionen s. Haller, Compt. rend. **107**, 104 (1888). — Kipping u. Perkin, Journ. Soc. **55**, 347 (1889). — Schott, Ber. **29**, 1985 (1896).

[5] Auger, Ann. ch. [6] **22**, 358 (1891).

[6] Auger, Ann. ch. [6] **22**, 363 (1891).

Die Reduction des Zimmtaldehyds mit Zinkstaub führt zu einem dem Hydrobenzoïn (vgl. S. 178) analog zusammengesetzten Körper der Diphenylhexangruppe[1], dem Hydrocinnamoïn:

$$2C_6H_5-CH{=}CH-CHO + H_2 = C_6H_5-CH{=}CH-CH(OH)-CH(OH)-CH{=}CH-C_6H_5.$$

Auch durch Oxydation sind zwei Molecüle eines Benzolderivats zu einem wahrscheinlich der Diphenylhexanreihe angehörenden Körper verkettet worden[2].

Diese Reaction besteht in der Einwirkung von Eisenchlorid auf das Lacton der β-Oxybenzylidenpropionsäure:

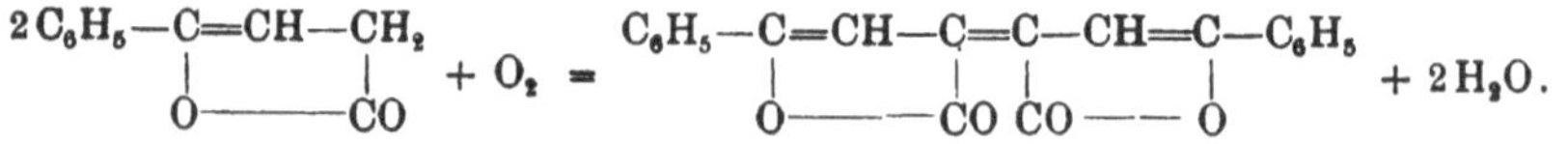

Durch Auflösen in alkoholischer Kalilauge geht das zuerst entstandene Dilacton in Diphenacylfumarsäure über:

Dibenzylaceton[3], $C_6H_5-CH_2-CH_2-CO-CH_2-CH_2-C_6H_5$, wird erhalten durch Kochen des Dibenzylacetondicarbonsäureesters (S. 281), mit Säuren oder Alkalien oder bei der trockenen Destillation von hydrozimmtsaurem Calcium. Es bildet ein braunes, süsslich riechendes Oel vom Siedepunkt 280—285° bei 130 mm Druck. Das Oxim schmilzt bei 92°.

Dibenzylidenaceton[4], $C_6H_5-CH{=}CH-CO-CH{=}CH-C_6H_5$ (S. 278), krystallisirt in hellgelben durchsichtigen, bei 112—112·5° schmelzenden Tafeln. Durch rauchende Salzsäure wird es in ein dunkelrothes, durch Wasser zersetzliches Salzsäureadditionsprodukt verwandelt.

Darstellung[5]: 10 Thle. Benzaldehyd und 3 Thle. Aceton werden in 130 Thln. Alkohol und 200 Thln. Wasser gelöst und 20 Thle. zehnprocentiger Natronlauge zugesetzt. Nach einigen Stunden ist die Masse zu einem Brei erstarrt. Man saugt ab und krystallisirt das Produkt aus Alkohol um.

Dicinnamylidenaceton[6], $C_6H_5-CH{=}CH-CH{=}CH-CO-CH{=}CH-CH{=}CH-C_6H_5$ (S. 279), bildet goldgelbe Nadeln vom Schmelzpunkt 142°.

Diphenacylessigsäure[7], $(C_6H_5-CO-CH_2)_2CH-COOH$ (S. 280), krystallisirt in seideglänzenden, büschelförmigen Nadeln vom Schmelzpunkt 132—133°.

---

[1] Thiele, Ber. **32**, 1296 (1899).

[2] Kugel, Ann. **299**, 56 (1898).

[3] Dünschmann u. Pechmann, Ann. **261**, 187, 188 (1891).

[4] Claisen u. Claparède, Ber. **14**, 350, 2460 (1881). — Schmidt, Ber. **14**, 1461 (1881). — Claisen, Ber. **14**, 2469 (1881).

[5] Claisen u. Ponder, Ann. **223**, 141 (1884).

[6] Diehl u. Einhorn, Ber. **18**, 2324 (1885).

[7] Kues u. Paal, Ber. **19**, 3147 (1886). — Paal u. Hörmann, Ber. **22**, 3229 (1889). — J. Wislicenus u. Sattler, Ber. **26**, 912 (1893). — Klobb, Bull. [3] **15**, 1008 (1896).

Verbindungen, in denen drei und mehr Benzolkerne durch eine Kette von mehr als vier Kohlenstoffatomen mit einander verknüpft sind.

Zinin fand im Jahre 1870, dass, wenn man Desoxybenzoïn mit alkoholischem Kali bei Luftzutritt unter häufigem Schütteln stehen lässt, ein hochmoleculärer Körper entsteht, den er Benzamaron[1] nannte. Dieselbe Verbindung bildet sich neben Benzaldehyd aus Desoxybenzoïn, Benzoïn und alkoholischem Kali und aus Benzil und Desoxybenzoïn bei Luftabschluss neben Benzoësäure.

In allen diesen Fällen findet eine theilweise Spaltung des Desoxybenzoïns bezw. des Benzoïns oder Benzils unter Bildung von Benzaldehyd statt, welcher sich alsdann mit Desoxybenzoïn zu Benzamaron vereinigt. Demgemäss lässt sich das Benzamaron in einfacher Weise aus Benzaldehyd und Desoxybenzoïn synthetisiren.

Die Condensation zwischen Benzaldehyd und Desoxybenzoïn führt je nach den angewandten Mengenverhältnissen zu verschiedenen Produkten. Treten die beiden Componenten in äquimolecularem Verhältniss zusammen, so entsteht das schon früher beschriebene Benzyliden-desoxybenzoïn (vgl. S. 257):

$$\begin{array}{l} C_6H_5-C-CO-C_6H_5 \\ \qquad\quad \| \\ C_6H_5-CH \end{array} \quad ;$$

vereinigen sich dagegen zwei Molecüle Desoxybenzoïn mit einem Molecül Benzaldehyd, so bildet sich das Benzamaron:

$$2\,C_6H_5-CH_2-CO-C_6H_5 + C_6H_5-CHO = \begin{array}{l} C_6H_5-CH-CO-C_6H_5 \\ \qquad\quad | \\ C_6H_5-CH \\ \qquad\quad | \\ C_6H_5-CH-CO-C_6H_5 \end{array} + H_2O.$$

Dass dem Benzamaron diese Formel zukommt, ergiebt sich daraus, dass es auch durch Condensation von Benzylidendesoxybenzoïn mit Desoxybenzoïn dargestellt werden kann:

$$\begin{array}{l} C_6H_5-C-CO-C_6H_5 \\ \qquad\quad \| \\ C_6H_5-CH \end{array} + C_6H_5-CH_2-CO-C_6H_5 = \begin{array}{l} C_6H_5-CH-CO-C_6H_5 \\ \qquad\quad | \\ C_6H_5-CH \\ \qquad\quad | \\ C_6H_5-CH-CO-C_6H_5 \end{array} .$$

Beim Destilliren spaltet sich das Benzamaron wieder auf in Benzylidendesoxybenzoïn und Desoxybenzoïn.

---

[1] Litteratur des Benzamarons: Zinin, Jb. **1870**, 586. — Knoevenagel, Ber. **21**, 1356 (Fussnote) (1888). — Japp u. Klingemann, Ber. **21**, 2934 (1888). — Knoevenagel u. Weissgerber, Ber. **26**, 436, 441 (1893). — Klingemann, Ber. **26**, 818 (1893). Ann. **275**, 50 (1893).

Benzamaron existirt in zwei Modificationen, welche bei 218—219° bezw. bei 179—180° schmelzen.

Darstellung: Je 5 g Desoxybenzoïn und Benzaldehyd werden, in kaltem Alkohol gelöst, mit einer alkoholischen Lösung von 2 g Aetzalkali über Nacht stehen gelassen. Das Produkt wird durch fractionirte Krystallisation aus Alkohol in die beiden Modificationen getrennt.

Durch Hydroxylamin wird das Benzamaron in Pentaphenylpyridin verwandelt:

$$\begin{array}{l} C_6H_5-CH-CO-C_6H_5 \\ \qquad\quad | \\ C_6H_5-CH \\ \qquad\quad | \\ C_6H_5-CH-CO-C_6H_5 \end{array} + NH_2\cdot OH = \begin{array}{l} C_6H_5-C{=}C-C_6H_5 \\ \qquad\quad |\quad\;\; | \\ C_6H_5-C\quad N \\ \qquad\quad \|\quad\; \| \\ C_6H_5-C-C-C_6H_5 \end{array} + 3\,H_2O\,.$$

Additionsreactionen wie zwischen Benzylidendesoxybenzoïn und Desoxybenzoïn (s. o.) sind öfters beobachtet worden. Sie treten im allgemeinen dann ein, wenn ungesättigte Ketone und Körper mit reactionsfähigen Methylengruppen bei Gegenwart alkalischer Condensationsmittel zusammentreffen (vgl. S. 276), z. B.[1]:

$$\underset{\text{Benzylidenacetophenon}}{C_6H_5-CH{=}CH-CO-C_6H_5} + \underset{\text{Desoxybenzoïn}}{C_6H_5-CH_2-CO-C_6H_5}$$

$$= \begin{array}{l} C_6H_5-CH-CH_2-CO-C_6H_5 \\ \qquad\quad | \\ C_6H_5-CH-CO-C_6H_5 \end{array}$$

Oft treten diese complicirt zusammengesetzten Körper als Nebenprodukte bei der Darstellung der ungesättigten Ketone selbst auf, indem diese sogleich bei ihrer Entstehung mit einer der angewandten Componenten eine additionelle Reaction eingehen; z. B. bilden sich aus Acetophenon und Benzaldehyd die folgenden Verbindungen[2]:

1) $C_6H_5-CO-CH_3 + C_6H_5-CHO = \underset{\text{Benzalacetophenon (vgl. S. 250)}}{C_6H_5-CO-CH{=}CH-C_6H_5} + H_2O$

2) $C_6H_5-CO-CH{=}CH-C_6H_5 + C_6H_5-CO-CH_3 = \begin{array}{l} C_6H_5-CO-CH_2 \\ \qquad\qquad\quad | \\ \qquad\qquad\; CH-C_6H_5, \\ \qquad\qquad\quad | \\ C_6H_5-CO-CH_2 \end{array}$

Benzaldiacetophenon

---

[1] KNOEVENAGEL u. H. SCHMIDT, Ann. **281**, 53 (1894).

[2] KOSTANECKI u. ROSSBACH, Ber. **29**, 1488 (1896). — KOSTANECKI u. TAMBOR, Ber. **29**, 1495 (1896). — Vgl. CORNELSON u. KOSTANECKI, Ber. **29**, 240 (1896). — BLUMSTEIN u. KOSTANECKI, Ber. **33**, 1481, 1482 (1900).

Analoge Reactionen siehe BUCHNER u. CURTIUS, Ber. **18**, 2374 (1885). — KNOEVENAGEL u. H. SCHMIDT, Ann. **281**, 54 (1894). — GOLDSCHMIEDT u. KNÖPFER, Monatsh. **18**, 437 (1897); **19**, 406 (1898); **20**, 734 (1899). — J. WISLICENUS u. CARPENTER, Ann. **302**, 223 (1898). — Vgl. VORLÄNDER, Ber. **33**, 3185.

Sonstige mehrfach phenylirte Verbindungen mit längerer Verbindungskette s. RATTNER, Ber. **21**, 1317 (1888). — DÜNSCHMANN u. PECHMANN, Ann. **261**, 186 (1891). — STOBBE, Ber. **30**, 96 (1897). — J. WISLICENUS u. LEHMANN, Ann. **302**, 195 (1898). — THIELE, Ann. **306**, 166 (1899). — THIELE u. RÖSSNER, Ann. **306**, 223 (1899).

3) 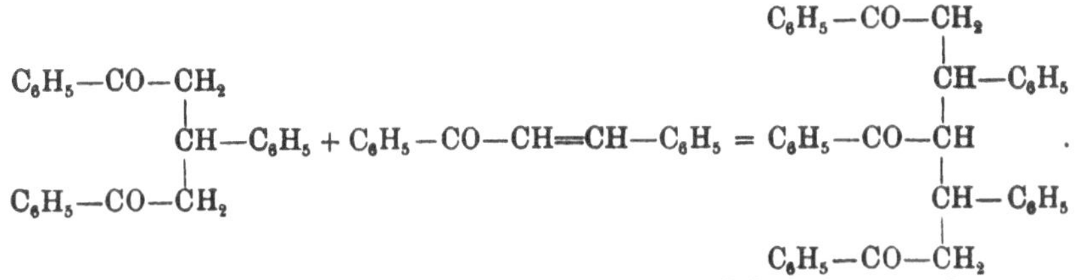

Dibenzaltriacetophenon

Einundfünfzigstes Kapitel.

Verbindungen, welche Benzolkerne sowohl durch aliphatische Ketten wie durch cyclische Complexe mit einander verkettet enthalten.

Bei der Besprechung der Diphenylmethangruppe wurde darauf hingewiesen, dass die Einführung von Benzyl- und Benzoyl-Gruppen in das Benzol und seine Derivate nicht allein zum Diphenylmethan bezw. Benzophenon führt, sondern dass hierbei auch durch Eintritt mehrerer Substituenten in einen Benzolkern Verbindungen entstehen, welche als mehrfach benzylirte oder benzoylirte Benzole bezeichnet werden können (vgl. S. 77), z. B.:

$C_6H_5-CH_2-C_6H_4-CH_2-C_6H_5$
Dibenzylbenzol

$C_6H_5-CO-C_6H_4-CO-C_6H_5$.
Dibenzoylbenzol

Im allgemeinen ist die Condensationsfähigkeit des Benzols mit der Einführung zweier Benzyl- oder Benzoyl-Gruppen erschöpft; doch wurde in einem Falle der Eintritt selbst dreier Benzoylgruppen in ein Molecül eines Benzolabkömmlings, nämlich des Mesitylens, beobachtet, wodurch ein Tribenzoylmesitylen entsteht:

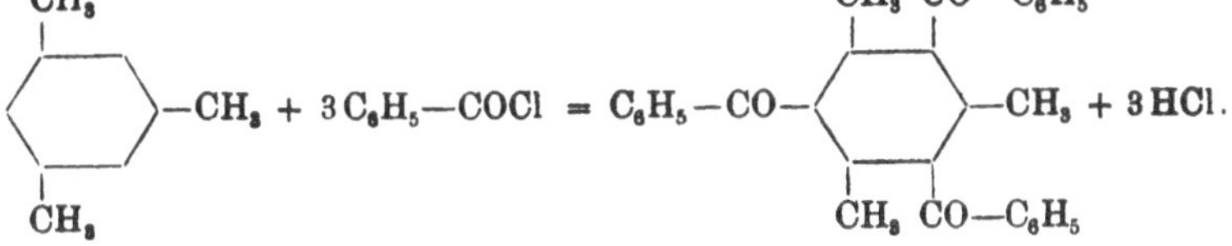

Die Einführung zweier Benzyl- oder Benzoyl-Reste lässt sich auch in zwei Phasen vornehmen, indem man zuerst einen Körper der Diphenylmethanreihe herstellt und in diesen eine zweite substituirende Gruppe einführt.

Zur Herstellung dieser Verbindungen benutzt man dieselben Reactionen, welche auch in der Diphenylmethanreihe Anwendung finden, vor allem die ZINCKE'sche (vgl. S. 57)[1] und die FRIEDEL-CRAFTS'sche[2] (vgl. S. 59) Synthese.

In einigen Fällen kann concentrirte Schwefelsäure als Condensationsmittel verwendet werden[3], in anderen, namentlich bei der Einführung von Benzoylgruppen in Phenole, arbeitet man mit Benzoylchlorid und Chlorzink[4], z. B.:

$$\underset{\text{Resorcin}}{C_6H_4(OH)_2} + 2\,C_6H_5{-}COCl = \underset{\text{Dibenzoylresorcin}}{(C_6H_5{-}CO)_2C_6H_2(OH)_2} + 2\,HCl.$$

Mit besonderer Leichtigkeit gelingt die Einführung zweier Benzoylreste in tertiäre Amine der Benzolreihe. Wird Dimethylanilin bei erhöhter Temperatur mit Phosgen behandelt, so bildet sich an Stelle des Tetramethyldiamidobenzophenons (vgl. S. 65) das Hexamethyltriamidodibenzoylbenzol[5]:

$$(CH_3)_2N\cdot C_6H_5 + 2\,COCl_2 + 2(CH_3)_2N\cdot C_6H_5$$
$$= (CH_3)_2N\cdot C_6H_3\begin{cases} CO-C_6H_4\cdot N(CH_3)_2 \\ CO-C_6H_4\cdot N(CH_3)_2 \end{cases} + 4\,HCl.$$

Das durch Einführung zweier Benzylgruppen in das Benzol entstehende Dibenzylbenzol ist nicht einheitlich, es besteht vielmehr aus zwei Isomeren. Durch Oxydation dieser Verbindungen mit Chromsäure und Eisessig erhält man die entsprechenden Dibenzoylbenzole; diese Reaction ermöglicht in einfachster Weise die Feststellung der Constitution der beiden dibenzylirten Benzole; denn zwei von den theoretisch möglichen drei Dibenzoylbenzolen lassen sich durch eine Reaction darstellen, welche ihre Constitution ohne weiteres erkennen lässt, nämlich durch die Einwirkung von Benzol und Aluminiumchlorid auf die Chloride der Iso- bezw. Tere-Phtalsäure[6]:

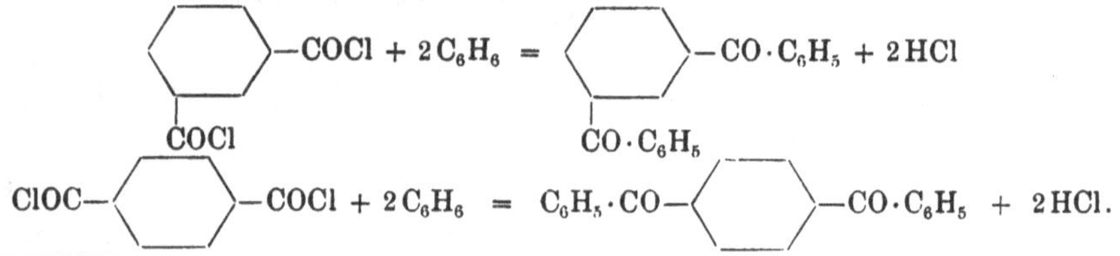

[1] ZINCKE, Ber. **6**, 119 (1873). — WEBER u. ZINCKE, Ber **7**, 1153 (1874). — SYMONS u. ZINCKE, Ann. **171**, 124 (1874). — ZINCKE, Ber. **9**, 31 (1876). — WEHNEN, Ber. **9**, 309 (1876).

[2] SENFF, Ann. **220**, 234 (1883). — FRIEDEL u. CRAFTS, Ann. ch. [6] **1**, 512 (1884). — LOUISE, Ann. ch. [6] **6**, 197, 234, 237 (1885). — RADZIEWANOWSKI, Ber. **27**, 3235 (1894). — BOURCET, Bull. [3] **15**, 942 (1896); [3] **17**, 81 (1897). — MILLS u. EASTERFIELD, Proc. Soc. **15**, 22 (1899). — LIMPRICHT, Ann. **312**, 94, 108 (1900).

[3] BECKER, Ber. **15**, 2091 (1882). — BASLER, Ber. **16**, 2716 (1883). — C. LIEBERMANN u. HARTMANN, Ber. **25**, 2127 (1892). — Vgl. MÖHLAU, Ber. **31**, 2351 (1898). — MÖHLAU u. KLOPFER, Ber. **32**, 2146 (1899).

[4] DÖBNER, Ann. **210**, 259 (1881). — CIAMICIAN u. SILBER, Ber. **27**, 1497 (1894) — Vgl. MAZZARA, Gazz. chim. **11**, 350 (1881).

[5] MICHLER, Ber. **9**, 717 (1876). — MICHLER u. DUPERTUIS, Ber. **9**, 1899 (1876). — MICHLER u. GRADMANN, Ber. **9**, 1912 (1876).

[6] ADOR, Ber. **13**, 320 (1880). — NÖLTING u. COHN, Ber. **19**, 146 (1886). — MÜNCHMEYER, Ber. **19**, 1847 (1886). — Vgl. auch LIMPRICHT u. LENZ, Ann. **286**, 320 (1895). — LIMPRICHT u. SAMIETZ, Ann. **286**, 332 (1895). — GRÄBE u. LEONHARDT, Ann. **290**, 233 (1896).

Von den synthetischen Dibenzylbenzolen liefert nun das eine ein Dibenzoylbenzol, welches mit dem aus Terephtalsäurechlorid erhaltenen p-Dibenzoylbenzol oder Terephtalophenon identisch ist, während das zweite Dibenzylbenzol ein sowohl vom Terephtalophenon als auch vom Isophtalophenon verschiedenes Dibenzoylbenzol ergiebt und mithin als o-Verbindung anzusehen ist.

o-Dibenzylbenzol[1], $C_6H_5—CH_2—C_6H_4—CH_2—C_6H_5$, bildet lange, schmale, flache Nadeln vom Schmelzpunkt 78°.

p-Dibenzylbenzol[1], $C_6H_5—CH_2—C_6H_4—CH_2—C_6H_5$, flache, stark glänzende Blättchen, Schmelzpunkt 86°.

o-Dibenzoylbenzol[2], $C_6H_5—CO—C_6H_4—CO—C_6H_5$, durch Oxydation von o-Dibenzylbenzol gewonnen, bildet grosse, gelbliche, rechtwinklige Tafeln, Schmelzpunkt 145—146°.

m-Dibenzoylbenzol, Isophtalophenon[3], $C_6H_5—CO—C_6H_4—CO—C_6H_5$, bildet kleine Blättchen vom Schmelzpunkt 99·5—100°.

p-Dibenzoylbenzol, Terephtalophenon[3], $C_6H_5—CO—C_6H_4—CO—C_6H_5$, krystallisirt in flachen Nadeln oder Blättchen, welche bei 159—160° schmelzen.

Lässt man Benzylchlorid und Zinkstaub auf Diphenyl einwirken[4], so entsteht als Hauptprodukt der Reaction p-Benzyldiphenyl:

$C_6H_5—C_6H_5 + C_6H_5—CH_2Cl =$ 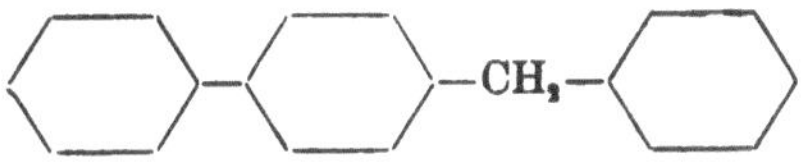 $+ HCl.$

Durch Oxydation erhält man daraus zuerst p-Phenylbenzophenon, $C_6H_5—C_6H_4—CO—C_6H_5$, und bei weiterer Einwirkung des Oxydationsmittels p-Benzoylbenzoësäure

$$HOOC—C_6H_4—CO—C_6H_5.$$

Neben dem p-Benzyldiphenyl entsteht eine zweite Verbindung, welche wahrscheinlich o-Benzyldiphenyl ist.

Bei der Einwirkung von Benzoylchlorid und Aluminiumchlorid bildet das Diphenyl ein Mono- und ein Dibenzoylderivat[5]:

$$C_6H_5—C_6H_5 + C_6H_5—COCl = \underset{\text{Phenylbenzophenon}}{C_6H_5—C_6H_4—CO—C_6H_5} + HCl,$$

$$C_6H_5—C_6H_5 + 2\,C_6H_5—COCl = \underset{\text{Dibenzoyldiphenyl}}{C_6H_5—CO—C_6H_4—C_6H_4—CO—C_6H_5} + 2\,HCl.$$

[1] Doer, Ber. **5**, 795 (1872). — Zincke, Ber. **6**, 119 (1873); **9**, 31 (1876). — Baeyer, Ber. **6**, 221 (1873). — Wehnen, Ber. **9**, 309 (1876). — Radziewanowski, Ber. **27**, 3235 (1894).

[2] Zincke, Ber. **9**, 31 (1876).

[3] Ador, Ber. **13**, 320 (1880). — Noelting u. Cohn, Ber. **19**, 146 (1886). — Münchmeyer, Ber. **19**, 1847 (1886).

[4] Goldschmiedt, Monatsh. **2**, 432 (1881). — Koller, Monatsh. **12**, 501 (1891).

[5] Wolf, Ber. **14**, 2031 (1881). — Perrier, Bull. [3] **9**, 1051 (1893).

4-Phenyldiphenylmethan, 4-Benzyldiphenyl, $C_6H_5—C_6H_4—CH_2—C_6H_5$, krystallisirt in Blättchen vom Schmelzpunkt 85° und siedet unter 100 mm Druck bei 285—286°.

4-Phenylbenzophenon, 4-Benzoyldiphenyl, $C_6H_5—C_6H_4—CO—C_6H_5$, schmilzt bei 106° und krystallisirt in glänzenden Schuppen.

In ähnlicher Weise lässt sich der Rest der Phenylessigsäure in das Diphenyl einführen[1]:

$$C_6H_5—C_6H_5 + C_6H_5—CH_2—COCl = C_6H_5—C_6H_4—CO—CH_2—C_6H_5 + HCl.$$

Die so entstehende Verbindung kann als Phenyldesoxybenzoïn bezeichnet werden.

Phtalsäureanhydrid bezw. Phtalylchlorid (vgl. S. 66 bezw. 153—154) vereinigen sich mit Diphenyl bei Gegenwart von Aluminiumchlorid zur Phenyl-o-benzoylbenzoësäure[2] (Formel I) bezw. zum Diphenylphtalophenon[3] (Formel II):

$$\text{I. } C_6H_4\begin{cases} CO—C_6H_4—C_6H_5 \\ COOH \end{cases} \qquad \text{II. } C_6H_4\begin{cases} C(C_6H_4—C_6H_5)_2 \\ \quad >O \\ CO \end{cases}.$$

Verbindungen, welche zwei Diphenylgruppen enthalten, die durch ein Kohlenstoffatom mit einander verkettet sind, entstehen bei der Einwirkung von Methylal oder Methylenchlorid[4], bezw. Phosgen[5] und Aluminiumchlorid auf Diphenyl; hierbei tritt das verbindende Kohlenstoffatom in die Stellung 4 der beiden Diphenylgruppen ein:

$$2C_6H_5—C_6H_5 + CH_2Cl_2 = \underset{\text{4.4'-Diphenyl-Diphenylmethan}}{C_6H_5—C_6H_4—CH_2—C_6H_4—C_6H_5} + 2HCl,$$

$$2C_6H_5—C_6H_5 + COCl_2 = \underset{\text{4.4'-Diphenylbenzophenon}}{C_6H_5—C_6H_4—CO—C_6H_4—C_6H_5} + 2HCl.$$

4.4'-Diphenyl-Diphenylmethan, $C_6H_5—C_6H_4—CH_2—C_6H_4—C_6H_5$, kleine, monokline Krystalle vom Schmelzpunkt 162°.

4.4'-Diphenylbenzophenon, $C_6H_5—C_6H_4—CO—C_6H_4—C_6H_5$, bildet körnige Aggregate vom Schmelzpunkt 229°.

Wie in den soeben besprochenen Verbindungen zwei Diphenylgruppen durch ein Kohlenstoffatom verkettet sind, so hat man auch Körper hergestellt, welche zwei Diphenylmethan- bezw. Benzophenon-Reste ent-

---

[1] Päpcke, Ber. **21**, 1338 (1888).
[2] Elbs, J. pr. [2] **41**, 147 (1890). — Kaiser, Ann. **257**, 95 (1890).
[3] Pawlewski, Ber. **28**, 513 (1895).
[4] Weiler, Ber. **7**, 1188 (1874). — Adam, Bull. **47**, 686 (1887). Ann. ch. [6] **15**, 254 (1888). — Vgl. Baeyer, Ber. **6**, 223 (1873).
[5] Adam, Bull. **47**, 687 (1887); **49**, 102 (1888). Ann. ch. [6] **15**, 258 (1888).

halten, die durch eine Methylen- oder eine Carbonyl-Gruppe aneinander gefesselt sind, welche also die folgende Atomanordnung aufweisen[1]:

$$C_6H_5—C—C_6H_4—C—C_6H_4—C—C_6H_5.$$

II. Condensirte Ringsysteme.

Zweiundfünfzigstes Kapitel.

Allgemeines über die condensirten Ringsysteme.

In der Einleitung zu dem den mehrkernigen isocyclischen Verbindungen gewidmeten Abschnitt wurde bereits (S. 2) als Charakteristicum für die condensirten Ringsysteme angegeben, dass sie Kohlenstoffatome enthalten, welche gleichzeitig als Glieder mehrerer Ringe fungiren.

Die denkbar einfachsten, hierher gehörigen Systeme würden nur ein zwei Ringen gemeinschaftliches Kohlenstoffatom enthalten, z. B.:

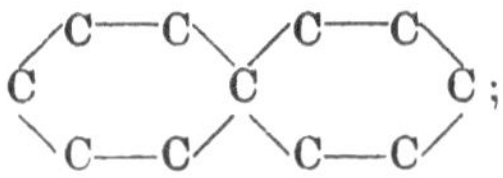

die Combinationen solcher Art[2] bieten indess zur Zeit für die systematische Behandlung keinen Anlass, da Verbindungen, welche sich von ihnen ableiten (vgl. Kap. 57), bislang nur in verschwindend geringer Anzahl bekannt geworden sind.

Ungleich wichtiger und fast das gesammte Gebiet der condensirten cyclischen Verbindungen einschliessend ist der Fall, dass Ringsysteme sich mit einander condensiren, indem zwei Kohlenstoffatome zu Kreuzpunkten werden, an welche sich nach zwei Seiten die übrigen Glieder zweier Ringe anreihen, z. B.:

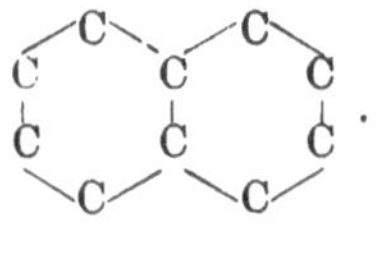

Soweit es sich um Ringsysteme von aromatischem Sättigungszustand handelt, gilt hierbei unseren bisherigen Erfahrungen zufolge fast allgemein

[1] Baeyer, Ber. **6**, 222 (1873). — Limpricht, Ann. **309**, 111, 112, 120, 121 (1899). — Bezüglich einer gleichfalls hierher gehörigen Reaction vgl. Rattner, Ber. **21**, 1318 (1888).

[2] Baeyer [Ber. **33**, 3771 (1900)] schlägt für dieselben in Rücksicht auf das „brezelartige“ Aussehen ihrer Structurformeln den Klassennamen „Spirocyclane“ — von „spira“, die Brezel, abgeleitet — vor.

die Regel, dass die Kohlenstoffatome, von denen die Kreuzung ausgeht, direct mit einander verbunden sind, also in den Ringen, denen sie angehören, Orthostellungen einnehmen; demnach kann man die weitaus meisten condensirten Ringsysteme als Orthobiderivate des Benzols auffassen. Combinationen hydroaromatischer Ringe mit einander können aber auch in der Weise zu Stande kommen, dass zwei von einander getrennte Kohlenstoffatome zu Kreuzungspunkten werden, mithin eine Kette von mehr als zwei Kohlenstoffatomen den beiderseits sich anschliessenden Ringen gemeinsam ist; dies ergiebt sich zum Beispiel aus der Existenz des Pinens und des Camphers (vgl. Bd. II, Th. I, S. 778).

In einigen ganz vereinzelt dastehenden Fällen hat man allerdings auch aromatische mehrkernige Systeme dargestellt, für welche eine der obigen Regel nicht entsprechende Structur angenommen wird, z. B.:

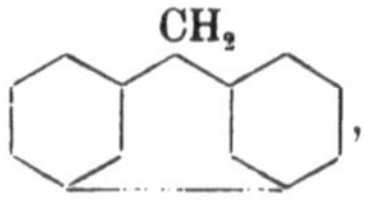

γ-Diphenylenmethan [1]

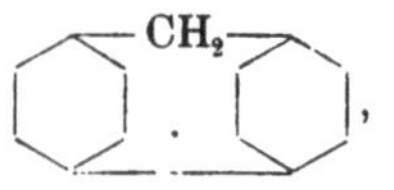

δ-Diphenylenmethan [1]

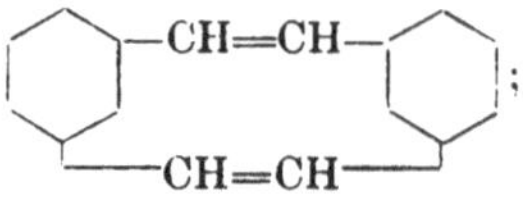

Diphenylendiäthylen [2]

doch sind die wenig zahlreichen Verbindungen solcher Art bislang nicht so eingehend untersucht, dass man ihre Structur als zuverlässig ermittelt betrachten kann.

Wenn wir ohne Berücksichtigung dieser vereinzelten Ausnahmen an der dargelegten Gesetzmässigkeit festhalten, so ergiebt sich, dass ein Benzolring mit einem zweiten Ringcomplex nur gemäss dem Schema:

zu einem condensirten zweikernigen System zusammentreten kann. Dieser Gruppe gehören an:

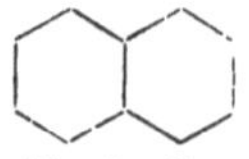
Naphtalin

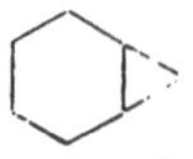
Phentrimethylen

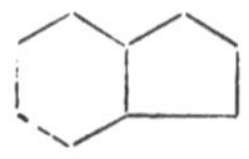
Inden

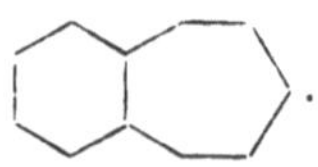
Phenheptamethylen

Treten zwei Ringe in dieser Weise an einen Benzolkern heran, so ergeben sich tricyclische Systeme der beiden Formen:

I 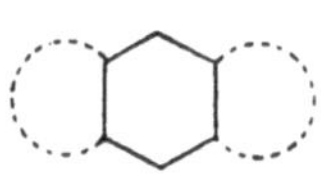 und II 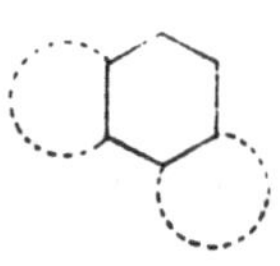

---

[1] CARNELLEY, Journ. Soc. **37**, 708, 710 (1880).

[2] PELLEGRIN, Rec. trav. chim. **18**, 457 (1899).

Die erstere Gruppe wird repräsentirt durch:

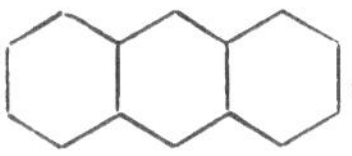
Anthracen

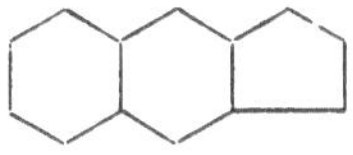
Naphtinden

und

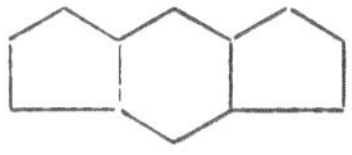
Indacen

die zweite durch:

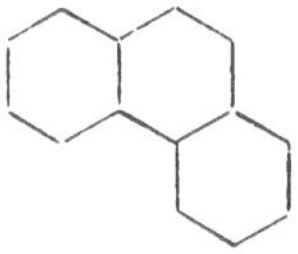
Phenanthren

und

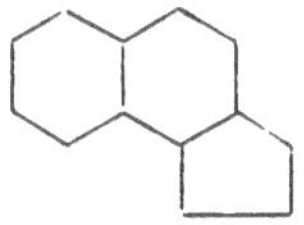
Pentanthren

Ist der mittlere Kern nicht ein Sechsring sondern ein Fünfring, so resultirt durch beiderseitige Condensation mit je einem Benzolkern das System:

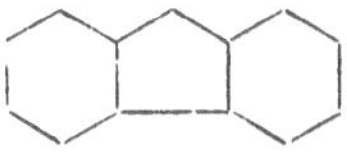
Fluoren

Von diesen drei Ringe enthaltenden Verbindungen kann man eine grössere Zahl von Ringsystemen, welche vier und mehr Einzelringe condensirt aufweisen, in der Weise ableiten, dass man sich einen der äusseren Benzolringe bezw. beide durch Naphtalincomplexe ersetzt denkt. In diesen Verbindungen finden sich die allgemeinen Charaktere der Körper wieder, von denen sie sich herleiten. So erhalten wir vom Anthracen ausgehend:

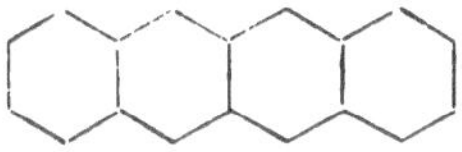
Naphtacen

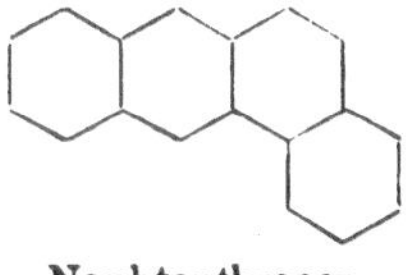
Naphtanthracen

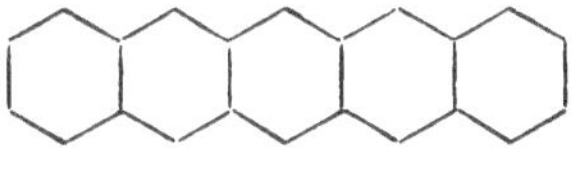

und

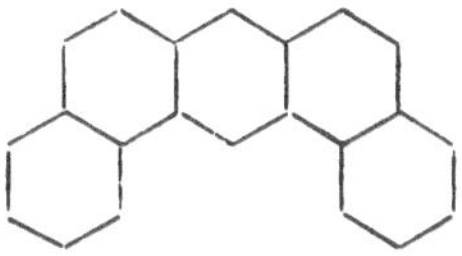
Dinaphtanthracen

Vom Phenanthren aus führt solcher Ersatz zum:

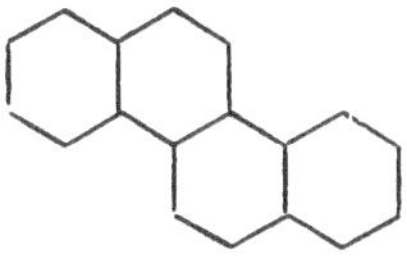
Chrysen

und

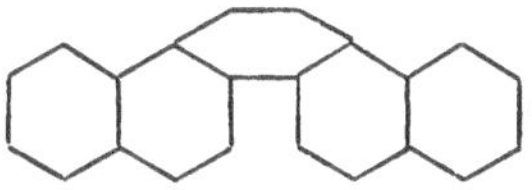
Picen

Vom Fluoren aus gelangt man zum:

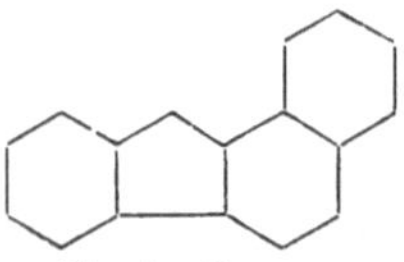

Naphtofluoren

und

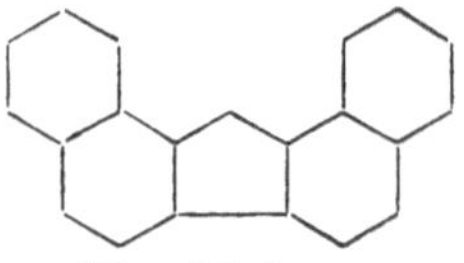

Dinaphtofluoren

Endlich reihen sich an die Gruppe des Fluorens das

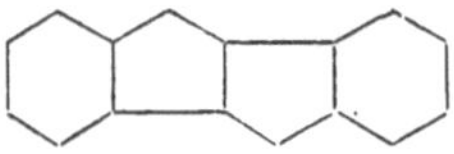

Diphenylsuccinden

und

Truxen[1]

Sind alle drei Orthokohlenstoffpaare eines Benzolkernes in ringförmigen Complexen gebunden, so ergiebt sich ein Gebilde, wie wir es im Tricyclotrimethylenbenzol haben:

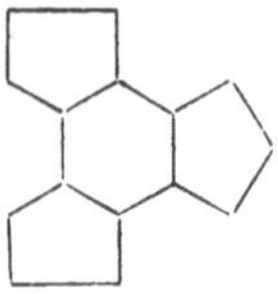

In den bisher betrachteten Systemen sind je zwei Kohlenstoffatome immer nur an der Bildung zweier Ringe betheiligt; es giebt aber auch Complexe, in denen einzelne Kohlenstoffatome gleichzeitig drei Ringen angehören; solche sind:

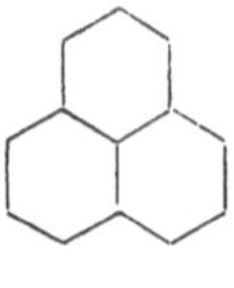

Kohlenwasserstoff des Pyrenketons

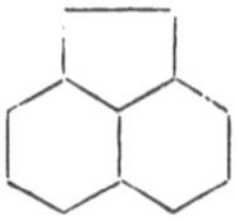

Acenaphten

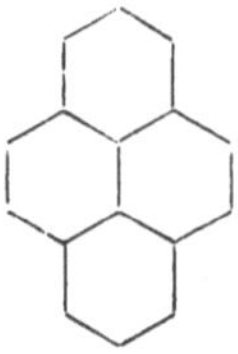

Pyren

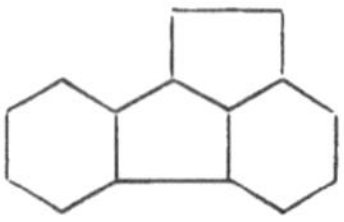

Fluoranthen

In ihrem allgemeinen Verhalten sind die condensirten Kohlenwasserstoffe mit ihren Abkömmlingen unter die „aromatischen" Verbindungen (vgl. Bd. II, Th. I, S. 41 ff.) zu rechnen; doch zeigen sie im einzelnen bemerkenswerthe Abweichungen von dem chemischen Charakter der einkernigen Benzolkörper. Diese sind namentlich am Naphtalin eingehender studirt worden und werden daher bei Besprechung dieses Kohlenwasserstoffs erwähnt werden (vgl. S. 302).

---

[1] Auf S. 51 ist dem Truxen eine andere Structurformel beigelegt worden. Durch neuere, nach der Drucklegung jener Stelle erschienene Arbeiten ist es jedoch wahrscheinlich gemacht, dass das oben gegebene Schema das richtige ist.

Was die empirischen Formeln der condensirten Kohlenwasserstoffe betrifft, so tritt, je mehr Benzolkerne sich aneinander lagern, der Wasserstoffgehalt gegen den Kohlenstoffgehalt immer mehr zurück, wie sich aus folgender Reihe ergiebt:

C_6H_6 Benzol,
$C_{10}H_8$ Naphtalin,
$C_{14}H_{10}$ Anthracen und Phenanthren,
$C_{18}H_{12}$ Chrysen,
$C_{22}H_{14}$ Picen.

Die Ansichten, welche man sich über die Art der Kernanlagerung und damit über die Constitution der condensirten Ringsysteme gebildet hat, werden bei Besprechung der Naphtalingruppe erläutert werden (vgl. S. 299 ff.).

In physikalischer Beziehung beobachten wir mit steigender Anzahl der zu einem Molecül condensirten Benzolkerne ein Ansteigen der Schmelzpunkte und der Siedepunkte, sowie das häufige Auftreten von Fluorescenzerscheinungen.

Als Quelle für die Gewinnung der hier betrachteten Körper kommt in erster Linie der Steinkohlentheer in Betracht, in dessen höhersiedenden Antheilen Naphtalin, Inden, Anthracen, Phenanthren, Fluoren, Fluoranthen und Acenaphten — und zwar zum Theil in beträchtlichen Mengen — vorhanden sind (vgl. Bd. II, Th. I, S. 89). Auch die Kohlenwasserstoffe mit noch höherem Moleculargewicht finden sich im Theer vor; doch erhält man sie in grösserer Menge durch Ueberhitzen des Theers, in der Art, dass man ihn in Dampfform durch glühende Röhren leitet. Auch das sogenannte Stuppfett von Idria (vgl. unter Phenanthren) besteht aus einer Anzahl hochmolecularer condensirter Kohlenwasserstoffe, unter denen das Phenanthren an Menge vorwiegt.

Die Trennung und Abscheidung der einzelnen Kohlenwasserstoffe erreicht man durch sorgfältig durchgeführte fractionirte Destillationen im Verein mit Krystallisationsprocessen. Ein wesentliches Hülfsmittel zur Reindarstellung (bei Laboratoriums-Operationen) bietet ferner der Umstand, dass die condensirten Kohlenwasserstoffe im Allgemeinen die Fähigkeit besitzen, mit Pikrinsäure zu additionellen Verbindungen (vgl. Bd. II, Th. I, S. 391) zusammen zu treten, welche häufig schwer löslich sind und gut krystallisiren. Die Abscheidung der Kohlenwasserstoffe selbst aus diesen Verbindungen geschieht in der Weise, dass man die Pikrate mit Alkalien behandelt, wodurch sie gespalten werden.

In technischer Beziehung kommen die condensirten Kohlenwasserstoffe fast nur als Ausgangsmaterialien für die Farbstoffgewinnung in Betracht; als solche aber besitzen sie eine enorme Bedeutung. Das Naphtalin und Anthracen gehören zu den wichtigsten Rohstoffen der Theerfarben-Industrie. Ersteres wird zur Herstellung unzähliger Azofarbstoffe und neuerdings auch als Material zur technischen Synthese des Indigos benutzt, während das Anthracen die Muttersubstanz einer Gruppe von Farbstoffen bildet, deren wichtigster das Alizarin ist. Für die übrigen condensirten Kohlenwasserstoffe hat sich eine praktische Verwendung in grösserem Umfange bisher nicht ergeben.

Zweikernige Systeme.

Dreiundfünfzigstes Kapitel.

Constitution und Isomerieverhältnisse der Naphtalinverbindungen. Genetische Beziehungen zwischen Körpern der Naphtalinreihe und anderer Klassen. Quellen für die Gewinnung des Naphtalins und seiner Derivate.

Unter den zweikernigen condensirten Systemen ist in der auf S. 290 gegebenen Uebersicht dem Naphtalin die erste Stelle zugewiesen, weil sein Molecül zwei gleichartige und zwar zwei Benzolkerne an einander gelagert enthält. Wenn demgemäss schon unserer Systematik (vgl. S. 2) zufolge die Naphtalingruppe an die Spitze dieses Abschnitts rückt, so gebührt ihr dieser Platz um so mehr, weil gerade diese Gruppe die ausführlichste experimentelle Bearbeitung gefunden hat, und weil an ihre Glieder in erster Linie die theoretischen Betrachtungen angeknüpft haben, welche die heute geltende Auffassung der condensirten Ringsysteme gezeitigt haben.

Die Constitution des Naphtalins.

Die empirische Formel des Naphtalins wurde zuerst von Faraday[1] im Jahre 1826 aus der Analyse des naphtalinsulfosauren Bariums erschlossen; aber mehrere Decennien hindurch fehlte jeder Versuch, die Bruttoformel $C_{10}H_8$ dieses Kohlenwasserstoffs in einfachere Complexe aufzulösen, obgleich man schon frühzeitig beobachtet hatte[2], dass durch Oxydation ein Abbau des Naphtalinmolecüls ausführbar ist.

Erst als Kekulé im Jahre 1865 seine Theorie der aromatischen Verbindungen aufstellte (vgl. Bd. II, Th. I, S. 46 ff.), war auch eine Grundlage für Speculationen über die Verkettungsart der Kohlenstoffatome in den Kohlenwasserstoffen gewonnen, welche wir heute als „condensirte“ Benzolkohlenwasserstoffe auffassen. Schon im darauffolgenden Jahre schlug Erlenmeyer[3] für das Naphtalin eine Structurformel vor, welche diese Verbindung als aus zwei Benzolkernen bestehend erscheinen lässt,

[1] Pogg. **7**, 104 (1826).

[2] Laurent, Ann. **19**, 38 (1836); **35**, 292 (1840). — Marignac, Ann. **38**, 1, 13 (1841).

[3] Ann. **137**, 346 (1866).

die derart an einander gekettet sind, dass ihnen zwei Ortho-Kohlenstoffatome gemeinsam sind. Unter Zugrundelegung von KEKULÉ's Benzolschema gestaltet sich das Formelbild für das Naphtalin demgemäss folgendermassen:

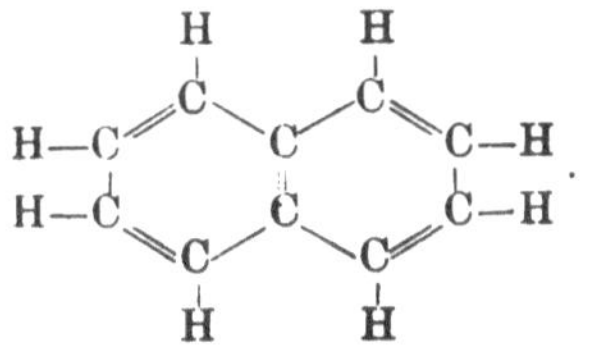

Wenige Jahre nach der Aufstellung der ERLENMEYER'schen Formel brachte GRÄBE[1] eine Reihe scharfsinnig erdachter Beweise für die Richtigkeit dieser Anschauung.

Im Naphtalin selbst erscheinen nach obiger Formulirung beide Benzolkerne vollkommen symmetrisch gelagert. Wenn wir also durch die Einwirkung oxydirender Agentien einen dieser Kerne aufspalten, so werden wir ein Produkt erhalten, welches noch einen unveränderten Benzolring enthält, ohne dass sich bestimmen lässt, welcher der beiden im Naphtalin enthaltenen Ringe der Oxydation anheimgefallen ist; die Oxydation des Naphtalins zu Phtalsäure (vgl. Bd. II, Th. I, S. 582) lässt sich daher in zweierlei Weise formuliren:

GRÄBE ging nun von dem Gedanken aus, dass die Ungewissheit, welche beim Naphtalin bezüglich des durch Oxydation aufgespaltenen Ringes herrscht, verschwinden müsse, wenn man durch Substituirung eines der beiden Benzolringe eine Verschiedenheit der beiden Hälften des Naphtalinmoleculs erzeuge. Er wählte für seinen Versuch das von LAURENT[2] dargestellte Dichlornaphtochinon, welches bei der Oxydation Phtalsäure ergiebt:

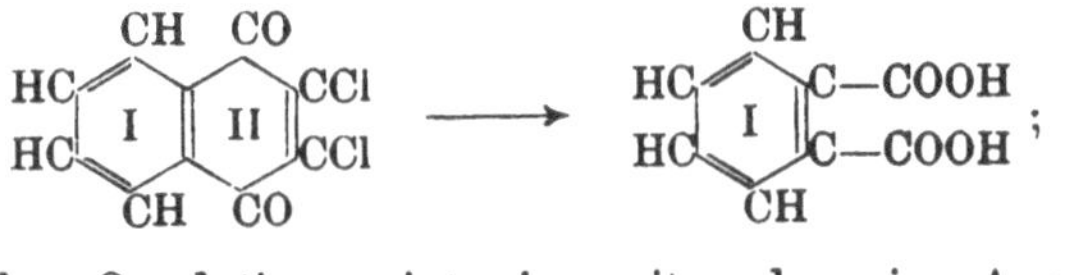

der Verlauf der Oxydation zeigt einerseits, dass im Ausgangsprodukt sämmtliche Substituenten einem Benzolkern angehören, anderseits, dass bei der Oxydation der nicht substituirte, in obiger Formel mit I bezeichnete Ring erhalten geblieben ist.

Behandelt man nun das Dichlornaphtochinon mit Phosphorpentachlorid, so werden nicht nur die beiden Sauerstoffatome im Ringe II,

[1] Ber. 1, 36, (1868); Ann. 149, 1 (1869).
[2] Ann. 35, 299 (1840).

sondern ausserdem auch noch ein Wasserstoffatom durch Chlor ersetzt; es entsteht ein Pentachlornaphtalin, welches dieser Bildung zufolge 4 Cl-Atome im Kern II, 1 Cl-Atom im Kern I enthalten muss. Wird diese Verbindung mit Salpetersäure behandelt, so erhält man Tetrachlorphtalsäure:

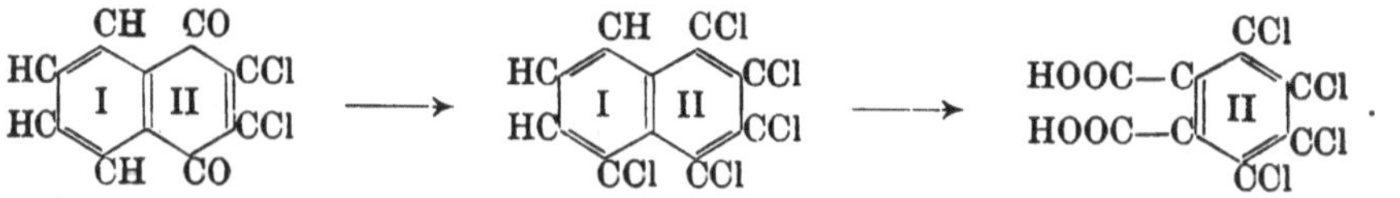

Wir sehen also, dass bei der Oxydation des Pentachlornaphtalins diejenige Hälfte des Molecüls, welche bei der Oxydation des Dichlornaphtochinons erhalten bleibt und als Benzolkern in die Erscheinung tritt, in diesem Falle zerstört wird; trotzdem bildet sich wiederum ein Benzolderivat, die Tetrachlorphtalsäure. Diese Erscheinung lässt sich nur dadurch erklären, dass entsprechend der Erlenmeyer-schen Formel im Naphtalin zwei Benzolkerne (in den obigen Formeln mit I und II bezeichnet) angenommen werden, von denen je nach den in ihnen enthaltenen Substituenten bald der eine, bald der andere der Oxydation anheimfällt.

Im Lichte der heutigen Erfahrungen (vgl. S. 302 ff.) müsste man schärfer sagen: „Im Naphtalinmolecül existiren zwei Ringsysteme, deren jedes der Zerstörung durch Oxydation derart anheimfallen kann, dass das andere dann als Benzolkern übrig bleibt".

Zu der Zeit, als Gräbe seine Versuche veröffentlichte, war die Phtalsäure noch nicht mit Sicherheit als zur Reihe der Orthobiderivate des Benzols gehörig erkannt, die gewonnenen Resultate liessen daher neben der Erlenmeyer'schen Formel auch noch andere Deutungen bezüglich der Art der Verkettung der beiden im Naphtalin enthaltenen Benzolkerne zu. Nachdem heute über die Formel der Phtalsäure ein Zweifel nicht mehr besteht (vgl. Bd. II, Th. I, S. 70), fallen diese anderen Möglichkeiten fort; die Erlenmeyer-Gräbe'sche Naphtalinformel ist daher als exact bewiesener Ausdruck für die Constitution des Naphtalins anzusehen, wobei freilich einstweilen über die Vertheilung der Bindungen zwischen den einzelnen Kohlenstoffatomen nichts gesagt sein soll, sondern nur die relative Stellung der Kohlenstoffatome zu einander als feststehend betrachtet wird.

Das von Gräbe durchgeführte Beweisprincip ist dann auch noch in anderen Fällen mit dem gleichen Resultate angewandt worden[1]. Von diesen Versuchen sei einer wegen seiner Einfachheit und der Klarheit des Ergebnisses hier angeführt.

Nitronaphtalin liefert bei der Oxydation mit Chromsäure eine Nitrophtalsäure, welche auch durch directe Nitrirung der Phtalsäure herstell-

[1] Vgl. die Zusammenstellung bei Reverdin u. Nölting: „Sur la constitution de la Naphtaline et de ses dérivés" (Mulhouse 1888), S. 12—13.

bar ist. Reducirt man aber das Nitronaphtalin zum Amidonaphtalin und oxydirt darauf dieses mit Kaliumpermanganat, so entsteht Phtalsäure, also:

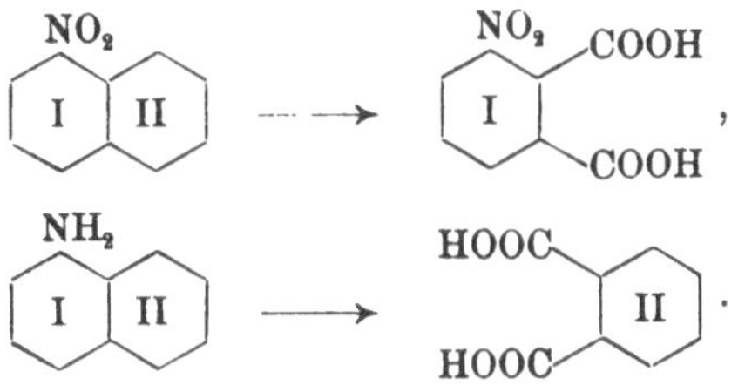

Ausser diesen Spaltungsreactionen lassen sich auch gewisse Synthesen des Naphtalins und seiner Derivate aus Benzolkörpern zur Ableitung der Naphtalinformel verwerthen; von diesen seien hier nur zwei angeführt, nämlich die von Aronheim[1] beobachtete Bildung des Naphtalins aus Phenylbutylenbromid beim Ueberleiten seiner Dämpfe über schwach rothglühenden Aetzkalk:

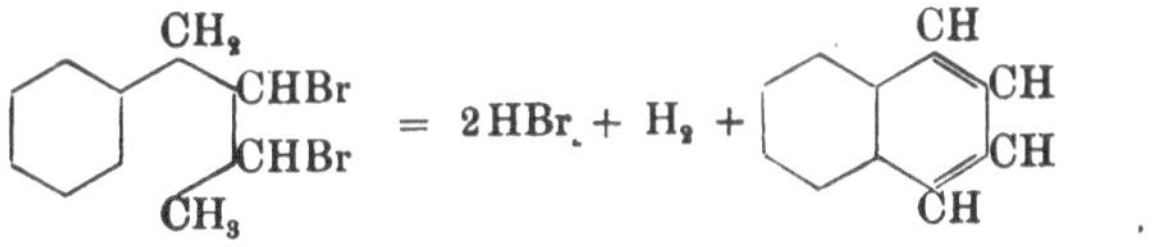

und die von Fittig und Erdmann[2] ausgeführte, sehr glatt verlaufende Synthese des α-Naphtols (Oxynaphtalins) aus β-Benzylidenpropionsäure (Phenylisocrotonsäure, vgl. Bd. II, Th. I, S. 615) durch Erhitzen (vgl. auch Bd. II, Th. I, S. 82):

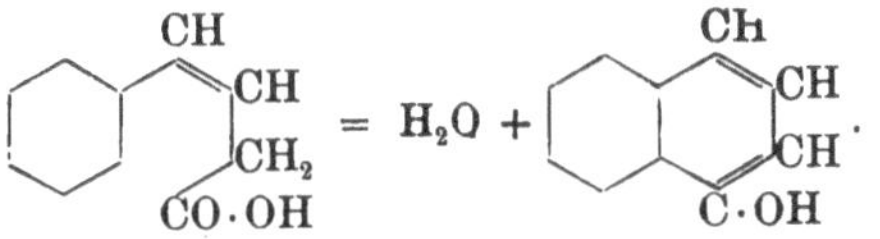

Was die Verwerthung der Ladenburg'schen Prismenformel des Benzols für die Formulirung des Naphtalins betrifft, so ist schon Bd. II, Th. I, S. 55 gezeigt, dass die in der Ebene geschriebene Formel ein wenig übersichtliches Bild für das Naphtalin ergiebt. Anderweitige Versuche[3], aus der Prismenformel des Benzols eine Formel für das Naphtalin abzuleiten, haben zu äusserst complicirten und unübersichtlichen Gebilden geführt. Es sei ferner auf die Bd. II, Th. I, S. 765—767 besprochenen Thatsachen verwiesen, welche die Prismenformel als überhaupt unzulässig erscheinen lassen. Eine nähere Discussion der Naphtalin-Constitution vom Standpunkt der Prismenformel erübrigt sich daher, um so mehr als auch Ladenburg selbst diese Formel für ungeeignet zur Interpretation der condensirten Verbindungen hält[4].

[1] Ber. **6**, 67 (1873). Ann. **171**, 233 (1874).

[2] Ber. **16**, 43 (1883). Ann. **227**, 242 (1885).

[3] Wegscheider, Monatsh. 1, 910 (1880).

[4] Vgl. Ladenburg, Ber. **23**, 1007 (1890), sowie den Artikel „Naphtalingruppe" von Ladenburg u. Baurath in Ladenburg's Handwörterbuch der Chemie, Bd. VII, S. 376 ff. (Breslau 1889).

Im Folgenden sei zunächst — entsprechend dem vereinfachten Benzolsymbol (vgl. Bd. II, Th. I, S. 69) — die bei Fortlassung der überschüssigen Bindungen sich ergebende Naphtalinformel:

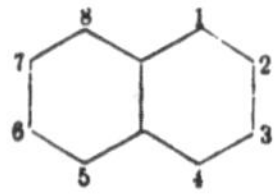

für die Ableitung der Isomerie-Möglichkeiten bei Monosubstitutionsprodukten benutzt.

Aus diesem Schema ersieht man, dass die mit den Zahlen 1—8 bezeichneten Kohlenstoffatome nicht alle in derselben Weise im Molecül angeordnet sind; denn die 4 Kohlenstoffatome 1, 4, 5 und 8 befinden sich in directer Nachbarschaft zu den beiden Benzolkernen gemeinsamen, keinen Wasserstoff tragenden (unbezifferten) Kohlenstoffatomen, während 2, 3, 6 und 7 mit diesen gemeinsamen mittleren Atomen nicht direct verbunden sind. Die 8 substituirbaren Wasserstoffatome zerfallen also in 2 Gruppen zu je 4 Atomen, von denen die einer und derselben Gruppe angehörigen im Molecül gleichartige Stellungen einnehmen. Eine Substitution des Wasserstoffs an dem Kohlenstoffatom 1 durch den Substituenten x wird also zu demselben Monoderivat des Naphtalins führen, welches entsteht, wenn der Substituent x an eines der Atome 4, 5 oder 8 herantritt; dagegen werden wir zu einem andern Naphtalinderivat gelangen, wenn die Substitution an einem der mit den Zahlen 2, 3, 6 und 7 bezeichneten Kohlenstoffatome stattgefunden hat, wobei es wiederum gleichgültig ist, welches dieser 4 genannten Atome den Substituenten trägt.

Hieraus ergiebt sich als erstes und oberstes Gesetz für die Substitutionsverhältnisse im Naphtalinmolecül der Satz: „Das Naphtalin vermag zwei Reihen von Monosubstitutionsprodukten zu bilden".

Diese aus der Erlenmeyer-Gräbe'schen Naphtalinformel sich ergebende Forderung hat sich nun als mit den Thatsachen vollkommen im Einklang stehend erwiesen. Man hat von allen bisher dargestellten einfacheren Monosubstitutionsprodukten des Naphtalins je zwei Isomere, niemals dagegen eine grössere Anzahl erhalten. Diese Isomeren sind als α- und β-Verbindungen von einander unterschieden worden[1].

Der zweite Satz, welcher sich aus der diesen Betrachtungen zu Grunde gelegten Formel ergiebt, ist der folgende: „Das Naphtalin enthält zwei Gruppen von je vier untereinander gleichwerthigen chemischen Orten" oder: „Im Naphtalinmolecül sind vier α-Stellungen und vier β-Stellungen vorhanden".

Auch diese Forderung der Erlenmeyer-Gräbe'schen Formel hat sich durch den Versuch bestätigen lassen, und zwar ist man zu diesem Zweck in ähnlicher Weise vorgegangen, wie wir es in der Benzolreihe

[1] Merz, Ztschr. Chem. 4, 399 (1868).

bei der Ortsbestimmung der Biderivate kennen gelernt haben (vgl. Bd. II, Th. I, S. 69 ff.). ATTERBERG[1] hat auf zwei verschiedene Arten das Vorhandensein von vier α-Stellungen im Naphtalin nachgewiesen.

Dass in den α-Derivaten eine der Stellen 1, 4, 5 bezw. 8, in den β-Derivaten dagegen eine der Stellen 2, 3, 6 bezw. 7 besetzt ist, wird S. 308—310 abgeleitet.

Welche Verhältnisse sich beim Eintritt mehrerer Substituenten einstellen, wird S. 311 näher erörtert werden. Hier sei nur betont, dass auch bei höherer Substitution niemals eine grössere Anzahl isomerer Formen beobachtet ist, als sie die ERLENMEYER-GRÄBE'sche Anschauung vorhersehen lässt.

Vielfach discutirt ist vom Standpunkt der verschiedenen Benzolformeln die Frage, in welcher Weise beim Zusammentritt der beiden Benzolkerne zum Naphtalin-Molecül die Bindungen innerhalb des bicyclischen Systems sich gestalten.

Sehen wir das Naphtalin im Sinne der KEKULÉ'schen Benzolformel als eine Verbindung mit abwechselnd einfachen und doppelten Bindungen an und berücksichtigen zugleich KEKULÉ's Oscillations-Hypothese (vgl. Bd. II, Th. I, S. 51), so könnten die drei Formeln[2]:

A: , B: , C: 

als Ausdruck verschiedener Bewegungszustände eines und desselben Molecüls zunächst möglich erscheinen. Die nähere Betrachtung aber ergiebt, dass nur bei Formel B die Forderung paarweise abwechselnder einfacher und doppelter Bindung für beide Einzelringe erfüllt ist, während die Formeln A und C nur je einen solchen Ring aufweisen, in ihrem zweiten Ringe aber drei einfache Bindungen zusammenstossend zeigen. Jene Anschauung hat kaum Vertheidiger gefunden; vielmehr ziehen die Anhänger der KEKULÉ'schen Benzolformel allgemein unter den obigen Naphtalin-Formeln nur die Formel B in Betracht, und gerade die Aufhebung der freien Oscillation wird von MARCKWALD (Näheres vgl. S. 303) für die Erklärung gewisser Verschiedenheiten zwischen Benzol- und Naphtalin-Derivaten verwerthet.

Von der ARMSTRONG-BAEYER'schen „centrischen" Benzolformel (vgl. Bd. II, Th. I, S. 58, 60) ausgehend, hat BAMBERGER[3] das Naphtalinschema:

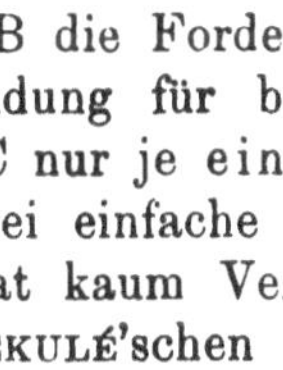

vorgeschlagen, und zwar auf Grund seiner ausgedehnten experimentellen

[1] Ber. **9**, 1734 (1876); **10**, 547 (1877). — Vgl. auch REVERDIN u. NÖLTING, Sur la constitution de la Naphtaline etc. 1888, S. 19—20.

[2] Vgl. ERDMANN, Ann. **275**, 191 (1893).

[3] Ann. **257**, 1 (1890). — Vgl. auch THOMSEN, Ber. **19**, 2949 (1886).

Untersuchungen über die Addition von Wasserstoff an das Naphtalin und seine Derivate[1]. Diese Versuche führten zu folgenden äusserst wichtigen Ergebnissen:

1. Das Naphtalin und seine Abkömmlinge zeigen die Neigung, leicht vier Wasserstoffatome aufzunehmen, und diese Wasserstoffatome treten dabei sämmtlich in eine und dieselbe Hälfte des Moleculs ein. Eine weitere Hydrirung lässt sich nur mit viel energischeren Mitteln ausführen als die Addition dieser ersten vier Wasserstoffatome.

2. Während die Naphtalinabkömmlinge gewisse typische Verschiedenheiten gegenüber den entsprechenden Benzolderivaten aufweisen, zeigen die Tetrahydronaphtalinderivate das Verhalten wahrer Benzolverbindungen, in denen der hydrirte Ringcomplex die Stelle von aliphatischen Seitenketten vertritt.

Je nachdem die Hydrirung eines Naphtalinderivats die substituirte oder die nicht substituirte Hälfte des Naphtalinmoleculs betroffen hat, haftet also nach diesen Sätzen der Substituent entweder an einer aliphatischen Gruppe oder an einem Benzolkern. Diese Körperklassen unterscheidet Bamberger als alicyclische und aromatische Abkömmlinge des Tetrahydronaphtalins, z. B.:

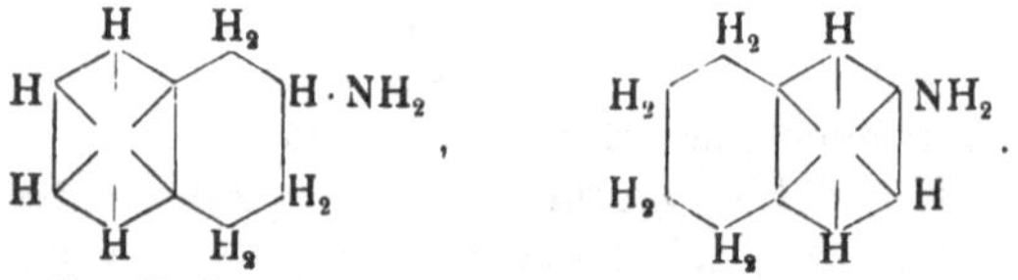

alicyclisches (ac.) aromatisches (ar.)

Tetrahydro-β-naphtylamin

Aus den obigen Formeln lässt sich das experimentell beobachtete Verhalten der beiden Isomeren ablesen.

Das ar-Tetrahydro-β-naphtylamin, dessen Amidogruppe wir in einem wahren Benzolkern gebunden sehen, ist in der That seinen Eigenschaften nach ein primäres aromatisches Amin, welches man etwa dem 1.2-Diäthyl-4-Amidobenzol vergleichen könnte:

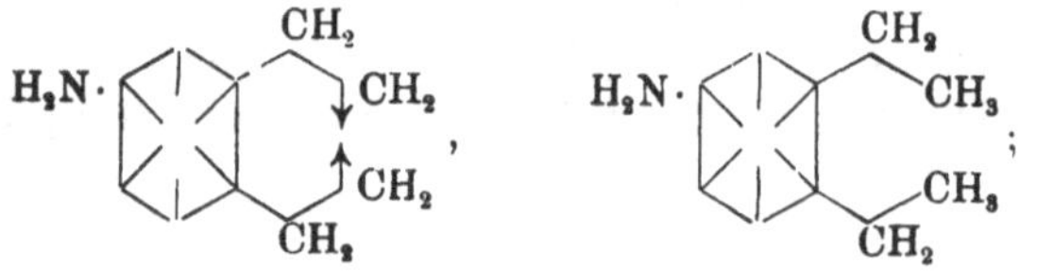

wie alle primären aromatischen Amine lässt es sich in eine Diazoverbindung überführen, die mit Aminen und Phenolen Azofarbstoffe bildet; es ist ferner ohne Wirkung auf Pflanzenfarben, bildet sauer reagirende

[1] Eine Zusammenstellung der Arbeiten über hydrirte Naphtaline s. in dem Abschnitt: Hydrirte Naphtalinderivate (Kap. 55).

Salze, verbindet sich nicht mit Kohlensäure und reagirt nicht mit Schwefelkohlenstoff in der Kälte.

In schärfstem Gegensatz dazu steht das Verhalten des ac-Tetrahydro-β-naphtylamins, welches im Sinne obiger Formulirung die Amidogruppe „aliphatisch gebunden" enthält und sich dem o-Aethyl-Phenäthylamin an die Seite stellen lässt:

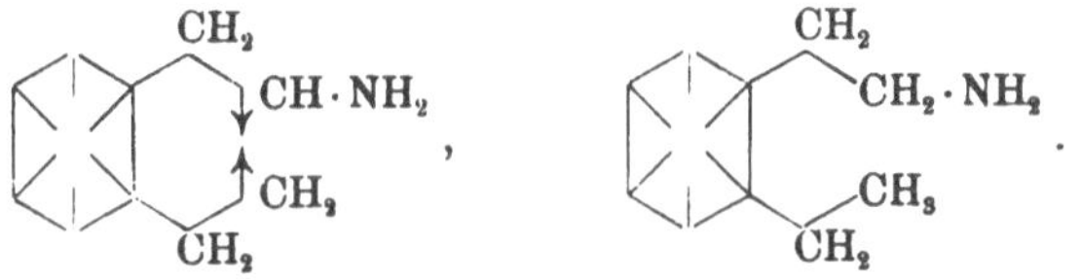

Dementsprechend zeigt es den stark basischen Charakter der aliphatischen Amine: es lässt sich durch Kohlensäure aus der ätherischen Lösung als Carbonat fällen, besitzt einen intensiv ammoniakalischen Geruch und alkalische Reaction, bräunt Curcumapapier und setzt Ammoniak aus seinen Salzen theilweise in Freiheit. Gleich den aliphatischen Aminen vereinigt es sich in der Kälte mit grosser Energie mit Schwefelkohlenstoff. Mit Diazoverbindungen bildet die alicyclische Base nicht Azofarbstoffe, sondern Diazoamidoverbindungen. Sehr deutlich zeigt sich ferner seine nahe Verwandtschaft mit dem Phenäthylamin darin, dass diese beiden Basen beständige salpetrigsaure Salze bilden.

Besonders anschaulich treten die Unterschiede zwischen dem aromatischen und dem alicyclischen Charakter im Tetrahydro-1.5-naphtylendiamin hervor:

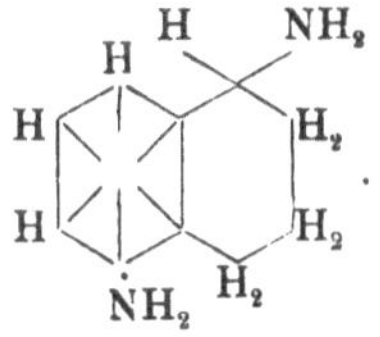

Diese Verbindung ist gleichzeitig aromatische und alicyclische Base und zeigt daher in ihren Reactionen sowohl die zu erwartende Analogie mit den aromatischen Basen als auch mit den aliphatischen Aminen.

Die im Vorstehenden skizzirten Eigenschaften der hydrirten Naphtalinabkömmlinge finden ihre Erklärung ebenso gut, wie mit der centrischen Benzol-Formulirung, auch bei Anwendung der KEKULÉ'schen Benzolformel:

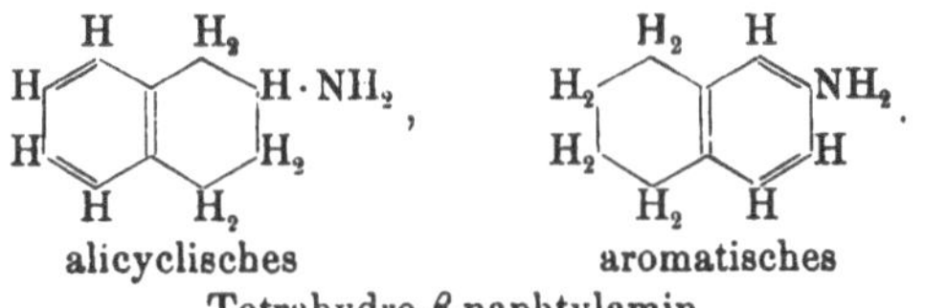

alicyclisches aromatisches

Tetrahydro-β-naphtylamin

Die centrische Benzolformel aber legte BAMBERGER seinen Betrachtungen zu Grunde, um eine Erklärung für die Thatsache zu finden, dass die nicht hydrirten Naphtalinderivate gewisse typische Verschiedenheiten gegenüber den Benzolverbindungen aufweisen, dass diese Verschiedenheiten aber verschwinden, wenn die Naphtalinabkömmlinge in aromatische Tetrahydroverbindungen übergehen.

Welcher Art die Verschiedenheiten sind, um die es sich hier handelt, sei an einigen Eigenschaften der Monohydroxylderivate des Benzols, Naphtalins und Tetrahydronaphtalins — also der Verbindungen: Phenol $C_6H_5 \cdot OH$, Naphtol $C_{10}H_7 \cdot OH$ und ar-Tetrahydronaphtol $C_{10}H_{11} \cdot OH$ — zunächst erläutert:

α-Naphtol wird durch Alkohol und Salzsäure bei 150° ätherificirt[1], Phenol und ar-Tetrahydro-α-naphtol dagegen nicht;

mässig verdünnte Schwefelsäure bewirkt in der Hitze den Uebergang des α-Naphtols in seinen Aether[2] $(C_{10}H_7)_2O$, auf Phenol und ar-Tetrahydro-α-naphtol ist sie ohne Einwirkung.

Aehnliche Unterschiede in der Reactionsfähigkeit sind bei entsprechenden Benzol- und nicht hydrirten Naphtalin-Derivaten in vielen anderen Fällen beobachtet. Die centrische Formulirung Bamberger's:

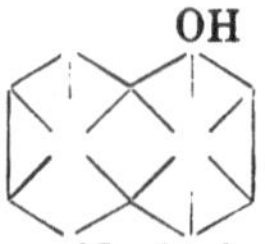

α-Naphtol

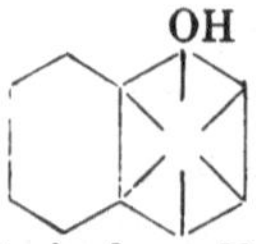

ar-Tetrahydro-α-Naphtol

Phenol

lässt nun eine Erklärung für diese Verhältnisse darin erkennen, dass das Naphtalin keinen fertig gebildeten Benzolkern enthält, dass aber bei der Hydrirung ein solcher entsteht, indem die potentiellen Bindungen des einen Ringes zum Theil verschwinden und die in demselben Ringe noch übrig bleibenden zu einer actuellen Bindung zusammentreten (vgl. Bd. II, Th. I, S. 59, 61):

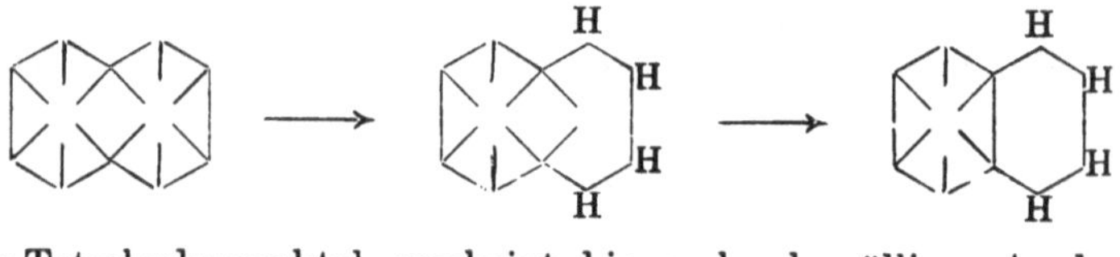

Das ar-Tetrahydronaphtol erscheint hiernach als völliges Analogon des Phenols; aber die Hydroxylgruppe des nicht hydrirten Naphtols steht in einem Kerne, dessen Bindungsverhältnisse nicht völlig identisch mit denen eines Benzolkernes sind, da die directe Bindung zwischen den zwei Ortho-Kohlenstoffatomen, welche beiden Kernen gemeinsam sind, fehlt.

Demgegenüber hat W. Marckwald[3] hervorgehoben, dass man auch

[1] Vgl. auch C. Liebermann u. Hagen, Ber. **15**, 1428 (1882).

[2] Vgl. auch Gräbe, Ber. **13**, 1850 (1880).

[3] Ann. **274**, 331 (1893); **279**, 1 (1894). Die Benzoltheorie, Sammlung chem. und chem.-techn. Vorträge von Ahrens, Bd. II, S. 1 (Stuttgart 1898).

von der KEKULÉ'schen Benzolformel ausgehend zu einem Verständniss der Unterschiede zwischen Naphtalin- und Benzol-Derivaten gelangt. Denn während im einfachen Benzolkern nach KEKULÉs Interpretation eine Oscillation der Doppelbindungen statthaben kann, würde im Naphtalinkern die Oscillation der Doppelbindungen zu einer wesentlichen Aenderung der inneren Bindungsverhältnisse — nicht nur nach Lage, sondern nach Art — führen (vgl. S. 299). Es ist daher nur diejenige Lage der Doppelbindungen in Betracht zu ziehen, bei welcher die beiden Ringen gemeinsamen Kohlenstoffatome doppelt verbunden erscheinen:

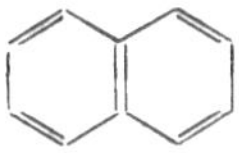 ;

denn nur bei solcher Stellung der Doppelbindungen findet man in jedem Theilring die regelmäßig abwechselnde Vertheilung von einfacher und doppelter Bindung. Die Annahme, dass im Naphtalinmolecül den Doppelbindungen eine unveränderliche Lagerung zukommt, erscheint somit wohlberechtigt. Einem Vorschlag von KNORR[1] folgend, können wir diese Anschauung ausdrücken, indem wir sagen: das Benzol enthält „fliessende", das Naphtalin dagegen „paarweise bestimmte" Doppelbindungen. Ein solcher constitutioneller Unterschied aber kann sehr wohl die kleinen Verschiedenheiten in dem Verhalten entsprechender Benzol- und Naphtalin-Verbindungen bedingen.

Wie MARCKWALD weiter ausgeführt hat, bietet nun obige Anschauung auch eine sehr plausible Erklärung für eine Gruppe von Erscheinungen, welche zeigen, dass gewisse Reactionen, die sich zwischen zwei Ortho-Kohlenstoffatomen abspielen, in der Naphtalin-Reihe zwar zwischen einem benachbarten α- und β-Kohlenstoffatom (Stellung 1:2, 3:4, 5:6 oder 7:8, vgl. das Schema auf S. 298) eintreten, nicht aber zwischen zwei benachbarten β-Kohlenstoffatomen (Stellung 2:3 oder 6:7).

Während z. B. 1.2-Dioxynaphtalin ein wahres „Hydrochinon" ist, welches sich zum entsprechenden Orthochinon oxydiren lässt:

$$C_{10}H_6(OH)_2 \longrightarrow C_{10}H_6{<}^{O}_{O}\,,$$

ist aus dem 2.3-Dioxynaphtalin kein Chinon erhalten worden. Während das β-Naphtol mit Diazokörpern Ortho-Oxyazokörper (bezw. Chinonhydrazone, vgl. Bd. II, Th. I, S. 401—402) liefert, indem die der Hydroxylgruppe benachbarte α-Stellung den Eintrittsort des Azo-Restes bildet (Formel I), findet bei Substitutionsprodukten des β-Naphtols vom Typus der Formel II eine Kuppelung nicht statt, obwohl eine Ortho-Stellung

I. 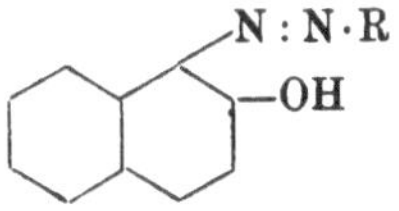

II. 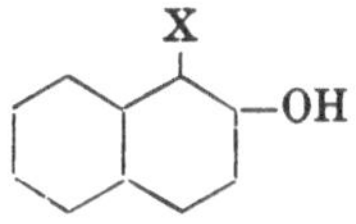

III. 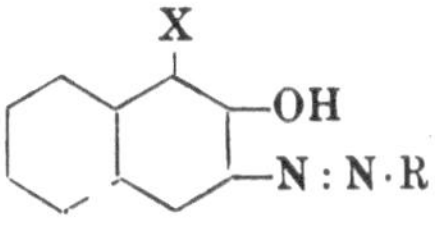

,

[1] Ann. **279**, 212 (1894).

zur OH-Gruppe in ihnen noch frei ist, die Bildung eines Ortho-Oxyazokörpers der Formel III demnach möglich erscheint.

Für diese Erscheinungen und viele ähnliche ergiebt sich eine Erklärung, wenn man annimmt, dass jene Reactionen sich nur zwischen solchen Ortho-Kohlenstoffatomen abspielen können, welche mit einander doppelt gebunden sind (vgl. auch bei „Naphtochinonen"). Denn die aus der Kekulé'schen Benzolformel abgeleitete Naphtalinformel (S. 303) zeigt Doppelbindungen nur zwischen je einem α- und einem β-Kohlenstoffatom, nicht aber zwischen zwei β-Kohlenstoffatomen.

Den Benzolformeln, welche bei der Erörterung der Benzol-Constitution (Bd. II, Th. I, S. 46 ff.) besprochen worden sind, hat seit dem Druck jenes Abschnittes Thiele[1] noch eine weitere hinzugefügt, welche sich aus seinen Vorstellungen über das Vorhandensein unbefriedigter „Partialvalenzen" an doppelt gebundenen Kohlenstoffatomen und den Ausgleich der zu benachbarten Doppelbindungen gehörigen Partialvalenzen (vgl. Bd. II, Th. I, S. 685—686) ergiebt. Wenn man diese Vorstellungen auf die Kekulé'sche Benzolformel anwendet, welche jede Doppelbindung benachbart zu zwei anderen Doppelbindungen enthält, so ergiebt sich das Schema:

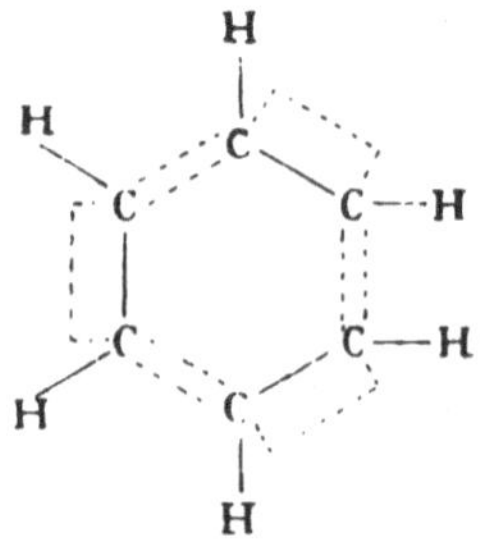

welches gar keine unbefriedigten Partialvalenzen mehr zeigt. Das Benzol erscheint im Sinne dieser Auffassung als eine Verbindung mit 6 „inactiven Doppelbindungen"; und damit ist auf Grundlage der Kekulé'schen Formulirung eine Erklärung dafür gewonnen, dass das Benzol in seinem Verhalten von den „ungesättigten" Verbindungen abweicht.

Ueberträgt man nun diese Vorstellung auf das Naphtalin[2], welches hiernach durch das Schema:

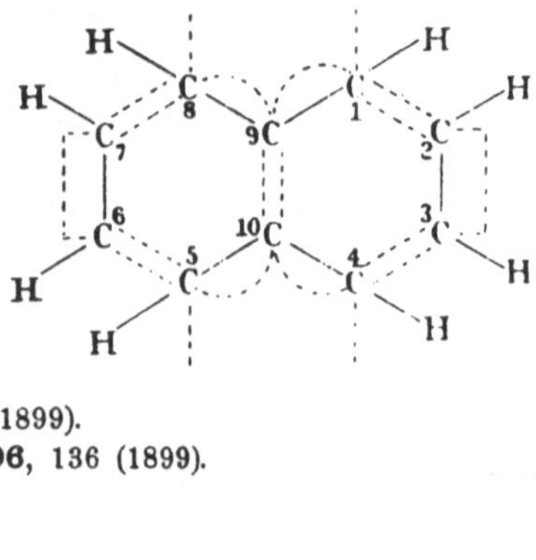

[1] Ann. **306**, 125 (1899).

[2] Thiele, Ann. **306**, 136 (1899).

auszudrücken ist, so erkennt man, dass an den Stellen: 2, 3, 6 und 7 ein vollkommener Ausgleich der Partialvalenzen möglich ist, da die an diesen Stellen auftretenden Partialvalenzen gleichartig und gleich gross sind. Besondere Verhältnisse aber werden sich an den Orten: 1, 4, 5, 8 einerseits und 9, 10 andererseits einstellen. Denn die Partialvalenzen an den centralen Kohlenstoffatomen 9 und 10 werden jede von je zwei benachbarten Partialvalenzen beansprucht: 9 von 1 und 8, 10 von 4 und 5; sie werden daher zwar selbst vollständig verbraucht werden, aber nicht zum völligen Ausgleich der Partialvalenzen in 1, 4, 5, 8 ausreichen. An letzteren vier Stellen — den vier α-Stellen des Naphtalin-Molecüls — müssen demnach Affinitätsbeträge — Reste der „primären" Partialvalenzen — unbefriedigt bleiben.

Man erkennt, dass auch diese Auffassung zu dem Ergebniss führt: „Jeder einzelne Ring des bicyclischen Naphtalinmolecüls ist einem Benzolring sehr ähnlich, aber doch nicht vollständig damit übereinstimmend". Auch die Thiele'sche Formel bringt demnach die feineren Unterschiede in dem Verhalten der Substituenten bei Benzol- und Naphtalin-Derivaten zum Ausdruck; aber sie leistet insofern mehr, als sie in dem Vorhandensein von Affinitätsresten an den vier α-Stellen einen Grund für die Thatsache erkennen lässt, dass die Naphtalinderivate Additions-Reactionen leichter eingehen als die Benzolderivate, und dass die Addition gerade an den α-Stellen beginnt.

Erfolgt an den Stellen 1 und 4 Addition, so ist — wie leicht ersichtlich — zwischen 8 und 9, sowie zwischen 5 und 10 vollkommener Ausgleich der Partialvalenzen möglich; d. h. das Ringsystem 5, 6, 7, 8, 9, 10 wird ein wahrer Benzolring. Andererseits wird aus der inactiven Doppelbindung zwischen 2 und 3 eine active Doppelbindung an dieser Stelle werden. Das Dihydroprodukt:

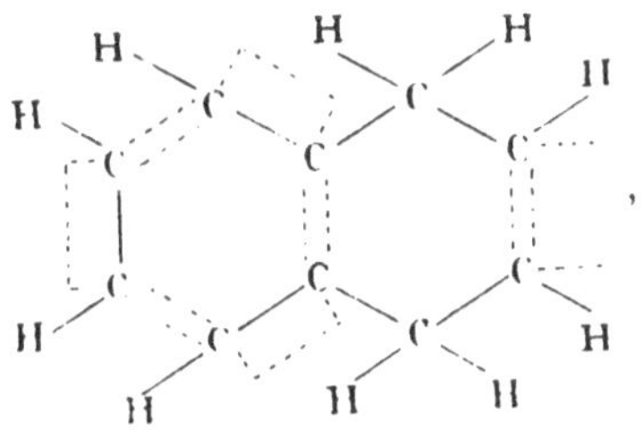

wird also an den Stellen 2 und 3 leicht zwei weitere Addenden aufnehmen; hiermit aber wird der leichten Additionsfähigkeit eine Grenze gesetzt und ein Körper gebildet sein, welcher das Verhalten eines Benzolderivats mit gesättigten Seitenketten zeigt, — übereinstimmend mit den experimentell von Bamberger festgestellten Thatsachen, vgl. S. 300.

Endlich sind noch zwei Naphtalinformeln zu erwähnen, deren erste von

Berthelot[1] herrührt, während die zweite von Wreden[2] vorgeschlagen und von Claus[3] weiter begründet worden ist:

Berthelot Wreden-Claus

Die erstere dieser Formeln setzt für das Benzol das Schema

voraus, welches mit der Thatsache der Gleichwerthigkeit aller sechs Wasserstoffatome des Benzols nicht vereinbar ist (vgl. Bd. II, Th. I, S. 68).

Die Wreden-Claus'sche Formel lässt erwarten, dass, je nachdem bei der Oxydation der eine oder der andere Kern zerstört wird, entweder ein wahres Benzolderivat oder ein Körper entstehen sollte, welcher sich von einem isomeren Benzol ableitet:

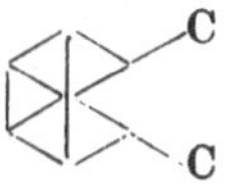

oder

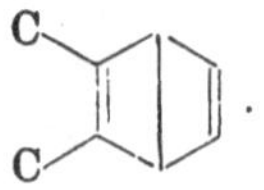

Diese Forderung steht mit den Thatsachen nicht im Einklang. Claus sucht den Widerspruch dadurch aufzuklären, dass er annimmt, beim Uebergang von Naphtalinverbindungen in Benzolderivate gehe die durch die zweite der obigen Formeln wiedergegebene Configuration durch Umwandlung der Doppelbindungen zu Parabindungen in den wahren Benzolkern über. Eine solche Annahme muss man auch machen, um die Identität der vier α- bezw. β-Stellungen des Naphtalins zu erklären.

Beide Formeln haben für die Bearbeitung der Naphtalinchemie keine wesentliche Bedeutung erlangt.

Die experimentelle und theoretische Beleuchtung des Problems der Naphtalinstructur hat, wie wir es nunmehr zusammenfassend ausdrücken können, zum folgenden Ergebniss geführt:

„Das Naphtalinmolecül ist ein symmetrisches Gebilde, welches aus zwei Sechskohlenstoffringen zusammengesetzt ist, denen zwei Ortho-Kohlenstoffatome gemeinsam sind. Jedes dieser Ringsysteme ist einem Benzolringsystem sehr ähnlich, ohne vollständig mit einem solchen übereinzustimmen, und unterscheidet sich besonders von einem Benzolringsystem durch die Fähigkeit, verhältnissmässig leicht vier Addenden an je ein Kohlenstoffatom aufzunehmen. Ist an dem einen Ringsystem die Aufnahme von vier Addenden erfolgt, so erhält das System der an der Addition betheiligten vier Kohlenstoffatome vollständig gesättigten Charakter, während das durch die

---

[1] Compt. rend. **63**, 788, 834 (1866). Ann. **142**, 251 (1867). — Vgl. Wichelhaus, Ber. **2**, 197 (1869). — Balló, Das Naphtalin und seine Derivate (Braunschweig 1870).

[2] Ber. **9**, 570 (1876).

[3] Claus, Ber. **15**, 1409 (1882). J. pr. [2] **42**, 24, 458 (1890); [2] **48**, 576 (1893). — Vgl. Bamberger, J. pr. [2] **42**, 188 (1890).

übrigen sechs Kohlenstoffatome gebildete Ringsystem vollständige Benzolfunction annimmt."

Ebenso wenig wie bisher eine bestimmte Anschauung über die inneren Bindungsverhältnisse des Benzolkerns zu allgemeiner Anerkennung gelangt ist (vgl. Bd. II, Th. I, S. 60—61), kann die Discussion über die innere Valenzvertheilung im Naphtalinmolecül als abgeschlossen betrachtet werden. Die von ERLENMEYER erdachte, von GRÄBE experimentell begründete Formel reicht in dem vereinfachten Schema:

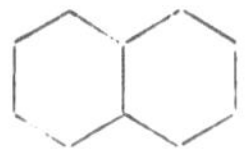

auch heute zur Formulirung aller isomeren Naphtalinsubstitutionsprodukte aus und wird in dieser Gestalt allgemein hierfür angewendet. Sie ist auch die Grundlage für alle späteren Erörterungen geblieben, welche an das interessante Beobachtungsmaterial über eigenartiges Verhalten der Naphtalinderivate theils anknüpften, theils die Vermehrung dieses Materials bewirkten. Von BAMBERGER wurde sie auf Grund seiner bedeutungsvollen Studien über die Hydrirung zur centrischen Formel umgestaltet; MARCKWALD sowie THIELE gewannen ihr unter Rückführung auf die KEKULÉ'sche Benzolformel neue Seiten ab.

Auch vom physikalischen Standpunkt aus ist die Constitution des Naphtalins discutirt worden (vgl. Bd. II, Th. I, S. 62). Das specifische Lichtbrechungsvermögen des Naphtalins steht im Einklang mit dem Vorhandensein von 5 Doppelbindungen in seinem Molecül[1].

Dass auch über die räumliche Configuration des Naphtalinmolecüls Betrachtungen angestellt sind, sei unter Hinweis auf die Originalliteratur[2] erwähnt.

Die Isomerie bei den Substitutionsprodukten des Naphtalins.

Bei Besprechung der ERLENMEYER-GRÄBE'schen Naphtalinformel ist bereits erörtert worden, dass diese Formel die Existenz zweier isomerer Monoderivate der Formel $C_{10}H_7 \cdot X$ voraussetzt (vgl. S. 298).

Das erste Paar solcher isomerer Naphtalinderivate wurde von FARADAY[3] im Jahre 1826 aufgefunden. Er zeigte, dass bei der Einwirkung von Schwefelsäure auf Naphtalin zwei verschiedene Sulfosäuren der Formel:

$$C_{10}H_7 \cdot SO_3H$$

entstehen. Dieser ersten Beobachtung folgte später eine grosse Zahl analoger Fälle, so dass wir heute alle besser studirten Monoderivate des Naphtalins in zwei isomeren Formen kennen. Diese Isomeren wurden

[1] BRÜHL, Ber. **20**, 2307 (1887).

[2] SACHSE, Ber. **21**, 2533 (1888). — CIAMICIAN, Gazz. chim. **21 II**, 101 (1891). — KNOEVENAGEL, Ann. **311**, 228 (1900). — ERLENMEYER jun., Ann. **316**, 70 (1901). — THIELE, Ann. **319**, 138 (1901). — Vgl. auch MARSH, Chem. Centralbl. **1902 II**, 350.

[3] Ann. ch. **34**, 164 (1827).

zunächst ohne Rücksicht auf die ihnen entsprechenden Constitutionsformeln als α- bezw. β-Derivate von einander unterschieden[1], indem man die durch chemische Umwandlungsreactionen in einander überführbaren Körper mit denselben Buchstaben bezeichnete[2], z. B. das bei der Kalischmelze aus α-Naphtalinsulfosäure entstehende Phenol der Naphtalinreihe:

$$C_{10}H_7 \cdot OH$$

als α-Naphtol, das in gleicher Weise aus der β-Sulfosäure erhältliche Isomere als β-Naphtol. Die in die Augen fallende Verschiedenheit der α- und β-Isomeren liess voraussetzen, dass in ihnen die Substituenten wesentlich verschiedene Stellungen im Naphtalinmolecül einnehmen müssten, eine Voraussetzung, welche durch die ERLENMEYER-GRÄBE'sche Formel vollkommen bestätigt wurde. Nach Aufstellung und allgemeinerer Annahme dieser Formel entstand nun die Frage, wie die α- und β-Stellungen im Naphtalinmolecül vertheilt seien; denn es gab offenbar zwei Möglichkeiten, diese Vertheilung vorzunehmen, wie aus den folgenden Formeln ohne Weiteres ersichtlich ist:

I. 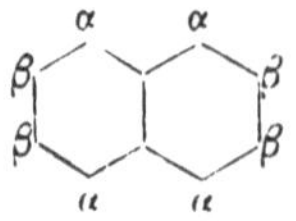, II. 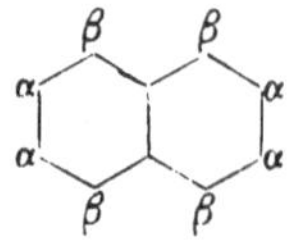.

Ein Versuch, diese Frage zu entscheiden, wurde von C. LIEBERMANN und DITTLER[3] unternommen, welche zeigten, dass das einzige damals bekannte Naphtochinon $C_{10}H_6O_2$ eine αα-Verbindung ist, die beide Sauerstoffatome in demselben Kern enthält. Da nun das Benzochinon eine Paraverbindung ist, so war bei der ausgesprochenen Aehnlichkeit jenes Naphtochinons mit dem Benzochinon auch für ersteres die Parastellung der Chinonsauerstoffatome höchst wahrscheinlich. Dann konnte aber dem Naphtochinon nur eine Formel zukommen:

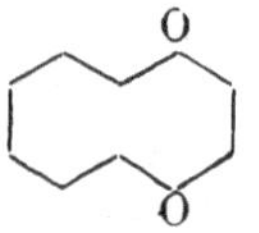.

Damit war also mit einem hohen Grade von Wahrscheinlichkeit nachgewiesen, dass die α-Stellungen den mittleren Kohlenstoffatomen des Naphtalinmolecüls benachbart sind, dass also das obige Schema I das richtige ist.

Diese Beweisführung wurde jedoch bald wieder in Zweifel gestellt, als es STENHOUSE und GROVES[4] gelang, ein zweites Chinon der Naphtalinreihe, das sogenannte β-Naphtochinon, darzustellen, welches aller-

[1] MERZ, Ztschr. Chem. **4**, 399 (1868).
[2] WICHELHAUS, Ann. **152**, 311 (1869).
[3] Ann. **183**, 228 (1876).
[4] Ann. **189**, 145 (1877).

dings in viel weniger ausgesprochenem Grade seine Verwandtschaft mit dem Benzochinon kund thut, immerhin aber doch als ein Chinon zu gelten hat.

Der einfachste Weg, welcher sich zur Feststellung der relativen Stellungen der Substituenten in den α- und β-Naphtalinderivaten darbot, bestand offenbar in der Oxydation der fraglichen Verbindungen zu den entsprechend substituirten Phtalsäuren (vgl. die analoge Ortsbestimmung in der Diphenylreihe, S. 6):

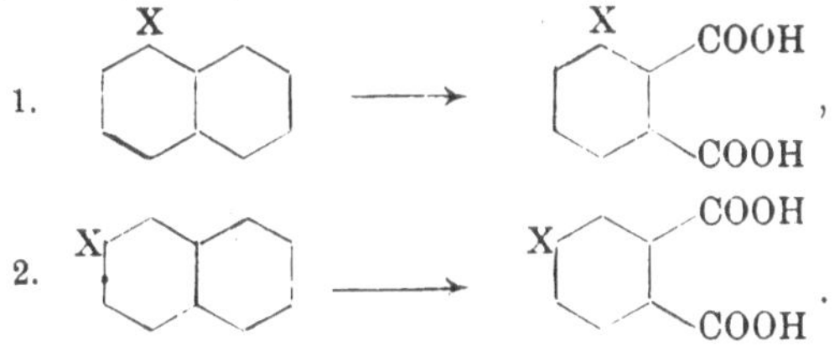

Wie aus diesen Formeln ersichtlich, musste eines der isomeren Naphtalinderivate eine benachbarte, das andere eine asymmetrisch substituirte Phtalsäure liefern. Nun ist aber die Constitution dieser substituirten Phtalsäuren bis vor verhältnissmässig kurzer Zeit unbekannt geblieben; und erst zu dem Zweck, eine Aufklärung über die Isomerieverhältnisse in den Naphtalinderivaten herbeizuführen, hat man sich eingehender mit dieser Frage beschäftigt.

Reverdin und Nölting[1] haben den angedeuteten Weg benutzt, um die Stellung der Nitrogruppe im α-Nitronaphtalin festzustellen. Das α-Nitronaphtalin liefert bei der Oxydation eine Nitrophtalsäure vom Schmelzpunkt 218°, welcher eine der beiden Formeln:

zukommen muss. Diese Säure war schon früher bekannt; auch kannte man eine zweite Nitrophtalsäure vom Schmelzpunkt 165°. Die letztere Säure entspricht in ihrer Constitution einer Oxyphtalsäure, für welche die asymmetrische Formel:

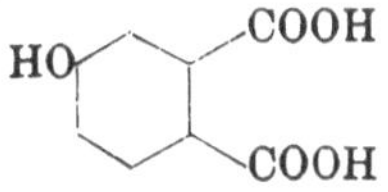

nachgewiesen werden konnte. Daraus folgt also für die höher schmelzende Nitrosäure die benachbarte Formel und für das α-Nitronaphtalin die Constitution:

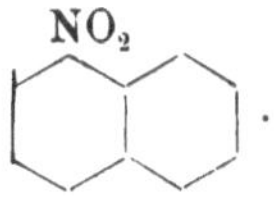

[1] Ber. **13**, 36 (1880). Bull. [2] **33**, 107 (1880).

Wir sehen, dass diese Folgerungen mit der von LIEBERMANN und DITTLER ermittelten Stellung der α-Kohlenstoffatome im Einklang stehen.

Zur vollen Gewissheit ist diese Anschauung über die Verteilung der α- und β-Kohlenstoffatome im Naphtalinmolecül aber durch die bereits erwähnte (S. 297) Synthese des α-Naphtols aus der Benzylidenpropionsäure durch blosse Wasserabspaltung erhoben worden; denn aus dieser Reaction geht unzweifelhaft hervor, dass die Hydroxylgruppe des α-Naphtols an einem dem nicht substituirten Benzolkern benachbarten Kohlenstoffatom haftet. Da das α-Naphtol durch nahe genetische Beziehungen mit dem α-Nitronaphtalin, dem α-Naphtylamin, der α-Naphtalinsulfosäure und vielen anderen der α-Reihe zugehörigen Monoderivaten des Naphtalins verknüpft ist, so war mit der Feststellung seiner Constitution auch die der meisten anderen α-Naphtalinmonoderivate und damit auch die der β-Substitutionsprodukte gegeben.

Man hat zur Bezeichnung der acht chemischen Orte im Naphtalin lange Zeit hauptsächlich das Schema:

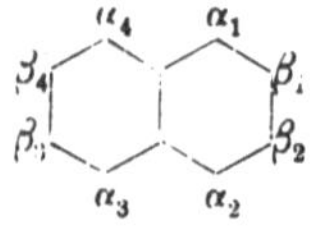

benutzt. Doch wird in den letzten Jahren in der Literatur die Bezeichnung der acht substituirbaren Kohlenstoffatome durch Zahlen entsprechend der Formel auf S. 298 bevorzugt[1]; im Folgenden soll stets diese Numerirung durch die Ziffern von 1 bis 8 angewandt werden, besonders aus dem Grunde, weil man, auf demselben Princip fussend, leicht auch die Bezeichnung der Substitutionsorte in den complicirteren condensirten Ringsystemen durchführen kann.

Bei der directen Einführung von Substituenten, wie Halogen, Nitro- oder Sulfo-Gruppen, in das Naphtalinmolecül macht sich eine Neigung zur Bildung von α-Derivaten bemerkbar[2]. Bei der Sulfurirung lässt sich allerdings auch die β-Naphtalinsulfosäure gewinnen, doch entsteht dieses Isomere nur bei höherer Temperatur, während bei niederen Temperaturen die α-Säure gebildet wird. Diese Erscheinung findet darin ihre Erklärung, dass die fertige α-Säure durch Erhitzen mit Schwefelsäure in die β-Verbindung übergeht[3], so dass man also auch in diesem Fall das α-Derivat als das primär gebildete Produkt anzusehen hat.

---

[1] Diese Bezeichnung ist zuerst von GRÄBE vorgeschlagen worden; vgl. Ann. **149**, 26 (1869). — ERDMANN, Ann. **275**, 187 (1893).

[2] Siehe die hierfür gegebene Erklärung von THIELE, Ann. **306**, 136 (1899).

[3] MERZ u. WEITH, Ber. **3**, 196 (1870).

Mit wachsender Zahl der Substituenten steigt die Anzahl der möglichen Isomeren sehr rasch an; so sind schon die Biderivate bei Verschiedenheit beider Substituenten in 14 isomeren Formen denkbar:

1.2	2.1	2.3
1.3	2.4	2.6
1.4		2.7
1.5		
1.6	2.5	
1.7	2.8	
1.8		

Bei Gleichheit beider Substituenten fallen die in der zweiten Reihe stehenden vier Isomeren mit den daneben stehenden Isomeren der ersten Reihe zusammen, so dass in diesem Falle nur zehn Isomere existiren.

Zur Bestimmung der Stellung der Substituenten in den Polyderivaten des Naphtalins lässt sich deren Oxydation zu einem Phtalsäureabkömmling bezw. zur Phtalsäure selbst verwenden. Diese Oxydation giebt in ähnlicher Weise wie die entsprechende Constitutionsbestimmung in der Diphenylreihe (vgl. S. 6) Auskunft darüber, ob eine homonucleare oder eine heteronucleare Verbindung vorliegt.

Ein zweites Verfahren zur Feststellung der chemischen Orte, an denen Substitution stattgefunden hat, besteht in der Ueberführung der betreffenden Körper in andere Naphtalinderivate von bekannter Constitution. Diese Methode findet bei den Biderivaten vielfache Anwendung, und zwar benutzt man allgemein ihre Ueberführbarkeit in Dichlornaphtaline, da diese Verbindungen sich aus den meisten anderen Biderivaten herstellen lassen, und da die Dichlornaphtaline sämmtlich bekannt und bezüglich ihrer Constitution genau erforscht sind (vgl. S. 331—334).

Die Dichlornaphtaline lassen sich mittels Phosphorpentachlorid aus den zweifach substituirten Naphtalinderivaten darstellen, welche folgende Substituenten tragen:

1. Amidogruppen (durch Vermittelung der Diazo- und Hydroxylverbindungen);
2. Hydroxylgruppen;
3. Sulfogruppen (unter intermediärer Bildung der Sulfochloride);
4. die Chinongruppe;
5. Nitrogruppen (in der Benzolreihe ist diese Reaction nicht ausführbar).

Endlich lassen sich viele Biderivate des Naphtalins in derselben Weise wie die entsprechenden Verbindungen der Benzolgruppe durch ihre chemischen Reactionen als Verbindungen einer gewissen Reihe erkennen; so liefern die Ortho-Diamidoderivate der Naphtalinreihe mit Aldehyden und 1.2-Diketonen ganz analoge Condensationsprodukte, wie die Ortho-Diamine der Benzolreihe (vgl. Bd. II, Th. I, S. 230, 231); 1.4-Amidonaphtol oder 1.4-Dioxynaphtalin gehen bei der Oxydation in α-Naphtochinon über und sind dadurch als Para-Verbindungen charakterisirt (vgl. Bd. II, Th. I, S. 394 u. 420), u. s. w.

Ein besonderes Verhalten zeigen die 1.8-Biderivate des Naphtalins insofern, als sie ähnlich den Orthoderivaten der Benzol- und Naphtalin-Reihe in mannigfacher Weise zur Anlagerung ringförmiger Complexe an das Naphtalinmolecül Veranlassung geben. Die Verhältnisse liegen hier ähnlich wie bei den 2.2′-Biderivaten des Diphenyls (vgl. S. 8—10). Als Beispiele seien folgende unter Wasserabspaltung erfolgende Ringschliessungen angeführt:

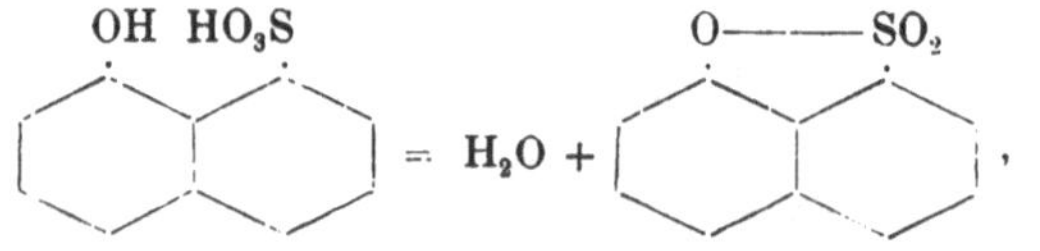

1.8-Naphtolsulfosäure[1] Naphtosulton

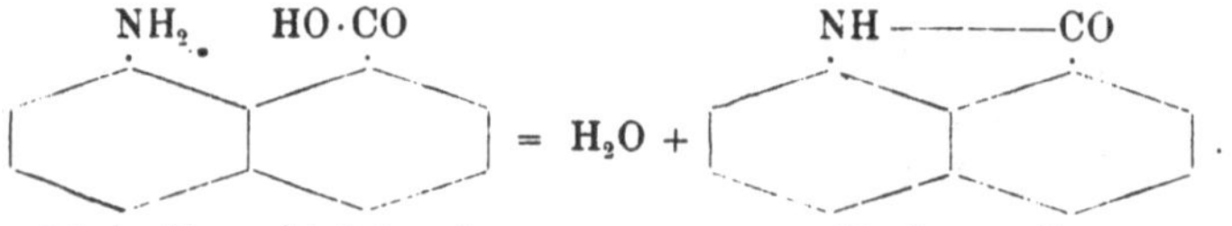

1.8-Amidonaphtoësäure[2] Naphtostyril

Die Sonderstellung, welche die 1.8-Biderivate des Naphtalins einnehmen, hat Veranlassung gegeben, für diese relative Stellung der Substituenten die besondere Bezeichnung „Peri-Stellung" einzuführen[3]; ausserdem werden die in der Benzolreihe allgemein üblichen Benennungen ortho-, meta- und para- auch in der Naphtalinreihe verwendet.

Auch für die übrigen möglichen Stellungen zweier Substituenten zu einander sind besondere Bezeichnungen vorgeschlagen worden[4], nämlich für die Stellung:

1.5 — ana; 1.6 — epi; 1.7 — kata; 2.6 — amphi; 2.7 — pros.

Dieser Vorschlag hat jedoch kaum Anwendung gefunden, wohl weil ein Bedürfniss für eine derartige Benennungsweise nicht vorliegt.

Allgemeinere Regeln über die Stellungen, welche weitere in Monoderivate des Naphtalins eintretende Substituenten aufsuchen, haben sich nicht aufstellen lassen; eine Tabelle, welche in einzelnen Fällen hierüber Auskunft giebt, ist von Reverdin und Fulda[5] gegeben worden. Eine Analogie mit den Substitutionsvorgängen in der Benzolreihe (vgl. Bd. II, Th. I, S. 77) ergiebt sich insofern, als bei der Substitution von α-Monoderivaten diejenigen Substituenten, welche im einfachen Benzolkern die Ortho- und Para-Stellung zum ersten Substituenten einnehmen, auch im

[1] Erdmann, Ann. **247**, 346 (1888).
[2] Ekstrand, Ber. **18**, 2881 (1885); **19**, 1131 (1886).
[3] Bamberger u. Philip, Ber. **20**, 241 (1887).
[4] Erdmann, Ann. **275**, 188 (1893).
[5] Reverdin u. Fulda, Tabellarische Uebersicht der Naphtalinderivate, S. 5 (1894).

Naphtalinkern diese Stellen besetzen, falls ein homonucleares Biderivat gebildet wird.

Bei den Polyderivaten des Naphtalins wächst die Zahl der möglichen Isomeren ganz gewaltig; so ist berechnet worden[1], dass der Eintritt von acht unter einander verschiedenen Substituenten theoretisch zur Entstehung von 10766600 Naphtalinderivaten Veranlassung geben kann.

Die genetischen Beziehungen zwischen Naphtalinderivaten und Verbindungen anderer Klassen.

An mehreren Stellen dieses Lehrbuchs (Bd. I, S. 456—457; Bd. II, Th. I, S. 79, 95) ist bereits auf die Fähigkeit des Acetylens hingewiesen, beim Leiten durch ein hocherhitztes Rohr Polymerisationsprodukte zu liefern. Diese von Berthelot aufgefundene Reaction führt nicht nur zum Benzol, vielmehr entstehen neben diesem auch noch höher condensirte Körper, von denen hier das Styrol und das Naphtalin hervorzuheben sind[2]. Die Condensation verläuft also schrittweise in mehreren Phasen, welche sich auch gesondert verfolgen lassen; denn das erste aromatische Condensationsprodukt des Acetylens — das Benzol — liefert beim Durchleiten seiner Dämpfe im Gemenge mit Acetylen durch ein erhitztes Rohr Styrol, das Styrol aber condensirt sich mit Acetylen in gleicher Weise zu Naphtalin:

I. 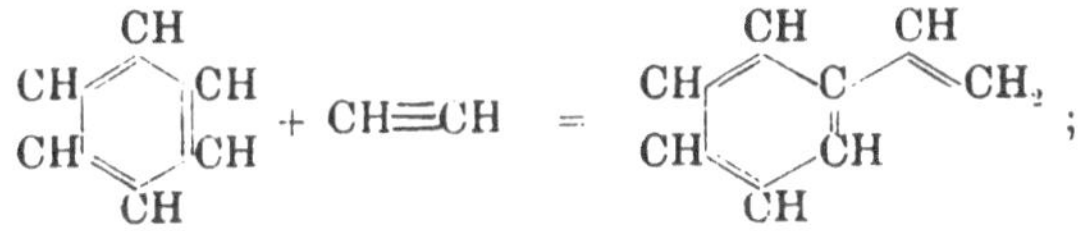

II. 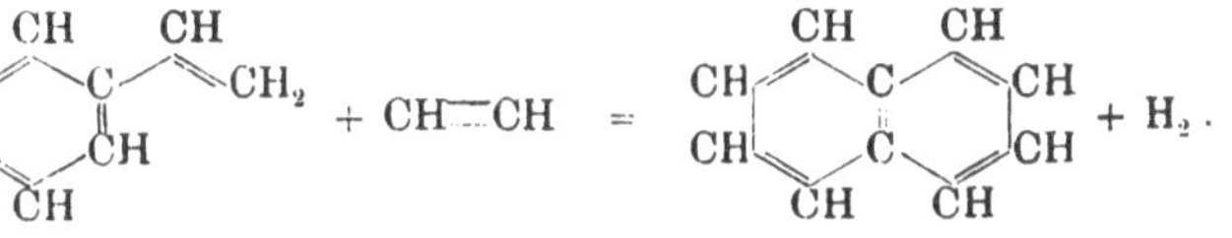

In diesen Reactionen lässt sich das Acetylen durch Aethylen ersetzen (vgl. Bd. II, Th. I, S. 111), da dieses bei der hohen Temperatur unter Bildung von Wasserstoff und Acetylen zerfällt (vgl. Bd. I, S. 447).

Mit der Entstehung des Naphtalins ist aber dieser interessante Condensationsprocess noch nicht abgeschlossen, denn auch dieses vermag sich noch mit Acetylen oder Aethylen zu verbinden unter Bildung von Acenaphten:

III. 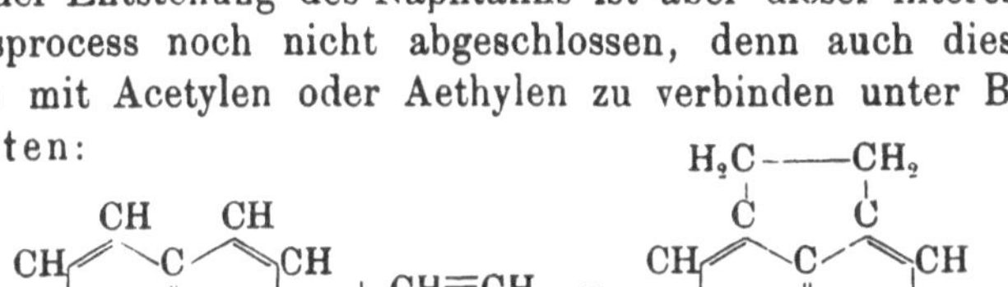

[1] Rey, Ber. **33**, 1910 (1900). — Vgl. auch Kauffmann, Ber. **33**, 2131 (1900).

[2] Berthelot, Ann. **141**, 182 (1867); **142**, 257, 261 (1867); Ann. Suppl. **6**, 248 (1868). Bull. [2] **6**, 268 (1866); [2] **7**, 274, 303 (1867); [2] **9**, 456 (1868). — Vgl. auch Bradley u. Jacobs, D. R.-Pat. Nr. 125936. Chem. Centralbl. **1902 I**, 77.

Eine ganze Reihe anderer Substanzen der aliphatischen sowie der Benzolreihe ist gleichfalls befähigt, bei hohen Temperaturen in Naphtalin überzugehen[1], z. B. Methan, Alkohol, Essigsäure, Toluol, Xylol, Cumol, so dass man den Satz ausgesprochen hat: „Das Naphtalin ist das Zersetzungsprodukt der organischen Substanzen in der Rothglühhitze, sowie die Oxalsäure das allgemeine Oxydationsprodukt derselben bildet"[2].

Während diese pyrogenetischen Processe hauptsächlich deshalb von Interesse sind, weil sie einen Anhaltspunkt dafür geben, in welcher Weise sich der Aufbau der zahlreichen condensirten Verbindungen bei der Theerbildung durch trockene Destillation von Naturprodukten, vor allem der Steinkohle, aus den primär entstehenden Zersetzungsprodukten vollziehen könnte (vgl. Bd. II, Th. I, S. 87), gewähren die auf S. 297 erwähnten Synthesen des Naphtalins bezw. des α-Naphtols einen Einblick in die Structurverhältnisse dieser Körper, wie schon an der angeführten Stelle hervorgehoben wurde. Namentlich die Fittig-Erdmann'sche Naphtolsynthese ist in dieser Beziehung von hohem Werth gewesen, da sie auch die endgültige Entscheidung über die Frage nach der Vertheilung der α- und β-Stellungen gebracht hat (vgl. S. 310).

An die Synthese des α-Naphtols reiht sich eine Anzahl weiterer Bildungsweisen von Naphtalinderivaten an, welche alle auf demselben Princip beruhen. Sie konnten zur Feststellung der Constitution complicirterer Naphtalinderivate benutzt werden. Als Beispiele[3] seien genannt die Bildung des 3-Acetonaphtols (1) aus Benzallävulinsäure:

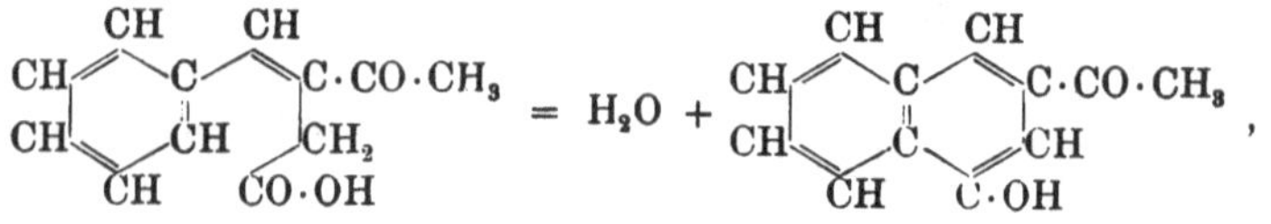

ferner die Entstehung des 2-Methylnaphtols (1) aus der α-Methylphenylisocrotonsäure (β-Benzylidenisobuttersäure) bezw. der um ein Molecül Kohlensäure reicheren α-Methylphenylparaconsäure:

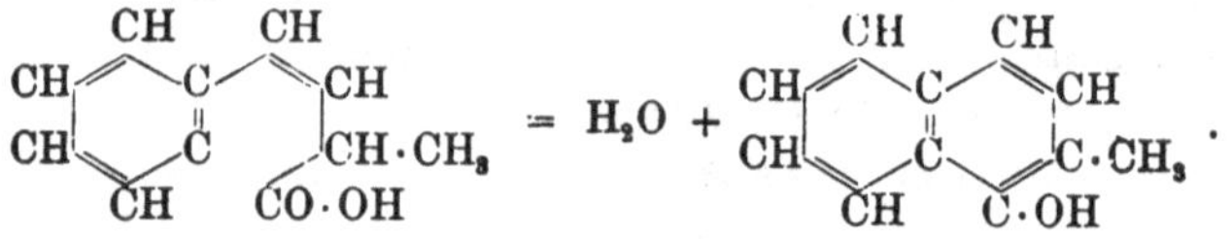

Als ein Analogon der Mesitylensynthese aus Aceton (vgl. Bd. II, Th. I, S. 80) lässt sich die Condensation von zwei Molecülen Diacetylaceton (Bd. I, S. 858) zu

[1] Vgl. Reichenbach, Berz. Jb. **12**, 307 (1833). — Berthelot, Ann. ch. [3] **33**, 295 (1851); [3] **53**, 187 (1858). Ann. **123**, 211 (1862). Bull. [2] **7**, 217 (1867).

[2] Balló, das Naphtalin und seine Derivate. S. 1 (Braunschweig 1870).

[3] Fittig u. Liebmann, Ber. **20**, 2182 (1887). Ann. **255**, 257 (1889). — Fittig u. Kirchhoff, Ann. **247**, 366 (1888). — Erdmann, Ann. **254**, 182 (1889). — Volhard, Ann. **296**, 14 (1897). — Metzner, Ann. **298**, 374 (1897). — Fittig u. Salomon, Ann. **314**, 71 (1901).

einem Abkömmling des Naphtalins auffassen[1]. Diese durch alkalische Agentien hervorgerufene Reaction verläuft in folgenden zwei Phasen:

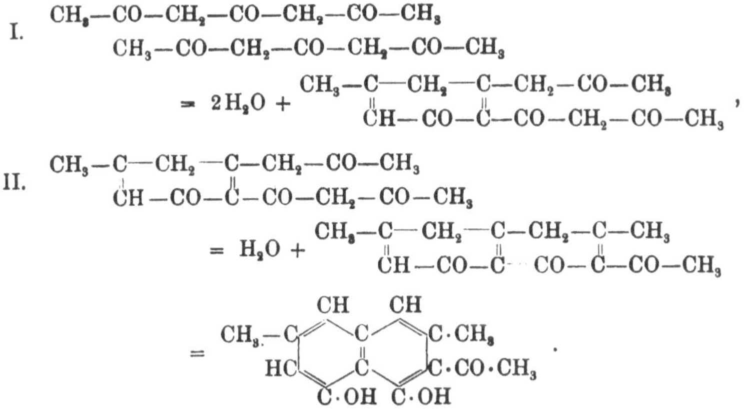

Auch einige hydrirte Naphtalinderivate konnten aus Benzolkörpern synthetisch hergestellt werden; so bildet das Chlorid der γ-Phenylbuttersäure[2] (vgl. Bd. II, Th. I, S. 600) beim Erhitzen mit Aluminiumchlorid in hochsiedendem Petroleum α-Ketotetrahydronaphtalin:

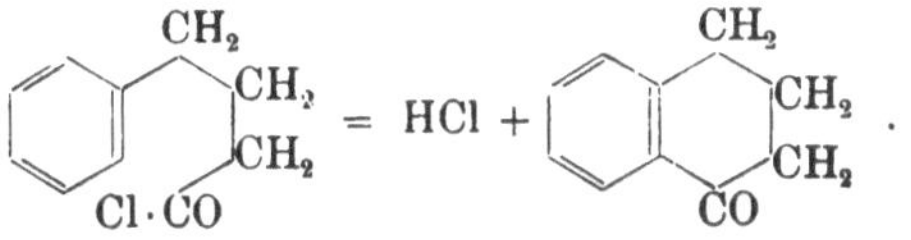

Von Interesse ist ferner die Entstehung einiger einseitig hydrirter Naphtalinkörper aus Orthobiderivaten des Benzols, wie z. B. die Bildung eines Tetrahydronaphtalin-2.2.3.3-tetracarbonsäureesters aus o-Xylylenbromid und der Dinatriumverbindung des Acetylentetracarbonsäureesters[3]:

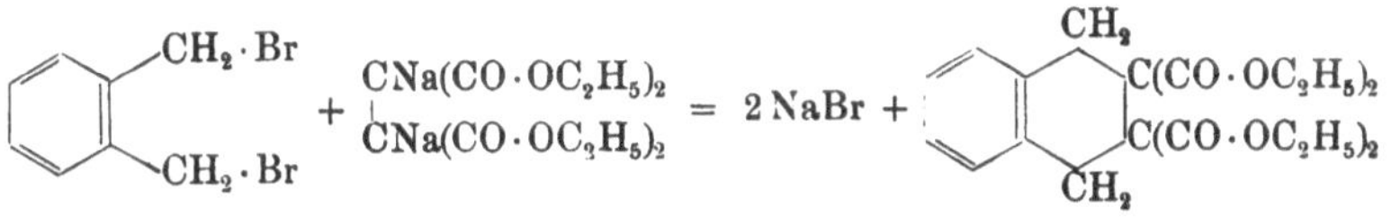

(vgl. auch die in Bd. II, Th. I, S. 604 beschriebene Bildungsweise desselben Körpers) und die Condensation äquimolecularer Mengen Phtalsäureester und Bernsteinsäureester durch Natriumäthylat[4] zu 1.4-Diketotetrahydronaphtalin-2.3-dicarbonsäureester:

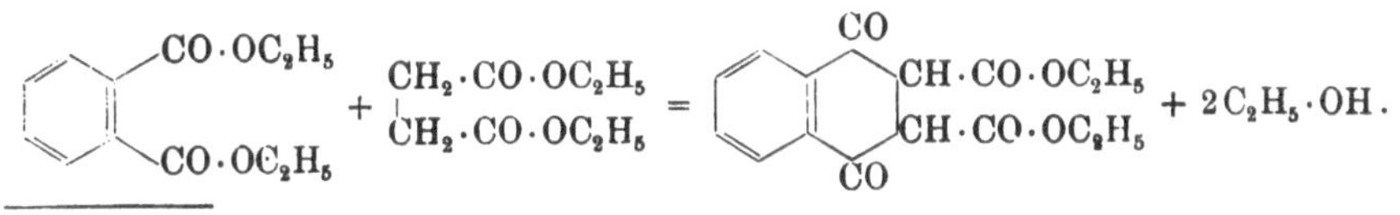

[1] Collie u. Myers, Journ. Soc. **63**, 126 (1893). — Collie, ebenda 329. — Collie u. Wilsmore, Journ. Soc. **69**, 293 (1896).

[2] Kipping u. Hill, Journ. Soc. **75**, 144 (1899).

[3] Baeyer u. Perkin, Ber. **17**, 448 (1884).

[4] Schwerin, Ber. **27**, 112 (1894).

Auch durch den Abbau complicirterer Ringsysteme (vgl. S. 291—292), wie Acenaphten, Pyren, sind Naphtalinderivate dargestellt worden. Diese Reactionen haben jedoch vorzugsweise als Mittel zur Feststellung der Constitution jener hochmolecularen Kohlenwasserstoffe Bedeutung und sollen daher erst bei Besprechung der letzteren ausführlicher behandelt werden.

Von besonderem theoretischen wie praktischen Interesse ist der meistens unter der Einwirkung oxydirender Mittel erfolgende Abbau des Naphtalins und seiner Derivate zu Körpern mit geringerer Kohlenstoffzahl, wie z. B. die bereits mehrfach erwähnte Oxydation des Naphtalins zu Phtalsäure. Da die Phtalsäure neuerdings eine ausgedehnte Verwendung nicht nur zur Darstellung der Phtaleïne (vgl. S. 154 ff.), sondern vor allem zur Herstellung des künstlichen Indigos findet, so ist ihre Gewinnung aus dem billigen Naphtalin für die Technik von grosser Wichtigkeit (vgl. Bd. II, Th. I, S. 581—583).

Unter geeigneten Bedingungen lässt sich die Oxydation des Naphtalins derart durchführen[1], dass nur ein Kohlenstoffatom eliminirt wird unter Bildung einer Säure, welche zwischen dem Naphtalin und der Phtalsäure steht, — der Phtalonsäure oder Phenylglyoxyl-o-carbonsäure (vgl. Bd. II, Th. I, S. 737):

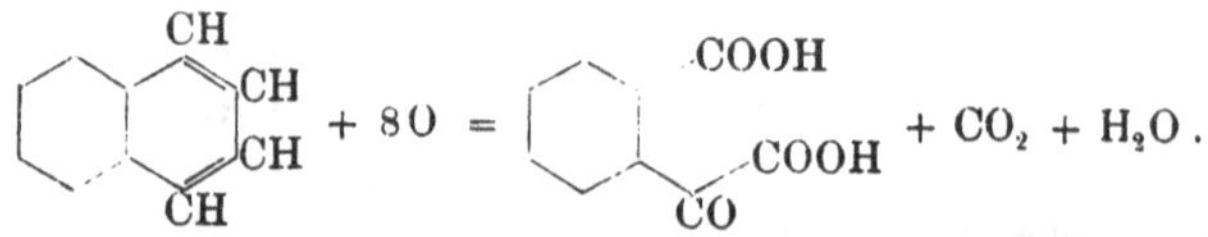

Aus α-Naphtol[2] bildet sich gleichfalls zunächst Phtalonsäure[3], während β-Naphtol mit Kaliumpermanganat bei gewöhnlicher Temperatur als erstes Spaltungsprodukt die Zimmt-o-carbonsäure (vgl. Bd. II, Th. I, S. 621) ergiebt[4], in der noch alle 10 Kohlenstoffatome des Naphtols enthalten sind:

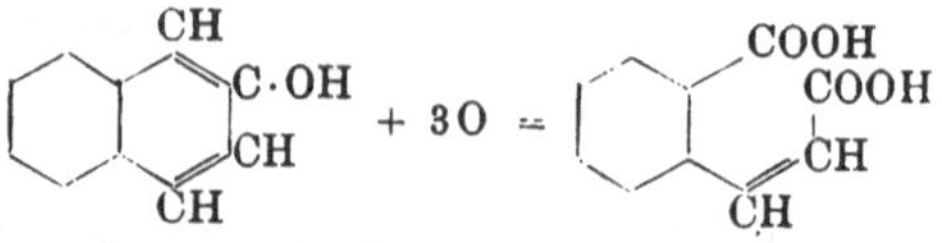

Letztere Reaction — eine ohne Kohlenstoffverlust verlaufende Ringsprengung — wirft ein besonders helles Licht auf die Constitution des Naphtols bezw. des Naphtalins; sie zeigt, wie die Aufspaltung des einen Benzolkerns durch Sprengung einer Doppelbindung und Oxydation der durch diese verbunden gewesenen Kohlenstoffatome zu Carboxylgruppen erfolgt, ohne dass zunächst eine weitere Sauerstoffaufnahme

---

[1] Tscherniac, D. R.-Pat. Nr. 79693, 86914. Ber. **31**, 139 (1898). — Procházka, Ber. **30**, 3108 (1897). — Gräbe u. Trümpy, Ber. **31**, 369 (1898).

[2] Vgl. auch Basler chem. Fabrik, D. R.-Pat. Nr. 138790. Chem. Centralbl. **1903 I**, 546.

[3] Henriques, Ber. **21**, 1607 (1888).

[4] Ehrlich u. Benedikt, Monatsh. **9**, 527 (1888).

stattfindet, so dass die zweite Doppelbindung sich noch in der Seitenkette des gebildeten Benzolderivats vorfindet.

In ganz analoger Weise wie das β-Naphtol zur Zimmt-o-carbonsäure oxydirt wird, lässt sich das ac-Tetrahydro-β-naphtol zu Hydrozimmt-o-carbonsäure[1] oxydiren:

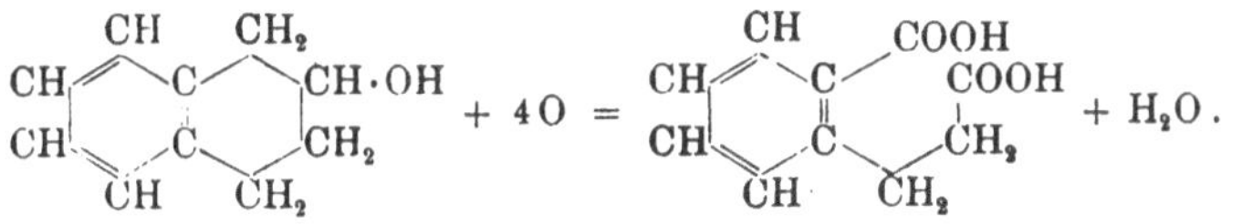

Diese Fähigkeit, durch Oxydation in Hydrozimmt-o-carbonsäure überzugehen, zeigen die meisten daraufhin untersuchten alicyclischen Derivate des Tetrahydronaphtalins, ebenso wie auch dieses selbst[2].

In scharfem Gegensatz dazu steht das Verhalten der aromatischen Tetrahydronaphtalin-Derivate, welche bei der Oxydation unter Aufspaltung beider Kerne und vollständiger Zerstörung des substituirten Ringes Adipinsäure und Oxalsäure liefern (vgl. Bd. II, Th. I, S. 83 Fussnote), z. B.:

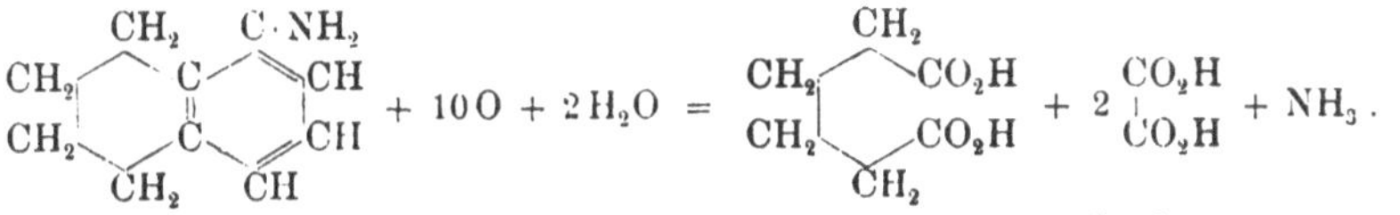

ar-Tetrahydro-α-naphtylamin Adipinsäure Oxalsäure

Diese Reaction kann als Mittel für die Erkennung der Zugehörigkeit hydrirter Naphtalinverbindungen zur Gruppe der alicyclischen oder aromatischen Körper benutzt werden.

Von Interesse ist endlich auch der Verlauf der Oxydation des Dihydronaphtalins[3] (vgl. S. 305), welcher zeigt, dass bei der Bildung dieses ersten Naphtalin-Hydrirungsproduktes die beiden Wasserstoffatome nicht an benachbarte Kohlenstoffatome, sondern in die 1.4-Stellung — entsprechend dem allgemeinen Verhalten conjugirter Doppelbindungen (vgl. Bd. II, Th. I, S. 685) — eingetreten sind:

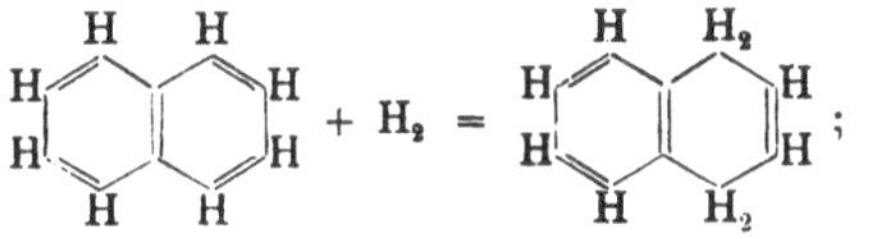

die Oxydation des Dihydronaphtalins führt nämlich zur o-Phenylendiessigsäure (vgl. Bd. II, Th. I, S. 602):

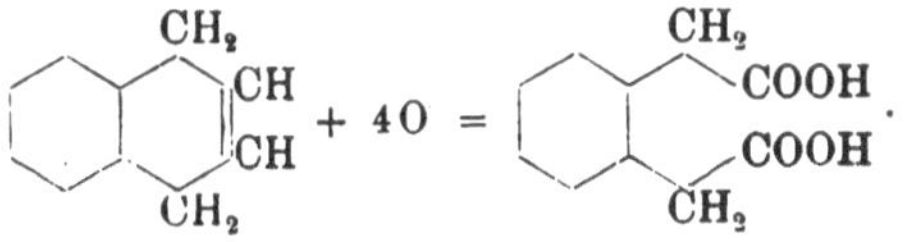

[1] Bamberger u. Lodter, Ber. **23**, 212 (1890).
[2] Bamberger u. Kitschelt, Ber. **23**, 1561 (1890).
[3] Bamberger u. Lodter, Ber. **26**, 1833 (1893). Ann. **288**, 76 (1895).

Bei den hier erwähnten oxydativen Aufspaltungen bleiben als Reste des gesprengten Ringsystems zwei Carboxylgruppen bezw. längere carboxylhaltige Seitenketten übrig. Unter der Einwirkung von Aetzalkalien aber erleiden bei hoher Temperatur gewisse Naphtalinderivate eine Ringsprengung, nach welcher ein Kohlenstoffatom des gesprengten Ringes als Methyl-Seitenkette des übrig bleibenden Benzolringes erhalten wird. Hierher gehört die Bd. II, Th. I, S. 540 erwähnte Spaltung des 1.3-Dioxynaphtalins in o-Toluylsäure und Essigsäure; analog verhalten sich eine ganze Reihe von Sulfosäuren bezw. Oxy- oder Amido-Sulfosäuren, welche die Stellen 1 und 3 durch OH, NH_2 oder SO_3H besetzt enthalten[1].

In einem Falle konnte auch durch energische Reduction (mit Amylalkohol und Natrium) die Aufspaltung des einen Benzolkerns in einem Naphtalinderivat herbeigeführt werden[2]. Die 2.3-Oxynaphtoësäure bildet auf diese Weise o-Phenylenessigpropionsäure (vgl. Bd. II, Th. I, S. 602):

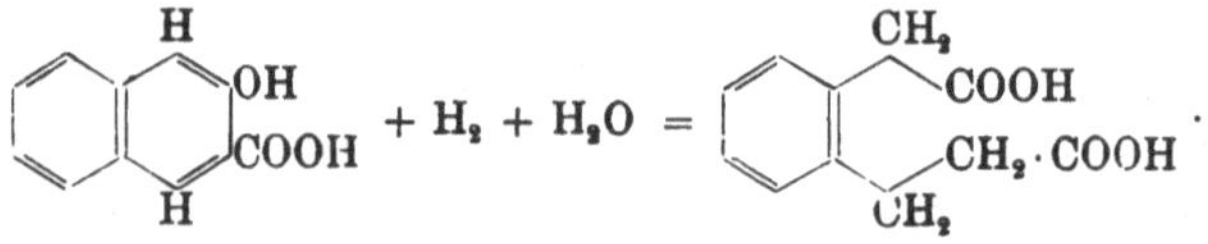

Wie in der Benzolreihe (vgl. Bd. II, Th. I, S. 83), so zeigt sich auch in der Naphtalinreihe eine Lockerung des Zusammenhaltes der Ringkohlenstoffatome, wenn diese mit stark negativen Elementen, vorzugsweise Chlor- und Sauerstoff-Atomen, belastet sind. Auch hier tritt die eigenthümliche Erscheinung der aufeinander folgenden Aufspaltung eines Sechsringes und Schliessung eines neuen fünfgliedrigen Ringes zu Tage[3] (vgl. auch Bd. II, Th. I, S. 27), z. B. bei der Behandlung des Dichlor-β-naphtochinons mit Alkali:

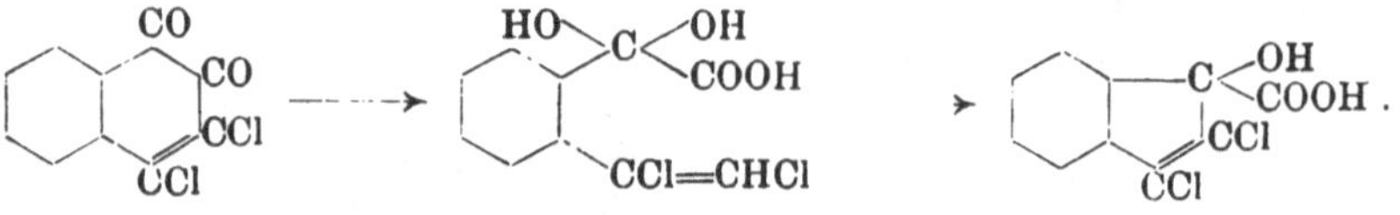

Dichlor-β-naphtochinon   Hypothet. Zwischenprodukt   Dichloroxyindencarbonsäure

Diese Reaction erinnert auch an die gleichfalls unter der Einwirkung alkalischer Mittel verlaufende Umwandlung des Benzils in Benzilsäure (vgl. S. 78). In beiden Fällen besteht die Umlagerung in der Bildung einer α-Oxysäure aus einem Orthodiketon.

Unter Bildung eines heterocyclischen Sechsringes verläuft die Ein-

---

[1] Kalle u. Co., D. R.-Pat. Nr. 79028, 91201. Farbwerke Höchst a./M., D. R.-Pat. Nr. 81281, 81333. Friedländer, IV, 147—150. — Friedländer u. Rüdt, Ber. **29**, 1611 (1896).

[2] Einhorn u. Lumsden, Ann. **286**, 268 (1895).

[3] Zincke, Ber. **19**, 2500 (1886); **21**, 491 (1888); **27**, 744 (1894). — Zincke u. Frölich, Ber. **20**, 1265, 2894 (1887). — Zincke u. Gerland, Ber. **20**, 3216 (1887); **21**, 2381 (1888). — Zincke u. Kegel, Ber. **21**, 2379 (1888). — Zincke u. Arnst, Ann. **267**, 319 (1892). — Zincke u. Engelhardt, Ann. **283**, 341 (1894). — Zincke u. Egly, Ann. **300**, 197 (1898).

wirkung von Chlorkalklösung auf β-Naphtochinon[1], wobei als Zwischenprodukt ein Dioxydiketotetrahydronaphtalin entsteht:

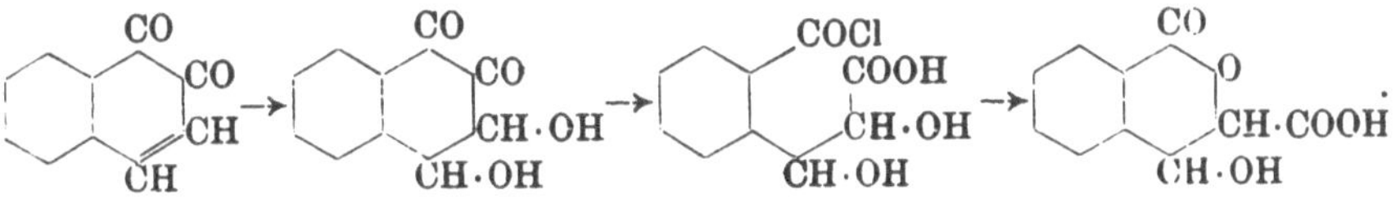

Die Quellen für die Gewinnung des Naphtalins und seiner Derivate.

Technisch werden die Naphtalinderivate ganz allgemein aus dem Naphtalin selbst durch chemische Umwandlungen hergestellt; diese Grundsubstanz der Naphtalingruppe aber gewinnt man aus dem Steinkohlentheer, von welchem sie einen sehr beträchtlichen Theil ausmacht (vgl. Bd. II, Th. I, S. 89, 93). Das Naphtalin ist derjenige Bestandtheil des Steinkohlentheers, welcher von allen darin enthaltenen Substanzen in der grössten Menge vorhanden ist. Es bildet somit ein ausserordentlich billiges Rohmaterial für die Fabrikation von Steinkohlentheerprodukten, vor allem für die Darstellung von Azofarbstoffen. Für diesen Fabrikationszweig finden hauptsächlich die Naphtylamine, Naphtole, Amidonaphtole und deren Sulfosäuren als sogenannte „Azocomponenten" Verwendung.

Ausser dem Naphtalin hat man im Steinkohlentheer auch die beiden isomeren Methylnaphtaline aufgefunden; doch hat deren geringe Menge und die Schwierigkeit ihrer Reindarstellung ihre technische Verwendung in grösserem Massstabe bisher unmöglich gemacht. Auch α- und β-Naphtol sind als Theerbestandtheile constatirt[2] (vgl. auch Bd. II, Th. I, S. 89).

Für die Erklärung der Bildung des Naphtalins bei der Destillation der Steinkohle lässt sich die oben erwähnte (vgl. S. 313) BERTHELOT'sche Synthese des Naphtalins aus Acetylen bezw. aus Benzol oder Styrol und Acetylen heranziehen (vgl. auch Bd. II, Th. I, S. 95).

Auf dieselben Processe, denen das Naphtalin des Steinkohlentheers sein Entstehen verdankt, ist seine Gegenwart in den Produkten der trockenen Destillation von Braunkohle und Holz — dem Braunkohlentheer[3] sowie dem Holztheer[4] — zurückzuführen.

Einige natürliche Stoffe[5], wie das Erdöl bezw. die Rückstände, welche

---

[1] ZINCKE u. SCHARFENBERG, Ber. **25**, 400 (1892). — BAMBERGER u. KITSCHELT, Ber. **25**, 888, 1138 (1892). — ZINCKE, Ber. **25**, 1168 (1892).

[2] K. E. SCHULZE, Ann. **227**, 150 (1884).

[3] HEUSLER, Ber. **25**, 1677 (1892).

[4] THENIUS, DINGLER'S polyt. Journ. **175**, 311 (1865). — ATTERBERG, Ber. **11**, 1222 (1878).

[5] SCHULTZ, Ber. **9**, 548 (1876); **10**, 116 (1877). — LETNY, DINGLER'S polyt. Journ. **229**, 353 (1878). Ber. **11**, 1210 (1878). — RUDNEW, DINGLER'S polyt. Journ. **239**, 72 (1881). — NIKOFOROFF, Cöthener Chem. Ztg. **20**, 8 (1896). — LJUBAWIN, Chem.

bei der Petroleumdestillation gewonnen werden, ferner das Terpentinöl und das Colophonium, liefern — wenn sie unter Druck destillirt werden, bezw. wenn man die Destillate der Einwirkung glühender Gefässwandungen aussetzt, — Produkte, welche beträchtliche Mengen von Naphtalin und dessen nächsten Homologen enthalten. Aehnliche Processe sind wohl als Ursache für das Vorkommen des Naphtalins in gewissen Mineralölen[1] anzusehen, deren Bildung auf im Erdinnern eingetretenen Druckdestillationen zu beruhen scheint.

Abgesehen von dem erwähnten Vorkommen des Naphtalins selbst, der Methylnaphtaline und Naphtole in pyrogenetischen Produkten finden sich Naphtalinderivate nur ganz vereinzelt in der Natur vor; von diesen Derivaten seien hier erwähnt das in den Nussschalen enthaltene Juglon, die in gewissen Hölzern aufgefundene Lapachosäure und das den wirksamen Bestandtheil des Wurmsamens bildende Santonin, welches als ein hydrirtes Naphtalinderivat erkannt worden ist.

Vierundfünfzigstes Kapitel.

Beschreibung des Naphtalins und seiner Substitutionsprodukte[2]

Das Naphtalin und seine Homologen.

Wie bereits oben (S. 319) angegeben wurde, wird das Naphtalin lediglich aus Steinkohlentheer dargestellt. Von den Homologen desselben wurden die beiden Methylnaphtaline gleichfalls aus dem Steinkohlentheer, und zwar aus dem zwischen 200° und 300° siedenden sogenannten Kreosotöl, gewonnen; ausserdem scheint ein Dimethylnaphtalin im Steinkohlentheer enthalten zu sein.

Für die Darstellung der Homologen des Naphtalins aus diesem selbst wendet man dieselben Methoden an, wie in der Benzolreihe (vgl.

Centralbl. **1899, II**, 118. — Vgl. Ciamician Ber. **11**, 269, 1344 (1878). — Hlawaty, D. R.-Pat. Nr. 51553. — Tammann, D. R.-Pat. Nr. 95579. — Vgl. auch: Bordet, Jb. **1881**, 1322. — Soden u. Rojahn, Chem. Centralbl. **1902 II**, 1117.

[1] Warren u. Storer, J. pr. **102**, 441 (1867). — Goldschmiedt u. Schmidt, Monatsh. **2**, 1 (1881).

[2] Die gewaltige Schaar der Naphtalinderivate hat tabellarische Zusammenstellungen in den folgenden Specialwerken gefunden: Reverdin u. Fulda, Tabellarische Uebersicht der Naphtalinderivate (Basel-Genf-Lyon; 1894). — Täuber u. Norman, Die Derivate des Naphtalins, welche für die Technik Interesse besitzen (Berlin 1896).

Zusammenstellung der auf die Naphtalinreihe sich beziehenden deutschen Reichspatente s. in Heumann's „Anilinfarben und ihre Fabrikation", Th. II (herausgegeben von Friedländer), S. 87—484 (Braunschweig 1898).

Bd. II, Th. I, S. 95—99). Die wichtigsten unter ihnen sind die FITTIG'sche und die FRIEDEL-CRAFTS'sche Synthese.

Die FITTIG'sche Reaction[1] ist in der Naphtalinreihe insofern von besonderer Wichtigkeit, als sie ohne weiteres die Constitution des entstehenden Produktes erkennen lässt, vorausgesetzt, dass in dem als Ausgangsmaterial verwendeten Halogenderivat des Naphtalins die Stellung des oder der Substituenten bekannt ist. So entsteht bei der Einwirkung von Methyljodid und Natrium auf das 1.4-Dibromnaphtalin das 1.4-Dimethylnaphtalin:

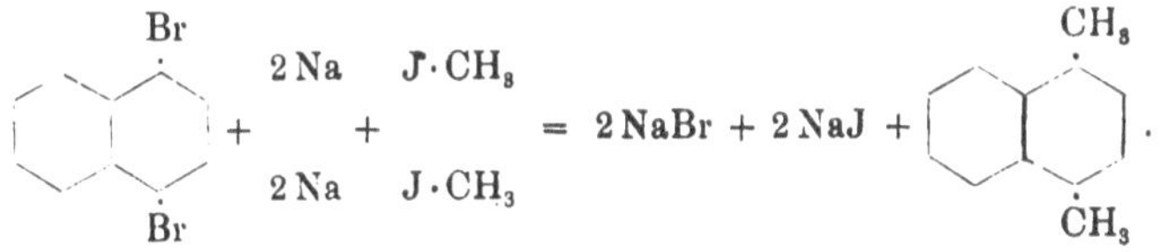

Anders verhält es sich mit der FRIEDEL-CRAFTS'schen Aluminiumchloridsynthese. Da diese nicht von einem Derivat des Naphtalins, sondern von diesem selbst ausgeht, so ist es von vornherein ungewiss, ob der einzuführende Alkylrest die α- oder die β-Stellung des Naphtalins aufsuchen wird. Der Versuch hat gezeigt, dass der Eintritt des Kohlenwasserstoffrestes im Gegensatz zu den sonstigen bei der Einführung von Substituenten in das Naphtalinmolecül gemachten Erfahrungen (vgl. S. 310) hauptsächlich in der β-Stellung stattfindet. So erzeugen Aluminiumchlorid und Aethyljodid aus dem Naphtalin fast reines β-Aethylnaphtalin[2]:

Bei dem Versuch, die Methylgruppe mittels Aluminiumchlorid in das Naphtalinmolecül einzuführen, haben sich wesentliche Schwierigkeiten ergeben; es resultirt bei dieser Reaction in erheblicher Menge das durch Zusammentritt zweier Naphtalinmolecüle unter Wasserstoffaustritt gebildete β-β-Dinaphtyl[2]:

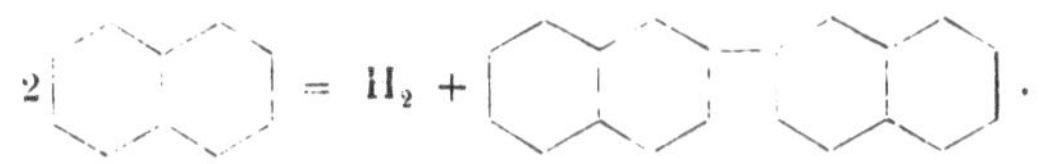

Bei der Einführung höherer Alkyle dagegen macht sich die bekannte umlagernde Wirkung des Aluminiumchlorids auf die Alkylgruppen (vgl. Bd. II, Th. I, S. 98) unliebsam bemerkbar.

Ausser den erwähnten synthetischen Methoden haben auch verschiedene Abbaureactionen zu den Homologen des Naphtalins geführt. Ebenso wie in der Benzolreihe liegt auch hier der Werth dieser Umsetzungen darin, dass sie die Zurückführung complicirterer Molecüle auf einfachere Gebilde gestatten und dadurch oft zur Erkennung der Constitution der ersteren benutzt werden können. Als Beispiele[3] seien angeführt der Uebergang des aus dem Santonin erhaltenen Dimethylnaphtols

[1] FITTIG u. REMSEN, Ann. **155**, 112 (1870).

[2] ROUX, Ann. ch. [6] **12**, 295, 306, 313 (1887).

[3] CANNIZZARO u. CARNELUTTI, Ber. **13**, 1516 (1880). Gazz. chim. **12**, 410 (1882). — GUCCI u. GRASSI-CRISTALDI, Gazz. chim. **22**, I, 41 (1892). — BAEYER u. VILLIGER, Ber. **32**, 2443, 2447 (1899). — BERTOLO, Gazz. chim. **32** II, 371 (1902).

in 1.4-Dimethylnaphtalin durch die Zinkstaubdestillation, sowie die Darstellung des 1.4-Dimethyl-6-äthylnaphtalins aus der gleichfalls aus Santonin gewonnenen Dihydrosantinsäure durch Erhitzen derselben mit Baryt. Der so erhaltene Kohlenwasserstoff

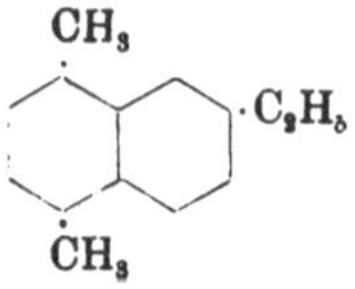

ist als die Grundsubstanz der Santoningruppe anzusehen, wie später ausführlicher dargelegt werden wird (vgl. Kap. 55).

Zur Erkennung der Constitution der Naphtalinkohlenwasserstoffe dient ebenso wie in der Benzolreihe (vgl. Bd. II, Th. I, S. 106) vorzugsweise die Oxydation. Hierbei werden im Allgemeinen die Alkyle in Carboxylgruppen verwandelt, z. B. entsteht aus β-Aethylnaphtalin die β-Naphtoësäure (Naphtalincarbonsäure):

In anderen Fällen tritt schon vor der „Aboxydation" der Seitenketten Spaltung der einen Naphtalinhälfte ein; so liefert z. B. das oben erwähnte 1.4-Dimethyl-6-äthylnaphtalin die 1.4-Dimethylphtalsäure:

Die Kohlenwasserstoffe der Naphtalinreihe von der allgemeinen Formel C_nH_{2n-12} zeigen in ihren Schmelzpunkten auffallende Unregelmässigkeiten; während nämlich die Siedepunkte mit steigendem Moleculargewicht ziemlich regelmässig steigen, die specifischen Gewichte dagegen abnehmen, schmilzt das Naphtalin höher als alle bisher bekannten Monoalkylnaphtaline. Die Schmelztemperatur fällt vom Naphtalin (+ 80°) zum β-Methylnaphtalin (+ 32·5°) sehr beträchtlich, während sie zwischen Naphtalin und α-Methylnaphtalin (Erstarrungspunkt − 22°) gar um ca. 100° differirt. Die höheren Glieder der Reihe sind fast alle bei gewöhnlicher Temperatur flüssig.

Das Naphtalin und seine Homologen sind dadurch ausgezeichnet, dass sie mit Pikrinsäure[1] und anderen Nitroverbindungen der Benzolreihe additionelle Verbindungen eingehen (vgl. Bd. II, Th. I, S. 391), z. B.:

$$C_{10}H_8 + C_6H_2(NO_2)_3 \cdot OH, \text{ Naphtalinpikrat.}$$

Diese Körper krystallisiren leicht und sind in den gebräuchlichen Lösungsmitteln schwer löslich. Sie lassen sich daher mit Vortheil zur

[1] Fritzsche, J. pr. **73**, 285 (1858). — Küster, Ber. **27**, 1101 (1894). — Vgl. auch die Citate zu Tabelle Nr. 77.

Erkennung und Abscheidung, ja sogar zur quantitativen Bestimmung der Kohlenwasserstoffe benutzen. Die Schmelzpunkte dieser Pikrinsäure-Verbindungen sind in der letzten Columne der folgenden tabellarischen Zusammenstellung des Naphtalins und einiger Homologen wiedergegeben.

Tabelle Nr. 77.

Empirische Formel	Bezeichnung	Stellung d. Substituenten	Schmelzpunkt	Siedepunkt	Specifisches Gewicht	Schmelzpunkt des Pikrats
$C_{10}H_8$	Naphtalin[1—58.83—85] . .	—	80°	218°	1·145 (4°) (fest)	149°
$C_{11}H_{10}$	α-Methylnaphtalin[24.40.55.58—64]	1	erstarrt bei −22°	240—242°	1·0287 (11·5°)	116—117°
„	β-Methylnaphtalin[40.55.58.62—69]	2	32·5°	241—242°	—	115—116°
$C_{12}H_{12}$	α-Aethylnaphtalin[60.70.71]	1	flüssig	251—252° (257—259·5°)	1·0184 (10°)	98°
„	β-Aethylnaphtalin[62.66.72]	2	erstarrt bei −19°	251°	1·0078 (0°)	71° (69°)
„	Dimethylnaphtalin[43.73—78.86]	1.4	flüssig	262—264°	1·0176 (20°)	139—141°
$C_{13}H_{14}$	β-Isopropylnaphtalin[62]	2	„	265°	0·990 (0°)	89—90°
$C_{14}H_{16}$	Tertiär(?)-butylnaphtalin[78.79]	2(?)	„	280°	—	96°
„	Dimethyläthylnaphtalin[80]	1.4.6	„	298—302°	—	—
$C_{15}H_{18}$	α-Isoamylnaphtalin[81] .	1	„	303°	—	85—90°
„	β-Isoamylnaphtalin[62.82]	2	„	288—292°	0·973 (0°)	110°

Citate zu der Tabelle Nr. 77. [1] GARDEN, Annals of Philos. **15**, 74 (1820). — [2] KIDD, Philos. Trans. **1821**, 209. Berz. Jb. **3**, 185 (1824). — [3] CHAMBERLAIN, Annals of Philos. [2] **6**, 135 (1823). — [4] LAURENT, Ann. ch. **49**, 214 (1832). Ann. **3**, 9 (1832). — [5] DUMAS, Ann. ch. **50**, 182 (1832). — [6] REICHENBACH, Berz. Jb. **12**, 307 (1833). Pogg. **28**, 484 (1833). — [7] BERTHELOT, Ann. ch. [3] **33**, 295 (1851); [3] **53**, 187 (1858). Ann. **123**, 211 (1862); **141**, 182 (1867); **142**, 254, 257, 261 (1867); **143**, 97 (1867); Ann. Suppl. **6**, 248 (1868). Bull. [2] **6**, 268 (1866); [2] **7**, 33, 217, 274, 303 (1867); [2] **9**, 456 (1868). — [8] OTTO, Ann. **93**, 383 (1855). — [9] KOPP, Ann. **95**, 329 (1855). — [10] NATANSON, Ann. **98**, 304 (1856). — [11] ALLUARD, Ann. ch. [3] **57**, 438 (1859). Ann. **113**, 159 (1860). — [12] THENIUS, DINGLER's polyt. Journ. **175**, 311 (1865). — [13] MUTH, DINGLER's polyt. Journ. **182**, 486 (1866). — [14] VOHL, DINGLER's polyt. Journ. **186**, 138 (1867). J. pr. **102**, 29 (1867); **107**, 188 (1869). — [15] WARREN u. STORER, J. pr. **102**, 441 (1867). Ztschr. Chem. **1868**, 232. — [16] GROTH, Jb. **1870**, 4. — [17] GLADSTONE, Journ. Soc. **23**, 149, 152 (1870). — [18] NAUMANN, Ann. **159**, 340 (1871). — [19] ARONHEIM, Ber. **6**, 67 (1873). Ann. **171**, 233 (1874). — [20] SCHULTZ, Ber. **9**, 548 (1876); **10**, 116 (1877). — [21] WREDEN u. ZNATOWICZ, Ber. **9**, 1606 (1876). — [22] V. MEYER, Ber. **10**, 2073 (1877). — [23] LETNY, DINGLER's polyt. Journ. **229**, 353 (1878). Ber. **11**,

1210 (1878). — [24] CIAMICIAN, Ber. **11**, 269, 272 (1878). — [25] BRUNNER u. BRANDENBURG, Ber. **11**, 697 (1878). — [26] ATTERBERG, Ber. **11**, 1222 (1878). — [27] SCHRÖDER, Ber. **12**, 1613 (1879). — [28] v. BECCHI, Ber. **12**, 1978 (1879). — [29] RECHENBERG, J. pr. [2] **22**, 18 (1880). — [30] RUDNEW, DINGLER's polyt. Journ. **239**, 72 (1881). — [31] GOLDSCHMIEDT u. SCHMIDT, Monatsh. **2**, 1 (1881). — [32] RAMSAY, Journ. Soc. **39**, 65 (1881). — [33] HARTLEY, Journ. Soc. **39**, 161 (1881). — [34] FISCHER, Berl. klin. Wochenschr. **18**, 710 (1881); **19**, 113, 135 (1882). — [35] FÜRBRINGER, Berl. klin. Wochenschr. **19**, 145 (1882). — [36] MILLS, Philos. Trans. [5] **14**, 27 (1882). — [37] RYDYGIER, Berl. klin. Wochenschr. **20**, 239 (1883). — [38] CRAFTS, Bull. [2] **39**, 282 (1883). — [39] BAEYER u. PERKIN, Ber. **17**, 451 (1884). — [40] SCHULZE, Ber. **17**, 843, 844, 1527, 1528 (1884). — [41] R. SCHIFF, Ann. **223**, 261 (1884). — [42] LOSSEN u. ZANDER, Ann. **225**, 111 (1884). — [43] NASINI u. BERNHEIMER, Gazz. chim. **15**, 59 (1885). — [44] STOHMANN, J. pr. [2] **31**, 295 (1885); [2] **40**, 88 (1889). — [45] KANONNIKOFF, J. pr. [2] **31**, 348 (1885). — [46] BERTHELOT u. VIEILLE, Ann. ch. [6] **10**, 442 (1887). — [47] BERTHELOT u. RECOURA, Ann. ch. [6] **13**, 301 (1888). — [48] BERTHELOT u. LOUGUININE, Ann. ch. [6] **13**, 322 (1888). — [49] REISSERT, Ber. **23**, 2243 (1890). — [50] HEUSLER, Ber. **25**, 1677 (1892); **30**, 2744 (1897). — [51] LOBRY DE BRUYN, Ztschr. f. physik. Chem. **10**, 784 (1892). — [52] ÉTARD, Bull. [3] **9**, 86 (1893). — [53] KÜSTER, Ber. **27**, 1101 (1894). — [54] NIKOFOROFF, Cöthener Chem. Ztg. **20**, 8 (1896). — [55] LJUBAWIN, Chem. Centralbl. **1899 II**, 118 (1899). — [56] COLMAN u. SMITH, Chem. Centralbl. **1900 I**, 877 (1900). — [57] HLAWATY, D. R.-Pat. Nr. 51553. — [58] TAMMANN, D. R.-Pat. Nr. 95579. — [59] STACEWICZ, Ztschr. Chem. **1869**, 182. — [60] FITTIG u. REMSEN, Ann. **155**, 114, 118 (1870). — [61] BÖSSNECK, Ber. **16**, 1547 (1883). — [62] ROUX, Ann. ch. [6] **12**, 295, 302, 306, 315, 319 (1887). — [63] WICHELHAUS, Ber. **24**, 3919, 3920 (1891). — [64] WENDT, J. pr. [2] **46**, 319 (1892). — [65] REINGRUBER, Ann. **206**, 375 (1881). — [66] BRUNEL, Ber. **17**, 1179 (1884). — [67] FITTIG u. LIEBMANN, Ber. **20**, 3182 (1887). Ann. **255**, 264, 273 (1889). — [68] FOCK, Ber. **27**, 1247 (1894). — [69] BODROUX, Bull. [3] **25**, 491 (1901). — [70] CIAMICIAN, Ber. **11**, 1346 (1878). — [71] CARNELUTTI, Ber. **13**, 1671 (1880). Gazz. chim. **10**, 388 (1880). — [72] MARCHETTI, Gazz. chim. **11**, 265, 439 (1881). — [73] MONO, Ber. **13**, 1517 (1880). — [74] GIOVANNOZZI, Gazz. chim. **12**, 147 (1882). — [75] CIAMICIAN u. CARNELUTTI, Gazz. chim. **12**, 410 (1882). — [76] CANNIZZARO, Gazz. chim. **13**, 393 (1883). Ber. **18**, 2746 (1885). — [77] CANNIZZARO u. ANDREOCCI, Gazz. chim. **26**, I, 18 (1896). — [78] BAUR, Ber. **27**, 1623 (1894). — [79] WEGSCHEIDER, Monatsh. **5**, 237 (1884). — [80] GUCCI u. GRASSI-CRISTALDI, Gazz. chim. **22**, I, 43 (1892). — [81] LEONE, Gazz. chim. **12**, 209 (1882). — [82] ODDO u. BARABINI, Gazz. chim. **20**, 719 (1890). — [83] SMITH u. DAVIS, Journ. Soc. **41**, 411 (1882). — [84] ALLEN, Journ. Soc. **77**, 400 (1900). — [85] SODEN u. ROJAHN, Chem. Centralbl. **1902 II**, 1117. — [86] BERTOLO, Gazz. chim. **32** II, 371 (1902).

Naphtalin[1], $C_{10}H_8$, wurde 1819 von GARDEN in den Condensationsgefässen der zur Destillation des Steinkohlentheers dienenden Apparate aufgefunden. 1821 isolirte KIDD denselben Kohlenwasserstoff aus Steinkohlentheer, indem er diesen durch ein glühendes Eisenrohr leitete, und schlug für die von ihm erhaltene Substanz die Bezeichnung „Naphtalin" vor. Die empirische Formel des Naphtalins wurde von FARADAY ermittelt; über die Erkenntniss seiner chemischen Constitution vgl. S. 294 ff. Das chemische Verhalten des Naphtalins wurde zuerst von LAURENT eingehender untersucht; für die Gewinnung aus Theer hat VOHL eine

[1] Zur Geschichte der älteren Naphtalin-Untersuchungen vgl.: POGGENDORF, Pogg. **7**, Fussnote zu S. 104—107 (1826). — ROSCOE-SCHORLEMMER's Lehrb. d. organ. Chem. III, S. 14 (Braunschweig. 1896).

im Wesentlichen noch heute in der Technik gebräuchliche Methode angegeben.

Zur technischen Gewinnung[1] des Naphtalins dient das „Mittelöl“ bezw. „Schweröl“ der Steinkohlentheer-Destillationen (vgl. Bd. II, Th. I, S. 91, 93). Aus einem gut bereiteten Mittelöl lässt man direct das Naphtalin in schmiedeeisernen Kästen auskrystallisiren, wobei nur selten künstliche Abkühlung zu Hülfe genommen wird; das Mittelöl enthält durchschnittlich ca. 40% Naphtalin, wovon bei gewöhnlicher Temperatur ca. vier Fünftel auskrystallisiren. Das so erhaltene Rohnaphtalin befreit man durch Abtropfenlassen, Pressen oder Schleudern von anhängendem Oel und unterwirft es dann einer warmen Pressung, nach welcher es nur noch geringe Mengen von Verunreinigungen enthält. Zur völligen Reinigung wird es in geschmolzenem Zustand mit conc. Schwefelsäure gewaschen, dann einmal (aus schmiedeeisernen Blasen) destillirt. Die durch Erstarren des Destillats erhaltenen Kuchen werden zerschlagen und in einer Brechmühle zerkleinert. Ein Theil des technischen Naphtalins kommt auch als „sublimirtes Naphtalin“ — durch Einleiten der Dämpfe in geräumige Kammern gewonnen — in den Handel.

Die deutsche Produktion an gereinigtem Naphtalin wird derzeit auf mindestens 10000 Tonnen pro Jahr geschätzt.[2] Seine Hauptverwendung findet es für die Zwecke der Farbstofffabrikation theils durch Umwandlung in Substitutionsprodukte, die besonders als „Azocomponenten“ eine enorme Bedeutung besitzen, theils durch Abbau zur technisch nicht minder wichtigen Phtalsäure (vgl. Bd. II, Th. I, S. 583). Ausserdem benutzt man es als Streupulver zur Mottenvertilgung und in Form seiner Nitroderivate zur Herstellung von Sprengstoffen (vgl. S. 341—342). Eine Zeit lang wendete man es auch zur Carburirung von Leuchtgas an, welches nicht unbeträchtliche Mengen davon aufzunehmen vermag (vgl. Bd. II, Th. I, S. 108—109).

Das Naphtalin bildet grosse weisse Krystallblätter von eigenthümlichem Geruch. In sublimirtem Zustande ist es ganz ausserordentlich voluminös; es sublimirt leicht und ist mit Wasserdämpfen leicht flüchtig. Die Leichtflüchtigkeit der Substanz im Verein mit dem hohen Kohlenstoffgehalt des Molecüls bedingen die mächtige Russentwickelung, von welcher die Verbrennung des Naphtalins an der Luft begleitet wird. Naphtalin löst sich leicht in organischen Lösungsmitteln und bildet selbst ein Lösungsmittel für eine Reihe schwerlöslicher Körper, z. B. Indigo; auch löst es Phosphor, Schwefel und Schwefelmetalle. Von seinem hohen Lösungsvermögen zieht man häufig für kryoskopische Bestimmungen Nutzen. Geschmolzenes Naphtalin vermag Luft zu absorbiren und giebt dieselbe beim Erstarren wieder ab; die aufgenommene Luft ist sauerstoffreicher als die atmosphärische.

---

[1] Vgl.: Krämer u. Spilker, Artikel „Steinkohlentheer“, S. 50, 52, 64—65 in Muspratt's encyclopädischem Handbuch der techn. Chem. 4. Aufl. Bd. VIII (Braunschweig 1900). — Lunge-Köhler, Industrie des Steinkohlentheers und Ammoniaks, 4. Aufl. Bd. I, S. 577 ff. (Braunschweig 1900).

[2] Krämer u. Spilker a. a. O., S. 65.

Halogenderivate des Naphtalins.

Die Einwirkung von Chlor auf Naphtalin wurde zuerst von LAURENT[1] eingehender studirt, welcher zeigte, dass beim Ueberleiten von Chlorgas über Naphtalin zunächst Additionsprodukte erhalten werden. Unter Anlagerung von einem bezw. zwei Molecülen Chlor entstehen:

Naphtalindichlorid, $C_{10}H_8Cl_2$, und
Naphtalintetrachlorid, $C_{10}H_8Cl_4$.

Da diese beiden Verbindungen bei erhöhter Temperatur Chlorwasserstoff abspalten und in Substitutionsprodukte des Naphtalins übergehen, so finden sich auch die letzteren in dem Gemisch vor, welches man erhält, wenn die Temperatur bei der Einwirkung des Chlors auf Naphtalin erhöht wird.

Die so entstandenen Chlornaphtaline sind dann wiederum, ebenso wie das Naphtalin selbst, befähigt, Chlor anzulagern und durch darauffolgende Abspaltung von Chlorwasserstoff höher chlorirte Substitutionsprodukte des Naphtalins zu bilden, z. B.:

$$\underset{\text{Naphtalindichlorid}}{C_{10}H_8Cl_2} = \underset{\text{Chlornaphtalin}}{C_{10}H_7Cl} + HCl,$$

$$\underset{\text{Naphtalintetrachlorid}}{C_{10}H_8Cl_4} = \underset{\text{Dichlornaphtalin}}{C_{10}H_6Cl_2} + 2HCl,$$

$$\underset{\text{Chlornaphtalintetrachlorid}}{C_{10}H_7ClCl_4} = \underset{\text{Trichlornaphtalin}}{C_{10}H_5Cl_3} + 2HCl,$$

$$\underset{\text{Dichlornaphtalintetrachlorid}}{C_{10}H_6Cl_2Cl_4} = \underset{\text{Tetrachlornaphtalin}}{C_{10}H_4Cl_4} + 2HCl.$$

Besser und vollständiger als durch blosse Erhitzung lässt sich die Chlorwasserstoffabspaltung aus den oben genannten Chloradditionsprodukten unter Zuhülfenahme eines Halogenwasserstoff entziehenden Mittels erreichen, z. B. in der Weise, dass man die Additionsprodukte mit alkoholischer Kalilauge kocht.

FAUST und SAAME[2] fanden, dass man derart Monochlor-, Dichlor-, Trichlor- und Tetrachlor-Derivate des Naphtalins herstellen kann.

Während aus dem Naphtalindichlorid bei der Abspaltung von Chlorwasserstoff fast nur α-Chlornaphtalin gebildet wird, liefert das Naphtalintetrachlorid drei isomere Dichlornaphtaline[3]. Das Naphtalintetrachlorid enthält alle vier Chloratome an demselben Benzolkern angelagert (vgl. dazu S. 300), da es bei der Oxydation mit Salpetersäure in fast quantitativer Ausbeute Phtalsäure liefert, eine Reaction, welche

[1] Ann. ch. **59**, 196 (1835); **66**, 196 (1837). Ann. **76**, 298 (1850).

[2] Ann. **160**, 65 (1871). — Vgl. auch: KRAFFT u. BECKER, Ber. **9**, 1089 (1876). — ATTERBERG u. WIDMAN, Ber. **10**, 1841 (1877). — WIDMAN, Ber. **12**, 1713 (1879); **15**, 2160 (1882). — LEEDS u. EVERHART, Journ. amer. Soc. **2**, 205 (1880).

[3] ARMSTRONG u. WYNNE, Ber. **24 Ref.**, 713 (1891).

früher zur technischen Darstellung dieser Säure benutzt wurde (vgl. Bd. II, Th. I, S. 582). Daher müssen die aus dem Tetrachlorid entstehenden Dichlornaphtaline die Chloratome in den Stellungen 1.3, 1.4 und 2.3 enthalten:

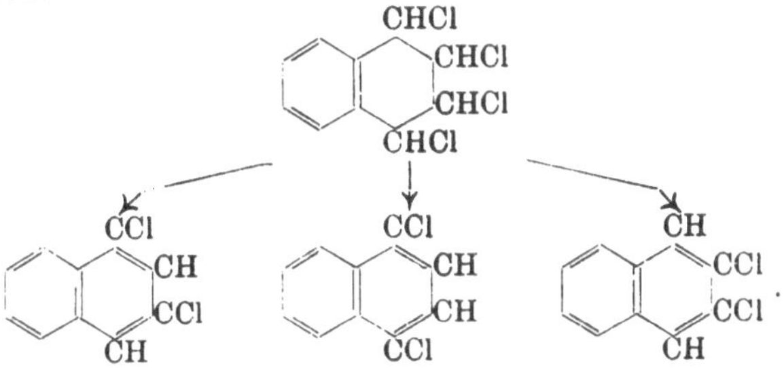

Das vierte mögliche homonucleare Dichlornaphtalin, die 1.2-Verbindung, bildet sich hierbei nicht, was leicht verständlich ist, da bei der Entstehung dieser Verbindung der Zusammentritt von Chlor- und Wasserstoff-Atomen erfolgen müsste, welche an einander nicht benachbarte Kohlenstoffatome gebunden sind.

Unterstützt man die Wirkung des Chlors auf das Naphtalin durch einen Halogenüberträger[1], wie Antimonchlorid (vgl. Bd. II, Th. I, S. 115), so gelingt es, alle Wasserstoffatome des Naphtalins durch Chlor zu ersetzen. Das so erhaltene Oktochlornaphtalin, $C_{10}Cl_8$, zerfällt bei weiterer Chlorirung in Hexachlorbenzol (vgl. Bd. II, Th. I, S. 118—119), Hexachloräthan und Tetrachlormethan.

Die Einwirkung des Broms auf das Naphtalin[2] verläuft in ganz ähnlicher Weise wie die des Chlors, doch konnte das dem Dichlorid entsprechende Dibromadditionsprodukt bisher nicht und das Tetrabromid nur unter besonderen Vorsichtsmassregeln gewonnen werden[3]. Unter gewöhnlichen Umständen erhält man als erstes Einwirkungsprodukt α-Bromnaphtalin, bei weiterer Bromirung mehrere isomere Dibromnaphtaline und höher substituirte Produkte.

Um Jod auf directem Wege einzuführen, erhitzt man die Benzinlösung des Naphtalins mit Jodschwefel und Salpetersäure[4]. Bei dieser Jodirungsmethode entsteht neben der als Hauptprodukt auftretenden α-Jodverbindung auch eine kleine Menge β-Jodnaphtalin.

---

[1] Berthelot, Bull. [2] **9**, 295 (1868). — Berthelot u. Jungfleisch, Bull. [2] **9**, 447 (1868). — Ruoff, Ber. **9**, 1486 (1876).

[2] Laurent, Ann. ch. **59**, 216 (1835). — Wahlforss, Ztschr. Chem. **1865**, 3. — Glaser, Ann. **135**, 40 (1865). — Jolin, Bull. [2] **28**, 514 (1877). Ber. **12**, 1715 (1879). — Guareschi, Gazz. chim. **11**, 541 (1881). Ber. **15**, 528 (1882). Ann. **222**, 262 (1884). — Gnehm, Ber. **15**, 2721 (1882). — Roux, Bull. [2] **45**, 510 (1886). Ann. ch. [6] **12**, 342 (1887). — Armstrong u. Rossiter, Ber. **25** Ref. 750 (1892). — Vgl. auch Merz u. Weith, Ber. **10**, 756 (1877).

[3] Orndorff u. Moyer, Am. chem. Journ. **19**, 262 (1897).

[4] Edinger u. Goldberg, Ber. **33**, 2882 (1900). — Kalle & Co., D. R.-Pat. Nr. 123746.

Wie wir gesehen haben, führt die directe Einwirkung von Halogenen auf das Naphtalin hauptsächlich zu solchen Monosubstitutionsprodukten, in welchen das Halogen die α-Stellung einnimmt. β-Halogennaphtaline sind hierbei nur in einzelnen Fällen und in geringer Menge erhalten worden. Bei Einführung eines zweiten Halogenatoms zeigt sich gleichfalls die Neigung zum Ersatz von α-Wasserstoffatomen; die direct erhaltenen Dihalogennaphtaline sind fast ausnahmslos $\alpha\alpha$-Verbindungen. Um diejenigen Monohalogen- und Dihalogen-Verbindungen des Naphtalins zu erhalten, welche nur oder zum Theil in β-Stellung substituirt sind, muss man daher indirecte Methoden anwenden. Solche Methoden sind schon auf S. 311 erwähnt worden, soweit sie sich auf die Darstellung von Dichlornaphtalinen beziehen. Diese Reactionen sind nun hier eingehender zu besprechen.

Im Jahre 1860 fand Carius[1], dass das Chlorid der α-Naphtalinsulfosäure, welches aus der Säure durch Phosphorpentachlorid erhalten wird, bei weiterer Einwirkung von Phosphorpentachlorid zwischen 150° und 160° α-Chlornaphtalin liefert (vgl. Bd. II, Th. I, S. 134); gleichzeitig bildet sich Phosphoroxychlorid und Thionylchlorid:

$$C_{10}H_7\cdot SO_2Cl + PCl_5 = C_{10}H_7\cdot Cl + SOCl_2 + POCl_3.$$

Da die Einwirkung der Schwefelsäure auf das Naphtalin bei höherer Temperatur an Stelle der α-Sulfosäure die β-Naphtalinsulfosäure liefert (vgl. S. 335), so ist damit auch ein einfacher Weg zur Darstellung des β-Chlornaphtalins gegeben[2]. Dieses bildet sich aus dem Chlorid der β-Sulfosäure ganz in derselben Weise, wie das α-Chlornaphtalin aus α-Naphtalinsulfosäurechlorid.

Die genannte Reaction[3] hat in einer grossen Zahl von Fällen Anwendung gefunden. Sie gestattet die Darstellung von Dichlornaphtalinen aus Naphtalindisulfosäuren[4]; ferner kann sie zur Gewinnung von Chlornaphtalinen dienen, welche noch andere Substituenten im Molecül enthalten; namentlich aber hat man sie in Verbindung mit den weiter unten besprochenen Reactionen dazu benutzt, um Naphtylamin-, Nitronaphtalin- und Naphtol-Sulfosäuren in Dichlornaphtaline zu verwandeln und dadurch die Constitution dieser substituirten Naphtalinsulfosäuren zu ermitteln (vgl. S. 329, 330).

In analoger Weise wie Phosphorpentachlorid wirkt Phosphorpentabromid auf die Naphtalinsulfosäuren ein[5], indem zunächst Sulfobromide entstehen, welche dann in Bromnaphtaline übergehen.

---

[1] Ann. **114**, 145 (1860).

[2] Rimarenko, Ber. **9**, 665 (1876). — Cleve, Ber. **10**, 1723 (1877).

[3] Ueber ihre Zuverlässigkeit für Constitutionsbestimmungen vgl. Armstrong u. Wynne, Chem. Centralbl. **1897 II**, 551.

[4] Cleve, Bull. [2] **26**, 244 (1876). — Armstrong, Ber. **15**, 204 (1882).

[5] Jolin, Bull. [2] **28**, 517 (1877). Ber. **12**, 1715 (1879). — Forsling, Ber. **22**, 619, 1401, 1402 (1889).

An Stelle der Sulfosäuren können zu dieser Reaction auch die Sulfone benutzt werden[1]. So entsteht aus dem ββ-Dinaphtylsulfon beim Erhitzen mit Phosphorpentachlorid auf 180° β-Chlornaphtalin und β-Naphtalinsulfosäurechlorid:

$$C_{10}H_7 \cdot SO_2 \cdot C_{10}H_7 + PCl_5 = C_{10}H_7 \cdot Cl + ClSO_2 \cdot C_{10}H_7 + PCl_3 .$$

DE KONINCK und MARQUART[2] machten im Jahre 1872 die Beobachtung, dass auch α-Nitronaphtalin beim Erwärmen mit Phosphorpentachlorid in α-Chlornaphtalin übergeht, — eine Reaction, die um so auffallender ist, als sie in der Benzolreihe nicht anwendbar ist; denn das Nitrobenzol wird durch Phosphorpentachlorid bei 180° nicht verändert. Indem man diese Reaction mit derjenigen combinirt, welche zum Ersatz der Sulfogruppen durch Chlor führt, kann man aus den Nitrosulfosäuren des Naphtalins Dichlornaphtaline gewinnen[3].

Auch bei dieser Reaction lässt sich der Chlorphosphor durch Bromphosphor ersetzen; es können also auch Bromnaphtaline in dieser Weise hergestellt werden[4].

Als ein weiteres Ausgangsmaterial für Chlor- und Brom-Naphtaline können die Phenole der Naphtalinreihe, die Naphtole, Verwendung finden[5]. Diese werden durch Chlor- oder Brom-Phosphor in die entsprechenden Halogennaphtaline übergeführt (vgl. Bd. II, Th. I, S. 117), z. B.:

$$C_{10}H_7 \cdot OH + PCl_5 = C_{10}H_7 \cdot Cl + HCl + POCl_3 .$$

In ähnlicher Weise wie die Naphtole reagiren das α-Naphtochinon und seine Derivate mit Phosphorpentachlorid[6], doch findet hier gleichzeitig ein weiterer Eintritt von Chloratomen statt, so dass die Reaction zur Darstellung hoch chlorirter Naphtaline Verwendung finden kann.

In Verbindung mit der oben besprochenen Umwandlung der Naphtalinsulfosäuren bezw. ihrer Chloride in Chlornaphtaline lässt sich dieses Verhalten der Naphtole für die Ueberführung von Naphtolsulfosäuren in Dichlornaphtaline verwenden[7]; hierbei entstehen zunächst gechlorte Naphtole und aus diesen bei weiterer Einwirkung von Phosphorpentachlorid Dichlornaphtaline:

1. $C_{10}H_6(OH) \cdot SO_2Cl + PCl_5 = C_{10}H_6(OH) \cdot Cl + SOCl_2 + POCl_3;$
2. $C_{10}H_6(OH) \cdot Cl + PCl_5 = C_{10}H_6Cl_2 + POCl_3 + HCl .$

---

[1] CLEVE, Bull. [2] **25**, 257 (1876).

[2] Ber. **5**, 11 (1872). — Vgl. ATTERBERG, Ber. **9**, 317, 926, 1187, 1730 (1876).

[3] CLEVE, Ber. **19**, 2179 (1886); **23**, 954 (1890).

[4] JOLIN, Bull. [2] **28**, 514 (1877). Ber. **12**, 1715 (1879).

[5] RIMARENKO, Ber. **9**, 663 (1876). — CLEVE u. JUHLIN-DANNFELT, Bull. [2] **25**, 258 (1876). — CANZONERI, Ber. **16**, 422 (1883). — BRUNEL, Ber. **17**, 1179 (1884). — CLEVE, Ber. **21**, 893, 896 (1888).

[6] GRÄBE, Ann. **149**, 8 (1869). — CLAUS u. v. D. LIPPE, Ber. **16**, 1016 (1883).

[7] CLAUS u. ZIMMERMANN, Ber. **14**, 1483 (1881). — CLAUS u. OEHLER, Ber. **15**, 314 (1882). — CLAUS u. KNYRIM, Ber. **18**, 2924 (1885). — CLAUS u. VOLZ, Ber. **18**, 3158 (1885). — CLAUS u. MIELCKE, Ber. **19**, 1182 (1886). — CLAUS u. SCHMIDT, Ber. **19**, 3174 (1886).

Die Umwandlung der Naphtolsulfosäuren in Dichlornaphtaline hat in vielen Fällen zur Feststellung der Constitution der ersteren Verwendung gefunden.

Am häufigsten sind wohl Naphtylamine über die Diazoverbindungen in Halogennaphtaline übergeführt worden. Diese Umwandlung lässt sich ebenso wie in der Benzolreihe in sehr mannigfaltiger Weise ausführen (vgl. Bd. II, Th. I, S. 291). So sind die sämmtlichen vier Halogene durch Erwärmen der Diazonaphtaline mit den Halogenwasserstoffsäuren in den Naphtalinkern eingeführt worden[1]: eine Reaction, die namentlich zur Gewinnung der β-Halogennaphtaline von Werth ist. Zur Darstellung der Bromnaphtaline lassen sich ferner die Diazonaphtalinperbromide verwenden[2]; das β-Chlornaphtalin ist auch aus dem Diazoniumchlorid mit Benzol und Aluminiumchlorid dargestellt worden[3]. Am wichtigsten aber sind hier ebenso wie in der Benzolreihe die Methoden von Sandmeyer[4] und von Gattermann[5] (vgl. Bd. II, Th. I, S. 291 u. 292), welche dort bereits eingehend besprochen worden sind.

Wie man sieht, gestattet diese Reaction die Ueberführung von Naphtylaminsulfosäuren in Chlornaphtalinsulfosäuren. Indem man die letzteren mit Phosphorpentachlorid behandelt, gelangt man alsdann zu Dichlornaphtalinen, in denen die Substituenten dieselben Stellungen einnehmen, wie in den Naphtylaminsulfosäuren, von denen man ausgegangen ist, was für die Kenntniss der Constitution dieser Säuren von wesentlichem Werth ist.

Die aus den Naphtylaminsulfosäuren bei der Diazotirung entstehenden freien Diazonaphtalinsulfosäuren lassen sich auch durch Erhitzen mit Phosphorpentachlorid — gelöst in Phosphor-Trichlorid oder -Oxychlorid — in einer Operation in Dichlornaphtaline überführen[6].

Endlich sei noch erwähnt, dass das α-Brom- bezw. α-Jod-Naphtalin auch aus dem später zu besprechenden Quecksilberdinaphtyl durch Behandeln mit Brom bezw. Jod erhalten worden sind[7], wobei zunächst eine Abspaltung des einen Naphtalin-

---

[1] Cleve, Bull. [2] **26**, 241 (1876). — Palm, Ber. **9**, 500 (1876). — Liebermann u. Palm, Ann. **183**, 270 (1876). — Jacobson, Ber. **14**, 804 (1881). — Gasiorowski u. Wayss, Ber. **18**, 1939 (1885). — Nölting, Ber. **19**, 135 (1886). — Mauzelius, Ber. **22**, 1844 (1889). — Ekbom u. Mauzelius, Ber. **22**, 1846 (1889). — Valentiner u. Schwarz, D. R.-Pat. Nr. 96153; Friedländer V, 911.

[2] Palm, Ber. **9**, 500 (1876). — Liebermann u. Palm, Ann. **183**, 268 (1876). — Meldola, Ber. **16**, 421 (1883).

[3] Möhlau u. Berger, Ber. **26**, 1994 (1893).

[4] Lellmann u. Remy, Ber. **19**, 810 (1886). — Forsling, Ber. **20**, 76, 2099 (1887); **21**, 3495 (1888); **22**, 619, 1400 (1889). — Cleve, Ber. **20**, 1991 (1887). — Chattaway u. Lewis, Journ. Soc. **65**, 875 (1894). — Scheid, Ber. **34**, 1813 (1901).

[5] Gattermann, Ber. **23**, 1221 (1890). — Oddo, Gazz. chim. **20**, 639 (1890). — Friedländer u. Szymanski, Ber. **25**, 2076 (1892).

[6] Erdmann, Ber. **20**, 3185 (1887). Ann. **247**, 350 (1888); **275**, 214, 255 (1893).

[7] Otto, Ann. **147**, 174, 175 (1868); **154**, 189 (1870). — Vgl. Heumann u. Köchlin, Ber. **16**, 1627 (1883).

restes und dann vollkommene Spaltung der Quecksilberverbindung eintritt. Auf diese Weise ist das α-Jodnaphtalin zuerst hergestellt worden:

$$1.\quad (C_{10}H_7)_2Hg + J_2 = C_{10}H_7 \cdot HgJ + C_{10}H_7 \cdot J;$$

$$2.\quad C_{10}H_7 \cdot Hg \cdot J + J_2 = C_{10}H_7 \cdot J + HgJ_2.$$

Eine eigenthümliche Wirkung ruft das Aluminiumchlorid hervor, wenn es mit α-Chlor- oder α-Brom-Naphtalin in Schwefelkohlenstofflösung erhitzt wird[1]: es findet hierbei eine partielle Umlagerung der α-Halogennaphtaline in die β-Verbindungen statt.

Auf synthetischem Wege sind einige Dichlornaphtaline von Erdmann und Kirchhoff[2] dargestellt worden. Diese Methode, welche eine weitere Ausbildung der Fittig-Erdmann'schen Synthese des α-Naphtols aus Benzylidenpropionsäure (vgl. S. 297) darstellt, hat zwar nur einen untergeordneten Werth als Darstellungsmethode der Dichlornaphtaline, doch ist sie von Wichtigkeit für die Erkennung der Constitution der Dichlornaphtaline gewesen.

Die in Rede stehende Reaction[3] geht aus von den aus den Monochlorbenzaldehyden und Bernsteinsäureanhydrid mittels Kaliumacetat entstehenden Chlorphenylparaconsäuren (vgl. Bd. II, Th. I, S. 697):

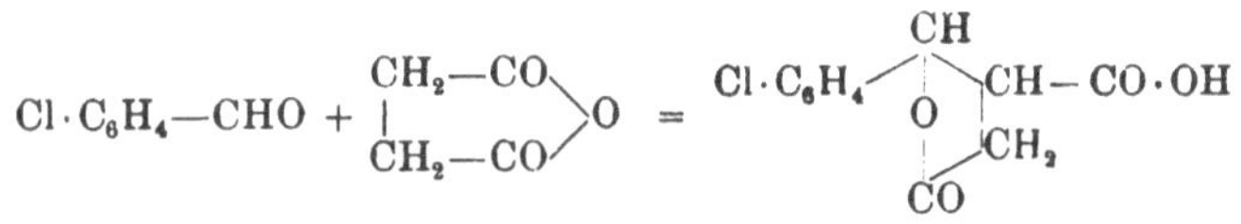

Bei der trockenen Destillation bilden diese Säuren unter Abspaltung von Kohlensäure und Wasser Chlornaphtole, indem zunächst unter Kohlensäureabspaltung Chlorbenzylidenpropionsäuren entstehen:

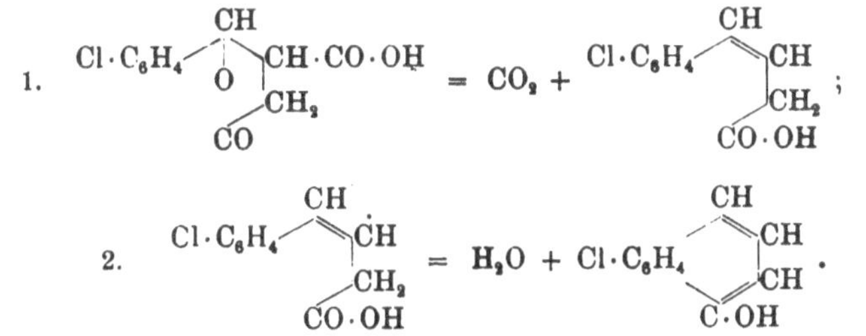

Aus der o- bezw. p-Chlorphenylparaconsäure kann auf diese Weise nur je ein Chlornaphtol von bestimmter Constitution entstehen, nämlich:

aus o-Chlorphenylparaconsäure 5-Chlornaphtol(1),

aus p-Chlorphenylparaconsäure 7-Chlornaphtol(1);

[1] Roux, Ann. ch. [6] **12**, 343, 349 (1887). Bull. [2] **45**, 510 (1886).

[2] Ann. **247**, 366 (1888).

[3] Vgl. auch: Armstrong u. Wynne, Ber. **24 Ref.**, 655 (1891). — Erdmann, Ann. **275**, 255 Anm. (1893).

die m-Chlorphenylparaconsäure dagegen kann der Theorie nach zwei isomere Produkte bilden, das 6-Chlornaphtol(1) und das 8-Chlornaphtol(1):

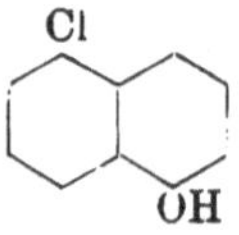

5-Chlornaphtol(1)

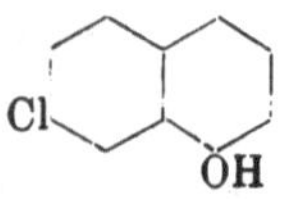

7-Chlornaphtol(1)

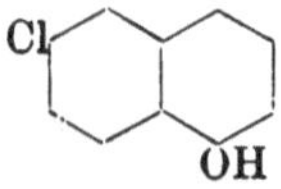

6-Chlornaphtol(1)

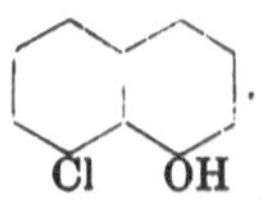

8-Chlornaphtol(1)

Es konnte bewiesen werden[1], dass die aus der m-Chlorphenylparaconsäure entstehende Verbindung das 6-Chlornaphtol(1) ist. Werden nun diese Chlornaphtole mit Phosphorpentachlorid behandelt, so gehen sie in die entsprechenden Dichlornaphtaline über, deren Constitution damit bekannt ist.

Auch noch ein viertes Dichlornaphtalin, die 1-3-Verbindung, konnte Erdmann[2] auf synthetischem Wege gewinnen. Die aus dem o-p-Dichlorbenzaldehyd und Bernsteinsäureanhydrid entstehende o-p-Dichlorphenylparaconsäure liefert bei der Destillation das 5.7-Dichlornaphtol(1) (Formel I):

I

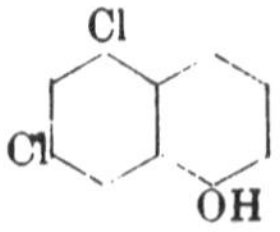

II

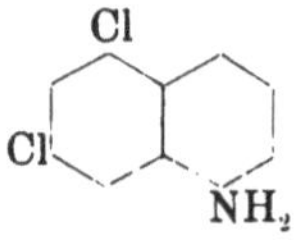

III

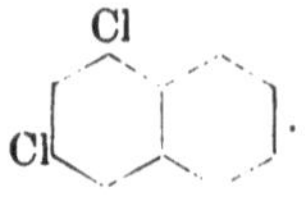

In dieser Verbindung kann die Hydroxylgruppe durch die Amidogruppe ersetzt werden (vgl. S. 346—348), und das so entstehende Dichlornaphtylamin (Formel II) ergiebt nach Eliminirung der Amidogruppe mittels der Diazoreaction 1.3-Dichlornaphtalin (Formel III).

Damit ist also von vier Dichlornaphtalinen die Constitution mit Sicherheit festgestellt. Nicht so einfach gestaltete sich die Erkennung der Stellung der Chloratome in den anderen Dichlornaphtalinen, doch ist es im Laufe der Zeit gelungen, nicht nur die sämmtlichen zehn theoretisch möglichen Isomeren darzustellen, sondern auch die Frage nach der Stellung der Substituenten in jeder dieser Verbindungen zu beantworten. Die Dichlornaphtaline können somit als Grundlagen für die Constitutionsbestimmung der Naphtalinderivate und namentlich der Biderivate dienen, zumal nach den oben besprochenen Reactionen eine grosse Zahl von Substituenten durch Chlor ersetzt werden kann (vgl. S. 328—330). Für die Sicherung dieser Grundlagen sind die systematischen Untersuchungen von Armstrong und Wynne über Stellungsfragen in der Naphtalinreihe von hohem Werth gewesen; diesen Forschern ist es auch

[1] Vgl. auch: Armstrong u. Wynne, Ber, **24 Ref.**, 655 (1891).

[2] Ber. **21**, 3444 (1888). Ann. **275**, 259 (1893). — Erdmann u. Schwechten, Ann. **275**, 283 (1893).

gelungen[1], die 14 theoretisch möglichen Trichlornaphtaline darzustellen und in ihrer Constitution zu bestimmen.

In der ersten der hier folgenden Tabellen sind die Monohalogennaphtaline, in der zweiten die Dichlornaphtaline zusammengestellt.

Tabelle Nr. 78.

Empirische Formel	Bezeichnung	Schmelzpunkt	Siedepunkt	Specifisches Gewicht
$C_{10}H_7Fl$	α-Fluornaphtalin[1] . . .	flüssig	216·5° (i. D.)	1·135 (0°)
„	β-Fluornaphtalin[1,2] . .	59°	212·5°	—
$C_{10}H_7Cl$	α-Chlornaphtalin[3—9,34,35,37]	flüssig	263° (i. D.)	1·1938 (20°/4°)
„	β-Chlornaphtalin[8,10—19,40] .	56°	264—266° (corr.) (751 mm)	1·2656 (16°)
$C_{10}H_7Br$	α-Bromnaphtalin[16,20—28,35,38]	+4—5°	279·5° (i. D.) (753·1 mm)	1·48875 (16·5°)
„	β-Bromnaphtalin[3,12,13,16,29—31,35]	59°	281—282° (corr.) (760 mm)	1·605 (0°)
$C_{10}H_7J$	α-Jodnaphtalin[16,22,28,32,35,36]	flüssig	305°	—
„	β-Jodnaphtalin[28,33,35,36,39] .	54·5°	308—310° (corr.)	—

Literatur zu der Tabelle Nr. 78. [1] Ekbom u. Mauzelius, Ber. **22**, 1846 (1889). — [2] Valentiner u. Schwarz, D. R.-Pat. Nr. 96153. — [3] Laurent, Ann. ch. **59**, 199, 216 (1835). — [4] Carius, Ann. **114**, 145 (1860). — [5] Faust u. Saame, Ann. **160**, 68 (1871). — [6] de Koninck u. Marquart, Ber. **5**, 11 (1872). — [7] Atterberg, Ber. **9**, 317, 926 (1876). — [8] Gasiorowski u. Wayss, Ber. **18**, 1939, 1940, 1941 (1885). — [9] Töhl u. Eberhard, Ber. **26**, 2945 (1893). — [10] Cleve, Bull. [2] **25**, 257 (1876). — [11] Cleve u. Juhlin-Dannfelt, Bull. [2] **25**, 258 (1876). — [12] Palm, Ber. **9**, 500 (1876). — [13] Liebermann u. Palm, Ann. **183**, 268, 270 (1876). — [14] Rimarenko, Ber. **9**, 663, 665 (1876). — [15] Heumann u. Köchlin, Ber. **16**, 1627 (1883). — [16] Roux, Ann. ch. [6] **12**, 342, 343, 349, 350 (1887). — [17] Gattermann, Ber. **23**, 1221 (1890). — [18] Möhlau u. Berger, Ber. **26**, 2000 (1893). — [19] Chattaway u. Lewis, Journ. Soc. **65**, 875 (1894). — [20] Wahlforss, Ztschr. Chem. **1865**, 3. — [21] Glaser, Ann. **135**, 40 (1865). — [22] Otto, Ann. **147**, 174, 175 (1868). — [23] Rother, Ber. **4**, 850 (1871). — [24] Merz u. Weith, Ber. **10**, 756 (1877). — [25] Gnehm, Ber. **15**, 2721 (1882). — [26] Guareschi, Ann. **222**, 262 (1884). — [27] Nasini u. Bernheimer, Gazz. chim. **15**, 84 (1885). — [28] Edinger u. Goldberg, Ber. **33**, 2882, 2885 (1900). — [29] Brunel, Ber. **17**, 1179 (1884). — [30] Lellmann u. Remy, Ber. **19**, 810 (1886). — [31] Oddo, Gazz. chim. **20**, 639 (1890). — [32] Nölting, Ber. **19**, 135 (1886). — [33] Jacobson, Ber. **14**, 804 (1881). — [34] Rymarenko, Beilstein's Handbuch, 3. Aufl. Bd. II, S. 185. — [35] Klages u. Liecke, J. pr. [2] **61**, 315, 323 (1900). — [36] Kalle & Co., D. R.-Pat. Nr. 123746. — [37] Kahlbaum, Ztschr. f. physik. Chem. **26**, 646 (1898). — [38] Kym, J. pr. [2] **51**, 326 (1895). — [39] Hirtz, Ber. **29**, 1408 (1896). — [40] Scheid, Ber. **34**, 1813 (1901).

[1] Vgl. Ber. **29 Ref.**, 227 (1896).

Tabelle Nr. 79.

Dichlornaphtaline, $C_{10}H_6Cl_2$.

Stellung der Substituenten	Schmelzpunkt	Siedepunkt
1.2 [3,4]	34—35°	280—282°
1.3 [5,6,7]	61°	289°
1.4 [1,2,7—18]	67—68°	286—287° (740 mm)
1.5 [18—19,34]	107°	—
1.6 [14,16,19—23,35,36] .	48°	—
1.7 [19,21—26,34,37] . .	63—64°	286°
1.8 [17,27,31] . . .	83°	—
2.3 [7,28,29] . . .	120°	—
2.6 [21,23,25,30—32] .	135°	285°
2.7 [21,23,30,33] . . .	114°	—

Literatur zu der Tabelle Nr. 79. [1] Faust u. Saame, Ann. **160**, 69, 70 (1871). — [2] Krafft u. Becker, Ber. **9**, 1089 (1876). — [3] Cleve, Ber. **20**, 1991 (1887); **21**, 896 (1888); **24**, 3475 (1891); **25**, 2487 (1892). — [4] Bäckström, Ber. **20**, 1991 (1887). — [5] Cleve, Bull. [2] **29**, 415 (1878). Ber. **19**, 2181 (1886); **20**, 449 (1887); **23**, 954 (1890). — [6] Erdmann, Ber. **21**, 3445 (1888). Ann. **275**, 259, 260 (1893). — [7] Armstrong u. Wynne, Ber. **24 Ref.**, 712, 713 (1891). — [8] Hermann, Ann. **151**, 81 (1869). — [9] Cleve, Bull. [2] **26**, 242 (1876). Ber. **10**, 1723 (1877); **20**, 72 (1887). — [10] Atterberg, Ber. **9**, 1187, 1189 (1876). — [11] Jolin, Bull. [2] **28**, 516 (1877). — [12] Kanonnikow, J. pr. [2] **31**, 348 (1885). — [13] Erdmann, Ann. **247**, 351, 353, 354 (1888). — [14] Cleve, Bull. [2] **26**, 448, 450 (1876). — [15] Atterberg, Ber. **9**, 317, 1188 (1876). — [16] Armstrong, Ber. **15**, 204, 205 (1882). — [17] Ekstrand, Ber. **18**, 2886 (1885). — [18] Erdmann, Ber. **20**, 3185 (1887). — [19] Erdmann u. Kirchhoff, Ann. **247**, 378, 379 (1888). — [20] Forsling, Ber. **20**, 2105 (1887). — [21] Armstrong u. Wynne, Ber. **24 Ref.**, 653, 655 (1891). — [22] Friedländer u. Szymanski, Ber. **25**, 2081, 2083 (1892). — [23] Erdmann, Ann. **275**, 215, 257, 280, 282 (1893). — [24] Claus u. Volz, Ber. **18**, 3158 (1885). — [25] Arnell, Bull. [2] **45**, 184 (1886). — [26] Forsling, Ber. **19**, 1716 (1886); **20**, 2102 (1887). — [27] Atterberg, Ber. **9**, 1730, 1732 (1876); **10**, 548 (1877). — [28] Leeds u. Everhart, Journ. amer. Soc. **2**, 211 (1880). — [29] Widman, Ber. **15**, 2160, 2162 (1882). — [30] Cleve, Bull. [2] **26**, 244, 245 (1876). Ber. **10**, 1724 (1877). — [31] Claus u. Zimmermann, Ber. **14**, 1483 (1881). — [32] Forsling, Ber. **20**, 76 (1887). — [33] Bayer u. Duisberg, Ber. **20**, 1432 (1887). — [34] Armstrong u. Wynne, Chem. Centralbl. **1897 II**, 553. — [35] Friedländer u. Kielbasinski, Ber. **29**, 1981 (1896). — [36] Kehrmann u. Matis, Ber. **31**, 2419 (1898). — [37] Jacchia, Ann. **323**, 118 (1902).

Einzelne Verbindungen:

Naphtalindichlorid[1], $C_{10}H_8Cl_2$, ist flüssig, riecht ähnlich dem Naphtalin und löst sich leicht in organischen Lösungsmitteln. Bei 40—50°, rascher beim Kochen oder bei der Behandlung mit alkoholischem Kali zerfällt es in Salzsäure und α-Chlornaphtalin (daneben entsteht eine kleine Menge β-Chlornaphtalin).

---

[1] Laurent, Ann. ch. **59**, 198 (1835). — Armstrong u. Wynne, Ber. **24 Ref.**, 713 (1891).

Naphtalintetrachlorid[1], $C_{10}H_8Cl_4$, bildet grosse Rhomboëder vom Schmelzpunkt 182° und löst sich wenig in kochendem Alkohol, leichter in Aether. Bei langem Kochen mit Wasser werden zwei Chloratome gegen Hydroxyle ausgetauscht und es entsteht die Verbindung $C_{10}H_8(Cl_2)(OH)_2$[2] (vgl. Kap. 55).

α-**Bromnaphtalin** (vgl. Tabelle Nr. 78), stellt man dar[3] durch Zusatz der berechneten Menge Brom zu einer Lösung von Naphtalin in Schwefelkohlenstoff. Es wird — wie auch andere möglichst farblose Flüssigkeiten von hohem Lichtbrechungsvermögen — für krystallographische Messungen in solchen Fällen angewendet, in welchen der scheinbare Winkel der optischen Axen grösser als 180° ist, in Luft also totale Reflexion der den optischen Axen parallelen Strahlen eintreten würde.

Bezüglich der **Dichlornaphtaline** sei die merkwürdige Beobachtung[4] hervorgehoben, dass sich 1.8-Dichlornaphtalin beim Erhitzen mit conc. Salzsäure auf 290° fast vollständig zu 1.5-Dichlornaphtalin umlagert. Bei keinem der isomeren Dichlornaphtaline konnte ein ähnliches Verhalten wahrgenommen werden.

Perchlornaphtalin[5], $C_{10}Cl_8$, bildet lange dünne Nadeln vom Schmelzpunkt 203° und siedet bei 403°.

Naphtalinsulfosäuren.

Im Jahre 1826 untersuchte FARADAY[6] die Einwirkung concentrirter Schwefelsäure auf das Naphtalin. Er fand, dass dabei zwei isomere Monosulfosäuren $C_{10}H_7 \cdot SO_3H$ entstehen, deren Bariumsalze charakteristische Verschiedenheiten aufweisen.

Die genauere Kenntniss der Vorgänge, welche zur Bildung dieser beiden Naphtalinsulfosäuren führen, verdanken wir den Untersuchungen von MERZ[7], welcher zeigte, dass bei niederer Temperatur — bis 80° — hauptsächlich *α*-Naphtalinsulfosäure gebildet wird, bei höherer Temperatur (160°) dagegen ausschliesslich die *β*-Säure entsteht.

Die Salze der *α*-Säure sind im allgemeinen leichter löslich als die der *β*-Säure, so dass hierauf ein Trennungsverfahren der beiden Isomeren gegründet werden konnte. Am besten lässt sich die Trennung mittels der Bleisalze ausführen.

Das Auftreten zweier verschiedener Verbindungen je nach der Höhe

---

[1] LAURENT, Ann. ch. **59**, 201 (1835). — FAUST u. SAAME, Ann. **160**, 66 (1871). — SCHWARZER, Ber. **10**, 379 (1877). — FISCHER, Ber. **11**, 735, 1411 (1878). — LEEDS u. EVERHART, Journ. amer. Soc. **2**, 205 (1880). — KANONNIKOW, J. pr. [2] **31**, 348 (1885). — HELBIG, Ber. **28**, 505 (1895). — ORNDORFF u. MOYER, Am. Journ. **19**, 262 (1897).

[2] GRIMAUX, Bull. [2] **18**, 205 (1872); [2] **19**, 396 (1873). Ber. **5**, 391, 483, 827 (1872); **6**, 34, 267 (1873).

[3] GLASER, Ann. **135**, 41 (1865).

[4] ARMSTRONG u. WYNNE, Chem. Centralbl. **1897 II**, 553.

[5] BERTHELOT, Bull. [2] **9**, 295 (1868). — BERTHELOT u. JUNGFLEISCH, Bull. [2] **9**, 447 (1868). — RUOFF, Ber. **9**, 1486 (1876). — CLAUS u. WENZLIK, Ber. **19**, 1165 (1886). — CLAUS u. MIELCKE, Ber. **19**, 1182 (1886).

[6] Pogg. **7**, 104 (1826). — Vgl. auch LIEBIG u. WÖHLER, Pogg. **24**, 169 (1832). — REGNAULT, Ann. ch. [2] **65**, 87 (1837). Ann. **22**, 71 (1837).

[7] MERZ, Ztschr. Chem. **1868**, 393. — MERZ u. WEITH, Ber. **3**, 195 (1870). — MERZ u. MÜHLHÄUSER, Ber. **3**, 710 (1870). — Vgl. auch NÄGELI, Bull. [3] **21**, 786 (1899).

der Reactionstemperatur findet in dem Verhalten der α-Naphtalinsulfosäure gegen concentrirte Schwefelsäure seine Erklärung; wird nämlich die α-Säure in schwefelsaurer Lösung erhitzt, so lagert sie sich in die β-Säure um, indem wahrscheinlich in Folge hydrolytischer Spaltung zunächst ein Zerfall in Naphtalin und Schwefelsäure stattfindet und dann bei der herrschenden hohen Temperatur die unter diesen Verhältnissen allein beständige β-Sulfosäure gebildet wird. Diese Erklärung für das Verschwinden der α-Naphtalinsulfosäure beim Arbeiten in höherer Temperatur (vgl. Bd. II, Th. I, S. 385 die analogen Verhältnisse bei o- und p-Phenolsulfosäure) wird dadurch gestützt, dass die α-Säure sich überhaupt im Vergleich zur β-Isomeren als wenig beständig erweist. Sie wird z. B. beim Erhitzen mit Salzsäure auf 200° unter Wasseraufnahme in Schwefelsäure und Naphtalin gespalten[1]:

$$C_{10}H_7 \cdot SO_3H + H_2O = C_{10}H_8 + H_2SO_4,$$

während die β-Säure hierbei unverändert bleibt.

Wird die Menge der Schwefelsäure erhöht, so treten zwei Sulfogruppen in das Naphtalinmolecül ein[2]. Unter den so entstehenden isomeren Naphtalindisulfosäuren finden sich als Hauptprodukte zwei Säuren, welche als α- und β-Naphtalindisulfosäure bezeichnet worden sind. Sie enthalten beide Sulfogruppen in β-Stellungen:

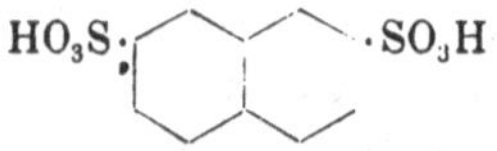

2.7-Disulfosäure (α)

2.6-Disulfosäure (β)

Die Menge der 2.6-Disulfosäure nimmt mit steigender Temperatur und mit der Dauer des Erhitzens zu. Neben diesen beiden Säuren tritt noch eine dritte auf, in welcher eine Sulfogruppe in α-Stellung steht:

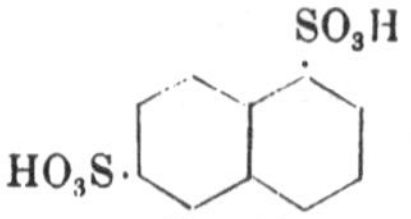

1.6-Disulfosäure

Chlorsulfonsäure, $Cl \cdot SO_3H$, reagirt auf das Naphtalin[3] zunächst ebenso wie Schwefelsäure, indem sie ein Gemenge von α- und β-Naphtalinsulfosäure erzeugt; beim Eintritt weiterer Sulfogruppen aber entsteht je nach der Temperatur entweder die 1.6-Naphtalindisulfosäure, welche sich

[1] Merz, Ztschr. Chem. **1868**, 393. — Vgl. auch Friedländer u. Lucht, Ber. **26**, 3030 (1893).

[2] Berzelius, Pogg. **44**, 377 (1838). Ann. **28**, 9 (1838). — Dusart, Compt. rend. **64**, 859 (1867). Ann. **144**, 124 (1867). — Ebert u. Merz, Ber. **8**, 917 (1875); **9**, 592 (1876). — Armstrong u. Graham, Ber. **14**, 1286 (1881). — Armstrong, Ber. **15**, 204 (1882). — Weinberg, Ber. **20**, 2906 (1887).

[3] Armstrong, Ber. **4**, 357 (1871); **15**, 205 (1882). Journ. Soc. **24**, 176 (1871). — Bernthsen u. Semper, Ber. **20**, 938 (1887).

auch mittels Schwefelsäure als Nebenprodukt herstellen lässt, oder eine Säure, welche von den drei mittels Schwefelsäure erhältlichen isomeren Disulfosäuren verschieden ist, nämlich die 1.5-Naphtalindisulfosäure

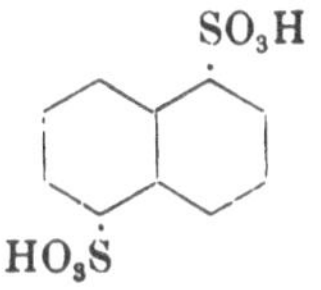

Aus den Disulfosäuren lassen sich durch weitere Einwirkung anhydridhaltiger Schwefelsäure Trisulfosäuren bezw. Tetrasulfosäuren herstellen[1].

Die vier auf directem Wege aus Naphtalin herstellbaren Disulfosäuren sind, wie aus den oben gegebenen Formeln ersichtlich ist, sämmtlich heteronuclear[2].

Zur Darstellung der homonuclearen Naphtalindisulfosäuren ist man daher auf indirecte Methoden angewiesen. Hierzu eignet sich z. B. die LEUCKART'sche[3] Reaction (vgl. Bd. II, Th. I, S. 294), welche von den Naphtylaminsulfosäuren über die Diazoverbindungen zu den Mercaptansulfosäuren der Naphtalinreihe führt. Die letzteren gehen äusserst leicht, oft schon während der Darstellung, in die entsprechenden Disulfide über; werden nun die Disulfide oxydirt, so erhält man die entsprechenden Sulfosäuren. So ist z. B. aus der Naphthionsäure (1.4-Naphtylaminsulfosäure) die 1.4-Naphtalindisulfosäure dargestellt worden:

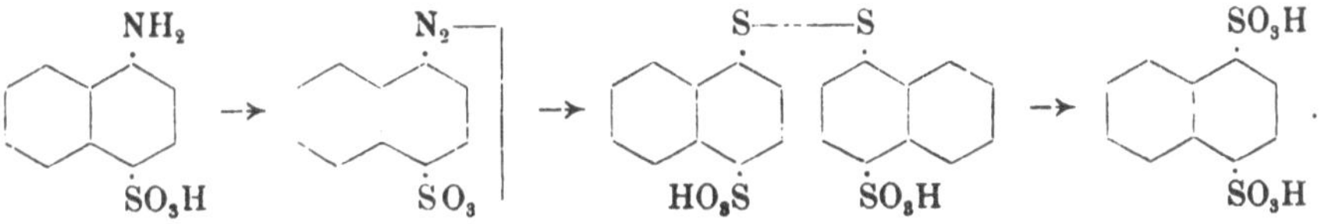

Diese Reactionen führen auch zu Tri- und Tetrasulfosäuren, wenn man von zweifach bezw. dreifach sulfurirten Naphtylaminen ausgeht.

Auch die später (S. 339) zu besprechenden Sulfinsäuren der Naphtalinreihe werden leicht durch Oxydation in Sulfosäuren übergeführt. Enthalten diese Sulfinsäuren gleichzeitig einen Sulfosäurerest, so entstehen Disulfosäuren[4]:

$$C_{10}H_6<^{SO_2H}_{SO_3H} + O = C_{10}H_6<^{SO_3H}_{SO_3H}.$$

Die Naphtalinsulfosäuren sind ebenso wie die Sulfosäuren der Benzolreihe (vgl. Bd. II, Th. I, S. 132) in Wasser leicht lösliche Verbindungen. Zu ihrer Charakterisirung benutzt man vorzugsweise die

[1] SENHOFER, Ber. 8, 1486 (1875). Monatsh. 3, 111 (1883). — CASSELLA & Co., D. R.-Pat. Nr. 75432. — BAYER & Co., D. R.-Pat. Nr. 79054, 80464. — ERDMANN, Ber. 32, 3188 (1899). Vgl. auch GÜRKE u. RUDOLPH, D. R.-Pat. Nr. 38281.

[2] Vgl.: ARMSTRONG u. WYNNE, Ber. 24 Ref., 718 (1891). — JULIUS, Cöthener Chem. Ztg. 18 I, 180 (1894).

[3] LEUCKART, J. pr. [2] 41, 216 (1890). — BAYER & Co., D. R.-Pat. Nr. 70296. — ARMSTRONG u. WYNNE, Ber. 27 Ref., 80 (1894).

[4] GATTERMANN u. PARADEIS, Ber. 32, 1156 (1899). — GATTERMANN u. EGER, Ber. 32, 1156, 1158 (1899).

durch Einwirkung von Phosphorpentachlorid erhältlichen gut krystallisirenden Chloride: $C_{10}H_7 \cdot SO_2Cl$, $C_{10}H_6(SO_2Cl)_2$ u. s. w. Auch die Amide und Anilide der Sulfosäuren können zu dem gleichen Zweck verwendet werden.

Die Sulfogruppen, welche am Naphtalinkern haften, lassen sich durch verschiedene andere Gruppen bezw. Atome ersetzen; zu diesen Umwandlungen benutzt man dieselben Reactionen wie in der Benzolreihe (vgl. Bd. II, Th. I, S. 133—134).

Der Ersatz der Sulfogruppe durch Chlor wurde bereits ausführlich besprochen (S. 328).

Technisch am wichtigsten ist die Ueberführung der Sulfosäuren in die entsprechenden Hydroxylverbindungen, die Naphtole, durch Alkalischmelze:

$$C_{10}H_7 \cdot SO_3K + KOH = C_{10}H_7 \cdot OH + K_2SO_3 .$$

Dieser Umwandlung wegen wird die Sulfurirung des Naphtalins fabrikmässig in grösstem Massstabe ausgeführt.

Von erheblichem Interesse und von Wichtigkeit für Constitutionsbestimmungen ist die Fähigkeit gewisser Naphtalinsulfosäuren (sowie Naphtolsulfosäuren und Naphtylaminsulfosäuren), schon in kalter, verdünnter wässeriger Lösung bei der Behandlung mit Natriumamalgam ihre Sulfogruppe abspalten und durch Wasserstoff ersetzen zu lassen[1]. Es hat sich herausgestellt, dass dieser Reaction mit Leichtigkeit nur die α-ständigen Sulfogruppen zugänglich sind; so wird α-Naphtalinmonosulfosäure sofort unter Abscheidung von Naphtalin und Entwickelung von schwefliger Säure zersetzt, während die β-Säure unter denselben Bedingungen nicht angegriffen wird.

α-Naphtalinsulfosäure[2], $C_{10}H_7 \cdot SO_3H$, bildet eine zerfliessliche Krystallmasse, schmilzt bei 85—90°, löst sich in Alkohol, schwerer in Aether.

Darstellung: 4 Th. Naphtalin werden mit 3 Th. Vitriolöl 8—10 Stunden auf höchstens 80° erhitzt; die Lösung wird in die 10—12 fache Menge Wasser gegossen, von etwa noch unverändertem Naphtalin abfiltrirt und mit Bleicarbonat gesättigt. Beim Verdunsten der Lösung der Bleisalze krystallisirt zuerst das Salz der β-Säure, dann das der α-Säure aus. Beim Kochen des letzteren mit Alkohol bleibt das noch beigemengte β-Salz ungelöst. Es gelingt auch, die α-Naphtalinsulfosäure frei von

---

[1] Friedländer u. Lucht, Ber. **26**, 3030 (1893).

[2] Faraday, Pogg. **7**, 104 (1826). — Liebig u. Wöhler, Pogg. **24**, 169 (1832). — Regnault, Ann. ch. [2] **65**, 87 (1837). Ann. **22**, 71 (1837). — Berzelius, Pogg. **44**, 377 (1838). Ann. **28**, 9 (1838). — Kimberley, Ann. **114**, 129 (1860). — Merz, Ztschr. Chem. **1868**, 393. — Maikopar, Ztschr. Chem. **1869**, 711. — Merz u. Weith, Ber. **3**, 195 (1870). — Merz u. Mühlhäuser, Ber. **3**, 710 (1870). — Armstrong, Ber. **4**, 357 (1871). — Cleve, Bull. [2] **25**, 257 (1876). — Stenhouse u. Groves, Ber. **9**, 682 (1876). — Carleson, Ber. **10**, 1725 (1877). — Krafft u. Roos, Ber. **25**, 2261 (1892); **26**, 2823 (1893). — Erdmann u. Süvern, Ann. **275**, 233, 297 (1893). — Otto, Rössing u. Tröger, J. pr. [2] **47**, 94 (1893). — Otto u. Rössing, J. pr. [2] **47**, 164 (1893). — Bourgeois, Rec. trav. chim. **18**, 439 (1899). — Landshoff u. Meyer, D. R.-Pat. Nr. 50411.

β-Säure herzustellen, wenn man eine geringe Menge des in Arbeit genommenen Naphtalins unsulfurirt verloren giebt.

Das Chlorid, $C_{10}H_7 \cdot SO_2Cl$, krystallisirt in Blättchen vom Schmelzpunkt 68° und siedet bei 147·5° unter 0·9 mm Druck. Der Methylester, $C_{10}H_7 \cdot SO_3CH_3$, bildet trimetrische Tafeln vom Schmelzpunkt 78°. Das Amid, $C_{10}H_7 \cdot SO_2NH_2$, schmilzt bei 150°.

β-Naphtalinsulfosäure[1] bildet nicht zerfliessliche blätterige Krystalle.

Darstellung: Man erhitzt 500 g Naphtalin mit 400 g Vitriolöl acht Stunden lang auf 160° und reinigt die Säure durch Ueberführung in das Calciumsalz.

Das Chlorid krystallisirt in Blättchen vom Schmelzpunkt 76·4° und siedet bei 147·7° unter 0·6 mm Druck. Der Methylester bildet glasglänzende monokline Tafeln vom Schmelzpunkt 56° und siedet bei 224—225° unter 15 mm Druck. Der Aethylester schmilzt bei 11—12°. Das Amid, feine Blättchen, schmilzt bei 212°.

Naphtalinsulfinsäuren.

Sulfinsäuren der Naphtalinreihe bilden sich — nach dem allgemeinen Darstellungsverfahren für die Sulfinsäuren — bei der Reduction der Naphtalinsulfochloride[2] mit Natriumamalgam oder Zinkstaub (vgl. Bd. I, S. 225; Bd. II, Th. I, S. 139):

$$C_{10}H_7 \cdot SO_2Cl + Na_2 = C_{10}H_7 \cdot SO_2Na + NaCl.$$

Ferner erhält man die Sulfinsäuren nach einer von GATTERMANN aufgefundenen Reaction, wenn man die Diazoverbindungen der Naphtalinreihe in saurer Lösung mit wässeriger schwefliger Säure und Kupferpulver behandelt[3]:

$$C_{10}H_7 \cdot N_2 \cdot SO_4H + Cu + SO_2 = C_{10}H_7 \cdot SO_2H + CuSO_4 + N_2.$$

Nitrosonaphtaline.

Nach der BAEYER'schen Methode (vgl. Bd. II, Th. I, S. 146) entsteht α-Nitrosonaphtalin, wenn Quecksilberdinaphtyl mit Nitrosylbromid in Schwefelkohlenstofflösung behandelt wird[4]:

$$(C_{10}H_7)_2Hg + NOBr = Br \cdot Hg \cdot C_{10}H_7 + C_{10}H_7 \cdot NO.$$

Zwei bei der Oxydation der beiden Naphtochinondioxime entstehende Verbindungen[5] von der empirischen Formel $C_{10}H_6(NO)_2$, welche als Dinitrosonaphtaline beschrieben worden sind, müssen wohl ihrer Entstehungsart und ihren Eigenschaften nach als Dioximhyperoxyde aufgefasst werden (vgl. unter Naphtochinonoximen, sowie Bd. II, Th. I, S. 147):

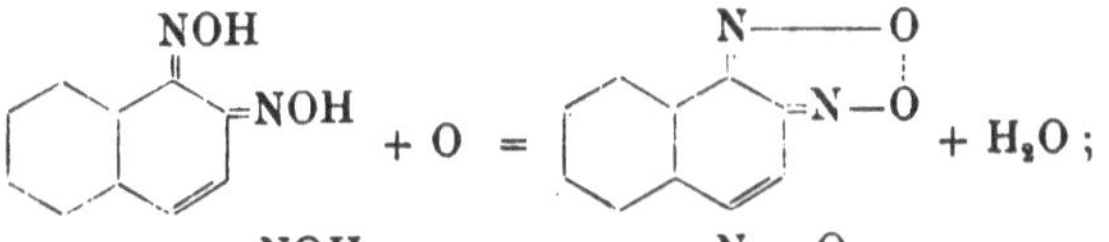

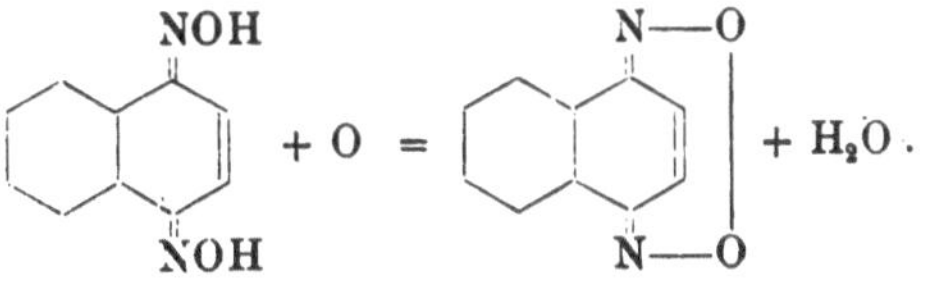

[1] Siehe Fussnote 2 S. 338.

[2] GESSNER, Ber. **9**, 1500 (1876). — OTTO, RÖSSING u. TRÖGER, J. pr. [2] **47**, 94 (1893). — Vgl. auch ERDMANN u. SÜVERN, Ann. **275**, 305 (1893).

[3] GATTERMANN, Ber. **32**, 1136 (1899).

[4] BAEYER, Ber. **7**, 1639 (1874); **8**, 615 (1875).

[5] KOREFF, Ber. **19**, 183 (1886). — ILINSKY, Ber. **19**, 349 (1886). — NIETZKI u. GUITERMANN, Ber. **21**, 434 (1888).

Nitronaphtaline.

Die Einwirkung der Salpetersäure auf Naphtalin wurde zuerst von Laurent[1], später von Piria und Anderen untersucht. Bei dieser Reaction entstehen je nach der Temperatur, Menge und Stärke der angewandten Säure verschiedene Nitroverbindungen und weitere Oxydationsprodukte derselben.

In der Kälte oder bei wenig erhöhter Temperatur bildet sich α-Mononitronaphtalin[2] und zwar ohne jede Beimischung der β-Verbindung. Auch bei höherer Temperatur bildet sich die β-Mononitroverbindung nicht, es findet vielmehr — besonders bei Gegenwart von Schwefelsäure — ein weiterer Eintritt von Nitrogruppen statt, und auch dieser erfolgt zunächst nur in α-Stellung und zwar in dem noch nicht substituirten Benzolkern. Es entstehen nämlich durch Eintritt zweier Nitrogruppen[3] in das Naphtalin die Dinitronaphtaline:

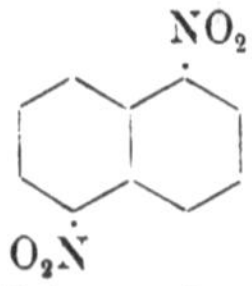

und

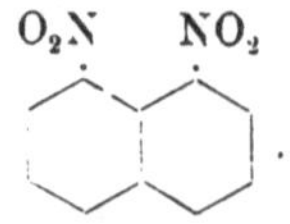

1.5-Dinitronaphtalin (α)   1.8-Dinitronaphtalin (β)

Wird Naphtalin bei extrem niedriger Temperatur (-50^0 bis -60^0) in Salpeterschwefelsäure eingetragen[4], so verläuft die Reaction wesentlich anders, indem neben dem 1.5-Dinitronaphtalin in beträchtlicher Menge das 1.3-Dinitronaphtalin:

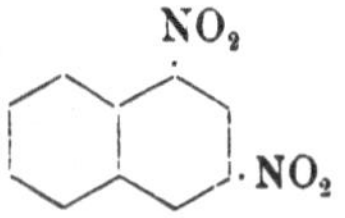

auftritt.

Durch weiteres Nitriren der Dinitronaphtaline oder auch des Naphtalins selbst erhält man Trinitro- und Tetranitro-Naphtaline in mehreren isomeren Formen[5].

---

[1] Ann. ch. [2] **59**, 376 (1835). Ann. **41**, 98 (1842).

[2] Piria, Ann. **78**, 32 (1851). — Roussin, Compt. rend. **52**, 796 (1861). — Aguiar, Ber. **5**, 370 (1872). — Beilstein u. Kuhlberg, Ann. **169**, 81 (1873). — Guareschi, Ber. **10**, 294 (1877). — Beilstein u. Kurbatow, Ann. **202**, 217 (1880). — Nägeli, Bull. [3] **21**, 786 (1899). — Tryller, D. R.-Pat. Nr. 100417. — Vgl. auch Guthrie, Journ. Soc. **13**, 132 (1861). — Leeds, Ber. **13**, 1993 (1880).

[3] Roussin, Compt. rend. **52**, 968 (1861). — Darmstädter u. Wichelhaus, Ann. **152**, 301 (1869). — Aguiar, Ber. **2**, 220 (1869); **3**, 29 (1870); **5**, 370 (1872). — Beilstein u. Kuhlberg, Ann. **169**, 86 (1873). — Beilstein u. Kurbatow, Ber. **13**, 353 (1880). Ann. **202**, 219, 224 (1880). — Vgl. auch Julius, Cöthener Chem. Ztg. **18 I**, 180 (1894). — Gassmann, Ber. **29** 1243, 1521 (1896). — Friedländer, Ber. **32**, 3531 (1899). — Friedländer u. Scherzer, Chem. Centralbl. **1900 I**, 409.

[4] Pictet, Compt. rend. **116**, 815 (1893).

[5] Lautemann u. Aguiar, Bull. [2] **3**, 256 (1865). — Aguiar, Ber. **5**, 370, 897

Das β-Nitronaphtalin lässt sich, wie wir gesehen haben, bei der directen Nitrirung des Naphtalins nicht gewinnen, weil die Nitrogruppe nur die α-Stellung aufsucht. Anders verhält sich das acetylirte α-Naphtylamin; dieses liefert bei der Einwirkung von Salpetersäure neben einem Isomeren ein in β-Stellung nitrirtes Produkt, das 2-Nitro-1-acetnaphtalid (Formel I):

I 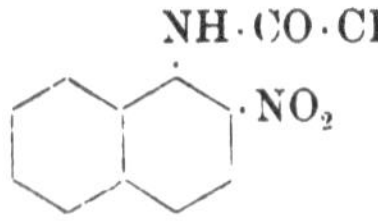, II 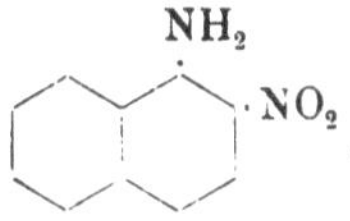, III 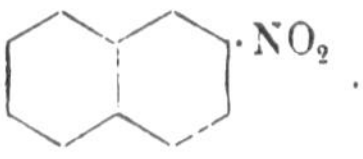.

Durch Abspaltung des Acetylrestes, Diazotiren des Nitronaphtylamins (Formel II) und Behandeln der Diazoverbindung mit Alkohol lässt sich die Acetamidgruppe in dieser Substanz gegen Wasserstoff austauschen, und man erhält das β-Nitronaphtalin[1] (Formel III).

In analoger Weise entsteht aus dem zweifach nitrirten α-Naphtylamin das bereits oben erwähnte 1.3-Dinitronaphtalin[2]:

β-Nitronaphtalin lässt sich indess weit bequemer aus β-Naphtylamin durch Behandlung seiner Diazoverbindung mit einem Gemisch von Cuprocuprisulfit und Kaliumnitritlösung nach der SANDMEYER'schen Reaction (Bd. II, Th. I, S. 294—295) darstellen[3].

Zur Constitutionsbestimmung der mehrfach nitrirten Naphtaline eignen sich verschiedene Methoden. Man ist nicht nur auf die Oxydation zu nitrirten Phtalsäuren angewiesen (vgl. S. 309), sondern kann auch aus der Reduction der Dinitronaphtaline zu den entsprechenden Diaminen und dem Verhalten der letzteren auf die Stellung der Substituenten schliessen (vgl. S. 352—353)[4].

Die Nitronaphtaline sind sämmtlich bei gewöhnlicher Temperatur fest; die höher substituirten Produkte zeichnen sich durch hohe Schmelztemperatur und durch ihre Schwerlöslichkeit aus.

In der Technik finden die durch directe Nitrirung herstellbaren

---

(1872). — BEILSTEIN u. KUHLBERG, Ber. **6**, 647 (1873). Ann. **169**, 81 (1873). — WILL, Ber. **28**, 367, 2234 (1895). — FRIEDLÄNDER, Ber. **32**, 3531 (1899). — KALLE & Co., D. R.-Pat. 117368; Chem. Centralbl. **1901 I**, 347.

[1] LELLMANN u. REMY, Ber. **19**, 236, 796 (1886); **20**, 891 (1887).

[2] LIEBERMANN u. HAMMERSCHLAG, Ann. **183**, 272 (1876). — URBAN, Ber. **20**, 973 (1887). — Vgl. auch: STÄDEL, Ann. **217**, 174 (1883). — GRÄBE u. DREWS, Ber. **17**, 1172 (1884).

[3] SANDMEYER, Ber. **20**, 1496 (1887). — HANTZSCH u. BLAGDEN, Ber. **33**, 2546, 2554 (1900).

[4] Vgl. auch EKSTRAND, Ber. **18**, 2881 (1885). J. pr. [2] **38**, 162 (1888).

Nitronaphtaline in Mischung mit Nitraten Verwendung zur Herstellung von Sprengstoffen[1]. Die hoch nitrirten Produkte sind an sich explosiv.

Der Hauptwerth der Nitronaphtaline besteht aber für die Technik in ihrer Benutzung als Zwischenprodukte zur Darstellung von Naphtylaminen, sowie von gewissen Naphtol- und Naphtochinon-Derivaten. In dieser Beziehung sind die wichtigsten Verbindungen das α-Nitronaphtalin als Ausgangsmaterial für α-Naphtylamin und das 1.5-Dinitronaphtalin wegen seiner Benutzung zur Herstellung des werthvollen Beizenfarbstoffs „Naphtazarin“, eines Dioxynaphtochinons, welches später zu besprechen sein wird.

In den durch mehrere Nitrogruppen oder auch durch eine Nitrogruppe und andere negative Complexe substituirten Naphtalinkörpern wird bei der Einwirkung von rauchender Schwefelsäure oder Alkalien leicht eine Nitrogruppe zur Nitrosogruppe reducirt unter gleichzeitiger Hydroxylirung des para-ständigen Wasserstoffatoms[2], z. B.:

Dinitronaphtalin Nitronitrosonaphtol

Bei der Einwirkung von Natriumalkoholaten wird eine Nitrogruppe durch die Alkoxylgruppe ersetzt[3], z. B.:

$$C_{10}H_4(NO_2)_4 \longrightarrow C_{10}H_4(NO_2)_3 \cdot OCH_3 .$$

α-Nitronaphtalin[4], $C_{10}H_7 \cdot NO_2$, bildet lange, glänzende, feine gelbe Nadeln vom Schmelzpunkt 61° und siedet bei 304°. Das specifische Gewicht des festen Nitronaphtalins beträgt 1·331 bei 4°.

Darstellung im Laboratorium: Man lässt ein Gemisch von 1 Th. Naphtalin mit 5—6 Th. Salpetersäure vom spec. Gew. 1·33 mehrere Tage in der Kälte stehen, filtrirt ab, wäscht mit Wasser und trocknet. Das Rohprodukt wird mit wenig Alkohol angerieben und in kaltem Schwefelkohlenstoff gelöst, darauf filtrirt und das Lösungsmittel abdestillirt. Durch nochmaliges Lösen in wenig Schwefelkohlenstoff lässt sich etwa vorhandenes Dinitronaphtalin abscheiden. Man filtrirt vom Rückstand ab, destillirt wieder den Schwefelkohlenstoff ab und krystallisirt den Rückstand aus Alkohol um.

Darstellung im Grossen[5]: In ein cylindrisches, mit Rührerverschluss versehenes Nitrirgefäss bringt man 200 k Salpetersäure von 43° Bé. und das gleiche

[1] Vgl. auch Krug u. Blomén, Journ. Am. Soc. **19**, 532 (1897).

[2] Friedländer, Ber. **28**, 1535 (1895); **32**, 3528 (1899). — Gräbe, Ber. **32**, 2876 (1899). — Badische Anilin- u. Sodafabrik, D. R.-Pat. Nr. 90414, 91391. — Friedländer u. Scherzer, Chem. Centralbl. **1900 I**, 409.

[3] Will, Ber. **28**, 372 (1895).

[4] Literatur s. S. 340. Ferner: de Koninck u. Marquart, Ber. **5**, 11 (1872). — Liebermann u. Dittler, Ann. **183**, 235 (1876). — Schröder, Ber. **12**, 1613 (1879). — Liebermann u. Jacobson, Ann. **211**, 65 (1882). — R. Schiff, Ann. **223**, 265 (1884). — Kanonnikow, J. pr. [2] **31**, 348 (1885). — Ekstrand, J. pr. [2] **38**, 156 (1888).

[5] Witt, Chem. Industrie **10**, 216 (1887). — Paul, Ztschr. f. angew. Chem. **1897**, 145.

Gewicht Schwefelsäure von 66° Bé. Dieses Gemisch wird behufs Milderung der Reaction mit 600 k Abfallsäure aus einer früheren Nitrirung, welche an sich unwirksam ist, versetzt und unter Rühren bei 45—50° 250 k Naphtalin allmählich eingetragen. Beim Erkalten setzt sich das Nitronaphtalin auf der Oberfläche der Flüssigkeit ab. Es wird mit Wasser ausgekocht und unter Wasserzufluss und Rühren zerkleinert.

β-**Nitronaphtalin**[1] krystallisirt in kleinen gelben Nadeln vom Schmelzpunkt 79°, löst sich leicht in Alkohol, Aether, Chloroform und Eisessig und ist mit Wasserdämpfen flüchtig. Es riecht zimmtartig.

1.5-Dinitronaphtalin[2], $C_{10}H_6(NO_2)_2$, sechsseitige Nadeln vom Schmelzpunkt 214°, löst sich schwer in den gebräuchlichen Lösungsmitteln.

1.8-Dinitronaphtalin[2], bildet rhombische Tafeln vom Schmelzpunkt 170°. In organischen Lösungsmitteln löst es sich leichter als die 1.5-Verbindung.

Nitronaphtalinsulfosäuren.

Die Nitronaphtalinsulfosäuren beanspruchen ein Interesse wegen ihrer nahen Beziehungen zu den als Azofarbstoffcomponenten verwendeten Naphtylaminsulfosäuren (vgl. S. 354 ff.), welche aus ihnen durch Reduction der Nitrogruppe erhalten werden können.

Man stellt sie entweder durch Sulfuriren der Nitronaphtaline oder durch Nitriren der Naphtalinsulfosäuren dar.

α-Nitronaphtalin[3] liefert bei der Einwirkung von rauchender Schwefelsäure eine Sulfosäure, welche auch auf dem umgekehrten Wege, durch Nitriren von α-Naphtalinsulfosäure hergestellt werden kann. Hieraus ergiebt sich, dass in ihr beide Substituenten in α-Stellung stehen müssen. Ihre Constitution ist die einer 1.5-Nitronaphtalinsulfosäure.

Die erstere Methode — Sulfurirung von α-Nitronaphtalin — ergiebt ausser der 1.5-Nitrosulfosäure noch zwei Isomere[4], welche in β-Stellung sulfurirt sind: man erhält also aus α-Nitronaphtalin drei isomere Nitronaphtalinsulfosäuren:

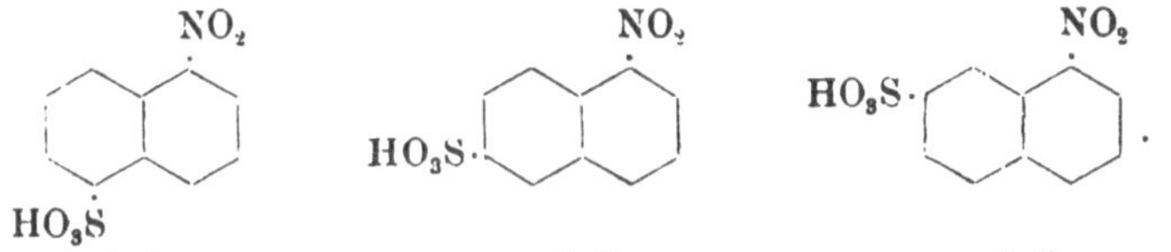

1.5 1.6 1.7

Der letztgenannte Weg — die Nitrirung der α-Naphtalinsulfosäure[5], bei welcher man zweckmässig von dem Chlorid der Säure ausgeht und das entstandene nitrirte

[1] LELLMANN u. REMY, Ber. **19**, 237 (1886). — SANDMEYER, Ber. **20**, 1497 (1887). — HANTZSCH u. BLAGDEN, Ber. **33**, 2554 (1900).

[2] Literatur s. S. 340—341. Ferner: TROOST, Jb. **1861**, 644. — HOLLEMAN, Ztschr. Chem. **1865**, 556. — LEEDS, Ber. **13**, 1993 (1880). — EKSTRAND, J. pr. [2] **38**, 162 (1888). — SCHEID, Ber. **34**, 1814 (1901).

[3] LAURENT, Jb. **1850**, 508. — CLEVE, Bull. [2] **24**, 506 (1875). Ber. **10**, 1722 (1877). — ERDMANN, Ann. **247**, 311 (1888).

[4] PALMAER, Ber. **21**, 3260 (1888).

[5] CLEVE, Bull. [2] **24**, 514 (1875). Ber. **10**, 1722 (1877); **23**, 958 (1890). — SCHULTZ, Ber. **20**, 3162 (1887). — ERDMANN, Ann. **247**, 311 (1888). — ERDMANN u. SÜVERN, Ann. **275**, 230, 298, 302 (1893).

Sulfochlorid alsdann in die Säure überführt, — liefert ausser der erwähnten 1.5-Säure noch zwei weitere Nitrosulfosäuren, welche ebenfalls die Nitrogruppe in α-Stellung enthalten[1]. Wir haben also hier alle drei theoretisch möglichen αα-Nitronaphtalinsulfosäuren vor uns:

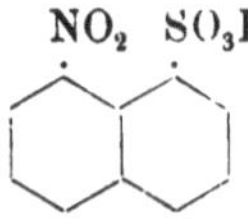

1.8

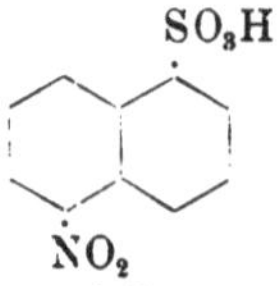

1.5

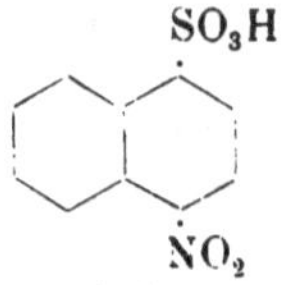

1.4.

Die vorstehende Anordnung entspricht den Mengen der entstehenden Produkte in absteigender Reihe geordnet.

Die β-Naphtalinsulfosäure[2] ist als Bleisalz und in Gestalt ihres Chlorids der Einwirkung der Salpetersäure unterworfen worden. Die Nitrirung führt hier ebenso wie bei der α-Sulfosäure zu drei isomeren Nitrosulfosäuren. Auch diese enthalten sämmtlich die Nitrogruppe in α-Stellung; es sind — wiederum nach den Ausbeuten geordnet — die folgenden:

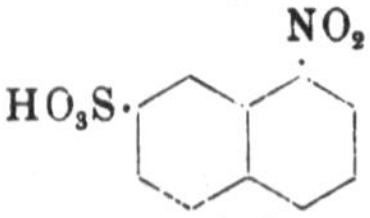

1.7

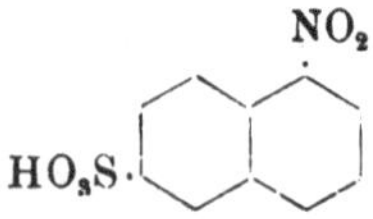

1.6

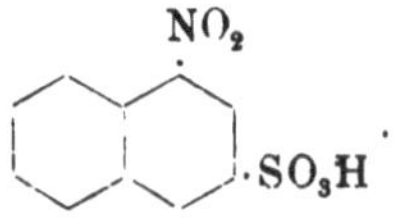

1.3

Die Constitution dieser Nitronaphtalinsulfosäuren lässt sich in der Weise bestimmen, dass man sie zunächst zu Amidonaphtalinsulfosäuren reducirt, diese über die Diazoverbindungen in Chlornaphtalinsulfosäuren überführt und in den letzteren durch Erhitzen mit Phosphorpentachlorid die Sulfogruppe durch Chlor ersetzt (vgl. S. 330)[3]. Sie leiten sich sämmtlich vom α-Nitronaphtalin ab. Von den theoretisch möglichen 7 Sulfosäuren des β-Nitronaphtalins ist bisher keine bekannt.

In der folgenden Tabelle sind die Schmelzpunkte einiger Derivate der bekannten sechs Nitronaphtalinsulfosäuren angegeben[4].

Tabelle Nr. 80.

Stellung der Substituenten in den Nitronaphtalinsulfosäuren $NO_2 : SO_3H$	Schmelzpunkt des			
	Chlorids	Amids	Methylesters	Aethylesters
1.3	139·5°	225°	—	114·5°
1.4	99°	188°	117°	93°
1.5	113°	225°	—	101°
1.6	126°	184°	—	114°
1.7	167°	223°	—	106—107°
1.8	161°	185°	124°	118°

[1] Vgl. Julius, Cöthener Chem. Ztg. **18 I**, 180 (1894).

[2] Cleve, Bull. [2] **26**, 444 (1876); [2] **29**, 414 (1878). Ber. **12**, 1714 (1879); **19**, 2179 (1886). — Erdmann u. Süvern, Ann. **275**, 230, 299, 300, 301 (1893).

[3] Vgl. z. B. Cleve, Ber. **21**, 3271 (1888).

[4] Aus Erdmann u. Süvern, Ann. **275**, 254 (1893).

Amidonaphtaline.

Der nächstliegende Weg, um zu den Amidoderivaten des Naphtalins zu gelangen, besteht in der Reduction der Nitronaphtaline.

Zinin war der erste, welcher das Nitrobenzol in Anilin überführte (vgl. Bd. II, Th. I, S. 165); er hat gleichzeitig auch das α-Nitronaphtalin der Reduction unterworfen [1] und so das entsprechende Amin, das α-Amidonaphtalin oder, wie es allgemein genannt wird, das α-Naphtylamin 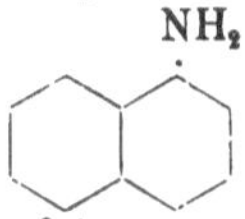 hergestellt. Als Reductionsmittel wendete er auch hier Schwefelammonium in alkoholischer Lösung an.

Eine grosse Zahl anderer Reductionsmittel lässt sich zu diesem Reductionsprocess verwenden; vor allem ist aber hier ebenso wie bei der Anilindarstellung das zuerst von Béchamp [2] benutzte Gemisch von fein vertheiltem Eisen und Säure für den vorliegenden Zweck geeignet; letzteres Reductionsmittel wird in der Industrie [3] für die α-Naphtylamindarstellung allgemein benutzt, so dass also das Verfahren sich eng an dasjenige der Anilingewinnung anreiht.

Das Zinin'sche Reductionsverfahren hat in der Benzolreihe da seinen Werth behalten, wo es sich um die partielle Reduction von Polynitroverbindungen, also um die Herstellung von Nitranilinen handelt (vgl. Bd. II, Th. I, S. 215). In der Naphtalinreihe dagegen führt die Einwirkung alkoholischen Schwefelammoniums im Allgemeinen eine Reduction aller Nitrogruppen herbei [4], und nur unter besonderen Bedingungen gelingt es, die Einwirkung auf eine Nitrogruppe zu beschränken und so z. B. aus dem 1.5-Dinitronaphtalin das 5-Nitro-1-amidonaphtalin zu gewinnen [5].

Bei der Einwirkung energischer wirkender Reductionsmittel auf die Polynitronaphtaline werden stets alle Nitrogruppen reducirt [6]; man kann derart also die Polyamidonaphtaline erhalten, z. B. 1.5-Diamidonaphtalin aus 1.5-Dinitronaphtalin.

Die im Vorstehenden besprochene Darstellungsweise von Amidonaphtalinen ist naturgemäss auf diejenigen Verbindungen beschränkt, welche bezüglich der Stellung der Substituenten den bekannten Nitroderivaten des

---

[1] Zinin, Ann. **44**, 283 (1842). J. pr. **27**, 140 (1842).

[2] Béchamp, Ann. ch. [3] **42**, 188 (1854). Ann. **92**, 401 (1854).

[3] Vgl.: Witt, Chem. Industrie, **10**, 218 (1887). — Paul, Ztschr. f. angew. Chem. **1897**, 145.

[4] Zinin, Ann. **52**, 361 (1844); **85**, 329 (1853).

[5] Beilstein u. Kuhlberg, Ann. **169**, 87 (1873)

[6] Holleman, Ztschr. Chem. **1**, 556 (1865). — Lautemann u. d'Aguiar, Bull. [2] **3**, 263 (1865). — d'Aguiar, Ber. **3**, 27 (1870); **7**, 306 (1874). — Ladenburg, Ber. **11**, 1651 (1878). — Urban, Ber. **20**, 973 (1887). — Erdmann, Ann. **247**, 360, 363 (1888). — R. Meyer u. W. Müller, Ber. **30**, 773 (1897).

Naphtalins entsprechen. Wie bereits hervorgehoben wurde (vgl. S. 340), lassen sich durch directe Nitrirung des Naphtalins nur dessen in α-Stellungen nitrirte Derivate gewinnen, das β-Nitronaphtalin ist dagegen nur auf einem weiten Umwege erhältlich (vgl. S. 341). Die Reduction des β-Nitronaphtalins kann somit als Gewinnungsmethode für das β-Naphtylamin praktisch nicht in Betracht kommen, da gerade umgekehrt für die bequemste Gewinnung des β-Nitronaphtalins das β-Naphtylamin als Ausgangspunkt genommen wird (vgl. S. 341).

Auf einem theoretisch interessanten Wege wurde β-Naphtylamin zuerst von Liebermann und Scheiding[1] dargestellt. Lässt man auf das α-Acetnaphtalid (Formel I) Brom einwirken, so entsteht 1.4-Bromacetnaphtalid (Formel II), welches von Salpetersäure in ein homonucleares Mononitroprodukt (Formel III) übergeführt wird. In dem so gewonnenen Bromnitroacetnaphtalid muss die Nitrogruppe in β-Stellung stehen, da die beiden α-Stellungen des substituirten Benzolkerns durch die Acetamido-Gruppe und das Bromatom besetzt sind:

I 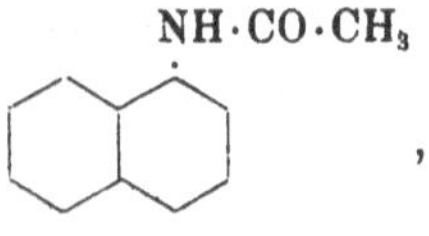

, II 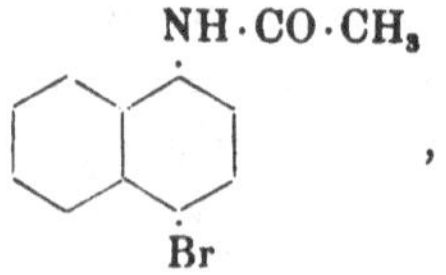

, III 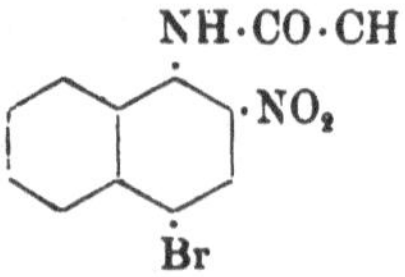

.

Durch Abspaltung der Acetylgruppe wird das Bromnitroacetnaphtalid in Bromnitronaphtylamin verwandelt, welches beim Diazotiren und Behandeln der Diazoverbindung mit Alkohol 1-Brom-3-nitronaphtalin (Formel IV) liefert. Zinn und Salzsäure führen diesen Bromnitrokörper unter Reduction der Nitrogruppe und gleichzeitigem Ersatz des Bromatoms durch Wasserstoff in β-Naphtylamin (Formel V) über:

IV 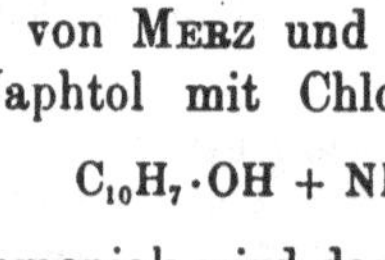

, V 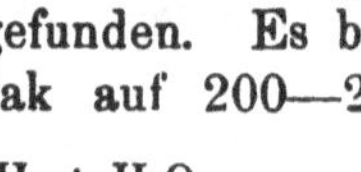

.

Die eben beschriebene Bildungsweise des β-Naphtylamins ist wegen ihrer Umständlichkeit für die Praxis nicht geeignet; ein einfaches, auch in grösserem Massstabe benutzbares Verfahren zur Gewinnung des β-Naphtylamins wurde von Merz und Weith[2] aufgefunden. Es besteht darin, dass man β-Naphtol mit Chlorzinkammoniak auf 200—210° erhitzt:

$$C_{10}H_7 \cdot OH + NH_3 = C_{10}H_7 \cdot NH_2 + H_2O;$$

das Chlorzinkammoniak wird dargestellt durch Ueberleiten von Ammoniakgas über hoch erhitztes pulverförmiges Chlorzink.

---

[1] Ber. **8**, 1108 (1875). Ann. **183**, 258 (1876). — Vgl. auch Scheiding, Ber. **8**, 1651 (1875).

[2] Merz u. Weith, Ber. **13**, 1300 (1880); **14**, 2343 (1881). — Vgl. auch Calm, Ber. **15**, 609 (1882). — Benz, Ber. **16**, 8 (1883).

Diese Reaction (vgl. Bd. II, Th. I, S. 167) ist deshalb von hohem Werth für die Technik, weil sie als Ausgangskörper ein Produkt benutzt, welches in grossem Massstabe durch die Alkalischmelze der β-Naphtalinsulfosäure gewonnen werden kann. Beeinträchtigt wird die Ausbeute an β-Naphtylamin bei diesem Verfahren dadurch, dass sich stets gleichzeitig ββ-Dinaphtylamin bildet:

$$2C_{10}H_7 \cdot OH + NH_3 = C_{10}H_7 \cdot NH \cdot C_{10}H_7 + 2H_2O.$$

Die Entstehung des letzteren kann zum Theil vermieden werden, wenn man Ammoniumacetat mit β-Naphtol erhitzt, wobei sich zunächst β-Acetnaphtalid bildet:

$$C_{10}H_7 \cdot OH + CH_3 \cdot CO \cdot O \cdot NH_4 = C_{10}H_7 \cdot NH \cdot CO \cdot CH_3 + 2H_2O.$$

An Stelle des Chlorzinkammoniaks lässt sich auch das analoge Chlorcalciumammoniak mit ähnlichem Erfolge verwenden. Wie das β-Naphtol reagirt auch α-Naphtol mit den genannten Ammoniakverbindungen, doch verläuft die Reaction schwieriger als in der β-Reihe.

Fast gleichzeitig mit dem soeben beschriebenen Verfahren wurde von Gräbe[1] mitgetheilt, dass nach Versuchen von Caro und Holdmann die Umwandlung des β-Naphtols in β-Naphtylamin auch durch Einwirkung von trockenem Ammoniakgas unter Druck ausgeführt werden kann. Diese Methode[2] stellt das früher in der Technik gebräuchliche Verfahren[3] zur Darstellung von β-Naphtylamin dar. An Stelle des Ammoniakgases lässt sich auch ein Gemisch von Salmiak und Natronhydrat verwenden. Neuerdings wird zur Ausführung der Reaction im Grossen das β-Naphtol mit wässerigem concentrirten Ammoniak oder besser mit einem Gemisch von Ammoniak und Ammoniumsulfit erhitzt[4]. In diesem Falle entsteht zunächst der Schwefligsäureester des β-Naphtols, der weit leichter und glatter als dieses selbst mit Ammoniak unter Bildung von β-Naphtylamin reagirt.

Wie durch den Amidrest lässt sich die Hydroxylgruppe der Naphtole auch durch aromatisch substituirte Amidreste ersetzen[5], wenn man die Naphtole mit Anilin und seinen Homologen unter Zuhülfenahme von Condensationsmitteln wie Chlorcalcium oder auch mit den salzsauren Salzen dieser Basen allein erhitzt:

$$C_{10}H_7 \cdot OH + C_6H_5 \cdot NH_2 = \underset{\text{Phenylnaphtylamin}}{C_{10}H_7 \cdot NH \cdot C_6H_5} + H_2O;$$

$$C_{10}H_7 \cdot OH + C_{10}H_7 \cdot NH_2 = \underset{\text{Dinaphtylamin}}{C_{10}H_7 \cdot NH \cdot C_{10}H_7} + H_2O.$$

Wie aus der letzteren dieser Gleichungen ersichtlich ist, lassen sich auch die isomeren Dinaphtylamine nach diesem Verfahren gewinnen (vgl. die analoge Darstellung des Diphenylamins Bd. II, Th. I, S. 177). Auch einige substituirte Naph-

[1] Gräbe, Ber. **13**, 1850 (1880).

[2] Badische Anilin- und Sodafabrik, D. R.-Pat. Nr. 14612.

[3] Zur Geschichte, vgl. H. Caro, Ber. **25** Ref., 994—995 (1892).

[4] Bad. Anilin- u. Sodafabrik, D. R.-Pat. 117471; Chem. Centralbl. **1901** I, 349.

[5] Merz u. Weith, Ber. **13**, 1299 (1880); **14**, 2344 (1881). — Gräbe, Ber. **13**, 1850 (1880). — Benz, Ber. **16**, 17 (1883). — E. Friedländer, Ber. **16**, 2075 (1883).

tole[1], bezw. deren Alkyläther, sind nach dem angegebenen Verfahren in die entsprechenden Naphtylaminderivate übergeführt worden.

Für die am Stickstoff aromatisch substituirten Naphtylamine lässt sich auch eine Darstellungsmethode benutzen[2], welche analog ist der Darstellung des Diphenylamins aus Anilin und salzsaurem Anilin (vgl. Bd. II, Th. I, S. 177) und darin besteht, dass man salzsaures Naphtylamin mit Anilin oder seinen Homologen erhitzt, z. B.:

$$C_{10}H_7 \cdot NH_2,\ HCl + C_6H_5 \cdot NH_2 = C_{10}H_7 \cdot NH \cdot C_6H_5 + NH_4Cl\,.$$

Direct aus dem Naphtalin entstehen die beiden Naphtylamine in sehr geringen Mengen neben einander nach einer neuerdings von Gräbe entdeckten Reaction, welche es ermöglicht, Amidogruppen in Kohlenwasserstoffe einzuführen, — nämlich beim Erwärmen von Naphtalin mit salzsaurem Hydroxylamin und Aluminiumchlorid[3]:

$$C_{10}H_8 + OH \cdot NH_2 = H_2O + C_{10}H_7 \cdot NH_2\,.$$

Wendet man an Stelle der Naphtole die Dioxynaphtaline an[4], so erhält man beim Erhitzen mit Ammoniak Diamidonaphtaline oder Naphtylendiamine, welche so in grösserer Zahl gewonnen worden sind:

$$C_{10}H_6(OH)_2 + 2NH_3 = C_{10}H_6(NH_2)_2 + 2H_2O\,.$$

Naphtylendiamine entstehen ferner[5] bei der durch reducirende Mittel hervorgerufenen Spaltung der Amidoazoverbindungen, welche durch Kuppelung von α- oder β-Naphtylamin mit Diazokörpern hergestellt werden (vgl. Bd. II, Th. I, S. 228). Wie bei der Besprechung dieser Amidoazokörper gezeigt werden wird, stellt sich die Azogruppe bei der Kuppelung in p-Stellung zum Aminrest des α-Naphtylamins und in o-Stellung zur Amidogruppe des β-Naphtylamins, z. B.:

1.

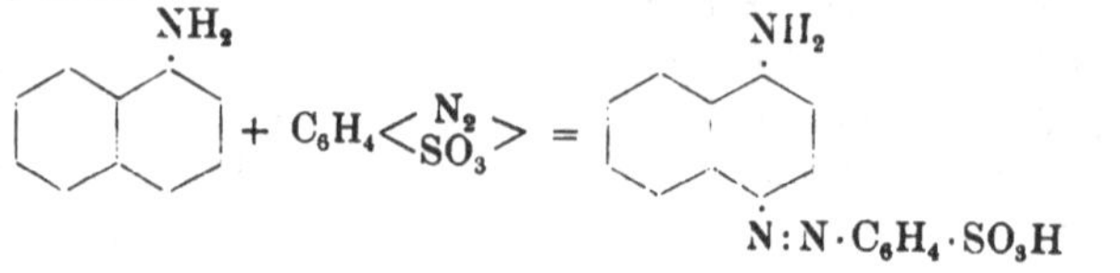

2.

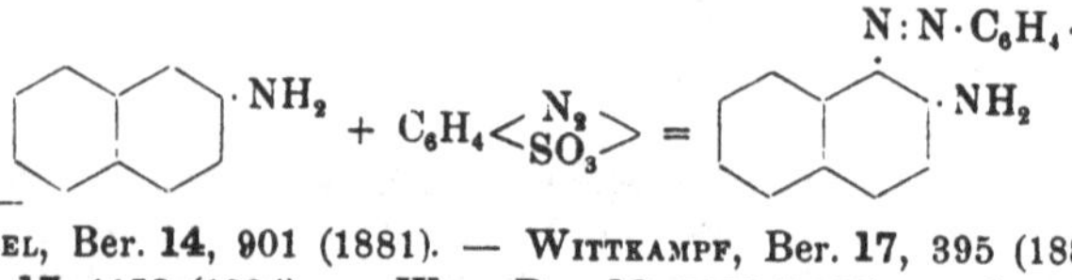

[1] Städel, Ber. **14**, 901 (1881). — Wittkampf, Ber. **17**, 395 (1884). — Gräbe u. Drews, Ber. **17**, 1172 (1884). — Witt, Ber. **19**, 2032 (1886). — Onufrowicz, Ber. **23**, 3362 (1890). — Gaess, J. pr. [2] **43**, 33 (1891). — Cannizzaro u. Andreocci, Ber. **28** Ref., 116, 619 (1895). — Kehrmann u. Matis, Ber. **31**, 2419 (1898).

[2] Girard u. Voigt, Ztschr. Chem. **7**, 468 (1871). Bull. [2] **18**, 67 (1872). — Streiff, Ber. **13**, 1852 (1880). Ann. **209**, 152 (1881). — Vgl. auch Klopsch, Ber. **18**, 1586 (1885).

[3] Gräbe, Ber. **34**, 1780 (1901).

[4] Erdmann, Ann. **247**, 361, 363 (1888). — Lange, Cöthener Chem. Ztg. **12**, 856 (1888). — Bamberger u. Schieffelin, Ber. **22**, 1384 (1889). — Clausius, Ber. **23**, 528 (1890). — P. Friedländer u. v. Zakrzewski, Ber. **27**, 764 (1894). — P. Friedländer u. Zinberg, Ber. **29**, 40 (1896). — Ewer u. Pick, D. R.-Pat. Nr. 45549, 45788. — Farbwerke Höchst a./M., D. R.-Pat. Nr. 73076. — Vgl. auch: Annaheim, Ber. **20**, 1372 (1887). — P. Friedländer, Ber. **28**, 1953 (1895).

[5] Perkin Ann. **137**, 359 (1866). — Griess, Ber. **15**. 2191 (1882). — Lawson, Ber. **18**, 800, 2423 (1885). — Sachs, Ber. **18**, 3129 (1885). — Bamberger u. Schieffelin, Ber. **22**, 1375 (1891). — Vgl. auch: Witt, Ber. **20**, 578, 1184 (1887). — Zincke u. Lawson, Ber. **20**, 1167 (1887).

Aus der in der ersten Gleichung aufgeführten Amidoazoverbindung entsteht bei der Reduction neben Sulfanilsäure 1.4-Naphtylendiamin (I), aus der zweiten Amidoazoverbindung dagegen 1.2-Naphtylendiamin (II):

I 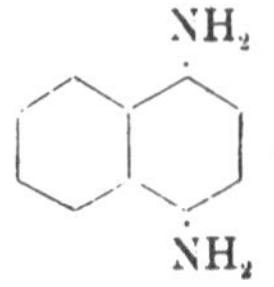 , II 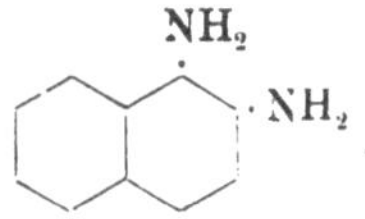 .

Endlich sei noch erwähnt, dass das 1.2-Naphtylendiamin auch aus dem β-Naphtochinondioxim (s. dieses) durch Reduction erhalten worden ist:

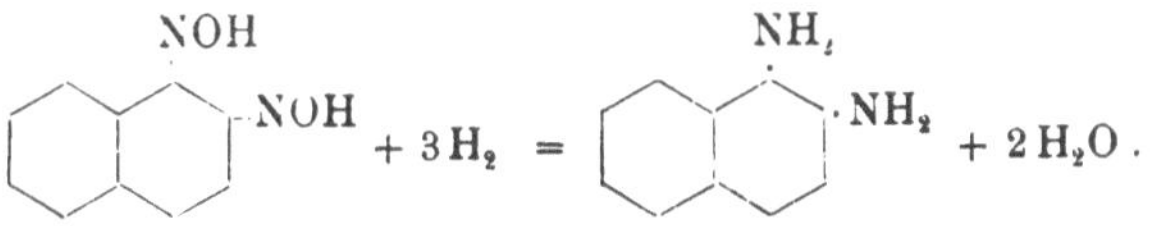

Die Naphtylamine sind gut krystallisirende, unzersetzt destillirbare Körper. In ihrem chemischen Verhalten reihen sie sich in jeder Beziehung an die primären Amine der Benzolreihe, das Anilin und seine Homologen, an.

So reagiren sie mit Alkylhalogeniden unter Bildung von Salzen secundärer und tertiärer Basen und von Ammoniumsalzen (vgl. Bd. II, Th. I, S. 172), z. B.[1]:

$$C_{10}H_7 \cdot NH_2 + CH_3Cl = C_{10}H_7 \cdot NH \cdot CH_3, HCl.$$

Die tertiären Basen lassen sich ebenso wie die entsprechenden Anilinderivate auch durch Erhitzen des salzsauren Salzes der Base mit Alkoholen gewinnen (vgl. Bd. II, Th. I, S. 173), z. B.[2]:

$$C_{10}H_7 \cdot NH_2, HCl + 2CH_3 \cdot OH = C_{10}H_7 \cdot N(CH_3)_2, HCl + 2H_2O.$$

Durch Säureradicale substituirte Naphtylamine entstehen beim Erhitzen der Basen mit den Säuren bezw. deren Chloriden oder Anhydriden (vgl. Bd. II, Th. I, S. 186), z. B. beim Kochen von α- oder β-Naphtylamin mit Eisessig[3] das α- bezw. β-Acetnaphtalid:

$$C_{10}H_7 \cdot NH_2 + CH_3 \cdot CO \cdot OH = C_{10}H_7 \cdot NH \cdot CO \cdot CH_3 + H_2O.$$

Bemerkenswerth ist, dass bei der Acetylirung des β-Naphtylamins durch Kochen mit Eisessig neben der Acetylirung in nicht unbedeutendem Betrage Bildung von $\beta\beta$-Dinaphtylamin $(C_{10}H_7)_2NH$ durch Ammoniak-Entziehung erfolgt[4]. Beim Kochen der Naphtylamine mit Essigsäureanhydrid entstehen neben den Acetnaphtaliden $C_{10}H_7 \cdot NH \cdot CO \cdot CH_3$ reichliche Mengen der Diacetnaphtalide[5] $C_{10}H_7 \cdot N(CO \cdot CH_3)_2$.

---

[1] Landshoff, Ber. **11**, 642, 644, 645 (1878).

[2] Hantzsch, Ber. **13**, 1348, 2054 (1880).

[3] Rother, Ber. **4**, 850 (1871). — Cosiner, Ber. **14**, 58 (1881). — Liebermann u. Jacobson, Ann. **211**, 42 (1882).

[4] Liebermann u. Jacobson, Ann. **211**, 43 (1882).

[5] Sudborough, Journ. Soc. **79**, 539 (1901).

Endlich bilden sich aus den Naphtylaminen nach den in der Benzolreihe besprochenen Methoden (vgl. Bd. II, Th. I, S. 194 ff.) die Harnstoffe, Thioharnstoffe Isocyanide und Senföle der Naphtalinreihe[1].

Besonders wichtig ist das Verhalten der Naphtylamine gegen salpetrige Säure einerseits und gegen Diazoverbindungen andererseits. Auch hierin schliessen sich die Basen der Naphtalinreihe ganz an die entsprechenden Verbindungen der Benzolreihe an, indem sie einerseits durch salpetrige Säure in Diazoverbindungen übergeführt werden, welche sich mit Aminen und Phenolen zu Azofarbstoffen kuppeln lassen, andererseits selbst mit Diazokörpern zu Azofarbstoffen zusammenzutreten vermögen (vgl. Bd. II, Th. I, S. 258). Hierauf beruht die ausserordentlich ausgedehnte technische Anwendung der Naphtylamine als „Azocomponenten". Ferner dienen sie als Ausgangsmaterialien zur Darstellung zahlreicher Naphtylamin-, Naphtol- und Amidonaphtol-Sulfosäuren, welche auch wieder in der Azofarbstofftechnik Verwendung finden.

α-**Naphtylamin**[2] (α-Amidonaphtalin), $C_{10}H_7 \cdot NH_2$, bildet feine, flache Nadeln vom Schmelzpunkt 50°; es siedet bei 301°, besitzt einen unangenehmen „fäcalartigen" Geruch, löst sich sehr wenig in Wasser, sehr leicht in Alkohol und Aether. Durch Chromsäuregemisch wird es zu α-Naphtochinon, dann zu Phtalsäure oxydirt. Beim Behandeln der wässerigen Lösungen von α-Naphtylaminsalzen mit Eisenchlorid, Silbernitrat, Chromsäureanhydrid oder den Chloriden des Goldes, Platins, Zinns, Zinks oder Quecksilbers entsteht ein azurblauer Niederschlag, das sogenannte Naphtameïn. Eine alkoholische oder Eisessig-Lösung der Base wird von salpetrige Säure enthaltendem Alkohol gelb gefärbt; auf Zusatz von Salzsäure zu dieser Lösung entsteht eine rothe bis violette Färbung. β-Naphtylamin giebt diese Reactionen nicht.

Die Salze des α-Naphtylamins sind meist in heissem Wasser leicht löslich. Mit Phenol vereinigt sich die Base zu einem krystallinischen Additionsprodukt: $C_{10}H_7 \cdot NH_2 + C_6H_5 \cdot OH$.

Darstellung. α-Naphtylamin wird am besten aus α-Nitronaphtalin durch Reduction mit Eisenfeile und Essigsäure hergestellt. Im Grossen erhält man es

---

[1] Vgl. z. B.: Delbos, Ann. **64**, 370 (1847). — Schiff, Ann. **101**, 90 (1857). — Zinin, Ann. **108**, 228 (1858). — Cosiner, Ber. **14**, 58 (1881). — Hofmann, Ber. **15**, 985 (1882). — Mainzer, Ber. **15**, 1412 (1882); **16**, 2016 (1883). — Liebermann, Ber. **16**, 1640 Anm. (1883). — Huhn, Ber. **19**, 2404 (1886). — Hugershoff u. König, Ber. **33**, 3029, 3033 (1900).

[2] Zinin, J. pr. **27**, 140 (1842). Ann. **44**, 283 (1842). — Piria, Ann. **78**, 62 (1851). — Béchamp, Ann. ch. [3] **42**, 188 (1854). — Roussin, Jb. **1861**, 643. — Böttger, Jb. **1864**, 438. — Ballo, Ber. **3**, 288, 673 (1870). — Monnet, Reverdin u. Nölting, Ber. **12**, 2306 (1879). — Merz u. Weith, Ber. **14**, 2344 (1881). — Calm, Ber. **15**, 615 (1882). — Benz, Ber. **16**, 14, 16 (1883). — Effront, Jb. **1885**, 1210. — Canzoneri u. Oliveri, Gazz. chim. **16**, 493 (1886). — Perkin, Journ. Soc. **69**, 1211 (1896). — Gräbe, Ber. **34**, 1781 (1901). — Böhringer u. Söhne, D. R.-Pat. Nr. 116942. — Badische Anilin- u. Sodafabrik, D. R.-Pat. Nr. 117471.

folgendermassen[1]: Lufttrockenes α-Nitronaphtalin wird portionsweise zu Eisenbohrspähnen und verdünnter Salzsäure zugegeben und in einem mit Rührwerk versehenen Apparat, dessen Innentemperatur etwa 50° beträgt, digerirt. Nach Zugabe des Nitronaphtalins wird noch 6—8 Stunden bei dieser Temperatur gerührt, dann zu Milch gelöschter Kalk zugegeben und das abgeschiedene Naphtylamin destillirt.

Methyl-α-naphtylamin[2], $C_{10}H_7 \cdot NH \cdot CH_3$, bildet ein dunkelrothes Oel vom Siedepunkt 293°.

Aethyl-α-naphtylamin[3], $C_{10}H_7 \cdot NH \cdot C_2H_5$, ist flüssig und siedet unter 722·5 mm Druck bei 303°.

Phenyl-α-naphtylamin[4], $C_{10}H_7 \cdot NH \cdot C_6H_5$, krystallisirt in Prismen oder Blättchen, schmilzt bei 62° und siedet unter 15 mm Druck bei 226°.

αα-Dinaphtylamin[5], $C_{10}H_7 \cdot NH \cdot C_{10}H_7$, bildet quadratische Blättchen vom Schmelzpunkt 113°. Es siedet unter 15 mm Druck bei 310—315°.

α-Acetnaphtalid[6], $C_{10}H_7 \cdot NH \cdot CO \cdot CH_3$, schmilzt bei 159°.

β-Naphtylamin[7] (β-Amidonaphtalin), $C_{10}H_7 \cdot NH_2$, bildet perlmutterglänzende Blättchen vom Schmelzpunkt 112° und siedet bei 306°. Im Gegensatz zum α-Naphtylamin besitzt es keinen charakteristischen Geruch.

Darstellung. Man erhitzt β-Naphtol mit Chlorzinkammoniak auf 200—210°, behandelt das Produkt mit verdünnter Salzsäure, wobei Dinaphtylamin ungelöst bleibt, und fällt die salzsaure Lösung mit Natronlauge. In der Technik[8] benutzt man einen mit Rührer, Manometer, Thermometer und den nöthigen Ein- und Ausflussöffnungen versehenen Druckapparat. Man beschickt denselben mit 144 k β-Naphtol, 116 k Ammoniumsulfit ($[NH_4]_2SO_3$), 500 k Wasser und 120 k 20 %igem Ammoniak. Unter Umrühren wird so lange auf 100—150° erhitzt, bis in einer Probe kein β-Naphtol mehr nachweisbar ist. Man lässt erkalten und filtrirt das ausgeschiedene β-Naphtylamin ab, während die Mutterlauge bei der folgenden Operation wieder zur Verwendung gelangt.

Aethyl-β-naphtylamin[9], $C_{10}H_7 \cdot NH \cdot C_2H_5$, erstarrt nicht im Kältegemisch und siedet bei 316—317°.

---

[1] Witt, Chem Industrie, **10**, 218 (1887). — Paul, Ztschr. f. angew. Chem. **1897**, 147.

[2] Landshoff, Ber. **11**, 642 (1878). — O. Fischer, Ann. **286**, 159 (1895).

[3] Limpricht, Ann. **99**, 117 (1856). — Bamberger u. Hellwig, Ber. **22**, 1312 (1889).

[4] Girard u. Vogt, Ztschr. Chem. **7**, 468 (1871). — Streiff, Ber. **13**, 1852 (1880). Ann. **209**, 152 (1881). — E. Friedländer, Ber. **16**, 2077 (1883).

[5] Girard u. Vogt, Bull. [2] **18**, 68 (1872). — Landshoff, Ber. **11**, 639 (1878). — Benz, Ber. **16**, 17 (1883).

[6] Rother, Ber. **4**, 850 (1871). — Andreoni u. Biedermann, Ber. **6**, 342 (1873). — Tommasi, Bull. [2] **20**, 20 (1873). — Liebermann u. Dittler, Ann. **183**, 229 (1876). — Pinnow, Ber. **33**, 418 (1900).

[7] Liebermann u. Scheiding, Ber. **8**, 1108 (1875). Ann. **183**, 264 (1876). — Merz u. Weith, Ber. **13**, 1300 (1880); **14**, 2343 (1881). — Gräbe, Ber. **13**, 1850 (1880). — Liebermann u. Jacobson, Ann. **211**, 41 (1882). — Calm, Ber. **15**, 610 (1882). — Benz, Ber. **16**, 9, 15 (1883). — Bamberger, Ber. **22**, 772 (1889). — Perkin, Journ. Soc. **69**, 1212 (1896). — Gräbe, Ber. **34**, 1781 (1901).

[8] Badische Anilin- u. Sodafabrik, D. R.-Pat. Nr. 117471.

[9] Henriques, Ber. **17**, 2668 (1884). — Bamberger u. Müller, Ber. **22**, 1297

Phenyl-β-naphtylamin[1], $C_{10}H_7 \cdot NH \cdot C_6H_5$, bildet trimetrische Krystalle vom Schmelzpunkt 107·5—108° und siedet bei 395—395·5°.

ββ-Dinaphtylamin[2], $C_{10}H_7 \cdot NH \cdot C_{10}H_7$, krystallisirt in silberglänzenden Blättchen vom Schmelzpunkt 170·5° und siedet bei 471° (corr.).

β-Acetnaphtalid[3], $C_{10}H_7 \cdot NH \cdot CO \cdot CH_3$, schmilzt bei 132°.

Die **Naphtylendiamine** stellen meist gut krystallisirende, in organischen Mitteln und in heissem Wasser lösliche Verbindungen dar. In ihrem chemischen Verhalten sind sie den Diaminen der Benzolreihe analog; namentlich zeichnen sie sich je nach der Stellung der Amidogruppen zu einander durch gewisse Gruppenreactionen aus, wie sie bei den Phenylendiaminen schon eingehend besprochen worden sind (vgl. Bd. II, Th. I, S. 229—233).

Die Ortho-Naphtylendiamine, deren es zwei giebt:

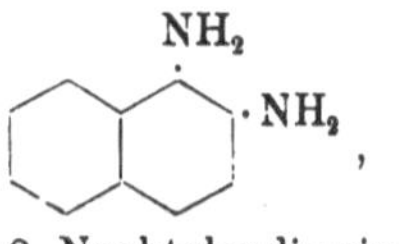

1.2-Naphtylendiamin

2.3-Naphtylendiamin

liefern mit organischen Säuren Anhydrobasen[4], z. B.:

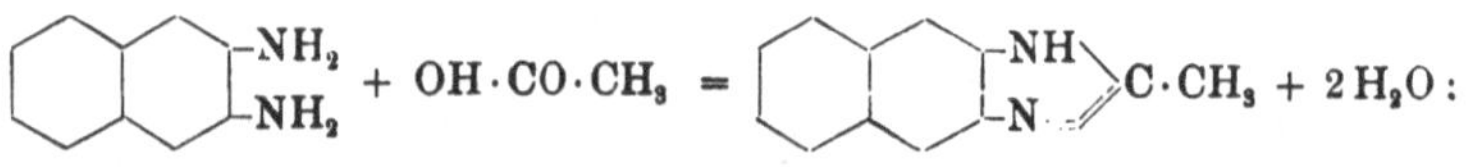

meistens hat man diese Verbindungen durch Reduction der acylirten o-Nitronaphtylamine gewonnen[5], z. B.:

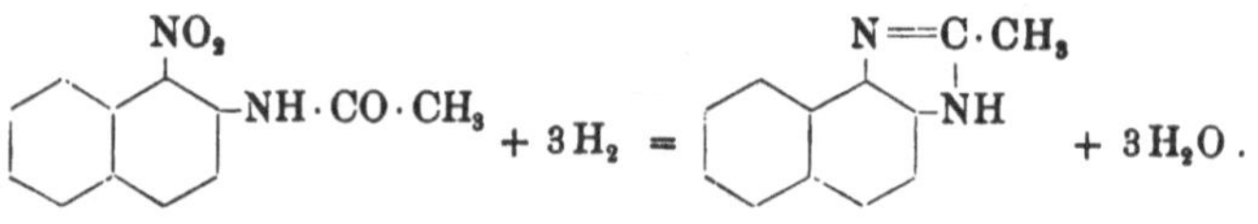

(1889). — Bischoff u. Hausdörffer, Ber. **25**, 2312 (1892). — O. Fischer, Ber. **26**, 193 (1895). — Reychler, Bull. [3] **27**, 883 (1902).

[1] Merz u. Weith, Ber. **13**, 1299 (1880); **14**, 2344 (1881). — Gräbe, Ber. **13**, 1850 (1880). — E. Friedländer, Ber. **16**, 2075, 2087 (1883). — Kym, J. pr. [2] **51**, 326 (1895).

[2] Merz u. Weith, Ber. **13**, 1300 (1880); **14**, 2343 (1881). — Calm, Ber. **15**, 613 (1882). — Benz, Ber. **16**, 17 (1883). — Liebermann u. Jacobson, Ann. **211**, 43 (1882). — Klopsch, Ber. **18**, 1586 (1885). — Ris, Ber. **19**, 2016 (1886); **20**, 2618 (1887). — Bayer & Co., D. R.-Pat. Nr. 114974. Chem. Centralbl. **1900 II**, 1093.

[3] Merz u. Weith, Ber. **13**, 1301 (1880); **14**, 2343 (1881). — Calm, Ber. **15**, 610 (1882). — Liebermann u. Jacobson, Ann. **211**, 42 (1882).

[4] P. Friedländer u. v. Zakrzewski, Ber. **27**, 764 (1894). — Vgl. auch R. Meyer u. Müller, Ber. **30**, 772 (1897).

[5] Jacobson, Ber. **14**, 1794 (1881). — Hübner u. Ebell, Ann. **208**, 328 (1881). — Liebermann u. Jacobson, Ann. **211**, 67 (1882). — Lellmann u. Remy, Ber. **19**, 799 (1886). — Meldola u. Streatfield, Journ. Soc. **51**, 691 (1887).

Mit salpetriger Säure entstehen sogenannte **Azimide**[1] (Naphtimidazole):

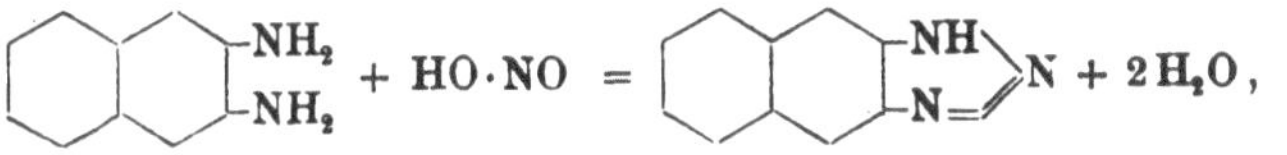

mit o-Diketonen Azine (Chinoxaline)[2]:

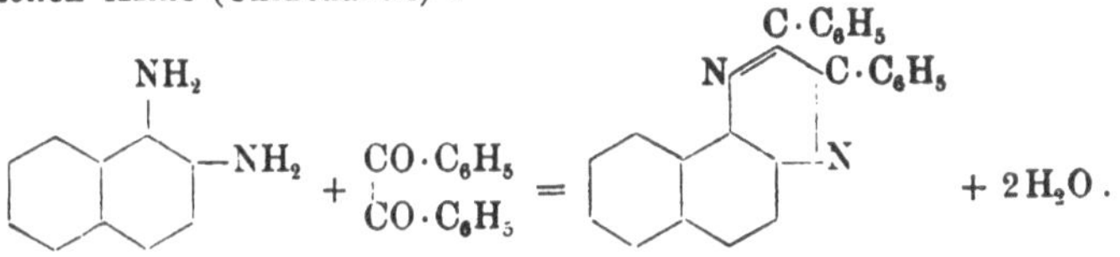

Das Meta-Naphtylendiamin kann daran erkannt werden, dass es von salpetriger Säure tief gelb gefärbt wird[3] (vgl. Bd. II, Th. I, S. 233).

Das Para-Naphtylendiamin ist dadurch ausgezeichnet, dass es beim Behandeln mit oxydirenden Agentien (auch salpetriger Säure) leicht in α-Naphtochinon übergeht[4]:

Das Peri-Naphtylendiamin schliesst sich in seinem Verhalten den o-Diaminen an (vgl. S. 352), indem es zu ganz ähnlichen Ringschliessungen Veranlassung giebt; auch mit salpetriger Säure entsteht eine Verbindung, welche wohl einen ringförmigen Complex an den Naphtalinkern angelagert enthält[5].

Mit Benzaldehyd vereinigt sich das Peri-Naphtylendiamin zu einem „Aldehydin" (vgl. Bd. II, Th. I, S. 230): dagegen vermag es sich nicht mit Phenanthrenchinon (einem o-Diketon) zu einem Chinoxalin zu condensiren[6], vermuthlich, weil eine solche Reaction zu einem siebengliedrigen Ringgebilde führen müsste:

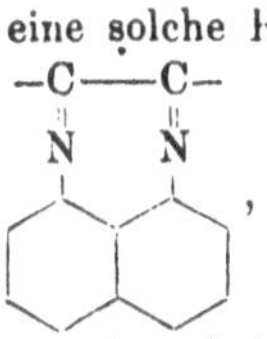

, eine Gruppirung, welche nur unter besonderen Verhältnissen herstellbar zu sein scheint (vgl. dazu das Verhalten des 2.2'-Diamidodiphenyls, S. 9).

Die zehn theoretisch möglichen Naphtylendiamine sind sämmtlich bekannt; sie sind in der folgenden Tabelle zusammengestellt.

---

[1] P. FRIEDLÄNDER u. v. ZAKRZEWSKI, Ber. **27**, 765 (1894). — Vgl. auch ZINCKE u. LAWSON, Ber. **20**, 1171 (1887).

[2] LAWSON, Ber. **18**, 2426 (1885). — O. FISCHER u. BÜSSCHER, Ber. **25**, 2844 (1892). — P. FRIEDLÄNDER u. v. ZAKRZEWSKI, Ber. **27**, 765 (1894). — Vgl. auch: O. FISCHER u. SCHUCKMANN, Ber. **25**, 2828 (1892). — O. FISCHER u. KÜBEL, Ber. **25**, 2831 (1892).

[3] URBAN, Ber. **20**, 973 (1887).

[4] LIEBERMANN u. DITTLER, Ann. **183**, 242 (1876). — MICHEL u. GRANDMOUGIN, Ber. **25**, 977 (1892).

[5] AGUIAR, Ber. **7**, 315 (1874). — ATTERBERG, Ber. **10**, 550 (1877). — ERDMANN, Ann. **247**, 365 (1888). — HINSBERG, Ber. **22**, 861 (1889).

[6] LADENBURG, Ber. **11**, 1651 (1878). — HINSBERG, Ber. **22**, 861 (1889).

Tabelle Nr. 81.

Naphtylendiamine, $C_{10}H_6(NH_2)_2$	
Stellung der Amidogruppen	Schmelzpunkt
1.2[1—7.26.27.29] . .	95°
1.3[8.9.28] . .	96°
1.4[1.7.10.11.29]	120°
1.5[12—17.29]	189·5°
1.6[18.19] . .	77·5°
1.7[18.20] . .	117·5°
1.8[14—16.21.29] .	67°
2.3[22.23] .	131°
2.6[17.24.25.30]	216·6°
2.7[7.17.25] .	161°

Citate zu der Tabelle Nr. 81: [1] GRIESS, Ber. **15**, 2192, 2193 (1882). — [2] LAWSON, Ber. **18**, 800, 2423, 2427 (1885). — [3] SACHS, Ber. **18**, 3129 (1885). — [4] KOREFF, Ber. **19**, 179 (1886). — [5] LELLMANN u. REMY, Ber. **19**, 803, 805 (1886). — [6] HARDEN, Ann. **255**, 155 (1889). — [7] BAMBERGER u. SCHIEFFELIN, Ber. **22**, 1375, 1381, 1384 (1889). — [8] URBAN, Ber. **20**, 973 (1887). — [9] FRIEDLÄNDER, Ber. **28**, 1953 (1895). — [10] PERKIN, Ann. **137**, 359 (1866). — [11] LIEBERMANN u. DITTLER, Ber. **6**, 949 (1873). Ann. **183**, 240 (1876). — [12] ZININ, Ann. **52**, 361 (1844); **85**, 329 (1853). — [13] HOLLEMAN, Ztschr. Chem. **1**, 556 (1865). — [14] AGUIAR, Ber. **3**, 28, 32 (1870); **7**, 306, 309 (1874). — [15] LADENBURG, Ber. **11**, 1651 (1878). — [16] ERDMANN, Ann. **247**, 360, 363 (1888). — [17] LANGE, Cöthener Chem. Ztg. **12**, 856 (1888). — [18] FRIEDLÄNDER u. SZYMANSKI, Ber. **25**, 2080, 2082 (1892). — [19] KEHRMANN u. MATIS, Ber. **31**, 2419 (1898). — [20] FRIEDLÄNDER u. ZINBERG, Ber. **29**, 40 (1896). — [21] ATTERBERG, Ber. **10**, 550 (1877). — [22] FRIEDLÄNDER u. ZAKRZEWSKI, Ber. **27**, 764 (1894). — [23] Farbwerke Höchst a./M., D. R.-Pat. Nr. 73076; FRIEDLÄNDER III, 496. — [24] FRIEDLÄNDER u. LUCHT, Ber. **26**, 3033 (1893). — [25] EWER u. PICK, D. R.-Pat. Nr. 45788; FRIEDLÄNDER II, 277. — [26] EWER u. PICK, D. R.-Pat. Nr. 45549; FRIEDLÄNDER II, 276. — [27] GATTERMANN u. H. SCHULZE, Ber. **30**, 53 (1897). — [28] KALLE & Co., D. R.-Pat. Nr. 89061; FRIEDLÄNDER IV, 598. — [29] R. MEYER u. W. MÜLLER, Ber. **30**, 772, 773, 775 (1897). — [30] JACCHIA, Ann. **323**, 130, 132 (1902).

Amidosulfosäuren des Naphtalins.

Die Amidosulfosäuren des Naphtalins bilden eine derjenigen Gruppen der Naphtalinchemie, welche im Interesse der Industrie der Azofarbstoffe die weitgehendste Bearbeitung gefunden haben; in dieser Hinsicht gesellen sich zu ihnen die Oxysulfosäuren (vgl. S. 369 ff.) und die Amidooxysulfosäuren (S. 380 ff.). In den Laboratorien der Farbenfabriken hat man sich mit grösstem Erfolg bemüht, den weiten Spielraum, der sich durch die zahlreichen Isomeriemöglichkeiten für neue Funde bot, nach jeder Richtung auszunutzen. In keinem anderen Gebiet der organischen Chemie ist die Verfolgung der Isomerie-Verhältnisse von ähnlicher technischer Bedeutung gewesen. Immer neue Modificationen der Arbeitsbedingungen wurden erprobt, immer neue Verbesserungen der Trennungsmethoden ausgearbeitet, um zur Gewinnung und Abscheidung von Isomeren zu dienen, die — als Azocomponenten verwendet — der Färberei neue Effecte zuführten. So hat das Gebiet dieser Naphtalinsulfosäuren, die gleichzeitig NH_2- oder OH-Gruppen oder beiderlei Gruppen enthalten, eine solche Ausdehnung gewonnen, dass es nur für den Specialisten möglich und von Interesse ist, alle seine Parzellen zu überblicken. In einem Lehrbuch, das nicht speciell die Errungenschaften der Farbstoffindustrie zu schildern bestimmt ist, kann es sich nur darum handeln, nach Betonung der hohen commerciellen Bedeutung aus dem gewaltigen vorhandenen Material Einiges zur Charakterisirung der angewendeten Methoden und der gewonnenen Produkte auszuwählen.

Für die Darstellung der Naphtylaminsulfosäuren bieten sich verschiedene Wege dar. Man kann entweder die Nitrosulfosäuren reduciren oder die Naphtylamine sulfuriren. Ausserdem lässt sich auch eine gleichzeitige Reduction des Nitronaphtalins und Einführung einer Sulfogruppe bewerkstelligen. Endlich können aus den Naphtolsulfosäuren durch Austausch der Hydroxylgruppe gegen den Amidrest Naphtylaminsulfosäuren hergestellt werden.

Die Reduction einer Nitronaphtalinsulfosäure zur entsprechenden Amidosäure wurde zuerst von LAURENT[1] ausgeführt, welcher die 1.5-Nitrosulfosäure (vgl. S. 343) mit Schwefelammonium in die 1.5-Naphtylaminsulfosäure überführte:

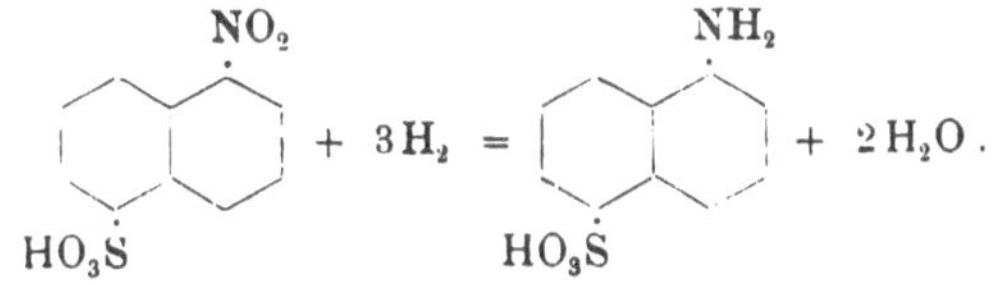

Die beiden anderen *αα*-Nitronaphtalinsulfosäuren — (1.4) und (1.8) — liefern in derselben Weise die folgenden Amidosulfosäuren[2]:

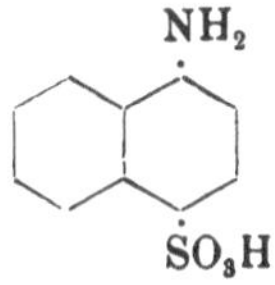

Naphthionsäure

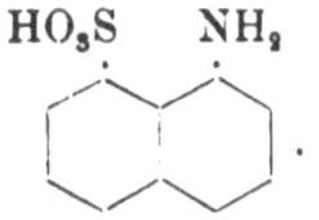

SCHÖLLKOPF'sche Säure

Ebenso sind die drei bei der Nitrirung der *β*-Naphtalinsulfosäure er-

[1] LAURENT, Jb. **1850**, 508. — Vgl.: CLEVE, Bull. [2] **24**, 506 (1875). — EKBOM, Ber. **23**. 1118 (1890). — ERDMANN, Ann. **275**, 264 (1893).

[2] ERDMANN, Ann. **247**, 318 (1888); **275**, 274 (1893). — CLEVE, Ber. **23**, 960 (1890). — SCHÖLLKOPF, D. R.-Pat. Nr. 40571. — Vgl. SCHULTZ, Ber. **20**, 3162 (1887).

hältlichen Nitrosulfosäuren (vgl. S. 344) zu den entsprechenden Naphtylaminsulfosäuren reducirt worden[1]:

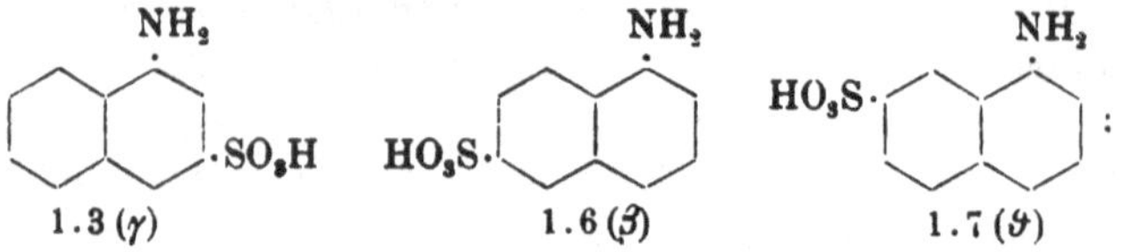

1.3 (γ) 1.6 (β) 1.7 (ϑ)

diese drei Säuren sind von CLEVE als β-, γ- und ϑ-Naphtylaminsulfosäuren bezeichnet worden; in der Technik versteht man unter CLEVEschen Naphtylaminsulfosäuren die Säuren 1.6 und 1.7.

PIRIA[2] machte im Jahre 1851 die Beobachtung, dass beim Zusatz einer Lösung von Ammoniumsulfit in der Wärme zu einer alkoholischen Lösung von α-Nitronaphtalin zwei isomere Säuren entstehen, von denen die eine beständig ist, die andere aber bei der Zersetzung ihrer Salze durch Säuren in Schwefelsäure und α-Naphtylamin zerfällt. Nur die erstere dieser beiden Säuren, welche PIRIA Naphthionsäure nannte, ist eine Naphtylaminsulfosäure; die andere, „Thionaphtamsäure" genannt, enthält dagegen den Sulfosäurerest in der Amidogruppe und kann daher als α-Naphtylsulfaminsäure[3] bezeichnet werden:

$$C_{10}H_7 \cdot NH \cdot SO_3H\,.$$

Die Naphthionsäure lässt sich mittels der Diazo- und der Phosphorpentachlorid-Reaction in 1.4-Dichlornaphtalin überführen[4], woraus die Constitution:

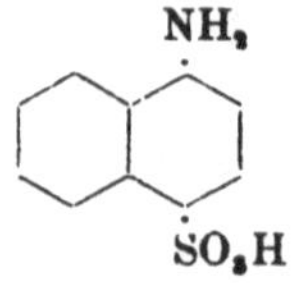

folgt. Dieser Constitutionsbeweis konnte auch auf anderem Wege bestätigt werden[5].

Ein eigenthümliches Verhalten, welches an die Umlagerung der α-Naphtalinsulfosäure in die β-Verbindung (vgl. S. 336) erinnert, zeigt die Naphthionsäure, wenn man ihre Salze auf 200—250° erhitzt[6]. Sie geht dabei glatt in eine isomere Säure über, welche die Sulfogruppe in β-Stellung enthält. Die Ueberführbarkeit letzterer Säure in 1.2-Dichlor-

---

[1] CLEVE, Bull. [2] **26**, 447 (1876); [2] **29**, 415 (1878). Ber. **19**, 2179 (1886); **21**, 3264, 3271 (1888); **25**, 2486 (1892). — EKBOM, Ber. **24**, 329 (1891). — ERDMANN, Ann. **275**, 265, 272 (1893). — ARMSTRONG u. WYNNE, Ber. **29** Ref., 228 (1896).

[2] Ann. **78**, 31 (1851).

[3] Vgl. W. TRAUBE, Ber. **24**, 363 (1891).

[4] CLEVE, Ber. **10**, 1722 (1877).

[5] Vgl.: WITT, Ber. **19**, 1719 (1886). — ERDMANN, Ann. **247**, 327, 337 (1888).

[6] LANDSHOFF u. MEYER, D. R.-Pat. Nr. 56563. — ERDMANN, Ann. **275**, 225 (1893).

naphtalin[1] beweist, dass hier die 1-Naphtylamin-2-sulfosäure vorliegt:

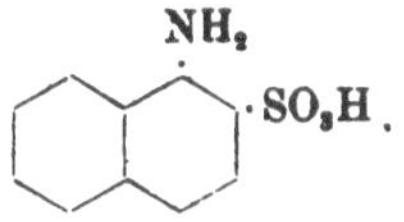

Nach den bisher beschriebenen Methoden lassen sich somit alle sieben vom α-Naphtylamin derivirenden Sulfosäuren erhalten.

Die Sulfurirung der Naphtylamine führt zu verschiedenen Naphtylaminsulfosäuren. Die Isomeren entstehen in wechselnden Mengen neben einander, doch kann man durch richtige Wahl der Reactionsbedingungen die eine oder andere derselben als Hauptprodukt erhalten.

Aus α-Naphtylamin[2] entsteht mit concentrirter Schwefelsäure zunächst Naphthionsäure; bei längerem Erhitzen verschwindet diese und an ihre Stelle treten die LAURENT'sche (1.5-)Säure und die 1.6-Naphtylaminsulfosäure. Diese Erscheinung erklärt sich wiederum ähnlich wie der Uebergang der α- in β-Naphtalinsulfosäure. Die Naphthionsäure wird leicht in Schwefelsäure und Naphtylamin gespalten; das hiernach während der Reaction zurückgebildete Naphtylamin bildet beim nochmaligen Sulfuriren hauptsächlich die isomeren Sulfosäuren, welche beständiger sind als die Naphthionsäure und daher auch bei längerem Behandeln mit Schwefelsäure unverändert bleiben.

Das β-Naphtylamin[3] liefert beim Sulfuriren alle vier heteronuclearen β-Naphtylaminsulfosäuren:

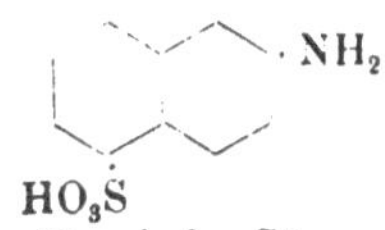

DAHL'sche Säure
2.5

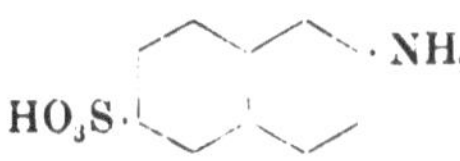

BRÖNNER'sche Säure
2.6

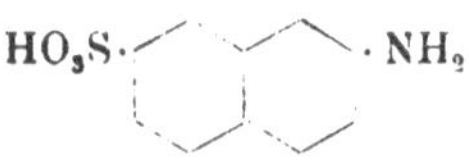

δ- oder F-Säure
2.7

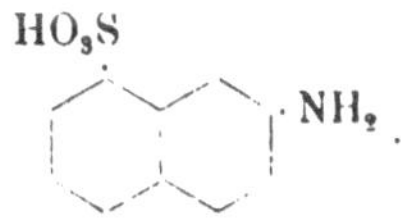

Säure der „Badischen"
2.8

---

[1] CLEVE, Ber. **24**, 3472 (1891).

[2] SCHMIDT u. SCHAAL, Ber. **7**, 1367 (1874). — NEVILE u. WINTHER, Ber. **13**, 1948 (1880). — WITT, Ber. **19**, 55, 578 (1886). — LANGE, Ber. **20**, 2940 (1887). — ERDMANN, Ber. **20**, 3185 (1887). Ann. **247**, 313, 315, 327, 337 (1888); **275**, 192, 263, 264, 265 (1893). — MAUZELIUS, Ber. **20**, 3401 (1887). — HIRSCH, Ber. **21**, 2370 (1888). — BISCHOFF u. BRODSKY, Ber. **23**, 1913 (1890). — EWER u. PICK, D. R.-Pat. Nr. 42 874.

[3] Badische Anilin- u. Sodafabrik, D. R.-Pat. Nr. 20 760, 39 925. — BRÖNNER, D. R.-Pat. Nr. 22 547. — DAHL & Co., D. R.-Pat. Nr. 29 084, 32 271, 32 276. — FORSLING, Ber. **19**, 1715 (1886); **20**, 2099 (1887); **22**, 619 (1889). — BAYER u. DUISBERG, Ber. **20**, 1428 (1887). — WEINBERG, Ber. **20**, 2908, 3353 (1887). — SCHULTZ, Ber. **20**, 3158 (1887). — ERDMANN, Ber. **21**, 637 (1888). Ann. **275**, 277, 279, 280 (1893). — GREEN, Ber. **22**, 721 (1889). Journ. Soc. **55**, 33 (1889). — IMMERHEISER, Ber. **22**, 412 (1889). — BISCHOFF u. BRODSKY, Ber. **23**, 1913 (1890). — JACCHIA, Ann. **323**, 117 (1902). — Vgl. auch LESSER, Ber. **27**, 2363 (1894).

Die beiden Säuren, welche die Sulfogruppe in α-Stellung enthalten, also 2.5 und 2.8, bilden sich vorzugsweise bei niederer, die beiden β-Sulfosäuren, 2.6 und 2.7, vorzugsweise bei höherer Temperatur; auch lassen sich die α-Sulfosäuren durch Erhitzen mit Schwefelsäure in die 2.7-Naphtylaminsulfosäure überführen[1].

Zur Trennung der gleichzeitig entstehenden isomeren α- bezw. β-Naphtylaminsulfosäuren benutzt man die verschiedene Löslichkeit der freien Säuren sowie ihrer Calcium- oder Barium-Salze in Wasser oder die Löslichkeitsunterschiede der Natriumsalze in Alkohol.

Die Ueberführung des β-Naphtols in β-Naphtylamin durch Ammoniak (vgl. S. 346—347) lässt sich auch auf die Mono- und Poly-Sulfosäuren des β-Naphtols übertragen[2]. Die Reaction kann hier ohne Anwendung von Druck ausgeführt werden, derart, dass die Alkalisalze der Naphtolsulfosäuren auf hohe Temperaturen — 200—250° — erhitzt werden und dann Ammoniakgas über die Masse geleitet wird:

$$C_{10}H_6<^{OH}_{SO_3Na} + NH_3 = C_{10}H_6<^{NH_2}_{SO_3Na} + H_2O.$$

Zur Darstellung von **Polysulfosäuren** der Naphtylamine bedient man sich hauptsächlich zweier Methoden; entweder werden Naphtylaminmonosulfosäuren der weiteren Einwirkung von Schwefelsäure ausgesetzt[3], oder man nitrirt die Naphtalinpolysulfosäuren und reducirt die entstandenen Nitropolysulfosäuren[4].

Ferner führt die von PIRIA entdeckte Reaction (vgl. S. 356) unter abgeänderten Reactionsbedingungen zu einer Disulfosäure des α-Naphtylamins[5]:

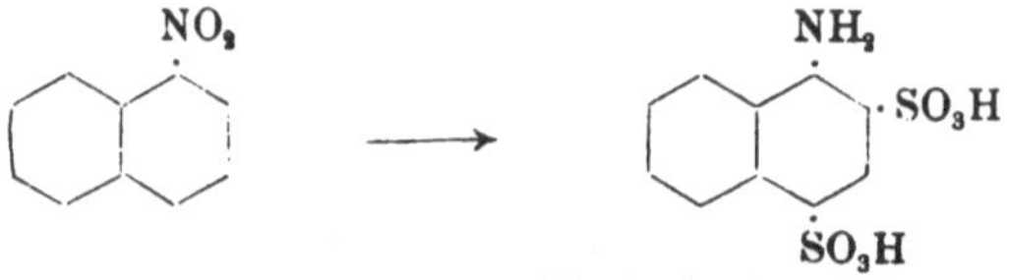

1-Naphtylamin-2.4-disulfosäure

Auch zahlreiche Naphtylendiaminsulfosäuren, $C_{10}H_5(NH_2)_2 \cdot SO_3H$, sind

[1] Farbenfabriken vorm. FRIEDR. BAYER & Co., D. R.-Pat. Nr. 42272, 42273.

[2] LANDSHOFF, Ber. **16**, 1931 (1883). D. R.-Pat. Nr. 27378. — PFITZINGER u. DUISBERG, Ber. **22**, 398 (1889). — CASSELLA & Co., D. R.-Pat. Nr. 43740. — TOBIAS, D. R.-Pat. Nr. 74688. — Bad. Anilin- u. Sodafabrik, D. R.-Pat. Nr. 117471; Chem. Centralbl. **1901 I**, 349. — Vgl. auch Act.-Ges. f. Anilinfabr. D. R.-Pat. Nr. 38424.

[3] FORSLING, Ber. **21**, 3495 (1888). — DRESSEL u. KOTHE, Ber. **27**, 1193, 2137 (1894). — DAHL & Co., D. R.-Pat. Nr. 41957. — Farbenfabriken vorm. FRIEDR. BAYER & Co., D. R.-Pat. Nr. 79566.

[4] ALÉN, Ber. **17**, **Ref.**, 436, 437 (1884). — FREUND, D. R.-Pat. Nr. 27346. — Act.-Ges. f. Anilinfabr., D. R.-Pat. Nr. 45776. — BERNTHSEN, Ber. **22**, 3327 (1889); **23**, 3088 (1890).

[5] Farbwerke Höchst a./M., D. R.-Pat. Nr. 92082. — Vgl. auch FISCHESSER & Co., D. R.-Pat. Nr. 76438, 79577.

bekannt[1]. Von theoretischem Interesse ist die Entstehung dieser Verbindungen aus den Azofarbstoffen[2], welche durch Kuppelung von Diazoverbindungen mit Naphtylaminsulfosäuren dargestellt sind, durch Spaltung mittels reducirender Agentien (vgl. S. 348—349), z. B.:

$$HO_3S\cdot C_{10}H_6\cdot NH_2 + C_6H_5\cdot N_2\cdot Cl = HO_3S\cdot C_{10}H_5{<}{}^{NH_2}_{N:N\cdot C_6H_5} + HCl.$$

$$HO_3S\cdot C_{10}H_5{<}{}^{NH_2}_{N:N\cdot C_6H_5} + 2H_2 = HO_3S\cdot C_{10}H_5(NH_2)_2 + C_6H_5\cdot NH_2.$$

Die Naphtylaminsulfosäuren sind in kaltem Wasser weit schwerer löslich als die Naphtalinsulfosäuren; sie lassen sich grösstentheils aus siedendem Wasser umkrystallisiren. Zu ihrer Charakterisirung und Unterscheidung kann man die Löslichkeitsgrade der freien Säuren oder ihrer Salze benutzen. Die freien Säuren besitzen keine charakteristischen Schmelzpunkte, sondern zersetzen sich meist in der Hitze; dagegen können die Schmelzpunkte ihrer Amide bestimmt werden. Als ein weiteres Unterscheidungsmerkmal dienen die Nuancen der aus den Naphtylaminsulfosäuren herstellbaren Farbstoffe.

In chemischer Beziehung schliessen sich die Sulfosäuren eng an die Naphtylamine, ihre Muttersubstanzen, an. Wie sie in analoger Weise dargestellt werden können (aus den entsprechenden Nitronaphtalin- oder Naphtol-Sulfosäuren), so lassen sich in ihnen die Amidogruppen in der gewöhnlichen Weise durch andere Gruppen, wie Hydroxyl oder Chlor, ersetzen. Beim Erhitzen mit aromatischen Aminen und deren salzsauren Salzen entstehen am Stickstoff substituirte Naphtylaminsulfosäuren[3]:

$$C_{10}H_6{<}{}^{SO_3H}_{NH_2} + NH_2\cdot C_6H_5 = C_{10}H_6{<}{}^{SO_3H}_{NH\cdot C_6H_5} + NH_3.$$

Andererseits zeigen die Sulfogruppen dieselben Umwandlungsreactionen, wie in den nicht durch Amidreste substituirten Naphtalinsulfosäuren, insoweit diese Reactionen nicht durch die Anwesenheit der leichter veränderlichen Amidogruppen modificirt werden.

Bei der Abspaltung der Sulfogruppen durch Erhitzen mit verdünnten Mineralsäuren oder beim Behandeln mit Natriumamalgam zeigt sich auch hier die grössere Festigkeit der in β-Stellung gebundenen Sulfogruppen gegenüber den in α-Stellung befindlichen[4] (vgl. S. 336, 338). Besonders deutlich macht sich diese Verschiedenheit der Bindungsfestigkeit an der 1-Naphtylamin-3.8-disulfosäure bemerkbar, welche bei der hydrolytischen Spaltung bezw. bei der Reduction mit Natriumamalgam nur

---

[1] Vgl. z. B.: Ammelburg, J. pr. [2] **48**, 286 (1893). — Dahl & Co., D. R.-Pat. Nr. 66354. — Friedländer u. Lucht, Ber. **26**, 3033 (1893). — Jacchia, Ann. **323**, 130 (1902).

[2] Witt, Ber. **21**, 3483 (1888). — Vgl. auch: Bernthsen, Ber. **23**, 3094 (1890).

[3] Farbenfabriken vorm. Friedr. Bayer & Co., D. R.-Pat. Nr. 70349, 71158, 71168, 75296.

[4] Friedländer u. Lucht, Ber. **26**, 3032 (1893). — Friedländer u. Katz, Ber. **28**, 1951 (1895). — Vgl. Erdmann, Ann. **247**, 327 (1888).

die α-ständige (8) Sulfogruppe abspaltet, nicht aber die in β-Stellung (3) befindliche:

In Metastellung zur Amidogruppe stehende Sulfogruppen lassen sich durch die Amidgruppe bezw. durch substituirte Amidgruppen ersetzen[1], wenn man diese Amidosulfosäuren mit Ammoniak und Salmiak bezw. mit aromatischen Aminen und deren salzsauren Salzen erhitzt:

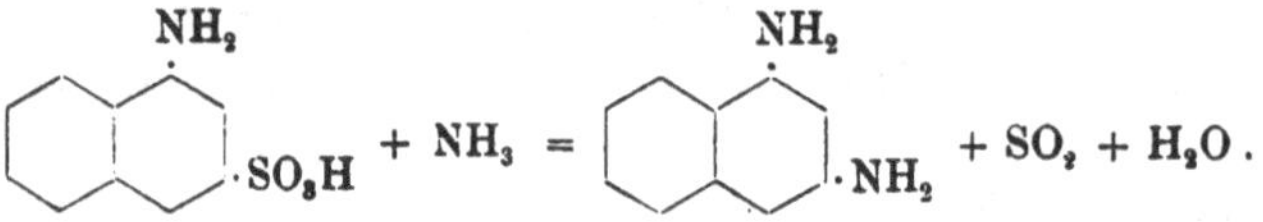

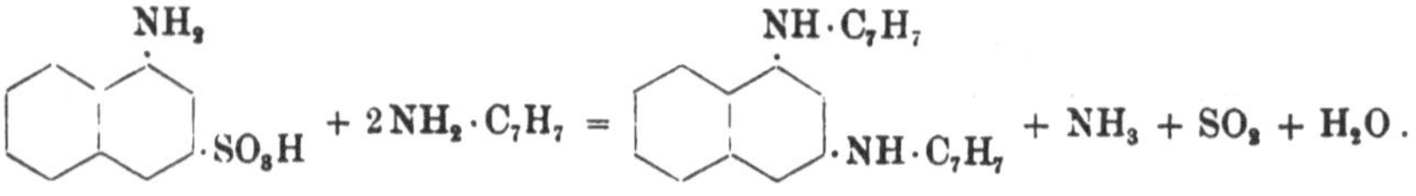

Diejenigen Naphtylaminsulfosäuren, in denen eine Amido- und eine Sulfo-Gruppe in der Peristellung stehen, werden durch rauchende Schwefelsäure unter gleichzeitiger weiterer Sulfurirung anhydrisirt[2], indem unter Austritt eines Molecüls Wasser zwischen diesen beiden Gruppen ein ringförmiger Complex entsteht. Man bezeichnet die so entstehenden Körper als Naphtosultame, z. B.:

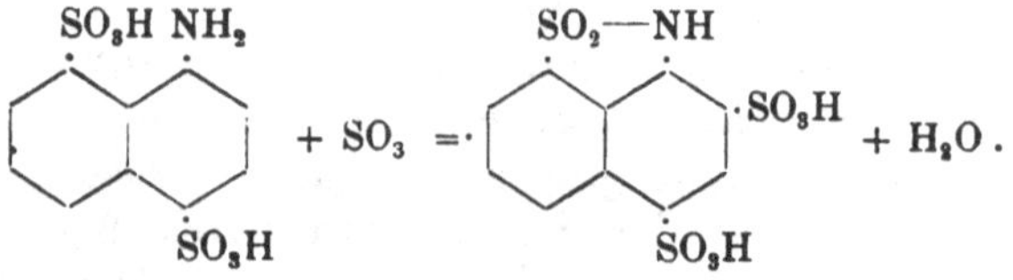

Naphtosultam-2.4-disulfosäure

Die technische Bedeutung der Naphtylaminsulfosäuren beruht vornehmlich in ihrer Verwendung als Azofarbstoffcomponenten (vgl. S. 354—355); und zwar finden sie als solche sowohl Anwendung, indem sie mit gewissen Diazoverbindungen gepaart werden, als auch indem man sie selbst diazotirt und die so erhaltenen Diazonaphtalinsulfosäuren mit anderen Azocomponenten kuppelt. Ferner können die Naphtylaminsulfosäuren

---

[1] Farbenfabriken vorm. Friedr. Bayer & Co., D. R.-Pat. Nr. 75296, 76414, 77866, 78854. — Kalle & Co., D. R.-Pat. Nr. 89061.

[2] Dressel u. Kothe, Ber. **27**, 2137 (18..). — Farbenfabriken vorm. Friedr. Bayer & Co., D. R.-Pat. Nr. 79566. — Vgl. Bernthsen, Ber. **23**, 3095 (1890).

auch zur Herstellung anderer technisch werthvoller Naphtalinderivate dienen.

Die technisch wichtigsten Naphtylamin-Mono- und -Disulfosäuren[1] sind die folgenden:

1-Naphtylamin-4-sulfosäure (Naphthionsäure),
1-Naphtylamin-6- und 7-sulfosäure (CLEVE'sche Säuren),
2-Naphtylamin-6-sulfosäure (BRÖNNER'sche Säure),
2-Naphtylamin-7-sulfosäure (δ- oder F-Naphtylaminsulfosäure),
1-Naphtylamin-3.8-disulfosäure (ε-Naphtylamindisulfosäure),
2-Naphtylamin-3.6-disulfosäure (Amido-R-Säure),
2-Naphtylamin-6.8-disulfosäure (Amido-G-Säure),
2-Naphtylamin-3.7-disulfosäure (δ-Naphtylamindisulfosäure).

Von den Naphtylaminsulfosäuren sei im folgenden die wichtigste, die Naphthionsäure genauer beschrieben.

1-Naphtylamin-4-sulfosäure, Naphthionsäure[2], $C_{10}H_6(NH_2)\cdot SO_3H$, krystallisirt aus Wasser in kleinen, glänzenden Nadeln, welche beim Erhitzen verkohlen, ohne zu schmelzen. 1 Theil der Säure löst sich bei 15° in etwas über 4000 Theilen Wasser, in Alkohol ist sie kaum löslich. Durch Einleiten von Wasserdampf in eine auf 180° erhitzte Mischung von Naphthionsäure und mit $^1/_2$ Volum Wasser verdünnter Schwefelsäure findet Spaltung in α-Naphtylamin und Schwefelsäure statt. Das Natriumsalz, $C_{10}H_6(NH_2)\cdot SO_3Na + 4H_2O$, bildet grosse monokline Prismen. Das Amid, $C_{10}H_6(NH_2)\cdot SO_2\cdot NH_2$, krystallisirt aus Alkohol in bräunlichgelben, bei 206° schmelzenden Nadeln.

Im Grossen[3] stellt man die Naphthionsäure nach dem sogenannten „Backverfahren" dar, indem man saures schwefelsaures α-Naphtylamin erhitzt.

Man giesst 50 k eben geschmolzenes α-Naphtylamin allmählich unter Umrühren in 36·5 k Schwefelsäure von 66° B. und erhitzt auf 170—180°; wenn die Masse vollkommen homogen geworden ist, trägt man $2^1/_2$ k Oxalsäure unter lebhaftem Umrühren ein, wodurch Aufschäumen erfolgt. Nun giesst man auf Bleibleche und erhitzt in einem Backofen 8 Stunden auf 170—180°, wobei die anfänglich noch flüssige Masse allmählich fest und spröde wird. Das erkaltete poröse Produkt wird mit Kalkmilch in Kochhitze neutralisirt, aus der filtrirten Calciumsalz-Lösung die Naphthionsäure mit Salzsäure ausgefällt.

---

[1] Bezüglich der Constitution der Naphtylamindisulfosäuren vgl. ARMSTRONG u. WYNNE, Ber. **24 Ref.**, 707, 708, 709, 715, 716 (1891); **29 Ref.**, 225 (1896).

[2] PIRIA, Ann. **78**, 31 (1851). — SCHAAL u. SCHMIDT, Ber. **7**, 1367 (1874). — CLEVE, Ber. **10**, 1722 (1877); **23**, 960 (1890). — NEVILE u. WINTHER, Ber. **13**, 1948 (1880). — WITT, Ber. **19**, 56, 578, 1719 (1886). — NÖLTING, Cöthener Chem. Ztg. **1888**, 1212. — ERDMANN, Ann. **247**, 313, 327, 337 (1888); **275**, 192, 198, 263 (1893). — BISCHOFF u. BRODSKY, Ber. **23**, 1913 (1890). — BRETSCHNEIDER, J. pr. [2] **55**, 299 (1897). — Vgl. auch: FUSSGÄNGER, Ber. **35**, 976 (1902).

[3] Vgl. SCHULTZ, Chemie des Steinkohlentheers, 3. Aufl. Bd. I, S. 202 (Braunschweig 1900).

Hydroxylverbindungen der Naphtalinreihe.

Die Monohydroxylderivate des Naphtalins werden Naphtole genannt:

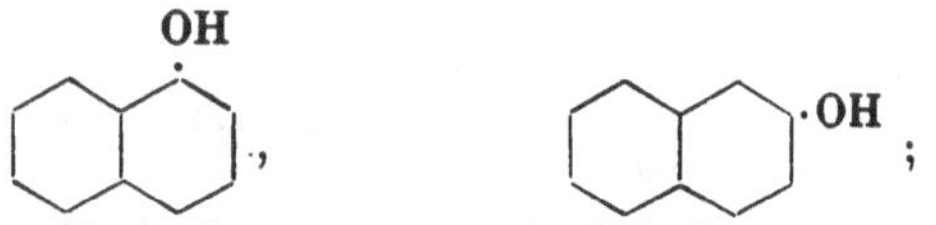

α-Naphtol, β-Naphtol;

sie stellen die Analoga des Phenols dar.

Im Gegensatz zum Phenol (vgl. Bd. II, Th. I, S. 370) sind die Naphtole im Steinkohlentheer nur in geringer Menge vorhanden[1]. Sie finden sich in derjenigen Fraction des Theers, welche man als Anthracenöl (vgl. Bd. II, Th. I, S. 91) bezeichnet, und können daraus durch Aufnehmen in Natronlauge, Fällen mit Schwefelsäure und Fractioniren abgeschieden werden; doch hat dies Verfahren keine technische Bedeutung.

Die Naphtole werden vielmehr im Grossen lediglich aus Naphtalin hergestellt, und zwar kommt in erster Linie ihre Gewinnung aus den beiden Naphtalinsulfosäuren durch Alkalischmelze[2] in Betracht (vgl. S. 338). Auch aus α-Naphtylamin lässt sich α-Naphtol darstellen[3], indem man die Salze der Base mit Wasser auf 200° erhitzt:

$$C_{10}H_7 \cdot NH_2 \cdot HCl + H_2O = C_{10}H_7 \cdot OH + NH_4Cl.$$

Mittels der Diazoreaction[4] lassen sich beide Naphtole aus den Naphtylaminen gewinnen:

$$C_{10}H_7 \cdot N_2 \cdot Cl + H_2O = C_{10}H_7 \cdot OH + N_2 + HCl.$$

So ist das α-Naphtol zum ersten Mal von GRIESS aus α-Naphtylamin dargestellt worden.

Das α-Naphtol ist auch aus α-Bromnaphtalin[5] durch Erhitzen mit Kalilauge auf 300° hergestellt worden:

$$C_{10}H_7 \cdot Br + 2KOH = C_{10}H_7 \cdot OK + KBr + H_2O.$$

In geringer Menge bildet sich ferner Naphtol beim Behandeln von Naphtalin mit Wasserstoffsuperoxyd[6] (vgl. Bd. II, Th. I, S. 360).

Die Synthese des α-Naphtols durch Erhitzen der Benzylidenpropionsäure, welche von grossem Werth für die Klärung der theoretischen

---

[1] SCHULTZE, Ann. **227**, 143 (1885).

[2] ELLER, Ber. **1**, 165 (1868). Ann. **152**, 275 (1869). — SCHÄFFER, Ber. **2**, 90 (1869). Ann. **152**, 280 (1869). — MAIKOPAR, Ztschr. Chem. **5**, 215 (1869). — FRIEDLÄNDER, Theerfarbenfabrikation **I**, 7 (1888).

[3] Farbwerke Höchst a./M., D. R.-Pat. Nr. 74879, 76595.

[4] GRIESS, J. pr. **101**, 90 (1867). — PALM, Ber. **9**, 499 (1876). — LIEBERMANN u. PALM, Ann. **183**, 267 (1876).

[5] DUSART u. BARDY, Compt. rend. **74**, 1051 (1872). Jb. **1872**, 389.

[6] LEEDS, Ber. **14**, 1382 (1881).

Anschauungen über den Bau des Naphtalinmolecüls, sowie über die Isomerieverhältnisse der Naphtalinderivate gewesen ist, wurde schon früher besprochen (vgl. S. 297).

Die Uebertragung dieser Reaction auf gechlorte Benzylidenpropionsäuren bezw. Phenylparaconsäuren, welche zu gechlorten α-Naphtolen führt, wurde auch schon dargelegt (vgl. S. 331—332). Eine weitere Ausführungsform der FITTIG-ERDMANN'schen Reaction liefert zwei isomere Methyl-α-naphtole[1]. Als Ausgangskörper dienen in diesem Falle zwei isomere Methylphenylparaconsäuren, welche sich nebeneinander bei der Condensation von Benzaldehyd mit Brenzweinsäure bilden:

$$1.\quad C_6H_5-CHO + \begin{array}{l} CH_2-COOH \\ CH_3\cdot CH-COOH \end{array} = \begin{array}{l} C_6H_5-CH——CH-COOH \\ \quad\quad O-CO-CH-CH_3 \end{array} + H_2O;$$

α-Methylphenylparaconsäure

$$2.\quad C_6H_5-CHO + \begin{array}{l} CH_3 \\ CH-COOH \\ CH_2-COOH \end{array} = \begin{array}{l} \quad\quad\quad\quad\quad\quad\quad CH_3 \\ C_6H_5-CH——C-COOH \\ \quad\quad O-CO-CH_2 \end{array} + H_2O.$$

β-Methylphenylparaconsäure

Bei der trockenen Destillation bildet die obige α-Säure 2-Methylnaphtol(1) (Formel I), die β-Säure 3-Methylnaphtol(1) (Formel II):

I 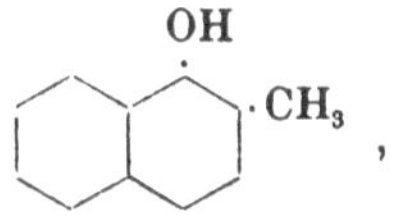, II 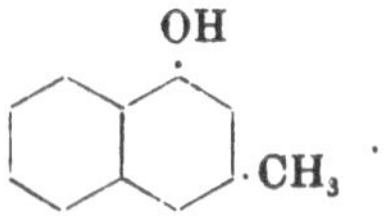.

Ein Dimethylnaphtol[2] von der Constitution:

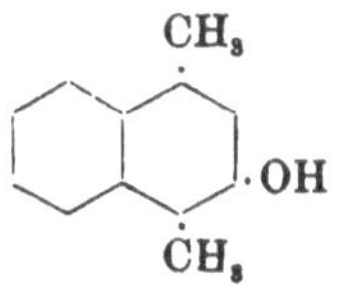

bildet sich, wenn die aus dem Santonin (s. Hydronaphtaline) erhältlichen isomeren santonigen Säuren mit Barythydrat oder Kalihydrat auf hohe Temperaturen erhitzt werden Daneben entsteht das Salz der Propionsäure:

$$C_{12}H_{14}\begin{array}{l}<OK \\ \;\; CH(CH_3)\cdot COOK\end{array} = C_{12}H_{11}\cdot OK + CH_3\cdot CH_2\cdot COOK + H_2.$$

Kaliumsalz der santonigen Säure — Dimethyl-naphtolkalium

Die Naphtole sind gut krystallisirende, unzersetzt destillirbare Körper. In physikalischer Hinsicht unterscheiden sie sich vom Phenol durch die viel höheren Schmelzpunkte und durch ihre Schwerlöslichkeit

[1] FITTIG u. LIEBMANN, Ber. **20**, 3182 (1887). Ann. **255**, 257 (1889). — FITTIG u. SALOMON, Ann. **314**, 73 (1901).

[2] CANNIZZARO u. CARNELUTTI, Ber. **12**, 1575 (1879); **13**, 1516 (1880). Gazz. chim. **12**, 406 (1882). — CANNIZZARO, Gazz. chim. **13**, 385 (1883). — ANDREOCCI, Ber. **26**, 1375 (1893). Gazz. chim. **25 I**, 452 (1895). — CANNIZZARO u. ANDREOCCI, Gazz. chim. **26 I**, 13 (1896). — WEDEKIND, Ber. **31**, 1675 (1898). — BERTOLO, Chem. Centralbl. **1902 II**, 369. Gazz. chim. **32 II**, 371. — Ueber Aethylnaphtol vgl. MARCHETTI, Gazz. chim. **11**, 442 (1881).

in Wasser; auch tritt der phenolartige Geruch bei den Naphtolen nur schwach hervor. In ihrem chemischen Verhalten schliessen sie sich im allgemeinen den Phenolen der Benzolreihe an; wie diese, besitzen sie säureartigen Charakter, bilden beständige Salze, Aether und Ester; doch weisen sie auch gewisse charakteristische Verschiedenheiten sowohl untereinander als namentlich den Phenolen gegenüber auf. Diese Unterschiede im Verhalten der Naphtole einerseits und der Phenole andererseits[1] äussern sich besonders, wie bereits früher (S. 300, 302) dargelegt wurde, darin, dass die Naphtole viel leichter, als das Phenol, ätherificirt werden und der Hydrirung leicht zugänglich sind.

Untereinander zeigen die beiden Naphtole bei verschiedenen Reactionen graduelle Unterschiede; so wird α-Naphtol durch Alkohole und Salzsäure schwerer ätherificirt als die β-Verbindung, ebenso tritt die Umsetzung mit Ammoniak und Aminen (vgl. S. 347) beim β-Naphtol leichter ein als beim α-Naphtol. Bei der Reduction in amylalkoholischer Lösung mit Natrium[2] bildet α-Naphtol **nur** aromatisches Tetrahydro-α-naphtol, β-Naphtol dagegen sowohl aromatisches als auch alicyclisches Tetrahydro-β-naphtol (vgl. S. 300).

Bemerkt zu werden verdient, dass das β-Naphtol, für welches man neben der Phenolform auch die Ketonform:

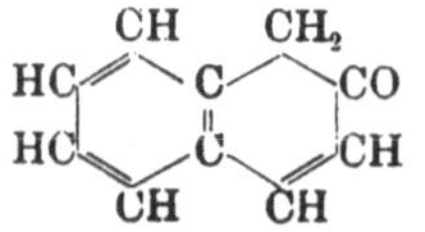

in Betracht ziehen kann, und welches in dieser Form eine Methylengruppe zwischen zwei reactionserleichternden Gruppen — Carbonylgruppe und Doppelbindung — aufweist, in der That zu einigen Condensationsreactionen[3] befähigt zu sein scheint, wie sie dem Acetessigester und ähnlichen Verbindungen mit reactionsfähigen Methylengruppen eigen sind.

Der Werth der Naphtole in der Technik beruht darauf, dass diese Verbindungen selbst mit Diazokörpern zu Azofarbstoffen zusammenzutreten vermögen, sodann dass sie durch Sulfuriren in zum Theil als Azocomponenten benutzbare Naphtolsulfosäuren übergehen. Das β-Naphtol dient ferner zur Darstellung von β-Naphtylamin (vgl. S. 351), sowie von Farbstoffen der Oxazin- und Akridin-Reihe. Nicht unerwähnt bleibe, dass β-Naphtol auch als Antisepticum einige Verwendung bei der Behandlung von Hautkrankheiten findet.

α-Naphtol[4], $C_{10}H_7\cdot OH$, krystallisirt in glänzenden Nadeln oder

[1] Vgl. Gräbe, Ber. **13**, 1850 (1880). Ann. **209**, 147 (1881). — Liebermann u. Hagen, Ber. **15**, 1428 (1882). — Bamberger, Ann. **257**, 10 (1890).

[2] Bamberger u. Lodter, Ber. **23**, 197 (1890).

[3] Vgl. Betti, Gazz. chim. **30 II**, 301, 310 (1900).

[4] Literatur der Naphtole s. im vorstehenden Theil; ferner: Ebert u. Merz, Ber. **9**, 611 (1876). — Schröder, Ber. **12**, 1613 (1879). — Lehmann, Jb. **1882**, 369. — Marchetti, Gazz. chim **12**, 503, 504 (1882). — Nasini u. Bernheimer, Gazz. chim.

monoklinen Prismen vom Schmelzpunkt 94° und siedet bei 278—280°. Das specifische Gewicht beträgt bei 4° 1·224. Es löst sich schwer in siedendem Wasser, leicht in Alkohol, Aether, Chloroform und Benzol. Eine wässerige α-Naphtollösung wird durch Chlorkalk dunkelviolett gefärbt. Mit wässeriger Jodjodkaliumlösung und darauf mit Aetznatronlösung im Ueberschuss versetzt, liefert α-Naphtol eine trübe, intensiv violette Flüssigkeit. Durch Eisenchlorid werden α- wie β-Naphtol leicht zu Dinaphtolen, $HO\cdot C_{10}H_6—C_{10}H_6\cdot OH$, oxydirt. Mit Pikrinsäure verbindet sich α-Naphtol zu einem Additionsprodukt $C_{10}H_8O\cdot C_6H_2(NO_2)_3\cdot OH$, welches feine, orangegelbe, bei 189—190° schmelzende Nadeln bildet; diese Verbindung kann zur quantitativen Bestimmung des Naphtols benutzt werden.

Darstellung von α- und β-Naphtol[1]: Die getrockneten Natriumsalze der α- bezw. β-Naphtalinsulfosäure werden mit Aetznatron in einem eisernen Kessel bei 300--320° geschmolzen. Die Schmelze bildet zwei Schichten, deren obere aus dem Natriumsalz des α- bezw. β-Naphtols besteht. Sie wird in Wasser gelöst; das Naphtol wird durch Säure ausgefällt und durch Vacuum-Destillation gereinigt.

α-Naphtolmethyläther[2], $C_{10}H_7\cdot O\cdot CH_3$, ist flüssig, erstarrt nicht bei −10°, siedet bei 269° und hat das specifische Gewicht 1·0974 bei 15°. Er besitzt Orangeblüthen-Geruch und wird daher in der Parfümerie verwendet.

α-Naphtoläthyläther[3], $C_{10}H_7\cdot O\cdot C_2H_5$, schmilzt bei +5·5° und siedet unter 760 mm Druck bei 276·4° (corr.).

α-Naphtolphenyläther[4], $C_{10}H_7\cdot O\cdot C_6H_5$, bildet farblose Krystallblättchen vom Schmelzpunkt 55°.

αα-Dinaphtyläther, αα-Dinaphtyloxyd[5], $C_{10}H_7\cdot O\cdot C_{10}H_7$, entsteht durch Einleiten von Salzsäuregas in siedendes α-Naphtol oder durch Erhitzen von α-Naphtol mit 2 Theilen Chlorzink auf 180—200°. Es bildet blätterige Krystalle oder glän-

---

15, 84 (1885). — Kanonnikoff, J. pr. [2] **31**, 348 (1885). — Berthelot, Ann. ch. [6] **7**, 203 (1886). — Lesnik u. Nencki, Ber. **19**, 1534 (1886). — Liweh, Jb. **1886**, 1285. — Bouchard, Compt. rend. **105**, 702 (1887). — Maximowitsch, Compt. rend. **106**, 366 (1888). — Walden, Ber. **24**, 2030 (1891). — Negri, Gazz. chim. **23 II**, 380, 381 (1893). — Küster, Ber. **27**, 1101 (1894). — Léger, Bull. [3] **17**, 546 (1897). — Jorissen, Chem. Centralbl. **1902 II**, 281.

[1] Friedländer, Theerfarbenfabrikation **I**, 7 (1888).

[2] Marchetti, Gazz. chim. **9**, 544 (1879) — Hantzsch, Ber. **13**, 1347 (1880). — Vincent, Bull. **40**, 107 (1883). — Städel, Ann. **217**, 42 (1883). — Nasini u. Bernheimer, Gazz. chim. **15**, 84 (1885). — Gattermann, Ann. **244**, 72 (1888). — Witt u. Dedichen, Ber. **30**, 2656 (1897).

[3] Schäffer, Ann. **152**, 286, 287 (1869). Ber. **2**, 92 (1869). — Liebermann u. Hagen, Ber. **15**, 1428 (1882). — Haller, Ber. **17**, 1888 (1884). — Orndorff u. Kortright, Am. chem. Journ. **13**, 157, 162 (1891). — Perkin, Journ. Soc. **69**, 1231, 1250 (1896). — Bodroux, Bull. [3] **19**, 573 (1898). — O. N. Witt u. Schneider, Ber. **34**, 3171 (1901). — Wichelhaus, Wirthschaftl. Bed. chem. Arbeit (Braunschweig 1900) S. 54.

[4] Hönigschmid, Monatsh. **23**, 824, 827 (1902).

[5] Gräbe, Ber. **13**, 1850 (1880). Ann. **209**, 147 (1881). — Merz u. Weith, Ber. **14**, 195, 198 (1881).

zende rhombische Tafeln vom Schmelzpunkt 110° und ist unzersetzt destillirbar. Seine Lösungen fluoresciren schwach bläulich.

α-Naphtylacetat[1], $C_{10}H_7 \cdot O \cdot CO \cdot CH_3$, krystallisirt in breiten Nadeln oder Tafeln vom Schmelzpunkt 49°.

β-Naphtol[2], $C_{10}H_7 \cdot OH$, bildet monokline Blättchen vom Schmelzpunkt 122°, siedet bei 285—286° und hat das specifische Gewicht 1·217 bei 4°. Die Lösungsverhältnisse sind sehr ähnlich denen der α-Verbindung. Die wässerige Lösung wird durch Chlorkalk schwachgelb (Unterschied von α-Naphtol), durch Eisenchlorid vorübergehend schwachgrün gefärbt; mit Jodjodkaliumlösung und Alkali tritt keine Färbung ein. Zum Nachweis des β-Naphtols[3] (z. B. im Harn) löst man es in starker Kalilauge, setzt Chloroform zu und erwärmt auf 50°; die Lösung färbt sich blau, diese Färbung geht allmählich in grün, dann in braun über. Nitrosodimethylanilin erzeugt mit β-Naphtol einen blauvioletten Farbstoff (Meldolablau)[4]. Darstellung des β-Naphtols siehe S. 365. Die Pikrinsäureverbindung bildet orangegelbe seideglänzende, feine Nadeln vom Schmelzpunkt 157—158°. Diese Verbindung sowie die Fällung alkalischer β-Naphtollösungen durch Jod kann zur quantitativen Bestimmung[5] des β-Naphtols benutzt werden.

β-Naphtolmethyläther[2], $C_{10}H_7 \cdot O \cdot CH_3$, krystallisirt in Blättchen, schmilzt bei 70° und siedet bei 274°. Er riecht nach Neroliöl und findet unter dem Namen „Nerolin" Verwendung in der Parfümerie.

β-Naphtoläthyläther[2], $C_{10}H_7 \cdot O \cdot C_2H_5$, schmilzt bei 37° und siedet bei 282°. Er riecht ananasartig.

β-Naphtolphenyläther[2], $C_{10}H_7 \cdot O \cdot C_6H_5$, bildet farblose, derbe Krystallnadeln vom Schmelzpunkt 93°.

ββ-Dinaphtyläther, ββ-Dinaphtyloxyd[2], $C_{10}H_7 \cdot O \cdot C_{10}H_7$, entsteht beim Durchleiten von Salzsäuregas durch erhitztes β-Naphtol oder beim Kochen von β-Naphtol mit 50%iger Schwefelsäure. Es schmilzt bei 105° und destillirt unzersetzt oberhalb 360°.

β-Naphtylacetat[2], $C_{10}H_7 \cdot O \cdot CO \cdot CH_3$, krystallisirt in kleinen, bei 70° schmelzenden Nadeln und riecht anisartig.

Die Dioxynaphtaline entstehen ebenso wie die Naphtole bei der Alkalischmelze von Sulfosäuren der Naphtalinreihe; und zwar kann man — von den Disulfosäuren ausgehend — entweder diese durch Ver-

---

[1] Schäffer, Ber. **2**, 131 (1869). — Tassinari, Ber. **13**, 2420 (1880). — Miller, Ber. **14**, 1601 (1881). Ann. **208**, 248 (1881). — Gräbe, Ann. **209**, 150 (1881). — Einhorn u. Hollandt, Ann. **301**, 112 (1898).

[2] Literatur s. unter der entsprechenden α-Verbindung. — S. ferner: Kuriloff, Ztschr. f. physik. Chem. **23**, 673 (1897). — Davis, Journ. Soc. **77**, 33 (1901).

[3] Lustgarten, Monatsh. **3**, 720 (1882).

[4] Meldola, Ber. **12**, 2066 (1879).

[5] Messinger u. Vortmann, Ber. **23**, 2754 (1890). — Küster, Ber. **27**, 1905 (1894).

schmelzen mit Alkalien bei hoher Temperatur direct in die Dioxynaphtaline überführen[1], z. B.:

α-Naphtalindisulfosäure 2.7-Dioxynaphtalin

oder man kann zunächst nur eine Sulfogruppe durch Hydroxyl ersetzen, wobei eine Naphtolsulfosäure (Formel II) entsteht, z. B.:

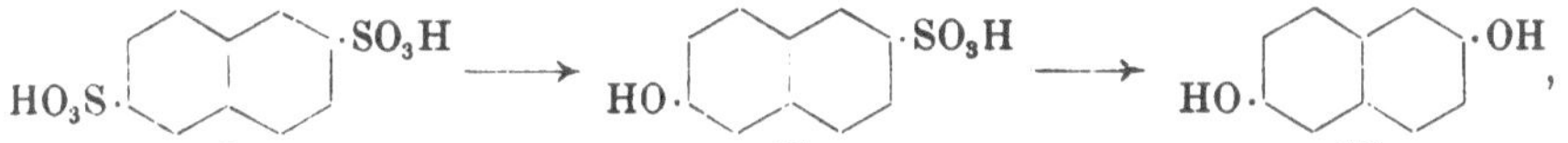

I II III

und dann durch Wiederholung der Schmelze bei höherer Temperatur die Naphtolsulfosäure in Dioxynaphtalin (Formel III) verwandeln[2]. Letzterer Umwandlung sind selbstverständlich auch diejenigen Naphtolsulfosäuren zugänglich, welche auf anderem Wege — als durch partielle Kalischmelze von Naphtalindisulfosäuren — gewonnen werden (vgl. S. 370—372).

Einige Amidonaphtolsulfosäuren konnten durch Erhitzen mit verdünnten Mineralsäuren in Dioxynaphtaline übergeführt werden[3], wobei gleichzeitig Ersatz der Amidogruppe durch Hydroxyl und Abspaltung der Sulfogruppe eintritt, z. B.:

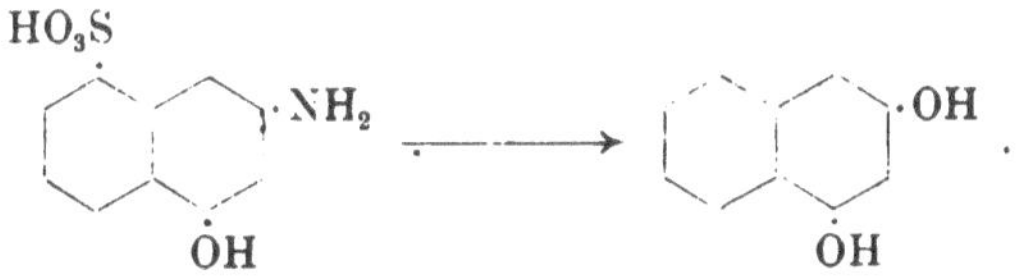

Für die Gewinnung derjenigen Dioxynaphtaline, welche in Bezug auf die Stellung der Substituenten den Naphtochinonen (vgl. S. 382 ff.) entsprechen, kommt als Gewinnungsweise die Reduction dieser Chinone in Betracht[4] (vgl. Bd. II, Th. I, S. 420—421):

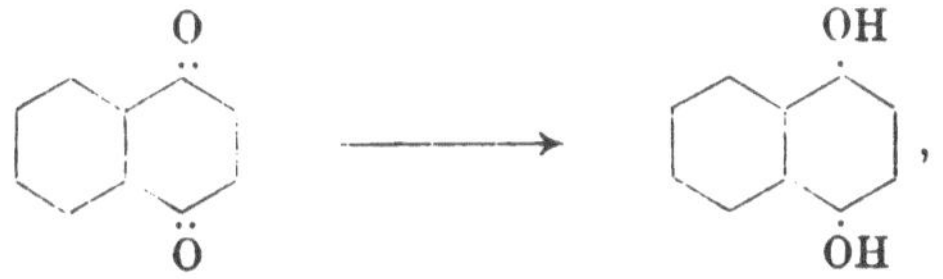

α-Naphtochinon 1.4-Dioxynaphtalin (α-Hydronaphtochinon)

[1] Dusart, Ann. **144**, 124 (1867). Ztschr. Chem. **3**, 301 (1867). — Ebert u. Merz, Ber. **9**, 592 (1876). — Armstrong u. Wynne, Chem. Centralbl. **1887**, 431. — Ewer & Pick, D. R.-Pat. Nr. 41934, 45229.

[2] Cleve, Bull. [2] **24**, 513, 515 (1875). — Emmert, Ann. **241**, 369, 371 (1887). — Erdmann, Ann. **247**, 356 (1888). — Claus, J. pr. [2] **39**, 315 (1889).

[3] Farbwerke Höchst a./M., D. R.-Pat. Nr. 73076. — Farbenfabriken vorm. Friedr. Bayer & Co., D. R.-Pat. Nr. 84990, 87429, 90096. — Friedländer u. Rüdt, Ber. **29**, 1609 (1896).

[4] Groves, Ann. **167**, 358 (1873). — Liebermann, Ann. **183**, 243 (1876). — Plimpton, Journ. Soc. **37**, 635 (1880). — Russig, J. pr. [2] **62**, 32, 57 (1900).

β-Naphtochinon — 1.2-Dioxynaphtalin (β-Hydronaphtochinon)

Aus Monooxy- bezw. Dioxy-Naphtochinonen entstehen nach derselben Methode Trioxy- bezw. Tetraoxy-Naphtaline[1]:

Juglon (Oxynaphtochinon) — Hydrojuglon (Trioxynaphtalin)

Naphtazarin (Dioxynaphtochinon) — Hydronaphtazarin (Tetraoxynaphtalin)

Das in obiger Zusammenstellung erwähnte Hydrojuglon (vgl. Juglon) findet sich in den grünen Wallnussschalen.

Die Dioxynaphtaline — es sind sämmtliche zehn theoretisch möglichen Isomeren bekannt — sind gut krystallisirende, meist hochschmelzende Verbindungen von phenolartigem Charakter. Sie sind — namentlich bei Gegenwart von Alkalien — leicht oxydirbar; die alkalischen Lösungen werden schon durch den Sauerstoff der Luft in tiefgefärbte Oxydationsprodukte übergeführt.

Tabelle Nr. 82.

Dioxynaphtaline, $C_{10}H_6(OH)_2$			
Stellung der Hydroxylgruppen	Schmelzpunkt	Schmelzpunkt des Diäthyläthers	Schmelzpunkt des Diacetylesters
1.2[1—3.32] . .	60°	—	104—106°
1.3[4—5.30] . .	125°	—	55°
1.4[3.6—10] . . .	176°	—	125°
1.5[7.11—15] . .	250°	—	159—160°
1.6[16.17] . . .	135·5°	—	73°
1.7[18.19] . . .	175°	67°	108°
1.8[14]	140°	—	147—148°
2.3[20—22.31.34] .	160—161°	—	—
2.6[18.23—25] . .	215—216°	162°	175°
2.7[13.26—29.33] .	190°	104°	136°

[1] Gräbe u. Ludwig, Ann. **154**, 324 (1870). — Mylius, Ber. **17**, 2411 (1884). — Zincke u. Schmidt, Ann. **286**, 37 (1895). — Liebermann, Ber. **28**, 1457 (1895).

Literatur zur Tabelle Nr. 82. [1] LIEBERMANN, Ber. **14**, 1313 (1881). — [2] LIEBERMANN u. JACOBSON, Ann. **211**, 58 (1882). — [3] RUSSIG, J. pr. [2] **62**, 30 (1900). — [4] FRIEDLÄNDER u. RÜDT, Ber. **29**, 1610 (1896). — [5] Farbenfabriken vorm. FRIEDR. BAYER & Co., D. R.-Pat. Nr. 84990, 87429, 90096. — [6] GROVES, Ann. **167**, 358 (1873). — [7] CLEVE, Bull. [2] **24**, 513, 515 (1875). — [8] LIEBERMANN u. DITTLER, Ann. **183**, 243 (1876). — [9] PLIMPTON, Journ. Soc. **37**, 635 (1880). — [10] KORN, Ber. **17**, 3025 (1884). — [11] ARMSTRONG u. WYNNE, Chem. Centralbl. **1887**, 431. — [12] BERNTHSEN u. SEMPER, Bër. **20**, 938 (1887). — [13] SCHULTZ, Ber. **20**, 3161 (1887). — [14] ERDMANN, Ann. **247**, 356, 357 (1888). — [15] EWER & PICK, D. R.-Pat. Nr. 41934. — [16] CLAUS, J. pr. [2] **39**, 315 (1889). — [17] EWER & PICK, D. R.-Pat. Nr. 45229. — [18] EMMERT, Ann. **241**, 369—372 (1887). — [19] FRIEDLÄNDER u. ZINBERG, Ber. **29**, 40 (1896). — [20] FRIEDLÄNDER u. v. ZAKRZEWSKI, Ber. **27**, 762 (1894). — [21] Badische Anilin- u. Soda-Fabrik, D. R. Pat. Nr. 57525. — [22] Farbwerke Höchst a./M., D. R.-Pat. Nr. 73076. — [23] DUSART, Ann. **144**, 124 (1867). — [24] DARMSTÄDTER u. WICHELHAUS, Ann **152**, 306 (1869). — [25] ARMSTRONG u. GRAHAM, Journ. Soc. **39**, 140 (1881). — [26] EBERT u. MERZ, Ber. **9**, 609 (1876). — [27] WEBER, Ber. **10**, 1233 (1877); **14**, 2206 (1881). — [28] LIEBERMANN u. HAGEN, Ber. **15**, 1428 (1882). — [29] CLAUSIUS, Ber. **23**, 520 (1890). — [30] METZNER, Ann. **298**, 388 (1897). — [31] SILBERSTERN, D. R.-Pat. Nr. 133459. Chem. Centralbl. **1902 II**, 554. — [32] PAUL, Ztschr. f. angew. Chem. **1897**, 24, 47. — [33] ULLMANN, Ann. **327**, 117 (1903). — [34] FRIEDLÄNDER u. SILBERSTERN, Monatsh. **23**, 520 (1902).

Oxysulfosäuren des Naphtalins.

Die Mono- und Poly-Sulfosäuren der Naphtole sowie einiger Dioxynaphtaline gehören zu den technisch wichtigsten Azocomponenten (vgl. S. 319); sie sind daher in grosser Zahl dargestellt worden, doch bieten die zu ihrer Gewinnung benutzten Methoden keine grosse Mannigfaltigkeit und wenig theoretisches Interesse. Die Reactionen, welche hier in Betracht kommen, lassen sich auf wenige Typen zurückführen; sie bestehen:

1. im partiellen Ersatz von Sulfogruppen in Polysulfosäuren durch Hydroxyl mittels der Alkalischmelze;

2. in der Einführung einer oder mehrerer Sulfogruppen in die Naphtole;

3. im Ersatz der Amidogruppen von Naphtylamin-, Naphtylendiamin- oder Amidonaphtol-Sulfosäuren durch Hydroxyl.

Die erstgenannte Methode — Ueberführung von Naphtalinpolysulfosäuren durch Alkalischmelze bei nicht zu hoher Temperatur in Naphtolsulfosäuren — wurde schon (S. 367) erwähnt. Mittels dieser Methode lassen sich nicht nur die Naphtalindisulfosäuren in Naphtolmonosulfosäuren überführen[1], sondern man kann auch aus den höher sulfurirten Verbindungen durch alle theoretisch möglichen Zwischenstufen Sulfosäuren von Polyoxynaphtalinen gewinnen[2], z. B.:

[1] EBERT u. MERZ, Ber. **9**, 610 (1876). — ARMSTRONG u. GRAHAM, Journ. Soc. **39**, 136 (1881). — EWER u. PICK, D. R.-Pat. Nr. 41934. — CASSELLA & Co., D. R.-Pat. Nr. 42112. — Badische Anilin- u. Soda-Fabrik, D. R.-Pat. Nr. 57910.

[2] BEYER & KEGEL, D. R.-Pat. Nr. 38281. — Act.-Ges. f. Anilinfabrikation, D. R.-Pat. Nr. 42261. — Farbwerke Höchst a./M., D. R.-Pat. Nr. 67563. — Farben-

$C_{10}H_4(SO_3H)_4 \longrightarrow C_{10}H_4\begin{smallmatrix}OH \\ (SO_3H)_3\end{smallmatrix} \longrightarrow C_{10}H_4\begin{smallmatrix}(OH)_2 \\ (SO_3H)_2\end{smallmatrix} \longrightarrow C_{10}H_4\begin{smallmatrix}(OH)_3 \\ SO_3H\end{smallmatrix}$.

Naphtalintetrasulfosäure — Naphtoltrisulfosäure — Dioxynaphtalindisulfosäure — Trioxynaphtalinsulfosäure

Die Sulfurirung der Naphtole führt ebenso wie diejenige der Naphtylamine (vgl. S. 357—358) zu einer Reihe isomerer Sulfosäuren, welche auf Grund der verschiedenen Löslichkeit ihrer Salze von einander getrennt werden können. Auch hier lassen sich durch Abänderung der Reactionsbedingungen einzelne dieser Isomeren als Hauptprodukte gewinnen.

Aus dem α-Naphtol konnten durch directe Einführung von Sulfogruppen die folgenden Mono- und Poly-Sulfosäuren hergestellt werden[1]:

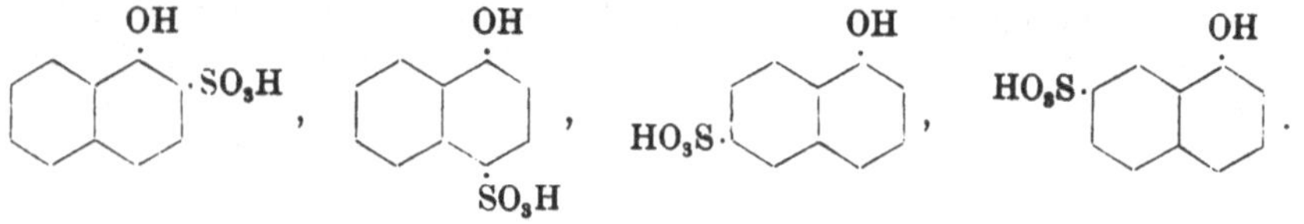

SCHÄFFER'sche α-Naphtolsulfosäure — NEVILE-WINTHER'sche Säure — (in geringer Menge)

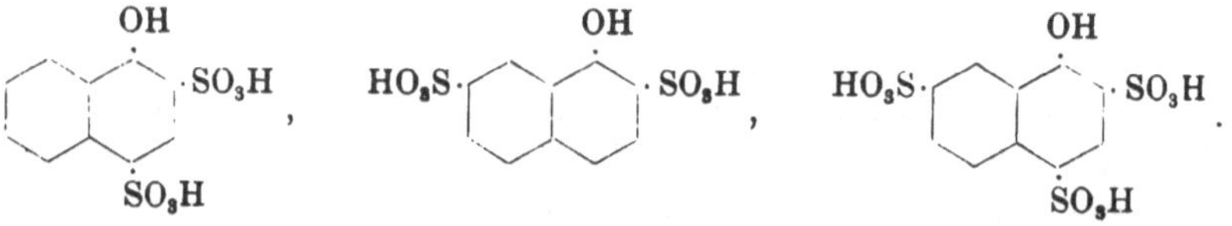

β-Naphtol liefert die folgenden Sulfurirungsprodukte[2]:

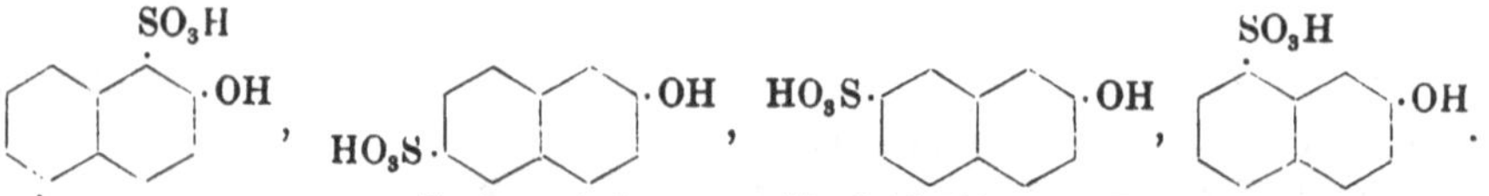

SCHÄFFER'sche β-Naphtolsulfosäure — Naphtolsulfosäure F — Croceïnsäure

---

fabriken vorm. FRIEDR. BAYER & Co., D. R.-Pat. Nr. 67829, 79054, 80464. — PAUL, Ztschr. f. angew. Chem. **1896**, 619. — FRIEDLÄNDER u. RÜDT, Ber. **29**, 1613 (1896).

[1] SCHÄFFER, Ber. **2**, 93 (1869). Ann. **152**, 293 (1869). — LAUTERBACH, Ber. **14**, 2028 (1881). — BENDER, Ber. **22**, 993 (1889). — CONRAD u. W. FISCHER, Ann. **273**, 102 (1893). — REVERDIN, Ber. **27**, 3458 (1894). Bull. [3] **13**, 214 (1895). — FRIEDLÄNDER u. TAUSSIG, Ber. **30**, 1457 (1897). — Badische Anilin- u. Soda-Fabrik, D. R.-Pat. Nr. 10785. — Verein chem. Fabriken, D. R.-Pat. Nr. 26012.

[2] SCHÄFFER, Ber. **2**, 93 (1869). Ann. **152**, 296 (1869). — GRIESS, Ber. **13**, 1956 (1880). — ARMSTRONG, Ber. **15**, 200 (1882). — LEVINSTEIN, Ber. **16**, 462 (1883). — WEINBERG, Ber. **20**, 2906 (1887). — WITT, Ber. **21**, 3473, 3489 (1888). — PFITZINGER u. DUISBERG, Ber. **22**, 396 (1889). — NIETZKI u. ZÜBELEN, Ber. **22**, 453 (1889). — GREEN, Ber. **22**, 724 (1889). — FRIEDLÄNDER u. v. ZAKRZEWSKI, Ber. **27**, 761 (1894). — Farbwerke Höchst a./M., D. R.-Pat. Nr. 3229, 18027, 22038. — Farbenfabriken vorm. FRIEDR. BAYER & Co., D. R.-Pat. Nr. 26673, 30777. — BEYER & KEGEL, D. R.-Pat. Nr. 32964. — TOBIAS, D. R.-Pat. Nr. 74688.

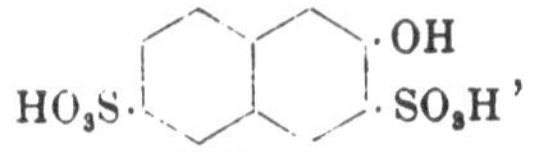

R-Säure

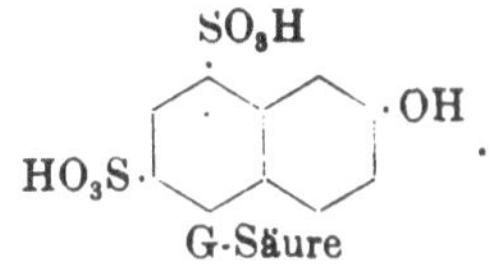

G-Säure

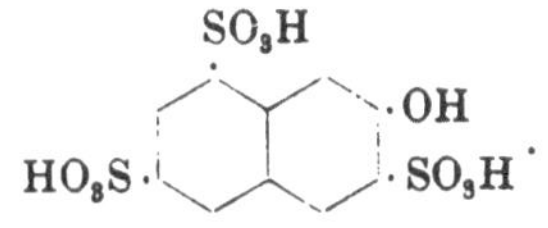

Der Ersatz von Amidogruppen durch Hydroxyl kann bei den Naphtylaminsulfosäuren in derselben Weise vorgenommen werden wie bei den Naphtylaminen selbst (vgl. S. 362), nämlich durch Zersetzung der Diazosulfosäuren mit Wasser[1]; so entsteht z. B. aus der Naphthionsäure die 1.4-Naphtolsulfosäure von Nevile und Winther:

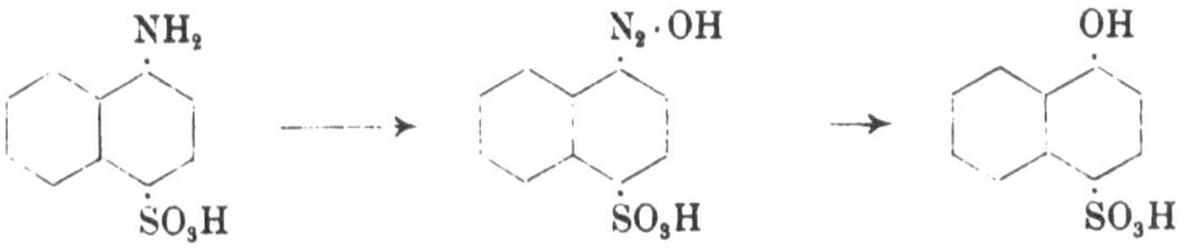

Diese Umwandlung von Naphtylaminderivaten in Naphtolabkömmlinge kann aber auch auf directem Wege erreicht werden[2]; sie vollzieht sich beim Erhitzen von Naphtylaminsulfosäuren oder Amidonaphtolsulfosäuren mit concentrirter Kalilauge oder verdünnten Mineralsäuren oder beim Erhitzen der naphtylaminsulfosauren bezw. der amidonaphtolsulfosauren Salze mit Wasser auf hohe Temperaturen. Auf diese Weise ist z. B. die technisch wichtige sogenannte Chromotropsäure (1.8-Dioxynaphtalin-3.6-disulfosäure) sowohl aus der 1.8-Amidonaphtol-3.6-disulfosäure als auch aus der 1.8-Naphtylendiamin-3.6-disulfosäure gewonnen worden:

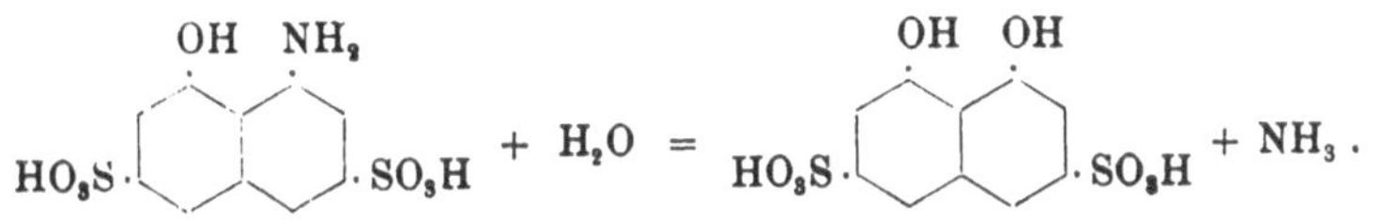

[1] Nevile u. Winther, Ber. **13**, 1949 (1880). — Bayer u. Duisberg, Ber. **20**, 1426 (1887). — Schultz, Ber. **20**, 3162 (1887). — Erdmann, Ann. **247**, 343, 344 (1888). — Bernthsen, Ber. **22**, 3327 (1889); **23**, 3088 (1890). — Claus, J. pr. [2] **39**, 316 (1889). — Cleve, Ber. **24**, 3476 (1891). — Conrad u. W. Fischer, Ann. **273**, 111 (1893). — Dressel u. Kothe, Ber. **27**, 1201 (1894). — Badische Anilin- u. Soda-Fabrik, D. R.-Pat. Nr. 20760. — Verein chem. Fabriken, D. R.-Pat. Nr. 26012. — Freund, D. R.-Pat. Nr. 27346. — Schöllkopf, D. R.-Pat. Nr. 40571. — Act.-Ges. f. Anilinfabrikation, D. R.-Pat. Nr. 45776. — Koch, D. R.-Pat. Nr. 56058. — Kalle & Co., D. R.-Pat. Nr. 64979.

[2] Dressel u. Kothe, Ber. **27**, 2142 (1894). — Friedländer u. Rüdt, Ber. **29**, 1612 (1896). — Act.-Ges. f. Anilinfabrikation, D. R.-Pat. Nr. 46307. — Kalle & Co., D. R.-Pat. Nr. 64979, 82563. — Farbenfabriken vorm. Friedr. Bayer & Co., D. R.-Pat. Nr. 68721, 69190, 71836, 89242. — Farbwerke Höchst a./M., D. R.-Pat. Nr. 71494, 71495, 74644. — Cassella & Co, D. R.-Pat. Nr. 75153.

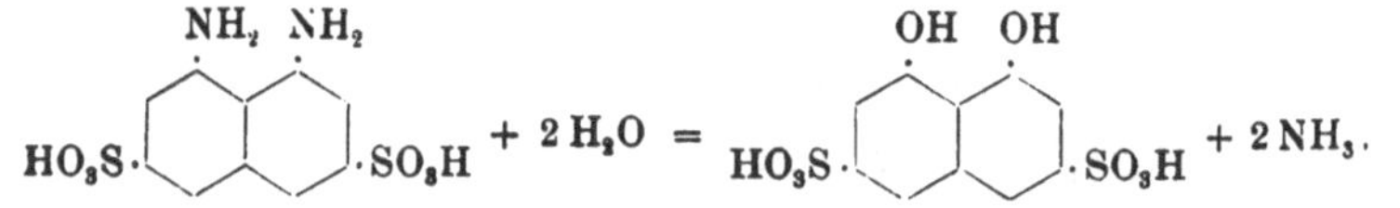

Amidosulfosäuren, welche die Amidogruppen in α-Stellung enthalten, gehen meist sehr glatt in die entsprechenden Naphtolsulfosäuren über, wenn man sie nach einander mit Bisulfiten bezw. schwefliger Säure und Alkali behandelt[1]; etwas schwieriger gelingt die Reaction bei den Derivaten des β-Naphtylamins[2].

In einigen Fällen konnten auch gechlorte Sulfosäuren des Naphtalins durch Erhitzen mit wässerigem Alkali auf hohe Temperatur in Naphtolsulfosäuren übergeführt werden[3], z. B.:

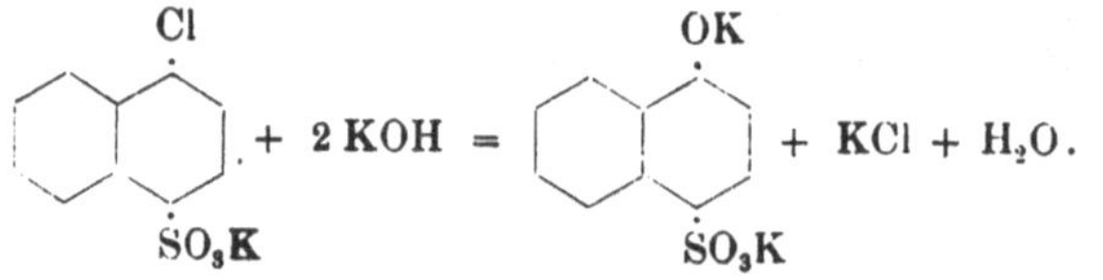

Die 1.2-Dioxynaphtalin-4-sulfosäure ist durch Reduction der Sulfosäure des β-Naphtochinons mit schwefliger Säure hergestellt worden[4]:

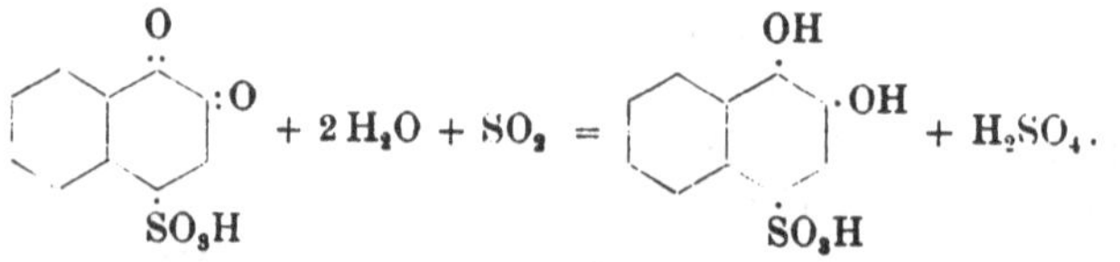

Man kennt auch einige Sulfosäuren des α- und β-Naphtoläthyläthers[5], $C_{10}H_6(OC_2H_5)\cdot SO_3H$, welche entweder durch Sulfuriren der Naphtoläther oder durch Aetherificiren der Naphtolsulfosäuren gewonnen werden können.

Die Naphtolsulfosäuren sind in Wasser sehr leicht lösliche, zum Theil an der Luft zerfliessliche und daher schwer krystallisirbare Verbindungen, zu deren Charakterisirung man hauptsächlich auf das Studium ihrer Salze angewiesen ist. Diese können als primäre und secundäre Salze unterschieden werden, je nachdem nur die Sulfogruppe oder auch das Naphtolhydroxyl ein Metalläquivalent aufgenommen hat:

$$C_{10}H_6{<}^{OH}_{SO_3Me} \qquad C_{10}H_6{<}^{OMe}_{SO_3Me}.$$

primäres Salz — secundäres Salz

---

[1] Farbenfabriken vorm. Friedr. Bayer & Co., D. R.-Pat. Nr. 109102. Chem. Centralbl. **1900 II**, 359.

[2] Badische Anilin- u. Soda-Fabrik, D. R.-Pat. Nr. 115335, 126136, 134401. Chem. Centralbl. **1901 II**, 1136, 1138; **1902 II**, 868.

[3] Oehler, D. R.-Pat. Nr. 74744, 77446. — Rudolph, D. R.-Pat. Nr. 104902.

[4]Böniger, Ber. **27**, 29 (1894). — Farbenfabriken vorm. Friedr. Bayer & Co., D. R.-Pat. Nr. 70867.

[5] Maikopar, Ztschr. Chem. **6**, 366 (1870). — Heermann, J. pr. [2] **49**, 130 (1894). — Lapworth, Proceedings Chem. Soc. **11**, 49 (1895). Chem. Centralbl. **1895 I**, 1063 — O. N. Witt u. Schneider, Ber. **34**, 3176 (1901).

Die wichtigsten allgemeinen Umwandlungsreactionen der Naphtolsulfosäuren sind schon früher besprochen worden (S. 329, 358).

Eine Sonderstellung nehmen unter den Naphtolsulfosäuren die 1.8-Naphtolsulfosäure und ihre Derivate ein. Diese Verbindungen bilden leicht unter Wasserabspaltung innere Anhydride[1], das Naphtosulton und seine Abkömmlinge:

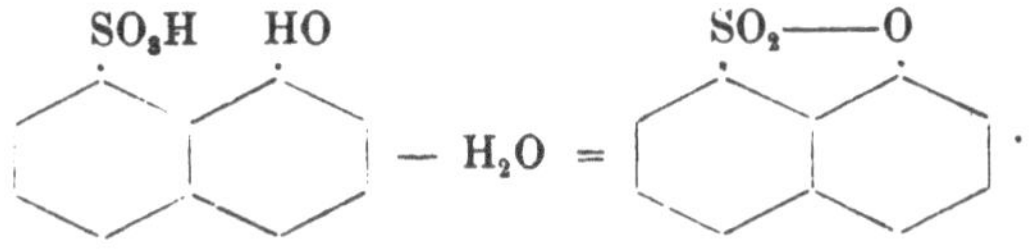

Das Naphtosulton entspricht dem hypothetischen Naphtosultam (vgl. S. 360). Es bildet sich ausserordentlich leicht aus der 1.8-Naphtolsulfosäure; so entsteht es, an Stelle der Säure selbst, bei der Zersetzung der 1.8-Diazonaphtalinsulfosäure mit Wasser, Säuren oder Alkohol. In heisser concentrirter Natronlauge löst es sich allmählich unter Bildung des naphtolsulfosauren Natriums, also unter Sprengung des Sultonringes, auf:

$$C_{10}H_6\!<\!\!{}^{O}_{SO_2} + 2\,NaOH = C_{10}H_6\!<\!\!{}^{ONa}_{SO_3Na} + H_2O\,.$$

Das Naphtosulton ist unzersetzt destillirbar.

Wie bereits Eingangs dieses Abschnittes erwähnt wurde, sind die Naphtol-Mono- und Polysulfosäuren sowie einige Dioxynaphtalinsulfosäuren wichtige Ausgangsmaterialien für die Darstellung von Azofarbstoffen. Die Technik bedient sich vorzugsweise der folgenden Säuren:

1.4-Naphtolsulfosäure (Nevile-Winther'sche Säure),
2.6-Naphtolsulfosäure (Schäffer'sche Säure),
2.8-Naphtolsulfosäure (Croceïnsäure),
2.3.6-Naphtoldisulfosäure (R-Säure),
2.6.8-Naphtoldisulfosäure (G-Säure),
1.8-Dioxynaphtalin-4-sulfosäure (Dioxynaphtalinsulfosäure S.),
1.8-Dioxynaphtalin-3.6-disulfosäure (Chromotropsäure),
1.8-Dioxynaphtalin-2.4-disulfosäure (Dioxynaphtalindisulfosäure S.).

Ausserdem wird die 1-Naphtol-3.6.8-trisulfosäure als Vorprodukt der Chromotropsäure, in welche sie durch Alkalischmelze übergeht, und die 1.Naphtol-2.4.7-trisulfosäure als Ausgangsmaterial für Naphtolgelb S (s. S. 376) technisch hergestellt, letztere jedoch ohne vorherige Isolirung direct weiter verarbeitet.

1-Naphtol-4-sulfosäure[2], $C_{10}H_6(OH)\cdot SO_3H$, bildet durchsichtige, in Wasser leicht lösliche Tafeln, welche sich bei 120° dunkel färben und bei ca. 170° unter

[1] Schultz, Ber. **20**, 3162 (1887). — Erdmann, Ann. **247**, 344 (1888). — Bernthsen, Ber. **22**, 3327 (1889); **23**, 3088 (1890). — Koch, D. R.-Pat. Nr. 56058.

[2] Nevile u. Winther, Ber. **13**, 1949 (1880). — Witt u. Kaufmann, Ber. **24**, 3157 (1891). — Reverdin, Ber. **27**, 3458 (1894). Bull. [3] **13**, 214 (1895). — Witt

Gasentwickelung schmelzen; durch Kaliumbichromat wird sie in α-Naphtochinon übergeführt.

Technisch kann die Säure nach einer Reihe verschiedener Methoden erhalten werden. Die älteste, lange Zeit benutzte, jetzt aber verlassene Darstellungsweise bestand im Umkochen der Diazoverbindung der Naphthionsäure. Die Umwandlung dieser Amidosulfosäure in die entsprechende Oxysulfosäure gelingt indessen schon durch Erhitzen mit Natronlauge unter Druck oder besser durch aufeinanderfolgende Behandlung mit Bisulfit bezw. schwefliger Säure und Alkali (vgl. S. 372), wobei intermediär der Schwefligsäureester der 1-Naphtol-4-sulfosäure gebildet wird. Auch durch Erhitzen der 1-Chlornaphtalin-4-sulfosäure mit 25 % iger Natronlauge auf 200—220° unter Druck wird technisch 1-Naphtol-4-sulfosäure dargestellt. Während α-Naphtol selbst beim Sulfuriren ein Gemisch von o- und p-Sulfosäure giebt, entsteht nur die p-Verbindung, wenn man die Hydroxylgruppe vorher inactivirt. So entsteht aus Di-α-naphtylcarbonat, $(C_{10}H_7 \cdot O)_2CO$, oder aus α-Naphtoläthyläther nur eine 4-Sulfosäure, die beim Abspalten des Carbonyl- bezw. Aethyl-Restes einheitliche 1-Naphtol-4-sulfosäure liefert.

1-Naphtol-8-sulfosäure[1], $C_{10}H_6(OH) \cdot SO_3H$, krystallisirt mit 1 Mol. Wasser zu einer strahligen, spröden Masse, welche bei 106—107° schmilzt und bei 180° ihr Krystallwasser plötzlich abgiebt. In Wasser ist sie leicht löslich. Ihr inneres Anhydrid, das **Naphtosulton**, $C_{10}H_6{<}^{O}_{SO_2}$, bildet glasglänzende, durchsichtige Prismen vom Schmelzpunkt 154°. Es siedet unzersetzt oberhalb 360°.

2-Naphtol-6-sulfosäure[2], $C_{10}H_6(OH) \cdot SO_3H$, krystallisirt in kleinen, nicht zerfliesslichen, aber in Wasser und Weingeist leicht löslichen Blättchen vom Schmelzpunkt 125°. Ihre wässerige Lösung wird von Eisenchlorid schwach grün gefärbt. Das primäre Calciumsalz krystallisirt mit 5, das primäre Bleisalz mit 6 Mol. Wasser.

Nitrosonaphtole.

Die sogenannten Nitrosonaphtole werden richtiger als Monoxime der Naphtochinone aufgefasst (vgl. Bd. II, Th. I, S. 386) und sind daher unter den Derivaten dieser Körper behandelt (S. 399 ff.).

Nitronaphtole.

Die Naphtole werden durch Salpetersäure leicht in Nitroverbindungen übergeführt[3], doch benutzt man zweckmässig zur Darstellung der Nitronaphtole die Naphtolsulfosäuren[4] (vgl. Bd. II. Th. I, S. 386—387). So wird das als gelber Farb-

u. Schneider, Ber. **34**, 3176 (1901). — Verein chem. Fabriken, D. R.-Pat. Nr. 26012. — Act.-Ges. f. Anilinfabrikation, D. R.-Pat. Nr. 46307. — Oehler, D. R.-Pat. Nr. 77446. — Farbwerke Höchst a./M., D. R.-Pat. Nr. 80889. — Dahl & Co., D. R.-Pat. Nr. 88843. — Farbenfabr. vorm. Friedr. Bayer & Co., D. R.-Pat. Nr. 109102. Chem. Centralbl. **1900 II**, 359.

[1] Schultz, Ber. **20**, 3162 (1887). — Erdmann, Ann. **247**, 344 (1888).

[2] Schäffer, Ber. **2**, 93 (1869). Ann. **152**, 296 (1869). — Claus u. Zimmermann, Ber. **14**, 1477 (1881). — Badische Anilin- u. Soda-Fabrik, D. R.-Pat. Nr. 115335, 126136, 134401. Chem. Centralbl. **1901 II**, 1136, 1138; **1902 II**, 868.

[3] Wallach u. Wichelhaus, Ber. **3**, 846 (1870). — Löwe, Ber. **23**, 2542 (1890). — Kehrmann u. Matis, Ber. **31**, 2418 (1898). — Schmidt, Ber. **33**, 3244 (1900).

[4] Darmstädter u. Wichelhaus, Ber. **2**, 113 (1869). Ann. **152**, 298 (1869). — Nevile u. Winther, Ber. **13**, 1949 (1880). — Bender, Ber. **22**, 996 (1889).

stoff unter dem Namen Martiusgelb im Handel befindliche 2.4-Dinitronaphtol(1) in der Weise gewonnen, dass man α-Naphtol zunächst durch Lösen in der gleichen Menge concentrirter Schwefelsäure in die 1-Naphtol-2.4-disulfosäure überführt (vgl. S. 370) und dann die Sulfurirungsmischung direct mit verdünnter Salpetersäure erwärmt, wobei die Sulfogruppen durch Nitrogruppen ersetzt werden:

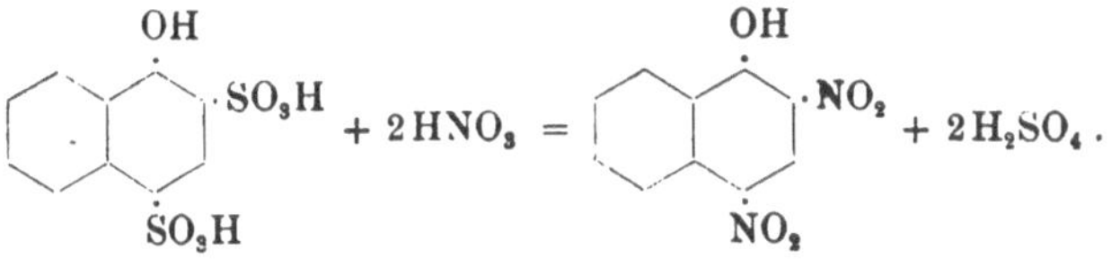

Aus dem α-Naphtylamin kann das 2.4-Dinitronaphtol(1) in der Weise hergestellt werden, dass man die Base diazotirt, die Diazolösung mit Salpetersäure versetzt und erhitzt[1] (vgl. Bd. II, Th. I, S. 387). Es findet dabei gleichzeitig die Zersetzung des Diazonaphtalins und Nitrirung des entstandenen α-Naphtols statt. Nach diesem Verfahren hat MARTIUS das 2.4-Dinitronaphtol zuerst dargestellt. Auch ohne vorherige Diazotirung lässt sich das α-Naphtylamin direct durch Zusammenbringen mit concentrirter Salpetersäure in das 2.4-Dinitronaphtol(1) überführen[2]. Den letztgenannten Methoden, welche vom α-Naphtylamin ausgehen, kommt eine technische Bedeutung nicht mehr zu, da das α-Naphtol ein billigeres Ausgangsmaterial darstellt als das α-Naphtylamin.

Zu den einfach nitrirten Naphtolen kann man gelangen, indem man die Acetylnaphtylamine nitrirt und die Nitroverbindungen mit Alkalilauge kocht[3], wobei die Acetamidgruppe durch Hydroxyl ersetzt wird:

$$C_{10}H_6<^{NH \cdot CO \cdot CH_3}_{NO_2} \longrightarrow C_{10}H_6<^{OH}_{NO_2} .$$

Aus dem α-Acetnaphtalid entstehen bei der Nitrirung zwei isomere Mononitroderivate, welche die Nitrogruppe in den Stellungen 4 bezw. 2 enthalten. Das β-Acetnaphtalid nimmt eine Nitrogruppe in der Position 1 auf. Die so entstehenden drei Nitroacetnaphtalide liefern mithin:

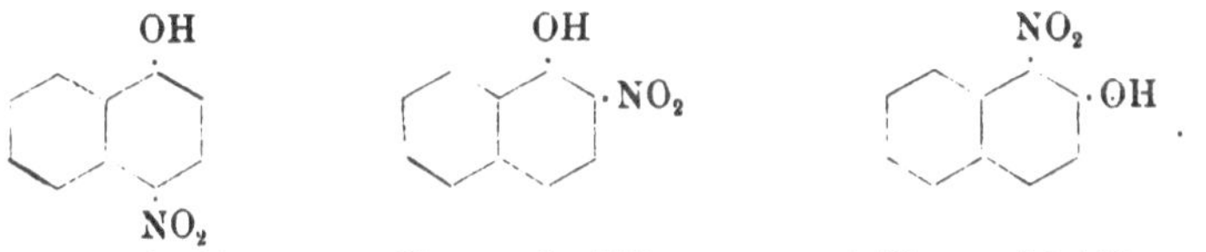

4-Nitronaphtol(1) Schmp. 164° | 2-Nitronaphtol(1) Schmp. 128° | 1-Nitronaphtol(2) Schmp. 103°

Bei energischerer Nitrirung des α-Acetnaphtalids entsteht eine Dinitroverbindung, deren Zersetzung mit siedender Alkalilauge zu dem oben erwähnten 2.4-Di-

[1] MARTIUS, J. pr. **102**, 442 (1867). — Vgl. auch: GRÄBE u. DREWS, Ber. **17**, 1170 (1884). — NÖLTING u. WILD, Ber. **18**, 1339 (1885). — FRIEDLÄNDER u. SZYMANSKI, Ber. **25**, 2079, 2082 (1892).

[2] BALLO, Ber. **3**, 288 (1870).

[3] ANDREONI u. BIEDERMANN, Ber. **6**, 343 (1873). — LIEBERMANN u. DITTLER, Ber. **7**, 242 (1874). Ann. **183**, 243 (1876). — LIEBERMANN u. JACOBSON, Ann. **211**, 46 (1882). — Vgl. auch: EBELL, Ber. **8**, 563 (1875). Ann **208**, 325 (1881). — WORMS, Ber. **15**, 1815 (1882).

nitronaphtol(1) (Martiusgelb) führt[1]. Auch die weitere Nitrirung sowohl des 2-Nitronaphtols (1) als auch des 4-Nitronaphtols (1) ergiebt Martiusgelb[2], woraus dessen Constitution hervorgeht.

Die drei oben genannten Mononitronaphtole lassen sich auch aus den durch Einwirkung von salpetriger Säure auf die Naphtole entstehenden sogenannten Nitrosonaphtolen (vgl. S. 399) durch Oxydation mit Ferricyankalium oder verdünnter Salpetersäure gewinnen[3], da die Nitrosogruppen in den Nitrosonaphtolen dieselben Stellungen einnehmen, welche in jenen Nitronaphtolen von der Nitrogruppe besetzt sind:

$$C_{10}H_7\cdot OH + HNO_2 = C_{10}H_6{<}^{OH}_{NO} + H_2O\,,$$

$$C_{10}H_6{<}^{OH}_{NO} + O = C_{10}H_6{<}^{OH}_{NO_2}\,.$$

Das 4-Nitronaphtol (1) entsteht in kleiner Menge aus α-Nitronaphtalin, wenn man dieses mit Kali und Kalk bei Gegenwart von Luft erhitzt[4]. Erhitzt man α-Nitronaphtalin mit fein vertheiltem Alkali, so entsteht ohne Mitwirkung des Luftsauerstoffs 1-Nitronaphtol (2); diese interessante Reaction[5] beruht in erster Phase wohl auf einer Umlagerung des Nitronaphtalins in Nitrosonaphtol (vgl. S. 342).

2.4-Dinitronaphtol (1), Martiusgelb[6], $C_{10}H_5(NO_2)_2\cdot OH$ krystallisirt in citronengelben Nadeln oder langen Prismen vom Schmelzpunkt 134—135°. Es löst sich kaum in heissem Wasser, schwer in Alkohol, Aether und Benzol. Die Salze des Dinitronaphtols sind orangegelb gefärbt. Der Farbstoff ist durch seine rein gelbe Nuance ausgezeichnet, besitzt jedoch nur geringe Affinität zur Faser, indem er beim Erwärmen derselben sublimirt und durch Wasser leicht abgezogen wird. Seine Verwendung ist daher heute nur noch eine sehr beschränkte; er wird meistens durch seine Sulfosäure, das **Naphtolgelb S**[7], ersetzt. Diesen gelben Farbstoff bereitet man, indem man zunächst das α-Naphtol durch energische Sulfurirung in die 1-Naphtol-2.4.7-trisulfosäure (vgl. S. 370) überführt und in letzterer durch Einwirkung von Salpetersäure die in den Stellungen 2 und 4 befindlichen Sulfogruppen durch Nitrogruppen ersetzt:

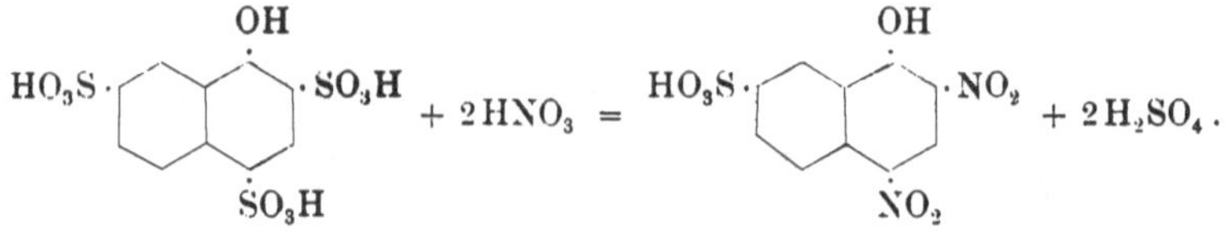

---

[1] LIEBERMANN u. HAMMERSCHLAG, Ber. **9**, 333 (1876). Ann. **183**, 273 (1876).

[2] LIEBERMANN, Ber. **8**, 689 (1875).

[3] FUCHS, Ber. **8**, 625 (1875). — STENHOUSE u. GROVES, Ber. **10**, 1597 (1877). Ann. **189**, 151 (1877). — GRANDMOUGIN u. MICHEL, Ber. **25**, 972 (1892).

[4] DUSART, Jb. **1861**, 644. — DARMSTÄDTER u. NATHAN, Ber. **3**, 943 (1870).

[5] WOHL, D. R.-Pat. Nr. 116790. — Vgl. WOHL, Ber. **32**, 3486 (1899); **34**, 2444 (1901).

[6] Literatur s. vorstehend; ferner: WICHELHAUS, Ber. **3**, 945 (1870). — FRIEDLÄNDER, Theerfarbenfabrikation I, 322 (1888). — OLIVERI-TORTORICI, Gazz. chim. **28 I**, 309 (1898). — J. SCHMIDT, Ber. **33**, 3244 (1900).

[7] Badische Anilin- und Soda-Fabrik, D. R.-Pat. Nr. 10785. — LAUTERBACH, Ber. **14**, 2028 (1881). — GRÄBE, Ber. **18**, 1126 (1885). — FRIEDLÄNDER, Theerfarbenfabrikation I, 322 (1888); II, 215 (1891).

Amidonaphtole und Amidonaphtolsulfosäuren.

Die Amidonaphtole werden nach denselben Methoden erhalten wie die Amidophenole[1] (vgl. Bd. II, Th. I, S. 392). Die Reduction der Nitronaphtole führt naturgemäss zu Verbindungen, deren Constitution derjenigen der Ausgangsmaterialien entspricht, während die Einführung von Diazo- oder von Nitroso-Gruppen in die Naphtole nur solche Verbindungen entstehen lässt, in denen die Hydroxylgruppe und die stickstoffhaltige Gruppe in Ortho- oder in Para-Stellung zu einander stehen, so dass also bei der Reduction, welche zweckmässig mit Zinn oder Zinnchlorür und Salzsäure vorgenommen wird, Ortho- bezw. Para-Amidonaphtole erhalten werden, z. B.:

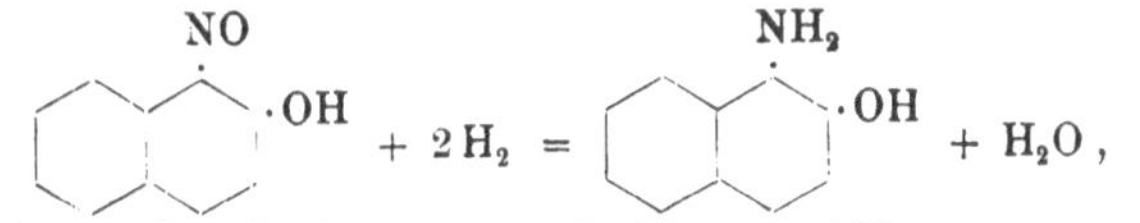

Nitroso-β-naphtol 1-Amidonaphtol (2)

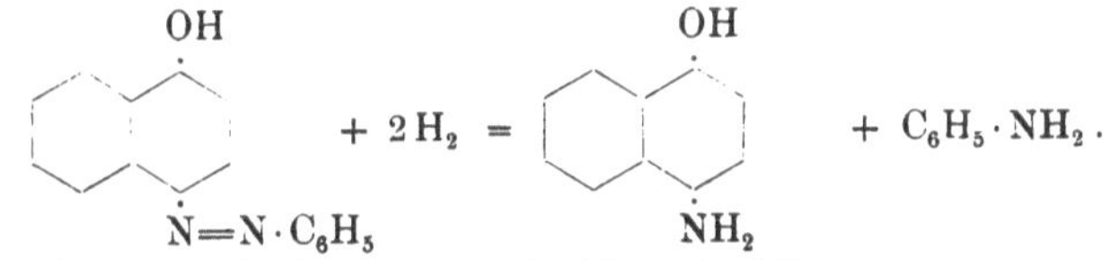

Benzolazo-α-naphtol 4-Amidonaphtol (1)

Diese Methoden können auch — unter Benutzung der Nitro- oder Azo-Naphtoläther — zur Gewinnung der Amidonaphtoläther dienen[2].

Die Amidonaphtole entstehen ferner bei der Alkalischmelze der Naphtylaminsulfosäuren[3]:

$$C_{10}H_6<{NH_2 \atop SO_3H} \quad \succ \quad C_{10}H_6<{NH_2 \atop OH} ;$$

---

[1] Liebermann u. Dittler, Ber. **7**, 243 (1874). Ann. **183**, 247 (1876). — Stenhouse u. Groves, Ann. **189**, 153 (1877). — Jacobson, Ber. **14**, 806 (1881). — Liebermann, Ber. **14**, 1311 (1881); **16**, 2862 (1883). — Griess, Ber. **14**, 2041 (1881). — Liebermann u. Jacobson, Ann. **211**, 48, 53 (1882). — Groves, Journ. Soc. **45**, 291 (1884). — Zincke u. Rathgen, Ber. **19**, 2483 (1886). — Witt, Ber. **21**, 3472 (1888). — Meldola u. Morgan, Journ. Soc. **55**, 117 (1889). — Seidel, Ber. **25**, 423 (1892). — Grandmougin u. Michel, Ber. **25**, 974 (1892). — Friedländer u. Szymanski, Ber. **25**, 2079, 2082 (1892). — Zincke, Ann. **278**, 188 Anm. (1894). — Paul, Ztschr. f. angew. Chem. **1897**, 24. — Russig, J. pr. [2] **62**, 31, 56 (1900). — Vgl. auch Gattermann u. Schulze, Ber. **30**, 50 (1897).

[2] Vgl. z. B. Gaess, J. pr. [2] **43**, 27, 28 (1891). — Heermann, J. pr. [2] **45**, 545 (1892). — Paul, Ztschr. f. angew. Chem. **1896**, 620.

[3] Friedländer, Ber. **28**, 1952 (1895). — Friedländer u. Silberstern, Monatsh. **23**, 515 (1902). — Ges. f. chem. Industrie, D. R.-Pat. Nr. 47816. — Act.-Ges. f. Anilinfabrikation, D. R.-Pat. Nr. 49448. — Badische Anilin- u. Soda-Fabrik, D. R.-Pat. Nr. 55404. — Cassella & Co., D. R.-Pat. Nr. 69458.

sie bilden sich auch beim Erhitzen von Dioxynaphtalinen mit Ammoniak[1] und stellen somit Zwischenprodukte bei der Ueberführung der Dioxy- in Diamido-Naphtaline dar (vgl. S. 348):

$$C_{10}H_6{<}{OH \atop OH} \longrightarrow C_{10}H_6{<}{OH \atop NH_2} \longrightarrow C_{10}H_6{<}{NH_2 \atop NH_2}\,.$$

Die Amidonaphtole sind ebenso wie die Amidophenole (vgl. Bd. II, Th. I, S. 393) basische Verbindungen, welche mit Säuren Salze bilden, sich aber auch in Alkalien lösen und grösstentheils äusserst leicht oxydirbar sind. Die alkalischen Lösungen einiger Amidonaphtole verändern sich schon beim Schütteln mit Luft unter Bildung charakteristisch gefärbter Oxydationsprodukte. Diejenigen Amidonaphtole, in denen die Substituenten die Stellungen 1 und 2 oder 1 und 4 einnehmen, werden durch verschiedene Oxydationsmittel, wie Chromsäure, Eisenchlorid oder auch salpetrige Säure in Naphtochinone übergeführt, und zwar liefert:

4-Amidonaphtol(1) — α-Naphtochinon

1-Amidonaphtol(2) — β-Naphtochinon

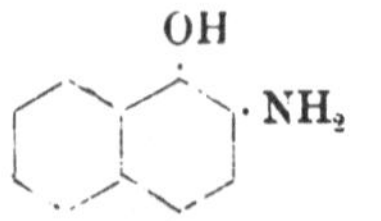

$$O_2{>}C_{10}H_5-C_{10}H_5{<}O_2\,.$$

2-Amidonaphtol(1) — Dinaphtyldichinon

2-Amidonaphtol(1)[2], $C_{10}H_6(NH_2)\cdot OH$, aus dem entsprechenden Nitronaphtol dargestellt, ist eine sehr unbeständige Verbindung. Seine ammoniakalische Lösung scheidet beim Schütteln mit Luft eine Substanz in violetten metallglänzenden Häuten ab, welche die Zusammensetzung eines Naphtochinonimids $C_{10}H_6{<}{O \atop NH}$ besitzt.

4-Amidonaphtol(1)[2] entsteht bei der Reduction der vom α-Naphtol derivirenden Azofarbstoffe mit Zinnchlorür und Salzsäure. Das hierbei gebildete salzsaure Salz des Amidonaphtols kann zur Darstellung von α-Naphtochinon (vgl. S. 385) benutzt werden.

---

[1] Friedländer u. v. Zakrzewski, Ber. **27**, 763 (1894). — Friedländer u. Zinberg, Ber. **29**, 40 (1896). — Kehrmann u. Wolff, Ber. **33**, 1538 (1900). — Badische Anilin- u. Soda-Fabrik, D. R.-Pat. Nr. 117471. Chem. Centralbl. **1901 I**, 349. — Vgl. auch Clausius, Ber. **23**, 529 (1890).

[2] Literatur s. vorstehend.

Das am Stickstoff acetylirte 4-Amidonaphtol(1)[1]:

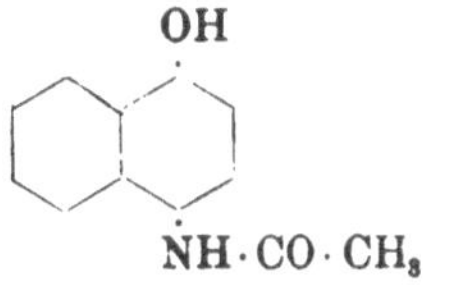

welches auch **Naphtacetol** genannt wird, entsteht, wenn man das Amidonaphtol bei mässiger Wärme mit Essigsäureanhydrid und Natriumacetat behandelt, oder wenn man die bei höherer Temperatur gebildete Diacetylverbindung mit wässerigen Alkalien bis zur Lösung erwärmt:

$$C_{10}H_6<{O\cdot CO\cdot CH_3 \atop NH\cdot CO\cdot CH_3} + 2KOH = C_{10}H_6<{OK \atop NH\cdot CO\cdot CH_3} + CH_3\cdot COOK + H_2O.$$

Das Naphtacetol bildet bei 187° schmelzende Nadeln. Sein Aethyläther[2], $C_{10}H_6(O\cdot C_2H_5)\cdot NH\cdot CO\cdot CH_3$, ist das Analogon des Phenacetins (vgl. Bd. II, Th. I, S. 395), besitzt jedoch nicht dessen werthvolle physiologische Eigenschaften.

1-Amidonaphtol(2)[3] lässt sich am bequemsten aus den Azoverbindungen des β-Naphtols mit Zinnchlorür und Salzsäure darstellen. Es bildet glänzende, in siedendem Wasser schwer lösliche Blätter; die gelbe ammoniakalische Lösung wird beim Schütteln mit Luft dunkelbraun. Chromsäuregemisch oder salpetrige Säure führen es in β-Naphtochinon über; das Amidonaphtol stellt daher ein Zwischenprodukt bei der Gewinnung des β-Naphtochinons dar (vgl. S. 386).

Das Benzoylderivat des 1-Amidonaphtols(2), welches die Benzoylgruppe am Stickstoff trägt, bildet sich eigenthümlicherweise bei der Reduction des (am Sauerstoff) benzoylirten 1-Nitronaphtols(2)[4]; die Reaction erklärt sich dadurch, dass sich intermediär eine ringförmige Atomgruppirung (Benzenylverbindung) herstellt:

$$C_{10}H_6<{NO_2 \atop O\cdot CO\cdot C_6H_5} + 3H_2 = C_{10}H_6<{N \atop O}>C\cdot C_6H_5 + 3H_2O.$$

$$C_{10}H_6<{N \atop O}>C\cdot C_6H_5 + H_2O = C_{10}H_6<{NH\cdot CO\cdot C_6H_5 \atop OH}.$$

Beim Acetyliren des 1-Amidonaphtols(2) mit Essigsäureanhydrid und Natriumacetat[5] entstehen je nach der Dauer des Erhitzens drei verschiedene Verbindungen:

$C_{10}H_6<{NH\cdot CO\cdot CH_3 \atop OH}$,	$C_{10}H_6<{NH\cdot CO\cdot CH_3 \atop O\cdot CO\cdot CH_3}$,	$C_{10}H_6<{N \atop O}>C\cdot CH_3$.
1-Acetamidonaphtol(2) Schmp. 235°	1-Acetamidonaphtyl-acetat(2) Schmp. 206°	Aethenyl-1-amidonaphtol(2) Oel, Siedep. 300°

Man kennt auch eine Reihe von amidirten Polyoxynaphtalinen[6], sowie von mehrfach amidirten Naphtolen[7]. Die letzteren sind grösstentheils sehr unbeständige

[1] Witt u. Dedichen, Ber. **29**, 2945 (1896). — Witt, D. R.-Pat. Nr. 90596, 93312.

[2] Henriques, Ber. **25**, 3058 (1892).

[3] Literatur s. vorstehend.

[4] Böttcher, Ber. **16**, 1933 (1883). — Vgl. Worms, Ber. **15**, 1813 (1882).

[5] Grandmougin u. Michel, Ber. **25**, 3429 (1892).

[6] Vgl. z. B.: Diehl u. Merz, Ber. **11**, 1321 (1878). — Korn, Ber. **17**, 907 (1884). — Kehrmann, Ber. **21**, 1780 (1888); **27**, 3337 (1894). — Kehrmann u. Weichardt, J. pr. [2] **40**, 186 (1889). — Clausius, Ber. **23**, 521 (1890). — Kehrmann u. Mascioni, Ber. **28**, 345 (1895).

[7] Vgl. z. B.: Ekstrand, Ber. **11**, 164 (1878). — Löwe, Ber. **23**, 2543 (1890). —

Verbindungen, welche durch Oxydation in stickstoffhaltige Naphtochinonderivate übergehen. So bildet sich aus dem durch Reduction von Martiusgelb (s. S. 375) erhältlichen 2.4-Diamidonaphtol(1)[1], wenn man seine alkalische Lösung oder sein salzsaures Salz in feuchtem Zustande der Luft aussetzt, oder besser durch Oxydation mit Eisenchlorid sogenanntes Diimidonaphtol, welches richtiger als Amidonaphtochinonimid zu bezeichnen ist:

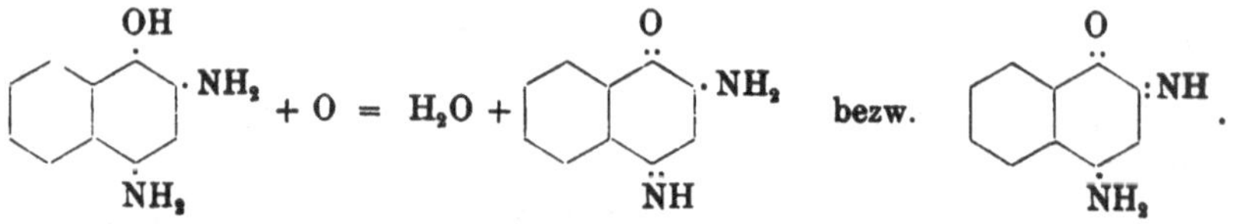

Zu den wichtigsten Azocomponenten (vgl. S. 319, 354—355), und zwar hauptsächlich für die Darstellung von Disazofarbstoffen (vgl. Bd. II, Th. I, S. 253) gehören die **Amidonaphtol-Monosulfosäuren und -Disulfosäuren:**

$$C_{10}H_5(NH_2)(OH)(SO_3H) \quad \text{bezw.} \quad C_{10}H_4(NH_2)(OH)(SO_3H)_2 .$$

Ihre Darstellungsweisen sind ausserordentlich mannigfaltig. Am meisten kommen die folgenden Reactionen zur Verwendung:

1. Reduction von Azoderivaten oder von Nitrosoverbindungen der Naphtolsulfosäuren[2] (vgl. S. 377):

$$C_{10}H_5\begin{cases}OH\\N:N\cdot R\\SO_3H\end{cases} + 2H_2 = C_{10}H_5\begin{cases}OH\\NH_2\\SO_3H\end{cases} + H_2N\cdot R;$$

$$C_{10}H_5\begin{cases}OH\\NO\\SO_3H\end{cases} + 2H_2 = C_{10}H_5\begin{cases}OH\\NH_2\\SO_3H\end{cases} + H_2O.$$

Die Stellung der Sulfogruppen in den zu diesen Reactionen dienenden Naphtolsulfosäuren ist von wesentlichem Einfluss auf die Constitution der bei der Einwirkung von Diazokörpern oder von salpetriger Säure auf dieselben entstehenden Verbindungen, indem die allgemeine Regel, nach welcher α-Naphtolderivate Para-, β-Naphtolabkömmlinge dagegen Ortho-Oxyazoverbindungen bezw. -Nitrosonaphtole geben, durch die Gegenwart von Sulfogruppen modificirt werden kann (Näheres hierüber siehe in diesem Kapitel unter Oxyazoverbindungen).

Kehrmann u. Hertz, Ber. **29**, 1417 (1896). — Nietzki u. Knapp, Ber. **30**, 1124 (1897). — Kehrmann u. Matis, Ber. **31**, 2413 (1898).

[1] Martius u. Griess, Ann. **134**, 377 (1865). — Gräbe u. Ludwig, Ann. **154**, 307 (1870). — Liebermann, Ber. **9**, 1779 (1876). — Meerson, Ber. **21**, 1195 (1888). — Kehrmann, Ber. **27**, 3337 (1894).

[2] Griess, Ber. **14**, 2042 (1881). — Meldola, Journ. Soc. **39**, 47 (1881). — Witt, Ber. **21**, 3473 (1888). D. R.-Pat. Nr. 49857. — Witt u. Kaufmann, Ber. **24**, 3162 (1891). — Reverdin u. de la Harpe, Bull. [3] **7**, 291 (1892); [3] **9**, 450 (1893). Ber. **25**, 1401 (1892); **26**, 1279 (1893). — Gattermann u. Schulze, Ber. **30**, 50 (1897). — Vgl. auch König, Ber. **23**, 808 (1890).

2. Sulfurirung von Amidonaphtolen[1]:

$$C_{10}H_6\left\langle\begin{matrix}NH_2\\OH\end{matrix}\right. + H_2SO_4 = C_{10}H_5\left\langle\begin{matrix}NH_2\\OH\\SO_3H\end{matrix}\right. + H_2O.$$

3. Gemässigte Alkalischmelze der Naphtylaminpolysulfosäuren[2]:

$$C_{10}H_5\left\langle\begin{matrix}NH_2\\SO_3K\\SO_3K\end{matrix}\right. + KOH = C_{10}H_5\left\langle\begin{matrix}NH_2\\OH\\SO_3K\end{matrix}\right. + K_2SO_3.$$

4. Erhitzen der Naphtylendiaminsulfosäuren mit verdünnten Mineralsäuren, Alkalien oder Wasser[3] (vgl. S. 371):

$$C_{10}H_5\left\langle\begin{matrix}NH_2\\NH_2\\SO_3H\end{matrix}\right. + H_2O = C_{10}H_5\left\langle\begin{matrix}NH_2\\OH\\SO_3H\end{matrix}\right. + NH_3.$$

Endlich sei noch erwähnt, dass auch Nitrosonaphtole (Naphtochinonoxime) direct in Amidonaphtolsulfosäuren übergeführt werden können[4], indem man sie mit Natriumbisulfit behandelt:

$$C_{10}H_6\left\langle\begin{matrix}NO\\OH\end{matrix}\right. + 2\,NaHSO_3 = C_{10}H_5\left\langle\begin{matrix}NH_2\\OH\\SO_3H\end{matrix}\right. + Na_2SO_4.$$

Die Amidonaphtolsulfosäuren sind krystallinische Verbindungen, welche in ihrem chemischen Verhalten vielfach an die Amidonaphtole selbst erinnern, jedoch beständiger sind als diese. Die Monosulfosäuren sind in Wasser wenig löslich. Diejenigen Sulfosäuren, welche sich vom 4-Amidonaphtol (1) bezw. vom 1-Amidonaphtol (2) ableiten, gehen beim Behandeln mit Oxydationsmitteln, wie Salpetersäure, in α- bezw. β-Naphtochinonsulfosäuren über (vgl. S. 378).

---

[1] Seidel, Ber. **25**, 424 (1892). — Reverdin u. de la Harpe, Bull. [3] **9**, 450 (1893). — Friedländer u. Rüdt, Ber. **29**, 1609 (1896). — Badische Anilin- u. Soda-Fabrik, D. R.-Pat. Nr. 62289, 82900. — Act.-Ges. f. Anilinfabrikation, D. R.-Pat. Nr. 68564. — Cassella & Co., D. R.-Pat. Nr. 75066.

[2] Dressel u. Kothe, Ber. **27**, 2141 (1894). — Friedländer u. Kielbasinski, Ber. **29**, 1979 (1896). — Täuber u. Walder, Ber. **29**, 2267 (1896). — Farbwerke Höchst a./M., D. R.-Pat. Nr. 53025, 53076. — Dahl & Co., D. R.-Pat. Nr. 68232. — Farbenfabriken vorm. Friedr. Bayer & Co., D. R.-Pat. Nr. 69722, 75055, 75317, 80741. — Badische Anilin- u. Soda-Fabrik, D. R.-Pat. Nr. 73276. — Cassella & Co., D. R.-Pat. Nr. 75432, 75710.

[3] Rudolph, Cöthener Chem. Ztg. **16**, 779 (1892). — Cassella & Co., D. R.-Pat. Nr. 67062, 69963, 70780, 73607, 85058.

[4] Schmidt, J. pr. [2] **42**, 156 (1890); [2] **44**, 521 (1891). —Böniger, Ber. **27**, 23, 3050 (1894). — Vgl. auch Friedländer u. Reinhardt, Ber. **27**, 242 (1894).

Sonstige Darstellungsweisen von Amidonaphtolsulfosäuren s.: Nietzki u. Zübelen, Ber. **22**, 455 (1889). — Gattermann, Ber. **26**, 1852 (1893). — Kalle & Co., D. R.-Pat. Nr. 94079. — Badische Anilin- u. Soda-Fabrik, D. R.-Pat. Nr. 112778. — Conrad u. W. Fischer, Ann. **273**, 114 (1893).

Anders verläuft die Oxydation, wenn atmosphärische Luft als Oxydationsmittel wirkt[1]. Kocht man die Amidonaphtolsulfosäuren mit Sodalösung oder behandelt man sie mit Natriumacetat bei Luftzutritt, so bilden sich Farbstoffe, und zwar aus den Derivaten des 2-Amidonaphtols (1) violettschwarze, aus denen des 4-Amidonaphtols(1) braune, aus den Abkömmlingen des 1-Amidonaphtols(2) rothviolette. Die letztgenannten Farbstoffe färben Wolle in saurem Bade rothviolett, gebeizte Baumwolle grau bis graugrün an.

Von den als Azofarbstoffcomponenten zur Verwendung gelangenden Amidonaphtolmono- und -disulfosäuren sind die wichtigsten die folgenden:

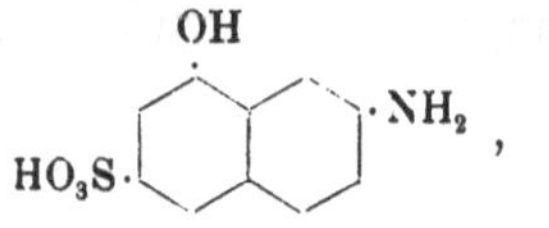

Amidonaphtolsulfosäure G oder γ

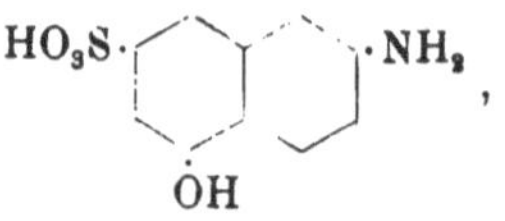

6-Amidonaphtol(1)-sulfosäure(3)[2]

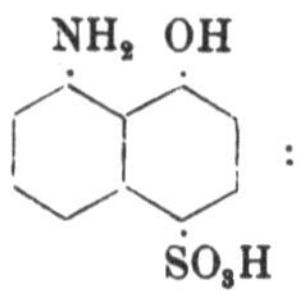

Amidonaphtolsulfosäure S

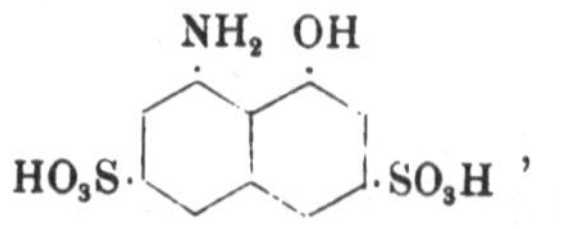

Amidonaphtoldisulfosäure H

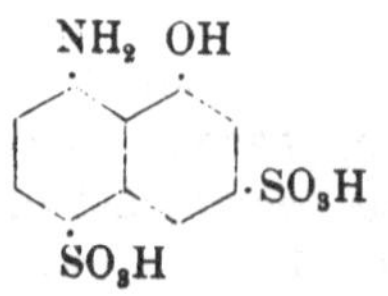

Amidonaphtoldisulfosäure K

Die drei letztgenannten Säuren leiten sich vom 1.8-Amidonaphtol ab.

Ferner ist noch die 1-Amidonaphtol(2)-sulfosäure(6) zu erwähnen, deren Alkalisalze unter dem Namen „Eikonogen" als photographische Entwickler verwendet werden (vgl. Bd. II, Th. I, S. 394).

Im Folgenden sind technische Darstellungsmethoden der wichtigen H- und K-Säure wiedergegeben:

H-Säure[3]: 32 K der durch Nitriren und Reduciren aus α-Naphtalindisulfosäure (S. 336) erhaltenen 1.8-Naphtylendiamindisulfosäure(3.6) werden mit 100 L Wasser und 10 K Schwefelsäure 6 Stunden lang auf 110—120° erhitzt. Beim Erkalten scheidet sich das saure Ammoniumsalz der H-Säure in Nadeln aus.

K-Säure[4]: 200 K 1-Naphtylamintrisulfosäure(4.6.8) als Natriumsalz werden mit 300 K Natron und 120 K Wasser im Autoclaven auf 170—175° erhitzt, bis

[1] Reverdin u. de la Harpe, Bull. [3] 7, 291 (1892); [3] 9, 450 (1893). Ber. 25, 1401 (1892); 26, 1279 (1893). D. R.-Pat. Nr. 63043.

[2] Badische Anilin- u. Soda-Fabrik, D. R.-Pat. Nr. 75469.

[3] Cassella & Co., D. R.-Pat. Nr. 67062.

[4] Farbenfabriken vorm. Friedr. Bayer & Co., D. R.-Pat. Nr. 80741.

eine Probe blaue Fluorescenz zeigt. Nach dem Erkalten wird die Schmelze mit Salzsäure versetzt, worauf sich das saure Natriumsalz der K-Säure nadelförmig abscheidet.

Die Naphtochinone.

Wir kennen zwei Chinone der Formel $C_{10}H_6O_2$, welche als Naphtochinone zu bezeichnen sind. Von diesen ist eines ein Para-, das andere ein Ortho-Chinon (vgl. Bd. II, Th. I, S. 438):

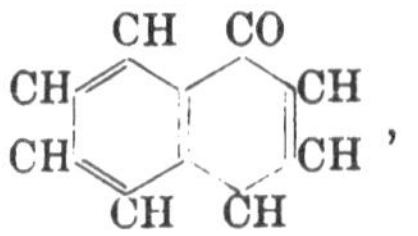

α-Naphtochinon (para)

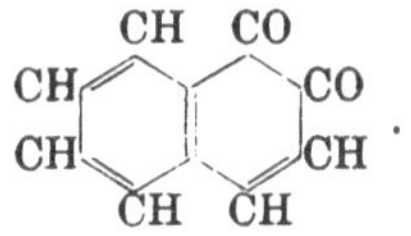

β-Naphtochinon (ortho)

Das Naphtalin ist bislang der einzige Kohlenwasserstoff, von welchem zugleich ein Para- und ein Ortho-Chinon — beide gut charakterisirt — vorliegen. Die beiden Naphtochinone sind daher die besten Beispiele zum Studium der Unterschiede zwischen Para- und Ortho-Chinonen.

Das α-Naphtochinon wurde im Jahre 1873 von Groves[1] entdeckt; er erhielt es durch directe Oxydation des Naphtalins mit Chromsäure in Eisessiglösung. Es ist ein vollkommenes Analogon des Benzochinons: gelb gefärbt, von chinonartigem Geruch, mit Wasserdämpfen flüchtig (vgl. Bd. II, Th. I, S. 441). Es lag daher nahe, dieser Verbindung die oben gegebene Constitutionsformel beizulegen, welche diese weitgehende Aehnlichkeit der beiden Para-Chinone der Benzol- und Naphtalin-Reihe in befriedigender Weise erklärt (vgl. S. 308).

Wenige Jahre nach der Entdeckung des α-Naphtochinons gelang es Stenhouse und Groves[2] durch Oxydation eines Amidonaphtols mit Chromsäure eine mit dem α-Naphtochinon isomere Verbindung darzustellen. Die Zusammensetzung, sowie die Entstehung dieses Körpers deuten darauf hin, dass in ihm ein zweites Chinon der Naphtalinreihe vorliegt, obgleich es nicht die charakteristischen Eigenschaften aufweist, welche das α-Naphtochinon als einen nahen Verwandten des Benzochinons erkennen lassen: denn die als β-Naphtochinon bezeichnete Verbindung ist zwar je nach ihrem Vertheilungszustand gelbroth bis roth gefärbt, doch ist sie geruchlos und mit Wasserdampf nicht flüchtig.

Die für die Festlegung der α- und β-Stellung des Naphtalinkerns äusserst wichtige Frage nach der Constitution der beiden Naphtochinone

[1] Ann. **167**, 357 (1873). — Vgl. ferner: Plimpton, Journ. Soc. **37**, 634 (1880). — Japp u. Miller, Journ. Soc. **39**, 220 (1881). — Miller, Ber. **17 Ref.**, 355 (1884). — Russig, J. pr. [2] **62**, 31 (1900). — Panchaud de Bottens, Ztschr. f. Elektrochemie **8**, 673 (1902).

[2] Ann. **189**, 145 (1877); **194**, 202 (1878). Ber. **10**, 1597 (1877). Journ. Soc. **32**, 47 (1877). — Groves, Journ. Soc. **45**, 291 (1884).

(vgl. S. 308) konnte von LIEBERMANN und seinen Schülern[1] endgültig gelöst werden.

Zunächst ergab sich für das α-Naphtochinon, dass in ihm beide Sauerstoffatome in α-Stellung stehen, aus einer vom α-Naphtylamin ausgehenden Reactionsfolge. Diese Base liefert, wenn man ihre Acetverbindung nitrirt, ein homonucleares Nitroacetnaphtalid, in welchem die Nitrogruppe eine α-Stellung einnimmt; denn nach Eliminirung der Acetamidgruppe erhält man daraus α-Nitronaphtalin. Aufeinanderfolgende Reduction und Eliminirung der Acetylgruppe führt nun das Nitroacetnaphtalid in ein Naphtylendiamin über, dessen Oxydation mit Chromsäure zum α-Naphtochinon führt (vgl. S. 353):

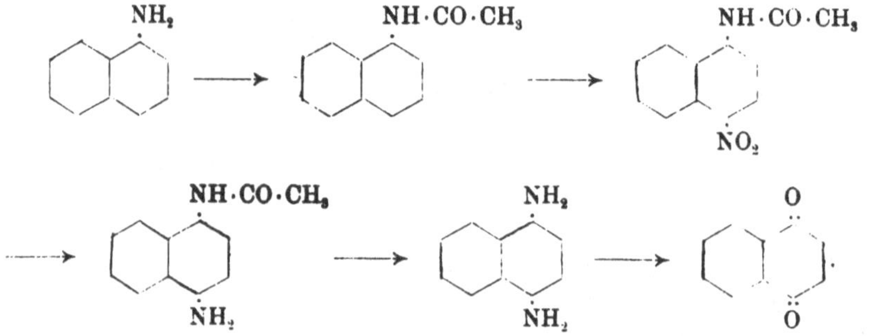

Wenn die hier angenommene Parastellung der beiden homonuclearen α-Substituenten richtig war, so war damit nicht nur die Constitution des α-Naphtochinons, sondern auch der Ort der α-Stellung im Naphtalinmolecül bestimmt. Die Entdeckung des zweiten Naphtochinons machte aber diese Schlussfolgerung wieder zweifelhaft, so lange nicht auf anderem Wege die Structur der α-Verbindungen bewiesen war. Diese Zweifel sind durch die S. 309—310 mitgetheilten Thatsachen beseitigt worden. Aber unabhängig von den Feststellungen über die Vertheilung von α- und β-Stellung ist ferner der Beweis erbracht worden, dass das β-Naphtochinon ein Orthochinon ist, dessen eines Sauerstoffatom in α-, dessen zweites in β-Stellung steht.

Zunächst ergiebt sich daraus, dass das β-Naphtochinon aus β-Naphtol durch Einführung einer Nitrosogruppe (s. S. 377), Reduction des sogenannten Nitroso-β-naphtols zu Amido-β-naphtol und Oxydation des letzteren (vgl. S. 379) entsteht, für einen Substituenten die β-Stellung. Das β-Naphtochinon lässt sich nun in analoger Weise wie die α-Verbindung aus Nitro-β-acetnaphtalid darstellen, dessen Nitrogruppe nachweislich in α-Stellung steht; also ist das β-Naphtochinon eine α-β-Verbindung und

[1] LIEBERMANN u. DITTLER, Ann. **183**, 228 (1876). — LIEBERMANN u. JACOBSON, Ann. **211**, 36 (1882). Ber. **14**, 806, 1310, 1794, 1795 (1881). — Vgl. auch: PETERSEN, Ber. **6**, 402 (1873). — ARMSTRONG, Ber. **15**, 206 (1882). — HINSBERG, Ber. **18**, 1229 (1885).

trägt die Sauerstoffatome, da es homonuclear ist, in den Stellungen 1.2 oder 1.3. Die Orthostellung der beiden Sauerstoffatome ergiebt sich aber daraus, dass das aus dem Nitro-β-acetnaphtalid entstehende Naphtylendiamin die für Orthodiamine charakteristischen Condensationsreactionen zeigt (vgl. S. 352—353).

Die Reactionsfolge, welche vom β-Naphtylamin zum β-Naphtochinon führte, weicht von der oben für das α-Naphtochinon gegebenen insofern ab, als das Nitroacetnaphtalid nicht in das Diamin, sondern durch Kochen mit verdünnter Natronlauge direct in Nitronaphtol übergeführt wurde — eine Reaction, welche übrigens auch in der α-Reihe ausgeführt worden ist. Das aus dem Nitronaphtol erhaltene Amido-β-naphtol wurde dann zum β-Naphtochinon oxydirt:

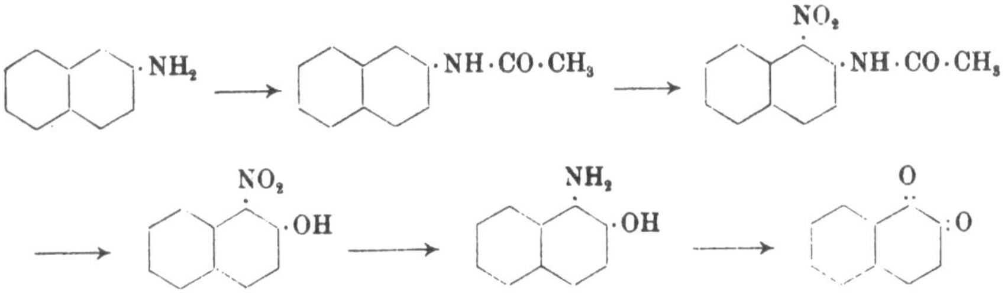

Ausser nach den beschriebenen Methoden lässt sich das α-Naphtochinon auch aus α-Naphtylamin[1], sowie aus α-Naphtol oder besser dessen Acetylester[2] durch Oxydation mit Chromsäure darstellen.

Am leichtesten geht das 1.4-Amidonaphtol in α-Naphtochinon über. Als Oxydationsmittel können Kaliumbichromat und Schwefelsäure, Eisenchlorid oder salpetrige Säure verwendet werden[3].

α-**Naphtochinon**[4], $C_{10}H_6O_2$, bildet gelbe, trikline Nadeln vom Schmelzpunkt 125°, löst sich leicht in den meisten organischen Lösungsmitteln, etwas auch in Wasser. Durch schweflige Säure wird es — im Gegensatz zum Benzochinon (vgl. Bd. II, Th. I, S. 444) — in der Kälte fast gar nicht angegriffen. Bei Gegenwart von Natronlauge wird es durch den Sauerstoff der Luft unter Bildung von Oxynaphtochinon (Naphtalinsäure, s. S. 390) oxydirt. Es addirt 2 Atome Chlor oder Brom.

β-**Naphtochinon**[4], $C_{10}H_6O_2$, krystallisirt aus Aether in kleinen rothen Nadeln, aus Benzol in hellorangefarbenen Blättchen. Bei 115—120° zersetzt es sich unter Schwärzung. Die Löslichkeitsverhältnisse

[1] Monnet, Reverdin u. Nölting, Ber. **12**, 2306 (1879).

[2] Miller, Ber. **14**, 1600 (1881).

[3] Grandmougin u. Michel, Ber. **25**, 977 (1892). — Zincke u. Wiegand, Ann. **286**, 70 (1895).

[4] Ausser den im Vorstehenden und Nachstehenden gegebenen Literatur-Nachweisen vgl.: Wichelhaus, Ber. **30**, 2199 (1897). — Blumenfeld u. Friedländer. Ber. **30**, 2565, 2567 (1897). — v. Pechmann u. Seel, Ber. **32**, 2297 (1899). — J. Schmidt, Ber. **33**, 543 (1900). — Thiele u. Winter, Ann. **311**, 345 (1900).

sind ähnlich wie beim α-Naphtochinon. Durch schweflige Säure wird es in 1.2-Dioxynaphtalin (S. 368) übergeführt. Es addirt 2 Atome Chlor oder Brom. Die gelbe Lösung in verdünntem Alkali absorbirt Sauerstoff. Die Oxydation des 1-Amidonaphtols(2) zum β-Naphtochinon kann mit Chromsäure oder salpetriger Säure vorgenommen werden[1]. Das Chinon entsteht auch bei der Behandlung des 1.2-Dioxynaphtalins mit Eisenchloridlösung[2].

Darstellung[3]: Die Darstellung gründet sich am besten auf die Combination von β-Naphtol mit Diazobenzolsulfosäure zu Naphtolorange (s. unten A.), die Reduction des letzteren Farbstoffs zu salzsaurem Amido-β-naphtol (B.) und die Oxydation des Amidonaphtols zu Naphtochinon (C.).

A. *Bereitung von Naphtolorange.* Zu einer Lösung von 40 g Sulfanilsäure und 12 g Natriumcarbonat in 300 ccm Wasser giebt man eine Lösung von 17 g Natriumnitrit in 50 ccm Wasser und säuert das Gemisch bei etwa 30° mit Schwefelsäure (24 g H_2SO_4 + 150 ccm Wasser) an. Den so entstandenen Brei von Diazobenzolsulfosäure trägt man langsam bei 20° in eine Lösung von 33 g β-Naphtol und 19 g Aetznatron in 250 ccm Wasser ein.

B. *Bereitung von salzsaurem α-Amido-β-naphtol.* Die nach A. erhaltene Farbstofflösung wird siedend in eine vorgewärmte Lösung von 120 g Zinnchlorür in 300 ccm roher conc. Salzsäure eingegossen. Man kocht nochmals auf, filtrirt heiss, setzt zu dem Filtrat ca. 300—400 g roher conc. Salzsäure, lässt auf ca. 20° ruhig abkühlen und filtrirt dann das abgeschiedene salzsaure Amidonaphtol ab.

C. *Bereitung von β-Naphtochinon.* 50 g salzsaures α-Amido-β-naphtol werden in 2 Lit. Wasser mit 60 g conc. Schwefelsäure in Lösung gebracht; die filtrirte Lösung versetzt man in der Kälte mit einer filtrirten Lösung von 85 g Natriumbichromat in 250 ccm Wasser. Das ausfallende β-Naphtochinon (Ausbeute ca. 70 %) wird rasch abfiltrirt und mit kaltem Wasser gründlich ausgewaschen, dann auf Thonplatten getrocknet.

Beide Chinone zeigen den Chinon-Charakter (vgl. dazu Bd. II, Th. I, S. 441 ff.) in ihrer Reducirbarkeit zu Hydrochinonen, in der Oximirbarkeit, in ihrer Fähigkeit, leicht Wasserstoffatome des Kernes auszutauschen etc. Zur Charakterisirung der letztgenannten Eigenschaft sei hervorgehoben, dass sie auch mit Natriummalonsäureester unter Eintritt eines Malonester-Restes zu reagiren vermögen[4]:

$$C_{10}H_6O_2 + CH_2(CO_2 \cdot C_2H_5)_2 \longrightarrow C_{10}H_5[CH(CO_2 \cdot C_2H_5)_2]O_2 .$$

Das β-Naphtochinon erweist sich als ein wahres 1.2-Diketon durch die Fähigkeit, mit Ortho-Diaminen sich zu Azinen zu condensiren[5] (vgl. Bd. II, Th. I, S. 231), z. B.:

[1] Vgl.: GRANDMOUGIN u. MICHEL, Ber. **25**, 982, 983, 3430 (1892).

[2] ZINCKE, Ann. **268**, 275 (1892).

[3] Vgl.: LAGODZINSKI u. HARDINE, Ber. **27**, 3075 (1894). — RUSSIG, J. pr. [2] **62**, 56 (1900).

[4] LIEBERMANN, Ber. **31**, 2906 (1898); **32**, 264 (1899). — Ueber die analogen Reactionen der halogenirten Naphtochinone s. ferner: LIEBERMANN, Ber. **32**, 916 (1899); **33**, 566 (1900). — MICHEL, Ber. **33**, 2402 (1900). — H. HIRSCH, Ber. **33**, 2412 (1900).

[5] HINSBERG, Ann. **237**, 342 (1887).

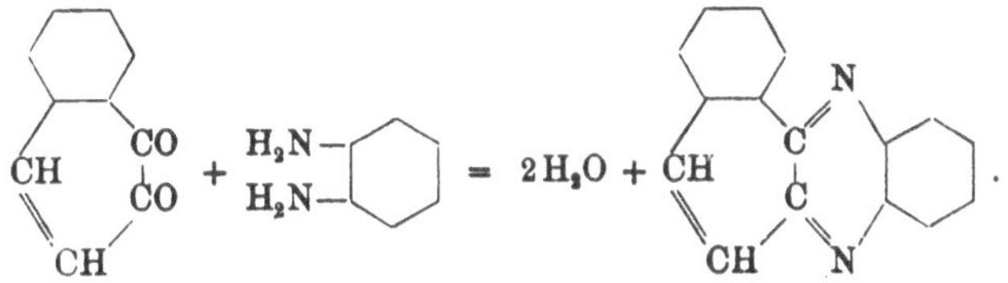

Das α-Naphtochinon ist das einzige Para-Chinon, welches man vom Naphtalin ableiten kann. Ausser dem β-Naphtochinon erscheint aber noch ein zweites Ortho-Chinon möglich, dessen Sauerstoff-Atome die Stellung 2 : 3 innehaben; versucht man indessen die Structurformel dieses 2.3-Naphtochinons unter Berücksichtigung der Kernbindungs-Verhältnisse zu construiren, so gelangt man — von der Kekulé'schen Benzolformel ausgehend — zu dem Schema:

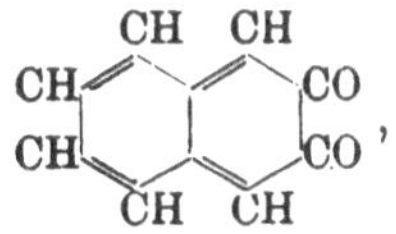

in welchem der sauerstofffreie Sechsring nur zwei Doppelbindungen enthält, also kein eigentlicher Benzolring ist. Ebenso wenig lässt sich mit Hülfe der centrischen Formel (S. 299 ff.) — falls man nicht im Chinonkern eine Parabindung der beiden CH-Gruppen annimmt — für das 2.3-Naphtochinon eine Formulirung finden, nach welcher dem sauerstofffreien Ringsystem Benzolfunction zukommen würde. Das 2.3-Naphtochinon würde mithin — wenn es überhaupt existenzfähig ist — wahrscheinlich einen von dem β-Naphtochinon abweichenden Charakter zeigen. Thatsächlich ist es nicht gelungen, aus dem 2.3-Dioxynaphtalin (S. 303) ein Chinon $C_{10}H_6O_2$ durch Oxydation zu bereiten[1] (vgl. dazu die auf S. 303—304 mitgetheilten Betrachtungen Marckwald's).

Von den halogenirten Naphtochinonen ist als das wichtigste hervorzuheben das **2.3-Dichlor-α-naphtochinon**

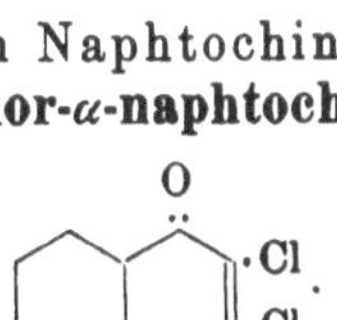

Diese Verbindung wurde lange vor der Entdeckung des α-Naphtochinons selbst von Laurent[2] durch Kochen des Chlornaphtalintetrachlorids (s. S. 326) mit Salpetersäure hergestellt. Gräbe[3] erkannte in ihr einen Abkömmling des damals noch hypothetischen Chinons der

---

[1] Friedländer u. v. Zakrzewski, Ber. **27**, 762 (1894).

[2] Ann. **35**, 299 (1840). — Vgl. auch Helbig, Ber. **28**, 505 (1892).

[3] Ann. **149**, 3 (1869).

Naphtalinreihe; er stellte sie aus dem 2.4-Dinitro-α-naphtol (S. 375, 376) durch Einwirkung von Kaliumchlorat und Salzsäure dar. Derselbe Körper entsteht auch aus α-Naphtol mit Kaliumchlorat und Salzsäure[1], sowie beim Oxydiren verschiedener gechlorter Naphtalinderivate mit Chromsäure[2], aus Naphtalin und Chromylchlorid[3] und endlich auch bei directer Einwirkung von Chlor auf 1.4-Amidonaphtol oder auf α-Naphtochinon[4].

Die letztgenannte Reaction, welche sich zur Darstellung[5] des Körpers eignet, verläuft in mehreren Phasen. Lässt man Chlor auf eine Lösung von α-Naphtochinon in Eisessig einwirken, so entsteht zunächst ein Additionsprodukt, α-Naphtochinondichlorid. Durch Verlust von Salzsäure geht dieses in 2-Chlor-α-naphtochinon über, aus welchem durch weitere Einwirkung des Chlors das Dichlorprodukt entsteht (vgl. den ähnlichen Reactionsverlauf beim Chloriren des Naphtalins S. 326):

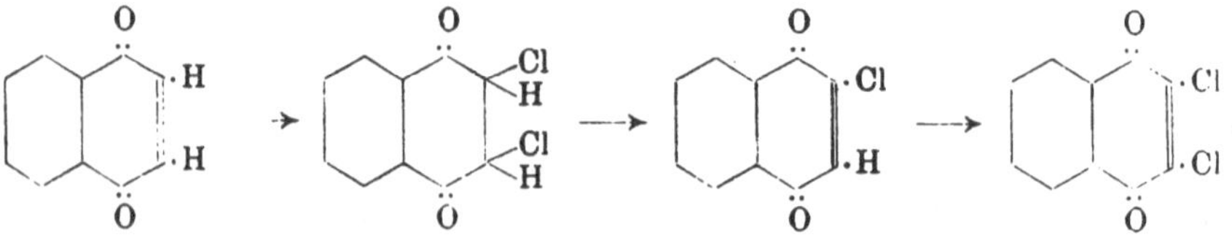

Das 2.3-Dichlor-α-naphtochinon bildet goldgelbe, bei 189° schmelzende Nadeln. Durch Einwirkung von Natronlauge[6] wird es langsam in der Kälte, rasch beim Erhitzen unter Rothfärbung gelöst, indem ein Chloratom gegen die Hydroxylgruppe ausgetauscht wird:

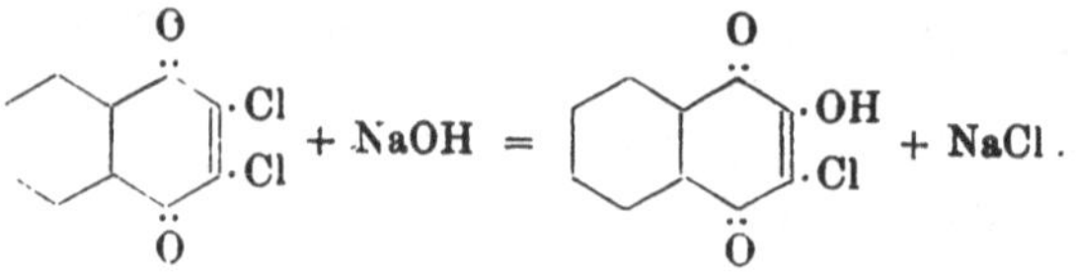

Die so entstehende, von LAURENT Chlornaphtalinsäure genannte Verbindung (Näheres vgl. S. 391) bildet sich also nach einer ähnlichen Reaction wie die Chloranilsäure aus Chloranil (vgl. Bd. II, Th. I, S. 449, 453).

Das dem 2.3-Dichlornaphtochinon entsprechende **Dibrom-α-naphtochinon** entsteht nach ganz analogen Reactionen wie jenes[7].

---

[1] DARMSTÄDTER u. WICHELHAUS, Ann. **152**, 301 (1869).

[2] CLAUS u. KNYRIM, Ber. **18**, 2928 (1885). — CLAUS u. VOLZ, Ber. **18**, 3159 (1885). — CLAUS u. MIELCKE, Ber. **19**, 1184 (1886). — Vgl. auch: CLEVE, Ber. **21**, 893 (1888).

[3] CARSTANJEN, Ber. **2**, 633 (1869).

[4] ZINCKE u. COOKSEY, Ann. **255**, 371 (1889). — ZINCKE u. SCHMIDT, Ber. **27**, 2753 (1894). — Vgl. auch FRIEDLÄNDER u. REINHARDT, Ber. **27**, 238 (1894).

[5] BERTHEIM, Ber. **34**, 1554 (1901).

[6] LAURENT, Ann. **35**, 293 (1840). — P. u. E. DEPOUILLY, Ann. **137**, 373 (1866). — GRÄBE, Ann. **149**, 13 (1869).

[7] DIEHL u. MERZ, Ber. **11**, 1064 (1878). — MILLER, Ber. **17 Ref.**, 356 (1884).

Ausser den genannten Halogen-α-naphtochinonen ist eine grosse Zahl mit diesen isomerer bezw. niedriger oder höher halogenirter α-Naphtochinone bekannt geworden[1].

Die Einwirkung der Halogene auf β-Naphtochinon[2] verläuft ganz analog wie beim α-Naphtochinon, z. B. bilden sich mit Chlor die folgenden Produkte:

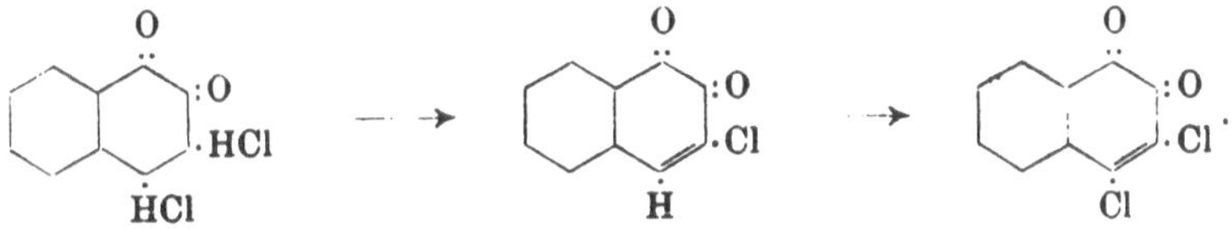

β-Naphtochinondichlorid — 3-Chlor-β-naphtochinon — 3.4-Dichlor-β-naphtochinon

Das **Dichlor-β-naphtochinon** wird durch verdünnte Natronlauge schon in der Kälte in das Salz einer Säure übergeführt, welche der Indenreihe angehört (vgl. S. 318).

Im Anschluss an die besprochenen halogenirten Naphtochinone sei hier einer Reihe von Verbindungen Erwähnung gethan, welche aus α- bezw. β-Naphtol durch Einwirkung von Chlor in essigsaurer Lösung erhalten worden sind[3] und welche als Derivate der Naphtochinone aufzufassen sind, in denen ein Chinonsauerstoffatom durch zwei Chloratome ersetzt ist. α-Naphtol liefert die folgenden Produkte:

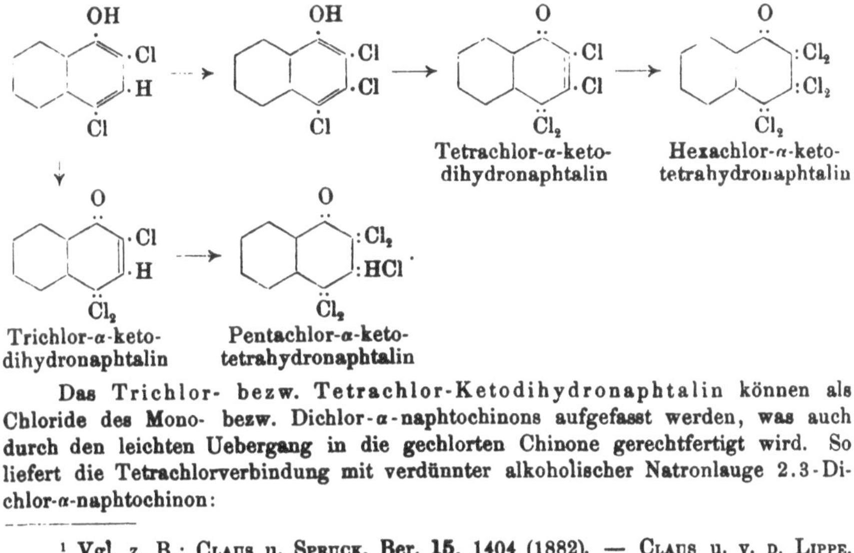

Tetrachlor-α-keto-dihydronaphtalin — Hexachlor-α-keto-tetrahydronaphtalin

Trichlor-α-keto-dihydronaphtalin — Pentachlor-α-keto-tetrahydronaphtalin

Das Trichlor- bezw. Tetrachlor-Ketodihydronaphtalin können als Chloride des Mono- bezw. Dichlor-α-naphtochinons aufgefasst werden, was auch durch den leichten Uebergang in die gechlorten Chinone gerechtfertigt wird. So liefert die Tetrachlorverbindung mit verdünnter alkoholischer Natronlauge 2.3-Dichlor-α-naphtochinon:

---

[1] Vgl. z. B.: Claus u. Spruck, Ber. **15**, 1404 (1882). — Claus u. v. d. Lippe, Ber. **16**, 1016 (1883). — Guareschi, Ann. **222**, 279 (1884). Ber. **19**, 1154 (1886). — Flessa, Ber. **17**, 1481 (1884). — Blümlein, Ber. **17**, 2488 (1884). — Claus u. Müller, Ber. **18**, 3073 (1885). — Claus, Ber. **19**, 1141 (1886). — Claus u. Wenzlik, Ber. **19**, 1165 (1886). — Cleve, Ber. **23**, 955 (1890).

[2] Zincke, Ber. **19**, 2495 (1886); **21**, 491 (1888). — Zincke u. Frölich, Ber. **20**, 1265, 2890 (1887). — Zincke u. Schmunck, Ann. **257**, 133 (1890). — Vgl. auch Claus u. Jäck, J. pr. [2] **57**, 15 (1898).

[3] Zincke, Ber. **20**, 2059 (1887). — Zincke u. Kegel, Ber. **21**, 1030, 3378, 3540 (1888); **22**, 1024 (1889). — Marckwald, Ztschr. f. physik. Chem. **30**, 143 (1899).

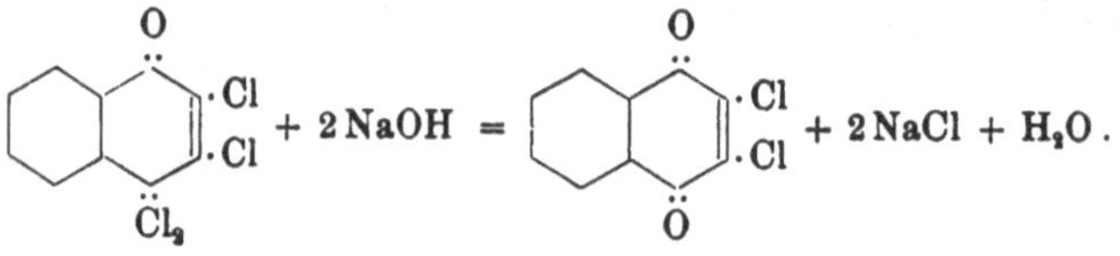

Aus β-Naphtol entstehen:

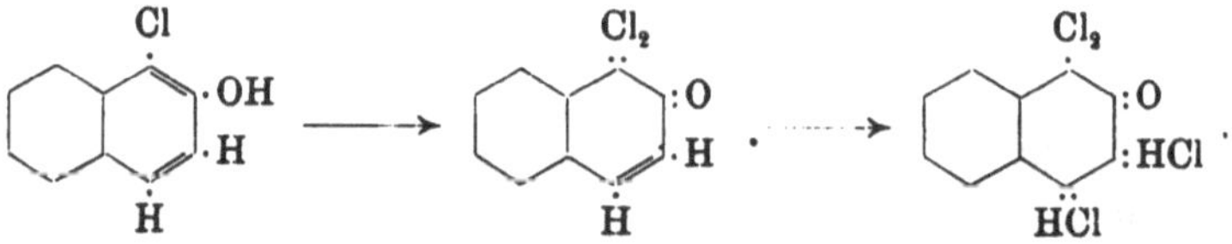

Dichlor-β-keto-dihydronaphtalin — Tetrachlor-β-keto-tetrahydronaphtalin

Von theoretischem und praktischem Interesse sind einige Oxynaphtochinone. Diese Verbindungen enthalten ein „Chromophor" (vgl. Bd. II, Th. I, S. 270), nämlich die Chinongruppe und als „auxochrome" Gruppen ein oder mehrere Hydroxyle. Sie besitzen demgemäss mehr oder weniger ausgesprochenen Farbstoffcharakter und bilden intensiv gefärbte Salze. Am deutlichsten treten diese Eigenschaften beim „Naphtazarin" (5.6-Dioxy-α-naphtochinon) hervor, welches einen sehr werthvollen Beizenfarbstoff darstellt. Einige Oxynaphtochinone kommen in der Natur vor, so das in den grünen Wallnussschalen enthaltene „Juglon" und die in gewissen südamerikanischen und afrikanischen Hölzern aufgefundene „Lapachosäure".

2-Oxy-α-naphtochinon bezw. **4-Oxy-β-naphtochinon** (gewöhnliches Oxynaphtochinon), **Naphtalinsäure**[1], $C_{10}H_6O_3$ = 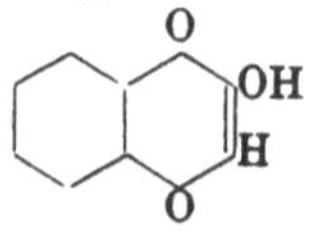

oder 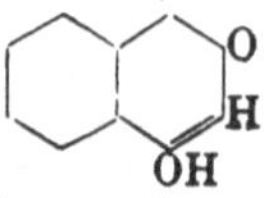 (zur Constitution vgl. S. 398), wurde zuerst von MARTIUS und GRIESS dargestellt. Als Ausgangsmaterial dient das bei der Reduction des Martiusgelb entstehende 2.4-Diamido-α-naphtol, welches, wie bereits angegeben (vgl. S. 380), sehr unbeständig ist und durch gelinde Oxydationsmittel leicht in Amidonaphtochinonimid übergeht. Die letztgenannte Verbindung wird durch Kochen mit Alkalilauge in das Salz der Naph-

[1] MARTIUS u. GRIESS, Ann. **134**, 375 (1865). — GRÄBE u. LUDWIG, Ann. **154**, 303 (1870). — DIEHL u. MERZ, Ber. **10**, 2034 (1877); **11**, 1315 (1878). — BALTZER, Ber. **14**, 1900 (1881). — ZINCKE, Ber. **15**, 481 (1882). — LIEBERMANN u. JACOBSON, Ann. **211**, 80 (1882). — KORN, Ber. **17**, 3021 (1884). — KOWALSKI, Ber. **25**, 1660 (1892). — HOOKER u. WALSH, Journ. Soc. **65**, 323 (1893). — KEHRMANN u. GOLDENBERG, Ber. **30**, 2126 (1897). — THIELE u. WINTER, Ann. **311**, 346 (1900). — Vgl.: KORNFELD, Ber. **17**, 713 (1884). — KEHRMANN, Ber. **27**, 3337 (1894).

talinsäure übergeführt. Diese Reaction lässt sich jedoch auch in zwei Phasen auflösen; kocht man das Amidonaphtochinonimid mit Alkohol oder Wasser, so spaltet sich zunächst nur ein Molecül Ammoniak ab und es entsteht neben 2-Amido-α-naphtochinon:

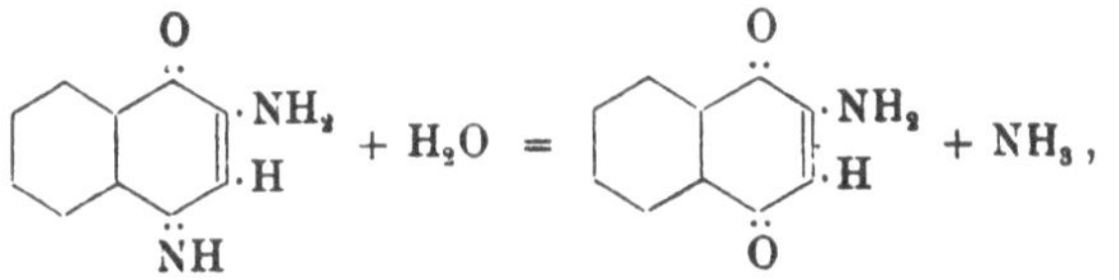

eine zweite Verbindung, welche früher als Oximidonaphtol bezeichnet wurde und die entweder als 4-Amido-β-naphtochinon (Formel I) oder als 2-Oxy-α-naphtochinonimid (Formel II) aufzufassen ist:

I 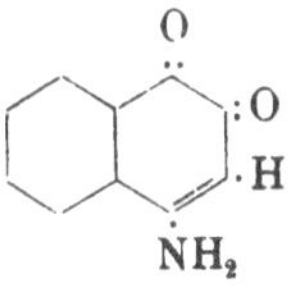 , II 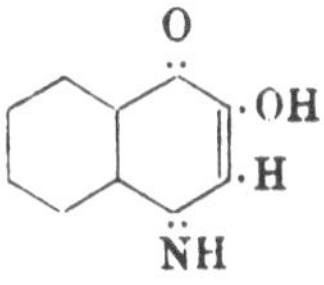 .

Kochen mit Säuren oder Alkalien führt letzteren Körper unter weiterer Abspaltung eines Molecüls Ammoniak in Oxynaphtochinon über.

Zu dem gleichen Oxynaphtochinon kann man nach einer von THIELE neuerdings entdeckten Reaction sowohl vom α- wie vom β-Naphtochinon aus gelangen; beide Chinone nämlich geben beim Behandeln mit Essigsäureanhydrid in Gegenwart von etwas conc. Schwefelsäure ein und dasselbe 1.2.4-Trioxynaphtalin-Triacetat:

$$C_{10}H_6O_2 + 2\,O(CO\cdot CH_3)_2 = C_{10}H_5(O\cdot CO\cdot CH_3)_3 + CH_3\cdot CO_2H,$$

und das aus diesem Produkt durch Verseifung gewonnene 1.2.4-Trioxynaphtalin — das Hydrochinon des Oxynaphtochinons — wird in alkoholischer Lösung an der Luft zum Oxynaphtochinon oxydirt. Ueber andere Bildungsweisen aus α- und β-Naphtochinon s. S. 390, 395, 397.

Die „Naphtalinsäure" krystallisirt in hellgelben glänzenden Nadeln, welche bei 190° unter Zersetzung schmelzen, ist zum Theil unzersetzt sublimirbar, löst sich schwer in Wasser, leicht in Alkohol und Aether. Die Alkali- und Erdalkali-Salze sind wasserlösliche rothgefärbte Verbindungen.

Ein Derivat der Naphtalinsäure ist die bereits besprochene Chlornaphtalinsäure (S. 388) — ein Oxychlornaphtochinon. Dieses bildet gelbe Nadeln vom Schmelzpunkt 215° und ist unzersetzt sublimirbar. Die Alkalisalze sind carmoisinroth gefärbt. Es färbt Wolle intensiv roth und wurde daher eine Zeit lang in der Technik als Wollfarbstoff verwendet.

Durch Einwirkung von Chlor auf Chlornaphtalinsäure[1] gelangt man zu einer Triketoverbindung (1.2.4-Triketo-3.3-dichlortetrahydronaphtalin):

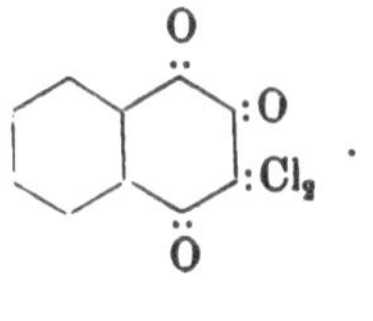 .

[1] ZINCKE u. GERLAND, Ber. **21**, 2379 (1888).

5-Oxy-α-naphtochinon, Juglon[1], 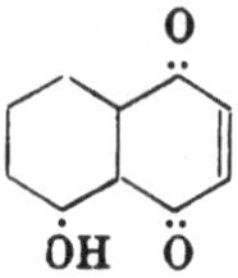 . Vogel und Reischauer isolirten aus Wallnussschalen eine Verbindung, welche sie „Nucin", später „Juglon", nannten. Dieselbe Verbindung wurde von Phipson unter dem Namen „Regianin" beschrieben. Die genauere Kenntniss dieses Körpers verdanken wir den Untersuchungen von Bernthsen und Semper und von Mylius. Nach Ansicht des letztgenannten Forschers ist das Juglon in den unreifen grünen Wallnussschalen nicht fertig gebildet, sondern diese enthalten zwei isomere Trioxynaphtaline, α- und β-Hydrojuglon (vgl. S. 368), von denen das erstere leicht zu Juglon oxydirt wird. Künstlich ist das Juglon sowohl aus dem 1.5-Dioxynaphtalin (S. 368) (Formel I), wie aus dem Amidoderivat des 1.8-Amidonaphtols der Formel II oder III:

I 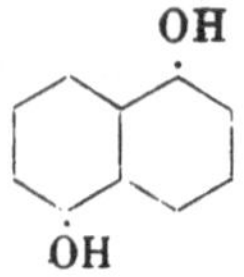, II 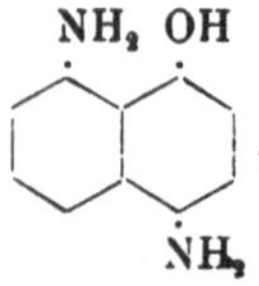, III 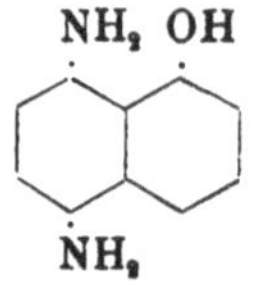

durch Oxydation gewonnen worden. Diese Synthesen ergeben für das Juglon die oben angeführte Formel. Sie wird durch das Verhalten der Verbindung Oxydationsmitteln gegenüber bestätigt; so führt Wasserstoffsuperoxyd das Juglon in 3-Oxyphtalsäure über, während mit Salpetersäure Dinitro-3-oxyphtalsäure entsteht.

Das Juglon bildet gelb- bis braunrothe Prismen oder Nadeln, schmilzt nach vorheriger Dunkelfärbung bei 151—154° und löst sich leicht in Chloroform, Alkohol und Eisessig, schwer in Aether und Ligroïn, nicht in Wasser. Die alkalischen Lösungen sind purpurroth, werden aber bald braun; es ist mit Wasserdämpfen etwas flüchtig und riecht chinonartig. Reducirende Agentien führen es in Hydrojuglon über. Luftoxydation in alkalischer Lösung erzeugt Oxyjuglon, welches wahrscheinlich 2.5-Dioxy-α-naphtochinon ist:

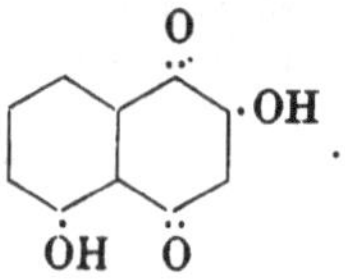.

[1] Vogel u. Reischauer, Jb. **1856**, 693; **1858**, 533. — Phipson, Chem. News, **20**, 116 (1869); **52**, 39 (1885). — Reischauer, Ber. **10**, 1544 (1877). — Bernthsen, Ber. **17**, 1945 (1884). — Mylius, Ber. **17**, 2411 (1884); **18**, 463, 2567 (1885). — Bernthsen u. Semper, Ber. **18**, 203 (1885); **19**, 164 (1886); **20**, 934 (1887). — Friedländer u. Silberstern, Monatsh. **23**, 515 (1902).

5.6-Dioxy-α-naphtochinon, Naphtazarin[1],

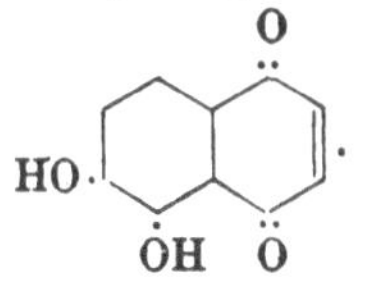

Im Jahre 1861 beobachtete Roussin, dass beim Erhitzen von Dinitronaphtalin mit concentrirter Schwefelsäure unter Zusatz von Zinkgranalien auf 200° unter Entwickelung von schwefliger Säure ein Farbstoff entsteht, welchen sein Entdecker für identisch mit dem damals irrthümlich als Naphtalinderivat angesehenen Alizarin hielt. An die weitgehende Aehnlichkeit zwischen dem Alizarin und dem Farbstoff aus Dinitronaphtalin soll der von Kopp für letzteren vorgeschlagene Name Naphtazarin erinnern; in der Technik nennt man ihn gewöhnlich nach dem Vorschlag der Badischen Anilin- und Soda-Fabrik „Alizarinschwarz". Weitere Untersuchungen über die Naphtazarinbildung ergaben, dass der Farbstoff auch ohne Zuhilfenahme von Reductionsmitteln aus Dinitronaphtalin entsteht, wenn man die Temperatur beim Erhitzen mit Schwefelsäure noch mehr erhöht.

Zur technischen Darstellung des Naphtazarins, welche zuerst von R. Bohn durchgeführt wurde, erhitzt man 1.5(α)-Dinitronaphtalin (vgl. S. 340, 343) mit einer Lösung von Schwefel in rauchender Schwefelsäure.

Einen Fingerzeig für die Art, in welcher der Uebergang des 1.5-Dinitronaphtalins in Naphtazarin erfolgt, giebt die S. 342 erwähnte Umwandlung der Nitronaphtalinderivate in Nitrosonaphtolverbindungen.

Wichtig für die Erkennung der Constitution des Naphtazarins ist seine Bildung aus 1.2.5.8-Tetranitronaphtalin. Reducirt man dieses mit Zinn und Salzsäure, so entsteht ein unbeständiges Tetraamidonaphtalin, welches beim Kochen mit Natronlauge eine alkalilösliche Verbindung, wahrscheinlich ein Amidodiimidonaphtol liefert. Salzsäure spaltet aus diesem Produkt allen Stickstoff ab und erzeugt Naphtazarin, in welchem also die Stellung der Substituenten dieselbe wie im Ausgangsmaterial (1.2.5.8 = 1.4.5.6) sein wird. Dass es eine Dioxyverbindung und gleichzeitig ein Chinon ist, geht aus der Bildung eines Diacetylderivats und eines Dioxims hervor. Durch Reduction mit Zinkstaub bei Gegenwart von Essigsäureanhydrid entsteht Tetraacetyltetraoxynaphtalin.

Die nahen Constitutionsbeziehungen, welche die grosse Aehnlichkeit

[1] Roussin, Compt. rend. **52**, 1033, 1177 (1861). — Persoz, Compt. rend. **52**, 1178 (1861). — Jaquemin, Compt. rend. **52**, 1180 (1861). — Liebermann, Ber. **3**, 905 (1870); **28**, 1455 (1895). Ann. **162**, 328 (1872). — De Aguiar u. Bayer, Ber. **4**, 251, 438 (1871). — Petersen, Ber. **4**, 305 (1871). — Schunck u. Marchlewski, Ber. **27**, 3462 (1894). — Will, Ber. **28**, 2234 (1895). — Zincke u. Schmidt, Ann. **286**, 27 (1895). — Jaubert, Compt. rend. **129**, 684 (1899). — Badische Anilin- u. Soda-Fabrik, D. R.-Pat. Nr. 41518; 138092. — Thiele, Ann. **311**, 348 (1900). — Friedländer u. Silberstern, Monatsh. **23**, 518 (1902).

im Verhalten des Naphtazarins und des Alizarins erklären, sind aus den Formeln dieser Farbstoffe ersichtlich:

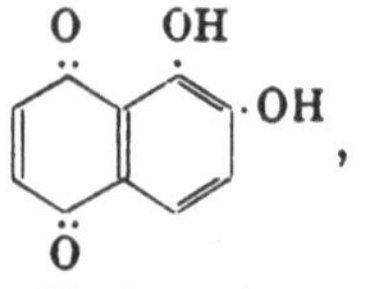

Naphtazarin

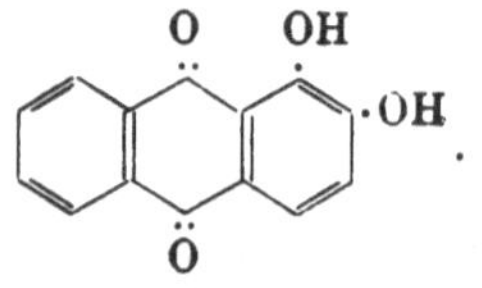

Alizarin

Das Naphtazarin bildet sublimirt braune, cantharidenglänzende Nadeln. Es löst sich schwer in Aether und kochendem Wasser, etwas leichter in Alkohol mit rother Farbe. In Alkalien löst es sich mit kornblumenblauer Farbe, in concentrirter Schwefelsäure fuchsinroth. Es stellt einen sehr werthvollen Beizenfarbstoff dar[1]; der Thonerdelack ist violett, der Chromoxydlack violettschwarz; auf gechromter Wolle erhält man mit genügenden Farbstoffmengen ein sehr werthvolles tiefes Schwarz. Man benutzt den Farbstoff hauptsächlich in Form seiner in Wasser leicht löslichen Bisulfitverbindung.

Isonaphtazarin[2] (Formel III oder IV) erhält man aus den Disazofarbstoffen des 2.3-Dioxynaphtalins (Formel I), indem man sie durch Reduction in 1.4-Diamido-2.3-dioxynaphtalin (Formel II) überführt und dieses mit Eisenchlorid oxydirt:

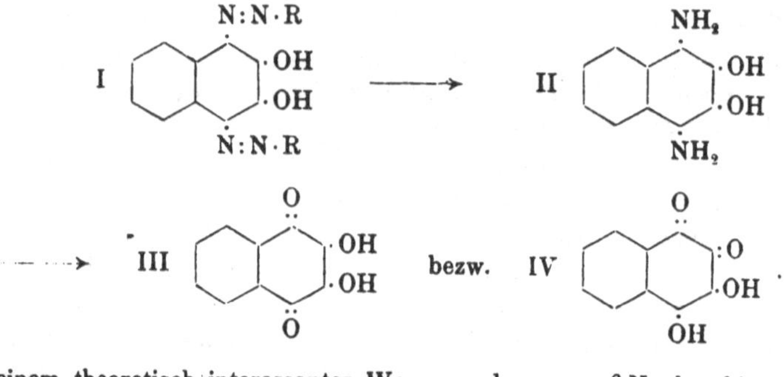

Auf einem theoretisch interessanten Wege wurde es aus β-Naphtochinon hergestellt. Lässt man nämlich eine verdünnte Chlorkalklösung auf β-Naphtochinon einwirken, so bildet sich zunächst ein glykolartiger Körper:

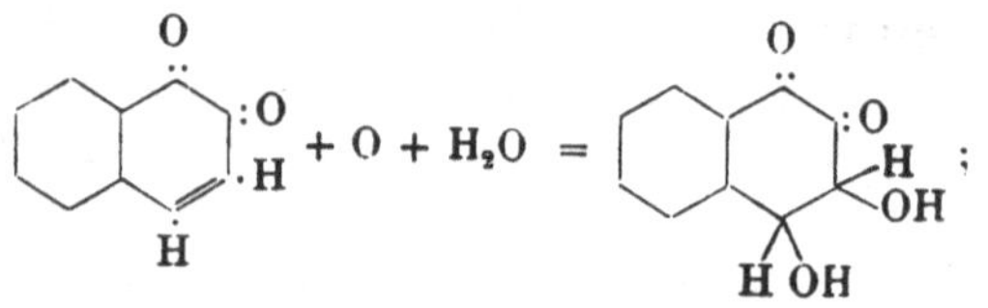

[1] Vgl.: Nietzki, Organische Farbstoffe, 4. Auflage, S. 88 (1901).

[2] Diehl u. Merz, Ber. **11**, 1322 (1878). — Bamberger u. Kitschelt, Ber. **25**, 133, 888 (1892). — Zincke u. Scharfenberg, Ber. **25**, 409 (1892). — Zincke, Ber. **25**, 1168, 1493, 3599 (1892). — Zincke u. Wiegand, Ann. **286**, 58 (1895). — Zincke u. Noack, Ann. **295**, 17 (1897). — Zincke u. Ossenbeck, Ann. **307**, 1 (1899). — Friedländer u. Silberstern, Monatsh. **23**, 524 (1902).

diese Verbindung liefert mit Alkalien zusammengebracht unter Wasserabspaltung gewöhnliches Oxynaphtochinon (S. 390), mit verdünnten Mineralsäuren erhitzt dagegen unter Wasserstoffabspaltung das Isonaphtazarin, welches gewöhnlich als 2.3-Dioxy-α-naphtochinon (Formel III) angesehen wird, für welches aber auch die Formel IV eines 3.4-Dioxy-β-naphtochinons in Betracht gezogen werden kann (vgl. S. 398).

In ganz analoger Weise kommt man vom α-Naphtochinon zum Isonaphtazarin. Aus α-Naphtochinon und Chlorkalk bildet sich wahrscheinlich ebenso wie in der β-Reihe zunächst ein Glykol, welches aber hier unbeständig ist und in einen äthylenoxydartigen Körper, das Diketotetrahydronaphtylenoxyd übergeht:

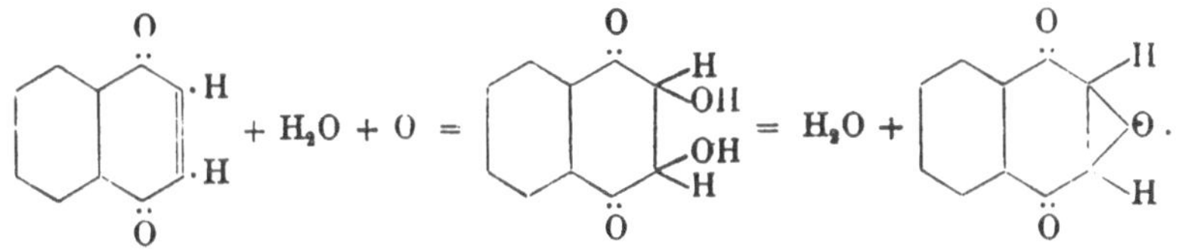

Erhitzen mit Wasser erzeugt aus diesem Oxyd das Isonaphtazarin, während es von Alkalien schon in der Kälte in Oxynaphtochinon (Naphtalinsäure) übergeführt wird.

Zuerst wurde das Isonaphtazarin aus dem gewöhnlichen Oxynaphtochinon erhalten, indem man dieses durch Nitriren und Reduciren in 3-Amidonaphtalinsäure $C_{10}H_4O_2(OH)(NH_2)$ überführte und letztere mit verdünnter Salzsäure erhitzte. Isonaphtazarin bildet orangerothe Blättchen mit grünem Reflex, ist sublimirbar und schmilzt bei 280°. Durch Alkalien wird der substituirte Benzolring aufgespalten, und unter Bildung eines Lactons stellt sich alsdann ein neuer sauerstoffhaltiger Ringcomplex her:

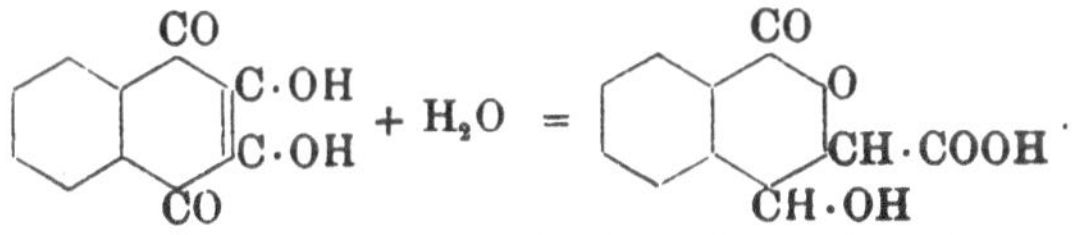

o-Carboxyphenylglycerinlactonsäure

Bei vorsichtiger Reduction geht das Isonaphtazarin in 1.2.3.4-Tetraoxynaphtalin über, bei der Oxydation mit Salpetersäure oder Chlor entsteht 1.2.3.4-Tetraketotetrahydronaphtalin:

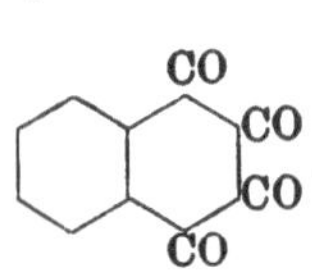

welches farblose, krystallwasserhaltige Prismen bildet, die sich bei 115° verfärben und bei 135° unter Rückbildung von Isonaphtazarin schmelzen.

Als 2-Isopentenyl-3-oxy-α-naphtochinon[1],

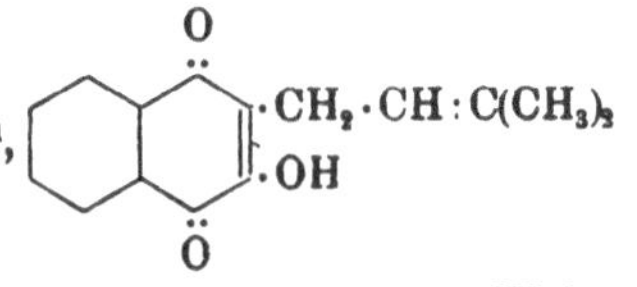

ist auf Grund der Untersuchungen von Paternò und von Hooker mit grosser Wahr-

[1] Arnaudon, Jb. 1858, 264. — Stein, Ztschr. Chem. 3, 92 (1867). — Paternò, Gazz. chim. 9, 505 (1879); 12, 337 (1882). — Panebianco, Gazz. chim. 10, 80 (1880).

scheinlichkeit die **Lapachosäure** (Lapachol) aufzufassen. Diese Verbindung, welche früher auch als Taigusäure und Grönhartit bezeichnet wurde, ist aus dem Holz verschiedener südamerikanischen Bigogniaceen (Lapacho-, Taigu-Holz), sowie aus dem westafrikanischen Bethabarra-Holz und aus dem Greenhart von Surinam isolirt worden. Sie bildet kleine gelbe monokline Prismen vom Schmelzpunkt 140°. Bei der Zinkstaubdestillation liefert sie Naphtalin und Isobutylen, bei der Oxydation mit Salpetersäure entsteht Phtalsäure.

Die stickstoffhaltigen Derivate der Naphtochinone haben vielfach die Aufmerksamkeit der Chemiker auf sich gelenkt, theils wegen ihrer schönen äusseren Eigenschaften, theils weil ihr Studium zur Beobachtung interessanter Uebergänge von β-Naphtochinonderivaten in Abkömmlinge des α-Naphtochinons führte. Einige dieser Verbindungen wurden schon besprochen (S. 380, 391); es sind das die Amido- und Imid-Derivate der Naphtochinone, welche aus dem 2.4-Diamidonaphtol(1) dargestellt werden und deren weitere Umwandlung schliesslich zur Naphtalinsäure führt. Deutlicher treten die Beziehungen zu den beiden Naphtochinonen bei den entsprechenden Anilinderivaten hervor, welche durch Einwirkung von Anilin auf die Naphtochinone selbst entstehen[1].

Wenn man Anilin mit einer alkoholischen Lösung von α-Naphtochinon erwärmt, so entsteht — indem ein Theil des Chinons reducirt wird (vgl. Bd. II, Th. I, S. 450—451) — eine Verbindung, welche noch beide Sauerstoffatome des α-Naphtochinons enthält, das in kalten Alkalien unlösliche 2-Anilido-α-naphtochinon:

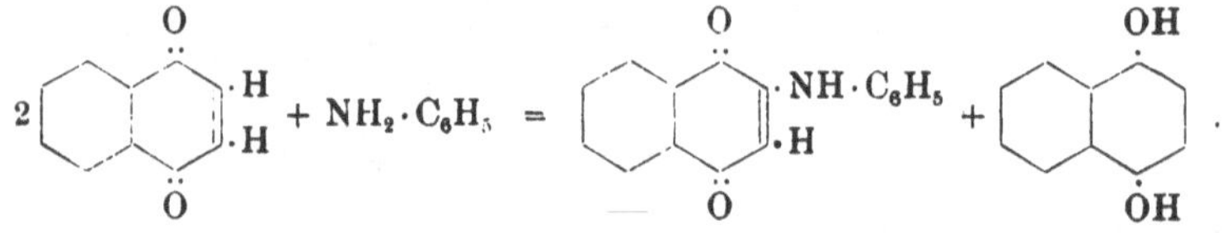

Aus β-Naphtochinon entsteht bei der gleichen Behandlung eine mit der vorigen isomere Verbindung, welche aber im Gegensatz zu der α-Verbindung sich leicht in kalten, wässerigen Alkalien löst und daher nicht als Anilidoderivat des β-Naphtochinons sondern als Monanil des 2-Oxy-α-naphtochinons aufgefasst wird:

— Paternò u. Minunni, Gazz. chim. **19**, 601 (1889). — Greene u. Hooker, Ber. **22**, 1723 (1889). Am. chem. Journ. **11**, 267 (1889). — Paternò u. Caberti, Gazz. chim. **21 I**, 374 (1891). — Hooker, Journ. Soc. **61**, 611 (1892); **63**, 424, 1376 (1893); **65**, 15, 717 (1894); **69**, 1355, 1381 (1896). — Vgl. auch: Rennie, Journ. Soc. **67**, 784 (1895). — Crosa u. Manuelli, Ber. **29 Ref.**, 300 (1896).

[1] Zincke u. Plimpton, Ber. **12**, 1645 (1879). — Plimpton, Journ. Soc. **37**, 633 (1880). — Liebermann, Ber. **14**, 1314, 1664 (1881). — Zincke, Ber. **14**, 1493 (1881). — Baltzer, Ber. **14**, 1899 (1881). — Zincke, Ber. **15**, 279 (1882). — Zincke u. Brauns, Ber. **15**, 1969 (1882). — Liebermann u. Jacobson, Ann. **211**, 75, 80 (1882). — O. Fischer u. Hepp, Ber. **25**, 2732 (1892). — Böniger, Ber. **27**, 25 (1894). — Friedländer u. Rüdt, Ber. **29**, 1612 (1896). — Vgl. auch: Elsbach, Ber. **15**, 685, 1810 (1882).

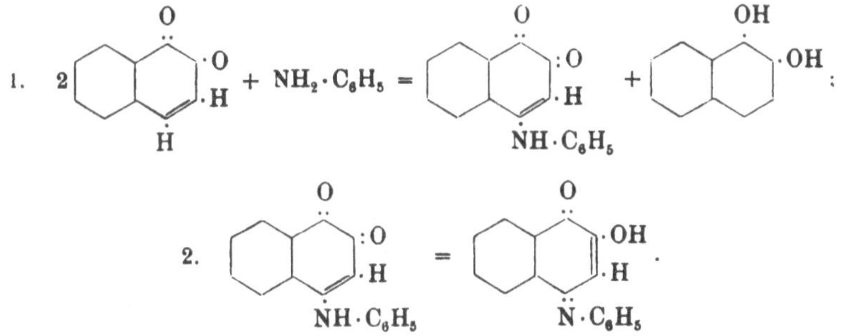

Wenn man dieses 2-Oxy-α-naphtochinonanil mit Eisessig kocht, so geht es in das oben erwähnte 2-Anilido-α-naphtochinon über. Diese Reaction besteht jedoch nicht in einem einfachen Platzwechsel zwischen dem Anilinrest und dem Sauerstoff der Hydroxylgruppe, sondern sie beruht — wie experimentell nachgewiesen wurde — darauf, dass das Oxynaphtochinonanil durch die Essigsäure in Oxynaphtochinon und Anilin gespalten wird, worauf dann eine Wiedervereinigung dieser Componenten unter Wasseraustritt und Bildung von Anilidonaphtochinon stattfindet:

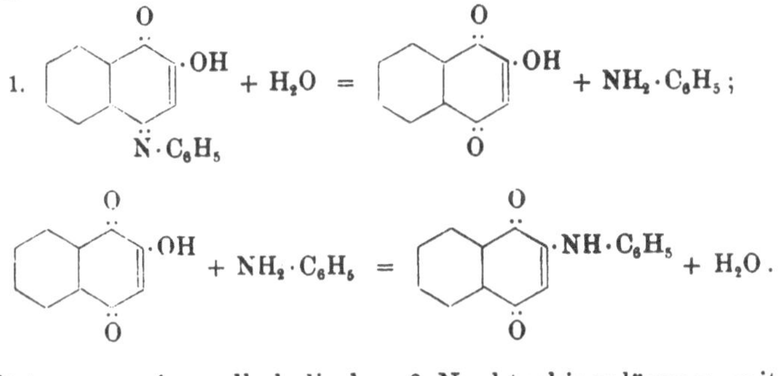

Erhitzt man eine alkoholische β-Naphtochinonlösung mit überschüssigem Anilin[1], so tritt noch ein zweiter Anilinrest in das Naphtochinonmolecül ein und man erhält Anilido-Naphtochinonanil:

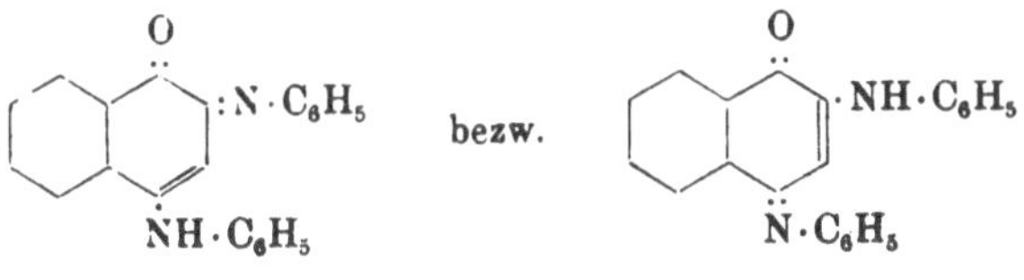

Dasselbe Anilidonaphtochinonanil ist auch aus dem Amido-α-naphtochinonimid[2] (S. 380) sowie aus den Naphtochinonoximen[3] durch Ein-

---

[1] Zincke, Ber. **15**, 279, 481 (1882).

[2] Goës, Ber. **13**, 123 (1880).

[3] Fuchs, Ber. **8**, 1022 (1875). — Brömme, Ber. **21**, 391 (1888). — Vgl. auch O. Fischer u. Hepp, Ber. **21**, 679 (1888).

wirkung von Anilin erhalten worden. Von Wichtigkeit für die Erkennung der Constitution dieser Verbindung ist ferner ihre Darstellung aus 2.4-Dibrom-α-naphtol beim Kochen mit Anilin[1]; hierbei entsteht zuerst 2.4-Dianilido-α-naphtol, welches jedoch sehr unbeständig ist und schon durch den Luftsauerstoff zu Anilido-Naphtochinonanil oxydirt wird.

Beim Erhitzen mit Anilin und salzsaurem Anilin geht das Anilidonaphtochinonanil in einen Azinfarbstoff (s. dort), das Phenylrosindulin, über[2]. Es verhält sich in dieser Beziehung ähnlich wie das Azophenin der Benzolreihe (vgl. Bd. II, Th. I, S. 460), dem es auch seiner Constitution nach nahe verwandt ist.

Die Constitution der oben besprochenen Anilidochinone und Anilidochinonanile ist insoweit sicher festgestellt, als die Stellung der Sauerstoffatome und der Anilinreste in Betracht kommt. Man erkennt aus den besprochenen Reactionen, dass man sowohl aus der Reihe des α-Naphtochinons wie des β-Naphtochinons zu den gleichen Verbindungen gelangen kann. Die Frage aber, ob in den entstehenden Produkten die Stellung der chinoïden Bindung dem α- oder dem β-Naphtochinon entspricht, kann als bestimmt erledigt noch nicht in allen Fällen gelten. Die Alkalilöslichkeit des Anilido-β-naphtochinons z. B., welche S. 396 für die Constitution als Oxynaphtochinonanil angeführt wurde, bietet ein entscheidendes Argument zwar für die Structur der Alkalisalze selbst, nicht aber für die Structur der freien Verbindung; letztere könnte trotzdem Anilido-β-naphtochinon sein und erst unter Constitutionsänderung Metallsalze liefern[3]. Auch für das Oxynaphtochinon kann man zwischen den beiden Formeln:

I  und II ,

die eventuell im Verhältniss der Desmotropie stehen, einstweilen keine sichere Entscheidung treffen; die Thatsache, dass es mit Ortho-Diaminen nach Art der 1.2-Diketone unter Azinbildung zusammentritt[4], findet jedenfalls die einfachste Deutung, wenn man annimmt, dass es nach der Formel II eines Oxy-β-naphtochinons zu reagiren vermag. Aehnliche Zweifel bieten sich bei allen Naphtochinonabkömmlingen der Stellung 1, 2, 4, sofern die Natur der an diesen Stellen vorhandenen Substituenten Doppelbindung mit dem Kern-Kohlenstoffatom zulässt.

An dieser Stelle ist auch ein Chinonimidfarbstoff[5] zu erwähnen, welcher der Klasse der Indophenole (vgl. Bd. II, Th. I, S. 460, 461) zugehört und wie diese durch gemeinsame Oxydation eines Phenols (hier des α-Naphtols) mit einem p-Diamin (Dimethyl-p-phenylendiamin) oder

[1] Meldola, Journ. Soc. **45**, 156 (1884).

[2] O. Fischer u. Hepp, Ber. **21**, 2621 (1888). Ann. **256**, 249 (1890).

[3] Verbindungen von derartigem Verhalten bezeichnet man nach Hantzsch [Ber. **32**, 577 (1899)] sehr treffend als „Pseudosäuren".

[4] Vgl. Kehrmann, Ber. **23**, 2453 (1890).

[5] Möhlau, Ber. **16**, 2851 (1883); **18**, 2916 (1885). — Köchlin u. Pabst, Chem. Industrie, **6**, 9 (1883). — Köchlin u. Witt, D. R.-Pat. Nr. 15915.

durch Einwirkung von p-Nitrosodimethylanilin auf *α*-Naphtol entsteht. Die Verbindung wird als Naphtolblau oder auch als Indophenol schlechthin bezeichnet:

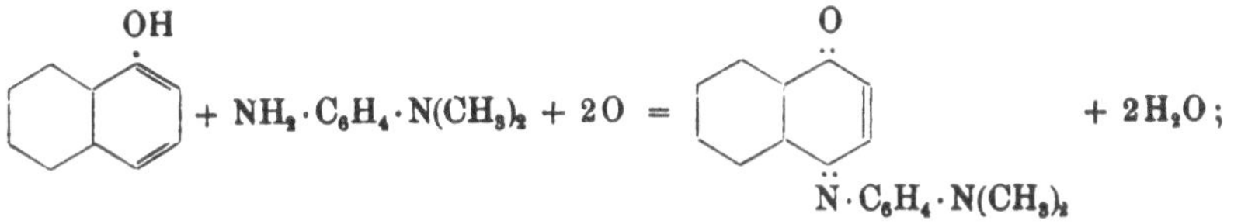

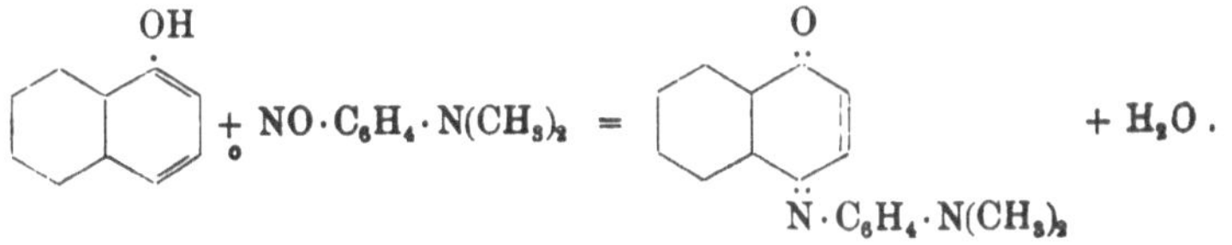

Es ist bemerkenswerth, dass das *β*-Naphtol nicht in derselben Weise reagirt, sondern dass hier in Folge des Eintritts des stickstoffhaltigen Restes in die Orthostellung zur Hydroxylgruppe ein Farbstoff der Oxazinreihe, das Meldolablau, entsteht (s. S. 366).

2-Amido-α-naphtochinon[1] (Bildung vgl. S. 391), $C_{10}H_5O_2 \cdot NH_2$, stellt granatrothe Nadeln vom Schmelzpunkt 202—203° dar.

Anilido-α-naphtochinon[1] (über Bildung und Constitution vgl. S. 396, 398), krystallisirt in glänzenden, langen, rothen Nadeln vom Schmelzpunkt 190—191°. Es ist unzersetzt sublimirbar.

Anilido-β-naphtochinon[1] (über Bildung und Constitution vgl. S. 396, 398), stellt rothe gold- bis grünglänzende Nadeln dar, schmilzt bei 240° und sublimirt unter theilweiser Zersetzung.

Anilido-Naphtochinonanil[1] (vgl. S. 397), bildet lange rothe Nadeln vom Schmelzpunkt 187° und lässt sich in kleinen Mengen unzersetzt sublimiren.

α-Naphtolblau, Indophenol[2], $C_{10}H_6O[:N \cdot C_6H_4 \cdot N(CH_3)_2]$, krystallisirt aus Benzol in grünschillernden Nadeln; die mit dem Farbstoff hergestellten Färbungen sind indigblau; sie sind gegen Licht und Seife sehr beständig, dagegen äusserst säureunecht. Man verwendete das Indophenol früher vorübergehend als Zusatz zur Indigoküpe.

Zu den stickstoffhaltigen Derivaten der Naphtochinone gehören auch deren Oxime[3]. Diese Verbindungen, welche durch Einwirkung von

[1] Meerson, Ber. **21**, 2517 (1888). — Kehrmann, Ber. **27**, 3338 (1894). — Kehrmann u. Mascioni, Ber. **28**, 348 (1895).

[2] Literatur s. vorstehend. — Vgl. auch Nietzki, Organ. Farbstoffe, 4. Aufl. S. 185 (1901).

[3] Fuchs, Ber. **8**, 625, 1022 (1875). — Stenhouse u. Groves, Ber. **10**, 1597 (1877). Ann. **189**, 145 (1877). — Worms, Ber. **15**, 1817 (1882). — Goldschmidt, Ber. **17**, 215, 801 (1884). — Goldschmidt u. Schmidt, Ber. **17**, 2064, 2066 (1884); **18**, 571, 2224 (1885). — Ilinski, Ber. **17**, 391, 2581 (1884); **19**, 340, 349 (1886). Cöthener Chem. Ztg. **19**, 1421 (1895). — Hoffmann, Ber. **18**, 46 (1885). — Henriques u. Ilinski, Ber. **18**, 705 (1885). — Ilinski u. v. Knorre, Ber. **18**, 699, 2728 (1885). — Koreff,

Hydroxylamin auf die Naphtochinone hergestellt werden können, sind zuerst aus den Naphtolen mittels salpetriger Säure gewonnen und gemäss dieser Bildungsweise als Nitrosonaphtole bezeichnet worden (vgl. S. 374). Ihre Identität mit den aus den Naphtochinonen und Hydroxylamin entstehenden Produkten machte es zweifelhaft, ob ihnen die Nitroso- oder die Oxim-Formel beizulegen sei, z. B.:

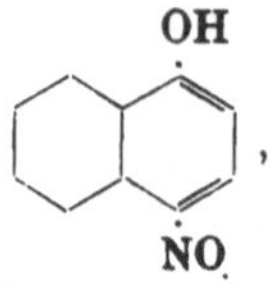

Nitroso-α-naphtol

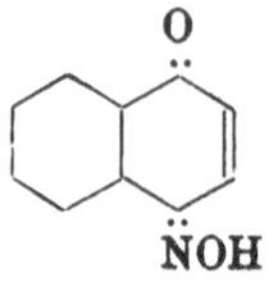

α-Naphtochinonoxim

Die Entscheidung zwischen diesen beiden Formeln wurde von H. Goldschmidt auf die schon bei den entsprechenden Benzolderivaten (vgl. Bd. II, Th. I, S. 456) angeführten Argumente gegründet. Man betrachtet diese Verbindungen jetzt allgemein als Chinonoxime[1].

Während sich vom α-Naphtochinon nur ein Monoxim ableitet, deriviren vom β-Naphtochinon zwei isomere Monoxime:

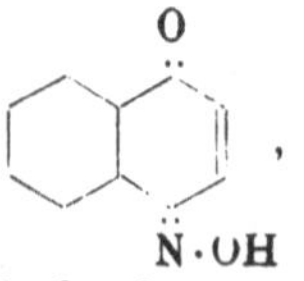

α-Naphtochinonoxim

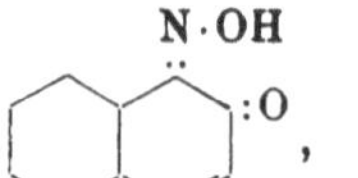

β-Naphtochinon-α-oxim

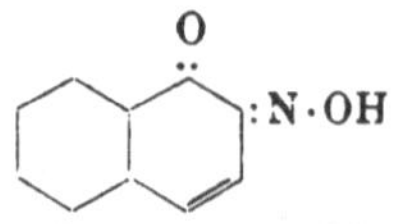

β-Naphtochinon-β-oxim

Bei der Einwirkung von salpetriger Säure auf α-Naphtol erhält man das α-Naphtochinonoxim, welches auch aus α-Naphtochinon mittels Hydroxylamin entsteht. Daneben aber bildet sich bei der Nitrosirung des α-Naphtols noch ein zweites Produkt, welches durch Eintritt der Isonitrosogruppe in Orthostellung zum Sauerstoff entstanden ist, das β-Naphtochinon-β-oxim; derselbe Körper wird bei der Einwirkung von Hydroxylamin auf β-Naphtochinon erhalten.

β-Naphtol dagegen wird durch salpetrige Säure nur in ein einziges Oxim, das β-Naphtochinon-α-oxim übergeführt. Aus β-Naphtochinon hat sich diese Verbindung nicht erhalten lassen.

Wir sehen also, dass der Eintritt der Isonitrosogruppe in den Naphtolkern entweder in o- oder in p-Stellung zur Hydroxylgruppe stattfindet. Beim α-Naphtol reagirt hauptsächlich das paraständige

Ber. **19**, 176 (1886). — v. Knorre, Ber. **20**, 283 (1887). — Nietzki u. Guitermann, Ber. **20**, 1275 (1887); **21**, 433 (1888). — Brömme, Ber. **21**, 391 (1888). — Hardy, Ann. **255**, 148 (1889). — Reverdin u. de la Harpe, Ber. **26**, 1280 (1893). — Friedländer u. Reinhardt, Ber. **27**, 238 (1894). — Burgass, Ztschr. f. angew. Chem. **1896**, 596. — Farbenfabriken vorm. Friedr. Bayer & Co., D. R.-Pat. Nr. 116123; Chem. Centralbl. **1901** I, 69.

[1] Vgl. dazu: Farmer u. Hantzsch, Ber. **32**, 3101 (1899).

Wasserstoffatom, aber auch in der Orthostellung findet die Reaction statt. Das β-Naphtol besitzt keine freie Parastellung, dagegen zwei freie Orthostellungen zur Hydroxylgruppe. Es entstehen aber nicht zwei isomere Orthochinonoxime (mit den Stellungen 1.2 und 2.3), sondern lediglich eine α-β-Verbindung (vgl. S. 303). Ganz analogen Verhältnissen begegnen wir bei der Einführung von Azogruppen in die Naphtole (vgl. S. 408).

Erhitzen des α-Naphtochinonmonoxims mit Hydroxylaminsalzen führt zum α-Naphtochinondioxim, während aus den beiden Oximen des β-Naphtochinons dasselbe β-Naphtochinondioxim entsteht:

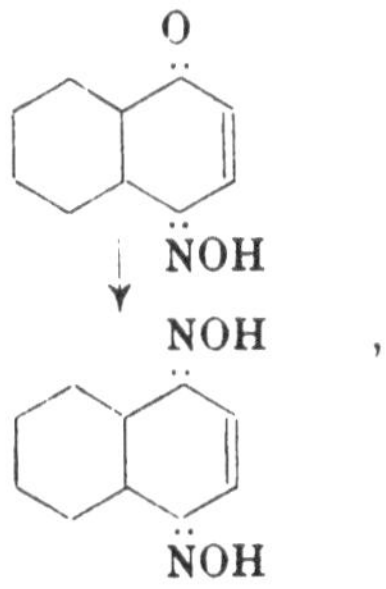

α-Naphtochinondioxim

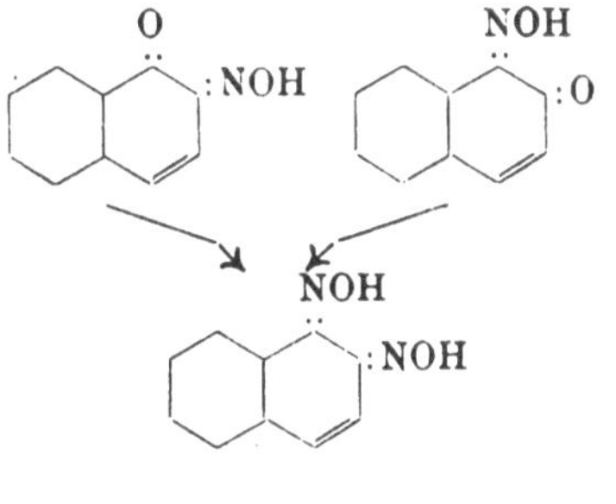

β-Naphtochinondioxim

Das β-Naphtochinondioxim zeigt die allgemeinen Reactionen der Dioxime von o-Diketonen, z. B. der Benzildioxime (vgl. S. 207). So geht es leicht in ein Anhydrid über:

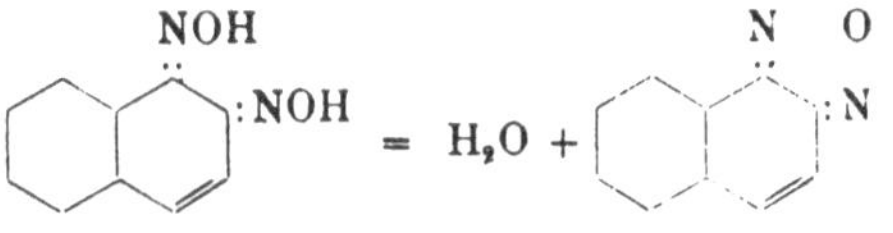

und liefert mit Ferricyankalium oxydirt ein Superoxyd, welches früher als Dinitrosonaphtalin aufgefasst wurde (vgl. S. 339):

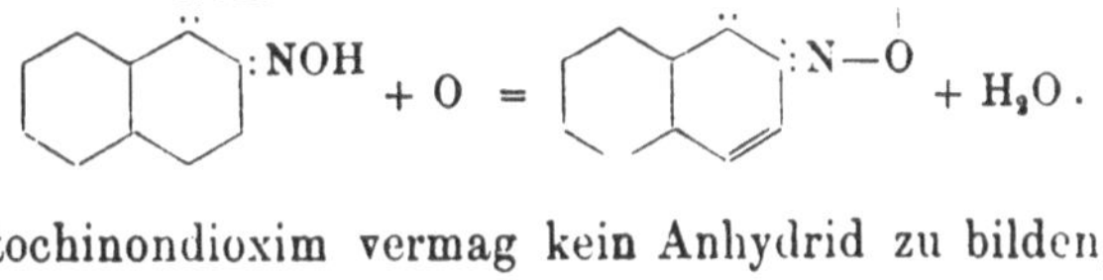

Das α-Naphtochinondioxim vermag kein Anhydrid zu bilden, ist indessen auch in ein Superoxyd überführbar.

Ein sehr interessantes Verhalten zeigen die Salze des β-Naphtochinon-α-oxims beim Erhitzen auf höhere Temperatur (250°) (Bayer & Co.); unter Aufspaltung des substituirten Benzolkerns entstehen die Salze der o-Cyanzimmtsäure:

$$C_6H_4\left\langle\begin{matrix}C(:N\cdot ONa)\cdot CO \\ CH \overset{}{=\!=\!=} \dot{C}H\end{matrix}\right. = C_6H_4\left\langle\begin{matrix}CN \\ CH:CH\cdot CO\cdot ONa\end{matrix}\right.$$

α-Naphtochinonoxim (weisses Nitroso-α-naphtol) bildet farblose Nadeln, welche sich beim Erhitzen gegen 190° zersetzen. Durch Ferricyankalium wird es zu 4-Nitronaphtol(1) oxydirt (vgl. S. 376).

β-Naphtochinon-α-oxim (Nitroso-β-naphtol) bildet orangebraune Prismen, welche bei 110° schmelzen. Die verschiedene Löslichkeit seiner Schwermetallsalze macht diesen Körper zu einem geeigneten Mittel für die Ausführung einer Reihe von analytischen Metalltrennungen. Seine Alkalisalze sind grün gefärbt. Es kann zur Herstellung von β-Naphtochinon dienen (vgl. S. 384). Durch Oxydation mit verdünnter Salpetersäure liefert es 1-Nitronaphtol(2).

Darstellung[1]: Eine siedende Lösung von 1 Theil β-Naphtol und 0·75 Theilen Chlorzink in 6 Theilen Weingeist wird mit einer conc. Lösung von 0·5 Theilen Natriumnitrit versetzt und einen Tag stehen gelassen. Der entstandene Niederschlag wird filtrirt, mit Alkohol gewaschen, mit 10 Theilen Wasser angerührt und mit einer Lösung von 0·8—1 Theil Natronhydrat digerirt. Das nach dem Erkalten abfiltrirte Nitrosonaphtolnatrium wird durch kalte verdünnte Salzsäure zerlegt, worauf man das Nitrosonaphtol durch nochmaliges Lösen in Soda und Fällen mit verdünnter Schwefelsäure reinigt.

β-Naphtochinon-β-oxim (gelbes Nitroso-α-naphtol) krystallisirt in gelben Nadeln vom Schmelzpunkt 152°. Ferricyankalium führt es in 2-Nitronaphtol(1) über.

α-Naphtochinondioxim krystallisirt in feinen farblosen Nadeln, welche bei 207° unter Zersetzung schmelzen.

β-Naphtochinondioxim bildet gelbe Nädelchen, welche sich bei 140° bräunen und bei 180—181° schmelzen. Beim Erwärmen mit Säuren oder Alkalien oder bei der Einwirkung von Acetylchlorid geht es in das Anhydrid über, welches in feinen, monoklinen, bei 77° schmelzenden Nadeln erhalten wird.

Die sogenannten Nitrosonaphtole besitzen die Fähigkeit, Farblacke zu bilden, finden jedoch wenig Anwendung in der Praxis; dagegen kommt das Eisensalz einer Sulfosäure des Nitroso-β-naphtols[2] unter dem Namen „Naphtolgrün“ in den Handel. Dieses Salz ist in Wasser löslich, wird aber von der thierischen Faser fixirt und dient zum Färben von Wolle. Man erhält die Nitrosonaphtolsulfosäure durch Einwirkung von salpetriger Säure auf 2-Naphtol-6-sulfosäure (SCHÄFFER'sche Säure, vgl. S. 370), sie hat daher folgende Constitution:

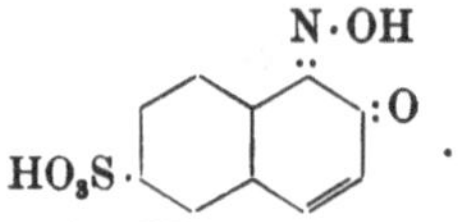

In ähnlicher Weise wird ein Nitrosoderivat des 1.7-Dioxynaphtalins unter dem Namen „Dioxin“ verwendet[3].

Auch mit Phenylhydrazin reagiren die Naphtochinone unter Wasseraustritt (vgl. dazu Bd. II, Th. I, S. 443):

$$C_{10}H_6O_2 + N_2H_3 \cdot C_6H_5 = C_{16}H_{12}N_2O + H_2O;$$

und zwar ist es beim β-Naphtochinon das β-ständige Sauerstoffatom, welches gegen den Phenylhydrazinrest ausgetauscht wird.

[1] HENRIQUES u. ILINSKI, Ber. **18**, 705 (1885). — Vgl. ferner: LAGODZINSKI u. HARDINE, Ber. **27**, 3076 (1894).

[2] NIETZKI, Organ. Farbstoffe, 4. Aufl. S. 110 (1901). — HOFFMANN, Ber. **18**, 46 (1885). — Frankfurter Anilinfabrik, D. R.-Pat. Nr. 28065.

[3] LEONHARDT & Co., D. R. Pat. Nr. 55204.

Die so entstehenden Verbindungen sind bei den Oxyazokörpern abgehandelt (vgl. S. 411, 412, 414), da sich herausgestellt hat, dass die Hydrazone der Naphtochinone identisch sind mit den stellungsisomeren Produkten, welche aus entsprechenden Diazoverbindungen durch Kuppelung mit α-Naphtol erhalten werden können.

Endlich sei noch erwähnt, dass auch die Chlorimide der beiden Naphtochinone, sowie das β-Naphtochinondichlordiimid bekannt sind[1]. Sie entstehen entsprechend den Chlorimiden des Benzochinons (vgl. Bd. II, Th. I, S. 455) bei der Einwirkung von Chlorkalk auf die Amidonaphtole bezw. auf Naphtylendiamin:

$$C_{10}H_6<\begin{matrix}OH\\NH_2\end{matrix} + 2Cl_2 = C_{10}H_6\lll\begin{matrix}O\\N\cdot Cl\end{matrix} + 3HCl.$$

$$C_{10}H_6<\begin{matrix}NH_2\\NH_2\end{matrix} + 3Cl_2 = C_{10}H_6\lll\begin{matrix}N\cdot Cl\\N\cdot Cl\end{matrix} + 4HCl.$$

Diazo-, Azoxy-, Azo- und Hydrazo-Verbindungen der Naphtalinreihe.

Die primären Basen der Naphtalinreihe lassen sich ganz ebenso wie die entsprechenden Benzolderivate in Diazoverbindungen bezw. Diazoniumverbindungen[2] überführen (vgl. Bd. II, Th. I, S. 278 ff.), z. B.:

$$C_{10}H_7\cdot NH_2,\ HCl + NaNO_2 + HCl = C_{10}H_7\cdot N_2Cl + NaCl + 2H_2O.$$

Wird die Reaction in der Weise ausgeführt, wie man sie in der Benzolreihe zur Gewinnung der Diazoamidoverbindungen benutzt (vgl. Bd. II, Th. I, S. 338), d. h. lässt man 2 Mol. Base auf 1 Mol. salpetrige Säure einwirken, so entstehen möglicherweise auch in der Naphtalinreihe zunächst Diazoamidokörper, welche jedoch sofort auch ohne Anwesenheit von Mineralsäuren in Amidoazoverbindungen[3] übergehen (vgl. Bd. II, Th. I, S. 341). So entsteht aus α-Naphtylamin unter diesen Bedingungen direct α-Amidoazonaphtalin:

$$\begin{aligned}&2C_{10}H_7\cdot NH_2,\ HCl + KOH + NaNO_2\\&\qquad = C_{10}H_7\cdot N{=}N\cdot C_{10}H_6\cdot NH_2 + NaCl + KCl + 3H_2O.\end{aligned}$$

---

[1] Friedländer u. Reinhardt, Ber. **27**, 238 (1894). — Vgl. auch Hirsch, Ber. **13**, 1910 (1880).

[2] Wie bereits Bd. II, Th. I, S. 402 Anm. erwähnt wurde, formulirt man zur Zeit die Mineralsäuresalze der Diazokörper allgemein in der früher von Blomstrand, Strecker u. Erlenmeyer vorgeschlagenen Weise:

$$R\cdot N\begin{matrix}\equiv N\\ \diagdown Ac\end{matrix} \quad (R = \text{Kohlenwasserstoffrest},\ Ac = \text{Säurerest});$$

man bringt dies in der Benennung zum Ausdruck, indem man sie — entsprechend der Annahme eines fünfwerthigen Stickstoffatoms — als „Diazonium-Verbindungen" (vgl Hantzsch, Ber. **28**, 1735 [1895]) bezeichnet.

[3] Perkin u. Church, Ann. **129**, 104 (1864). — Perkin, Ann. **137**, 359 (1866). — Martius, J. pr. **97**, 264 (1866). — Lecco, Ber. **7**, 1291 (1874). — Nietzki u. Goll, Ber. **19**, 1281 (1886).

Ähnlich liegen die Verhältnisse bei den Verbindungen, welche einen Naphtalin- und einen Benzol-Complex enthalten, und welche bei der Einwirkung von Diazoverbindungen auf primäre Basen erhalten werden[1] (vgl. **Bd. II, Th. I**, S. 259—260). Man erhält hier bald Diazoamido-, bald Amidoazo-Körper, und zwar entsteht aus

Benzoldiazoniumchlorid + α-Naphtylamin: Benzolazo-α-naphtylamin,
Benzoldiazoniumchlorid + β-Naphtylamin: Benzolazo-β-naphtylamin,

dagegen aus

α-Naphtalindiazoniumchlorid + Anilin: α-Naphtalindiazoanilid,
β-Naphtalindiazoniumchlorid + Anilin: β-Naphtalindiazoanilid.

Wir sehen also, dass bei der Einwirkung von Diazoniumverbindungen auf Basen der Naphtalinreihe sofort der Eingriff der Diazogruppe in den Naphtalinkern erfolgt unter Bildung von Amidoazoverbindungen:

$$C_{10}H_6\langle{}^{N=N\cdot R}_{NH_2},$$

ganz analog der directen Bildung von α-Amidazonaphtalin.

Die Diazoverbindungen der Naphtalinreihe zeigen alle jene typischen Reactionen, welche bei den Diazokörpern der Benzolreihe eingehend behandelt worden sind (vgl. Bd. II, Th. I, S. 288 ff.). Auf die Ueberführung in halogenirte Naphtaline wurde schon hingewiesen (vgl. S. 330).

Auch die Ueberführung der Diazonaphtalinverbindungen in die Naphtole durch „Umkochen“ lässt sich ebenso wie in der Benzolreihe ausführen (vgl. S. 362).

Nicht unerwähnt bleibe, dass auch die Umlagerung der Diazokörper in die Isodiazoverbindungen bezw. Nitrosamine (vgl. Bd. II, Th. I, S. 297, 402 Anm.) durch Alkalien bei den Naphtalinderivaten ausgeführt worden ist[2].

Die Salze der Naphtalindiazoniumbasen mit Mineralsäuren sind in trockenem Zustande mehr oder weniger explosiv, jedoch in geringerem Grade als die entsprechenden Verbindungen der Benzolreihe.

α-Naphtalindiazoniumchlorid[3], $C_{10}H_7 \cdot N_2Cl$, dargestellt durch Versetzen einer absolut alkoholischen Lösung von α-Naphtylaminchlorhydrat mit Isoamylnitrit, bildet hellockerfarbige Krystalle, welche bei 96° unter Zersetzung schmelzen. Das Nitrat[3] und das Sulfat[3] konnten gleichfalls krystallisirt erhalten werden. Letzteres bildet beim Kochen mit Alkohol neben Naphtalin beträchtliche Mengen von α-Naphtoläthyläther.

Auch die entsprechenden Salze des β-Naphtalindiazoniumhydrats sind krystallisirt erhalten worden[3].

---

[1] Griess, Ann. **137**, 60 (1866). — Nölting u. Binder, Ber. **20**, 3013 (1887). — Goldschmidt u. Molinari, Ber. **21**, 2566 (1888).

[2] Badische Anilin- u. Soda-Fabrik, D. R.-Pat. Nr. 81202. — A. Engler, Ber. **33**, 2188 (1900).

[3] Griess, J. pr. **101**, 89 (1867). — Liebermann u. Palm, Ann. **183**, 267 (1876). — Frankland, Journ. Soc. **37**, 747 (1880). — Haller, Ber. **17**, 1888 (1884). — Orndorff u. Kortright, Am. chem. Journ. **13**, 154 (1891). — Oddo, Gazz. chim. **25** I, 337 (1895). — Knövenagel, Ber. **28**, 2052 (1895). — Vgl. auch: Hantzsch u. Danziger, Ber. **30**, 2545 (1897). — Scheid, Ber. **34**, 1813 (1901).

Wird eine alkalische Lösung von α-Diazonaphtalin mit Ferricyankalium oxydirt[1], so entstehen die folgenden Produkte:

α-Azonaphtalin, $C_{10}H_7 \cdot N:N \cdot C_{10}H_7$;
α-Naphtylamin, $C_{10}H_7 \cdot NH_2$;
α-Diazonaphtalinsäure, $C_{10}H_7 \cdot NH \cdot NO_2$;

Naphtalin-1.2-diazooxyd, 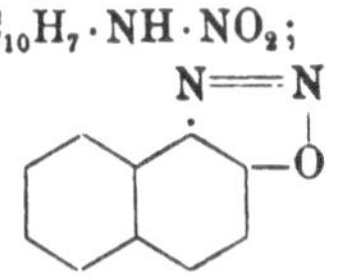 bezw. 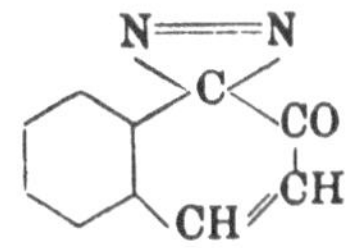 .

β-Diazonaphtalin bildet bei der gleichen Behandlung[1]:

β-Isodiazonaphtalin, $C_{10}H_7 \cdot NH \cdot NO$ bezw. $C_{10}H_7 \cdot N:N \cdot OH$;
β-Diazonaphtalinsäure, $C_{10}H_7 \cdot NH \cdot NO_2$;
Naphtalin-2.1-diazooxyd, $C_{10}H_6<{N_2\,(2) \atop O\,(1)}$ bezw. $C_{10}H_6\lessgtr{N_2\,(2) \atop O\,(1)}$.

Diazonaphtalinsulfosäuren[2] sind in grösserer Zahl bekannt. Diese Verbindungen, welchen ebenso wie den Diazobenzolsulfosäuren eine anhydridartige Structur:

$$C_{10}H_6<{N_2 \atop SO_3}>$$

zukommt, besitzen ein technisches Interesse insofern, als sie als Componenten zur Darstellung von Azofarbstoffen Verwendung finden können (vgl. S. 360, 416). Man hat sie auch dargestellt, um durch ihre weitere Ueberführung in Hydrazinverbindungen (vgl. S. 422) und darauf folgende Abspaltung der Hydrazingruppe von den Amidosulfosäuren zu den Naphtalinsulfosäuren zu gelangen und so die Stellung der Sulfogruppen in den Naphtylaminsulfosäuren zu ermitteln.

1.4-Diazonaphtalinsulfosäure, Diazonaphthionsäure, $C_{10}H_6<{N_2 \atop SO_3}$, bildet ein gelbes Pulver, welches sich gegen 140° zersetzt. Mit Phosphorpentachlorid erhitzt, geht sie in 1.4-Dichlornaphtalin über (vgl. S. 330).

Die Darstellung symmetrischer Azoverbindungen des Naphtalins durch Behandeln von Nitronaphtalin mit reducirenden Mitteln nach Analogie der Gewinnung der entsprechenden Benzolderivate (Bd. II, Th. I, S. 253) hat sich nicht ausführen lassen[3]. Lässt man Zinkstaub auf

---

[1] Bamberger, Ber. **27**, 679 (1894). — Ueber Naphtalindiazooxyde und Diazonaphtalinsäure vgl. auch: Gäss u. Ammelburg, Ber. **27**, 2214 (1894). — Bamberger u. Böcking, Ber. **30**, 1262 (1897).

[2] Vgl.: Cleve, Bull. [2] **26**, 241 (1876). Ber. **21**, 3265, 3272 (1888). — Forsling, Ber. **19**, 1716 (1886); **20**, 80, 2102 (1887); **21**, 3497 (1888). — Erdmann, Ann. **247**, 329, 331 (1888). — Armstrong u. Wynne, Proceed. of the chem. Soc. **1890**, 125, 127, 128. — Täuber u. Walder, Ber. **29**, 2267 (1896).

[3] Laurent, Ann. ch. [2] **59**, 384 (1835). — Doer, Ber. **3**, 291 (1870); **10**, 772 (1877). — Alexejeff, Ber. **3**, 868 (1870). — Klobukowsky, Ber. **10**, 570 (1877). — Witt, Ber. **19**, 2795 (1886).

α-Nitronaphtalin einwirken oder erhitzt man dieses mit gebranntem Kalk, so entsteht eine Verbindung, welche von LAURENT als „Naphtase“ bezeichnet wurde und in der man lange Zeit das αα-Azonaphtalin vermuthet hat. Die Gewinnung desselben Körpers durch Condensation von 1.2-Naphtylendiamin mit β-Naphtochinon (vgl. S. 386—387) zeigte aber, dass in ihm eine Verbindung vorliegt, welche zur Classe der Azine (s. Bd. II, Th. III) gehört, und welche als Dinaphtazin zu bezeichnen ist:

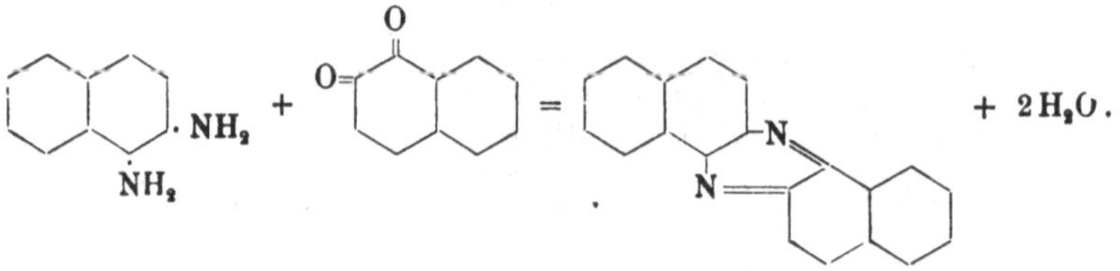

Auch die Oxydation von α-Naphtylamin mit Bleioxyd[1] (vgl. Bd. II, Th. I, S. 253, 254) hat nur zum Dinaphtazin geführt.

Um die Azoverbindungen des Naphtalins zu gewinnen, musste man sich daher auf die auch in der Benzolreihe benutzte Methode der Eliminirung von Amidogruppen aus den Amidoazoverbindungen stützen[2] (vgl. Bd. II, Th. I, S. 254). So entsteht aus dem durch Kuppeln von α-Diazonaphtalin mit α-Naphtylamin herstellbaren p-Amido-αα-Azonaphtalin durch die Diazoreaction αα-Azonaphtalin:

In derselben Weise ist das αβ-Azonaphtalin aus dem durch Kuppeln von β-Diazonaphtalin mit α-Naphtylamin gewonnenen p-Amido-αβ-Azonaphtalin dargestellt worden:

Das αα- bezw. ββ-Azonaphtalin bildet sich ferner beim Stehen des Kaliumsalzes der labilen α- bezw. β-Diazonaphtalinsulfonsäure (vgl. Bd. II, Th. I, S. 286) im Exsiccator[3].

---

[1] SCHICHUZKY, Ber. **7**, 1454 (1874).

[2] NIETZKI u. GOLL, Ber. **18**, 297, 3252 (1885). — NIETZKI u. GÖTTIG, Ber. **20**, 612 (1887). — NIETZKI u. ZEHNTNER, Ber. **26**, 143 (1893). — Vgl. auch: MICHAELIS u. PETOW, Ber. **31**, 994 (1898).

[3] HANTZSCH u. SCHMIEDEL, Ber. **30**, 81, 82 (1897).

Reduction mit Zinkstaub führt die Azonaphtaline in die entsprechenden Hydrazoverbindungen über[1].

Neuerdings ist es gelungen[2], das *αα*-Azoxynaphtalin als Nebenprodukt neben dem *α*-Naphtylhydroxylamin nach dem für die Darstellung der aromatischen Hydroxylaminverbindungen üblichen Verfahren (vgl. Bd. II, Th. I, S. 245) — Reduction von *α*-Nitronaphtalin mit Zinkstaub in neutraler, alkoholischer Lösung — zu gewinnen; in guter Ausbeute entsteht es aus dem Naphtylhydroxylamin durch Schmelzen. Weitere Reduction mit Zinkstaub und Alkali führt das *αα*-Azoxynaphtalin in *αα*-Azonaphtalin über.

αα-**Azoxynaphtalin**, $C_{10}H_7 \cdot N \overset{O}{\frown} N \cdot C_{10}H_7$, krystallisirt je nach dem angewandten Lösungsmittel in verschiedenen Formen, nämlich in gelben bis braunrothen, rautenförmigen oder derben, granatrothen Krystallen. Es schmilzt bei 126.5—127°.

αα-**Azonaphtalin**, $C_{10}H_7 \cdot N{=}N \cdot C_{10}H_7$, bildet alizarinrothe, grünlich schimmernde Nadeln vom Schmelzpunkt 189°. Es sublimirt schon unterhalb des Schmelzpunktes in gelben, beim Reiben zinnoberroth werdenden Blättchen und löst sich in kalter concentrirter Schwefelsäure mit blauer Farbe.

αβ-**Azonaphtalin** bildet bei 136° schmelzende, dunkelbraune, stahlblau schimmernde Blättchen. In concentrirter Schwefelsäure löst es sich violett.

ββ-**Azonaphtalin** krystallisirt in dunkelrothen Prismen oder rothgelben Blättchen vom Schmelzpunkt 204°.

αα-**Hydrazonaphtalin**, $C_{10}H_7 \cdot NH{-}NH \cdot C_{10}H_7$: Blättchen vom Schmelzpunkt 275°.

ββ-**Hydrazonaphtalin**: bei 162—164° schmelzende Flocken.

Die Amido- und Oxy-Azoverbindungen, welche Benzol- und Naphtalin-Complexe oder nur die letzteren enthalten, sind von grossem technischen Interesse, weil sie die den **Naphtalinazofarbstoffen** (vgl. S. 415 ff.) zu Grunde liegenden Substanzen darstellen. Obgleich die Amido- bezw. Oxy-Azoverbindungen selbst schon in Folge des Vorhandenseins einer chromophoren (—N=N—), sowie einer auxochromen (NH_2, OH) Gruppe Farbstoffcharakter besitzen, verwendet man doch in der Technik fast nur ihre Sulfosäuren, weil diese sowohl wegen ihrer grösseren Löslichkeit als auch in Bezug auf die Echtheit Vorzüge gegenüber den nicht sulfurirten Körpern aufweisen.

Die Darstellung der Amido- und Oxy-Azokörper geschieht ganz allgemein durch Combination von Diazoverbindungen mit Aminen oder Phenolen. Der Eintritt der Diazogruppe in das Molecül des Amins bezw. Phenols der Naphtalinreihe wird dabei durch ganz ähnliche Gesetzmässigkeiten geregelt, wie dies schon bei Besprechung der Benzolverbindungen dargelegt worden ist (vgl. Bd. II, Th. I, S. 260 u. 397);

---

[1] S. die vorigen Citate.

[2] Wacker, Ann. **317**, 375 (1901); **321**, 61 (1902). — Vgl. auch: Jaworsky, Jb. **1864**, 532. — Wohl, D. R.-Pat. Nr. 84138.

doch haben sich in der Naphtalinreihe gewisse Modificationen dieser allgemeinen Regeln ergeben, so dass dieselben hier nochmals genauer besprochen werden sollen.

Der Eintritt einer Diazogruppe in ein Amin oder Phenol der Naphtalinreihe erfolgt ebenso wie in der Benzolreihe vorzugsweise in Parastellung zur Amido- oder Hydroxyl-Gruppe, falls diese Stellung frei ist, z. B.:

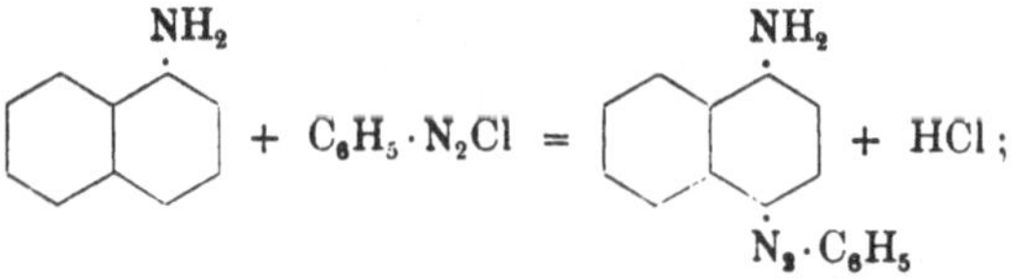

dagegen in Orthostellung, wenn die Parastellung besetzt ist, z. B.:

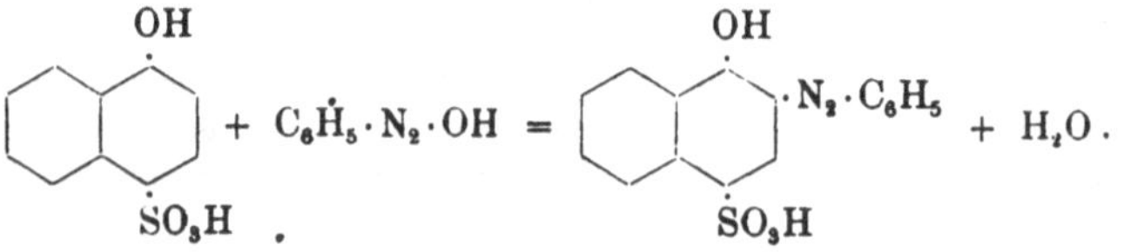

Dementsprechend liefert das β-Naphtylamin und β-Naphtol nur Ortho-Azoderivate, z. B.:

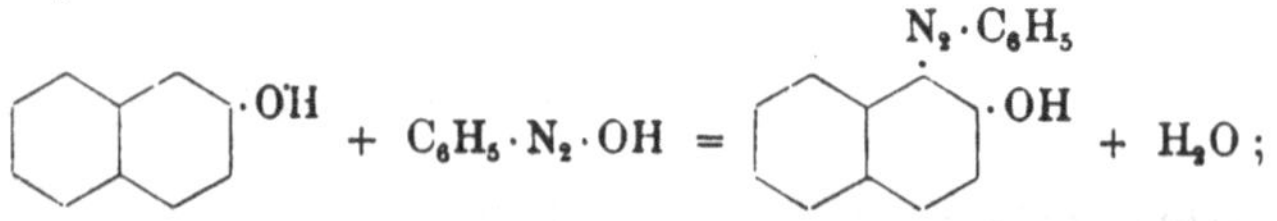

und zwar ist es stets die dem Substituenten benachbarte α-Stellung, an welcher der Eingriff stattfindet. Azoverbindungen mit $\beta\beta$-Stellung, wie:

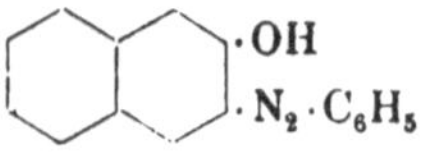

oder

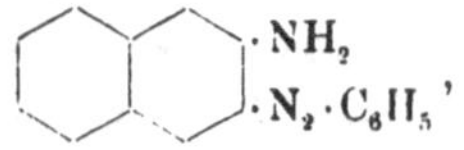

konnten bisher aus rein aromatischen Naphtalinverbindungen nicht dargestellt werden (vgl. S. 303).

Eine Ausnahme von dieser Regel scheinen auf den ersten Blick die Azoderivate des gewöhnlichen Oxynaphtochinons[1] (S. 390) zu bilden, falls man von den beiden für sie möglichen Formeln:

I

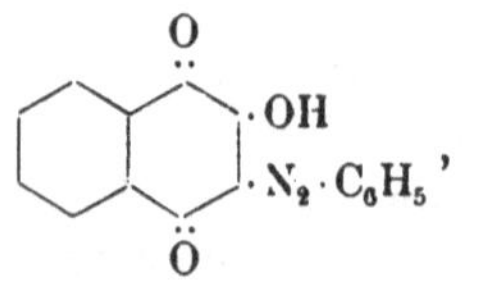

II

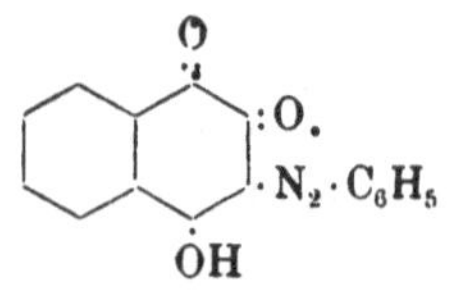

die erste bevorzugt. Allein selbst wenn der Formel I entsprechend die Hydroxylgruppe sich an der β-Stelle befindet, so bildet gerade dieses Beispiel eine Bestätigung der S. 304 mitgetheilten Annahme, dass die Azo-Kuppelung eine Doppelbindung zwischen denjenigen Kohlenstoffatomen erfordert, welche die Träger der dirigirenden

[1] Kehrmann u. Goldenberg, Ber. 30, 2126 (1897).

OH- bezw. NH_2-Gruppe und der eintretenden Azo-Gruppe sind; denn während bei den rein aromatischen Naphtalinverbindungen zwischen den Stellen 2 und 3 eine einfache Bindung anzunehmen ist, muss das β-Oxy-α-Naphtochinon der chinoïden Kernbindung wegen zwischen diesen Stellen eine Doppelbindung aufweisen:

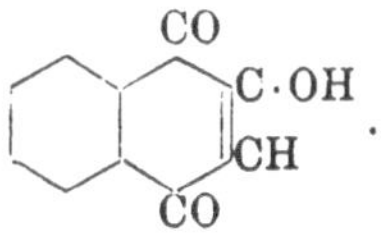

Ferner hat sich aber gezeigt, dass auch bei freier Parastellung Orthooxy- bezw. Orthoamido-Azoverbindungen gebildet werden, wenn die Ortho- oder Peri-Stelle zu demjenigen chemischen Orte, an welchem der Eingriff erfolgen müsste, damit eine Paraoxy- oder Paraamido-Azoverbindung entsteht, durch eine Sulfogruppe besetzt ist[1]. So bilden sich bei der Einwirkung von Diazobenzol auf 1.5-Naphtolsulfosäure bezw. 1.5-Naphtylaminsulfosäure folgende Azokörper:

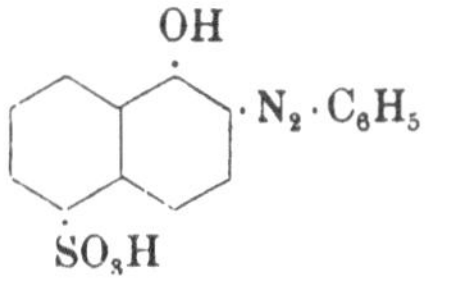

und

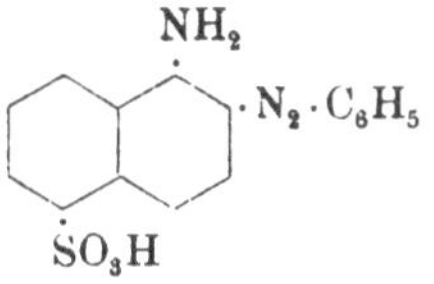

und aus der 1.3-Naphtolsulfosäure bezw. 1.3-Naphtylaminsulfosäure:

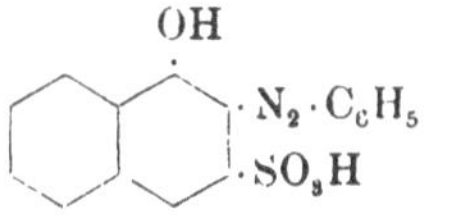

und

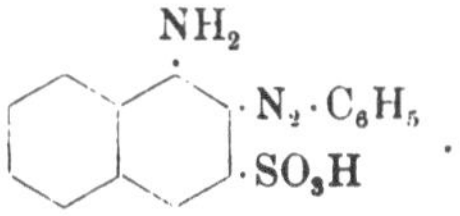

In kleiner Menge treten Orthooxy-Azoverbindungen auch neben den als Hauptprodukt gebildeten Parakörpern beim Paaren von unsubstituirtem α-Naphtol mit Diazoverbindungen auf[2]:

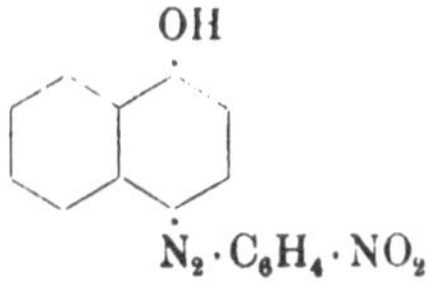

Hauptprodukt

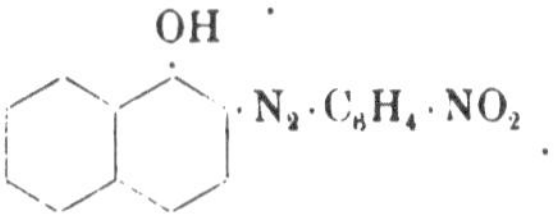

Nebenprodukt

Naphtole und Naphtylamine, in denen sowohl die Ortho- als auch

---

[1] Gattermann u. Schulze, Ber. **30**, 50 (1897). — Vgl. auch Hantower u. Täuber, Ber. **31**, 2157 (1898).

[2] Bamberger, Ber. **28**, 848 (1895). — Hantzsch, Ber. **28**, 1124 (1895). — Bamberger u. Meimberg, Ber. **28**, 1887 (1895).

Auch in der Benzolreihe sind analoge Beobachtungen seit dem Druck der Stelle in Bd. II, Th. I, S. 397—398, deren Fassung daher heute den Thatsachen nicht mehr ganz entspricht, gemacht worden. Vgl.: Bamberger, Ber. **33**, 3188 (1900).

die Para-Stelle frei ist, vermögen unter geeigneten Bedingungen Disazoverbindungen zu bilden[1], z. B.:

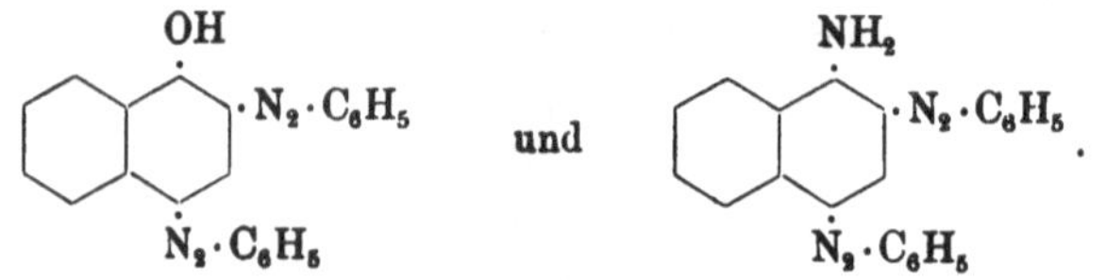

Ebenso wie in der Benzolreihe ist auch bei den Naphtalinazoverbindungen die Stellung der Substituenten vorzugsweise durch Spaltung mittels energisch wirkender Reductionsmittel festgestellt worden (vgl. Bd. II, Th. I, S. 261 u. 400). So entsteht z. B. bei der Reduction des Naphtalinazo-α-naphtylamins α-Naphtylamin und 1.4-Naphtylendiamin, woraus sich die Constitution des Amidoazokörpers ergiebt:

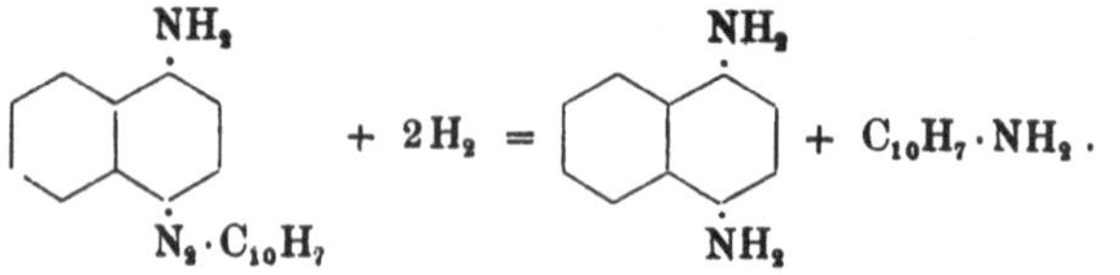

Wenn nun auch auf diese Weise die Stellung der Azogruppe in den Amido- und ebenso auch in den Oxy-Azoverbindungen mit Leichtigkeit festgestellt werden kann, so ist damit doch die Constitution dieser Verbindungen noch nicht vollständig klargelegt. Ebenso wie in der Benzolreihe bietet das Verhalten der Paraoxy- und Paraamido-Azoverbindungen keinen Anlass, eine andere Formulirung für sie zu wählen als diejenige wahrer Oxy- und Amido-Körper mit einer Azogruppe; dagegen erheben sich bezüglich der Orthoverbindungen hier dieselben Zweifel, wie bei den entsprechenden Benzolderivaten (vgl. Bd. II, Th. I, S. 261 ff., 399, 401—402). Gerade die Beobachtungen in der Naphtalinreihe waren für die Aufwerfung dieser vielumstrittenen Constitutionsfragen der Hauptanlass.

Was zunächst die Orthoamido-Azoverbindungen der Naphtalinreihe betrifft, so zeigen diese dieselben Reactionen, welche bei den entsprechenden Körpern der Benzolreihe beobachtet werden[2], so die Bildung von Azimidoverbindungen bei der Oxydation, z. B.:

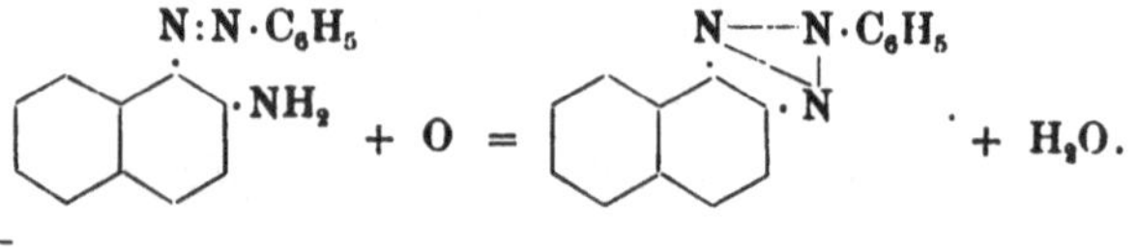

[1] Krohn, Ber. **21**, 3240, 3241 (1888). — Nölting u. Grandmougin, Ber. **24**, 1592, 1601 (1891).

[2] Zincke, Ber. **18**, 3132 (1885). — Meldola u. Hughes, Journ. Soc. **59**, 372 (1891). — Meldola u. Forster, Journ. Soc. **59**, 678 (1891).

Diese Reaction kann zu Gunsten einer der folgenden Formeln[1]:

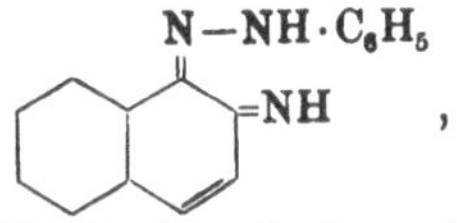

,

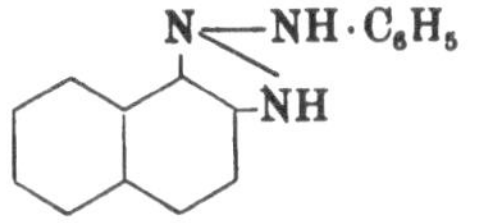

oder

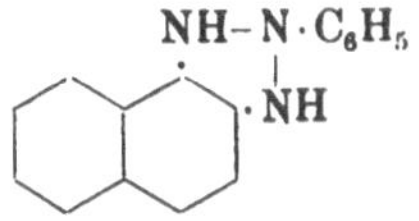

,

β-Naphtochinonhydrazonimid

angeführt werden (vgl. Bd. II, Th. I, S. 261, 262). Andererseits lassen sich aber die o-Amidoazoverbindungen der Naphtalinreihe unter geeigneten Bedingungen wie primäre Amine diazotiren[2] und in die entsprechenden Oxyazokörper überführen.

Aehnlich wie bei den Amidoazoverbindungen liegen die Verhältnisse bei den Oxyazokörpern. Die Paraverbindungen, wie z. B. das aus α-Naphtol und Diazobenzol entstehende Benzolazo-α-naphtol

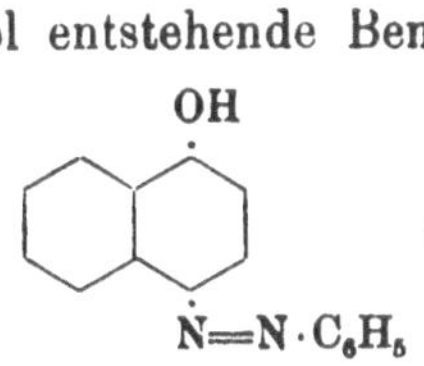

,

lösen sich leicht in Alkalilaugen auf und charakterisiren sich dadurch als Phenole. Wir werden daher der angeführten Verbindung die obige normale Formel[3] beizulegen haben[4], obgleich derselbe Körper auch, wie Zincke und Bindewald[5] fanden, bei der Einwirkung von Phenylhydrazin auf α-Naphtochinon entsteht und daher dieser Darstellungsweise entsprechend als Phenylhydrazon des α-Naphtochinons formulirt werden könnte:

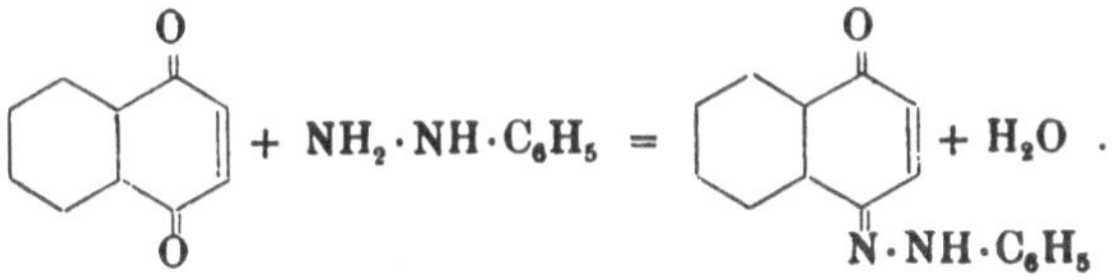

Anders verhält es sich mit den Orthooxyazokörpern. Diese bilden sich schwieriger als die entsprechenden Paraverbindungen und sind in kalter Alkalilauge unlöslich[6]. Wir werden durch dieses Verhalten der Orthooxyazoverbindungen wiederum dazu geführt, für sie, ebenso wie für

[1] Meldola, Journ. Soc. **45**, 118 (1884). — Henriques, Ber. **17**, 2672 (1884). — Lawson, Ber. **18**, 796, 2422 (1885). — Meldola u. East, Journ. Soc. **53**, 460 (1888).

[2] Nietzki u. Goll, Ber. **19**, 1281 (1886). — Zincke u. Lawson, Ber. **20**, 2896 (1887).

[3] Vgl. auch: Mac Pherson u. Gore, Am. chem. Journ. **25**, 485 (1901). — Hewitt u. Auld, Journ. Soc. **81**, 171 (1902).

[4] Farmer u. Hantzsch [Ber. **32**, 3089 (1899)] betrachten freilich auch die Para-Oxyazokörper als „Pseudosäuren" (vgl. S. 398 Anm. 3). Die geringe Wahrscheinlichkeit dieser Auffassung ist von Auwers [Ber. **33**, 1314 (1900)] hervorgehoben.

[5] Ber. **17**, 3026 (1884).

[6] Liebermann (Pfaff), Ber. **16**, 2859 (1883).

die Orthoamidoazokörper, eine von den Parakörpern abweichende Constitution in Betracht zu ziehen, z. B. für das aus β-Naphtol und Diazobenzol entstandene Benzolazo-β-naphtol neben der normalen Formel (I) die Formeln II oder III:

I 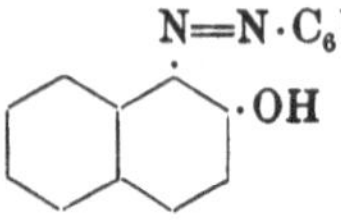 , II 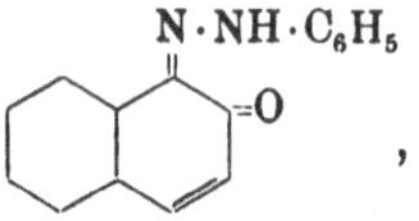 , III 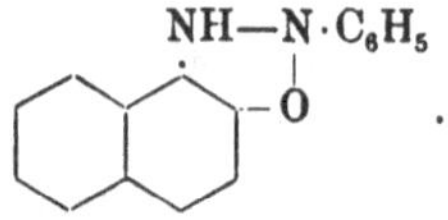 .

Auch hier hat sich wiederum eine nahe Beziehung zwischen den aus Diazoverbindungen und Naphtolen einerseits und den aus β-Naphtochinon und aromatischen Hydrazinen andererseits entstehenden Körpern ergeben[1]. Die Verbindung, welche durch Einwirkung von Phenylhydrazin auf β-Naphtochinon entsteht, ist zwar verschieden von dem Benzolazo-β-naphtol, doch hat sich herausgestellt, dass diese Verschiedenheit nur auf einer Stellungsisomerie beruht; denn das sogenannte β-Naphtochinon-Nitrophenylhydrazon ist identisch mit dem bei der Kuppelung von Nitrodiazobenzol mit α-Naphtol als Nebenprodukt entstehenden Orthooxyazofarbstoff[2] (vgl. S. 409):

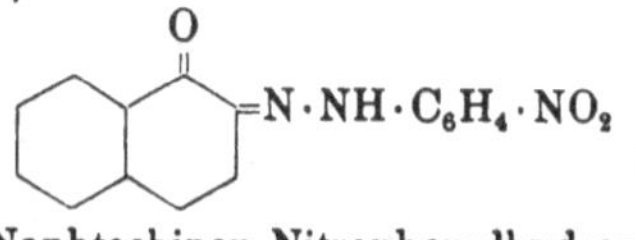 ,

β-Naphtochinon-Nitrophenylhydrazon

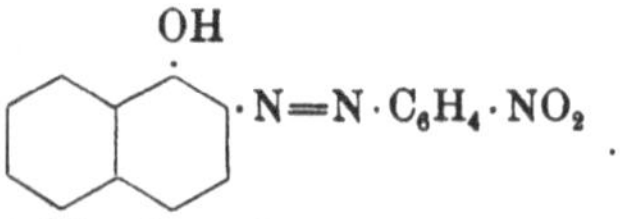 .

Nitrobenzolazo-α-naphtol

Diese durch die verschiedenen Darstellungsweisen, sowie durch das theilweise abnorme Verhalten der Orthooxyazokörper hervorgerufenen Zweifel über ihre Constitution haben eine Reihe von Untersuchungen veranlasst, deren Resultate bald für die Formulirung dieser Körper als wahrer Oxyazoverbindungen, bald für ihre Auffassung als Chinonhydrazone zu sprechen scheinen. Die wesentlichsten Ergebnisse sind die folgenden:

Die Azoderivate des β-Naphtols lassen sich am Sauerstoff alkyliren[3]; die mit ihnen isomeren β-Naphtochinonhydrazone[4] lassen sich gleichfalls alkyliren und liefern bei weiterer Einwirkung von Diazoverbindungen

---

[1] Zincke, Ber. **16**, 1563 (1883). — Zincke u. Bindewald, Ber. **17**, 3030 (1884). — Zincke u. Rathgen, Ber. **19**, 2482 (1886). — Jacobson, Ber. **21**, 414 (1888). — Zincke u. Thelen, Ber. **21**, 2200 (1888). — Bamberger, Ber. **30**, 513 (1897).

[2] Dieses Verhältniss konnte zwar bisher nicht für das unsubstituirte Phenylhydrazon nachgewiesen werden, weil bei der Einwirkung von unsubstituirtem Diazobenzol auf α-Naphtol ein Orthooxyazokörper bislang nicht beobachtet wurde. Vgl. Bamberger, Ber. **30**, 514 Anm. 2 (1897).

[3] Weinberg, Ber. **20**, 3172 (1887). — Meldola u. Morgan, Journ. Soc. **55**, 605 (1889). — Vgl. Witt u. Dedichen, Ber. **30**, 2655 (1897).

[4] Nölting u. Grandmougin, Ber. **24**, 1592 (1891). — Meldola u. Hanes, Journ. Soc. **65**, 834 (1894).

Disazokörper. Diese Befunde sprechen für die Hydroxylform der Ortho-Oxyazokörper. Dagegen reagirt das Benzolazo-β-naphtol nicht mit Phenylisocyanat, wie man es von einem Hydroxylkörper erwarten könnte[1]. Ferner findet man unter den Reductionsprodukten seines Acetylderivats[2] Acetanilid, dessen Bildung aus einer Verbindung der Constitution $C_6H_5 \cdot N_2 \cdot C_{10}H_6 \cdot O \cdot CO \cdot CH_3$ sehr auffallend erscheinen müsste. Auch das kryoskopische Verhalten der Orthooxyazokörper[3] spricht gegen die Hydroxylform (vgl. Bd. II, Th. I, S. 361).

Als Farbstoffe finden hauptsächlich die Orthooxyazoverbindungen Verwendung, da diese im Gegensatz zu den Paraoxyazokörpern beim Behandeln mit Säuren und Basen keine Farbenumschläge zeigen[4].

Benzolazo-α-naphtylamin[5], $C_6H_5 \cdot N{=}N \cdot C_{10}H_6 \cdot NH_2$ ($N_2 : NH_2 = 1:4$), entsteht beim Versetzen von wässeriger Benzoldiazoniumnitratlösung mit alkoholischer α-Naphtylaminlösung. Es bildet rothglänzende, breite, bei 123° schmelzende Nadeln.

Benzolazo-β-naphtylamin[6], $C_6H_5 \cdot N{=}N \cdot C_{10}H_6 \cdot NH_2$ ($N_2 : NH_2 = 1:2$), wird analog der α-Verbindung gewonnen. Es bildet rothe, rhombische Täfelchen vom Schmelzpunkt 102—104°.

α-Amidoazonaphtalin[7] (α-Naphtalinazo-α-naphtylamin), $C_{10}H_7 \cdot N{=}N \cdot C_{10}H_6 \cdot NH_2$ ($N_2 : NH_2 = 1:4$).

Darstellung: Bei 0° und unter Umrühren wird eine Lösung von 5·6 g Kalihydrat und 7·9 g Natriumnitrit in 200 ccm Wasser in die Lösung von 35·9 g salzsaurem α-Naphtylamin in 2 Litern Wasser eingetragen. Der Niederschlag wird nach 2 Stunden abfiltrirt, mit Wasser gewaschen, in einem warmen Gemisch von 200 g Alkohol und 50 g Aether gelöst und die filtrirte Lösung mit heissem Wasser bis zur Trübung versetzt.

Obgleich bei diesem Verfahren in neutraler Lösung gearbeitet wird, erhält man nicht Diazoamidonaphtalin, sondern direct die Amidoazoverbindung (vgl. S. 403—404).

p-Amido-$\alpha\beta$-azonaphtalin[8] (β-Naphtalinazo-α-naphtylamin),

---

[1] Goldschmidt u. Rosell, Ber. **23**, 496 (1890).

[2] Meldola u. Morgan, Journ. Soc. **55**, 114 (1889). — Goldschmidt u. Brubacher, Ber. **24**, 2306 (1891). — Meldola u. Hawkins, Journ. Soc. **63**, 923 (1893). — Meldola u. Burls, Journ. Soc. **63**, 930 (1893).

[3] Auwers, Ber. **29**, 2361 (1896); **33**, 1302 (1900).

[4] Vgl.: Witt u. Dedichen, Ber. **29**, 2945 (1896).

[5] Griess, Ann. **137**, 60 (1866). — Nölting u. Binder, Ber. **20**, 3013 (1887). — Michaelis u. Erdmann, Ber. **28**, 2197 (1895).

[6] Lawson, Ber. **18**, 796 (1885). — Nölting u. Binder, Ber. **20**, 3013 (1887). — Bamberger u. Schieffelin, Ber. **22**, 1376 (1889).

[7] Perkin u. Church, Ann. **129**, 104 (1864). — Perkin, Ann. **137**, 359 (1866). — Chapman, Ann. **140**, 326 (1866). — Martius, J. pr. **97**, 264 (1866). — Lecco, Ber. **7**, 1291 (1874). — Schultz, Ber. **17**, 477 (1884). — Nietzki u. Goll, Ber. **18**, 297 (1885). — Friedländer, Ber. **22**, 590 (1889). — Michaelis u. Erdmann, Ber. **28**, 2198 (1895).

[8] Nietzki u. Göttig, Ber. **20**, 612 (1887).

$C_{10}H_7 \cdot N{=}N \cdot C_{10}H_6 \cdot NH_2$ ($N_2:NH_2 = 1:4$), aus β-Naphtalindiazoniumsalzen und salzsaurem α-Naphtylamin, bildet gelbbraune, bei 152° schmelzende Nadeln.

o-Amido-αβ-azonaphtalin[1] (β-Naphtalinazo-β-naphtylamin), $C_{10}H_7 \cdot N{=}N \cdot C_{10}H_6 \cdot NH_2$ ($N_2:NH_2 = 1:2$), wird analog der vorhergehenden Verbindung unter Verwendung von β-Naphtylamin dargestellt. Es bildet kleine bräunlichgelbe Nadeln.

2-Benzolazo-α-naphtol[2] (β-Naphtochinonphenylhydrazon), $C_6H_5 \cdot N{=}N \cdot C_{10}H_6 \cdot OH$ oder $C_6H_5 \cdot NH \cdot N{=}C_{10}H_6{=}O$ ($N_2:OH = 2:1$), entsteht beim Versetzen eines Gemisches von 1 Theil β-Naphtochinon und 10—15 Thln. Eisessig mit etwas mehr als 1 Mol.-Gew. salzsaurem Phenylhydrazin in der 15fachen Menge Wasser. Es krystallisirt in langen, tiefrothen, goldglänzenden Nadeln vom Schmelzpunkt 138° und ist unlöslich in Alkalien. In conc. Schwefelsäure löst es sich violettroth.

4-Benzolazo-α-naphtol[2], $C_6H_5 \cdot N{=}N \cdot C_{10}H_6 \cdot OH$ ($N_2:OH = 1:4$), bildet dunkelviolettbraune, kantharidenglänzende Blätter, schmilzt bei 206°, löst sich leicht in Eisessig, weniger in Alkohol und Benzol. In kalter Natronlauge und in Alkalicarbonatlösungen ist es leicht löslich. Concentrirte Schwefelsäure nimmt es mit violettblauer Farbe auf. Bemerkenswerth ist, dass die Kuppelung von Diazoverbindungen mit α-Naphtol — im Gegensatz zum β-Naphtol — auch ohne Gegenwart von freiem Alkali (vgl. Bd. II, Th. I, S. 397) sehr glatt verläuft (vgl. die hier folgende Darstellungsvorschrift).

Darstellung: Eine Lösung von 93 g Anilin in 250 ccm Wasser und 200 ccm rauchender Salzsäure wird bei 0° mit 1 Mol.-Gew. gesättigter Natriumnitritlösung diazotirt und das eiskalte Gemisch in die kalte Lösung von 155 g α-Naphtol in 2 Litern Alkohol gegossen. Nach 24 Stunden wird das ausgeschiedene salzsaure Salz abfiltrirt, durch Uebergiessen mit concentrirter Kalilauge in das Kaliumsalz übergeführt und dieses nach dem Abfiltriren durch Säure zerlegt.

Benzolazo-β-naphtol[2], $C_6H_5 \cdot N{=}N \cdot C_{10}H_6 \cdot OH$ ($N_2:OH = 1:2$) — aus Diazobenzol und β-Naphtol — krystallisirt in rothgoldglänzenden, langgestreckten Blättchen oder kantharidenglänzenden langen Nadeln, schmilzt bei 128·5—129·5° und ist in Alkalien, selbst in der Hitze, kaum löslich. Concentrirte Schwefelsäure löst es mit fuchsinrother Farbe.

[1] Lawson, Ber. **18**, 2422 (1885). — Nietzki u. Goll, Ber. **19**, 1281 (1886). — Zincke u. Lawson, Ber. **20**, 2900 (1887). — Meldola u. Forster, Journ. Soc. **59**, 698 (1891).

[2] Typke, Ber. **10**, 1580 (1877). — Zincke, Ber. **16**, 1563 (1883). — Liebermann, Ber. **16**, 2859 (1883). — Margary, Gazz. chim. **13**, 438 (1883). — Zincke u. Bindewald, Ber. **17**, 3026 (1884). — Denaro, Gazz. chim. **15**, 405 (1885). — Zincke u. Rathgen, Ber. **19**, 2482 (1886). — Fischer u. Wimmer, Ber. **20**, 1597 (1887). — Zincke u. Thelen, Ber. **21**, 2200 (1888). — Bamberger, Ber. **28**, 1219 (1895); **30**, 513 (1897) — Mac Pherson, Ber. **28**, 2418 (1895). Am. chem. Journ. **22**, 376 (1899). — Witt u. Dedichen, Ber. **30**, 2657 (1897). — Betti, Gazz. chim. **30 II**, 164 (1900). — Möhlau u. Strohbach, Ber. **33**, 804 (1900).

Oxyazonaphtaline, $C_{10}H_7 \cdot N{=}N \cdot C_{10}H_6 \cdot OH$, sind durch Kuppeln von α- oder β-Diazonaphtalin mit α- oder β-Naphtol dargestellt worden[1].

α-Naphtalinazo-α-naphtol (N_2:OH = 1:4) bildet ein dunkelcarminrothes Pulver, α-Naphtalinazo-β-naphtol (N_2 : OH = 1 : 2) braune bronzeglänzende Schüppchen oder flache Nadeln vom Schmelzpunkt 229°.

β-Naphtalinazo-β-naphtol (N_2:OH = 1:2) bildet rothbraune, bei 176° schmelzende Nadeln.

α-Naphtoldisazobenzol[2], $C_{10}H_5\begin{cases} OH \\ N{=}N \cdot C_6H_5 \\ N{=}N \cdot C_6H_5 \end{cases}$ (OH:N_2:N_2 = 1:2:4), entsteht als Nebenprodukt bei der Darstellung des Benzolazo α-naphtols und bei der Einwirkung von Diazobenzol auf 2-Benzolazo-α-naphtol (β-Naphtochinonhydrazon). Es bildet grünschwarze, bronzeglänzende Nadeln vom Schmelzpunkt 193°.

Geschichte der Naphtalinazofarbstoffe.

Die Schilderung der Azofarbstoffe, welche zur Naphtalinreihe gehören, in einem Lehrbuch, das nicht speciell der Farbstoffchemie gewidmet ist, muss sich auf die Hervorhebung der wichtigsten Phasen beschränken, in denen das Gebiet dieser Farbstoffe sich zu seiner heutigen enormen technischen Bedeutung entwickelt hat. Auf den hohen Werth, welchen die Sulfosäuren der Naphtole, Naphtylamine, Amidonaphtole, Dioxynaphtaline als Azocomponenten besitzen, ist schon mehrfach (S. 319, 354, 361, 369, 373, 380, 382) hingewiesen worden. Die weitaus überwiegende Zahl aller im Handel befindlichen Azofarbstoffe — es giebt deren mehrere Hunderte — wird unter Benutzung dieser Componenten gewonnen.

Die zuerst dargestellten und in den Handel gebrachten Azofarbstoffe enthielten freilich lediglich Benzolkerne; sie stellten fast ausnahmslos Amidoazoverbindungen dar und waren auf eine verhältnissmässig geringe Zahl von Nuancen — meist gelb bis braun — beschränkt. Der Einführung eines Naphtalinderivats als Componente von Azofarbstoffen begegnen wir zum ersten Mal bei den im Jahre 1877 im Handel auftretenden Orangefarbstoffen, welche zuerst von Roussin in der Fabrik von Poirrier hergestellt zu sein scheinen. Diese Farbstoffe, welche auch als α- und **β-Naphtolorange**[3], Tropäolin 000 Nr. 1 und Nr. 2, **Mandarin** u. s. w. bezeichnet werden, entstehen beim Kuppeln von diazotirter Sulfanilsäure mit α- oder β-Naphtol:

---

[1] Frankland, Journ. Soc. **37**, 752 (1880). — Nietzki u. Goll, Ber. **19**, 1282 (1886). — Meldola u. Hanes, Journ. Soc. **65**, 837 (1894). — Kunz, Ber. **31**, 1531 (1898).

[2] Krohn, Ber. **21**, 3240 (1888). — Nölting u. Grandmougin, Ber. **24**, 1594 (1891). — Bamberger u. Meimberg, Ber. **28**, 1895 (1895).

[3] Griess, Ber. **11**, 2198 (1878). — Witt, Journ. Soc. **35**, 179 (1879). — Miller, Ber. **13**, 268 (1880). — Liebermann, Ber. **14**, 1795 (1881). — Liebermann u. Jacobson, Ann. **211**, 51 (1882). — Vgl. auch Hofmann, Ber. **10**, 1378 (1877).

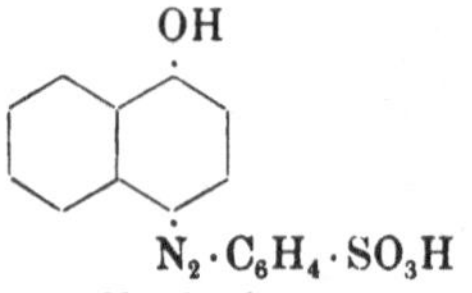

α-Naphtolorange

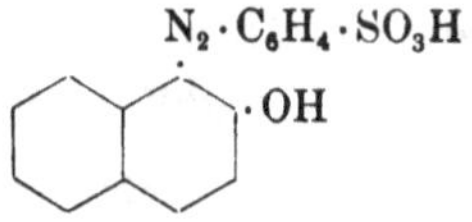

β-Naphtolorange

sie bilden gelb- bis braunrothe Pulver und färben Wolle und Seide in saurem Bade orange an.

Eine weitere Vertiefung der Nuance erreichte Caro, indem er die Sulfanilsäure durch die ihr entsprechende p-Amidosulfosäure der Naphtalinreihe, die Naphthionsäure, ersetzte[1]. Er stellte auf diese Weise den ersten nur Naphtalinkerne enthaltenden Azofarbstoff dar, das wegen seiner grossen Licht- und Waschechtheit geschätzte **Echtroth** (Naphtalin-4-sulfosäure-1-azo-β-naphtol):

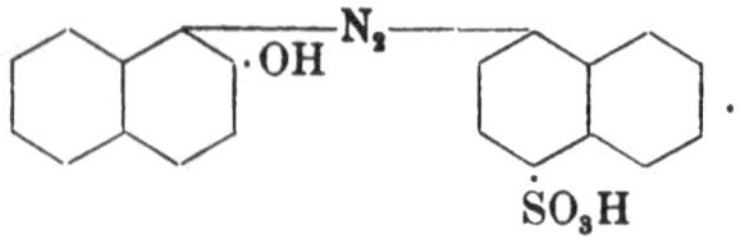

Das Echtroth findet in Verbindung mit andern Säurefarbstoffen beim Färben wollener Wirkwaaren Verwendung. Die freie Farbsäure krystallisirt in braunen Nadeln. Bemerkenswerth ist, dass die Combination aus Naphthionsäure und α-Naphtol nicht einen rothen, sondern einen braunen Farbstoff, das „Echtbraun" darstellt.

Kurze Zeit nach dem Bekanntwerden des Echtroths wurde eine neue Gruppe rother und blaurother Farbstoffe von Baum aufgefunden. In ihnen sehen wir zum ersten Mal Naphtolsulfosäuren als Farbstoffcomponenten auftreten; sie entstehen durch Paaren von diazotirtem Anilin, Anilin-Homologen, α-Naphtylamin oder Naphthionsäure mit den β-Naphtoldisulfosäuren R und G (S. 371) sowie mit der Croceïnsäure (S. 370) und werden als **Ponceaux** und **Bordeaux**[2] bezeichnet, z. B.:

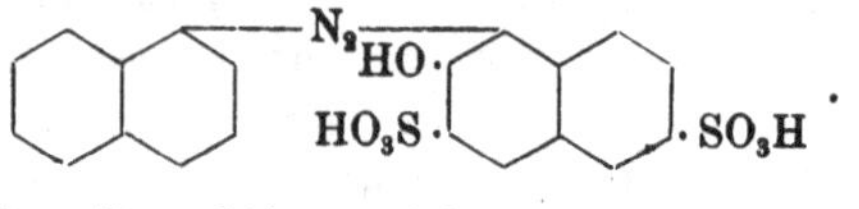

An diese Farbstoffe schliesst sich als erster Disazofarbstoff mit einer Naphtalincomponente der **Croceïnscharlach 3B**[3] an, welcher durch Diazotiren von Amidoazobenzolsulfosäure und Kuppeln mit Croceïnsäure entsteht:

$$HO_3S \cdot C_6H_4{-}N_2{-}C_6H_4{-}N_2{-}C_{10}H_5{<}^{OH}_{SO_3H} \, .$$

[1] Griess (Caro), Ber. **11**, 2199 (1878). — Badische Anilin- u. Soda-Fabrik, D. R.-Pat. Nr. 5411.

[2] Farbwerke Höchst a./M., D. R.-Pat. Nr. 3229. — Cassella & Co., D. R.-Pat. Nr. 20402.

[3] Farbenfabriken vorm. Friedr. Bayer & Co., D. R.-Pat. Nr. 18027.

Dieser Farbstoff erzeugt auf Wolle sehr schöne scharlachrothe Töne, wird aber wegen der Kostspieligkeit der Ausgangsmaterialien nur noch wenig verwendet. Dem Croceïnscharlach isomer ist der **Biebricher Scharlach**[1], die Verbindung aus diazotirter Amidoazobenzoldisulfosäure und β-Naphtol:

$$HO_3S\cdot C_6H_4-N_2-\underset{\displaystyle SO_3H}{C_6H_3}-N_2-C_{10}H_6\cdot OH\,.$$

Eine neue Richtung erhielten die Forschungen auf dem Azofarbengebiet im Jahre 1883 durch die Entdeckung der substantiven Baumwollfarbstoffe aus Diphenylbasen von Böttiger (vgl. S. 32 ff.)[2]. Der am längsten bekannte und wichtigste Farbstoff dieser Reihe, welcher der ganzen Gruppe den Namen gegeben hat, ist das **Congoroth**, die Combination aus tetrazotirtem Benzidin und 2 Mol. Naphthionsäure:

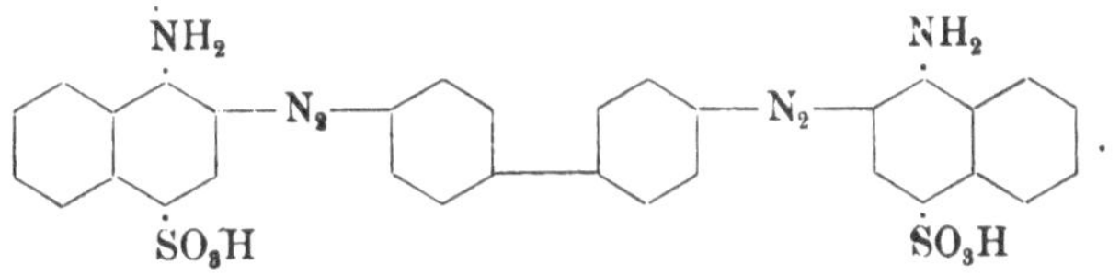

Das Congoroth bildet ein wasserlösliches rothbraunes Pulver. Es färbt ungebeizte Baumwolle in einer an Türkischroth erinnernden lebhaften rothen Nuance an. Obwohl die Färbungen weder seifen- noch lichtecht und besonders gegen Säuren ausserordentlich empfindlich sind, findet das Congoroth ausgedehnte Verwendung in der Baumwollfärberei. Von Wichtigkeit ist ferner das höhere Homologe des Congoroths, das **Benzopurpurin 4B**, welches unter Anwendung von Tolidin an Stelle von Benzidin erhalten wird.

Weitere Untersuchungen zeigten bald, dass die Fähigkeit, ungebeizte Baumwolle anzufärben, nicht auf die Farbstoffe aus tetrazotirten Benzidinbasen beschränkt ist, sondern dass auch ähnlich constituirte Disazofarbstoffe, welche andere p-Diamine, wie p-Phenylendiamin, pp-Diamidostilben (vgl. S. 183) und 1.4- (und 1.5)-Naphtylendiamin, in Mittelstellung enthalten, substantive Baumwollfarbstoffe sind.

Diese Erkenntniss hat zu einer ungeheuren Ausdehnung des Gebietes der Baumwollazofarben geführt, welches auch heute noch täglich erweitert wird. Der wesentlichste Erfolg dieser Bemühungen besteht in der Herstellung neuer Nuancen, so dass diese Farbstoffgruppe heute fast die ganze Farbenscala umfasst, und ferner in der Erhöhung der Echtheitseigenschaften durch Einführung neuer Componenten.

In ersterer Beziehung war die Auffindung der folgenden Combinationen von Werth:

[1] Krügener, D. R.-Pat. Nr. 16482. — Miller, Ber. **13**, 542, 980 (1880). — Nietzki, Ber. **13**, 800, 1838 (1880). — Vgl. auch Vignon u. Boasson, Ber. **13**, 1060 (1880).

[2] Böttiger, D. R.-Pat. Nr. 28753. — Witt, Ber. **19**, 1719 (1886).

Diaminschwarz R. O.[1] entsteht durch Kuppeln von tetrazotirtem Benzidin mit 2 Mol. γ-Amidonaphtolsulfosäure (S. 382) in alkalischer Lösung:

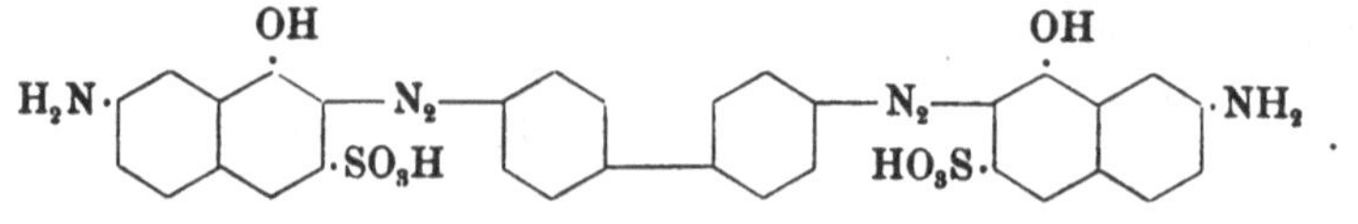

Ausser dieser Marke finden sich noch mehrere ähnlich constituirte Farbstoffe, welche die Bezeichnung „Diaminschwarz" tragen, im Handel. Der Werth dieser Farbstoffe beruht zum Theil darin, dass sie auf der Faser diazotirt und nochmals mit einer Azocomponente gekuppelt werden können.

Diaminblau 3B[2] ist die Combination aus tetrazotirtem Tolidin und 2 Mol. Amidonaphtoldisulfosäure H (S. 382).

Diamingrün G[3] ist ein Trisazofarbstoff, welcher entsteht, wenn man zunächst tetrazotirtes Benzidin mit 1 Moleculargewicht Salicylsäure kuppelt und den so erhaltenen „Zwischenkörper" (vgl. S. 33) auf den Monoazokörper einwirken lässt, der durch Combination in mineralsaurer Lösung von p-Nitrodiazobenzol mit Amidonaphtoldisulfosäure H erhalten wird:

$$O_2N\cdot C_6H_4-N_2-C_{10}H_2\begin{matrix}(OH)\\(NH_2)\\(SO_3H)_2\end{matrix}-N_2-C_6H_4\cdot C_6H_4-N_2-C_6H_3<\begin{matrix}OH\\COOH\end{matrix}\;.$$

Das Diamingrün stellt sich also als ein Benzidinfarbstoff dar, welcher durch Einschiebung eines Naphtalinkerns und einer Azogruppe in die Mitte des Molecüls zu einem Trisazofarbstoff geworden ist, der noch eine freie Amidogruppe enthält. Dieses Princip der Zwischenschaltung eines Naphtalinkerns hat zu einer Reihe weiterer namentlich schwarzer Baumwollfarbstoffe geführt.

Hand in Hand mit dieser Entwicklung der Benzidinfarbstoffe ging eine weitere Ausbildung der Verfahren zur Herstellung vorwiegend schwarzer Disazofarbstoffe für Wolle. Zu solchen Farbstoffen gelangte man durch Anhäufung dreier Naphtalinkerne: man diazotirt eine Naphtylaminsulfosäure, kuppelt mit α-Naphtylamin, diazotirt den so erhaltenen Monoazofarbstoff weiter und combinirt mit einer Naphtolsulfosäure. Eine der ältesten Combinationen dieser Art ist das schon 1882 aufgefundene **Blauschwarz B**[4]:

---

[1] Cassella & Co., D. R.-Pat. Nr. 55648.

[2] Cassella & Co., D. R.-Pat. Nr. 74593.

[3] Cassella & Co., D. R.-Pat. Nr. 66351.

[4] Schultz-Julius, Tabellarische Uebersicht der künstlichen organischen Farbstoffe, 4. Aufl. (Berlin 1902), Nr. 198.

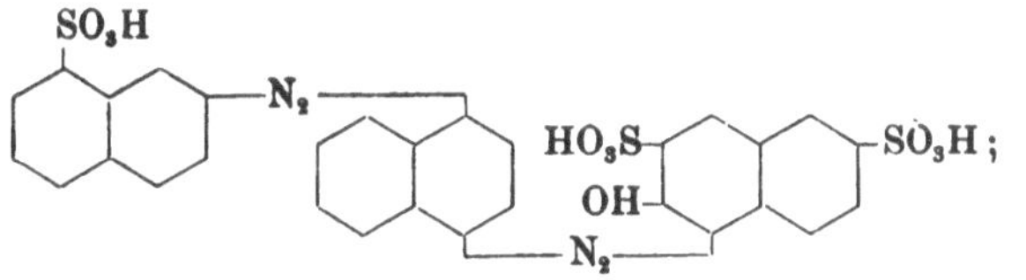

analog constituirt und zu grosser Bedeutung gelangt sind die verschiedenen **„Naphtolschwarz"**-Marken.

Ein wichtiger Schritt beim Ausbau dieser Farbstoffgruppe bestand in der Benutzung solcher Componenten, welche in Folge des Vorhandenseins zweier orthoständiger salzbildender Gruppen (z. B. OH und COOH) die Entstehung lackbildender Farbstoffe bewirken. Wir haben in diesen Wollfarbstoffen mithin „Beizenfarbstoffe" (vgl. Bd. II, Th. I, S. 268) vor uns. Man färbt sie auf chromgebeizte Wolle auf und erzielt dadurch sehr echte schwarze Färbungen, welche als Ersatz für Blauholzschwarz dienen können, wenngleich sie diesen Farbstoff in mancher Beziehung nicht erreichen. Als Beispiel sei das **Diamantschwarz**[1] angeführt, welches aus diazotirter Amidosalicylsäure, α-Naphtylamin und 1.4-Naphtolsulfosäure entsteht:

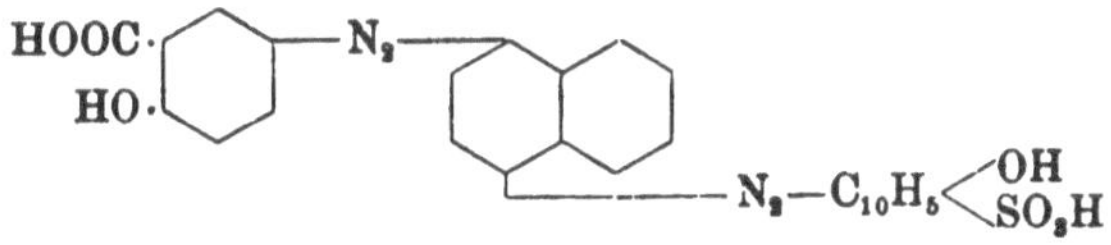

An das Blauschwarz und Diamantschwarz reiht sich eine weitere Gruppe von schwarzen Wollfarbstoffen an, welche an Stelle eines 1.4-Naphtylendiaminrestes dessen Sulfosäuren enthalten[2]. Zu ihrer Darstellung benutzt man statt des α-Naphtylamins an zweiter Stelle die CLEVE'schen Sulfosäuren (S. 356). Diese Farbstoffe sind als Abkömmlinge des p-Diamins der Naphtalinreihe[3] zum Theil befähigt, auch Baumwolle anzufärben. Sie können daher zur Färbung halbwollener Gewebe (Woll-Baumwoll-Mischungen) dienen.

Die CLEVE'schen α-Naphtylaminsulfosäuren — 1.6 und 1.7 — sind deshalb zur Herstellung dieser Combinationen geeignet, weil sie ebenso wie das α-Naphtylamin selbst bei der Kuppelung weiter diazotirbare Para-Amidoazokörper liefern. Diejenigen α-Naphtylaminsulfosäuren dagegen, welche mit Diazokörpern zu Ortho-Amidoazokörpern zusammentreten (vgl. S. 409), können in Mittelstellung nicht zur Anwendung kommen.

Von epochemachender Bedeutung für die Fabrikation der Azofarbstoffe war die Entdeckung der Peridioxynaphtalinsulfosäuren, von welchen als die wichtigste zu nennen ist die 1.8-Dioxynaphtalin-3.6-disulfosäure oder Chromotropsäure (S. 371). Diese Verbindung schliesst

[1] Farbenfabriken vorm. FRIEDR. BAYER & Co., D. R.-Pat. Nr. 51504.
[2] Vgl. z. B. KALLE & Co., D. R.-Pat. Nr. 73901.
[3] Vgl. z. B.: DAHL & Co., D. R.-Pat. Nr. 65273. — Farbwerke Höchst a./M., D. R.-Pat. Nr. 67426, 68022.

sich den Orthodioxykörpern insofern an, als sie gleich diesen befähigt ist, Farbstoffe zu bilden, welche mit Metalloxyden zu Lacken zusammentreten. Die Farbstoffe aus Chromotropsäure sind durch klare Nuancen und die Lichtechtheit sowie das gute Egalisirungsvermögen der auf ungebeizter Wolle hergestellten Färbungen ausgezeichnet; ihre werthvollste Eigenschaft aber besteht in der Fähigkeit, beim Nachbehandeln der Färbungen mit Chromsäure, dem sogenannten Nachchromiren, unter Vertiefung der Nuance sehr echte Farblacke zu bilden. Man fasst diese Wollfarbstoffe unter der Gruppenbezeichnung Chromotrope[1] zusammen. Die Wirkung der Chromsäure scheint nicht nur darin zu bestehen, dass Farblacke gebildet werden, sondern es scheint auch eine Oxydation der Farbstoffe durch die Nachbehandlung bewirkt zu werden. Als Beispiel sei das **Chromotrop 2R** angeführt. Dieser Farbstoff entsteht durch Kuppeln von Diazobenzol mit Chromotropsäure und ist als 2-Benzolazo-1.8-dioxynaphtalin-3.6-disulfosäure zu bezeichnen:

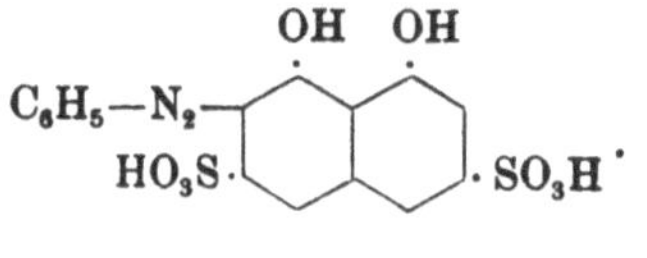

Das Natriumsalz der Farbsäure bildet ein braunrothes Pulver, welches Wolle in saurem Bade fuchsinroth färbt. Nachbehandeln mit Chromsäure verwandelt diese rothe Färbung in eine blaue bis violettschwarze.

Eine weitere Verwendung finden die Peridioxynaphtalinsulfosäuren zur Herstellung von schwarzen Disazofarbstoffen; denn es hat sich gezeigt, dass sie nicht nur mit einem, sondern nach einander mit zwei Molecülen einer und derselben oder zweier verschiedener Diazoverbindungen zusammenzutreten vermögen. Dieselbe Fähigkeit weisen auch die Periamidonaphtolsulfosäuren auf[2]. Diese bilden, je nachdem man die Kuppelung in saurer oder in alkalischer Lösung vornimmt, zwei Reihen isomerer Monoazoverbindungen, von denen die aus der H-Säure (S. 382) durch alkalische Kuppelung hergestellten Farbstoffe, z. B. das **Diaminreinblau**[3]

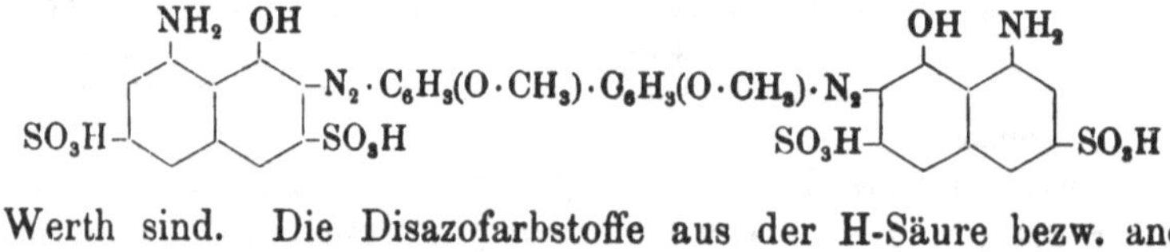

von Werth sind. Die Disazofarbstoffe aus der H-Säure bezw. anderen Periamidonaphtolsulfosäuren — namentlich aus der 8-Amidonaphtol(1)-

[1] Farbwerke Höchst a./M., D. R.-Pat. Nr. 69095.

[2] Vgl. Cassella & Co., D. R.-Pat. Nr. 65651. — Badische Anilin- u. Soda-Fabrik, D. R.-Pat. Nr. 91855.

[3] Cassella & Co., D. R.-Pat. Nr. 74593. — Schultz-Julius, 4. Aufl. (1902), Nr. 311.

sulfosäure (5) (Palatinschwarz) — dienen gleichfalls zum Färben von Wolle; sie erzeugen schwarze Nuancen.

Eine Gruppe stark basischer Farbstoffe, welche dadurch ausgezeichnet sind, dass sie eine Ammoniumgruppe enthalten, sind die sogenannten Janusfarben[1]. Es sind dies Disazofarbstoffe, welche besonders für das Färben von Halbwollgeweben Verwendung finden, da sie nicht nur Wolle, sondern auch Baumwolle in neutralem oder saurem Bade ohne Beize anfärben. Das **Janusroth** z. B. entsteht aus m-Amidophenyltrimethylammoniumchlorid durch Diazotiren, Kuppeln mit m-Toluidin, nochmaliges Diazotiren und Kuppeln mit β-Naphtol:

$$Cl(CH_3)_3N \cdot C_6H_4-N_2-\underset{\displaystyle CH_3}{\underset{|}{C_6H_3}}-N_2-C_{10}H_6 \cdot OH\ .$$

In neuerer Zeit ist eine Methode zur Herstellung von Azofarbstoffen auf der Faser[2] zu wesentlicher Bedeutung gelangt. Es handelt sich dabei um Azofarbstoffe, welche wegen ihrer Unlöslichkeit nicht als fertige Produkte zum Färben benutzt werden können, welche aber auf der Faser hergestellt sehr brauchbare Färbungen liefern. Man verfährt in der Weise, dass man die Faser (Baumwolle) mit einer alkalischen β-Naphtollösung imprägnirt, trocknet und darauf durch die Lösung eines Diazokörpers passirt. Von den hierbei zur Verwendung kommenden diazotirbaren Basen ist die wichtigste das p-Nitranilin. Dieses erzeugt, mit β-Naphtol auf der Faser gekuppelt, das **Paranitranilinroth:**

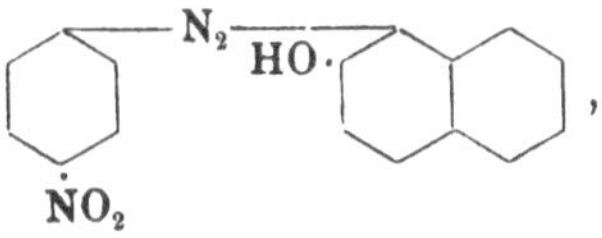

dasselbe besitzt eine dem Türkischroth sehr ähnliche Nuance und steht diesem auch an Echtheit nur wenig nach. Bei der geringen Haltbarkeit der Diazolösungen war es erforderlich, diese in den Färbereien selbst zur sofortigen Benutzung herzustellen. Die hierdurch hervorgerufenen Schwierigkeiten konnten behoben werden, als es gelang, in den Isodiazoverbindungen (vgl. Bd. II, Th. I, S. 297) vollkommen haltbare Körper herzustellen[3], welche in Berührung mit Säuren die echten Diazokörper liefern. Auch auf anderen Wegen hat man versucht, die Explosivität der trocknen Diazokörper aufzuheben[4].

---

[1] Nietzki, Organ. Farbstoffe, 4. Aufl. (1901) S. 47. — Farbwerke Höchst a./M., D. R.-Pat. Nr. 87257, 87584, 87585.

[2] Nietzki, Organ. Farbstoffe, 4. Aufl. (1901) S. 79.

[3] Badische Anilin- u. Soda-Fabrik, D. R.-Pat. Nr. 78874, 81134, 81202, 81203, 81204, 84389.

[4] Vgl. z. B. Becker, D. R.-Pat. Nr. 81309. — Farbenfabriken vorm Friedr. Bayer & Co., D. R.-Pat. Nr. 92169. — Farbwerke Höchst a./M., D. R.-Pat. Nr. 89437, 94495. — Cassella & Co., D. R.-Pat. Nr. 97933.

Naphtylhydrazine.

Die beiden isomeren Naphtylhydrazine

$$C_{10}H_7 \cdot NH \cdot NH_2$$

bilden sich ganz analog dem Phenylhydrazin (vgl. Bd. II, Th. I, S. 304—306) bei der Reduction der Diazonaphtalinverbindungen[1]. Ferner aber lassen sich diese Körper auch analog den Naphtylaminen aus den Naphtolen herstellen (vgl. S. 347—348), indem man diese mit Hydrazinhydrat erhitzt[2]:

$$C_{10}H_7 \cdot OH + NH_2 \cdot NH_2 = C_{10}H_7 \cdot NH \cdot NH_2 + H_2O.$$

α-**Naphtylhydrazin** bildet blätterige Krystalle vom Schmelzpunkt 116°.

β-**Naphtylhydrazin** krystallisirt in glänzenden, bei 124° schmelzenden Blättern; es ist neuerdings für die Erkennung und Trennung von Zuckerarten empfohlen worden[3].

Eine Reihe von Naphtylaminsulfosäuren sind über die entsprechenden Diazoverbindungen in Hydrazinsulfosäuren

$$C_{10}H_6 \begin{cases} SO_3H \\ NH \cdot NH_2 \end{cases}$$

übergeführt worden[4]. Wie in allen primären Hydrazinen (vgl. Bd. II, Th. I, S. 307) wird auch in diesen Hydrazinsulfosäuren bei der Behandlung mit Metallsalzen (z. B. Kupferchlorid) die stickstoffhaltige Gruppe durch Wasserstoff ersetzt, und man kann auf diese Weise die Naphtylaminsulfosäuren in Naphtalinsulfosäuren überführen und damit die Stellung der Sulfogruppen in den ersteren ermitteln (vgl. S. 405).

Aldehyde und Ketone der Naphtalinreihe.

Die Aldehyde und Ketone, welche der Naphtalingruppe angehören, beanspruchen kein besonderes Interesse. Denn sie unterscheiden sich in ihrem chemischen Verhalten nicht von den entsprechenden Verbindungen der Benzolreihe; sie werden nach denselben Methoden wie jene hergestellt (vgl. Bd. II, Th. I, S. 478, 479, 488, 489). Weder zu technischen noch zu natürlichen Produkten stehen sie in näherer Beziehung.

Dem Benzaldehyd entsprechen sie beiden **Naphtaldehyde**, $C_{10}H_7 \cdot CHO$. Von diesen wurde das β-Isomere zuerst dargestellt[5], und zwar durch Destillation des Calciumsalzes der β-Naphtoësäure (S. 427) mit ameisensaurem Calcium:

$$(C_{10}H_7 \cdot CO \cdot O)_2Ca + (H \cdot CO \cdot O)_2Ca = 2\,C_{10}H_7 \cdot CHO + 2\,CaCO_3.$$

In der α-Reihe führt diese sonst in so zahlreichen Fällen benutzbare Reaction nur zu Spuren des Aldehyds.

Auch durch Oxydation des beim Halogeniren des β-Methylnaphtalins (S. 323) entstehenden Chlor- (bezw. Brom-)Methylnaphtalins, $C_{10}H_7 \cdot CH_2Cl$, mit Bleinitrat[6] entsteht β-Naphtaldehyd.

---

[1] KNORR, Ber. **17**, 550 (1884). — E. FISCHER, Ann. **232**, 236 (1886). — PINNER, Ber. **21**, 1222 (1888). — HAUFF, Ann. **253**, 24 (1889).

[2] L. HOFFMANN, Ber. **31**, 2909 (1898).

[3] Vgl. HILGER u. ROTHENFUSSER, Ber. **35**, 1841, 4444 (1902).

[4] ERDMANN, Ann. **247**, 333, 334 (1888). — ARMSTRONG u. WYNNE, Proceedings of the chem. Soc. **1890**, 125, 127, 128. — CLEVE, Ber. **24**, 3474 (1891). — TÄUBER u. WALDER, Ber. **29**, 2269 (1896).

[5] BATTERSHAL, Ann. **168**, 114 (1873). — Vgl. A. W. HOFMANN, Ber. **1**, 42 (1870).

[6] SCHULZE, Ber. **17**, 1530 (1884).

Beide isomeren Aldehyde sind ferner aus den beiden leicht zugänglichen Naphtonitrilen, $C_{10}H_7\cdot CN$ (S. 425), dargestellt worden[1]. Bei der Behandlung mit Schwefelammonium gehen diese (vgl. Bd. I, S. 376) in die entsprechenden Thioamide, $C_{10}H_7\cdot CS\cdot NH_2$, über, deren Reduction zu den Naphtomethylaminen, $C_{10}H_7\cdot CH_2\cdot NH_2$, führt. Salpetrige Säure erzeugt aus den letztgenannten Verbindungen Naphtomethylalkohole, $C_{10}H_7\cdot CH_2\cdot OH$, welche bei der Oxydation mit Chromsäuregemisch die Naphtaldehyde, $C_{10}H_7\cdot CHO$, liefern.

Endlich ist der α-Naphtaldehyd aus der α-Naphtylglyoxylsäure[2], $C_{10}H_7\cdot CO\cdot CO_2H$, nach der Bd. II, Th. I, S. 479 angeführten Reaction durch Kochen mit Anilin und Zersetzen des entstandenen Anils mit heisser verdünnter Schwefelsäure gewonnen worden.

α-**Naphtaldehyd**, $C_{10}H_7\cdot CHO$, ist eine bei 291·6° (corr.) siedende zähe Flüssigkeit, welche sich schon spontan an der Luft zu α-Naphtoësäure (S. 427) oxydirt. Das Oxim[3], $C_{10}H_7\cdot CH{=}NOH$, schmilzt bei 98°, das Phenylhydrazon, $C_{10}H_7\cdot CH{=}N\cdot NH\cdot C_6H_5$, bei 152°.

β-**Naphtaldehyd** bildet dünne Blättchen vom Schmelzpunkt 60·5—61°.

Die Reimer-Tiemann'sche Reaction (vgl. Bd. II, Th. I, S. 516) zur Ueberführung der Phenole in Oxyaldehyde durch Einwirkung von Chloroform und Alkali ist auch mit dem β-Naphtol ausgeführt worden[4]. Es war hier, da die Parastellung zur Hydroxylgruppe im β-Naphtol besetzt ist, die Entstehung eines Orthooxyaldehyds zu erwarten, und zwar konnte man bei der bekannten Reactionsunfähigkeit des zweiten β-Wasserstoffatoms (vgl. S. 303—304) die Bildung des 2-Oxynaphtaldehydes(1) voraussehen:

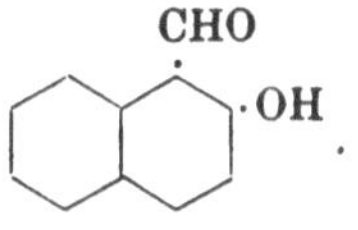

In der That konnte die Orthostellung der beiden Substituenten durch die Ueberführung des β-Oxynaphtaldehydes in Naphtocumarin durch Essigsäureanhydrid und Natriumacetat (vgl. Bd. II, Th. I, S. 670) nachgewiesen werden:

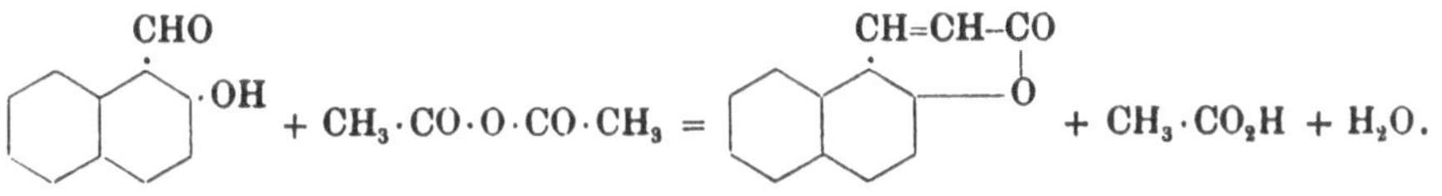

Der β-Naphtolaldehyd lässt sich auch durch Einwirkung von Blausäure und Salzsäuregas auf eine ätherische β-Naphtollösung bei Gegenwart von Chlorzink erhalten (vgl. dazu Bd. II, Th. I, S. 670)[5]. Hierbei entsteht in erster Phase das Imid des Aldehyds:

$$C_{10}H_7\cdot OH + HCN + HCl = C_{10}H_6{<}\begin{matrix}OH\\ CH{=}NH,\ HCl\end{matrix};$$

[1] Bamberger u. Boekmann, Ber. **20**, 1115 (1887). — Bamberger u. Lodter, Ber. **21**, 256 (1888).

[2] Rousset, Bull. [3] **17**, 303 (1897).

[3] Brandis, Ber. **22**, 2151 (1889).

[4] Kauffmann, Ber. **15**, 804 (1882); **16**, 683 (1883). — Rousseau, Compt. rend. **94**, 133 (1882). — Fosse, Bull. [3] **25**, 371 (1901); [3] **27**, 496 (1902). — Vgl. auch Geigy & Co., D. R.-Pat. Nr. 97934.

[5] Gattermann u. Horlacher, Ber. **32**, 284 (1899).

durch Kochen mit Wasser wird das Imid zersetzt:

$$C_{10}H_6<{OH \atop CH{=}NH,\ HCl} + H_2O = C_{10}H_6<{OH \atop CHO} + NH_4Cl.$$

In derselben Weise konnte auch das α-Naphtol in einen Oxyaldehyd übergeführt werden.

2-Oxynaphtaldehyd (1), $C_{10}H_6(OH)\cdot CHO$, bildet bei 77° schmelzende Prismen. **1-Oxynaphtaldehyd** schmilzt bei 181°.

Ketone der Naphtalinreihe sind in grösserer Zahl bekannt. Man hat sie mittels der Friedel-Crafts'schen Reaction (vgl. Bd. II, Th. I, S. 488—489) aus Naphtalin, Säurechloriden und Aluminiumchlorid dargestellt[1]. Hierbei entstehen die beiden Isomeren in der Regel neben einander, z. B. mit Acetylchlorid α- und β-Naphtylmethylketon:

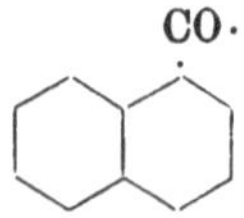

α

und

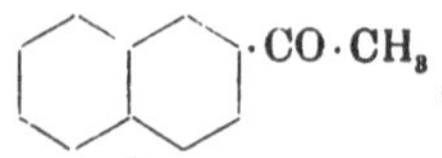

β

α-**Naphtylmethylketon,** flüssig, Siedepunkt 295—296°, spec. Gew. 1·336 (0°).

β-**Naphtylmethylketon,** Schmelzpunkt 53°, Siedepunkt 300—301°.

Unter den Oxyketonen, welche Naphtalinkerne enthalten, ist das durch Destillation der Benzallävulinsäure von Erdmann dargestellte **3-Acetonaphtol (1)** [1-Oxynaphtyl(3)-Methylketon] hervorzuheben[2]. Seine Bildungsreaction und ihre Bedeutung für die Theorie der Naphtalingruppe wurde schon besprochen (S. 314).

Die Verbindung bildet compacte Kryställchen vom Schmelzpunkt 173—174°; ihr Acetylderivat, $C_{10}H_6(O\cdot CO\cdot CH_3)\cdot CO\cdot CH_3$, krystallisirt in Nadeln vom Schmelzpunkt 108—109°.

Ein Isomeres dieses Acetonaphtols[3] wurde als Nebenprodukt bei der Sulfurirung von α-Naphtol in essigsaurer Lösung beobachtet. Es entsteht auch beim Erwärmen von α-Naphtol mit Eisessig und Chlorzink:

$$C_{10}H_7\cdot OH + CH_3\cdot COOH = C_{10}H_6<{OH \atop CO\cdot CH_3} + H_2O.$$

Diese Verbindung ist wahrscheinlich als 2-Acetonaphtol(1) anzusprechen; sie bildet blassgrüne, sechsseitige Prismen, schmilzt bei 103° und siedet bei 325°.

---

[1] Pampel u. Schmidt, Ber. **19**, 2898 (1886). — Claus u. Feist, Ber. **19**, 3180 (1886). — Roux, Ann. ch. [6] **12**, 332 (1887). — Müller u. v. Pechmann, Ber. **22**, 2561 (1889). — Schweitzer, Ber. **24**, 546 (1891). — Perrier, Bull. [3] **15**, 322 (1896). — Rousset, Bull. [3] **15**, 58 (1896); [3] **17**, 313 (1897). — Vgl. auch Leroy, Bull. [3] **7**, 645 (1892).

[2] Erdmann, Ber. **21**, 635 (1888). Ann. **254**, 182 (1889). — Erdmann u. Henke, Ann. **275**, 291 (1893).

[3] Witt, Ber. **21**, 321 (1888). — Hartmann u. Gattermann, Ber. **25**, 3534 (1892). — Friedländer, Ber. **28**, 1946 (1895). — Vgl. auch: Gattermann, Ehrhardt u. Maisch, Ber. **23**, 1208 (1890). — Goldzweig u. Kaiser, J. pr. [2] **43**, 95 (1891).

Säuren der Naphtalinreihe.

Die beiden isomeren Monocarbonsäuren des Naphtalins, welche als α- bezw. β-**Naphtoësäure** bezeichnet werden,

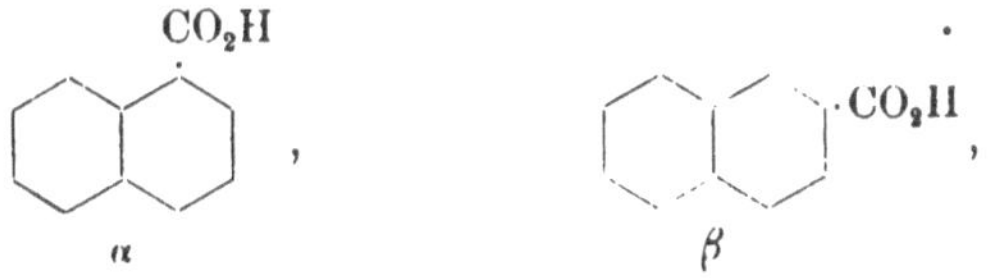

wurden von MERZ[1] aus den Naphtonitrilen oder Naphtylcyaniden, $C_{10}H_7 \cdot C \equiv N$, dargestellt. Diese Nitrile erhält man bei der Destillation des α- bezw. β-naphtalinsulfosauren Kaliums mit Cyankalium (vgl. Bd. II, Th. I, S. 532):

$$C_{10}H_7 \cdot SO_3K + KCN = C_{10}H_7 \cdot C \equiv N + K_2SO_3 .$$

Die Verseifung der Nitrile[2] kann durch Erhitzen mit Säuren oder mit Alkalien vorgenommen werden. Im letzteren Falle entstehen je nach der Dauer des Erhitzens entweder direct die Säuren oder als intermediäre Produkte die Säureamide, welche auch durch Behandeln der Nitrile mit rauchender Schwefelsäure hergestellt werden können.

Auch die übrigen zur Darstellung der Carbonsäuren der Benzolreihe benutzten Verfahren haben zur Herstellung der Naphtoësäuren Verwendung gefunden; doch ist dem Weg von den Sulfosäuren über die Nitrile, bei welchem das Cyankalium auch durch Ferrocyankalium ersetzt werden kann[3], für die präparative Darstellung der Säuren der Vorzug zu geben.

Von sonstigen Darstellungsweisen der Naphtoësäuren seien zunächst einige weitere Methoden zur Gewinnung der als Vorprodukte für die Säuren dienenden Nitrile angegeben. Das α-Naphtonitril ist durch Ueberleiten dampfförmigen α-Bromnaphtalins über erhitztes gelbes Blutlaugensalz[4], ferner die α- und die β-Verbindung durch Destillation des Tri-α- oder β-naphtylphosphats mit Ferrocyankalium[5] (vgl. Bd. II, Th. I, S. 365) erhalten worden.

---

[1] MERZ, Ztschr. Chem. **4**, 33, 396 Anm. (1868). — MERZ u. MÜHLHÄUSER, Ztschr. Chem. **5**, 70 (1869). — Vgl. auch: WELKOV, Ber. **2**, 407 (1869). — KÜCHENMEISTER, Ber. **3**, 739 (1870). — VIETH, Ber. **8**, 1278 (1875). Ann. **180**, 305 (1876). — EKSTRAND, J. pr. [2] **38**, 139 (1888).

[2] MERZ u. MÜHLHÄUSER, Ztschr. Chem. **6**, 396 (1870). Ber. **3**, 709 (1870). — GRÄFF, Ber. **14**, 1061 (1881). — BOESSNECK, Ber. **16**, 639 (1883). — LEONE, Gazz. chim. **14**, 120 (1884). — ARMSTRONG, Chem. Centralbl. **1889 II**, 416. — BESEMFELDER, Ann. **266**, 187 (1891). — RABE, Ber. **31**, 1898 (1898). — Vgl. auch DEINERT, J. pr. [2] **52**, 432 (1895).

[3] WITT, Ber. **6**, 448 (1873).

[4] MERZ u. SCHELNBERGER, Ber. **8**, 918 (1875). — MERZ u. WEITH, Ber. **10**, 748 (1877).

[5] HEIM, Ber. **16**, 1771 (1883).

Von den Naphtylaminen aus kann man gleichfalls zu den Naphtonitrilen gelangen; so stellte A. W. HOFMANN[1] zuerst das α-Naphtonitril dar, indem er das bei der Destillation des primären oxalsauren α-Naphtylamins entstehende Formyl-α-naphtalid mit concentrirter Salzsäure behandelte (vgl. Bd. II, Th. I, S. 533). Statt mittels dieser Salzsäurebehandlung kann man die Formylverbindung auch durch Kochen mit Zinkstaub in einer Wasserstoffatmosphäre[2] in das Nitril überführen. In beiden Fällen muss man die intermediäre Bildung des α-Naphtoisonitrils[3] voraussetzen:

$$1.\quad C_{10}H_7\cdot NH\cdot CHO = C_{10}H_7\cdot NC + H_2O;$$
$$2.\quad C_{10}H_7\cdot NC = C_{10}H_7\cdot CN.$$

Dieselbe Umlagerung ist ferner bei der Ueberführung des Di-α-naphtylthioharnstoffs mit Kupferpulver in das α-Naphtonitril[4] anzunehmen:

$$CS(NH\cdot C_{10}H_7)_2 + 2Cu = C_{10}H_7\cdot CN + C_{10}H_7\cdot NH_2 + Cu_2S.$$

Auch mittels der SANDMEYER'schen Reaction (Bd. II, Th. I, S. 293, 533), also durch Behandeln der aus den Naphtylaminen erhaltenen Diazoverbindungen mit Kaliumkupfercyanür[5], sind die Naphtonitrile — und zwar in nicht unbeträchtlicher Ausbeute — dargestellt worden.

Um von den Naphtalinsulfosäuren aus direct zu den Naphtoësäuren zu gelangen, schmilzt man die Kaliumsalze der Sulfosäuren mit ameisensaurem Natrium[6] (vgl. Bd. II, Th. I, S. 532).

Die WURTZ'sche Methode (vgl. Bd. II, Th. I, S. 532) führt vom α-Bromnaphtalin zum α-Naphtoësäureester bezw. zur freien Säure[7]:

$$C_{10}H_7\cdot Br + Cl\cdot CO\cdot OC_2H_5 + 2Na = C_{10}H_7\cdot CO\cdot OC_2H_5 + NaCl + NaBr.$$

Die β-Naphtoësäure ist ferner auch aus β-Methylnaphtalin[8], $C_{10}H_7\cdot CH_3$ (S. 323) durch Oxydation mit Salpetersäure und aus β-Naphtylmethylchlorid[9], $C_{10}H_7\cdot CH_2Cl$, (vgl. S. 422) mit Kaliumpermanganat erhalten worden.

Aus dem Naphtalin selbst entsteht nach der Methode von GATTERMANN (Bd. II, Th. I, S. 531) mittels Carbaminsäurechlorid und Aluminiumchlorid α-Naphtoësäureamid[10]:

$$C_{10}H_8 + Cl\cdot CO\cdot NH_2 = C_{10}H_7\cdot CO\cdot NH_2 + HCl.$$

Eine interessante Synthese[11] der α-Naphtoësäure nimmt ihren Ausgang vom Zimmtaldehyd (Bd. II, Th. I, S. 487), welcher bei der Condensation mit Hippursäure (Bd. II, Th. I, S. 555) ein Produkt liefert, das beim Erhitzen mit Salzsäure in

---

[1] Ber. **1**, 38 (1868).
[2] GASIOROWSKI u. MERZ, Ber. **18**, 1007 (1885).
[3] Vgl. LIEBERMANN, Ber. **16**, 1640 Anm. (1883).
[4] WEITH, Ber. **6**, 967 (1873).
[5] BAMBERGER u. PHILIP, Ber. **20**, 241 (1887). — BAMBERGER u. BOEKMANN, Ber. **20**, 1116 (1887). — RICHTER, Ber. **22**, 2449 (1889).
[6] V. MEYER, Ber. **3**, 364 (1870). Ann. **156**, 274 (1870).
[7] EGHIS, Ann. **154**, 250 (1870).
[8] CIAMICIAN, Ber. **11**, 272, (1878).
[9] SCHULZE, Ber. **17**, 1530 (1884).
[10] GATTERMANN u. SCHMIDT, Ber. **20**, 860 (1887). Ann. **244**, 56 (1888). Vgl. auch: GATTERMANN u. HARRIS, Ann. **244**, 57 (1888). — GATTERMANN u. ROSSOLYMO, Ber. **23**, 1197 (1890). — LEUCKART, J. pr. [2] **41**, 310 (1890).
[11] ERLENMEYER jun. u. KUNLIN, Ber. **35**, 384 (1902).

Ammoniak, Benzoësäure und α-Naphtoësäure (bezw. Naphtalin und Kohlendioxyd) zerfällt:

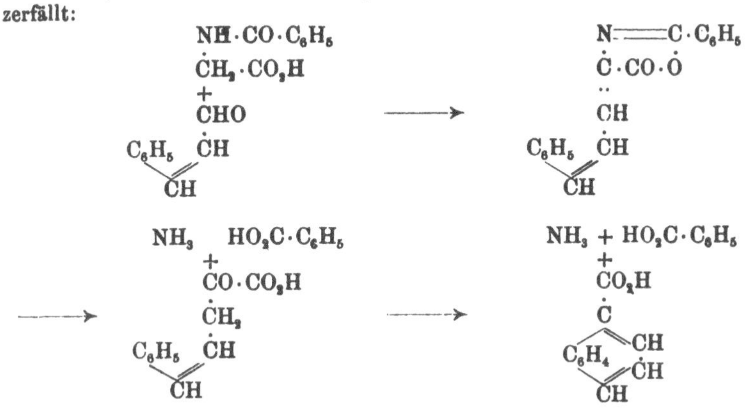

α-Naphtoësäure[1], $C_{10}H_7 \cdot CO_2H$, krystallisirt in Nadeln vom Schmelzpunkt 160° und löst sich sehr schwer in heissem Wasser, leicht in heissem Alkohol. Beim Glühen mit Kalk spaltet die Säure Naphtalin ab. Das Calciumsalz, $(C_{10}H_7 \cdot CO_2)_2Ca + 2H_2O$, krystallisirt in Nadeln, ebenso das Baryumsalz, $(C_{10}H_7 \cdot CO_2)_2Ba + 4H_2O$.

α-Naphtonitril[2], $C_{10}H_7 \cdot CN$, krystallisirt in atlasglänzenden breiten Nadeln vom Schmelzpunkt 34° und siedet bei 299° (corrigirt). α-Naphtoësäureamid[3], $C_{10}H_7 \cdot CO \cdot NH_2$, bildet feine Nadeln oder atlasglänzende grosse Tafeln vom Schmelzpunkt 202°. Das Anhydrid, $(C_{10}H_7 \cdot CO)_2O$, krystallisirt in kleinen, bei 145° schmelzenden prismatischen Krystallen. Das Chlorid, $C_{10}H_7 \cdot CO \cdot Cl$, ist eine bei 297·5° siedende Flüssigkeit; der Aethylester[4], $C_{10}H_7 \cdot CO \cdot OC_2H_5$, ist gleichfalls flüssig und siedet bei 309° (corrigirt).

β-Naphtoësäure[5] bildet breite seidenglänzende Nadeln oder monokline Tafeln vom Schmelzpunkt 182°. Sie destillirt oberhalb 300°, löst sich wenig in heissem Wasser und Ligroïn, leicht in Alkohol und Aether. Das Natrium- und das Kalium-Salz krystallisiren mit $^1/_2$ Mol. Wasser. Das Calciumsalz, $(C_{10}H_7 \cdot CO_2)_2Ca + 3H_2O$, und das Baryumsalz, $(C_{10}H_7CO_2)_2Ba + 4H_2O$, krystallisiren in Nadeln, welche in kaltem Wasser schwer löslich sind.

Das Nitril[6] bildet Blättchen vom Schmelzpunkt 66·5°; es siedet bei 306·5° (corrigirt). Das Amid krystallisirt in Täfelchen vom Schmelzpunkt 192°, das Anhydrid[7] in Nadeln vom Schmelzpunkt 133—134°. Das Chlorid schmilzt bei 43°

[1] Literatur s. vorstehend.
[2] Vgl. auch: PERKIN, Journ. Soc. **69**, 1206 (1896). — ROUSSET, Bull. [3] **17**, 302 (1897).
[3] Vgl. auch: v. RAKOWSKI, Ber. **5**, 318 (1872).
[4] Vgl. auch: FISCHER u. SPEIER, Ber. **28**, 3254 (1895). — PERKIN, Journ. Soc. **69**, 1231 (1896).
[5] Literatur s. vorstehend.
[6] Vgl. auch PERKIN, Journ. Soc. **69**, 1206 (1896).
[7] HAUSAMANN, Ber. **9**, 1515 (1876).

und siedet bei 304—306°; der Aethylester[1] erstarrt in der Kälte und siedet bei 308—309°.

Die beiden Naphtoësäuren haben für die Technik keine Bedeutung erlangt, da sie für eine industrielle Verwerthung zu schwer erhältlich sind. Auch in wissenschaftlicher Beziehung haben sie bei Weitem nicht eine so intensive Bearbeitung gefunden, wie ihr Analogon aus der Benzolreihe — die viel leichter zugängliche Benzoësäure.

Beim Nitriren[2] der α-Naphtoësäure entstehen zwei isomere Nitronaphtoësäuren, welche beide heteronuclear sind und die Nitrogruppen in α-Stellung enthalten; sie haben demgemäss die Formeln:

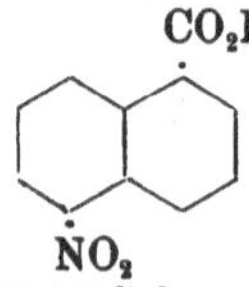

und

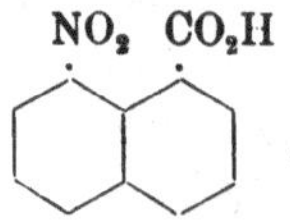

(1.5) Schmp. 215° (1.8) Schmp. 241—242°

Während die 1.5-Nitronaphtoësäure bei der Reduction mit Ferrosulfat in normaler Weise die 1.5-Amidonaphtoësäure liefert, entsteht aus der Perinitronaphtoësäure (1.8) bei der gleichen Behandlung das innere Anhydrid der Periamidonaphtoësäure, das sogenannte **Naphtostyril** (vgl. S. 312):

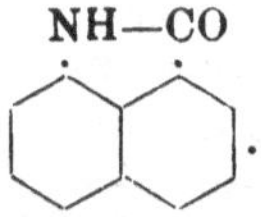

Das **Naphtostyril**[3] bildet grünliche Nadeln vom Schmelzpunkt 180—181°. Beim Kochen mit Natronlauge geht es in das Salz der **1.8-Amidonaphtoësäure** über, welche beim Kochen mit Wasser oder Alkohol das Naphtostyril regenerirt.

Mittels der SANDMEYER'schen Reaction lässt sich die Periamidosäure in die 8-Cyannaphtoësäure (1) (Formel I) überführen[4], deren Verseifung die **1.8-Naphtalindicarbonsäure**, die sogenannte **Naphtalsäure** (Formel II), entstehen lässt:

I 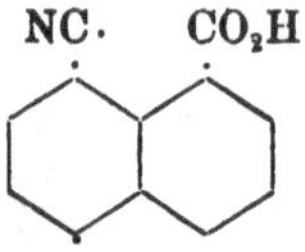 , II 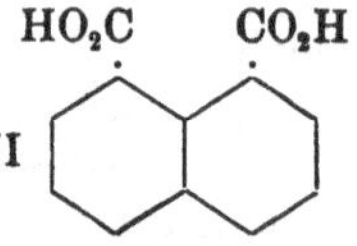 ,

in Folge der eigenartigen Gruppirung ihrer beiden Carboxyle die theoretisch interessanteste unter den Carbonsäuren der Naphtalingruppe.

---

[1] Vgl. auch: PERKIN, Journ. Soc. **69**, 1231 (1896).

[2] EKSTRAND, Ber. **17**, 1600 (1884); **18**, 73, **1204**, 2881 (1885); **19**, 1131, 1982 (1886); **20**, 219 (1887). J. pr. [2] **38**, 139, **241** (1888); [2] **42**, 273 (1890); [2] **43**, 409 (1891). — GRÄFF, Ber. **14**, 1061 (1881); **15**, 1125 (1882); **16**, 2246 (1883); **17**, 1843 (1884).

[3] Vgl. auch SCHRÖTER u. RÖSSLER, Ber. **35**, 4218 (1902).

[4] BAMBERGER u. PHILIP, Ber. **20**, 242 (1887).

Sie ist zuerst durch Oxydation des Acenaphtens erhalten worden[1], und die Erkennung ihrer Constitution durch die oben wiedergegebene synthetische Darstellungsweise war von entscheidender Bedeutung für die Feststellung der Constitution des Acenaphtens (vgl. Kap. 60). Die Oxydation des Acenaphtens mit Natriumbichromat liefert ausser der Naphtalsäure noch ein zweites Oxydationsprodukt, das Acenaphtenchinon:

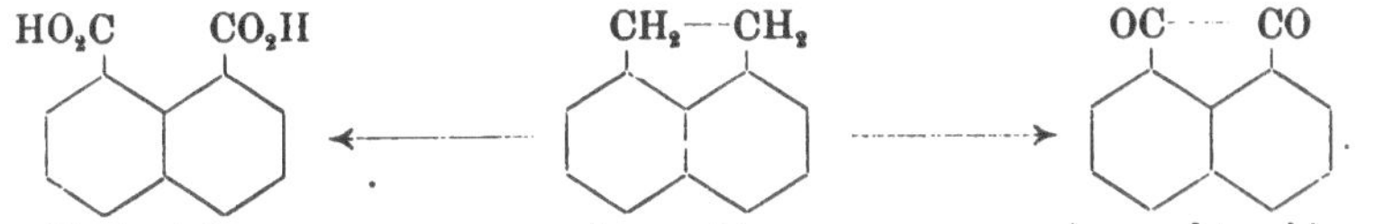

Naphtalsäure Acenaphten Acenaphtenchinon

Concentrirte Kalilauge führt das Acenaphtenchinon in Perinaphtaldehydcarbonsäure über:

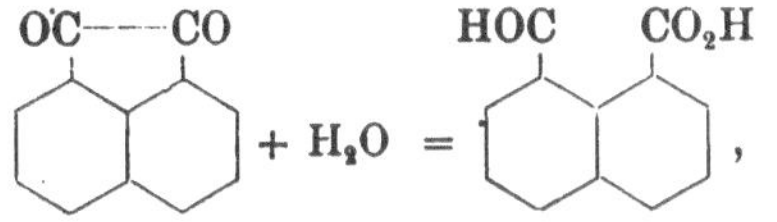

welche bei weiterer Oxydation Naphtalsäure liefert.

Die Naphtalsäure krystallisirt in langen, feinen, seideglänzenden Nadeln. Bei 140—150° geht sie ohne zu schmelzen unter Wasserabgabe in ihr inneres Anhydrid[2], $C_{10}H_6\langle\begin{smallmatrix}CO\\CO\end{smallmatrix}\rangle O$, über, welches in Nadeln krystallisirt und bei 274° schmilzt. Kocht man das Anhydrid mit concentrirtem Ammoniak, so entsteht Naphtalsäureimid, $C_{10}H_6\langle\begin{smallmatrix}CO\\CO\end{smallmatrix}\rangle NH$, vom Schmelzpunkt 300°. Das Anhydrid der Naphtalsäure liefert beim Erhitzen mit Resorcin einen fluoresceïnartigen Körper[3] (vgl. Bd. II, Th. I, S. 414; Bd. II, Th II, S. 158). Allen diesen Reactionen nach schliesst sich die Naphtalsäure den Orthodicarbonsäuren (vgl. S. 312), und zwar hauptsächlich der Phtalsäure an, worauf auch der Name „Naphtalsäure" hindeuten soll; über die Produkte der weiteren Oxydation der Naphtalsäure vgl. Bd. II, Th. I, S. 590.

Ausser der Naphtalsäure sind noch einige andere Dicarbonsäuren des Naphtalins bekannt[4]. Diese sind grösstentheils analog den Naphtoësäuren aus Naphtalin-

[1] Behr u. van Dorp, Ber. **6**, 60 (1873). Ann. **172**, 263 (1874). — Gräbe, Ber. **20**, 659 (1887). — Anselm, vgl. Gräbe u. Gfeller, Ber. **25**, 652 (1892). Ann. **276**, 1 (1893). — Gräbe u. Bossel, Ber. **26**, 1797 (1893). — Jaubert, Gazz. chim. **25 I**, 245 (1895). — Vgl. auch: Gräbe, Ann. **327**, 77 (1903).

[2] Vgl auch: Oddo u. Manuelli, Gazz. chim. **26 II**, 483 (1896). — Francesconi u. Recchi, Gazz. chim. **32 I**, 45 (1902). — Francesconi u. Bargellini, Gazz. chim. **32 II**, 73 (1902). — Hewitt, Chem. Centralbl. **1903 I**, 719.

[3] Terrisse, Ann. **227**, 135 (1885).

[4] Darmstädter u. Wichelhaus, Ber. **2**, 356 (1869). Ann. **152**, 307 (1869). — Baltzer u. Merz, Ztschr. Chem. **5**, 614 (1869). — Ebert u. Merz, Ber. **9**, 604 (1876). — Cleve, Ber. **25**, 2475 (1892). — Moro, Gazz. chim. **26 I**, 89 (1896).

disulfosäuren oder Bromnaphtalinsulfosäuren durch Destillation mit Cyankalium und Verseifung der entstandenen Dicyanide erhalten worden, z. B.:

$$C_{10}H_6<^{Br}_{SO_3K} + 2KCN = C_{10}H_6<^{CN}_{CN} + K_2SO_3 + KBr.$$

Die **1.4.8-Naphtalintricarbonsäure** konnte analog der Naphtalsäure gewonnen werden, und zwar durch Oxydation des 4-Acetylacenaphtens mit Kaliumpermanganat[1]:

Sie bildet gleich der Naphtalsäure leicht ein inneres Anhydrid (Schmelzpunkt 243°).

Wie bei der Oxydation des Acenaphtens die Naphtalsäure so entsteht durch Oxydation des Kohlenwasserstoffs Pyren eine **Napthalintetracarbonsäure**[2]:

Pyren 1.4.5.8-Naphtalintetracarbonsäure

Die Stellung zweier Carboxylgruppen in dieser Säure in den Positionen 1 und 8 ergiebt sich daraus, dass es auch gelingt, das Pyren über einige Zwischenprodukte in Naphtalsäure überzuführen. Dass auch die beiden andern Carboxylgruppen in Peristellung zu einander stehen, ist mit grosser Wahrscheinlichkeit daraus zu schliessen, dass die Tetracarbonsäure beim Erhitzen auf 140—150° ein Dianhydrid (Formel I) liefert, aus welchem mit Ammoniak ein Diimid (Formel II) erhalten werden kann:

I 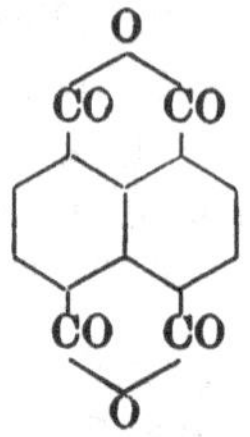

II 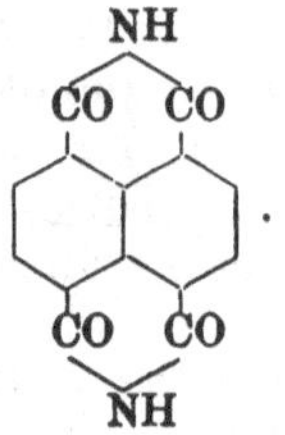

Mit Kalk destillirt spaltet die Tetracarbonsäure sämmtliche 4 Carboxylgruppen ab und bildet Naphtalin. Die Erkenntniss der Constitution der Naphtalintetracarbonsäure hat zu der obigen Formel für das Pyren geführt (vgl. dieses).

[1] Gräbe u. Haas, Ann. **327**, 95 (1903).

[2] Bamberger u. Philip, Ber. **19**, 1998, 3036 (1886); **20**, 365 (1887). Ann. **240**, 147 (1887).

Oxynaphtalincarbonsäuren oder Naphtolcarbonsäuren, $HO\cdot C_{10}H_6\cdot CO_2H$, sind in grösserer Zahl bekannt und finden eine wenngleich beschränkte Verwendung zur Darstellung von Azofarbstoffen sowie von Farbstoffen der Triphenylmethangruppe (z. B. Chromblau). Einige derselben sind aus den Naphtoësäuren[1] durch Einführung einer Sulfogruppe und darauffolgenden Austausch der letzteren gegen Hydroxyl mittels der Alkalischmelze dargestellt worden:

$$C_{10}H_7-CO_2H \longrightarrow C_{10}H_6\langle{}^{SO_3H}_{CO_2H} \longrightarrow C_{10}H_6\langle{}^{OH}_{CO_2H}\,.$$

Eine andere Methode zur Gewinnung dieser Verbindungen besteht in der Einführung einer Carboxylgruppe in die Naphtole mittels Kohlensäure, ist also analog der Darstellung von Salicylsäure aus Phenol nach der Methode von KOLBE (vgl. Bd. II, Th. I, S. 623)[2]:

$$C_{10}H_7-OH + CO_2 = C_{10}H_6\langle{}^{OH}_{CO_2H}\,.$$

Man verfährt dabei in der Technik so, dass man α- oder β-Naphtolnatrium in absolut trocknem Zustande mit flüssiger Kohlensäure auf 130° erhitzt.

Ebenso wie beim Phenol tritt auch bei Verwendung der Naphtole die Carboxylgruppe in die Orthostellung zum Hydroxyl; aus α-Naphtol entsteht also die **1-Oxynaphtalincarbonsäure(2)**:

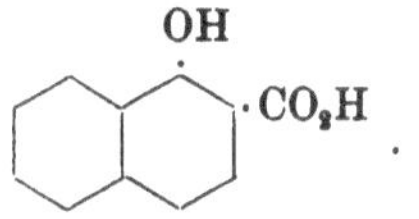

Die Säure krystallisirt in sternförmig gruppirten Nadeln vom Schmelzpunkt 185—186°. Die Lösung des Kaliumsalzes wird durch Eisenchlorid blau gefärbt. Successiver Ersatz des Hydroxyls durch Chlor und Wasserstoff führt die Säure in β-Naphtoësäure über, woraus die obige Constitution sich ergiebt, wenn man von der unwahrscheinlichen Annahme absieht, dass die Carboxylgruppe in Metastellung zum Hydroxyl getreten sei. Die Azoverbindungen, welche sich von der α-Naphtolcarbonsäure ableiten, haben die allgemeine Formel:

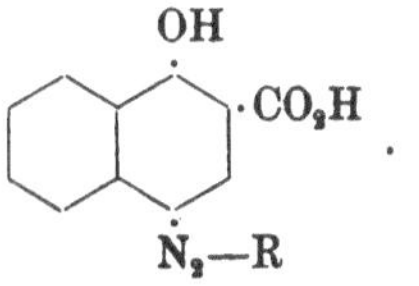

Lässt man Kohlensäure unter den oben genannten Reactions-

[1] BATTERSHALL, Ann. **168**, 121, 125 (1873). — STUMPF, Ann. **188**, 1 (1877). — Vgl. auch ERDMANN, Ann. **254**, 202 (1889).

[2] ELLER, Ann. **152**, 277 (1869). — SCHÄFFER, Ann. **152**, 291 (1869). — NIETZKI u. GUITERMANN, Ber. **20**, 1274 (1887). — SCHMITT u. BURKARD, Ber. **20**, 2699 (1887). — WOLFFENSTEIN, Ber. **20**, 1966 (1887); **21**, 1190 (1888). — RABE, Ber. **22**, 392 (1889). — SCHMITT, D. R.-Pat. Nr. 31240. — VON HEYDEN, D. R.-Pat. Nr. 38052.

bedingungen auf β-Naphtolnatrium einwirken, so entsteht die **2-Oxynaphtalincarbonsäure (1)**:

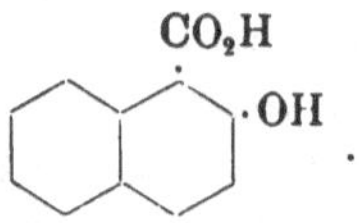

Die gleiche Säure wird auch beim Schmelzen von β-Naphtolaldehyd (S. 423, 424) mit Kali erhalten[1]. Sie bildet feine Nadeln und schmilzt, rasch erhitzt, bei 156—157°; erhitzt man langsamer, so beginnt schon bei 124—128° die Spaltung in β-Naphtol und Kohlensäure. In dieser Säure ist die Stelle, an welcher beim Kuppeln des β-Naphtols mit Diazoverbindungen der Eintritt der Diazogruppe stattfindet (vgl. S. 408), besetzt. Dennoch reagirt die β-Naphtolcarbonsäure mit Diazoverbindungen; es findet jedoch dabei eine Eliminirung der Carboxylgruppe statt (vgl. Bd. II, Th. I, S. 398 das analoge Verhalten der p-Oxybenzoësäure), und die entstandenen Azokörper sind identisch mit den aus dem β-Naphtol selbst erhaltenen, z. B.:

$$C_{10}H_6\begin{cases}CO_2H \\ OH\end{cases} + C_6H_5\cdot N_2\cdot OH = C_{10}H_6\begin{cases}N{=}N-C_6H_5 \\ OH\end{cases} + H_2O + CO_2 .$$

E i n e v o n d e r s o e b e n b e s c h r i e b e n e n β-N a p h t o l-α-c a r b o n s ä u r e v e r s c h i e d e n e V e r b i n d u n g entsteht, wenn man über β-Naphtolnatrium bei 280—290° Kohlendioxyd leitet oder wenn man es bei 200—250° unter Druck mit Kohlensäure behandelt[2]. Diese Säure ist durch ihre Reactionen als O r t h o o x y s ä u r e charakterisirt; ihre Verschiedenheit von der β-Naphtol-α-carbonsäure ergiebt also die Formel einer **2-Oxynaphtalincarbonsäure (3)**:

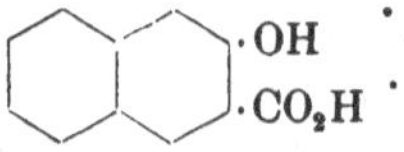

Mit dieser Formel steht auch in Einklang die Fähigkeit der Säure, mit Diazoverbindungen sich zu A z o f a r b s t o f f e n zu kuppeln, in w e l c h e n die C a r b o x y l g r u p p e n o c h e n t h a l t e n i s t, z. B.:

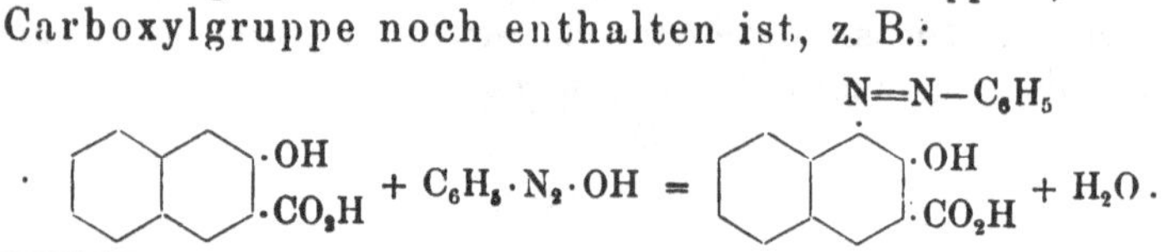

---

[1] KAUFFMANN, Ber. **15**, 806 (1882); **16**, 683 (1883). — Vgl. auch: BODROUX, Compt. rend. **136**, 617 (1903).

[2] SCHMITT u. BURKARD, Ber. **20**, 2702 (1887). — VON HEYDEN, D. R.-Pat. Nr. 50341. — v. KOSTANECKI, Ber. **25**, 1642 (1892); **26**, 2897 (1893). — SCHÖPFF, Ber. **25**, 2740 (1892); **26**, 1121, 2589 (1893); **29**, 265 (1896). — ROSENBERG, Ber. **25**, 3634 (1892). — HOSAEUS, Ber. **26**, 665 (1893). — SCHMID, Ber. **26**, 1114 (1893). — HIRSCH, Ber. **26**, 1176 (1893). — MÖHLAU, Ber. **26**, 3065 (1893); **28**, 3089, 3096, 3100 (1895). — ROBERTSON, J. pr. [2] **48**, 534 (1893). — GRADENWITZ, Ber. **27**, 2621 (1894). — V. MEYER, Ber. **28**, 189 (1895). — ARMSTRONG, Chem. Centralbl. **1896 I**, 926, 927. — STROHBACH, Ber. **34**, 4142, 4146, 4158 (1901).

Endlich lässt sich die Säure durch Erhitzen mit Ammoniak in die entsprechende Naphtylamincarbonsäure überführen, welche nach Elimination der Amidogruppe mittels der Diazoreaction β-Naphtoësäure liefert, woraus sich die β-Stellung der Carboxylgruppe ergiebt. In ihrer Bildung liegt also eine Ausnahme von der allgemeinen Regel vor, dass der Eintritt eines Substituenten in das Molecül des β-Naphtols stets in der zur Hydroxylgruppe benachbarten α-Stellung stattfindet (vgl. S. 303, 401, 408).

Die β-Naphtol-β-carbonsäure bildet glänzende rhombische gelbe Blättchen vom Schmelzpunkt 216°. Eisenchlorid färbt ihre wässerige Lösung blau. Sie ist viel beständiger als die isomere Säure aus β-Naphtol. Die gelbe Farbe der Säure findet sich in denjenigen Derivaten wieder, in denen der Carboxylwasserstoff substituirt ist, sie verschwindet dagegen, wenn Substitution des Hydroxylwasserstoffs erfolgt, wie beim Dinatriumsalz oder bei der Acetylverbindung:

$$C_{10}H_6{<}^{ONa}_{CO_2Na} \qquad C_{10}H_6{<}^{O\cdot CO\cdot CH_3}_{CO_2H}.$$

Dieser Umstand hat dazu Veranlassung gegeben, der Säure und ihren gelbgefärbten Derivaten eine ketonartige Constitution beizulegen (Formel I), die farblosen Derivate aber von der wahren Oxysäure abzuleiten (Formel II):

I 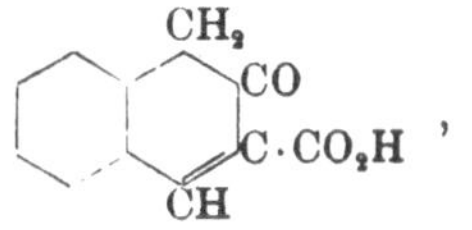 , II 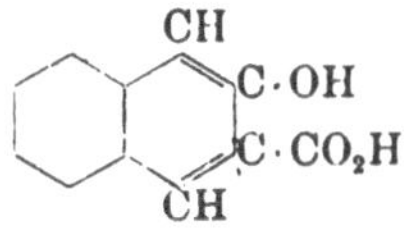 .

2-Ketodihydronaphtalincarbonsäure(3) 2-Oxynaphtalincarbonsäure(3)

(Betreffs der Reduction der Säure vgl. S. 318.)

Erwähnt sei ferner die Synthese einer Dioxynaphtalincarbonsäure[1]. Lässt man auf den aus dem Chlorid der Phenylessigsäure und Natriummalonsäureester dargestellten Phenacetylmalonsäureester:

$$C_6H_5{-}CH_2{-}CO\cdot Cl + NaCH(CO_2\cdot C_2H_5)_2$$
$$= NaCl + C_6H_5{-}CH_2{-}CO{-}CH(CO_2\cdot C_2H_5)_2$$

concentrirte Schwefelsäure einwirken, so entsteht der Aethylester der **1.3-Dioxynaphtalincarbonsäure(2)** (Naphtoresorcincarbonsäure):

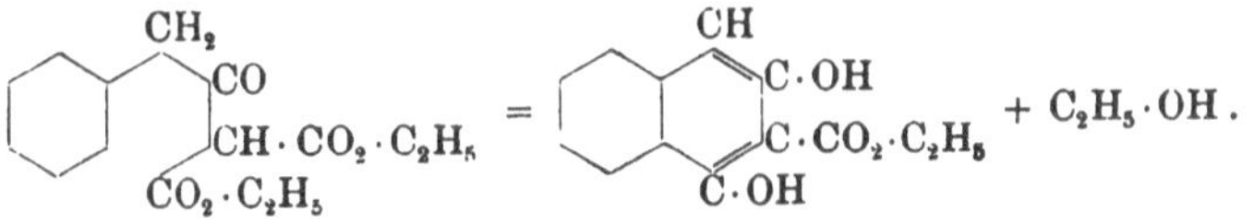

Durch synthetische Processe, welche den in der Benzolreihe erprobten Reactionen nachgebildet sind, ist man zu Säuren der Naphtalinreihe gelangt, deren

[1] METZNER, Ann. **298**, 374 (1897).

Carboxylgruppe nicht direct am Naphtalinkern haftet, sondern durch Zwischenglieder davon getrennt ist. Einige Beispiele mögen zur Erläuterung dienen.

Lässt man auf das Chlorid der α-Naphtoësäure Cyanquecksilber einwirken[1], so bildet sich das α-Naphtoylcyanid, $C_{10}H_7 \cdot CO \cdot CN$ (vgl. Bd. II, Th. I, S. 720). Beim Lösen dieses Cyanids in mit Salzsäuregas gesättigtem Eisessig geht es in das zugehörige Amid, $C_{10}H_7 \cdot CO \cdot CO \cdot NH_2$, über, welches beim Behandeln mit alkoholischer Kalilauge **α-Naphtoylameisensäure** oder **α-Naphtylglyoxylsäure**, $C_{10}H_7 \cdot CO \cdot CO_2H$, liefert. Man kann die α-Naphtylglyoxylsäure auch durch Oxydation des α-Naphtylmethylketons (S. 424) mit Permanganat erhalten[2] (vgl. auch Bd. II, Th. I, S. 720). Ferner entsteht ihr Aethylester, wenn Aethyloxalsäurechlorid, $C_2H_5 \cdot O \cdot CO \cdot CO \cdot Cl$, bei Gegenwart von Aluminiumchlorid auf Naphtalin einwirkt[3]. Die Säure krystallisirt in feinen Nadeln vom Schmelzpunkt 107—108°. — Durch Natriumamalgam wird sie in die **α-Naphtylglykolsäure**, $C_{10}H_7 \cdot CH(OH) \cdot CO_2H$ (Schmelzpunkt 91—93°), die Mandelsäure der Naphtalinreihe übergeführt, welche auch durch Verseifen des Additionsproduktes von Blausäure an α-Naphtaldehyd erhalten werden kann[4] (vgl. Bd. II, Th. I, S. 688). — Durch Reduction mit Jodwasserstoffsäure und Phosphor entsteht aus der α-Naphtylglyoxylsäure die **α-Naphtylessigsäure**, $C_{10}H_7 \cdot CH_2 \cdot CO_2H$, vom Schmelzpunkt 131°, welche beim Glühen mit Kalk in Kohlensäure und α-Methylnaphtalin (S. 323) zerfällt.

Auch in der β-Reihe sind die den obigen entsprechenden Säuren dargestellt worden[5].

Werden die Naphtaldehyde (S. 423) mit Essigsäureanhydrid und Natriumacetat nach der „PERKIN'schen Reaction" (vgl. Bd. II, Th. I, S. 606) erhitzt[6], so entstehen die Zimmtsäuren der Naphtalinreihe, die **Naphtylacrylsäuren**, $C_{10}H_7—CH=CH—CO_2H$; die α-Säure schmilzt bei 205°, die β-Säure bei 196°.

Fünfundfünfzigstes Kapitel.

Die Hydrirungsprodukte des Naphtalins und seiner Derivate.

Die Hydrirungsprodukte des Naphtalins.

Je nach der Natur des Reductionsmittels, welches man auf Naphtalin zur Einwirkung bringt, lassen sich verschiedene Hydrirungsstufen desselben darstellen, indem ein bis sechs Paare von Wasserstoffatomen an das

---

[1] BOESSNECK, Ber. **15**, 3064 (1882); **16**, 639, 1547 (1883).

[2] CLAUS u. FEIST, Ber. **19**, 3181 (1886).

[3] ROUSSET, Bull. [3] **17**, 300 (1897).

[4] BRANDIS, Ber. **22**, 2148 (1889). — Vgl. auch SCHWEITZER, Ber. **24**, 549 (1891).

[5] CLAUS u. TERSTEEGEN, J. pr. [2] **42**, 518 (1890). — SCHWEITZER, Ber. **24**, 547 (1891). — ROUSSET, Bull. [3] **17**, 304 (1897). — BLANK, Ber. **29**, 2373 (1896).

[6] BRANDIS, Ber. **22**, 2154 (1889). — LUGLI, Gazz. chim. **11**, 393 (1881). — ROUSSET, Bull. [3] **17**, 813, 815 (1897). — Vgl. auch LEROY, Bull. [3] **7**, 645 (1892).

Naphtalinmolecül heranzutreten vermögen. Man erhält folgende Verbindungen:

$C_{10}H_{10}$, Dihydronaphtalin,
$C_{10}H_{12}$, Tetrahydronaphtalin,
$C_{10}H_{14}$, Hexahydronaphtalin,
$C_{10}H_{16}$, Oktohydronaphtalin,
$C_{10}H_{18}$, Dekahydronaphtalin,
$C_{10}H_{20}$, Dodekahydronaphtalin.

Die letztgenannte Verbindung kann ihrer Zusammensetzung nach nicht mehr den Doppelring des Naphtalins enthalten, sie muss vielmehr ein Aufspaltungsprodukt (Hexahydrocymol?) darstellen.

Die wichtigste der genannten Verbindungen ist das **Dihydronaphtalin**[1], eine Flüssigkeit, welche in der Kältemischung zu grossen, glasglänzenden Tafeln erstarrt, die bei 15·5° schmelzen; ihr Siedepunkt liegt bei 211—212°. Dieser Körper wurde von Berthelot im Steinkohlentheer aufgefunden. Aus dem Tetrahydronaphtalin entsteht er durch Behandlung mit Brom in Schwefelkohlenstofflösung und Destillation des Bromderivats bezw. Erwärmen desselben mit alkoholischem Kali. Die zweckmässigste Darstellung des Dihydroprodukts besteht in der Reduction des Naphtalins in siedender äthylalkoholischer Lösung mit Natrium. Der niedrige Siedepunkt des Aethylalkohols verhindert hierbei eine weitere Wasserstoffaufnahme, so dass man das Produkt frei von höheren Hydrirungsstufen erhält.

Das Dihydronaphtalin ist sowohl seiner Constitution als seinen Reactionen nach das interessanteste und am eingehendsten studirte Hydrirungsprodukt des Naphtalins. Wenn man dem Naphtalin die Erlenmeyer'sche Formel beilegt, so könnte man — von der Annahme ausgehend, dass durch die Anlagerung eines Paars von Wasserstoffatomen eine Doppelbindung gesprengt wird — die folgende Formel für den Hydrokörper als wahrscheinlich halten:

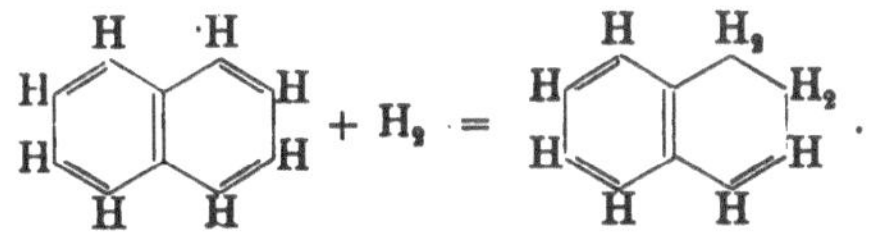

Die Oxydation des Dihydronaphtalins hat aber gezeigt, dass diese Annahme unrichtig ist, denn es entsteht hierbei o-Phenylendiessigsäure (vgl. Bd. II, Th. I, S. 602), woraus sich ergiebt, dass die Doppelbindung

[1] Berthelot, Ann. Suppl. **5**, 370 (1867). Bull. [2] **9**, 287 (1868). — Gräbe u. Guye, Ber. **16**, 3032 (1883). — Bamberger u. Lodter, Ber. **20**, 1705, 3075 (1887); **24**, 1887 (1891); **26**, 1833 (1893). Ann. **288**, 74, 116 (1895). — Bamberger u. Boekmann, Ber. **20**, 1712 (1887). — Bamberger u. Voss, Ber. **27**, 1547 (1894). — Pellini, Gazz. chim. **31 I**, 5 (1901). — Vgl. auch Bamberger u. Althausse, Ber. **21**, 1903 (1888).

in dem hydrirten Kern sich zwischen den beiden β-Kohlenstoffatomen befinden muss (vgl. S. 317):

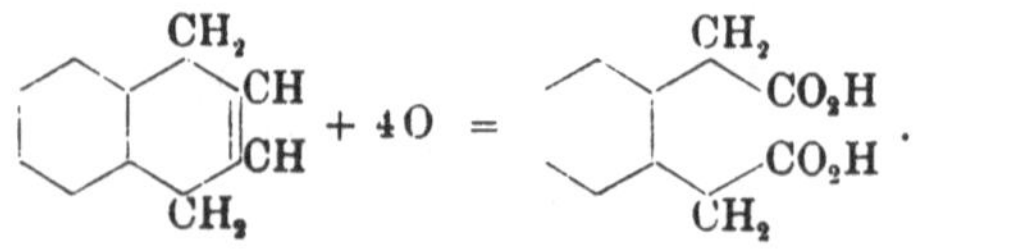

Dieser Befund kann heute nicht Wunder nehmen, nachdem in vielen Fällen beobachtet ist, dass ein System „conjugirter Doppelbindungen“ die Wasserstoffatome nicht in der 1.2-Stellung, sondern in der 1.4-Stellung aufnimmt (vgl. Thiele's Theorie dieser Erscheinung in Bd. II, Th. I, S. 685—686 und ihre specielle Anwendung auf den vorliegenden Fall Bd. II, Th. II, S. 305).

Durch die partielle Hydrirung hat die davon betroffene Hälfte des Naphtalinmoleculs ihre aromatischen Functionen vollständig eingebüsst. *Das Dihydronaphtalin verhält sich wie ein Benzol mit einer aliphatischen ungesättigten Seitenkette.* So entsteht mit Brom ein Dibromid, welches, mit Kaliumcarbonat behandelt, ein *Glykol* — das *2.3-Dioxytetrahydronaphtalin* — liefert:

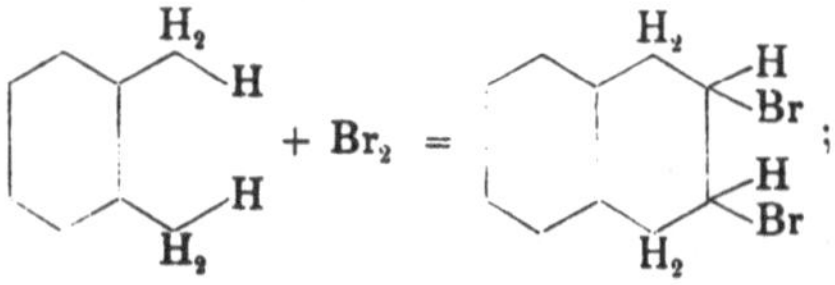

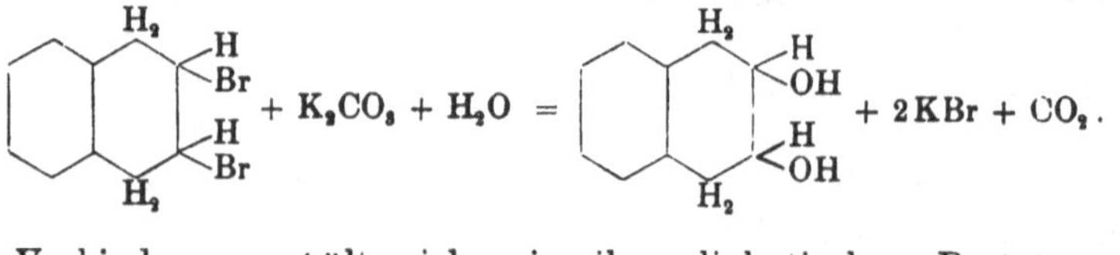

Diese Verbindung verhält sich wie ihr aliphatisches Prototyp, das Aethylenglykol (Bd. I, S. 566); sie krystallisirt in atlasglänzenden, silberweissen Blättchen oder Tafeln vom Schmelzpunkt 135°, ist mit Wasserdämpfen leicht flüchtig und unlöslich in Alkalien.

Unterchlorige Säure wird vom Dihydronaphtalin addirt unter Bildung eines Chlorhydrins, *2-Chlor-3-oxytetrahydronaphtalin*:

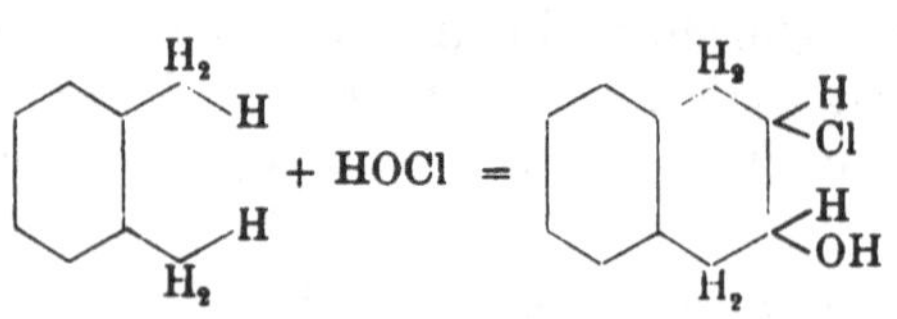

Diese in langen seideglänzenden Nadeln krystallisirende Verbindung vom Schmelzpunkt 117·5° zeigt in ihrem Verhalten eine überraschende Aehnlichkeit mit dem Glykolchlorhydrin (Bd. I, S. 615—616). Alkalische Agentien führen das Chlorhydrin in das entsprechende Glykol (s. oben)

über; ausserdem aber entsteht noch eine Anzahl anderer Verbindungen, unter ihnen Naphtalin und das dem Aethylenoxyd (Bd. I, S. 564, 567) entsprechende Dihydronaphtylenoxyd:

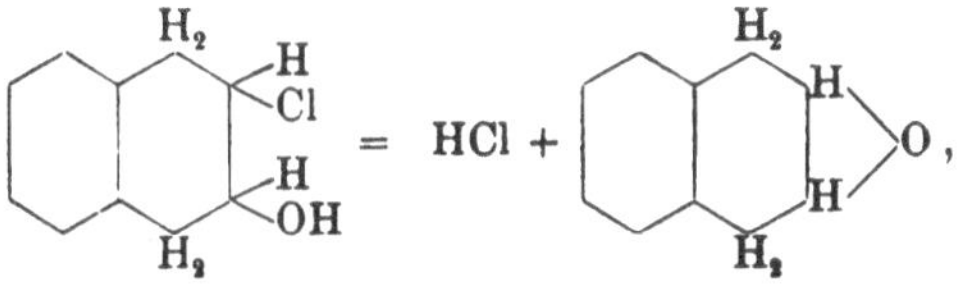

ein gleich dem Aethylenoxyd sehr flüchtiger Körper, der bei 43·5° schmilzt, in dicken, massiven, durchsichtigen Platten krystallisirt und unter 715 mm Druck bei 257—259° siedet. Das Dihydronaphtylenoxyd addirt Chlor- und Bromwasserstoff unter Bildung von Hydrinen, z. B.:

$$C_6H_4 < \begin{matrix} CH_2-CH \\ CH_2-CH \end{matrix} > O + HCl = C_6H_4 < \begin{matrix} CH_2-CH\cdot Cl \\ CH_2-CH\cdot OH \end{matrix};$$

die Neigung zur Bildung dieser Additionsprodukte ist so gross, dass das Oxyd dem Eisenchlorid unter Fällung von Eisenoxyd Salzsäure zu entziehen vermag. Mit Wasser vereinigt es sich bei 120° zu dem Glykol.

Sowohl das Chlorhydrin als auch das Oxyd bilden ebenso wie ihre Analoga in der Aethylenreihe mit Basen „Alkine" (vgl. Bd. I, S. 633); so entsteht mit Trimethylamin das Analogon des Cholins (vgl. Bd. I, S. 634):

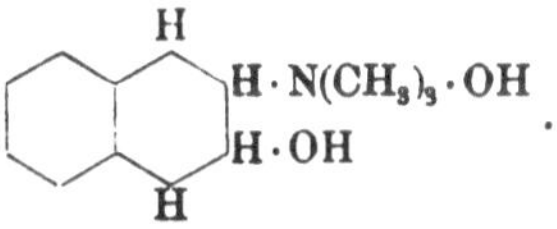

Ausser den genannten Verbindungen (Naphtalin und Dihydronaphtylenoxyd) bilden sich bei der Einwirkung von Alkalien (bezw. organischen Basen) auf das Chlorhydrin die folgenden Körper:

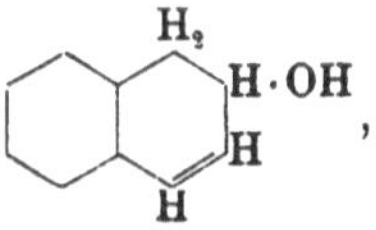

Dihydro-β-naphtol, Schmelzpunkt ca. 35°, Siedepunkt 164° (28 mm)

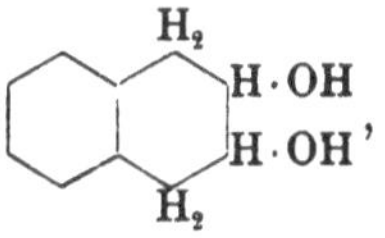

2.3-Dioxytetrahydronaphtalin (s. o.)

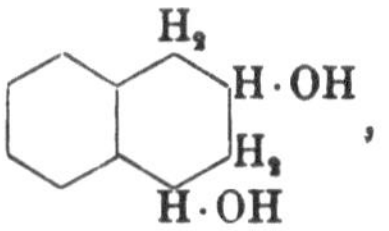

1.3-Dioxytetrahydronaphtalin, Schmelzpunkt 49°, Siedepunkt 175—178° (20 mm)

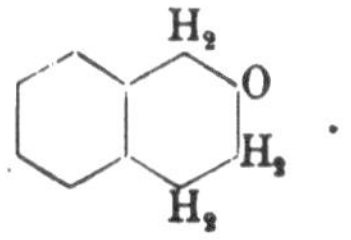

β-Ketotetrahydronaphtalin, Schmelzpunkt 18°, Siedepunkt 138° (16 mm)

Die letztgenannte Verbindung charakterisirt sich als Keton durch ihre Fähigkeit, ein Phenylhydrazon und eine Bisulfitverbindung zu bilden. Das Ketohydronaphtalin stellt man aus dem Chlorhydrin durch Erhitzen mit Magnesiumcarbonat oder mit Chinolin dar. Es entsteht auch bei der trockenen Destillation des Calciumsalzes der o-Phenylenessigpropionsäure[1] (vgl. S. 318):

[1] EINHORN u. LUMSDEN, Ann. **286**, 275 (1895).

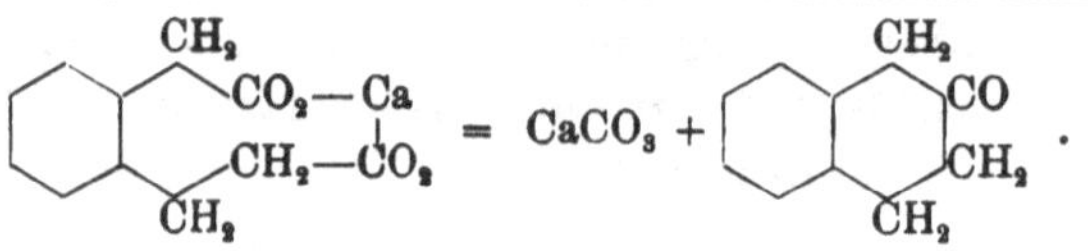

Es sei hier erwähnt, dass das isomere α-Ketotetrahydronaphtalin[1] durch Einwirkung von Aluminiumchlorid auf das Chlorid der γ-Phenylbuttersäure hergestellt werden konnte (vgl. S. 315).

Tetrahydronaphtalin[2] wurde zuerst durch Erhitzen von Naphtalin mit Phosphoniumjodid bezw. mit Jodwasserstoffsäure und Phosphor als eine bei 205° siedende Flüssigkeit erhalten. Von beigemengtem Naphtalin konnte das Hydroprodukt in der Weise getrennt werden, dass das Gemisch sulfurirt und das Gemenge der Sulfosäuren mit verdünnter Schwefelsäure erhitzt wurde, wobei zunächst nur das Naphtalin, nicht aber das Tetrahydronaphtalin regenerirt wird. Das Tetrahydronaphtalin scheint auch im Steinkohlentheer enthalten zu sein.

Wahrscheinlich mit diesem Produkt identisch ist ein Tetrahydronaphtalin, welches entsteht, wenn man Naphtalin in siedender amylalkoholischer Lösung mit Natrium behandelt. Im Gegensatz zu der Hydrirung in Aethylalkohol (s. S. 435) wird in Folge des höheren Siedepunktes des Amylalkohols hier der Zutritt von vier Wasserstoffatomen an das Naphtalinmolecül vermittelt. Dieses Tetrahydronaphtalin stellt ein naphtalinartig riechendes, farbloses, wasserhelles Oel vom spec. Gew. 0·976/13° und dem Siedepunkt 204·5—205° bei 716 mm Druck dar. Die Oxydation des Produktes mit Kaliumpermanganat liefert Hydrozimmt-o-carbonsäure, wodurch bewiesen wird, dass die vier additionellen Wasserstoffatome des Tetrahydronaphtalins alle an demselben Benzolkern haften (vgl. S. 300):

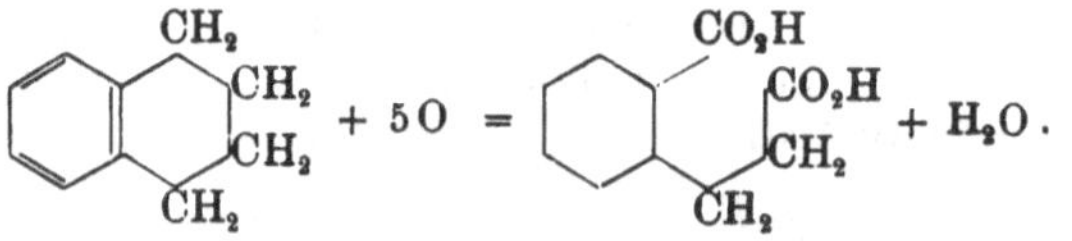

Die höher hydrirten Naphtaline sind sämmtlich durch Erhitzen von Naphtalin mit Jodwasserstoffsäure und rothem Phosphor auf verschieden hohe Temperaturen erhalten worden[3].

---

[1] Kipping u. Hill, Journ. Soc. **75**, 144 (1899).

[2] Baeyer, Ber. **1**, 128 (1868). Ann. **155**, 276 (1870). — Gräbe, Ber. **5**, 678 (1872). — Gräbe u. Guye, Ber. **16**, 3028 (1883). — Bamberger u. Bordt, Ber. **22**, 631 (1889). — Bamberger u. Kitschelt, Ber. **23**, 1561 (1890). — Bamberger u. Lodter, Ann. **288**, 94 (1895). — Sabatier u. Senderens, Compt. rend. **132**, 1257 (1901). — Pellini, Gazz. chim. **31 I**, 5 (1901). — Boes, Chem. Centralbl. **1902 II**, 1119. — Weger, Ber. **36**, 309 (1903). — Vgl. Friedel u. Crafts, Bull. [2] **42**, 66 (1884).

[3] Wreden u. Znatowicz, Ber. **9**, 1606 (1876). Ann. **187**, 164 (1877). — Agrestini, Gazz. chim. **12**, 495 (1879). — Gräbe u. Guye, Ber. **16**, 3031 (1883). — Lossen u. Zander, Ann. **225**, 111 (1884).

Hexahydronaphtalin, bei 199·5—200·5° siedende Flüssigkeit vom specifischen Gewicht 0·952 bei 0°.

Oktohydronaphtalin riecht nach Terpentinöl, siedet bei 185—190° und hat bei 0° das specifische Gewicht 0·910.

Dekahydronaphtalin ist ein bei 173—180° siedendes Oel vom specifischen Gewicht 0·851 bei 0°.

Die specifischen Gewichte dieser Hydroprodukte verringern sich, wie man sieht, mit steigender Zahl der Wasserstoffatome.

Als dreifach methylirte, tetrahydrirte Naphtaline sind die aus dem Ionon bezw. Iron durch Behandeln mit Jodwasserstoffsäure und Phosphor entstehenden Kohlenwasserstoffe Ionen und Iren aufzufassen[1] (vgl. Bd. II, Th. I, S. 827, 832).

Auch für die Sesquiterpene (vgl. Bd. II, Th. I, S. 877) werden neuerdings Constitutionsformeln in Betracht gezogen[2], welche sie als Angehörige der hydrirten Naphtalinkohlenwasserstoffe erscheinen lassen.

Als **Halogensubstitutionsprodukte** von Dihydro- und Tetrahydro-Naphtalin sind die Verbindungen zu betrachten, welche durch Addition von 2 bezw. 4 Halogen-Atomen an Naphtalin und seine Halogensubstitutionsderivate entstehen und bereits S. 326, 327, 334, 335 Besprechung gefunden haben. Ueber β-Chlortetrahydronaphtalin s. S. 444.

Die Hydroprodukte der Naphtylamine.

Die wichtigsten Ergebnisse, welche die Arbeiten von Bamberger und seinen Schülern auf dem Gebiet der Hydronaphtalinderivate geliefert haben, sind bei dem Studium der hydrirten Naphtylamine[3] gewonnen worden. Die theoretischen Folgerungen, welche sich aus dem Verhalten der Naphtylamine bei der Wasserstoffaddition sowie aus der chemischen Natur der Hydronaphtylamine ergeben, wurden schon bei Besprechung der Constitution des Naphtalinmolecüls auseinandergesetzt (S. 299ff.). Hier werden nun die Reductionsmethode sowie die einzelnen Verbindungen näher zu betrachten sein.

Behufs Einführung von vier Wasserstoffatomen in das Naphtalinmolecül wird allgemein die Behandlung der zu reducirenden Verbindung in siedender amylalkoholischer Lösung mit Natrium benutzt, wobei

---

[1] Tiemann u. Krüger, Ber. **26**, 2675 (1893). — Tiemann, Ber. **31**, 809, 865 (1898). — Barbier u. Bouveault, Bull. [3] **15**, 1008 (1896). — Baeyer u. Villiger, Ber. **32**, 2429 (1899).

[2] Semmler, Ber. **36**, 1038 (1903).

[3] Bamberger, Ber. **20**, 2915 (1887); **22**, 767 (1889); **23**, 291 (1890). Ann. **257**, 1 (1890). — Bamberger u. Müller, Ber. **21**, 847, 1112 (1888); **22**, 1295 (1889). — Bamberger u. Althausse, Ber. **21**, 1786, 1892 (1888). — Bamberger u. Bordt, Ber. **22**, 625 (1889). — Bamberger u. Filehne, Ber. **22**, 777 (1889). — Bamberger u. Abrahall, Ber. **22**, 943 (1889). — Bamberger u. Bammann, Ber. **22**, 951 (1889). — Bamberger u. Schieffelin, Ber. **22**, 1374 (1889). — Bamberger u. Williamson, Ber. **22**, 1760 (1889). — Althausse u. Krüss, Ber. **22**, 2069 (1889). — Bamberger u. Kitschelt, Ber. **23**, 876 (1890). — Bamberger u. Lengfeld, Ber. **23**, 1124 (1890). — Noyes u. Ballard, Ber. **27**, 1449 (1894). — Perkin, Journ. Soc. **69**, 1213 (1896). — Kipping u. Hill, Journ. Soc. **75**, 152 (1899).

niemals mehr als vier Wasserstoffatome an das Naphtalinderivat herantreten und die Addition sich derart vollzieht, dass die Hydrirung immer nur den einen der beiden Benzolkerne des Naphtalins betrifft. Ob die Wasserstoffaddition bei homonuclearen Derivaten des Naphtalins hauptsächlich die substituirte oder die nicht substituirte Naphtalinhälfte betrifft, ob also ein alicyclisches oder ein aromatisches Hydrirungsprodukt (vgl. S. 300) gebildet wird, hängt lediglich von der Natur des Ausgangsmaterials ab. Es hat sich in dieser Beziehung bei den Amidoverbindungen folgendes gezeigt.

1. Die Basen der α-Reihe: α-Naphtylamin, seine Mono- und Di-Alkylderivate sowie 1.4-Naphtylendiamin liefern nur aromatische Hydroverbindungen, z. B. α-Naphtylamin:

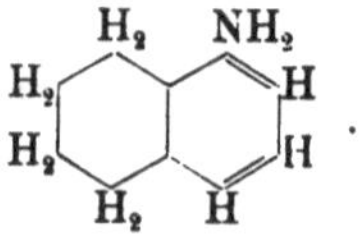

ar-Tetrahydro-α-naphtylamin

2. Die Basen der β-Reihe: β-Naphtylamin, seine Mono- und Di-Alkylderivate sowie das 1.2-Naphtylendiamin geben Gemenge aromatischer und alicyclischer Produkte, z. B. β-Naphtylamin:

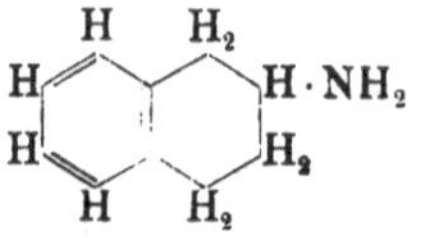

und

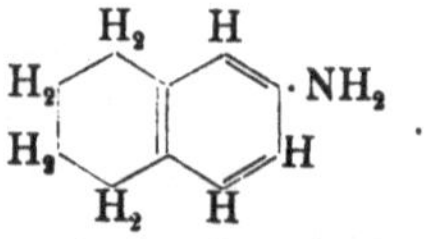

ac-Tetrahydro-β-naphtylamin — ar-Tetrahydro-β-naphtylamin

3. Heteronucleare Biderivate des Naphtalins gehen in Hydroprodukte über, welche gleichzeitig aromatisch und alicyclisch sind, z. B. liefert das 1.5-Naphtylendiamin:

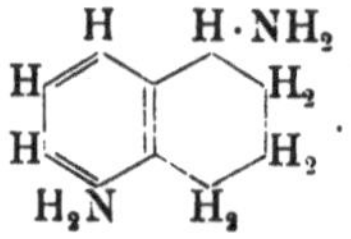

ar-ac-Tetrahydro-1.5-naphtylendiamin

Zur Trennung der alicyclischen von den gleichzeitig entstehenden aromatischen Basen benutzt man die Fähigkeit der ersteren, sich nach Art der aliphatischen Amine mit Kohlensäure zu verbinden. Löst man z. B. das Hydrirungsprodukt des β-Naphtylamins in Aether und leitet feuchte Kohlensäure ein, so scheidet sich das Carbonat des ac-Tetrahydro-β-naphtylamins aus, während ar-Tetrahydrobase nebst unverändertem β-Naphtylamin in Lösung bleibt.

Zur Unterscheidung der aromatischen und alicyclischen Basen können alle jene Reactionen benutzt werden, welche charakteristisch für jede dieser Körpergruppen sind (vgl. S. 300—301). Zu diesen typischen

Reactionen gehört auch die Oxydation der Basen mit Kaliumpermanganat, wobei die aromatischen Verbindungen Adipinsäure und Oxalsäure, die alicyclischen aber Hydrozimmt-o-carbonsäure geben (vgl. S. 317). Endlich lassen sich das ac-Tetrahydro-β-naphtylamin und seine Alkylderivate auch — selbst in geringen Mengen — durch ihre physiologische Wirkung nachweisen; sie äussert sich in der Erweiterung der Pupille beim Einträufeln in das Auge oder auch bei subcutaner Injection, ferner im letzteren Falle in einer beträchtlichen Temperatursteigerung und Verengerung der Ohrgefässe. Diese Wirkungen zeigen weder die aromatischen Hydrobasen noch das alicyclische Tetrahydro-α-naphtylamin.

ar-Tetrahydro-α-naphtylamin, $C_{10}H_{11}\cdot NH_2$, bildet ein farbloses, nach Dimethylanilin riechendes Oel vom spec. Gew. 1·064 bei 20°; es siedet unter 712 mm Druck bei 275°, reducirt Goldchlorid und Platinchlorid schon in der Kälte, Silberlösung beim Erwärmen. Das Acetylderivat, $C_{10}H_{11}\cdot NH\cdot CO\cdot CH_3$, krystallisirt in seideglänzenden, verfilzten Nadeln vom Schmelzpunkt 158°. Die Aethylverbindung, $C_{10}H_{11}\cdot NH\cdot C_2H_5$, ist eine wasserhelle, bei 286—287° unter 717 mm Druck siedende Flüssigkeit; das Dimethylderivat, $C_{10}H_{11}\cdot N(CH_3)_2$, ist gleichfalls flüssig und siedet unter 721 mm Druck bei 261—262°.

ac-Tetrahydro-α-naphtylamin (Formel IV). Diese Base lässt sich, wie oben angegeben, nicht durch Reduction des α-Naphtylamins gewinnen, doch konnte sie aus dem Tetrahydro-1.5-naphtylendiamin (Formel I) (vgl. S. 442) erhalten werden. Lässt man auf dieses Diamin salpetrige Säure einwirken, so wird nur die im aromatischen Kern stehende Amidogruppe diazotirt (vgl. S. 300). Wird die so entstandene Diazoverbindung (Formel II) zu dem entsprechenden Hydrazin (Formel III) reducirt und in diesem die Hydrazingruppe durch Erhitzen mit Kupfervitriollösung abgespalten, so resultirt das alicyclische Monamin (Formel IV):

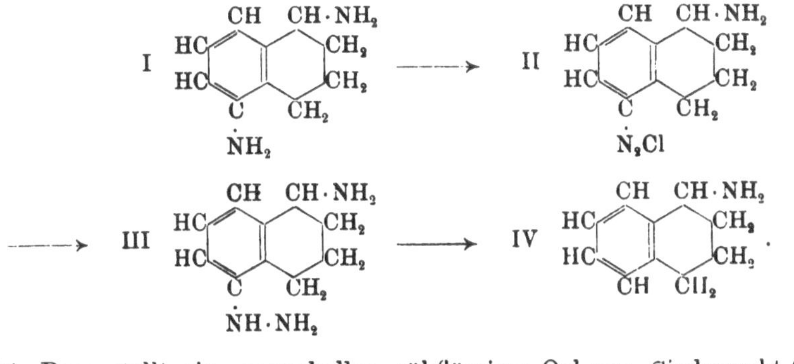

Die Base stellt ein wasserhelles, zähflüssiges Oel von Siedepunkt 246·5° bei 714 mm Druck dar. Sie zieht aus der Luft begierig Kohlensäure an; die Dämpfe besitzen einen beissend ammoniakalischen, an Piperidin erinnernden Geruch und verursachen Kratzen im Schlund. Das Nitrit, $C_{10}H_{11}\cdot NH_3\cdot NO_2$, durch Einleiten von Stickstofftrioxyd in die kaltgehaltene ätherische Lösung der Base dargestellt, krystallisirt in seideglänzenden Nadeln vom Schmelzpunkt 138—139°. Die Acetylverbindung, $C_{10}H_{11}$·NH·CO·CH_3, bildet haarfeine, bei 148—149° schmelzende Nadeln.

ar-Tetrahydro-β-naphtylamin[1] (Formel s. auf S. 440) stellt silberweisse, starkglänzende, flache Nadeln vom Schmelzpunkt 38° dar und siedet unter 713 mm Druck bei 275—277°. Die Aethylverbindung, $C_{10}H_{11}$·NH·C_2H_5, bildet ein zähes, wasserhelles Oel vom Siedepunkt 291·5° bei 724 mm Druck. Die dimethylirte Base, $C_{10}H_{11}$·N$(CH_3)_2$, ist eine zähe Flüssigkeit von aromatischem Geruch und dem Siedepunkt 287° bei 718 mm Druck. Die Diäthylverbindung, $C_{10}H_{11}$·N$(C_2H_5)_2$, ist ein unter 709 mm Druck bei 298° siedendes Oel.

ac-Tetrahydro-β-naphtylamin:

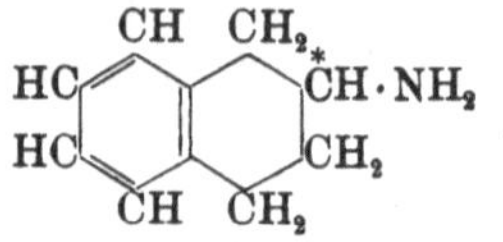

Diese namentlich wegen ihrer physiologischen Eigenschaften (vgl. S. 441) ausserordentlich interessante Base bildet das Hauptprodukt bei der Reduction des β-Naphtylamins. Sie ist eine wasserhelle, unter 710 mm Druck bei 249·5° siedende Flüssigkeit; spec. Gew. bei 20° 1·031. Beim Kochen zerfällt sie zum Theil in Ammoniak und Dihydronaphtalin. Das Nitrit, $C_{10}H_{11}$·NH_3·NO_2 (ebenso erhalten wie das der α-Base) bildet wasserhelle, kurze, stark lichtbrechende Prismen. Mit Kohlensäure vereinigt sich die Base zu einem neutralen Carbonat $(C_{10}H_{11}·NH_3)_2CO_3$ und zu einem sauren Salz, $(C_{10}H_{11}·NH_3)HCO_3$. Die Acetylverbindung, $C_{10}H_{11}$·NH·CO·CH_3, bildet Prismen vom Schmelzpunkt 107·5°. Das Aethylderivat, $C_{10}H_{11}$·NH·C_2H_5, stellt ein wasserhelles, zähes Oel dar, das unter 724 mm Druck bei 267° siedet und das spec. Gew. 0·998 bei 15° hat. Die dimethylirte Base, $C_{10}H_{11}$·N$(CH_3)_2$, ist flüssig und siedet unter 22 mm Druck bei 166·5°.

Das ac-Tetrahydro-β-naphtylamin besitzt ein asymmetrisches Kohlenstoffatom (in obiger Formel mit einem Stern bezeichnet) und lässt sich daher durch Ueberführung in das Salz einer optisch activen Säure in seine optisch activen Componenten zerlegen[2].

Tetrahydro-1.5-naphtylendiamin:

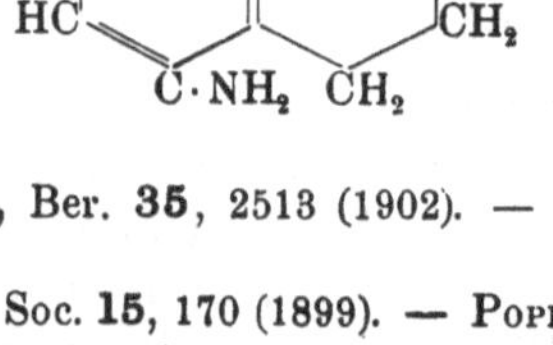

[1] Vgl. auch: SCHARWIN, Ber. **35**, 2513 (1902). — SMITH, Journ. Soc. **81**, 900 (1902).

[2] POPE, Proc. chemical Soc. **15**, 170 (1899). — POPE u. HARVEY, ebenda **16**, 74, 206 (1900). Journ. Soc. **79**, 74 (1901).

krystallisirt in glasglänzenden, wasserhellen Prismen vom Schmelzpunkt 77° und siedet unter 60 mm Druck bei 264°. Die Base besitzt den kratzenden piperidinartigen Geruch der alicyclischen Basen, sie bläut rothes Lakmuspapier, zersetzt Ammoniaksalze und verbindet sich sowohl mit Kohlensäure als mit Schwefelkohlenstoff. Als aromatische Base ist sie dadurch charakterisirt, dass sie sich diazotiren lässt und mit Diazoverbindungen Azofarbstoffe liefert. Die Base enthält ein asymmetrisches Kohlenstoffatom (in obiger Formel mit einem Stern bezeichnet), sie lässt sich dementsprechend durch Ueberführung in Salze einer activen Säure in ihre optisch activen Componenten zerlegen.

Bei der Reduction der beiden Naphtonitrile (S. 427) mit Natrium und Alkohol[1] wird sowohl die Cyangruppe als auch die substituirte Naphtalinhälfte hydrirt; man erhält somit die alicyclischen **Tetrahydronaphtomethylamine:**

$$C_{10}H_7 \cdot CN + 4H_2 = C_{10}H_{11} \cdot CH_2 \cdot NH_2 \cdot$$

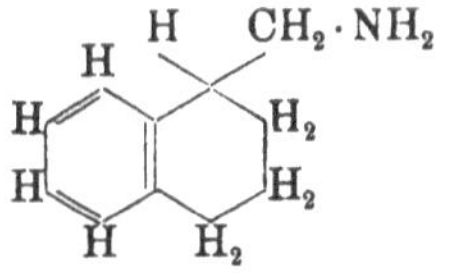

ac-Tetrahydro-α-naphtomethylamin, Siedepunkt corr. 269—270° (722 mm)

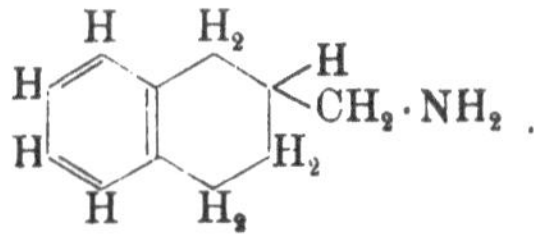

ac-Tetrahydro-β-naphtomethylamin, Siedepunkt corr. 270·2° (729 mm)

Als Nebenprodukt bildet sich aus den beiden Nitrilen — wohl unter intermediärer Entstehung von Naphtalin — Dihydronaphtalin. Die Bildung aromatischer Hydrobasen konnte dagegen nicht beobachtet werden.

Die Hydrirungsprodukte der Naphtole und des α-Naphtochinons.

Die Tetrahydronaphtole[2] bilden ebenso wie die entsprechenden Amine zwei scharf von einander gesonderte Gruppen — die aromatischen und die alicyclischen Tetrahydronaphtole. Sie unterscheiden sich von einander in derselben Weise wie die Phenole von den secundären aliphatischen bezw. hydrocyclischen Alkoholen.

Die ar-Tetrahydronaphtole:

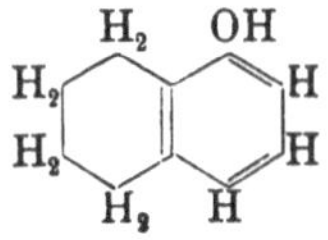

α

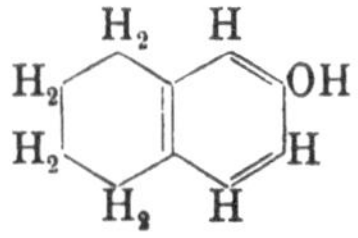

β

---

[1] Bamberger u. Lodter, Ber. **20**, 1703 (1887). — Bamberger u. Boekmann, Ber. **20**, 1711 (1887). — Bamberger u. Hellwig, Ber. **22**, 1913 (1889).

[2] Bamberger u. Althausse, Ber. **21**, 1786, 1892 (1888). — Bamberger u. Bammann, Ber. **22**, 960 (1889). — Bamberger u. Lodter, Ber. **23**, 197 (1890). — Bamberger u. Bordt, Ber. **23**, 215 (1890). — Bamberger u. Kitschelt, Ber. **23**, 884, 885 (1890). — Bamberger u. Lengfeld, Ber. **23**, 1124 (1890). — Bamberger, Ann. **257**, 1 (1890). — Jacobson u. Turnbull, Ber. **31**, 896 (1898).

sind wahre Phenole (vgl. auch S. 302), welche sich in ihrem gesammten Verhalten dem Phenol anreihen. Sie sind in Alkalien löslich und werden aus diesen Lösungen durch Kohlensäure abgeschieden. Sie vermögen sich mit Diazoverbindungen zu Oxyazokörpern zu vereinigen. Scharf von diesen Körpern unterschieden ist das ac-Tetrahydro-β-naphtol (die ac-α-Verbindung konnte bisher nicht erhalten werden):

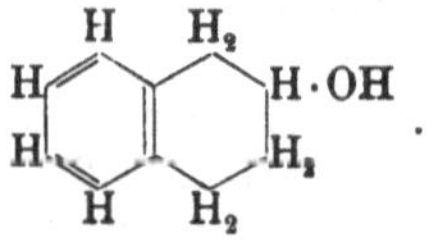

Diese Verbindung schliesst sich besonders eng an die ringförmigen hydrirten Alkohole Menthol und Borneol (s. Bd. II, Th. I, S. 902 und 1030) an. Wie diese besitzt sie die Fähigkeit, unter Wasserabspaltung in einen ungesättigten Kohlenwasserstoff — Dihydronaphtalin — überzugehen:

$$C_6H_4\begin{cases} CH_2-CH\cdot OH \\ CH_2-CH_2 \end{cases} = H_2O + C_6H_4\begin{cases} CH_2-CH \\ CH_2-CH \end{cases}.$$

Charakteristisch ist ferner die leichte Ersetzbarkeit der Hydroxylgruppe durch Chlor beim Erhitzen des ac-Tetrahydro-β-naphtols mit concentrirter Salzsäure im Wasserbade:

$$C_{10}H_{11}\cdot OH + HCl = C_{10}H_{11}Cl + H_2O.$$

Das so entstehende Chlorid (β-Chlortetrahydronaphtalin) zerfällt ebenso wie die Ester des ac-Tetrahydro-β-naphtols schon bei der Destillation unter Bildung von Dihydronaphtalin. Bei der Oxydation bildet das ac-Tetrahydro-β-naphtol Hydrozimmt-o-carbonsäure (vgl. S. 317).

Die beiden aromatischen Tetrahydronaphtole können mittels der Diazoreaction aus den aromatischen Tetrahydronaphtylaminen dargestellt werden. Bei der Hydrirung der Naphtole mit Natrium und Amylalkohol zeigen sich ganz analoge Erscheinungen wie bei der Reduction der Naphtylamine (S. 440). Auch hier liefert die α-Verbindung nur aromatisches Hydroprodukt, während aus dem β-Naphtol hauptsächlich alicyclisches neben geringen Mengen des aromatischen Tetrahydro-β-naphtols entsteht. Ein Verfahren zur Darstellung des ac-Tetrahydro-α-naphtols, welches nach den obigen beiden Methoden nicht dargestellt werden kann, ist bisher nicht aufgefunden worden.

ar-Tetrahydro-α-naphtol bildet grosse, silberweisse, naphtalinähnliche Tafeln vom Schmelzpunkt 68·5—69° und siedet unter 705 mm Druck bei 264·5—265°.

ar-Tetrahydro-β-naphtol krystallisirt in silberweissen flachen Nadeln, welche bei 58° schmelzen, und siedet bei 275°. Es besitzt einen schwachen Kreosotgeruch und zeigt charakteristische Färbungsreactionen mit Eisenchlorid, mit salpetriger Säure und mit Chloroform und Natronlauge.

ac-Tetrahydro-β-naphtol stellt ein wasserhelles, farbloses, zähflüssiges und nicht fluorescirendes Oel von salbeiartigem Geruch dar. Es siedet unter 716 mm Druck bei 264°.

ar-Tetrahydro-α-naphtochinon[1]:

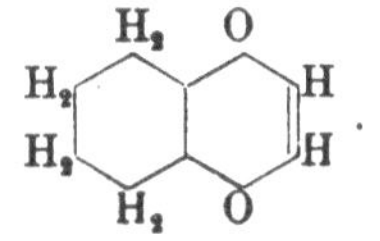

Diese Verbindung ist analog dem α-Naphtochinon selbst (vgl. S. 385) durch Oxydation des ar-Tetrahydro-α-naphtylamins bezw. ar-Tetrahydro-p-amido-α-naphtols mit Kaliumbichromat und Schwefelsäure dargestellt worden. Sie schmilzt bei 55·5° und gleicht im Geruch, der Leichtflüchtigkeit, dem Sublimationsvermögen, sowie im Glanz, in der Löslichkeit und in ihrem Krystallhabitus vollkommen dem Benzochinon. Ferner bildet sie im Gegensatz zum α-Naphtochinon kein Phenylhydrazon (vgl. Bd. II, Th. I, S. 443), sondern wird durch Phenylhydrazin zum entsprechenden Hydrochinon reducirt:

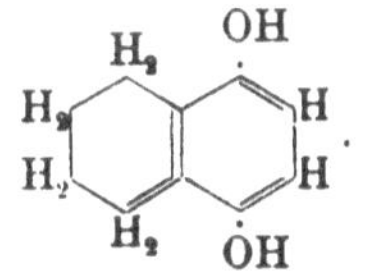

Dieses krystallisirt in feinen, seideglänzenden, farblosen Prismen vom Schmelzpunkt 172—172·5°.

Erwähnt sei noch eine Verbindung[2], welche entsteht, wenn man Naphtalin mit einer Lösung von unterchloriger Säure behandelt und das entstandene Dichlorhydrin mit alkoholischem Kali erwärmt. Das Produkt wird als 1.2.3.4-Tetraoxytetrahydronaphtalin aufgefasst:

$$C_{10}H_8 + 2HOCl = C_{10}H_8(Cl_2)(OH)_2,$$

$C_{10}H_8(Cl_2)(OH)_2 + 2KOH =$ 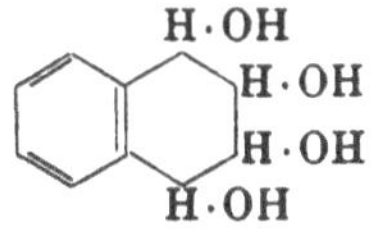 $+ 2KCl.$

Hydronaphtoësäuren.

Bei der Reduction der Naphtoësäuren mit Natriumamalgam[3] treten zunächst zwei und dann vier Wasserstoffatome an die carboxylirte Naphtalinhälfte, was sich daraus ergiebt, dass sämmtliche Hydrosäuren bei der Oxydation Phtalsäure liefern. Die Dihydrosäuren sind als wahre ungesättigte Verbindungen befähigt, Permanganat momentan zu reduciren, was bei den Tetrahydrosäuren nicht der Fall ist. Die bezüglich des Verhaltens und der Constitution der Dihydrosäuren gemachten Erfahrungen, sowie die daraus zu ziehenden Schlüsse sind vollkommen analog denen, welche sich bei der Hydrirung der Phtalsäuren (Bd. II, Th. I, S. 767 ff., S. 859 ff.) ergeben haben.

[1] Bamberger u. Lengfeld, Ber. **23**, 1131 (1890). — Jacobson u. Turnbull, Ber. **31**, 898 (1898).

[2] Neuhoff, Ann. **136**, 342 (1865).

[3] v. Sowinski, Ber. **24**, 2354 (1891). — Baeyer, Schoder u. Besemfelder, Ann. **266**, 169 (1891); Ann. **282**, 139 (1894). — Rabe, Ber. **31**, 1899 (1898).

Dihydronaphtoësäuren. Die Behandlung der eiskalten Lösung der α-Naphtoësäure mit Natriumamalgam führt zu einer Dihydrosäure, welche beim Kochen mit verdünnter Natronlauge unter Verschiebung der Doppelbindung nach dem Carboxyl hin in ein gegen Natronlauge stabiles Isomeres übergeht. Die Labilität der direct bei der Reduction entstehenden Säure beweist, dass in ihr die Doppelbindung von der Carboxylgruppe entfernt ist (vgl. Bd. II, Th. I, S. 844), dass ihr also eine der Formeln:

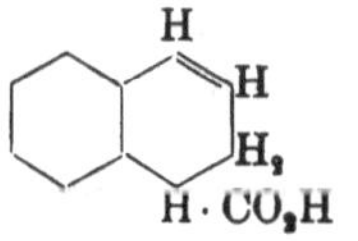

oder

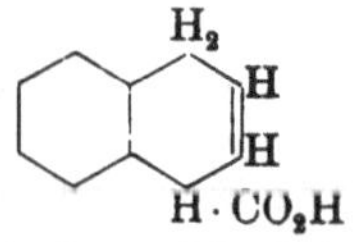

Δ^3-Dihydronaphtoësäure (1) Δ^2-Dihydronaphtoësäure (1)

zuzuschreiben ist. Die Analogie mit den hydrirten Phtalsäuren spricht mehr dafür, dass in der labilen Dihydro-α-naphtoësäure die Doppelbindung in der 2.3-Stellung steht, dass mithin die Δ^2-Dihydrosäure vorliegt. Die durch die Natronlauge-Behandlung entstandene stabile Säure ist die Δ^1-Dihydro-α-naphtoësäure (Formel I); denn sie liefert bei der Oxydation durch Aufspaltung an der Stelle der doppelten Bindung Hydrozimmt-o-carbonsäure (Formel II):

I

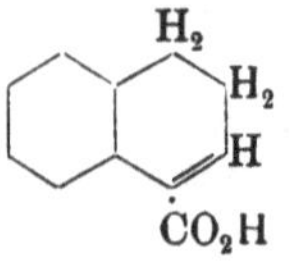

II

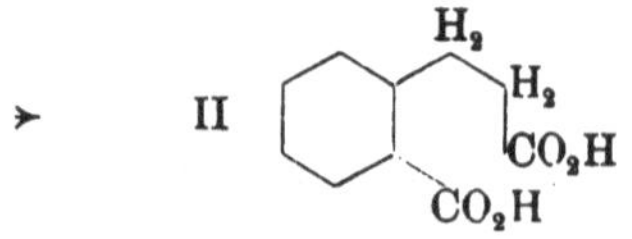

Die Addition von zwei Wasserstoffatomen an die β-Naphtoësäure liefert gleichfalls eine gegen kochende Natronlauge labile Hydrosäure, welche demgemäss die Constitution einer Δ^3-Dihydronaphtoësäure (2):

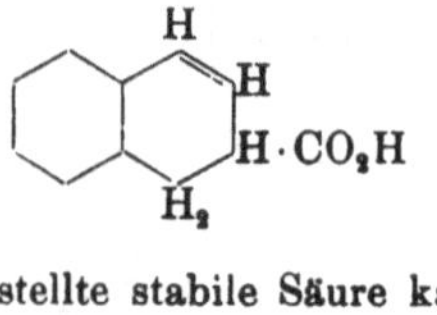

haben muss. Die daraus hergestellte stabile Säure kann dagegen zwei verschiedene Formeln besitzen:

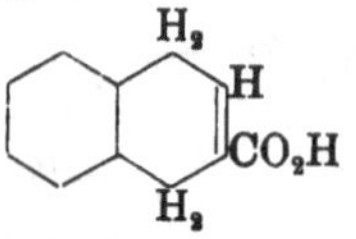

oder

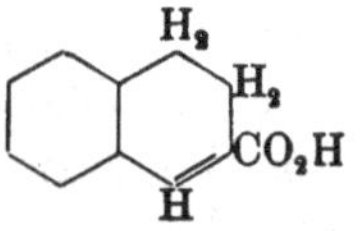

Δ^2-Dihydrosäure Δ^1-Dihydrosäure

Diese stabile Säure entsteht auch direct bei der Reduction der β-Naphtoësäure neben der labilen Säure.

Labile Dihydro-α-naphtoësäure krystallisirt in feinen, farblosen Nadeln vom Schmelzpunkt 91°.

Stabile Dihydro-α-naphtoësäure bildet lange, dünne Nadeln vom Schmelzpunkt 125°.

Labile Dihydro-β-naphtoësäure: kleine, dicke, glasglänzende Prismen, Schmelzpunkt 104—105°.

Stabile Dihydro-β-naphtoësäure: perlmutterglänzende, farblose Blättchen vom Schmelzpunkt 161°.

Tetrahydronaphtoësäuren. In der Wärme führt Natriumamalgam sowohl die α-Naphtoësäure als auch die beiden Dihydro-α-naphtoësäuren in ac-Tetrahydro-α-naphtoësäure:

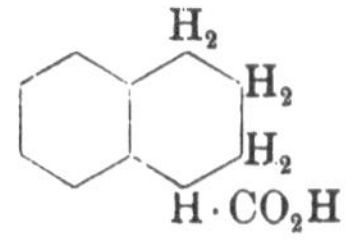

über. Diese bildet kurze prismatische Krystalle vom Schmelzpunkt 85°.

Die in analoger Weise gewonnene ac-Tetrahydro-β-naphtoësäure:

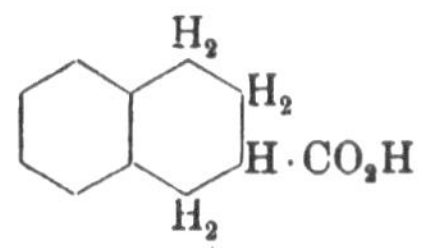

krystallisirt in durchsichtigen, bei 96° schmelzenden Nadeln.

Die ar-Tetrahydro-α-naphtoësäure[1]:

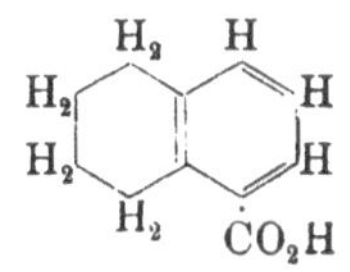

ist aus ihrem Nitril hergestellt worden, welches nach der SANDMEYER'schen Reaction aus ar-Tetrahydro-α-naphtylamin erhalten werden kann. Die Säure schmilzt bei 128°.

ar-Tetrahydro-β-naphtoësäure[2], als Anilid durch die BECKMANN'sche Umlagerung eines Oxims des ar-Phenyl-β-tetrahydronaphtylketons:

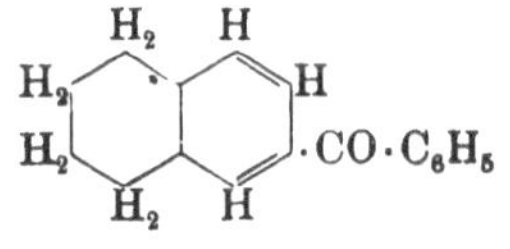

erhalten, schmilzt bei 153°.

Auch die Naphtalsäure[3] (S. 428) ist in eine Dihydro- und eine Tetrahydro-Naphtalsäure übergeführt worden.

Die Santoningruppe.

Schon im Alterthum[4] war es bekannt (DIOSKORIDES, PLINIUS), dass einige Artemisia-Arten wurmtreibende Eigenschaften besitzen. Der heute zu diesem Zweck in den Handel kommende sogenannte „Wurmsamen“ besteht nicht, wie früher angenommen wurde, aus dem Samen, sondern aus den unentfalteten Blüthenköpfchen von Artemisia Cina Berg. Diese in der Pharmacie als „flores cinae“ bezeichnete Droge wird hauptsächlich in Turkestan gewonnen.

---

[1] BAMBERGER u. BORDT, Ber. **22**, 628 (1889).
[2] SCHARWIN, Ber. **35**, 2515 (1902).
[3] ANSELM, Ber. **22**, 859 (1889). — ZENGELIS, Ber. **27**, 2694 (1894).
[4] Vgl. ROSCOE-SCHORLEMMER, Lehrb. d. organ. Chemie, Th. 3, S. 260.

Das wirksame Princip des Wurmsamens ist das im Jahre 1830 von KAHLER und ALMS[1] entdeckte **Santonin.** Ueber diese Verbindung sowie namentlich über ihre Umwandlungs- und Abbau-Produkte[2] liegt eine ausserordentlich grosse Zahl von Untersuchungen vor, welche als ein klassisches Beispiel für die systematische Erforschung der Constitution eines complicirt zusammengesetzten Naturprodukts dienen können und die in mehreren Beziehungen interessante theoretische Ergebnisse geliefert haben. Die wichtigsten dieser Arbeiten sind von CANNIZZARO und seinen Schülern ausgeführt worden.

Santonin[3], $C_{15}H_{18}O_3$, krystallisirt in farblosen rhombischen Tafeln oder Prismen vom Schmelzpunkt 169—170°; sein specifisches Gewicht beträgt 1·1866; es ist linksdrehend: $[\alpha]_D = -171{\cdot}37^0$ in Chloroformlösung. In Wasser ist es sehr schwer löslich, leichter in Alkohol und Aether, leicht in Chloroform. Am Licht färbt es sich gelb, indem es sich in eine isomere Form — das Chromosantonin — verwandelt, welche durch wiederholtes Umkrystallisiren wieder in die farblose Form übergeht. Beim Uebergiessen mit alkoholischer Kalilauge färbt es sich roth.

Aus den Umwandlungs- und Spaltungs-Reactionen des Santonins und seiner Derivate, welche weiter unten theilweise angeführt sind, ergeben sich als wahrscheinlichste Formeln für das Santonin die folgenden:

---

[1] Berz. Jb. **11**, 290 (1832).

[2] TROMMSDORFF, Ann. **11**, 190 (1834). — HELDT, Ann. **63**, 10 (1847). — CANNIZZARO u. SESTINI, Gazz. chim. **3**, 241 (1873). Ber. **6**, 1201 (1873). — HVOSLEF, Ber. **6**, 1471 (1873). — HESSE, Ber. **6**, 1280 (1873). — CANNIZZARO, Gazz. chim. **6**, 341 (1876); **13**, 385 (1883). Ber. **9**, 1690 (1876); **18**, 2746 (1885); **26**, 2311 (1893). — SESTINI, Gazz. chim. **6**, 357 (1876). Ber. **9**, 1689 (1876). — CANNIZZARO u. VALENTE, Gazz. chim. **8**, 309 (1878); **10**, 42 (1880). Ber. **11**, 2031 (1878). — CANNIZZARO u. CARNELUTTI, Gazz. chim. **8**, 318 (1878); **10**, 41, 461 (1880); **12**, 393 (1882). Ber. **11**, 2031 (1878); **12**, 1574 (1879); **13**, 1516 (1880). — CARNELUTTI u. NASINI, Ber. **13**, 2208 (1880). — VILLAVECCHIA, Ber. **18**, 2859 (1885). — CANNIZZARO u. FABRIS, Ber. **19**, 2260 (1886). — GRASSI-CRISTALDI, Gazz. chim. **17**, 526 (1887); **19**, 382 (1889); **22** II, 123 (1892); **23** I, 58, 65, 306 (1893); **26** II, 451 (1896). Ber. **26**, 2988 (1893). — GUCCI, Gazz. chim. **19**, 367 (1889). — GUCCI u. GRASSI-CRISTALDI, Ber. **24 Ref.**, 908 (1891). Gazz. chim. **22** I, 1 (1892). — FRANCESCONI, Gazz. chim. **22** I, 181 (1892); **23** II, 457 (1893); **25** II, 461 (1895); **29** II, 181 (1899). Ber. **29 Ref.**, 1119 (1896). — CANNIZZARO u. GUCCI, Ber. **25 Ref.**, 941 (1892). Gazz. chim. **23** I, 286 (1893). — ANDREOCCI, Gazz. chim. **23** II, 468 (1893); **25** I, 452 (1895). Ber. **26**, 1373, 2985, **Ref.** 599, 886, 941, 942 (1893); **28 Ref**, 392, 394, 622 (1895). — CANNIZZARO u. ANDREOCCI, Gazz. chim. **26** I, 13 (1896). — ANDREOCCI u. BERTOLO, Gazz. chim. **28** II, 529 (1898). Ber. **31**, 3131 (1898). — WEDEKIND, Ber. **31**, 1675, 1680 (1898); **32**, 1411 (1899). — ANDREOCCI u. ALESSANDRELLO, Gazz. chim. **29** I, 479 (1899). — WEDEKIND u. SCHMIDT, Compt. rend. **135**, 43 (1902). — FRANCESCONI u. VENDITTI, Gazz. chim. **32** I, 281 (1902). — MONTEMARTINI, Gazz. chim. **32** I, 325 (1902). — BERTOLO, Gazz. chim. **32** II, 371 (1902).

[3] Darstellung im Grossen s. BUSCH, J. pr. [2] **35**, 324 (1887). — Vgl. auch Chem. Ind. **21**, 444 (1898).

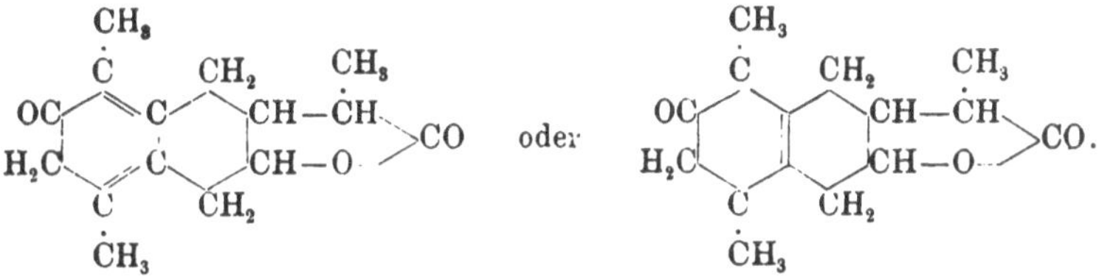

Am Santonin selbst konnte sowohl seine Zugehörigkeit zur Naphtalinreihe nachgewiesen als auch der Charakter der drei Sauerstoffatome aufgeklärt werden. Beim Glühen mit Zinkstaub wird nämlich das Santonin in 1.4-Dimethylnaphtalin (vgl. S. 322) und Propylen gespalten. Ferner liefert es mit Hydroxylamin ein Oxim, mit Phenylhydrazin ein Phenylhydrazon, und endlich lässt es sich durch Erhitzen mit Alkalilauge in eine Oxysäure — die Santoninsäure, $C_{15}H_{20}O_4$ — überführen, welche beim Erhitzen wieder in Wasser und Santonin zerfällt:

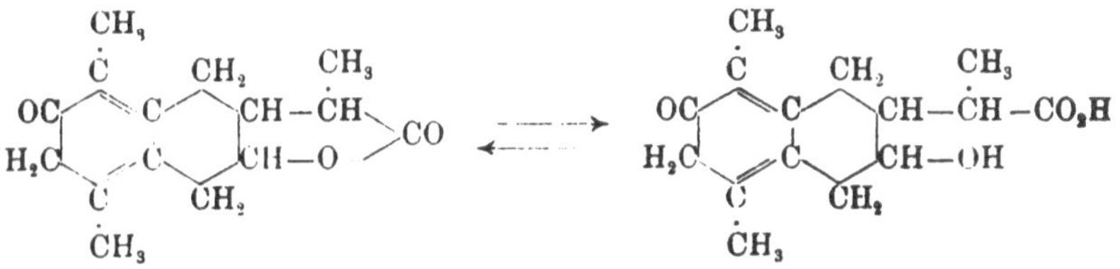

Die Santoninsäure ist ebenso wie das Santonin optisch activ und zwar auch linksdrehend.

Wird das Santonin mit rauchender Salzsäure übergossen, so geht es allmählich in Lösung. Bei längerem Stehen findet Umlagerung in einen isomeren Körper statt, welcher sich nicht mit Phenylhydrazin verbindet; die Verbindung enthält also keinen Ketonsauerstoff mehr, sie verhält sich dagegen wie ein Phenol. Hieraus folgt für diese „Desmotroposantonin" genannte Substanz nachstehende Formel:

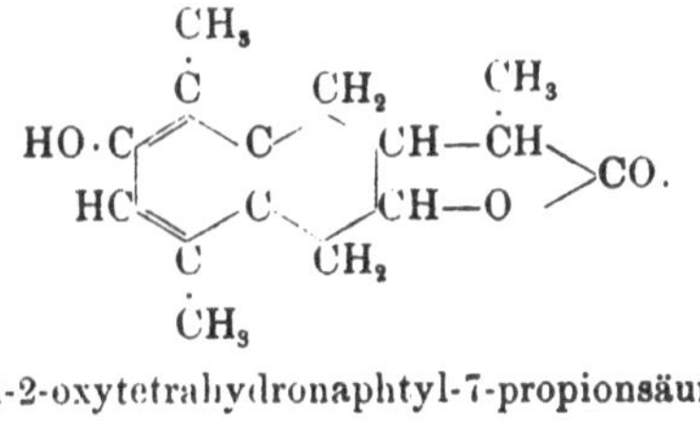

1.4-Dimethyl-2-oxytetrahydronaphtyl-7-propionsäure-6-lacton

Das Desmotroposantonin ist im Gegensatz zum Santonin rechtsdrehend; es bildet glänzende, bei 260° schmelzende Nadeln.

Beim Kochen von Santonin mit Jodwasserstoffsäure und Phosphor findet dieselbe Umlagerung statt, ausserdem aber wird die Lactongruppe aufgespalten und die dadurch entstehende Hydroxylgruppe durch Wasserstoff ersetzt:

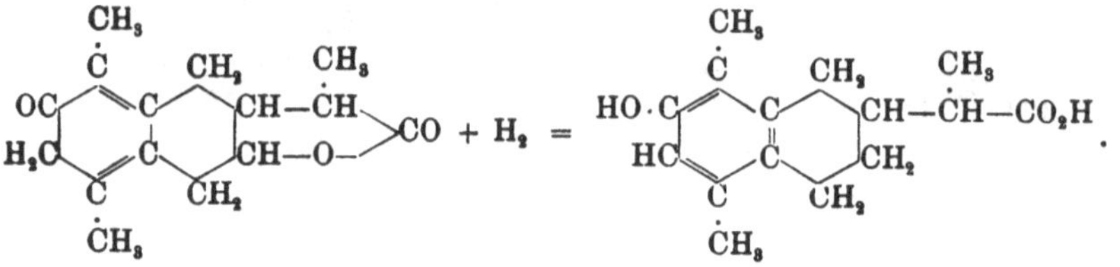

Die so entstehende **santonige Säure**, $C_{15}H_{20}O_3$, ist wie das Desmotroposantonin rechtsdrehend. Beim Erhitzen für sich zerfällt sie in Dihydro-1.4-dimethylnaphtol(2) und Propionsäure:

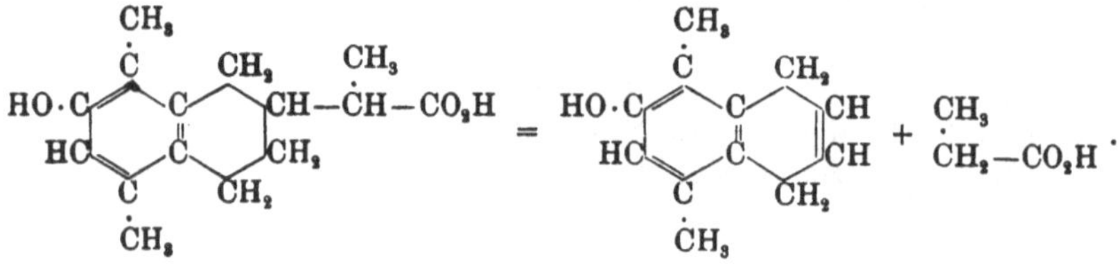

Beim Erhitzen mit Alkalien wird Dimethylnaphtol gebildet.

Durch die bisher angeführten Reactionen ist erwiesen, dass das Santonin ein Lacton der Naphtalinreihe ist, eine Carbonylgruppe und einen Propionsäurerest enthält. Da das durch Zinkstaubdestillation entstehende Dimethylnaphtalin identisch ist mit dem Dimethylnaphtalin, welches aus 1.4-Dibromnaphtalin durch die Fittig'sche Reaction gewonnen wird, da ferner das oben erwähnte Dimethylnaphtol bei der Oxydation Phtalsäure liefert, so kann für dieses Dimethylnaphtol nur die Formel:

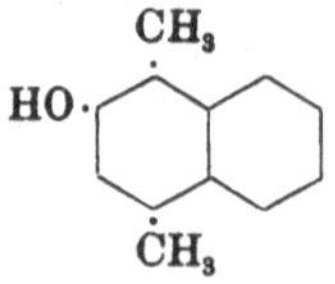

in Betracht kommen. Die entsprechende Stellung müssen im Santoninmolecül die Carbonylgruppe und die beiden Methylgruppen zu einander besitzen. Dass nun der Propionsäurerest nicht in denselben Benzolkern eingreift, der die Methylgruppen trägt, ergiebt sich aus nachstehenden Umwandlungen.

Das Oxim sowie das Phenylhydrazon des Santonins wird bei der Reduction in Santoninamin verwandelt, welches unter Ammoniakabspaltung in **Hyposantonin**, $C_{15}H_{18}O_2$, übergeht. Durch diese Reactionsfolge ist offenbar die Gruppe $-CO\cdot CH<$ in $-CH{=}C<$ übergeführt. Hiermit ist aber der die beiden Methylgruppen enthaltende Kern ein wahrer Benzolkern geworden, der ausser den beiden Methylgruppen und dem anhängenden zweiten Ringsystem keinen Substituenten trägt; denn bei der Oxydation des Hyposantonins entsteht p-Dimethylphtalsäure:

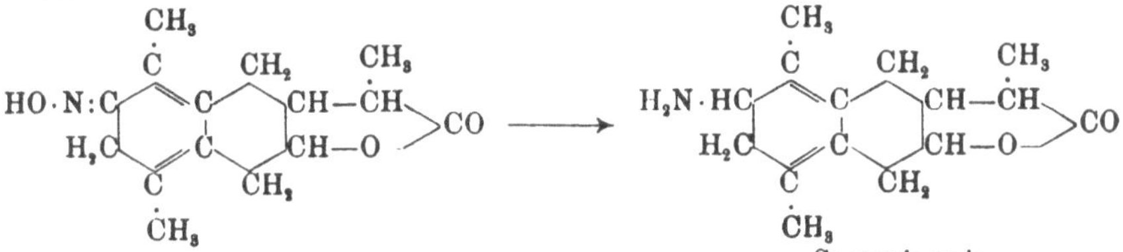

Santoninamin

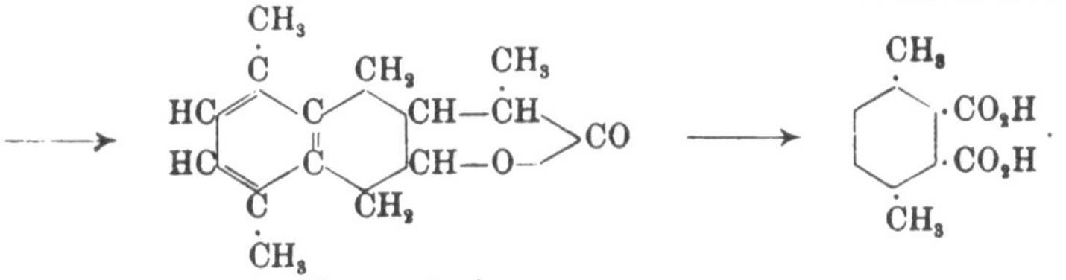

Hyposantonin

Beim Kochen des Hyposantonins mit Jod und Eisessig werden zwei Säuren gebildet:

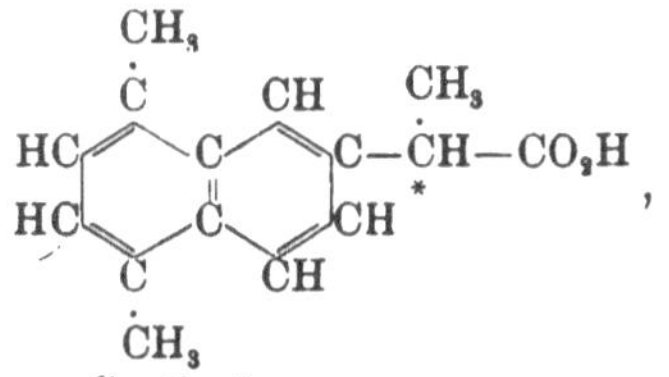

Santinsäure
1.4-Dimethylnaphtylpropionsäure (6)

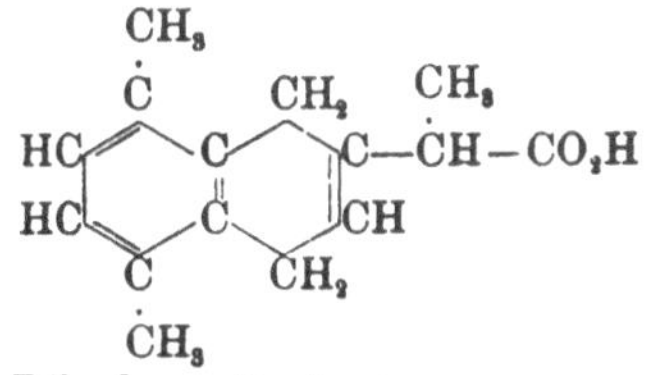

Dihydrosantinsäure

Mit Barythydrat erhitzt spaltet sich die Santinsäure bezw. Hydrosantinsäure in Kohlensäure und 1.4-Dimethyl-6-äthylnaphtalin (vgl. S. 322 und 323). Die Santinsäure ist optisch activ. Aus dieser Thatsache ergiebt sich, dass in ihr der Naphtylrest mit dem α-Kohlenstoffatom der Propionsäure in Bindung steht, wodurch dieses Kohlenstoffatom (in obiger Formel mit einem Stern bezeichnet) asymmetrisch wird. Wäre die Santinsäure ein β-Substitutionsprodukt der Propionsäure, so könnte sie nicht optisch activ sein, da sie kein asymmetrisches Kohlenstoffatom enthalten würde.

Da für das oben erwähnte Dimethyläthylnaphtalin die β-Stellung der Aethylgruppe nicht bewiesen ist, so kann aus seiner Bildung auch noch nicht geschlossen werden, dass der Propionsäurerest in eine β-Stellung des Naphtalinkerns eingreift. Auch bleibt endlich noch die Stellung des Lactonsauerstoffs im Santonin zu ermitteln. Diese Fragen sind durch weitere Umwandlungen, deren Einzelbesprechung hier zu weit führen würde[1], mit grosser Wahrscheinlichkeit zu Gunsten der auf S. 449 gegebenen Santoninformeln beantwortet.

[1] Uebersichten vgl. besonders an folgenden Stellen: Andreocci, Atti della Accademia dei Lincei [5] **2**, 4 (1895). — Francesconi, Gazz. chim. **29 II**, 181 (1899). — Francesconi u. Venditti, Gazz. chim. **32 I**, 281 (1902).

Eine eigenthümliche Isomerisation erleidet die Santoninsäure durch längere Einwirkung von Alkalien. Es entsteht die Santonsäure, welche, wie aus der Bildung eines Dioxims hervorgeht, zwei Ketogruppen enthält. Die Gruppe —CH(OH)— der Santoninsäure ist also in —CO— übergegangen, und die abgespaltenen Wasserstoffatome haben sich an anderen Stellen des Molecüls angelagert. Diese Atomverschiebung lässt sich durch eine Wanderung der Doppelbindung in der Richtung zur carboxylhaltigen Seitenkette erklären:

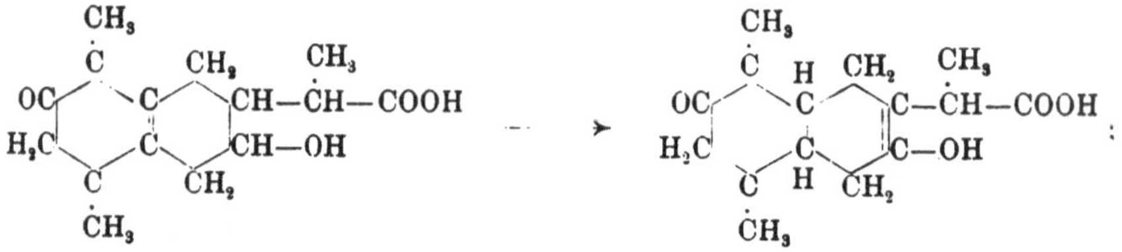

die so entstandene ungesättigte γ-Oxysäure würde sich dann in die stabilere γ-Ketosäure umlagern:

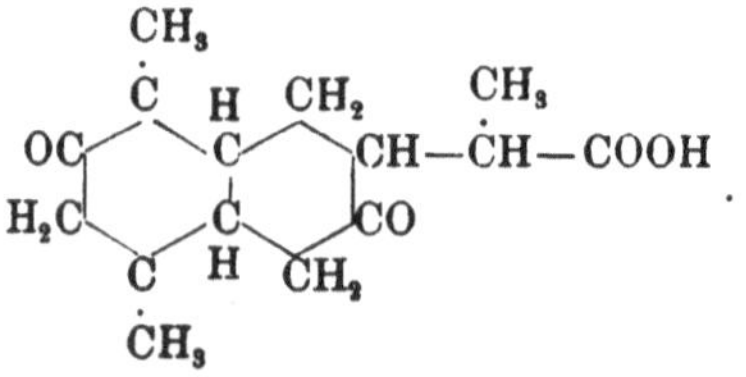

Die Santonsäure bildet rhombische Krystalle vom Schmelzpunkt 161—163° und ist linksdrehend.

Die Chemie der Santoningruppe zeichnet sich dadurch aus, dass sie eine grosse Zahl von isomeren Verbindungen aufzuweisen hat. Einige Beispiele dafür haben wir schon kennen gelernt: Santonin — Desmotroposantonin, Santoninsäure — Santonsäure. In den beiden angeführten Fällen konnte die Isomerie auf eine Structurverschiedenheit zurückgeführt werden; in anderen Fällen beruht sie auf der Verschiedenheit der Configuration asymmetrischer Kohlenstoffatome, wie aus dem Studium der optischen Eigenschaften der Isomeren hervorgeht. Eine solche Gruppe bilden die santonigen Säuren (vgl. S. 450). Es wurde schon erwähnt, dass die durch Reduction des Santonins entstehende Säure rechtsdrehend ist. Erhitzt man diese Säure mit Barytwasser auf hohe Temperatur, so wird sie inactiv, indem sie in eine racemische Säure übergeht. Die linksdrehende santonige Säure entsteht auf folgende Weise: wird Desmotroposantonin (S. 449) mit Kali geschmolzen, so geht es in ein Isomeres, das Isodesmotroposantonin über, welches, mit Zinkstaub und Essigsäure reducirt, linksdrehende santonige Säure liefert. Durch Vermischen gleicher Theile von rechts- und linksdrehender santoniger Säure erhält man eine inactive Verbindung mit allen Eigenschaften der aus der rechtsdrehenden Säure durch Erhitzen mit Baryt dargestellten racemischen Säure.

d-santonige Säure, $[\alpha]_D = +74{\cdot}6^\circ$. Schmelzpunkt 178—179°.
l-santonige Säure, $[\alpha]_D = -74{\cdot}3^\circ$. Schmelzpunkt 176—177°.
rac-santonige Säure, Schmelzpunkt 153°.

Zu diesen drei zusammengehörigen Säuren, die im Verhältniss von d-, l- und rac-Form stehen, tritt noch als viertes Isomeres die desmotroposantonige Säure, welche durch Reduction des Desmotroposantonins entsteht, ebenfalls activ ist, aber ein anderes Drehungsvermögen als d- und l-santonige Säure besitzt.

Unter den Naturstoffen von aufgeklärter Constitution stand das Santonin bisher isolirt da. Es sei aber darauf hingewiesen, dass eine dem Kohlenstoffgerüst der Santoninformel (s. unten Formel I) ähnliche Anordnung der Kohlenstoffatome neuerdings für die in der Natur sehr verbreiteten Sesquiterpene angenommen wurde (vgl. S. 439)[1] — s. unten Formel II —, welche ebenso wie das Santonin 15 Kohlenstoffatome in ihrem Molecül vereinigen:

I 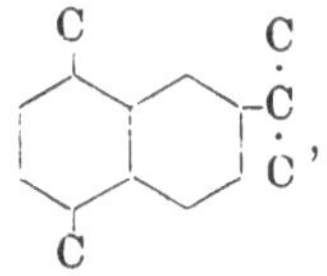 , II 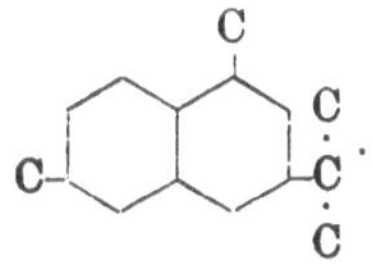 .

Sechsundfünfzigstes Kapitel.

Verbindungen, welche ausser einem Naphtalinkern Benzolkerne oder weitere Naphtalinkerne enthalten.

Körper, deren Molecül einen Naphtalinkern direct oder durch Vermittelung aliphatischer Zwischenglieder mit einem oder mehreren anderen isocyclischen Ringen verbunden enthält (vgl. Kapitel 43), sind in grösserer Anzahl bekannt geworden. So entsprechen z. B. dem Diphenyl die Verbindungen:

$C_{10}H_7—C_6H_5$ und $C_{10}H_7—C_{10}H_7$,
Phenylnaphtalin — Dinaphtyl

dem Diphenylmethan die Systeme:

$C_{10}H_7—CH_2—C_6H_5$ und $C_{10}H_7—CH_2—C_{10}H_7$,
Benzylnaphtalin — Dinaphtylmethan

dem Triphenylmethan:

$(C_6H_5)_2CH \cdot C_{10}H_7$, $C_6H_5 \cdot CH(C_{10}H_7)_2$, $(C_{10}H_7)_3CH$.
Diphenylnaphtylmethan — Phenyldinaphtylmethan — Trinaphtylmethan

[1] SEMMLER, Ber. **36**, 1039 (1903).

Die Bildungsweisen aller dieser Körper sind im Allgemeinen analog denjenigen für die entsprechenden, nur aus Benzolringen aufgebauten Verbindungen. Interesse bieten sie zum Theil durch ihre Beziehungen zu den höher condensirten Kohlenwasserstoffen (Chrysen, Picen).

Die Phenylnaphtalingruppe.

Die beiden **Phenylnaphtaline:**

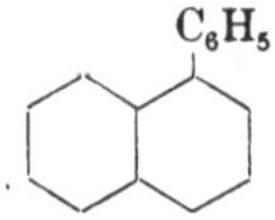

und

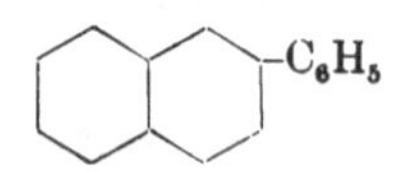

können ganz analog dem Diphenyl hergestellt werden (vgl. S. 17), indem man festes Benzoldiazoniumchlorid bei Gegenwart von Naphtalin mit Aluminiumchlorid behandelt[1]:

$$C_6H_5 \cdot N_2 \cdot Cl + C_{10}H_8 = C_6H_5—C_{10}H_7 + N_2 + HCl.$$

Bei dieser Reaction entstehen beide Isomeren neben einander; das Hauptprodukt bildet das α-Phenylnaphtalin.

Die α-Verbindung entsteht auch nach der Friedel-Crafts'schen Methode[2] aus α-Chlor- oder α-Brom-Naphtalin, Benzol und Aluminiumchlorid oder aus Brombenzol, Naphtalin und Aluminiumchlorid:

$$C_{10}H_7 \cdot Br + C_6H_6 = C_{10}H_7—C_6H_5 + HBr,$$
$$C_6H_5 \cdot Br + C_{10}H_8 = C_6H_5—C_{10}H_7 + HBr.$$

Beide Verbindungen können auch nach der Fittig'schen Reaction (vgl. S. 13) durch Einwirkung von Natrium auf ein Gemisch von Chlorbenzol bezw. Brombenzol mit α- oder β-Bromnaphtalin erhalten werden[3].

Leitet man ein Gemisch der Dämpfe von Naphtalin und Brombenzol durch ein mit Bimstein gefülltes rothglühendes Rohr[4], so entsteht neben Diphenyl und ββ-Dinaphtyl (S. 456) das β-Phenylnaphtalin:

$$C_{10}H_8 + C_6H_5 \cdot Br = C_{10}H_7—C_6H_5 + HBr.$$

Einige Synthesen des β-Phenylnaphtalins gehen von Benzolderivaten aus; hier wird also der Naphtalinkern erst bei der Reaction gebildet (vgl. S. 313ff.). Die Ausgangs-Substanzen sind[5]:

---

[1] Möhlau u. Berger, Ber. 26, 1196, 1999 (1893). — Vgl. auch Kühling, Ber. 29, 168 (1896). — Vgl. ferner die ähnliche Bildungsweise der Naphtylphenole, $C_{10}H_7—C_6H_4 \cdot OH$: Hirsch, D. R.-Pat. Nr. 58001. — Hönigschmid, Monatsh. 23, 825, 827 (1902).

[2] Chattaway, Journ. Soc. 63, 1185 (1893).

[3] Chattaway u. Lewis, Journ. Soc. 65, 869 (1894).

[4] Smith, Ber. 12, 1397, 2049 (1879); 24 Ref., 722 (1891). — Smith u. Takamatsu, Journ. Soc. 39, 546 (1881).

[5] Breuer u. Zincke, Ber. 11, 1402, 1404 (1878). Ann. 226, 24, 48 (1884). — Erlenmeyer, Ber. 13, 304 (1880). — Zincke, Ann. 240, 137 (1887). — Miller u. Rohde, Ber. 23, 1078 (1890). — Vgl. auch Michael u. Bucher, Am. chem. Journ. 20, 89 (1898).

Phenylmilchsäure, $C_6H_5-CH_2-CH(OH)-CO_2H$,

Phenylglykol, $C_6H_5-CH(OH)-CH_2 \cdot OH$,

Phenylacetaldehyd, $C_6H_5-CH_2-CHO$.

Der Uebergang dieser Körper in β-Phenylnaphtalin findet beim Erhitzen mit verdünnter Schwefelsäure statt. Hierbei wird sowohl die Phenylmilchsäure als auch das Phenylglykol zunächst in Phenylacetaldehyd verwandelt:

$$C_6H_5-CH_2-CH(OH)-CO_2H = C_6H_5-CH_2-CHO + H \cdot CO_2H,$$
$$C_6H_5-CH(OH)-CH_2 \cdot OH = C_6H_5-CH_2-CHO + H_2O;$$

darauf werden in einer zweiten Reactionsphase 2 Molecüle Phenylacetaldehyd zu β-Phenylnaphtalin verkettet:

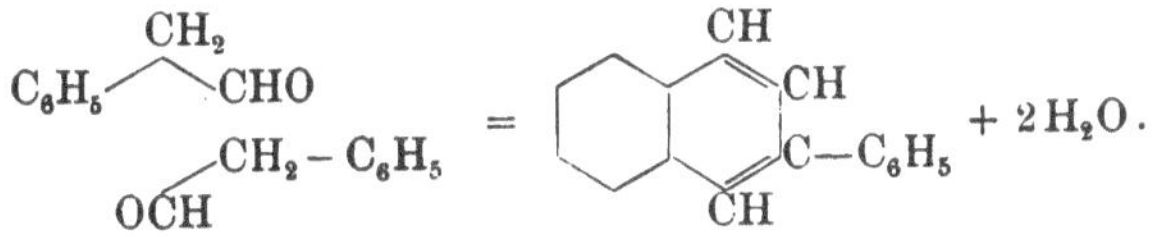

Ueber die ähnliche Bildung einer α-Phenylnaphtalindicarbonsäure vgl. Bd. II, Th. I, S. 616.

Das β-Phenylnaphtalin scheint auch im Steinkohlentheer[1] vorzukommen und entsteht beim Abbau des Kohlenwasserstoffs Chrysen[2]. Indem man das Chrysen zunächst zu Chrysochinon oxydirt und letzteres bezw. das daraus herstellbare Chrysenketon mit Kali verschmilzt, erhält man zwei isomere als Chrysensäure und β-Chrysensäure bezeichnete Säuren:

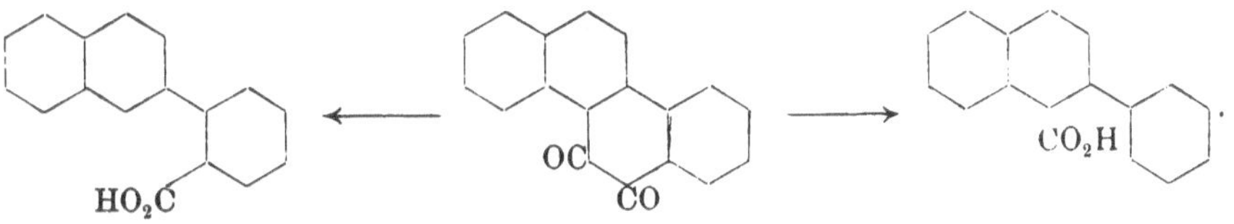

Chrysensäure, Schmelzpunkt 190° — Chrysochinon — β-Chrysensäure, Schmelzpunkt 114°

Mit Natronkalk geglüht geht die Chrysensäure in β-Phenylnaphtalin über. Analog der Darstellung der Diphensäure aus dem Monoxim des Phenanthrenchinons (vgl. S. 24) lässt sich die der Diphensäure entsprechende β-Phenylnaphtalindicarbonsäure (Chrysodiphensäure):

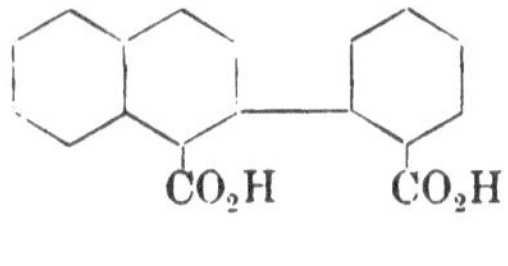

[1] Fittig, Ber. **5**, 806 (1872)

[2] Gräbe, Ber. **6**, 66 (1873); **7**, 782 (1874); **33**, 680 (1900). — Schmidt, J. pr. [2] **9**, 285 (1874). — Bamberger u. Burgdorf, Ber. **23**, 2433 (1890). — Bamberger u. Chattaway, Ber. **26**, 1745 (1893). — Gräbe u. Hönigsberger, Ann. **311**, 257. 272 (1900). — Gräbe u. Gnehm, Ber. **35**, 2744 (1902).

aus dem Oxim des Chrysochinons herstellen. Diese Abbau-Reactionen haben wesentlich zur Erkennung der Constitution des Chrysens beigetragen; es wird daher bei Besprechung dieses Kohlenwasserstoffs (vgl. Kapitel 61) darauf zurückzukommen sein.

Eine der FITTIG-ERDMANN'schen Naphtolsynthese ähnliche Ringschliessung[1] führt vom $\alpha\gamma$-Diphenylacetessigester (Formel I) unter der Einwirkung von concentrirter Schwefelsäure zum 1.3-Dioxy-2-phenylnaphtalin (Formel II):

I 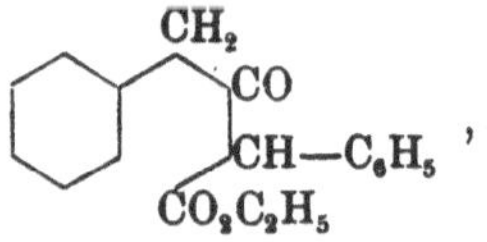 , II 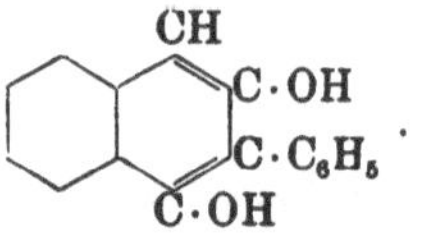 .

α-Phenylnaphtalin schmilzt unscharf bei 45° und siedet bei 324—325°. Es riecht gleichzeitig nach Naphtalin und Diphenyl. Bei der Oxydation mit Permanganat entsteht o-Benzoylbenzoësäure (S. 99), woraus sich die α-Stellung der Phenylgruppe ergiebt:

β-Phenylnaphtalin krystallisirt in Blättchen vom Schmelzpunkt 102—102·5°. Es siedet bei 346—347°.

Die Dinaphtylgruppe.

Wie das Benzol beim Durchleiten seiner Dämpfe durch ein glühendes Rohr in Diphenyl übergeht (vgl. S. 14), so liefert auch das Naphtalin bei dieser Behandlung eine aus zwei einwerthigen Naphtalinresten gebildete Verbindung, das Dinaphtyl[2], und zwar findet die Zusammenlagerung in der β-Stellung beider Naphtalinkerne statt; der entstehende Körper ist also als $\beta\beta$-**Dinaphtyl** zu bezeichnen:

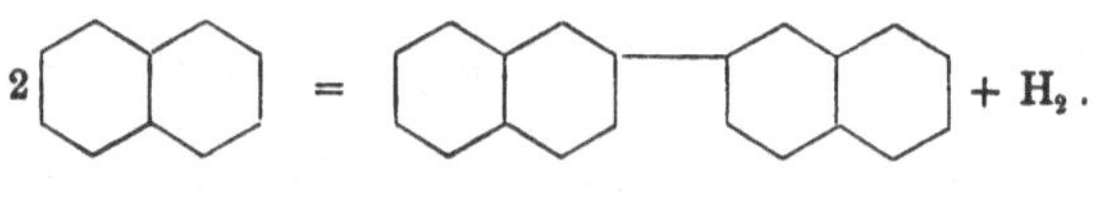

Auch hier kann ebenso wie bei der Diphenylsynthese die Ausbeute durch Zusatz gewisser Metallchloride, wie Zinn- oder Antimon-Chlorid, verbessert werden. Gleichzeitig entstehen dann neben der $\beta\beta$-Verbindung

[1] VOLHARD, Ann. **296**, 14 (1897).

[2] SMITH, Ber. **4**, 888 (1871); **7**, 1023 (1874); **9**, 467 (1876); **10**, 1603 (1877); **12**, 356, 674, 2131 (1879). Journ. Soc. [2] **9**, 1184 (1871); [2] **12**, 854 (1874); **30**, 31 (1876); **32**, 551 (1877); **35**, 224 (1879); **39**, 551 (1881). — FERKO, Ber. **20**, 662 (1887).

auch ihre beiden theoretisch möglichen Isomeren, das **αα-Dinaphtyl** und das **αβ-Dinaphtyl:**

Das αα-Dinaphtyl[1] wurde zuerst als Nebenprodukt bei der Ueberführung von Naphtalin in Phtalsäure durch Mangandioxyd und Schwefelsäure beobachtet.

Die Entstehung des ββ-Dinaphtyls als Nebenprodukt bei der Darstellung der Alkylnaphtaline nach der Friedel-Crafts'schen Methode[2] wurde schon erwähnt (S. 321).

Am besten gewinnt man das ββ-Dinaphtyl, indem man nach der Fittig'schen Methode[3] β-Chlornaphtalin, in Xylol gelöst, mit Natrium behandelt (vgl. S. 13):

$$C_{10}H_7 \cdot Cl + 2Na + Cl \cdot C_{10}H_7 = C_{10}H_7 - C_{10}H_7 + 2NaCl.$$

In derselben Weise bildet sich aus α-Bromnaphtalin αα-Dinaphtyl[4].

Endlich ist das ββ-Dinaphtyl auch aus seiner Carbonsäure, der sogenannten Picensäure[5], durch Glühen mit Kalk gewonnen worden. Die Picensäure stellt ein Abbauprodukt des Kohlenwasserstoffes Picen dar (s. Kapitel 61) und entsteht aus ihm in ganz analoger Weise wie die Chrysensäure aus Chrysen (vgl. S. 455):

$$\begin{matrix} C_{10}H_6-CH \\ C_{10}H_6-CH \end{matrix} \longrightarrow \begin{matrix} C_{10}H_6-CO \\ C_{10}H_6-CO \end{matrix} \longrightarrow \begin{matrix} C_{10}H_6-CO_2H \\ C_{10}H_7 \end{matrix} \longrightarrow \begin{matrix} C_{10}H_7 \\ C_{10}H_7 \end{matrix}.$$

Picen — Picenchinon — Picensäure — ββ-Dinaphtyl

αα-Dinaphtyl[6] bildet rhomboïdale Tafeln vom Schmelzpunkt 160·5° (corr.); es siedet unzersetzt oberhalb 360°.

αβ-Dinaphtyl krystallisirt in kleinen sechsseitigen Tafeln vom Schmelzpunkt 79—80°.

ββ-Dinaphtyl bildet schwach blau fluorescirende Tafeln, die bei 187·8° (corrigirt) schmelzen; es siedet unter 753 mm Druck bei 452°.

Bei Besprechung der Diphenylderivate wurde (S. 15) erwähnt, dass die Zusammenschweissung zweier Phenolreste zu den Diphenolen in vielen Fällen mit grosser Leichtigkeit vor sich geht. Diese Erscheinung

---

[1] Lossen, Ann. **144**, 79 (1867).

[2] Roux, Bull. [2] **41**, 381 (1884). — Wegscheider, Monatsh. **5**, 236 (1885). — Vgl. auch: Abeljanz, Ber. **5**, 1027 (1872). — Gladstone u. Tribe, Journ. Soc. **41**, 16 (1882).

[3] Chattaway, Journ. Soc. **67**, 653 (1895). — Vgl. auch Chattaway u. Lewis, Journ. Soc. **65**, 879 (1894).

[4] Lossen, Ann. **144**, 88 (1867).

[5] Bamberger u. Chattaway, Ber. **26**, 1751 (1893). Ann. **284**, 52 (1895).

[6] Vgl. auch Willgerodt u. Schlösser, Ber. **35**, 698 (1902).

tritt besonders in der Naphtalinreihe hervor. Wenn man α- oder β-Naphtol in wässeriger Lösung mit Eisenchloridlösung zusammenbringt[1], so scheidet sich α- bezw. **β-Dinaphtol** aus, indem gleichzeitig das Eisenchlorid zu Chlorür reducirt wird:

$$2C_{10}H_7 \cdot OH + 2FeCl_3 = HO \cdot C_{10}H_6—C_{10}H_6 \cdot OH + 2FeCl_2 + 2HCl.$$

Die Constitution dieser Dinaphtole ist nicht sicher festgestellt, doch wird sie wahrscheinlich durch folgende Formeln wiederzugeben sein:

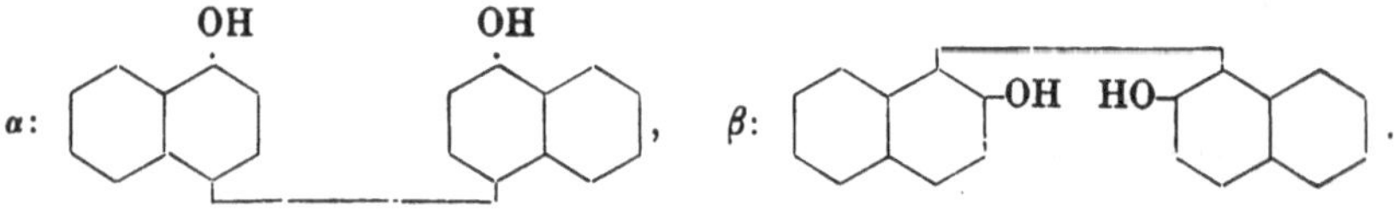

Dass das ββ-Dinaphtol in der That ein Dioxyderivat des αα-Dinaphtyls ist, geht daraus hervor, dass es durch Destillation mit Zinkstaub in dieses übergeht[2].

Beide Dinaphtole werden durch wasserentziehende Mittel in Dinaphtylenoxyde verwandelt:

$$\begin{matrix} C_{10}H_6—OH \\ | \\ C_{10}H_6—OH \end{matrix} = H_2O + \begin{matrix} C_{10}H_6 \\ | \\ C_{10}H_6 \end{matrix}\!\!>O.$$

α-Dinaphtol bildet silberglänzende rhombische Tafeln vom Schmelzpunkt 300°. β-Dinaphtol krystallisirt in Nadeln oder Prismen und schmilzt bei 218° (corrigirt).

Mit ähnlicher Leichtigkeit wie die Naphtole gehen auch die Naphtochinone in dimoleculare Verbindungen über[3]. Der durch die Condensation freiwerdende Wasserstoff wird dabei von den Chinongruppen selbst aufgenommen. Es ist daher zu dieser Reaction ein oxydirendes Agens nicht erforderlich.

Lässt man β-Naphtochinon mit Mineralsäuren in Berührung oder erwärmt man es mit verdünnter Schwefelsäure, so bildet sich ein blauschwarzes Pulver, das Dinaphtyldichinhydron:

$$2C_{10}H_6O_2 = C_{20}H_{10}O_2(OH)_2.$$

Durch oxydirende Mittel geht dieser Körper in **Dinaphtyldichinon** über, reducirende Agentien verwandeln ihn in Dinaphtyldihydrochinon. Aus der Oxydation des Dinaphtyldichinons mit Kaliumpermanganat zu Diphtalylsäure (vgl. S. 229) ergiebt sich für das Dichinon folgende Constitutionsformel:

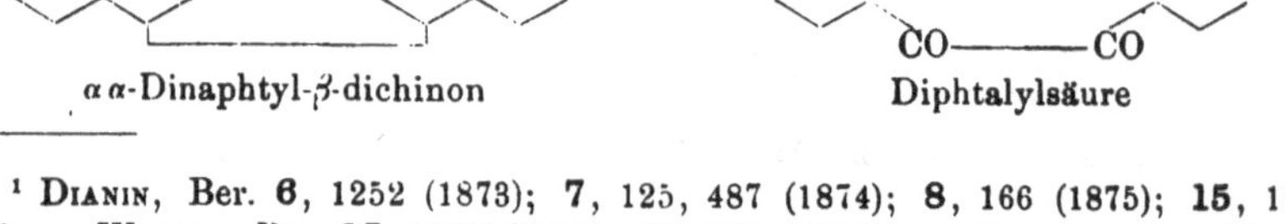

αα-Dinaphtyl-β-dichinon — Diphtalylsäure

---

[1] Dianin, Ber. **6**, 1252 (1873); **7**, 125, 487 (1874); **8**, 166 (1875); **15**, 1194 (1882). — Walder, Ber. **15**, 2167 (1882); **16**, 299 (1883). — Ostermayer u. Rosenheck, Ber. **17**, 2453 (1884). — Vgl. auch: Onufrowicz, Ber. **21**, 3562 (1888); **23**, 3368 (1890). — Fosse, Bull. [3] **19**, 610 (1898).

[2] Julius, Ber. **19**, 2549 (1886). — Fosse, Bull. [3] **21**, 650 (1899).

[3] Stenhouse u. Groves, Ann. **194**, 205 (1878). — Korn, Ber. **17**, 3019 (1884).

Das Dichinon bildet orangefarbene, glänzende Prismen. Mit Alkali bei Luftzutritt behandelt[1], liefert es gewöhnliches Oxynaphtochinon (S. 390—391).

In analoger Weise wie das β-Naphtochinon wird, wie es scheint, auch das α-Naphtochinon beim Kochen mit verdünnter Schwefelsäure in ein Dinaphtylderivat übergeführt[2].

Auch durch directe Oxydation des $\beta\beta$-Dinaphtyls sind Chinone der Dinaphtylreihe dargestellt worden[3].

Endlich lassen sich Basen der Dinaphtylreihe mittels der Benzidinreaction (S. 18 ff.) gewinnen[4]. Wenn man **$\alpha\alpha$-Hydrazonaphtalin** (S. 407) mit verdünnter Salzsäure erwärmt oder das **$\alpha\alpha$-Azonaphtalin** (S. 407) mit Zinnchlorür und Salzsäure reducirt, so erhält man zwei isomere Basen der Dinaphtylreihe, welche dem Benzidin und dem Diphenylin entsprechen und als **Naphtidin** bezw. **Dinaphtylin** bezeichnet worden sind. Das Naphtidin (Schmelzpunkt 198°) bezitzt die dem Benzidin entsprechende Constitution eines pp-Diamins:

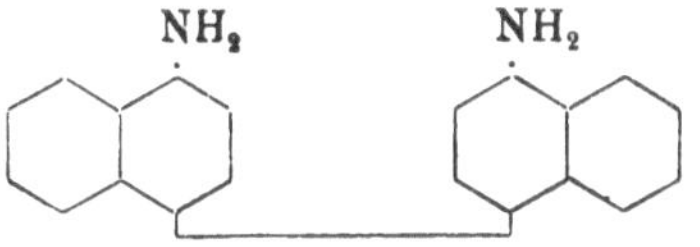

da es bei der Oxydation in α-Naphtochinon übergeht. Für das Dinaphtylin (Schmelzpunkt 273°) lassen sich verschiedene Formeln ableiten. Es konnte bisher nur festgestellt werden, dass es wie das Naphtidin ein $\alpha\alpha$-Dinaphtylderivat ist, da es durch Elimination der Amidogruppen mittels der Diazoreaction in $\alpha\alpha$-Dinaphtyl übergeführt wird.

Die Benzylnaphtalingruppe.

Der Ersatz eines Benzolkerns im Diphenylmethan durch den Naphtalinrest führt zum α- und β-**Benzylnaphtalin:**

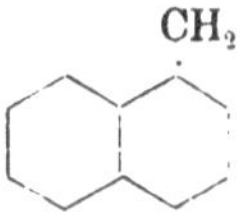

Schmelzp. 59°
Siedep. 350°

und

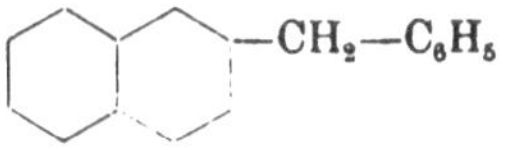

Schmelzp. 35·5°
Siedep. 350°.

Ebenso leiten sich vom Benzophenon das **Phenyl-α-naphtylketon** (Schmelzp. 75·5°) und **Phenyl-β-naphtylketon** (Schmelzp. 82°) $C_{10}H_7 \cdot CO \cdot C_6H_5$ ab. Die Darstellungsweisen dieser Verbindungen reihen sich ganz an diejenigen des Diphenylmethans bezw. Benzophenons an.

Die nach Zincke's Methode (vgl. S. 57) vorgenommene Einführung der Benzylgruppe in den Naphtalinkern[5] führt nur zum α-Benzylnaphtalin; dagegen liefert die

---

[1] Hooker u. Walsh, Journ. Soc. **65**, 321 (1894).

[2] Liebermann, Ber. **18**, 966 (1885).

[3] Staub u. Smith, Journ. Soc. **47**, 104 (1885). — Chattaway, Journ. Soc. **67**, 653 (1895).

[4] Nietzki u. Goll, Ber. **18**, 3254 (1885). — Vgl. auch: Smith, Journ. Soc. **41**, 182 (1882). — Julius, Ber. **19**, 2549 (1886). — Witt, Ber. **21**, 726 (1888). — Reverdin u. de la Harpe, Cöthener Chem. Ztg., **16**, 1687 (1892). — Witt u. Dedichen, Ber. **30**, 2659 (1897).

[5] Froté, Ber. **6**, 451 (1873). Compt. rend. **76**, 639 (1873). — Miquel, Ber. **9**, 1034 (1876). Bull. [2] **26**, 2 (1876).

FRIEDEL-CRAFTS'sche Reaction[1] (vgl. S. 59) beide Isomeren nebeneinander, und zwar bei niederer Temperatur und Anwendung von wenig Aluminiumchlorid hauptsächlich die α-Verbindung, bei höherer Temperatur die β-Verbindung.

Durch Oxydation mit verdünnter Salpetersäure liefern beide Benzylnaphtaline die entsprechenden Phenylnaphtylketone. Dieselben Ketone gewinnt man auch, indem man Benzoësäure bei Gegenwart von Phosphorsäureanhydrid[2] (vgl. S. 65) oder Benzoylchlorid bei Gegenwart von Zink, Chlorzink oder Aluminiumchlorid[3] (vgl. S. 60—61) auf Naphtalin einwirken lässt. Nach letzteren Methoden erhält man stets Gemenge von α- und β-Naphtylphenylketon, und zwar bei Anwendung von Zink und Benzoylchlorid vorwiegend die α-Verbindung, bei Benutzung von Aluminiumchlorid als Condensationsmittel dagegen hauptsächlich das β-Isomere.

Will man die beiden Ketone gesondert herstellen, so kann man in der Weise verfahren, dass man α- bezw. β-Naphtoësäure mit Benzol und Phosphorsäureanhydrid erhitzt[4]. Diese Methode liefert jedoch in der α-Reihe sehr schlechte Ausbeuten, da die α-Naphtoësäure leicht Kohlensäure abspaltet und das dadurch gebildete Naphtalin auch an der Reaction theilnimmt.

Bei der Oxydation mit Chromsäure gehen die beiden Ketone in Chinone über[5]:

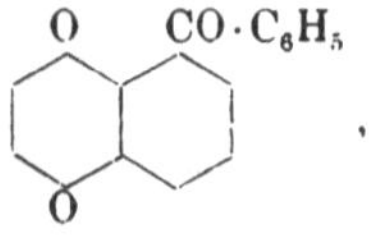

5-Benzoyl-α-naphtochinon

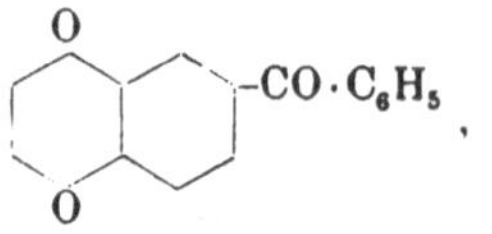

6-Benzoyl-α-naphtochinon

welche durch Permanganat in benzoylirte Phtalsäuren übergeführt werden:

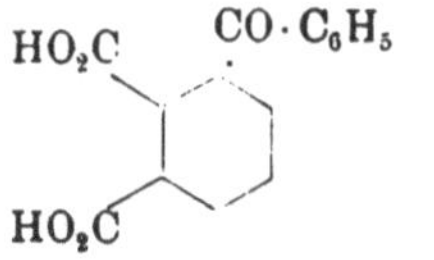

und

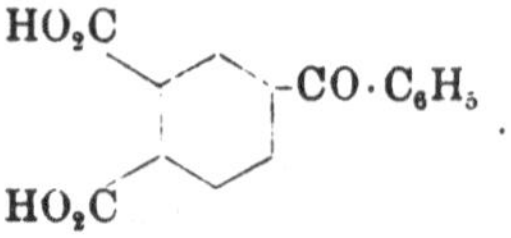

Die Dinaphtylmethangruppe.

Von den drei theoretisch möglichen **Dinaphtylmethanen** entsteht eines[6], welchem eine der beiden folgenden Formeln zukommt:

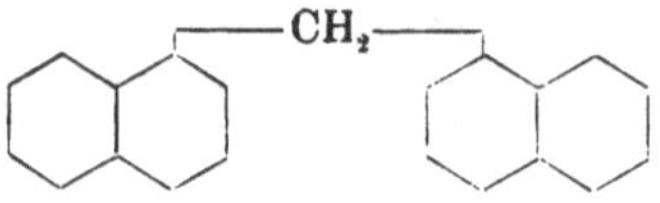

αα

oder

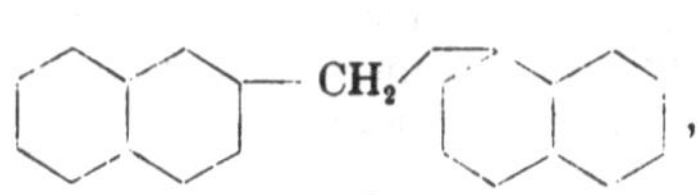

αβ

---

[1] VINCENT u. ROUX, Bull. [2] **40**, 163 (1883). — ROUX, Ann. ch. [6] **12**, 323 (1887).

[2] KOLLARITS u. MERZ, Ber. **6**, 541 (1873). — Vgl. auch: FRIEDLÄNDER, Monatsh. **23**, 973 (1902).

[3] MERZ u. GRUCAREVIC, Ber. **6**, 60, 966, 1239 (1873). — ROSPENDOWSKI, Compt. rend. **102**, 872 (1886). — ROUX, Ann. ch. [6] **12**, 340 (1887). — ELBS, J. pr. [2] **35**, 502 (1887). — Vgl. auch: ULLMANN u. BLEIER, Ber. **35**, 4277 (1902). — GRÄBE u. HAAS, Ann. **327**, 98 (1903). — NÖLTING, Chem. Centralbl. **1903 I**, 87.

[4] KOLLARITS u. MERZ, Ber. **6**, 541 (1873).

[5] KEGEL, Ann. **247**, 178 (1888).

[6] GRABOWSKI, Ber. **7**, 1605 (1874). — WHEELER u. JAMIESON, Journ. amer. Soc. **24**, 752 (1902). — Vgl. auch CLAUS u. RUPPEL, J. pr. [2] **41**, 53 (1890).

bei der Condensation von 2 Mol. Naphtalin mit 1 Mol. Methylal (vgl. S. 67), wenn man die mit Schwefelsäure versetzte Lösung der Componenten in Chloroform 12 Stunden stehen lässt, oder besser durch Erwärmen von Essigsäurechlormethylester, Naphtalin und Chlorzink. Es krystallisirt in kurzen, bei 99—100° schmelzenden Prismen und siedet unter normalem Druck oberhalb 360°, unter 14 mm Druck bei 270—272°.

Die $\beta\beta$-Verbindung ist nicht auf directem Wege erhalten worden. Man erhält sie bei der Reduction des $\beta\beta$-Dinaphtylketons[1] (s. S. 462) mit Jodwasserstoffsäure und Phosphor:

$$C_{10}H_7—CO—C_{10}H_7 + 2H_2 = C_{10}H_7—CH_2—C_{10}H_7 + H_2O\,.$$

Das $\beta\beta$-Dinaphtylmethan krystallisirt in feinen, bei 92° schmelzenden Nädelchen.

In analoger Weise wie mit dem Methylal reagirt das Naphtalin mit Chloral[2] unter Bildung von:

$$\begin{array}{c} C_{10}H_7—\underset{\displaystyle CCl_3}{\underset{|}{C}H}—C_{10}H_7 \end{array},$$

as-Dinaphtyltrichloräthan

welches in zwei isomeren Formen entsteht.

Leichter als mit Naphtalin condensiren sich die Aldehyde mit den Naphtolen, namentlich dem β-Naphtol[3]. Wenn man eine Eisessiglösung von β-Naphtol mit Formaldehyd kocht oder β-Naphtolnatrium mit Formaldehydlösung und verdünnter Natronlauge stehen lässt, so entsteht **$\beta\beta$-Dioxydinaphtylmethan:**

$$2C_{10}H_7\cdot OH + CH_2O = HO\cdot C_{10}H_6—CH_2—C_{10}H_6\cdot OH + H_2O\,.$$

Die Verbindung bildet mikroskopische Nadeln vom Schmelzpunkt 199°. Mit wasserentziehenden Mitteln behandelt, geht sie in ein Anhydrid, das Dinaphtylenmethanoxyd (Dinaphtoxanthen) über — eine Reaction, die darauf hindeutet, dass im Dioxydinaphtylmethan die Hydroxylgruppen in Orthostellung zur Methylengruppe stehen:

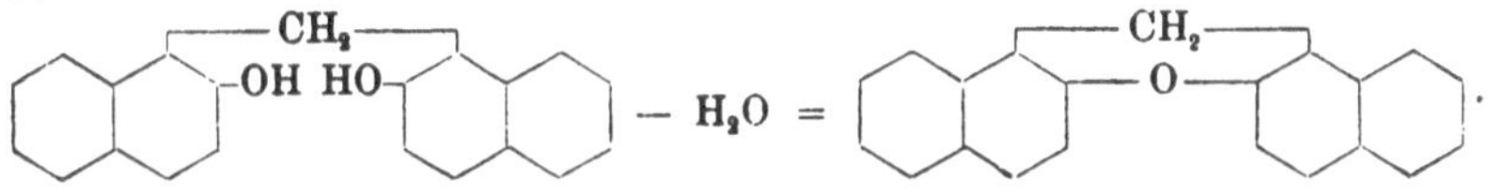

Dass in dem Dioxydinaphtylmethan in der That die beiden den Hydroxylen benachbarten α-Stellungen durch die Methylengruppe besetzt sind, geht auch daraus hervor, dass die Verbindung nicht befähigt ist, mit Diazoverbindungen zu Azokörpern zusammen zu treten oder Nitrosoderivate zu bilden (vgl. S. 303, 401, 408, 432). Sie wird vielmehr bei der Einwirkung von Diazokörpern oder salpetriger Säure aufgespalten unter Rückbildung von Formaldehyd und β-Naphtol, welches letztere dann die bekannten Azo- bezw. Nitroso-Verbindungen liefert.

Wendet man an Stelle des Formaldehyds Acetaldehyd bezw. Paraldehyd an[4],

[1] Richter, Ber. **13**, 1728 (1880).

[2] Grabowski, Ber. **6**, 224 (1873); **11**, 298 (1878). — Elbs, J. pr. [2] **47**, 44 (1893). — Vgl. auch Hepp, Ber. **7**, 1419 (1874).

[3] Hosaeus, Ber. **25**, 3213 (1892). — Abel, Ber. **25**, 3477 (1892). — Wolff, Ber. **26**, 83 (1893). — Manasse, Ber. **27**, 2412 (1894). — Möhlau u. Strohbach, Ber. **33**, 805 (1900). — Delépine, Compt. rend. **132**, 777 (1901). Bull. [3] **25**, 577 (1901).

[4] Claisen, Ann. **237**, 271 (1887). — Claus u. Ruppel, J. pr. [2] **41**, 48 (1890). — Vgl. auch: Claus u. Trainer, Ber. **19**, 3010 (1886). — Russanow, Ber. **25 Ref.**,

so erhält man aus β-Naphtol direct einen dem obigen Anhydrid entsprechenden Körper:

$$2\,C_{10}H_7\cdot OH + CH_3\cdot CHO = C_{10}H_6\left\langle\begin{matrix}CH\cdot CH_3\\ O\end{matrix}\right\rangle C_{10}H_6 + 2\,H_2O\,.$$

Die Einwirkung von Chloroform auf β-Naphtol[1] führt zu folgenden vier Verbindungen:

$C_{10}H_6\left\langle\begin{matrix}OH\\ CHO\end{matrix}\right.$, Oxynaphtaldehyd (vgl. S. 423)

$CH(OH)\left\langle\begin{matrix}C_{10}H_6\\ C_{10}H_6\end{matrix}\right\rangle O$, Dinaphtoxanthydrol

$CH_2\left\langle\begin{matrix}C_{10}H_6\\ C_{10}H_6\end{matrix}\right\rangle O$, Dinaphtoxanthen

$HO\cdot C_{10}H_6\cdot CH\left\langle\begin{matrix}C_{10}H_6\\ C_{10}H_6\end{matrix}\right\rangle O$. Oxynaphtyldinaphtoxanthen

Dem β-Naphtol analog verhält sich das β-Naphtylamin gegenüber Formaldehyd[2]. Man erhält hier je nach den Versuchsbedingungen entweder das Diamidodinaphtylmethan (bezw. dessen Dimethylenderivat) (Formel I) oder das um 1 Molecül Ammoniak ärmere ringförmig geschlossene Produkt, das Hydronaphtakridin (Formel II):

I 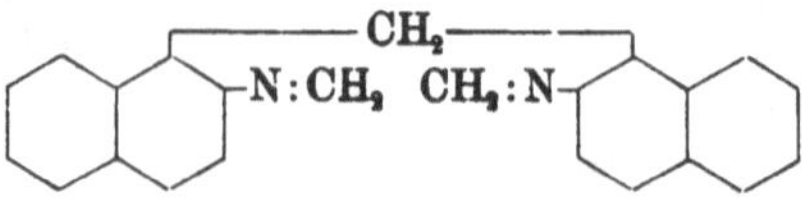

, II 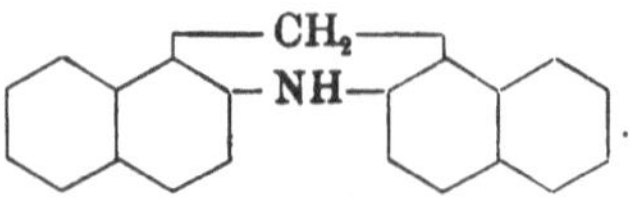

.

Von den **Dinaphtylketonen**[3] kennen wir die $\alpha\beta$- und die $\beta\beta$-Verbindung:

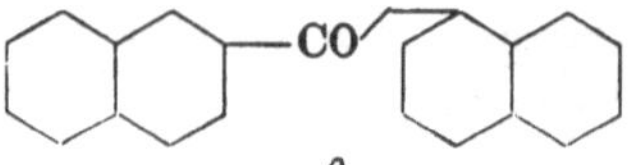

$\alpha\beta$

und

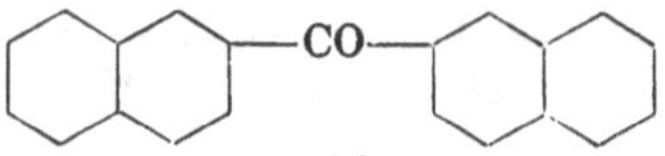

$\beta\beta$

Das $\alpha\beta$-Keton entsteht bei der Condensation von Naphtalin mit α-Naphtoësäure durch Phosphorsäureanhydrid (vgl. S. 65 u. 460), ferner aus dem Chlorid der α-Naphtoësäure, Naphtalin und Zink und endlich bei der Einwirkung des Chlorids der β-Naphtoësäure auf Quecksilberdinaphtyl. Die Bildung desselben Körpers aus dem Chlorid der α- wie der β-Naphtoësäure beweist, dass die Ketongruppe im einen Naphtalinkern die α-Stellung, im zweiten dagegen die β-Stellung einnimmt, dass also das durch die erste der obigen Formeln bezeichnete Keton vorliegt. Der Körper krystallisirt in Nadeln vom Schmelzpunkt 135°. Bei der durch Erhitzen mit Natronkalk ausgeführten Spaltung zerfällt er in Naphtalin, α- und β-Naphtoësäure.

$\beta\beta$-Dinaphtylketon bildet sich aus Naphtalin, β-Naphtoësäure und Phosphorsäureanhydrid, ferner aus Naphtalin, β-Naphtoylchlorid und Zink und endlich bei

333 (1892). — Dianin, Ber. **25 Ref.**, 336 (1892). — Elbs, J. pr. [2] **47**, 68 (1893). — Kahl, Ber. **31**, 143 (1898).

[1] Fosse, Compt. rend. **132**, 695, 787, 1127 (1901); **133**, 100, 236, 639, 880, 1218 (1901); **134**, 177, 663, 904 (1902); **135**, 39, 530 (1902); **136**, 379 (1903). Bull. [3] **27**, 496 (1902).

[2] Morgan, Journ. Soc. **73**, 536 (1898); **77**, 814 (1900).

[3] Kollarits u. Merz, Ber. **6**, 544, 546 (1873). — Merz u. Grucarevic, Ber. **6**, 966, 1241, 1248 (1873). — Hausamann, Ber. **8**, 1505 (1875); **9**, 1515 (1876).

der Destillation des Calciumsalzes der β-Naphtoësäure. Aus der letztgenannten Reaction ergiebt sich, dass eine ββ-Verbindung vorliegt. Das Keton tritt in zwei physikalisch isomeren Formen auf, in Nadeln vom Schmelzpunkt 125·5° und in seideglänzenden Blättchen vom Schmelzpunkt 164·5°.

Diphenylnaphtylmethan-, Phenyldinaphtylmethan- und Trinaphtylmethan-Verbindungen.

Das **Diphenylnaphtylmethan**[1]

$$(C_6H_5)_2CH—C_{10}H_7$$

bildet sich, wenn man Benzhydrol und Naphtalin mit Phosphorsäureanhydrid oder mit concentrirter Schwefelsäure erhitzt (vgl. S. 107). Nach ersterem Verfahren erhält man die Verbindung in zwei in einander überführbaren isomeren Formen vom Schmelzpunkt 134° bezw. 149°. Mit concentrirter Schwefelsäure wurde nur die hochschmelzende Modification erhalten.

Zu den Derivaten dieses Kohlenwasserstoffes gehören einige im Handel unter den Namen **Victoriablau** und **Nachtblau** vorkommende Farbstoffe[2], welche man durch Condensation des Chlorids des Tetramethyldiamidobenzophenons (Michler'schen Ketons, vgl. S. 98) bezw. der entsprechenden Aethylverbindung mit arylirten α-Naphtylaminen erhält. Diese Farbstoffe verhalten sich ähnlich den basischen Triphenylmethanfarbstoffen. Die Victoriablaufarbstoffe finden ausgedehnte Anwendung, weil sie auf Wolle gefärbt walk- und waschechte Töne geben, welche sich durch ihren schönen, lebhaften Ueberschein auszeichnen. Man benutzt sie daher vielfach zum Schönen von schwarzen bezw. blauschwarzen Färbungen.

Victoriablau B (aus Phenyl-α-naphtylamin) hat wahrscheinlich die folgende Zusammensetzung:

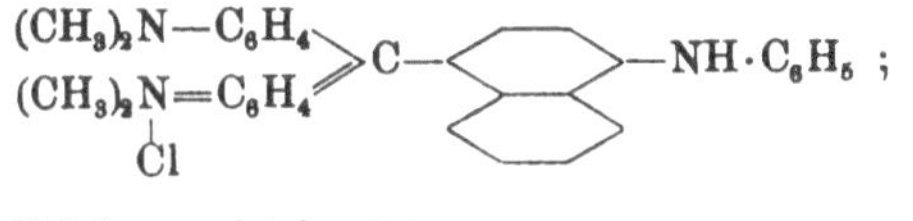

Nachtblau (aus p-Tolyl-α-naphtylamin):

$$\begin{matrix}(C_2H_5)_2N—C_6H_4 \\ (C_2H_5)_2N{=}C_6H_4 \\ \;\;\;\;\;\;\;\;\;|\;\; \\ \;\;\;\;\;\;\;\;\;Cl\end{matrix}\!\!>C—C_{10}H_6—NH·C_7H_7\ .$$

Zwei dem Phenolphtaleïn[3] (vgl. S. 154ff.) bezw. dem Fluoresceïn[4] (vgl. S. 158ff.)

---

[1] Lehne, Ber. **13**, 138 (1880). — Hemilian, Ber. **13**, 678 (1880).

[2] Nathanson u. Müller, Ber. **22**, 1888 (1889). — Badische Anilin- u. Soda-Fabrik, D. R.-Pat. Nr. 27789. — Vgl. auch: Möhlau u. Klopfer, Ber. **32**, 2149 (1899). — Farbenfabriken vorm. Friedr. Bayer & Co., D. R.-Pat. Nr. 58483, 58969, 76073, 80510, 97286, 98546. — Kern & Sandoz, D. R.-Pat. Nr. 68144. — Farbwerke Höchst a./M., D. R.-Pat. Nr. 118077. — Nölting, Chem. Centralbl. **1903 I**, 87.

[3] Jaubert, Ber. **28**, 991 (1895).

[4] Terrisse, Ann. **227**, 133 (1885).

analog zusammengesetzte Verbindungen sind durch Condensation von Naphtalsäureanhydrid (vgl. S. 429) mit Phenol bezw. Resorcin erhalten worden:

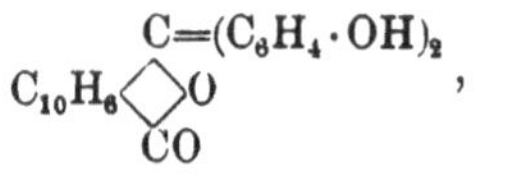

Phenolnaphtaleïn

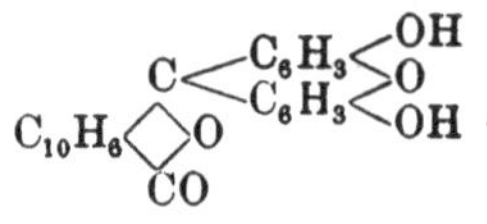

Naphtalfluoresceïn

Phenyldi-α-naphtylcarbinol[1], $C_6H_5—C(OH)(C_{10}H_7)_2$, bildet sich neben Benzaldehyd bei der Spaltung des β-Pinakolins, welches aus Phenyl-α-naphtylketon (vgl. S. 459) erhalten werden kann (vgl. S. 238), mit alkoholischer Kalilauge:

$$(C_{10}H_7)_2C(C_6H_5)—CO—C_6H_5 + H_2O = (C_{10}H_7)_2C(C_6H_5)\cdot OH + HCO—C_6H_5\,.$$

Durch Reduction mit Zinkstaub entsteht daraus das **Phenyldi-α-naphtylmethan**, $C_6H_5—CH(C_{10}H_7)_2$ (Schmelzpunkt 180°).

Eine Reihe von Oxyderivaten der Phenyldinaphtylmethane[2] ist durch Condensation von Aldehyden der Benzolreihe mit den Naphtolen erhalten worden, so z. B. aus Benzaldehyd und α- bezw. β-Naphtol zwei isomere Phenyldioxydinaphtylmethane:

$$C_6H_5—CHO + 2\,C_{10}H_7\cdot OH = C_6H_5—CH(C_{10}H_6\cdot OH)_2 + H_2O\,.$$

Auch hier zeigt die aus β-Naphtol entstehende Verbindung die Neigung, durch Wasserabspaltung in ein Produkt überzugehen, welches einen sauerstoffhaltigen Sechsring (Pyronring) enthält (vgl. S. 461).

Wenn man Phtalsäureanhydrid mit α- oder β-Naphtol erhitzt[3], so findet eine analoge Reaction statt wie bei der Bildung des Phenolphtaleïnanhydrids oder Fluorans (vgl. S. 157) aus Phtalsäureanhydrid und Phenol, während die dem Phenolphtaleïn selbst entsprechenden Verbindungen nicht erhalten wurden:

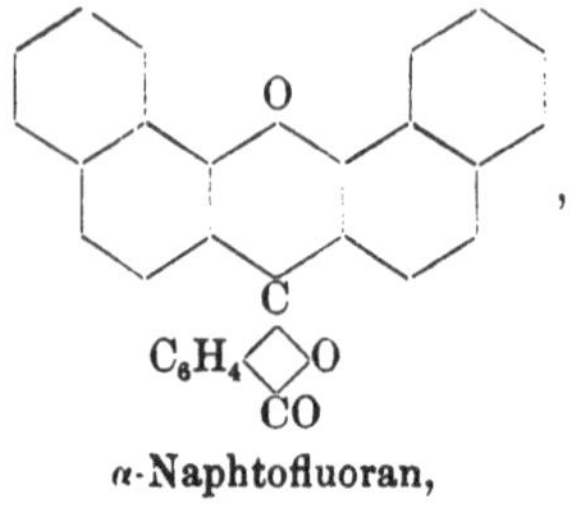

α-Naphtofluoran,
Schmelzpunkt 300°

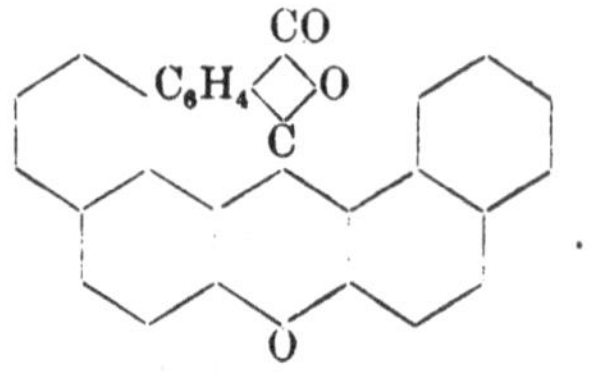

β-Naphtofluoran,
Schmelzpunkt 293°

---

[1] Elbs u. Steinike, Ber. **19**, 1965 (1886). — Elbs, J. pr. [2] **35**, 507 (1887).

[2] Claisen, Ber. **19**, 3316 (1886). Ann. **237**, 261 (1887). — Rogow, Ber. **33**, 3535 (1900). — Hewitt u. Turner, Ber. **34**, 202 (1901). — Hewitt, Turner u. Bradley, Journ. Soc. **81**, 1207 (1902). — Vgl. auch: Zincke u. Thelen, Ber. **21**, 2203 (1888). — Friedländer u. Welmans, Ber. **21**, 3128 (1888). — Döbner, Ann. **257**, 56 (1890). — Kafka, Ber. **24**, 795 (1891). — Zenoni, Gazz. chim. **23** II, 215 (1893). — Wurgaft, J. pr. [2] **49**, 551 (1894).

[3] Baeyer u. Grabowski, Ber. **4**, 661 (1871). — Grabowski, Ber. **4**, 725 (1871). — R. Meyer, Ber. **24**, 1414 (1891); **26**, 204 (1893).

Ein Derivat des Trinaphtylmethans entsteht[1], wenn man den β-Naphtolaldehyd (vgl. S. 423—424) mit 2 Mol. β-Naphtol condensirt:

$$C_{10}H_6\genfrac{<}{}{0pt}{}{OH}{CHO} + 2\,C_{10}H_7\cdot OH = HO\cdot C_{10}H_6-CH\genfrac{<}{}{0pt}{}{C_{10}H_6\cdot OH}{C_{10}H_6\cdot OH} + H_2O\,.$$

Das Trioxytrinaphtylmethan spaltet jedoch spontan Wasser ab und liefert ein Anhydrid, das Oxynaphtyldinaphtoxanthen (vgl. S. 462):

$$HO\cdot C_{10}H_6-CH\genfrac{<}{}{0pt}{}{C_{10}H_6}{C_{10}H_6}\!>O\,.$$

Phenylnaphtyläthan- und Dinaphtyläthan-Gruppe.

Bei der Condensation von Phenylessigsäurechlorid mit Naphtalin und Aluminiumchlorid[2] (vgl. S. 183) entsteht ein Derivat des Phenylnaphtyläthans, das **Benzyl-α-naphtylketon:**

$$C_6H_5-CH_2-CO\cdot Cl + C_{10}H_8 = C_6H_5-CH_2-CO-C_{10}H_7 + HCl\,.$$

Das Keton (Schmelzpunkt 57°) giebt bei der Reduction mit Jodwasserstoffsäure und Phosphor das nicht näher untersuchte Phenylnaphtyläthan, $C_6H_5-CH_2-CH_2-C_{10}H_7$. Dieser Kohlenwasserstoff erleidet beim Durchleiten seiner Dämpfe durch ein glühendes Rohr eine interessante Umwandlung; es bildet sich — ganz in derselben Weise, wie aus Dibenzyl Phenanthren entsteht (vgl. S. 189) — der Kohlenwasserstoff Chrysen (vgl. S. 455 u. Kapitel 61):

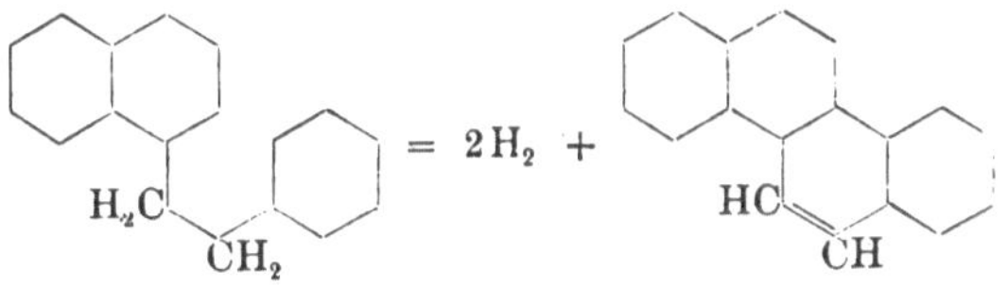

In der **Dinaphtyläthanreihe** kennt man einen Theil der Grundkohlenwasserstoffe, nämlich die folgenden Verbindungen:

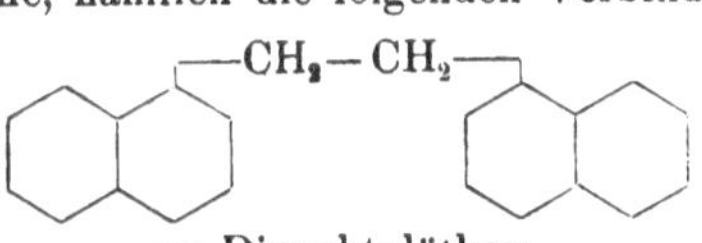

αα-Dinaphtyläthan, Schmelzpunkt 160°

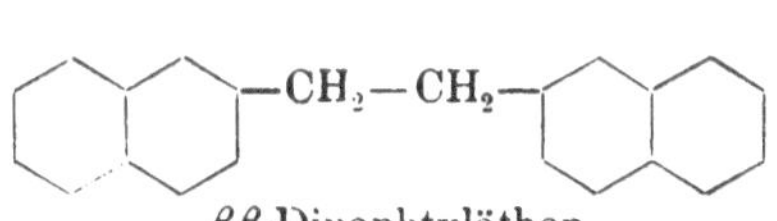

ββ-Dinaphtyläthan, Schmelzpunkt 253°

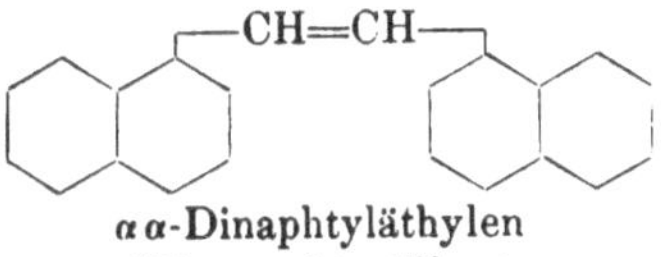

αα-Dinaphtyläthylen (Di-α-naphtostilben), Schmelzpunkt 161°

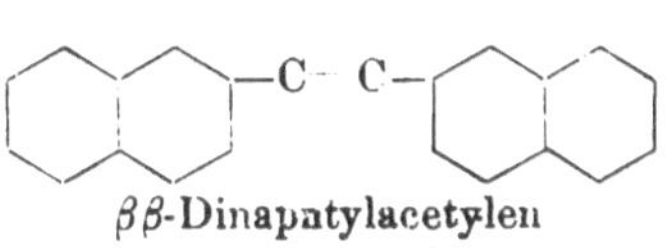

ββ-Dinapatylacetylen (Di-β-naphtotolan), Schmelzpunkt 225°

Die beiden Dinaphtyläthane[3] bilden sich als Nebenprodukte bei der Reduction des α- bezw. β-Thionaphtoësäureamids zu den Naphtomethylaminen (vgl. S. 423).

[1] Fosse, Compt. rend. **132**, 695, 787 (1901).
[2] Gräbe u. Bungener, Ber. **12**, 1078 (1879).
[3] Bamberger u. Lodter, Ber. **21**, 54, 55 (1888).

Das **Dinaphtyläthylen**[1] entsteht analog dem Stilben (vgl. S. 78—79) durch Reduction des as-Dinaphtyltrichloräthans (vgl. S. 461):

$$CCl_3—CH(C_{10}H_7)_2 + 2H_2 = C_{10}H_7—CH{=}CH—C_{10}H_7 + 3HCl.$$

Diese Verbindung besitzt insofern ein theoretisches Interesse, als sie beim Durchleiten ihrer Dämpfe durch ein rothglühendes Rohr den Kohlenwasserstoff Picen (s. Kap. 61) liefert.

Das **Dinaphtylacetylen**[2] endlich ist durch Erhitzen des as-Dinaphtyltrichloräthans (vgl. S. 461) mit Zinkstaub oder des Dinaphtyldichloräthylens, welches aus dem Dinaphtyltrichloräthan durch alkoholische Kalilauge entsteht, mit Natronkalk erhalten worden.

Siebenundfünfzigstes Kapitel.

Zweikernige Systeme, welche den Sechskohlenstoffring mit Kohlenstoffringen anderer Gliederzahl condensirt enthalten.

Das Naphtalin, dessen Abkömmlinge in den vorhergehenden Kapiteln behandelt wurden, stellt die Vereinigung zweier Sechskohlenstoffringe durch zwei gemeinschaftliche Ortho-Kohlenstoffatome dar. Denkt man sich den Benzolring in gleicher Weise mit Ringen, die aus 3, 4, 5 bezw. 7 Kohlenstoffatomen bestehen, condensirt, so ergeben sich die Systeme:

Phentrimethylen

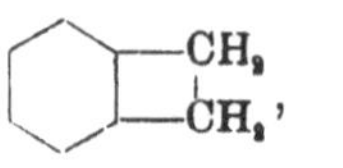

Phentetramethylen

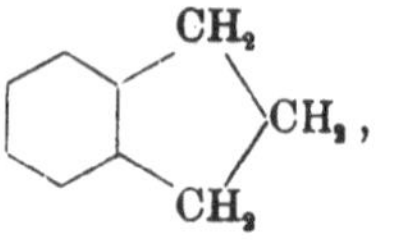

Phenpentamethylen, Hydrinden

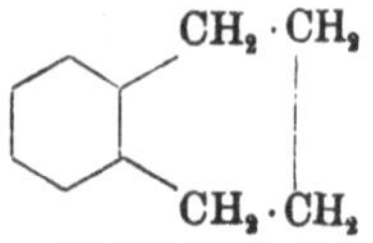

Phenheptamethylen

als Grundlagen von vier Gruppen, die — mit Ausnahme der Phentetramethylen-Gruppe — sämmtlich in einer grösseren oder geringeren Zahl von Vertretern bekannt sind und den Gegenstand dieses Kapitels bilden. Unter ihnen ist die Phenpentamethylengruppe am weitesten ausgebaut; man bezeichnet sie in der Regel als „Inden-Gruppe" nach dem Namen desjenigen Kohlenwasserstoffs, welcher im äusseren Theil des Fünfrings eine Doppelbindung enthält:

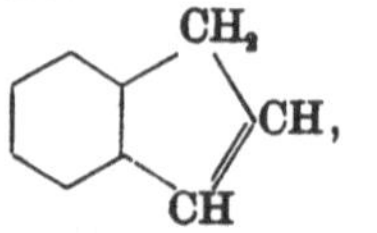

Inden.

Bei strenger Befolgung des Systems wären in diesem Kapitel sämmtliche condensirte bicyclische Verbindungen zu behandeln, welche einen

---

[1] Elbs, J. pr. [2] **47**, 56 (1893). — Hirn, Ber. **32**, 3341 (1899). — Vgl. auch Hepp, Ber. **7**, 1419 (1874).

[2] Grabowski, Ber. **11**, 301 (1878).

Sechsring in Kuppelung mit einem Kohlenstoffring von anderer Gliederzahl enthalten. Aus didaktischen Gründen (vgl. Bd. II, Th. I, S. 777) aber sind eine Reihe hierhergehöriger Verbindungen schon vorweg genommen — diejenigen nämlich, welche der Gruppe der Terpenkörper angehören (vgl. Bd. II, Th. I, S. 959 ff.). Es waren dies Verbindungen, welche sich ableiten

1. von der hydrirten Form des Phentrimethylens

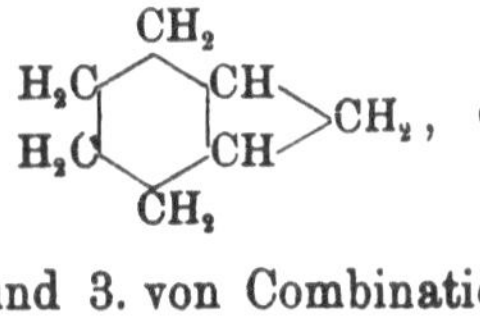

, Caran-Gruppe, Bd. II, Th. I, S. 971—974,

2. und 3. von Combinationen des Hexamethylenrings mit dem Vier- bezw. Fünf-Ring, bei denen die gemeinschaftlichen Kohlenstoffatome nicht Ortho-Kohlenstoffatome sind, nämlich:

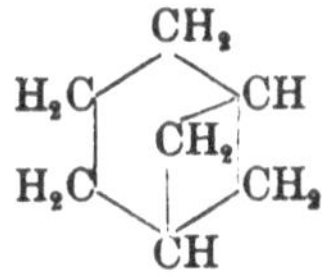

Pinan-Gruppe,
Bd. II, Th. I, S. 980—998

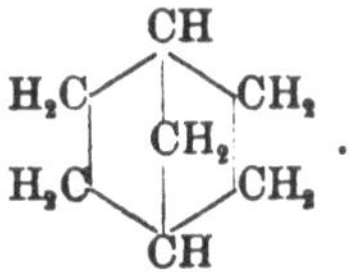

Camphan-Gruppe,
Bd. II, Th. I, S. 998—1044

Auch ist daran zu erinnern, dass in den Bd. II, Th. I, S. 974—980 beschriebenen Verbindungen der Thujon- und Sabinol-Gruppe ein Ringsystem:

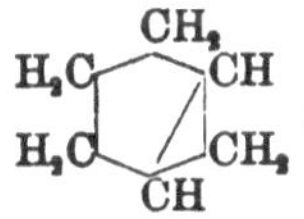

angenommen wird, welches man als Combination von Sechsring mit Dreiring betrachten kann.

Ueber die rationelle Nomenclatur bicyclischer Systeme vgl. Bd. II, Th. I, S. 969—970.

Im Vorstehenden sind nur solche bicyclische Systeme in Betracht gezogen, welche zwei bezw. mehr beiden Ringen gemeinschaftliche Kohlenstoffatome enthalten.

Eine Combination, bei welcher zwei Kohlenstoffringen nur ein Kohlenstoffatom gemeinsam ist (vgl. hierzu S. 289), ist in einer von Meiser[1] aus dem Ketopentamethylen (Bd. II, Th. I, S. 28) erhaltenen Verbindung anzunehmen. Bei der Reduction dieses Ringketons entsteht neben dem zugehörigen secundären Alkohol (Cyclopentanol) ein Pinakon (Formel I auf S. 468), welches die allgemeine Eigenschaft der Pinakone zeigt, sich beim Erwärmen mit verdünnter Schwefelsäure zu einem Pinakolin umzulagern (vgl. Bd. I, S. 419, 565; Bd. II, Th. I, S. 967—968); eine solche Umlagerung kann man sich im vorliegenden Falle erklären, wenn man die Spaltung eines

[1] Meiser, Ber. **32**, 2054 (1899).

Ringes annimmt und dem Pinakolin die Formel II eines **1.1-Tetramethylencyclohexanons (2)** beilegt:

I 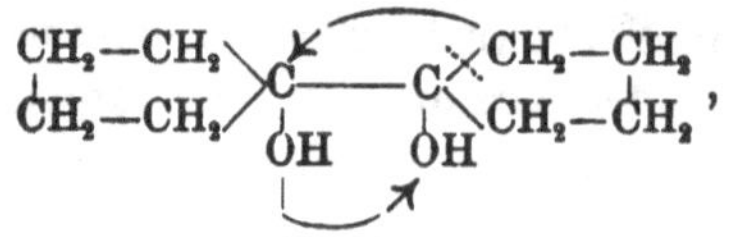 II 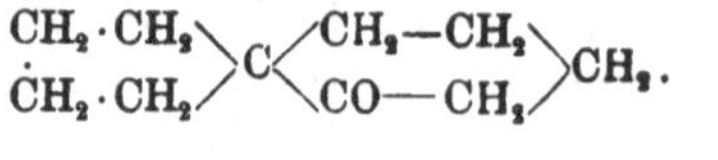

Pinakon — Pinakolin

Die hiernach sich ergebende Constitutionsformel wird dadurch gestützt, dass das Pinakolin sich zur Oximbildung fähig erweist und bei der Oxydation mit Salpetersäure nach Art der Ringketone zu einer zweibasischen Säure $C_{10}H_{16}O_4$ von der gleichen Kohlenstoffzahl aufgespalten wird, die hiernach als αα-Tetramethylenadipinsäure (Formel III) aufzufassen ist:

III 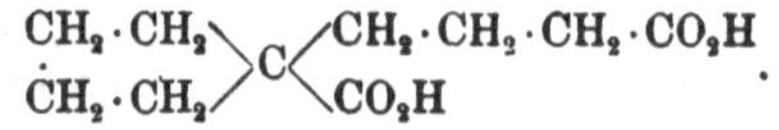

Das Pinakolin (Formel II) ist ein Oel von intensivem Pfefferminzgeruch, in Wasser nicht, in Alkohol leicht löslich, mit Wasserdampf flüchtig und siedet bei 225—227° unter geringer Zersetzung.

Die Phentrimethylengruppe.

Abkömmlinge des vollständig oder partiell hydrirten Phentrimethylens, welche zu den Terpenkörpern in naher Beziehung stehen, sind — wie eben begründet wurde — als „Caran-Gruppe" bereits an einer früheren Stelle dieses Lehrbuches (Bd. II, Th. I, S. 971—974) behandelt.

Hier sind nun solche Verbindungen der Phentrimethylen-Gruppe zu besprechen, welche mit den Terpenkörpern nicht durch genetische Beziehungen verknüpft, sondern nur synthetisch erhalten sind. Sie sind noch wenig zahlreich, aber in ihren Bildungsweisen und Verwandelungen äusserst interessant. Ihre Aufklärung und eingehende Untersuchung verdankt man E. Buchner, welcher besonders am Beispiel der Pseudophenylessigsäure:

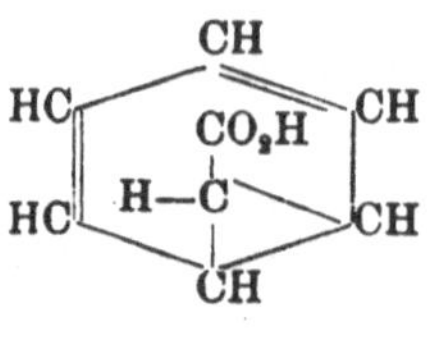

die Gruppe charakterisirte.

Aus dieser Formel ersieht man die nahe constitutionelle Verwandtschaft der Säure mit dem Caron (vgl. Bd. II, Th. I, S. 971) bezw. dem diesem zu Grunde liegenden Kohlenwasserstoff Caran (vgl. Bd. II, Th. I, S. 780).

Das Caran trägt an dem Kohlenstoffatom, welches dem Trimethylenring allein angehört, zwei Methylgruppen und eine dritte am Hexamethylenring; der hypothetische Kohlenwasserstoff, welchem diese Gruppen fehlen, kann zweckmässig als Norcaran bezeichnet werden:

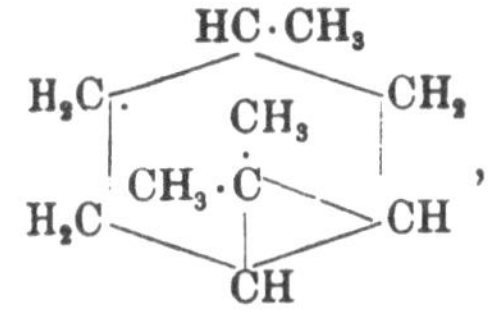

Caran

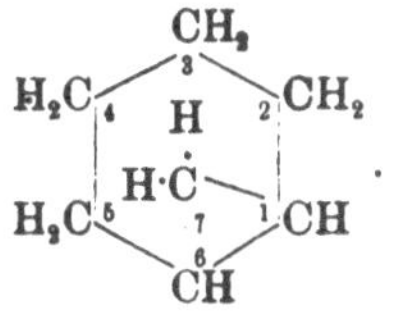

Norcaran, Bicyclo[0.1.4]-heptan

Die Pseudophenylessigsäure stellt nun einen ungesättigten Abkömmling des Norcarans dar, sie ist als $\Delta^{2.4}$-Norcaradiëncarbonsäure(7) oder *Bicyclo[0.1.4]-heptadiën(2.4)-carbonsäure* (7) zu bezeichnen.

Ausser der Pseudophenylessigsäure ist noch eine zweite vom Norcaran sich ableitende Säure synthetisch gewonnen worden, die Norcarandicarbonsäure(1.7):

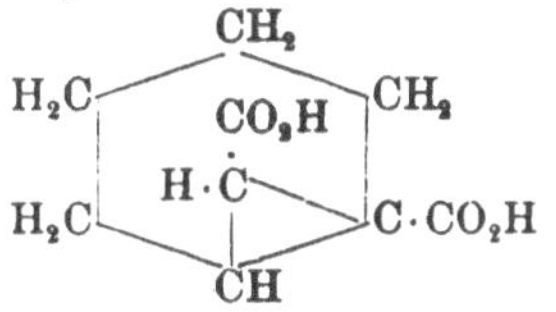

Pseudophenylessigsäure[1], $C_7H_7 \cdot CO_2H$, wurde im Jahre 1885 von Buchner und Curtius entdeckt. Ihr Aethylester entsteht, wenn man Benzol mit Diazoessigester (vgl. Bd. I, S. 842) im Einschmelzrohr während 8 Stunden auf 130—135° erhitzt:

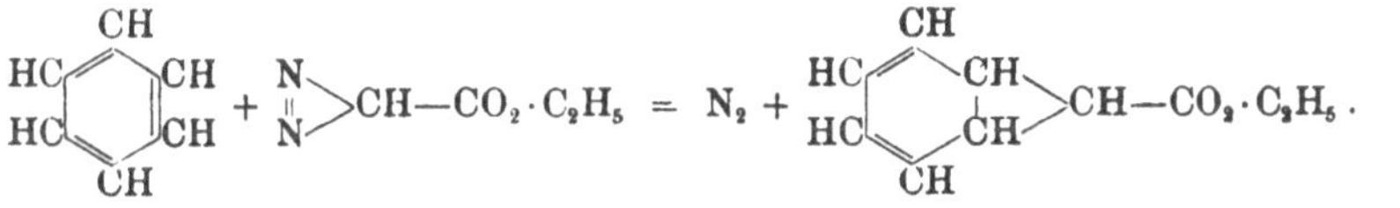

Die Reaction lässt sich der Condensation des Diazoessigesters mit den Estern ungesättigter Säuren an die Seite stellen (vgl. Bd. II, Th. I, S. 20), welche zu den Carbonsäureestern des Trimethylens führt.

Der Pseudophenylessigester — dieser Name wurde ihm von seinen Entdeckern beigelegt, weil er mit dem Phenylessigester isomer ist — bildet ein fast farbloses Oel und giebt mit concentrirter Schwefelsäure eine kirschrothe Färbung, die über Violett in Blau übergeht: eine Reaction, welche auch der freien Säure und deren übrigen Derivaten zukommt.

Um aus dem Ester die reine Säure zu erhalten, stellt man zunächst durch mehrwöchentliches Stehenlassen des Esters mit starkem wässerigen Ammoniak das zugehörige Amid dar, welches in seideglänzenden farblosen Blättchen vom Schmelzpunkt 141° krystallisirt. Durch Erhitzen dieses Amids mit 30%iger Schwefelsäure erhält man die freie Pseudophenylessigsäure (Norcaradiëncarbonsäure) als ein fast farbloses, schwach

[1] Buchner u. Curtius, Ber. **18**, 2377 (1885). — Buchner, Ber. **21**, 2637 (1888); **29**, 106 (1896); **30**, 632 (1897); **31**, 2241 (1898). — Buchner u. Lingg, Ber. **31**, 402, 2247 (1898). — Braren u. Buchner, Ber. **33**, 3453 (1900); **34**, 982 (1901).

riechendes Oel, welches bei -18^0 zu kleinen Nadeln erstarrt, die schon unterhalb 0^0 wieder schmelzen.

Die oben angegebene, aus der Bildungsweise abgeleitete Constitutionsformel der Pseudophenylessigsäure wird durch die folgenden Umwandlungsreactionen sicher gestellt. Durch Brom entsteht zunächst ein Dibromid, $C_7H_7Br_2 \cdot CO_2H$, welches ebenso wie die Säure selbst in sodaalkalischer Lösung Permanganat augenblicklich reducirt. Bei weiterer Addition von Brom bildet sich dagegen ein gegen Permanganat beständiges Tetrabromid, $C_7H_7Br_4 \cdot CO_2H$. Aus diesem Verhalten geht hervor, dass die Pseudophenylessigsäure zwei Doppelbindungen enthält, ein Befund, welcher mit ihrer empirischen Formel nur vereinbar ist, wenn man ihr die Constitution einer bicyclischen Verbindung zu Grunde legt. Welcher Art die beiden in der Säure enthaltenen Ringe sind, hat sich mit Sicherheit feststellen lassen. Wenn man das Pseudophenylessigsäureamid in concentrirte Schwefelsäure einträgt, so entsteht unter Aufspaltung des engeren Ringes Phenylacetamid, woraus folgt, dass die in Frage stehenden Verbindungen noch den Sechskohlenstoffring enthalten; die Umlagerung lässt sich unter der Annahme der Bildung eines hypothetischen Zwischenproduktes folgendermaassen deuten:

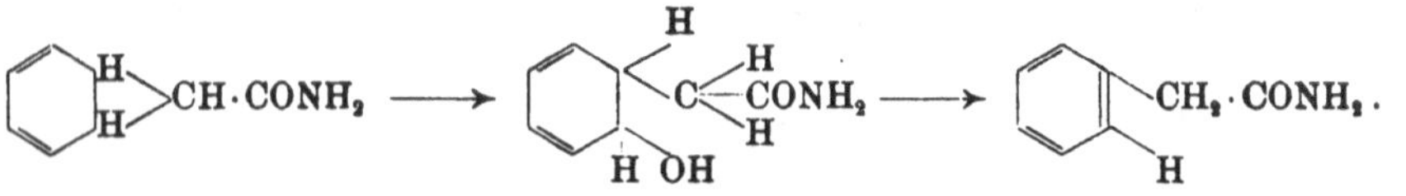

Pseudophenylacetamid — Zwischenprodukt — Phenylacetamid

Dass der in der Pseudophenylessigsäure mit dem Sechskohlenstoffkern verbundene Ring der Trimethylenring ist, hat sich direct durch die Ergebnisse der Oxydation der Säure mit Permanganat beweisen lassen (vgl. auch Bd. II, Th. I, S. 961). Man erhält hierbei — neben Benzoësäure, Terephtalsäure und Phtalsäure[1] — die Trimethylentricarbonsäure (1.2.3) (vgl. Bd. II, Th. I, S. 20):

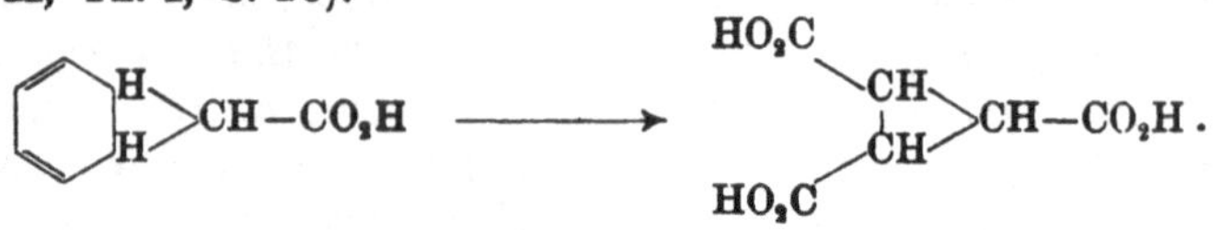

Da die so entstehende Trimethylentricarbonsäure die trans-Modification darstellt (vgl. Bd. II, Th. I, S. 17—18), so ist anzunehmen, dass in der Pseudophenylessigsäure die Carboxylgruppe und der Benzolcomplex gleichfalls auf verschiedenen Seiten der durch den Trimethylenring gebildeten Ebene liegen. Die Säure ist also als trans-$\Delta^{2.4}$-Norcaradiëncarbon-

[1] Das Auftreten dieser beiden stellungsisomeren Benzoldicarbonsäuren, die sich in geringer Menge bilden, ist sehr eigenthümlich; zu einer Erklärung kann man gelangen, wenn man vorübergehend Sprengung des ursprünglichen Sechsrings und dann Bildung eines neuen Sechsrings annimmt.

säure (7) zu bezeichnen. Die stereoisomere cis-Säure konnte bisher nicht aufgefunden werden.

Mit besonderer Leichtigkeit findet endlich die Sprengung derjenigen Bindung, welche dem Benzolkern und dem Trimethylenring gemeinsam ist, statt, wodurch ein monocyclisches Derivat des Siebenrings gebildet wird (vgl. Bd. II, Th. I, S. 962):

Dieser Uebergång vollzieht sich bei der Verseifung des Pseudophenylacetamids mit Natronlauge, welche nicht die zugehörige ölige Säure, sondern eine isomere Säure vom Schmelzpunkt 71° entstehen lässt, deren nähere Untersuchung ergeben hat, dass sie als Cycloheptatriëncarbonsäure aufzufassen ist.

Wird der Ester der Pseudophenylessigsäure im evacuirten Rohr auf 150° oder die freie Säure mit Wasser auf 150—160° erhitzt, so findet gleichfalls Umlagerung in eine Cycloheptatriëncarbonsäure statt, welche jedoch mit der oben genannten nicht identisch, sondern durch die Lagerung der Doppelbindungen von ihr verschieden ist.

Die Uebergänge von der Pseudophenylessigsäure durch Ringsprengung verschiedener Art in monocyclische Derivate des Benzols, Trimethylens oder Heptamethylens entsprechen den Umwandlungen, durch welche man vom Caron bezw. Eucarvon in die Reihen des m- bezw. p-Cymols, des Dimethyltrimethylens oder Trimethylheptamethylens gelangt (vgl. Bd. II, Th. I, S. 971—974).

Wie Benzol reagiren auch Toluol und o-Xylol mit dem Diazoessigester unter Bildung von Homologen des Pseudophenylessigesters.

Norcarandicarbonsäure (1.7)[1], $C_7H_{10}(CO_2H)_2$. Wenn man äquimoleculare Mengen Diazoessigester und Δ^1-Tetrahydrobenzoësäureester (vgl. Bd. II, Th. I, S. 858) im Oelbad auf 110—120° erhitzt, bis keine Diazoverbindung mehr nachweisbar ist, so hat sich der Ester der Norcarandicarbonsäure gebildet:

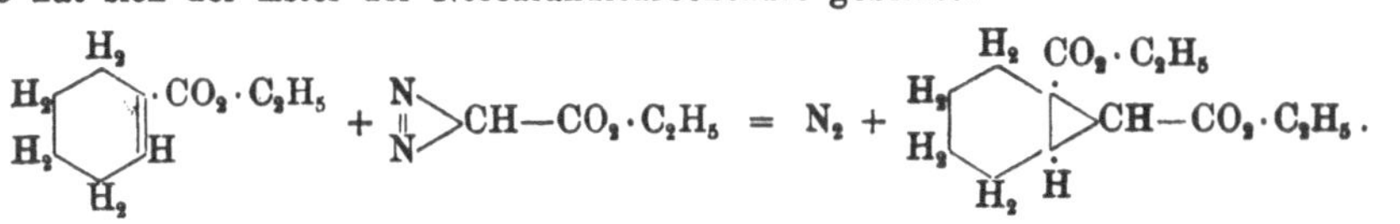

Das Produkt stellt ein farbloses, bei 206—208° siedendes Oel dar. Beim Verseifen mit alkoholischer Kalilauge entsteht die freie Säure, welche in rhombenähnlichen Formen krystallisirt und bei 152—153° schmilzt. Sie ist ihrer gesättigten Natur entsprechend in sodaalkalischer Lösung gegen Permanganat beständig. Aus dem Umstand, dass die Säure durch Kochen mit Acetylchlorid in ein inneres Anhydrid übergeht, aus welchem sie unverändert zurückgewonnen wird, geht hervor, dass die beiden Carboxyle auf derselben Seite der Ebene des Trimethylenringes liegen, dass also die Säure die cis-Modification darstellt (vgl. Bd. II, Th. I, S. 19).

[1] Braren u. Buchner, Ber. **33**, 3453 (1900).

Die Indengruppe.

Den Körpern der Indenreihe liegt ein bicyclischer Complex aus neun Kohlenstoffatomen zu Grunde, welcher sich in analoger Weise aus einem Benzolkern und einem Fünfring aufbaut, wie das Naphtalin aus zwei Benzolringen:

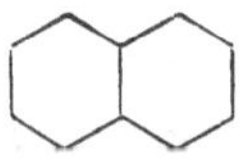

Naphtalinschema

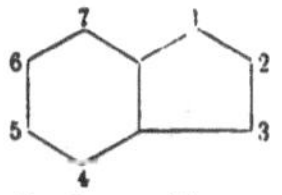

Indenschema

Die in der obigen Formel angegebene Numerirung der Kohlenstoffatome entspricht der auf S. 298 für den Naphtalincomplex gewählten Bezeichnungsweise.

Je nachdem der äussere Theil des Fünfrings in den Indenverbindungen ungesättigt oder gesättigt ist, leiten sie sich von einem der in Formel I und II dargestellten Kohlenwasserstoffe ab:

I 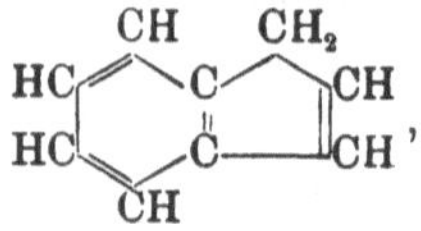

Inden

II 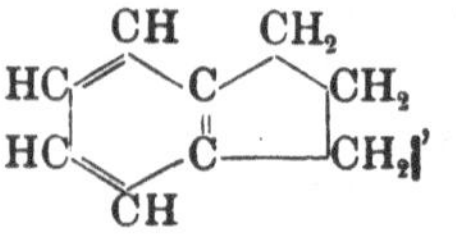

Hydrinden

III 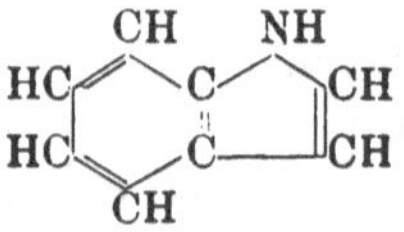

Indol

Das Inden (Formel I) entspricht in seiner Structur der heterocyclischen Stammsubstanz der Indigogruppe: dem Indol (Formel III); es ist ein Indol, dessen Imidgruppe durch eine Methylengruppe vertreten ist. Diesen constitutionellen Beziehungen verdankt es seinen Namen[1].

Das Inden, C_9H_8, selbst wurde — nachdem eine grössere Zahl seiner Derivate schon bekannt geworden war — im Jahre 1890 von Krämer und Spilker[2] in den höher siedenden Antheilen der leichten Steinkohlentheeröle aufgefunden, in denen es in beträchtlicher Menge — zu etwa 30 % — enthalten ist. Bei der Destillation der Steinkohlen geht es zum Theil in das Leuchtgas über; auch aus dem Leuchtgase kann man es daher abscheiden[3].

Die Constitution des Kohlenwasserstoffs ergiebt sich aus seiner Ueberführbarkeit in Homophtalsäure (vgl. Bd. II, Th. I, S. 603) durch Oxydation mit Permanganat[4]:

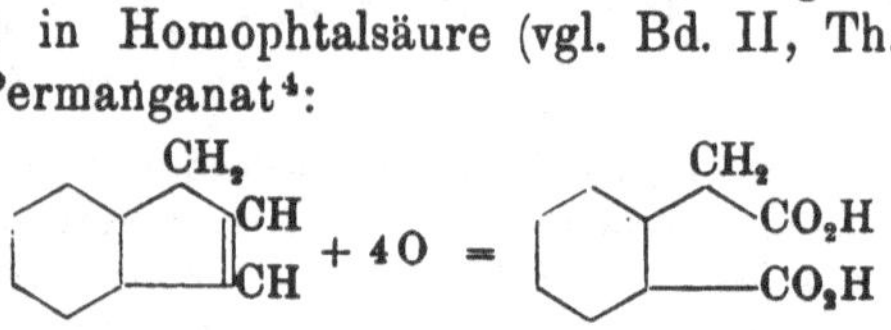

[1] Vgl.: Baeyer u. Perkin jun., Ber. **17**, 122 (1884). — Roser, Ann. **247**, 132 (1888).

[2] Ber. **23**, 3276 (1890).

[3] Dennstedt u. Ahrens, Ber. **27** Ref., 602 (1894).

[4] Heusler u. Schieffer, Ber. **32**, 28 (1899). — Vgl. auch: Brühl, Ber. **25**, 173 (1892). — Kanonnikow, Centralbl. **1899 II**, 860.

Bei der Reduction mit Natrium und Alkohol geht das Inden in Hydrinden über:

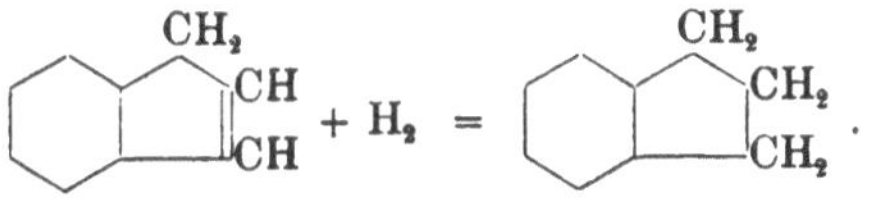

Dieser Kohlenwasserstoff ist gleichfalls im Steinkohlentheer enthalten[1]. Auch das Vorkommen methylirter Indene im Steinkohlentheer konnte nachgewiesen werden[2].

Natürliches Vorkommen von Indenkörpern ist noch nicht mit voller Sicherheit dargethan; mit grosser Wahrscheinlichkeit wird angenommen, dass der Farbstoff der Cochenille, die Carminsäure, in diese Gruppe gehört (vgl. S. 489 ff.). Dagegen kennen wir synthetische Processe, welche zu Indenverbindungen führen, in grosser Zahl. Fast alle diese Synthesen gehen von solchen Substanzen aus, in denen der Benzolkern bereits fertig gebildet vorliegt, und bestehen darin, dass an diesen Kern der fünfgliedrige Kohlenstoffring angegliedert wird. Als sehr allgemein benutzbar zur Darstellung von Indenverbindungen haben sich zwei Gruppen von Benzolkörpern erwiesen:

1. Monoderivate des Benzols mit dreiatomiger Kohlenstoffseitenkette (Aldehyde, Ketone und Säuren bezw Säureester der Hydrozimmtreihe);

2. Orthobiderivate des Benzols (o-Xylylenbromid, Phtalsäureester, Phtalsäureanhydrid).

Die Condensationsfähigkeit der Körper der Hydrozimmtreihe zu Indenverbindungen nach dem Schema:

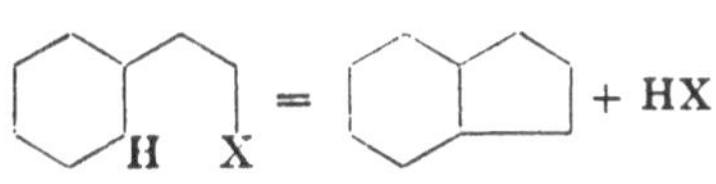

wurde von v. Miller und Rohde[3] sehr eingehend studirt. Es hat sich bei diesen Untersuchungen ergeben, dass nicht alle Aldehyde, Ketone und Säuren dieser Reihe zu der in Rede stehenden Condensation befähigt sind, sondern dass die Ausführbarkeit der Synthese wesentlich beeinflusst wird von dem Vorhandensein, sowie von der Stellung und der chemischen Natur der Kern- und Seitenketten-Substituenten in den Ausgangsmaterialien.

Während weder der Zimmtaldehyd noch der α-Methylzimmtaldehyd noch der m-Nitrozimmtaldehyd in Indenkörper überführbar sind, erhält man bei der Reduction des m-Nitro-α-methylzimmtaldehyds[4] mit Zinn und Salzsäure 2-Methyl-6-amidoinden:

[1] Moschner, Ber. **33**, 737 (1900). — Stoermer u. Boes, Ber. **33**, 3016 (1900).
[2] Boes, Ber. **35**, 1762 (1902).
[3] Ber. **22**, 1830 (1889).
[4] v. Miller u Kinkelin, Ber. **19**, 1249 (1886).

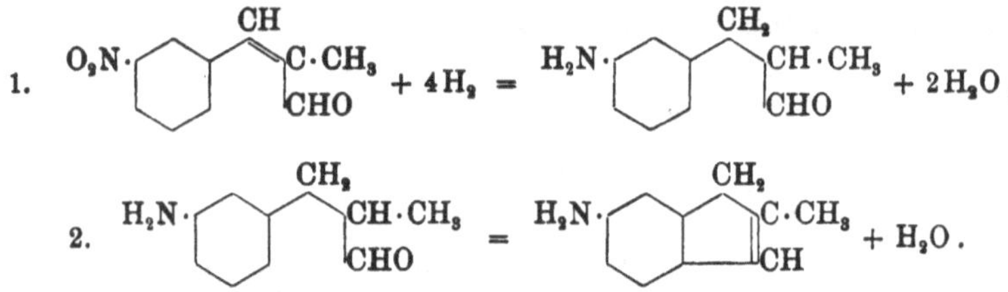

Hier ist es also der intermediär entstehende Amidomethylhydrozimmt-aldehyd, welcher die Condensation zum Indenderivat erleidet.

Leichter als die Aldehyde der Hydrozimmtreihe lassen sich die Ketone dieser Gruppe[1] condensiren. Hier gelingt die Wasserabspaltung, wenngleich in geringem Maasse, auch bei den im Benzolkern nicht substituirten Verbindungen. So erhält man beim Stehenlassen einer Lösung von Benzylaceton in concentrirter Schwefelsäure geringe Mengen 3-Methylinden:

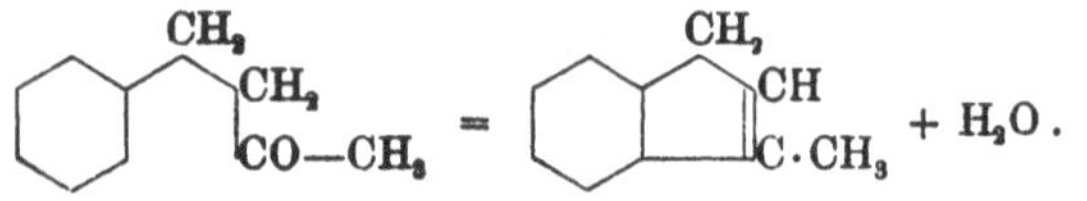

Auch beim α-Methylbenzylaceton findet der Condensationsvorgang nur schwierig statt; geht man dagegen vom m-Nitro-α-methylbenzalaceton aus und behandelt dieses mit Zinn und Salzsäure, so bildet sich 2.3-Dimethyl-6-amidoinden — ein Vorgang, der ganz analog verläuft, wie die oben besprochene Darstellung des 2-Methyl-6-amidoindens aus dem m-Nitro-α-methylzimmtaldehyd:

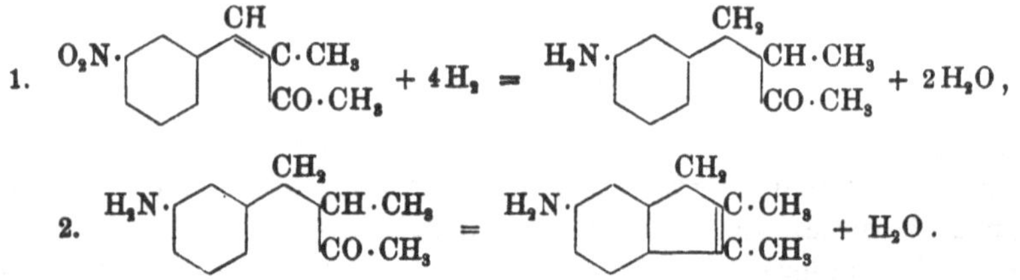

Am leichtesten lassen sich die Derivate der Hydrozimmtsäure[2] condensiren. Die dabei entstehenden Indenkörper bilden sich nach dem Schema:

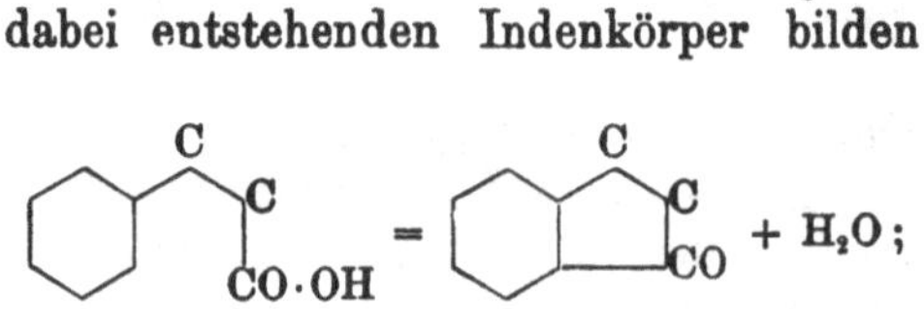

---

[1] v. Miller u. Rohde, Ber. **23**, 1881 (1890). — Vgl. auch: v. Pechmann, Ber. **16**, 516 (1883). — Roser, Ber. **20**, 1574 (1887). Ann. **247**, 157 (1888).

[2] v. Miller u. Rohde, Ber. **23**, 1887 (1890); **25**, 2095 (1892). — Young, Ber. **25**, 2102 (1892). — Miersch, Ber. **25**, 2109 (1892). — Vgl. auch: Liebermann u. Hartmann, Ber. **25**, 2124 (1892). — B. Schmidt, J. pr. [2] **62**, 545 (1901).

d. h. sie sind Abkömmlinge des 1-Ketohydrindens (α-Hydrindons). Die Ueberführung der Hydrozimmtsäure selbst in das α-Hydrindon[1] lässt sich praktisch nicht ausführen, weil bei der hohen Temperatur und der energischen Einwirkung des hier als Condensationsmittel benutzten Phosphorsäureanhydrids das zuerst gebildete Hydrindon fast vollständig weiter condensirt wird zu Truxen (s. Kap. 61).

Wendet man jedoch an Stelle von Hydrozimmtsäure deren Chlorid an[2] und behandelt dieses mit Aluminiumchlorid, so entsteht in guter Ausbeute Hydrindon:

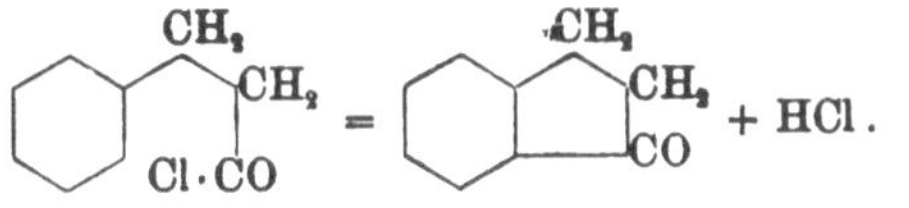

Diese Synthese reiht sich der Darstellung des α-Ketotetrahydronaphtalins aus dem Chlorid der γ-Phenylbuttersäure (vgl. S. 315) an.

Hydrindon bildet sich ferner aus dem Ester der o-Cyanhydrozimmtsäure[3], wenn man ihn mit concentrirter Salzsäure gelinde erwärmt:

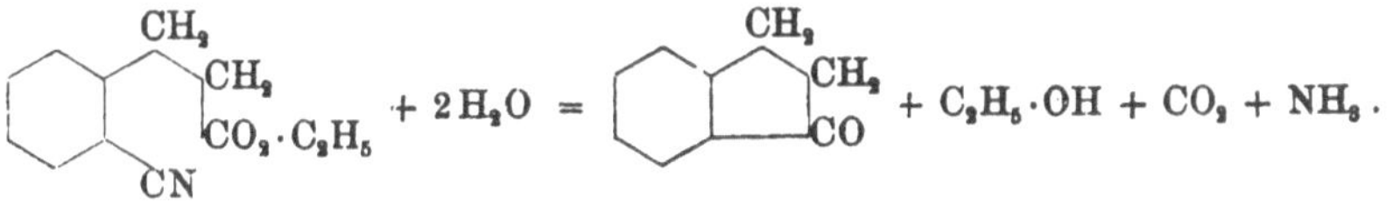

Einen ganz analogen Reactionsverlauf beobachtet man bei der Vacuumdestillation der Hydrozimmt-o-carbonsäure[4]:

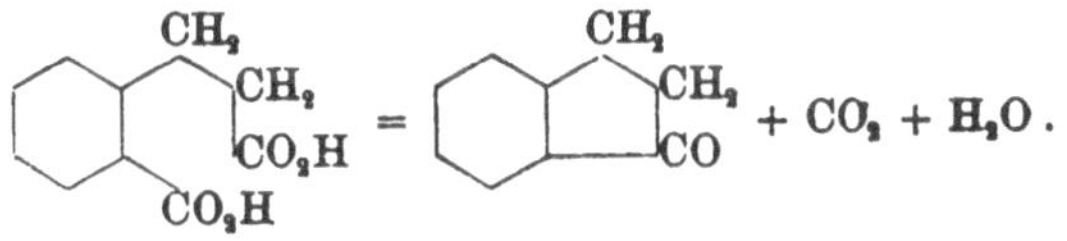

Leichter als die Hydrozimmtsäure selbst lassen sich diejenigen ihrer Abkömmlinge in Indenderivate überführen (vgl. auch Bd. II, Th. I, S. 599), welche eine Methylgruppe oder ein Halogenatom an einer beliebigen Stelle im Benzolkern enthalten, z. B.:

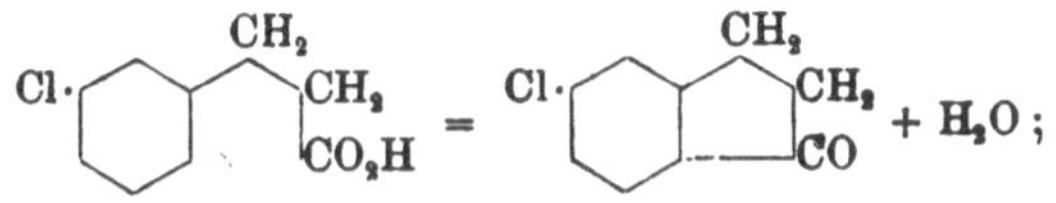

ferner die α-Methyl- sowie die α- und β-Phenylhydrozimmtsäure, z. B.:

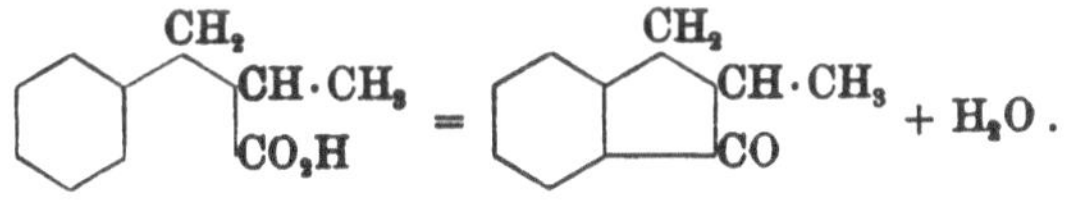

[1] Kipping, Journ. Soc. **65**, 269 (1894).
[2] Kipping, Journ. Soc. **65**, 480 (1894).
[3] Gabriel u. Hausmann, Ber. **22**, 2018 (1889).
[4] König, Ann. **275**, 341 (1893).

Die Ueberführung aller dieser Hydrozimmtsäurederivate in Abkömmlinge des Hydrindons wird durch Erhitzen mit concentrirter Schwefelsäure bewirkt.

Im Gegensatz zu den zahlreichen Abkömmlingen der Hydrozimmtsäure, welche zur Indencondensation befähigt sind, scheinen von den Derivaten der Zimmtsäure nur wenige eine analoge Ringschliessung zu erleiden. So konnte weder die Zimmtsäure selbst, noch die α-Phenylzimmtsäure (vgl. S. 223) oder ihr o- oder m-Nitroderivat in einen Indenabkömmling übergeführt werden; dagegen liefert die p-Nitro-α-phenylzimmtsäure[1] beim Behandeln mit Phosphorsäureanhydrid 6-Nitro-2-phenyl-1-ketoinden:

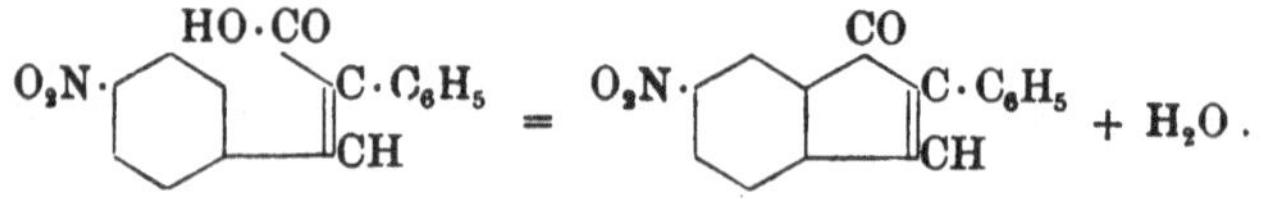

Von besonderem Interesse ist das Verhalten der bromirten Zimmtsäuren[2] gegen condensirende Agentien. Bei der Einwirkung von Brom auf Phenylpropiolsäure (vgl. Bd. II, Th. I, S. 615) entstehen zwei Dibromzimmtsäuren, welche höchstwahrscheinlich als Stereoisomere im Sinne folgender Formeln anzusehen sind:

$$\begin{array}{c} C_6H_5-C-Br \\ \| \\ Br-C-CO_2H \end{array}, \qquad \begin{array}{c} C_6H_5-C-Br \\ \| \\ HO_2C-C-Br \end{array}.$$

α-Säure β-Säure

Von diesen Isomeren wird die sogenannte β-Säure schon beim Verreiben mit concentrirter Schwefelsäure bei gewöhnlicher Temperatur in 2.3-Dibromindon übergeführt:

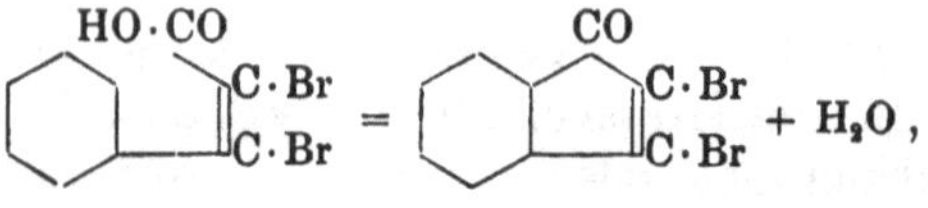

während das als α-Säure bezeichnete Stereoisomere unter diesen Bedingungen unverändert bleibt. Wenn man dagegen die letztgenannte Säure mit Phosphorsäureanhydrid im Vacuum destillirt oder sie mit Schwefelsäure auf 110° erhitzt, so entsteht gleichfalls Dibromindon, indem hierbei wohl zunächst Umlagerung in die β-Säure stattfindet. Dieses Verhalten der beiden stereoisomeren Säuren lässt also den Einfluss ihrer sterischen Configuration auf die Fähigkeit zur Indencondensation in ähnlicher Weise erkennen, wie er bei den beiden stereoisomeren o-Oxy-

---

[1] Bakunin, Gazz. chim. **30** II, 340 (1900). — Vgl. auch: Stobbe u. Vieweg, Ber. **35**, 1727 (1902).

[2] Roser, Ber. **20**, 1273 (1887). Ann. **247**, 129 (1888). — Roser u. Haselhoff, Ann. **247**, 138 (1888). — Lanser, Ber. **32**, 2477 (1899). — Schlossberg, Ber. **33**, 2425 (1900). — Glawe, Ber. **35**, 2936 (1902).

zimmtsäuren bezüglich ihrer Ueberführbarkeit in Cumarin (vgl. Bd. II, Th. I, S. 673—674) zu Tage tritt.

Auch die β-Bromallozimmtsäure (vgl. Bd. II, Th. I, S. 613) liefert bei der Destillation mit Phosphorsäureanhydrid im Vacuum ein Indonderivat, das 3-Bromindon:

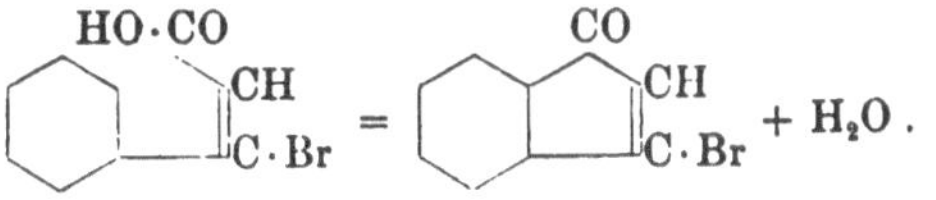

Von den Orthobiderivaten des Benzols, welche als Ausgangsmaterialien für die Darstellung von Indenkörpern benutzt werden können, ist zunächst das o-Xylylenbromid zu nennen. Indem Baeyer und Perkin dieses mit Natriumäthylat und Malonsäureester[1] zur Reaction brachten (vgl. Bd. II, Th. I, S. 604), gelangten sie zum Ester der Hydrindendicarbonsäure (2.2) und verwirklichten damit zum ersten Mal die Synthese eines Indenkörpers (1884):

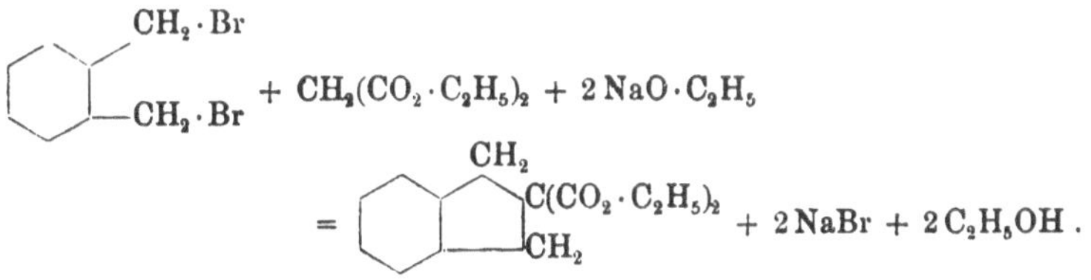

In analoger Weise wirkt der Acetessigester auf das o-Xylylenbromid ein.

Wichtiger als diese vereinzelte Reaction hat sich eine von W. Wislicenus[2] aufgefundene Methode zur Darstellung von Verbindungen der Indenreihe erwiesen, welche vom Phtalsäureester ausgeht und darin besteht, dass man diesen mittels Natrium oder Natriumäthylat mit Essigester zur Condensation bringt:

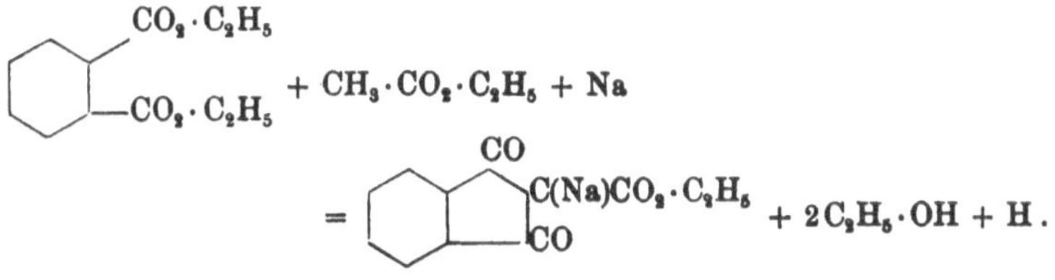

Die so entstehende Natriumverbindung des 1.3-Diketohydrindencarbonsäureesters (2) wird durch Säuren in den freien Ester über-

[1] Baeyer u. Perkin, Ber. **17**, 122 (1884). — Scherks, Ber. **18**, 378 (1885). — W. H. Perkin, Journ. Soc. **53**, 1 (1888).

[2] W. Wislicenus, Ber. **20**, 593 (1887). Ann. **246**, 347 (1888). — W. Wislicenus u. Kötzle, Ann. **252**, 80 (1889). — Vgl. auch: Ephraim, Ber. **31**, 2084 (1898). — Landau, Ber. **31**, 2090 (1898).

geführt, welcher beim Verseifen unter Kohlensäureabspaltung in das 1.3-Diketohydrinden:

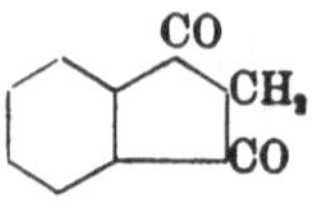

übergeht.

Der Ersatz des Essigesters durch Propionsäureester bei dieser Reaction führt direct unter Abspaltung von Kohlensäureester zum 2-Methyl-1.3-diketohydrinden:

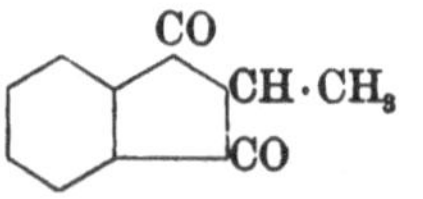

In analoger Weise wie mit den Fettsäureestern lässt sich der Phtalsäureester auch mit Ketonen[1] condensiren, wobei sich Triketone der Indenreihe bilden, z. B.:

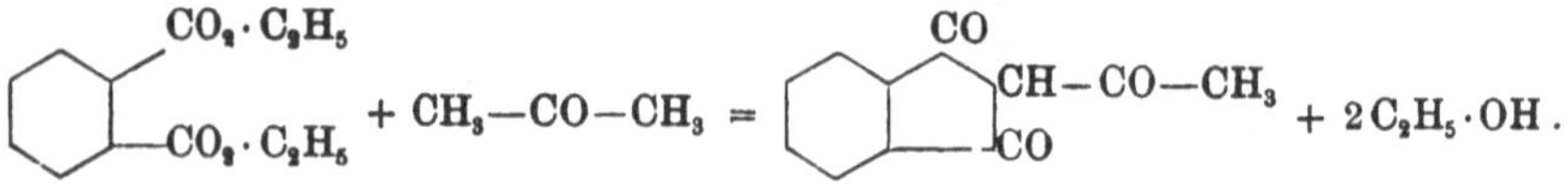

Wendet man an Stelle des Phtalsäureesters das Phtalsäureanhydrid als Ausgangsmaterial für die Synthese von Indenkörpern an[2], so verläuft die Reaction in ganz ähnlicher Weise wie bei der WISLICENUS'schen Methode, jedoch mit dem Unterschiede, dass sie sich in zwei Phasen vollzieht. Bei der Condensation von Phtalsäureanhydrid und Natriumacetat mittels Essigsäureanhydrid bildet sich noch nicht der Indenring, sondern man erhält die Phtalylessigsäure (vgl. Bd. II, Th. I, S. 735). Wenn man nun dieses erste Condensationsprodukt zwischen dem Phtalsäureanhydrid und der Essigsäure in methylalkoholischer Suspension mit Natriummethylatlösung zusammenbringt, so findet eine eigenthümliche Atomverschiebung statt (vgl. auch Bd. II, Th. I, S. 738), welche zur Dinatriumverbindung der 1.3-Diketohydrindencarbonsäure(2) (vgl. auch S. 489) führt, also derselben Säure, deren Ester bei der durch Natriumäthylat hervorgerufenen Condensation des Phtalsäureesters mit dem Essigester direct gewonnen wird (s. S. 477):

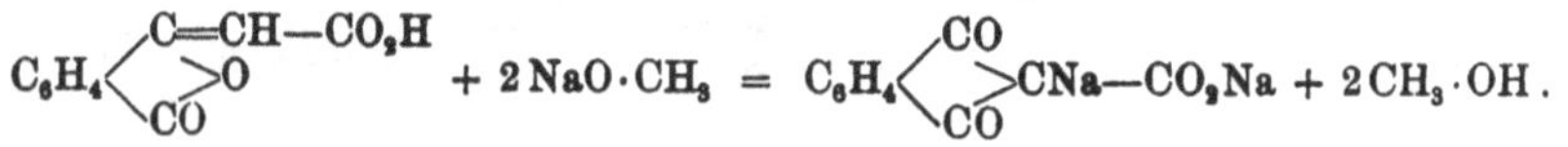

Diese von GABRIEL und NEUMANN aufgefundene Reaction ist nicht auf die Phtalylessigsäure beschränkt, sie lässt sich vielmehr in ganz gleicher Weise auch mit den nicht carboxylirten Derivaten des Methylenphtalids[3]

[1] SCHWERIN, Ber. **27**, 104 (1894).

[2] GABRIEL u. NEUMANN, Ber. **26**, 951 (1893).

[3] NATHANSON, Ber. **26**, 2576 (1893). — BRAUN, Ber. **28**, 1388 (1895). — BLANK, Ber. **29**, 2377 (1896). — GOLDBERG, Ber. **33**, 2820 (1900).

(vgl. Bd. II, Th. I, S. 738) ausführen. So entsteht z. B. durch Umlagerung des Benzalphtalids (vgl. S. 227) 2-Phenyl-1.3-diketohydrinden:

Endlich lässt sich auch das Aethindiphtalid (vgl. S. 265) in dieser Art umlagern[1], wobei man eine Verbindung gewinnt, deren Molecül zwei Indencomplexe enthält:

Aethindiphtalid Bisdiketohydrinden

In letzterem Falle jedoch verläuft die Reaction theilweise in anderem Sinne, nämlich unter Bildung des sogenannten **Isoäthindiphtalids** (s. Kapitel 61: Naphtacengruppe).

Von theoretischem Interesse ist ferner die Bildung des 2-Ketohydrindens (β-Hydrindons) bei der trockenen Destillation des o-phenylendiessigsauren Calciums[2] (vgl. Bd. II, Th. I, S. 602).

Die Reactionen, welche, von einkernigen Benzolderivaten ausgehend, durch Ringschliessung mittels der Seitenketten zum zweikernigen Inden-System führen, sind — wie aus dem Vorstehenden erhellt — recht zahlreich. Der Chemie der Indengruppe floss aber reiches Material noch aus anderer Quelle zu: nämlich durch jene äusserst interessanten, von Zincke aufgefundenen und mit seinen Schülern eingehend verfolgten Umwandlungen, welche Indenkörper aus Naphtalinkörpern entstehen lassen, also die Verengerung eines der beiden, den Naphtalincomplex bildenden Sechsringe zum Fünfring bewirken[3].

Sie vollziehen sich, wie bereits S. 318 erwähnt wurde (vgl. auch S. 488—489), bei der Einwirkung von Alkalien auf stark mit negativen Atomen beladene Naphtalinverbindungen und verlaufen alle nach dem auf S. 318 gegebenen Schema; d. h. es findet eine Aufspaltung des mit Sauerstoff und Halogen beladenen Ringes statt, und es stellt sich dann von neuem ein geschlossener Complex her, welcher jedoch nur einen fünfgliedrigen Ring darstellt. Das aus dem ursprünglichen Sechsring herausgespaltene Kohlenstoffatom findet sich in dem Reactionsprodukt als Carboxyl-Seitenkette vor. Diese eigenthümlichen Reactionen sind analog den Vorgängen, welche aus Benzolderivaten monocyclische Pentamethylenderivate erzeugen (vgl. Bd. II, Th. I, S. 27—28, 32—34)[4].

---

[1] Gabriel u. Leupold, Ber. **31**, 1159 (1898).

[2] Benedikt, Ann. **275**, 351 (1893). — Schad, Ber. **26**, 222 (1893).

[3] Literatur vgl. in Anm. 3 auf S. 318.

[4] Sonstige Bildungen von Indenkörpern vgl.: Zincke u. Fuchs, Ber. **26**, 521 (1893). — Zincke u. Günther, Ann. **272**, 243 (1893). — Heyl u. V. Meyer, Ber. **28**,

Das **Inden**[1]:

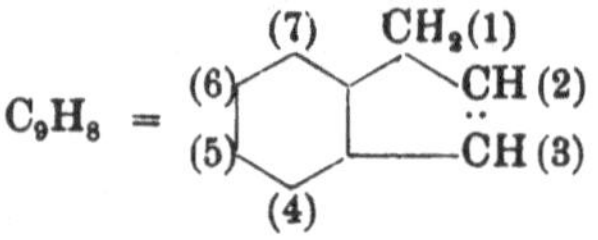

ist ein wasserhelles Oel, welches beim Aufbewahren leicht eine gelbgrüne Färbung annimmt, die im Licht wieder verschwindet. Es siedet bei 179·5—180·5° (corrigirt). Bemerkenswerth ist die Veränderlichkeit des Indens, welche seine Reindarstellung sehr erschwert; an der Luft nimmt es rasch Sauerstoff auf; aber auch bei Luftabschluss — rasch namentlich beim Erhitzen — erleidet es durch Polymerisation unter Harzbildung eine Umwandlung, als deren Produkt man auch das Truxen (vgl. Kapitel 61) beobachtet hat.

Darstellung aus Steinkohlentheer: Man löst in der zu 90% bei 176—182° übergehenden Fraction des Rohbenzols so viel Pikrinsäure heiss auf, wie behufs Bindung der durch Titriren mit Brom vorher bestimmten ungesättigten Stoffe erforderlich ist, und lässt erkalten. Das auskrystallisirte Pikrat wird mit Wasserdampf behandelt, wodurch beigemengtes Naphtalinpikrat nur langsam zerlegt wird. Das übergegangene Inden wird nochmals in das Pikrat übergeführt und wieder mit Wasserdampf zerlegt.

Das reine Indenpikrat bildet goldgelbe Nadeln vom Schmelzpunkt 98°.

Das Inden ist auch aus mehreren seiner synthetisch hergestellten Derivate durch Abbau gewonnen worden. So bildet es sich z. B., wenn man das Baryumsalz der Hydrindencarbonsäure (2), welche aus dem Hydrindendicarbonsäureester (2.2) (vgl. S. 477) gewonnen wird, erhitzt:

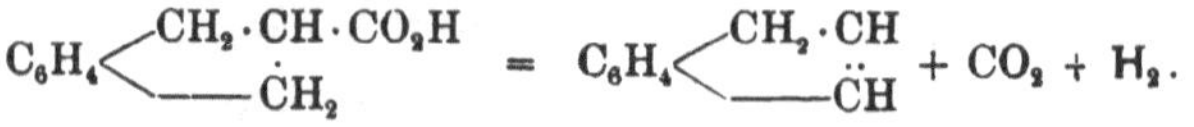

Die bequemste synthetische Methode nimmt ihren Ausgangspunkt von der Hydrozimmtsäure (Bd. II, Th. I, S. 599); man bereitet aus deren Chlorid das α-Hydrindon (vgl. die Gleichung auf S. 475) und reducirt das Oxim des letzteren zu 1-Amidohydrinden (S. 483), dessen Chlorhydrat nun beim Erhitzen auf ca. 150° in Salmiak und Inden zerfällt:

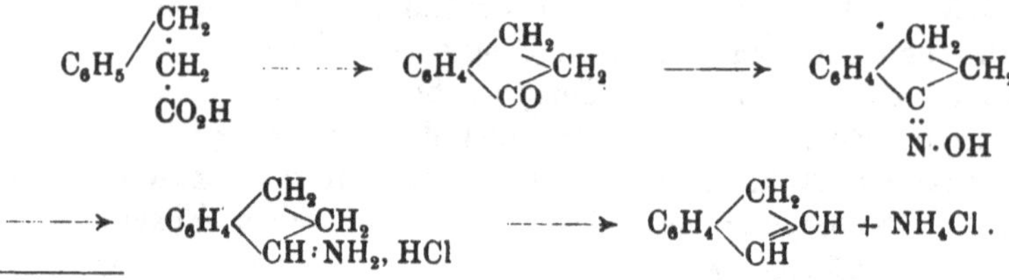

2787 (1895). — V. Meyer u. Weil, Ber. **30**, 1281 (1897). — J. Schmidt, Ber. **33**, 543 (1900).

[1] Krämer u. Spilker, Ber. **23**, 3276 (1890); **33**, 2257 (1900); **34**, 1889 (1901). — Dennstedt u. Ahrens, Ber. **27 Ref.**, 602 (1894). — W. H. Perkin jun. u. Révay, Journ. Soc. **65**, 228 (1894). — Gennari, Gazz. chim. **24** I, 471 (1894). — W. H. Perkin sen., Journ. Soc. **69**, 1230 (1896). — Kanonnikow, Chem. Centralbl. **1899 II**, 860. — Kipping u. Hall, Journ. Soc. **77**, 467 (1900). — Weger u. Billmann, Ber. **36**, 640 (1903).

Der synthetisch gewonnene Kohlenwasserstoff ist mit dem aus dem Steinkohlentheer abgeschiedenen identisch.

Das Inden verhält sich wie eine ungesättigte Verbindung mit einer Doppelbindung, indem es 2 Atome Brom addirt:

$$C_6H_4\left<\begin{matrix}CH_2\cdot CH\\ \ddot{C}H\end{matrix}\right. + Br_2 = C_6H_4\left<\begin{matrix}CH_2\cdot CHBr\\ \dot{C}HBr\end{matrix}\right. .$$

Auch gegenüber dem Kaliumpermanganat zeigt das Inden das Verhalten der Aethylenkörper[1]; es wird dadurch unter Sprengung der Doppelbindung und Aufnahme zweier Hydroxyle in 1.2-Dioxyhydrinden (Hydrindenglykol) übergeführt:

$$C_6H_4\left<\begin{matrix}CH_2\cdot CH\\ \ddot{C}H\end{matrix}\right. + H_2O + O = C_6H_4\left<\begin{matrix}CH_2\cdot CH(OH)\\ \dot{C}H(OH)\end{matrix}\right. .$$

Bei weiterer Einwirkung des Oxydationsmittels entsteht Homophtalsäure (vgl. Bd. II, Th. I, S. 603).

Ein sehr interessantes Verhalten zeigen die Wasserstoffatome der im Inden enthaltenen Methylengruppe. Sie besitzen eine ähnliche Reactionsfähigkeit, wie sie bei den Wasserstoffatomen einer zwischen zwei negativen Atomcomplexen stehenden Methylengruppe so häufig beobachtet wird (vgl. Bd. I, S. 651; Bd. II, Th. I, S. 598; Bd. II, Th. II, S. 215). Beim Inden wird diese Wirkung auf die Methylengruppe durch den Benzolkern einerseits und durch das gleichfalls als reactionserleichternde Gruppe wirkende doppelt gebundene Kohlenstoffpaar andererseits hervorgerufen.

So reagirt das Inden, wenn man es mit Benzaldehyd[2] und methylalkoholischem Kali zusammenbringt, unter Wasseraustritt und Bildung von Benzylideninden:

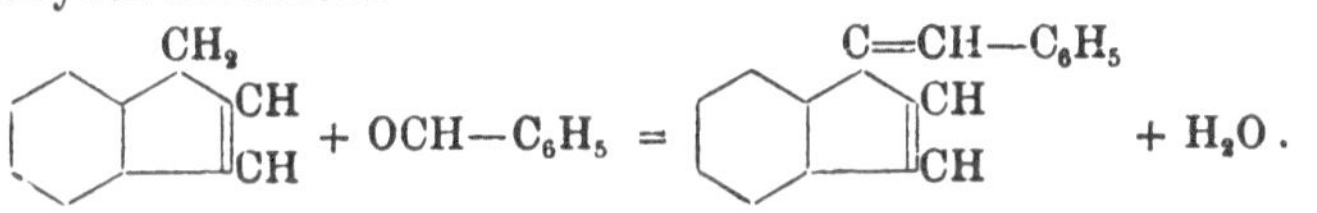

Mit Oxalester[3] vereinigt es sich unter der condensirenden Wirkung des Natriumäthylats zu Indenoxalester, $C_6H_4\left<\begin{matrix}CH\cdot CO\cdot CO_2\cdot C_2H_5\\ CH:\dot{C}H\end{matrix}\right.$.

Endlich konnte ein Wasserstoff der Methylengruppe durch Behandeln des Indens mit Alkylhalogeniden[4] und gepulvertem Aetzkali direct gegen Alkyl ausgetauscht werden, z. B.:

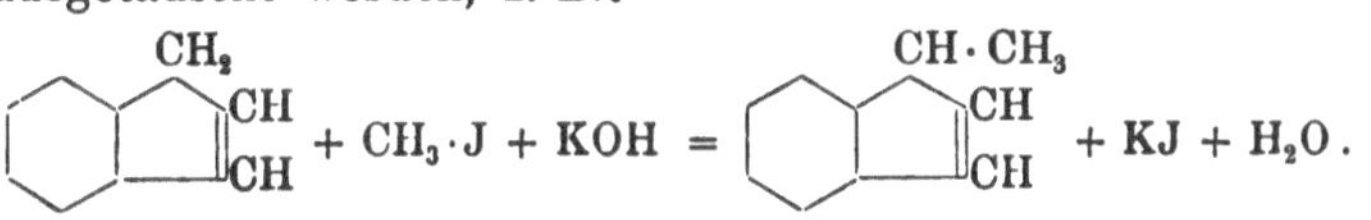

---

[1] HEUSLER u. SCHIEFFER, Ber. **32**, 28 (1899). — Vgl. auch SPILKER, Ber. **26**, 1544 (1893). — Ueber eine ähnliche Reaction vgl.: DENNSTEDT u. AHRENS, Ber. **28**, 1332 (1895).

[2] MARCKWALD, Ber. **28**, 1501 (1895). — THIELE, Ber. **33**, 3395 (1900).

[3] W. WISLICENUS, Ber. **33**, 773 (1900). — THIELE, Ber. **33**, 851 (1900).

[4] MARCKWALD, Ber. **33**, 1504 (1900).

Von Interesse für die Chemie der hochcondensirten Verbindungen ist ein Condensationsvorgang[1], welcher sich vollzieht, wenn man Indendämpfe durch ein glühendes Eisenrohr leitet. Es bildet sich alsdann neben Wasserstoff der Kohlenwasserstoff Chrysen (s. Kap. 61).

3-Methylinden[2], $C_9H_7 \cdot CH_3$, bildet sich bei der Destillation der 3-Methylindencarbonsäure (2) mit Natronkalk. Diese Säure entsteht bei der Einwirkung concentrirter Schwefelsäure auf Benzylacetessigester:

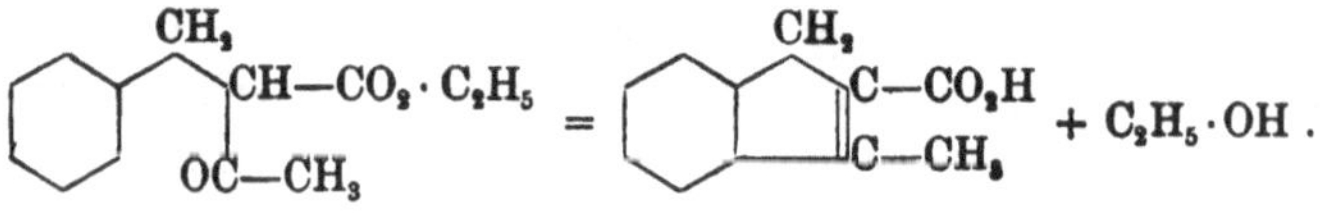

Das Methylinden ist eine bei 205—206° siedende Flüssigkeit vom specifischen Gewicht 0·9682 bei 27°.

Hydrinden[3] (*Indan*), $C_6H_4{<}{}^{CH_2}_{CH_2}{>}CH_2$, stellt man dar, indem man in eine siedende Lösung von 1 Th. Inden in 10 Th. 90 %igem Alkohol Natriumscheiben einträgt, bis eine Probe des Produkts durch concentrirte Schwefelsäure nicht mehr verharzt wird. Es ist ein Oel vom Siedepunkt 176—176·5° (corrigirt). Im Gegensatz zum Inden wird es von concentrirter Schwefelsäure nicht verharzt, sondern in Sulfosäuren übergeführt.

Die interessantesten Verbindungen der Indenreihe sind diejenigen, welche in dem Fünfring eine oder mehrere Ketogruppen enthalten. Das denkbar einfachste Keton dieser Art, das Ketoinden oder Indon, konnte bisher nicht dargestellt werden; dagegen kennt man eine Reihe halogenirter Abkömmlinge dieser hypothetischen Verbindung.

2.3-Dichlorketoinden[4] (Dichlorindon), $C_6H_4{<}{}^{CO \cdot CCl}_{\quad\;\; CCl}$, entsteht beim Auflösen von Phenylpropiolsäuredichlorid (Dichlorzimmtsäure) in concentrirter Schwefelsäure. Es bildet sich ferner bei der Oxydation der dem Keton entsprechenden α-Oxysäure [2.3-Dichlor-1-oxyindencarbonsäure (1)] (vgl. S. 318):

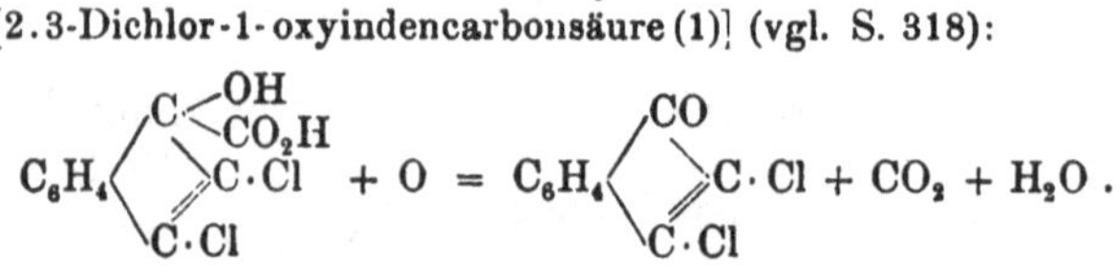

Das Dichlorketon krystallisirt in langen goldgelben Nadeln vom Schmelzpunkt 90°; riecht chinonartig und ist mit Wasser- und Alkohol-Dämpfen leicht flüchtig.

Die halogenirten Indone zeigen durch ihre Färbung, den chinonartigen Geruch und die leichte Austauschbarkeit von Halogen gegen Hydroxyl, Aminreste,

---

[1] Spilker, Ber. **26**, 1544 (1894).

[2] v. Pechmann, Ber. **16**, 516 (1883). — Roser, Ber. **20**, 1574 (1887). Ann. **247**, 157 (1888). — v. Miller u. Rohde, Ber. **23**, 1881 (1890). — Brühl, Ber. **25**, 173 (1892).

[3] Krämer u. Spilker, Ber. **23**, 3281 (1890). — Spilker, Ber. **26**, 1538 (1893). — W. H. Perkin, Journ. Soc. **69**, 1229 (1896). — Kanonnikow, Chem. Centralbl. **1899 II**, 860. — Moschner, Ber. **33**, 737 (1900); **34**, 1257 (1901).

[4] Zincke u. Frölich, Ber. **20**, 1266 (1887). — Roser u. Haselhoff, Ann. **247**, 146 (1888).

den Malonsäureesterrest etc. eine sehr interessante Aehnlichkeit mit den halogenirten Chinonen[1].

Vom Hydrinden leiten sich zwei Monoketoderivate ab:

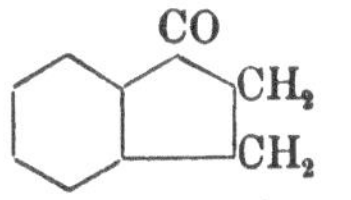

1-Ketohydrinden
(α-Hydrindon)

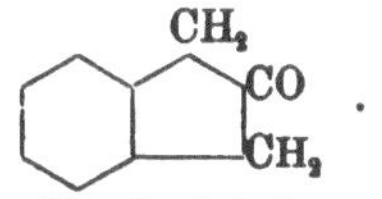

2-Ketohydrinden
(β-Hydrindon)

1-Ketohydrinden[2] [α-Hydrindon, (*Indanon(1)*)], C_9H_8O, lässt sich am bequemsten durch Einwirkung von Aluminiumchlorid auf das Chlorid der Hydrozimmtsäure darstellen. Es krystallisirt in rhomboëdrischen Tafeln vom Schmelzpunkt 40° und siedet bei 243—245°. Das Oxim, $C_9H_8{=}N{\cdot}OH$, bildet glänzend weisse Nadeln und schmilzt bei 146°; das Phenylhydrazon, $C_9H_8{=}N{\cdot}NH{\cdot}C_6H_5$, krystallisirt in Prismen vom Schmelzpunkt 130—131°.

Durch Reduction des Oxims mit Natriumamalgam gelangt man zum 1-Amidohydrinden[3], $C_9H_9{\cdot}NH_2$, einem anilinartig riechenden Oel vom Siedepunkt 220·5° bei 747 mm Druck. Das aus dem Amin mittels der Diazoreaction erhältliche 1-Oxyhydrinden bildet farblose naphtalinähnlich riechende Krystalle vom Schmelzpunkt 54—54·5°.

Die BECKMANN'sche Umlagerung (vgl. Bd. I, S. 391) führt vom α-Hydrindonoxim zu einem Körper der Chinolingruppe, dem Hydrocarbostyril (s. Bd. II, Th. III):

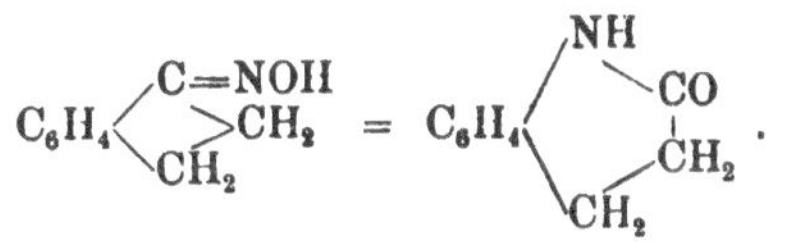

Die bei Ketonen mit der Gruppirung — $CO{\cdot}CH_2$ — stets zu beobachtende Beweglichkeit der Wasserstoffatome, welche an das der Carbonylgruppe benachbarte Kohlenstoffatom gebunden sind (vgl. z. B. Bd. II, Th. I, S. 480—490), zeigt sich auch beim α-Hydrindon. So reagirt dieses Keton nicht nur mit Amylnitrit unter Bildung des Monoxims des 1.2-Diketohydrindens, $C_6H_4<{}^{CO\cdot C:N\cdot OH}_{CH_2}$, sondern es condensirt sich auch äusserst leicht mit aldehyd- bezw. ketonartigen

[1] Vgl.: ROSER u. HASELHOFF, Ann. **247**, 141, 146 (1888). — ZINCKE u. GÜNTHER, Ann. **272**, 247 (1892). — C. LIEBERMANN, Ber. **31**, 2081, 2904 (1898); **32**, 260, 916 (1899). — LANSER u. WIEDERMANN, Ber. **33**, 2418 (1900). — SCHLOSSBERG, Ber. **33**, 2425 (1900). — GLAWE, Ber. **35**, 2936 (1902).

[2] GABRIEL u. HAUSMANN, Ber. **22**, 2018 (1889). — HAUSMANN, Ber. **22**, 2020 (1889). — KÖNIG, Ann. **275**, 341 (1893). — KIPPING, Journ. Soc. **65**, 480 (1894). — GABRIEL u. STELZNER, Ber. **29**, 2603 (1896).

[3] Vgl. auch: REVIS u. KIPPING, Journ. Soc. **71**, 238 (1897). — KIPPING u. HALL, Journ. Soc. **77**, 467 (1900); **79**, 430, 442 (1901). — KIPPING, Journ. Soc. **77**, 861 (1900); **79**, 370 (1901); **81**, 275 (1902). Chem. Centralbl. **1903 I**, 86, 87.

Körpern. Mit Benzaldehyd tritt es bei Gegenwart alkoholischen Kalis zu einer Benzylidenverbindung[1] zusammen:

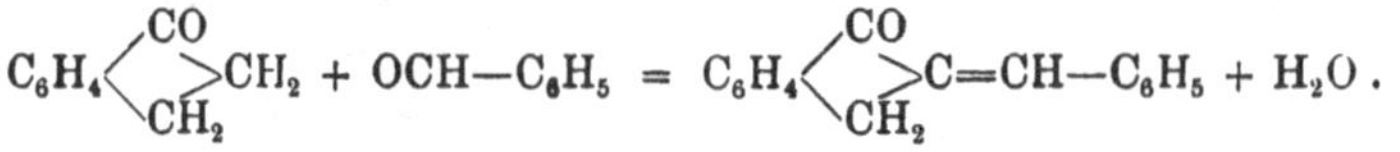

Beim Kochen mit verdünnter Schwefelsäure condensirt es sich mit sich selbst — nach Art der Bildung von Mesityloxyd aus Aceton (vgl. Bd. I, S. 411) — zu dem sogenannten Anhydrobishydrindon[2]:

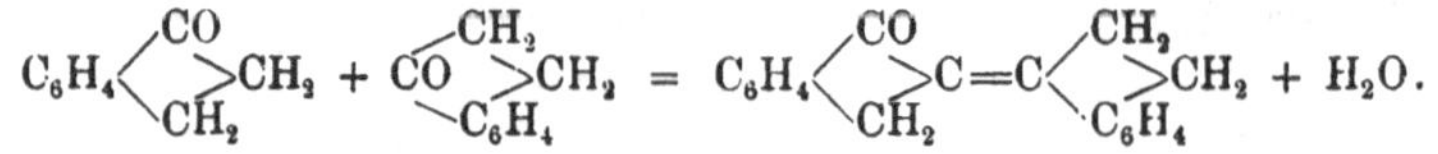

Wird dieses Condensationsprodukt — bezw. das α-Hydrindon selbst — energisch wirkenden Condensationsmitteln unterworfen, so findet eine noch weitergehende Wasserabspaltung unter Bildung von Truxen (vgl. Kap. 61) statt:

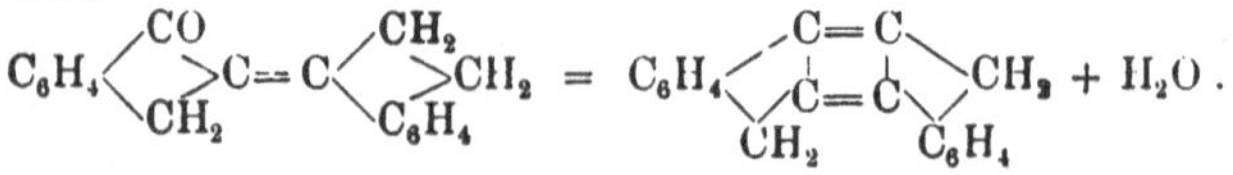

2-Ketohydrinden[3] [β-Hydrindon, *Indanon(2)*], C_9H_8O, wird erhalten durch Destillation des o-phenylendiessigsauren Calciums, sowie beim Kochen des Hydrindenglykols (vgl. S. 481) mit verdünnter Schwefelsäure. Es krystallisirt in Nadeln vom Schmelzpunkt 61° und siedet bei 220—225° unter Zersetzung. Das Oxim, $C_9H_8{=}NOH$, bildet lange Nadeln vom Schmelzpunkt 155°.

Der am meisten studirte Körper der Indengruppe ist das **1.3-Diketohydrinden**[4] [*Indandion(1.3)*]:

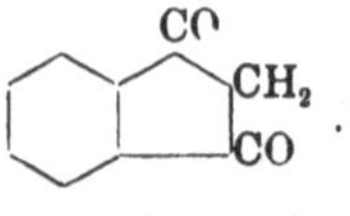

Zur Gewinnung dieses Diketons geht man von der 1.3-Diketohydrindencarbonsäure(2) (vgl. S. 489) oder von deren Ester aus. Es bildet Krystalle, welche bei 129—131° unter Zersetzung schmelzen.

Darstellung[5]: Eine möglichst concentrirte siedende wässerige Lösung der Natriumverbindung des Diketohydrindencarbonsäureesters (aus Phtalsäureester und

[1] Vgl. auch: Feuerstein, Ber. **34**, 412 (1901). — B. Schmidt, J. pr. [2] **62**, 545 (1901).

[2] Vgl. auch: Kipping, Journ. Soc. **65**, 269 (1894).

[3] Schad, Ber. **26**, 222 (1893). — Benedikt, Ann. **275**, 351 (1893). — Heusler u. Schieffer, Ber. **32**, 28 (1899).

[4] W. Wislicenus, Ber. **20**, 593 (1887); **31**, 2938 (1898). Ann. **246**, 347 (1888). — W. Wislicenus u. Kötzle, Ann. **252**, 72 (1889). — W. Wislicenus u. Reitzenstein, Ann. **277**, 362 (1893). — Gabriel u. Neumann, Ber. **26**, 954 (1893). — Gabriel u. Leupold, Ber. **31**, 1166, 1285 (1898).

[5] Kaufmann, Ber. **30**, 385 (1897).

Essigester, vgl. S. 477) lässt man auf 70—75° abkühlen, worauf man sie mit verdünnter Schwefelsäure zersetzt. Das Diketon scheidet sich in fast quantitativer Ausbeute sofort rein aus.

Das Dioxim, $C_9H_6(:N\cdot OH)_2$, krystallisirt in haarfeinen verfilzten Nädelchen vom Zersetzungspunkt 225°; das entsprechende Bisphenylhydrazon, $C_9H_6(:N\cdot NH\cdot C_6H_5)_2$, bildet hellfleischrothe verfilzte Nädelchen vom Schmelzpunkt 171°.

Das Diketohydrinden besitzt eine hervorragende Reactionsfähigkeit, welche es der in seinem Molecül vorhandenen Gruppe $CO—CH_2—CO$ verdankt. Es zeigt demgemäss alle Reactionen der β-Diketone (vgl. Bd. I, S. 854); doch ist die acidificirende Wirkung der Carbonyle auf die Methylengruppe hier noch durch die Nachbarschaft des Benzolkerns und wahrscheinlich auch durch die ringförmige Anordnung des Diketoncomplexes verstärkt. Das 1.3-Diketohydrinden ist daher in wässeriger Natronlauge und selbst in Sodalösung löslich. Diese Lösungen sind intensiv gelb gefärbt. Gleich dem 1-Ketohydrinden (vgl. S. 484) condensirt sich das 1.3-Diketohydrinden mit Aldehyden[1] unter Wasseraustritt zu Verbindungen der allgemeinen Form:

$$C_6H_4<\genfrac{}{}{0pt}{}{CO}{CO}>C{=}CH-R\,.$$

Diese Verbindungen sind von besonderem Interesse wegen der Aehnlichkeit ihrer Constitution mit derjenigen der sogenannten Indogenide (vgl. Indolgruppe, Bd. II, Th. III) von der Formel:

$$C_6H_4<\genfrac{}{}{0pt}{}{CO}{NH}>C{=}CH-R\,,$$

zu denen in weiterem Sinne auch einer der wichtigsten Naturfarbstoffe, der Indigo, zu rechnen ist.

Wegen dieser Analogie hat man die aus dem Diketohydrinden entstehenden Condensationsprodukte als „Carbindogenide“ bezeichnet. Diese Verbindungen sind Chromogene (vgl. Bd. II, Th. I, S. 270), in denen die Gruppirung $OC—C{=}C$ als Chromophor wirkt. Führt man in ihr Molecül eine auxochrome Gruppe ein, so entsteht ein Farbstoff. Die bisher dargestellten Farbstoffe dieser Gruppe werden erhalten, indem man das 1.3-Diketohydrinden mit Oxy- oder Amido-Aldehyden der Benzolreihe condensirt, z. B.:

$$1.\quad C_6H_4<\genfrac{}{}{0pt}{}{CO}{CO}>CH_2 + OCH-C_6H_4-OH = C_6H_4<\genfrac{}{}{0pt}{}{CO}{CO}>C{=}CH-C_6H_4-OH + H_2O;$$

$$2.\quad C_6H_4<\genfrac{}{}{0pt}{}{CO}{CO}>CH_2 + OCH-C_6H_4-NH_2 = C_6H_4<\genfrac{}{}{0pt}{}{CO}{CO}>C{=}CH-C_6H_4-NH_2 + H_2O.$$

---

[1] W. Wislicenus u. Kötzle, Ann. **252**, 75 (1889). — v. Kostanecki, Ber. **30**, 1185 (1897). — v. Kostanecki u. Łaczkowski, Ber. **30**, 2138 (1897). — Nölting u. Blum, Ber. **34**, 2467 (1901). — Vgl. auch Klobski u. v. Kostanecki, Ber. **31**, 720 (1898). — Ueber eine ähnliche Condensationsreaction vgl.: Errera, Gazz. chim. **32** II, 330 (1902).

Unter den hydroxylirten Verbindungen dieser Reihe ist das mit Protokatechualdehyd (Bd. II, Th. I, S. 521) erhältliche Produkt, das m-p-Dioxybenzylidendiketohydrinden:

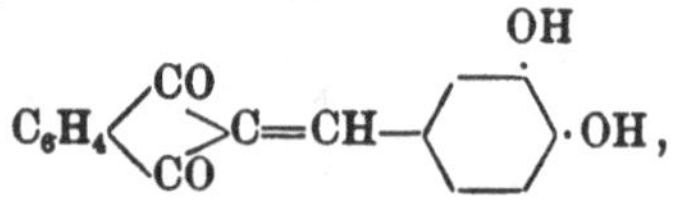

von besonderem Interesse. Es stellt einen Beizenfarbstoff dar, welcher auf Thonerdebeize ein gelbstichiges Roth erzeigt. Seine beizenziehenden Eigenschaften verdankt der Farbstoff dem Vorhandensein der beiden Hydroxyle in Nachbarstellung (vgl. S. 548). Das mittels p-Dimethylamidobenzaldehyd hergestellte p-Dimethylamidobenzylidendiketohydrinden:

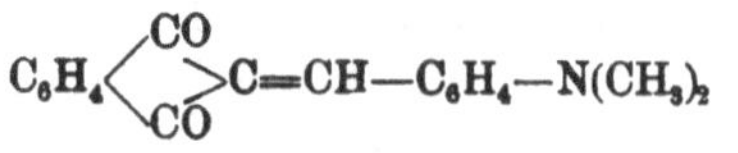

ist ein basischer Farbstoff, welcher tannirte Baumwolle (vgl. Bd. II, Th. I, S. 268), sowie Wolle und Seide lebhaft roth anfärbt.

Eine technische Verwendung haben diese Farbstoffe bisher nicht gefunden.

2-Benzyliden-1.3-diketohydrinden, 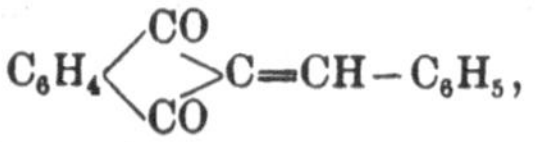 wird dargestellt durch Erhitzen eines Gemisches der Componenten auf 120°. Es bildet kleine gelbliche Krystalle vom Schmelzpunkt 150—151°.

Zu den Carbindogeniden gehört auch eine Verbindung, welche sich äusserst leicht aus 2 Mol. 1.3-Diketohydrinden unter Austritt eines Molecüls Wasser bildet, das **Anhydrobisdiketohydrinden** (*Anhydrodiindandion*)[1]:

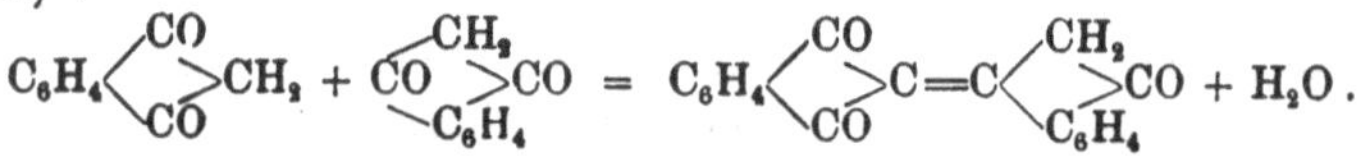

Dieser Körper entsteht, wenn man das Diketohydrinden mit Wasser kocht oder wenn man es auf 120—125° erhitzt. Er tritt daher auch als Nebenprodukt bei der Darstellung des Diketohydrindens auf. Seine Bildung ist derjenigen des Anhydrobishydrindons aus α-Hydrindon (vgl. S. 484) ganz analog. Ebenso wie dieses unterliegt es bei weiterer Wasserentziehung einer zweiten Condensation, welche zur Bildung von Truxenchinon (vgl. Kapitel 61) führt:

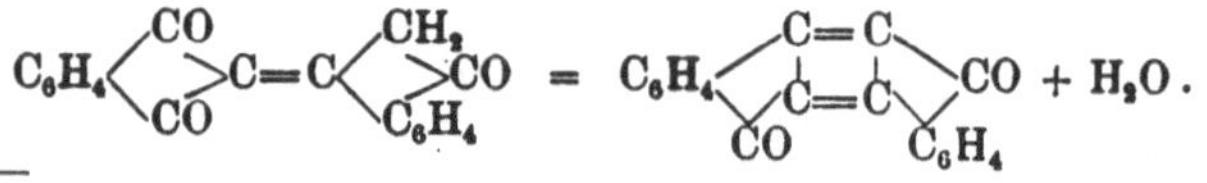

[1] W. Wislicenus u. Kötzle, Ann. **252**, 76 (1889). — W. Wislicenus u. Reitzenstein, Ann. **277**, 369 (1893). — v. Kostanecki u. Łaczkowski, Ber. **30**, 2143 (1897). — Ephraim, Ber. **31**, 2089 (1898). — W. Wislicenus, Ber. **31**, 2935 (1898) — Landau, Ber. **33**, 2441 (1900). — Hoyer, Ber. **34**, 3269 (1901). — Vgl. auch Liebermann, Ber. **30**, 3137 (1897).

Anhydrobisdiketohydrinden krystallisirt in mikroskopischen Tafeln, welche bei 206—208° unter Zersetzung schmelzen. In Alkalien löst es sich mit violettrother, an Cochenille erinnernder Farbe. Diese Färbung ist sehr beständig.

1.2.3-Triketohydrinden[1] [*Indantrion* (1.2.3)], $C_6H_4\left<\begin{matrix}CO\\CO\end{matrix}\right>CO$, bildet sich neben anderen Produkten bei der alkalischen Oxydation des 1.3-Diketohydrindens. Es krystallisirt in braungelben Blättchen, welche unter Zersetzung zwischen 190° und 206° schmelzen.

Einige Derivate des Triketohydrindens[2] sind aus dem 1.3-Diketohydrinden dargestellt worden. Behandelt man dieses mit salpetriger Säure, so bildet sich seine Isonitrosoverbindung, welche das Monoxim des Triketohydrindens darstellt:

$$C_6H_4\left<\begin{matrix}CO\\CO\end{matrix}\right>CH_2 + HNO_2 = C_6H_4\left<\begin{matrix}CO\\CO\end{matrix}\right>C{=}NOH + H_2O;$$

aus letzterem entsteht mit Hydroxylamin das Trioxim:

$$C_6H_4\left<\begin{matrix}C{=}NOH\\C{=}NOH\end{matrix}\right>C{=}NOH.$$

Diazobenzol führt das 1.3-Diketohydrinden in das Monophenylhydrazon des Triketohydrindens über:

$$C_6H_4\left<\begin{matrix}CO\\CO\end{matrix}\right>CH_2 + C_6H_5\cdot N_2Cl = C_6H_4\left<\begin{matrix}CO\\CO\end{matrix}\right>C{=}N\cdot NH\cdot C_6H_5 + HCl.$$

Bisdiketohydrinden (*Diindandion*), Diphtalyläthan[3],

$$C_6H_4\left<\begin{matrix}CO\\CO\end{matrix}\right>CH-CH\left<\begin{matrix}CO\\CO\end{matrix}\right>C_6H_4,$$

erhält man bei der Umlagerung des Aethindiphtalids mit Natriumäthylat (vgl. S. 479). Es krystallisirt aus Nitrobenzol in langen, flachen, violettschwarzen Nadeln, welche im durchfallenden Licht violettbraun erscheinen und bei 297° schmelzen. Es löst sich in fixen Alkalien und Ammoniak mit kastanienbrauner Farbe.

Trisdiketohydrinden[4],

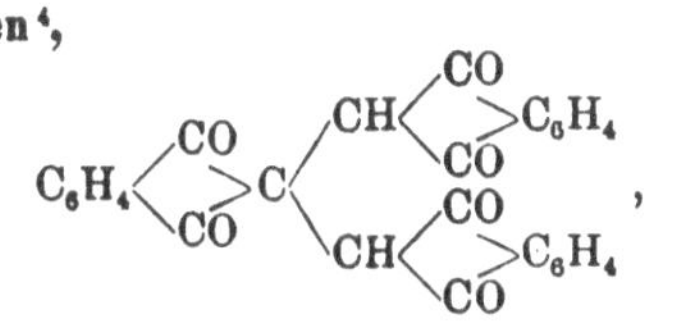

entsteht durch Condensation von 1 Mol. 2.2-Dibrom-1.3-diketohydrinden und 2 Mol. 1.3-Diketohydrinden mittels Natriumalkoholat. Es bildet schneeweisse Prismen vom Schmelzpunkt 266°.

---

[1] Kaufmann, Ber. **30**, 387 (1897).

[2] W. Wislicenus, Ann. **246**, 353 (1888). — W. Wislicenus u. Kötzle, Ann. **252**, 75 (1889). — W. Wislicenus u. Reitzenstein, Ann. **277**, 363 (1893).

[3] Nathanson, Ber. **26**, 2582 (1893). — Gabriel u. Leupold, Ber. **31**, 1159 (1898). — Vgl. auch: Kaufmann, Ber. **30**, 386 (1897). — Stadler, Ber. **35**, 3960 (1902).

[4] Liebermann u. Flatow, Ber. **33**, 2433 (1900). — Flatow, Ber. **34**, 2145 (1901). — Liebermann u. Landau, Ber. **34**, 2149 (1901).

Den Säuren der Indenreihe kommt ein Interesse besonders insofern zu, als sie die ersten Produkte synthetischer Processe waren, welche für die Bildung von Indenkörpern als typisch gelten können (vgl. S. 477).

Indencarbonsäure (2)[1], $C_6H_4\left<\begin{matrix}CH_2\\CH\end{matrix}\right>C-CO_2H$, entsteht aus der durch Condensation von o-Xylylenbromid mit Acetessigester (s. unten) erhaltenen Hydrindencarbonsäure beim Erhitzen mit Brom in Chloroformlösung:

$$C_6H_4\left<\begin{matrix}CH_2\\CH_2\end{matrix}\right>CH-CO_2H + Br_2 = C_6H_4\left<\begin{matrix}CH_2\\CH\end{matrix}\right>C-CO_2H + 2HBr.$$

Sie bildet farblose mikroskopische Nadeln vom Schmelzpunkt 230° und ist unzersetzt sublimirbar.

Hydrindencarbonsäure (2)[2], $C_6H_4\left<\begin{matrix}CH_2\\CH_2\end{matrix}\right>CH-CO_2H$, stellt man dar, indem man zu einer lauwarmen Auflösung von 2 Atomgewichten Natrium in der achtfachen Menge Alkohol die dreifache Menge absolut trockenen Aether, darauf die einem Molecül entsprechende Gewichtsmenge Acetessigester und schliesslich ein Moleculargewicht o-Xylylenbromid, in der fünffachen Menge Aether gelöst, hinzufügt:

$$C_6H_4\left<\begin{matrix}CH_2\cdot Br\\CH_2\cdot Br\end{matrix}\right. + CH_2\left<\begin{matrix}CO-CH_3\\CO_2\cdot C_2H_5\end{matrix}\right. + 2Na = C_6H_4\left<\begin{matrix}CH_2\\CH_2\end{matrix}\right>C\left<\begin{matrix}CO-CH_3\\CO_2\cdot C_2H_5\end{matrix}\right. + 2NaBr + H_2;$$

der entstandene Ester wird darauf mit alkoholischem Kali verseift:

$$C_6H_4\left<\begin{matrix}CH_2\\CH_2\end{matrix}\right>C\left<\begin{matrix}CO-CH_3\\CO_2\cdot C_2H_5\end{matrix}\right. + 2KOH = C_6H_4\left<\begin{matrix}CH_2\\CH_2\end{matrix}\right>CH-CO_2K + CH_3\cdot CO_2K + C_2H_5\cdot OH.$$

Dieselbe Säure erhält man bei rascher Destillation der unten besprochenen Hydrindendicarbonsäure (2.2). Sie krystallisirt in Nadeln vom Schmelzpunkt 130°. Bei der trockenen Destillation ihres Baryumsalzes entsteht Inden (vgl. S. 480).

Hydrindendicarbonsäure (2.2)[2], $C_6H_4\left<\begin{matrix}CH_2\\CH_2\end{matrix}\right>C\left<\begin{matrix}CO_2H\\CO_2H\end{matrix}\right.$. Sie wird aus ihrem Diäthylester gewonnen, welcher sich bei der Condensation von o-Xylylenbromid mit Malonsäureester bildet (vgl. S. 477), und krystallisirt in rhombischen Tafeln vom Schmelzpunkt 199°.

2.3-Dichlor-1-oxyindencarbonsäure (1)[3], $C_6H_4\left<\begin{matrix}C(OH)\cdot CO_2H\\C\cdot Cl\end{matrix}\right>C\cdot Cl$, entsteht aus den folgenden Naphtalinderivaten durch Behandeln mit Alkalilauge (vgl. S. 389—390):

---

[1] W. H. Perkin u. Révay, Ber. 26, 2253 (1893). Journ. Soc. 65, 228 (1894).

[2] Baeyer u. W. H. Perkin, Ber. 17, 122 (1884). — Scherks, Ber. 18, 378 (1885). — W. H. Perkin, Journ. Soc. 53, 1 (1888). — W. H. Perkin u. Révay, Ber. 26, 2251 (1893). Journ. Soc. 65, 228 (1894).

[3] Zincke u. Frölich, Ber. 19, 2500 (1886); 20, 1265 (1887). — Zincke, Ber. 20, 2059 (1887). — Zincke u. Kegel, Ber. 21, 1042, 3549 (1888). — Zincke u. Engelhardt, Ann. 283, 341 (1894).

I 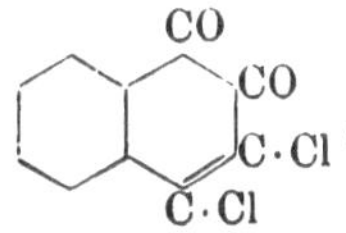 , II 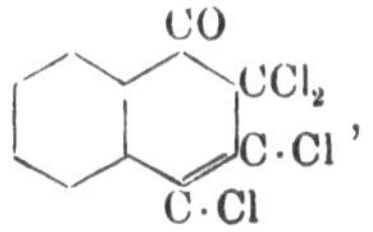 , III 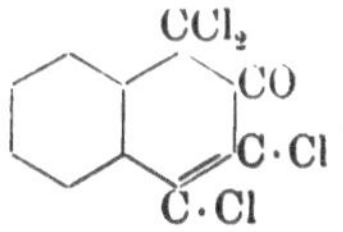 .

Sie krystallisirt in langen farblosen Nadeln, welche ein Molecül Wasser enthalten; der Schmelzpunkt liegt bei 99—100°. Bei der Oxydation der Säure entsteht 2.3-Dichlorindon (vgl. S. 482).

1.3-Diketohydrindencarbonsäure (2)[1], $C_6H_4\left\langle\begin{matrix}CO\\CO\end{matrix}\right\rangle CH-CO_2H$, ist in freiem Zustande nicht bekannt. Zur Darstellung ihres Aethylesters versetzt man 10 g Phtalsäureester mit 2 g Natrium in Drahtform und fügt zu dieser Mischung bei Wasserbadtemperatur allmählich 7—10 g Essigester hinzu; die entstandene Natriumverbindung (vgl. S. 477) wird durch Schwefelsäure zerlegt. Der Ester bildet feine gelbe Nädelchen vom Schmelzpunkt 75—78°. Seine alkoholische Lösung wird durch Eisenchlorid tiefroth gefärbt, was darauf hindeutet, dass in ihm die Enolform (vgl. S. 247 Anm. 2) des Diketoesters, d. h. der 3-Oxyindoncarbonsäureester(2), vorliegt:

$$C_6H_4\left\langle\begin{matrix}CO\\C\cdot OH\end{matrix}\right\rangle C-CO_2\cdot C_2H_5.$$

Beim Erwärmen mit Säuren oder Alkalien erhält man aus dem Ester nicht die freie Säure, sondern unter Kohlensäureabspaltung direct 1.3-Diketohydrinden (vgl. S. 484). Die Umlagerung der Phtalylessigsäure mit Natriummethylat (vgl. S. 478) führt zur Dinatriumverbindung der 1.3-Diketohydrindencarbonsäure(2), deren Formel wohl zu schreiben ist:

$$C_6H_4\left\langle\begin{matrix}CO\\C\cdot ONa\end{matrix}\right\rangle C-CO_2Na;$$

aus dieser spaltet Essigsäure ein Natriumatom ab unter Bildung des Mononatriumsalzes:

$$C_6H_4\left\langle\begin{matrix}CO\\CO\end{matrix}\right\rangle CH-CO_2Na.$$

Uebergiesst man dagegen das Dinatriumsalz mit verdünnter Salzsäure, so entsteht ein Brei, welcher beim Erwärmen unter Kohlensäureentwickelung in Lösung geht; diese Lösung enthält das 1.3-Diketohydrinden.

Carminsäure[2]. Auf den Blättern der Cactusarten lebt eine Schildlaus (coccus cacti), welche man wegen des schönen rothen Farbstoffs, den

[1] W. Wislicenus, Ber. **20**, 593 (1887). Ann. **246**, 347 (1888). — Gabriel u. Neumann, Ber. **26**, 951 (1893). — Flatow, Ber. **34**, 2145 (1901). — Hantzsch u. Dollfus, Ber. **35**, 246 (1902).

[2] Warren de la Rue, Ann. **64**, 1 (1847). — Schützenberger, Jb. **1858**, 461. — Schaller, Jb. **1864**, 410. — Hlasiwetz u. Grabowski, Ann. **141**, 329 (1867). — Liebermann u. van Dorp, Ann. **163**, 97 (1872). — Fürth, Ber. **16**, 2169 (1883). — v. Kostanecki u. Niementowski, Ber. **18**, 250 (1885). — Liebermann, Ber. **18**, 1969, 1975 (1885); **31**, 2079 (1898). — Will u. Leymann, Ber. **18**, 3180 (1885). — v. Miller

sie enthält, schon seit alten Zeiten als hochgeschätzte Droge unter dem Namen Cochenille[1] in den Handel bringt. Die Cochenilleläuse werden in verschiedenen tropischen Gegenden auf Cactusplantagen gezüchtet, durch Wasserdampf oder trockene Hitze getödtet und getrocknet. Man benutzt diese „Cochenille" als Beizenfarbstoff in der Färberei der Seide, Baumwolle und Wolle; ihre Verwendung — früher sehr ausgedehnt — ist freilich seit Entdeckung der weit billigeren, ähnliche Färbungen erzeugenden Azofarbstoffe (vgl. S. 416—417) in steter Abnahme begriffen. Aus der Cochenille stellt man durch Auskochen mit Wasser und Fällen der Lösung mit Alaun und mancherlei anderen Zusätzen den Handelsfarbstoff „Carmin" her, welcher aus einem Thonerde-Kalksalz des eigentlichen Farbstoffs — der Carminsäure — und ausserdem noch stickstoffhaltigen Stoffen besteht. Der Cochenillecarmin dient noch heute in der Malerei, seltener als Lackfarbe.

Die Darstellung der reinen Carminsäure ist mit erheblichen Schwierigkeiten verbunden, weshalb ihre empirische Formel trotz vielfacher Untersuchungen lange Zeit unsicher blieb; erst durch die neuesten Arbeiten ist die Formel $C_{22}H_{22}O_{13}$ als höchstwahrscheinlicher Ausdruck der Zusammensetzung festgestellt worden. Zur Gewinnung der reinen Säure stellt man ihr Bleisalz dar, zersetzt dasselbe mit Schwefelsäure und wiederholt die Operation mehrmals; darauf folgen Krystallisationen aus Alkohol und aus verdünnter Essigsäure. Man erhält auf diese Weise schliesslich krystallisirte Carminsäure in Gestalt rother prismatischer Kryställchen, die sich in Wasser und Alkohol, nicht aber in Aether lösen. Die Lösungen in Alkalien sind lebhaft carmoisinroth gefärbt; die Fällung mit Bleiacetat ist blauviolett, mit Aluminiumacetat roth, mit Zinnchlorid scharlachroth.

Die Carminsäure ist ein Beizenfarbstoff; man verwendete hauptsächlich den Zinnoxydlack, mit dem die prächtigen rothen Färbungen auf Wolle erzielt werden, welche den Carmin so lange als einen der werthvollsten Farbstoffe erscheinen liessen.

Im Folgenden seien die ihrer Constitution nach bekannten Abbauprodukte besprochen, welche zur Ermittelung der Constitution des Farbstoffs — soweit diese Aufgabe bisher gelöst ist — beigetragen haben.

Die Einwirkung der Salpetersäure auf Carminsäure führt eine weitgehende Spaltung des Moleculs herbei; sie erzeugt ein monocyclisches Benzolderivat, die von Warren de la Rue aufgefundene Nitrococcus-

u. Rohde, Ber. **26**, 2647 (1893); **30**, 1759 (1897). — Schunck u. Marchlewski, Ber. **27**, 2979 (1894). — Liebermann u. Voswinckel, Ber. **30**, 688, 1731 (1897). — Liebermann, Höring u. Wiedermann, Ber. **33**, 149 (1900). — Landau, Ber. **33**, 2446 (1900). — Liebermann u. Landau, Ber. **34**, 2153 (1901). — Liebermann u. Lindenbaum, Ber. **35**, 2910 (1902). — Vgl. auch: Ephraim, Ber. **31**, 2084 (1898).

[1] Näheres vgl. in H. Rupe's „Chemie der natürlichen Farbstoffe" (Braunschweig, 1900), S. 170 ff.

säure (vgl. Bd. II, Th. I, S. 639) — eine Verbindung, welche auch synthetisch hergestellt werden konnte und von LIEBERMANN und VAN DORP als symm. Trinitro-m-kresolcarbonsäure erkannt wurde:

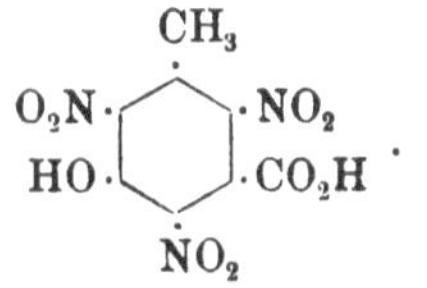

Die Entstehung dieser Säure zeigt, dass in der Carminsäure ein Toluolrest vorhanden ist, welchem mindestens eine Seitenkette in der Metastellung zur Methylgruppe eingefügt ist.

Brom erzeugt aus der Carminsäure nach den Untersuchungen von WILL u. LEYMANN zwei Bromderivate:

$C_{10}H_4Br_4O_3$	und	$C_{11}H_5Br_3O_4$.
α-Bromcarmin		β-Bromcarmin

Von besonderem Interesse für die Erkennung der Constitution der Carminsäure ist nun eine Reaction, welche v. MILLER u ROHDE beim Erwärmen des α-Bromcarmins mit Sodalösung beobachteten. Hierbei wird das α-Bromcarmin in Bromoform und Methyldibromoxyphtalsäure gespalten. Der Vorgang ist ein recht complicirter, lässt sich aber in der Weise deuten, dass zunächst unterbromige Säure gebildet wird, welche dann in folgender Weise auf das α-Bromcarmin einwirkt:

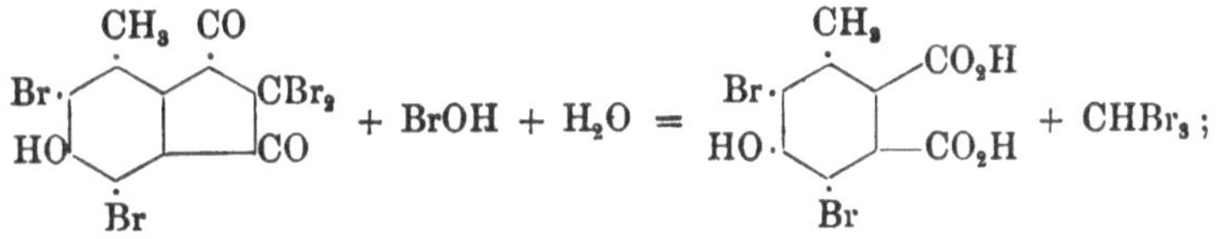

d. h. das α-Bromcarmin erscheint als ein substituirtes 1.3-Diketohydrinden, eine Anschauung, welche eine Beziehung zwischen den bei den Abkömmlingen des Diketohydrindens zahlreich beobachteten Farbstoffbildungen und dem Farbstoffcharakter der Carminsäure herstellen würde.

Für das 4-Methyl-6-oxy-1.3-diketohydrinden:

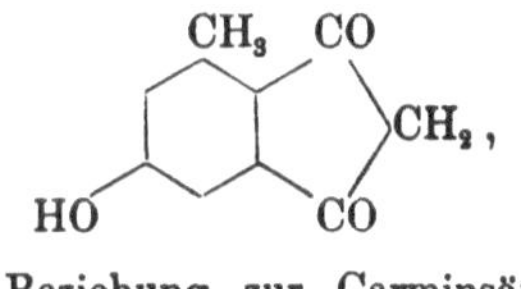

welches hiernach in nahe Beziehung zur Carminsäuregruppe rückt, ist der abgekürzte Name „Carminon" eingeführt worden.

Ein bedeutender Fortschritt in der Erforschung des Carminsäuremolecüls wurde beim Studium der mittels Persulfat entstehenden Oxydationsprodukte des Farbstoffs durch LIEBERMANN und VOSWINCKEL erreicht. Neben α-Coccinsäure (m-Oxyuvitinsäure, vgl. Bd. II, Th. I, S. 655—656) wurde als Oxydationsprodukt die Cochenillesäure aufgefunden, deren Beziehungen zur Oxyuvitinsäure und zur β-Coccinsäure (Bd. II, Th. I, S. 656) keinen Zweifel darüber lassen, dass sie als **1-Methyl-5-oxybenzoltricarbonsäure** (2.3.4) aufzufassen ist (vgl. Bd. II, Th. I, S. 660):

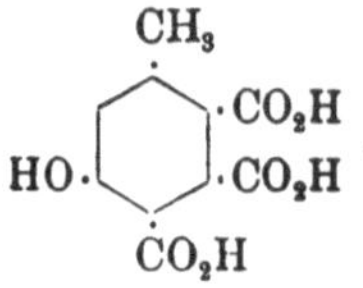

Es konnte ferner nachgewiesen werden, dass in der Carminsäure eine freie Carboxylgruppe enthalten ist, woraus sich in Zusammenfassung der bisher besprochenen Forschungsergebnisse als Bestandtheil des Carminsäuremoleculs eine Gruppe von elf Kohlenstoffatomen in der Anordnung:

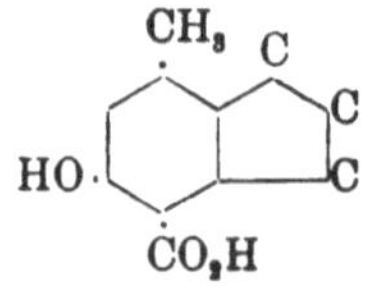

ableiten lässt.

Analysen von Salzen der Carminsäure sowie solche ihres Hexabenzoylderivates haben zu der empirischen Formel $C_{22}H_{22}O_{13}$ geführt; hiernach ergiebt es sich als wahrscheinlich, dass in dem Molecül des Farbstoffs zwei Indengruppen mit einander vereinigt sind. In welcher Weise diese Verkettung stattfindet und welche Vertheilung den Sauerstoff- und Wasserstoff-Atomen, die in obigem Schema nicht berücksichtigt sind, zukommt, konnte bisher nicht ermittelt werden.

Die Phenheptamethylengruppe.

Verbindungen, in deren Molecül sich ein condensirter Doppelring aus einem Benzolkern mit angegliedertem Siebenring, also das Skelett:

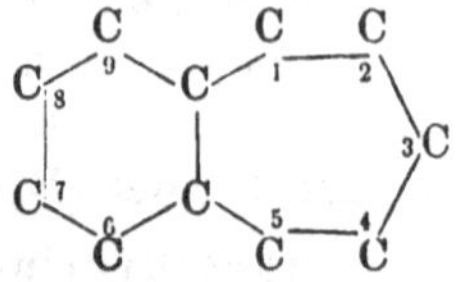

vorfindet, sind nur vereinzelt bekannt.

Zum **1-Ketophenheptamethylen** (*Phencycloheptanon*)[1] gelangt man, indem man das Chlorid der δ-Phenylvaleriansäure (vgl. Bd. II, Th. I, S. 600) mit Aluminiumchlorid behandelt:

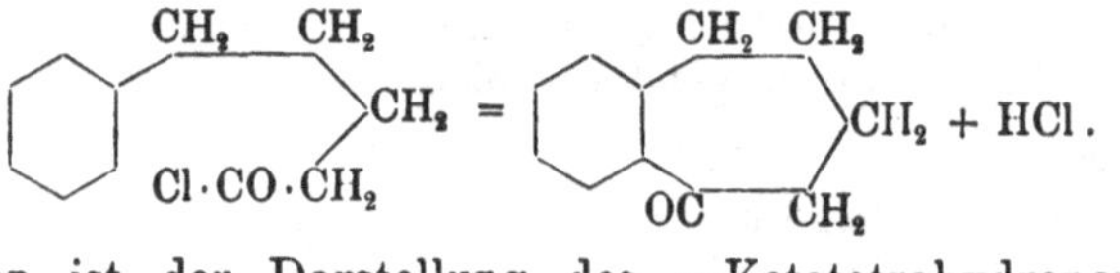

Die Reaction ist der Darstellung des α-Ketotetrahydronaphtalins aus

[1] Kipping u. Hunter, Journ. Soc. **79**, 602 (1901); **83**, 246 (1903).

γ-Phenylbuttersäurechlorid (vgl. S. 315), sowie der Ueberführung des Hydrozimmtsäurechlorids in α-Hydrindon (vgl. S. 475) analog. Das Keton ist ein farbloses Oel, welches bei ca. 270° siedet und in der Wärme einen starken Pfefferminzgeruch zeigt.

Das Oxim des 1-Ketophenheptamethylens (Formel I) liefert bei der Reduction mit Natriumamalgam 1-Amidophenheptamethylen (Formel II) — eine stark basische, farblose Flüssigkeit, welche an der Luft Kohlensäure absorbirt. Das Chlorhydrat der Base zersetzt sich beim Erhitzen auf ca. 240° in Salmiak und **Phencyclohepten** (Formel III):

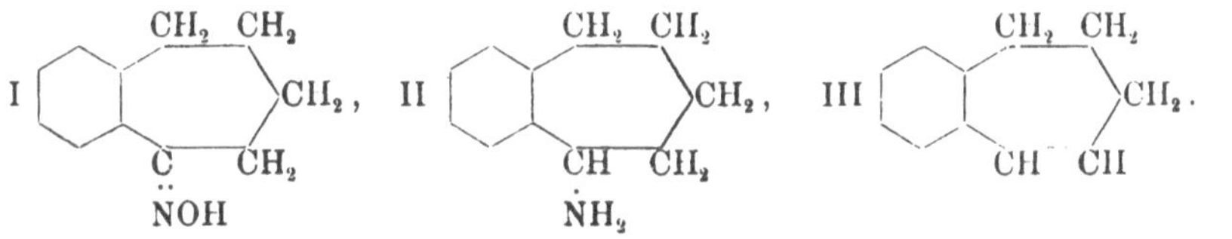

Dieser ungesättigte Kohlenwasserstoff bildet eine farblose indenähnlich riechende Flüssigkeit vom Siedepunkt 233·5—234° bei 757 mm Druck; das specifische Gewicht beträgt 1·009. Durch Kaliumpermanganat wird er zu Phenylbutter-o-carbonsäure, $CO_2H\cdot C_6H_4\cdot CH_2\cdot CH_2\cdot CH_2\cdot CO_2H$, oxydirt.

Eine Methode[1], welche der Wislicenus'schen Synthese des 1.3-Diketohydrindencarbonsäureesters aus Phtalsäureester und Essigester (vgl. S. 477) nachgebildet ist, besteht darin, dass man ein äquimoleculares Gemisch von Phtalsäureester und Glutarsäureester mit der zwei Atomen entsprechenden Menge Natriumdraht erhitzt. Das Produkt der Reaction:

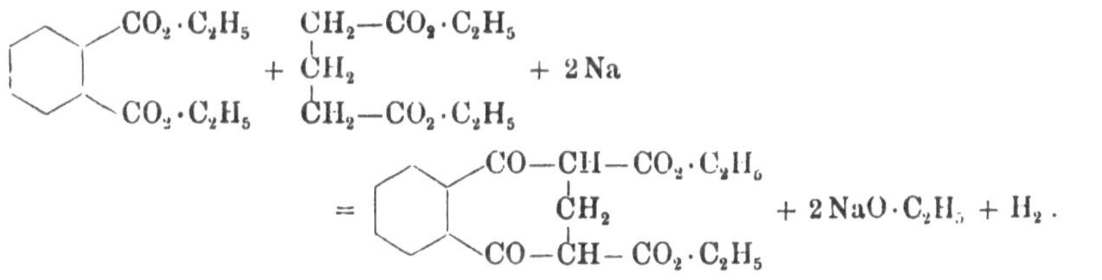

ist als **1.5-Diketophenheptamethylendicarbonsäureester (2.4)** zu bezeichnen. Es bildet farblose lange Nadeln oder Prismen vom Schmelzpunkt 86—87°.

Durch Kochen mit verdünnter Schwefelsäure wird der Ester allmählich unter Abspaltung von Kohlensäure und Alkohol in **1.5-Diketophenheptamethylen** übergeführt:

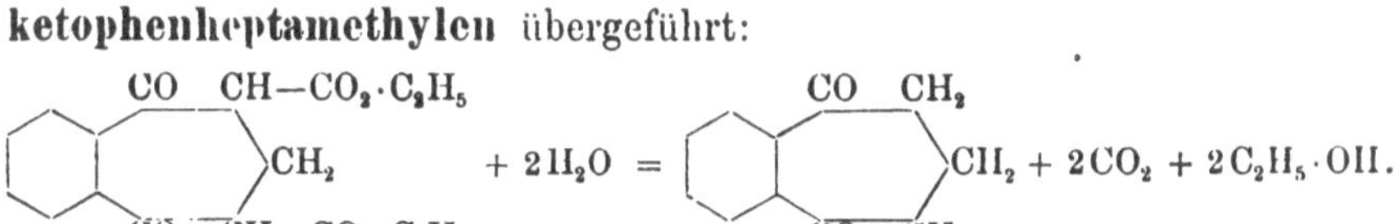

Das Diketon krystallisirt in grossen farblosen Prismen vom Schmelzpunkt 45—46°.

[1] Dieckmann, Ber. **32**, 2227 (1899).

Dreikernige Systeme.

Achtundfünfzigstes Kapitel.

Die Anthracengruppe[1].

Constitution, Isomerieverhältnisse, Synthesen und Vorkommen der zur Anthracengruppe gehörenden Verbindungen.

In den hochsiedenden Antheilen des Steinkohlentheers, dem sogenannten Anthracenöl (vgl. Bd. II, Th. I, S. 93) findet sich ein fester Kohlenwasserstoff — das Anthracen — von der Formel $C_{14}H_{10}$. Seine Constitution ergiebt sich aus mehreren synthetischen Darstellungsweisen, welche zu dem Kohlenwasserstoff selbst sowie zu einigen seiner Abkömmlinge — namentlich dem ihm entsprechenden Chinon: Anthrachinon $C_{14}H_8O_2$ — führen.

Die erste Synthese des Anthracens wurde im Jahre 1866 von LIMPRICHT[2] durch Erhitzen von Benzylchlorid mit Wasser auf 190° ausgeführt:

$$2C_6H_5{-}CH_2Cl = C_{14}H_{10} + 2HCl + H_2.$$

Aus dieser Synthese ergiebt sich, dass im Anthracen zwei Benzolkerne enthalten sind, welche mit noch zwei weiteren Kohlenstoffatomen in Bindung stehen. GRÄBE und LIEBERMANN[3] — denen man die wichtigsten Untersuchungen auf dem Anthracengebiet verdankt — sprachen zuerst die Ansicht aus, dass auch diese beiden Kohlenstoffatome Glieder eines Sechsringes seien, das Anthracenmolecül mithin aus drei Sechsringen bestehe; auf Grund dieser Anschauung ergeben sich zwei verschiedene Schemata für die Vertheilung der vierzehn Kohlenstoffatome:

I 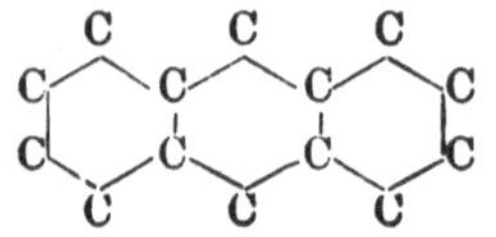 und II 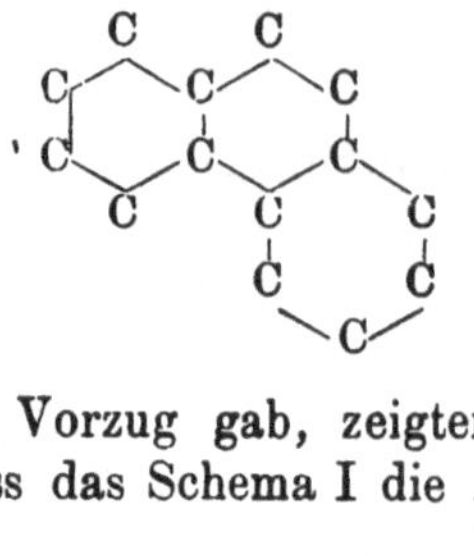

Während man anfangs der Formel II den Vorzug gab, zeigten bald weitere Synthesen in der Anthracenreihe, dass das Schema I die Anord-

[1] Eine zusammenfassende Darstellung des Anthracengebietes, deren Erscheinen indess schon längere Zeit zurückliegt, ist in G. AUERBACH's Monographie: „Das Anthracen und seine Derivate" (2. Aufl. Braunschweig 1880) geboten.

[2] Ann. **139**, 308 (1866).

[3] Ber. **1**, 49 (1868). Ann. Suppl. **7**, 313 (1870).

nung der Kohlenstoffatome in den Anthracenverbindungen richtig wiedergiebt, während die Gruppirung II sich in dem später zu besprechenden Phenanthren und seinen Derivaten (vgl. S. 580 ff.) vorfindet.

Die Entscheidung zwischen den obigen beiden Formelbildern konnte auf Grund einiger Synthesen des Anthrachinons getroffen werden. Die nahe Verwandtschaft zwischen dem Anthracen und dem Anthrachinon, welche sich dadurch zu erkennen giebt, dass durch Oxydationsmittel ersteres in letzteres[1], durch reducirende Agentien dagegen das Chinon in den Kohlenwasserstoff[2] übergeführt wird, gestattet, aus der Constitution der einen dieser Verbindungen auf die der anderen zu schliessen. Das Anthrachinon, welches zuerst von KEKULÉ und FRANCHIMONT[3] als Nebenprodukt bei der Darstellung des Benzophenons aus benzoësaurem Calcium (vgl. S. 73) synthetisch erhalten wurde, bildet sich nach BEHR und VAN DORP[4] auch beim Erhitzen von o-Benzoylbenzoësäure (vgl. S. 77) mit wasserentziehenden Mitteln:

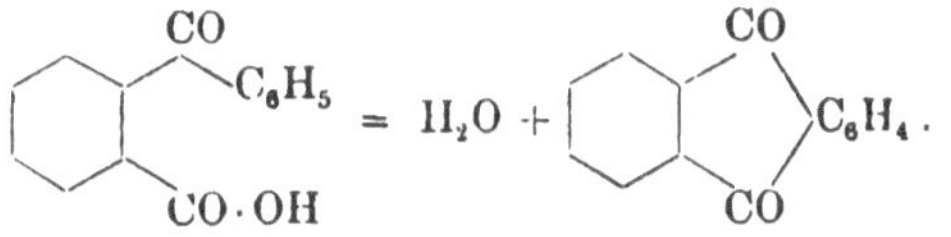

Aus dieser Reaction ergiebt sich, dass die beiden Kohlenstoffatome, welche den Zusammenhang zwischen den äusseren Benzolkernen des Anthrachinons vermitteln, in einem dieser Kerne zwei Orthostellungen einnehmen. Dass dies auch für den zweiten Benzolkern zutrifft, konnte in folgender Weise bewiesen werden[5]. Die bromirte o-Benzoylbenzoësäure (Formel I):

I 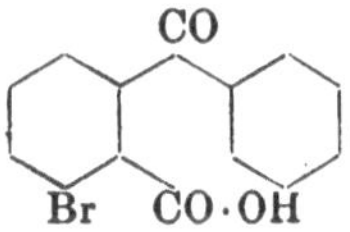

, II 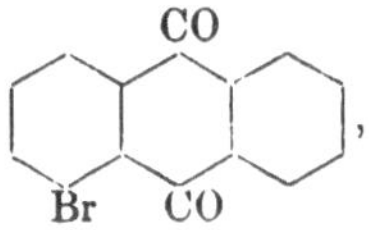

, III 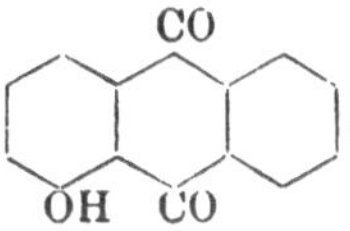

,

lässt sich durch Erhitzen mit concentrirter Schwefelsäure in ein Bromanthrachinon überführen (Formel II), welches in der Kalischmelze Oxyanthrachinon (Formel III) liefert. Die letztgenannte Verbindung giebt bei der Oxydation Phtalsäure, woraus folgt, dass die Carboxylgruppe der Brombenzoylbenzoësäure zum Eintritt in den bromfreien Benzolkern die Orthostellung zur CO-Gruppe gewählt hat. Da nun die Brombenzoylbenzoësäure selbst ein Derivat der Ortho-Phtalsäure ist, also CO und COOH in Orthostellung in dem bromirten Benzolkern enthält, ist in

[1] LAURENT, Ann. **34**, 287 (1840).

[2] GRÄBE u. LIEBERMANN, Ann. Suppl. 7, 287 (1870).

[3] Ber. 5, 908 (1872). Vgl. auch: FITTIG, Ber. 6, 167 (1873).

[4] Ber. 7, 578 (1874). — W. H. PERKIN, Journ. Soc. **59**, 1012 (1891). — Vgl. auch: LIEBERMANN, Ber. 7, 805 (1874).

[5] v. PECHMANN, Ber. **12**, 2124 (1879). — Vgl. auch: JACKSON u. WHITE, Ber. **12**, 1965 (1879). Am. chem. Journ. **2**, 391 (1880—1881).

dem Brom- bezw. Oxy-Anthrachinon die Orthostellung der CO-Gruppen in Beziehung auf beide äusseren Benzolringe bewiesen. Daraus ergiebt sich für das Anthracen die Formel:

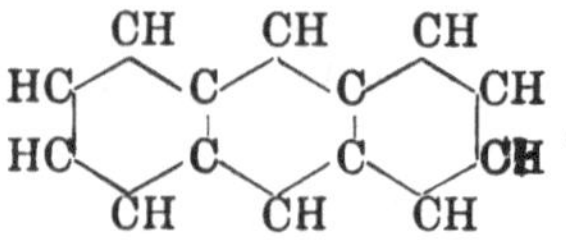

Es handelt sich nun noch darum, über die Vertheilung der Bindungen in diesem Schema ein Urtheil zu gewinnen[1]. Wenn man hierbei von der KEKULÉ'schen Formulirung des Benzols ausgeht, so erscheinen die folgenden drei Combinationen:

I 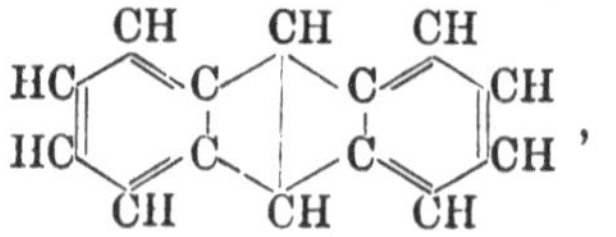, II 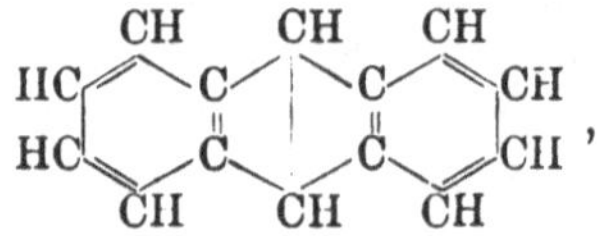,

III 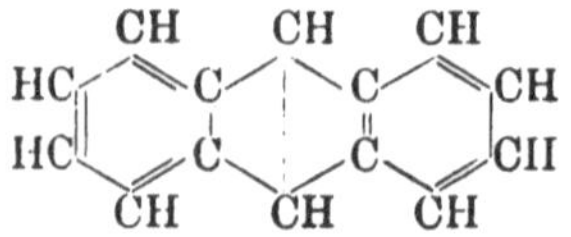

möglich; sie unterscheiden sich nur dadurch von einander, dass die beiden Kohlenstoffatompaare, welche die Anlagerung des mittleren Sechsrings an die beiden äusseren Ringe vermitteln, ihre Glieder entweder beiderseits durch einfache Bindung (Formel I) oder beiderseits durch doppelte Bindung (Formel II) oder einerseits durch einfache, andererseits durch doppelte Bindung (Formel III) verkettet zeigen. Die drei Formeln können eventuell als verschiedene Oscillationsphasen eines und desselben Molecüls in Betracht gezogen werden. Bei allen dreien finden wir in den äusseren Ringen die für die KEKULÉ'sche Formel charakteristische abwechselnde Vertheilung von einfacher und doppelter Bindung, während der mittlere Ring zwar ein Sechsring, aber kein normaler Benzolkern ist; denn er enthält eine Bindung, welche zwei paraständige Kohlenstoffatome direct mit einander verkettet. Dafür, dass eine solche im Anthracen angenommen werden darf, können einige Synthesen dieses Kohlenwasserstoffs aus Körpern, in denen diese Bindung präexistirt[2], angeführt werden, z. B. seine Entstehung aus Benzol und Acetylentetrabromid mit Hülfe von Aluminiumchlorid:

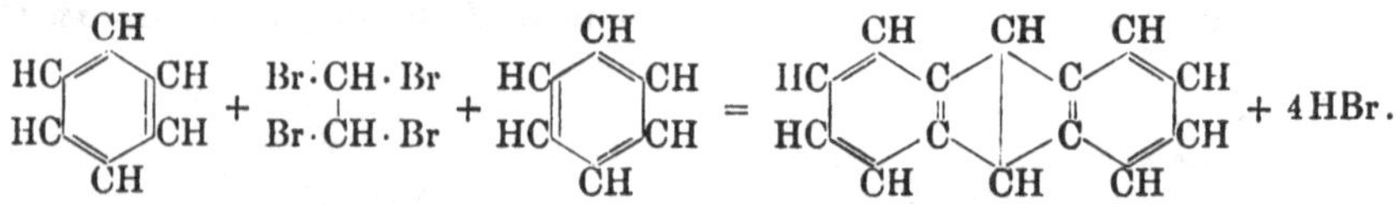

[1] Vgl.: BAMBERGER, Ann. **257**, 52 (1890). — MARCKWALD, Ann. **274**, 346 (1893); **279**, 7 (1894).

[2] ANSCHÜTZ u. ELSBACHER, Ber. **16**, 623, 1435 (1883). — ANSCHÜTZ, Ann. **235**, 161, 200 (1886).

Freilich darf man diesen Synthesen im Hinblick auf die häufig bei der Einwirkung von Aluminiumchlorid beobachteten Sprengungen von Kohlenstoffbindungen (vgl. Bd. II, Th. I, S. 97—98) nicht gar zu viel Gewicht beilegen.

Es ist leicht ersichtlich, dass eine Formulirung, bei welcher nicht nur die äusseren beiden Ringsysteme, sondern auch das mittlere System als wahrer Benzolkern im Sinne KEKULÉ's erscheint, überhaupt nicht möglich ist. Dass nun diejenigen beiden Kohlenstoffatome, welche nur dem mittleren Ringsystem angehören, thatsächlich eine Sonderstellung einnehmen, zeigt sich im Verhalten des Anthracens und seiner Derivate sehr deutlich, wie bei der speciellen Beschreibung häufiger hervortreten wird. Hier sei zunächst nur betont, dass sich das Anthracen an diesen beiden Kohlenstoffatomen leicht — schon durch Natriumamalgam in alkoholischer Lösung — hydriren lässt, indem unter Aufnahme von zwei Wasserstoffatomen Dihydroanthracen gebildet wird:

$$C_6H_4\left\langle\begin{matrix}CH\\|\\CH\end{matrix}\right\rangle C_6H_4 + H_2 = C_6H_4\left\langle\begin{matrix}CH_2\\CH_2\end{matrix}\right\rangle C_6H_4.$$

Da die Oscillationsfähigkeit der Doppelbindungen in den beiden äusseren Benzolkernen des Anthracenmolecüls nicht gehindert erscheint, so könnte man erwarten, dass die in diese Kerne eintretenden Gruppen auch dasselbe Verhalten zeigen werden, das wir in der Klasse der einkernigen Benzolverbindungen beobachten, und dass solche Verschiedenheiten, wie sie zwischen entsprechenden Naphtalinderivaten und Benzolderivaten auftreten (vgl. S. 300 ff.), hier nicht statthaben. Zu der gleichen Folgerung kommt man, wenn man von THIELE's Benzolformel ausgeht und den obigen Formeln entsprechend eine Parabindung im mittleren Sechsring annimmt[1]. Diese Folgerung findet sich indess nicht bestätigt. Das Phenol und das Amin der Anthracenreihe:

$C_6H_4:C_2H_2:C_6H_3\cdot OH$	$C_6H_4:C_2H_2:C_6H_3\cdot NH_2$
Anthrol	Anthramin

zeigen in ihrem chemischen Verhalten charakteristische Unterschiede[2] gegenüber den entsprechenden Benzolderivaten: das Anthrol ist äusserst leicht ätherificirbar — noch leichter als das β-Naphtol; dem Anthramin mangelt die Fähigkeit der gewöhnlichen aromatischen Amine, kuppelungsfähige Diazoverbindungen zu bilden. Diese Verschiedenheiten verschwinden jedoch, wenn am mittleren Kern durch Aufnahme zweier Wasserstoffatome Hydrirung erfolgt; das Dihydroanthrol verhält sich wie ein gewöhnliches (monocyclisches) Phenol, das Dihydroanthramin wie eine Anilinbase.

Die letzterwähnten Verhältnisse finden einen guten Ausdruck in

[1] Ueber eine andere Deutung, nach welcher zwischen den mittleren Kohhlenstoffatomen keine directe Bindung, vielmehr an diesen Kohlenstoffatomen freie Affinitätsreste angenommen werden, vgl.: THIELE, Ann. **306**, 141 (1899). — MEISENHEIMER, Ann. **323**, 211 (1901).

[2] BAMBERGER u. HOFFMANN, Ber. **26**, 3068 (1893). — Vgl. auch: LIEBERMANN u. HAGEN, Ber. **15**, 1427 (1882).

der BAMBERGER'schen Theorie der mehrkernigen condensirten Systeme (vgl. S. 299 ff.), in deren Sinne das Anthracen selbst (Formel I) keine wahren Benzolkerne, das Dihydroanthracen (Formel II) aber zwei normale Benzolkerne enthält:

I , II 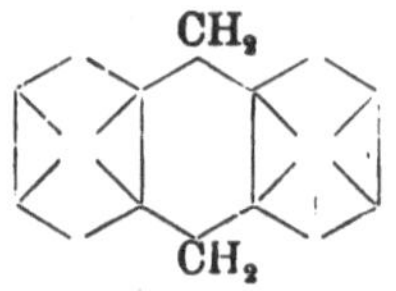.

Doch bietet diese Formulirung wieder keine Erklärung für die Verschiedenartigkeit im Verhalten von Anthracen und Phenanthren; vgl. hierüber S. 582—583.

Neuerdings hat HINSBERG[1] für das Anthracen die Formulirung:

a) 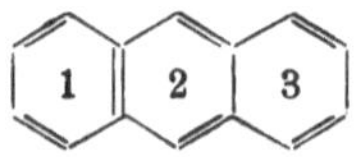 bezw. b) 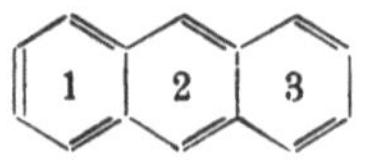

vorgeschlagen, welche ausdrückt, dass die beiden mittleren CH-Gruppen an einen der äusseren Benzolkerne (mit 3 bezeichnet) derart gebunden sind, wie die Sauerstoffatome eines Orthochinons. Nur der mit 1 bezeichnete Kern würde hiernach ein wahrer Benzolkern (mit Oscillation der Doppelbindungen, vgl. a und b) sein, während nach der im Mittelkern erfolgten Hydrirung beide äusseren Kerne (1 und 3) Benzolcharakter erhalten. Da nach unseren Erfahrungen über die Isomerie bei Anthracenderivaten die Substituenten an entsprechenden Stellen der äusseren Kerne (1 und 3) gleichwerthig sind, so müsste man ferner die Möglichkeit einer Verschiebung (oder Oscillation) der Doppelbindungen in dem Sinne zulassen, dass zwischen dem Kern 1 und dem Kern 3 eine Vertauschung des aromatischen und chinoïden Zustandes stattfinden kann. Die beiden von obigem Schema a abgeleiteten Formeln eines Mono-Substitutionsderivates:

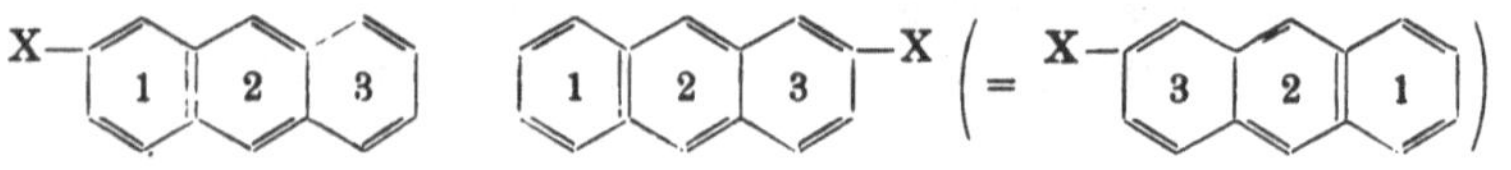

würden also nur verschiedene Schwingungsphasen eines und desselben Moleculs ausdrücken dürfen; oder man müsste die Annahme machen, dass durch den Eintritt von Substituenten — je nach ihrer Natur — entweder der Kern 1 oder der Kern 3 chinoïde Structur erhält, die umgekehrte Vertheilung der Bindungen aber ausgeschlossen wird.

Wie das Problem der Benzol- und Naphtalin-Constitution (vgl. Bd. II, Th. I, S. 60—61; Bd. II, Th. II, S. 304, 307) eine abschliessende Lösung noch nicht gefunden hat, so ist also auch über die Vertheilung der Bindungen innerhalb des Anthracenkerns das letzte Wort noch nicht gesprochen. Für die Ableitung der Isomeriemöglichkeiten bei eintretender Substitution und die Ortsbestimmung der Substituenten aber braucht man an die Structurformel des Anthracens so weitgehende Anforderungen nicht zu stellen; hierfür genügt das nachstehende vereinfachte Schema:

---

[1] Ann. **319**, 285 (1901).

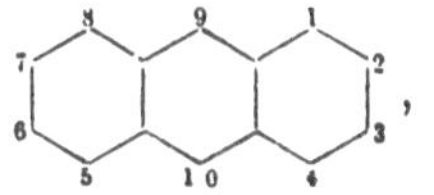

in welchem die übliche Numerirung der 10 substituirbaren Wasserstoffatome eingetragen ist.

Diese Art der Numerirung schliesst sich eng an die bei den Verbindungen der Naphtalinreihe benutzte (vgl. S. 298) an. Die Isomerieverhältnisse in den äusseren Benzolringen sind hier ganz analog wie in dem Naphtalinkern, indem die Stellungen 1, 4, 5 und 8 einerseits und die Stellungen 2, 3, 6 und 7 andererseits unter einander gleich sind, da die entsprechenden Kohlenstoffatome an symmetrischen Stellen des Molecüls gelagert sind. Man bezeichnet die Monoderivate des Anthracens, welche an den Kohlenstoffatomen 1—8 substituirt sind, auch wohl als α-(= 1, 4, 5 oder 8) und β-(= 2, 3, 6 oder 7) Derivate. Ihnen reihen sich als dritte Gruppe die in den Stellungen 9 oder 10 substituirten Verbindungen an, welche man auch als γ- oder meso-Derivate bezeichnet. Die an diesen Kohlenstoffatomen befindlichen Substituenten zeigen im Allgemeinen eine grössere Beweglichkeit als die an den äusseren Ringen haftenden; dementsprechend findet auch der Angriff chemischer Agentien auf das Anthracen, wie im späteren eingehender erörtert werden wird, vorzugsweise an dem mittleren Ringe statt.

Zur Bestimmung der Stellung, an welcher sich ein Substituent in dem Anthracenmolecül befindet, dient ebenso wie in der Naphtalinreihe (S. 309) vielfach die Aufspaltung zu einfacheren Gebilden, in erster Linie zu Benzolverbindungen. In der Anthrachinonreihe erreicht man diese Spaltung meistens durch eine energische Alkalischmelze, in anderen Fällen auch durch Oxydation, wie z. B. bei dem Abbau des α-Oxyanthrachinons zu Phtalsäure (vgl. S. 495). Bei der Alkalischmelze des Anthrachinons und seiner Derivate verläuft die Spaltung im allgemeinen in der Weise, dass je eine CO-Gruppe unter Uebergang in Carboxyl mit einem der äusseren Benzolkerne in Bindung bleibt. Anthrachinon liefert z. B. 2 Mol. Benzoësäure[1]:

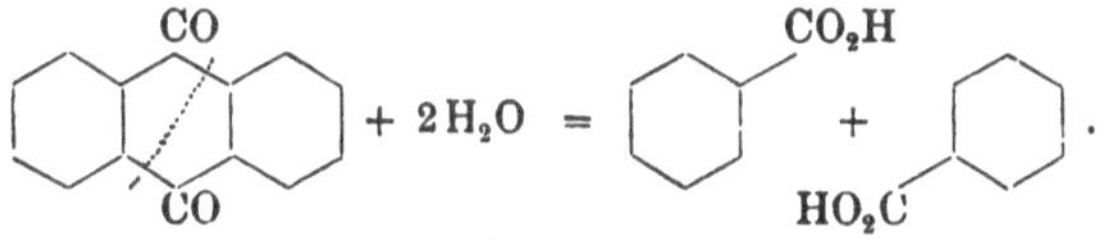

Das Anthrarufin, ein Dioxyanthrachinon, zerfällt in Salicylsäure und m-Oxybenzoësäure[2], woraus sich — im Verein mit anderen Gründen — die Constitution folgendermaassen ergiebt:

[1] GRÄBE u. LIEBERMANN, Ann. **160**, 129 (1871).
[2] LIEBERMANN u. DEHNST, Ber. **12**, 1293 (1879).

1. 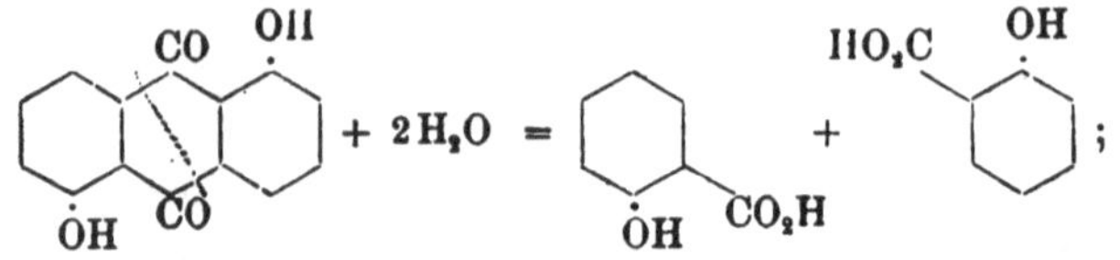

2. 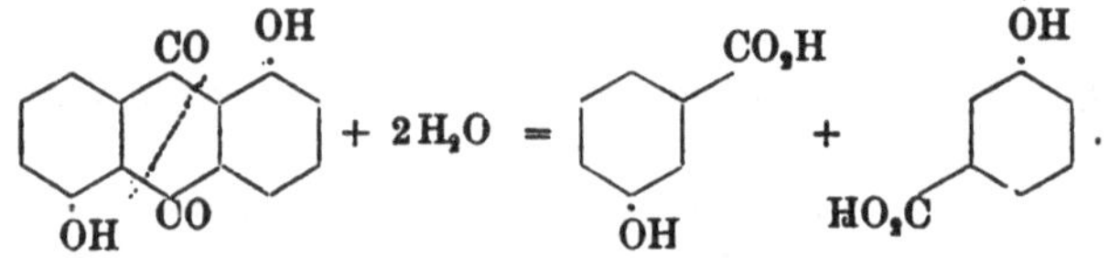

Die Anthracenverbindungen lassen sich durch Oxydation leicht in Anthrachinonkörper überführen. Bei dieser Umwandlung werden etwaige am Mittelkern haftende Substituenten eliminirt, sodass schon hieraus ihre Stellung erkennbar wird. Z. B. entsteht aus meso-Dibromanthracen Anthrachinon:

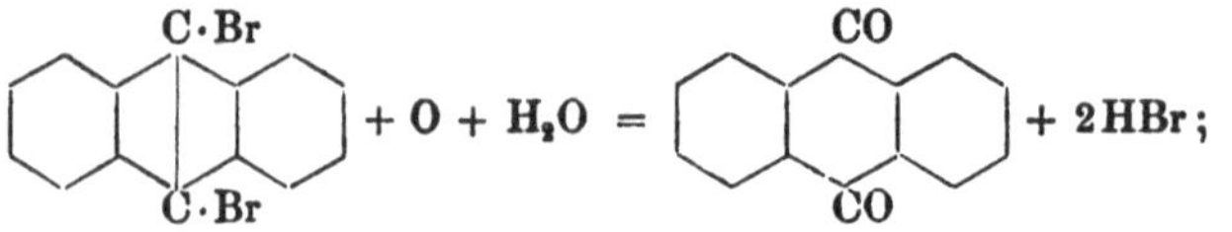

das 1.2.9.10-Tetrabromanthracen dagegen[1] liefert bei der Oxydation Dibromanthrachinon:

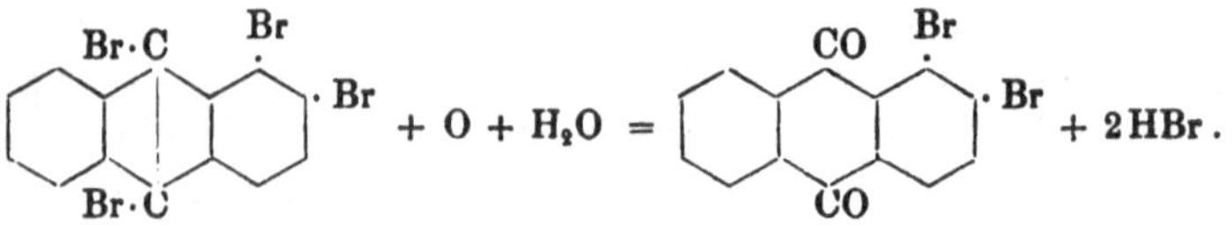

Wichtiger noch als die Spaltung der Anthrachinonverbindungen sind für die Bestimmung ihrer Constitution sowie derjenigen der entsprechenden Anthracenkörper die Synthesen aus Benzolderivaten bekannter Constitution. So ergiebt sich für das Chinizarin, welches aus Phtalsäureanhydrid und Hydrochinon durch Erhitzen mit concentrirter Schwefelsäure[2] nach einer weiter unten (S. 507) näher besprochenen Reaction entsteht, die Constitution als 1.4-Dioxyanthrachinon:

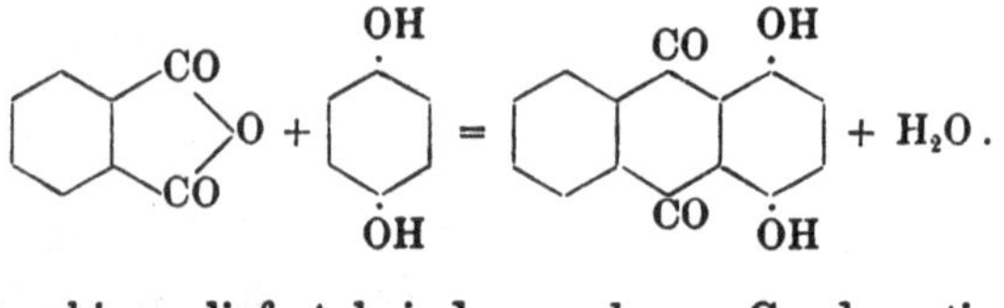

Das Toluhydrochinon liefert bei der analogen Condensation ein Methyl-

[1] GRÄBE u. LIEBERMANN, Ann. Suppl. 7, 277, 281 (1870). Ber. 1, 186 (1868); 2, 334 (1869).

[2] GRIMM, Ber. 6, 506 (1873).

chinizarin[1] (Formel I), welches bei der Destillation mit Zinkstaub zu β-Methylanthracen (Formel II) reducirt wird:

Das β-Methylanthracen ist durch Oxydation in ein Methylanthrachinon sowie in eine Anthrachinoncarbonsäure überführbar; die letztere liefert bei der Reduction eine Anthracencarbonsäure. Alle diese Verbindungen sind wegen ihres genetischen Zusammenhangs mit dem β-Methylanthracen als β-Derivate des Anthracens bezw. Anthrachinons anzusehen.

Synthesen in der Anthracenreihe sind in grosser Zahl bekannt. Einige derselben wurden schon im Vorstehenden erwähnt. Als Ausgangsmaterialien dienen entweder einfache Benzolkörper oder Verbindungen der Diphenylmethanreihe oder auch Triphenylmethanderivate.

Die älteste Synthese eines Anthracenderivats ist die Darstellung der Rufigallussäure (Hexaoxyanthrachinon) aus Gallussäure durch Erhitzen mit concentrirter Schwefelsäure, welche Robiquet[2] im Jahre 1836 ausführte (vgl. Bd. II, Th. I, S. 648):

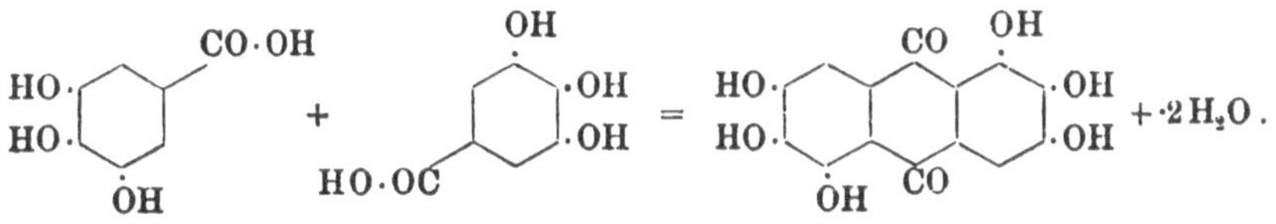

Die Zugehörigkeit der Rufigallussäure zur Anthracenreihe konnte durch ihre Ueberführung in Anthracen beim Erhitzen mit Zinkstaub nachgewiesen werden[3].

Die Zusammenschweissung zweier Molecüle einer in Metastellung hydroxylirten Benzoësäure (vgl. Bd. II, Th. I, S. 626) durch Erhitzen mit Schwefelsäure unter Bildung eines hydroxylirten Anthrachinons hat sich als eine sehr allgemein anwendbare und äusserst fruchtbare Reaction erwiesen[4]. Die Ausbeuten an Oxyanthrachinonen sind dabei in einzelnen

---

[1] Nietzki, Ber. **10**, 2011 (1877).

[2] Ann. **19**, 204 (1836).

[3] B. Jaffé, Ber. **3**, 694 (1870).

[4] Liebermann u. Chojnacki, Ann. **162**, 321 (1872). — Barth u. Senhofer, Ann. **164**, 109 (1872); **170**, 100 (1873). — Rosenstiehl, Bull. [2] **29**, 400 (1878). — Brunner, Monatsh. **2**, 465 (1881). — v. Kostanecki u. Niementowski, Ber. **18**, 255, 2138 (1885). Ann. **240**, 276 (1887). — Cahn, Ber. **19**, 755 (1886). Ann. **240**, 279 (1887). — Offermann, Ann. **280**, 1 (1894). — Hohenemser, Ber. **35**, 2306 (1902).

Fällen fast quantitativ, so dass auch die Technik sich dieser Synthese bedienen kann[1].

Nicht immer aber sind die entstehenden Produkte einheitlicher Natur wie bei der Darstellung der Rufigallussäure. Vielmehr können sich in vielen Fällen in Folge des an verschiedenen Stellen der Benzolringe stattfindenden Eintrittes der Carboxylgruppen gleichzeitig mehrere Isomere bilden; z. B. entstehen aus m-Oxybenzoësäure drei Dioxyanthrachinone:

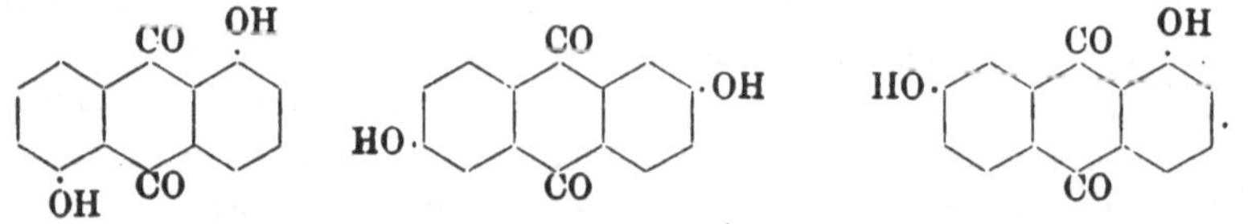

Anthrarufin (1.5) Anthraflavinsäure (2.6) Metabenzdioxyanthrachinon (1.7)

Auch zwei verschiedene Oxybenzoësäuren lassen sich in dieser Weise mit einander verketten[2]; und endlich kann auch ein Molekül der Oxysäure durch Benzoësäure selbst oder deren Homologe ersetzt werden[3], z. B. lassen sich aus m-Oxybenzoësäure und Benzoësäure beide möglichen Monooxyanthrachinone herstellen:

1. 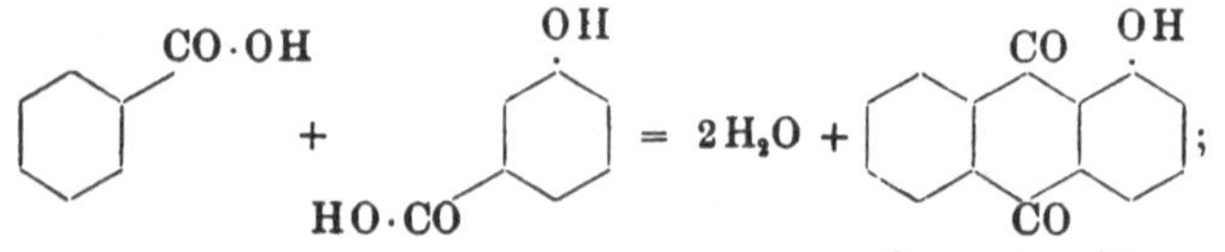

α-Oxyanthrachinon

2. 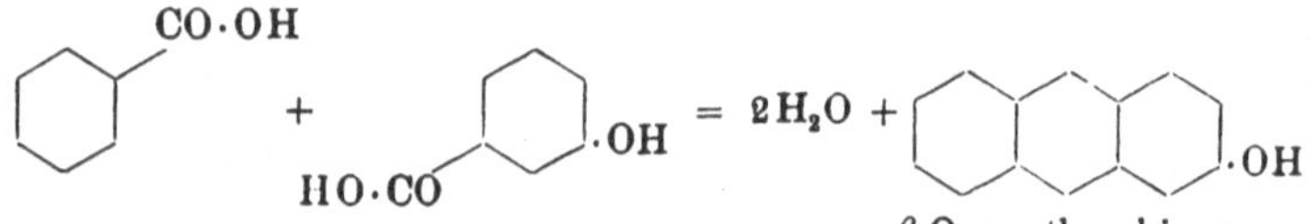

β Oxyanthrachinon

Ausserdem vereinigen sich bei letzterer Reaction zwei Molecüle m-Oxybenzoësäure mit einander zu den drei oben aufgeführten Dioxyanthrachinonen.

Die Condensation zweier Molecüle Benzoësäure zu Anthrachinon selbst konnte mit Schwefelsäure bisher nicht bewirkt werden; doch erhält man Anthrachinon[4], wie bereits auf S. 495 erwähnt wurde, in geringer

[1] Farbenfabr. vorm. Friedr. Bayer & Co., D. R.-Pat. Nr. 75490.
[2] Noah, Ber. **19**, 751, 2337 (1886). Ann. **240**, 269 (1887).
[3] Seuberlich, Ber. **10**, 38 (1877). — Liebermann u. v. Kostanecki, Ber. **19**, 329 (1886). Ann. **240**, 261 (1887). — Noah, Ber. **19**, 332 (1886). Ann. **240**, 265 (1887). — Cahn, Ber. **19**, 2333 (1886). Ann. **240**, 279 (1887). — Birukoff, Ber. **20**, 870 (1887). Ann. **240**, 285 (1887). — Wende, Ber. **20**, 876 (1887). Ann. **240**, 289 (1887). — Marchlewski, Journ. Soc. **63**, 1142 (1893). — Schunck u. Marchlewski, Journ. Soc. **65**, 182 (1894); **69**, 68 (1896).
[4] Kekulé u. Franchimont, Ber. **5**, 909 (1872).

Menge als Nebenprodukt bei der Darstellung des Benzophenons durch Destillation von benzoësaurem Calcium:

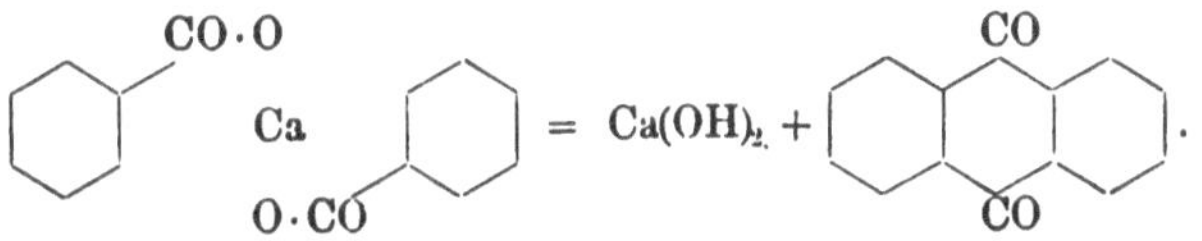

Von der **Phtalsäure** kann man in verschiedener Weise zum Anthrachinon gelangen. So führt die Anwendung der in der Diphenylmethanreihe so vielfach benutzten ZINCKE'schen Methode (vgl. S. 57—59) zum Anthrachinon, wenn man vom Phtalylchlorid (Bd. II, Th. I, S. 583) ausgeht[1] und dieses mit Zinkstaub und Benzol erhitzt:

$$C_6H_4{<}{\genfrac{}{}{0pt}{}{CO\cdot Cl}{CO\cdot Cl}} + C_6H_6 = C_6H_4{<}{\genfrac{}{}{0pt}{}{CO}{CO}}{>}C_6H_4 + 2HCl.$$

In ähnlicher Weise bildet sich Anthrachinon als Nebenprodukt bei der Darstellung des Diphenylphtalids[2] (S. 153—154) aus Phtalylchlorid, Benzol und Aluminiumchlorid und endlich bei der trockenen Destillation des phtalsauren Calciums[3], woraus sich die Natur des Anthrachinons als Doppelketon besonders deutlich erkennen lässt:

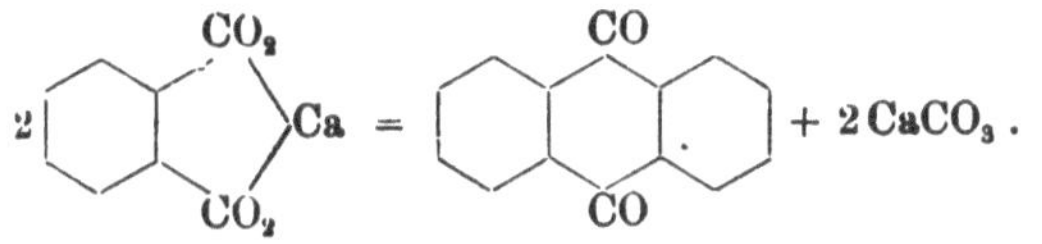

Während diese Reactionen wegen der mangelhaften Ausbeuten nur von theoretischem Interesse sind, kann man das Anthrachinon in nahezu quantitativer Ausbeute durch Erhitzen der ebenfalls aus der Phtalsäure gewonnenen **o-Benzoylbenzoësäure** (vgl. S. 77, 99) mit concentrirter Schwefelsäure darstellen (vgl. S. 495). Die Uebertragung dieses Condensationsverfahrens auf substituirte und homologe Benzoylbenzoësäuren[4] hat zu einer grossen Zahl von Substitutionsprodukten des Anthrachinons

---

[1] PICCARD, Ber. **7**, 1785 (1874).

[2] FRIEDEL u. CRAFTS, Bull. [2] **29**, 49 (1878). Ann. ch. [6] **1**, 523 (1884).

[3] PANAOTOVITS, Ber. **17**, 312 (1884).

[4] v. PECHMANN, Ber. **12**, 2124 (1879). — KIRCHER, Ber. **17**, 1167 (1884). Ann. **238**, 344 (1887). — LOUISE, Ann. ch. [6] **6**, 232 (1885). — RHÉE, Ann. **233**, 240 (1886). — GRESLY, Ann. **234**, 238, 240, 241 (1886). — NOURRISSON, Ber. **19**, 2105 (1886). Bull. [2] **46**, 206 (1886). — ELBS u. EURICH, Ber. **20**, 1361 (1887). — ELBS u. GÜNTHER, Ber. **20**, 1364 (1887). — ELBS, J. pr. [2] **41**, 4, 6, 13, 27, 122 (1890). — LAGODZINSKI, Ber. **28**, 116, 1427 (1895). — HELLER, Ber. **28**, 314 (1895). — GRÄBE u. LEONHARDT, Ann. **290**, 231 (1896). — GRÄBE u. BLUMENFELD, Ber. **30**, 1115 (1897). — LIMPRICHT, Ann. **307**, 312 (1899). — LIMPRICHT u. LEVIEN, Ann. **309**, 99 (1899). — LIMPRICHT u. WIEGAND, Ann. **311**, 178 (1900). — HALLER u. GUYOT, Bull. [3] **25**, 205, (1901). — HALLER u. UMBGROVE, Bull. [3] **25**, 745 (1901). — GRÄBE u. ROSTOWZEW, Ber. **34**, 2113 (1901). — Farbwerke Höchst a./M., D. R.-Pat. Nr. 80407.

— zu halogenirten, hydroxylirten, methylirten, carboxylirten Anthrachinonen — geführt. Diese Reactionen sind in theoretischer Hinsicht insofern von besonderem Werth, als sich aus ihnen die Constitution der erhaltenen Produkte meist ohne weiteres ergiebt, wenn diejenige der Ausgangsmaterialien bekannt ist.

In ganz ähnlicher Weise wie aus der o-Benzoylbenzoësäure Anthrachinon entsteht, bildet sich das sogenannte Anthrachinondichlorid[1], wenn man Phenyl-o-tolylketon mit Chlor behandelt, indem wahrscheinlich intermediär das Trichlorid der o-Benzoylbenzoësäure gebildet wird:

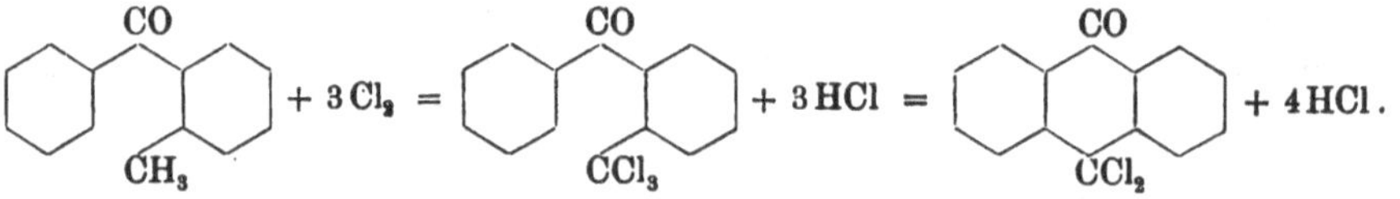

Wenn man auf die Benzoylbenzoësäure oder ihre Derivate condensirende Mittel einwirken lässt, welche gleichzeitig reducirend wirken[2], so erhält man an Stelle der Anthrachinonderivate die entsprechenden Anthracenabkömmlinge:

$$C_6H_4\left<\begin{matrix}CO-C_6H_5\\ CO\cdot OH\end{matrix}\right. + 3H_2 = C_6H_4\left<\begin{matrix}CH\\ |\\ CH\end{matrix}\right>C_6H_4 + 3H_2O.$$

Während nach den soeben beschriebenen Methoden aus der o-Benzoylbenzoësäure und ihren Derivaten Anthrachinon- bezw. Anthracen-Abkömmlinge erhalten werden, entstehen bei der Einwirkung wasserentziehender Mittel (Schwefelsäure) auf die o-Benzylbenzoësäure (vgl. S. 91) und ihre Substitutionsprodukte[3] Verbindungen, welche einer zwischen dem Anthracen und dem Anthrachinon liegenden Oxydationsstufe angehören, — das Anthranol und seine Derivate:

$$C_6H_4\left<\begin{matrix}CH_2-C_6H_5\\ CO\cdot OH\end{matrix}\right. = C_6H_4\left<\begin{matrix}CH\\ |\\ C\cdot OH\end{matrix}\right>C_6H_4 + H_2O.$$

Eine eigenthümliche Umwandlung unter Bildung von Anthracen wurde am Phenyl-o-tolylketon beobachtet (vgl. S. 77). Wenn man dieses Keton[4] über Zinkstaub destilliert, so bilden sich reichliche Mengen von Anthracen:

$$C_6H_4\left<\begin{matrix}CO-C_6H_5\\ CH_3\end{matrix}\right. = H_2O + C_6H_4\left<\begin{matrix}CH\\ |\\ CH\end{matrix}\right>C_6H_4.$$

---

[1] Thörner u. Zincke, Ber. **10**, 1477 (1877). — Vgl. auch: Rotering u. Zincke, Ber. **9**, 631 (1876).

[2] Kircher, Ber. **17**, 1168 (1884). Ann. **238**, 346 (1887). — Elbs, J. pr. [2] **41**, 121 (1890). — Ullmann, Ann. **291**, 17 (1896).

[3] O. Fischer u. Schmidt, Ber. **27**, 2789 (1894). — Bistrzycki u. de Schepper, Ber. **31**, 2793, 2795, 2799 (1898). — Limpricht, Ann. **309**, 121 (1899); **312**, 103 (1900); **314**, 237 (1901). — Haller u. Guyot, Bull. [3] **25**, 205, 315 (1901). — Vgl. auch: Gräbe u. Juillard, Ann. **242**, 255 (1887).

[4] Behr u. van Dorp, Ber. **6**, 754 (1873); **7**, 16 (1874).

Noch leichter findet die Reaction bei den Homologen des Phenyl-o-tolylketons[1] statt; hier genügt schon ein längeres Erhitzen der Ketone auf den Siedepunkt, um sie in Anthracenhomologe umzuwandeln. Bei einigen Ketonen dieser Reihe bleibt jedoch die Reaction — vielleicht in Folge sterischer Hinderung — aus[2].

In ähnlicher Weise wie bei dem Phenyl-o-tolylketon die Condensation zu Anthracen unter Austritt eines Molecüls Wasser erfolgt, verläuft die Ueberführung des Phenyl-o-tolylmethans in Anthracen[3] unter Abspaltung von Wasserstoff (vgl. S. 76—77), wenn man diesen Kohlenwasserstoff mit Bleioxyd erhitzt:

$$C_6H_4\left\langle\begin{matrix}CH_2\text{—}C_6H_5\\CH_3\end{matrix}\right. + 2\,PbO = C_6H_4\left\langle\begin{matrix}CH\\|\\CH\end{matrix}\right\rangle C_6H_4 + 2\,Pb + 2\,H_2O.$$

Auch diese Methode gestattet die Darstellung einer Reihe von Homologen des Anthracens[4]. Dabei ist es nicht erforderlich, ein Oxydationsmittel anzuwenden; vielmehr geht die Wasserstoffabspaltung auch beim Leiten der Dämpfe der orthomethylirten Diphenylmethankohlenwasserstoffe durch eine glühende, mit Bimstein gefüllte Röhre vor sich.

Die Bildung des Anthracens beim Erhitzen von Benzylchlorid mit Wasser auf hohe Temperaturen wurde schon erwähnt (S. 494); auch hierbei bildet sich intermediär ein Diphenylmethanderivat:

$$C_6H_5\diagup^{CH_2\cdot Cl}_{\ } + \ _{Cl\cdot CH_2}\diagup C_6H_5 = C_6H_4\left\langle\begin{matrix}CH_2\cdot Cl\\CH_2\text{—}C_6H_5\end{matrix}\right. + HCl,$$

welches dann weiter unter Abspaltung von Salzsäure und Wasserstoff Anthracen liefert:

$$C_6H_4\left\langle\begin{matrix}CH_2\cdot Cl\\CH_2\text{—}C_6H_5\end{matrix}\right. = C_6H_4\left\langle\begin{matrix}CH\\|\\CH\end{matrix}\right\rangle C_6H_4 + HCl + H_2.$$

Aus Xylylchlorid, $CH_3\cdot C_6H_4\cdot CH_2\cdot Cl$, entsteht in ganz analoger Weise Dimethylanthracen[5]. Diese Reaction verläuft in Wahrheit sehr complicirt; es konnte festgestellt werden[6], dass bei der Destillation des aus dem Benzylchlorid zuerst entstehenden Chlorids $C_{14}H_{13}Cl$ zunächst harzartige Kohlenwasserstoffe gebildet werden, welche erst bei weiterem Erhitzen Anthracen liefern.

---

[1] Elbs u. Larsen, Ber. **17**, 2848 (1884). — Elbs u. Olberg, Ber. **19**, 409 (1886). — Elbs, J. pr. [2] **35**, 471, 474, 481 (1887); [2] **41**, 140, 142 (1890).

[2] Claus u. Elbs, Ber. **18**, 1797 (1885).

[3] Behr u. van Dorp, Ber. **6**, 754 (1873).

[4] Weiler, Ber. **7**, 1185 (1874). — O. Fischer, Ber. **7**, 1195 (1874). — Louise, Ann. ch. [6] **6**, 185 (1885). — Krämer u. Spilker, Ber. **23**, 3171 (1890); **33**, 2266 (1900). — Krämer, Spilker u. Eberhardt, Ber. **23**, 3272, 3273 (1890).

[5] van Dorp, Ann. **169**, 207 (1873). — Vgl. auch: Errera, Gazz. chim. **14**, 280 (1884).

[6] Zincke, Ber. **7**, 278 (1874). — Vgl. auch: Weber u. Zincke, Ber. **7**, 1153 (1874).

In durchsichtiger Weise vollzieht sich dagegen die Bildung des Anthracens bezw. des Dihydroanthracens[1] aus o-Brombenzylbromid und Natrium:

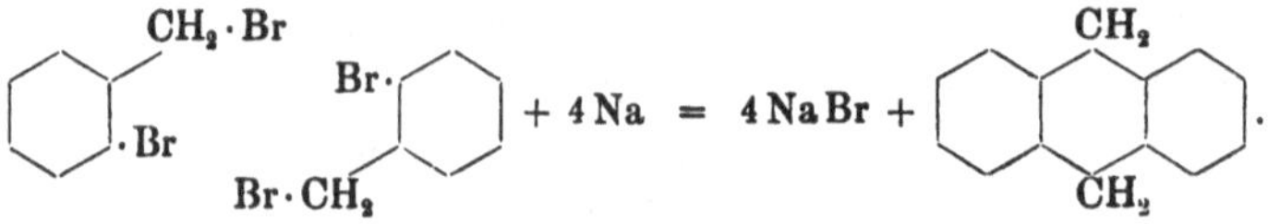

Dass bei dieser Reaction ausser dem Dihydroanthracen auch Anthracen auftritt, rührt daher, dass ersteres leicht in Wasserstoff und Anthracen zerfällt. Man hat diese Bildungsweise des Anthracens aus o-Brombenzylbromid dazu benutzt, um nachzuweisen, dass die mittelständigen Kohlenstoffatome in beiden äusseren Benzolringen des Anthracens Orthostellungen einnehmen (vgl. auch S. 495—496).

Eine weitere Gruppe von Synthesen des Anthracens und seiner Homologen reiht sich an die bereits erwähnte Darstellungsweise des Anthracens aus Benzol und Acetylentetrabromid (S. 496) an[2].

Eine der wichtigsten Synthesen von Oxyanthrachinonen beruht auf der schon bei Besprechung der Phtaleïne (S. 157) erwähnten Spaltung letzterer Verbindungen unter dem Einfluss concentrirter Schwefelsäure bei hoher Temperatur. Da die Phtaleïne selbst aus Phtalsäureanhydrid und Phenolen durch Erhitzen mit Schwefelsäure entstehen, ist es nicht erforderlich, die Phtaleïne zuvor darzustellen, sondern man kann, wie BAEYER und CARO[3] fanden, direct von dem Gemisch aus Phtalsäureanhydrid und Phenolen ausgehend, je nach den innegehaltenen Condensationsbedingungen entweder zu Phtaleïnen oder zu Oxyanthrachinonen gelangen. Beim Phenol z. B. verläuft die Condensation in der Weise, dass durch Erwärmen mit Phtalsäureanhydrid und Schwefelsäure auf nicht zu hohe Temperatur eine rothgelbe Lösung entsteht, welche Phenolphtaleïn enthält; bei stärkerem Erhitzen wird die Lösung dunkelroth, dann braungelb; fällt man nun das Reactionsprodukt mit Wasser aus, so erweist es sich als ein Gemenge von α- und β-Oxyanthrachinon. Ob der Bildung

---

[1] JACKSON u. WHITE, Ber. **12**, 1965 (1879). Am. chem. Journ. **2**, 391 (1880).

[2] ANGELBIS u. ANSCHÜTZ, Ber. **17**, 165, 167 (1884). — ANSCHÜTZ u. IMMENDORFF, Ber. **17**, 2816 (1884). — ANSCHÜTZ, Ann. **235**, 153, 299 (1886). — Vgl. über ähnliche Reactionen: FRIEDEL u. CRAFTS, Bull. [2] **40**, 97 (1883); [2] **41**, 322 (1884). Ann. ch. [6] **11**, 263 (1887). — ELBS u. WITTICH, Ber. **18**, 348 (1885). — SCHRAMM, Ber. **26**, 1706 (1893). — DELACRE, Bull. [3] **13**, 302 (1895). — GARDEUR, Chem. Centralbl. **1898 I**, 438. — MOUNEYRAT, Bull. [3] **19**, 554 (1898).

Andere Synthesen von Anthracenverbindungen: PATERNÒ u. FILETI, Ber. **6**, 1201 (1873). — W. H. PERKIN u. HODGKINSON, Journ. Soc. **37**, 726 (1880). — HENZOLD, J. pr. [2] **27**, 518 (1883). — KÖLLIKER, Ann. **228**, 254 (1885). — v. KOSTANECKI, Ber. **20**, 3137 (1887). — LINEBARGER, Am. chem. Journ. **13**, 554, 556 (1891). — GRÄBE, Ber. **31**, 2975 (1898). — KRCZMAŘ, Monatsh. **19**, 456 (1898). — SLAMA, Chem. Centralbl. **1899 II**, 967.

[3] Ber. **7**, 968 (1874).

der Oxyanthrachinone stets diejenige des Phenolphtaleïns vorhergehen muss, erscheint zweifelhaft, denn die ersteren bilden sich auch, wenn man Phenol zu einem Gemisch von Phtalsäureanhydrid und Schwefelsäure fügt, welches vorher auf eine Temperatur erhitzt war, bei welcher das Phenolphtaleïn nicht mehr bestehen kann. Hier lässt sich also der Condensationsvorgang in einfacher Weise durch den directen Zusammentritt je eines Molecüls der Componenten erklären:

$$C_6H_4\left\langle{CO \atop CO}\right\rangle O + C_6H_5\cdot OH = C_6H_4\left\langle{CO \atop CO}\right\rangle C_6H_3\cdot OH + H_2O\,.$$

Die Bildung eines hydroxylirten Anthrachinons auf diesem Wege wurde zuerst von GRIMM[1] beobachtet, welcher aus Phtalsäureanhydrid und Hydrochinon das Chinizarin darstellte (S. 500). Die Condensation des Phtalsäureanhydrids und seiner Derivate mit Phenolen ist zur Darstellung einer grossen Zahl von Oxyanthrachinonen benutzt worden[2]. Von den zahlreichen Beispielen sei hier besonders die Herstellung zweier Dioxyanthrachinone[3], des Alizarins und des Hystazarins, aus Brenzkatechin und Phtalsäureanhydrid angeführt:

1. 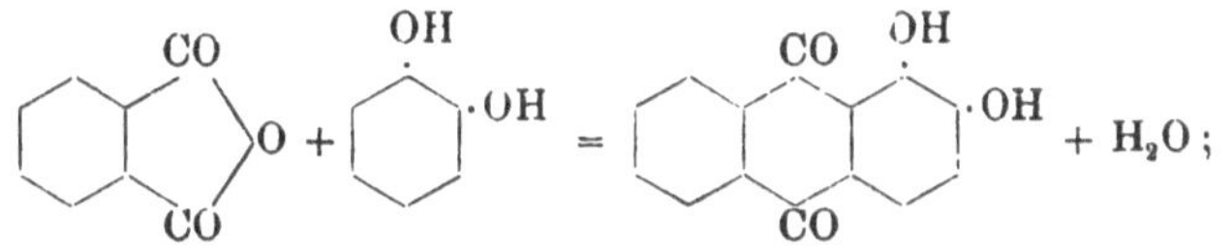

Alizarin

2. 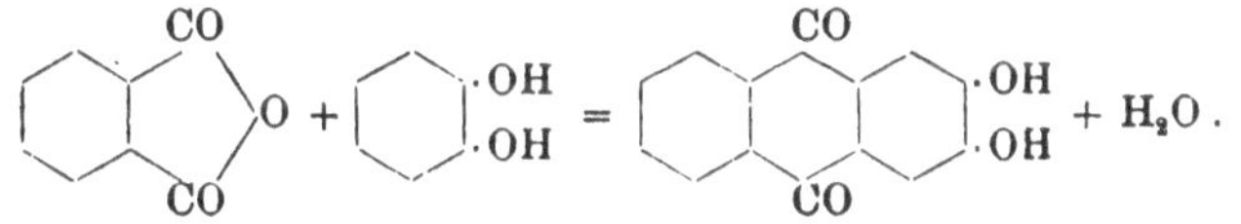

Hystazarin

Eine zweite Reaction[4], welche von der Triphenylmethanreihe zur Anthracenreihe hinüberleitet, ist die gleichfalls schon erwähnte (S. 157),

[1] Ber. **6**, 506 (1873).

[2] BAEYER u. CARO, Ber. **8**, 152 (1875). — BAEYER, Ber. **9**, 1231 (1876). — SEUBERLICH, Ber. **10**, 41 (1877). — NIETZKI, Ber. **10**, 2011 (1877). — BAEYER u. FRAUDE, Ann. **202**, 163 (1880). — BAEYER u. DREWSEN, Ann. **212**, 345 (1882). — LIEBERMANN u. WENSE, Ber. **20**, 862 (1887). Ann **240**, 297 (1887). — BIRUKOFF, Ber. **20**, 2068 (1887).

[3] LIEBERMANN, Ber. **21**, 2501 (1888). — LIEBERMANN u. SCHÖLLER, Ber. **21**, 2503 (1888). — LIEBERMANN u. HOHENEMSER, Ber. **35**, 1780 (1902). — Vgl. auch: v. NIEMENTOWSKI, Ber. **33**, 1629 (1900).

[4] Ber. **4**, 556, 663 (1871). Ann. **202**, 36, 90 (1880). — BAEYER u. SCHILLINGER, Ann. **202**, 54 (1880). — BAEYER u. FRAUDE, Ann. **202**, 171 (1880). — v. PECHMANN, Ber. **13**, 1608 (1880). — BUCHKA, Ann. **209**, 258 (1881). — HEMILIAN, Ber. **16**, 2360 (1883); **19**, 3065 (1886). — GUYOT, Bull. [3] **17**, 966 (1897). — LIMPRICHT, Ann. **299**, 290 (1898). — ORNDORFF u. BREWER, Am. chem. Journ. **23**, 425 (1900). — Vgl. auch: HALLER u. GUYOT, Bull. [3] **17**, 873 (1897). — GUYOT, Bull. [3] **17**, 982 (1897).

von Baeyer aufgefundene Bildung der sogenannten Phtalidine aus den Phtalinen durch Einwirkung concentrirter Schwefelsäure. Aus der S. 157 gegebenen Reactionsgleichung ersieht man, dass hierbei lediglich Wasserabspaltung stattfindet; die Phtalidine enthalten also noch sämmtliche drei in den Phtalinen vorhandenen Benzolringe, sie sind in meso-Stellung phenylirte Anthranole (vgl. S. 504). Nicht nur die aus den eigentlichen Phtaleïnen erhaltenen Phtaline, d. h. die hydroxylirten Triphenylmethancarbonsäuren, sondern auch die Triphenylmethancarbonsäure (2) selbst (vgl. S. 168) ist dieser Reaction zugänglich. Diese Säure liefert beim Mischen mit concentrirter Schwefelsäure und Eingiessen der Lösung in Wasser meso-Phenylanthranol:

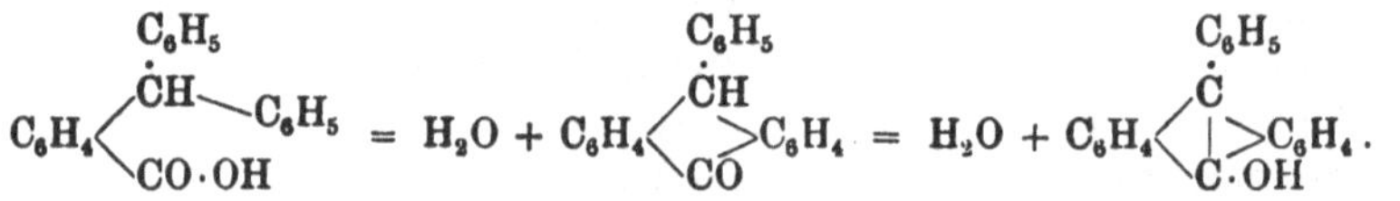

Als Quelle für das Anthracen selbst dient bislang lediglich der Steinkohlentheer und zwar dessen höchstsiedender Antheil, das Anthracenöl (vgl. Bd. II, Th. I, S. 93). Die Abscheidung des reinen Kohlenwasserstoffs aus dem Anthracenöl ist weiter unten (S. 514) besprochen. Ausser dem Anthracen selbst finden sich im Steinkohlentheer auch einige seiner Homologen[1] — das 2-Methylanthracen und ein Dimethylanthracen.

Die Möglichkeit der Darstellung aromatischer Kohlenwasserstoffe — unter ihnen auch des Anthracens — aus Braunkohlentheer[2] und Petroleumrückständen[3] wurde schon erwähnt (Bd. II, Th. I, S. 88). Auch Terpentinöl[4] und Holztheer[5] liefern beim Ueberhitzen neben einer Anzahl anderer aromatischer Kohlenwasserstoffe Anthracen.

Es wurde schon mehrfach (vgl. Bd. II, Th. I, S. 95; Bd. II, Th. II, S. 313) darauf hingewiesen, dass zur Erklärung der Bildung aromatischer Kohlenwasserstoffe bei der Destillation der Steinkohle sowie bei den damit verwandten pyrogenetischen Processen die Bildung derselben Verbindungen aus dem Acetylen, welche Berthelot aufgefunden hat, herangezogen werden kann. Diese Processe, welche zum Benzol und Naphtalin führen, liefern auch das Anthracen[6], z. B. entsteht dieses beim Ueberhitzen des Toluols, ferner aus Benzol und Aethylen neben anderen

---

[1] Japp u. Schultz, Ber. **10**, 1050 (1877). — Wachendorff u. Zincke, Ber. **10**, 1481 (1877).

[2] Liebermann u. Burg, Ber. **11**, 723 (1878).

[3] Letny, Ber. **11**, 1210 (1878).

[4] Schultz, Ber. **10**, 117 (1877). — Vgl. auch: Ciamician, Ber. **11**, 273 (1878).

[5] Fritzsche, Ann. **109**, 250 (1859). — Anderson, Ann. **122**, 294 (1862). — Atterberg, Ber. **11**, 1222 (1878).

[6] Berthelot, Ann. **142**, 254 (1867). Bull. [2] **7**, 222, 279, 283 (1867). — Vgl. auch: Kramers, Ann. **189**, 133 (1877).

Kohlenwasserstoffen von niederem Moleculargewicht, weiterhin aus Styrol und Benzol, sowie aus Benzol und Naphtalin. Man hat auch den Versuch gemacht, die aromatischen Kohlenwasserstoffe und unter ihnen auch das Anthracen direct aus den Metallcarbiden durch Erhitzen mit Metallhydroxyden darzustellen[1].

Eine beträchtliche Zahl von Anthracenabkömmlingen — und zwar hauptsächlich Oxyanthrachinone und deren Homologe — finden sich fertig gebildet in der Natur vor. Zu diesen Körpern gehören in erster Linie die in der Krappwurzel in Gestalt von Glykosiden vorhandenen äusserst wichtigen Farbstoffe Alizarin[2] (Dioxyanthrachinon) und Purpurin[2] (Trioxyanthrachinon), ferner die in der Rhabarberwurzel, in der Faulbaumrinde und Cascara sagrada aufgefundenen Verbindungen Chrysophansäure[3] (Dioxy-Methylanthrachinon) und Emodin[4] (Trioxy-Methylanthrachinon).

In der nun folgenden Besprechung der einzelnen Verbindungen der Anthracengruppe sind diese in drei Untergruppen eingetheilt:

I. Das Anthracen und seine Derivate;

II. Das Anthrachinon und seine Derivate;

III. Verbindungen, welche ausser dem Anthracenkern Benzolkerne enthalten.

I. Das Anthracen und seine Derivate.

Das Anthracen und seine Homologen.

Die Kohlenwasserstoffe der Anthracenreihe von der allgemeinen Formel C_nH_{2n-18} stellen sämmtlich bei gewöhnlicher Temperatur feste, zum Theil sehr hochschmelzende Verbindungen dar. Charakteristisch für diese Klasse von Körpern ist ihre Fluorescenz. Die Eigenschaft zu fluoresciren findet sich bei allen denjenigen Anthracenderivaten wieder, welche im mittleren Kern die Gruppirung:

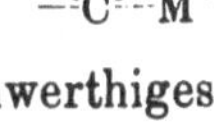

aufweisen[5], worin M ein einwerthiges Atom bezw. eine einwerthige Gruppe bedeutet. Die Fluorescenz verschwindet, wenn das Anthracen in das Anthrachinon übergeführt wird, in welchem die mittleren Kohlenstoffatome an zweiwerthige Atome (Sauerstoff) gebunden sind.

---

[1] Bradley u. Jacobs, D. R.-Pat. Nr. 125936.

[2] Colin u. Robiquet, Ann. ch. **34**, 225 (1826).

[3] Schlossberger u. Döpping, Ann. **50**, 215 (1844).

[4] Casselmann, Ann. **104**, 77 (1857). — Liebermann u. Waldstein, Ber. **9**, 1775 (1876). — Liebermann, Ann. **183**, 158 (1876).

[5] Liebermann, Ber. **13**, 913 (1880). — Vgl. ferner: R. Meyer, Ztschr. f. physik. Chem. **24**, 496 (1897).

Die Anthracenkohlenwasserstoffe bilden mit Pikrinsäure, sowie mit Dinitroanthrachinon (S. 541—542), charakteristische schwerlösliche Additionsprodukte, welche zu ihrer Erkennung und Abscheidung dienen können.

Für die Darstellung homologer Anthracene können die meisten der S. 501—508 angeführten synthetischen Methoden benutzt werden.

Eine directe Einführung von Alkylen in den Kern des Anthracens ist bisher nicht ausgeführt worden, dagegen reagiren einige sauerstoffhaltige Anthracenabkömmlinge leicht mit Alkylhalogeniden und Alkali, indem sie eine bezw. zwei Alkylgruppen in ihr Molecül — und zwar in Meso-Stellung — aufnehmen. Diese Verbindungen sind:

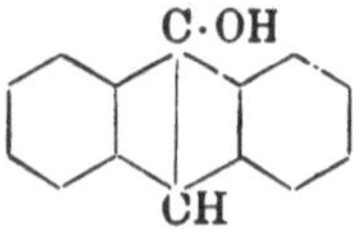

Anthranol

und

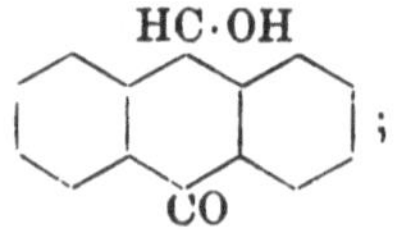

Oxyanthron (Oxanthranol)

sie entstehen beide bei der Reduction des Anthrachinons mit geeigneten Mitteln (S. 524, 526).

Wenn man z. B. das Oxyanthron mit Aethylbromid und Kali erwärmt[1], bildet sich Aethyloxyanthron (Formel I), welches bei der Reduction mit Zinkstaub und Ammoniak in Aethylhydranthranol (Formel II) übergeht. Beim Kochen mit Alkohol und Salzsäure wird dieses Reductionsprodukt unter Abspaltung von einem Molecül Wasser in ms-Aethylanthracen (Formel III) verwandelt:

I 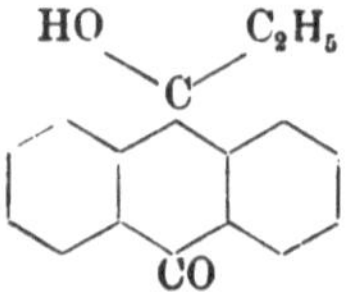 II 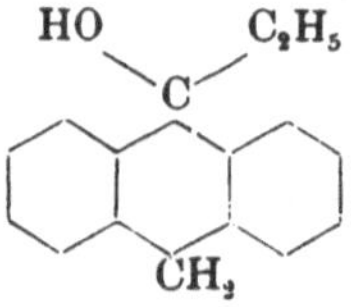 III 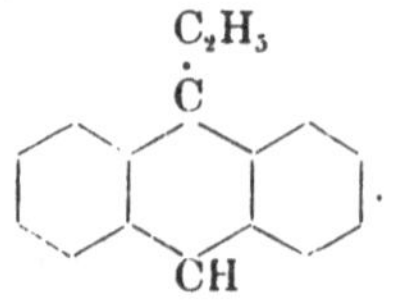

Das Anthranol liefert beim Behandeln mit Aethyljodid und Kalilauge drei verschiedene Aethylderivate[2]:

IV 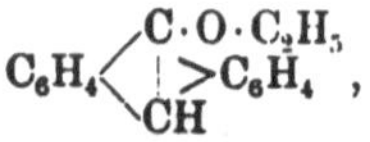 V 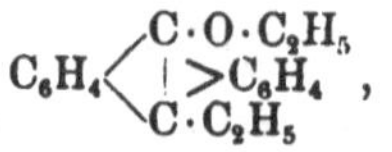 VI 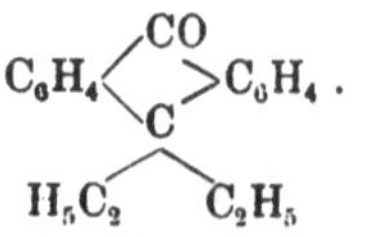

Die mit VI bezeichnete Verbindung leitet sich nicht mehr vom Anthranol, sondern von seiner desmotropen Form — dem Anthron:

---

[1] Liebermann, Ber. **13**, 1596 (1880); **14**, 452 (1881); **18**, 2150 (1885); **21**, 1175 (1888). Ann. **212**, 65, 109 (1882). — Liebermann u. Landshoff, Ber. **14**, 455 (1881). — Liebermann u. Walder, Ber. **14**, 462 (1881). — Liebermann u. Tobias, Ber. **14**, 795 (1881). — Levi, Ber. **18**, 2152 (1885). — Bach, Ber. **23**, 1567, 2527 (1890).

[2] Goldmann, Ber. **21**, 1176, 2505 (1888). — Vgl. auch: Hallgarten, Ber. **21**, 2508 (1888); **22**, 1069 (1889).

$$C_6H_4\left\langle{CO \atop CH_2}\right\rangle C_6H_4$$

— ab und ist daher Diäthylanthron genannt worden. Beim Erhitzen mit Jodwasserstoffsäure bildet sie ein Diäthyldihydroanthracen:

$$C_6H_4\left\langle{CH_2 \atop C(C_2H_5)_2}\right\rangle C_6H_4 .$$

Während die in den äusseren Ringen alkylirten Anthracene bei der Oxydation alkylirte Anthrachinone bezw. — unter gleichzeitiger Ueberführung der Alkylgruppe in die Carboxylgruppe — Anthrachinoncarbonsäuren liefern, entsteht aus den Mesoalkylanthracenen sowie aus den Mesodialkyldihydroanthracenen unter Abspaltung der Alkylgruppen Anthrachinon (vgl. S. 500).

Durch Reductionsmittel[1] wie Jodwasserstoffsäure und Phosphor, Amylalkohol und Natrium oder Natriumamalgam und Alkohol werden das Anthracen und seine Homologen zunächst in Dihydroderivate übergeführt, z. B.:

$$C_6H_4\left\langle{CH \atop CH}\right\rangle C_6H_4 + H_2 = C_6H_4\left\langle{CH_2 \atop CH_2}\right\rangle C_6H_4 .$$

Unter energischeren Reactionsbedingungen werden sechs Wasserstoffatome an dem Anthracenmolecül fixirt: es entsteht Hexahydroanthracen, $C_{14}H_{16}$, und bei noch weitergehender Reduction schliesslich Perhydroanthracen, $C_{14}H_{24}$.

Beim Leiten dieser hydrirten Verbindungen in Dampfform durch ein glühendes Rohr werden die angelagerten Wasserstoffatome wieder abgespalten. Oxydation mit Chromsäure führt das Dihydroanthracen in Anthrachinon über.

Zur Darstellung der Anthracenkohlenwasserstoffe aus den entsprechenden Anthrachinonverbindungen benutzt man allgemein die Reduction mit Zinkstaub und Ammoniak. Die Reduction derjenigen Anthrachinonderivate jedoch, welche eine Methylgruppe in der Stellung 1 enthalten, führt nicht zu den entsprechenden Anthracenabkömmlingen, sondern zu wasserstoffärmeren Verbindungen[2].

In folgender Tabelle ist das Anthracen mit seinen Methylderivaten zusammengestellt. Bezüglich der Monomethylanthracene ist zu bemerken, dass eine grosse Zahl von Bildungsweisen dieser Verbindungen bekannt ist, doch ergiebt sich nur in wenigen Fällen die Stellung der Methylgruppe

---

[1] Gräbe u. Liebermann, Ann. Suppl. **7**, 265, 272 (1870). — Liebermann u. Topf, Ber. **9**, 1201 (1876). Ann. **212**, 5 (1882). — Bamberger u. Lodter, Ber. **20**, 3076 (1887). — Lucas, Ber. **21**, 2510 (1888). — Vgl. auch: Gräbe u. Juillard, Ann. **242**, 256 (1887).

[2] Elbs u. Günther, Ber. **20**, 1364 (1887). — Elbs, J. pr. [2] **41**, 13, 27, 122, 151 (1890).

direct aus der Herstellung. Da nun die physikalischen Eigenschaften sowohl der stellungsisomeren Methylanthracene selbst, als auch ihrer Oxydationsprodukte — der Methylanthrachinone, Anthracen- und Anthrachinon-Carbonsäuren — nur wenig von einander abweichen, konnte in vielen Fällen die Stellung der Methylgruppe nicht mit Sicherheit ermittelt werden.

Tabelle Nr. 83.

Formel	Bezeichnung	Stellung der Substituenten	Schmelzpunkt
$C_{14}H_{10}$	Anthracen [1—50.76.77]	—	217° (corr.)
$C_{15}H_{12}$	Methylanthracen [51—55] . . .	1	199—200°
"	" [33.51—53.56—69] .	2	207°
$C_{16}H_{14}$	Dimethylanthracen [33.64.70] . .	1.3	218°
"	" [64.71] . . .	2.3	246°
"	" [31.34.59.66.72.73]	heteronuclear	215—216° (224—225°, 231—232°)
$C_{17}H_{16}$	Trimethylanthracen [33.64.74] . .	1.2.4	244°
"	" [64] . . .	1.3.6	222°
"	" [64.75] . . .	1.4.6	227°
$C_{18}H_{18}$	Tetramethylanthracen [31.34] . .	1.4.5.8	ca. 280°
$C_{20}H_{22}$	Hexamethylanthracen [31] . . .	1.2.4.5.6(7).8	220°

Literatur zu der Tabelle Nr. 83. [1] Dumas u. Laurent, Ann. **5**, 10 (1833). Ann. ch. **50**, 187 (1832). — [2] Laurent, Ann. ch. **66**, 149 (1837). — [3] Fritzsche, J. pr. **73**, 286 (1858); **106**, 274 (1869). Ann. **109**, 250 (1859). Ztschr. Chem. **1866**, 139. Jb. **1868**, 404. — [4] Anderson, Jb. **1861**, 676. Ann. **122**, 294 (1862). — [5] Limpricht, Ann. **139**, 308 (1866). — [6] Berthelot, Ann. **142**, 254, 257, 261, 262 (1867). Bull. [2] **7**, 30, 222, 279, 283 (1867); **8**, 231 (1867). — [7] Kokscharow, Jb. **1867**, 601. — [8] Gräbe u. Liebermann, Ber. **1**, 49, 186 (1868). — [9] Böttcher, J. pr. [2] **2**, 130 (1870). — [10] Wartha, Ber. **3**, 548 (1870). — [11] van Dorp, Ann. **169**, 216 (1873). — [12] Behr u. van Dorp, Ber. **6**, 754 (1873); **7**, 16 (1874). — [13] Paternò u. Fileti, Ber. **6**, 1201 (1873). — [14] Zincke, Ber. **7**, 278 (1874). — [15] Weber u. Zincke, Ber. **7**, 1153 (1874). — [16] Versmann, Jb, **1874**, 423. — [17] Zeidler, Jb. **1875**, 403. Ann. **191**, 288 (1878). — [18] Schultz, Ber. **10**, 117 (1877). — [19] Letny, Ber. **10**, 412 (1877); **11**, 1210 (1878). — [20] Kopp, Jb. **1878**, 1187. — [21] Liebermann u. Burg, Ber. **11**, 723 (1878). — [22] Atterberg, Ber. **11**, 1222 (1878). — [23] Jackson u. White, Ber. **12**, 1965 (1879). Am. chem. Journ. **2**, 391 (1880). — [24] v. Bechi, Ber. **12**, 1978 (1879). — [25] W. H. Perkin u. Hodgkinson, Journ. Soc. **37**, 726 (1880). — [26] Wegscheider, Monatsh. **1**, 918 (1880). — [27] v. Perger, J. pr. [2] **23**, 146 (1881). — [28] Hartley, Journ. Soc. **39**, 162 (1881). — [29] Henzold, J. pr. [2] **27**, 518 (1883). — [30] Friedel, Crafts u. Vincent, Bull. [2] **40**, 97 (1883). — [31] Friedel u. Crafts, Bull. [2] **41**, 322, 325 (1884). Ann. ch. [6] **1**, 481 (1884); [6] **11**, 264, 268, 270 (1887). — [32] Stohmann, J. pr. [2] **31**, 296 (1885). — [33] Gresly, Ann. **234**, 238 (1886). — [34] Anschütz, Ann. **235**, 156, 165, 172, 174, 175, 319 (1886). — [35] Berthelot u. Vieille, Ann. ch.

[6] **10**, 444 (1887). — [36] LANDOLT, Ztschr. f. physik. Chem. **4**, 369 (1889). — [37] LEUCKART, J. pr. [2] **41**, 336 (1890). — [38] REISSERT, Ber. **23**, 2245 (1890). — [39] SCHWEITZER, Ann. **264**, 195 (1891). — [40] SCHRAMM, Ber. **26**, 1706 (1893). — [41] GARELLI, Gazz. chim. **23** II, 375 (1893). — [42] LOBRY DE BRUYN, Ztschr. f. physik. Chem. **10**, 784 (1893). — [43] DELACRE, Bull. [3] **13**, 302 (1895). — [44] ULLMANN, Ann. **291**, 17 (1896). — [45] KRAFFT u. WEILANDT, Ber. **29**, 2240 (1896). — [46] GARDEUR, Chem. Centralbl. **1898 I**, 438. — [47] KRCZMAŘ, Monatsh. **19**, 456 (1898). — [48] MOUNEYRAT, Bull. [3] **19**, 554, 557 (1898). — [49] CHILESOTTI, Gazz. chim. **30** I, 156 (1900). — [50] BRADLEY u. JACOBS, D. R.-Pat. Nr. 125936. — [51] LIEBERMANN, Ber. **8**, 970 (1875). — [52] LIEBERMANN u. FISCHER, Ber. **8**, 1103 (1875). Ann. **183**, 166, 169 (1876). — [53] LIEBERMANN u. SEIDLER, Ber. **11**, 1603 (1878). Ann. **212**, 34 (1882). — [54] BIRUKOFF, Ber. **20**, 2070 (1887). — [55] GRÄBE u. JUILLARD, Ann. **242**, 257 (1887). — [56] WEILER, Ber. **7**, 1185 (1874). — [57] O. FISCHER, Ber. **7**, 1195 (1874). — [58] JAPP u. SCHULTZ, Ber. **10**, 1050 (1877). — [59] WACHENDORFF u. ZINCKE, Ber. **10**, 1481 (1877). — Vgl. auch HAMMERSCHLAG, Ber. **11**, 82 (1878). — [60] NIETZKI, Ber. **10**, 2011 (1877). — [61] CIAMICIAN, Ber. **11**, 273 (1878). — [62] BÖRNSTEIN, Ber. **15**, 1820 (1882). — [63] ELBS u. LARSEN, Ber. **17**, 2848 (1884). — [64] ELBS, J. pr. [2] **35**, 471, 481 (1887); [2] **41**, 1, 121, 140, 142 (1890). — [65] KRÄMER u. SPILKER, Ber. **23**, 3171 (1890); **33**, 2266 (1900). — [66] KRÄMER, SPILKER u. EBERHARDT, Ber. **23**, 3272, 3273 (1890). — [67] A. G. PERKIN u. COPE, Journ. Soc. **65**, 842 (1894). — [68] v. NIEMENTOWSKI, Ber. **33**, 1632 (1900). — [69] LIMPRICHT u. WIEGANDT, Ann. **311**, 181 (1900). — [70] LOUISE, Ann. ch. [6] **6**, 187 (1885). — [71] ELBS u. EURICH, Ber. **20**, 1363 (1887). — [72] ANSCHÜTZ u. IMMENDORFF, Ber. **17**, 2816 (1884). — [73] ELBS u. WITTICH, Ber. **18**, 348 (1885). — [74] WENDE, Ann. **240**, 291 (1887). — [75] ELBS u. OLBERG, Ber. **19**, 409 (1886). — [76] GRÄBE, Ann. **247**, 264 Anm. (1888). — [77] BEHRENS, Rec. trav. chim. **19**, 390 (1900).

Das **Anthracen**, $C_{14}H_{10}$, krystallisirt in blendendweissen Blättchen oder monoklinen Tafeln, welche in ganz reinem Zustande violette Fluorescenz besitzen, diese Eigenschaft aber nicht zeigen, so lange ihnen ein im Steinkohlentheeranthracen vorhandener gelber Körper, das sogenannte „Chrysogen", in geringer Menge beigemischt ist. Der Schmelzpunkt des Anthracens liegt bei 213° (corr. 216·55°), wird aber durch geringe Beimengungen stark herabgedrückt. Der Siedepunkt liegt um 360°, lässt sich jedoch nicht genau angeben, da beim Sieden unter gewöhnlichem Druck theilweise Zersetzung eintritt. In den gebräuchlichen organischen Lösungsmitteln ist es im Allgemeinen ziemlich schwer löslich, am leichtesten wird es von den aromatischen Kohlenwasserstoffen — Benzol und Toluol — aufgenommen.

Selbst das reinste Handels-Anthracen (vgl. S. 514) enthält noch eine beträchtliche Menge von Beimengungen, welche durch Krystallisationsprocesse nur schwierig zu entfernen sind. Zur Gewinnung von reinem Anthracen verwandelt man daher das Rohanthracen zweckmässig zunächst in das leicht zu reinigende Anthrachinon (S. 532 ff.) und reducirt dieses mit Zinkstaub und Ammoniak zu Dihydroanthranol $C_6H_4{<}\begin{matrix}CH_2\\CH(OH)\end{matrix}{>}C_6H_4$ (S. 529), welch' letzteres sehr leicht beim Kochen mit Wasser und Alkohol unter Wasserabspaltung reines Anthracen liefert[1].

Im Steinkohlentheer wurde das Anthracen im Jahre 1832 von DUMAS und LAURENT aufgefunden; da die Entdecker es für isomer mit dem

[1] Vgl. v. PERGER, J. pr. [2] **23**, 146 (1881).

Naphtalin hielten, wurde es von ihnen als „Paranaphtalin“ bezeichnet; später schlug LAURENT den Namen „Anthracen“ für den Kohlenwasserstoff vor. Weitere Untersuchungen über das Anthracen des Steinkohlentheers wurden von FRITZSCHE und ANDERSON ausgeführt. Die erste Synthese des Anthracens gelang LIMPRICHT im Jahre 1866 (vgl. S. 494).

Das Interesse an dieser Verbindung wurde wesentlich erhöht, als GRÄBE und LIEBERMANN im Jahre 1868 zeigten, dass der rothe Farbstoff der Krappwurzel, das Alizarin, durch Zinkstaubdestillation in Anthracen übergeführt werden kann, dass also dieser Kohlenwasserstoff als die Muttersubstanz des Alizarins anzusehen ist. An diese Entdeckung reihte sich dann die Erkenntniss unmittelbar an, dass auch umgekehrt das Anthracen in Alizarin verwandelt werden kann, eine Entdeckung von ausserordentlicher Tragweite, welche weiter unten ausführlich zu besprechen sein wird (vgl. S. 554 ff.).

Für die technische Gewinnung des Anthracens, welches zur Herstellung einer grossen Anzahl wichtiger Farbstoffe Verwendung findet, kommt lediglich der Steinkohlentheer in Betracht, dessen Gehalt an diesem Kohlenwasserstoff jedoch ein sehr geringer ist; man gewinnt im Durchschnitt etwa $^1/_2$ % vom Gewicht des Gesammttheers an Anthracen.

Gewinnung des Anthracens aus Steinkohlentheer[1]: Die höchstsiedenden Antheile des Steinkohlentheers werden von dem Punkte an, wo das Destillat wieder beim Erkalten feste Substanz absetzt, gesondert aufgefangen. Diese von etwa 270° an übergehende, als „Anthracenöl“ bezeichnete Fraction (vgl. Bd. II, Th. I, S. 91, 93) lässt man zunächst in der Kälte (bei ca. 15°) stehen, damit die krystallisirbaren Bestandtheile sich abscheiden; letztere werden dann durch Abtropfenlassen und Pressen, welches eventuell in der Wärme geschieht, oder am besten durch Centrifugiren von der Flüssigkeit getrennt, wodurch man ein Rohanthracen von 30—40 % Reingehalt erhält. Das so gewonnene Produkt enthält als wesentlichste Begleiter des Anthracens Phenanthren und Carbazol, beides feste Körper, zu deren Fortschaffung man auf die Behandlung mit Lösungsmitteln angewiesen ist; als solches diente früher vorzugsweise die sogenannte Auflösungsnaphta (vgl. Bd. II, Th. I, S. 93), welche das Anthracen sehr schwer aufnimmt, dagegen namentlich das Phenanthren leicht löst. Ein höherprocentiges Anthracen aber gewinnt man durch Umkrystallisiren des gepressten Rohanthracens aus den Pyridinbasen des Steinkohlentheers, welche sowohl für Phenanthren wie für Carbazol ein grosses, für Anthracen aber ein geringes Lösungsvermögen besitzen; durch dieses Verfahren kann man ein Produkt von 80 % Reingehalt erhalten.

Eine ganze Reihe anderer Waschmittel bezw. Krystallisationsmittel sind zur Anreicherung des Rohanthracens vorgeschlagen: so Petroleumäther, Kreosotöl (Bd. II, Th. I, S. 93), Paraffinöl, Oelsäure, flüssige schweflige Säure, Aceton, flüssiges Ammoniak[2]. Die Entfernung des Carbazols kann auch durch Erhitzen mit Aetzkali auf

[1] Vgl.: LUNGE, Steinkohlentheer; 4. Aufl., bearbeitet von H. KÖHLER, S. 438 ff. (Braunschweig 1900). — KRÄMER u. SPILKER in MUSPRATT's encykl. Handb. d. techn. Chem. 4. Aufl. Bd. VIII, S. 66 ff. (Berlin 1900).

[2] Act.-Ges. f. Theer- u. Erdöl-Ind. D. R.-Pat. Nr. 111359.

260° erreicht werden[1], wodurch das Carbazol in eine Kaliumverbindung übergeführt wird.

Das auf die angegebene Weise erhaltene Anthracen wird schliesslich in den Farbenfabriken noch mit überhitztem Wasserdampf destillirt, damit man es in eine möglichst fein vertheilte Form bringt, welche für seine Oxydation zu Anthrachinon besondere Vortheile bietet.

Werthbestimmung des Anthracens[2]: Hierzu bedient man sich im Allgemeinen einer von LUCK vorgeschlagenen, später mehrfach modificirten Methode, welche darin besteht, dass man das Anthracen durch Erhitzen mit Eisessig und Chromsäure in Anthrachinon überführt; das gegen Schwefelsäure äusserst beständige Anthrachinon wird dann durch Behandlung mit rauchender Schwefelsäure (behufs Ueberführung der Beimengungen in Sulfosäuren) und darauf folgendes Ausfällen mit Wasser gereinigt. Aus dem so erhaltenen reinen Anthrachinon berechnet man die Menge des im Ausgangsmaterial enthaltenen Anthracens.

Anthracenpikrat, $C_{14}H_{10}.C_6H_2(NO_2)_3 \cdot OH$ — zur Erkennung des Anthracens geeignet — bildet rubinrothe, glänzende Nadeln vom Schmelzpunkt 138°.

Eine sehr interessante Umwandlung erleidet das Anthracen[3], wenn man seine Lösung in Benzol oder Xylol der Einwirkung des directen Sonnenlichts aussetzt. Dabei scheidet sich, wie FRITZSCHE fand, ein mit dem Anthracen gleich zusammengesetzter Körper in Tafeln aus. Diese als Paraanthracen bezeichnete Verbindung ist von ausserordentlicher Beständigkeit; sie krystallisirt in stark glänzenden Nadeln oder Blättchen vom Schmelzpunkt 243°. Beim Schmelzen wird sie in Anthracen zurückverwandelt. Das Paraanthracen besitzt die doppelte Moleculargrösse wie das Anthracen, nämlich $C_{28}H_{20}$. Es ist also durch Aneinanderlagerung zweier Anthracenmolecüle entstanden, und seine Constitution könnte etwa durch die folgende Formel wiedergegeben werden:

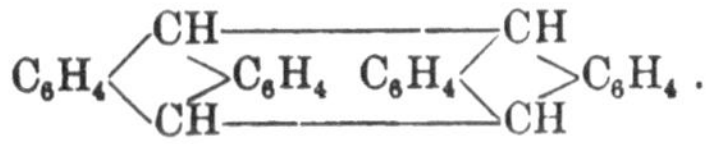

Interessant ist, dass das Paraanthracen im Gegensatz zum Anthracen nicht fluorescirt (vgl. S. 509).

9.10-Dihydroanthracen[4], $C_{14}H_{12}$, wird aus Anthracen am besten durch Reduction in siedender amylalkoholischer Lösung mit Natrium dargestellt. Es krystallisirt in monoklinen Tafeln oder glänzendweissen Nadeln vom Schmelzpunkt 106·5°

---

[1] WILTON, D. R.-Pat. Nr. 113291.

[2] Vgl. LUNGE-KÖHLER, a. a. O. S. 458 ff.

[3] FRITZSCHE, Ztschr. Chem. **3**, 289 (1867); **5**, 387 (1869). — GRÄBE u. LIEBERMANN, Ann. Suppl. **7**, 264 (1870). — SCHMIDT, J. pr. [2] **9**, 248 (1874). — ELBS, J. pr. [2] **44**, 467 (1891). — LINEBARGER, Am. chem. Journ. **14**, 597 (1892). — ORNDORFF u. CAMERON, Am. chem. Journ. **17**, 658 (1895). — Vgl. auch: ORNDORFF u. BLISS, Am. chem. Journ. **18**, 453 (1896). — ORNDORFF u. MEGRAW, Am. chem. Journ. **22**, 152 (1899).

[4] GRÄBE u. LIEBERMANN, Ber. **1**, 186 (1868). Ann. Suppl. **7**, 265, 272 (1870). — LIEBERMANN u. TOPF, Ann. **212**, 5 (1882). — BAMBERGER u. LODTER, Ber. **20**, 3076 (1887); **21**, 836 (1888). — LUCAS, Ber. **21**, 2510 (1888). Chem. Centralbl. **1890 I**, 39. — PELLINI, Gazz. chim. **31 I**, 6 (1901).

und siedet bei 313°. Beim Leiten seiner Dämpfe durch ein glühendes Rohr wird Anthracen zurückgebildet; Oxydationsmittel führen es in Anthrachinon über.

Hexahydroanthracen[1], $C_{14}H_{16}$, entsteht aus der Dihydroverbindung durch Erhitzen mit Jodwasserstoffsäure und Phosphor auf 200—220°. Es krystallisirt in Blättchen, schmilzt bei 63° und siedet bei 290°.

Perhydroanthracen[1], $C_{14}H_{24}$, durch Erhitzen von Anthracen mit Jodwasserstoff und Phosphor auf 250° erhalten, bildet Blättchen vom Schmelzpunkt 89° und siedet bei 277·5°.

Dass das **2-Methylanthracen** (vgl. die Tabelle auf S. 512) neben dem Anthracen im Steinkohlentheer vorkommt, wurde schon S. 508 erwähnt. Es findet neuerdings technisch Verwendung zur Gewinnung des Farbstoffs „Cyananthrol" (vgl. S. 545).

Halogenderivate des Anthracens.

Die Einwirkung der Halogene auf das Anthracen[2] verläuft in analoger Weise wie beim Naphtalin (vgl. S. 326). Aus beiden Kohlenwasserstoffen bilden sich zunächst Additionsprodukte, und zwar treten Chlor und Brom beim Anthracen zunächst an die mittleren beiden Kohlenstoffatome unter Bildung von:

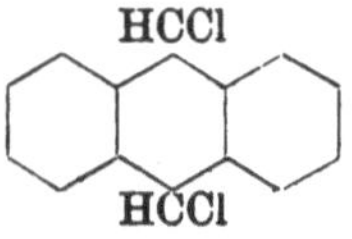

meso-Anthracendichlorid

bezw.

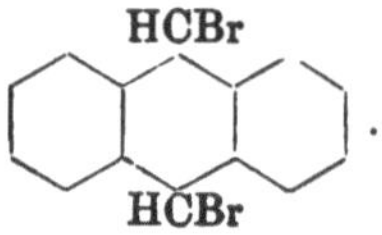

meso-Anthracendibromid

Beim Erhitzen verlieren diese Verbindungen ein Molecül Halogenwasserstoff unter Bildung von meso-Chlor- bezw. meso-Brom-Anthracen:

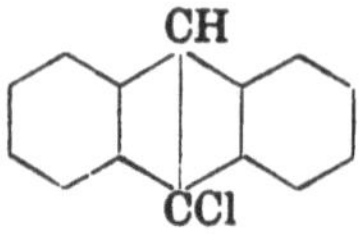

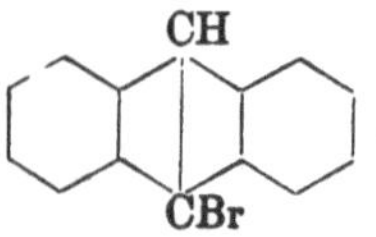

Durch weitere Einwirkung der Halogene werden diese Monohalogenanthracene in meso-Dihalogenanthracene übergeführt (Formel I), an denen sich nun dasselbe Spiel der Halogenaddition (Formel II) mit darauffolgender Abspaltung von Halogenwasserstoff wiederholt (Formel III):

I 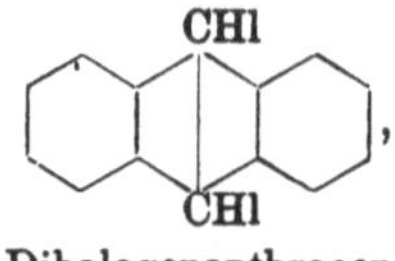

Dihalogenanthracen

II 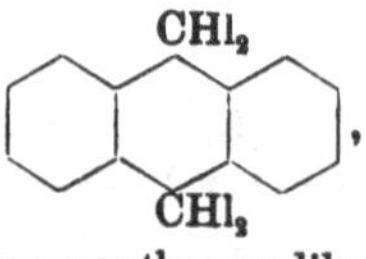

Dihalogenanthracendihalogenid

III $C_6H_4\langle{CHl \atop CHl}\rangle C_6H_3 \cdot Hl$.

Trihalogenanthracen

Aber nicht nur 2, sondern auch 4 Halogenatome vermögen sich mit den meso-Dihalogenanthracenen zu vereinigen. Diese Additionsprodukte gehen beim Behandeln mit alkoholischem Kali in Tetrahalogenanthracene über, z. B.:

$$C_6H_4\langle{CCl_2 \atop CCl_2}\rangle C_6H_4 \cdot Cl_2 \longrightarrow C_6H_4\langle{CCl \atop CCl}\rangle C_6H_2Cl_2 .$$

---

[1] Vgl. die Anm. 4 auf S. 515.

[2] Laurent, Ann. **34**, 295 (1840). — Anderson, Ann. **122**, 294 (1862). — Gräbe u. Liebermann, Ber. **1**, 186 (1868). Ann. Suppl. **7**, 257 (1870); **160**, 121 (1871). — Perkin, Bull. [2] **27**, 464 (1877). — Schwarzer, Ber. **10**, 376 (1877). — Hammerschlag, Ber. **10**, 1212 (1877); **19**, 1106 (1886). — Diehl, Ber. **11**, 173 (1878).

Durch energische Halogenirung konnten Chlor bezw. Brom bis zu 8 Atomen in das Anthracen eingeführt werden, während bei sehr weitgehender Chlorirung schliesslich eine Spaltung des Anthracenmoleculs in Perchlorbenzol und Perchlormethan eintritt[1].

Bei der Oxydation der Halogenanthracene werden die in meso-Stellungen befindlichen Substituenten eliminirt und durch Sauerstoffatome ersetzt, während die an den äusseren Benzolkernen haftenden intact bleiben (vgl. S. 500).

Einige halogenirte Anthracene sind durch Reduction der entsprechenden Anthrachinonderivate dargestellt worden, z. B. ein Dibromanthracen[2] aus Dibromanthrachinon durch Erhitzen mit Jodwasserstoff und Phosphor:

$$Br_2C_6H_2{<}\genfrac{}{}{0pt}{}{CO}{CO}{>}C_6H_4 + 6H = Br_2C_6H_2{<}\genfrac{}{}{0pt}{}{CH}{CH}{>}C_6H_4 + 2H_2O,$$

ferner das 1.2.3.4-Tetrachloranthracen[3] aus dem Tetrachloranthrachinon.

Anthracendichlorid, $C_{14}H_{10}\cdot Cl_2$, erhält man beim Einleiten von Chlor in eine auf 0° abgekühlte Lösung von Anthracen in Schwefelkohlenstoff. Es spaltet schon bei gewöhnlicher Temperatur Salzsäure ab unter Bildung von:

9-Chloranthracen, $C_{14}H_9Cl$, goldgelbe Nadeln vom Schmelzpunkt 103°.

9-Bromanthracen, $C_{14}H_9Br$: Gelbe lange Nadeln vom Schmelzpunkt 100°.

1.2-Dichloranthracen, $C_{14}H_8Cl_2$, bildet sich beim Erhitzen von 1.2.3.4-Tetrachloranthrachinon mit Zinkstaub und Ammoniak. Feine Nadeln vom Schmelzpunkt 255°.

9.10-Dichloranthracen, $C_{14}H_8Cl_2$, entsteht beim Behandeln von Anthracen mit Chlor bei 100°. Es bildet lange, gelbe, glänzende Nadeln vom Schmelzpunkt 209°. Bei der Oxydation liefert es Anthrachinon.

9.10-Dibromanthracen[4], $C_{14}H_8Br_2$, wird durch Eintragen von 2 Moleculargewichten Brom in eine Lösung von Anthracen in Schwefelkohlenstoff erhalten.

1.2.9.10-Tetrabromanthracen, $C_{14}H_6Br_4$, durch Erhitzen von 9.10-Dibromanthracentetrabromid hergestellt, bildet lange gelbe, bei 254° schmelzende Nadeln. Bei der Oxydation liefert es 1.2-Dibromanthrachinon (vgl. S. 500).

Anthracensulfosäuren.

Die Einwirkung der concentrirten Schwefelsäure auf Anthracen[5] führt im Allgemeinen direct zu Disulfosäuren, und zwar bilden sich zwei Isomere, welche die Sulfogruppen in α-Stellungen enthalten, wie durch ihre Oxydation zu Anthrachinondisulfosäuren und deren Ueberführung in Dioxyanthrachinone bekannter Constitution durch Alkali-

[1] Ruoff, Ber. **9**, 1488 (1876).

[2] Miller, Ann. **182**, 366 (1876).

[3] Kircher, Ber. **17**, 1168 (1884). Ann. **238**, 346 (1887).

[4] Vgl. auch Kölliker, Ann. **228**, 255 (1885).

[5] Liebermann u. Boeck, Ber. **11**, 1613 (1878). — Liebermann, Ber. **12**, 182 (1879). — Vgl. auch: Gräbe u. Liebermann, Ber. **1**, 186 (1868); **3**, 359 (1870). — Lincke, J. pr. [2] **11**, 222 (1875). — Liebermann u. vom Rath, Ber. **8**, 246 (1875). — Liebermann, Ber. **12**, 592 (1879).

schmelze nachgewiesen werden konnte. Die Constitution dieser Verbindungen ist die folgende:

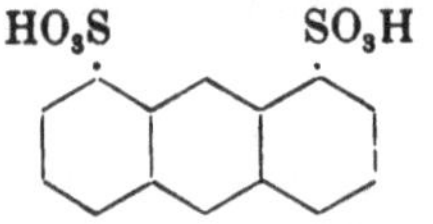

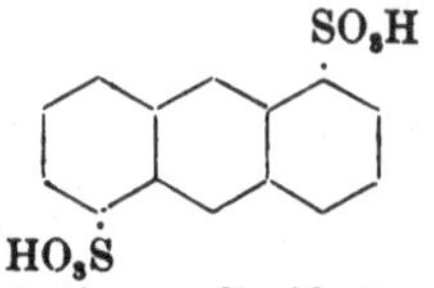

1.8(?)-Anthracendisulfosäure (α), liefert Chrysazin (1.8-Dioxyanthrachinon, vgl. dazu S. 561).

1.5-Anthracendisulfosäure (β), liefert Anthrarufin (1.5-Dioxyanthrachinon)

Bei niederer Temperatur bildet sich hauptsächlich die α-Disulfosäure, bei höherer mehr von der β-Verbindung.

Die Einführung einer einzigen Sulfogruppe in das Anthracen[1] lässt sich dadurch erreichen, dass man die Sulfurirung durch Erhitzen mit verdünnterer Säure oder mit Alkalibisulfaten vornimmt. Die so entstehende Monosulfosäure ist die Anthracensulfosäure (2). Auch bei dieser Reaction entstehen Disulfosäuren, und zwar wiederum in zwei isomeren Formen:

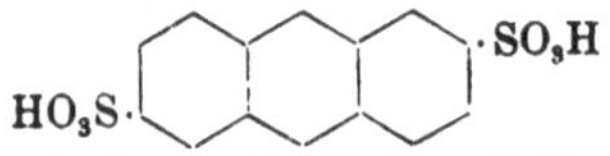

Anthracendisulfosäure (2.6)
(Flavanthracendisulfosäure)

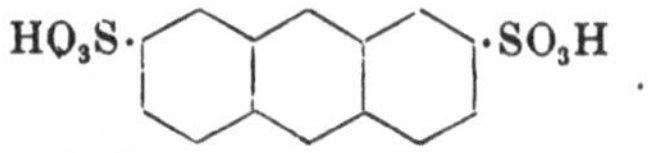

Anthracendisulfosäure (2.7)

Die Anthracensulfosäure (2), welche nach der soeben beschriebenen Methode aus Anthracen erhalten wird, wird auch bei der Reduction[2] der Anthrachinonsulfosäure (2) mit Jodwasserstoffsäure und Phosphor, Natriumamalgam oder Zinkstaub und Ammoniak erhalten. Ihre Constitution ergiebt sich daraus, dass sie in der Kalischmelze in das auch aus 2-Oxyanthrachinon erhältliche 2-Oxyanthracen (β-Anthrol) übergeht:

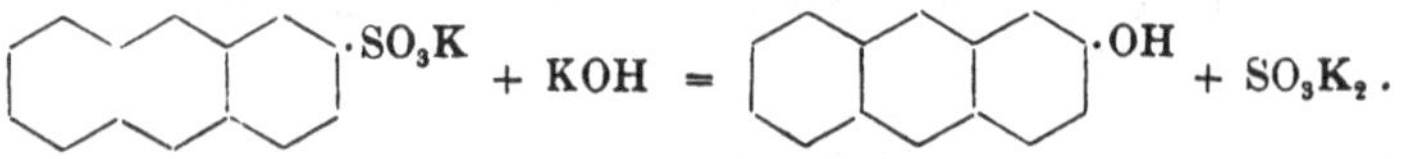

In analoger Weise ist die Flavanthracendisulfosäure aus der sogenannten α-Anthrachinondisulfosäure (2.6) (vgl. S. 539) durch Reduction dargestellt worden[3].

Die Anthracenmonosulfosäure (1) ist nicht mit Sicherheit bekannt; sie bildet sich wahrscheinlich bei gemässigter Einwirkung von concentrirter Schwefelsäure auf Anthracen als Vorprodukt der Disulfosäuren[4].

Anthracensulfosäure (2), $C_{14}H_9 \cdot SO_3H$, stellt schwach röthliche Blättchen dar. Das Natriumsalz, $C_{14}H_9 \cdot SO_3Na + 4\,H_2O$, krystallisirt in kleinen, glitzernden

[1] Soc. de St. Denis, D. R.-Pat. Nr. 72226, 73961, 76280, 77311. — Heffter, Ber. **28**, 2258 (1895).

[2] Liebermann u. Hörmann, Ber. **12**, 589 (1879). — Liebermann u. Bischof, Ber. **13**, 47 (1880). — Liebermann, Ann. **212**, 48, 57 (1882). — Liebermann u. Bollert, Ber. **15**, 226 (1882).

[3] Schüler, Ber. **15**, 1807 (1882).

[4] Vgl. Liebermann u. vom Rath, Ber. **8**, 246 (1875).

Schuppen. Der Aethylester schmilzt bei 160°. Das Chlorid, $C_{14}H_9\cdot SO_2Cl$, kanariengelbe Kryställchen vom Schmelzpunkt 122°, liefert bei der Reduction mit Zinkstaub die **Anthracensulfinsäure (2)**, $C_{14}H_9\cdot SO_2H$. Bei weiterer Reduction mit Zink und Salzsäure entsteht daraus **Anthrathiol** (Anthrylmercaptan), $C_{14}H_9\cdot SH$.

α-Anthracendisulfosäure (1.8?), $C_{14}H_8(SO_3H)_2$, wird neben der β-Disulfosäure beim Behandeln von Anthracen mit concentrirter Schwefelsäure erhalten. Ihr Natriumsalz, $C_{14}H_8(SO_3Na)_2 + 4H_2O$, citronengelbe Nadeln oder trikline Säulen, ist in Wasser und besonders in Sodalösung schwer löslich. Hierauf beruht die Trennung der α- von der β-Disulfosäure, deren Natriumsalz leicht löslich ist.

β-Anthracendisulfosäure (1.5), $C_{14}H_8(SO_3H)_2$. Ihr Natriumsalz, $C_{14}H_8(SO_3Na)_2 + 3H_2O$, bildet kleine gelbe Blättchen, welche in Wasser sehr leicht löslich sind. Die verdünnte wässerige Lösung fluorescirt blau.

Nitroanthracen.

Bei der Einwirkung von Salpetersäure oder Salpeterschwefelsäure auf Anthracen[1] findet nicht eine einfache Nitrirung des Kohlenwasserstoffs statt, sondern es fallen zunächst die mittelständigen Kohlenstoffatome der Oxydation anheim; man erhält also Anthrachinon. Daneben aber macht sich auch die nitrirende Wirkung der Salpetersäure bemerkbar, indem das zuerst gebildete Anthrachinon in Nitroderivate verwandelt wird.

Anders verläuft die Reaction, wenn man an Stelle der Salpetersäure die aus Salpetersäure und arseniger Säure entwickelten Dämpfe auf das Anthracen einwirken lässt[2]. Hierbei bilden sich je nach den Reactionsbedingungen zwei verschiedene Körper, welchen wahrscheinlich die folgenden Formeln zukommen:

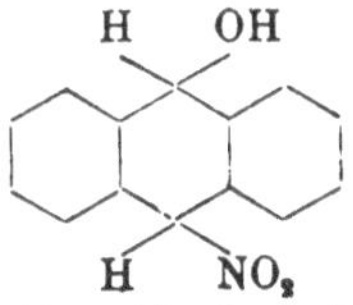

meso-Nitrodihydroanthranol

und

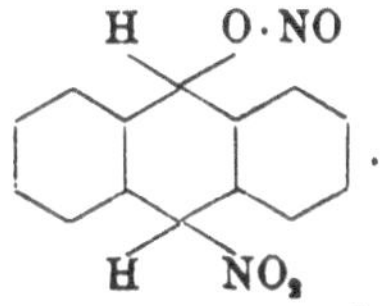

Salpetrigsäureester des meso-Nitrodihydroanthranols

Diese beiden Verbindungen liefern, mit Natronlauge behandelt, **meso-Nitroanthracen:**

$$1.\quad C_6H_4\left\langle\begin{matrix}CH\cdot OH\\ CH\cdot NO_2\end{matrix}\right\rangle C_6H_4 = C_6H_4\left\langle\begin{matrix}CH\\ |\\ C\cdot NO_2\end{matrix}\right\rangle C_6H_4 + H_2O\,;$$

$$2.\quad C_6H_4\left\langle\begin{matrix}CH\cdot O\cdot NO\\ CH\cdot NO_2\end{matrix}\right\rangle C_6H_4 = C_6H_4\left\langle\begin{matrix}CH\\ |\\ C\cdot NO_2\end{matrix}\right\rangle C_6H_4 + HNO_2\,.$$

---

[1] Laurent, Ann. **34**, 287 (1840). — Gräbe u. Liebermann, Ann. Suppl. **7**, 285 (1870). — Vgl. auch: Bolley u. Tuchschmidt, Ber. **3**, 811 (1870). — Schmidt, J. pr. [2] **9**, 241 (1874).

[2] Meisenheimer, Ber. **33**, 3547 (1900). — Vgl. Liebermann u. Lindemann, Ber. **13**, 1584 (1880).

Aehnlich verläuft die Einwirkung der Salpetersäure selbst auf das Anthracen, wenn man die Reaction dadurch mässigt, dass man das Gemisch durch Eisessig verdünnt[1]. Man erhält alsdann den Essigsäureester des oben erwähnten meso-Nitrodihydroanthranols:

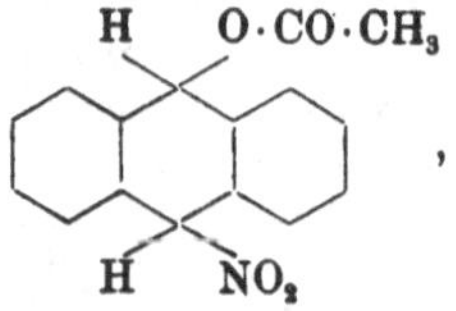

welcher mit Natronlauge meso-Nitroanthracen, mit Salzsäure dagegen 9-Chlor-10-nitrodihydroanthracen liefert:

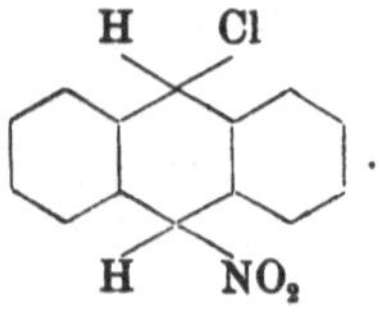

Auch letzterer Körper wird durch Natronlauge in meso-Nitroanthracen übergeführt.

Bei Gegenwart von Alkoholen[2] führt die Nitrirung des Anthracens zu den Aethern des meso-Nitrodihydroanthranols, z. B.:

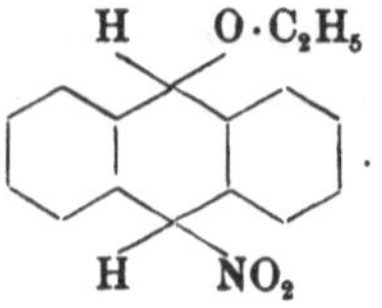

Das meso-Nitroanthracen krystallisirt in langen gelben Nadeln vom Schmelzpunkt 146°. Seine Constitution ergiebt sich daraus, dass es bei der Reduction mit Zinnchlorür und Salzsäure in das zu Anthrachinon oxydirbare 9-Amidoanthracen (meso-Anthramin) übergeht. Ueber seine Umlagerung zu Anthrachinonoxim vgl. S. 534.

Amidoderivate des Anthracens und des Dihydroanthracens.

Die Anwendung der gewöhnlichen Methode zur Darstellung aromatischer primärer Amine — die Reduction der Nitroverbindungen — ist in der Anthracenreihe auf die Ueberführung des meso-Nitroanthracens in das meso-Amidoanthracen[3]:

---

[1] Dimroth, Ber. **34**, 219 (1901). — Vgl. Liebermann u. Landshoff, Ber. **14**, 467 (1881).

[2] A. G. Perkin, Journ. Soc. **59**, 634 (1891). — A. G. Perkin u. Mackenzie, Journ. Soc. **61**, 865 (1892).

[3] Meisenheimer, Ber. **33**, 3548 (1900).

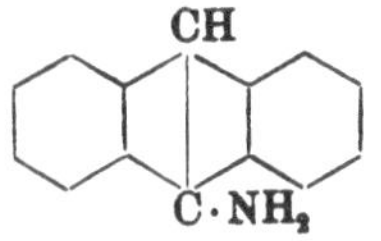

beschränkt (s. o.), da weitere Nitroanthracene nicht bekannt sind.

Das 2-Amidoanthracen wurde fast gleichzeitig von Römer[1] und von Liebermann und Bollert[2] entdeckt. Die letztgenannten Autoren schlugen für die Amidoanthracene die Bezeichnung **Anthramine** vor.

Römer stellte die Verbindung durch Reduction von 2-Amidoanthrachinon mit Jodwasserstoffsäure und Phosphor dar:

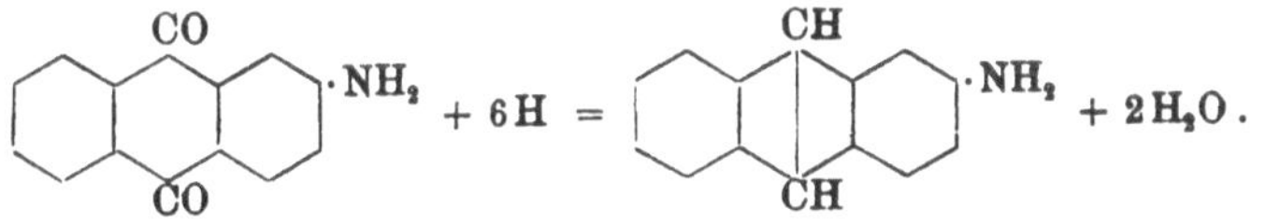

Liebermann und Bollert dagegen wandten die zur Darstellung der Naphtylamine aus den Naphtolen benutzte Methode (vgl. S. 347) an, indem sie ein Phenol der Anthracenreihe, das sogenannte Anthrol (2), mit wässerigem Ammoniak bezw. mit Acetamid auf hohe Temperatur erhitzten:

$$C_{14}H_9 \cdot OH + NH_3 = C_{14}H_9 \cdot NH_2 + H_2O.$$

In derselben Weise konnte das meso-Anthramin aus dem Anthranol (meso-Oxyanthracen) (vgl. S. 526) gewonnen werden[3]. Das 1-Amidoanthracen ist bisher nicht erhalten worden[4].

Das 2-Amidoanthracen lässt sich nicht in normaler Weise diazotiren; leitet man salpetrige Säure in die alkoholische Lösung der Base, so wird eine rothe Verbindung ausgefällt, welche vielleicht die Constitution eines Isonitrosoproduktes hat:

$$(C_{14}H_9 \cdot NH)_2N \cdot OH.$$

Im Gegensatz dazu liefert das bei der Reduction des 2-Amidoanthracens mit Natriumamalgam oder Natrium und Alkohol erhältliche Dihydroanthramin:

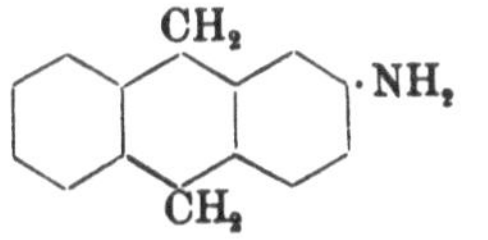

in normaler Weise eine Diazoverbindung, welche sich mit Phenolen und aromatischen Basen zu Azofarbstoffen kuppeln lässt (vgl. S. 497).

---

[1] Ber. **15**, 223 (1882).

[2] Ber. **15**, 226, 852 (1882). — Vgl. auch: Liebermann, Ann. **212**, 56 (1882). — Bollert, Ber. **16**, 1635 (1883). — Bamberger u. Hoffmann, Ber. **26**, 3071 (1893).

[3] Goldmann, Ber. **23**, 2522 (1890).

[4] Vgl. Gräbe u. Blumenfeld, Ber. **30**, 1118 (1897).

2-Amidoanthracen, Anthramin (2), $C_{14}H_9 \cdot NH_2$, krystallisirt in feinen gelben Blättchen vom Schmelzpunkt 238°. Mit überschüssigem Methyljodid bei 100° behandelt, bildet es das Trimethylanthrammoniumjodid, $C_{14}H_9 \cdot N(CH_3)_3J$, vom Schmelzpunkt 215°. Beim Erhitzen der daraus hergestellten freien Ammoniumbase auf 120—130° entsteht Dimethylanthramin vom Schmelzpunkt 155°. Beim Kochen von Anthramin mit Eisessig entsteht neben dem Acetylderivat, welches bei 240° schmilzt, das Dianthramin, $(C_{14}H_9)_2NH$ (glänzende Blättchen von sehr hohem Schmelzpunkt).

9-Amidoanthracen, meso-Anthramin, $C_{14}H_9 \cdot NH_2$, krystallisirt in goldglänzenden Blättchen, welche sich bei 115°, ohne zu schmelzen, theilweise zersetzen. Mit Chromsäure oxydirt, liefert die Base Anthrachinon. Ihr Acetylderivat, $C_{14}H_9 \cdot NH \cdot CO \cdot CH_3$, schmilzt bei 273—274°.

Die Lösungen beider Anthramine zeigen grüne Fluorescenz.

Dihydroanthramin (2), $C_{14}H_{11} \cdot NH_2$, bildet feine Nadeln, welche oberhalb 100° schmelzen.

Dihydroanthramin (9) krystallisirt in Nadeln vom Schmelzpunkt 92°. Die wässerige Lösung des salzsauren Salzes der Base zersetzt sich beim Kochen in Salmiak und Anthracen:

$$C_{14}H_{11} \cdot NH_2, HCl = C_{14}H_{10} + NH_4Cl.$$

Hydroxyl- und Keto-Derivate der Anthracen-Kohlenwasserstoffe (bezw. Dihydroanthracen-Kohlenwasserstoffe); sauerstoffhaltige Reductionsstufen des Anthrachinons.

Für die Formel des Monooxyanthracens, $C_{14}H_9 \cdot OH$ bieten sich die drei Isomerie-Möglichkeiten:

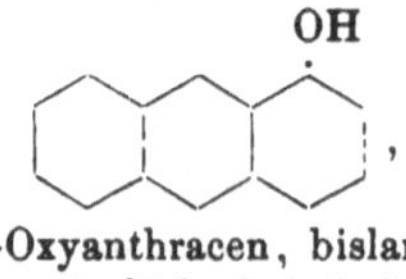

1-Oxyanthracen, bislang nicht mit Sicherheit bekannt

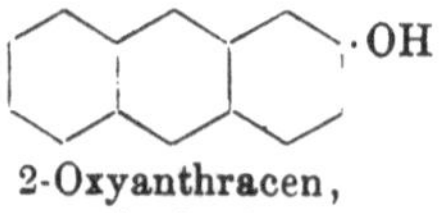

2-Oxyanthracen, Anthrol

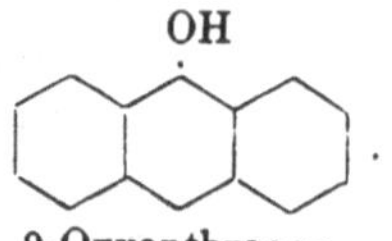

9-Oxyanthracen, Anthranol

Das **Anthrol** (2-Oxyanthracen)[1] ist aus dem 2-Oxyanthrachinon durch Reduction mit Jodwasserstoffsäure und Phosphor hergestellt worden:

$$C_6H_4\left\langle\begin{matrix}CO\\CO\end{matrix}\right\rangle C_6H_3 \cdot OH + 6H = C_6H_4\left\langle\begin{matrix}CH\\CH\end{matrix}\right\rangle C_6H_3 \cdot OH + 2H_2O.$$

Es bildet sich ferner bei der Alkalischmelze der Anthracensulfosäure (2) (vgl. S. 518). Die Verbindung krystallisirt in helllederfarbenen Blättchen oder Nadeln, welche sich bei 200° zersetzen. Die alkoholische Lösung fluorescirt röthlich violett. Das Anthrol besitzt den Charakter eines Phenols, unterscheidet sich aber in seinem chemischen Verhalten nicht unwesentlich vom gewöhnlichen Phenol[2] und nähert sich mehr den Naph-

---

[1] Liebermann u. Hörmann, Ber. **12**, 589 (1879). — Liebermann u. Bollert, Ber. **15**, 226 (1882). — Liebermann u. Hagen, Ber. **15**, 1427 (1882). — Liebermann, Ann. **212**, 26, 49 (1882). — Vgl. auch Lincke, J. pr. [2] **11**, 227 (1875).

[2] Bamberger u. Hoffmann, Ber. **26**, 3068 (1893).

tolen (vgl. S. 302). Dies zeigt sich z. B. darin, dass es beim sechsstündigen Erhitzen mit Ammoniak auf 200° seine Hydroxylgruppe gegen Ammoniak austauscht und fast vollständig in Anthramin (S. 521) verwandelt wird; ferner in der leichten Aetherbildung, welche bereits beim Kochen des Anthrols mit Alkoholen und 20 % iger Salzsäure eintritt.

Diese Unterschiede, welche zwischen dem Phenol und dem Anthrol bestehen, verschwinden beim Uebergang des letzteren in seine Dihydroverbindung. Das Dihydroanthrol:

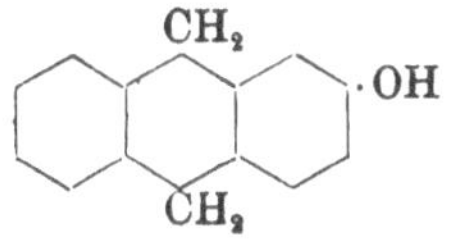

verhält sich vollständig wie ein Phenol der Benzolreihe, indem es durch Alkohol und Säure nicht ätherificirt wird und mit Ammoniak unter den oben bezeichneten Bedingungen nicht reagirt. Die theoretischen Folgerungen bezüglich der Constitution des Anthracens, welche aus diesen Thatsachen gezogen wurden, sind bereits auf S. 497—498 besprochen worden.

Dihydroanthrol (2), durch Reduction des Anthrols mit Natrium und Alkohol erhalten, krystallisirt in atlasglänzenden Blättchen vom Schmelzpunkt 129·5°.

Durch Schmelzen der Anthracendisulfosäuren, sowie durch Reduction eines Dioxyanthrachinondimethyläthers und darauffolgende Abspaltung der Methylgruppen sind einige **Dioxyanthracene**[1] hergestellt worden, deren OH-Gruppen sich in den äusseren Kernen befinden.

Das dem Anthrol isomere Anthranol (vgl. die Zusammenstellung S. 522), welches seine Hydroxylgruppe im Mittelkerne trägt, gehört zu den Reductionsprodukten des Anthrachinons. Seine Besprechung sei daher vereinigt mit der Schilderung der Ergebnisse, welche man beim Studium der Reduction des Anthrachinons[2] (bezw. seiner Derivate) gewonnen hat. Diese Reduction kann je nach der Wahl des Reductionsmittels und den Bedingungen der Ausführung einen sehr verschiedenartigen Verlauf nehmen.

Wenn das Anthrachinon ohne Sauerstoffverlust zwei Wasserstoffatome am Mittelkerne fixirt, so können für das entstehende Produkt die beiden Formeln:

I 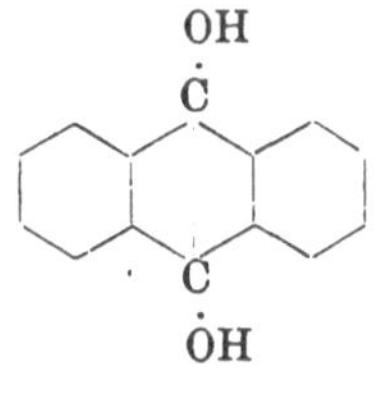

· II 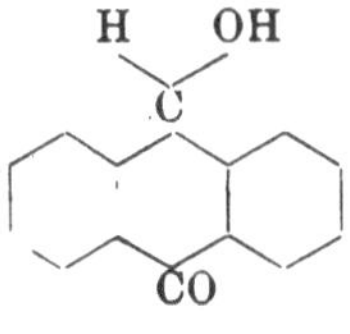

[1] Liebermann u. Boeck, Ber. **11**, 1615 (1878). — Liebermann, Ber. **12**, 185 (1879). — Schüler, Ber. **15**, 1808 (1882). — Lagodzinski, Ber. **28**, 1533 (1895).

[2] Vgl. besonders: Liebermann, Ann. **212**, 1 (1882).

in Betracht kommen, welche in ähnlichem Verhältniss wie Hydrochinon- und Chinol-Formel (vgl. Bd. II, Th. I, S. 835) stehen. Der Formel I entspricht der Name „Anthrahydrochinon". Für die Formel II ist die Bezeichnung Oxanthranol gewählt; zweckmässiger wäre die Benennung „Oxyanthron", welche die Natur der Verbindung als Ketonalkohol andeuten würde, oder in Anlehnung an die später entdeckten einfachen Chinole: „Anthrachinol".

Das **Anthrahydrochinon** (9.10-Dioxyanthracen) ist mit einiger Wahrscheinlichkeit (vgl. S. 525) in der tief roth gefärbten alkalischen Lösung anzunehmen, welche erhalten wird, wenn man Anthrachinon mit Zinkstaub und Kalilauge bei Abschluss von Luft behandelt[1]. Auf demselben Reductionsvorgang beruht auch die **Rothfärbung**[2] welche das Anthrachinon zeigt, wenn man es mit Aether übergiesst und mit Natriumamalgam schüttelt (vgl. S. 533). Säuren fällen aus dieser rothen Lösung einen Körper in gelben Flocken, welcher indess so unbeständig ist, dass seine Zusammensetzung noch nicht mit Sicherheit festgestellt wurde, und der sich — so lange er noch unverändert ist — in Alkali wieder mit rother Farbe auflöst; dieses Produkt wird in der Literatur als „Oxanthranol" bezeichnet. Die rothe alkalische Lösung ist gegen den Luftsauerstoff sehr empfindlich: beim Schütteln mit Luft erleidet sie Autoxydation[3] unter Rückbildung des sich ausscheidenden Anthrachinons und völliger Entfärbung. In Form einer beständigen Diacetylverbindung[4] $C_{14}H_8(O\cdot CO\cdot CH_3)_2$ — farblose Nadeln, welche bei 260° unter Zersetzung schmelzen, — kann man das Anthrahydrochinon fassen, wenn man das Anthrachinon bei Gegenwart von Essigsäureanhydrid und Natriumacetat mit Zinkstaub reducirt, eine Methode, welche sich auch in ähnlichen Fällen zur Festlegung unbeständiger Hydroxylgruppen bewährt hat (vgl. z. B. S. 219).

Ein sehr interessantes Verhalten zeigt nun jene rothe alkalische Lösung bei der Behandlung mit Alkylhalogeniden. Unter Aufnahme eines Alkylrestes entstehen Verbindungen von ausserordentlicher Krystallisationsfähigkeit, deren Umwandlungen keinen Zweifel darüber lassen, dass sie der allgemeinen Formel:

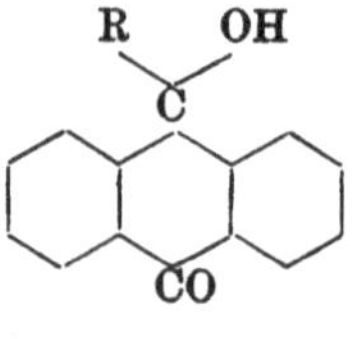

---

[1] Gräbe u. Liebermann, Ann. **160**, 127 (1871). — Vgl. auch: Liebermann u. Giesel, Ber. **10**, 608 (1877).

[2] Claus, Ber. **10**, 925 (1877).

[3] Vgl. dazu: Manchot, Ann. **314**, 179 (1901).

[4] Liebermann, Ber. **21**, 1172 (1888). — Vgl. auch: Liebermann, Ber. **21**, 442 (1888).

entsprechend als C-Alkylderivate der auf S. 523 aufgeführten Form II — also als Alkyloxanthranole oder besser Alkyl-Oxyanthrone — aufzufassen sind (vgl. auch S. 510). Denn bei der Reduction mit Jodwasserstoffsäure liefern sie Alkyldihydroanthracene, $C_6H_4\left<\begin{matrix}CHR\\CH_2\end{matrix}\right>C_6H_4$, welche durch gemässigte Oxydation wieder in die Alkyloxanthranole übergeführt werden können, während bei stärkerer Oxydation Anthrachinon erhalten wird. Die Hydroxylgruppe lässt sich durch Phosphorpentachlorid nachweisen: es entstehen Chloride, $C_6H_4\left<\begin{matrix}CClR\\CO\end{matrix}\right>C_6H_4$, welche beim Kochen mit Wasser wieder in die Alkyloxanthranole zurückverwandelt werden. Die Alkyloxanthranole[1] sind in Alkalien unlöslich, was nicht Wunder nehmen kann, da sie ihrer Formel nach nicht zu den Phenolen, sondern zu den tertiären Alkoholen gehören. Man kann daraus den Schluss ziehen, dass in der rothen alkalischen Reductions-Lösung des Anthrachinons wohl nicht das Oxanthranol selbst, sondern mit grösserer Wahrscheinlichkeit seine desmotrope, phenolartige Form — das Anthrahydrochinon — anzunehmen ist; andererseits kann aus der intensiven Färbung der Lösung ein Argument zu Gunsten der Oxanthranol-Formel hergeleitet werden.

Aethyloxanthranol (Aethyl-Oxyanthron), $C_6H_4\left<\begin{matrix}C(C_2H_5)(OH)\\CO\end{matrix}\right>C_6H_4$, bildet compacte, stark lichtbrechende Prismen vom Schmelzpunkt 107° und ist in Wasser unlöslich, in Alkohol sehr leicht löslich; die Lösung der reinen Substanz zeigt keine Fluorescenz. Das entsprechende Chlorid, $C_6H_4\left<\begin{matrix}C(C_2H_5)Cl\\CO\end{matrix}\right>C_6H_4$, bildet wasserklare Krystalle vom Schmelzpunkt 88—89°.

Man kann die Alkyloxanthranole auch direct aus dem Anthrachinon durch Reduction mit Zinkstaub und Alkali in Gegenwart von Alkylhalogeniden erhalten.

Zu einer rothen alkalischen Lösung, welche durch den Luftsauerstoff unter Abscheidung von Anthrachinon entfärbt wird, ist man andererseits durch Oxydation des Anthracens mit Bleisuperoxyd in Eisessig und Ausziehen des Oxydationsprodukts mit Natronlauge gelangt[2]. Die daraus mit Säure gefällte Substanz ist dem sogenannten „Oxanthranol", das aus der rothen Reductionslösung des Anthrachinons durch Säure fällt, sehr ähnlich und wie letzteres an der Luft sehr unbeständig, wird aber wegen einiger Unterschiede als verschieden davon betrachtet; insbesondere ist hervorzuheben, dass bei der Behandlung des Anthracen-Oxydationsproduktes mit Aethyljodid und Alkali nicht das Aethyloxanthranol, $C_{16}H_{14}O_2$, sondern ein Diäthylderivat, $C_{18}H_{18}O_2$, erhalten wurde. Die nähere Untersuchung dieses Anthracen-Oxydationsproduktes im Vergleich mit dem Anthrachinon-Reductionsprodukt wäre von erheblichem Interesse.

---

[1] Liebermann, Ann. **212**, 63 (1882).
[2] K. E. Schulze, Ber. **18**, 3036 (1885).

Die weitere Reduction des Anthrachinons führt zur Eliminirung eines Sauerstoffatoms — also zu einer Verbindung der Zusammensetzung $C_{14}H_{10}O$, für welche sich die beiden Formeln:

$$C_6H_4\left\langle\begin{matrix}CO\\CH_2\end{matrix}\right\rangle C_6H_4 \quad \text{und} \quad C_6H_4\left\langle\begin{matrix}C\cdot OH\\ \vert \\ CH\end{matrix}\right\rangle C_6H_4$$

Anthron — Anthranol

aufstellen lassen. Das aus dem Anthrachinon bei der nicht zu energischen Reduction mit Jodwasserstoffsäure und Phosphor[1] oder beim Kochen seiner Eisessiglösung mit Zinn und Salzsäure[2] entstehende Produkt wird Anthranol genannt. Es besitzt vielleicht in freiem Zustand die Anthron-, in alkalischer Lösung die Anthranol-Constitution; denn es löst sich — namentlich wenn einmal trocken geworden — erst beim Erwärmen in Alkali. Beim Erhitzen mit Essigsäureanhydrid giebt es die Acetylverbindung $C_6H_4\left\langle\begin{matrix}C\cdot O\cdot CO\cdot CH_3\\ \vert \\ CH\end{matrix}\right\rangle C_6H_4$ des Anthranols. Bei der Alkylirung mit Kalilauge und Aethyljodid[3] aber erhält man (vgl. S. 510) neben dem Anthranol-Aethyläther (Formel I) auch ein Derivat des Anthrons, das Diäthylanthron (Formel II):

$$\text{I}\quad C_6H_4\left\langle\begin{matrix}C\cdot O\cdot C_2H_5\\ \vert \\ CH\end{matrix}\right\rangle C_6H_4, \qquad \text{II}\quad C_6H_4\left\langle\begin{matrix}CO\\C\\ H_5C_2\quad C_2H_5\end{matrix}\right\rangle C_6H_4;$$

als drittes Aethylirungsprodukt tritt endlich der Aethyläther des meso-Aethylanthranols:

$$C_6H_4\left\langle\begin{matrix}C\cdot O\cdot C_2H_5\\ \vert \\ C\cdot C_2H_5\end{matrix}\right\rangle C_6H_4$$

auf. Auch beim Behandeln der Chloroformlösung des Anthranols mit Chlor bildet sich ein Derivat des Anthrons:

$$C_6H_4\left\langle\begin{matrix}CO\\CCl_2\end{matrix}\right\rangle C_6H_4 .$$

meso-Dichloranthron

Dass das Anthranol auch synthetisch erhalten werden kann, wurde schon S. 504 mitgetheilt.

9-Oxyanthracen, Anthranol, $C_{14}H_9\cdot OH$, krystallisirt in glänzenden Nadeln, welche bei 163—170° unter Zersetzung schmelzen. Seine alkoholische Lösung

[1] LIEBERMANN u. TOPF, Ber. **9**, 1201 (1876). Ann. **212**, 6 (1882).

[2] LIEBERMANN u. GIMBEL, Ber. **20**, 1854 (1887). — Vgl. auch: WILLGERODT, Ber. **20**, 2470 (1887).

[3] GOLDMANN, Ber. **21**, 1176, 2505 (1888). — Vgl. auch: HALLGARTEN, Ber. **21**, 2508 (1888); **22**, 1069 (1889).

fluorescirt bläulich. In Alkalien löst es sich mit gelber Farbe auf. Der Aethyläther, $C_{14}H_9 \cdot O \cdot C_2H_5$ ist flüssig, seine verdünnten Lösungen fluoresciren blau; das Acetylderivat, $C_{14}H_9 \cdot O \cdot CO \cdot CH_3$, schmilzt bei 126—131°.

Wenn man eine Benzollösung des Anthranols dem directen Sonnenlicht aussetzt[1], so bildet sich unter gleichzeitiger Oxydation ein dimoleculares Produkt, das Dianthranol bezw. Dianthron, $C_{28}H_{18}O_2$ (= $2C_{14}H_{10}O - 2H$). Derselbe Körper entsteht beim Kochen einer Xylollösung des Anthranols, beim Durchleiten von Luft durch seine Lösung in Kalilauge oder bei Behandlung mit Eisenchlorid in siedender essigsaurer Lösung. Man kann für diese Verbindung eine der folgenden Formeln in Betracht ziehen:

$$C_6H_4 \left\langle \begin{matrix} C \\ | \\ C(OH) \end{matrix} \right\rangle C_6H_4 \quad C_6H_4 \left\langle \begin{matrix} C \\ | \\ C(OH) \end{matrix} \right\rangle C_6H_4 \qquad \text{oder} \qquad C_6H_4 \left\langle \begin{matrix} CH \\ \\ CO \end{matrix} \right\rangle C_6H_4 \quad C_6H_4 \left\langle \begin{matrix} CH \\ \\ CO \end{matrix} \right\rangle C_6H_4 .$$

Die Ueberführung von Derivaten des Anthrachinons in solche Verbindungen, welche der Anthranolreihe angehören, ist in vielen Fällen ausgeführt worden[2]. So erhält man z. B. aus dem Alizarin (1.2-Dioxyanthrachinon) beim Behandeln mit Zinkstaub und Ammoniak das sogenannte Desoxyalizarin (1.2-Dioxyanthranol):

$$C_6H_4 \left\langle \begin{matrix} C \cdot OH \\ | \\ CH \end{matrix} \right\rangle C_6H_2(OH)_2 .$$

Andere derartige Verbindungen konnten synthetisch aus substituirten Benzylbenzoësäuren hergestellt werden[3], z. B. das 2-Oxyanthranol(9) aus der 4'-Oxydiphenylmethancarbonsäure (2) mittels concentrirter Schwefelsäure:

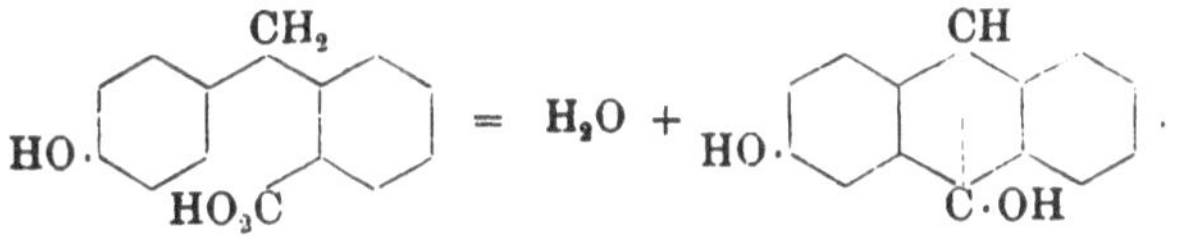

Ob in diesen Fällen stets Derivate des Anthranols entstehen, ist zweifelhaft, da einige dieser Verbindungen sich nicht wie hydroxylirte Körper verhalten; man wird in ihnen mit grösserer Wahrscheinlichkeit Derivate des Anthrons zu erblicken haben.

Die Anthranolverbindungen sind im Allgemeinen leicht oxydirbare Körper. Diese Eigenschaft ist wahrscheinlich der Grund ihrer arzneilichen Anwendbarkeit; es hat sich nämlich gezeigt, dass die Substanzen als Heilmittel gegen gewisse Hautkrankheiten (Psoriasis etc.) benutzt

---

[1] Orndorff u. Bliss, Am. chem. Journ. **18**, 453 (1896). — Dimroth, Ber. **34**, 223 (1901).

[2] Römer, Ber. **14**, 1259 (1881). — Liebermann u. Simon, Ber. **14**, 1264 (1881). Ann. **212**, 28 (1882). — Römer u. Schwarzer, Ber. **15**, 1040 (1882). — Römer u. Linck, Ber. **16**, 703 (1883). — Liebermann, Ber. **21**, 435, 447 (1888). — Hesse, Ann. **284**, 194 (1895); **291**, 307 (1896). — Pleus, Ber. **35**, 2924, 2928 (1902). — Schrobsdorff, Ber. **35**, 2930 (1902).

[3] Bistrzycki u. de Schepper, Ber. **31**, 2790 (1898). — Limpricht, Ann. **307**, 313 (1899); **309**, 121 (1899); **312**, 103 (1900); **314**, 241 (1901). — Haller u. Guyot, Bull. [3] **25**, 205, 315 (1901).

werden können. So hat z. B. das oben genannte Desoxyalizarin — bezw. ein Gemisch desselben mit ähnlichen Verbindungen — unter dem Namen „Anthrarobin" zu diesem Zweck Verwendung gefunden[1].

Die Benennung Anthrarobin soll an den Namen eines Naturproduktes erinnern, welches seit längerer Zeit bereits gegen Hautkrankheiten verwendet wird, das **Chrysarobin**[2] (Chrysophanhydranthron). Diese Verbindung bildet den wirksamen Bestandtheil einer Droge, welche sich als Ausscheidung in den Markhöhlungen gewisser Bäume in Brasilien bildet und als Araroba- oder Goa-Pulver bekannt ist. Auch das Chrysarobin darf als ein Anthranolderivat — aber ein vom Methylanthracen abgeleitetes — angesehen werden:

$$C_{14}H_6(CH_3)(OH)_3 .$$
Methyldioxyanthranol

Das Chrysarobin bildet hellgelbe Schüppchen vom Schmelzpunkt 203—204°. Durch Acetylirung mit Essigsäureanhydrid und Natriumacetat liefert es ein bei 238° schmelzendes Triacetylderivat, $C_{15}H_9(O\cdot CO\cdot CH_3)_3$.

Chrysarobin entsteht auch durch Reduction des entsprechenden Methyldioxyanthrachinons, der später zu besprechenden Chrysophansäure (S. 572):

$$C_{14}H_5O_2(CH_3)(OH)_2$$

und geht beim Durchleiten von Luft durch seine alkalische Lösung in Chrysophansäure über.

Als Derivat des Anthrons ist ferner eine Verbindung anzusehen[3], welche entsteht, wenn äquimoleculare Mengen m-Oxybenzoësäure und Zimmtsäure mit concentrirter Schwefelsäure im Wasserbade erwärmt werden:

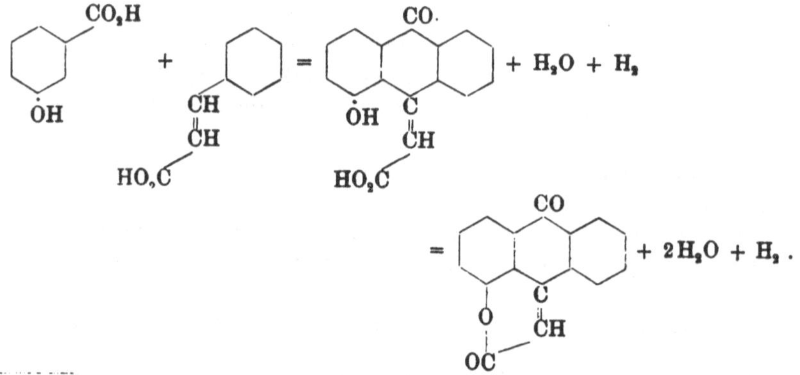

¹ Vgl.: Behrend, Therapeutische Monatshefte **1888**, März. — C. Liebermann, ebenda, April.

² Liebermann u. Seidler, Ber. **11**, 1603 (1878). Ann. **212**, 31 (1882). — Hesse, Ann. **284**, 194 (1895); **291**, 307 (1896); **309**, 53 (1899). — Leprince, Compt. rend. **129**, 60 (1899). — Liebermann, Ber. **21**, 437, 447 (1888); Ann. **310**, 364 (1900). — Jowett u. Potter, Journ. Soc. **81**, 1575 (1902).

³ v. Kostanecki, Ber. **20**, 3137, 3148 (1887).

Die Verbindung ist also gleichzeitig ein Derivat des Anthracens und des Cumarins (vgl. Bd. II, Th. I, S. 672) und kann als **Anthracumarin** bezeichnet werden.

In ähnlicher Weise condensirt sich Gallussäure mit Zimmtsäure[1] zu dem sogenannten **Styrogallol:**

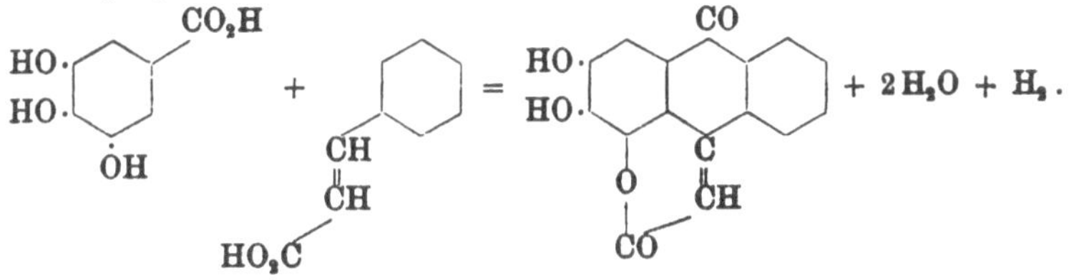

Das Styrogallol ist ein Beizenfarbstoff, welcher Thonerdebeizen orange anfärbt. In Alkalien löst es sich mit grüner Farbe.

Aus dem Anthranol (bezw. Anthron) entsteht durch Zufuhr von zwei Wasserstoffatomen eine weitere Reductionsstufe des Anthrachinons, das **Dihydroanthranol**[2]:

$$C_6H_4\left\langle\begin{matrix}CH\cdot OH\\ CH_2\end{matrix}\right\rangle C_6H_4\,.$$

Diese Verbindung bildet sich beim Erwärmen des Anthrachinons mit Zinkstaub und Ammoniak. Sie krystallisirt in seideglänzenden Nadeln vom Schmelzpunkt 76°. Beim Kochen mit Wasser, ja schon beim Liegen an der Luft zerfällt sie in Wasser und Anthracen (vgl. S. 513):

$$C_6H_4\left\langle\begin{matrix}CH\cdot OH\\ CH_2\end{matrix}\right\rangle C_6H_4 = H_2O + C_6H_4\left\langle\begin{matrix}CH\\ |\\ CH\end{matrix}\right\rangle C_6H_4\,.$$

Die Bildung der Mesoalkyldihydroanthranole durch Reduction der Alkyl-Oxyanthrone wurde schon erwähnt (S. 510):

$$C_6H_4\left\langle\begin{matrix}C(OH)R\\ CO\end{matrix}\right\rangle C_6H_4 + 4\,H = C_6H_4\left\langle\begin{matrix}C(OH)R\\ CH_2\end{matrix}\right\rangle C_6H_4 + H_2O\,.$$

Man kann diese Verbindungen auch direct aus Anthrachinon durch genügend weitgehende Reduction bei Gegenwart von Alkylhalogeniden gewinnen. Die Alkyldihydroanthranole gehen in ganz analoger Weise in meso-Alkylanthracene über (vgl. S. 510), wie das Dihydroanthranol selbst in Anthracen:

$$C_6H_4\left\langle\begin{matrix}C(OH)R\\ CH_2\end{matrix}\right\rangle C_6H_4 = C_6H_4\left\langle\begin{matrix}C\cdot R\\ |\\ CH\end{matrix}\right\rangle C_6H_4 + H_2O\,.$$

---

[1] Jacobsen u. Julius, Ber. **20**, 2588 (1887). — Vgl. auch: Slama, Chem. Centralbl. **1899 II**, 967.

[2] v. Perger, J. pr. [2] **23**, 137 (1881). — Schulze, Ber. **18**, 3034 (1885). — Vgl. auch: Liebermann u. Gimbel, Ber. **10**, 609 (1877). Ann. **212**, 14 (1882). — Liebermann, Ber. **11**, 1610 (1878). — Pleus, Ber. **35**, 2923, 2925, 2927 (1902).

Als Nebenprodukt bei der Darstellung des Dihydroanthranols tritt das **Anthrapinakon** auf, welches durch Erhitzen mit Acetylchlorid in **Dianthryl** übergeht

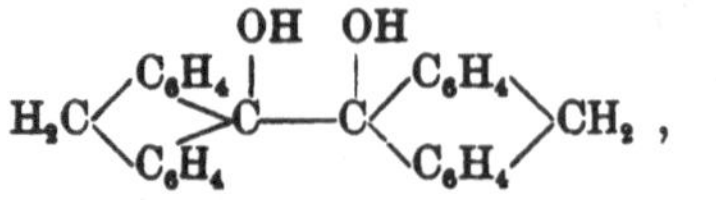

Anthrapinakon, Schmelzpunkt 182°

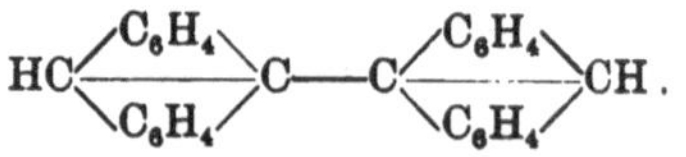

Dianthryl, Schmelzpunkt 300°

Dianthryl kann auch direct aus Anthrachinon durch Reduction mit Zinn und rauchender Salzsäure in Eisessig erhalten werden[1].

Anthracencarbonsäuren und Anthranolcarbonsäuren.

Die drei isomeren Anthracenmonocarbonsäuren sind bekannt. Zwei derselben sind aus den entsprechenden Anthracensulfosäuren[2] durch Destilliren ihrer Alkalisalze mit Blutlaugensalz und Verseifen der zuerst entstandenen Nitrile dargestellt worden; es sind dies:

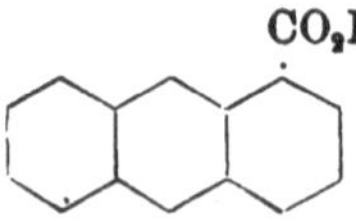

und

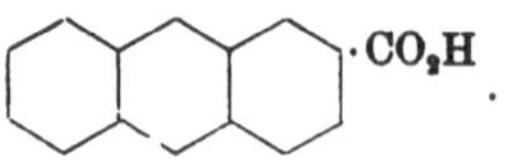

Anthracencarbonsäure(1) Anthracencarbonsäure(2)

Die erstere dieser Säuren ist auch durch Reduction der Anthrachinoncarbonsäure(1) mit Zinkstaub und Ammoniak gewonnen worden[3]. Da die Constitution der Anthrachinoncarbonsäure sich aus ihrer Darstellung aus Benzophenondicarbonsäure(2.3) mit Sicherheit ergiebt:

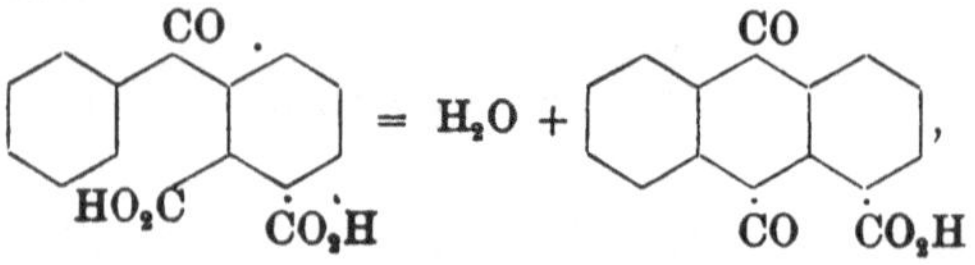

so ist damit auch diejenige der Anthracencarbonsäure festgestellt.

Für die zweite Säure ergiebt sich die Constitution daraus, dass die Anthrachinonsulfosäure, aus welcher man sie über die Anthracensulfosäure gewinnt, in der Alkalischmelze das 2-Oxyanthrachinon liefert (vgl. S. 549). Die Anthracencarbonsäure(2) ist auch aus der entsprechenden Anthrachinoncarbonsäure erhalten worden[4].

Die dritte mögliche Anthracencarbonsäure ist die **meso-Säure**:

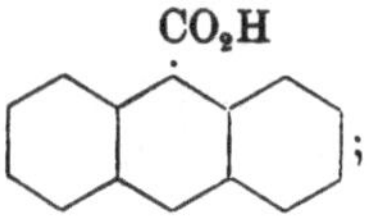

sie bildet sich[5] beim Erhitzen von Anthracen mit Phosgen auf 200° und darauffolgendem Behandeln des Produkts mit Soda. Bei der Oxydation liefert sie ihrer

---

[1] Liebermann u. Gimbel, Ber. **20**, 1854 (1887).

[2] Liebermann u. vom Rath, Ber. **8**, 246 (1875). — Liebermann u. Bischof, Ber. **13**, 47 (1880).

[3] Gräbe u. Blumenfeld, Ber. **30**, 1118 (1897).

[4] Börnstein, Ber. **16**, 2609 (1883).

[5] Gräbe u. Liebermann, Ber. **2**, 678 (1869). Ann. **160**, 121 (1871). — Vgl. auch: Behla, Ber. **20**, 701 (1887).

Constitution gemäss keine Anthrachinoncarbonsäure, sondern Anthrachinon. Im Gegensatz zu der Anthracencarbonsäure(2) lässt sich die meso-Säure durch Stehenlassen ihrer mit Salzsäure gesättigten methylalkoholischen Lösung nicht esterificiren[1]; sie verhält sich also in dieser Beziehung wie eine in beiden Orthostellungen zur Carboxylgruppe substituirte Benzoësäure (vgl. Bd. II, Th. I, S. 543).

Auch zwei von den Anthracencarbonsäuren(1) und (2) derivirende Anthranolcarbonsäuren[2] sind bekannt:

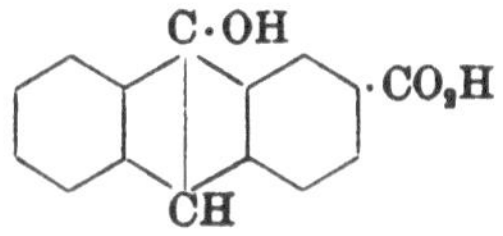

Anthranolcarbonsäure(2)

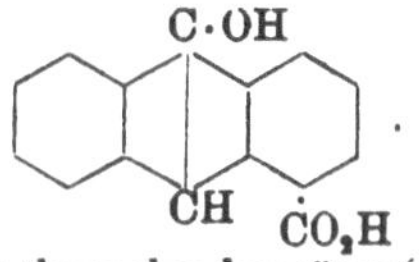

Anthranolcarbonsäure(4)

Sie entstehen bei der Condensation der Diphenylmethandicarbonsäure(2.4') bezw. (2.2') (vgl. S. 504), z. B.:

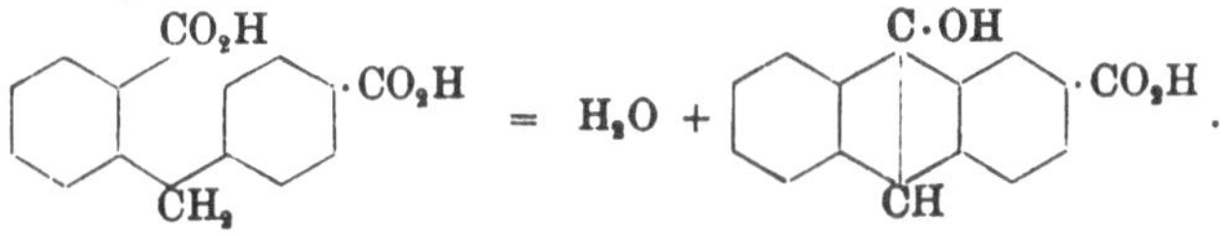

Tabelle Nr. 84.

Anthracenmonocarbonsäuren $C_{14}H_9 \cdot CO_2H$.

Stellung der Carboxylgruppe	Schmelzpunkt der Säure	Schmelzpunkt des Methylesters	Schmelzpunkt des Aethylesters	Schmelzpunkt des Amids
1	245°	—	—	260°
2	ca. 280°	—	134°	293—295°
9	206°	111°	—	—

Mehrere Dicarbonsäuren sowie eine Tricarbonsäure[3] des Anthracens sind bekannt. Diese sind sämmtlich aus den entsprechenden Anthrachinoncarbonsäuren durch Reduction hergestellt worden. Da die Constitution der Ausgangsmaterialien in allen diesen Fällen sich unmittelbar aus ihrer Synthese ergiebt, so kennt man auch die Stellungen der Carboxylgruppen in den Anthracenpolycarbonsäuren.

II. Das Anthrachinon und seine Derivate.

Das Anthrachinon und seine Homologen.

Das Anthrachinon und seine Homologen von der allgemeinen Formel $C_nH_{2n-20}O_2$ sind hochschmelzende Körper von mehr oder weniger intensiver gelber Farbe, welche im Gegensatz zu den eigentlichen Anthracen-

[1] V. Meyer, Ber. **28**, 186 (1895).

[2] Gräbe u. Juillard, Ann. **242**, 255 (1887). — Limpricht, Ann. **309**, 121 (1899).

[3] Elbs u. Eurich, Ber. **20**, 1363 (1887). — Elbs u. Günther, Ber. **20**, 1365 (1887). — Elbs, J. pr. [2] **41**, 11, 25, 30, 129 (1890).

körpern nicht fluoresciren (vgl. S. 509). Sie entstehen ganz allgemein aus dem Anthracen und seinen Homologen bei Oxydation mit verschiedenen Mitteln. Zur Herstellung von Anthrachinon aus Anthracen bedient man sich allgemein der Chromsäure[1], indem man diese auf die essigsaure Lösung des Anthracens zur Einwirkung bringt oder Anthracen mit dem üblichen Chromsäuregemisch behandelt; doch ist auch eine Reihe anderer Oxydationsmittel[2] für diesen Zweck benutzt worden. So führt auch Salpetersäure das Anthracen in Anthrachinon über (vgl. S. 519), wobei freilich gleichzeitig Dinitroanthrachinon entsteht; dagegen zeigt sich dieses Oxydationsmittel in einzelnen Fällen als geeignet zur Darstellung homologer Anthrachinone aus den Alkylanthracenen, während Chromsäure hier unter gleichzeitiger Oxydation der Seitenketten Anthrachinoncarbonsäuren erzeugt. So erhält man z. B. aus dem 2-Methylanthracen folgende Verbindungen[3]:

mit Salpetersäure:

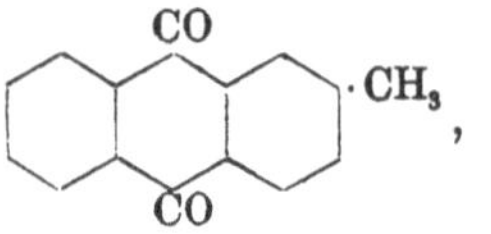

2-Methylanthrachinon

mit Chromsäure:

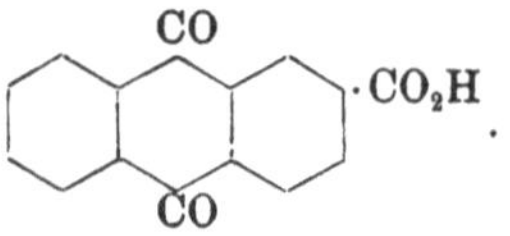

Anthrachinoncarbonsäure(2)

Die synthetischen Methoden zur Darstellung des Anthrachinons und seiner Derivate wurden schon im früheren besprochen (S. 501 ff.). Sie haben hauptsächlich theoretischen Werth; in der Praxis dagegen benutzt man allgemein die Oxydation der Anthracenkohlenwasserstoffe — in Betracht kommt in erster Linie das Anthracen und neuerdings auch das im Steinkohlentheer enthaltene Methylanthracen (vgl. S. 516) — zu ihrer Darstellung.

Der Verlauf der Reduction des Anthrachinons, welcher zur Bildung mehrerer sauerstoffhaltiger Zwischenprodukte und schliesslich zum Anthracen und seinen Hydroderivaten führt, wurde schon eingehend besprochen (S. 523 ff.).

Das **Anthrachinon**[4], $C_{14}H_8O_2$, wurde zuerst von Laurent im Jahre 1840 beim Behandeln des Anthracens mit Salpetersäure auf-

---

[1] Fritzsche, Jb. **1868**, 403. J. pr. **106**, 287 (1869). — Gräbe u. Liebermann, Ann. Suppl. **7**, 285 (1870).

[2] Laurent, Ann. **34**, 287 (1840). — Anderson, Jb. **1861**, 676. Ann. **122**, 301 (1862). — Fritzsche, Jb. **1868**, 403. J. pr. **106**, 286 (1869). Ztschr. Chem. **5**, 387 (1869). — Zeidler, Jb. **1875**, 403. — Leeds, Ber. **14**, 484 (1881).

[3] Weiler, Ber. **7**, 1186 (1874). — O. Fischer, Ber. **7**, 1196 (1874); **8**, 675 (1875).

[4] Vgl. ausser den oben sub 1—2 gegebenen Literaturangaben: Limpricht, Ann. **139**, 310 (1866). — Gräbe u. Liebermann, Ann. **160**, 129 (1871). — Kekulé u. Franchimont, Ber. **5**, 908 (1872). — Zincke, Ber. **6**, 137 (1873). — Fittig, Ber. **6**, 167 (1873). — Behr u. van Dorp, Ber. **6**, 754 (1873); **7**, 16, 578 (1874). — Piccard, Ber. **7**, 1785 (1874). — Nienhaus, Ber. **8**, 774 (1875). — Rotering u. Zincke, Ber. **9**, 631 (1876). — Claus, Ber. **10**, 925 (1877). — Thörner u. Zincke, Ber. **10**, 1477 (1877). — Friedel

gefunden. In derselben Weise gewann es ANDERSON, welcher es dann genauer untersuchte. Seine Darstellung aus Anthracen mittels Chromsäure wurde zuerst von FRITZCHE, sowie von GRÄBE und LIEBERMANN angegeben. Die letzteren legten der vorher als „Oxyanthracen" bezeichneten Verbindung den Namen „Anthrachinon" bei, indem sie darauf hinwiesen, dass das Anthrachinon zum Anthracen in derselben Beziehung steht wie das Chinon zum Benzol (vgl. unten). Die heute allgemein angenommene Formel des Anthrachinons, welche dieses als ein Diketon erscheinen lässt, wurde im Jahre 1873 von FITTIG vorgeschlagen.

Das Anthrachinon bildet gelbe, rhombische Krystalle, welche uncorrigirt bei 273°, corrigirt bei 284·65° schmelzen. Es sublimirt in gelben Nadeln und siedet bei 382°. In sehr fein vertheiltem Zustand, wie es z. B. durch Fällen seiner schwefelsauren Lösung mit Wasser erhalten wird, erscheint es fast farblos. In den meisten organischen Lösungsmitteln ist es schwer löslich, am leichtesten in heissem Benzol und Eisessig. Gegen Oxydationsmittel ist es ausserordentlich beständig. Anthrachinon lässt sich noch in Mengen von 1 mg nachweisen, indem man es mit Natriumamalgam vermischt, absoluten alkoholfreien Aether zusetzt und die Mischung schüttelt; auf Zusatz einiger Tropfen Wasser entsteht alsdann eine rothe Färbung (Anthrahydrochinon?, vgl. S. 524, 525), die beim Schütteln wieder verschwindet, indem durch den Luftsauerstoff das Anthrachinon regenerirt wird. Wendet man an Stelle des Aethers absoluten Alkohol an, so entsteht eine grüne Färbung, welche gleichfalls beim Schütteln verschwindet. Im Gegensatz zu anderen Diketonen wird das Anthrachinon durch Erhitzen mit Ammoniumformiat nicht in ein stickstoffhaltiges Derivat verwandelt, sondern zu Anthracen reducirt[1].

Von den Parachinonen der Benzol- und der Naphtalin-Reihe (vgl. Bd. II, Th. I, S. 440 ff.; Bd. II, Th. II, S. 383 ff.) unterscheidet sich das Anthrachinon recht wesentlich dadurch, dass es den charakteristischen Chinongeruch nicht besitzt, mit Wasserdampf nicht flüchtig ist, durch schweflige Säure nicht reducirt wird, sich gegen Alkalien beständig erweist, und in manchen anderen Punkten. Aus diesen Abweichungen könnte man einen Einwand gegen die Diketon-Formulirung der gewöhnlichen Parachinone (vgl. Bd. II, Th. I, S. 439) herleiten, welcher aber hinfällig wird, wenn man für das Anthrachinon nicht nur die Formel II, sondern auch die Formeln I und III in Rücksicht zieht:

---

u. CRAFTS, Bull. [2] **29**, 49 (1878). Ann. ch. [6] **1**, 523 (1884). — KOPP, Jb. **1878**, 1187. — FRIEDLÄNDER, Jb. **1879**, 587. — v. BECHI, Ber. **12**, 1978 (1879). — SCHRÖDER, Ber. **13**, 1071 (1880). — GOLDSCHMIDT, Ber. **16**, 2179 (1883). — PANAOTOVICS, Ber. **17**, 312 (1884). — REISSERT, Ber. **23**, 2245 (1890). — SCHWEITZER, Ann. **264**, 193 (1891). — W. H. PERKIN, Journ. Soc. **59**, 1012 (1891). — v. RECKLINGHAUSEN, Ber. **26**, 1515 (1893). — SCHUNCK u. MARCHLEWSKI, Ber. **27**, 2125 (1894). — ULLMANN, Ann. **291**, 17 (1896). — HALLER u. GUYOT, Bull. [3] **17**, 873 (1897). — VALEUR, Ann. ch. [7] **21**, 562 (1900). — KOHLER, Am. chem. Journ. **27**, 253 (1902).

[1] LEUCKART, J. pr. [2] **41**, 336 (1890).

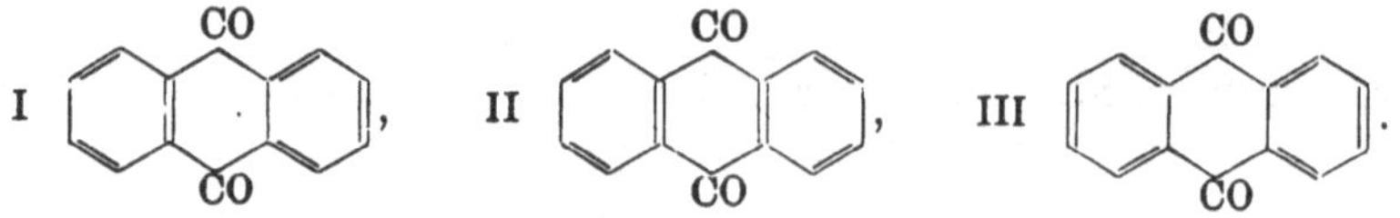

Diese drei Formeln sind gleichberechtigt und stellen vielleicht verschiedene Schwingungszustände des Anthrachinon-Moleculs dar. Nur die zweite von ihnen aber weist die beiden Carbonylgruppen in derjenigen Combination mit zwei Doppelbindungen auf, welche für die einkernigen Parachinone charakteristisch ist; und gerade diese Combination ist vermuthlich bestimmend für den typischen Chinoncharakter, welcher dem Anthrachinon abgeht.

Darstellung im Grossen: In der Technik wird das Anthrachinon allgemein durch Oxyd tion von Anthracen mit Kaliumbichromat und Schwefelsäure gewonnen. Das zur Darstellung von Anthrachinon verwendete Anthracen (von 50—80 % Gehalt an reinem Anthracen, vgl. S. 514) enthält nur Spuren von Phenanthren. Man verwendet zur Oxydation des rohen Anthracens eine grössere Menge Bichromat, als zur Oxydation des reinen Anthracens nöthig wäre. In einen mit Blei ausgeschlagenen und mit Rührwerk versehenen Bottich bringt man das fein vertheilte, in Wasser suspendirte Anthracen mit der nöthigen Menge Bichromat zusammen, bringt zum Sieden und lässt die berechnete Menge Schwefelsäure zur kochenden Masse zulaufen. Für 100 Theile eines ca. 50 %igen Anthracens verbraucht man 80—100 Theile Kaliumbichromat und 150 Theile Schwefelsäure von 66° Bé. Nach dem Verbrauch der Chromsäure filtrirt man ab. Das so erhaltene Produkt wird durch Erhitzen mit conc. Schwefelsäure auf 100° gereinigt, mit Wasser verdünnt, filtrirt, getrocknet und behufs weiterer Reinigung sublimirt.

Anthrachinonoxim[1], $C_6H_4\left\langle\begin{matrix}CO\\C{=}N\cdot OH\end{matrix}\right\rangle C_6H_4$, bildet sich beim Erhitzen von Anthrachinon mit salzsaurem Hydroxylamin und Weingeist auf 180°, sowie durch Umlagerung von meso-Nitroanthracen (vgl. S. 519, 520) beim Kochen mit 10 %igem methylalkoholischem Kali und Ansäuern mit verdünnter Schwefelsäure.

Dieser interessante, von Meisenheimer aufgefundene Umlagerungsprocess durchläuft die folgenden, experimentell festgestellten Phasen:

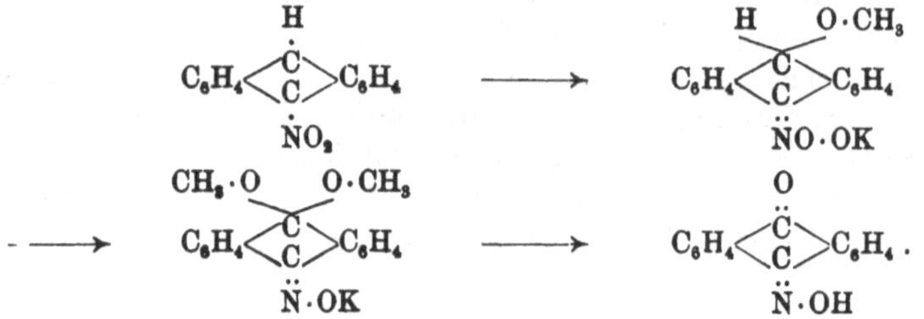

Das Anthrachinonoxim schmilzt bei 224°. Ein Dioxim konnte bisher nicht erhalten werden.

In der folgenden Zusammenstellung sind die homologen Anthrachinone angegeben. Es sind dies lediglich Methylderivate des Anthra-

[1] Goldschmidt, Ber. **16**, 2179 (1883). — Schunck u. Marchlewski, Ber. **27**, 2125 (1894). — Meisenheimer, Ann. **323**, 207 (1902).

chinons, welche zum Theil aus den entsprechenden Anthracenhomologen, zum Theil durch directe Synthese erhalten worden sind:

1-Methylanthrachinon[1], $C_6H_4{<}{CO \atop CO}{>}C_6H_3 \cdot CH_3$, schmilzt bei 166—167°,
2-Methylanthrachinon[1] bei 177°. Eine dieser Verbindungen ist die Grundsubstanz der Chrysophansäure und des Emodins (vgl. S. 572—573).

1.3-Dimethylanthrachinon[2], Schmelzpunkt 162°.

1.4-Dimethylanthrachinon[2], Schmelzpunkt 118°.

2.3-Dimethylanthrachinon[2], Schmelzpunkt 200°.

Ausser diesen Verbindungen sind noch einige Dimethylanthrachinone[3] unbekannter Constitution, sowie mehrere Trimethylanthrachinone[4] bekannt.

Ein Isomeres des Anthrachinons[5], das sogenannte β-Anthrachinon (Formel IV) wurde ganz analog dem β-Naphtochinon (vgl. S. 384) hergestellt, indem das β-Anthrol (Formel I) in seine Nitrosoverbindung (Formel II) übergeführt, diese zu 1-Amidoanthrol(2) (Formel III) reducirt und letzteres mit Chromsäure oxydirt wurde:

I 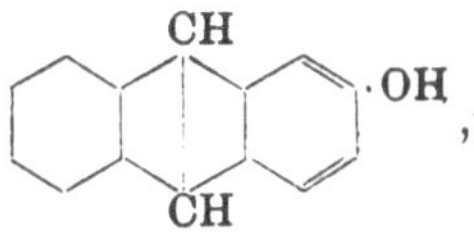

,

II 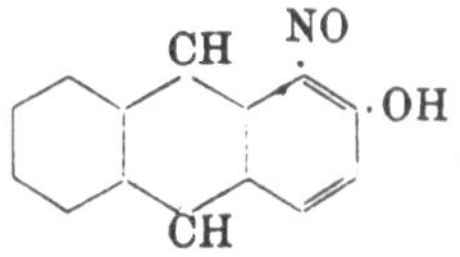

,

III 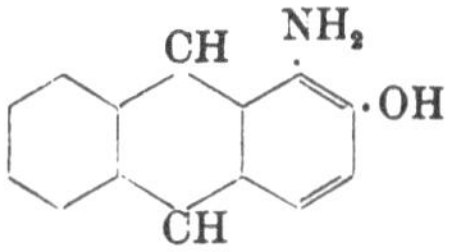

,

IV 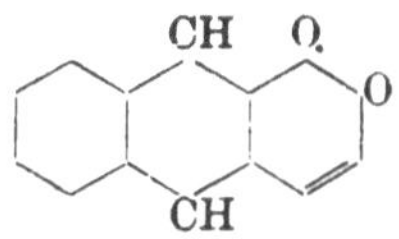

.

Halogenanthrachinone.

Die halogenirten Anthrachinone sind zum grössten Theil entweder durch directe Halogenirung des Anthrachinons oder durch Oxydation halogenirter Anthracene dargestellt worden (vgl. S. 517). Auch die Zersetzung von Diazoverbindungen der Anthrachinonreihe, welche die Diazogruppe in der Stellung 1 enthalten, durch Chlorwasserstoff-

[1] O. Fischer, Ber. **8**, 675 (1875). — Liebermann, Ber. **8**, 970 (1875). — Liebermann u. Fischer, Ber. **8**, 1102 (1875). Ann. **183**, 170 (1876). — Wachendorff u. Zincke, Ber. **10**, 1485 (1877). — Hammerschlag, Ber. **11**, 82 (1878). — Börnstein, Ber. **15**, 1820 (1882). — Römer u. Linck, Ber. **16**, 695 (1883). — Gresly, Ann. **234**, 238 (1886). — Birukoff, Ber. **20**, 2070 (1887). — Gräbe u. Juillard, Ann. **242**, 257 (1887). — Elbs, J. pr. [2] **35**, 474 (1887); [2] **41**, 4 (1890). — A. G. Perkin u. Cope, Journ. Soc. **65**, 842 (1894). — v. Niementowski, Ber. **33**, 1629 (1900). — Limpricht u. Wiegandt, Ann. **311**, 178 (1900). — Limpricht, Ann. **314**, 242 (1901).

[2] Louise, Ann. ch. [6] **6**, 189 (1885). — Gresly, Ann. **234**, 240 (1886). — Elbs u. Günther, Ber. **20**, 1364 (1887). — Elbs u. Eurich, Ber. **20**, 1361 (1887). — Elbs, J. pr. [2] **41**, 6, 13, 27 (1890). — Limpricht, Ann. **312**, 103 (1900).

[3] Wachendorff u. Zincke, Ber. **10**, 1482 (1877). — Friedel u. Crafts, Ann. ch. [6] **1**, 482 (1884). — Elbs u. Wittich, Ber. **18**, 348 (1885). — Anschütz, Ann. **235**, 173, 320 (1886).

[4] Gresly, Ann. **234**, 241 (1886). — Elbs u. Olberg, Ber. **19**, 409 (1886). — Wende, Ann. **240**, 289 (1887). — Elbs, J. pr. [2] **41**, 122, 141, 143 (1890).

[5] Lagodzinski, Ber. **27**, 1438 (1894); **28**, 1422 (1895).

bezw. Bromwasserstoff-Säure mit oder ohne Zusatz von Kupferoxydulsalzen[1] führt zu Halogenanthrachinonen. Das so dargestellte 1-Chloranthrachinon bildet glänzende, schwach gefärbte Nadeln. Auf synthetischem Wege erhält man das 2-Chloranthrachinon[2] durch Erhitzen von 5-Chlorbenzophenoncarbonsäure (2) mit Schwefelsäure:

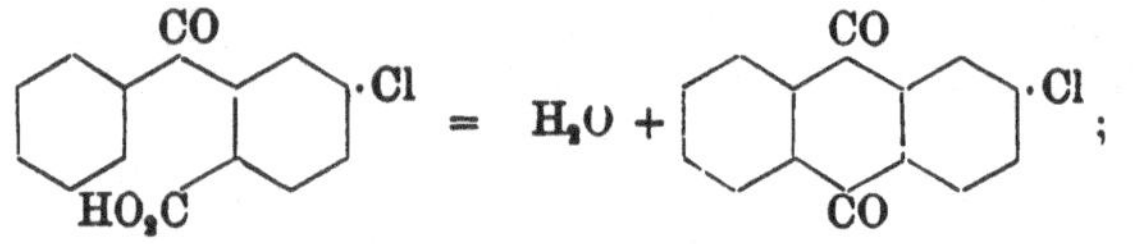

es krystallisirt in feinen, bei 204° schmelzenden Nädelchen. Die analoge Darstellung des 1-Bromanthrachinons aus 3-Brombenzophenoncarbonsäure (2) wurde schon erwähnt (vgl. S. 495); diese Verbindung bildet gelbe Nadeln vom Schmelzpunkt 188°. Eine davon verschiedene und mithin als 2-Bromanthrachinon[3] aufzufassende Verbindung bildet sich bei der Oxydation des 2.9.10-Tribromanthracens mit Chromsäure:

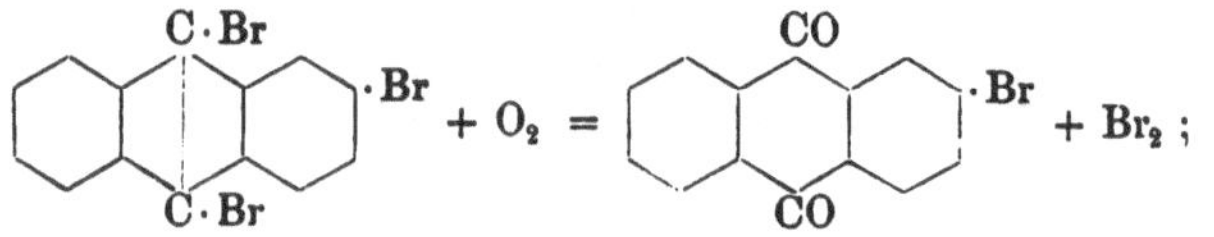

sie krystallisirt in hellgelben Nadeln vom Schmelzpunkt 187°. Während das 1-Bromanthrachinon in der Kalischmelze 1-Oxyanthrachinon liefert, bildet sich aus dem 2-Bromanthrachinon bei derselben Reaction nur bei Einhaltung niederer Temperatur das entsprechende 2-Oxyanthrachinon, bei höheren Temperaturen dagegen 1.2-Dioxyanthrachinon (Alizarin).

Die dichlorirten bezw. dibromirten[4] Derivate des Anthrachinons haben eine kurze Zeit hindurch als Ausgangsmaterialien für die Darstellung des Alizarins eine technische Bedeutung gehabt[5], da sie mit Kali erhitzt diesen Farbstoff liefern:

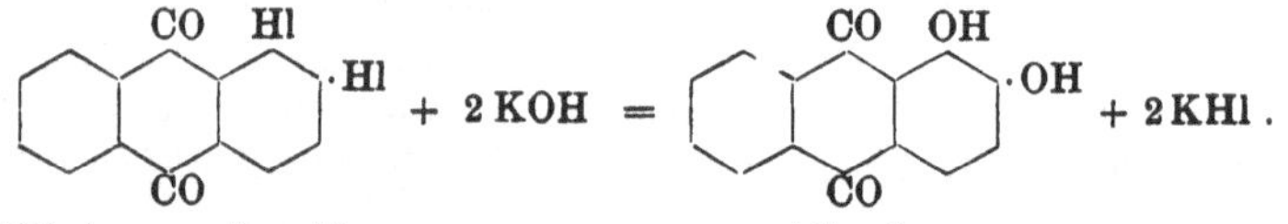

Dihalogenanthrachinon Alizarin

Die Bildung des Alizarins sollte man entsprechend obiger Gleichung nur dann erwarten, wenn von einem in den Stellungen 1 und 2 halogenirten Anthrachinon ausgegangen wird; nun entsteht aber dieser Farbstoff, wenngleich nicht immer als einziges Produkt, aus zwei verschiedenen Dichloranthrachinonen und aus zwei Dibromanthrachinonen. Man ist also zu der Annahme gezwungen, dass die Hydroxylgruppen nicht immer die vorher von den Halogenen besetzt gehaltenen Stellen einnehmen, sondern dass in einigen Fällen ein Platzwechsel eintritt (vgl. Bd. II, Th. I, S. 72).

---

[1] Farbenfabr. vorm. Friedr. Bayer & Co., D. R.-Pat. Nr. 131538.

[2] Rée, Ann. **233**, 240 (1886).

[3] Gräbe u. Liebermann, Ann. Suppl. **7**, 290 (1870).

[4] Gräbe u. Liebermann, Ann. Suppl. **7**, 289, 290 (1870). — Diehl, Ber. **11**, 179, 181 (1878). — Perkin, Journ. Soc. **37**, 554 (1880). — Kirchner, Ber. **17**, 1169 (1884). Ann. **238**, 348 (1887). — Hammerschlag, Ber. **19**, 1107, 1109 (1886).

[5] Gräbe u. Liebermann, Engl. Pat. Nr. 3850 v. J. 1868.

Durch energische Halogenirung des Anthrachinons oder durch Oxydation hochhalogenirter Anthracene ist eine Reihe von Polychlor- und Polybrom-Anthrachinonen dargestellt worden[1].

Von theoretischem Interesse ist ferner die synthetische Darstellung des 1.2. 3.4-Tetrachloranthrachinons[2] aus 3.4.5.6-Tetrachlorbenzophenoncarbonsäure (2) durch Erhitzen mit Schwefelsäure (vgl. S. 503—504):

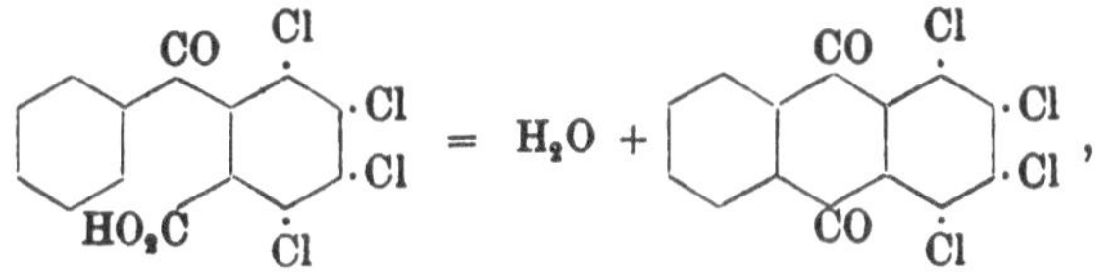

sowie die Bildung des Oktochloranthrachinons[3] (Perchloranthrachinons) bei der Destillation von tetrachlorphtalsaurem Calcium (vgl. S. 503):

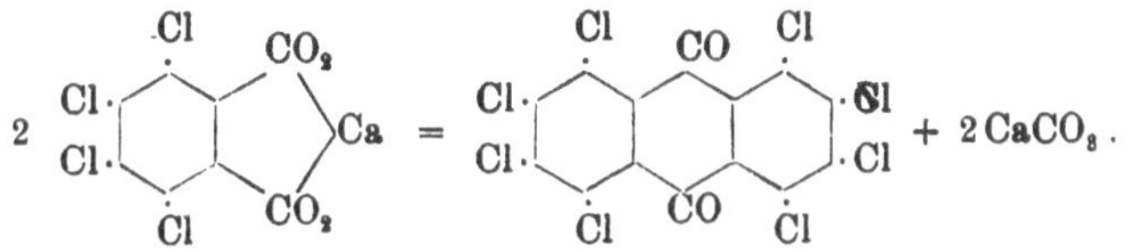

Anthrachinonsulfosäuren.

Die Sulfosäuren des Anthrachinons besitzen eine hohe technische Bedeutung als Vorprodukte der Alizarinfarbstoffe, welche aus ihnen durch Schmelzen mit Alkalien erhalten werden. Hierbei hat es sich gezeigt, dass es nur bei Einhaltung gewisser Vorsichtsmassregeln gelingt, einen glatten Ersatz der Sulfogruppe durch die Hydroxylgruppe zu erzielen, dass dagegen ohne Anwendung solcher auf die Mässigung der Reaction hinzielender Versuchsbedingungen ein gleichzeitiger Ersatz von Wasserstoff durch Hydroxyl stattfindet. Das typische Beispiel hierfür ist der Uebergang der Anthrachinonmonosulfosäure (2) in Alizarin[4]:

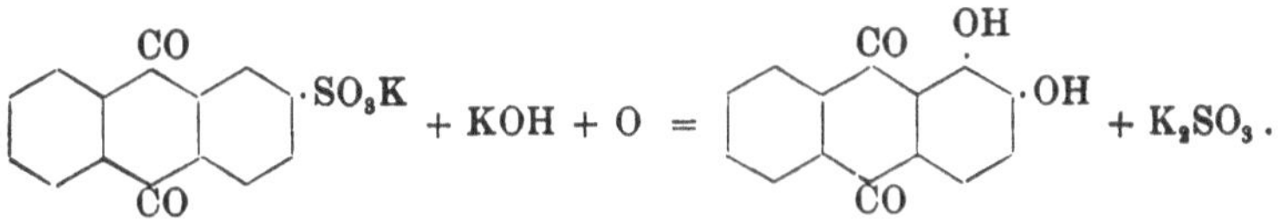

Daher dient diese Monosulfosäure und nicht, wie man annehmen sollte, eine Anthrachinondisulfosäure als Ausgangskörper für die Fabrikation des Alizarins.

---

[1] Diehl, Ber. **11**, 173 (1878). — Hammerschlag, Ber. **10**, 1212 (1877); **19**, 1106 (1886). — Farbenfabr. vorm. Friedr. Bayer & Co., D. R.-Pat. Nr. 107721; Chem. Centralbl. **1900 I**, 1176.

[2] Kircher, Ber. **17**, 1167 (1884). Ann. **238**, 344 (1887). — Vgl. auch Gräbe u. Rostowzew, Ber. **34**, 2113 (1901).

[3] Kircher, Ber. **17**, 1170 (1884).

[4] Perkin, Ber. **9**, 281 (1876). — Liebermann, Ber. **4**, 108 (1871). Ann. **183**, 149 (1876).

Das Anthrachinon ist gegen concentrirte Schwefelsäure ausserordentlich beständig: ein Verhalten, worauf seine Reinigung, sowie seine quantitative Bestimmung basirt (vgl. S. 515, 534). Wenn man Anthrachinon mit concentrirter Schwefelsäure behandelt[1], so tritt bei hoher Temperatur eine Sulfurirung ein. Aber hierbei erhält man ebenso wie beim Erhitzen mit der sogenannten Nordhäuser rauchenden Schwefelsäure kein einheitliches Produkt, es bilden sich vielmehr neben der Monosulfosäure auch grosse Mengen Disulfosäuren. Man führt die Sulfurirung mittels rauchender Schwefelsäure bei hoher Temperatur in grösstem Massstab fabrikmässig aus (vgl. unten und S. 539 die nähere Beschreibung). Technische Bedeutung haben die 2-Monosulfosäure, sowie die 2.6- und die 2.7-Disulfosäure; erstere ist das Ausgangsprodukt für Alizarin, die 2.6-Disulfosäure für Flavopurpurin, die 2.7-Disulfosäure für Anthrapurpurin (vgl. S. 539).

Die **Anthrachinonsulfosäure (2)**[2]:

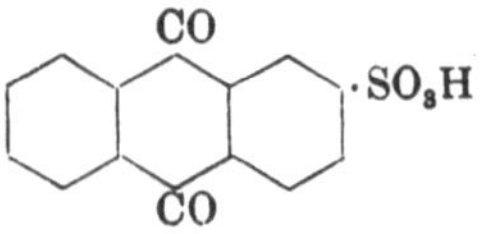

lässt sich leicht in Gestalt ihres schwerlöslichen, in silberglänzenden Blättchen krystallisirenden Natriumsalzes abscheiden, das in der Technik gewöhnlich als „Silbersalz“ bezeichnet wird.

Darstellung im Grossen[3]. Gleiche Theile Anthrachinon und Schwefelsäure von 40—45 % Anhydridgehalt werden allmählich unter gutem Rühren auf 160° erhitzt; man lässt das Reactionsprodukt in kochendes Wasser einlaufen und kocht noch einige Zeit. Darauf giesst man in Wasser, filtrirt vom unveränderten Anthrachinon ab, behandelt mit Kalk, filtrirt, versetzt mit Soda und filtrirt wieder. Beim Eindampfen krystallisirt alsdann das Natriumsalz der β-Monosulfosäure in silberglänzenden Blättchen aus. In den Mutterlaugen befindet sich eine geringe Menge einer Disulfosäure, welche durch Eindampfen als festes Salz erhalten wird.

Die Anthrachinonsulfosäure (2) ist sehr leicht in kaltem Wasser und in Alkohol löslich, unlöslich in Aether. Sie krystallisirt in Blättchen. Ihr Methylester, $C_{14}H_7O_2 \cdot SO_3 \cdot CH_3$, bildet Blättchen vom Schmelzpunkt 123°, der Aethylester schmilzt bei 125°; das Chlorid, $C_{14}H_7O_2 \cdot SO_2 \cdot Cl$, krystallisirt in gelblichen Blättchen vom Schmelzpunkt 193°, das Amid, $C_{14}H_7O_2 \cdot SO_2 \cdot NH_2$, bildet lange gelbe, bei 261° schmelzende Nadeln. Das Natriumsalz hat die Formel $C_{14}H_7O_2 \cdot SO_3Na + H_2O$; es

---

[1] Caro, Gräbe u. Liebermann, Ber. **3**, 359 (1870). — Gräbe u. Liebermann, Ann. **160**, 130, 137 (1871). — Vgl. auch: Gräbe u. Liebermann, Ber. **3**, 636 (1870). — Perkin, Ann. **158**, 319 (1871). — Weith u. Bindschedler, Ber. **7**, 1106 (1874).

[2] Liebermann, Ber. **7**, 805 (1874); **12**, 189 (1879). Ann. **212**, 44 (1882). — v. Perger, J. pr. [2] **19**, 218 (1879). — Liebermann u. Dehnst, Ber. **12**, 1293, 1597 (1879). — Mc. Houl, Ber. **13**, 692 (1880). — A. G. u. W. H. Perkin, Journ. Soc. **47**, 679 (1885). Ber. **18**, 1723 (1885). — Heffter, Ber. **28**, 2261 (1895). — Hinsberg, Ber. **33**, 3527 (1900).

[3] Vgl.: Kopp, Jb. **1878**, 1187. — Friedländer, Theerfarbenfabr. I, 300, 302.

bildet in kaltem Wasser schwerlösliche, in Natronlauge und Alkohol unlösliche silberglänzende Blättchen.

Die bei der Sulfurirung des Anthrachinons entstehenden **Disulfosäuren**[1] (vgl. S. 538):

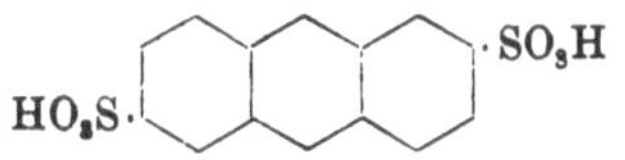

α-Anthrachinondisulfosäure (2.6)

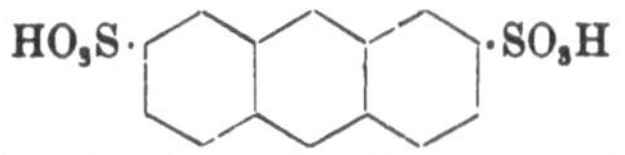

β-Anthrachinondisulfosäure (2.7)

sind, wie oben schon erwähnt, ebenfalls wichtige Zwischenprodukte der Farbstoffindustrie, da sie zur Bereitung zweier als Farbstoffe werthvoller Trioxyanthrachinone — des Anthrapurpurins und Flavopurpurins — dienen. Wird die Alkalischmelze dieser Disulfosäuren bei niederer Temperatur vorgenommen, so liefern sie die ihnen entsprechenden Dioxyanthrachinone — die Anthraflavinsäure und die Isoanthraflavinsäure; bei höherer Temperatur findet aber eine ganz analoge Reaction statt, wie beim Uebergang der Anthrachinonmonosulfosäure in Alizarin, d. h. das einer Sulfogruppe benachbarte, in der α-Stellung befindliche Wasserstoffatom wird durch Hydroxyl ersetzt (vgl. dazu S. 565—566); man erhält also:

1. bei niederer Temperatur:

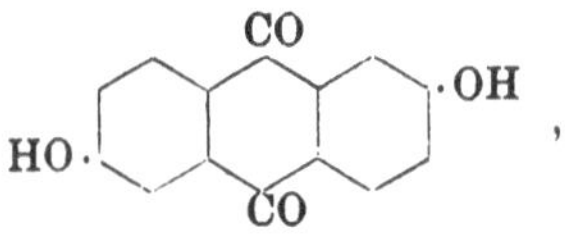

Anthraflavinsäure (aus α-Disulfosäure)

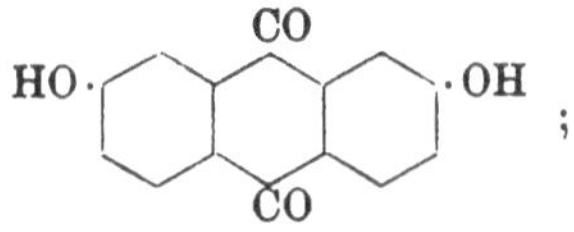

Isoanthraflavinsäure (aus β-Disulfosäure)

2. bei höherer Temperatur:

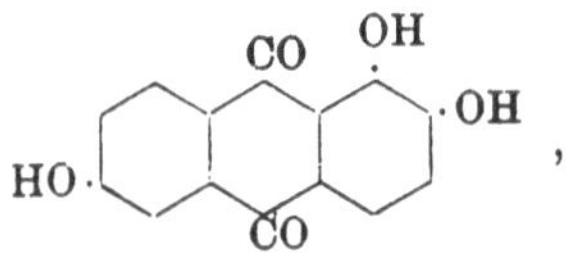

Flavopurpurin (1.2.6)
(aus α-Disulfosäure)

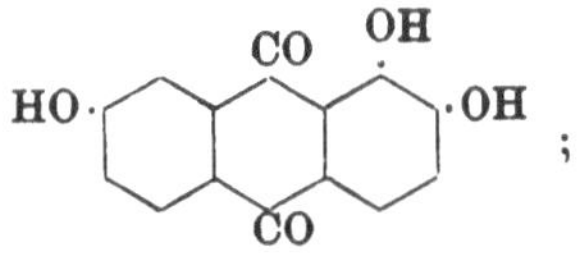

Anthrapurpurin (1.2.7)
(aus β-Disulfosäure)

Zur Darstellung der α- und β-Anthrachinondisulfosäure im Grossen erhitzt man Anthrachinon mit der zwei- bis dreifachen Menge anhydridhaltiger Schwefelsäure so lange auf 160—170°, bis durch Wasser kein Anthrachinon mehr gefällt wird, fährt noch eine Stunde mit dem Erhitzen fort, verdünnt mit Wasser und scheidet die Natriumsalze der Disulfosäuren nach dem gleichen Verfahren ab, wie bei der Darstellung der Monosulfosäure (s. o.) angegeben. Die beiden disulfosauren Salze werden auf Grund ihrer verschiedenen Löslichkeit in Wasser von einander getrennt. Das Salz der 2.6-Säure ist bedeutend schwerer löslich als das der 2.7-Säure.

Diese Disulfosäuren wurden technisch auch durch Behandeln von Dichloranthracen mit Schwefelsäure bei höherer Temperatur erhalten.

[1] Caro, vgl. Schunck u. Römer, Ber. **9**, 681 (1876). — v. Perger, J. pr. [2] **18**, 160 (1878). — Schmidt, J. pr. [2] **43**, 232 (1891). — Offermann, Ann. **280**, 17, 24 (1894).

Zwei weitere Disulfosäuren des Anthrachinons[1] sind aus der α- bezw. β-Anthracendisulfosäure (vgl. S. 518) durch Oxydation mit Salpetersäure erhalten worden. Durch Schmelzen mit Alkali bildet die aus α-Anthracendisulfosäure entstehende Säure Chrysazin (S. 561), diejenige aus β-Säure Anthrarufin (S. 561), woraus sich ihre Constitution ergiebt:

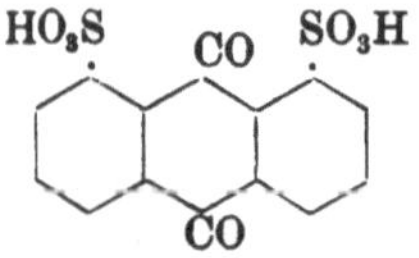

Anthrachinondisulfosäure (1.8?)
(χ-Säure)
aus α-Anthracendisulfosäure

liefert

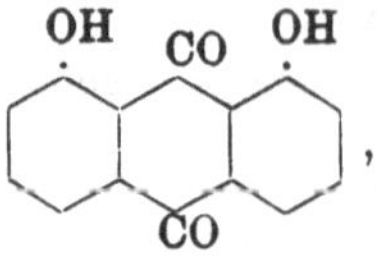

Chrysazin (1.8?),

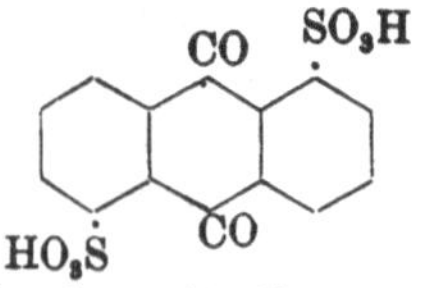

Anthrachinondisulfosäure (1.5)
(ϱ-Säure)
aus β-Anthracendisulfosäure

liefert

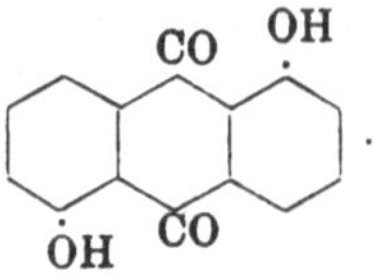

Anthrarufin (1.5).

Nitroanthrachinone.

Wenn man Anthrachinon mit Salpetersäure vom specifischen Gewicht 1·4—1·5 kocht[2], so bildet sich ein Mononitroanthrachinon. Dieselbe Verbindung[3] entsteht, wenn in Schwefelsäure gelöstes Anthrachinon mit der etwas mehr als einem Moleculargewicht entsprechenden Menge Salpetersäure versetzt und längere Zeit stehen gelassen wird. Die so entstehende Verbindung ist das 1-Nitroanthrachinon. Verfährt man, wie zuletzt angegeben, so bildet sich als Nebenprodukt 1.5-Dinitroanthrachinon. Durch Vermehrung der Salpetersäuremenge lässt sich diese Verbindung als Hauptprodukt gewinnen, ebenso entsteht sie beim weiteren Nitriren des 1-Nitroanthrachinons.

Beim Erhitzen von Anthrachinon mit Salpeterschwefelsäure[4] entsteht gleichfalls 1.5-Dinitroanthrachinon; daneben aber bildet sich auch die 1.8-Verbindung und in geringer Menge ein drittes Dinitroanthrachinon,

---

[1] Liebermann u. Dehnst, Ber. **12**, 1287 (1879).

[2] Böttger u. Petersen, Ann. **166**, 147 (1873). — Vgl. Claus u. Hertel, Ber. **14**, 977 (1881). — Möller, Ztschr. f. Elektrochemie **7**, 797 (1901).

[3] Römer, Ber. **15**, 1786 (1882); **16**, 363 (1883). — Liebermann, Ber. **16**, 54 (1883). — Gräbe u. Blumenfeld, Ber. **30**, 1115 (1897).

[4] Böttger, J. pr. [2] **2**, 130 (1870). — Böttger u. Petersen, Ann. **160**, 145 (1871). Ber. **4**, 226, 778 (1871). — Schmidt, J. pr. [2] **9**, 261 (1874). — Badische Anilin- u. Soda-Fabr. D. R.-Pat. Nr. 72685.

welches wahrscheinlich die Nitrogruppen in den Stellungen 1 und 3 enthält (vgl. die analoge Reaction beim Naphtalin S. 340):

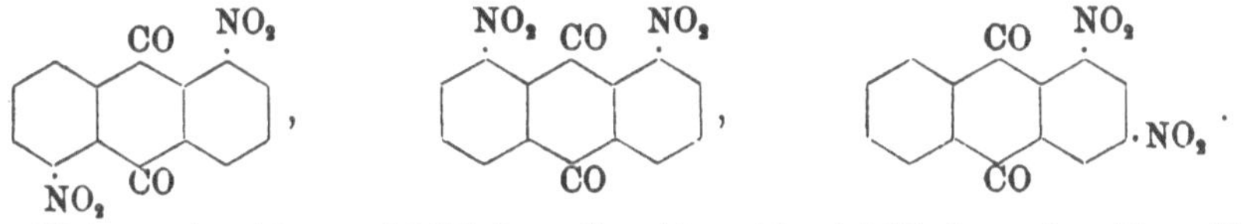

1.5-Dinitroanthrachinon 1.8-Dinitroanthrachinon (α) 1.3-Dinitroanthrachinon (δ)

Die Constitution der bisher besprochenen Nitroanthrachinone konnte für die 1-Nitro- und die 1.5-Dinitro-Verbindung mit Sicherheit, für die 1.3- und 1.8-Dinitro-Verbindung mit Wahrscheinlichkeit durch Ueberführung in die entsprechenden Oxyanthrachinone mittels der Diazoreaction[1] oder auch durch den Austausch der Nitrogruppen gegen Alkoxyle[2] beim Erwärmen mit alkoholischem Aetzalkali und dadurch erfolgende Bildung von Aethern der Oxyanthrachinone festgestellt werden.

Ein von den bisher besprochenen Verbindungen verschiedenes Dinitroanthrachinon[3] — als β-Verbindung bezeichnet — bildet sich neben Anthrachinon beim Kochen von Anthracen mit verdünnter Salpetersäure (vgl. S. 519).

Von technischer Wichtigkeit sind unter den nitrirten Anthrachinonen das 1.3-, 1.5- und 1.8-Dinitroanthrachinon. Diese Körper werden als Ausgangsmaterialien für eine Reihe von Farbstoffen benutzt, welche hochhydroxylirte Anthrachinone darstellen und daher bei den Oxyanthrachinonen besprochen werden (S. 570).

1-Nitroanthrachinon, $C_{14}H_7O_2 \cdot NO_2$, krystallisirt in Nadeln, welche bei 228° (corr.) schmelzen, und sublimirt in gelben Nädelchen oder sägeförmigen Blättchen.

1.5-Dinitroanthrachinon, $C_{14}H_6O_2(NO_2)_2$, ist in allen gebräuchlichen Lösungsmitteln sehr schwer löslich und kann daher aus dem Nitrirungsprodukt des Anthrachinons durch Herauslösen der Isomeren isolirt werden. Es krystallisirt in gelben Nadeln oder Prismen, welche oberhalb 300° schmelzen.

1.8(?)-Dinitroanthrachinon (α) lässt sich aus der Lösung, welche beim Reinigen des 1.5-Dinitroanthrachinons erhalten wird, durch Abdampfen und Behandeln des Rückstandes mit ungenügenden Mengen Alkohol, Eisessig oder Aceton in Lösung bringen und so von der ungelösten 1.3-Verbindung trennen. Es bildet blassgelbe, mikroskopische Krystalle, welche bei 258—263° schmelzen.

1.3(?)-Dinitroanthrachinon (δ) bildet stark glänzende gelbe Schuppen und schmilzt gegen 300°.

β-Dinitroanthrachinon, sogenanntes „Reactif", krystallisirt in gelben breiten Nadeln vom Schmelzpunkt 280° und sublimirt bei vorsichtigem Erhitzen in fast farblosen sägeförmigen Blättchen. Es vereinigt sich mit den condensirten Kohlenwasserstoffen zu charakteristischen, gefärbten, additionellen Verbindungen, welche

---

[1] Römer, Ber. **15**, 1790 (1882); **16**, 363, 369 (1883). — Farbwerke Höchst a./M., D. R.-Pat. Nr. 97688. — Badische Anilin- u. Soda-Fabr. D. R.-Pat. Nr. 108459.

[2] Farbwerke Höchst a./M., D. R.-Pat. Nr. 77818.

[3] Anderson, Jb. **1861**, 676. Ann. **122**, 302 (1862). — Fritzsche, Jb. **1868**, 395, 403. Ztschr. Chem. **5**, 114 (1869). J. pr. **106**, 279 (1869). — Gräbe u. Liebermann, Ann. Suppl. **7**, 257 (1870). — Schmidt, J. pr. [2] **9**, 263 (1874).

zur Erkennung und Abscheidung der Kohlenwasserstoffe benutzt werden können. Die Verbindung mit Anthracen, $C_{14}H_6O_2(NO_2)_2 + C_{14}H_{10}$ (vgl. S. 510) krystallisirt in violetten rhombischen Blättchen.

Bemerkenswerth ist die Leichtigkeit, mit welcher die Nitroanthrachinone bei der Behandlung mit Thiophenolen in Gegenwart von Alkali ihre Nitrogruppen gegen den entsprechenden Mercaptanrest austauschen[1], z. B.:

$$C_{14}H_6O_2(NO_2)_2 + 2KS \cdot C_6H_5 = 2KNO_2 + C_{14}H_6O_2(S \cdot C_6H_5)_2 .$$

Hydroxylamidoanthrachinone.

Bei Besprechung der Dinitroanthrachinone wurde bereits erwähnt, dass diese Verbindungen zur Darstellung werthvoller Farbstoffe dienen, welche Polyoxyanthrachinone darstellen (vgl. S. 541). Zu diesem Zwecke erhitzt man die Nitrokörper mit rauchender Schwefelsäure mit oder ohne Zuhülfenahme reducirender Agentien[2]. Diese merkwürdige Umwandlung hat sich durch das Studium der dabei entstehenden Zwischenprodukte aufklären lassen[3], bei welchem sich folgendes ergeben hat. Behandelt man 1.5-Dinitroanthrachinon bei gewöhnlicher Temperatur mit einer Lösung von Schwefel in rauchender Schwefelsäure (Schwefelsesquioxyd), so bildet sich 1.5-Diamido-4.8-dioxyanthrachinon (Formel II) neben anderen Produkten. Reducirt man dagegen das Dinitroanthrachinon mit Zinnchlorür und Natronlauge, so entsteht 1.5-Dihydroxylamidoanthrachinon (Formel I); wird dieses nun mit concentrirter Schwefelsäure erwärmt, so lagert es sich in das oben genannte Diamidodioxyanthrachinon um (vgl. die analoge Umlagerung des Phenylhydroxylamins, Bd. II, Th. I, S. 244—245):

I 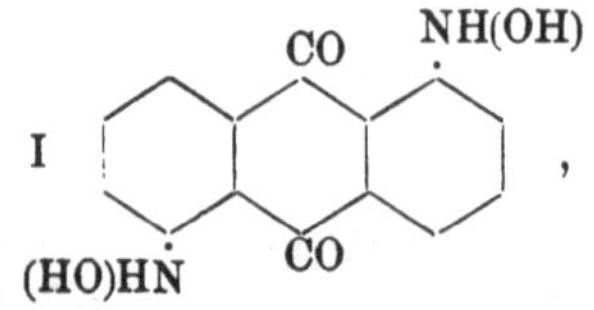 , II 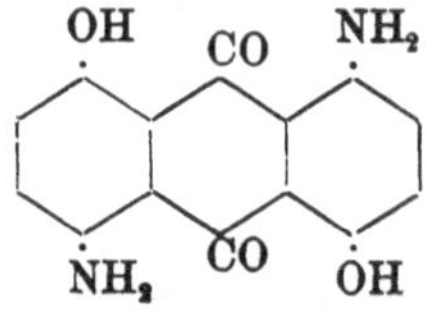 .

Der weitere Verlauf der Reaction mit rauchender Schwefelsäure besteht dann im Ersatz der Amidogruppen in dem Körper II durch Hydroxyle und im Eintritt weiterer Hydroxyl- und eventuell auch Sulfo-Gruppen.

Nimmt man die Reduction des Dinitroanthrachinons in der Weise vor, dass man es mit Phenylhydrazin erwärmt, so wird nur eine Nitrogruppe in die Hydroxylamingruppe verwandelt; es entsteht 1-Nitro-5-hydroxylamidoanthrachinon:

---

[1] Farbenfabr. vorm. FRIEDR. BAYER & Co., D. R.-Pat. Nr. 116951; Chem. Centralbl. **1901** I, 210.

[2] LIFSCHÜTZ, Ber. **17**, 891 (1884). — PRZIBRAM & Co., D. R.-Pat. Nr. 6526. — Badische Anilin- u. Soda-Fabr. D. R.-Pat. Nr. 67102, 71435, 72685, 76262, 87729.

[3] Farbenfabr. vorm. FRIEDR. BAYER & Co., D. R.-Pat. Nr. 79768, 81694, 105567. — SCHMIDT u. GATTERMANN, Ber. **29**, 2934 (1896). — Vgl. auch: WACKER, Ber. **35**, 666 (1902).

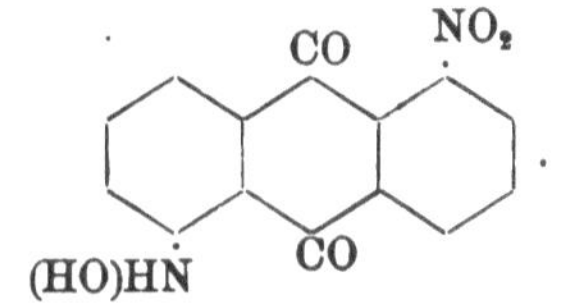

Ganz analog dem 1.5-Dinitroanthrachinon verhält sich die 1.8-Verbindung. Auch das 1-Nitroanthrachinon wird durch Zinnoxydulnatrium in 1-Hydroxylamidoanthrachinon (Formel I) übergeführt; concentrirte Schwefelsäure lagert dieses in 1-Amido-4-oxyanthrachinon (Formel II) um:

I 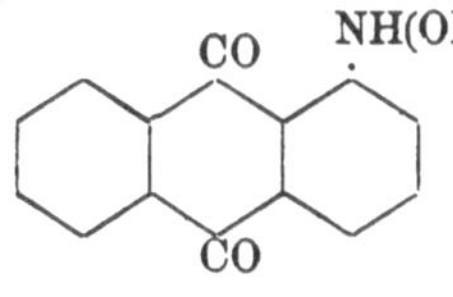 , II 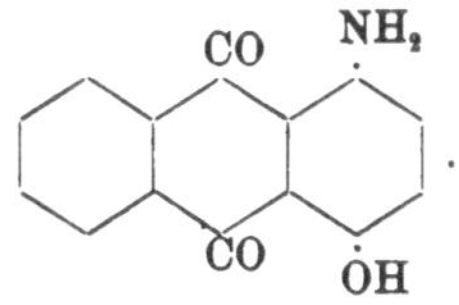 .

Diese Hydroxylaminverbindungen sind verhältnissmässig beständige, in Alkalien mit grüner bis blauer Farbe lösliche Verbindungen, welche durch grosses Krystallisationsvermögen ausgezeichnet sind. Sie sind meist tief gefärbt, besitzen jedoch keinen Farbstoffcharakter.

1-Hydroxylamidoanthrachinon, $C_{14}H_7O_2 \cdot NH \cdot OH$, bildet braunrothe Krystalle, welche sich in Natronlauge mit grüner Farbe lösen.

1.5-Dihydroxylamidoanthrachinon, $C_{14}H_6O_2(NH \cdot OH)_2$, krystallisirt in dunkelbraunrothen Nadeln mit grünem Metallschimmer, welche sich in Natronlauge mit rein blauer Farbe lösen. Aus dieser Lösung fällt überschüssige Lauge das Natriumsalz in blauen seideglänzenden Nadeln aus.

Amidoanthrachinone.

Um die Amidoderivate des Anthrachinons zu gewinnen, kann man nach der allgemein in der aromatischen Chemie üblichen Methode die Nitroverbindungen reduciren. Auf diese Weise[1] sind die den vorher besprochenen Mononitro- und Dinitro-Anthrachinonen entsprechenden Amidoverbindungen dargestellt worden.

Ausserdem hat man aber noch einige Amidoanthrachinone dargestellt, deren correspondirende Nitrokörper nicht bekannt sind. So entsteht das 2-Amidoanthrachinon[2]:

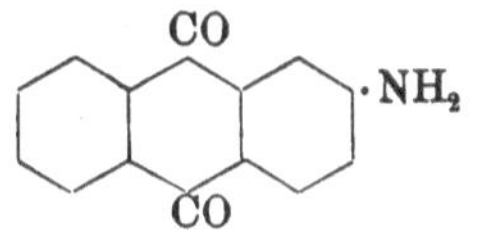 ,

[1] Böttger u. Petersen, Ber. **4**, 227 (1871). Ann. **160**, 148 (1871); **166**, 149 (1873). — Liebermann, Ber. **4**, 231 (1871). — Schmidt, J. pr. [2] **9**, 266 (1874). — Claus u. Hertel, Ber. **14**, 979, 981 (1881). — Claus u. Diernfellner, Ber. **14**, 1334, 1337 (1881). — Römer, Ber. **15**, 1790 (1882); **16**, 366 (1883). — Möller, Chem. Centralbl. **1901 II**, 307, 640. — Farbenfabr. vorm. Friedr. Bayer & Co., D. R.-Pat. Nr. 135561.

[2] Bourcart, Ber. **12**, 1418 (1879). Bull. [2] **33**, 263 (1880). — v. Perger, Ber. **12**, 1567 (1879).

wenn man die Anthrachinonsulfosäure (2) mit wässerigem Ammoniak auf 180—190° erhitzt:

$$C_{14}H_7O_2 \cdot SO_3H + 3\,NH_3 = C_{14}H_7O_2 \cdot NH_2 + (NH_4)_2SO_3\,.$$

Dieselbe Verbindung bildet sich auch[1], wenn das aus Anthrol (2) durch Erhitzen mit Acetamid (vgl. S. 521) entstehende 2-Acetamidoanthracen $C_6H_4\langle{CH \atop CH}\rangle C_6H_3 \cdot NH \cdot CO \cdot CH_3$, mit Chromsäure oxydirt und das dadurch gebildete 2-Acetamidoanthrachinon, $C_6H_4\langle{CO \atop CO}\rangle C_6H_3 \cdot NH \cdot CO \cdot CH_3$, mit alkoholischem Kali verseift wird.

Das 1-Amidoanthrachinon[2] ist ferner aus der Anthrachinoncarbonsäure (1) durch Ueberführung in ihr Amid und Behandeln desselben mit Brom und Alkali hergestellt worden (vgl. Bd. I, S. 235).

Von technischer Bedeutung ist in der letzten Zeit eine Reaction geworden, welche in der directen Einführung von Aminresten an Stelle anderer Substituenten in den Kern des Anthrachinons besteht. Hierzu eignen sich vorzugsweise die Nitro-, Halogen- und Oxy-Anthrachinone, sowie gewisse Sulfosäuren des Anthrachinons[3].

Die Entstehung von Amidoderivaten des Anthrachinons aus den entsprechenden Oxyanthrachinonen ist schon seit längerer Zeit bekannt; sie wurde am Alizarin (1.2-Dioxyanthrachinon) eingehend studirt[4]. Wenn man Alizarin mit wässerigem Ammoniak auf Temperaturen zwischen 150° und 200° erhitzt, so entstehen je nach der Menge des Ammoniaks und der Temperatur verschiedene Produkte; zunächst wird nur eine und zwar hauptsächlich die in der Stellung 1 befindliche Hydroxylgruppe durch den Aminrest ersetzt unter Bildung zweier Amidoxyanthrachinone:

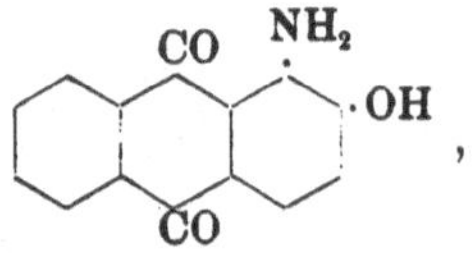

1-Amido-2-oxyanthrachinon, (α-Alizarinamid, Hauptprodukt)

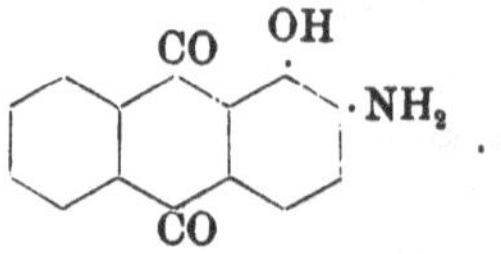

2-Amido-1-oxyanthrachinon, (β-Alizarinamid, Nebenprodukt)

Alsdann wird auch die zweite Hydroxylgruppe durch den Aminrest substituirt unter Bildung von 1.2-Diamidoanthrachinon.

Unter anderen Bedingungen entstehen Imidverbindungen des Anthrachinons.

---

[1] Liebermann u. Bollert, Ann. **212**, 61 (1881). Ber. **15**, 229 (1882).

[2] Gräbe u. Blumenfeld, Ber. **30**, 1116 (1897).

[3] Vgl. z. B.: v. Perger, J. pr. [2] **19**, 211 (1879). — Farbenfabr. vorm. Friedr. Bayer & Co., D. R.-Pat. Nr. 135634.

[4] Liebermann u. Troschke, Ber. **8**, 379 (1875). — Liebermann, Ann. **183**, 205 (1876). — v. Perger, J. pr. [2] **15**, 224 (1877); [2] **18**, 116 (1878). — Vgl. auch: Liebermann u. Hagen, Ber. **15**, 1800 (1882). — Lagodzinski, Ber. **28**, 1423 (1895).

Die Amidoanthrachinone hatten bis vor kurzem für die Farbstofftechnik keine Verwendung gefunden. Sie sind zwar intensiv — meist roth gefärbte — Verbindungen, die aber an sich nicht als Farbstoffe verwendet werden können. In neuerer Zeit hat man jedoch Derivate der Amidoanthrachinone dargestellt, welche hervorragende tinctorielle Eigenschaften besitzen.

Solche Derivate sind die Sulfosäuren einiger am Stickstoff arylirter Amidoanthrachinone[1], in denen einzelne oder sämmtliche Amidogruppen einen Arylrest tragen. So wird z. B. ein grünblauer Farbstoff, das Anthrachinonblau, durch Condensation von Tetrabrom-1.5-Diamidoanthrachinon mit 2 Mol. p-Toluidin und darauf folgendes Sulfuriren des entstandenen Diamidoditoluidodibromanthrachinons erhalten. In analoger Weise wird das blaue Cyananthrol aus Monobrom-Amido-Methylanthrachinon, das Alizarin-Reinblau aus Dibrom-Amidoanthrachinon gewonnen.

Arylamidoanthrachinone, welche lediglich arylsubstituirte Amidogruppen enthalten, können durch Condensation hydroxylirter, nitrirter oder halogenirter Anthrachinone mit aromatischen Aminen hergestellt werden; die so entstehenden Produkte werden eventuell noch sulfurirt. In diese Farbstoffgruppe gehört das Chinizaringrün aus Chinizarin und 2 Mol. p-Toluidin, das Anthrachinonroth aus 1.5-Dinitroanthrachinon und 2 Mol. p-Toluidin. Auch hier kann die Reaction so geleitet werden, dass nur ein partieller Ersatz der negativen Gruppen durch Aminreste stattfindet; so bildet sich z. B. aus Purpurin (Trioxyanthrachinon) mit 2 Mol. Anilin das Alizarinblauschwarz.

Einige in der Amidogruppe zweifach alkylirte Amidoanthrachinone[2] sind auf synthetischem Wege hergestellt worden, und zwar aus den entsprechend substituirten Benzoylbenzoësäuren durch Erhitzen mit concentrirter Schwefelsäure, z. B.:

$$C_6H_4\langle\substack{CO\\CO_2H}\rangle C_6H_4\cdot N(CH_3)_2 = H_2O + C_6H_4\langle\substack{CO\\CO}\rangle C_6H_3\cdot N(CH_3)_2\,.$$

Dimethylamidobenzoylbenzoësäure — Dimethylamidoanthrachinon

1-Amidoanthrachinon[3], $C_{14}H_7O_2\cdot NH_2$, krystallisirt in rubinrothen, glänzenden, irisirenden Nadeln vom Schmelzpunkt 242—243°. Mittels der Diazoreaction lässt es sich in 1-Oxyanthrachinon überführen. Seine Acetylverbindung, $C_{14}H_7O_2\cdot NH\cdot CO\cdot CH_3$, krystallisirt in orangerothen Nadeln vom Schmelzpunkt 215°.

2-Amidoanthrachinon krystallisirt in rothen oder orangebraunen Nadeln, welche bei 302° schmelzen. Es liefert bei der Diazotirung 2-Oxyanthrachinon. Das Acetylderivat ist gelb gefärbt: es schmilzt bei 263°. Das 2-Amidoanthrachinon

[1] Vgl. z. B.: Farbenfabr. vorm. Friedr. Bayer & Co., D. R.-Pat. Nr. 86150, 91149, 91150, 91152, 107730, 109261, 131538. — Bad. Anilin- u. Soda-Fabrik, D. R.-Pat. Nr. 106227, 113011, 114840. — Vgl. auch: Kaufler, Chem. Centralbl. **1903 I**, 721.

[2] Limpricht, Ann. **307**, 312 (1899). — Haller u. Guyot, Bull. [3] **25**, 205. 315 (1901). — Haller u. Umbgrove, Bull. [3] **25**, 745 (1901).

[3] Vgl. auch Wacker, Ber. **35**, 3922, 3925 (1902).

dient neuerdings als Ausgangsmaterial für die zwei werthvollen Küpenfarbstoffe **„Indanthren"** und **„Flavanthren"**[1].

1.2-Diamidoanthrachinon (Alizarindiamid), $C_{14}H_6O_2(NH_2)_2$, bildet eine blaue kupferglänzende Masse, welche dem Indigo in ihrem Aussehen gleicht. Bei Kochen mit Kalilauge wird die in der Stellung 1 befindliche Amidogruppe durch Hydroxyl ersetzt unter Bildung von β-Alizarinamid (s. S. 544).

1.4-Diamidoanthrachinon krystallisirt aus Anilin in grossen dunkelvioletten, bronzeglänzenden Krystallen, welche Krystallanilin enthalten.

1.5-Diamidoanthrachinon[2] krystallisirt in glänzenden tiefrothen Nadeln, welche oberhalb 300° schmelzen.

1.8-Diamidoanthrachinon (Anthracenorange) bildet kleine rothe Krystalle vom Schmelzpunkt 236°.

Oxyanthrachinone.

Die Oxyanthrachinone bilden die wichtigste Klasse unter den Abkömmlingen des Anthracens. Sie sind sämmtlich gefärbt, aber nur zum Theil Farbstoffe; zu den letzteren gehören die in der Krappwurzel in Gestalt von Glykosiden enthaltenen Farbstoffe Alizarin (ein Dioxyanthrachinon) und Purpurin (ein Trioxyanthrachinon), welche man auch künstlich zu gewinnen gelernt hat, und eine Reihe von ausschliesslich künstlich dargestellten Verbindungen, welche theils mit diesen Körpern isomer, theils niedriger oder höher hydroxylirt sind. Das grosse Interesse, welches die Farbstoff-Technik der in Rede stehenden Gruppe von Verbindungen entgegengebracht hat, ist die Veranlassung zu einer äusserst sorgfältigen Durcharbeitung dieses Gebietes gewesen. Wir kennen daher eine grosse Zahl von Oxyanthrachinonen, deren Constitution durch oft sehr mühevolle Untersuchungen klargelegt worden ist. Während die Technik sich grösstentheils zur Darstellung der Oxyanthrachinone des Anthrachinons bezw. seiner Sulfosäuren als Ausgangsmaterialien bedient, hat man sich bei der wissenschaftlichen Bearbeitung dieses Gebietes auch vielfach die im früheren beschriebenen synthetischen Methoden zu Nutze gemacht.

Die Oxyanthrachinone zeigen gewisse typische Merkmale, welche sich bei den Phenolen anderer Reihen nicht oder doch nicht in dem Masse vorfinden. Hierzu gehört vor allem die Leichtigkeit, mit welcher in ein bereits hydroxylirtes Anthrachinonmolecül weitere Hydroxyle eintreten. Diese Reaction führt z. B. von den drei folgenden Dioxyanthrachinonen[3]:

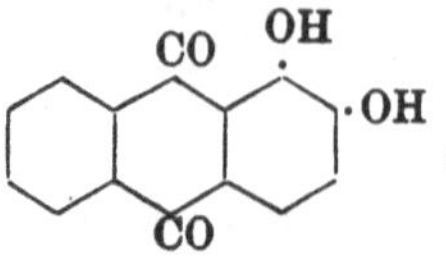

Alizarin (1.2)

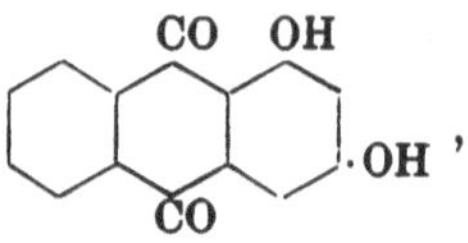

Purpuroxanthin (1.3)

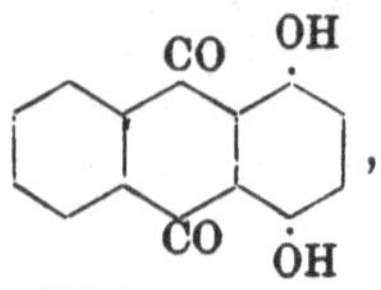

Chinizarin (1.4)

[1] Badische Anilin- u. Soda-Fabrik, D. R.-Pat. Nr. 129845. — Vgl. dazu: Kaufler, Ber. **36**, 930, 1721 (1903). — Bohn, Ber. **36**, 1258 (1903).

[2] Vgl. die Anm. 3 auf S. 545.

[3] Lalande, Compt. rend. **79**, 669 (1874). — Rosenstiehl, Compt. rend. **79**, 764 (1874). — Baeyer u. Caro, Ber. **8**, 152 (1875). — Liebermann u. Hohenemser, Ber. **35**, 1781 (1902).

zu einem und demselben Trioxanthrachinon — dem Purpurin (1.2.4):

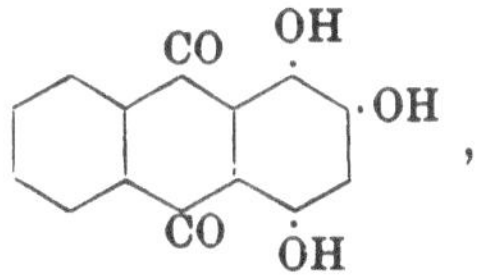

dessen Constitution sich hieraus unmittelbar ergiebt. Beim Purpuroxanthin findet der Uebergang in Purpurin schon beim Kochen mit Kalilauge an der Luft statt, während Alizarin und Chinizarin dieselbe Umwandlung beim Erhitzen mit Braunstein und Schwefelsäure erleiden.

In gleichem Sinne, aber noch energischer wirkt rauchende Schwefelsäure; sie erzeugt z. B. aus dem Alizarin[1] den sauren Schwefelsäureester eines Tetraoxyanthrachinons, des Chinalizarins, welcher mit Natronlauge behandelt die freie Tetraoxyverbindung liefert:

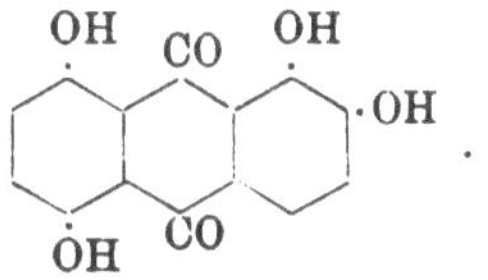

Diese Reaction wird technisch zur Herstellung der sogenannten Alizarinbordeaux und der Alizarincyanine — sehr wichtiger rother und blauer Farbstoffe — benutzt.

Endlich beruht auch die Bildung von Alizarin aus Anthrachinonmonosulfosäure, sowie die Darstellung des Flavopurpurins und des Anthrapurpurins aus Anthrachinondisulfosäuren (vgl. S. 537 u. 539) auf dieser freiwilligen Hydroxylirung niedriger substituirter Anthrachinone. In der Technik unterstützt man die Reaction durch Zugabe von Oxydationsmitteln.

Auch der dem eben beschriebenen Process entgegengesetzte Vorgang, die partielle Entfernung von Hydroxylen aus Polyoxyanthrachinonen, lässt sich herbeiführen; so liefert z. B. das Purpurin[2] beim Behandeln mit Phosphor und Alkali, Jodphosphor und Wasser oder Zinnchlorür und Natronlauge Purpuroxanthin:

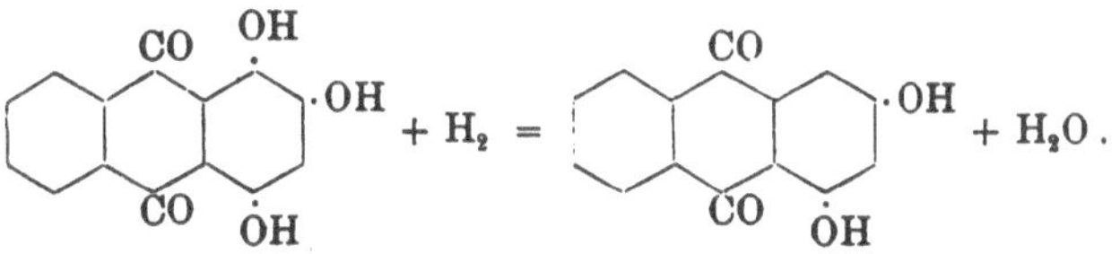

[1] GRÄBE, Ber. **23**, 3739 (1890). — SCHMIDT, J. pr. [2] **43**, 237 (1891). — GATTERMANN, J. pr. [2] **43**, 246 (1891). — Farbenfabr. vorm. FRIEDR. BAYER & Co., D. R.-Pat. Nr. 60855.

[2] SCHÜTZENBERGER u. SCHIFFERT, Bull. [2] **4**, 12 (1865). — ROSENSTIEHL, Compt. rend. **79**, 764 (1874). Ann. ch. [5] **18**, 224 (187?). — LIEBERMANN u. FISCHER, Ber. **8**, 974 (1875). — PLATH, Ber. **9**, 1204 (1876). — LIEBERMANN, Ann. **183**, 213 (1876).

Die Oxyanthrachinone sind, soweit ihre Verwendung als Farbstoffe praktischen Werth bietet, Beizenfarbstoffe (vgl. Bd. II, Th. I, S. 268), und zwar sind, wie LIEBERMANN und v. KOSTANECKI[1] fanden, nur diejenigen Oxyanthrachinone kräftige und gegen alle Beizen äusserst wirksame Beizenfarbstoffe, in denen sich mindestens zwei Hydroxyle befinden und in denen diese Hydroxyle die Stellungen 1 und 2 einnehmen. Von den sämmtlichen zehn theoretisch möglichen Dioxyanthrachinonen — es sind neun derselben mit Sicherheit bekannt — erfüllt nur das Alizarin diese Bedingung, und thatsächlich ist dieses auch das einzige bekannte Dioxyanthrachinon, welches alle Beizen stark anfärbt. In abgeschwächtem Masse zeigt sich diese Eigenschaft auch beim Hystazarin[2] (2.3-Dioxyanthrachinon):

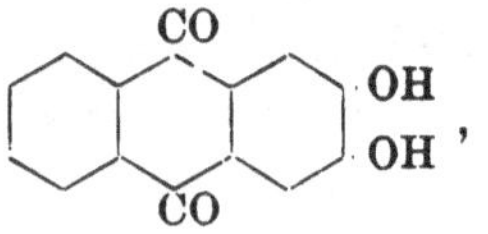

welches ebenso wie das Alizarin die beiden Hydroxyle in Orthostellung zu einander enthält.

Die erwähnte Regel hat sich nur für ausschliesslich hydroxylirte Anthrachinone als gültig erwiesen, nicht für solche Anthrachinonderivate, welche ausser Hydroxylgruppen noch andere Substituenten enthalten[3]. Von den Trioxyanthrachinonen können nach ihr nur diejenigen kräftige Beizenfarbstoffe sein, welche zwei Hydroxyle in der „Alizarinstellung" enthalten, welche also als Oxyalizarine anzusehen sind. Dies trifft thatsächlich zu; das

Anthragallol (1.2.3),
Purpurin (1.2.4),
Flavopurpurin (1.2.6),
Anthrapurpurin (1.2.7),

ziehen kräftig auf Beizen, dagegen färbt z. B. das Anthrachryson, welches aus o-p-Dioxybenzoësäure entsteht und daher 1.3.5.7-Tetraoxyanthrachinon ist:

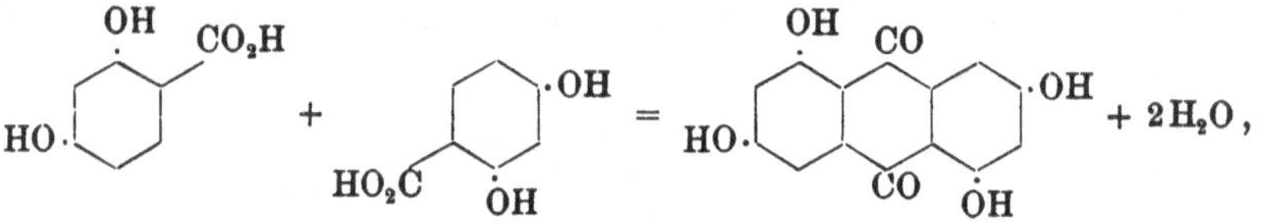

trotz der vier Hydroxylgruppen die gewöhnlichen Beizen nur sehr schwach an, da es nicht ein Paar in den Stellungen 1 und 2 befindlicher Hydroxyle enthält.

---

[1] Ber. **18**, 2145 (1885). — Vgl.: LIEBERMANN, Ber. **34**, 1562 (1901); **35**, 1490 (1902). — v. GEORGIEVICS, Chem. Centralbl. **1903 I**, 207.

[2] LIEBERMANN u. SCHÖLLER, Ber. **21**, 2501, 2503 (1888). — LIEBERMANN, Ber. **35**, 1495 (1902).

[3] Vgl.: BUNTROCK, Chem. Centralbl. **1901 II**, 481. Ber. **34**, 2344 (1901).

Die Oxyanthrachinone sind grösstentheils durch charakteristische Absorptionsspectra ihrer Lösungen ausgezeichnet, welche zu ihrer Erkennung benutzt werden können[1].

Die Trennung der einzelnen Verbindungen — bei demselben Process entstehen meist mehrere Oxyanthrachinone — ist eine äusserst mühsame und schwierige Arbeit. Sie basirt im Allgemeinen auf der verschiedenen Löslichkeit[2] der Erdalkalisalze in Wasser oder auch der Bleisalze in Alkohol. Auch hat man die verschiedenen Sublimationstemperaturen[3] einiger auf technischem Wege im Gemisch erhaltener Oxyanthrachinone zu ihrer Trennung benutzt.

Monooxyanthrachinone.

Die beiden von der Theorie geforderten Monooxyanthrachinone sind bekannt. Die α-Verbindung, auch Erythrooxyanthrachinon genannt:

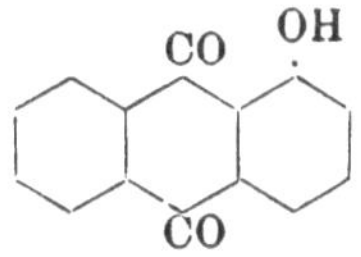

entsteht aus dem 1-Bromanthrachinon[4] (vgl. S. 536) beim Erhitzen mit Kali und etwas Wasser auf 160°. Das Erythrooxyanthrachinon muss deshalb seine Hydroxylgruppe in α-Stellung enthalten, weil es aus dem Chinizarin, welches in Folge seiner Synthese aus Phtalsäure und Hydrochinon (vgl. S. 500) unzweifelhaft als 1.4-Dioxyanthrachinon zu formuliren ist, also beide Hydroxylgruppen in α-Stellung enthält, durch Eliminirung einer Hydroxylgruppe gewonnen werden kann (vgl. hierüber S. 550—551). Da nun nur zwei isomere Monoderivate des Anthrachinons existiren können, ergiebt sich die Stellung der Hydroxylgruppe in dem zweiten bekannten Oxyanthrachinon von selbst. Dieses 2-Oxyanthrachinon entsteht[5] aus dem 2-Bromanthrachinon, sowie aus der Anthrachinonsulfosäure (2) in der Alkalischmelze; doch ist hierbei niedrige Temperatur erforderlich, da das 2-Oxyanthrachinon in der Alkalischmelze leicht ein weiteres Hydroxyl aufnimmt unter Bildung von Alizarin[6] (vgl. S. 537):

---

[1] Vgl. z. B.: Kundt, Ber. **6**, 511 (1873). — v. Lepel, Ber. **11**, 1146 (1878). — Vogel, Ber. **11**, 1367 (1878). — Liebermann u. v. Kostanecki, Ber. **19**, 2327 (1886). — Liebermann, Ber. **21**, 2527 (1888). — Krüss, Ztschr. f. physik. Chem. **2**, 322 (1888); **18**, 559 (1895).

[2] Vgl. z. B.: Liebermann, Ann. **183**, 206 (1876); **212**, 25 (1882). Ber. **21**, 441 (1888). — Simon, Ber. **14**, 464 (1881).

[3] Schunck u. Römer, Ber. **13**, 41 (1880).

[4] v. Pechmann, Ber. **12**, 2124 (1879).

[5] Liebermann, Ber. **4**, 108 (1871); **5**, 868 (1872). Ann. **183**, 151 (1876). — Gräbe u. Liebermann, Ann. **160**, 139, 141 (1871). — A. G. u. W. H. Perkin, Journ. Soc. **47**, 679 (1885). Ber. **18**, 1723 (1885). — Höchster Farbw., D. R.-Pat. Nr. 106505; Chem. Centralbl. **1900 I**, 741.

[6] Vgl. auch Wacker, J. pr. [2] **54**, 89 (1896).

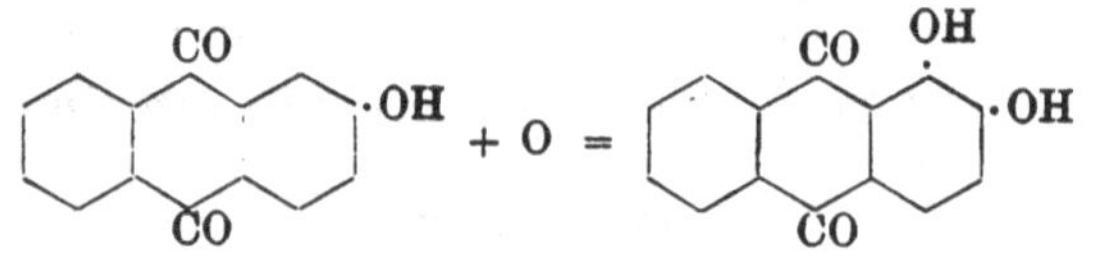

— eine Reaction, welche beim 1-Oxyanthrachinon sich zwar auch verwirklichen lässt, aber erst bei sehr hoher Temperatur eintritt.

Die beiden isomeren Oxyanthrachinone bilden sich neben einander[1] bei der Synthese von BAEYER und CARO (vgl. S. 506) durch starkes Erhitzen von Phtalsäureanhydrid und Phenol mit concentrirter Schwefelsäure:

1.

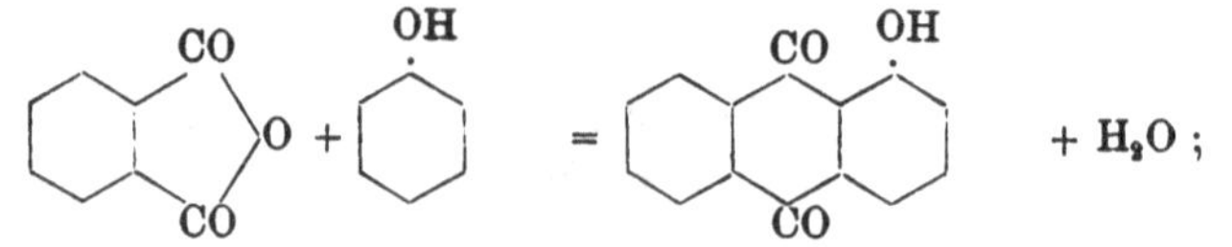

2.

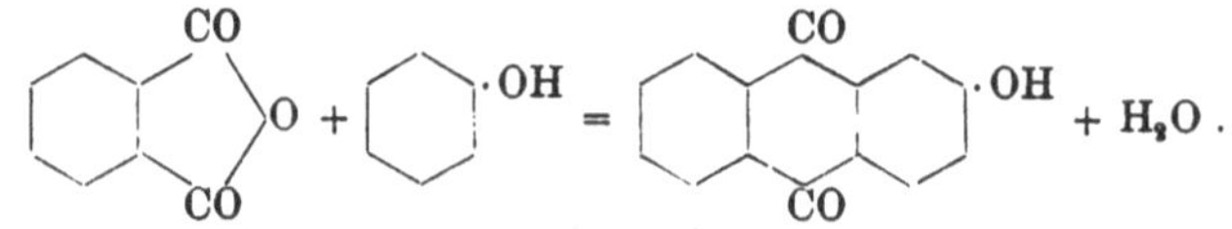

Ebenso entstehen die beiden Isomeren[2] bei der Condensation von Benzoësäure mit m-Oxybenzoësäure mittels Schwefelsäure. In diesem Falle vereinigen sich aber gleichzeitig 2 Mol. Oxybenzoësäure unter Bildung dreier isomerer Dioxyanthrachinone (vgl. S. 502).

Die 4'-Methoxybenzophenoncarbonsäure (2) liefert beim Erhitzen mit Schwefelsäure[3] 2-Oxyanthrachinon, indem bei der Condensation gleichzeitig Verseifung der Methoxylgruppe stattfindet:

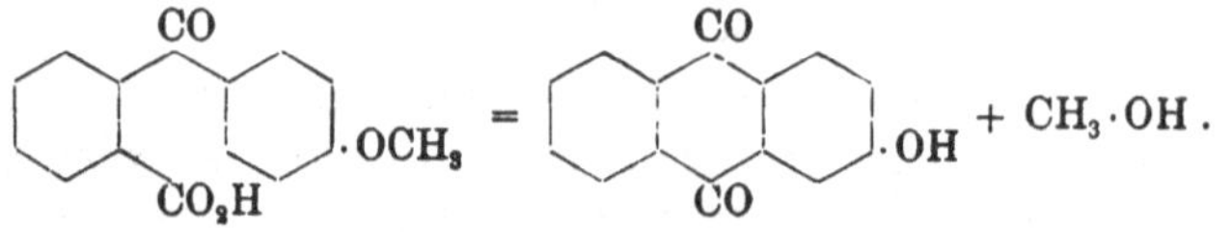

Auch die bereits (S. 547) erwähnte partielle Reduction mehrfach hydroxylirter Anthrachinone lässt sich zur Gewinnung von Monooxyanthrachinonen verwenden. So bildet sich aus Alizarin bei der Reduction mit Zinnsalz und Alkali 2-Oxyanthrachinon[4]; aus Chinizarin wurde mittels Jodwasserstoff und Phosphor[5] ein Oxydihydroanthranol erhalten, welches alsdann bei der Oxydation 1-Oxyanthrachinon liefert:

---

[1] BAEYER u. CARO, Ber. 7, 968 (1874).

[2] LIEBERMANN u. v. KOSTANECKI, Ber. **19**, 329 (1886). Ann. **240**, 261 (1887).

[3] NOURRISSON, Ber. **19**, 2105 (1886). Bull. [2] **46**, 206 (1886).

[4] LIEBERMANN u. FISCHER, Ber. **8**, 974 (1875).

[5] LIEBERMANN u. GIESEL, Ber. **10**, 608 (1877). Ann. **212**, 20 (1882). — LIEBERMANN, Ber. **11**, 1610 (1878).

1. 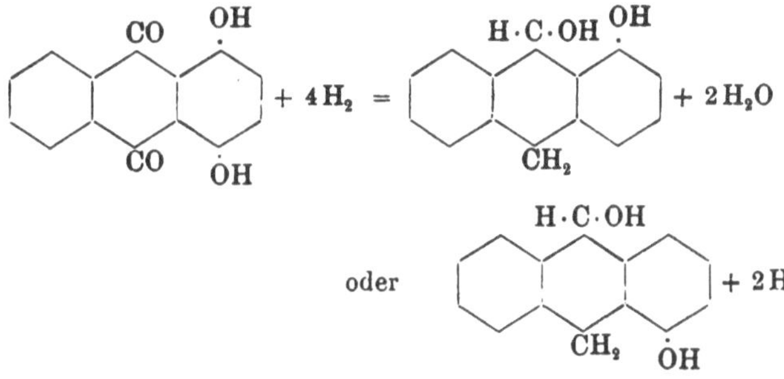

2. 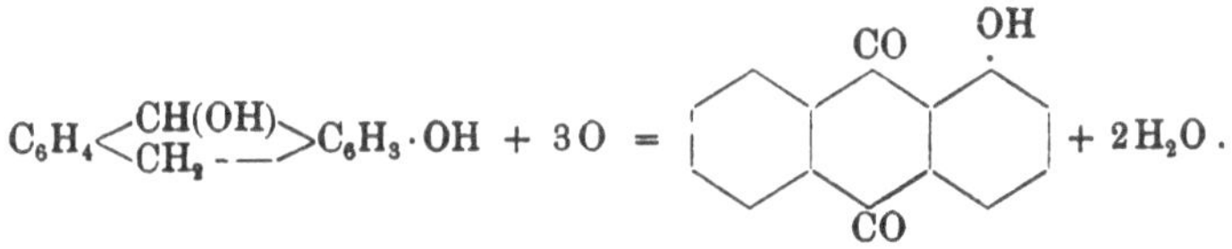

Aus dieser Bildung des Erythrooxyanthrachinons ergiebt sich dessen Constitution, wie schon S. 549 hervorgehoben wurde.

Als weitere Bildungsweisen der Oxyanthrachinone seien noch erwähnt die directe Oxydation des Anthrachinons mit Persulfat[1], welche zum 2-Oxyanthrachinon führt, sowie der Ersatz der Amidogruppe in den beiden Amidoanthrachinonen (vgl. S. 545) durch Hydroxyl[2] mittels der Diazoreaction.

Als Derivate der Monooxyanthrachinone sind die aus Alizarin und Ammoniak entstehenden sogenannten Alizarinamide (vgl. S. 544) anzusehen. Wenn man diese Verbindungen in alkoholischer Lösung diazotirt, erhält man aus dem α-Alizarinamid 2-Oxyanthrachinon, aus dem β-Amid 1-Oxyanthrachinon[3]. Also kann man auf diesem Wege aus dem Alizarin beide isomeren Monooxyanthrachinone herstellen.

1-Oxyanthrachinon, Erythrooxyanthrachinon, $C_{14}H_7O_2 \cdot OH$, wird am bequemsten aus 1-Nitroanthrachinon durch Reduction und Diazotiren gewonnen. Es krystallisirt in orangerothen Nadeln vom Schmelzpunkt 190° und sublimirt in orangerothen Nadeln. In Ammoniak und kohlensauren Alkalien ist es fast unlöslich, dagegen löst es sich leicht in Natronlauge. Seine Baryumverbindung ist unlöslich im Gegensatz zu derjenigen des 2-Oxyanthrachinons. Diese Verschiedenheit kann man zur Trennung der beiden Monooxyanthrachinone von einander benutzen. Die Acetylverbindung[4], $C_{14}H_7O_2 \cdot O \cdot CO \cdot CH_3$, bildet gelbe Nadeln vom Schmelzpunkt 176—179°.

2-Oxyanthrachinon kann man durch Erhitzen von 1 Thl. Anthrachinonsulfosäure (2) mit 5 Thln. 20 % iger Natronlauge während 5—6 Stunden auf 160—165° darstellen. Durch Ueberführung in die leicht lösliche Baryumverbindung lässt sich

---

[1] Wacker, J. pr. [2] **54**, 88 (1896).

[2] v. Perger, Ber. **12**, 1567 (1879). — Römer, Ber. **15**, 1793 (1882). — Höchster Farbwerke, D. R.-Pat. Nr. 97688; Chem. Centralbl. **1898 II**, 696.

[3] Liebermann, Ann. **183**, 208 (1876). — v. Perger, J. pr. [2] **18**, 147 (1878).

[4] Liebermann u. Hagen, Ber. **15**, 1804 (1882).

das Oxyanthrachinon von mit entstandenem Alizarin trennen[1], dessen Baryumsalz ebenso wie dasjenige des 1-Oxyanthrachinons unlöslich ist. Direct frei von Alizarin erhält man es beim Erhitzen von Anthrachinonsulfosäure (2) mit den Hydroxyden von alkalischen Erden unter Druck. Das 2-Oxyanthrachinon krystallisirt in gelben Blättchen oder Nadeln vom Schmelzpunkt 302°. Das Acetylderivat bildet kleine verfilzte gelbliche Nadeln vom Schmelzpunkt 158—159°. Der Aethyläther[2], $C_{14}H_7O_2 \cdot O \cdot C_2H_5$, schmilzt bei 135°.

2-Amido-1-oxyanthrachinon[3], β-Alizarinamid, $C_{14}H_6O_2(NH_2)(OH)$, krystallisirt in braunen Nadeln.

1-Amido-2-oxyanthrachinon[3], α-Alizarinamid bildet braune, metallgrün glänzende Nadeln vom Schmelzpunkt 250°.

Dioxyanthrachinone.

Von den zehn theoretisch möglichen Dioxyanthrachinonen sind neun mit Sicherheit bekannt. Diese Verbindungen sind in der folgenden Tabelle zusammengestellt:

Tabelle Nr. 85.

Stellung der Hydroxyle	Bezeichnung	Schmelzpunkt	Farbe der Lösung in Alkalilauge	Schmelzpunkt des Diacetylderivats
1.2	Alizarin[1—31.69.72.73] . . .	289—290° (Siedep. 430°)	blauviolett	181—182°
1.3	Purpuroxanthin[32—38] . .	264—265°	roth	183—184°
1.4	Chinizarin[15.16.39—45.56.70] .	194—195°	blau	200°
1.5	Anthrarufin[24.41.46—55.70] .	280°	rothviolett	244—245°
1.7	Metabenzdioxyanthrachinon[24.41.46.52—55] . . .	291—293°	tiefgelb	199°
1.8 (oder 1.6?)	Chrysazin[24.40.47.49.54.56] . .	191°	gelbroth	227—232°
2.3	Hystazarin[45.57—59.69] . .	oberhalb 260°	kornblumenblau	205—207°
2.6	Anthraflavinsäure[24.41.46.51—54.60—65.66.68.72] . . .	oberhalb 330°	gelbroth	228—229°
2.7	Isoanthraflavinsäure[24.54.61.62.63.67.68.73]	oberhalb 330°	tiefroth	195°

[1] Vgl. auch WILLGERODT, Jb. **1875**, 450.

[2] LIEBERMANN u. HAGEN, Ber. **15**, 1798 (1882). — LIEBERMANN u. JELLINECK, Ber. **21**, 1168 (1888).

[3] Literatur s. S. 544. Bezüglich der Gewinnung anderer Amidooxyanthrachinone s. unter Hydroxylamidoanthrachinone (S. 542—543); vgl. ferner: WACKER, Ber. **35**, 666, 2593, 3920 (1902).

Citate zu der Tabelle Nr. 85. [1] COLIN u. ROBIQUET, Ann. ch. **34**, 225 (1827). — [2] SCHIEL, Ann. **60**, 74 (1846). — [3] SCHUNCK, Ann. **66**, 174 (1848); **81**, 336 (1852). — [4] WOLFF u. STRECKER, Ann. **75**, 1 (1850). — [5] ROCHLEDER, Ann. **80**, 321 (1851). Ber. **3**, 295 (1870). — [6] KOPP, Jb. **1861**, 938; **1878**, 1189. — [7] GRÄBE u. LIEBERMANN, Ber. **1**, 49 (1868); **2**, 14, 332 (1869); **3**, 359, 636 (1870). Ann. Suppl. **7**, 296 (1870); **160**, 133 (1871). — [8] CARO, GRÄBE u. LIEBERMANN, Engl. Pat. Nr. 1936 (1869). — [9] STRECKER, Ztschr. Chem. **4**, 263 (1868). — [10] W. H. PERKIN, Engl. Pat. Nr. 1948 (1869). Journ. Soc. **23**, 133 (1870); **37**, 554 (1880). Ann. **158**, 315 (1871). — [11] WARTHA, Ber. **3**, 548 (1870). — [12] AUERBACH, Ber. **4**, 979 (1871). — [13] BÖTTGER u. PETERSEN, Ann. **160**, 159 (1871); **166**, 147 (1873). — [14] MEISTER, LUCIUS u. BRÜNING, Jb. **1873**, 1122. — [15] KUNDT, Ber. **6**, 511 (1873). — [16] BAEYER u. CARO, Ber. **7**, 968 (1874); **8**, 152 (1875). BAEYER, Ber. **9**, 1232 (1876). — [17] LIEBERMANN u. TROSCHKE, Ber. **8**, 379 (1875). — [18] WIDMAN, Ber. **9**, 856 (1876). — [19] SEUBERLICH, Ber. **10**, 41 (1877). — [20] v. LEPEL, Ber. **11**, 1150 (1878). — [21] VOGEL, Ber. **11**, 1368 (1878). — [22] SCHUNCK u. RÖMER, Ber. **13**, 41 (1880). — [23] HAUSHOFER, Jb. **1882**, 366. — [24] LIEBERMANN u. v. KOSTANECKI, Ber. **18**, 2145 (1885). Ann. **240**, 245 (1887). — [25] LIECHTI u. SUIDA, Jb. **1886**, 2206. — [26] BERTHELOT, Ann. ch. [6] **7**, 208 (1886). — [27] LIEBERMANN u. BERGAMI, Ber. **20**, 2241 (1887). BERGAMI, Ber. **20**, 2247 (1887). — [28] v. RECKLINGHAUSEN, Ber. **26**, 1515 (1893). — [29] A. G. PERKIN u. HUMMEL, Journ. Soc. **63**, 1160 (1893). A. G. PERKIN, Journ. Soc. **75**, 434 (1899). — [30] KRÜSS, Ztschr. physik. Chem. **18**, 561 (1895). — [31] VALEUR, Ann. ch. [7] **21**, 566 (1900). — [32] SCHÜTZENBERGER u. SCHIFFERT, Bull. [2] **4**, 12 (1865). — [33] ROSENSTIEHL, Compt. rend. **79**, 764 (1874). Ann. ch. [5] **18**, 224 (1879). — [34] LIEBERMANN u. FISCHER, Ber. **8**, 974 (1875). — [35] PLATH, Ber. **9**, 1204 (1876); **10**, 615 (1877). — [36] LIEBERMANN, Ann. **183**, 213 (1876). — [37] SCHUNCK u. RÖMER, Ber. **10**, 172 (1877). — [38] NOAH, Ber. **19**, 332 (1886). Ann. **240**, 265 (1887). — [39] GRIMM, Ber. **6**, 506 (1873). — [40] LIEBERMANN u. GIESEL, Ber. **8**, 1646, 1647 (1875). — [41] SCHUNCK u. RÖMER, Ber. **10**, 554, 1225 (1877). — [42] DRALLE, Ber. **17**, 376 (1884). — [43] LIEBERMANN u. JELLINECK, Ber. **21**, 1168 (1888). — [44] Farbenfabr. vorm. FRIEDR. BAYER & Co., D. R.-Pat. Nr. 81960. — [45] LAGODZINSKI, Ber. **28**. 116 (1895). — [46] SCHUNCK u. RÖMER, Ber. **11**, 969, 1176 (1878). — [47] LIEBERMANN, Ber. **11**, 1610 (1878). — [48] LIEBERMANN u. BÖCK, Ber. **11**, 1616 (1878). — [49] LIEBERMANN u. DEHNST, Ber. **12**, 1287 (1879). — [50] RÖMER, Ber. **16**, 369 (1883). — [51] LIEBERMANN u. v. KOSTANECKI, Ber. **19**, 329 (1886). — [52] BARTH u. SENHOFER, Ann. **170**, 100 (1873). — [53] ROSENSTIEHL, Bull. [2] **29**, 400, 434 (1878). — [54] OFFERMANN, Ann. **280**, 1 (1894). — [55] LIFSCHÜTZ, Ber. **17**, 897 (1884). — [56] LIEBERMANN, Ann. **183**, 184 (1876); **212**, 10 (1882). — [57] LIEBERMANN u. SCHÖLLER, Ber. **21**, 2501, 2503 (1888); **22**, 683 (1889). — [58] v. GEORGIEVICS, Monatsh. **6**, 754 (1885). — [59] A. G. PERKIN u. HUMMEL, Journ. Soc. **67**, 817 (1895). — [60] SCHUNCK, Ber. **4**, 359 (1871). Jb. **1871**, 490. — [61] SCHUNCK u. RÖMER, Ber. **9**, 379, 678 (1876). — [62] CARO, Ber. **9**, 681 (1876). — [63] ULLRICH u. v. PERGER, Ber. **9**, 574 (1876). — [64] W. H. PERKIN, Journ. Soc. **24**, 1109 (1871); **26**, 19 (1873). — [65] JELLINEK, Ber. **21**, 2524 (1888). — [66] SCHMIDT, J. pr. [2] **43**, 236 (1891). — [67] RÖMER u. SCHWARZER, Ber. **15**, 1040 (1882). — [68] Farbwerke, Höchst a./M., D. R.-Pat. Nr. 106505. — [69] LIEBERMANN u. HOHENEMSER, Ber. **35**, 1778 (1902). — [70] PLEUS, Ber. **35**, 2923 (1902). — [71] v. GEORGIEVICS, Chem. Centralbl. **1903 I**, 207. — [72] WEDEKIND & Co., D. R.-Pat. Nr. 137948, 140127, 140128, 140129. — [73] WACKER, J. pr. [2] **54**, 88 (1896).

Alizarin, 1.2-Dioxyanthrachinon, $C_{14}H_6O_2(OH)_2$. Das Alizarin wurde im Jahre 1826 von COLIN und ROBIQUET aus der Krappwurzel (s. S. 557—558) isolirt. Sein Name ist von der in der Levante gebräuchlichen Bezeichnung des Krapps „Alizari" abgeleitet. Trotz mehrfacher Untersuchungen gelang es lange Zeit hindurch nicht, die Zusammensetzung des Farbstoffes festzustellen, wobei besonders die von vielen Chemikern vertretene Anschauung irreführend wirkte, dass das Alizarin in naher constitutioneller Beziehung zu der sogenannten Chlornaphtalinsäure (vgl. S. 388) sowie zum Naphtazarin (vgl. S. 393) stünde. Erst als im Jahre 1868 Gräbe und Liebermann ihre bahnbrechenden Untersuchungen über das Alizarin veröffentlichten, verbreitete sich Licht über die bisher dunkle chemische Natur dieses Farbstoffs. Die genannten Forscher stellten zunächst fest, dass das Alizarin bei der Destillation mit Zinkstaub in Anthracen übergeht und mithin als ein Abkömmling dieses Kohlenwasserstoffs zu gelten hat. Sie legten dem Alizarin die auch von Strecker ermittelte empirische Formel $C_{14}H_8O_4$ bei und betrachteten es mit Rücksicht auf die ins Auge fallende Aehnlichkeit seiner physikalischen Eigenschaften mit denen des Naphtazarins, welches Liebermann als Dioxynaphtochinon erkannt hatte, als zweifach hydroxylirtes Anthrachinon. Schon im folgenden Jahre — 1869 — gelang es Gräbe und Liebermann, das Alizarin synthetisch aus dem Anthrachinon aufzubauen, indem sie dieses in Dibromanthrachinon überführten und durch Schmelzen mit Kali daraus Alizarin darstellten. Damit war zum ersten Male ein Naturfarbstoff auf künstlichem Wege dargestellt. Man begreift, dass dieses Ergebniss in der chemischen Welt das grösste Aufsehen hervorrufen musste; aber noch hatten die Entdecker des künstlichen Alizarins die schönste Frucht ihrer Bemühungen nicht geerntet, denn die angegebene Darstellungsweise liess sich technisch nicht mit Vortheil verwerthen. Jedoch noch in demselben Jahre werden in England fast gleichzeitig zwei Patente auf die künstliche Herstellung des Alizarins ertheilt, das eine an Caro, Gräbe und Liebermann, das andere an Perkin. In diesen Patenten ist die Darstellung des Alizarins durch Alkalischmelze der durch directe Sulfurirung des Anthrachinons entstehenden Sulfosäuren beschrieben — ein Verfahren, welches auch heute noch im Wesen unverändert geblieben ist, wenngleich es im Einzelnen nicht unerheblich verbessert wurde.

Es lag nahe zu glauben, dass das Alizarin als Dioxyanthrachinon aus einer Anthrachinondisulfosäure entstände, Perkin aber zeigte, dass diese Ansicht irrig ist, dass vielmehr die Anthrachinonmonosulfosäure das Ausgangsmaterial für den Farbstoff bildet (vgl. S. 537), während die gleichzeitig entstehenden Disulfosäuren in der Alkalischmelze andere Dioxy- bezw. Trioxy-Anthrachinone liefern. Die nächste Verbesserung in der Alizarinfabrikation bestand in der Isolirung der werthvollen Anthrachinonmonosulfosäure und in der verbesserten Darstellung derselben durch Anwendung einer Schwefelsäure von hohem Anhydridgehalt (vgl. S. 538). Wenn das Alizarin aus der Monosulfosäure entsteht, so muss bei seiner Bildung eine spontane Oxydation stattfinden (s. die Gleichung auf S. 537). Um diese Oxydation zu unterstützen, führte Koch im Jahre 1873 die sogenannte Oxydationsschmelze ein. Sie besteht darin, dass die Anthrachinonsulfosäure in einem geschlossenen Gefäss unter Druck mit Aetznatron und Kaliumchlorat erhitzt wird. In dieser Gestalt wird die Alizaringewinnung noch heute in der Technik betrieben[1] (vgl. S. 556—557).

Die Farbentechnik ist — nachdem der natürliche Krappfarbstoff durch das künstliche Alizarin verdrängt war (vgl. auch S. 557—558) — bei diesem wirthschaftlich hoch bedeutsamen Erfolg nicht stehen geblieben. Sie hat das hiermit erschlossene Gebiet weit ausgebaut und eine grosse Gruppe verwandter Farbstoffe geschaffen, welche mit dem Alizarin die Echtheit und sonstige für die Färberei werthvolle Qualitäten theilen, dem Färber aber eine weit grössere Mannigfaltigkeit von Farbnuancen zur Verfügung stellen. Zu den Beizenfarbstoffen sind im Laufe der Zeit auch solche Alizarinfarbstoffe getreten, welche als saure Farbstoffe für die thierische Faser verwendet werden können. Von der gesammten Farbstoffproduction bildet die — zum weitaus überwiegenden Betrage in Deutschland heimische — Fabrikation von „Alizarinfarbstoffen" einen sehr erheblichen Bruchtheil; der Werth der deutschen Production an Alizarinfarbstoffen dürfte mit 30 Millionen Mark nicht zu hoch angeschlagen sein[2].

Synthetisch lässt sich das Alizarin neben dem isomeren Hystazarin (S. 507) durch Erhitzen von Brenzkatechin mit Phtalsäureanhydrid und Schwefelsäure darstellen, woraus sich die Nachbarstellung der beiden Hydroxyle ergiebt. Da das Alizarin ferner sowohl aus α- als auch aus β-Monooxyanthrachinon entsteht (vgl. S. 549—550), so müssen die Hydroxyle in $\alpha\beta$-Stellung stehen. Aus diesen Thatsachen zusammen ergiebt sich die Stellung der Hydroxylgruppen in 1 und 2.

Das Alizarin löst sich sehr wenig in Wasser, leichter in Weingeist, aus welchem es in bräunlichgelben, durchsichtigen, stark glänzenden Prismen oder in dem Musivgold ähnlichen Schuppen krystallisirt, die 3 Mol. Krystallwasser enthalten. In den übrigen organischen Lösungsmitteln löst es sich meist leicht und krystallisirt daraus in rothen, rhombischen Nadeln vom Schmelzpunkt 289—290°. Es sublimirt in orangerothen Nadeln. Sein Siedepunkt liegt bei 430°. Sehr charakteristisch ist die Färbung seiner alkalischen Lösungen; in concentrirterem Zustande sind diese tief purpurroth, im auffallenden Lichte rein blau, durch Verdünnen geht die Farbe in blauviolett über. Diese Alkalisalzlösungen besitzen ein charakteristisches Absorptionsspectrum. Sie werden durch Calcium- und Barium-Chlorid gefällt, indem die entsprechenden wasserunlöslichen Alizarinsalze entstehen. Das Alizarincalcium, $C_{14}H_6O_2(O_2Ca) + H_2O$, bildet einen purpurfarbenen Niederschlag, das Bariumsalz, $C_{14}H_6O_2(O_2Ba) + H_2O$, ist blau gefärbt. Die sauren Alizarinsalze der allgemeinen Formel $C_{14}H_6O_2(OH)(OMe)$ entstehen durch Kochen der alkoholischen Lösung des

[1] Zur Geschichte der Alizarin-Fabrikation, vgl.: Caro, Ber. **25 Ref.**, 1006—1007, 1042 ff. (1892). — Friedländer, Theerfarbenfabrikation I, 299—301.

[2] Vgl. hierzu O. N. Witt, Die chemische Industrie des Deutschen Reiches im Beginn des XX. Jahrhunderts (Festschrift; Berlin 1902), S. 212, 213, 218.

Alizarins mit Alkaliacetaten und Umsetzung der so erhaltenen primären Alkalisalze mit Metallsalzen. Die Einwirkung von Essigsäureanhydrid führt das Alizarin in ein Monoacetyl- und ein Diacetyl-Derivat über. Das letztere krystallisirt in blassgelben flachen Nadeln oder Blättchen vom Schmelzpunkt 179—183°.

Ein eigenthümliches Verhalten[1] zeigt das Alizarin gegenüber den gebräuchlichen Alkylirungsmitteln, wie Alkylhalogeniden und Alkali oder Dimethylsulfat. Es gelingt hierbei nicht, die beiden Hydroxylwasserstoffe durch Alkyle zu substituiren, sondern es tritt nur ein Alkyl in das Molecül ein und zwar in die Stellung 2. Am eingehendsten ist der mit Methyljodid und Alkali oder mittels Dimethylsulfat entstehende Alizarin-2-Monomethyläther:

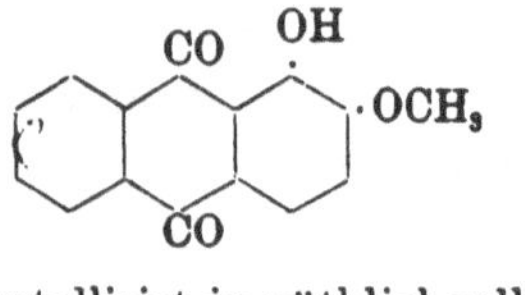

untersucht worden. Er krystallisirt in röthlichgelben Nadeln vom Schmelzpunkt 224—226° und ist in Alkalien mit rother Farbe löslich. Die Unfähigkeit der in 1-Stellung befindlichen Hydroxylgruppe, bei den üblichen Alkylirungsmethoden eine Alkylgruppe aufzunehmen, ist vielleicht durch eine sterische Behinderung dieser zwischen der CO-Gruppe und der zweiten Hydroxylgruppe stehenden Gruppe zu erklären (vgl. auch Bd. II, Th I, S. 542 ff.). Der auf synthetischem Wege bisher nicht erhältliche 1-Monomethyläther des Alizarins[2]:

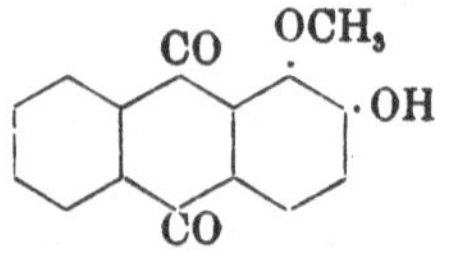

findet sich in der sogenannten Chaywurzel (von Oldenlandia umbellata); er bildet orangefarbene, bei 178—179° schmelzende Nadeln.

Darstellung des Alizarins im Grossen[3]: Die Alkalischmelze der Anthrachinonmonosulfosäure (vgl. S. 538) wird, wie schon S. 554 erwähnt, unter Zusatz eines Oxydationsmittels — des Kaliumchlorats — vorgenommen. Sie verläuft nach der Gleichung:

$$3\,C_{14}H_7O_2\cdot SO_3Na + 9\,NaOH + 2\,KClO_3$$
$$= 3\,C_{14}H_6O_2(ONa)_2 + 3\,Na_2SO_4 + 2\,KCl + 6\,H_2O\,.$$

In einen Schmelzkessel mit Rührwerk bringt man die wässerigen Lösungen von 100 Thln. anthrachinonsulfosaurem Natrium und von 28—32 Thln. Kaliumchlorat

[1] Schunck, Jb. **1873**, 446. — Liebermann u. Jellinek, Ber. **21**, 1164 (1888). — Schunck u. Marchlewski, Journ. Soc. **65**, 185 (1894). — A. G. Perkin, Journ. Soc. **75**, 446 (1899). — Gräbe u. Aders, Ann. **318**, 369 (1901). — Vgl. auch: Habermann, Monatsh. **5**, 228 (1884). — Lagodzinski, Ber. **28**, 1427 (1895).

[2] A. G. Perkin u. Hummel, Journ. Soc. **63**, 1174 (1893); **67**, 817 (1895).

[3] Vgl. Gnehm, die Anthracenfarbstoffe (1897), S. 22 ff.

und lässt unter Rühren 260—280 Thl. kaustisches Natron, welche mit wenig Wasser und Dampf in Lösung gebracht sind, zufliessen. Die gesammte Wassermenge beträgt 650—700 Liter. Man erhitzt nun, nachdem der Kessel geschlossen ist, unter beständigem Rühren auf 180° (bei einem Druck von 3·6—4 Atmosphären) 2—3 Tage lang, lässt dann die Schmelze in heisses Wasser einlaufen und fällt das Alizarin mit Salzsäure aus. Der abfiltrirte und durch Auswaschen von Säure befreite Niederschlag wird darauf mit Wasser zu einer Paste von 20% Trockengehalt angerührt und so in den Handel gebracht, da das Alizarin beim Trocknen an Farbkraft verliert. Das aus der Anthrachinonmonosulfosäure hergestellte Alizarin führt im Handel die Bezeichnung Alizarin mit Blaustich; es enthält geringe Mengen Anthrapurpurin und Flavopurpurin, welche aus den der technischen Anthrachinonmonosulfosäure beigemengten Disulfosäuren (vgl. S. 539) entstanden sind.

Verwendung des Alizarins in der Färberei[1]: Das Alizarin ist ein ausgesprochener Beizenfarbstoff, der in der Färberei der Baumwolle, Wolle und Seide sowie im Kattundruck eine bedeutende Rolle spielt und zur Erzielung ausserordentlich echter Färbungen in grossem Maassstabe verwendet wird. Als Beizen dienen in der Baumwollfärberei hauptsächlich Thonerdesalze in Verbindung mit Kalksalzen zur Erzeugung des bekannten feurig rothen Thonerdekrapplacks; in beschränktem Masse werden Eisensalze zur Herstellung des schwärzlich-violetten Eisenlacks sowie Chromsalze für den rothbraunen Chromlack verwendet. Die älteste und wichtigste Verwendung findet das Alizarin zum Rothfärben von Baumwolle in der sogenannten Türkischrothfärberei. Um lebhaft rothe Töne mittels des Thonerdelacks auf Baumwolle zu erzeugen, ist es erforderlich, die Faser zunächst mit einer Oelbeize zu imprägniren. Als solche verwandte man früher Tournantöl, d. i. ranzig gewordenes Olivenöl (Galipoliöl), welches im sogenannten Altroth-Verfahren auf langwierigem Wege der Baumwollfaser einverleibt wurde. Jetzt sind in dem „Neuroth-Verfahren“ diese Beizen allgemein durch das sogenannte Türkischrothöl ersetzt. Das Türkischrothöl ist das Ammoniumsalz bezw. Natriumsalz einer Ricinusölsulfosäure und wird hergestellt durch Behandeln von Ricinusöl mit Schwefelsäure und Neutralisiren des Produktes mit der betreffenden Base. Die mit dem Türkischrothöl imprägnirte Waare kommt zunächst in ein Bad von Thonerdesalzen (Aluminiumsulfat oder Aluminiumacetat) und darauf eventuell in ein solches von Gerbstoffen (Sumach). Es hat sich aber gezeigt, dass die so vorbereitete Faser beim Färben mit Alizarin noch kein reines Roth liefert, hierzu ist vielmehr die Anwesenheit von Kalk erforderlich; man lässt daher dem Beizen mit dem Thonerdesalz noch eine Imprägnirung mit Schlämmkreide folgen und behandelt nunmehr die Waare in einem Färbebad, welches in Wasser fein vertheiltes Alizarin enthält. Zum Schluss wird der gefärbten Waare durch Behandeln in Seifenbädern, häufig unter Zusatz von etwas Zinnsalz (Zinnchlorür) — den sogenannten Avivir- oder Rosir-Process — das dem Türkischroth eigenthümliche Feuer verliehen.

Der Krapp[2]. Schon im Alterthum kannte man die Fähigkeit gewisser Wurzeln, die gebeizte vegetabilische Faser anzufärben; man benutzte hierzu die Chaywurzel und den indischen Krapp (Rubia munjista), auch Munjit genannt. Der europäische Krapp (Rubia tinctorum), auch

[1] Vgl. Nietzki, organ. Farbstoffe, 4. Aufl. (1901) S. 95.

[2] Vgl. auch Roscoe-Schorlemmer, organ. Chemie, Bd. V, S. 819 (1896), sowie die zu Alizarin und Purpuroxanthin gehörenden Literaturangaben auf S. 553; ferner: Stenhouse, Ann. **130**, 325 (1864). — Schützenberger u. Schiffert, Bull. [2] **4**, 12 (1865). — Rosenstiehl, Ber. **7**, 1546 (1874). Ann. ch. [5] **13**, 256 (1878). — Plath, Ber. **10**, 614 (1877). — Liebermann u. Plath, Ber. **10**, 1618 (1877).

als **Färberröthe** bezeichnet, wurde seit dem 16. Jahrhundert in Holland, dann auch im Elsass und in Südfrankreich angebaut; namentlich in Frankreich hatte diese Cultur eine grosse Ausdehnung gewonnen, als ihr durch die Entdeckung des künstlichen Alizarins plötzlich ein Ende bereitet wurde. Man verwendete zum Färben die einige Jahre alte Wurzel in gemahlenem Zustande. Die chemische Untersuchung der Krappwurzel hat zur Auffindung einer Reihe von Anthrachinonderivaten geführt; von diesen konnten die folgenden mit Sicherheit identificirt werden:

Alizarin (1.2-Dioxyanthrachinon),
Purpuroxanthin (1.3-Dioxyanthrachinon),
Purpurin (1.2.4-Trioxyanthrachinon),
Pseudopurpurin (Purpurincarbonsäure; vgl. S. 576).

Hieran reiht sich das im ostindischen Krapp aufgefundene

Munjistin (Purpuroxanthincarbonsäure; vgl. S. 576).

Das Alizarin findet sich im Krapp in Gestalt eines Glykosids, der sogenannten **Ruberythrinsäure**, welche von Rochleder zuerst in reinem Zustande dargestellt wurde. Die Ruberythrinsäure hat die Formel $C_{26}H_{28}O_{14}$, wie Gräbe und Liebermann feststellten. Durch Erhitzen mit verdünnter Salzsäure oder Schwefelsäure zerfällt sie in Alizarin und Glykose:

$$C_{26}H_{28}O_{14} + 2H_2O = C_{14}H_8O_4 + 2C_6H_{12}O_6 .$$

Sie verhält sich wie eine einbasische Säure, was sich durch die Annahme erklären lässt, dass die Glykose nicht als solche, sondern als eine Biose in der Ruberythrinsäure enthalten ist und dass diese erst bei der Säurebehandlung in 2 Mol. Glykose zerfällt. Dem Glykosid käme danach die Formel zu:

$$C_{14}H_6O_2(OH)(O \cdot C_{12}H_{21}O_{10}) .$$

Die Ruberythrinsäure krystallisirt in gelben seideglänzenden Prismen vom Schmelzpunkt 258—260°. Ihre durch Mineralsäuren ausführbare Spaltung in Zucker und Alizarin wird auch in der Krappwurzel selbst allmählich durch ein in derselben enthaltenes Enzym bewirkt.

Während zur Zeit, als die künstliche Darstellung des Alizarins in der Technik Aufnahme zu finden begann, die jährliche Gewinnung von Krapp etwa einen Werth von 60—70 Millionen Mark hatte[1], werden heute nur noch ganz geringe Mengen davon hergestellt. Die künstlichen Alizarinfarbstoffe haben in kurzer Zeit den einst so blühenden Krappbau vollkommen vernichtet, wodurch gewaltige Bodenflächen für die Bebauung mit Feldfrüchten frei wurden. Die neue Industrie gewann bald eine derartige Ausdehnung, dass sie auch befruchtend auf mehrere

[1] Vgl.: v. Georgievics, Lehrbuch der Farbenchemie, 2. Aufl., S. 332 (Leipzig u. Wien, 1902).

Fabrikationszweige der anorganischen Produkte zurückwirkte; so verdankt ihr die Alkali-Industrie und die Chlorat-Fabrikation einen grossen Aufschwung, ja sie führte sogar zur Entstehung einer ganz neuen Industrie, der Schwefelsäureanhydrid-Fabrikation.

Es ist eine grössere Zahl von Derivaten des Alizarins bekannt. unter denen als die wichtigsten zu erwähnen sind eine Sulfosäure[1], die man neben einer kleinen Menge einer als Alizarinpurpursulfosäure bezeichneten Isomeren durch Erwärmen von Alizarin mit rauchender Schwefelsäure darstellt und die unter dem Namen Alizarin S in der Wollfärberei Anwendung findet, und ferner die Nitro- und Amido-Derivate[2] des Alizarins.

Man kennt die beiden homonuclearen Mononitroalizarine:

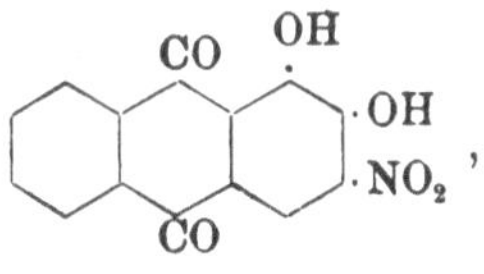

3-Nitroalizarin (β)

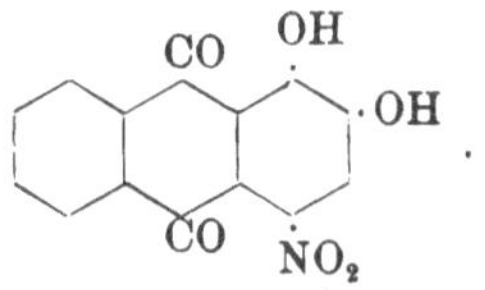

4-Nitroalizarin (α)

Wenn man Diacetylalizarin in concentrirter Salpetersäure in der Kälte löst, so bildet sich das Diacetylderivat des α-Nitroalizarins, welches beim Behandeln mit Alkalien leicht unter Bildung von Nitroalizarin verseift wird. Dass in dieser Verbindung das 4-Nitro-1.2-dioxyanthrachinon vorliegt, geht daraus hervor, dass die Verbindung beim Erwärmen mit Schwefelsäure unter Austausch der Nitrogruppe gegen Hydroxyl Purpurin (1.2.4-Trioxyanthrachinon) liefert:

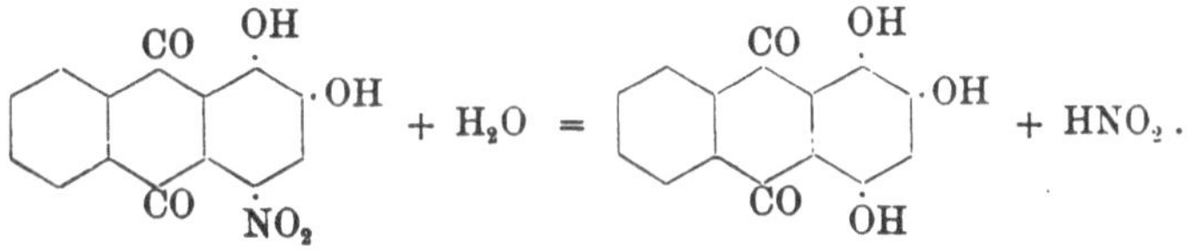

Das α-Nitroalizarin krystallisirt in goldgelben Nadeln vom Schmelz-

[1] v. Perger, J. pr. [2] **18**, 173 (1878). — Gräbe, Ber. **12**, 571 (1879). — Vgl. R. E. Schmidt, J. pr. [2] **43**, 232 (1891).

[2] Perkin, Journ. Soc. **30**, 578 (1876). — Rosenstiehl, Bull. [2] **26**, 63 (1876). Ber. **9**, 1036 (1876). — Caro, Engl. Pat. Nr. 1229 v. J. 1876. Ber. **10**, 1760 (1877). — Hopp, Jb. **1878**, 1190. — Schunck u. Römer, Ber. **12**, 583 (1879). — Gräbe u. Caro, Ann. **201**, 253 (1880). — Simon, Ber. **15**, 692 (1882). — Brunner u. Chuard, Ber. **18**, 445 (1885). — Römer, Ber. **18**, 1666 (1885). — Brasch, Ber **24**. 1610 (1891). — Schultz u. Erber, Ber. **35**, 906 (1902).

Halogenalizarine s.: Stenhouse, Ann. **130**, 343 (1864). — Perkin, Jb. **1874**, 485. — Diehl, Ber. **11**, 183, 187 (1878). — Farbwerke Höchst a./M., D. R.-Pat. Nr. 66811, 70515, 74212. — Farbenfabr. vorm. Friedr. Bayer & Co., D. R.-Pat. Nr. 74562.

punkt 289°. Als Farbstoff ist es von geringerer Bedeutung als das isomere

3-Nitroalizarin (β-Nitroalizarin) oder **Alizarinorange.** STROBEL beobachtete zuerst, dass mit Krapproth gefärbter Stoff unter der Wirkung salpetriger Dämpfe Orangefarbe annimmt. ROSENSTIEHL zeigte, dass diese Umwandlung in einer Einwirkung der salpetrigen Dämpfe auf das Alizarin ihren Grund hat, und dass man den orangefarbenen Körper, welcher ein Nitroalizarin darstellt, auch durch Ueberleiten salpetriger Dämpfe über in dünner Schicht ausgebreitetes Alizarin erhält. CARO führte den Farbstoff in die Technik ein. Dasselbe Nitroalizarin entsteht auch beim Versetzen von in Eisessig suspendirtem Alizarin mit Salpetersäure oder beim Einleiten von salpetriger Säure in eine Nitrobenzollösung oder Suspensionen von Alizarin in Eisessig oder Ligroïn. Das β-Nitroalizarin bildet lange orangefarbene Nadeln und sublimirt in gelben Blättchen. Es schmilzt bei 244°. In Alkalien löst es sich mit purpurrother Farbe. Es wird im Grossen dargestellt und findet als Alizarinorange Verwendung in der Färberei und Druckerei, vorzugsweise in Gestalt seines orangefarbenen Thonerdelacks; hauptsächlich aber dient es als Ausgangsmaterial zur Darstellung des Alizarinblaus, eines Chinolinfarbstoffs (s. Chinolingruppe, Bd. II, Th. III), welcher entsteht, wenn man β-Nitroalizarin mit Glycerin und Schwefelsäure erhitzt:

Durch Reduction der Nitroalizarine sind die entsprechenden Amidoverbindungen gewonnen worden. Das 3-Amidoalizarin (β-Amidoalizarin) krystallisirt in tiefrothen, metallglänzenden Prismen, welche oberhalb 300° schmelzen. Durch Erhitzen mit Essigsäureanhydrid auf 180° bildet es eine Aethenylverbindung (vgl. Bd. II, Th. I, S. 394):

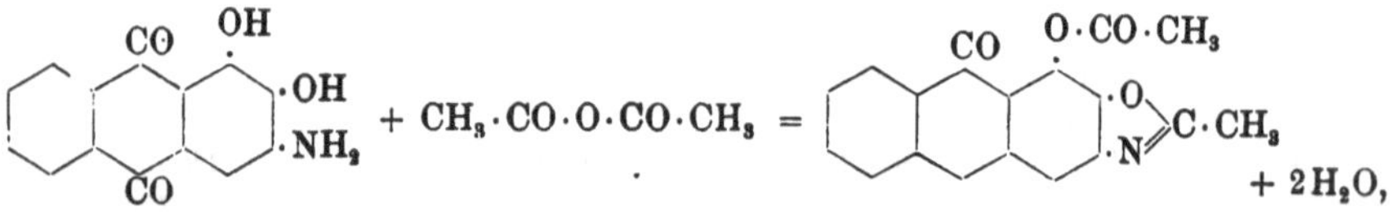

woraus hervorgeht, dass die Amidogruppe in der Orthostellung zu einer Hydroxylgruppe, also in der Stellung 3 sich befinden muss. Damit ist auch die Constitution des β-Nitroalizarins sichergestellt.

Das 4-Amidoalizarin (α-Amidoalizarin) krystallisirt in schwarzen Nadeln oder dunkelbraunen Schuppen mit grüngelbem Metallglanz.

Das **Purpuroxanthin**[1], auch Xanthopurpurin genannt, stellt man am besten in der Weise dar, dass man Purpurin in überschüssiger heisser Natronlauge löst und die Lösung so lange mit Zinnchlorür versetzt, bis sie gelbgefärbt erscheint.

Chinizarin[1] (über die Constitution vgl. S. 500) wird im Laboratorium dargestellt, indem man 1 Moleculargewicht Hydrochinon mit 2 Moleculargewichten Phtalsäureanhydrid und 10 Th. conc. Schwefelsäure 2 Stunden lang auf 170—200° erhitzt, die Lösung in Wasser giesst, den Niederschlag mit heissem Wasser wäscht und mit Eisessig auskocht.

In der Technik dient es als Ausgangsmaterial zur Darstellung des Chinizaringrüns (vgl. S. 545) und analoger Farbstoffe. Man gewinnt es im Grossen durch Einwirkung von concentrirter Schwefelsäure und Borsäure auf Anthrachinon nach einer später (vgl. S. 569) genauer besprochenen Reaction.

Anthrarufin[1] und **Chrysazin**[1] lassen sich am bequemsten aus dem 1.5- bezw. 1.8(?)-Dinitroanthrachinon (vgl. S. 541) bezw. den entsprechenden Aminen mittels der Diazoreaction herstellen. — Das Anthrarufin kann in Folge seiner Bildung aus m-Oxybenzoësäure (vgl. S. 502) die beiden Hydroxylgruppen nur in den Stellungen 1:5, 2:6 oder 1:7 enthalten (vgl. die Formeln auf S. 502). Durch den Befund, dass es in der Kalischmelze Salicylsäure neben m-Oxybenzoësäure liefert (vgl. S. 499—500), wird die Constitution als 1.5-Dioxyanthrachinon sichergestellt; denn die 2.6-Verbindung könnte überhaupt keine Salicylsäure, die 1.7-Verbindung solche nur neben p-Oxybenzoësäure liefern. — Für das Chrysazin bleiben, da für 8 Dioxyanthrachinone die Constitution sicher festgestellt ist (vgl. die Tabelle auf S. 552), die Formeln des 1.6- oder des 1.8-Dioxyanthrachinons übrig; in der neueren Patentliteratur wird es als 1.8-Dioxyanthrachinon betrachtet.

Vom Anthrarufin leitet sich ein stickstoffhaltiger Farbstoff ab, welcher unter dem Namen Alizarinsaphirol[2] im Handel vorkommt. Es ist die Diamidoanthrarufindisulfosäure:

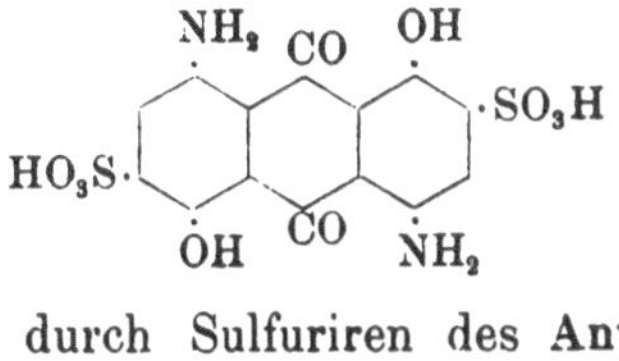

und entsteht entweder durch Sulfuriren des Anthrarufins, Nitriren der entstandenen Disulfosäure und Reduciren des Nitroprodukts oder durch Behandeln des Dinitroanthrarufins mit Sulfiten, wobei gleichzeitige Sulfurirung und Reduction eintritt; ferner durch Oxydation des 1.5-Di-

[1] Literatur und physikalische Daten s. Tabelle Nr. 85 auf S. 552—553. — Ueber die Constitution der Dioxyanthrachinone vgl.: Offermann, Ann. **280**, 1 (1894).

[2] Farbenfabr. vorm. Friedr. Bayer & Co., D. R.-Pat. Nr. 96364, 103395, 105501, 106034, 108362. — Farbwerke Höchst a./M., D. R.-Pat. Nr. 96197, 96853.

amidoanthrachinons oder seiner Disulfosäure mit Braunstein in concentrirter Schwefelsäurelösung oder aus Diamidoanthrarufin durch Sulfuriren. Das Alizarinsaphirol ist kein Beizenfarbstoff, es findet vielmehr als saurer Wollfarbstoff Verwendung, wobei rein blaue Färbungen erhalten werden.

Ein Tetranitroderivat des Chrysazins[1] ist seit lange bekannt: die sogenannte Chrysamminsäure (Formel I), welche durch Behandeln von Aloë, dem eingetrockneten Saft verschiedener Aloëarten, mit Salpetersäure hergestellt worden ist. Sie verdankt ihre Entstehung dem in der Aloë enthaltenen Aloïn und wurde von Gräbe und Liebermann als die Tetranitroverbindung eines Dioxyanthrachinons erkannt. Bei der Einwirkung von Ammoniak tauscht die Chrysamminsäure ein Hydroxyl gegen die Amidgruppe aus und bildet die Chrysammidsäure (Formel II); bei der Reduction liefert sie das Tetraamidochrysazin oder Hydrochrysammid (Formel III):

$$\text{I}\quad C_{14}H_2O_2\begin{cases}(OH)_2\\(NO_2)_4\end{cases},\qquad \text{II}\quad C_{14}H_2O_2\begin{cases}OH\\NH_2\\(NO_2)_4\end{cases},\qquad \text{III}\quad C_{14}H_2O_2\begin{cases}(OH)_2\\(NH_2)_4\end{cases}$$

Mittels der Diazoreaction lässt sich aus dem Hydrochrysammid das Chrysazin darstellen, welches auf diesem Wege zuerst erhalten worden ist. Beim Nitriren geht es wieder in Chrysamminsäure über. Die Chrysamminsäure bildet grosse goldglänzende Krystalle, welche bei raschem Erhitzen verpuffen; sie vereinigt sich — ähnlich der Pikrinsäure (vgl. Bd. II, Th. I, S. 391) — mit Kohlenwasserstoffen zu charakteristischen Doppelverbindungen.

Metabenzdioxyanthrachinon[2] entsteht neben Anthrarufin und Anthraflavinsäure aus m-Oxybenzoësäure (vgl. S. 502).

Anthraflavinsäure[2] und **Isoanthraflavinsäure**[2] sind Begleiter des künstlichen Alizarins und entstehen bei der Alizarindarstellung aus den der Anthrachinonmonosulfosäure stets beigemengten Disulfosäuren (vgl. S. 539).

Hystazarin[2] ist das zuletzt dargestellte Dioxyanthrachinon (sein Name ist von ὕστερον, das Letzte, abgeleitet); es bildet sich neben Alizarin aus Brenzkatechin und Phtalsäureanhydrid (vgl. S. 507). Ueber seine Färbe-Eigenschaften vgl. S. 548. Der Monomethyläther[3] des Hystazarins, $C_{14}H_6O_2(OH)(OCH_3)$, ist aus der Chaywurzel (vgl. S. 556) isolirt worden.

Sehr bemerkenswerth ist die Beobachtung, dass Hystazarin bei

---

[1] Schunck, Ann. **39**, 1 (1841); **65**, 234 (1848). — Mulder, Ann. **68**, 339 (1848); **72**, 285 (1849). Jb. **1847/48**, 541. — Stenhouse u. Müller, Ann. **142**, 86 (1867). — Stenhouse, Ann. **143**, 367 (1867). — Gräbe u. Liebermann, Ann. Suppl. **7**, 308 (1870). — Liebermann u. Giesel, Ber. **8**, 1643 (1875). Ann. **183**, 174 (1876). — Liebermann, Ber. **12**, 187 (1879). — Behrens, Rec. trav. chim. **19**, 388 (1900).

[2] Literatur und physikalische Daten s. Tabelle Nr. 85 auf S. 552—553.

[3] A. G. Perkin u. Hummel, Journ. Soc. **67**, 822 (1895).

längerem Erhitzen mit conc. Schwefelsäure auf 200—205° zum grossen Theil zu Alizarin umgelagert wird; wahrscheinlich zerfällt das Hystazarin zunächst in Phtalsäure und Brenzkatechin, und aus diesen Spaltungsstücken bildet sich durch erneute Condensation das Alizarin; der Vorgang wäre dann der Umlagerung der Phenolsulfosäuren und Naphtalinsulfosäuren (vgl. Bd. II, Th. I, S. 385; Bd. II, Th. II, S. 336) an die Seite zu stellen.

Trioxyanthrachinone.

Vier Trioxyanthrachinone sind ihrer Constitution nach mit Sicherheit bekannt. Sie leiten sich sämmtlich vom Alizarin ab — sind Oxyalizarine — und färben gebeizte Zeuge dementsprechend an (vgl. S. 548). Ausserdem kennt man noch ein weiteres Isomeres dieser Körper, das Oxychrysazin[1], welches sowohl aus Anthrarufin als auch aus Chrysazin in der Kalischmelze entsteht und daher 1.5.6- oder 1.5.8-Trioxyanthrachinon sein kann:

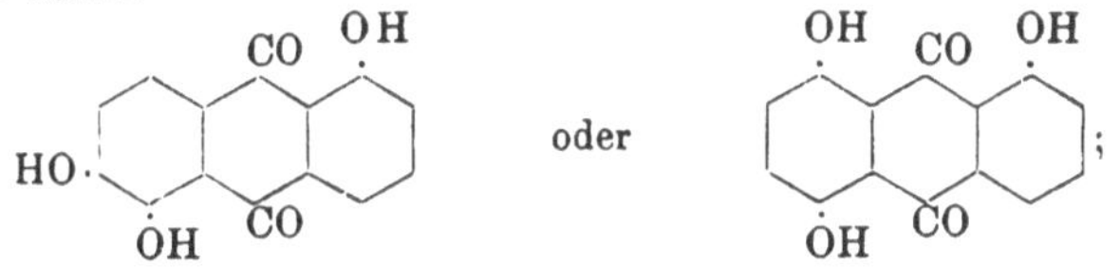

da es gebeizte Zeuge schön anfärbt, kann man die erstere Formel für wahrscheinlicher halten.

Von den vier genauer studirten Trioxyanthrachinonen ist das **Anthragallol**[2], 1.2.3-Trioxyanthrachinon, auf synthetischem Wege aus Pyrogallol und Phtalsäureanhydrid (Gleichung I), sowie aus Gallussäure und Benzoësäure (Gleichung II) dargestellt worden:

I 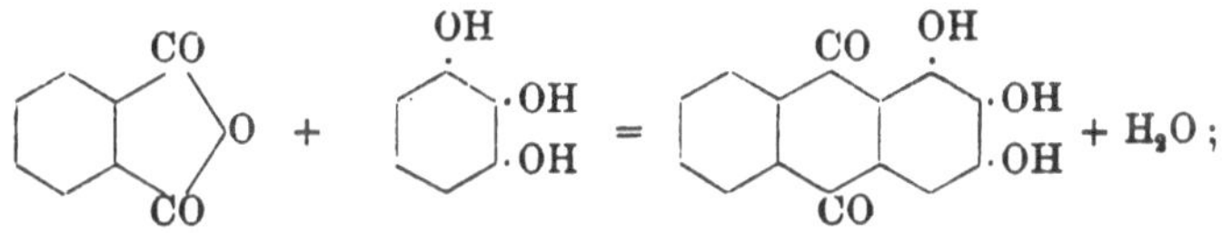

II 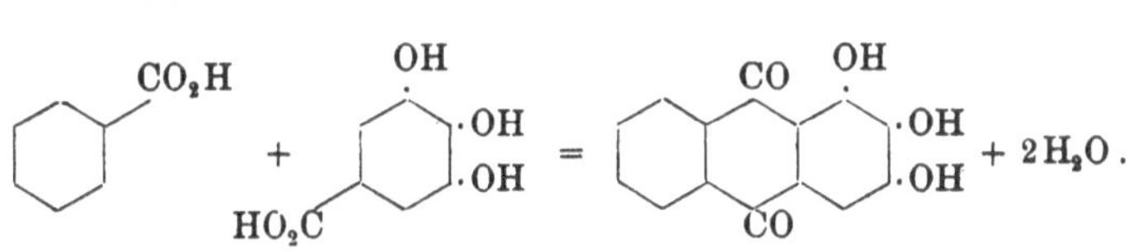

[1] Liebermann u. Giesel, Ber. **8**, 1648 (1875); **9**, 329 (1876). — Liebermann, Ann. **183**, 191 (1876). — Schunck u. Römer, Ber. **11**, 1179 (1878). — Liebermann u. Böck, Ber. **11**, 1617 (1878). — Liebermann u. Dehnst, Ber. **12**, 1287 (1879). — Oppermann, Ann. **280**, 4 (1894). — Vgl. auch: Diehl, Ber. **11**, 186 (1878). — Farbenfabriken vorm. Friedr. Bayer & Co., D. R.-Pat. Nr. 67061.

[2] Seuberlich, Ber. **10**, 38 (1877). — Liebermann u. v. Kostanecki, Ber. **18**, 2148 (1885). — Liebermann u. Jellinek, Ber. **21**, 1169 (1888). — A. G. Perkin, Journ. Soc. **75**, 435 (1899). — M. Bamberger u. Prätorius, Monatsh. **22**, 587 (1901); **23**, 688 (1902).

Der letztgenannten Synthese bedient sich auch die Technik, welche das Anthragallol zur Verwendung als Farbstoff herstellt. Das Anthragallol sublimirt bei 290° in orangerothen Nadeln vom Schmelzpunkt 310°; in Alkalien löst es sich mit grüner Farbe. Sein Triacetylderivat, $C_{14}H_5O_2(O \cdot CO \cdot CH_3)_3$, krystallisirt in hellgelben Nadeln vom Schmelzpunkt 181—182°.

Anthragalloldimethyläther[1], $C_{14}H_5O_2(OH)(OCH_3)_2$, findet sich in der Chaywurzel (vgl. S. 556, 562), und zwar enthält dieselbe mehrere isomere Dimethyläther des Anthragallols.

Purpurin, 1.2.4-Trioxyanthrachinon[2]:

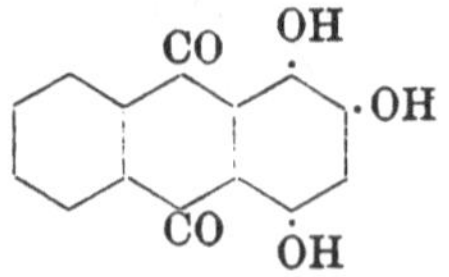

Die Entstehung dieses Trioxyanthrachinons aus drei verschiedenen Dioxyanthrachinonen durch directe Oxydation wurde schon auf S. 546—547 besprochen; aus diesen Bildungsweisen ergiebt sich die Constitution des Purpurins. Die Reaction wurde eine Zeit lang technisch zur Gewinnung des Purpurins benutzt, indem man Alizarin in schwefelsaurer Lösung mit Arsensäure oder Braunstein oxydirte. Heute findet das Purpurin nur noch eine beschränkte Anwendung.

Das Purpurin wurde von Robiquet und Colin im Jahre 1826 neben dem Alizarin im Krapp aufgefunden. Gräbe und Liebermann erkannten es als einen Abkömmling des Anthracens, indem sie es durch Erhitzen mit Zinkstaub in dieses überführten. Es bildet sich auch beim Behandeln von α-Amidoalizarin (vgl. S. 560) mit salpetriger Säure, sowie aus der sogenannten Alizarinpurpursulfosäure (vgl. S. 559) in der Kalischmelze:

---

[1] A. G. Perkin u. Hummel, Journ. Soc. **63**, 1160 (1893); **67**, 817 (1895). — Vgl. auch: Bamberger u. Böck, Monatsh. **22**, 732 (1901). — Böck, Monatsh. **23**, 1008 (1902).

[2] Colin u. Robiquet, Ann. ch. **34**, 225 (1827). — Debus, Ann. **66**, 357 (1848); **86**, 117 (1851). — Wolff u. Strecker, Ann. **75**, 20 (1850). — Kopp, Jb. **1861**, 938. — Stenhouse, Ann. **130**, 337 (1864). — Schützenberger u. Schiffert, Bull. [2] **4**, 12 (1865). — Gräbe u. Liebermann, Ber. **1**, 104 (1868). Ann. Suppl. **7**, 304 (1870). — Auerbach, Ber. **4**, 979 (1871). — Lalande, Compt. rend. **79**, 669 (1874). — Rosenstiehl, Compt. rend. **79**, 764 (1874). — Baeyer u. Caro, Ber. **8**, 152 (1875). — Liebermann u. Troschke, Ber. **8**, 381 (1875). — Liebermann u. O. Fischer, Ber. **8**, 974 (1875). — Liebermann, Ann. **183**, 211 (1876). — Vogel, Ber. **9**, 1641 (1876); **10**, 157 (1877); **11**, 1363 (1878). — v. Lepel, Ber. **9**, 1845 (1876). — Schunck u. Römer, Ber. **10**, 172, 550 (1877). — Liebermann u. Giesel, Ber. **10**, 608 (1877). — v. Perger, J. pr. [2] **18**, 176 (1878). — Dralle, Ber. **17**, 376 (1884). — Liebermann u. v. Kostanecki, Ber. **18**, 2145 (1885). — Brasch, Ber. **24**, 1615 (1891). — Offermann, Ann. **280**, 4 (1894). — Wacker, J. pr. [2] **54**, 90 (1896). — Liebermann u. Hohenemser, Ber. **35**, 1781 (1902).

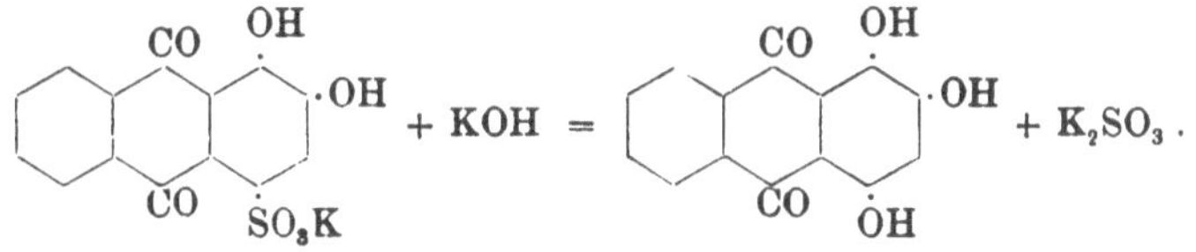

Das Purpurin krystallisirt aus wässerigem Alkohol in langen orangefarbenen Nadeln, welche 1 Mol. Krystallwasser enthalten, aus absolutem Alkohol wasserfrei in kleinen, tiefrothen Nadeln. Es schmilzt bei 256°; seine Lösungen besitzen ein charakteristisches Absorptionsspectrum, welches durch die Anwesenheit gewisser Basen, namentlich von Magnesia und Thonerde, modificirt wird, worauf sich ein Nachweis dieser Basen gründen lässt. In Alkalien, Soda und Ammoniak löst es sich mit lebhaft rother Farbe; mit Kalk- und Barytwasser gekocht, bildet es unlösliche purpurrothe Salze. Die alkalischen Purpurinlösungen werden an der Luft durch spontane Oxydation entfärbt; da das Alizarin dabei unverändert bleibt, kann man auf diese Weise geringe Beimengungen desselben im Purpurin nachweisen. Mit Thonerde gebeizte Zeuge werden durch Purpurin scharlachroth gefärbt; diese Färbungen sind gelbstichiger als die mit Alizarin hergestellten.

Von den Derivaten des Purpurins findet sich eine Sulfosäure als scharlachrother Beizenfarbstoff für Wolle im Handel[1].

Anthrapurpurin[2] — auch **Isopurpurin** genannt — und **Flavopurpurin**[2] werden im Grossen durch Verschmelzen der α- und β-Anthrachinondisulfosäure (vgl. S. 539) mit Alkali unter Zuhülfenahme von chlorsaurem Kalium hergestellt. Man verfährt hierbei ganz ebenso wie bei der Alizarinschmelze (vgl. S. 556—557). Im Handel finden sich meist Mischungen dieser beiden Trioxyanthrachinone, welche ausserdem noch wechselnde Mengen Anthraflavinsäure, Isoanthraflavinsäure und Alizarin enthalten. Es konnte nachgewiesen werden, dass bei der Alkalischmelze der Anthrachinondisulfosäuren nicht zuerst Dioxyanthrachinone entstehen, welche dann ein Sauerstoffatom aufnehmen und die Trioxyanthrachinone bilden, sondern dass in der ersten Phase der Reaction Sulfosäuren des 2-Oxyanthrachinons gebildet werden, welche zunächst durch Oxydation in

[1] Nietzki, organ. Farbstoffe, 4. Aufl. (1901), S. 100.

[2] W. H. Perkin, Journ. Soc. **23**, 143 (1870); **25**, 659 (1872); **26**, 425 (1873); **33**, 216 (1878); **37**, 557 (1880). — Schunck u. Römer, Ber. **9**, 679 (1876); **10**, 1822 (1877); **11**, 972 (1878); **13**, 42 (1880). — Caro, Ber. **9**, 682 (1876). — Rosenstiehl, Bull. [2] **29**, 405 (1878). — Liebermann, Ber. **21**, 441 (1888). — Liebermann u. v. Kostanecki, Ber. **19**, 2331 (1886). — Liebermann u. Jellinek, Ber. **21**, 1170 (1888). — Jellinek, Ber. **21**, 2524 (1888). — Schmidt, J. pr. [2] **43**, 234 (1891). — v. Recklinghausen, Ber. **26**, 1515 (1893). — Offermann, Ann. **280**, 14 (1894). — Krüss, Ztschr. physik. Chem. **18**, 558 (1895). — Bistrzycki u. de Schepper, Ber. **31**, 2800 (1898). — Gottlieb u. Vieth, vgl. Ewald, Pharmac. Centralhalle **42**, 423 (1901); Chem. Centralbl. **1901 II**, 54. — Wedekind u. Co., D. R.-Pat. Nr. 137948, 140128, 140129. Chem. Centralbl. **1903 I**, 267, 903.

Alizarinsulfosäuren übergehen; diese werden endlich durch das Alkali in die Trioxyanthrachinone übergeführt, z. B.:

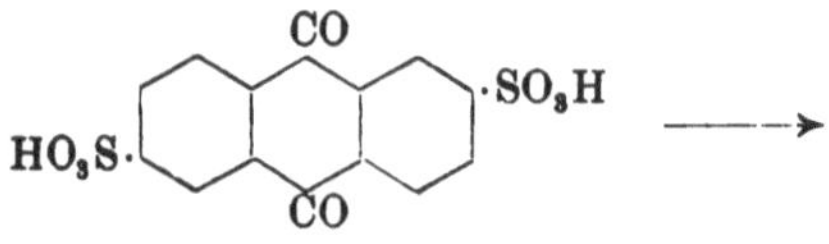

α-Anthrachinondisulfosäure

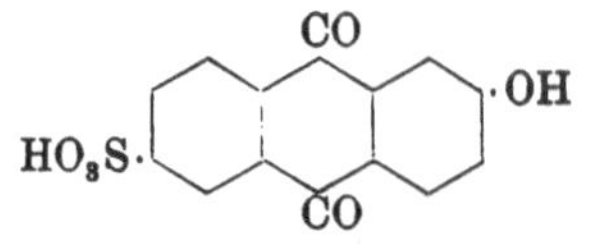

2-Oxyanthrachinonsulfosäure (6)

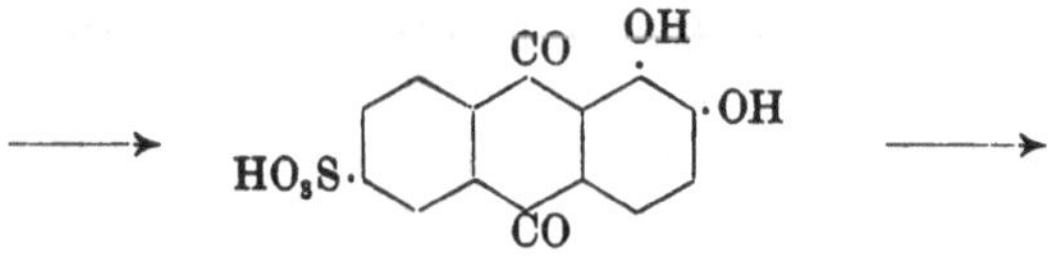

Alizarinsulfosäure (6)

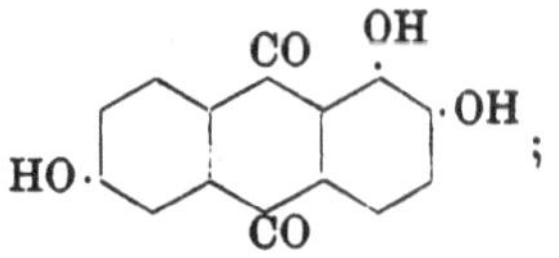

Flavopurpurin

ganz analog ist der Reactionsverlauf bei der Entstehung des Anthrapurpurins aus β-Anthrachinondisulfosäure. Daneben bilden sich aber immer aus den Oxyanthrachinonsulfosäuren die entsprechenden Dioxyanthrachinone, welche nicht weiter verändert werden. Da sie selbst keine Farbstoffe sind, so ist ihre Anwesenheit ungünstig für den Werth des Produkts. Das als Alizarin mit Gelbstich bezeichnete Handelsprodukt besteht hauptsächlich aus Anthrapurpurin; am werthvollsten sind die scharlachrothen Färbungen, welche man auf Thonerdebeizen erhält. Zu ihrer Herstellung verfährt man ganz wie beim Färben mit Alizarin (vgl. S. 557). Das Flavopurpurin findet mehr in der Druckerei als in der Färberei Verwendung; es liefert auf Thonerdebeize ein noch gelbstichigeres Roth als das Anthrapurpurin.

Flavopurpurin (1.2.6-Trioxyanthrachinon) krystallisirt in goldgelben Nadeln, löst sich in Kalilauge mit purpurrother, in Ammoniak und Soda mit gelbrother Farbe. Es schmilzt oberhalb 330°, sublimirt in dem Alizarin ähnlichen Nadeln und siedet bei 459° (corr.). Der Triäthyläther des Flavopurpurins ist nicht bekannt; bei der Einwirkung von Aethyljodid und Kalilauge findet nur eine partielle Aethylirung statt; dagegen kennt man das Triacetylflavopurpurin, $C_{14}H_5O_2(O \cdot CO \cdot CH_3)_3$, welches in gelben Nadeln vom Schmelzpunkt 195—196° krystallisirt.

Anthrapurpurin (1.2.7-Trioxyanthrachinon) bildet lange orangefarbene Nadeln, schmilzt oberhalb 330°, siedet bei 462° (corrigirt) und sublimirt in derben rhombischen Krystallen. In Alkalien löst es sich mit violetter Farbe. Das Diacetylderivat (Schmelzpunkt 175—178°) ist unter dem Namen „Purgatin" zur arzneilichen Anwendung als mildes Abführmittel empfohlen worden. Das Triacetylderivat krystallisirt in Schuppen vom Schmelzpunkt 220—222°. Bei der Einwirkung von Ammoniak wird eine Hydroxylgruppe des Anthrapurpurins durch den Amidrest ersetzt, es entsteht das den Alizarinamiden (vgl. S. 552) entsprechende Anthrapurpurinamid, $C_{14}H_5O_2(OH)_2(NH_2)$.

Tetraoxy-, Pentaoxy- und Hexaoxy-Anthrachinone.

Einzelne Polyoxyanthrachinone sind auf synthetischem Wege hergestellt worden, so das

Chinalizarin[1] (1.2.5.8-Tetraoxyanthrachinon), dessen Dimethyläther bei der Condensation von Hydrochinon mit Hemipinsäure (vgl. Bd. II, Th. I, S. 656) entsteht:

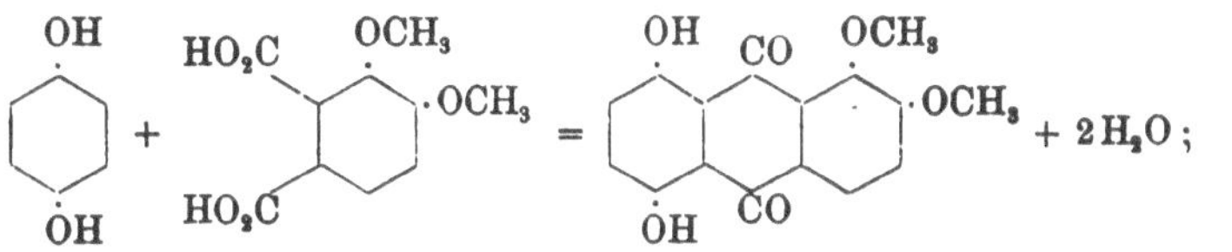

Rufiopin[2] durch Condensation von 2 Mol. Opiansäure (vgl. Bd. II, Th. I, S. 717) oder Hemipinsäure mittels Schwefelsäure;

zwei Oxyanthragallole[3] der Stellung 1.2.3.7 bezw. 1.2.3.5 aus Gallussäure und m-Oxybenzoësäure:

1. 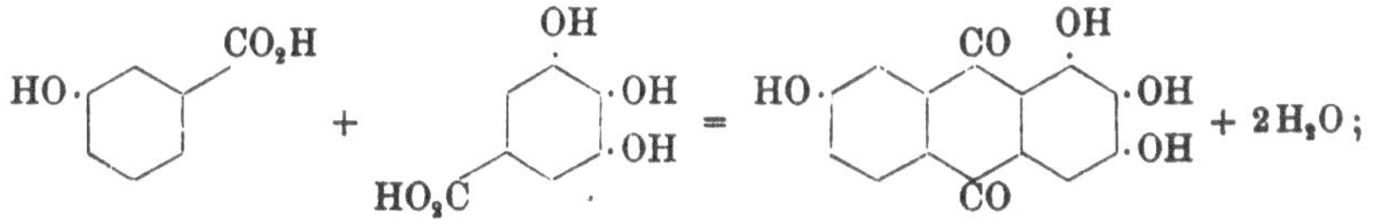

2. 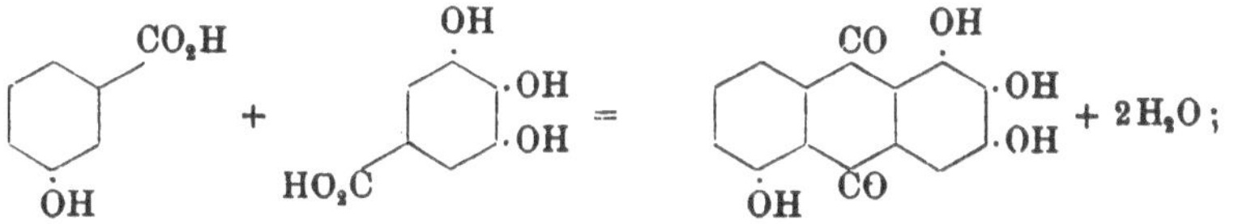

Anthrachryson[4] (1.3.5.7-Tetraoxyanthrachinon) aus 3.5-Dioxybenzoësäure:

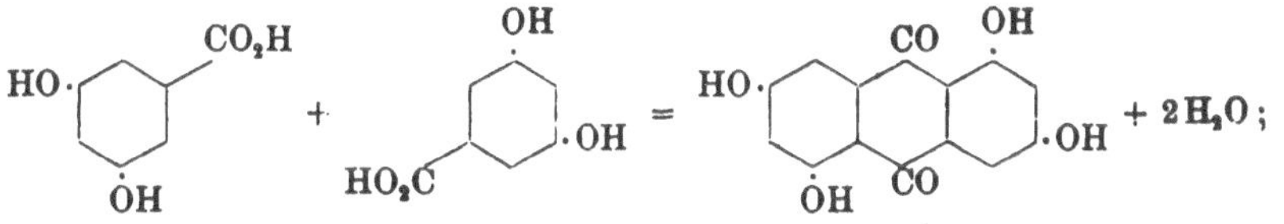

Dioxyanthragallol[5] (1.2.3.5.7-Pentaoxyanthrachinon) aus 3.5-Dioxybenzoësäure und Gallussäure:

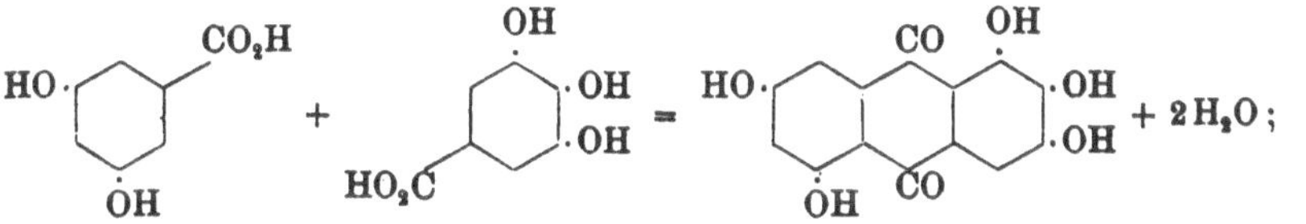

---

[1] Liebermann u. Wense, Ann. **240**, 297 (1887).

[2] Anderson, Ann. **98**, 51 (1856). — Liebermann u. Chojnacki, Ann. **162**, 321 (1872).

[3] Noah, Ber. **19**, 2337 (1886). Ann. **240**, 269 (1887).

[4] Barth u. Senhofer, Ann. **164**, 109 (1872). — Noah, Ber. **19**, 751 (1886). — Hohenemser, Ber. **35**, 2306 (1902).

[5] Noah, Ber. **19**, 751 (1886). Ann. **240**, 273 (1887).

Rufigallussäure[1] (1.2.3.5.6.7-Hexaoxyanthrachinon) aus Gallussäure (vgl. S. 501).

Diese synthetischen Methoden haben aber grösstentheils nur ein theoretisches Interesse; in der Technik dagegen werden die Polyoxyanthrachinone — diese Verbindungen haben einen hohen Werth als Beizenfarbstoffe — direct aus den niedriger hydroxylirten Verbindungen hergestellt. Hierzu benutzt man die ausserordentlich wichtige Methode der Einwirkung von Schwefelsäure bezw. Schwefelsäureanhydrid auf die niedriger substituirten Anthrachinone[2]. Das Prototyp dieser Reaction, welche zuerst bei der Oxydation des Alizarinblaus zu Oxyalizarinblau (Alizaringrün) erkannt wurde[3], ist die Ueberführung des Alizarins in Chinalizarin. Wenn man Alizarin mit rauchender Schwefelsäure von 70—80 $^0/_0$ Anhydridgehalt bei 25—50^0 behandelt, so bildet sich der Schwefelsäureester des Chinalizarins:

$$C_{14}H_6O_2(OH)_2 + SO_3 + O_2 = C_{14}H_4O_2(OH)_2{<}{}^{O}_{O}{>}SO_2 + H_2O\,.$$

Natronlauge verwandelt diesen Ester zunächst in einen sauren Schwefelsäureester:

$$C_{14}H_4O_2(OH)_3 \cdot O \cdot SO_2 \cdot OH\,,$$

welcher beim Erhitzen mit Säuren den Schwefelsäurerest abspaltet und Chinalizarin liefert.

Diese Reaction lässt sich auf die verschiedensten Oxyanthrachinone anwenden, welche eine Hydroxylgruppe in α-Stellung enthalten. Durch verlängerte Einwirkung des Schwefelsäureanhydrids kann der Vorgang wiederholt, und es können so sehr hoch hydroxylirte Körper gewonnen werden. Während beim Alizarin zwei Hydroxyle in dem nicht substituirten Kern in Parastellung zu einander eintreten (vgl. S. 547):

findet beim Chinizarin dieser Eintritt der Hydroxyle in Orthostellung statt; man erhält dasselbe Chinalizarin:

---

[1] Robiquet, Ann. **19**, 204 (1836). — Jaffé, Ber. **3**, 694 (1870). — Schiff, Ann. **163**, 218 (1872). — Klobukowski u. Nölting, Ber. **8**, 931 (1875). — Klobukowski, Ber. **9**, 1256 (1876); **10**, 882 (1877). — Liebermann u. Jellinek, Ber. **21**, 1171 (1888). — A. G. Perkin, Proceed. of the Chem. Soc. **18**, 254 (1903).

[2] Farbenfabriken vorm. Friedr. Bayer & Co., D. R.-Pat. Nr. 60855, 62531, 63692, 63693, 64418, 65182, 65375, 65453, 67061, 67063, 69013, 69388, 97674, 102638. — Schmidt, J. pr. [2] **43**, 237 (1891). — Gattermann, J. pr. [2] **43**, 246 (1891).

[3] Badische Anilin- u. Soda-Fabr., D. R.-Pat. Nr. 46654. — Gräbe, Ber. **23**, 3739 (1890).

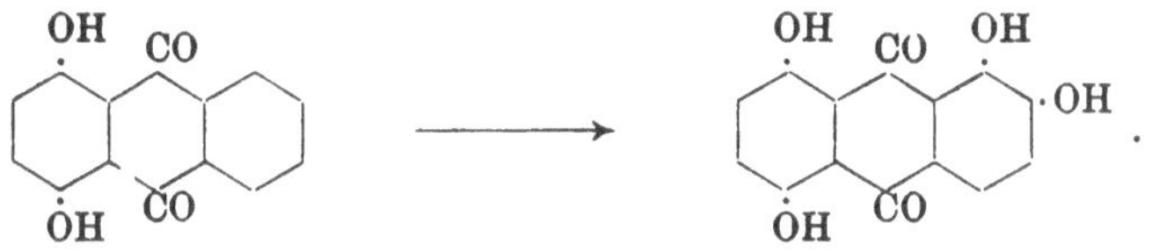

Die nach dieser Methode hergestellten Polyoxyanthrachinone werden unter der Gruppenbezeichnung **Bordeaux** zusammengefasst. Sie stellen äusserst werthvolle Beizenfarbstoffe dar, mit deren Hülfe man tiefere Farbentöne erzeugen kann, als mit den hydroxylärmeren Alizarinfarbstoffen[1]; ihre Thonerdelacke sind bordeauxroth gefärbt, während man auf Chrom- bezw. Eisen-Beizen blauviolette Töne erhält. Die Färbungen sind durch ihre grosse Widerstandsfähigkeit gegen Licht, Seife und Säuren ausgezeichnet.

Alizarinbordeaux B ist identisch mit **Chinalizarin**; es bildet lange tiefrothe Nadeln mit grünem Metallglanz, welche bei 275° noch nicht schmelzen. Sein Dimethyläther krystallisirt in braunrothen mikroskopischen Blättchen vom Schmelzpunkt 225—230°; das Tetraacetylderivat bildet Nädelchen vom Schmelzpunkt 201°.

Eine ebenfalls sehr wichtige Methode[2] zur Einführung von Hydroxylgruppen gründet sich auf die Mitanwendung von Borsäure. Diese wirkt dabei in der Weise, dass sie die freien Hydroxyle esterificirt, wodurch eine grössere Festigkeit des Molecüls erreicht wird. Man ist dadurch in den Stand gesetzt, bei höherer Temperatur zu arbeiten und kann daher auch die rauchende Schwefelsäure durch concentrirte Säure ersetzen. Die während der Reaction entstandenen Borsäureester lassen sich durch Kochen mit Wasser oder verdünnten Säuren leicht verseifen. Auch das Anthrachinon selbst kann der Reaction unterworfen werden, wobei sich zunächst Chinizarin bildet (vgl. S. 561).

Durch weitere Einwirkung oxydirender Agentien auf die obengenannten Bordeaux ist man zu der wichtigen Farbstoffgruppe der **Cyanine**[3] gelangt. Man wendet vorzugsweise Braunstein oder Arsensäure in schwefelsaurer Lösung als Oxydationsmittel an; als Zwischenprodukte treten hierbei Anthradichinone[4] auf, welche sich leicht zu den Polyoxyanthrachinonen reduciren. So erhält man aus dem Chinalizarin das 1.2.4.5.8-Pentaoxyanthrachinon:

---

[1] Vgl. über die Vertiefung von Farbentönen durch zunehmende Hydroxylirung: C. LIEBERMANN, Ber. **34**, 1041 (1901).

[2] Farbenfabriken vorm. FRIEDR. BAYER & Co., D. R-Pat. Nr. 81481, 81959, 81960, 81961, 81962, 81968, 86630, 86968, 101220.

[3] SCHMIDT, J. pr. [2] **43**, 242 (1891). — GATTERMANN, J. pr. [2] **43**, 250 (1891). — WACKER, J. pr. [2] **54**, 93 (1896). — Farbenfabriken vorm. FRIEDR. BAYER & Co., D. R.-Pat. Nr. 62018, 62504, 62505, 62506, 66153, 68113, 68114, 68123, 69842, 69933, 69934, 73942, 74353, 86969, 103686, 103988.

[4] Vgl. auch A. G. u. W. H. PERKIN, Journ. Soc. **47**, 679 (1885); **53**, 831 (1888). Ber. **18**, 1723 (1885).

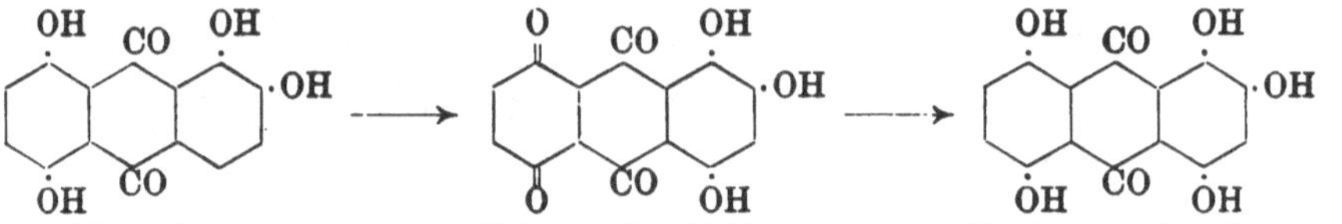

Chinalizarin — Trioxyanthradichinon — Pentaoxyanthrachinon

Die Reaction ist also der Bildung des Purpurins aus Alizarin analog (vgl. S. 546—547). Die so entstehende Verbindung ist isomer mit dem Pentaoxyanthrachinon, welches aus Purpurin durch rauchende Schwefelsäure erhalten wird, dem Purpurinbordeaux. Sie findet sich im Handel unter der Bezeichnung **Alizarincyanin R** oder Alizarinpentacyanin, krystallisirt aus Eisessig in langen dunkeln Nadeln mit grünem Reflex und löst sich in Alkalien mit violettblauer Farbe; Thonerdebeizen färbt sie violett, Chrombeizen blau an. Die Färbungen zeichnen sich durch grosse Echtheit aus. Bei weiterer Einwirkung von Braunstein und Schwefelsäure geht das Pentacyanin in **Alizarinhexacyanin,** ein Hexaoxyanthrachinon, über. Auch die Sulfosäuren der Cyanine finden als Farbstoffe Verwendung.

Bei Besprechung der Dinitroanthrachinone wurde bereits (S. 541) erwähnt, dass man diese zur Darstellung von Farbstoffen benutzt. Wenn man das Gemenge der aus dem Anthrachinon entstehenden Dinitroderivate mit concentrirter Schwefelsäure[1] erhitzt, so entstehen stickstoffhaltige Farbstoffe; ersetzt man die concentrirte Schwefelsäure durch anhydridhaltige[2], so findet — namentlich bei Gegenwart reducirender Mittel — die bereits beschriebene Umwandlung in Diamidodioxyanthrachinone statt. Die weitere Einwirkung des Schwefelsäureanhydrids führt alsdann zu einem Produkt, welches bei der Reduction Diamidoanthrachrysondisulfosäure liefert und daher als ein Dichinondiimid aufgefasst wird. Endlich werden die Imidgruppen in dieser Verbindung durch Sauerstoff ersetzt unter Bildung von Polychinonen, die bei der Reduction Polyoxyanthrachinone liefern. Die Umwandlung des 1.5-Dinitroanthrachinons führt also etwa über folgende Zwischenprodukte (vgl. ferner S. 542) zur 1.2.4.5.6.8-Hexaoxyanthrachinondisulfosäure(3.7)[3]:

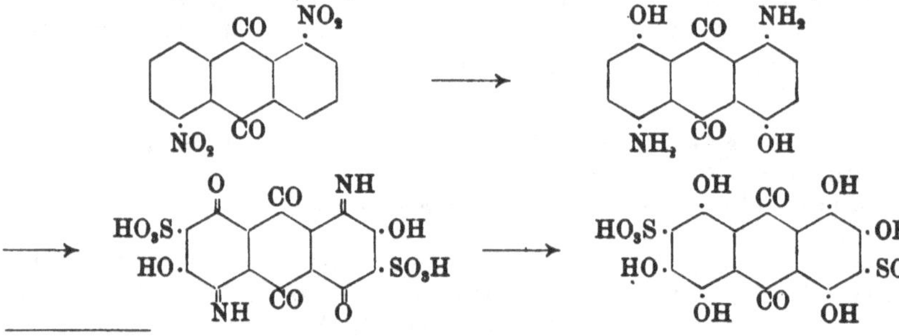

[1] Gräbe u. Liebermann, Ber. **3**, 905 Anm. (1870). — Böttger u. Petersen, Ann. **160**, 145 (1871). — Lifschütz, Ber. **17**, 891 (1884).

[2] Literatur s. S. 568. [3] Vgl. Friedländer, Theerfarbenfabrikation, Bd. V, S. 240.

Diese Vorgänge zeigen eine unverkennbare Analogie mit der Bildung des Naphtazarins aus Dinitronaphtalin (vgl. S. 393). Werden die in erster Phase aus Dinitroanthrachinon und rauchender Schwefelsäure hergestellten Körper mit gewöhnlicher Schwefelsäure erhitzt, so verläuft der Process ganz ähnlich, nur findet keine Sulfurirung statt, sondern das Endprodukt ist Hexaoxyanthrachinon.

Die aus den Dinitroanthrachinonen hergestellten Farbstoffe — man gewinnt sie durch Behandeln von Dinitroanthrachinonen mit Schwefel und Schwefelsesquioxyd — werden im Handel als **Anthracenblau** bezeichnet. Sie finden Verwendung als blaue Wollfarbstoffe, sowie in Gestalt ihrer Thonerde- oder Chrom-Lacke in der Baumwollfärberei und Druckerei. Die Färbungen zeichnen sich durch Lichtechtheit und Widerstandsfähigkeit gegen Alkalien aus.

Zu erwähnen sind noch einige aus Anthrachryson entstehende Farbstoffe[1], wie das durch Nitriren von Anthrachryson entstehende Tetranitroanthrachryson:

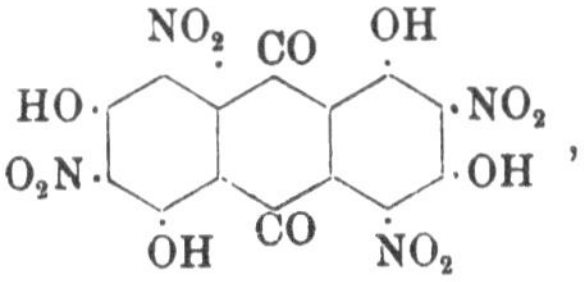

welches selbst ein Beizenfarbstoff ist, aber auch als Ausgangsmaterial für weitere durch Reduction daraus entstehende Farbstoffe dient; ferner die durch Sulfuriren und Nitriren des Anthrachrysons entstehende Dinitroanthrachrysondisulfosäure, deren Reduction in alkalischer Lösung zu einem grünen Beizenfarbstoff, dem **Säurealizaringrün,** führt, während sich in saurer Lösung Diamidoanthrachrysondisulfosäure bildet, welche mit Alkalilauge gekocht in ein stickstofffreies Produkt — das **Säurealizarinblau** — übergeht. Letzteres ist vermuthlich mit der aus 1.5-Dinitroanthrachinon entstehenden Hexaoxyanthrachinondisulfosäure (S. 570) identisch.

Homologe Oxyanthrachinone.

Eine grosse Zahl methylirter Oxyanthrachinone ist auf synthetischem Wege nach den im früheren (S. 501—508) besprochenen allgemeinen Methoden dargestellt worden. Als Farbstoffe haben diese Verbindungen keine Bedeutung.

Von wesentlichem Interesse ist das natürliche Vorkommen einer Reihe von Hydroxylderivaten methylirter Anthrachinone. Unter

---

[1] Farbwerke Höchst a./M., D. R.-Pat. Nr. 70803, 70806, 71964, 72552, 73605, 73684, 104367. — Farbenfabr. vorm. Friedr. Bayer & Co., D. R.-Pat. Nr. 75490.

diesen sind am eingehendsten studirt worden die **Chrysophansäure**[1], $C_{15}H_{10}O_4$, und das **Emodin**[1], $C_{15}H_{10}O_5$. Im Jahre 1843 isolirten ROCHLEDER und HELDT aus der gelben Wandflechte eine gelbe Substanz, welche sie als Chrysophansäure bezeichneten. SCHLOSSBERGER und DÖPPING gewannen im Jahre 1844 einen Körper, den sie hiermit für identisch hielten, aus der Rhabarberwurzel, welche seitdem allgemein als Rohmaterial für die Darstellung der Chrysophansäure benutzt wurde. HESSE hat später nachgewiesen, dass die Chrysophansäure aus Rhabarber von der Verbindung aus der gelben Wandflechte verschieden ist, und hat dem allgemeinen Gebrauch folgend für das aus Rhabarber hergestellte Produkt den Namen Chrysophansäure beibehalten. Die Constitution der Chrysophansäure als eines Dioxy-Methylanthrachinons wurde zuerst von LIEBERMANN und O. FISCHER ermittelt, welche sie durch Zinkstaubdestillation in Methylanthracen überführten. Ob dieses Methylanthracen die α- oder β-Verbindung ist, konnte noch nicht mit voller Sicherheit festgestellt werden; nach den vorliegenden Beobachtungen kann man die β-Stellung als wahrscheinlicher betrachten.

Auch in der Wurzel verschiedener Rumexarten, in den Sennesblättern und in der Rinde von Rhamnus purshiana (Cascara sagrada) wurden Substanzen aufgefunden, welche entweder mit der Chrysophansäure identisch sind oder ihr doch wohl in der Constitution sehr nahe stehen. Zur Gewinnung der Chrysophansäure wird Rhabarberwurzel wiederholt mit Aether extrahirt; die erste Extraction enthält neben Chrysophansäure Fett, Harz und andere Bestandtheile, die späteren Extractionen aber ergeben beim Verdampfen krystallinische Rückstände, aus denen sich leicht die Chrysophansäure rein gewinnen lässt.

---

[1] ROCHLEDER u. HELDT, Ann. **48**, 13 (1843). — SCHLOSSBERGER u. DÖPPING, Ann. **50**, 215 (1844). — CASSELMANN, Ann. **104**, 77 (1857). — WARREN DE LA RUE u. MÜLLER, Jb. **1857**, 516; **1862**, 325. — THANN, Ann. **107**, 324 (1858). — BATKA, Jb. **1864**, 555. — GRÄBE u. LIEBERMANN, Ber. **1**, 104 (1868). Ann. Suppl. **7**, 309 (1870). — ROCHLEDER, Ber. **2**, 373 (1869). — FAUST, Ann. **165**, 229 (1873). — LIEBERMANN u. O. FISCHER, Ber. **8**, 1102 (1875). Ann. **183**, 158 (1876). — LIEBERMANN, Ber. **8**, 970 (1875). Ann. **310**, 364 (1900). — LIEBERMANN u. WALDSTEIN, Ber. **9**, 1775 (1876). — LIEBERMANN u. GIESEL, Ann. **183**, 174 (1876). — LIEBERMANN u. SEIDLER, Ber. **11**, 1603 (1878). — LIEBERMANN u. v. KOSTANECKI, Ber. **19**, 2331 (1886). — THORPE u. ROBINSON, Journ. Soc. **57**, 38 (1890). — THORPE u. MILLER, Journ. Soc. **61**, 1 (1892). — A. G. PERKIN u. HUMMEL, Journ. Soc. **65**, 923 (1894). — A. G. PERKIN, Journ. Soc. **67**, 1084 (1895). — HESSE, Ann. **284**, 191 (1895); **291**, 305 (1896); **309**, 32 (1899). Chem. Centralbl. **1895 II**, 1089; **1898 II**, 825. Ber. **28 Ref.**, 1058 (1895). — TSCHIRCH, Chem. Centralbl. **1898 II**, 211. — DOHME u. ENGELHARD, Journ. amer. Soc. **20**, 544 (1898). — OESTERLE, Arch. f. Pharm. **237**, 81, 699 (1899). — LEPRINCE, Compt. rend. **129**, 60 (1899). — MARFORI, Chem. Centralbl. **1900 I**, 1292. — TSCHIRCH u. HIEPE, Arch. f. Pharm. **238**, 435 (1900). — TSCHIRCH u. POLACCO, Arch. f. Pharm. **238**, 473 (1900). — JOWETT u. POTTER, Journ. Soc. **81**, 1583 (1902). — AWENG, Chem. Centralbl. **1902 II**, 368. — TSCHIRCH u. HEUBERGER, Chem. Centralbl. **1903 I**, 175. — Vgl. auch: PEDERSEN, Arch. f. Pharm. **236**, 205 (1898). — LÉGER, Compt. rend. **134**, 1111, 1584 (1902).

Chrysophansäure krystallisirt aus Alkohol in kleinen, goldgelben, moosartig aneinander gelagerten Blättchen vom Schmelzpunkt 190°. In Alkalien löst sie sich mit kirschrother Farbe. Die reine Verbindung ist ohne Einwirkung auf die Darmthätigkeit, stellt also nicht das physiologisch wirksame Princip der Rhabarberwurzel dar.

Ueber das der Chrysophansäure nahestehende Chrysarobin s. S. 528.

Diacetylchrysophansäure, $C_{15}H_8O_2(O \cdot CO \cdot CH_3)_2$, bildet hellgelbe Blättchen vom Schmelzpunkt 206°.

Durch Einwirkung von rauchender Salpetersäure liefert die Chrysophansäure ein Tetranitroderivat; Reductionsmittel führen sie in Chrysarobin über (vgl. S. 528). Aus diesem Reductionsprodukt wird durch Oxydation wieder Chrysophansäure gebildet.

Das Emodin ist ein Begleiter der Chrysophansäure in der Rhabarberwurzel und in der Cascara sagrada; es findet sich ferner in Gestalt eines Glykosids, des Frangulins, in der Faulbaumrinde. Sein Name ist von Rheum Emodi, einer Rhabarberart, abgeleitet. Um das Emodin von der Chrysophansäure zu trennen, behandelt man das Gemisch mit Kaliumcarbonatlösung, welche die Chrysophansäure grösstentheils ungelöst lässt. Beim Glühen mit Zinkstaub liefert das Emodin Methylanthracen; es ist als ein Trioxy-Methylanthrachinon aufzufassen. Emodin bildet orangerothe seideglänzende Nadeln vom Schmelzpunkt 254—255°. Aus verdünnter Essigsäure krystallisirt es mit einem Molecül Krystallwasser. In Alkalien und Ammoniak löst es sich mit kirschrother Farbe. Es besitzt in ausgesprochener Weise die der Rhabarberwurzel eigene purgirende Wirkung, doch wirken in der Droge wahrscheinlich auch die darin enthaltenen harzigen Produkte mit.

Triacetylemodin, $C_{15}H_7O_2(O \cdot CO \cdot CH_3)_3$, krystallisirt in gelben, bei 193° schmelzenden Nadeln.

Frangulin, $C_{21}H_{20}O_9$, wird aus der Faulbaumrinde durch Alkalien extrahirt. Es bildet eine citronengelbe, seideglänzende Krystallmasse vom Schmelzpunkt 226° und löst sich in Alkalien mit kirschrother Farbe. Beim Kochen mit Mineralsäuren zerfällt es in Emodin und Rhamnose (vgl. Bd. I, S. 894):

$$C_{21}H_{20}O_9 + H_2O = C_{15}H_{10}O_5 + C_6H_{12}O_5 .$$

Ein anderes[1], in der Wurzelrinde von Polygonum cuspidatum enthaltenes Glykosid, das Polygonin, liefert bei der Spaltung neben einem Zucker gleichfalls Emodin.

Ein dem Emodin isomeres Trioxy-Methylanthrachinon — das Morindon — entsteht aus dem in der Morinda citrifolia enthaltenen Glykosid Morindin[2] durch Spaltung.

---

[1] A. G. Perkin, Journ. Soc. **67**, 1084 (1895).

[2] Anderson, Jb. **1847/1848**, 748. — Stein, Ztschr. Chem. **2**, 342 (1866). — Thorpe u. Greenall, Journ. Soc. **51**, 52 (1887). — Thorpe u. Schmidt, Journ. Soc. **53**, 171 (1888).

Als **1-Methyl-2.4-Dioxyanthrachinon** ist das **Rubiadin**[1] erkannt, welches durch Spaltung eines im Krapp vorkommenden Glykosids erhalten wird.

Anthrachinoncarbonsäuren.

Mono- und Poly-Carbonsäuren des Anthrachinons sind in grösserer Zahl aus den methylirten Anthrachinonen (vgl. S. 532) durch Oxydation mit verdünnter Salpetersäure, aus Anthracencarbonsäuren durch Chromsäure, sowie endlich auch durch energische Oxydation von methylirten Anthracenen (vgl. S. 511—512) dargestellt worden[2].

Da die Constitution der Ausgangsmaterialien in diesen Fällen nicht immer ganz sichergestellt war (vgl. S. 511—512), ist es von Werth, dass auch synthetische Methoden bekannt sind, welche zu den Anthrachinonmonocarbonsäuren führen und welche es gestatten, die Stellung der Carboxylgruppe ohne weiteres festzustellen. So entsteht die Anthrachinoncarbonsäure (1), wenn man die Benzhydroldicarbonsäure (2.2′) mit Jodwasserstoffsäure und Phosphor erhitzt und die entstandene Anthranolcarbonsäure (1) oxydirt[3]; hierbei bildet sich zunächst durch Reduction der Benzhydroldicarbonsäure die Diphenylmethandicarbonsäure (2.2′) (vgl. S. 92), welche sich alsdann zu Anthranolcarbonsäure condensirt (vgl. S. 504):

1. 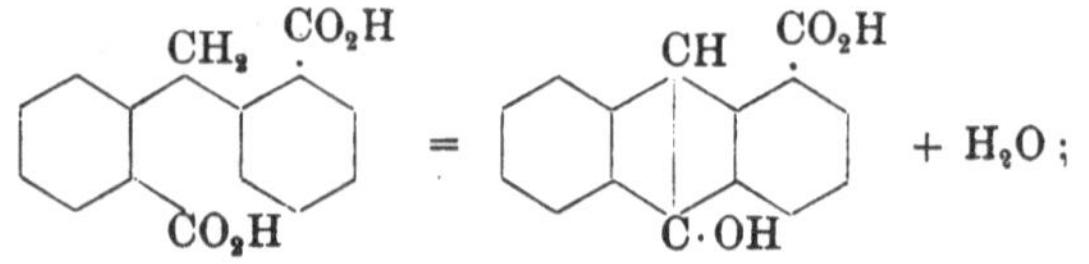

2. 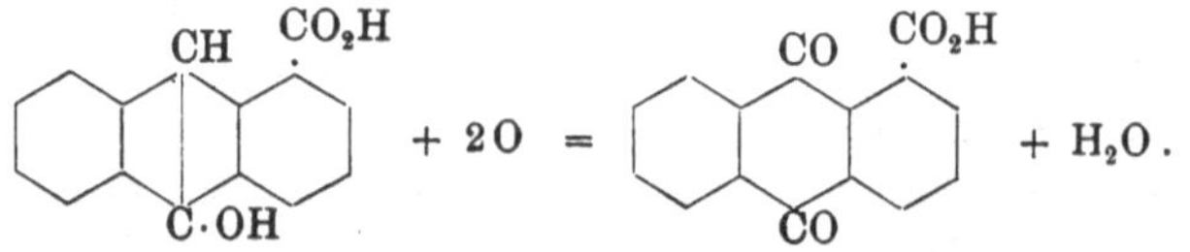

Dieselbe Säure entsteht auch durch Condensation von Hemimellithsäureanhydrid (vgl. Bd. II, Th. I, S. 590) mit Benzol und Aluminiumchlorid[4] unter intermediärer Bildung von Benzophenondicarbonsäure (2.3):

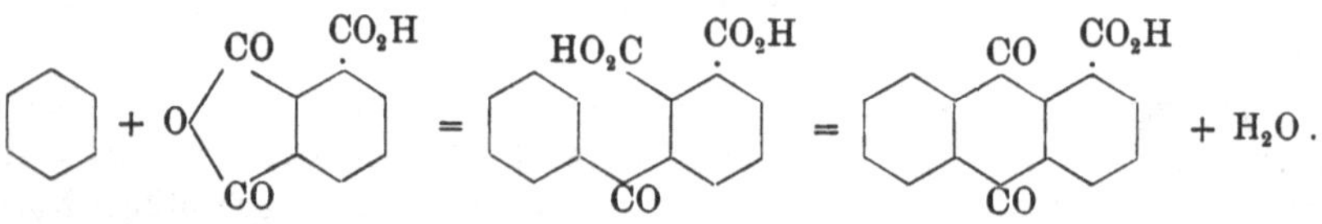

---

[1] Schunck u. Marchlewski, Journ. Soc. **63**, 969 (1893); **65**, 182 (1894) — Marchlewski, Journ. Soc. **63**, 1137 (1893).

[2] Weiler, Ber. **7**, 1186 (1874). — O. Fischer, Ber. **7**, 1196 (1874). — Liebermann u. vom Rath, Ber. **8**, 246 (1875). — Liebermann u. Fischer, Ber. **8**, 1103 (1875). — Liebermann, Ann. **183**, 166 (1876). — Japp u. Schultz, Ber. **10**, 1050 (1877). — Wachendorff u. Zincke, Ber. **10**, 1481 (1877). — Nietzki, Ber. **10**, 2013 (1877). — Liebermann u. Bischof, Ber. **13**, 47 (1880). — Börnstein, Ber. **16**, 2609 (1883). — Liebermann u. Glock, Ber. **17**, 888 (1884). — Gresly, Ann. **234**, 241 (1886). — Anschütz, Ann. **235**, 173 (1886). — Elbs u. Eurich, Ber. **20**, 1362 (1887). — Elbs u. Günther, Ber. **20**, 1364 (1887). — Elbs, J. pr. [2] **35**, 475 (1887); [2] **41**, 8, 21, 29, 126, 141, 144 (1890). — A. G. Perkin u. Cope, Journ. Soc. **65**, 842 (1894). — Limpricht u. Wiegand, Ann. **311**, 182 (1900).

[3] Gräbe u. Juillard, Ann. **242**, 255 (1887).

[4] Gräbe u. Leonhardt, Ann. **290**, 231 (1896). — Gräbe u. Blumenfeld, Ber. **30**, 1115 (1897).

In ganz analoger Weise entsteht die Anthrachinoncarbonsäure (2)[1] aus der Benzophenondicarbonsäure (2.4):

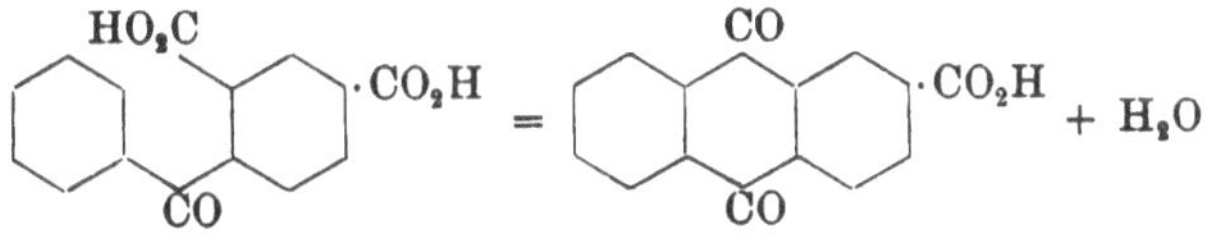

sowie aus der Benzophenondicarbonsäure (2.4')[2]:

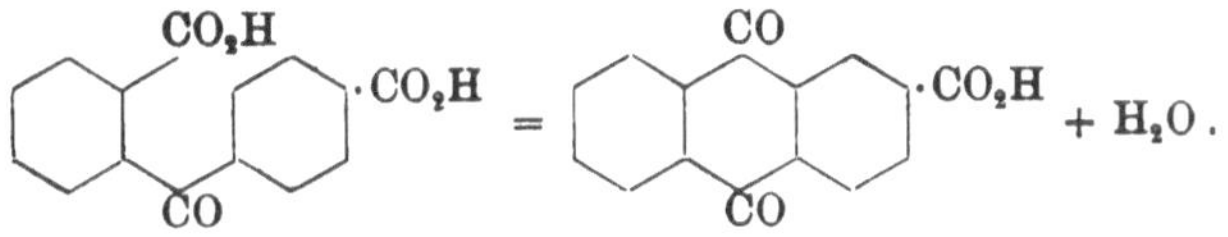

Anthrachinoncarbonsäure (1), $C_{14}H_7O_2 \cdot CO_2H$, krystallisirt in hellgelben Nadeln vom Schmelzpunkt 293—294° (corrigirt). Der Aethylester, $C_{14}H_7O_2 \cdot CO_2 \cdot C_2H_5$, bildet gelbe, bei 169° schmelzende Nadeln.

Anthrachinoncarbonsäure (2) krystallisirt in büschelförmig vereinigten Nadeln vom Schmelzpunkt 290—292°. Der Aethylester schmilzt bei 147°; das Amid, $C_{14}H_7O_2 \cdot CO \cdot NH_2$, bildet Nadeln, welche oberhalb 280° schmelzen.

Auch einige Oxycarbonsäuren des Anthrachinons sind bekannt. So werden aus der Anthrachinoncarbonsäure (2) durch Sulfuriren und Schmelzen der Sulfosäure mit Kali je nach den Versuchsbedingungen 2-Oxyanthrachinoncarbonsäure (Formel I) und Alizarincarbonsäure (Formel II) hergestellt[3]:

I 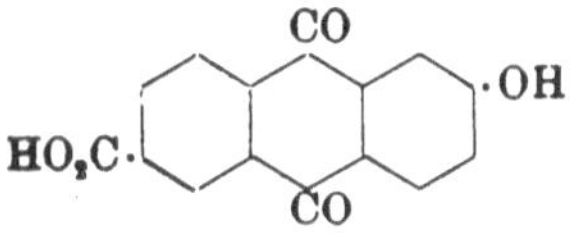 oder 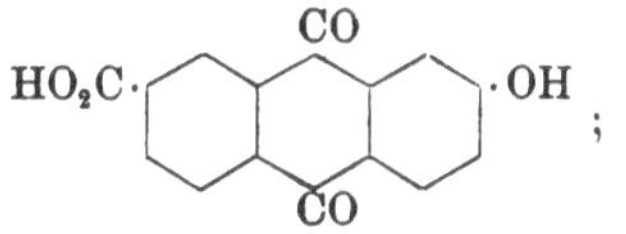 ;

II 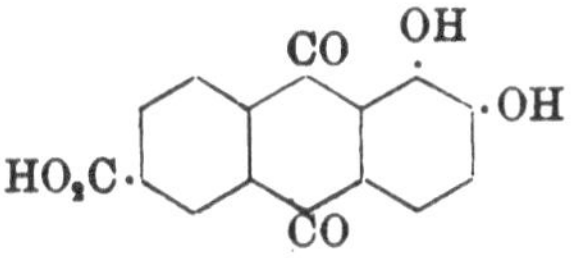 oder 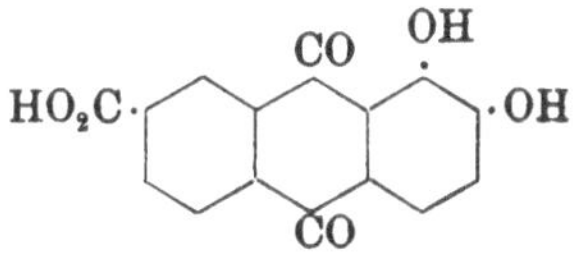

Durch Oxydation der Alizarincarbonsäure mit Arsensäure entsteht eine Purpurincarbonsäure:

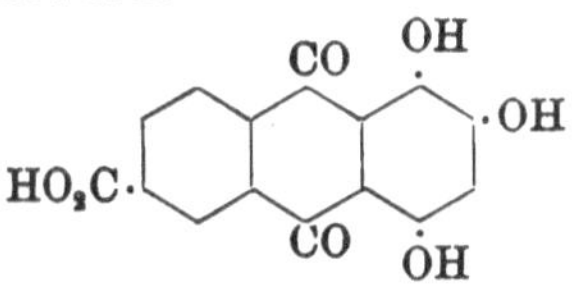 oder 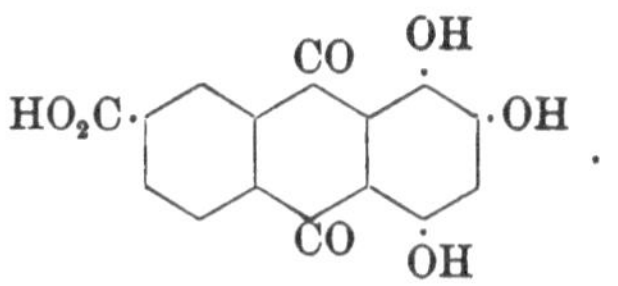 .

Dass die Hydroxylgruppen und die Carboxylgruppe in allen diesen Säuren in verschiedenen Kernen stehen, geht daraus hervor, dass aus dieser Purpurincarbonsäure bei der Oxydation Trimellithsäure (vgl. Bd. II, Th. I, S. 590) entsteht, also eine hydroxylfreie Tricarbonsäure.

---

[1] Limpricht u. Levien, Ann. **309**, 99 (1899). — Vgl. auch Limpricht, Ann. **309**, 122 (1899).

[2] Farbwerke Höchst a./M., D. R.-Pat. Nr. 80407.

[3] Hammerschlag, Ber. **11**, 82 (1878). — A. G. Perkin u. Cope, Journ. Soc. **65**, 846 (1894). — Vgl. auch Birukoff, Ber. **20**, 2438 (1887).

Als eine **Purpuroxanthincarbonsäure**[1], $C_{14}H_5O_2(OH)_2 \cdot CO_2H$, ist das **Munjistin** erkannt, welches STENHOUSE im ostindischen Krapp (Rubia munjista) (S. 557—558) auffand. Die nähere Untersuchung ergab, dass die Verbindung beim Erhitzen über ihren Schmelzpunkt in Kohlensäure und Purpuroxanthin zerfällt:

$$C_{14}H_5O_2(OH_2)(CO_2H) = C_{14}H_6O_2(OH)_2 + CO_2 .$$

Da die Säure ferner von Salpetersäure zu Phtalsäure oxydirt wird, so muss sie homonuclear sein und entweder die 2.4-Dioxyanthrachinoncarbonsäure(1) oder die 1.3-Dioxyanthrachinoncarbonsäure(2) darstellen. Sie krystallisirt in goldglänzenden wasserfreien Blättchen vom Schmelzpunkt 231°. In Alkalien und Ammoniak löst sie sich mit rother Farbe.

Das von SCHÜTZENBERGER und SCHIFFERT im käuflichen Purpurin aus Krapp aufgefundene **„Pseudopurpurin"**[2] (vgl. S. 558) ist eine **Purpurincarbonsäure,** $C_{14}H_4O_2(OH)_3 \cdot CO_2H$. Dies ergiebt sich aus dem Zerfall in Kohlensäure und Purpurin, welcher schon beim Kochen mit Wasser oder Alkohol eintritt:

$$C_{14}H_4O_2(OH)_3(CO_2H) = C_{14}H_5O_2(OH)_3 + CO_2 .$$

Die Säure ist verschieden von der auf S. 575 erwähnten, synthetisch erhaltenen Purpurincarbonsäure; sie krystallisirt in rothen Blättchen vom Schmelzpunkt 218 bis 220°. Die Färbekraft des Krapp-Purpurins wird durch die Gegenwart der Purpurincarbonsäure vermindert, da das beim Färbeprocess angewandte Calciumcarbonat mit dieser Säure einen unlöslichen Niederschlag erzeugt. Wendet man reines kalkfreies Wasser an, so kann man gebeizte Zeuge auch mit Purpurincarbonsäure färben, doch sind die Färbungen sehr unecht. Wenn man rohes Purpurin mit Glycerin erhitzt, so wird sein Färbevermögen erhöht, weil hierbei die Purpurincarbonsäure in Purpurin übergeht.

III. Verbindungen, welche ausser einem Anthracenkern Benzolringe enthalten.

Zur Darstellung von Anthracenabkömmlingen, welche einen aromatischen Kern in Mesostellung enthalten, bedient man sich einer von BAEYER[3] aufgefundenen Reaction, welche darin besteht, dass man die Triphenylmethancarbonsäure(2) und ihre Derivate, die sogenannten Phtaline, mit concentrirter Schwefelsäure bei gewöhnlicher Temperatur behandelt, wodurch sie in 9-Phenylanthranol bezw. seine Abkömmlinge, die Phtalidine (vgl. S. 157 u. 508), übergehen.

In dieser Weise entsteht das **9-Phenylanthranol,** 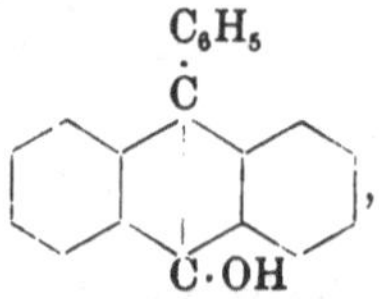

, aus der Triphenylcarbonsäure selbst (s. die Gleichung auf S. 508), wenn man die Säure in concentrirter Schwefelsäure löst und das Produkt mit Wasser fällt. Es krystallisirt

[1] STENHOUSE, Ann. **130**, 325 (1864). — SCHUNCK u. RÖMER, Ber. **10**, 172, 790 (1877).

[2] SCHÜTZENBERGER u. SCHIFFERT, Bull. [2] **4**, 12 (1865). — PLATH, Ber. **10**, 614 (1877). — LIEBERMANN u. PLATH, Ber. **10**, 1618 (1877). — ROSENSTIEHL, Ann. ch. [5] **13**, 256 (1878).

[3] Literatur s. S. 507.

in gelben Nädelchen vom Schmelzpunkt 141—144°. Durch Oxydation mit Kaliumbichromat geht es in **9-Phenyl-9-Oxyanthron**[1] (Phenyloxanthranol) (vgl. S. 524):

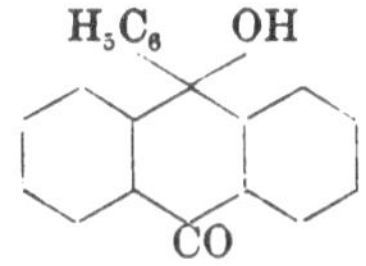

über — eine Verbindung, welche farblose, rhombische Täfelchen vom Schmelzpunkt 208° bildet.

9-Phenylanthracen, $C_{14}H_9 \cdot C_6H_5$, erhält man durch Glühen von Phenylanthranol mit Zinkstaub. Es entsteht auch neben anderen Kohlenwasserstoffen, wenn man Aluminiumchlorid auf ein Gemisch von Benzol und Chloroform einwirken lässt[2]. Wahrscheinlich verläuft die Reaction dabei in der Weise, dass das zuerst entstehende Triphenylmethan (vgl. S. 107) unter Mitwirkung des Chloroforms den Anthracenkörper bildet:

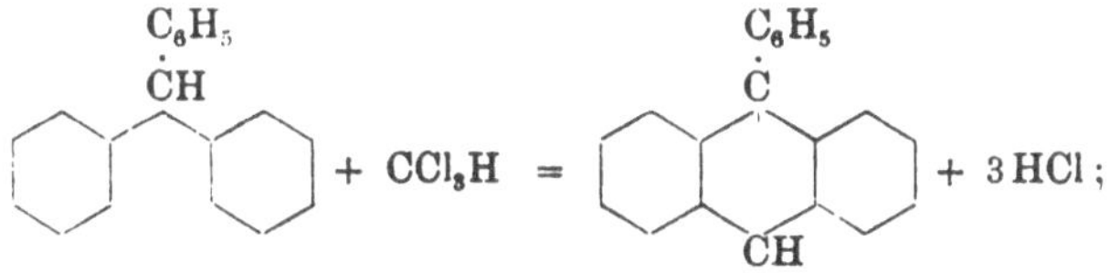

denn auch aus fertig gebildetem Triphenylmethan[3] lässt sich durch Chloroform und Aluminiumchlorid Phenylanthracen darstellen.

Das 9-Phenylanthracen krystallisirt in gelben Blättchen vom Schmelzpunkt 152—153° und siedet bei 417°. Seine Lösungen besitzen blaue Fluorescenz. Bei der Oxydation mit Chromsäure liefert es im Gegensatz zu den entsprechenden Alkylanthracenen (vgl. S. 511) nicht Anthrachinon, sondern Phenyloxyanthron:

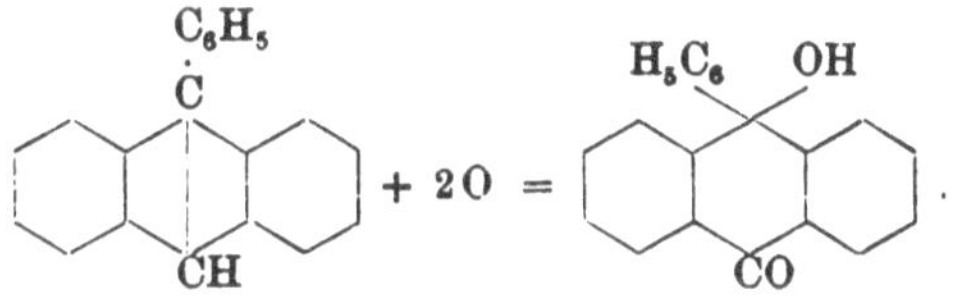

Analog werden alle in Mesostellung durch einen Arylrest substituirten Anthracene zu den entsprechend substituirten Oxyanthronen oxydirt.

3-Oxy-9-p-Oxyphenyl-Anthranol (Phenolphtalidin) wird dargestellt durch Lösen von Phenolphtalin (vgl. S. 169) in concentrirter Schwefelsäure und Fällen mit Wasser:

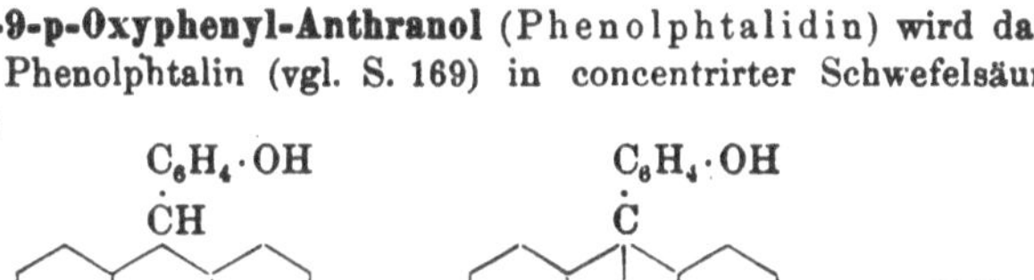

Es ist nur in amorphem Zustande erhalten worden. An der Luft oder besser

[1] Vgl. auch HALLER u. GUYOT, Bull. [3] **17**, 873 (1897).
[2] FRIEDEL, CRAFTS u. VINCENT, Ann. ch. [6] **1**, 495 (1884).
[3] LINEBARGER, Am. chem. Journ. **13**, 554 (1891).

durch Kaliumpermanganat wird es zu **3-Oxy-9-Oxyphenyl-9-Oxyanthron** (Phenolphtalideïn) oxydirt:

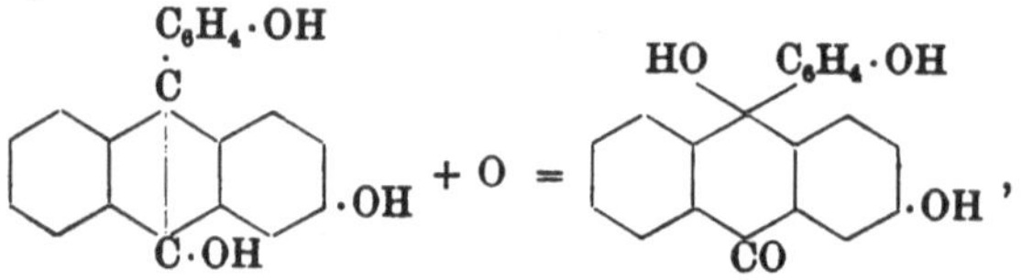

welches in farblosen Blättchen vom Schmelzpunkt 212° krystallisirt.

Als Derivat des 9-Phenyl-Oxyanthrons kann das **Phtalgrün**[1] betrachtet werden, welches neben dem Dimethylanilinphtaleïn (vgl. S. 166) beim Erhitzen von Dimethylanilin mit Phtalylchlorid und Zinkstaub entsteht. In fast quantitativer Ausbeute lässt sich der Farbstoff durch Condensation von Dimethylanilin mit Tetramethyldiamido-Phenyl-Oxyanthron bei Gegenwart von Phosphorchloriden gewinnen. Als wahrscheinlichster Ausdruck für die Constitution des so entstehenden Chlorids ergiebt sich aus dieser Synthese folgende Formel:

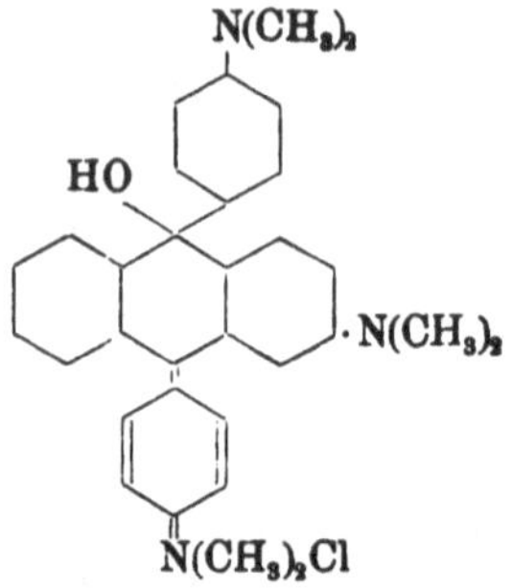

Die wichtigste Verbindung der Gruppe ist das **Cöruleïn**[2]. Zu seiner Darstellung erhitzt man 1 Thl. Galleïn (vgl. S. 172) mit 20 Thln. concentrirter Schwefelsäure auf 200° und fällt das Produkt mit Wasser:

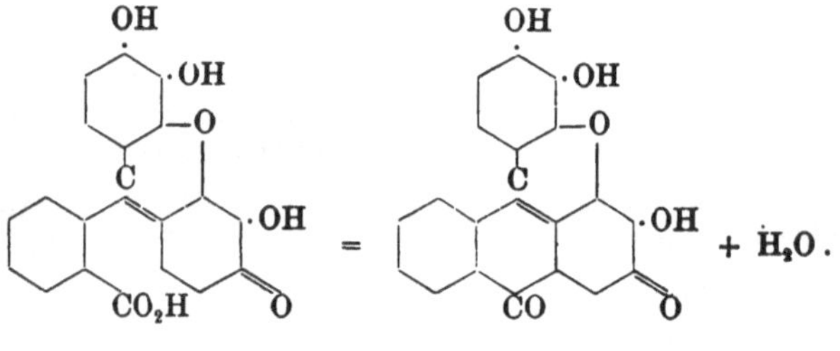

Das Cöruleïn enthält neben dem Anthracenkern den für die Fluoranverbindungen (vgl. S. 157) charakteristischen, zwischen zwei Benzolkerne gelagerten Pyronring. Beim Glühen mit Zinkstaub geht es in Phenylanthracen über. Es bildet ein blauschwarzes Pulver, welches beim Reiben Metallglanz annimmt. In Alkalien löst es sich mit grüner, in Anilin

[1] O. Fischer, Ann. **206**, 107 (1881). — Haller u. Guyot, Compt. rend. **125**, 221, 1153 (1897). Chem. Centralbl. **1903 I**, 85.

[2] S. d. Literatur in Anm. 4 auf S. 507.

mit blauer, in concentrirter Schwefelsäure mit olivgrüner Farbe. Das Cöruleïn findet in der Kattundruckerei Anwendung[1]. Man verwendet es in Gestalt der leichtlöslichen, farblosen Verbindungen, welche es mit Alkalibisulfiten eingeht. Diese werden, mit Aluminium- oder Chrom-Acetat gemischt, der Faser aufgedruckt, worauf man durch Dämpfen die Zersetzung der Bisulfitverbindungen herbeiführt. Das freiwerdende Cöruleïn bildet dabei den Thonerde- oder Chrom-Lack und erzeugt dunkelgrüne, sehr echte — namentlich seifenechte — Färbungen.

Durch Reduction mit Zinkstaub und Ammoniak geht das Cöruleïn in Cörulin über:

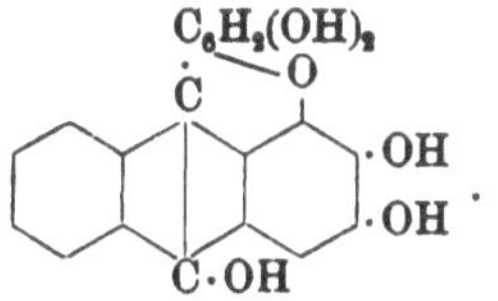

Man kennt auch Verbindungen, welche mehr als eine Phenylgruppe an den Anthracenkern gebunden enthalten. Zu diesen gehört das S. 578 erwähnte Phtalgrün, ferner das 9.10-Diphenyldihydroanthracen, welches neben Triphenylmethan erhalten wird, wenn man Benzalchlorid mit Benzol und Aluminiumchlorid[2] behandelt (vgl. S. 107). Hier bildet das Triphenylmethan jedenfalls ebenso das Zwischenprodukt der Reaction, wie bei der Entstehung des Phenylanthracens aus Benzol, Chloroform und Aluminiumchlorid (vgl. S. 577):

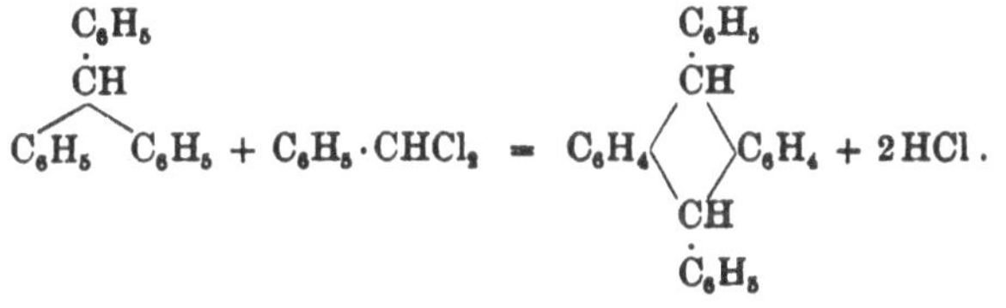

Ferner ist hier zu erwähnen die Bildung des Diphenylanthrons[3] aus Phtalyltetrachlorid, Benzol und Aluminiumchlorid:

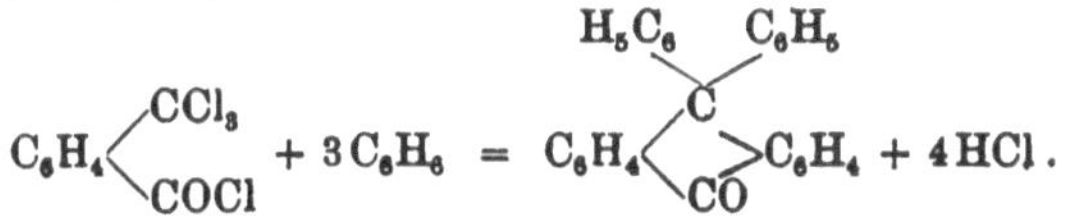

Endlich hat man auch solche Körper hergestellt, in denen ein Anthracenring durch Vermittelung eines Kohlenstoffatoms an einen Benzolkern gebunden ist. Zu diesen Verbindungen gehört das Benzyl-Oxyanthron[4], welches entsteht, wenn man Anthrachinon mit Zinkstaub und Kalilauge bei Gegenwart von Benzylbromid reducirt (vgl. S. 525):

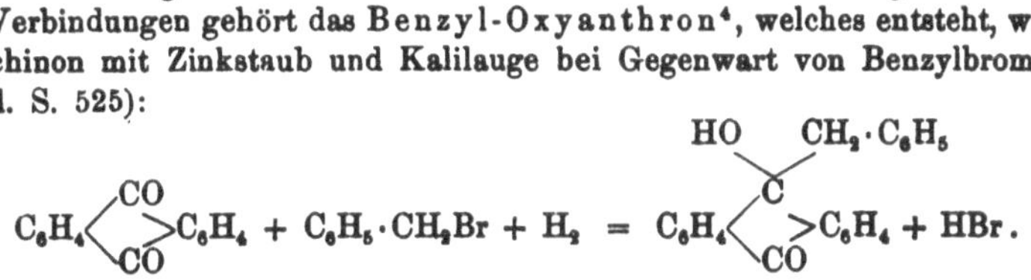

[1] Vgl. Nietzki, organ. Farbstoffe, 4. Aufl. (1901) S. 177.

[2] Linebarger, Am. chem. Journ. **13**, 556 (1891).

[3] Haller u. Guyot, Bull. [3] **17**, 873 (1897). — Vgl. auch Guyot, Bull. [3] **17**, 982 (1897).

[4] Levi, Ber. **18**, 2152 (1885). — Bach, Ber. **23**, 1567, 2527 (1890).

Phenylanthrylketon oder **Anthraphenon**[1], $C_{14}H_9—CO·C_6H_5$, gewinnt man bei der Condensation von Anthracen mit Benzoylchlorid durch Vermittelung von Aluminiumchlorid, Chlorzink oder Zinkstaub. Es bildet bei 148° schmelzende Krystalle.

Benzoïngelb[2] ist ein gelber Beizenfarbstoff, welcher von BOHN entdeckt worden ist. Er entsteht durch Condensation von Benzoïn (vgl. S. 211) mit Gallussäure:

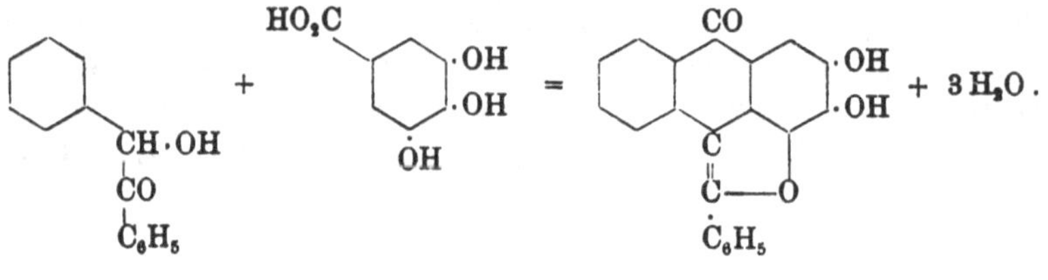

Neunundfünfzigstes Kapitel.

Die Phenanthrengruppe und das Pyrenketon.

Das Phenanthren, $C_{14}H_{10}$, findet sich im Steinkohlentheer, und zwar ebenso wie sein Isomeres, das Anthracen, in der als Anthracenöl bezeichneten Fraction (vgl. S. 494). Man gewinnt es aus der Mutterlauge, welche man erhält, wenn die Hauptmenge des Anthracens auskrystallisirt ist, oder auch aus dieser Krystallisation selbst, welche neben Anthracen noch wesentliche Mengen von Phenanthren enthält.

In sehr beträchtlicher Menge — zu 45 % — kommt das Phenanthren im sogenannten Stuppfett[3] vor, einer Substanz, welche in Idria bei der Destillation von Quecksilbererzen unter Luftabschluss gewonnen wird.

Das Phenanthren haben unabhängig von einander OSTERMAYER und FITTIG, sowie GLASER und GRÄBE im Steinkohlentheer aufgefunden. Von FITTIG und OSTERMAYER[4], sowie von GRÄBE[5] wurde es genauer studirt. Die von FITTIG und OSTERMAYER gewählte Bezeichnung des Kohlenwasserstoffs soll gleichzeitig an seine Isomerie mit dem Anthracen und an die später besprochenen Beziehungen zum Diphenyl erinnern.

Auf pyrogenetischem Wege bildet sich das Phenanthren neben einer Reihe anderer hochmolecularer Kohlenwasserstoffe aus Verbindungen mit niedrigerem Moleculargewicht (vgl. auch S. 508—509), so beim Leiten von

---

[1] LIPPMANN u. FLEISSNER, Ber. **32**, 2249 (1899). — PERRIER, Ber. **33**, 816 1900). — LIPPMANN u. KEPPICH, Ber. **33**, 3086 (1900). — LIPPMANN u. POLLACK, Ber. **34**, 2766 (1901).

[2] GRÄBE, Ber. **31**, 2975 (1898).

[3] GOLDSCHMIEDT, Ber. **10**, 2022 (1877). — GOLDSCHMIEDT u. SCHMIDT, Monatsh. **2**, 1 (1881).

[4] Ber. **5**, 933 (1872). Ann. **166**, 361 (1873).

[5] Ber. **6**, 63 (1873). Ann. **167**, 131 (1873).

Toluoldämpfen durch ein glühendes Rohr[1], in derselben Weise aus Diphenyl oder Benzol und Aethylen[2], aus Benzol und Styrol[2], ferner beim Erhitzen von Phenolen auf Glühhitze[3], sowie bei der Druckdestillation von Harzöl[4].

Von grossem theoretischem Interesse sind die Beziehungen, welche das Phenanthren mit den Körpern der Diphenylgruppe verbinden, da diese zur Feststellung der dem Phenanthren zukommenden Constitution geführt haben. Bei der Oxydation des Phenanthrens mit Chromsäure erhält man zunächst ein Isomeres des Anthrachinons, das Phenanthrenchinon:

$$C_{14}H_{10} + 3O = C_{14}H_8O_2 + H_2O;$$

lässt man auf diese Verbindung das oxydirende Mittel weiter einwirken[5], so entsteht Diphensäure (vgl. S. 31):

$$C_{14}H_8O_2 + H_2O + O = C_{12}H_8(CO_2H)_2.$$

Da die Diphensäure beide Carboxylgruppen in Orthostellung zur gemeinsamen Bindungsstelle der beiden Benzolringe (vgl. S. 7ff.) enthält, so folgt aus dieser Umwandlung unmittelbar die Constitution des Phenanthrenchinons:

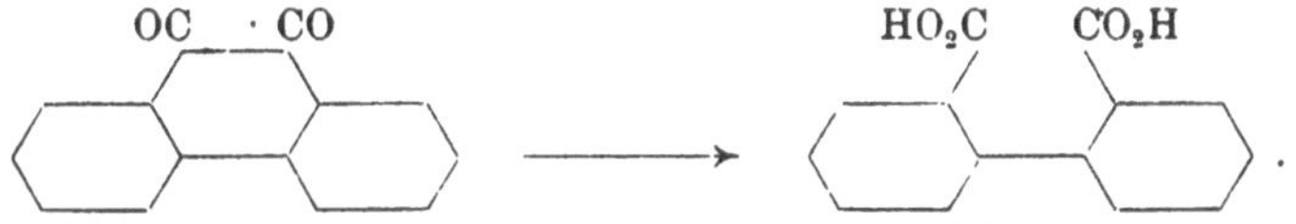

Phenanthrenchinon Diphensäure

Das Phenanthrenchinon leitet sich vom Phenanthren in der Weise ab, dass in ihm zwei Wasserstoffatome des Phenanthrens durch zwei Sauerstoffatome ersetzt sind; die Formel des Phenanthrens wird mithin — unter Zugrundelegung von KEKULÉ's Benzolformel — folgende:

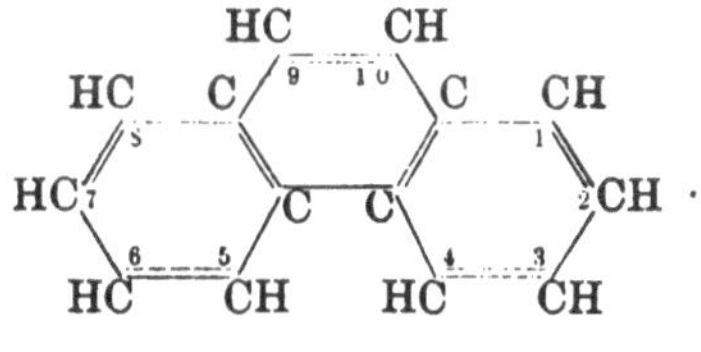

Diese Formel — Discussion der Kernbindungsverhältnisse s. S. 582—584 — ist identisch mit derjenigen, welche GRÄBE und LIEBERMANN zuerst für

[1] GRÄBE, Ber. 7, 48 (1874).
[2] BARBIER, Ann. ch. [5] 7, 532 (1876).
[3] KRAMERS, Ann. **189**, 133 (1877).
[4] KRÄMER u. SPILKER, Ber. **33**, 2267 (1900).
[5] FITTIG u. OSTERMAYER, Ann. **166**, 367 (1873). — ANSCHÜTZ u. SCHULTZ, Ber. **10**, 323 (1877). Ann. **196**, 50 (1879). — ANSCHÜTZ u. JAPP, Ber. **11**, 211 (1878). — SCHMITZ, Ann. **193**, 115 (1878). — SCHULTZ, Ber. **11**, 215 (1878); **12**, 235 (1879). Ann. **196**, 18 (1879); **203**, 95 (1880). — Vgl. auch: STRUVE, Ber. **10**, 75 (1877). — STRASBURGER, Ber. **16**, 2346 (1883). — Ueber einen anderen Uebergang des Phenanthrenchinons zur Diphensäure vgl. S. 24.

das mit dem Phenanthren isomere Anthracen vorschlugen (vgl. S. 494). Die zehn substituirbaren Wasserstoffe des Phenanthrens werden zweckmässig in der oben angegebenen Weise durch die Zahlen 1—10 bezeichnet.

Man erkennt aus der obigen Formel, dass Monosubstitutionsprodukte des Phenanthrens schon in 5 isomeren Formen (1 oder 8; 2 oder 7; 3 oder 6; 4 oder 5; 9 oder 10) möglich sind, während das Anthracen nur 3 isomere Monoderivate liefern kann (vgl. S. 499). Dementsprechend besteht allgemein bei höherer Substitution in der Phenanthren-Reihe eine weit grössere Zahl von Isomeriemöglichkeiten als in der Anthracen-Reihe[1].

Den Unterschied der Ringanordnung im Anthracen- und im Phenanthren-Molecül:

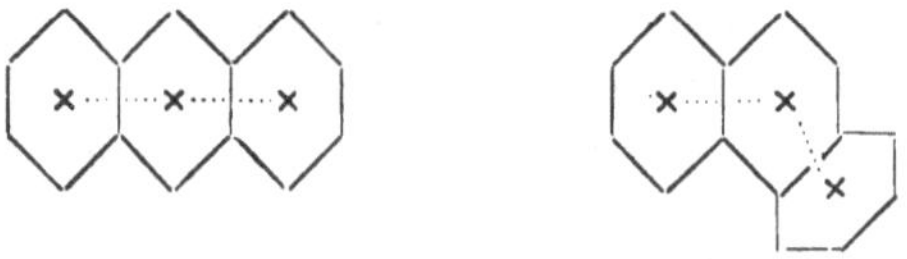

kann man derart beschreiben, dass man sagt: in der Anthracen-Formel liegen die Mittelpunkte der einzelnen Ringe in einer Geraden, in der Phenanthren-Formel bildet ihre Verbindungslinie einen Winkel. Für diese auch bei anderen Beispielen häufig wiederkehrende Verschiedenheit in der Ringcondensation schlägt Hinsberg[2] die Bezeichnungen: „lineare Annellirung" (Anthracen) und „angulare Annellirung" (Phenanthren) vor.

Der S. 581 gegebene Ausdruck für die Constitution des Phenanthrens gründet sich auf die Kekulé'sche Benzolformel. Geht man im Sinne der Bamberger'schen Theorie (vgl. S. 299, 302) von der centrischen Benzolformel aus[3], so gelangt man zu dem Schema:

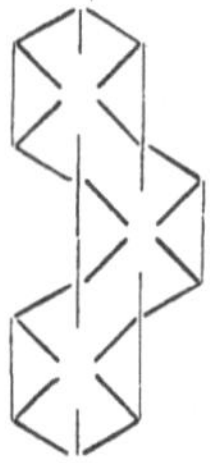

Phenanthren

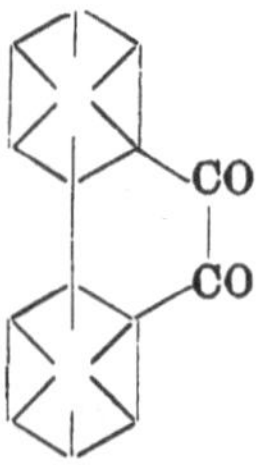

Phenanthrenchinon

Diese centrische Phenanthren-Formel unterscheidet sich von der centrischen Anthracen-Formel (S. 498) nur durch die gegenseitige Lage der drei Kerne, während die inneren Bindungsverhältnisse nach ihr beim Anthracen und Phenanthren sich völlig gleichen würden. Marckwald[4] hat unter Hinweis hierauf hervorgehoben, dass indessen die beiden CH-Gruppen des Mittelkerns bei den beiden isomeren Kohlenwasserstoffen sich sehr verschieden verhalten: das Anthracen wird in alkoholischer Lösung von Natriumamalgam, von Jodwasserstoffsäure schon bei deren

[1] Vgl. eine Zusammenstellung darüber bei Kunz: Untersuchungen über Phenanthren (Dissertation, Zürich 1901), S. 13.

[2] Ann. **319**, 259 (1901).

[3] Bamberger, Ann. **257**, 54 (1889).

[4] Marckwald, Ann. **274**, 346 (1893).

Siedetemperatur zu Dihydroanthracen reducirt (vgl. S. 511), das Phenanthren dagegen von Natriumamalgam überhaupt nicht, von Jodwasserstoffsäure erst über 200° reducirt; das Anthracen giebt bei der Einwirkung von Salpetersäure zuerst ein Oxydationsprodukt — das Anthrachinon (vgl. S. 532), das Phenanthren dagegen wird — analog dem Benzol und Naphtalin — nitrirt.

Nach dieser centrischen Formel erscheinen die drei Sechsringe des Phenanthren-Molecüls nicht als eigentliche Benzolkerne. Das Phenanthrenchinon dagegen (s. S. 582 die Formel) weist zwei wirkliche Benzolkerne — die beiden äusseren Ringsysteme — auf: es ist ein wahres Diphenyl, in welchem zwei Ortho-Stellen der beiden Kerne durch die Brücke —CO·CO— verknüpft sind. Man sollte daher in der Phenanthren-Reihe ähnliche Verhältnisse erwarten, wie in der Naphtalin-Reihe: Abweichungen im Verhalten der Phenanthren-Substitutionsprodukte von den entsprechenden Benzolderivaten, Analogie mit letzteren bei den Derivaten des Phenanthrenchinons (oder des ihm zu Grunde liegenden Dihydrophenanthrens). Das Beobachtungsmaterial, welches bisher vorliegt, bietet zur Discussion dieser Folgerungen nicht genügende Unterlagen.

In dieser Beziehung aber führt die Phenanthren-Formulirung nach Kekulé's Schema im Sinne der Marckwald'schen Interpretation (vgl. S. 303) zu den gleichen Schlüssen; denn die Oscillation der Doppelbindungen ist im Phenanthren-Molecül — wie leicht ersichtlich — ohne Störung der regelmässig abwechselnden Vertheilung von einfacher und doppelter Bindung nicht möglich, während sie ungehindert in den beiden äusseren Kernen des Phenanthrenchinon-Molecüls eintreten kann.

Sowohl nach der Bamberger'schen wie nach der Marckwald'schen Auffassung erscheint also das Phenanthren in Bezug auf die inneren Kernbindungsverhältnisse als ein Analogon des Naphtalins. Auch die Anwendung der Thiele'schen Benzolformel führt insoweit zu dem gleichen Resultat, als beim Phenanthren — in Uebereinstimmung mit dem Naphtalin, aber im Gegensatz zum Benzol (vgl. S. 304—305) — ein völliger Ausgleich der Partialvalenzen ausgeschlossen ist[1]. Nimmt man an, dass in den beiden äusseren Kernen die Partialvalenzen sich wechselseitig — wie im Benzol-Molecül — vollständig sättigen, so bleiben die beiden Partialvalenzen der mittleren Gruppe —CH=CH— frei:

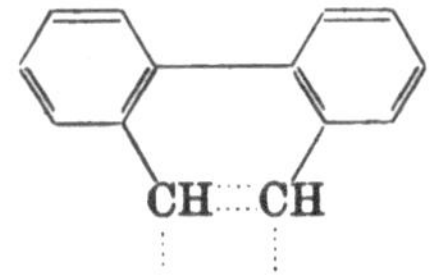

Diese Gruppe zeigt in der That eine besondere Reactionsfähigkeit, wie sich z. B. in der Aufnahmefähigkeit für ein Molecül Brom[2] und in der Oxydirbarkeit zur Diketogruppe —CO·CO— bei der Bildung des Phenanthrenchinons zeigt.

Zu einer analogen Deutung kann man aber auch auf Grund der centrischen Auffassung gelangen, wenn man nicht — wie S. 582 angenommen — alle drei Einzelringe des Phenanthren-Molecüls centrisch constituirt annimmt, sondern nur die beiden äusseren:

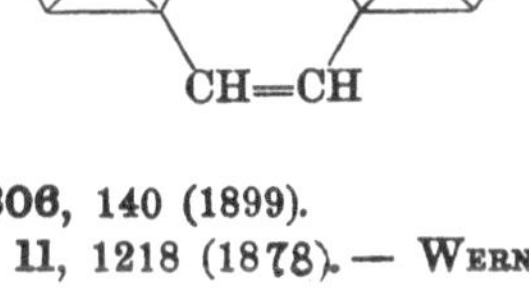

[1] Vgl.: Thiele, Ann. **306**, 140 (1899).
[2] Vgl.: Anschütz, Ber. **11**, 1218 (1878). — Werner, Ann. **321**, 331 (1902).

Eine solche Formulirung — ebenso wie die oben aus der Theorie der Partialvalenzen abgeleitete — würde aber erwarten lassen, dass nicht nur die in den äusseren Kernen substituirten Derivate des Phenanthrenchinons, sondern auch diejenigen des Phenanthrens selbst sich den entsprechenden Benzol- bezw. Diphenyl-Körpern ganz analog, dagegen abweichend von den entsprechenden Naphtalinkörpern verhalten.

Die S. 581 aus den Beziehungen zur Diphenylgruppe abgeleitete Structurformel des Phenanthrens wird durch eine Reihe von Synthesen dieses Kohlenwasserstoffs und seiner Derivate bestätigt.

Auf synthetischem Wege wurde das Phenanthren zuerst von GRÄBE dargestellt, der es beim Erhitzen von Dibenzyl oder Stilben erhielt (vgl. S. 189).

In kleiner Menge bildet es sich neben Anthracen bei der Einwirkung von Natrium auf o-Brombenzylbromid (vgl. S. 506):

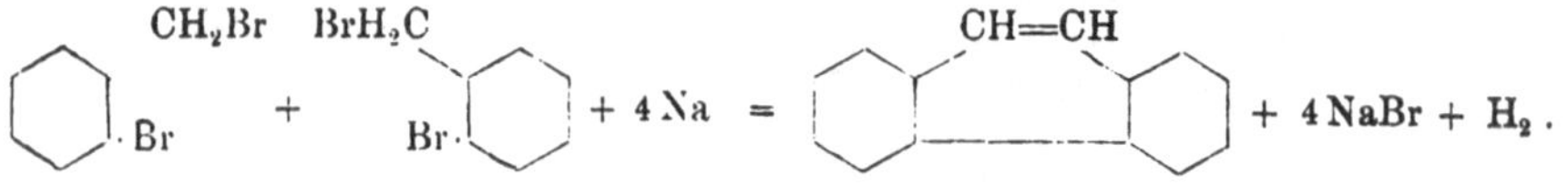

Von theoretischer Bedeutung für die Aufklärung der Bildung des Phenanthrens im Steinkohlentheer ist seine von KRÄMER und SPILKER[1] beobachtete Entstehung aus dem im Steinkohlentheer enthaltenen Cumaron und Benzol beim Leiten des Gemisches ihrer Dämpfe durch ein glühendes Rohr:

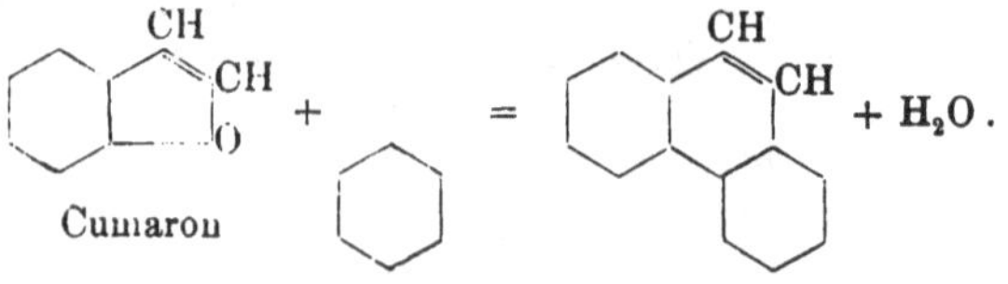

Bemerkenswerth ist eine Synthese des Phenanthrens aus der α-Naphtoësäure[2], welche bislang das einzige Beispiel für genetische Beziehungen zwischen der Naphtalin- und Phenanthren-Gruppe bildet. Der Aethylester der durch Hydrirung von α-Naphtoësäure gewinnbaren Δ^1-Dihydro-α-naphtoësäure (vgl. S. 446) condensirt sich mit Natracetessigester zu einem Diketo-Oktohydrophenanthrencarbonsäureester:

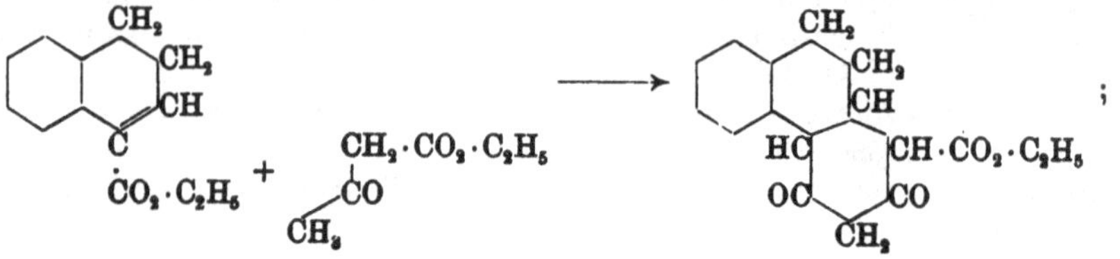

aus diesem Condensationsprodukt erhält man durch Abspaltung der Carboxäthylgruppe das Diketo-Oktohydrophenanthren, welches bei der Destillation über Zinkstaub Phenanthren liefert.

[1] Ber. 23, 85 (1890).

[2] RABE, Ber. 31, 1896 (1898).

Eine sehr allgemein anwendbare Synthese von Phenanthrenderivaten wurde von PSCHORR[1] entdeckt. Diese Methode geht von der durch Condensation des o-Nitrobenzaldehyds mit phenylessigsaurem Natrium und Essigsäureanhydrid (vgl. S. 186) erhältlichen α-Phenyl-o-nitrozimmtsäure aus:

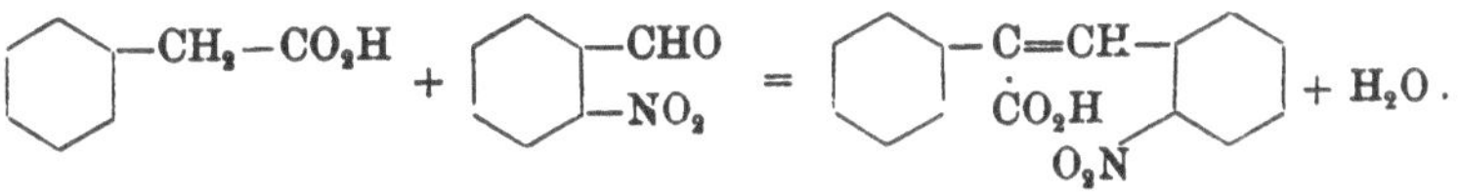

Durch Reduction dieser Nitroverbindung entsteht die entsprechende Amidosäure, welche beim Diazotiren in schwefelsaurer Lösung ein Diazoniumsulfat bildet. Wird letzteres in der Schwefelsäurelösung mit Kupferpulver geschüttelt, so entsteht unter Stickstoffentwickelung die Phenanthrencarbonsäure (9):

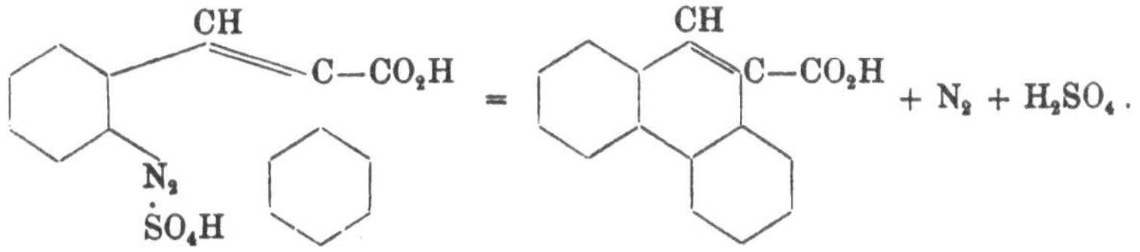

Die Reaction ist der Bildung des Diphenyls aus Benzoldiazoniumsulfat und Kupferpulver sowie der Entstehung desselben Kohlenwasserstoffs aus Benzoldiazoniumsalz, Benzol und Aluminiumchlorid (vgl. S. 17) an die Seite zu stellen. Da das Verfahren in ganz analoger Weise auch mit den substituirten α-Phenyl-o-nitrozimmtsäuren ausführbar ist, welche man aus substituirten o-Nitrobenzaldehyden bezw. den Substitutions-Derivaten der Phenylessigsäure erhält, so lässt sich auf diese Weise eine grosse Zahl von Abkömmlingen des Phenanthrens gewinnen, deren Substituentenstellung sich aus der Constitution der Ausgangsmaterialien ergiebt. Sie enthalten sämmtlich eine Carboxylgruppe im mittleren Ringe. Durch Destillation dieser Carbonsäuren, am besten im Vacuum, kann man die Carboxylgruppe abspalten und so zu einfacheren Phenanthrenderivaten gelangen. So entsteht aus der Phenanthrencarbonsäure (9) das Phenanthren selbst[2]:

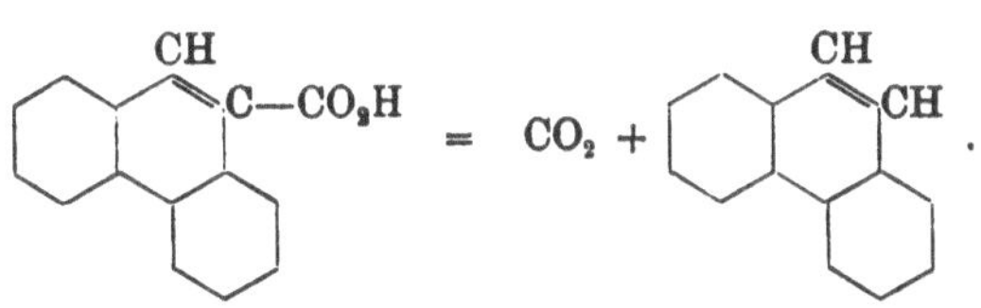

[1] Literatur s. S. 186 Anm. 2. — Ferner: PSCHORR, Ber. **34**, 3998 (1901). — PSCHORR u. SCHRÖTER, Ber. **35**, 2726 (1902). — PSCHORR, SEYDEL u. STÖHRER, Ber. **35**, 4406, 4409 (1902). — PSCHORR u. VOGTHERR, Ber. **35**, 4414 (1902). — WERNER u. SCHERRER, Ann. **322**, 154 (1902).

[2] JAPP, Journ. Soc. **37**, 86 (1880).

Eine grosse Zahl von Hydroxylderivaten des Phenanthrens bezw. ihren Aethern ist nach der Pschorr'schen Methode dargestellt worden. Unter diesen Körpern ist als besonders interessant hervorzuheben das 3.4-Dioxyphenanthren[1] (Formel IV), dessen Dimethyläther (Formel III) erhalten wird, wenn man o-Nitrovanillinmethyläther mit Phenylessigsäure condensirt, die entstandene Dimethoxynitrophenylzimmtsäure (Formel I) nach der beschriebenen Methode in 3.4-Dimethoxyphenanthrencarbonsäure (9) (Formel II) überführt und aus dieser die Carboxylgruppe abspaltet:

I 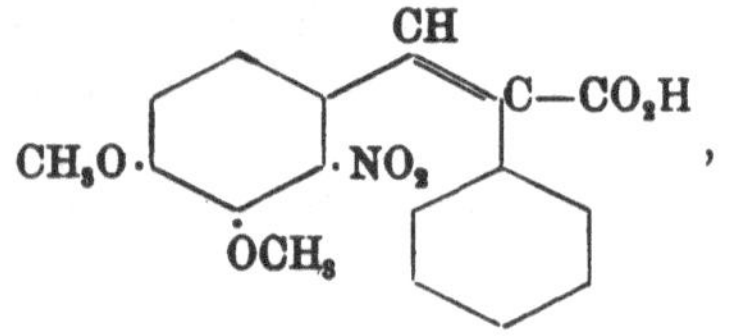 , II 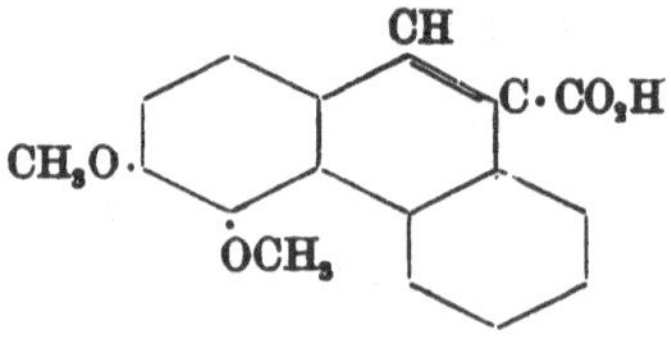 ,

III 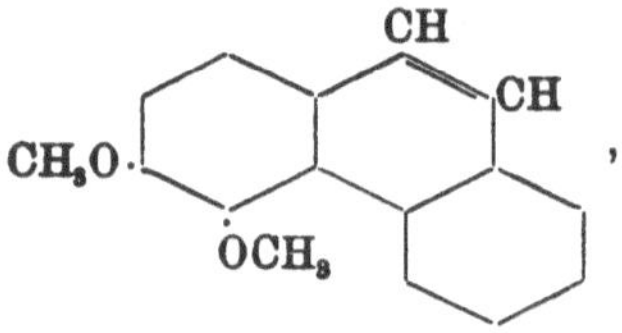 , IV 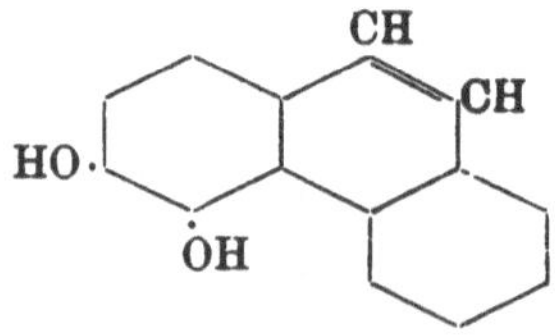

Das so auf synthetischem Wege hergestellte 3.4-Dimethoxyphenanthren hat sich als identisch erwiesen mit dem Dimethyläther des sogenannten Morphols — einer Verbindung, welche als Abbauprodukt der Opiumalkaloïde Morphin und Codeïn auftritt.

Der sehr complicirte Vorgang, welcher bei diesen Spaltungsreactionen des Morphins bezw. Codeïns stattfindet, wird bei Besprechung dieser Alkaloïde selbst näher zu erläutern sein. Hier sei nur darauf hingewiesen, dass ganz analog wie das Morphin auch das Thebaïn[2], ein Alkaloïd, welches ebenso wie die vorher erwähnten im Opium vorkommt, in Phenanthrenderivate übergeführt werden konnte.

In der Natur findet sich ein Homologes des Phenanthrens vor, das Reten[3] (wahrscheinlich 1-Methyl-4-isopropylphenanthren):

---

[1] Vongerichten u. Schrötter, Ann. **210**, 397 (1881). Ber. **15**, 1485, 2179 (1882). — Hesse, Ann. **222**, 232 (1884). — O. Fischer u. Vongerichten, Ber. **19**, 792 (1886). — Knorr, Ber. **22**, 181, 1113 (1889); **27**, 1144 (1894); **32**, 747 (1899). — Vongerichten, Ber. **30**, 2439 (1897); **31**, 51, 2924, 3198 (1898); **32**, 1521, 2379 (1899); **33**, 352, 1824 (1900); **34**, 2722 (1901). — Pschorr u. Sumuleanu, Ber. **33**, 1810 (1900). — Pschorr u. Vogtherr, Ber. **35**, 4412 (1902). — Vgl. auch Pschorr, Jäckel u. Fecht, Ber. **35**, 4377 (1902).

[2] Freund, Ber. **30**, 1357 (1897); **32**, 168 (1899). — Pschorr, Seydel u. Stöhrer, Ber. **35**, 4400 (1902). — Vongerichten, Ber. **35**, 4410 (1902).

[3] Trommsdorff, Ann. **21**, 126 (1837). — Bromeis, Ann. **37**, 304 (1841). — Clark, Ann. **103**, 236 (1857). — Fehling, Ann. **106**, 388 (1858). Jb. **1858**, 439. — Fritzsche, Ann. **109**, 250 (1859). Jb. **1858**, 440; **1860**, 475. — Berthelot, Bull. [2] **7**, 231 (1867); [2] **8**, 389 (1867). — Wahlforss, Ztschr. Chem. **5**, 73 (1869). —

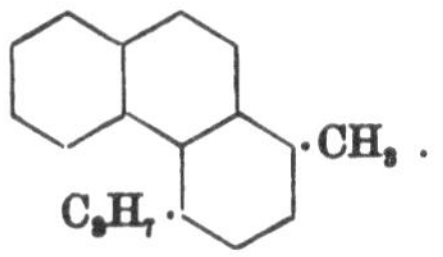

Dieser Kohlenwasserstoff wurde in den Harzgängen von Holzresten entdeckt, welche sich in Torflagern vorfinden, die aus Nadelhölzern entstanden sind. Er ist auch im Theeröl harzreicher Nadelhölzer enthalten. Neben ihm findet sich in Torflagern ein zweiter Kohlenwasserstoff, der Fichtelit[1], welcher ein vollständig hydrirtes Reten darstellt:

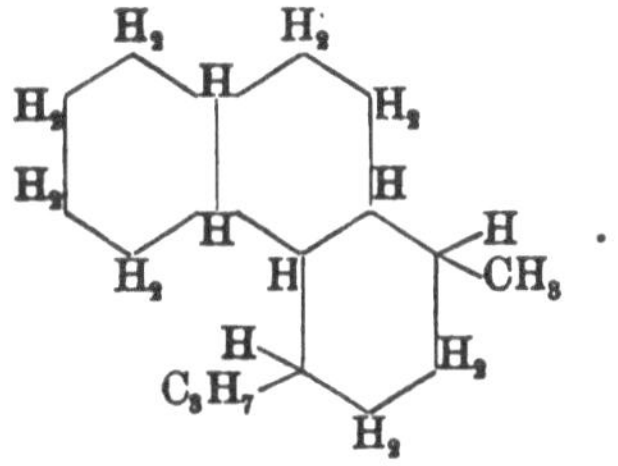

Das Phenanthren und seine Derivate beanspruchen nur ein theoretisches Interesse; eine technische Verwendung haben diese Verbindungen bisher nicht gefunden. Das im Steinkohlentheer enthaltene Phenanthren wird lediglich zur Herstellung von Russ benutzt; doch wäre es von hohem Werth, wenn es gelänge, die Phenanthrenkörper als solche für die Industrie nutzbar zu machen, da das Phenanthren etwa in derselben Menge wie das Anthracen im Steinkohlentheer enthalten ist und bei der Reindarstellung des letzteren bereits in hochprocentigem Zustande gewonnen wird.

Der Ausbau der Phenanthrengruppe[2] ist im Verhältniss zur Naphtalin- und Anthracen-Gruppe weit zurückgeblieben — ein Umstand, der wohl hauptsächlich darauf zurückzuführen ist, dass die Farbstoffindustrie kein Phenanthrenderivat als Zwischenprodukt bereitet, welches als bequem in grösseren Mengen zugängliches Ausgangsmaterial für wissenschaftliche Untersuchungen dienen könnte. Erst in den letzten Jahren

---

Mallet, Ber. **5**, 817 (1872). — Ekstrand, Ann. **185**, 75 (1877). Ber. **17**, 692 (1884). — Bamberger, Ber. **17**, 453 (1884); **18**, 81, 865 (1885); **22**, 636 Anm. (1889). — Bamberger u. Hooker, Ann. **229**, 102 (1885). Ber. **18**, 1024, 1030, 1750 (1885). — Bamberger u. Lodter, Ber. **20**, 3076 (1887). — Hell, Ber. **22**, 499 (1889). — Liebermann u. Spiegel, Ber. **22**, 779 (1889). — Bamberger u. Strasser, Ber. **22**, 3362 (1889). — Spiegel, Ber. **22**, 3369 (1889). — Renard, Compt. rend. **119**, 1277 (1894). — Krafft u. Wielandt, Ber. **29**, 2241 (1896). — Chilesotti, Gazz. chim. **30 I**, 159 (1900). — Bamberger u. Grob, Ber. **34**, 539 (1901). — Vgl. auch Act.-Ges. f. chem. Industrie, D. R.-Pat. Nr. 43802.

[1] Vgl. die Citate in Anm. 3 auf S. 586—587.

[2] Eine tabellarische Zusammenstellung der bekannten Phenanthren-Derivate findet sich in der Dissertation (Zürich 1901) von M. A. Kunz: „Untersuchungen über Phenanthren“.

hat man wieder eifriger sich dem lange Zeit fast unbeachtet gebliebenen Gebiet zugewandt — besonders in Rücksicht auf die interessanten, S. 586 angedeuteten Beziehungen zu den Opium-Alkaloïden, welche für die Constitutionsaufklärung dieser Alkaloïde von der grössten Bedeutung sind.

Die Beziehungen, welche das Phenanthren bezw. das Phenanthrenchinon mit der Gruppe der Diphenylverbindungen verknüpfen, wurden schon erwähnt (S. 581). Die bei der Oxydation des Phenanthrenchinons entstehende Diphensäure lässt sich umgekehrt in ein Derivat des Phenanthrens[1], das Phenanthrenhydrochinon, zurückverwandeln, wenn man ihr Chlorid mit Zink und Salzsäure behandelt:

$$\begin{array}{l} C_6H_4-CO\cdot Cl \\ | \\ C_6H_4-CO\cdot Cl \end{array} + 4H = \begin{array}{l} C_6H_4-C-OH \\ | \qquad \quad \| \\ C_6H_4-C-OH \end{array} + 2HCl.$$

Unter den Verbindungen mit condensirten Kohlenstoffringen stehen namentlich die später zu besprechenden Fluorenverbindungen mit dem Phenanthren in naher genetischer Beziehung. Wir kennen mehrere Uebergänge der Phenanthrenkörper in Derivate des Fluorens. Wie aus dem Vergleich der Formeln:

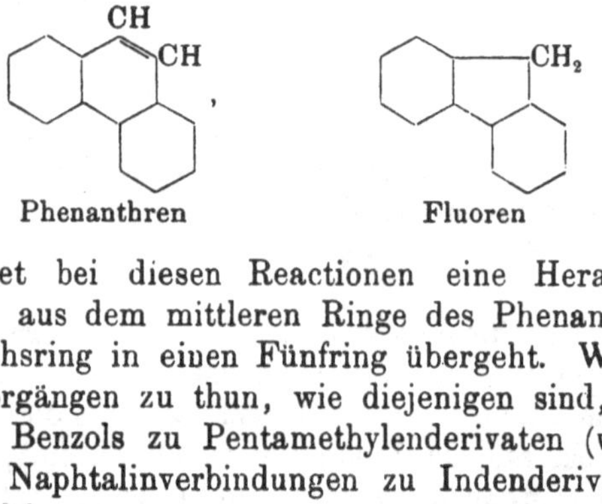

Phenanthren, Fluoren

hervorgeht, findet bei diesen Reactionen eine Herausspaltung eines Kohlenstoffatoms aus dem mittleren Ringe des Phenanthrens statt, wodurch dieser Sechsring in einen Fünfring übergeht. Wir haben es also mit analogen Vorgängen zu thun, wie diejenigen sind, welche von Abkömmlingen des Benzols zu Pentamethylenderivaten (vgl. Bd. II, Th. I, S. 27) oder von Naphtalinverbindungen zu Indenderivaten (vgl. S. 318, 479, 488—489) führen.

Wenn man Phenanthrenchinon mit Alkalilauge kocht[2], so geht es in das Alkalisalz einer vom Fluoren derivirenden Säure — der Diphenylenglykolsäure — über:

$$\begin{array}{l} C_6H_4-CO \\ | \qquad \quad | \\ C_6H_4-CO \end{array} + KOH = \begin{array}{l} C_6H_4 \\ | \\ C_6H_4 \end{array} \!\!> C < \begin{array}{l} OH \\ CO_2K \end{array}.$$

Diese Reaction ist ganz analog der Umwandlung des Benzils in Benzilsäure (Diphenylglykolsäure) (vgl. S. 78), wie überhaupt das Phenanthrenchinon in vielen Beziehungen Analogie mit dem Benzil aufweist, ein

[1] Gräbe u. Aubin, Ann. **247**, 268 (1888).

[2] Baeyer u. Caro, Ber. **10**, 125 (1877). — Anschütz u. Schultz, Ann. **196**, 47 (1879).

Verhalten, das sich durch die sehr ähnliche Constitution dieser beiden Orthodiketone leicht erklärt:

$$\begin{array}{c} C_6H_4-CO \\ | \qquad\quad | \\ C_6H_4-CO \end{array}, \qquad \begin{array}{c} C_6H_5-CO \\ \qquad\quad | \\ C_6H_5-CO \end{array}.$$

Phenanthrenchinon   Benzil

Wenn bei der eben erwähnten Reaction ein Oxydationsmittel zugegen ist[1], wenn man z. B. das Phenanthrenchinon mit Natronlauge und Permanganat erhitzt, so entsteht ausser der Diphenylenglykolsäure deren Oxydationsprodukt, das Diphenylenketon:

$$\begin{array}{c} C_6H_4 \\ | \\ C_6H_4 \end{array}\!\!>C<\!\!\begin{array}{l} OH \\ CO_2H \end{array} + O = \begin{array}{c} C_6H_4 \\ | \\ C_6H_4 \end{array}\!\!>CO + CO_2 + H_2O\,.$$

Ein zweiter Uebergang aus der Phenanthrenreihe in die Fluorenreihe findet statt[2], wenn man Phenanthrenchinon mit gebranntem Kalk der Destillation unterwirft. Hierbei bildet sich neben kleineren Mengen Fluoren als Hauptprodukt Diphenylenketon, das Keton der Fluorenreihe:

$$\begin{array}{c} C_6H_4-CO \\ | \qquad\quad | \\ C_6H_4-CO \end{array} \longrightarrow \begin{array}{c} C_6H_4 \\ | \\ C_6H_4 \end{array}\!\!>CO\,.$$

Ganz anders wirkt Natronkalk auf das Phenanthrenchinon ein; wird es mit diesem Agens gemischt destillirt, so entsteht fast quantitativ Diphenyl (vgl. S. 8). Diphenylenketon entsteht ferner[3], wenn Phenanthrenchinon in Dampfform über erhitztes Bleioxyd geleitet wird:

$$\begin{array}{c} C_6H_4-CO \\ | \qquad\quad | \\ C_6H_4-CO \end{array} + PbO = \begin{array}{c} C_6H_4 \\ | \\ C_6H_4 \end{array}\!\!>CO + CO_2 + Pb\,.$$

In ganz analoger Weise wie das Phenanthrenchinon wird auch das entsprechende Diketon des Retens, welches bei der Oxydation dieses Kohlenwasserstoffs mit Chromsäure entsteht, das Retenchinon[4], durch Alkalilauge in die entsprechende Oxysäure der Fluorenreihe — die sogenannte Retenglykolsäure (Methylisopropyldiphenylenglykolsäure) — verwandelt:

$$\begin{array}{l} CH_3 \\ C_3H_7 \end{array}\!\!>\!\begin{array}{c} C_6H_4-CH \\ | \qquad\quad \| \\ C_6H_2-CH \end{array} \longrightarrow \begin{array}{l} CH_3 \\ C_3H_7 \end{array}\!\!>\!\begin{array}{c} C_6H_4-CO \\ | \qquad\quad | \\ C_6H_2-CO \end{array} \longrightarrow \begin{array}{l} CH_3 \\ C_3H_7 \end{array}\!\!>\!\begin{array}{c} C_6H_4 \\ | \\ C_6H_2 \end{array}\!\!>C<\!\!\begin{array}{l} OH \\ CO_2H \end{array}.$$

Während die Kohlenwasserstoffe Phenanthren und Reten farblos sind, stellen die entsprechenden Diketone — Phenanthrenchinon und Retenchinon — orangefarbene Körper dar. Als Ortho-Diketone sind diese Verbindungen u. A. dadurch charakterisirt, dass ihre alkoholischen Lösungen durch Alkalilauge bei Luftabschluss dunkelroth gefärbt werden; beim Schütteln mit Luft verschwindet die Färbung, um nach erneutem

---

[1] Anschütz u. Japp, Ber. **11**, 211 (1878).
[2] Anschütz u. Schultz, Ber. **9**, 1402 (1876). Ann. **196**, 44 (1879).
[3] Wittenberg u. V. Meyer, Ber. **16**, 502 (1883).
[4] Bamberger u. Hooker, Ann. **229**, 132 (1885).

Alkalizusatz oder beim Erwärmen von neuem aufzutreten. Dieses Verhalten ist allen Ortho-Diketonen gemeinsam[1].

Phenanthren[2], $C_{14}H_{10}$, krystallisirt in monoklinen Blättchen oder Tafeln vom Schmelzpunkt 99°; es siedet unter gewöhnlichem Luftdruck bei 340°; im Vacuum des Kathodenlichts sublimirt es bereits unterhalb des Schmelzpunktes, bei 95—96°. In den gebräuchlichen organischen Lösungsmitteln ist es leicht löslich. Die Lösungen besitzen eine schwach blaue Fluorescenz.

Um Phenanthren aus dem hochsiedenden Steinkohlentheeröl zu gewinnen, fängt man die bei 320—350° siedenden Antheile getrennt auf und scheidet hieraus durch wiederholtes Fractioniren eine Portion vom Siedepunkt 339—342° ab. Diese Fraction wird dann mehrmals aus viel Alkohol umkrystallisirt, wobei die ersten Krystallisationen hauptsächlich aus Anthracen bestehen. Um Phenanthren von Anthracen zu trennen, kann man das Gemisch der partiellen Oxydation mit Chromsäure oder Salpetersäure unterwerfen, wodurch zuerst das Anthracen angegriffen wird, während das gegen Oxydationsmittel widerstandsfähigere Phenanthren unverändert bleibt.

Das Phenanthren vereinigt sich mit Pikrinsäure zu der Verbindung $C_{14}H_{10}.C_6H_2(NO_2)_3OH$, welche in goldgelben Nadeln vom Schmelzpunkt 145° krystallisirt und zur Erkennung des Phenanthrens dienen kann. Für diesen Zweck kann man auch das Phenanthren zu dem leicht zu charakterisirenden Phenanthrenchinon (vgl. S. 596) oxydiren.

Bei der Reduction mit Jodwasserstoffsäure und Phosphor[3] sind je nach der Temperatur, welche man bei der Reaction einhält, zwei verschiedene Hydrophenanthrene erhalten worden:

Tetrahydrophenanthren, $C_{14}H_{14}$, eine bei 0° schmelzende Verbindung vom

---

[1] Bamberger, Ber. **18**, 865, 1932 Anm. (1885).

[2] Fittig u. Ostermayer, Ber. **5**, 933 (1872). Ann. **166**, 361 (1873). — Gräbe, Ber. **6**, 63 (1873); **7**, 48 (1874). Ann. **167**, 131 (1873). — Hayduck, Ann. **167**, 177 (1873). — E. Schmidt, Ber. **7**, 205 (1874). J. pr. [2] **9**, 255 (1874). — Ostermayer, Ber. **7**, 1089 (1874). — Liebermann u. Palm, Ber. **8**, 378 (1875). — Anschütz u. Schultz, Ber. **10**, 21 (1877). Ann. **196**, 32 (1879). — Goldschmiedt, Ber. **10**, 2025 (1877). — Zeidler, Ann. **191**, 285 (1878). — Japp u. Anschütz, Ber. **11**, 211 (1878). — Schultz, Ber. **11**, 215 (1878); **12**, 235 (1879). Ann. **196**, 1 (1879); **203**, 95 (1880). Willgerodt, Ber. **11**, 604 (1878). — v. Bechi, Ber. **12**, 1978 (1879). — Wegscheider, Monatsh. **1**, 916 (1880). — Jackson u. White, Am. chem. Journ. **2**, 391 (1880). — Goldschmiedt u. Schmidt, Monatsh. **2**, 8 (1881). — Schiff, Ann. **223**, 262 (1884). — Wense, Ber. **19**, 761 (1886). — Berthelot u. Vieille, Ann. ch. [6] **10**, 446 (1887). — Krämer u. Spilker, Ber. **23**, 85 (1890); **33**, 2267 (1900). — Negri, Gazz. chim. **23 II**, 377 (1893). — Pschorr, Ber. **29**, 496 (1896). — Krafft u. Weilandt, Ber. **29**, 2241 (1896). — W. H. Perkin, Journ. Soc. **69**, 1196 (1896). — Chilesotti, Gazz. chim. **30 I**, 158 (1900).

[3] Gräbe, Ann. **167**, 154 (1873). Ber. **8**, 1056 (1875). — Liebermann u. Spiegel, Ber. **22**, 779 (1889).

Siedepunkt 310°. Dieselbe Verbindung entsteht[1] bei der Reduction des Phenanthrens mit Amylalkohol und Natrium.

Perhydrophenanthren, $C_{14}H_{24}$, erstarrt im Kältegemisch, schmilzt bei −3° und siedet bei 270—275°. In dieser Verbindung sind sämmtliche Doppelbindungen des Phenanthrens in einfache Bindungen übergeführt, die Formel des Körpers wäre also:

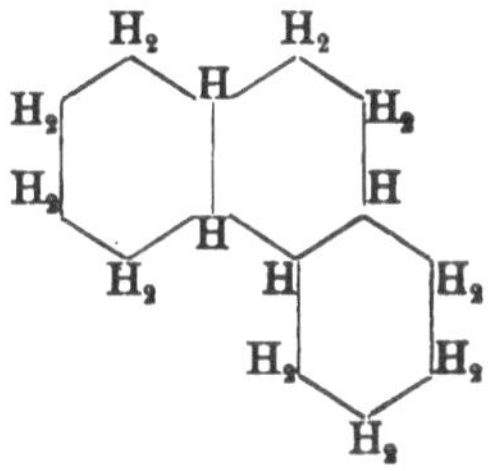

Chlor- und Brom-Derivate des Phenanthrens sind in grosser Zahl dargestellt worden[2], doch bieten diese Verbindungen kein erheblicheres Interesse dar. Es seien daher hier nur zwei dieser Substanzen angeführt.

Phenanthrendibromid[3], $\begin{array}{l} C_6H_4-CH\cdot Br \\ | \qquad\quad | \\ C_6H_4-CH\cdot Br \end{array}$, entsteht, wenn man Brom in eine Lösung von Phenanthren in Schwefelkohlenstoff oder Aether einträgt. Es bildet flache Prismen, welche bei 98° unter Zersetzung schmelzen. Beim Erhitzen für sich oder mit Wasser und beim Behandeln mit Silberacetat und Essigsäure spaltet es sich in Bromwasserstoff und

9-Bromphenanthren, $\begin{array}{l} C_6H_4-CBr \\ | \qquad\quad \| \\ C_6H_4-CH \end{array}$, eine in dünnen Prismen krystallisirende Verbindung vom Schmelzpunkt 63°. Bei der Oxydation liefert es Phenanthrenchinon, woraus sich die oben angegebene Stellung des Bromatoms ergiebt.

Die Sulfurirung des Phenanthrens[4] wird am besten in der Weise ausgeführt, dass man in die Chloroformlösung des Kohlenwasserstoffs die äquimoleculare Menge Chlorsulfonsäure eintropfen lässt. Es bilden sich zwei isomere Verbindungen, welche bei der Alkalischmelze in die entsprechenden Oxyverbindungen, die „Phenanthrole" übergehen. Die letzteren lassen sich auch nach der Pschorr'schen Methode (vgl. S. 585—586) darstellen und sind dadurch ihrer Constitution nach bekannt. Aus dieser Beziehung der Phenanthrensulfosäuren zu den Phenanthrolen ergiebt sich die Stellung der Sulfogruppen in den ersteren gemäss folgenden Formeln I und II:

---

[1] Bamberger u. Lodter, Ber. **20**, 3076 (1887).

[2] Zetter, Ber. **11**, 164 (1878). — Werner u. Ney, Ann. **321**, 330 (1902). — Vgl. auch: Ruoff, Ber. **9**, 1490 (1876). — Merz u. Weith, Ber. **12**, 677 (1879).

[3] Fittig u. Ostermayer, Ann. **166**, 363 (1873). — Hayduck, Ann. **167**, 180 (1873). — Anschütz, Ber. **11**, 1217 (1878). — Werner u. Ney, Ann. **321**, 332 (1902).

[4] Gräbe, Ann. **167**, 152 (1873). — Rehs, Ber. **10**, 1252 (1877). — Japp u. Schultz, Ber. **10**, 1661 (1877). — Schultz, Ann. **196**, 12 (1879). — Morton u. Geyer, Journ. amer. Soc. **2**, 203 (1880). — Eug. Fischer, Ber. **13**, 314 (1880). — Japp, Journ. Soc. **37**, 83 (1880). — Pschorr, Ber. **34**, 4004 (1901). — Werner u. Kunz, Ber. **34**, 2524 Anm. (1901). — Werner, Ann. **321**, 251 (1902).

I II III

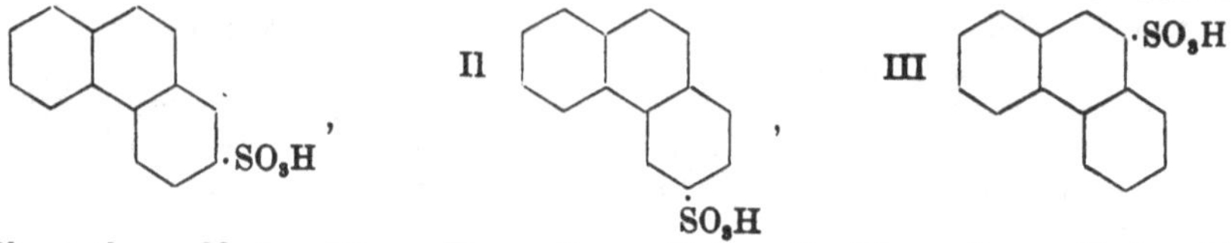

Phenanthrensulfosäure (2) Phenanthrensulfosäure (3) Phenanthrensulfosäure (9)

Die der Formel III entsprechende Sulfosäure wurde als Nebenprodukt bei der Sulfurirung des Phenanthrens mit Vitriolöl aufgefunden.

Durch Erhitzen von Phenanthren mit überschüssigem Vitriolöl ist eine Disulfosäure erhalten worden.

Aus der Betrachtung der Constitutionsformel des Phenanthrens ergiebt sich die Möglichkeit der Existenz von fünf isomeren Monoderivaten mit den Substituenten in den Stellungen 1, 2, 3, 4, 9 (vgl. S. 582). Dieser theoretischen Voraussetzung entsprechend sind fünf isomere Mononitrophenanthrene[1] dargestellt worden. Während beim Behandeln von Phenanthren mit Salpetersäure der Eintritt der Nitrogruppe in einen der äusseren Ringe erfolgt, greifen die aus Salpetersäure und arseniger Säure entwickelten salpetrigen Dämpfe die mittleren Kohlenstoffatome an[2]; es bilden sich zwei Verbindungen von complicirter Zusammensetzung:

$$\begin{array}{l} C_6H_4{-}CH{-\!\!-\!\!-}O{-\!\!-\!\!-}CH{-}C_6H_4 \\ C_6H_4{-}CH{\cdot}NO_2 \quad O_2N{\cdot}CH{-}C_6H_4 \end{array} \quad \text{und} \quad \begin{array}{l} C_6H_4{-}CH{-\!\!-\!\!-\!\!-\!\!-}CH{-}C_6H_4 \\ C_6H_4{-}CH{\cdot}NO_2 \quad O_2N{\cdot}CH{-}C_6H_4 \end{array} .$$

Bismononitrodihydrophenanthrenoxyd Bismononitrodihydrophenanthren

Behandelt man die erstere dieser Verbindungen mit einer Lösung von Natriummethylat, so geht sie in 9-Nitrophenanthren vom Schmelzpunkt 116—117° über:

$$\begin{array}{l} C_6H_4{-}CH{-\!\!-\!\!-}O{-\!\!-\!\!-}CH{-}C_6H_4 \\ C_6H_4{-}CH{\cdot}NO_2 \quad O_2N{\cdot}CH{-}C_6H_4 \end{array} = H_2O + 2\begin{array}{l} C_6H_4{-}CH \\ C_6H_4{-}C{\cdot}NO_2 \end{array} .$$

Anders ist der Verlauf der Reaction, wenn man die aus arseniger Säure und Salpetersäure entwickelten Dämpfe durch Abkühlen verflüssigt und diese Flüssigkeit mit festem Phenanthren zusammenbringt; man erhält alsdann 9-Nitrodihydrophenanthren:

$$\begin{array}{l} C_6H_4{-}CH \\ C_6H_4{-}CH \end{array} + HNO_2 = \begin{array}{l} C_6H_4{-}CH_2 \\ C_6H_4{-}CH{\cdot}NO_2 \end{array} .$$

Die Amidophenanthrene — auch Phenanthrylamine genannt — sind sowohl durch Reduction der Nitroverbindungen[3] als auch aus den Oxyphenanthrenen

[1] J. Schmidt u. Strobel, Ber. **34**, 1463 Anm. (1901). — J. Schmidt, Ber. **34**, 3531 (1901). — Vgl. auch: Gräbe, Ann. **167**, 155 (1873). — G. Schmidt, Ber. **12**, 1153 (1879).

[2] J. Schmidt, Ber. **33** 3251 (1900). D. R.-Pat. Nr. 129990. — J. Schmidt u. Strobel, Ber. **34**, 1461 (1901).

[3] G. Schmidt, Ber. **12**, 1156, 1157, 1158 (1879). — J. Schmidt u. Strobel Ber. **34**, 1463 (1901). — J. Schmidt, Ber. **34**, 3533 (1901).

durch Erhitzen mit Ammoniak, Chlorzinkammoniak oder Ammoniumchlorid und Natriumacetat[1] nach der zuerst in der Naphtalinreihe ausgeführten Reaction (vgl. S. 346—347) dargestellt worden.

2-Amidophenanthren, $C_{14}H_9 \cdot NH_2$, bildet derbe, strahlig gruppirte, schwach gelbliche Krystalle vom Schmelzpunkt 85°.

3-Amidophenanthren tritt in zwei verschiedenen Modificationen auf, in perlmutterglänzenden Blättchen vom Schmelzpunkt 143° und in wolligen oder blätterigen Krystallen, welche bei 87·5° schmelzen. Beide Formen geben ein und dasselbe Acetylderivat (Schmelzpunkt 201—202°), werden aber aus ihren salzsauren Salzen durch Alkali wieder unverändert zurückgewonnen. Vielleicht stehen sie im Verhältniss der Polymerie.

9-Amidophenanthren bildet glänzende, schwach braungelbe, zu Drusen vereinigte, zugespitzte Prismen vom Schmelzpunkt 135—136°.

Phenole der Phenanthrenreihe sind in grösserer Zahl bekannt. Die Monoxyphenanthrene, die sogenannten „Phenanthrole", können nach der allgemeinen Methode aus den Phenanthrensulfosäuren durch Schmelzen mit Alkali gewonnen werden (vgl. S. 591). Auf synthetischem Wege erhält man sie nach der Methode von Pschorr (vgl. S. 585—586) in Gestalt ihrer Methyläther, wenn man von methoxylirten o-Nitrobenzaldehyden an Stelle des o-Nitrobenzaldehyds selbst ausgeht, z. B.:

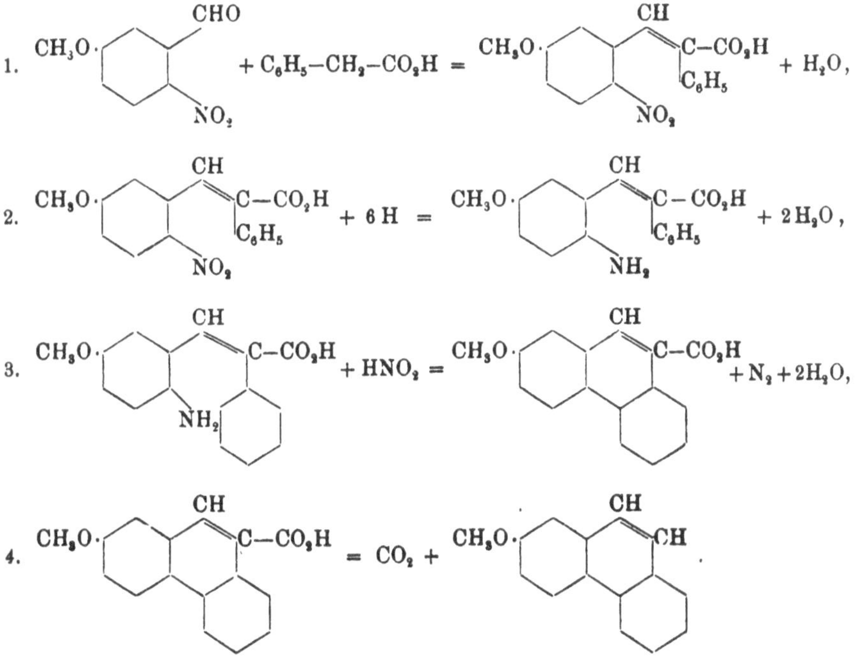

Hier ergiebt sich aus der Constitution der Ausgangsmaterialien ohne

[1] Japp u. Findlay, Journ. Soc. **71**, 1123 (1897). — Werner u. Kunz, Ber. **34**, 2524 (1901). Ann. **321**, 312 (1902). — Vgl. auch: Pschorr u. Schröter, Ber. **35**, 2728 (1902).

weiteres die Stellung des Substituenten in dem entstehenden Methoxyphenanthren.

1-Oxyphenanthren ist bisher nur in Gestalt seines Methyläthers[1], $C_{14}H_9 \cdot OCH_3$, bekannt, welcher verfilzte, seideglänzende Nadeln vom Schmelzpunkt 105—106° darstellt.

2-Oxyphenanthren[2], $C_{14}H_9 \cdot OH$, bildet weisse glänzende Blättchen vom Schmelzpunkt 169°. Sein Methyläther krystallisirt in weissen Blättchen vom Schmelzpunkt 100—101° (corrigirt), die Acetylverbindung, $C_{14}H_9—O—CO \cdot CH_3$, krystallisirt in farblosen, bei 142—143° schmelzenden Nadeln.

3-Oxyphenanthren[3] bildet büschelförmig vereinigte Nadeln oder farblose Stäbchen, welche bei 122—123° schmelzen. Der Methyläther krystallisirt in glänzenden Blättchen vom Schmelzpunkt 61°; die Acetylverbindung krystallisirt in länglichen, flachen, weissen Tafeln und schmilzt bei 115—116°.

4-Oxyphenanthren[4]. Der Methyläther bildet glänzende Blättchen vom Schmelzpunkt 68°, die Acetylverbindung bei 58—59° schmelzende farblose Blättchen.

Als 9-Oxyphenanthren kann das Phenanthron (S. 599) aufgefasst werden.

Von den Dioxyphenanthrenen ist die 9.10-Verbindung weiter unten (S. 598—599) beim Phenanthrenchinon, dessen Hydroprodukt sie darstellt, besprochen worden. Ausser dieser Verbindung ist das damit isomere 3.4-Dioxyphenanthren bekannt. Dieser Körper ist das bei der Spaltung des Morphins (vgl. S. 586) entstehende **Morphol**[5]:

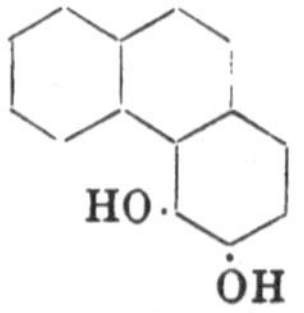

Das Morphol, $C_{14}H_8(OH)_2$, bildet fast farblose, bei 143° schmelzende Krystalle. Seine Lösungen in Alkalien färben sich in Folge von Oxydation durch den Luftsauerstoff rasch grün, dann roth. Es reducirt Fehling'sche Lösung, Silbernitrat und Eisenchlorid. Das Morphol bildet zwei isomere, durch ihre Acetylderivate $C_{14}H_8(O \cdot CH_3)(O \cdot CO \cdot CH_3)$ charakterisirte Monomethyläther:

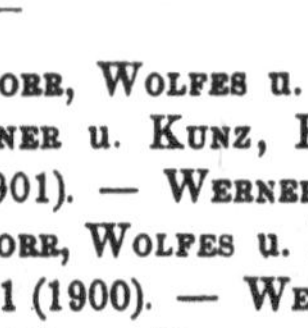

,

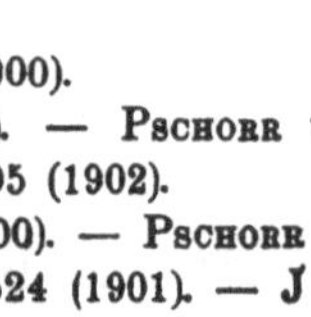

Morphol-3-Methyläther, Schmelzpunkt des Acetylderivates: 130°

Morphol-4-Methyläther, Schmelzpunkt des Acetylderivates: 93—94°

---

[1] Pschorr, Wolfes u. Buckow, Ber. **33**, 170 (1900).

[2] Werner u. Kunz, Ber. **34**, 2524 Anm. (1901). — Pschorr u. Klein, Ber. **34**, 4005 (1901). — Werner u. Rekner, Ann. **321**, 305 (1902).

[3] Pschorr, Wolfes u. Buckow, Ber. **33**, 175 (1900). — Pschorr u. Sumuleanu, Ber. **33**, 1821 (1900). — Werner u. Kunz, Ber. **34**, 2524 (1901). — J. Schmidt, Ber. **34**, 3531 (1901). — Pschorr, Ber. **34**, 4006 (1901). — Werner, Ann. **321**, 276 (1902). — Vgl. auch: Rehs, Ber. **10**, 1252 (1877).

[4] Pschorr u. Jäckel, Ber. **33**, 1827 (1900).

[5] Literatur s. S. 586.

Morphol-Dimethyläther, $C_{14}H_8(OCH_3)_2$, stellt farblose, fast quadratische, glänzende Blättchen vom Schmelzpunkt 44° dar und siedet unter 112 mm Druck bei 298—303°. Durch Erhitzen mit Jodwasserstoffsäure erhält man daraus nicht Morphol, sondern unter Eliminirung einer Hydroxylgruppe 3-Oxyphenanthren. Diacetylmorphol, $C_{14}H_8(O-CO\cdot CH_3)_2$, schmilzt bei 159°.

2.3-Dimethoxyphenanthren[1] ist auf synthetischem Wege erhalten worden. Es bildet Blättchen vom Schmelzpunkt 131° (corrigirt).

Aus den drei Phenanthrensulfosäuren (S. 591—592) sind durch Destillation der Alkalisalze mit Blutlaugensalz und Verseifen der zunächst entstandenen Nitrile die drei entsprechenden Phenanthrencarbonsäuren[2], $C_{14}H_9\cdot CO_2H$, dargestellt worden. Die eine dieser Säuren ist identisch mit der aus o-Amidophenylzimmtsäure entstehenden Phenanthrencarbonsäure (9) (vgl. S. 585).

Die 2- und 3-Carbonsäure gehen bei der Oxydation in die entsprechenden Phenanthrenchinoncarbonsäuren über, die 9-Carbonsäure dagegen liefert ihrer Constitution entsprechend Phenanthrenchinon selbst:

$$\begin{array}{l} C_6H_4-C\cdot CO_2H \\ | \qquad\quad \| \\ C_6H_4-CH \end{array} + 3O = \begin{array}{l} C_6H_4-CO \\ | \qquad\quad | \\ C_6H_4-CO \end{array} + CO_2 + H_2O.$$

Oxyphenanthrencarbonsäuren[3], $C_{14}H_8(OH)(CO_2H)$, sind durch Einwirkung von Kohlendioxyd auf die Natriumsalze der Oxyphenanthrene erhalten worden (vgl. Bd. II, Th. I, S. 623).

Phenanthrenchinon[4], $C_{14}H_8O_2$, krystallisirt in langen orangefarbenen Nadeln vom Schmelzpunkt 205°, siedet unzersetzt oberhalb 360° und sublimirt in orangefarbenen Tafeln. In Wasser ist es kaum löslich, leicht dagegen in siedendem Alkohol, sowie in Benzol und Eisessig. In Vitriolöl löst es sich mit dunkelgrüner Farbe. Mit Metallsalzen geht es additionelle Verbindungen ein; z. B. bildet es mit Chlorzink den Körper $C_{14}H_8O_2 + ZnCl_2$, mit Quecksilberchlorid $2C_{14}H_8O_2 + HgCl_2$, mit Quecksilbercyanid $2C_{14}H_8O_2 + HgCy_2$.

Darstellung: Im Kleinen verfährt man so, dass man Phenanthren in 4 bis 5 Thln. warmem Eisessig löst und eine Lösung von 2·2 Thln. (mit etwas Wasser angefeuchtetem) Chromtrioxyd in 5—6 Thln. heissem Eisessig nach und nach zusetzt, so dass das Gemisch eben im Sieden bleibt. Darauf erhitzt man noch einige Zeit am Rückflusskühler, destillirt den Eisessig grösstentheils ab und fällt mit Wasser. Zur Reinigung löst man das Chinon in Natriumbisulfitlösung und zersetzt die Bisulfitverbindung mit Salzsäure. Schliesslich wird aus Eisessig, Benzol oder Alkohol umkrystallisirt.

---

[1] Pschorr u. Buckow, Ber. **33**, 1831 (1900).

[2] Japp u. Schultz, Ber. **10**, 1661 (1877). — Schultz, Ann. **196**, 13 (1879). — Japp, Journ. Soc. **37**, 83 (1880). — Pschorr, Ber. **29**, 496 (1896). — Werner u. Kunz, Ann. **321**, 321 (1902).

[3] Werner u. Kunz, Ber. **35**, 4419 (1902).

[4] Literatur s. bei Phenanthren, S. 590; ferner: Schröder, Ber. **13**, 1071 (1880). — Lachowicz, Ber. **16**, 332 (1883). — Bamberger, Ber. **18**, 865, 1932 (1885). — Japp u. Turner, Journ. Soc. **57**, 5 (1890). — Kehrmann u. Mattison, Ber. **35**, 343 (1901).

Um grössere Mengen Phenanthren zu oxydiren[1], erwärmt man in einer Schale ein Gemisch von 900 g concentrirter Schwefelsäure, $1^1/_2$ Liter Wasser und 300 g Kaliumbichromat und setzt dann 100 g rohes Phenanthren zu. Wenn die anfangs stürmische Reaction sich mässigt, erwärmt man wieder gelinde, fügt allmählich nochmals 300 g Kaliumbichromat zu und kocht schliesslich einige Zeit. Nach dem Erkalten giebt man Wasser hinzu, wäscht den Niederschlag aus, trocknet und pulvert ihn und lässt ihn 24 Stunden lang mit concentrirter Schwefelsäure stehen. Der mit Wasser ausgeschiedene Niederschlag wird abfiltrirt, mit sehr verdünnter Natronlauge und dann (nach dem Trocknen) mit Aether gewaschen, endlich durch Lösen in Natriumbisulfit, wie oben, gereinigt.

Das Phenanthrenchinon ist durch die folgende von Laubenheimer[2] aufgefundene Reaction charakterisirt: Wenn man 5 ccm einer Lösung von 0·5 g Phenanthrenchinon in 100 ccm Eisessig mit 1 ccm rohem Toluol versetzt und unter Abkühlen und Schütteln 4 ccm concentrirte Schwefelsäure zutropft, so entsteht eine blaugrüne Färbung; lässt man die Flüssigkeit einige Minuten stehen, giesst dann in Wasser und schüttelt mit Aether aus, so erhält man eine intensiv rothviolette Lösung des färbenden Körpers; beim Verdunsten des Aethers hinterbleibt dieser als schwarze Masse. Wie V. Meyer fand, tritt die Reaction bei Anwendung reinen, schwefelfreien Toluols nicht ein, sie ist an die Anwesenheit eines im Toluol enthaltenen schwefelhaltigen Körpers (vgl. auch Bd. II, Th. I, S. 109), des Thiotolens, C_5H_6S, gebunden, mit welchem das Phenanthrenchinon sich zu der gefärbten Substanz verbindet:

$$C_{14}H_8O_2 + C_5H_6S = C_{19}H_{12}SO + H_2O\,.$$

Zur Erkennung des Phenanthrenchinons kann man auch die von Bamberger (vgl. S. 589—590) angegebene Farbenreaction (mit alkoholischem Alkali) benutzen.

Das Phenanthrenchinon giebt seine Ketonnatur durch die für diese Körperklasse charakteristischen Reactionen zu erkennen. Neben dem Benzil (S. 204) und dem β-Naphtochinon (S. 385—386) ist es das am leichtesten zugängliche Orthodiketon der aromatischen Gruppe. In dieser Eigenschaft wird es vielfach zur Charakterisirung von Orthodiaminen durch Ueberführung in Azine verwendet (vgl. Bd. II, Th. I, S. 231). Auch mit aliphatischen 1.2-Diaminen tritt es zu Azinen zusammen[3]:

$$\begin{matrix} C_6H_4\cdot CO \\ \dot{C}_6H_4\cdot \dot{C}O \end{matrix} + \begin{matrix} H_2N\cdot CH\cdot CH_3 \\ H_2N\cdot \dot{C}H_2 \end{matrix} = 2H_2O + H_2 + \begin{matrix} C_6H_4\cdot C:N\cdot C\cdot CH_3 \\ \dot{C}_6H_4\cdot \dot{C}:N\cdot \ddot{C}H \end{matrix}\,.$$

Zuweilen reagirt aber nur eine CO-Gruppe dieses Diketons. So erhält man bei der Einwirkung von salzsaurem Phenylhydrazin[4]

[1] Anschütz u. Schultz, Ann. **196**, 37 (1879).

[2] Ber. **8**, 224 (1875). — V. Meyer, Ber. **16**, 1625, 2972 (1883). — Odernheimer, Ber. **17**, 1338 (1884).

[3] Strache, Ber. **21**, 2362 (1888).

[4] Zincke, Ber. **16**, 1564 (1883). — Vgl. auch: Jacobson u. Schenke, Ber. **22**, 3242 (1889). — Bamberger u. Grob, Ber. **34**, 533 (1901). — Petrenko-Kritschenko u. Eltschaninoff, Ber. **34**, 1701 (1901).

auf das Chinon das bei 165° schmelzende Monophenylhydrazon (S. 600):

$$\begin{array}{l} C_6H_4-C{=}N\cdot NH\cdot C_6H_5 \\ C_6H_4-CO \end{array} .$$

Beim Erwärmen von Phenanthrenchinon mit salzsaurem Hydroxylamin[1] und Alkohol entsteht je nach der Menge des angewandten Hydroxylaminsalzes und der Dauer des Erhitzens entweder

$$\begin{array}{l} C_6H_4-C{=}N\cdot OH \\ C_6H_4-CO \end{array} \quad \text{oder} \quad \begin{array}{l} C_6H_4-C{=}N\cdot OH \\ C_6H_4-C{=}N\cdot OH \end{array} .$$

Phenanthrenchinonmonoxim, Schmelzpunkt 158° — Phenanthrenchinondioxim, Schmelzpunkt 202°

Das Auftreten stereoisomerer Verbindungen, wie bei den Benziloximen (vgl. S. 205 ff.) konnte hier nicht beobachtet werden.

Hält man bei der Condensation des Phenanthrenchinons mit salzsaurem Hydroxylamin eine höhere Temperatur ein oder erhitzt man das Monoxim mit salzsaurem Hydroxylamin auf 180° oder das Dioxim mit Alkohol auf 150°, so bildet sich das Phenanthrenchinondioximanhydrid vom Schmelzpunkt 182—183°:

$$\begin{array}{l} C_6H_4-C{=}N \\ C_6H_4-C{=}N \end{array} \!\!>\! O .$$

Wird das Phenanthrenchinonmonoxim mit concentrirter Schwefelsäure auf 100° erhitzt[2], so lagert es sich in das Amid der Diphenylenketoncarbonsäure um:

$$\begin{array}{l} C_6H_4-CO \\ C_6H_4-C{=}N\cdot OH \end{array} = \begin{array}{l} C_6H_4 \\ C_6H_3 \end{array} \!\!\begin{array}{l} >CO \\ <CO\cdot NH_2 \end{array} .$$

Bei der Reduction des Monoxims — sowie des Phenylhydrazons — mit Zinnchlorür und Salzsäure oder mit Schwefelwasserstoff entsteht das 9-Amido-10-oxyphenanthren[3]:

$$\begin{array}{l} C_6H_4-CO \\ C_6H_4-C{=}N\cdot OH \end{array} + 2H_2 = \begin{array}{l} C_6H_4-C\cdot OH \\ C_6H_4-C\cdot NH_2 \end{array} + H_2O,$$

während das Dioxim[4] bei der Reduction 9.10-Diamidophenanthren liefert:

$$\begin{array}{l} C_6H_4-C{=}N\cdot OH \\ C_6H_4-C{=}N\cdot OH \end{array} + 3H_2 = \begin{array}{l} C_6H_4-C-NH_2 \\ C_6H_4-C-NH_2 \end{array} + 2H_2O .$$

[1] H. Goldschmidt, Ber. **16**, 2178 (1883). — Auwers u. V. Meyer, Ber. **22**, 1985 (1889). — Pschorr u. Brüggemann, Ber. **35**, 2743 (1902).

[2] Wegerhoff, Ber. **21**, 2357 (1888). — Beckmann u. Wegerhoff, Ann. **252**, 25 (1889).

[3] Vahlen, Chem. Centralbl. **1902 I**, 1302. — Pschorr, Ber. **35**, 2729 (1902). — Pschorr u. Schröter, Ber. **35**, 2733 (1902). — J. Schmidt, Ber. **35**, 3129 (1902).

[4] Pschorr u. Schröter, Ber. **35**, 2738 (1902).

Phenanthrenchinondicyanhydrin[1],

$$\begin{array}{l} C_6H_4-C{<}^{OH}_{CN} \\ | \\ C_6H_4-C{<}^{CN}_{OH} \end{array},$$

bildet sich beim Stehen von Phenanthrenchinon mit 30%iger Blausäure im Ueberschuss (vgl. S. 211). Es krystallisirt in haarfeinen, zu Büscheln vereinigten Nadeln.

Ammoniak[2] wirkt je nach den Reactionsbedingungen in verschiedener Weise auf das Phenanthrenchinon ein. Leitet man in eine warme alkoholische Lösung des Chinons Ammoniakgas ein, so entsteht das Phenanthrenchinonimid:

$$\begin{array}{l} C_6H_4-CO \\ | \quad\;\; | \\ C_6H_4-C{=}NH \end{array},$$

welches in langen, glänzenden, gelblichen Nadeln vom Schmelzpunkt 158—159° krystallisirt. Erhitzt man dagegen die mit Ammoniakgas gesättigte alkoholische Lösung des Phenanthrenchinons längere Zeit auf 100°, so erhält man verschiedene complicirt zusammengesetzte Verbindungen, unter ihnen das Azin der Phenanthrenreihe:

$$\begin{array}{l} C_6H_4-C-N-C-C_6H_4 \\ | \qquad \| \quad | \quad \| \quad | \\ C_6H_4-C-N-C-C_6H_4 \end{array}.$$

Mit Ammoniak und aromatischen Aldehyden[3] tritt das Phenanthrenchinon zu Verbindungen zusammen, welche der Oxazolreihe bezw. den Glyoxalinverbindungen zuzurechnen sind (vgl. auch S. 210).

Mit Aceton[4] vereinigt sich das Phenanthrenchinon zu analogen Verbindungen wie die, welche aus Aceton und Benzil entstehen (vgl. S. 211).

Phenanthrenhydrochinon[5] (9.10-Dioxyphenanthren),

$$\begin{array}{l} C_6H_4-C-OH \\ | \qquad \| \\ C_6H_4-C-OH \end{array}.$$

---

[1] Japp u. Miller, Journ. Soc. **51**, 32 (1887).

[2] Anschütz u. Schultz, Ber. **10**, 23 (1877). Ann. **196**, 51 (1879). — Zincke, Ber. **12**, 1643 (1879). — Sommaruga, Ber. **12**, 982 (1879). Monatsh. **1**, 145 (1880). — Mason, Journ. Soc. **55**, 107 (1889). — Leuckart, J. pr. [2] **41**, 334 (1890). — Vgl. auch: Japp u. Burton, Journ. Soc. **49**, 845 (1886). — Japp u. Davidson, Journ. Soc. **67**, 45 (1895).

[3] Japp u. Wilcock, Journ. Soc. **37**, 661 (1880); **39**, 225 (1881). — Japp u. Streatfeild, Journ. Soc. **41**, 146 (1882). — Wadsworth, Journ. Soc. **57**, 11 (1890).

[4] Japp u. Streatfeild, Journ. Soc. **41**, 270 (1882). — Japp, Ber. **16**, 283 (1883). — Japp u. Miller, Ber. **17**, 2825 (1884). Journ. Soc. **47**, 11 (1885). — Japp u. Klingemann, Ber. **21**, 2933 (1888). — Wadsworth, Journ. Soc. **59**, 105 (1891).

Condensation mit Acetessigester: Japp u. Streatfeild, Ber. **16**, 278 (1883). Journ. Soc. **43**, 27 (1883). — Japp u. Klingemann, Journ. Soc. **59**, 1 (1891). — Lachowicz, Monatsh. **17**, 344 (1896).

Andere Condensationsprodukte des Phenanthrenchinons s.: Wense, Ber. **19**, 761 (1886). — Grimaldi, Gazz. chim. **25 I**, 78 (1895); **27 I**, 228 (1897).

[5] Gräbe, Ann. **167**, 142, 150 (1873). — Liebermann u. Jacobson, Ann. **211**, 69 Anm. (1882). — Klinger, Ber. **19**, 1869 (1886). Ann. **249**, 137 (1888). — Manchot, Ann. **314**, 189 (1901). — Pschorr u. Schröter, Ber. **35**, 2736 (1902). — J. Schmidt u. Kämpf, Ber. **35**, 3123 (1902). — Vgl. auch: Japp, Ber. **12**, 1306 (1879); **13**, 761 (1880).

Während das Phenanthrenchinon mit Natriumbisulfit sich zu einer additionellen Verbindung zu vereinigen vermag, welche man in krystallinischer Form und von der Zusammensetzung:

$$\begin{array}{l} C_6H_4\text{—}CO \\ \;| \qquad\;\; | \\ C_6H_4\text{—}C{<}^{OH}_{O\cdot SO_2Na} \end{array} + 2\,H_2O$$

erhält, wenn man Phenanthrenchinon in warmer concentrirter Bisulfitlösung auflöst (vgl. Reinigung des Phenanthrenchinons, S. 595), entsteht beim Erwärmen des Chinons mit einer alkoholischen Lösung von freier schwefliger Säure das Hydrochinon:

$$C_{14}H_8O_2 + SO_2 + 2\,H_2O = C_{14}H_{10}O_2 + H_2SO_4.$$

In glatter Weise verläuft die Reduction des Phenanthrenchinons zum Hydrochinon, wenn man ersteres in alkoholischer Suspension mit einem Moleculargewicht essigsauren Phenylhydrazins erwärmt oder wenn man Schwefelwasserstoffgas in die heisse alkoholische Suspension des Chinons einleitet. Dieselbe Verbindung entsteht endlich, wenn man Phenanthrenchinon in wasserhaltigem Aether löst und die Lösung dem Sonnenlicht aussetzt (vgl. die ähnliche Reaction des Benzils, S. 205), wobei sich gleichzeitig Acetaldehyd bildet. Das Phenanthrenhydrochinon krystallisirt in farblosen Nadeln oder Prismen, welche nach vorherigem schwachem Sintern bei 147—148° schmelzen. Es ist sehr leicht oxydirbar; seine alkoholische Lösung wird schon durch den Luftsauerstoff unter Bildung von Phenanthrenchinhydron und Phenanthrenchinon oxydirt.

Das Phenanthrenchinhydron, $C_{28}H_{18}O_4$, erhält man am besten durch Kochen der schwefligsauren Lösung des Chinons mit Salzsäure. Es krystallisirt in langen, glänzenden, schwarzen Nadeln vom Schmelzpunkt 167—169°.

Bei energischerer Reduction des Phenanthrenchinons gelingt es, eines der beiden Sauerstoffatome vollkommen zu entfernen. Wenn man das Chinon mit stärkster rauchender Jodwasserstoffsäure kocht[1], so entsteht das sogenannte **Phenanthron** oder **9-Oxyphenanthren** (glänzende Nadeln vom Schmelzpunkt 152°):

$$\begin{array}{l} C_6H_4\text{—}CO \\ \;| \qquad\;\; | \\ C_6H_4\text{—}CO \end{array} + 4\,H = \begin{array}{l} C_6H_4\text{—}CH_2 \\ \;| \qquad\;\; | \\ C_6H_4\text{—}CO \end{array} \quad \text{bezw.} \quad \begin{array}{l} C_6H_4\cdot CH \\ \;\vdots \qquad \;\vdots \\ C_6H_4\cdot C\cdot OH \end{array} + H_2O.$$

Zu derselben Verbindung gelangt man auch[2] von dem Produkt, welches entsteht, wenn man in Benzol gelöstes Phenanthrenchinon mit der äquimolecularen Menge Phosphorpentachlorid erwärmt, — dem Dichlorphenanthron oder Phenanthrenchinondichlorid:

$$\begin{array}{l} C_6H_4\text{—}CO \\ \;| \qquad\;\; | \\ C_6H_4\text{—}CO \end{array} + PCl_5 = \begin{array}{l} C_6H_4\text{—}CCl_2 \\ \;| \qquad\;\; | \\ C_6H_4\text{—}CO \end{array} + POCl_3;$$

erwärmt man nämlich dieses Dichlorid in Eisessiglösung mit Eisenpulver, so erhält man je nach der Dauer der Einwirkung zwei verschiedene Verbindungen:

$$\underset{\text{Chlorphenanthron}}{\begin{array}{l} C_6H_4\text{—}CHCl \\ \;| \qquad\;\; | \\ C_6H_4\text{—}CO \end{array}} \quad \text{und} \quad \underset{\text{Phenanthron}}{\begin{array}{l} C_6H_4\text{—}CH_2 \\ \;| \qquad\;\; | \\ C_6H_4\text{—}CO \end{array}}.$$

Endlich führt aber auch die Kalischmelze der Phenanthrensulfosäure (9)[3] (S. 592)

---

[1] Japp u. Klingemann, Journ. Soc. **63**, 770 (1893). — Japp u. Findlay, Journ. Soc. **71**, 1115 (1897).

[2] Lachowicz, J. pr. [2] **28**, 168 (1883). Ber. **16**, 331 (1883); **17**, 1161 (1884).

[3] Werner u. Frey, Ann. **321**, 279, 298 (1902). — Vgl. auch: Pschorr u. Schröter, Ber. **35**, 2728 (1902).

zu dem sogenannten „Phenanthron“, für welches in Folge dieser Bildung auch die Constitution als 9-Oxyphenanthren (Enolform des Phenanthrons) in Betracht gezogen werden muss, um so mehr als es in Alkalien löslich ist und überhaupt ein phenolartiges Verhalten zeigt. Bei der Kuppelung mit Diazobenzol verhält es sich analog dem β-Naphtol (vgl. S. 408, 412): der Benzolazorest tritt in die Orthostellung, und es entsteht ein Produkt, das sich als identisch mit dem Phenanthrenchinon-Phenylhydrazon (S. 597) erweist.

Die Derivate des Phenanthrenchinons, welche die Substituenten in den äusseren Benzolringen enthalten[1], entstehen sowohl bei der Oxydation der Substitutionsprodukte des Phenanthrens als auch aus dem Phenanthrenchinon selbst.

Von den nach der ersteren Methode dargestellten Verbindungen ist das Oxydationsprodukt des Morphols (vgl. S. 594), das **Morpholchinon**[2] (3.4-Dioxyphenanthrenchinon):

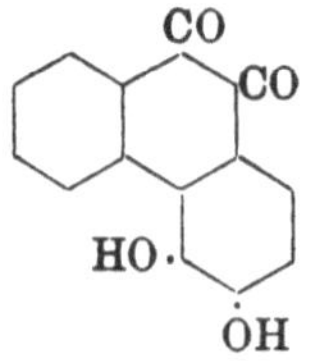

von theoretischem Interesse. Diese Verbindung wird dargestellt durch Oxydation des Diacetylmorphols und darauffolgende Abspaltung der Acetylgruppen. Sie ist ein Analogon des Alizarins (vgl. S. 553 ff.) in der Phenanthrenreihe und stellt gleich dem Alizarin einen Beizenfarbstoff dar, welcher mit Chromsalzen gebeizte Stoffe rein blau, Thonerdebeizen dagegen tief violett färbt.

Bei der Einwirkung von Salpetersäure auf Phenanthrenchinon[3] entsteht ein Mononitroderivat, während Salpeterschwefelsäure zu einem Dinitroprodukt führt, welches mit Kohlenwasserstoffen charakteristische Doppelverbindungen — analog den Pikrinsäureverbindungen — bildet[4]. Durch Oxydation dieser Verbindungen zu den entsprechenden nitrirten Diphensäuren konnte ihre Constitution ermittelt werden:

---

[1] Vgl. z. B.: Anschütz u. Siemienski, Ber. **13**, 1180 (1880). — Pschorr, Wolfes u. Buckow, Ber. **33**, 175 (1900). — Pschorr u. Buckow, Ber. **33**, 1832 (1900). — Pschorr, Ber. **34**, 4007 (1901). — J. Schmidt u. Kämpf, Ber. **35**, 3117 (1902). — Werner, Ann. **321**, 334, 339, 353 (1902); **322**, 135 (1902).

[2] Vongerichten, Ber. **32**, 1521 (1899). — Pschorr u. Vogtherr, Ber. **35**, 4415 (1902).

[3] Gräbe, Ann. **167**, 144 (1873). — Anschütz u. Schultz, Ber. **9**, 1404 (1876). — Schultz, Ber. **12**, 235 (1879). Ann. **203**, 108 (1880). — G. Schmidt, Ber. **12**, 1156 (1879). — Strasburger, Ber. **16**, 2346 (1883). — Anschütz u. Meyer, Ber. **18**, 1942 (1885). — Kleemann u. Wense, Ber. **18**, 2169 (1885). — Kikina, Chem. Centralbl. **1900 II**, 117. — Werner, Ann. **321**, 334 (1902). — Vgl. auch: Litthauer, Ber. **26**, 848 (1893).

[4] Behrens, Rec. trav. chim. **19**, 386 (1900).

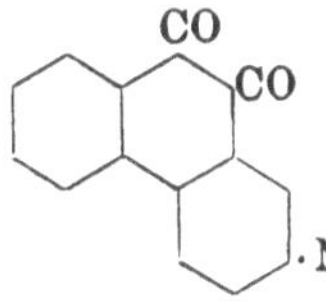

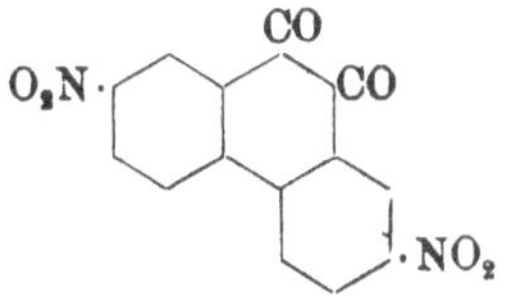

2-Nitrophenanthrenchinon, Schmelzpunkt 257°; 2.7-Dinitrophenanthrenchinon, Schmelzpunkt 301—303°

Durch Reduction dieser Nitroverbindungen sind die entsprechenden Amine dargestellt worden. 2-Amidophenanthrenchinon, $C_{14}H_7O_2 \cdot NH_2$, bildet schwarzviolette Nadeln, welche oberhalb 320° schmelzen. 2.7-Diamidophenanthrenchinon, $C_{14}H_6O_2(NH_2)_2$, krystallisirt in schwarzvioletten Nädelchen, welche bei 310° noch nicht schmelzen.

Mittels der Diazoreaction erhält man aus diesen Aminen die Oxyphenanthrenchinone[1]. 2-Oxyphenanthrenchinon, $C_{14}H_7O_2 \cdot OH$, bildet schwarzbraune kleine Nadeln, schmilzt bei 283° und löst sich in wenig Kalilauge mit blauer, in mehr mit tiefgrüner Farbe auf. 2.7-Dioxyphenanthrenchinon, $C_{14}H_6O_2(OH)_2$, krystallisirt in schwarzbraunen mikroskopischen Nadeln.

Reten[2], 1-Methyl-4-isopropylphenanthren, $C_{18}H_{18}$, wurde zuerst von FIKENTSCHER in einem Torflager bei Redwitz im Fichtelgebirge aufgefunden und von TROMMSDORF 1837 beschrieben. Auch in anderen Gegenden stellte man analoges Vorkommen dieses Kohlenwasserstoffes fest. Im Jahre 1858 entdeckte KNAUSS in dem schweren Theeröl harzreicher Nadelhölzer einen Kohlenwasserstoff, welcher von FEHLING und von FRITZSCHE untersucht wurde; diese von FRITZSCHE als „Reten" bezeichnete Verbindung erwies sich als identisch mit dem in verschiedenen Torflagern aufgefundenen Kohlenwasserstoff. Seine Constitution wurde von BAMBERGER auf folgende Weise ermittelt.

Bei der Oxydation des Retens mit Chromsäure bildet sich das Retenchinon, $C_{18}H_{16}O_2$. Die Oxydation dieses Chinons mit Kaliumpermanganat in alkalischer Lösung liefert eine Ketonsäure, $C_{16}H_{13}O_2 \cdot CO_2H$, bei weiterer Oxydation entsteht eine Dicarbonsäure, $C_{13}H_6O(CO_2H)_2$, welche beim Erhitzen ihres Silbersalzes in Kohlensäure und Diphenylenketon zerfällt:

$$OC{=}C_{12}H_6(CO_2H)_2 = 2\,CO_2 + C_{12}H_8{=}CO\,,$$

und somit eine Diphenylenketondicarbonsäure darstellt. Durch die weitgehende Analogie, welche zwischen dem Phenanthrenchinon und dem Retenchinon besteht (vgl. S. 589), wird es wahrscheinlich gemacht, dass das letztere als ein substituirtes Phenanthrenchinon zu betrachten ist, und dass die Oxydation mit alkalischem Permanganat hier wie dort zur Herausspaltung einer CO-Gruppe aus dem Diketoncomplex führt (vgl. S. 589). Aus der Bildung der Diphenylenketondicarbonsäure ergiebt sich ferner, dass das Retenchinon ein disubstituirtes Phenanthrenchinon ist, dass es also zwei kohlenstoffhaltige Seitenketten enthält. Diese könnten, da sie

[1] Vgl. WERNER, Ann. **322**, 135, 160 (1902).
[2] Literatur und Constitutionsformel s. S. 586—587.

vier Kohlenstoffatome enthalten, entweder zwei Aethylgruppen oder eine Methyl- und eine Propyl-Gruppe sein. Nun ist das erste Oxydationsprodukt des Retenchinons, die Säure $C_{16}H_{13}O_2 \cdot CO_2H$, bereits eine Monoketocarbonsäure, wie sich aus ihrem chemischen Verhalten ergiebt. Diese Säure ist also bereits ein Derivat des Diphenylenketons; ihre Constitution lässt sich folgendermassen auflösen:

$$OC{=}C_{12}H_6\left\{\begin{array}{l}CO_2H\\ C_3H_7O\end{array}\right. .$$

Da sie durch weitere Oxydation in eine Diphenylenketondicarbonsäure übergeht, so müssen die Carboxylgruppe und die Atome des noch unaufgeklärten Complexes C_3H_7O zwei Seitenketten bilden. Die wahrscheinlichste Deutung hierfür giebt die weiter aufgelöste Formel:

$$OC{=}C_{12}H_6{<}\begin{array}{l}CO_2H\\ C(OH)(CH_3)_2\end{array} ,$$

welche für das Retenchinon zu der Constitution:

$$\begin{array}{l}OC\\ |\\ OC\end{array}{>}C_{12}H_6{<}\begin{array}{l}CH_3\\ CH(CH_3)_2\end{array}$$

führt. Bei der Oxydation des Chinons wäre hiernach die eine der beiden Carbonylgruppen herausgespalten, die Methylgruppe in die Carboxylgruppe und die Isopropylgruppe in die Oxyisopropylgruppe (vgl. Bd. I, S. 742; Bd. II, Th. I, S. 704) verwandelt.

Durch Kalischmelze zerfällt jene Diphenylenketondicarbonsäure, welche **selbst** nicht das Verhalten einer Orthodicarbonsäure zeigt, in eine Diphenyltricarbonsäure, die nachweislich zwei orthoständige Carboxylgruppen enthält; da nun ferner viele Naturprodukte bekannt sind, welche einen in Parastellung durch Methyl und Isopropyl substituirten Benzolring enthalten (vgl. z. B. Bd. II, Th. I, S. 110, 376), so ist die Constitution des Retenchinons wahrscheinlich die folgende:

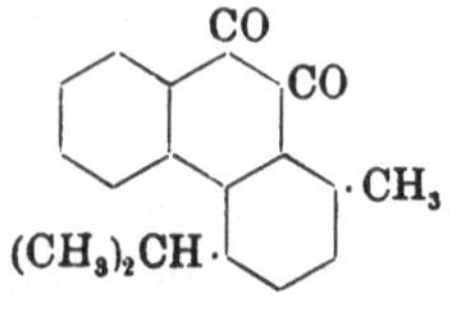

,

woraus sich für das Reten die auf S. 587 angegebene Formel ergiebt.

Das Reten krystallisirt in grossen glimmerähnlichen Blättern oder weissen perlmutterglänzenden Tafeln vom Schmelzpunkt 98·5°; es siedet unter gewöhnlichem Luftdruck bei 390°, im Vacuum des Kathodenlichts bei 135°. Mit Pikrinsäure geht es eine Verbindung ein, welche in orangegelben glänzenden Nadeln vom Schmelzpunkt 123—124° krystallisirt.

Bei der Reduction des Retens entstehen je nach den Reactionsbedingungen verschiedene Reductionsstufen:

Tetrahydroreten, $C_{18}H_{22}$, vom Siedepunkt 280° bei 50 mm Druck;

Dodekahydroreten, Dehydrofichtelit, $C_{18}H_{30}$, vom Siedepunkt 344 – 348° bei 714 mm Druck.

An diese Hydrirungsprodukte reiht sich der:

Fichtelit[1], $C_{18}H_{32}$. Die Ueberführbarkeit des Fichtelits durch Wasserstoffabspaltung in das bei der energischen Reduction des Retens entstehende Dodekahydroreten (s. o.) ist ein Beweis für die Constitution des Fichtelits als eines perhydrirten Retens (vgl. S. 587). Diese Ueberführung erreicht man durch Erhitzen des Fichtelits mit Jod:

$$C_{18}H_{32} + 2J = C_{18}H_{30} + 2HJ.$$

Das Vorkommen des Fichtelits neben dem Reten (vgl. S. 587) deutet darauf hin, dass beide Kohlenwasserstoffe aus demselben Stoff entstanden sind. Wahrscheinlich bildet sich zunächst die hydrirte Verbindung, welche alsdann durch fortschreitende Dehydrogenisation in den aromatischen Kohlenwasserstoff — Reten — übergeht. Der Fichtelit krystallisirt in monoklinen Prismen vom Schmelzpunkt 46° und siedet unter 719 mm Druck bei 355°. Er ist durch eine bemerkenswerthe Widerstandsfähigkeit gegen Oxydationsmittel ausgezeichnet.

Retenchinon[1], $C_{18}H_{16}O_2$, bildet lange, flache, orangefarbene Nadeln vom Schmelzpunkt 197—197·5°. Es löst sich in concentrirter Schwefelsäure mit grüner Farbe; mit alkoholischem Kali behandelt zeigt es die für Orthodiketone (vgl. S. 589—590) charakteristische Rothfärbung; auch bildet es mit o-Phenylendiamin ein Azin. Beim Behandeln mit Ammoniak bezw. Hydroxylamin entstehen die einfach substituirten Derivate: Retenchinonimid, $C_{18}H_{16}O(NH)$, vom Schmelzpunkt 109—111°, bezw. Retenchinonoxim, $C_{18}H_{16}O(NOH)$, vom Schmelzpunkt 128·5°.

Das Pyrenketon.

Durch Oxydation des Pyrenchinons (vgl. S. 626) entsteht eine als Pyrensäure bezeichnete Verbindung, welche bei der Destillation mit Kalk in Pyrenketon übergeht, eine Verbindung, in welcher wie in den Anthracen- und Phenanthren-Körpern drei Sechsringe anzunehmen sind. (Ueber die Constitution dieser Verbindungen vgl. S. 625—626.)

Das Pyrenketon, $C_{13}H_8O$, bildet goldgelbe, atlasglänzende Tafeln vom Schmelzpunkt 142°. Bei der Oxydation geht es in Naphtalsäure über (vgl. S. 428).

Pyrensäure (Pyrenketondicarbonsäure), $C_{13}H_6O(CO_2H)_2$, krystallisirt in hellgelben, flimmernden Blättchen. Beim Erhitzen auf hohe Temperatur oder beim Kochen mit Eisessig geht sie in das in goldgelben, glänzenden, kurzen Prismen krystallisirende Anhydrid, $C_{13}H_6O(CO)_2O$, über; durch Oxydation mit Kaliumpermanganat wird sie in Naphtalintetracarbonsäure (1.4.5.8) verwandelt (vgl. S. 430).

[1] Literatur s. S. 586—587 unter Reten. Constitutionsformel s. S. 587.

Sechzigstes Kapitel.

Dreikernige condensirte Kohlenwasserstoffe, welche Benzolringe mit Ringen von anderer Gliederzahl vereinigt enthalten.

Während über dreikernige, condensirte Combinationen von Benzolringen mit Trimethylen-, Tetramethylen- und Heptamethylen-Ringen zur Zeit nichts zu berichten ist, liegt ein ziemlich umfangreiches Material über dreikernige Verbindungen vor, welche durch Condensation von Benzol- mit Pentamethylen-Ringen zu Stande kommen.

Aus zwei Benzolringen und einem Fünfkohlenstoffring bestehen die Systeme:

I 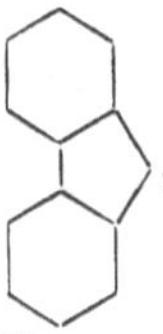, II , III 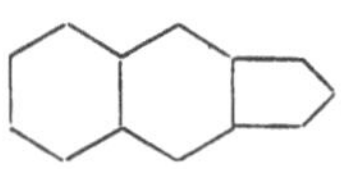, IV 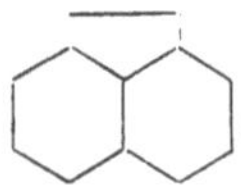,

Fluoren — Pentanthren (α, β-Naphtinden) — Naphtinden (β, β-Naphtinden) — Acenaphten

von denen das erste zum Diphenylsystem, die drei anderen zum Naphtalinsystem in naher Beziehung stehen.

Aus einem Benzolring und zwei Fünfkohlenstoffringen ist das System:

V 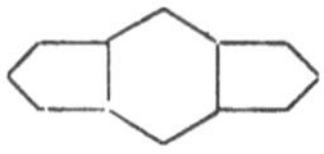

Indacen

zusammengefügt.

Die Gruppen des Acenaphtens und Fluorens sind schon seit längerer Zeit bekannt, die Fluorengruppe bereits in einer beträchtlichen Zahl von Abkömmlingen; die Stammkohlenwasserstoffe beider Gruppen finden sich im Steinkohlentheer.

Zu Vertretern der übrigen — noch wenig studirten — Gruppen ist man erst in den letzten Jahren durch synthetische Processe gelangt. Eine technische Wichtigkeit kommt einstweilen keiner der oben zusammengestellten Gruppen zu.

Die Acenaphtengruppe.

Berthelot fand im Jahre 1866, dass man beim Durchleiten der Dämpfe von Benzol und Aethylen oder besser von Naphtalin und Aethylen durch ein glühendes Rohr einen Kohlenwasserstoff der Formel $C_{12}H_{10}$ erhält, welchen er Acenaphten nannte. Dieselbe Verbindung fand er auch im Steinkohlentheer auf. Aus der pyrogenetischen Bildungsweise des Kohlenwasserstoffes ergiebt sich, dass derselbe einen Naphtalincomplex enthält, was auch dadurch bestätigt wird, dass das Acenaphten aus Aethylnaphtalin entsteht, wenn man dieses in Dampfform durch ein hellroth glühendes Porcellanrohr leitet, oder wenn man in das Aethylnaphtalin ein Atom Brom einführt und das Bromprodukt bei 100⁰ mit alkoholischem Kali behandelt. Die Erkennung des hierbei verwendeten Aethylnaphtalins als einer α-Verbindung:

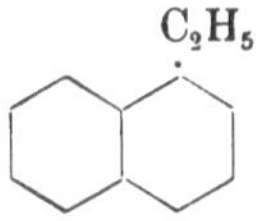

sowie die von BEHR und VAN DORP aufgefundene Thatsache, dass bei der Oxydation des Acenaphtens eine Dicarbonsäure des Naphtalins, die Naphtalsäure (vgl. S. 428), entsteht, ergiebt für den Kohlenwasserstoff die Formel:

$$C_{10}H_6 \left< \begin{matrix} CH_2\,(\alpha) \\ | \\ CH_2 \end{matrix} \right. .$$

Die vollständige Aufklärung der Constitution des Acenaphtens wurde dadurch herbeigeführt, dass BAMBERGER und PHILIP die Naphtalsäure als peri-Naphtalindicarbonsäure erkannten:

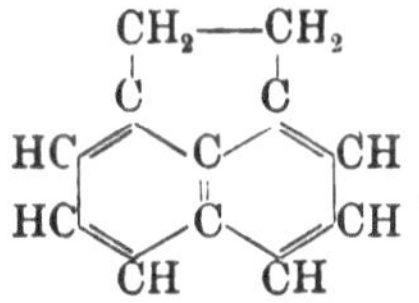

Acenaphten

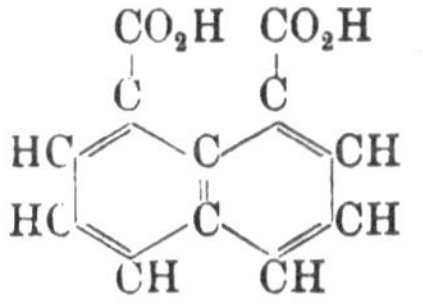

Naphtalsäure

Durch gemässigte Oxydation des Acenaphtens mit Alkalibichromat in Eisessiglösung erhält man ein Oxydationsprodukt, welches noch das ganze Acenaphten-Skelett enthält, das Acenaphtenchinon:

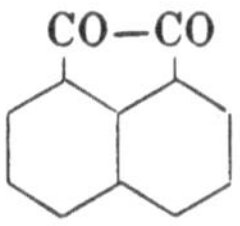

diese Verbindung charakterisirt sich durch ihre Reactionen als ein Orthodiketon.

Leitet man die Dämpfe des Acenaphtens über erhitztes Bleioxyd, so verliert der Kohlenwasserstoff zwei Wasserstoffatome und geht in **Acenaphtylen** über:

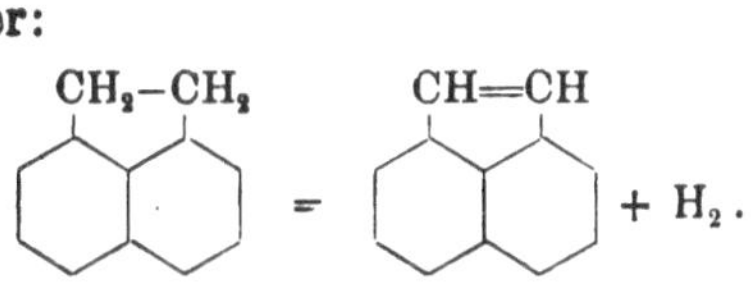

Eine noch weitergehende Wasserstoffentziehung kann durch Erhitzen von Acenaphten mit Schwefel[1] erreicht werden. Hierbei bildet sich neben einem schwefelhaltigen Körper eine Verbindung von der empirischen Zusammensetzung $C_{12}H_6$, welche wahrscheinlich als aus drei Acenaphtenresten bestehend aufzufassen ist:

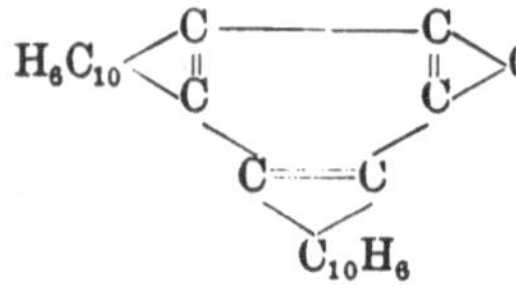

Trinaphtylenbenzol (vgl. S. 642—643).

Acenaphten[2], $C_{12}H_{10}$, gewinnt man am besten aus den bei der Darstellung des Anthracens abfallenden flüssigen Antheilen (vgl. S. 514) des Steinkohlentheeröls, indem man daraus den bei 265—275° siedenden Theil herausfractionirt. Beim Stehen krystallisirt aus dieser Fraction das Acenaphten aus; es wird mit kaltem Alkohol gewaschen und aus siedendem Alkohol umkrystallisirt.

Das Acenaphten bildet zolllange farblose Nadeln vom Schmelzp. 95° und siedet bei 279°. Mit Pikrinsäure vereinigt es sich zu einer in orangerothen Prismen krystallisirenden Verbindung vom Schmelzp. 161—162°.

Der Eintritt von Substituenten in das Acenaphtenmolecül[3] findet vorzugsweise in der Parastellung zu einer CH_2-Gruppe statt; so sind z. B. das Bromirungs- und Nitrirungs-Produkt des Acenaphtens, sowie die mit Säurechloriden bezw. Säureanhydriden und Aluminiumchlorid daraus erhältlichen Ketone entsprechend den folgenden Formeln constituirt:

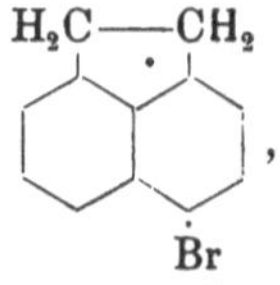

Bromacenaphten, Schmelzpunkt 52°

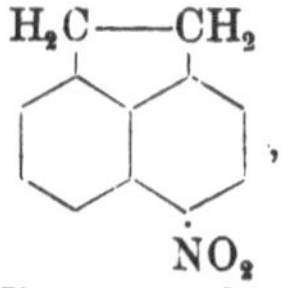

Nitroacenaphten, Schmelzpunkt 106°

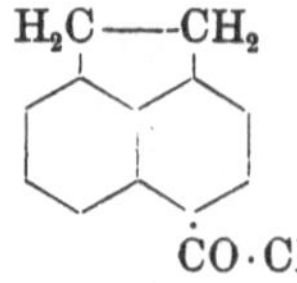

Acenaphtenyl-Methylketon. Schmelzpunkt 75°

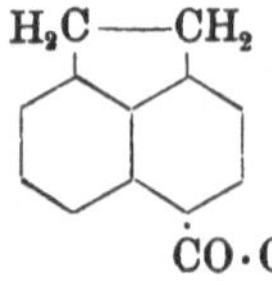

Acenaphtenyl-Phenylketon, Schmelzpunkt 101°

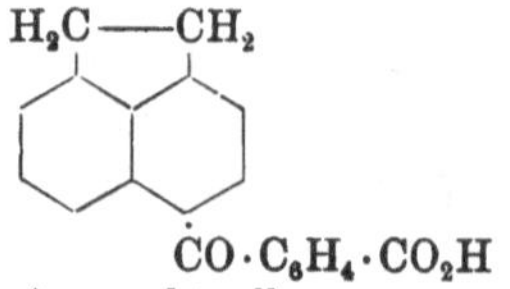

o-Acenaphtoylbenzoësäure, Schmelzpunkt 200°

---

[1] Dziewonski, Ber. **36**, 962 (1903). — Rehländer, Ber. **36**, 1583 (1903).

[2] Berthelot, Bull. [2] **6**, 275 (1866); [2] **8**, 245 (1867). — Gräbe, Ann. **163**, 364 (1872); **290**, 207 Anm. (1896). — Berthelot u. Bardy, Ann. **166**, 135 (1873). — Behr u. van Dorp, Ber. **6**, 753 (1873). Ann. **172**, 264 (1874). — Schiff, Ann. **223**, 262 (1884). — Terrisse, Ann. **227**, 143 (1885). — Bamberger u. Philip, Ber. **20**, 237 (1887). — Gräbe u. Veillon, Ber. **20**, 659 (1887). — Ferko, Ber. **20**, 663 (1887). — Berthelot u. Vieille, Ann. ch. [6] **10**, 449 (1887). — Gräbe u. Gfeller, Ber. **25**, 653 (1892). Ann. **276**, 1 (1893). — W. H. Perkin, Journ. Soc. **69**, 1196 (1896). — Dutoit u. Friderich, Compt. rend. **130**, 328 (1900). — Pellini, Gazz. chim. **31 I**, 1 (1901).

[3] Blumenthal, Ber. **7**, 1095 (1874). — Quincke, Ber. **20**, 609 (1887); **21**, 1454 (1888). — Jandrier, Compt. rend. **104**, 1858 (1887). — Gräbe, Ann. **327**, 77 (1903).

Die Einwirkung hydrirender Mittel[1] führt das Acenaphten in verschiedene Hydroprodukte über, und zwar entsteht bei der Einwirkung von Amylalkohol und Natrium oder beim Ueberleiten mit Wasserstoff über reducirtes Nickel (vgl. Bd. II, Th. I, S. 748) Tetrahydroacenaphten, $C_{12}H_{14}$, ein viscoses farbloses Oel vom Siedepunkt 254° (corr.); mit Jodwasserstoff und Phosphor auf 250—260° erhitzt, geht das Acenaphten in Perhydroacenaphten, $C_{12}H_{20}$, über, welches gleichfalls flüssig ist und bei 235—236° (uncorr.) siedet.

Durch Behandlung des Acenaphtens mit Carbaminsäurechlorid bei Gegenwart von Aluminiumchlorid[2] (vgl. Bd. II, Th. I, S. 531) entsteht das Amid einer Acenaphtencarbonsäure, $C_{12}H_9 \cdot CO_2H$, welche bei 217° schmilzt.

Acenaphtylen[3], $C_{12}H_8$, krystallisirt in grossen gelblichen (vgl. dazu Dibiphenylenäthen, S. 616—617) Tafeln vom Schmelzpunkt 92—93° und siedet bei 265—275° unter theilweiser Zersetzung. Bei der Oxydation liefert der Kohlenwasserstoff Naphtalsäure; durch reducirende Agentien, wie Natriumamalgam, wird er in Acenaphten zurückverwandelt.

Das Acenaphtylen ist dadurch als ungesättigte Verbindung charakterisirt, dass es sich mit einem Molecül Brom zu einem Dibromid zu vereinigen mag:

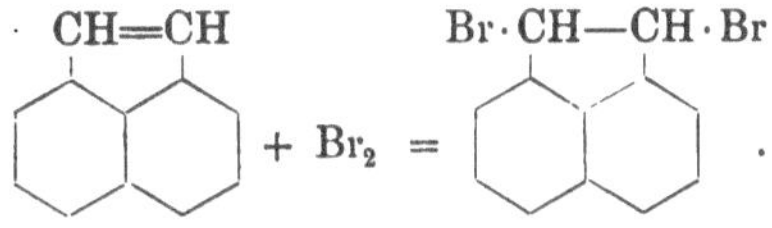

Beim Kochen mit Wasser liefert das Dibromid die entsprechende glykolartige Verbindung, das Acenaphtylenglykol[4], $\underset{\lfloor\!-C_{10}H_6-\!\rfloor}{CH(OH) \cdot CH(OH)}$, welches in langen Nadeln vom Schmelzpunkt 204—205° krystallisirt; daneben bildet sich ein Isomeres vom Schmelzpunkt 145°. Diese beiden Verbindungen sind wahrscheinlich als Stereoisomere aufzufassen; da sie beide optisch inactiv sind, hätte man in der einen Modification die durch intramoleculare Compensation inactivirte Form, in der anderen die racemische Verbindung zu erblicken (vgl. die analogen Verhältnisse bei den stereoisomeren Hydrobenzoïnen S. 217).

Bei der Einwirkung von Natriumalkoholat und Methyljodid oder noch leichter beim Kochen mit concentrirter Salzsäure geht das Acenaphtylenglykol unter Wasserabspaltung in einen ketonartigen Körper, das Acenaphtenon[5], über:

$$C_{10}H_6{<}\begin{matrix}CH-OH\\ |\\ CH-OH\end{matrix} = C_{10}H_6{<}\begin{matrix}CH_2\\ |\\ CO\end{matrix} + H_2O\,.$$

Das Acenaphtenon lässt sich auch durch Reduction des Acenaphtenchinons mit Zinkstaub und Eisessig:

$$C_{10}H_6{<}\begin{matrix}CO\\ |\\ CO\end{matrix} + 4H = C_{10}H_6{<}\begin{matrix}CH_2\\ |\\ CO\end{matrix} + H_2O$$

[1] Bamberger u. Lodter, Ber. **20**, 3077 (1887); **21**, 840 (1888). — Liebermann u. Spiegel, Ber. **22**, 781 (1889). — Sabatier u. Senderens, Compt. rend. **132**, 1257 (1901).

[2] Gattermann u. Harris, Ann. **244**, 58 (1888).

[3] Behr u. van Dorp, Ber. **6**, 753 (1873). Ann. **172**, 276 (1874). — Blumenthal, Ber. **7**, 1092 (1874). — Pellini, Gazz. chim. **31 I**, 8 (1901).

[4] Ewan u. Cohen, Journ. Soc. **55**, 578 (1889). — Gräbe u. Jequier, Ann. **290**, 205 (1896).

[5] Ewan u. Cohen, Journ. Soc. **55**, 580 (1889). — Gräbe u. Gfeller, Ber. **25**, 653 (1892). Ann. **276**, 12 (1893). — Gräbe u. Jequier, Ann. **290**, 195 (1896).

sowie auf dieselbe Weise aus dem Acenaphtenchinonchlorid herstellen:

$$C_{10}H_6\left\langle\begin{matrix}CCl_2\\ |\\ CO\end{matrix}\right. + 4H = C_{10}H_6\left\langle\begin{matrix}CH_2\\ |\\ CO\end{matrix}\right. + 2HCl\,.$$

(Vgl. die analogen Bildungsweisen des Phenanthrons S. 599.) Es krystallisirt in farblosen Nadeln vom Schmelzpunkt 121° (corr.) und ist mit Wasserdämpfen flüchtig. Das Oxim, $C_{10}H_6\left\langle\begin{matrix}CH_2\\ |\\ C{=}N\cdot OH\end{matrix}\right.$, schmilzt bei 175°, das Phenylhydrazon, $C_{10}H_6\left\langle\begin{matrix}CH_2\\ |\\ C{=}N\cdot NH\cdot C_6H_5\end{matrix}\right.$, bei 90°.

Acenaphtenchinon[1], $C_{12}H_6O_2$, krystallisirt und sublimirt in rein gelben Nadeln vom Schmelzpunkt 261° (corr.). Mit Natriumbisulfit vereinigt es sich zu der Verbindung $C_{12}H_6O_2 + NaHSO_3 + 2H_2O$. Auch mit schwefliger Säure vermag sich das Chinon zu verbinden und ist daher in wässeriger schwefliger Säure löslich. Das Monoxim, $C_{12}H_6O(:N\cdot OH)$ vom Schmelzpunkt 230° liefert bei der Beckmann'schen Umlagerung (vgl. Bd. I, S. 391) Naphtalsäureimid (vgl. S. 429):

$$C_{10}H_6\left\langle\begin{matrix}CO\\ |\\ C{=}N\cdot OH\end{matrix}\right. = C_{10}H_6\left\langle\begin{matrix}CO\\ \\ CO\end{matrix}\right\rangle NH\,.$$

Das Dioxim, $C_{12}H_6(:N\cdot OH)_2$, bildet weisse Kryställchen vom Schmelzpunkt 222°. Mit Phenylhydrazin vereinigt sich das Chinon zu einem Monophenylhydrazon, $C_{12}H_6O(:N\cdot NH\cdot C_6H_5)$, vom Schmelzpunkt 179° und zu einem Bisphenylhydrazon, $C_{12}H_6(:N\cdot NH\cdot C_6H_5)_2$, welches bei 219° schmilzt.

Wird das Acenaphtenchinon nach Art der Laubenheimer'schen Reaction (vgl. S. 596) mit concentrirter Schwefelsäure und rohem Toluol behandelt, so entsteht eine schmutzig grün gefärbte Flüssigkeit. Wird diese mit Aether geschüttelt, so färbt sich derselbe hochroth.

Als Orthodiketon ist das Acenaphtenchinon dadurch charakterisirt, dass es sich mit o-Phenylendiamin oder mit Aethylendiamin zu Azinen vereinigt (vgl. S. 596). Beim Kochen mit concentrirter Alkalilauge wird es zu Naphtalaldehydsäure (vgl. S. 429) aufgespalten. Durch Reduction mit Zinkstaub und Eisessig wird es in Acenaphtenon und Acenaphtylen verwandelt (vgl. S. 607), während Jodwasserstoff und Phosphor es zu Biacenaphtylidendion:

$$C_{10}H_6\left\langle\begin{matrix}C & = & C\\ | & & |\\ CO & & OC\end{matrix}\right\rangle C_{10}H_6$$

reducirt. Diese Verbindung, welche auch bei unvollständiger Oxydation des Acenaphtens entsteht, krystallisirt und sublimirt in orangerothen Nadeln vom Schmelzpunkt 295° (corr.).

Die Fluorengruppe.

Im Jahre 1867 fand Berthelot[2] im Rohanthracen sowie in den schweren Steinkohlentheerölen einen Kohlenwasserstoff, welcher durch

[1] Gräbe u. Gfeller, Ber. **25**, 653 (1892). Ann. **276**, 3 (1893). — Ampola u. Recchi, Chem. Centralbl. **1899 II**, 338. — Berend u. Herms, J. pr. [2] **60**, 1 (1899). — Petrenko-Kritschenko u. Eltschaninoff, Ber. **34**, 1701 (1901). — Becchi, Gazz. chim. **32 II**, 365 (1902). — Francesconi u. Pirazzoli, Gazz. chim. **33 I**, 36 (1903).

[2] Berthelot, Ann. ch. [4] **12**, 222 (1867). — Vgl. auch Barbier, Ber. **6**, 1263 (1873). Ann. ch. [5] **7**, 479 (1876).

violette Fluorescenz ausgezeichnet ist, und den er deshalb Fluoren nannte. Diesem Kohlenwasserstoff kommt die Formel $C_{13}H_{10}$ zu; er unterscheidet sich vom Diphenylmethan in seiner Zusammensetzung durch ein Minus von zwei Wasserstoffatomen und entsteht, wie GRÄBE[1] fand, wenn man die Dämpfe des Diphenylmethans durch ein glühendes Rohr leitet (vgl. S. 83):

$$\begin{matrix} C_6H_5 \\ C_6H_5 \end{matrix} > CH_2 = \begin{matrix} C_6H_4 \\ | \\ C_6H_4 \end{matrix} > CH_2 + H_2 .$$

Die Reaction ist ganz analog der pyrogenetischen Bildung des Phenanthrens aus Diphenyläthan bezw. Stilben (vgl. S. 189).

Die in obiger Gleichung angegebene Constitution des Fluorens ergiebt sich auch aus der von FITTIG[2] beobachteten Thatsache, dass das Diphenylenketon bei der Destillation mit Zinkstaub Fluoren liefert:

$$\begin{matrix} C_6H_4 \\ | \\ C_6H_4 \end{matrix} > CO + 4H = \begin{matrix} C_6H_4 \\ | \\ C_6H_4 \end{matrix} > CH_2 + H_2O .$$

Das Diphenylenketon seinerseits bildet sich, wie FITTIG und OSTERMAYER[3] fanden, wenn man Diphensäure mit gebranntem Kalk erhitzt (vgl. S. 8):

$$\begin{matrix} C_6H_4-CO_2H \\ | \\ C_6H_4-CO_2H \end{matrix} + CaO = \begin{matrix} C_6H_4 \\ | \\ C_6H_4 \end{matrix} > CO + CaCO_3 + H_2O .$$

Aus dieser Bildungsweise des Diphenylenketons folgt, dass in ihm und folglich auch in dem daraus durch Reduction entstehenden Fluoren zwei direct mit einander verbundene Benzolreste enthalten sind. Die Ketonnatur der ersteren Verbindung lässt keine andere Deutung zu als die, dass diese beiden Benzolkerne ausser durch directe Bindung auch noch durch Vermittelung einer CO-Gruppe mit einander verkettet sind. Diese CO-Gruppe stammt aus einer der Carboxylgruppen der Diphensäure und steht daher in einem der Benzolringe in Orthostellung zur gemeinsamen Bindung der Benzolkerne. Dass auch in Bezug auf den zweiten Benzolkern dieselbe Stellung der CO-Gruppe anzunehmen ist, wird dadurch wahrscheinlich, dass die beschriebene Reaction der allgemeinen Darstellungsweise der Ketone durch trockene Destillation der Calciumsalze zweier Carbonsäuren (vgl. z. B. Bd. I, S. 383) analog ist, welche stets in der Weise verläuft, dass die Stellungen, welche von zwei Carboxylgruppen im Ausgangsmaterial besetzt waren, durch eine Ketogruppe eingenommen werden.

Diese Anschauung wird durch die mehrfach beobachteten Ueber-

[1] GRÄBE, Ber. **6**, 127 (1873); **7**, 1623 (1874). Ann. **174**, 194 (1874).

[2] FITTIG, Ber. **6**, 187 (1873). — FITTIG u. SCHMITZ, Ann. **193**, 135 (1878). — Vgl. auch: SCHULTZ, Ann. **203**, 99 (1880). — STRASBURGER, Ber. **16**, 2347 (1883). — CLAUS u. ERLER, Ber. **19**, 3155 (1886). — KERP, Ber. **29**, 228 (1896).

[3] FITTIG u. OSTERMAYER, Ber. **5**, 935 (1872). Ann. **166**, 372 (1873). — FITTIG u. SCHMITZ, Ann. **193**, 117 (1878).

gänge des Phenanthrenchinons in Körper der Fluorenreihe bestätigt (vgl. S. 588—589, 597).

Für das Diphenylenketon und das Fluoren ergeben sich somit die folgenden Constitutionsformeln:

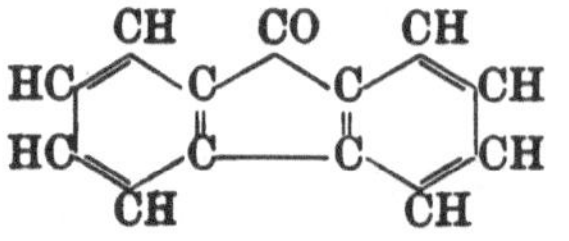

Diphenylenketon

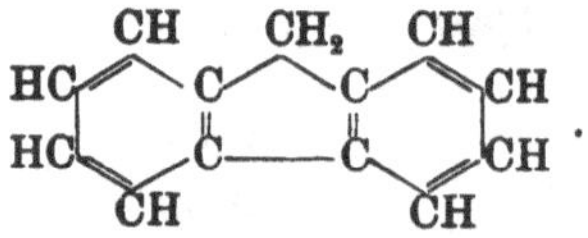

Fluoren

Die Bezeichnung der chemischen Orte im Fluoren geschieht am zweckmässigsten im Anschluss an die für das Phenanthren (S. 581) eingeführte Numerirung gemäss folgendem Schema:

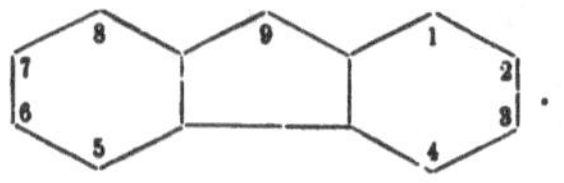

In anderer Weise als bei der Destillation mit Kalk wird die Diphensäure durch Erhitzen für sich oder besser mit concentrirter Schwefelsäure[1] umgewandelt. Man erhält bei dieser Reaction die Carbonsäure des Diphenylenketons (vgl. S. 10):

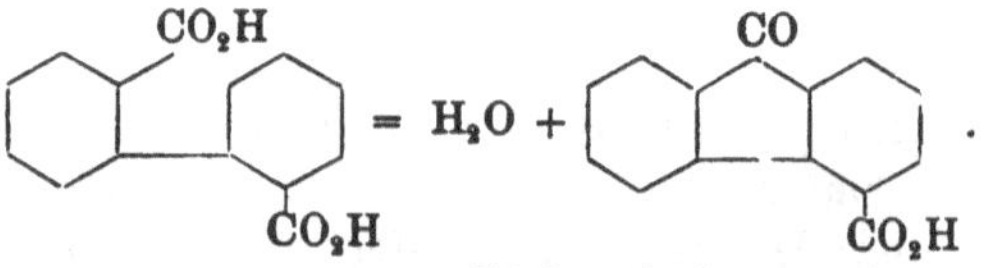

Diphenylenketoncarbonsäure (4)

Wie hier aus Diphenyldicarbonsäure Diphenylenketoncarbonsäure entsteht, so bildet sich beim Erhitzen von Diphenylmonocarbonsäure (2)[2] mit Schwefelsäure oder Phosphorchlorid Diphenylenketon:

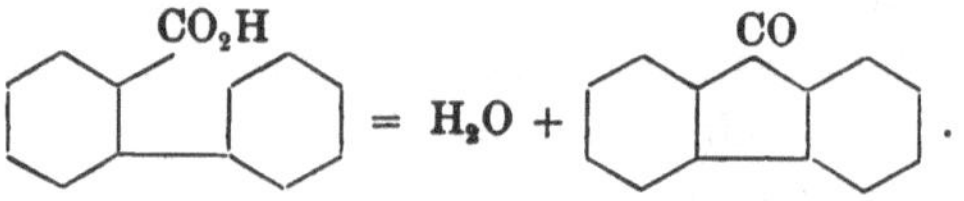

Von sonstigen Darstellungsweisen der Fluorenkörper sind zunächst als theoretisch interessant die bereits (S. 588—589, 597, 601—602) besprochenen Uebergänge aus der Phenanthrenreihe in die Fluorengruppe zu erwähnen.

Eine weitere Methode zur Darstellung des Fluorens und seiner Derivate besteht darin[3], dass man das o-Amidodiphenylmethan bezw.

---

[1] Gräbe u. Mensching, Ber. **13**, 1303 (1880). — Gräbe u. Aubin, Ber. **20**, 845 (1887). Ann. **247**, 257 (1888).

[2] Gräbe u. Aubin, Ber. **20**, 847 (1887). — Gräbe, Ber. **20**, 2331 Anm. (1887). — Gräbe u. Rateanu, Ann. **279**, 261 (1894). — Städel, Ber. **28**, 113 (1895).

[3] O. Fischer u. Schmidt, Ber. **27**, 2787 (1894). — Städel, Ber. **27**, 3363 (1894); **28**, 111 (1895). — Gräbe u. Ullmann, Ber. **27**, 3485 (1894). — Ullmann u.

seine Abkömmlinge diazotirt und die Diazoverbindung mit Wasser kocht. Hierbei wird zum Theil die Diazogruppe in normaler Weise durch Hydroxyl ersetzt; ein anderer Theil des Materials aber wird derart umgewandelt, dass unter Stickstoffentwickelung eine Zusammenschweissung der beiden Benzolkerne stattfindet:

1. $C_6H_5-CH_2-C_6H_4-N_2x + H_2O = C_6H_5-CH_2-C_6H_4\cdot OH + N_2 + Hx.$

2. 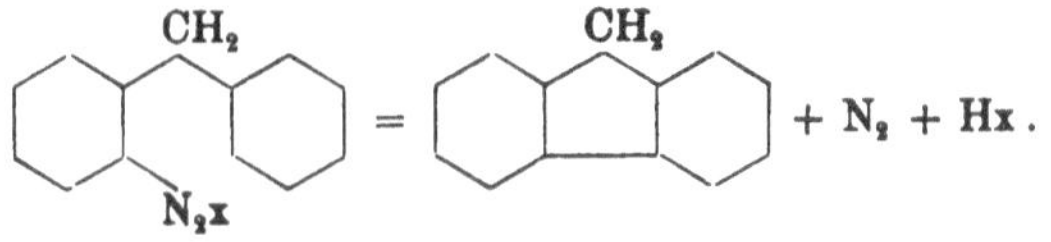

Die durch die zweite Gleichung ausgedrückte Reaction ist analog der Bildung des Diphenyls aus Benzoldiazoniumchlorid und Benzol (vgl. S. 17) sowie der PSCHORR'schen Phenanthrensynthese (vgl. S. 585). In derselben Weise wie aus dem o-Amidodiphenylmethan Fluoren entsteht, bildet sich aus o-Amidobenzophenon Diphenylenketon:

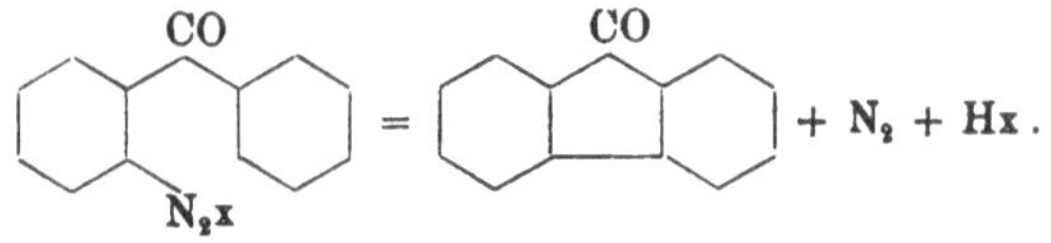

Endlich sei noch erwähnt[1], dass das Fluoren auch aus Diphenyl durch Behandlung mit Methylenchlorid und Aluminiumchlorid hergestellt worden ist:

$$C_6H_5-C_6H_5 + CH_2Cl_2 = \overset{\displaystyle CH_2}{\overbrace{C_6H_4-C_6H_4}} + 2\,HCl.$$

Von den durch Kohlenwasserstoffreste substituirten Abkömmlingen des Fluorens sind die in der Stellung 9 alkylirten Verbindungen[2] aus der Natriumverbindung des Fluorenoxalesters (vgl. S. 615) durch directe Alkylirung und darauffolgende Abspaltung des Oxalesterrestes erhalten worden, z. B.:

$$\begin{array}{l}C_6H_4\\ |\\ C_6H_4\end{array}\!\!>C<\!\!\begin{array}{l}Na\\ CO\cdot COOC_2H_5\end{array} + CH_3J = \begin{array}{l}C_6H_4\\ |\\ C_6H_4\end{array}\!\!>C<\!\!\begin{array}{l}CH_3\\ CO\cdot COOC_2H_5\end{array} + NaJ;$$

$$\begin{array}{l}C_6H_4\\ |\\ C_6H_4\end{array}\!\!>C<\!\!\begin{array}{l}CH_3\\ CO\cdot COOC_2H_5\end{array} + 2\,H_2O = \begin{array}{l}C_6H_4\\ |\\ C_6H_4\end{array}\!\!>C<\!\!\begin{array}{l}CH_3\\ H\end{array} + (CO_2H)_2 + C_2H_5\cdot OH.$$

Ferner ist man zu drei stellungsisomeren Benzylfluorenen[3] durch drei verschiedene Reactionen gelangt. Wenn man Diphensäureanhydrid mit Benzol und Aluminiumchlorid kocht, so bildet sich neben der Diphenylenketoncarbonsäure (4) das 4-Benzoyldiphenylenketon, welches bei der Zinkstaubdestillation in 4-Benz, l-

MALLET, Ber. **31**, 1694 (1898). — HEYL, Ber. **31**, 3034 (1898). J. pr. [2] **59**, 434 (1899). — ULLMANN u. BLEIER, Ber. **35**, 4273 (1902). — Vgl. auch HALLER u. GUYOT, Compt. rend. **132**, 1527 (1901).

[1] ADAM, Ann. ch. [6] **15**, 224 (1888).

[2] W. WISLICENUS u. DENSCH, Ber. **35**, 762 (1902).

[3] GOLDSCHMIEDT, Monatsh. **2**, 443 (1881). — GÖTZ, Monatsh. **23**, 27 (1902). — FORTNER, Monatsh. **23**, 921 (1902).

fluoren übergeht. Ein Isomeres, 2- oder 3-Benzylfluoren, entsteht bei der Zinkstaubdestillation desjenigen Benzoylfluorens, welches durch Condensation von Fluoren mit Benzoylchlorid und Aluminiumchlorid gewonnen wird; man kann es auch direct aus Fluoren, Benzylchlorid und Zinkstaub erhalten. 9-Benzylfluoren gewinnt man aus Fluorenkalium und Benzylchlorid (vgl. S. 615).

Endlich ist hier der als 9-Phenylfluoren[1] erkannte Kohlenwasserstoff:

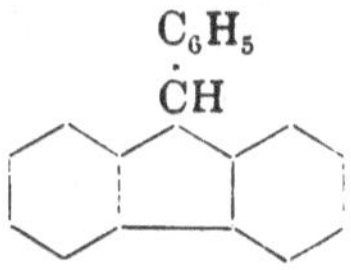

zu erwähnen, welcher von HEMILIAN durch Erhitzen des Triphenylchlormethans (vgl. S. 113) auf Temperaturen über 200° erhalten wurde:

$$\begin{matrix}C_6H_5\\C_6H_5\end{matrix}\!>\!CCl{-}C_6H_5 = HCl + \begin{matrix}C_6H_4\\|\\C_6H_4\end{matrix}\!>\!CH{-}C_6H_5\,.$$

Die Constitution dieses Kohlenwasserstoffes ergiebt sich daraus, dass er auch synthetisch durch Condensation des Fluorenalkohols (9-Oxyfluorens) mit Benzol mittels Phosphorpentoxyd gewonnen werden kann:

$$\begin{matrix}C_6H_4\\|\\C_6H_4\end{matrix}\!>\!CH\cdot OH + C_6H_6 = \begin{matrix}C_6H_4\\|\\C_6H_4\end{matrix}\!>\!CH{-}C_6H_5 + H_2O\,.$$

Er entsteht ferner[2] aus Hydrofluoransäure (S. 158) sowie aus Fluoran (S. 157) beim Erhitzen mit Natronkalk oder Baryt bezw. Zinkstaub:

$$1.\quad O\!<\!\begin{matrix}C_6H_4\\C_6H_4\end{matrix}\!>\!CH{-}C_6H_4\cdot CO_2H + 2H = \begin{matrix}C_6H_4\\|\\C_6H_4\end{matrix}\!>\!CH{-}C_6H_5 + CO_2 + H_2O\,,$$

$$2.\quad O\!<\!\begin{matrix}C_6H_4\\C_6H_4\end{matrix}\!>\!\begin{matrix}C{-}C_6H_4\\|\quad\;\;|\\O{-}CO\end{matrix} + 4H = \begin{matrix}C_6H_4\\|\\C_6H_4\end{matrix}\!>\!CH{-}C_6H_5 + CO_2 + H_2O\,.$$

In kleiner Menge tritt das Produkt[3] endlich auch neben Benzophenon und Anthrachinon bei der Destillation des benzoësauren Calciums bezw. Baryums auf.

Zweifach alkylirte Derivate des Fluorens bezw. des Diphenylenketons sind die aus dem Retenchinon erhältlichen Verbindungen (vgl. S. 589) — die Retenglykolsäure, ferner das durch Oxydation daraus entstehende Retenketon (Formel I) und das bei der energischen Reduction dieses Ketons sich bildende Retenfluoren (Formel II):

I 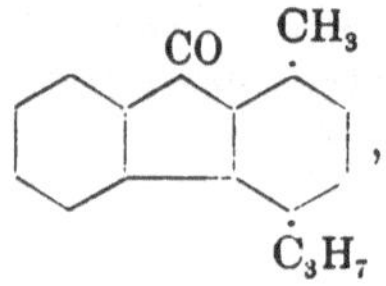

, II 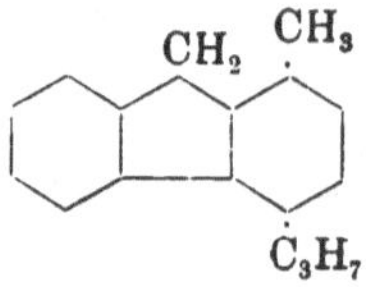

.

---

[1] HEMILIAN, Ber. **7**, 1208 (1874); **11**, 202, 837 (1878). — E. u. O. FISCHER, Ann. **194**, 257 (1878). — SCHWARZ, Ber. **14**, 1522 (1881). — Vgl. auch: HANRIOT u. ST. PIERRE, Bull. [3] **1**, 775 (1889). — NORRIS, Am. chem. Journ. **25**, 117 (1901).

[2] R. MEYER u. HOFFMEYER, Ber. **25**, 2121 (1892). — R. MEYER u. SAUL, Ber. **25**, 3586 (1892).

[3] KEKULÉ u. FRANCHIMONT, Ber. **5**, 910 (1872). — BEHR, Ber. **5**, 971 (1872).

Erwähnt sei endlich[1] die Entstehung der Fluorencarbonsäure (9) (Diphenylenessigsäure) beim Behandeln von Trichloressigester mit Benzol und Aluminiumchlorid, wobei sich wahrscheinlich zunächst Diphenylchloressigsäure bildet, welche dann eine analoge Umwandlung erleidet wie das Triphenylchlormethan beim Uebergang in 9-Phenylfluoren (vgl. S. 612):

$$2\,C_6H_6 + CCl_3\cdot CO_2\cdot C_2H_5 \longrightarrow \begin{matrix} C_6H_5 \\ C_6H_5 \end{matrix}\!\!>CCl\cdot CO_2H \longrightarrow \begin{matrix} C_6H_4 \\ | \\ C_6H_4 \end{matrix}\!\!>CH\cdot CO_2H.$$

Die Bestimmung der Constitution von Fluorenderivaten lässt sich meistens in der Weise ausführen, dass man die fragliche Verbindung zu dem entsprechenden Diphenylenketon-Abkömmling oxydirt und diesen dann der Alkalischmelze unterwirft. Hierbei findet eine Aufspaltung des mittleren Ringes und Bildung einer Carbonsäure der Diphenylreihe statt. So entsteht aus dem Diphenylenketon[2] die Diphenylcarbonsäure (2) (o-Phenylbenzoësäure) (vgl. S. 31):

$$\begin{matrix} C_6H_4 \\ | \\ C_6H_4 \end{matrix}\!\!>CO + KOH = \begin{matrix} C_6H_4-CO_2K \\ | \\ C_6H_5 \end{matrix};$$

4-Oxydiphenylenketon[3] liefert in der Kalischmelze das Gemenge zweier isomerer Oxydiphenylcarbonsäuren:

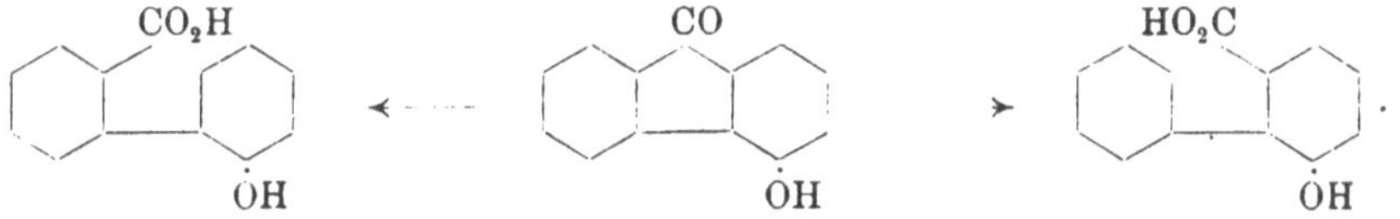

2′-Oxydiphenylcarbonsäure (2) — 4-Oxydiphenylenketon — 6-Oxydiphenylcarbonsäure (2)

Fluoren, Diphenylenmethan[4], $C_{13}H_{10}$, gewinnt man aus den vom rohen Naphtalin und Anthracen abgegossenen Theerölen, indem man diese fractionirt und zunächst den bei 290—340° siedenden Antheil gesondert auffängt. Durch weitere Fractionirung erhält man ein Produkt vom Siedepunkt 300—320°, aus welchem man das Fluoren durch Ausfrieren im Kältegemisch abscheidet; es wird abgesaugt, nochmals destillirt

[1] Delacre, Bull. [3] **27**, 875 (1902).
[2] Fittig u. Schmitz, Ann. **193**, 120 (1878). — Vgl. auch: Weger u. Döring, Ber. **36**, 878 (1903).
[3] Gräbe u. Schestakow, Ann. **284**, 306 (1895).
[4] Berthelot, Ann. ch. [4] **12**, 222 (1867). — Fittig, Ber. **6**, 187 (1873). — Gräbe, Ber. **6**, 127 (1873); **7**, 1623 (1874); **36**, 214 (1903). Ann. **174**, 194 (1874). — Barbier, Ber. **6**, 1263 (1873). Ann. ch. [5] **7**, 479 (1876). — Friedländer, Ber. **10**, 537 (1877). — Knecht, Ber. **10**, 2074 (1877). — Fittig u. Schmitz, Ann. **193**, 135 (1878). — Anschütz u. Schultz, Ann. **196**, 48 (1879). — Bamberger u. Hooker, Ann. **229**, 162 (1885). — Adam, Ann. ch. [6] **15**, 224 (1888). — O. Fischer u. Schmidt, Ber. **27**, 2787 (1894). — W. Wislicenus, Ber. **33**, 771 (1900). — Chilesotti, Gazz. chim. **30** I, 160 (1900). — Delacre, Bull. [3] **27**, 875 (1902). — Weger u. Döring, Ber. **36**, 878 (1903).

und aus einem Gemisch von Benzol und Alkohol und dann aus Eisessig umkrystallisirt. Man kann den Kohlenwasserstoff auch durch Ueberführung in seine Pikrinsäureverbindung reinigen. Besonders aber eignet sich die Ueberführung in Fluorenkalium (S. 615) zu seiner Reindarstellung. Er krystallisirt in farblosen, glänzenden Blättchen vom Schmelzpunkt 116°, siedet bei 293—294°, besitzt schwache Fluorescenz und löst sich leicht in den meisten gebräuchlichen Lösungsmitteln.

Die Pikrinsäureverbindung, $C_{13}H_{10}.C_6H_2(NO_2)_3\cdot OH$, bildet rothbraune Prismen vom Schmelzpunkt 79—80°.

Durch Erhitzen mit Jodwasserstoffsäure und rothem Phosphor[1] auf 250—260° wird das Fluoren in Dodekahydrofluoren (Perhydrofluoren), $C_{13}H_{22}$, übergeführt, eine Flüssigkeit, welche bei 230° siedet.

Man kennt eine Reihe von halogenirten Fluorenderivaten, welche jedoch kein besonderes Interesse beanspruchen. Die Einwirkung von Salpetersäure[2] führt das Fluoren je nach der Stärke der Säure in ein Mononitro- und ein Dinitro-Fluoren über:

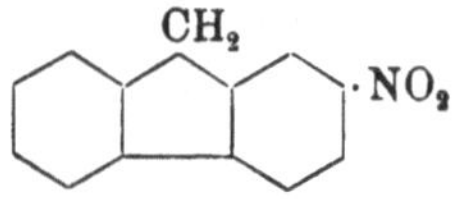

,

2-Nitrofluoren,
Schmelzpunkt 156° (corr.)

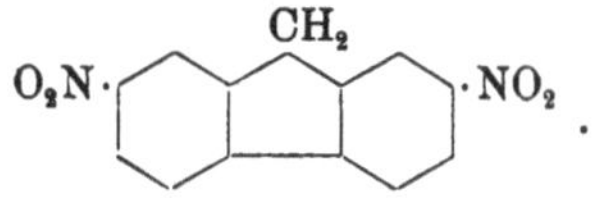

.

2.7-Dinitrofluoren,
Schmelzpunkt 199—201°

Die Constitution dieser Verbindungen konnte in folgender Weise festgestellt werden. Die bei ihrer Reduction entstehenden Amidoprodukte[2,3]:

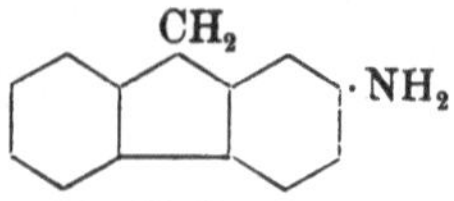

,

2-Amidofluoren,
Schmelzpunkt 130° (corr.)

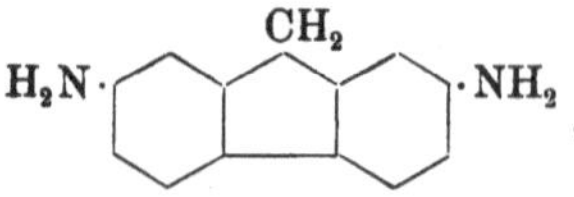

,

2.7-Diamidofluoren,
Schmelzpunkt 164° (corr.)

lassen sich auch aus der 4-Amidodiphensäure bezw. aus der 4.4'-Diamidodiphensäure durch Destillation mit Kalk bezw. Baryt gewinnen, wobei die zuerst entstandenen Diphenylenketonderivate spontan zu den Fluorenverbindungen reducirt werden. Die Amidogruppen stehen in diesen Diphensäurederivaten in Metastellung zu den Carboxylgruppen und müssen daher auch in den Amidofluorenen diese Stellung zur CH_2-Gruppe einnehmen.

Die Wasserstoffe der mittleren Methylengruppe des Fluorens zeigen eine bemerkenswerthe Reactionsfähigkeit, welche eine Reihe von Condensationsvorgängen des Fluorens mit Aldehyden und Säureestern ermöglicht. Als Typen dieser Reactionen seien die folgenden angeführt.

---

[1] Liebermann u. Spiegel, Ber. **22**, 781 (1889). — Vgl. auch Guye, Bull. [3] **4**, 266 (1890).

[2] Barbier, Ann. ch. [5] **7**, 497 (1876). — Fittig u. Schmitz, Ann. **193**, 140 (1878). — Strasburger, Ber. **17**, 107 (1884). — Diels, Ber. **34**, 1758 (1901).

[3] Strasburger, Ber. **16**, 2347 (1883). — Schultz, Ann. **203**, 99 (1880). — Diels, Schill u. Tolson, Ber. **35**, 3284 (1902).

Unter Vermittelung von Natriumäthylat condensirt sich das Fluoren mit Benzaldehyd[1] zu Benzylidenfluoren (Schmelzpunkt 76°):

$$\left.\begin{matrix}C_6H_4\\ |\\ C_6H_4\end{matrix}\right> CH_2 + OCH{-}C_6H_5 = \left.\begin{matrix}C_6H_4\\ |\\ C_6H_4\end{matrix}\right> C{=}CH{-}C_6H_5 + H_2O;$$

mit Oxalsäureester[2] zu Fluorenoxalester (gelbe Nadeln vom Schmelzpunkt 74—76°):

$$\left.\begin{matrix}C_6H_4\\ |\\ C_6H_4\end{matrix}\right> CH_2 + C_2H_5\cdot O\cdot CO{-}CO\cdot O\cdot C_2H_5 = \left.\begin{matrix}C_6H_4\\ |\\ C_6H_4\end{matrix}\right> CH{-}CO{-}CO\cdot O\cdot C_2H_5 + C_2H_5\cdot OH.$$

Diese Reactionen finden ihre Analoga in der Indenreihe (vgl. S. 481). Schwieriger gelingt die Condensation mit Benzophenonchlorid[3]; doch lässt sich durch Erhitzen von Fluoren mit diesem Chlorid auf 320—330° die durch folgende Gleichung dargestellte Reaction ausführen:

$$\left.\begin{matrix}C_6H_4\\ |\\ C_6H_4\end{matrix}\right> CH_2 + Cl_2C(C_6H_5)_2 = \left.\begin{matrix}C_6H_4\\ |\\ C_6H_4\end{matrix}\right> C{=}C\left<\begin{matrix}C_6H_5\\ C_6H_5\end{matrix}\right. + 2\,HCl;$$

der so entstehende, als Biphenylendiphenyläthen bezeichnete Kohlenwasserstoff bildet farblose Blättchen vom Schmelzpunkt 229·5°. Durch Reduction mit Amylalkohol und Natriumamalgam geht er in das bei 217—218° schmelzende Biphenylendiphenyläthan über:

$$\left.\begin{matrix}C_6H_4\\ |\\ C_6H_4\end{matrix}\right> CH{-}CH\left<\begin{matrix}C_6H_5\\ C_6H_5\end{matrix}\right. .$$

Die Reactionsfähigkeit der CH_2-Gruppe des Fluorens äussert sich ferner auch in der Ersetzbarkeit von Wasserstoff durch Metallatome; denn beim Schmelzen mit Aetzkali[4] tritt für eines der Wasserstoffatome dieser Gruppe ein Kaliumatom ein:

$$\left.\begin{matrix}C_6H_4\\ |\\ C_6H_4\end{matrix}\right> CH_2 + KOH = \left.\begin{matrix}C_6H_4\\ |\\ C_6H_4\end{matrix}\right> CHK + H_2O.$$

Durch Wasser wird das Fluorenkalium wieder in Fluoren und Kali zerlegt; bei der Einwirkung von Benzylchlorid bildet es 9-Benzylfluoren:

$$\left.\begin{matrix}C_6H_4\\ |\\ C_6H_4\end{matrix}\right> CHK + Cl\cdot CH_2{-}C_6H_5 = \left.\begin{matrix}C_6H_4\\ |\\ C_6H_4\end{matrix}\right> CH{-}CH_2{-}C_6H_5 + KCl.$$

Die Eigenschaft des Fluorens, beim Erhitzen mit Aetzkali eine Kaliumverbindung zu bilden, kann technisch zur Trennung des Fluorens von seinen Begleitern im Steinkohlentheer — dem Acenaphten, Naphtalin und Phenanthren — benutzt werden. Neben der Bildung des Fluorenkaliums

---

[1] Thiele, Ber. **33**, 852 (1900).

[2] W. Wislicenus, Ber. **33**, 771 (1900).

[3] Kaufmann, Ber. **29**, 73 (1896). — Vgl. auch Klinger u. Lonnes, Ber. **29**, 739, 2152, 2157 (1896).

[4] Weissgerber, Ber. **34**, 1659. 1662 (1901). — Actienges. f. Theer- u. Erdöl-Ind. D. R.-Pat. Nr. 124150. — Weger u. Döring, Ber. **36**, 878 (1903).

erfolgt beim Schmelzen von Fluoren mit Kali Aufspaltung zu Diphenylcarbonsäure (2):

$$\begin{matrix}C_6H_4\\ \vert\\ C_6H_4\end{matrix}\!\!>CH_2 + KOH + H_2O - 4H = \begin{matrix}C_6H_5\\ \vert\\ C_6H_4\cdot CO_2K\end{matrix}.$$

Im Jahre 1875 beobachteten DE LA HARPE und VAN DORP[1], dass das Fluoren beim Leiten seiner Dämpfe über erhitztes Bleioxyd in einen rothgefärbten Kohlenwasserstoff der Formel $C_{26}H_{16}$ übergeht, welcher Dibiphenylenäthen genannt worden ist:

$$\begin{matrix}C_6H_4\\ \vert\\ C_6H_4\end{matrix}\!\!>CH_2 + H_2C\!<\!\!\begin{matrix}C_6H_4\\ \vert\\ C_6H_4\end{matrix} - 4H = \begin{matrix}C_6H_4\\ \vert\\ C_6H_4\end{matrix}\!\!>C{=}C\!<\!\!\begin{matrix}C_6H_4\\ \vert\\ C_6H_4\end{matrix}.$$

Spätere Untersuchungen von GRÄBE[2] zeigten, dass die Reaction in zwei Phasen verläuft, indem zunächst ein farbloser Kohlenwasserstoff $C_{26}H_{18}$ gebildet wird, das Dibiphenylenäthan:

$$\begin{matrix}C_6H_4\\ \vert\\ C_6H_4\end{matrix}\!\!>CH_2 + H_2C\!<\!\!\begin{matrix}C_6H_4\\ \vert\\ C_6H_4\end{matrix} - 2H = \begin{matrix}C_6H_4\\ \vert\\ C_6H_4\end{matrix}\!\!>CH{-}CH\!<\!\!\begin{matrix}C_6H_4\\ \vert\\ C_6H_4\end{matrix}.$$

Man kann nach Belieben den einen oder den anderen dieser Kohlenwasserstoffe herstellen. Die farblose Verbindung bildet sich, wenn man ein Gemisch von Fluoren und Bleioxyd nicht über 280° erhitzt, bei 360° dagegen entsteht der rothe Kohlenwasserstoff.

Dibiphenylenäthen, $C_{26}H_{16}$, krystallisirt aus Eisessig in langen, zu Büscheln vereinigten rothen Nadeln oder Säulen vom Schmelzpunkt 188° (corrigirt). Die Verbindung entsteht ausser nach der oben angegebenen Methode auch beim Erhitzen von Fluoren mit Chlor oder Brom auf Temperaturen zwischen 240° und 300°. Bei der Oxydation mit Chromsäure liefert der Körper Diphenylenketon:

$$\begin{matrix}C_6H_4\\ \vert\\ C_6H_4\end{matrix}\!\!>C{=}C\!<\!\!\begin{matrix}C_6H_4\\ \vert\\ C_6H_4\end{matrix} + 2O = 2\begin{matrix}C_6H_4\\ \vert\\ C_6H_4\end{matrix}\!\!>CO;$$

bei der Zinkstaubdestillation geht er in Fluoren über. Er addirt zwei Atome Chlor oder Brom. Das durch Addition von Brom entstandene Dibromid (Formel I) liefert beim Behandeln mit Silberacetat das Diacetat des entsprechenden Glykols (Formel II):

$$\text{I}\quad \begin{matrix}C_6H_4\\ \vert\\ C_6H_4\end{matrix}\!\!>CBr{-}BrC\!<\!\!\begin{matrix}C_6H_4\\ \vert\\ C_6H_4\end{matrix},\qquad \text{II}\quad \begin{matrix}C_6H_4\\ \vert\\ C_6H_4\end{matrix}\!\!>\!\!\begin{matrix}C\\ \vert\\ CH_3\cdot CO\cdot O\end{matrix}\!{-}\!\begin{matrix}C\\ \vert\\ O\cdot CO\cdot CH_3\end{matrix}\!\!<\!\!\begin{matrix}C_6H_4\\ \vert\\ C_6H_4\end{matrix}.$$

Die auffallende Erscheinung, dass das Dibiphenylenäthen lebhaft roth gefärbt ist — über andere intensiv gefärbte Kohlenwasserstoffe vgl. Phenylfulvengruppe, S. 104 — legt die Frage nahe, welcher Atomgruppirung dieser Kohlenwasserstoff seine Farbe verdankt. Ein Vergleich mit dem farblosen Dibiphenylenäthan einerseits und mit dem gleichfalls

[1] Ber. **8**, 1049.

[2] GRÄBE u. MANTZ, Ber. **25**, 3146 (1892). Ann. **290**, 238 (1896). — GRÄBE u. STINDT, Ann. **291**, 1 (1896). — Vgl. auch: WEISSGERBER, Ber. **34**, 1661 (1901).

ungefärbten Tetraphenyläthylen (vgl. S. 242), sowie dem Biphenylendiphenyläthen (S. 615) andererseits zeigt, dass die chromophore Gruppirung in einer Vereinigung der Aethylengruppe mit den beiderseits vorhandenen condensirten Systemen zu suchen ist:

$$\underset{\text{ungefärbt}}{\genfrac{}{}{0pt}{}{C_6H_4}{C_6H_4}\!>\!CH-CH\!<\!\genfrac{}{}{0pt}{}{C_6H_4}{C_6H_4}}, \quad \underset{\text{gefärbt}}{\genfrac{}{}{0pt}{}{C_6H_4}{C_6H_4}\!>\!C=C\!<\!\genfrac{}{}{0pt}{}{C_6H_4}{C_6H_4}}, \quad \underset{\text{ungefärbt}}{\genfrac{}{}{0pt}{}{C_6H_5}{C_6H_5}\!>\!C=C\!<\!\genfrac{}{}{0pt}{}{C_6H_5}{C_6H_5}}.$$

9-Methylfluoren[1], $C_{14}H_{12}$, bildet grosse farblose Prismen vom Schmelzpunkt 46—47°.

9-Aethylfluoren[1], $C_{15}H_{14}$, schmilzt bei 107—108°.

9-Phenylfluoren[1], $C_{19}H_{14}$, krystallisirt in feinen Nadeln vom Schmelzpunkt 145·5°.

9-Oxyfluoren, Fluorenalkohol, $\genfrac{}{}{0pt}{}{C_6H_4}{C_6H_4}\!>\!CH-OH$, entsteht bei der Reduction des Diphenylenketons (s. unten) mit Natriumamalgam[2]:

$$\genfrac{}{}{0pt}{}{C_6H_4}{C_6H_4}\!>\!CO + H_2 = \genfrac{}{}{0pt}{}{C_6H_4}{C_6H_4}\!>\!CH-OH,$$

sowie beim Erhitzen der aus Phenanthrenchinon erhältlichen Diphenylenglykolsäure (vgl. S. 588, 620) mit Natronlauge[3] auf 160°:

$$\genfrac{}{}{0pt}{}{C_6H_4}{C_6H_4}\!>\!C\!<\!\genfrac{}{}{0pt}{}{OH}{CO_2Na} + NaOH = \genfrac{}{}{0pt}{}{C_6H_4}{C_6H_4}\!>\!CH-OH + CO_3Na_2.$$

Der Fluorenalkohol krystallisirt aus Wasser in haarfeinen verfilzten Nadeln vom Schmelzpunkt 156°, aus Benzol in benzolhaltigen hexagonalen Tafeln. Beim Uebergiessen mit concentrirter Schwefelsäure wird er blau gefärbt; Oxydationsmittel führen ihn in Diphenylenketon über. Das Acetylderivat, $C_{13}H_9{\cdot}O{\cdot}CO{\cdot}CH_3$, krystallisirt in rhombischen Tafeln vom Schmelzpunkt 75°. Beim Erhitzen für sich oder mit Essigsäureanhydrid auf hohe Temperaturen verliert der Fluorenalkohol Wasser und geht in Fluorenäther über:

$$2\,\genfrac{}{}{0pt}{}{C_6H_4}{C_6H_4}\!>\!CH-OH = \genfrac{}{}{0pt}{}{C_6H_4}{C_6H_4}\!>\!CH-O-CH\!<\!\genfrac{}{}{0pt}{}{C_6H_4}{C_6H_4} + H_2O.$$

Diphenylenketon, Fluorenon[4], $\genfrac{}{}{0pt}{}{C_6H_4}{C_6H_4}\!>\!CO$, kann sowohl durch Destillation der Diphensäure mit Kalk (vgl. S. 609), wie durch Oxydation

---

[1] Literatur s. S. 611—612.

[2] Barbier, Ber. **7**, 1649 (1874); **8**, 829 (1875). Ann. ch. [5] **7**, 504 (1876). — Bamberger u. Hooker, Ann. **229**, 157 (1885). — Kerp, Ber. **29**, 230 (1896).

[3] Friedländer, Ber. **10**, 534 (1877).

[4] Fittig u. Ostermayer, Ber. **5**, 935 (1872). Ann. **166**, 372 (1873). — Gräbe, Ann. **174**, 197 (1874). Ber. **20**, 2331 Anm. (1887). — Barbier, Ber. **7**, 1649 (1874); **8**, 829 (1875). Ann. ch. [5] **7**, 502 (1876). — Baeyer, Ber. **10**, 127 (1877). — Friedländer, Ber. **10**, 535 (1877). — Anschütz u. Japp, Ber. **11**, 212 (1878). — Anschütz, Ber. **11**, 1217 (1878). — Fittig u. Schmitz, Ann. **193**, 115, 134 (1878). — Anschütz

des Fluorens mit Chromsäure dargestellt werden; weitere Bildungsweisen s. S. 589. Es krystallisirt aus Alkohol in hellgelben grossen rhombischen Tafeln, aus verdünntem Alkohol in Nadeln; es schmilzt bei 83·5—84° und siedet unzersetzt oberhalb 300°.

Die Ketonnatur des Diphenylenketons äussert sich in der Fähigkeit dieser Verbindung, ein Oxim[1] sowie ein Phenylhydrazon[2] zu bilden.

Diphenylenketonoxim, $C_{13}H_8{=}N\cdot OH$, stellt blassgelbe lange Nadeln vom Schmelzpunkt 195° dar. Bei der Reduction mit Zink und Eisessig geht es in 9-Amidofluoren (Schmelzpunkt 161°) über:

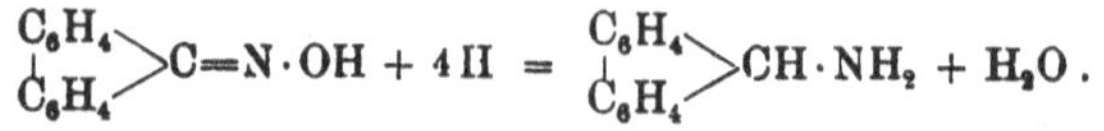

Erhitzt man das Oxim mit Chlorzink auf 260—280°, so lagert es sich in das isomere Phenanthridon (s. Bd. II, Th. III) um:

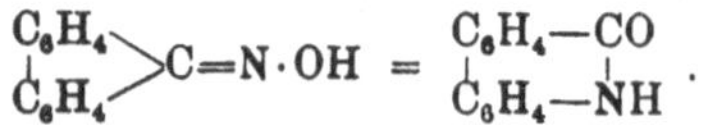

Diphenylenketonphenylhydrazon, $C_{13}H_8{=}N\cdot NH\cdot C_6H_5$, schmilzt bei 151—151·5°.

Beim Behandeln des Diphenylenketons mit Zinkstaub und Acetylchlorid[3] (vgl. S. 238) geht es in ganz analoger Weise, wie das Benzophenon, in das entsprechende β-Pinakolin über, indem wahrscheinlich hier wie dort zunächst das Pinakon entsteht, welches sich dann in α- und darauf in β-Pinakolin umlagert:

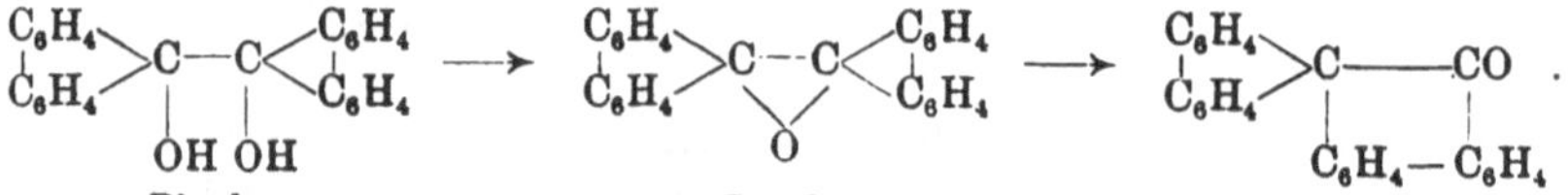

Pinakon α-Pinakolin β-Pinakolin

Dasselbe β-Pinakolin entsteht auch bei der Oxydation des Dibiphenylenäthens (S. 616), sowie aus dessen Dibromid beim Erhitzen mit Wasser auf 150°. Es bildet farblose Tafeln vom Schmelzpunkt 258°. Beim Erhitzen mit alkoholischem Kali geht es unter Wasseraufnahme in eine Säure über:

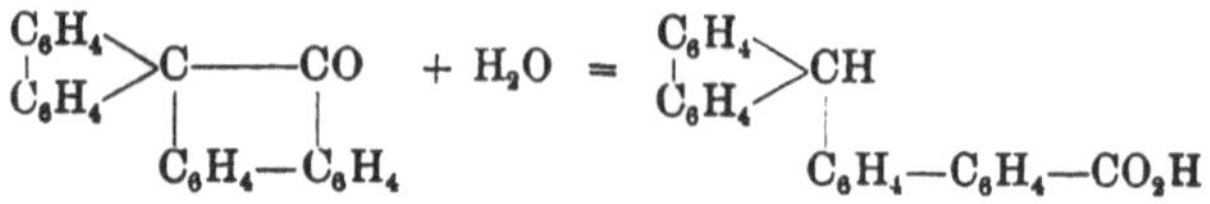

---

u. Schultz, Ann. **196**, 44 (1879). — Gräbe u. Mensching, Ber. **13**, 1303 (1880). — Wittenberg u. V. Meyer, Ber. **16**, 502 (1883). — Bamberger u. Hooker, Ann. **229**, 156 (1885). — Gräbe u. Aubin, Ber. **20**, 847 (1887). Ann. **247**, 257 (1888). — Gräbe u. Ullmann, Ber. **27**, 3484 (1894). — Gräbe u. Rateanu, Ann. **279**, 258 (1894). — Fanto, Monatsh. **19**, 585 (1898).

[1] Spiegler, Monatsh. **5**, 195 (1884). — Beckmann u. Wegerhoff, Ann. **252**, 35 (1889). — Pictet u. Gonset, Chem. Centralbl. **1897 I**, 413. — Vgl. auch: Kerp, Ber. **29**, 230 (1896).

[2] Goldschmiedt u. Schranzhofer, Monatsh. **16**, 808 (1895). — Vgl. auch: W. Wislicenus u. Densch, Ber. **35**, 761 (1902).

[3] Klinger u. Lonnes, Ber. **29**, 2154 (1896). — Gräbe u. Stindt, Ann. **291**, 5 (1896).

Wenn man bei der Darstellung des Diphenylenketons aus Diphensäure und Calciumoxyd das Gemisch rasch auf hohe Temperatur erhitzt, so entsteht neben dem normalen Produkt ein Isomeres, das Pseudodiphenylenketon[1], welches compacte, dunkelrothe, bei 85° schmelzende Krystalle bildet. Beim Belichten dieses Körpers in festem Zustand oder in ätherischer Lösung, ferner beim Behandeln mit Wasserdampf, siedendem verdünntem Alkohol oder beim Erwärmen mit alkoholischem Alkali geht er in das gewöhnliche Diphenylenketon über; auch liefert er dieselben Umwandlungsprodukte wie das Diphenylenketon selbst. Man könnte dem Pseudoketon eine der folgenden Formeln beilegen, welche seinen Uebergang in das gewöhnliche Keton erklärlich machen:

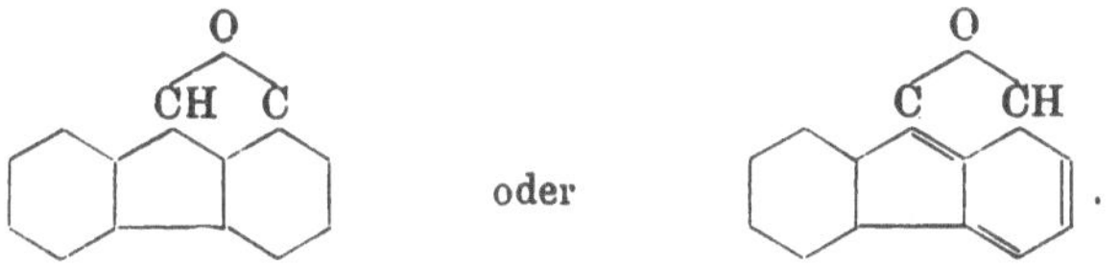

Halogen-, Nitro- und Amido-Derivate des Diphenylenketons lassen sich durch Oxydation der entsprechenden Abkömmlinge des Fluorens gewinnen; man hat auch derartige Verbindungen unter Benutzung der für das Diphenylenketon selbst bekannten synthetischen Methoden dargestellt. So bildet z. B. die Bromdiphensäure bei der Destillation mit Kalk Bromdiphenylenketon[2]. Das 2.2'-Diamidobenzophenon wandelt sich beim Diazotiren (vgl. S. 611) in 1-Oxydiphenylenketon[3] um:

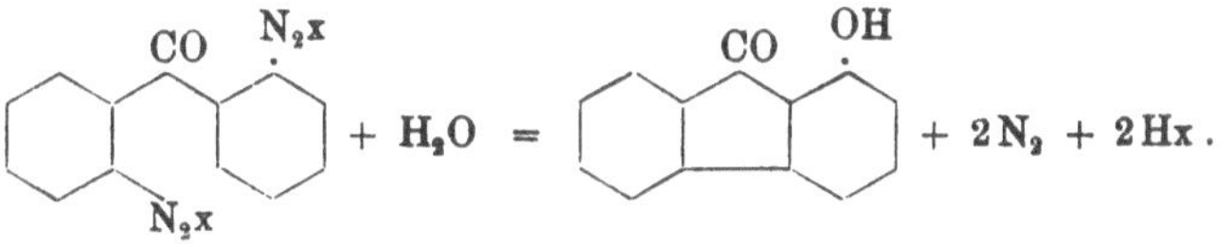

Retenketon, 1-Methyl-4-Isopropyl-Diphenylenketon[4] entsteht aus der Retenglykolsäure (vgl. S. 589) durch Oxydation mit Kaliumbichromat und Schwefelsäure:

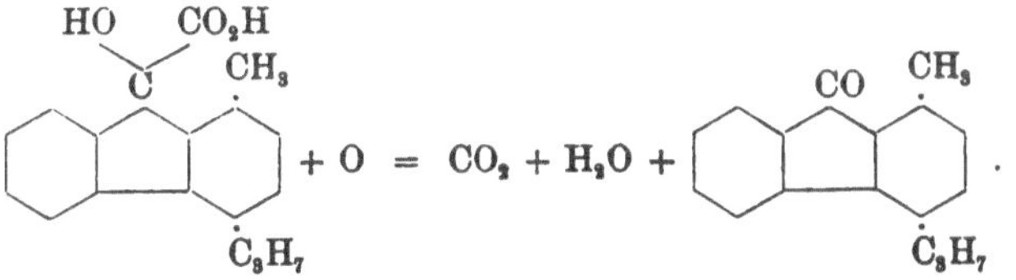

Es bildet sich ferner ganz analog dem Diphenylenketon bei der Oxydation des Retenchinons mit alkalischem Permanganat oder durch Destillation dieses Chinons mit Bleioxyd (vgl. auch S. 589). Es krystallisirt in schwefelgelben, glasglänzenden, flachen rhombischen Tafeln oder Prismen vom Schmelzpunkt 90°. Bei der Reduction mit Zinkstaub und alkoholischer Salzsäure oder mit Natriumamalgam geht es

[1] Kerp, Ber. **29**, 228 (1896).

[2] Claus u. Erler, Ber. **19**, 3155 (1886).

[3] Städel, Ber. **27**, 3363 (1894); **28**, 111 (1895). — Heyl, Ber. **31**, 3034 (1898). J. pr. [2] **59**, 442 (1899).

[4] Ekstrand, Ann. **185**, 103 (1877). — Bamberger, Ber. **17**, 453 (1884); **18**, 81 (1885). — Bamberger u. Hooker, Ber. **18**, 1024, 1030, 1750 (1885). Ann. **229**, 102 (1885).

in den entsprechenden Alkohol, den Retenfluorenalkohol: $\frac{CH_3}{C_3H_7}>C_6H_2\left\langle\begin{matrix}C_6H_4\\ \end{matrix}\right\rangle CH\cdot OH$ vom Schmelzpunkt 133—134° über.

Durch Zinkstaubdestillation oder Erhitzen mit Jodwasserstoffsäure und Phosphor wird das Keton in Retenfluoren (1-Methyl-4-Isopropylfluoren) verwandelt, welches in perlmutterglänzenden, bei 96·5—97° schmelzenden Blättchen krystallisirt.

Diphenylenessigsäure[1], Fluorencarbonsäure(9), $\begin{matrix}C_6H_4\\ |\\ C_6H_4\end{matrix}>CH—CO_2H$, wird erhalten durch Reduction der Diphenylenglykolsäure (s. u.) mit Jodwasserstoff und Phosphor. Dieselbe Verbindung ist auch auf synthetischem Wege durch Behandeln von Trichloressigester mit Benzol und Aluminiumchlorid dargestellt worden (vgl. S. 613). Sie schmilzt je nach der Schnelligkeit des Erhitzens zwischen 209° und 222°. Auf 280—290° erhitzt oder beim Glühen mit Natronkalk zerfällt sie in Fluoren und Kohlensäure.

Diphenylenglykolsäure[2], 9-Oxyfluorencarbonsäure(9) $\begin{matrix}C_6H_4\\ C_6H_4\end{matrix}>C<\begin{matrix}OH\\ CO_2H\end{matrix}$. Die Entstehung dieser Säure beim Kochen von Phenanthrenchinon mit Alkalilauge wurde schon besprochen (S. 588). Sie krystallisirt in glänzenden krystallwasserhaltigen Blättchen und schmilzt nach Austreibung des Krystallwassers bei 162°. Ihr Aethylester bildet kleine trikline Prismen vom Schmelzpunkt 92°.

Diphenylenketoncarbonsäure (1)[3] ist bei der Oxydation des Fluoranthens (vgl. S. 638—639) mit Kaliumbichromat und Schwefelsäure erhalten worden:

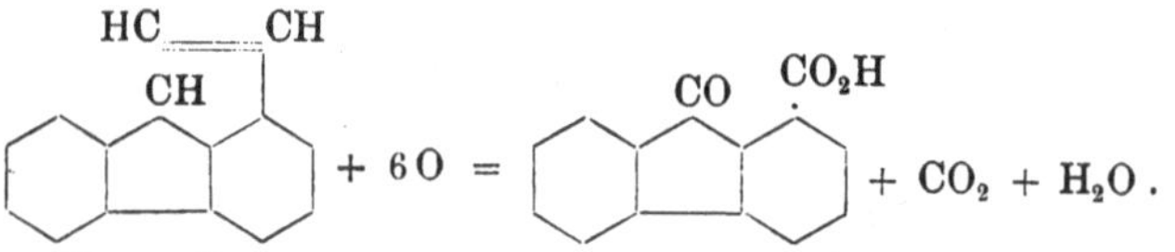

Fluoranthen

Die Säure krystallisirt in zolllangen orangerothen Nadeln vom Schmelzpunkt 191—192°.

Diphenylenketoncarbonsäure (4)[4]. Die Entstehung des Amids dieser Säure beim Erhitzen von Phenanthrenchinonmonoxim mit concentrirter Schwefelsäure wurde schon (S. 597) erwähnt. Diese Umwandlung verläuft in zwei Phasen; zunächst wird nach Art der BECKMANN'schen Umlagerung das Imid der Diphensäure gebildet:

---

[1] FRIEDLÄNDER, Ber. **10**, 536 (1877). — DELACRE, Bull. [3] **27**, 875 (1902).

[2] BAEYER, Ber. **10**, 125 (1877). — FRIEDLÄNDER, Ber. **10**, 534 (1877). Jb. **1882**, 366. — ANSCHÜTZ u. JAPP, Ber. **11**, 211 (1878).

[3] FITTIG u. GEBHARD, Ann. **193**, 149 (1878). — FITTIG u. LIEPMANN, Ann. **200**, 6 (1880). — GOLDSCHMIEDT, Monatsh. **23**, 886 (1902).

[4] GRÄBE u. AUBIN, Ber. **20**, 845 (1887). Ann. **247**, 257 (1888). — WEGERHOFF, Ber. **21**, 2357 (1888). — BECKMANN u. WEGERHOFF, Ann. **252**, 25 (1889). — GRÄBE u. SCHESTAKOW, Ann. **284**, 311 (1895). — GÖTZ, Monatsh. **23**, 27 (1902).

$$\begin{matrix} C_6H_4-CO \\ | \quad\quad | \\ C_6H_4-C{=}N\cdot OH \end{matrix} = \begin{matrix} C_6H_4-CO \\ | \\ C_6H_4-CO \end{matrix}\!\!>\!NH\,;$$

dieses Imid erleidet dann eine weitere Umlagerung (vgl. S. 32):

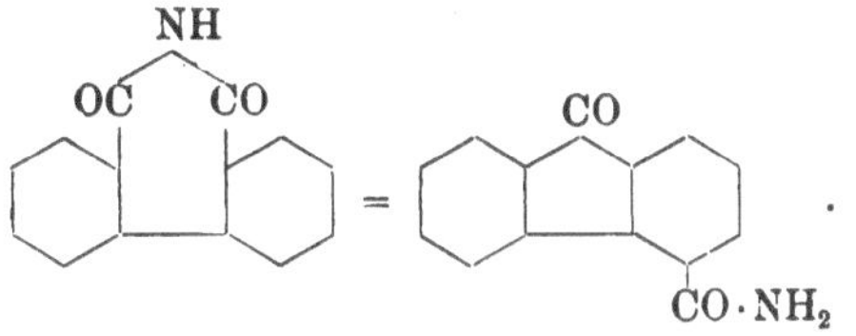

Die Säure selbst bildet sich bei der Einwirkung von concentrirter Schwefelsäure auf Diphensäure (vgl. S. 610).

Sie stellt gelbe, bei 227° (corr.) schmelzende Nadeln dar. Das Amid bildet Krystalle vom Schmelzpunkt 230° (corr.); man gewinnt es am besten aus dem entsprechenden Chlorid durch Einleiten von Ammoniak in dessen Benzollösung.

Das Chlorid bildet gelbliche Krystalle vom Schmelzpunkt 128°. Wenn man dieses Chlorid oder die Diphenylenketoncarbonsäure selbst längere Zeit mit Phosphorpentachlorid erhitzt, so bildet sich das Trichlorid: $\begin{matrix} C_6H_4 \\ | \\ Cl\cdot OC-C_6H_4 \end{matrix}\!\!>\!CCl_2$ vom Schmelzpunkt 95°.

Die Naphtindengruppe.

Ein Abkömmling des als Naphtinden zu bezeichnenden, bisher nicht dargestellten Kohlenwasserstoffs:

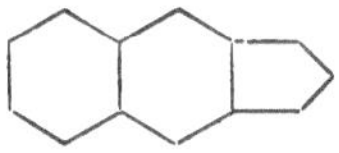

ist auf folgende Weise erhalten worden[1]. Das 2.3-Dibrom-α-naphtochinon (über die analoge Dichlorverbindung vgl. S. 387) setzt sich mit 2 Mol. Natriummalonsäureester um zu α-Naphtochinon-2.3-dimalonsäureester:

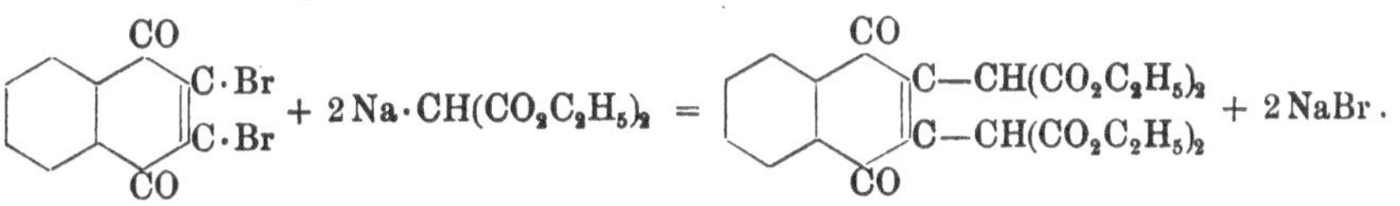

Wenn man die heisse alkoholische Lösung dieses Esters mit Natriumalkoholat behandelt, geht er in eine Verbindung über, welche als α-Naphtochinonketohydrindendicarbonsäureester bezeichnet werden kann:

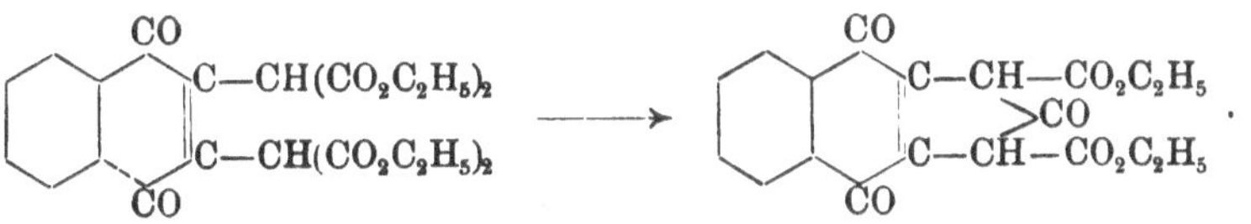

Die Verbindung krystallisirt in dunkelgrünen Nadeln mit violettem Oberflächenschimmer.

[1] LIEBERMANN, Ber. **33**, 577 (1900).

Die Pentanthrengruppe.

An die Naphtindengruppe reihen sich einige Verbindungen an, welchen gleichfalls ein mit einem Fünfring combinirter Naphtalincomplex zu Grunde liegt. Die Stammsubstanz dieser Verbindungen, das Pentanthren, ist bisher nicht dargestellt worden. Dieser hypothetische Kohlenwasserstoff enthält dreizehn Kohlenstoffatome in der durch das folgende Schema gekennzeichneten Anordnung:

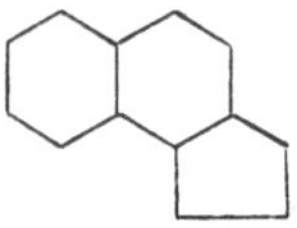

Eine dieser Gruppe angehörige Verbindung[1] wurde durch Einwirkung von Alkalilauge auf Brom-α-naphtochinonacetessigester erhalten:

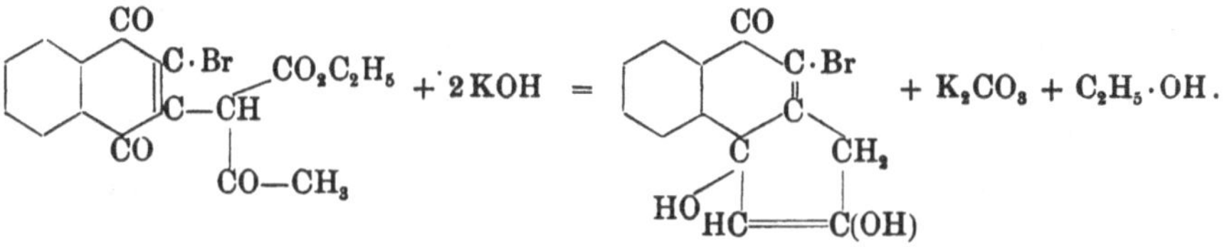

Diese Verbindung, welche als Bromketodioxydihydropentanthren bezeichnet werden kann, ist ein gelber, bei 134° schmelzender Körper, welcher sich in Ammoniak und den Alkalicarbonaten mit intensiver grüner Fluorescenz löst.

Die Indacengruppe.

Bei Besprechung der typischen Bildungsreactionen der Indenkörper haben wir zwei Methoden kennen gelernt (vgl. S. 473—478), welche zur Darstellung dieser Verbindungen vielfache Anwendung finden. Die eine geht von den Orthodicarbonsäuren der Benzolreihe aus, die andere verwendet als Ausgangsmaterialien die Säuren bezw. Aldehyde und Ketone der Zimmtsäurereihe und der Hydrozimmtsäurereihe.

Der ersteren Synthese ist eine Methode nachgebildet, welche es gestattet, zwei Fünfringe an einen Benzolkern anzugliedern[2]. Sie benutzt als Ausgangsmaterial die Pyromellithsäure (vgl. Bd. II, Th. I, S. 591). Wenn man den Aethylester dieser Säure mit Essigester und Natrium erhitzt, so findet ein ganz analoger Vorgang statt, wie bei der gleichen Behandlung des Phtalsäureesters:

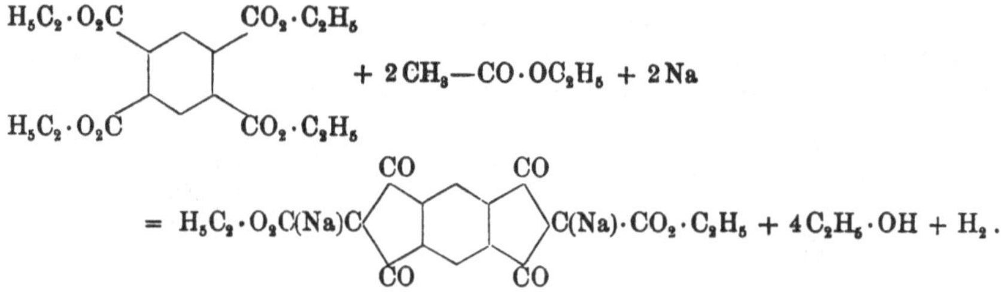

---

[1] LIEBERMANN, Ber. **33**, 573 (1900). — LIEBERMANN u. LANSER, Ber. **34**, 1543 (1901). — Vgl. auch: MICHEL, Ber. **33**, 2408 (1900). — BERTHEIM, Ber. **34**, 1554 (1901).

[2] EPHRAIM, Ber. **34**, 2779 (1901).

Die so entstehende Verbindung leitet sich von dem bisher unbekannten Kohlenwasserstoff:

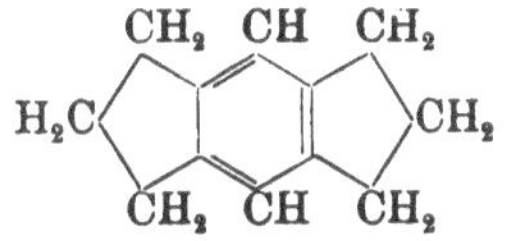

ab, welcher dem Hydrinden (vgl. S. 473, 482) entspricht und als Hydrindacen bezeichnet worden ist. Die dem Inden analog constituirte Dehydroverbindung wäre das Indacen:

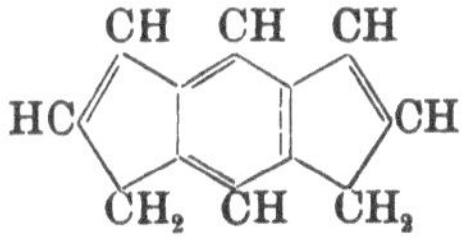

Die zweite Reaction, welche zu Verbindungen dieser Gruppe führt, besteht darin, dass man den aus m-Xylylenbromid, Natrium und Acetessigester erhältlichen m-Xylylendiacetessigester mit starker Schwefelsäure bei gewöhnlicher Temperatur stehen lässt:

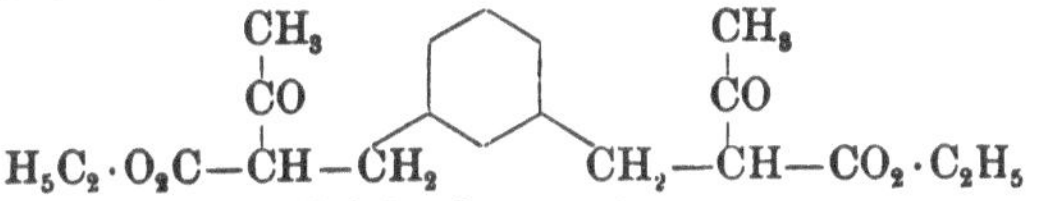

m-Xylylendiacetessigester

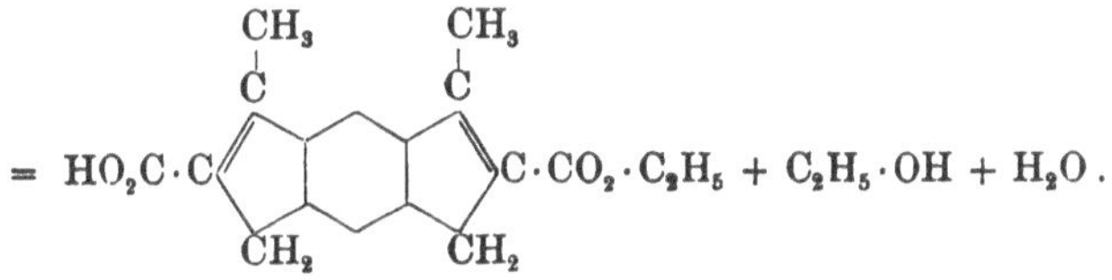

Dimethylindacendicarbonsäuremonoäthylester

Die aus diesem Ester erhaltene freie Säure spaltet bei der Destillation mit Natronkalk ihre beiden Carboxylgruppen ab und geht in Dimethylindacen:

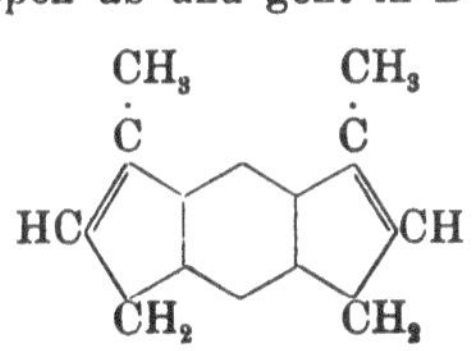

über, ein unzersetzt siedendes gelbliches Oel von einem an Inden erinnernden Geruch. Für die Produkte dieser Reactionsfolge können auch die phenanthrenähnlichen Formeln:

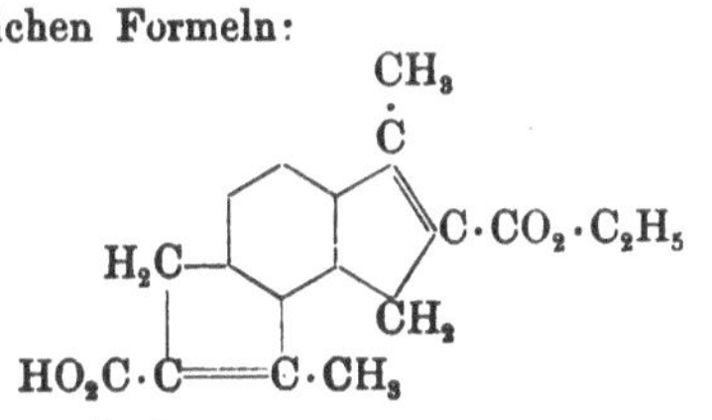

und

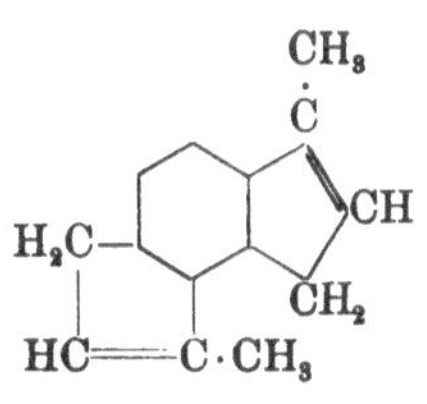

in Betracht kommen.

Einundsechzigstes Kapitel.

Kohlenwasserstoffe, welche mehr als drei Kerne condensirt enthalten.

Die Durchforschung pyrogenetischer Produkte einerseits, synthetische Untersuchungen andererseits haben uns mit Verbindungen bekannt gemacht, welche noch mehr als drei Kohlenstoffringe zu einem Molecül condensirt enthalten.

Die Combination von vier Sechsringen ist zur Zeit in den nachstehenden Formen vertreten:

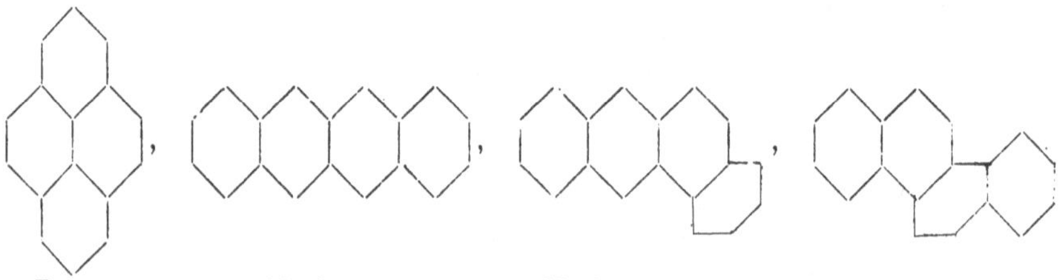

Pyren, Naphtacen, Naphtanthracen, Chrysen

Von diesen vierkernigen Stammkohlenwasserstoffen sind das Pyren und Chrysen im Steinkohlentheer aufgefunden.

Die Ergebnisse, welche das Studium dieser Gruppen gefördert hat, sind namentlich für unsere Kenntniss der Ringcondensation und der pyrogenetischen Processe von Bedeutung, haben indess zur praktischen Verwerthung nicht geführt. Das Gleiche gilt für die Gruppen, deren Besprechung sich in diesem Kapitel an die genannten vierkernigen Sechsringsysteme anschliesst.

Die Pyrengruppe.

Der bei der Fabrikation von Leuchtgas aus Steinkohlen oder Fetten entstehende Theer liefert, wenn man ihn durch energische Erhitzung möglichst weit abdestillirt, gegen Ende der Destillation ein rothgelb gefärbtes, mehr oder weniger festes Produkt. Aus dieser Masse isolirte LAURENT[1] im Jahre 1837 zwei Kohlenwasserstoffe, welche er als Pyren und Chrysen bezeichnete.

Der von LAURENT Pyren genannte Kohlenwasserstoff stellt, wie GRÄBE[2] fand, noch kein reines Produkt dar. Das reine Pyren hat die Formel $C_{16}H_{10}$; man gewinnt es, indem man die bei der Verkokung der Steinkohle zuletzt überdestillirenden Antheile mit Schwefelkohlenstoff

[1] Ann. ch. [2] **66**, 136 (1837).
[2] Ber. **3**, 742 (1870). Ann. **158**, 285 (1871).

extrahirt, welcher das Chrysen ungelöst lässt und im Wesentlichen nur Pyren und Fluoranthen (vgl. S. 638) auflöst. Die Trennung dieser Kohlenwasserstoffe erreicht man durch Ueberführung in die Pikrinsäure-Verbindungen, Krystallisation derselben aus Weingeist und Zerlegung der einzelnen Pikrate durch Ammoniak. Die weitere Reinigung geschieht mittels nochmaligen Hindurchführens durch die Pikrinsäure-Verbindungen.

Auch im Stuppfett (s. S. 580) ist Pyren — und zwar zu etwa 20 % — enthalten[1]. Seine Isolirung aus diesem Material ist derjenigen des Kohlenwasserstoffs aus dem Steinkohlentheer ganz analog. Die Aufklärung der Constitution des Pyrens verdanken wir den Arbeiten von Bamberger und Philip[2], welche das von Gräbe durch Oxydation des Pyrens mit Chromsäure gewonnene Pyrenchinon, $C_{16}H_8O_2$, zum Ausgangspunkt nahmen.

Das Pyrenchinon ist ein Diketon, welches seinen Reactionen zufolge (vgl. S. 627) die beiden Ketongruppen nicht in Nachbarstellung zu einander enthält. Oxydirt man es weiter mit Chromsäuregemisch, so bildet sich Pyrensäure (vgl. S. 603), eine Monoketodicarbonsäure der Formel:

$$C_{12}H_6(CO)(CO_2H)_2 .$$

Bei weiterer Oxydation geht die Pyrensäure in Naphtalintetracarbonsäure (1.4.5.8) über (vgl. S. 430). Hieraus folgt zunächst, dass das Pyrenchinon einen Naphtalinring enthält, an welchem 4 Kohlenstoffatome haften:

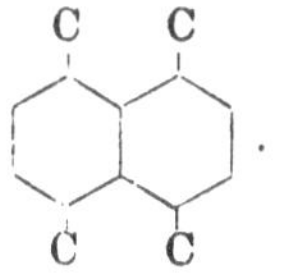

Beim Glühen mit Kalk zerfällt die Pyrensäure in Kohlensäure und Pyrenketon (vgl. S. 603):

$$C_{12}H_6(CO)(CO_2H)_2 = C_{12}H_8(CO) + 2CO_2 .$$

Das Pyrenketon liefert bei der Oxydation Naphtalsäure [Naphtalindicarbonsäure (1.8)] (vgl. S. 428), woraus sich für das Keton eine der beiden Formeln:

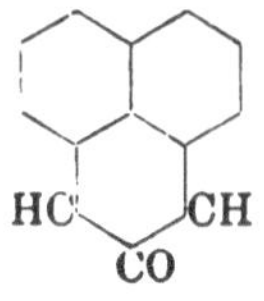

oder

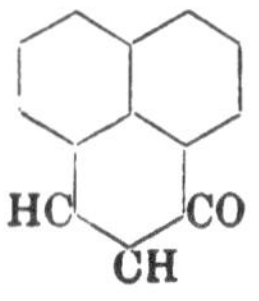

ergiebt. Die Pyrensäure kann danach nichts anderes sein als die Verbindung:

[1] Goldschmiedt, Monatsh. **2**, 7 (1881). — Bamberger u. Philip, Ann. **240**, 160 (1887).

[2] Ber. **19**, 1427, 1995, 3036 (1886); **20**, 365 (1887). Ann. **240**, 147 (1887).

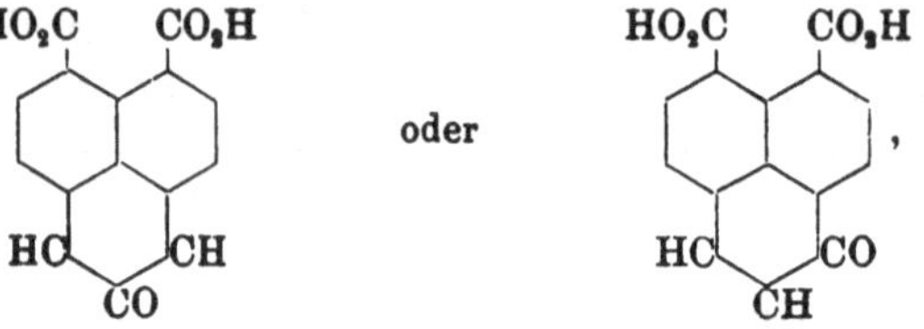

und für das Pyrenchinon bezw. das Pyren ergiebt sich ein System aus vier Ringcomplexen:

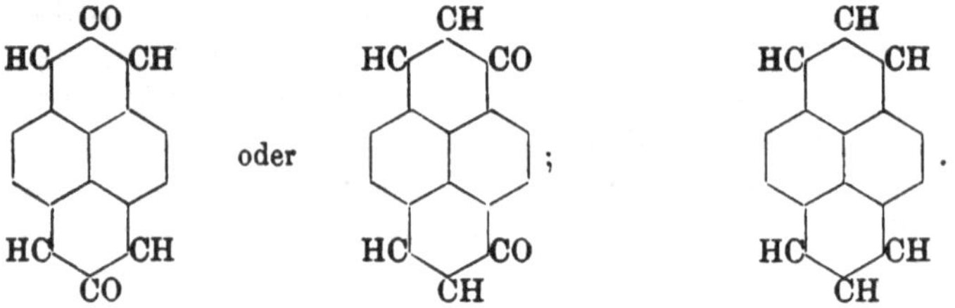

Pyrenchinon   Pyren

Für die durch Abbau des Pyrens entstehende Naphtalintetracarbonsäure ist freilich die Stellung von zwei Carboxylgruppen nicht sicher bewiesen (vgl. S. 430); doch ergiebt sich die vollkommen symmetrische Stellung aller vier Carboxylgruppen deshalb als äusserst wahrscheinlich, weil sich in dem Verhalten der beiden Carboxylpaare kein Unterschied auffinden liess.

Einige Schwierigkeit bereitet die Vertheilung der Bindungen im Pyrenchinon, sowie im Pyren; es sind die folgenden Formulirungen vorgeschlagen worden:

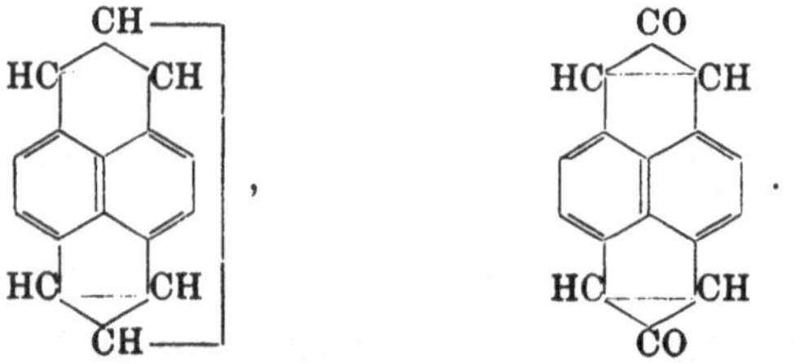

Pyren   Pyrenchinon

In dem Pyren lernen wir also einen Theerkohlenwasserstoff kennen, welcher vier Sechsringe zu einem Molecül condensirt enthält. Stellt man seine Formel mit denjenigen der entsprechenden zweikernigen und dreikernigen Theerkohlenwasserstoffe zusammen:

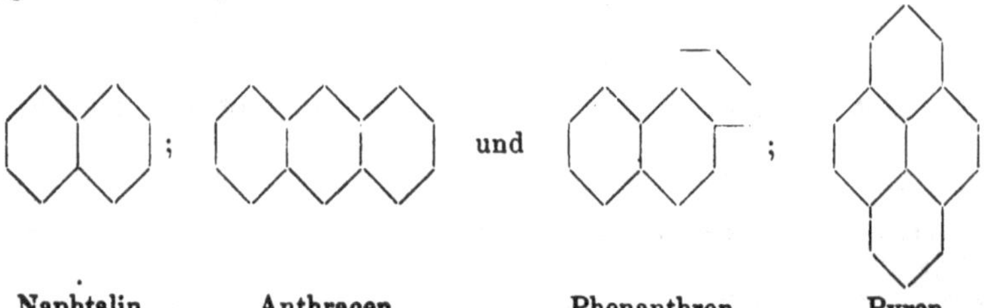

Naphtalin   Anthracen   Phenanthren   Pyren

und giebt der Anschauung Raum, dass diese Theerbestandtheile aus einfacheren Destillationsprodukten der Steinkohle durch pyrogenetische Zersetzungen an den stark erhitzten Röhrenwandungen entstehen (vgl. Bd. II, Th. I, S. 87) — Processe, welche in letzter Phase zur Abspaltung alles Wasserstoffes und Bildung von Kohlenstoff führen —, so erscheinen die aus jenen Formeln ersichtlichen Phasen der fortschreitenden Kerncondensation gewissermassen als Etappen auf dem Wege zu völliger Verkohlung. Dieser Gedankengang führt uns — ebenso wie die Bildung von Mellithsäure bei der Oxydation des Kohlenstoffes (vgl. Bd. II, Th. I, S. 592—593) — zu dem Schlusse, dass das Molecül des amorphen Kohlenstoffes vermuthlich aus einer grossen Zahl von Ringsystemen besteht, welche mit einander in ähnlicher Weise verkuppelt sind, wie die Einzelringe in den Molecülen der sogenannten „condensirten" Kohlenwasserstoffe.

Pyren[1], $C_{16}H_{10}$, krystallisirt in monoklinen Tafeln vom Schmelzpunkt 148—149° und siedet unzersetzt oberhalb 360°. Es löst sich schwer in Alkohol, leichter in Toluol, sehr leicht in Schwefelkohlenstoff und Aether. Die sehr charakteristische Pikrinsäure-Verbindung, $C_{16}H_{10}.C_6H_2(NO_2)_3OH$, bildet lange, glänzende rothe Nadeln vom Schmelzpunkt 222°. Jodwasserstoffsäure und Phosphor verwandeln das Pyren in eine Hexahydroverbindung, $C_{16}H_{16}$, welche in Säulen oder Nadeln krystallisirt und bei 127° schmilzt. Chlor, Salpetersäure und Schwefelsäure führen das Pyren in eine Reihe von Substitutionsprodukten über.

Pyrenchinon[1], $C_{16}H_8O_2$, krystallisirt in glänzenden, hellziegelrothen Nadeln vom Schmelzpunkt 282°. In den meisten organischen Lösungsmitteln ist es schwer löslich. Seine alkoholische Lösung wird auf Zusatz von Natronlauge tief bordeauxroth gefärbt, doch wird diese Färbung durch Schütteln der Lösung mit Luft nicht verändert; auch bildet das Chinon mit o-Diaminen keine azinartigen Verbindungen, es besitzt also nicht die Kennzeichen eines Orthodiketons (vgl. S. 589—590 u. 596).

Pyrenhydrochinon, $C_{16}H_8(OH)_2$, entsteht beim Kochen des Pyrenchinons mit Zinkstaub und Ammoniak; es geht schon beim Schütteln seiner Lösungen mit Luft wieder in Pyrenchinon über.

Die Naphtacengruppe und die Naphtanthracengruppe.

Denken wir uns im Anthracen einen der äusseren Benzolringe durch einen Naphtalinkern ersetzt, so gelangen wir zu zwei Kohlenwasserstoffen der Formel $C_{18}H_{12}$:

[1] Literatur s. vorstehend; vgl. ferner: Fittig u. Hintz, Ber. **10**, 2143 (1877). — v. Bechi, Ber. **12**, 1978 (1879). — Groth, Journ. Soc. **37**, 413 (1880). — Smith, Journ. Soc. **37**, 415 (1880). — Goldschmiedt, Monatsh. **2**, 580 (1881); **4**, 309 (1883). — Goldschmiedt u. Wegscheider, Monatsh. **4**, 237 (1883). — Merz u. Weith, Ber. **16**, 2878 (1883). — Jahoda, Monatsh. **8**, 449 (1887). — Freund, Ber. **30**, 1383 (1897). — Vongerichten, Ber. **34**, 768 (1901).

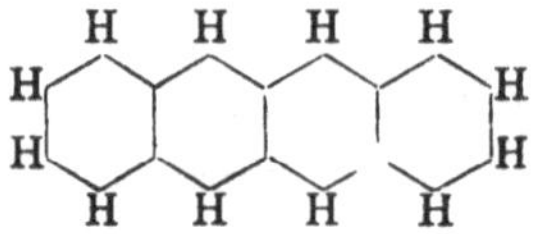

Naphtacen

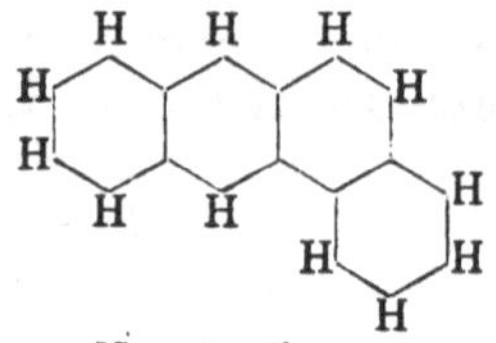

Napntanthracen

Die Bildung des Aethindiphtalids aus Bernsteinsäure und Phtalsäureanhydrid wurde schon besprochen (S. 265); bei dieser Reaction entsteht nun noch ein zweiter Körper[1], welcher mit dem Aethindiphtalid isomer ist und daher den Namen „Isoäthindiphtalid“ erhalten hat. Diese Verbindung, welche ihrer Constitution nach von GABRIEL und LEUPOLD aufgeklärt ist, leitet sich, wie aus ihren weiter unten angegebenen Umwandlungen hervorgeht, vom Naphtacen ab und kann als Dihydronaphtacendichinon bezeichnet werden:

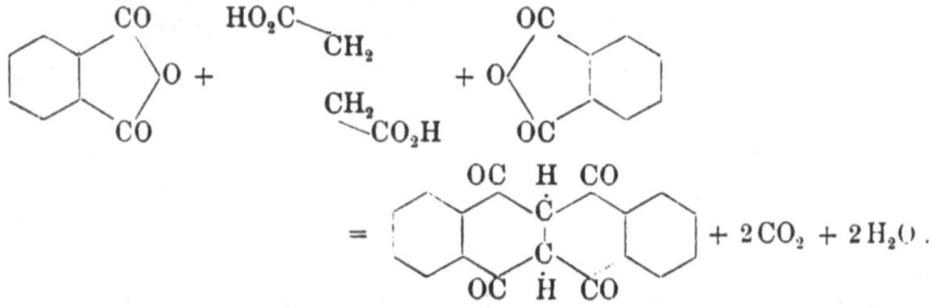

Dieselbe Verbindung[2] erhält man neben Bisdiketohydrinden (vgl. S. 487), wenn man auf das Aethindiphtalid die zur Herstellung von Indenverbindungen allgemein benutzbare Umlagerung der Alkylenphtalide mittels Natriummethylat anwendet:

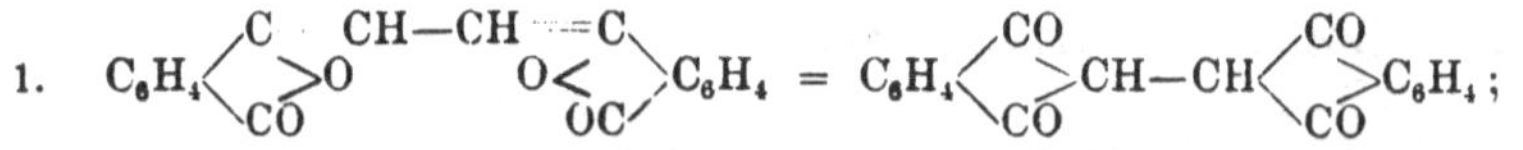

Bisdiketohydriuden

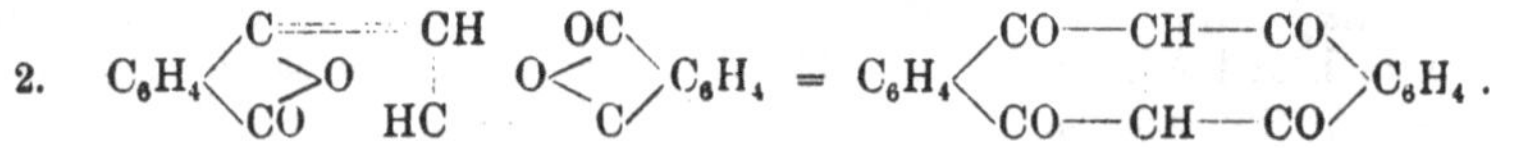

Isoäthindiphtalid

Endlich entsteht das Isoäthindiphtalid aus dem Diketohydrinden durch Oxydation[3]:

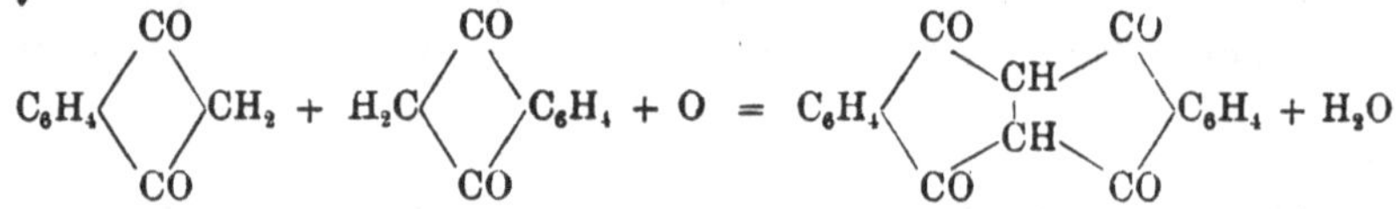

[1] ROSER, Ber. **17**, 2770 (1884).

[2] GABRIEL u. LEUPOLD, Ber. **31**, 1161, 1272 (1898). — GABRIEL u. COLMAN, Ber. **33**, 446. — Vgl. auch: NATHANSON, Ber. **26**, 2582 (1893). — STADLER, Ber. **35**, 3963 (1902).

[3] GABRIEL u. LEUPOLD, Ber. **31**, 1284 (1898). — Vgl. auch: LIEBERMANN u. LANDAU, Ber. **34**, 2151 (1901).

wir haben es also hier mit der Erweiterung eines Fünfringes zu einem Sechsring zu thun, ein Vorgang, welcher nur vereinzelt beobachtet worden ist (vgl. Bd. II, Th. I, S. 32—33; Bd. II, Th. II, S. 467—468), während für den umgekehrten Process viele Beispiele vorliegen (vgl. z. B. Bd. II, Th. I, S. 27, 32; Bd. II, Th. II, S. 318, 488—489).

Eigenthümlich ist es, dass das Isoäthindiphtalid nicht identisch ist mit jener Verbindung[1], welche beim Erhitzen des Dibenzoylbernsteinsäureesters gebildet wird (vgl. S. 263). Vielleicht erklärt sich diese Erscheinung durch die Existenz isomerer Formen im Sinne der Schemata:

I 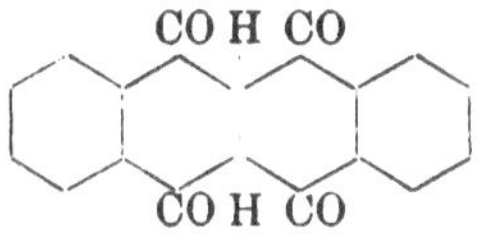, II 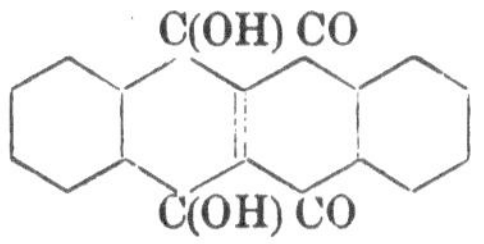,

III 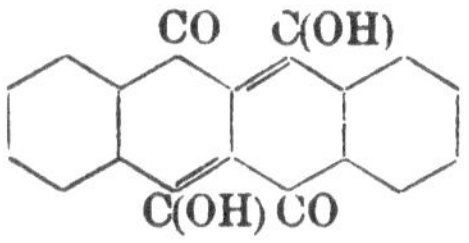,

lso in ähnlicher Weise wie die Isomerie der Dibenzoylbernsteinsäureester. Die Beobachtung, dass das Isoäthindiphtalid ein Diacetyl- bezw. ein Dibenzoyl-Derivat zu bilden vermag, macht es wahrscheinlich, dass ihm die obige Formel II oder III zukommt, dass es also als Dioxynaphtacenchinon oder Diketodioxydihydronaphtacen aufzufassen ist.

Abgesehen von der Frage nach der Bindungsform der Sauerstoffstoffatome ergiebt sich die Constitution des Isoäthindiphtalids aus folgenden Umwandlungsreactionen: Destillation mit Zinkstaub führt den Körper in zwei Kohlenwasserstoffe über,

das Naphtacen, $C_{18}H_{12}$ und das Dihydronaphtacen, $C_{18}H_{14}$.

Die letztgenannte Verbindung enthält zwei Methylengruppen, denn bei der Oxydation mit Chromsäure liefert sie ein Diketon (Naphtacenchinon) der Formel $C_{18}H_{10}O_2$. Dieses Diketon zerfällt nun in der Kalischmelze in Benzoësäure und β-Naphtoësäure in analoger Weise wie das Anthrachinon sich in zwei Molecüle Benzoësäure spaltet (vgl. S. 499):

$$C_6H_4\left\langle\begin{matrix}CO\\CO\end{matrix}\right\rangle C_6H_4 + 2H_2O = C_6H_5\begin{matrix}\diagup CO_2H\\ \\ HO_2C\diagup\end{matrix}C_6H_5,$$

Anthrachinon

$$C_6H_4\left\langle\begin{matrix}CO\\CO\end{matrix}\right\rangle C_{10}H_6 + 2H_2O = C_6H_5\begin{matrix}\diagup CO_2H\\ \\ HO_2C\diagup\end{matrix}C_{10}H_7.$$

Naphtacenchinon

[1] Knorr u. Scheidt, Ber. **27**, 1167 (1894).

Nach dieser Spaltungsreaction könnte dem Naphtacenchinon zwar ebensowohl die naphtacenartige Structur, als auch der dem Naphtanthracen entsprechende Bau zukommen (vgl. S. 628). Nun kennt man aber eine mit dem besprochenen Diketon isomere Verbindung[1], welcher infolge ihrer Synthese aus der Ortho-α-Naphtoylbenzoësäure (vgl. S. 633) durch Condensation mit concentrirter Schwefelsäure unzweifelhaft folgende Formel zukommt:

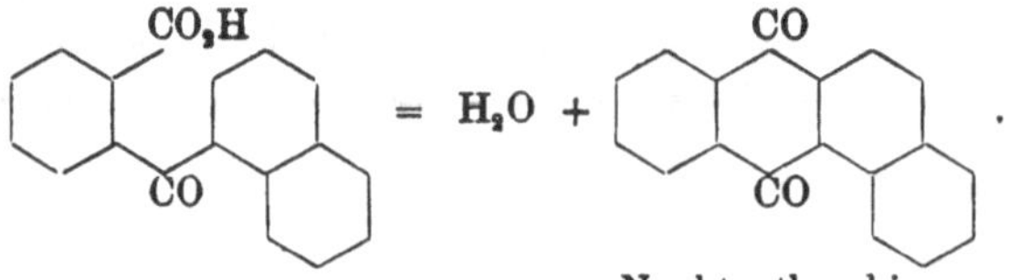

Naphtanthrachinon

Das Diketon aus Dihydronaphtacen kann also nur die folgende Constitution besitzen:

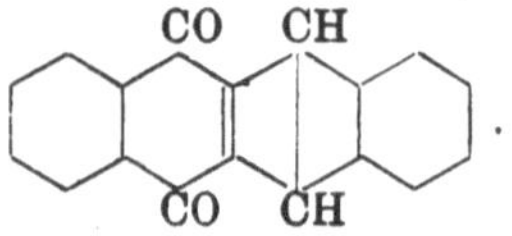

Naphtacenchinon

Durch Reduction des eben erwähnten Naphtanthrachinons gelangt man zu dem mit dem Naphtacen isomeren Kohlenwasserstoff, dem Naphtanthracen, $C_{18}H_{12}$, welchem hiernach die zweite der auf S. 628 gegebenen Formeln zuzuschreiben ist.

In die Gruppe des Naphtacens führt auch die Condensation von Phtalsäureanhydrid mit α-Naphtol bei Gegenwart von Borsäure und Schwefelsäure, durch welche unter intermediärem Auftreten einer Oxynaphtoylbenzoësäure ein Monooxynaphtacenchinon[2] erhalten wird:

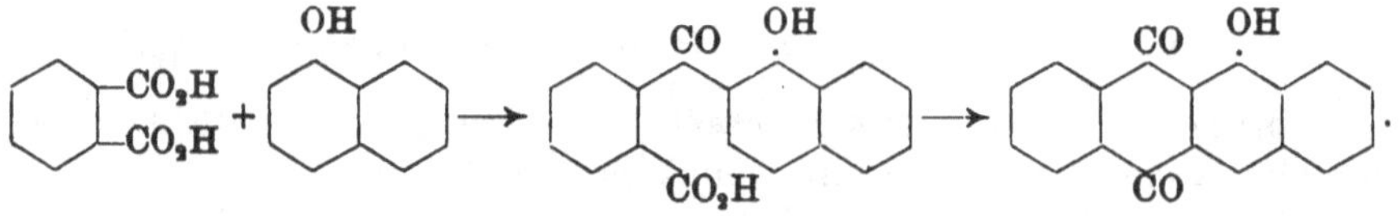

Die Reaction ist völlig analog den Synthesen von Oxyanthrachinonen aus Phtalsäure (vgl. S. 506—507). Ihr Produkt erinnert auch darin an die Oxyanthrachinone, dass es durch weitere Einwirkung von Schwefelsäure und Borsäure oder durch Schmelzen mit Kali unter Zusatz von Kaliumchlorat höher hydroxylirt werden kann: es bildet sich hierbei ein Dioxynaphtacenchinon, das sich als identisch mit dem Isoäthindiphtalid erweist.

Naphtacen, $C_{18}H_{12}$, sublimirt in orangegelben, bei 335° schmelzenden Blättchen. **Dihydronaphtacen**, $C_{18}H_{14}$, wird am besten durch Reduction des Isoäthindiphtalids mit Jodwasserstoffsäure und Phosphor erhalten; es bildet farblose flache Nadeln

[1] Elbs, Ber. **19**, 2209 (1886). — Gabriel u. Colman, Ber. **33**, 446 (1900).
[2] Deichler u. Weitzmann, Ber. **36**, 547, 719 (1903).

oder Blättchen vom Schmelzpunkt 206—207° und siedet bei etwa 400°. Bei der Oxydation mit Chromsäure geht es in **Naphtacenchinon**, $C_{18}H_{10}O_2$, über, welches in langen orangegelben Nadeln vom Schmelzpunkt 294° sublimirt.

Isoäthindiphtalid, Dioxynaphtacenchinon, $C_{18}H_8O_2(OH)_2$, krystallisirt in flachen rothen Nadeln mit grünem Flächenglanz, welche bei 346—347° schmelzen, und sublimirt in granatrothen flachen Nädelchen; sein Dampf ist grüngelb gefärbt. In kochender Kalilauge löst es sich mit tiefvioletter Farbe, in concentrirter Schwefelsäure eosinroth mit starker Fluorescenz. Die Dibenzoylverbindung, $C_{18}H_8O_2(O\cdot CO\cdot C_6H_5)_2$, schmilzt bei 334—339°. Phosphorpentachlorid führt das Isoäthindiphtalid in Dichlornaphtacenchinon, $C_{18}H_8O_2Cl_2$, über. Durch Oxydation mit rauchender Salpetersäure in der Kälte wird das Dioxychinon in das entsprechende Dichinon, das **Naphtacendichinon** verwandelt:

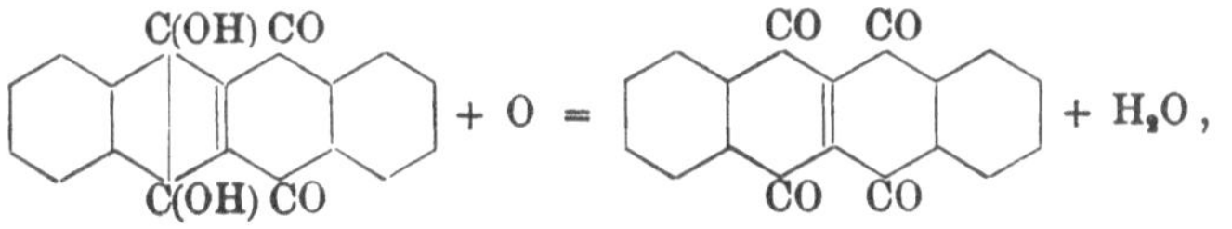

welches kastanienbraune quadratische oder oblonge Tafeln vom Schmelzpunkt 330—333° bildet und in gelblichen quadratischen Blättchen sublimirt.

Naphtanthrachinon, $C_{18}H_{10}O_2$, stellt stark glänzende, tiefgelbe Körner oder Prismen vom Schmelzpunkt 168° dar und sublimirt in tiefgelben Nadeln. Kochen mit Zinkstaub und Ammoniak führt das Chinon in **Naphtanthracen**, $C_{18}H_{12}$, über (vgl. S. 513 die analoge Gewinnung von Anthracen). Dieses krystallisirt in grossen Blättern, sublimirt in gelbgrün schimmernden Blättchen und schmilzt bei 141° (vgl. dagegen den hohen Schmelzpunkt des isomeren Naphtacens). Es verbindet sich mit Pikrinsäure zu einem bei 133° schmelzenden Produkt.

Die Chrysengruppe.

Das Chrysen wurde im Jahre 1837 gleichzeitig mit Pyren von LAURENT[1] in den Destillaten des Theers entdeckt (vgl. S. 624). Es bildet sich ferner beim Ueberhitzen hochsiedender Fractionen des Schwerbenzols[2] und wahrscheinlich auch bei der trockenen Destillation des Bernsteins[3].

Das Chrysen hat die Formel $C_{18}H_{12}$. Seine Constitution[4] wurde durch die Untersuchungen von GRÄBE und von BAMBERGER klargestellt; sein Molecül besteht, wie aus den weiter unten beschriebenen Abbaureactionen sowie den Synthesen des Chrysens hervorgeht, aus vier aneinander gelagerten Benzolringen:

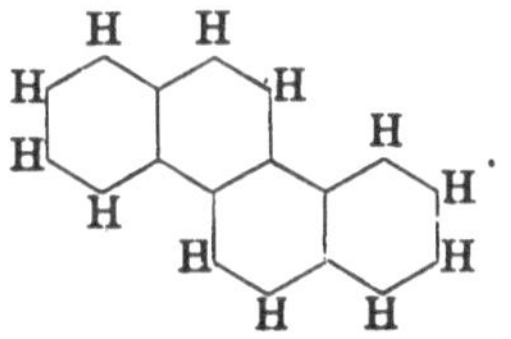

[1] Ann. ch. [2] **66**, 136 (1837). — WILLIAMS, Jb. **1855**, 633. — Vgl. auch: GALLETLY, Jb. **1864**, 532. — ADLER, Ber. **12**, 1889 (1879).

[2] KRÄMER u. SPILKER, Ber. **23**, 84 (1890). — Vgl. auch BERTHELOT, Bull. [2] **6**, 276 (1866).

[3] PELLETIER u. WALTER, Ann. ch. [3] **9**, 89 (1843).

[4] Vgl. GRÄBE, Ber. **29**, 826 (1896).

Das Chrysen kann demnach als ein Phenanthren betrachtet werden, in welchem einer der äusseren Benzolringe durch einen Naphtalinkern ersetzt ist.

Die Berechtigung dieser Auffassung, welche in abgekürzter Form durch das Schema:

$$\begin{array}{l} C_{10}H_6-CH \\ C_6H_4-CH \end{array}$$

ausgedrückt wird, ergiebt sich — soweit nicht die Stellung des Phenylenrestes und der Brücke ·CH : CH· im Naphtalinkern in Betracht kommt, — schon aus der Bildung des Chrysens beim Hindurchleiten des Dampfes von Phenylnaphtyläthan (vgl. S. 465) durch ein glühendes Rohr[1]:

$$\begin{array}{l} C_{10}H_7\cdot CH_2 \\ C_6H_5\cdot CH_2 \end{array} = \begin{array}{l} C_{10}H_6\cdot CH \\ C_6H_4\cdot CH \end{array} + 4H,$$

welche der Synthese des Phenanthrens aus Dibenzyl (vgl. S. 189) völlig entspricht. Sie gewinnt fernere Bestätigung aus dem Nachweis, dass das Chrysen in jeder Beziehung analoge Umwandlungsprodukte liefert, wie das Phenanthren (vgl. S. 588—589). Oxydation mit Chromsäure[2] führt den Kohlenwasserstoff in das dem Phenanthrenchinon entsprechende Chrysochinon, $C_{18}H_{10}O_2$, über. Beim Erhitzen dieses Chinons mit Natronkalk[3] entsteht ein Kohlenwasserstoff $C_{16}H_{12}$, in welchem man das β-Phenylnaphtalin erkannt hat (vgl. S. 455), eine Umwandlung, welche der Bildung von Diphenyl aus Phenanthrenchinon entspricht.

Auch die dem Uebergang des Phenanthrenchinons in Diphenylenglykolsäure analoge Reaction (vgl. S. 588) lässt sich am Chrysochinon ausführen; beim Kochen mit wässerigen Alkalien[4] liefert es die Chrysoglykolsäure:

$$\begin{array}{l} C_{10}H_6-CO \\ C_6H_4-CO \end{array} + NaOH = \begin{array}{l} C_{10}H_6 \\ C_6H_4 \end{array}\!\!>C<\!\begin{array}{l} OH \\ CO_2Na \end{array}$$

Bei der Oxydation mit Chromsäure geht die Chrysoglykolsäure in das Chrysoketon (vgl. S. 642) über, welches auch durch Destillation von Chrysochinon mit Bleioxyd[5] (vgl. die analogen Umwandlungen des Phenanthrenchinons S. 589) entsteht:

$$\begin{array}{l} C_{10}H_6-CO \\ C_6H_4-CO \end{array} \longrightarrow \begin{array}{l} C_{10}H_6 \\ C_6H_4 \end{array}\!\!>CO.$$

In der Alkalischmelze[6] liefert sowohl das Chrysochinon als auch das Chrysoketon ein Gemenge zweier isomerer Säuren $C_{16}H_{11}\cdot CO_2H$, welche

---

[1] Gräbe u. Bungener, Ber. **12**, 1078 (1879).

[2] Liebermann, Ber. **3**, 152 (1870). Ann. **158**, 309 (1871). — E. Schmidt, J. pr. [2] **9**, 284 (1874).

[3] Gräbe, Ber. **6**, 66 (1873); **7**, 783 (1874); **27**, 952 (1894).

[4] Bamberger u. Kranzfeld, Ber. **18**, 1931 (1885).

[5] Bamberger u. Burgdorff, Ber. **23**, 2433 (1890).

[6] Bamberger u. Chattaway, Ber. **26**, 1745 (1893). — Gräbe, Ber. **33**, 680 (1900).

als Chrysensäure und β-Chrysensäure bezeichnet worden sind und Carboxylderivate des β-Phenylnaphtalins darstellen (vgl. S. 455).

Für das Chrysoketon konnte nun durch eine Synthese der Nachweis erbracht werden, dass dieses Keton — dementsprechend also auch das Chrysochinon und das Chrysen selbst — als 1.2-Derivat des Naphtalins aufzufassen ist. Aus Phtalsäureanhydrid und Naphtalin erhält man in Gegenwart von Aluminiumchlorid — entsprechend der Bildung von o-Benzoylbenzoësäure (S. 66) — eine o-Naphtoylbenzoësäure $HO_2C\cdot C_6H_4\cdot CO\cdot C_{10}H_7$. Diese Säure ist ein α-Naphtalinderivat, denn sie liefert bei der Kalischmelze α-Naphtoësäure; sie besitzt also die aufgelöste Formel:

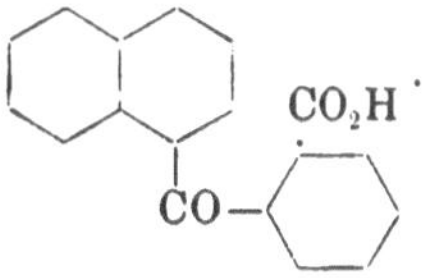

Führt man sie nun in ihr Amid über, tauscht in letzterem die Gruppe $—CO\cdot NH_2$ durch Behandlung mit Brom und Alkali gegen $—NH_2$ aus, diazotirt das so gewonnene o-Amidophenyl-α-Naphtylketon und erwärmt darauf mit Alkohol, so erhält man — analog wie sich Diphenylenketon aus o-Amidobenzophenon bildet (S. 611) — das Chrysoketon:

$$\begin{matrix} C_{10}H_7 \\ \dot{C}O\cdot C_6H_4\cdot CO\cdot NH_2 \end{matrix} \longrightarrow \begin{matrix} C_{10}H_7 \\ \dot{C}O\cdot C_6H_4\cdot NH_2 \end{matrix} \longrightarrow \begin{matrix} C_{10}H_6— \\ \dot{C}O\cdot C_6H_4— \end{matrix},$$

für welches nunmehr die Constitution:

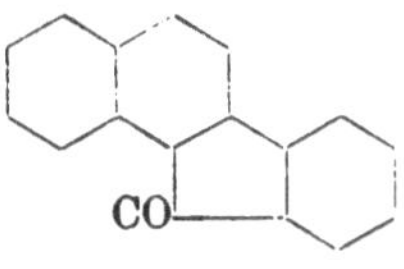

als sicher bewiesen gelten kann.

Hiernach stellt sich der Abbau des Chrysochinons in aufgelösten Formeln folgendermaassen dar:

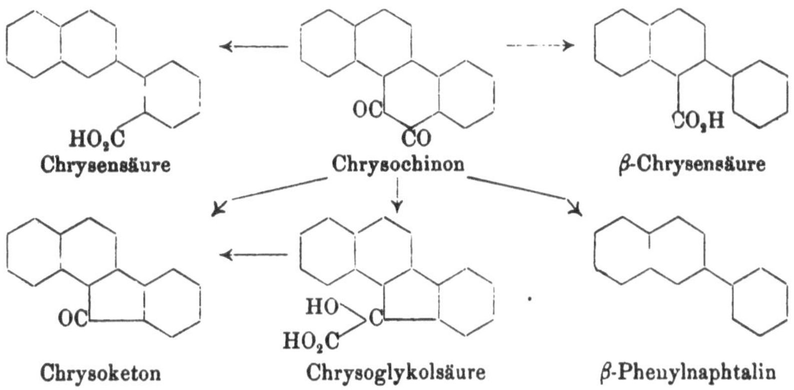

Auch die Umwandlung des Phenanthrenchinonoxims in Diphensäureimid (vgl. S. 32, 620—621) bezw. Diphensäure hat ihr Analogon in der Chrysenreihe. Das Chrysochinonoxim[1] giebt bei der BECKMANN'schen Umlagerung zwei Amidsäuren:

$$\begin{array}{l} C_6H_4-CO_2H \\ | \\ C_{10}H_6-CO\cdot NH_2 \end{array} \quad \text{und} \quad \begin{array}{l} C_6H_4-CO\cdot NH_2 \\ | \\ C_{10}H_6-CO_2H \end{array};$$

mit Aetznatron geschmolzen liefern diese beiden Amidsäuren die gleiche Dicarbonsäure, nämlich die der Diphensäure entsprechende Chrysodiphensäure:

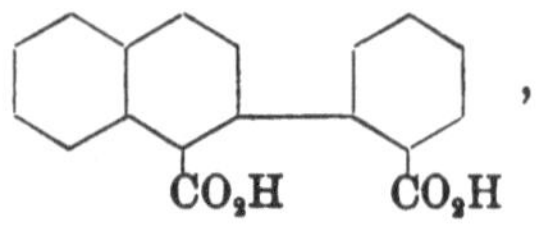

welche durch concentrirte Schwefelsäure in ein Gemisch zweier Ketomonocarbonsäuren übergeführt wird:

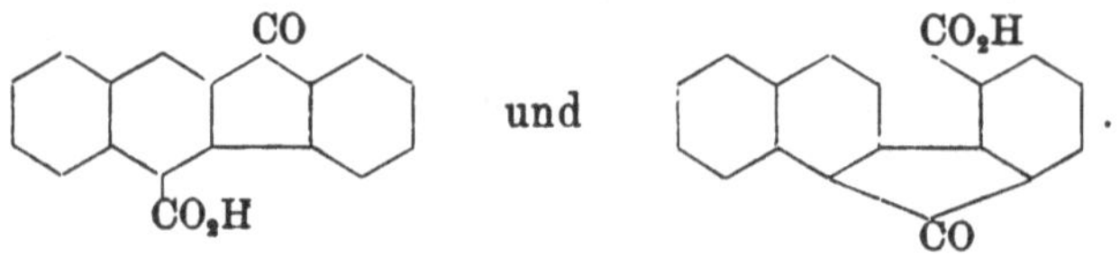

Isochrysoketoncarbonsäure und Chrysoketoncarbonsäure.

Die Formel des Chrysens (S. 631) lässt diesen Kohlenwasserstoff auch als ein Condensationsprodukt zweier Naphtalinkerne ansehen, deren jeder in der 1.2-Stellung sich an der Condensation betheiligt. Demgemäss verläuft die Oxydation des Chrysens bezw. seines ersten Oxydationsproduktes, des Chrysochinons, derart, dass beide Naphtalinkerne in gleicher Weise gesprengt werden unter Bildung von Diphtalylsäure (vgl. S. 229):

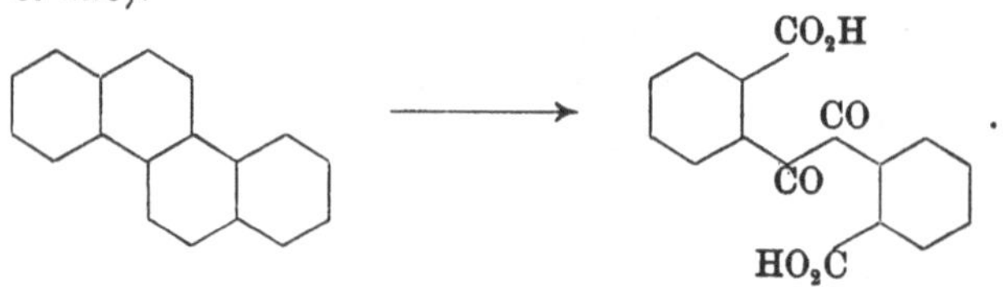

Interessant für die Kenntniss der Condensationsvorgänge, welche bei der Destillation des Steinkohlentheers stattfinden, sind die von KRÄMER und SPILKER[2] beobachteten Bildungsweisen des Chrysens beim Leiten der Dämpfe des Indens (vgl. S. 480) bezw. eines Gemisches von Naphtalin und Cumaron (vgl. die analoge Entstehungsweise des Phenanthrens, S. 584) durch ein glühendes Rohr:

---

[1] GRÄBE u. HÖNIGSBERGER, Ann. **311**, 257, 261 (1900). — GRÄBE u. GNEHM, Ber. **35**, 2744 (1902).

[2] KRÄMER u. SPILKER, Ber. **23**, 84 (1890). — SPILKER, Ber. **26**, 1544 (1893).

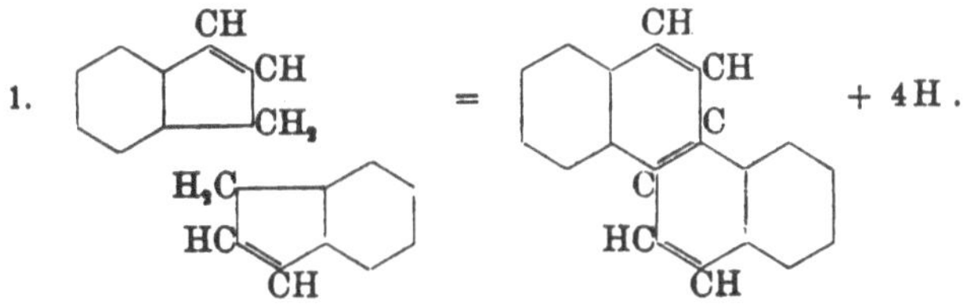

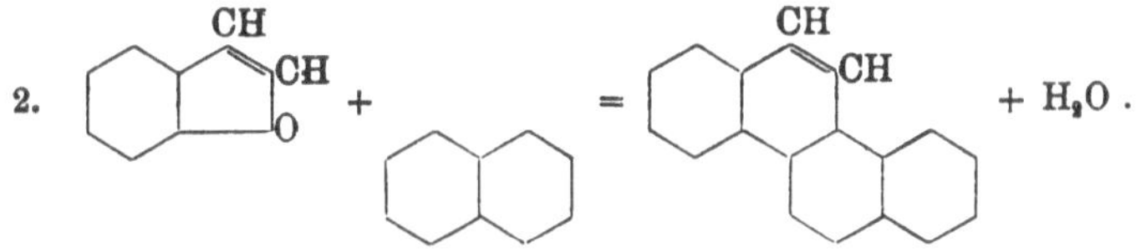

Chrysen[1], $C_{18}H_{12}$, krystallisirt in farblosen Schuppen oder rhombischen flachen Oktaëdern vom Schmelzpunkt 250°, siedet unter 760 mm Druck bei 448° und sublimirt im Vacuum des Kathodenlichts bei 169°. Es besitzt in festem Zustand und in Lösung eine rothviolette Fluorescenz und löst sich nur in geringer Menge in den meisten gebräuchlichen organischen Lösungsmitteln, reichlicher nur in siedendem Benzol und Eisessig. Die Pikrinsäure-Verbindung, $C_{18}H_{12}.C_6H_2(NO_2)_3(OH)$, krystallisirt in langen rothen Nadeln.

Gewinnung aus Steinkohlentheer: Die zuletzt übergehenden Antheile des Steinkohlentheers werden mit kaltem Schwefelkohlenstoff gewaschen, wobei das Chrysen ungelöst bleibt (vgl. S. 624–625). Der so erhaltene Kohlenwasserstoff bleibt auch nach dem Umkrystallisiren gelb gefärbt, weshalb ihm die Benennung Chrysen beigelegt wurde; diese Färbung rührt aber von einer Beimengung her, welche man dadurch beseitigen kann, dass man den unreinen Kohlenwasserstoff mit Alkohol und Salpetersäure behandelt, oder indem man ihn in seine Verbindung mit β-Dinitroanthrachinon (S. 541) überführt und daraus wieder abscheidet.

Beim Behandeln von Chrysen mit Jodwasserstoffsäure und Phosphor entstehen zwei Hydroprodukte[2]:

Hekkaidekahydrochrysen, $C_{18}H_{28}$, eine dicke, ölige Flüssigkeit, welche gegen 360° siedet, und Oktokaidekahydrochrysen (Perhydrochrysen), $C_{18}H_{30}$, feine Nadeln vom Schmelzpunkt 115° und dem Siedepunkt 353°.

Man kennt einige Chlor-, sowie Nitro- und Amido-Derivate[3] des Chrysens, welche jedoch ein wesentliches Interesse bisher nicht beanspruchen.

Chrysochinon[4], $C_{18}H_{10}O_2$, krystallisirt in rothgelben Nadeln vom Schmelzpunkt 239·5° (corrigirt) und sublimirt in rothen Nadeln. Es löst sich in concentrirter Schwefelsäure mit schön blauer Farbe; diese Lösung zeigt in starker Verdünnung ein charakteristisches Absorptionsspectrum.

---

[1] Literatur s. vorstehend, ferner: v. Bechi, Ber. **12**, 1978 (1879). — Krafft u. Weilandt, Ber. **29**, 2241 (1896).

[2] Liebermann u. Spiegel, Ber. **22**, 135 (1889).

[3] Liebermann, Ann. **158**, 313 (1871). — E. Schmidt, J. pr. [2] **9**, 275 (1874). — Abegg, Ber. **23**, 792 (1890); **24**, 949 (1891). — Bamberger u. Burgdorff, Ber. **23**, 2444 (1890).

[4] Literatur s. vorstehend.

Mit Natriumbisulfit geht es eine Verbindung ein. Das Chrysochinon zeigt beim Versetzen seiner heissen alkoholischen Lösung mit Kalilauge die für Orthodiketone charakteristische Farbenreaction (vgl. S. 589—590). Auch durch seine Fähigkeit, mit Orthodiaminen Azine zu bilden[1] und mit Benzaldehyd und Ammoniak zu einem Oxazolkörper zusammenzutreten[2] (vgl. S. 596, 598), ist das Chrysochinon als ein Orthodiketon charakterisirt.

An die Schilderung der vierkernigen Sechsringsysteme möge nun die Besprechung solcher Verbindungen angeschlossen werden, deren Molecüle durch Condensation von fünf Sechsringen zu Stande gekommen sind.

Die Dinaphtanthracengruppe.

Eine Substanz, welche vielleicht als ein Anthrachinon aufgefasst werden kann, dessen beide äusseren Benzolringe durch Naphtalinkerne ersetzt sind, wurde von GRABOWSKI[3] durch Erhitzen von α-Naphtol mit Oxalsäure und Schwefelsäure auf 110—115° dargestellt:

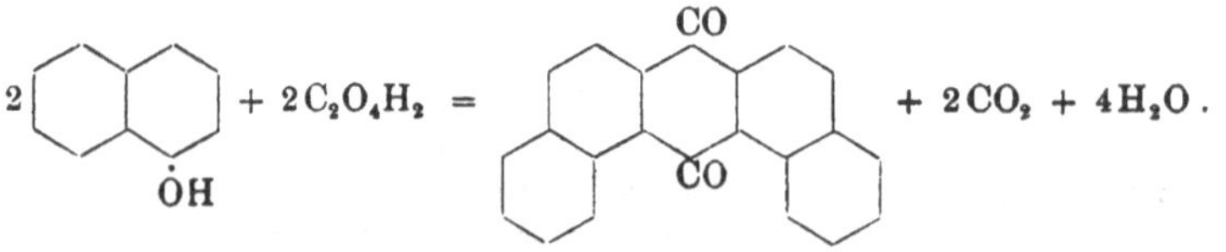

Die Verbindung kann als Dinaphtanthrachinon bezeichnet werden.

Ein ähnlich constituirtes Dioxydinaphtanthradichinon entsteht[4] neben der α-Hydronaphtochinoncarbonsäure (2), wenn man α-Hydronaphtochinonnatrium (vgl. S. 367) im Autoclaven mit Kohlensäure erhitzt:

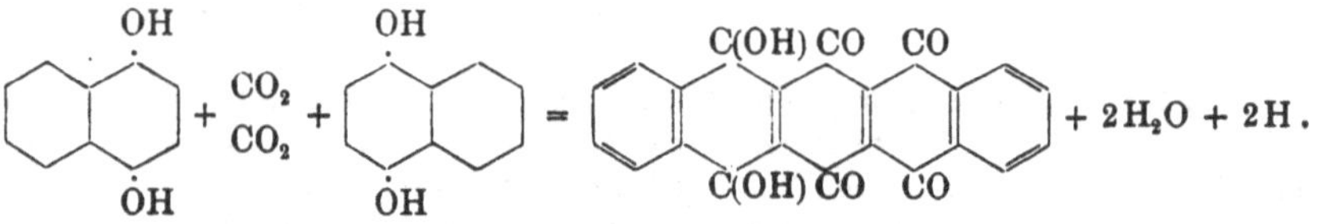

Lässt man die erwähnte Hydronaphtochinoncarbonsäure in concentrirter Schwefelsäure gelöst stehen, so geht sie unter Entwickelung von schwefliger Säure in Dinaphtanthratrichinon über:

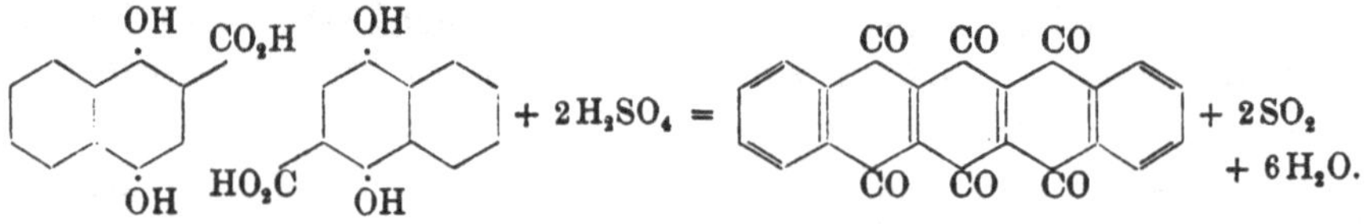

[1] LIEBERMANN u. WITT, Ber. **20**, 2442 (1887).
[2] JAPP u. STREATFEILD, Journ. Soc. **41**, 157 (1882).
[3] Ber. **4**, 661, 725 (1871). — HÖNIG, Monatsh. **1**, 251 (1880).
[4] RUSSIG, J. pr. [2] **62**, 44 ff. (1900).

Bei der Zinkstaubdestillation liefert diese Verbindung das **Dinaphtanthracen**, $C_{22}H_{14}$:

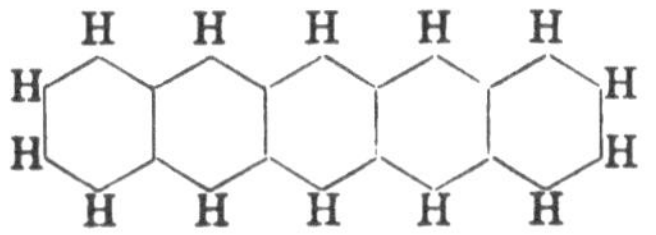

Die Picengruppe.

Im Jahre 1880 fand BURG [1], dass sich beim Abdestilliren des Braunkohlenpechs bis zur Trockne in den Kühlschlangen ein fester Kohlenwasserstoff absetzt, welchen er Picen nannte. Dieselbe Verbindung [2] erhält man bei energischer Destillation von Petroleumrückständen. Das Picen hat die Formel $C_{22}H_{14}$, ist also isomer mit dem Dinaphtanthracen.

Die Constitution des Picens [3] wurde auf analoge Weise ermittelt, wie die des Chrysens (vgl. S. 632—634). Chromsäure führt den Kohlenwasserstoff in ein Orthodiketon, das Picenchinon, $C_{22}H_{12}O_2$, über. Wird dieses Diketon mit Bleioxyd destillirt, so verwandelt es sich ebenso wie das Phenanthrenchinon (vgl. S. 589) und das Chrysochinon (vgl. S. 632) in ein Monoketon, das „Picylenketon" (vgl. S. 642), $C_{21}H_{12}O$. Letzteres Keton liefert in der Kalischmelze eine Säure $C_{21}H_{14}O_2$, die Picensäure, welche mit Calciumhydroxyd destillirt $\beta\beta$-Dinaphtyl bildet (vgl. S. 456—457). Die Formeln dieser Verbindungen sind demnach folgende:

$C_{10}H_6-CH$ $C_{10}H_6-CH$,	$C_{10}H_6-CO$ $C_{10}H_6-CO$,	$C_{10}H_6$ >CO , $C_{10}H_6$	$C_{10}H_6-CO_2H$ $C_{10}H_7$,	$C_{10}H_7$ $C_{10}H_7$.
Picen	Picenchinon	„Picylenketon"	Picensäure	$\beta\beta$-Dinaphtyl

Das Picen ist danach ein Kohlenwasserstoff, dessen Formel sich von derjenigen des Phenanthrens in der Weise ableiten lässt, dass man sich die beiden äusseren Benzolringe durch Naphtalinkerne ersetzt denkt.

In welcher Weise im Picen der Eingriff der Gruppe CH=CH in die beiden Naphtalinkerne zu denken ist, lässt sich aus den beschriebenen Abbaureactionen nicht ersehen, dies konnte aber durch die Synthese [4] des Picens ermittelt werden. Der Kohlenwasserstoff bildet sich nämlich in analoger Weise wie das Phenanthren aus Stilben (vgl. S. 189), wenn man das $\alpha\alpha$-Dinaphtyläthylen (vgl. S. 466), welches als α-Naphtalinderivat durch Oxydation zu α-Naphtoësäure charakterisirt ist, in Dampfform durch ein rothglühendes Rohr leitet:

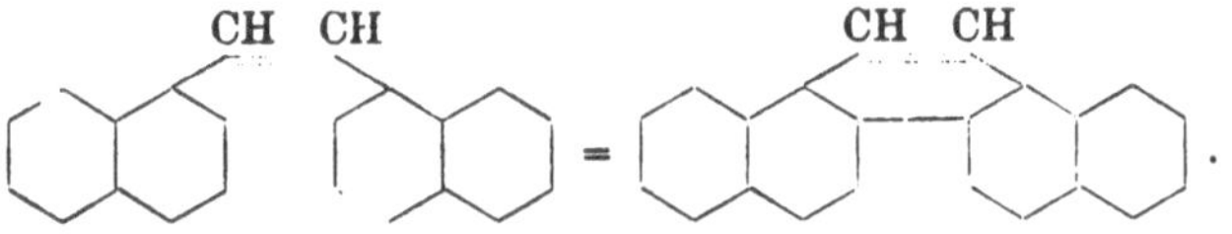

[1] Ber. **13**, 1834 (1880).

[2] GRÄBE u. WALTER, Ber. **14**, 175 (1881).

[3] BAMBERGER u. CHATTAWAY, Ber. **26**, 1751 (1893). Ann. **284**, 52 (1895). — Vgl. auch: LIEBERMANN u. WITT, Ber. **20**, 2444 (1887).

[4] HIRN, Ber. **32**, 3341 (1899). — Vgl. auch: LESPIEU, Bull. [3] **6**, 238 (1891).

Picen, $C_{22}H_{14}$, krystallisirt in perlmutterglänzenden, silberweissen, blau fluorescirenden Tafeln vom Schmelzpunkt 350° (corr. 364°). Es liefert bei der Reduction mit Jodwasserstoff und Phosphor zwei Hydroprodukte[1].

Picenchinon, $C_{22}H_{12}O_2$, bildet ein sammtartiges krystallinisches Pulver von ziegelrother Farbe; es sublimirt unter theilweiser Zersetzung in Form glänzender rother Blättchen oder Nadeln und löst sich in Natriumbisulfitlösung. Durch die Farbenreaction seiner alkoholischen Lösung mit Natronlauge (vgl. S. 589—590) sowie durch seine Fähigkeit, mit Orthodiaminen zu Azinen zusammenzutreten (vgl. S. 596), ist es als ein Orthodiketon charakterisirt.

Nachdem die Kohlenwasserstoffe, deren Molecüle sich ausschliesslich aus Sechsringen zusammenfügen, geschildert sind, bleiben nunmehr diejenigen hochcondensirten Körper zu besprechen, in deren Molecülen Sechskohlenstoffringe mit Kohlenstoffringen anderer Gliederzahl condensirt sind.

Die Combination von Fünfringen mit Sechsringen zu vierkernigen und mehrkernigen Systemen findet sich in mehreren Verbindungsgruppen, die im Folgenden kurz beschrieben sind.

Die Fluoranthengruppe.

Ein Kohlenwasserstoff der Formel $C_{15}H_{10}$ findet sich im Stuppfett von Idria[2] (vgl. S. 580), von dem er 12% ausmacht. Nach diesem Vorkommen wurde der Körper Idryl genannt. Er ist identisch mit dem Fluoranthen[3] (vgl. S. 625), welches sich neben Pyren und Chrysen in den höchstsiedenden Bestandtheilen des Steinkohlentheers vorfindet. Nachdem man aus dieser Fraction des Steinkohlentheers das Chrysen durch Lösungsmittel abgeschieden hat (vgl. S. 624—625), lässt sich aus dem in Lösung gegangenen Gemisch das Fluoranthen durch fractionirte Destillation im luftverdünnten Raume von der Hauptmenge des Pyrens trennen. Durch fractionirte Krystallisation der Pikrate der beiden Kohlenwasserstoffe gewinnt man alsdann reine Fluoranthen-Pikrinsäure, durch deren Zersetzung mittels Ammoniak man den reinen Kohlenwasserstoff abscheidet.

Bei der Oxydation mit Chromsäuregemisch liefert das Fluoranthen neben dem Fluoranthenchinon, $C_{15}H_8O_2$, Diphenylenketoncarbonsäure (1) (vgl. S. 620). Daraus ergiebt sich, dass im Fluoranthen ein Fluorencomplex anzunehmen ist. Die Diphenylenketoncarbonsäure lässt sich zu einer Diphenyldicarbonsäure („Isodiphensäure") aufspalten, deren eine Carboxylgruppe die Stelle 2, deren andere höchstwahrscheinlich die Stelle 3′ einnimmt, wie sich einerseits aus der Bildung dieser Säure,

---

[1] Liebermann u. Spiegel, Ber. **22**, 780 (1889).

[2] Goldschmiedt, Ber. **10**, 2022 (1877). Monatsh. **1**, 221 (1880). — Goldschmiedt u. Schmidt, Monatsh. **2**, 7 (1881).

[3] Fittig u. Gebhardt, Ber. **10**, 2141 (1877). Ann. **193**, 142 (1878). — Fittig u. Liepmann, Ann. **200**, 1 (1880). — Vgl. auch Groth, Jb. **1881**, 378.

andererseits aus ihrer Oxydation zu Isophtalsäure ergiebt. Die Oxydationsprodukte des Fluoranthens besitzen sonach mit grosser Wahrscheinlichkeit die folgenden Formeln:

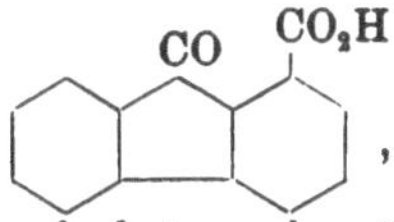

Diphenylenketoncarbonsäure ,

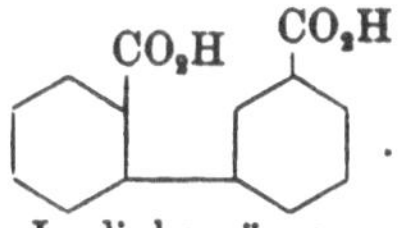

Isodiphensäure .

Diese Verbindungen enthalten vierzehn Kohlenstoffatome. Das fünfzehnte Kohlenstoffatom des Fluoranthens bezw. seines Chinons kann nicht wohl anders gebunden sein, als es die folgenden Constitutionsformeln zum Ausdruck bringen:

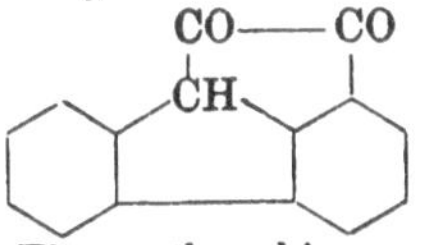

Fluoranthenchinon ,

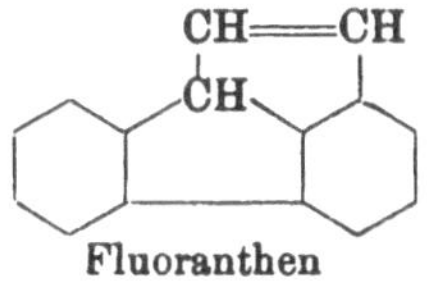

Fluoranthen .

Das Fluoranthen leitet sich hiernach in ähnlicher Weise vom Fluoren ab, wie das Phenanthren vom Diphenyl; hiernach ist seine Bezeichnung — zusammengezogen aus Fluoren und Phenanthren — abgeleitet.

Fluoranthen, $C_{15}H_{10}$, krystallisirt in langen dünnen Nadeln, aus stark verdünnten Lösungen in grossen monoklinen Tafeln. Es schmilzt bei 109—110°, siedet unter 60 mm Druck bei 250—251° und löst sich leicht in Aether, Schwefelkohlenstoff, Eisessig und siedendem Alkohol. Von warmer concentrirter Schwefelsäure wird es mit blauer Farbe aufgenommen.

Fluoranthenchinon, $C_{15}H_8O_2$, erhält man bei der Oxydation des Fluoranthens neben Diphenylenketoncarbonsäure. Nach Entfernung dieser Säure durch Sodalösung bleibt ein Rückstand, welcher aus einer Verbindung des Chinons mit unverändertem Fluoranthen besteht. Diese Verbindung von der Formel $2C_{15}H_{10} + C_{15}H_8O_2$ krystallisirt aus Alkohol in rubinrothen, stark glänzenden flachen Nadeln vom Schmelzpunkt 102°. Durch Digestion mit Natriumbisulfitlösung wird die Verbindung zersetzt; die Lösung scheidet dann auf Zusatz von Salzsäure das Fluoranthenhydrochinon aus, welches sich rasch zum Chinon oxydirt. Das Fluoranthenchinon krystallisirt in rothen kleinen Nadeln vom Schmelzpunkt 188°.

Diphensuccindon und Diphensuccinden.

Die beiden stereoisomeren Diphenylbernsteinsäuren[1] gehen beim Erhitzen mit concentrirter Schwefelsäure auf 130—140° in **Diphensuccindon** über (vgl. S. 225):

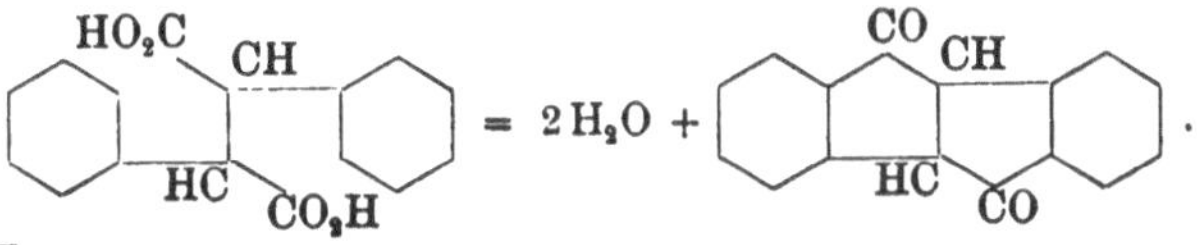

[1] Reimer, Ber. **14**, 1806 (1881). — Roser, Ann. **247**, 152 (1888).

Diese Verbindung bildet farblose, glänzende, zugespitzte Prismen vom Schmelzpunkt 202°. Beim Erhitzen mit Jodwasserstoffsäure und Phosphor liefert sie den entsprechenden Kohlenwasserstoff, das **Diphensuccinden:**

$C_{16}H_{14}$ =

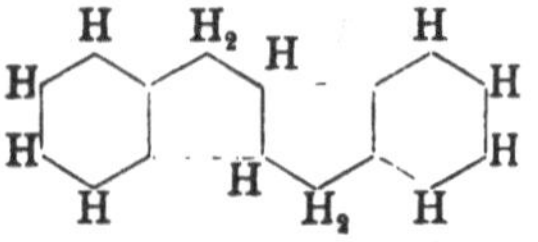

welcher bei 100° schmelzende weisse Nadeln darstellt.

Das Triscyclotrimethylenbenzol.

Diese Benennung ist einer Verbindung[1] beigelegt worden, welche neben anderen Condensationsprodukten aus dem Ketopentamethylen (Cyclopentanon) (vgl. Bd. II, Th. I, S. 28) entsteht, wenn man dieses, mit trockenem Salzsäuregas gesättigt, 2—3 Wochen lang stehen lässt. Der Condensationsvorgang entspricht ganz der Bildung des Mesitylens aus Aceton (vgl. Bd. II, Th. I, S. 80):

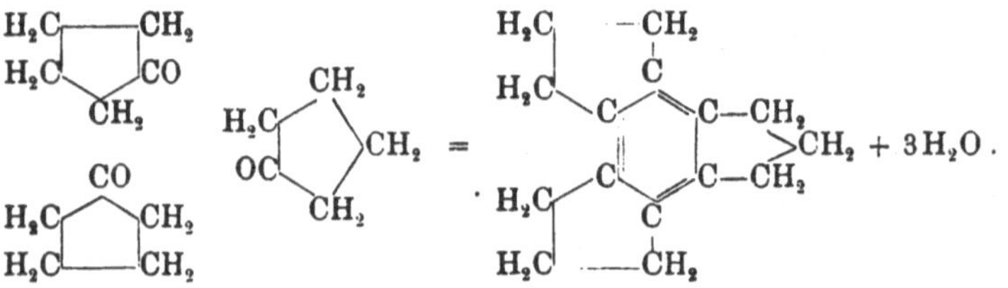

Das Triscyclotrimethylenbenzol, $C_{15}H_{18}$, ist ein fester Körper vom Schmelzpunkt 96—97°.

Die Naphtofluorengruppe und die Dinaphtofluorengruppe.

Diejenigen Körper, welche bei der Herausspaltung eines Kohlenstoffatoms aus den Ringsystemen des Chrysens bezw. des Picens entstehen (vgl. S. 632—633, 637), besitzen eine den Fluorenkörpern ähnliche Constitution; sie leiten sich von Kohlenwasserstoffen ab, welche man sich durch Austausch eines oder beider Benzolringe des Fluorens gegen Naphtalincomplexe entstanden denken kann. Solche Kohlenwasserstoffe bezeichnet man zweckmässig als Naphtofluoren bezw. Isonaphtofluoren und Dinaphtofluoren:

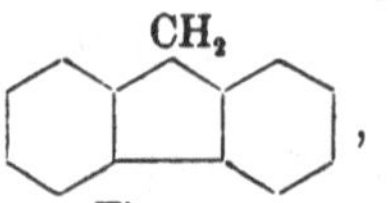

Fluoren

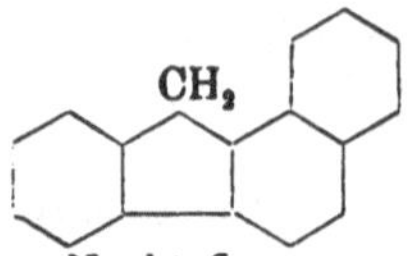

Naphtofluoren

und

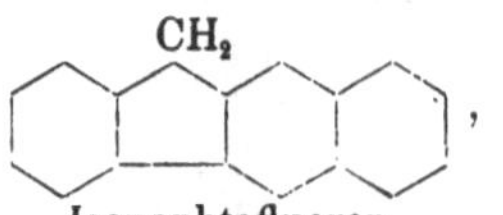

Isonaphtofluoren

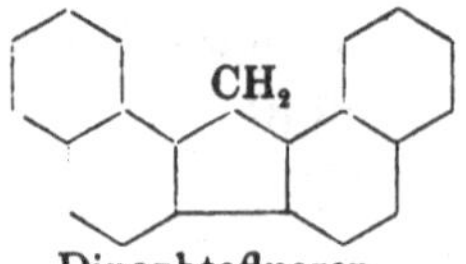

Dinaphtofluoren

[1] Wallach, Ber. **30**, 1094 (1897).

Vom Naphtofluoren leitet sich die Chrysoglykolsäure (vgl. S. 633) und das Chrysoketon (vgl. S. 633) sowie dessen Monocarbonsäure (vgl. S. 634) ab:

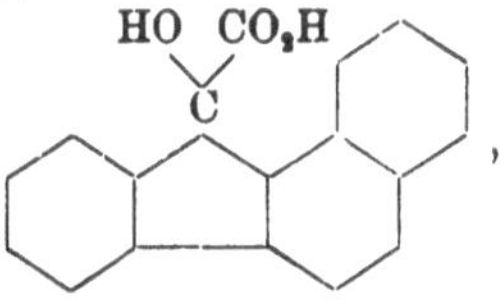

Chrysoglykolsäure
(Oxynaphtofluorencarbonsäure)

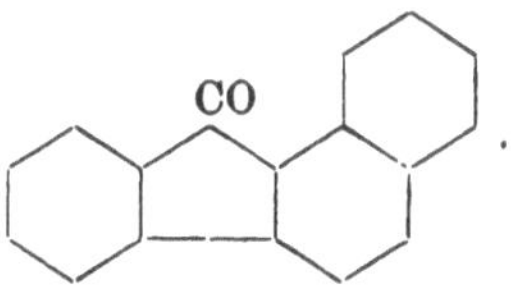

Chrysoketon
(Naphtofluorenon)

Vom Isonaphtofluoren derivirt die Isochrysoketoncarbonsäure (vgl. S. 634):

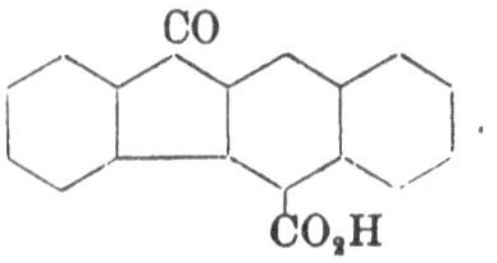

Das „Picylenketon“ (vgl. S. 637) dagegen ist ein Abkömmling des Dinaphtofluorens:

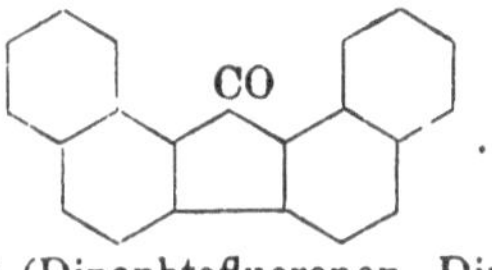

„Picylenketon“ (Dinaphtofluorenon, Dinaphtylenketon)

Oxydationsmittel führen die Chrysoglykolsäure in Chrysoketon über. Chrysoketon und „Picylenketon“ werden durch gelinde wirkende Reductionsmittel in die entsprechenden secundären Alkohole, den Naphtofluorenalkohol (Chrysofluorenalkohol) bezw. Dinaphtofluorenalkohol (Picenfluorenalkohol) verwandelt; energisch wirkende Reductionsmittel dagegen erzeugen aus ihnen die Kohlenwasserstoffe, das Naphtofluoren (Chrysofluoren) und das Dinaphtofluoren (Picenfluoren).

Dass das Naphtofluorenon oder Chrysoketon auch auf synthetischem Wege[1] erhalten werden konnte, wurde schon S. 633 dargelegt.

Das Naphtofluoren bezw. ein Isomeres desselben[2] wurde beim Hindurchleiten der Dämpfe der beiden Benzylnaphtaline (vgl. S. 459—460) durch glühende Röhren erhalten (vgl. die analoge Bildungsweise des Fluorens aus Diphenylmethan S. 609).

Naphtofluoren[3] (Chrysofluoren), $C_{17}H_{12}$, aus dem Chrysoketon durch Erhitzen mit Jodwasserstoffsäure und Phosphor erhalten, krystallisirt in silberglänzenden Tafeln vom Schmelzpunkt 187—188°. Naphtofluorenol[3] (Chrysofluorenalkohol), $C_{17}H_{11}\cdot OH$, wird erhalten durch Reduction des Chrysoketons mit Zink und Salzsäure und krystallisirt in glänzenden Nadeln oder Blättchen vom Schmelzpunkt

[1] Gräbe, Ber. **29**, 826 (1896).
[2] Gräbe, Ber. **27**, 952 (1894).
[3] Bamberger u. Kranzfeld, Ber. **18**, 1934 (1885). — Bamberger u. Burgdorf, Ber. **23**, 2439 (1890). — Gräbe, Ber. **29**, 826 (1896).

166—167°. Naphtofluorenolcarbonsäure[1] (Chrysoglykolsäure), $C_{17}H_{10}(OH)CO_2H$, wird durch Kochen von Chrysochinon mit Alkalien dargestellt (vgl. S. 632).

Naphtofluorenon[1] (Chrysoketon), $C_{17}H_{10}O$, gewinnt man am besten durch Erhitzen des Chrysochinons mit Bleioxyd (vgl. S. 632). Es sublimirt in seideglänzenden, goldgelben, dünnen Nadeln oder in orangerothen, rhombischen Prismen vom Schmelzpunkt 132·5°; die geschmolzene Masse erstarrt zu langen, rubinrothen Nadeln.

Dinaphtofluoren[2] (Picenfluoren), $C_{21}H_{14}$, aus „Picylenketon" durch Erhitzen mit Jodwasserstoffsäure und Phosphor dargestellt, krystallisirt in farblosen, mikroskopischen Täfelchen vom Schmelzpunkt 306°. Dinaphtofluorenol (Picenfluorenalkohol), $C_{21}H_{13}\cdot OH$, bildet sich bei der Reduction des „Picylenketons" mit Natriumamalgam oder Zink und Salzsäure und krystallisirt in weissen, schimmernden Blättchen vom Schmelzpunkt 230°.

Dinaphtofluorenon („Picylenketon"[3], Dinaphtylenketon), $C_{21}H_{12}O$, wird dargestellt durch Erhitzen von Picenchinon, welches mit Bleiglätte innig gemischt ist, im Verbrennungsrohr unter 40—50 mm Druck. Es bildet ein goldgelbes, sammtartig glänzendes Krystallpulver und sublimirt in glänzend gelben, büschelförmig vereinigten, mikroskopischen Nadeln vom Schmelzpunkt 185·5°.

Das Acenaphtanthrachinon.

Als ein Abkömmling des Acenaphtens[4], welcher sich von diesem derart ableiten lässt, dass man an Stelle eines Sechsringes im Acenaphten den zweiwerthigen Anthrachinonrest setzt, ist wahrscheinlich die Verbindung aufzufassen, welche entsteht, wenn man die o-Acenaphtoylbenzoësäure (vgl. S. 606) mit Phosphorpentachlorid auf 200° erhitzt:

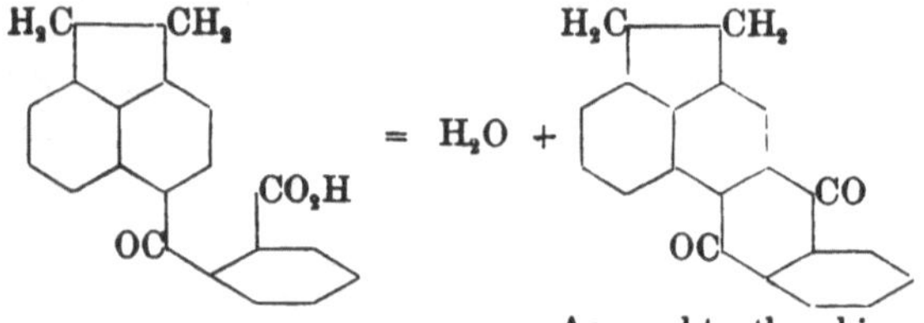

Acenaphtanthrachinon,
Schmelzpunkt 215—220°

Trinaphtylenbenzol oder Dekacyclen.

Die Condensation einer ausserordentlich grossen Zahl von Einzelringen — nicht weniger als zehn — wird in einem Kohlenwasserstoff[5] angenommen, welcher aus Acenaphten (S. 606) beim Schmelzen mit Schwefel neben Dinaphtylenthiophen (s. Bd. II, Th. III) entsteht.

---

[1] Vgl. die Anm. 3 auf S. 641.

[2] Bamberger u. Chattaway, Ber. **26**, 1751 (1893). Ann. **284**, 66, 69, 70 (1894).

[3] Der in die Literatur eingeführte Name „Picylenketon" erscheint sehr unzweckmässig, da die Bezeichnung „Picylen" einem Radical $C_{22}H_{12}$, das aus Picen $C_{22}H_{14}$ durch Fortnahme zweier Wasserstoffatome entsteht, zugehören sollte.

[4] Gräbe u. Perutz, Ann. **327**, 102 (1903).

[5] Rehländer, „Binaphtylenthiophen und Trinaphtylenbenzol", Dissertation (Berlin 1893), S. 25 ff. Ber. **36**, 1583 (1903). — Dziewoński, Ber. **36**, 962 (1903).

Die Bildungsweise, Analyse und Moleculargewichtsbestimmung des Körpers führen dazu, ihn als Trinaphtylenbenzol aufzufassen, entstanden nach der Gleichung:

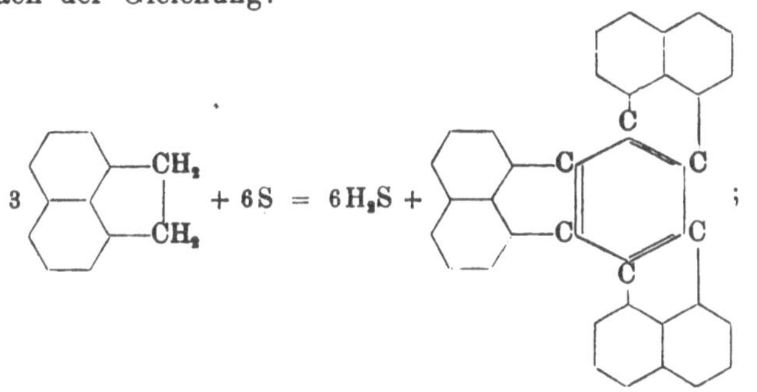

das Vorkommen von zehn Ringen in seinem Molecül kommt in der Bezeichnung „Dekacyclen" zum Ausdruck. Die Prüfung dieser Auffassung durch Abbau des Kohlenwasserstoffs wäre von grossem Interesse — namentlich mit Rücksicht auf die Frage, ob durch Oxydation Mellithsäure aus ihm erhalten wird (vgl. Bd. II, Th. I, S. 592—593; Bd. II, Th. II, S. 627).

Das **Dekacyclen,** $C_{36}H_{18}$, bildet goldgelb gefärbte Nädelchen und ist in siedendem Alkohol und Eisessig nicht, in siedendem Phenol wenig, in siedendem Anilin leicht (3 : 100) löslich; seine verdünnten Lösungen zeigen grüne Fluorescenz. Entsprechend seiner extrem complexen Constitution besitzt es von allen bisher bekannten Kohlenwasserstoffen den höchsten Schmelzpunkt; es schmilzt erst bei 387°. Von kalter Schwefelsäure wird es nicht gelöst; bei anderthalbtägiger Behandlung mit Natriumbichromat in siedendem Eisessig bleibt es unverändert. Seine violette, krystallinische Pikrinsäure-Verbindung $C_{36}H_{18} \cdot C_6H_2(NO_2)_3(OH)$ — Schmelzpunkt 295—296° (unter Zersetzung) — wird schon durch Aether zerlegt.

Um das Gebiet der condensirten Kohlenstoffringsysteme zum Abschluss zu bringen, ist schliesslich noch eine Gruppe von Verbindungen zu besprechen, in deren Molecülen man die Combination eines Vierrings mit zwei Fünfringen und zwei Sechsringen anzunehmen Grund hat. Es ist dies die

Truxengruppe.

Bei Besprechung der Truxillsäuren (S. 49 ff.) wurde bereits einer Verbindung Erwähnung gethan, welche bei der Einwirkung concentrirter Schwefelsäure auf α-Truxillsäure entsteht und welche als Truxon bezeichnet worden ist.

Die einfachste Deutung des Anhydrisirungsvorganges, welcher von der Truxillsäure zum Truxon führt, wäre die durch die folgende Gleichung gegebene:

$$\begin{array}{l} C_6H_5\text{—CH—CH—COOH} \\ \text{HOOC—}\overset{|}{\text{C}}\text{H—}\overset{|}{\text{C}}\text{H—}C_6H_5 \end{array} = \begin{array}{l} C_6H_4\text{—CH—CH—CO} \\ \overset{|}{\text{C}}\text{O—}\overset{|}{\text{C}}\text{H—}\overset{|}{\text{C}}\text{H—}\overset{|}{\text{C}}_6H_4 \end{array} + 2H_2O.$$

Diese Auffassung der Constitution des Truxons schien aber durch seine nahen genetischen Beziehungen zum sogenannten Tribenzoylenbenzol (vgl. S. 50) als irrig nachgewiesen zu sein; denn das Tribenzoylenbenzol liefert in der Alkalischmelze eine Säure, welche als Triphenyltrimesinsäure aufgefasst wurde (vgl. S. 47), woraus sich für das Truxon die auf S. 51 dargestellte Constitutionsformel zu ergeben schien. Neuere Untersuchungen[1] haben nun aber dargethan, dass die aus dem Tribenzoylenbenzol entstehende Säure nicht die Constitution einer Triphenylbenzoltricarbonsäure besitzt, sondern dass ihr ein niedrigeres Moleculargewicht zukommt. Die Säure ist wahrscheinlich als Diphenyltetrendicarbonsäure:

$$\begin{array}{l} C_6H_5\text{—C=C—COOH} \\ \text{HOOC—}\overset{|}{\text{C}}\text{=}\overset{|}{\text{C}}\text{—}C_6H_5 \end{array}$$

aufzufassen, und damit fällt nun auch jeder Grund zur Annahme einer abnormen Anhydrisirung der Truxillsäure fort, zumal eine Moleculargewichtsbestimmung des Dihydrotruxons für dieses eine der Truxillsäure entsprechende Formel ergeben hat. Man wird also für die in die Truxengruppe gehörenden Verbindungen[2] die folgenden Formeln als wahrscheinlichsten Ausdruck ihrer Constitution anzusehen haben:

$$\begin{array}{l} C_6H_4\text{—CH—CH—CO} \\ \overset{|}{\text{C}}\text{O—}\overset{|}{\text{C}}\text{H—}\overset{|}{\text{C}}\text{H—}\overset{|}{\text{C}}_6H_4 \end{array}, \quad \begin{array}{l} C_6H_4\text{—C=C—}CH_2 \\ \overset{|}{\text{C}}H_2\text{—}\overset{|}{\text{C}}\text{=}\overset{|}{\text{C}}\text{—}\overset{|}{\text{C}}_6H_4 \end{array}, \quad \begin{array}{l} C_6H_4\text{—C=C—CO} \\ \overset{|}{\text{C}}\text{O—}\overset{|}{\text{C}}\text{=}\overset{|}{\text{C}}\text{—}\overset{|}{\text{C}}_6H_4 \end{array}.$$

Truxon — Truxen (früher „Tribenzylenbenzol") — Truxenchinon (früher „Tribenzoylenbenzol")

Nicht unerwähnt darf indess bleiben, dass der aus der sogenannten „Triphenyltrimesinsäure" durch Destillation mit Kalk entstehende Kohlenwasserstoff (vgl. S. 47) nicht das gemäss der hier angenommenen Constitution dieser Säure zu erwartende Diphenyltetren:

$$\begin{array}{l} C_6H_5\text{—C=CH} \\ \quad\text{H}\overset{|}{\text{C}}\text{=}\overset{|}{\text{C}}\text{—}C_6H_5 \end{array},$$

sondern in der That das symmetrische Triphenylbenzol ist, so dass man also eine mit der Kohlensäureabspaltung gleichzeitig stattfindende weitergehende Condensation anzunehmen hat.

---

[1] MANTHEY, Ber. **33**, 3081 (1900).

[2] Die Literatur ist bereits grösstentheils beim Tribenzoylenbenzol (S. 47) sowie auf S. 50 angegeben. Vgl. ausserdem: LEUCKART, Ber. **15**, 16 (1882). — KIPPING, Journ. Soc. **65**, 278 (1894). — LIEBERMANN, Ber. **27**, 1416 (1894); **31**, 2095 (1898). — LANSER, Ber. **32**, 2478 (1899).

Das Truxen entsteht ausser durch Reduction des Truxons (vgl. S. 50) auch bei der Einwirkung condensirender Mittel auf 1-Ketohydrinden (vgl. S. 484); diese Umwandlung verläuft, wie an der angeführten Stelle gezeigt wurde, derart, dass sich zuerst ein sauerstoffhaltiges Condensationsprodukt bildet, welches dann nochmals Wasser abspaltet. Die directe Entstehung des Truxens aus der Hydrozimmtsäure durch Einwirkung von Phosphorsäureanhydrid wurde bei Besprechung der Synthesen in der Indenreihe (S. 475) angeführt.

Die Entstehung des Truxenchinons (Tribenzoylenbenzol) aus Truxen durch Oxydation wurde gleichfalls bereits erwähnt (S. 50—51). Zuerst hat man diese Verbindung bei der Einwirkung von concentrirter Schwefelsäure auf Phtalylessigsäure (vgl. Bd. II, Th. I, S. 735) beobachtet:

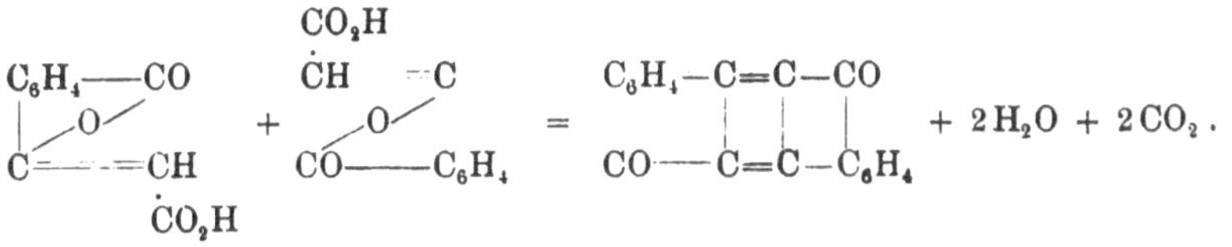

Sie bildet sich auch in ganz analoger Weise, wie das Truxen aus dem 1-Ketohydrinden, beim Erhitzen des 1.3-Diketohydrindens, wobei ebenso wie dort zwei Reactionsphasen beobachtet werden können (vgl. S. 486).

Truxen, $C_{18}H_{12}$, ist eine in Tafeln krystallisirende, in den gebräuchlichen Lösungsmitteln fast unlösliche Verbindung vom Schmelzpunkt 365—368°.

Truxenchinon, $C_{18}H_6O_3$, bildet haarfeine gelbe Nadeln, die oberhalb 300° schmelzen. Es ist gleichfalls in den gebräuchlichen Lösungsmitteln fast unlöslich.

Truxon (Tetrahydrotruxenchinon), $C_{18}H_{12}O_3$, krystallisirt in centimeterlangen glänzenden Nadeln vom Schmelzpunkt 289°. Es sublimirt in Blättchen und ist sehr schwer löslich.

Register.

Die Seitenzahlen, welche durch ein Sternchen * hervorgehoben sind, geben an, wo die einzelnen Substanzen in **Tabellen** angeführt sind; sie sind also namentlich dann nachzuschlagen, wenn es sich um die Aufsuchung der physikalischen Constanten handelt. In solchen Fällen, in welchen unter einem Stichwort sich eine grössere Anzahl von Seitenzahlen aufgeführt findet, ist die Zahl derjenigen Seite fett gedruckt, auf welcher sich die specielle Beschreibung des betreffenden Körpers befindet.

Für das Register sind bei den einzelnen Namen die Substituenten gleicher Ordnung in solcher Reihenfolge angeführt, wie sie sich aus den Genfer Vorschlägen für die Benzolderivate (vgl. Lehrbuch Bd. II, Th. I, S. 75, Nr. 2) ergiebt. Die Präfixe Ortho-, Meta-, Para-, Meso- und Mono- sind in der Regel — wo nicht besondere Gründe für ihre Anführung sprachen — fortgelassen; die Präfixe Cyclo-, Iso- und Pseudo- dagegen sind als integrirende Bestandtheile der Namen behandelt.

Druckfehler und Berichtigungen.[1]

Band I.

Seite 898. In den Citaten lies Z. 5 v. u.: „3687“ statt: „1687“.

Band II, Th. I.

„ 508. Z. 5—4 v. u. streiche die Worte: „und der Phenylglyoxylsäure“.

„ 667. Z. 16 v. o. statt: „höher“ lies: „niedriger“.

„ 756. Z. 1 v. o. statt: „DODGE“ lies: „J. BERTRAM im Laboratorium der Firma SCHIMMEL & Co.“

„ 760. Die Formel des Jonons (unten) muss lauten:

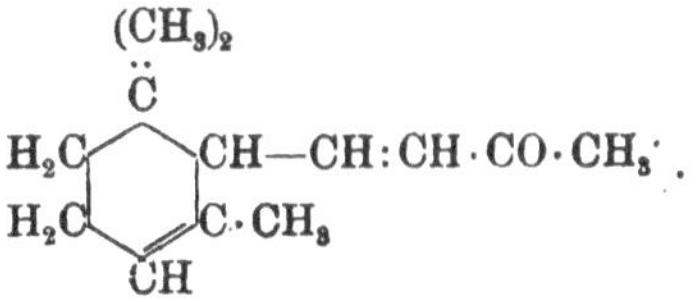

„ 767. In der Fussnote lies: „HEYMANN u.“ statt: HEYMAN NU“.

„ 788. Z. 6 v. o. ist vor: ***„1.4-Dijodcyclohexan“*** ein Punkt einzuschalten.

„ 790. Z. 16 v. u. statt: „Carbonaten“ lies: „Carbamaten“.

„ 853. Z. 13 v. o. statt: „Alkali“ lies: „alkoholischem Kali“.

„ 864. Z. 4 v. u. statt „85 g“ lies: „47 g (= 65 %, der Theorie)“.

„ 892. Z. 18 v. u. schalte hinter „Natrium“ ein: „und Alkohol“.

„ 893. Z. 2 v. o. streiche „je“.

„ 899. In der Formel des 8-Nitromenthanon (3) (nach Z. 5 v. o.) streiche das „H“ links neben „NO_2“.

„ 902. In der Formel zwischen Z. 2 u. 3 v. o. lies links „CH_3·“ statt: „CH_2·“.

„ 905. Z. 5 v. o. statt: „Thujamentol“ lies: „Thujamenthol“.

„ 922. Z. 11 v. o. statt: „Pulegons“ lies: „Isopulegons“.

„ 936. In Fussnote 1 lies: „KONDAKOW“ statt: „KONDEKOW“.

„ 937. Z. 17 v. o. statt: „$C_{10}H_{18}(OH_2)$“ lies: „$C_{10}H_{18}(OH)_2$“.

„ 956. Z. 16 v. o. statt: „α_D“ lies: „$[\alpha]_D$“.

„ 957. Z. 11 v. u. statt: „Ein“ lies: „Einen“.

„ 958. Die Formel des Carvestrens (nach Z. 1 v. o.) muss lauten

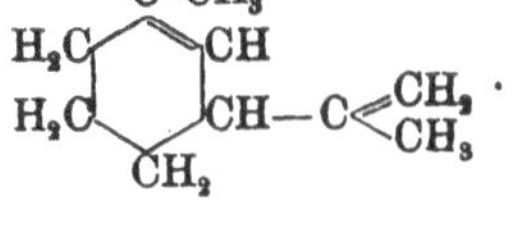

---

[1] Bemerkung: Von dem ersten Bande, sowie von den ersten 36 Bogen des zweiten Bandes (erster Theil) ist — als die ursprüngliche Auflage vergriffen war — ein **Neudruck** hergestellt worden. Das obige Verzeichniss bezieht sich ausschliesslich auf den **ersten**, von den Autoren corrigirten und revidirten Druck.

Seite 960. Z. 7 v. o. schalte vor „oder“ ein: „ , Pentamethylens“.

„ 1012. Z. 3—4 v. o. statt: „Umwandlungs und Abbauprodukte“ lies: „Umwandlungs- und Abbau-Produkte“.

„ 1021. Z. 5 v. o. statt: „eben“ lies: „neben“.

„ 1023. In der Formel der Dimethyltricarballylsäure (vor Z. 1 v. o.) lies rechts: „$C \cdot CH_3$“ statt: „$C \cdot CH_2$“.

Band II, Th. II.

„ 36. Z. 5 v. u. statt: **„4.4′-Diamido-3.3′-diäthoxybenzidin“** lies: **„4.4′-Diamido-3.3′-diäthoxydiphenyl“.**

„ 225. Z. 2—1 v. u. statt: „Diphenylsuccindon“ lies: „Diphensuccindon“.

„ 263. Die Formel zwischen Z. 3 u. 2 v. u. links vom Gleichheitszeichen soll lauten:

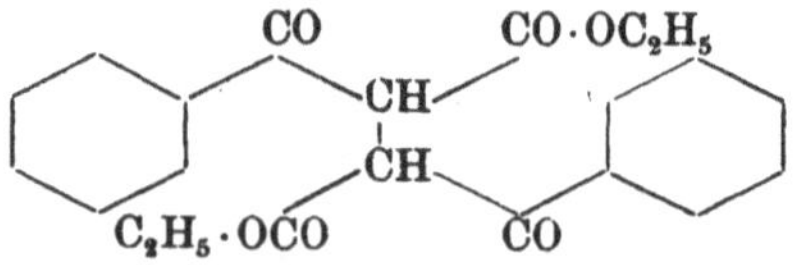

„ 292. In der zweiten Formelreihe von oben lies: „Diphensuccinden“ statt: „Diphenylsuccinden“.

„ 406. Z. 2 v. u. statt: „Diazonaphtalinsulfonsäure“ lies: „Naphtalindiazosulfonsäure“.

„ 424. Z. 2 v. u. streiche das Wort „wahrscheinlich“.

„ 424. In der Fussnote 3 füge vor „Vgl. auch“ hinzu: „Ullmann, Ber. **30**, 1466 (1897)“.

„ 507. In der Fussnote 4 füge Z. 2 v. u. nach „Am. chem. Journ. **23**, 425 (1900)“ hinzu: „**26**, 97 (1901)“.

FSC
www.fsc.org
MIX
Papier | Fördert gute Waldnutzung
FSC® C083411

Kolibri 360 GmbH
Ferdinand-Jühlke-Straße 7
99095 Erfurt, Deutschland
produktsicherheit@kolibri360.de